新型饲料添加剂
替代饲用抗生素研究进展

XINXING SILIAO TIANJIAJI

TIDAI SIYONG KANGSHENGSU YANJIU JINZHAN

全国畜牧总站 编

中国农业出版社
北　京

编　委　会

主　任： 王宗礼　魏宏阳

副主任： 杨劲松　胡广东

委　员（以姓氏笔画为序）：

马永喜　石　波　乔　宇　刘　丹　杜昱光
李祥明　李燕松　张日俊　张若寒　罗会颖
郝智慧　谯仕彦

编　写　人　员

主　　编： 胡广东

副 主 编： 李燕松　王　荃

参编人员（以姓氏笔画为序）：

丁　健　马青山　王　庆　王　娜　王　倬
王苹苹　王春林　冯　翠　朱立猛　朱年华
乔　宇　刘丽英　刘宝生　许青松　杜　伟
杜昱光　李红烨　李凯远　李瑞莲　杨凤娟
杨正楠　杨亚晋　肖　珊　张　娜　张日俊
张艳楠　张董燕　张毓宸　陈婷婷　罗会颖
周西梅　单丽燕　郝智慧　柏映国　贺平丽
秦　星　徐　扬　徐小轻　高雪嫣　涂　涛
黄火清　黄亭亭　曹　烨　彭　晴　斯大勇
韩俊成　程　强　曾祥芳　廖秀冬　谯仕彦
翟　冰

主 审 人： 杨劲松

审 稿 人： 石　波　李祥明　张若寒　马永喜　刘　丹

PREFACE 前言

药物饲料添加剂自应用以来，在提高养殖动物存活率、促进生长、提高饲料转化效率等方面发挥了重要作用；但与此同时，使用药物饲料添加剂所带来的兽药残留超标、细菌耐药性增强等畜禽产品质量安全风险越发突出，引发社会公众的广泛关注。为消除饲料中添加药物饲料添加剂所带来的食品安全风险，2019 年 7 月 9 日，农业农村部发布第 194 号公告，规定从 2021 年 1 月 1 日起，禁止在饲料中添加除中药外的所有促生长类药物饲料添加剂。

药物饲料添加剂的退出既给我国饲料工业带来新的挑战，也为畜牧水产养殖业绿色高效发展提供了难得的机遇。近年来，我国一些大专院校、科研院所和饲料生产企业未雨绸缪，在研发新型饲料添加剂、拓展现有饲料添加剂（如改善养殖动物肠道健康、提高其机体免疫力等功能）方面开展了大量的试验研究工作，获得了一批相关的技术成果和产品。为鼓励饲料行业技术与产品创新，我们特邀请国内相关领域的知名专家对在 2016—2021 年期间国内外开展的有关天然植物提取物、微生物、饲用酶制剂、饲用多糖和寡糖、饲用有机酸、有机微量元素及其他物质，以及具有潜在替抗（替代抗生素的简称）功能的生物活性肽等产品的研究工作进行了梳理、归纳和总结，目的是力求全面客观地反映近年来饲料行业技术创新进展。书中所涉及的内容是参与本书编写的专家们在查阅大量国内外文献资料的基础上形成的，所引用的文献无论是使用方式还是对作用机理的阐释都属于科学研究范畴，仅为拓展技术创新思路与方法提供有益借鉴。饲料生产企业和养殖者应严格按照《饲料和饲料添加剂管理条例》等有关规定依法合规使用饲料添加剂产品。

本书按照定义、种类、加工工艺方法、有效组分及其作用机制、应用现状、国内研究进展、国外相关研究进展、应用前景展望等对每一类添加剂进行了阐述。在加工工艺方法中，对当前常见的加工工艺及其特点进行了介绍。在有效组分及其作用机制中，结合近年来的研究，针对不同品种的作用机制进行了阐述。在研究进展中，按照两个维度进行阐述：一是按照动物品种，分为猪、家禽、反刍动物和水产养殖动物；二是按照添加剂品种，分为饲料添加剂及其所批准的适用范围、饲料添加剂适用范围以外的应用以及尚未批准作为饲料添加剂三类。在应用前景展望中，重点论述了目前饲料添加剂应用中存在的主要问题及今后重点研究方向。

在本书编写过程中，我们参考引用了有关文献，在此对所引用文献的作者深表感谢！

本书在编写过程中难免存在疏漏和错误之处，敬请读者批评指正！

编　者

2024 年 6 月

CONTENTS 目 录

1 饲用天然植物提取物

本章综述了 2016—2021 年我国饲用天然植物提取物在猪、家禽、反刍动物、水产养殖动物等方面应用研究的公开发表的论文，主要内容包括以下几个方面：

（1）天然植物提取物在猪（断奶仔猪和生长育肥猪、母猪）饲料中的应用，包括杜仲叶提取物（有效成分为绿原酸、杜仲多糖、杜仲黄酮）［*Eucommia ulmoides* extract（active substance：chlorogenic acid，*Eucommia ulmoides* polysaccharides，*Eucommia ulmoides* flavonoids)］、苜蓿提取物（有效成分为苜蓿多糖、苜蓿黄酮、苜蓿皂苷）［*Medicago sativa* extract（active substance：alfalfa polysaccharide，alfalfa flavonoid，alfalfa saponin)］、淫羊藿提取物（有效成分为淫羊藿苷）［*Epimedium* extract（active substance：icraiin)］、植物甾醇（源于大豆油/菜籽油，有效成分为 β-谷甾醇、菜油甾醇、豆甾醇）［phytosterol（originated from soybean oil or rapeseed oil，active substance：β - sitosterol，campesterol，stigmasterol)］、紫苏籽提取物（有效成分为 α-亚油酸、亚麻酸、黄酮）［extrat of *Perilla frutescens* seed（active substance：α - linoleic acid，linolenic acid，flavonoids)］、糖萜素（源自山茶籽饼）［saccharicter - penin（originated from *Camellia oleifera* seed cake)］、茶多酚（green tea polyphenols）、牛至香酚［oregano carvacrol（*Origanum aetheroleum*)］、大豆黄酮（4,7-二羟基异黄酮）（daidzein）、甜菜碱（betaine）、天然类固醇萨洒皂角苷（源自丝兰）（YUCCA，yucca schidigera extract）、大蒜素（allicin）等饲料添加剂及我国尚未批准在猪饲料中使用的其他天然植物提取物；收录相关论文 85 篇（其中，SCI 收录论文 35 篇、中文论文 50 篇）。

（2）天然植物提取物在家禽（蛋鸡、肉鸡、肉鸭和蛋鸭）饲料中的应用，包括天然叶黄素（源自万寿菊）［natural xanthophyll（marigold extract)］、苜蓿提取物（有效成分为苜蓿多糖、苜蓿黄酮、苜蓿皂苷）［*Medicago sativa* extract（active substance：alfalfa polysaccharide，alfalfa flavonoid，alfalfa saponin)］、淫羊藿提取物（有效成分为淫羊藿苷）［*Epimedium* extract（active substance：icraiin)］、紫苏籽提取物（有效成分为 α-亚油酸、亚麻酸、黄酮）［extrat of *Perilla frutescens* seed（active substance：α - linoleic acid，linolenic acid，flavonoids)］、植物甾醇（源于大豆油/菜籽油，有效成分为 β-谷甾醇、菜油甾醇、豆甾醇）［phytosterol（originated from soybean oil or rapeseed oil，active substance：β - sitosterol，campesterol，stigmasterol)］、牛至香酚［oregano carvacrol（*Origanum aetheroleum*)］、茶多酚（green tea polyphenols）、姜黄素（curcumin）、糖萜素（源自山茶籽饼）［saccharicter - penin（originated from *Camellia oleifera* seed cake)］、甜菜碱（betaine）、辣椒红（capsanthin）、β-胡萝卜素（β - carotene）、大蒜素（allicin）、大豆黄酮

(4,7-二羟基异黄酮)(daidzein) 等饲料添加剂及我国尚未批准在家禽饲料中使用的其他天然植物提取物；收录相关论文 94 篇（其中，SCI 收录论文 23 篇、中文论文 71 篇）。

（3）天然植物提取物在反刍动物（牛、绵羊）饲料中的应用，包括甜菜碱（betaine）、茶多酚（green tea polyphenols）、大蒜素（allicin）及我国尚未批准在反刍动物饲料中使用的其他天然植物提取物；收录相关论文 41 篇（其中，SCI 收录论文 13 篇、中文论文 28 篇）。

（4）天然植物提取物在水产养殖动物饲料中的应用，包括天然叶黄素（源自万寿菊）[natural xanthophyll (marigold extract)]、杜仲叶提取物（有效成分为绿原酸、杜仲多糖、杜仲黄酮）[*Eucommia ulmoides* extract (active substance: chlorogenic acid, *Eucommia ulmoides* polysaccharides, *Eucommia ulmoides* flavonoids)]、紫苏籽提取物（有效成分为 α-亚油酸、亚麻酸、黄酮）[extrat of *Perilla frutescens* seed (active substance: α-linoleic acid, linolenic acid, flavonoids)]、姜黄素（curcumin）、虾青素（astaxanthin）等饲料添加剂及我国尚未批准在水产养殖动物饲料中使用的其他天然植物提取物；收录相关论文 29 篇（其中，SCI 收录论文 2 篇、中文论文 27 篇）。

对于部分在大学学报、核心期刊和非核心期刊中发表，但试验材料方法交代不甚详细、结果存在争议的文章，本书未作收录。

1.1 概述

我国天然植物尤其具有药食同源特性的可饲用天然植物资源丰富，种类繁多[1]。丰富的天然植物资源，造就了我国长达 5 000 多年的应用历史，同时也使我国成为世界上最早在养殖中应用天然植物的国家。开发天然植物提取物作为饲料添加剂，不仅可实现天然植物资源的高效利用，而且可改善动物肠道微生态环境，增强机体免疫力，提高动物生产性能，提高饲料转化效率。而且，天然植物提取物绿色、安全、无残留、无污染，毒副作用小，不易产生耐药性，是一类绿色、健康、安全的饲用抗生素替代物，符合健康养殖的新思路[1~3]。饲用天然植物提取物的开发和推广应用为饲料产业找到了一条可行可控的绿色通道。相信在不久的将来，饲用天然植物提取物会更多地应用到畜禽养殖业，促进养殖业健康发展，保障畜产品安全[2]。

1.1.1 定义

饲用天然植物提取物是指采用适当的溶剂或方法，以植物（植物全部或者某一部分）为原料，经物理或化学提取加工分离过程，定向获取和浓集植物中的某一种或多种有效成分，不改变其有效成分结构而形成的产品。用于饲料中起到改善饲料品质、消除抗营养因子或有毒有害物质、免疫调节、促生长、提高饲料利用率和改善动物产品品质等作用。

1.1.2 种类

饲用天然植物提取物按照剂型可分为固态剂型和液态剂型。固态剂型是指将天然植物提取物经载体吸附固化或成型工艺加工成一定细度的粉状或颗粒物。液态剂型是指将天然植物原料经提取所得的含有功效组分为水溶性或脂溶性的液态产品。饲用天然植物提取物按照有效成分可分为多酚类、糖类、醌类、苯丙素类、黄酮类、萜类和挥发油、甾体类、单宁、生物碱、苷类等[4]。按照功效可分为促生长剂、着色剂和抗氧化剂、调味和诱食剂等[5]。按照提取原料范围可分为总提取物、有效部位提取物和有效成分提取物。总提取物是经提取、分离、浓缩、干燥等工艺制得的含多种成分的复合提取物，主要包括提取物、浸膏、挥发油、油脂等。有效部位提取物指从植物有效部位中提取的一类或数类成分，其有效组分含量占提取物的50%以上，能够代表原植物某一方面或某几方面的功效。有效成分提取物指从植物中提取的含量能够达到90%以上的单一成分。

1.1.3 加工工艺方法

饲用天然植物提取物加工主要涉及粉碎、提取、浓缩、干燥、成型及包装等环节。这些环节与饲用天然植物提取物的功能以及安全性有着密切的关系。

在饲用天然植物提取物生产时，常利用一些功效成分含量较高的植物原料，如银杏叶、葛根、桑叶、人参等，从中提取酚类、黄酮、多糖、皂苷等活性成分。在提取之前，通常需要将植物原料粉碎成合适的粒度，使活性成分充分释放到提取溶剂中，从而提高提取率。

常见饲用天然植物提取物传统加工工艺主要有传统的溶剂法（浸渍法、渗漉法、煎煮法、回流提取法、连续回流提取法）、水蒸气蒸馏法和升华法。天然植物原料成分复杂，传统的加工技术常导致产品出现功效不稳定等问题。

（1）传统提取工艺。浸渍法常用水或有机溶剂提取各类成分，无需加热，效率低，水提时易发霉发酵、酶解，需添加防腐剂；渗漉法使用有机溶剂提取脂溶性成分，无需加热，消耗溶剂量大且费时；煎煮法使用水提取水溶性成分，直火或蒸气加热，若提取物易挥发、热不稳定，则不宜使用该方法；回流提取法使用有机溶剂提取脂溶性成分，需水浴加热且溶剂量大，若提取物遇热不稳定，则不宜使用该方法；连续回流提取法使用有机溶剂提取亲脂性较强的成分，用索氏提取器，需水浴加热，节省溶剂，效率最高，但耗时长。

选择浸出溶剂时，一般采用相似相溶的原理，选择浸出速度快、能够得到纯度高、杂质少、质量好、加工成本低的浸出溶剂。常用的溶剂（按极性从小到大排序）有环己烷、石油醚、苯、氯仿、乙醚、乙酸乙酯、正丁醇、丙酮、乙醇、甲醇、水、盐水等。水可以提取得到天然植物饲料原料中的无机盐、糖类、单宁、氨基酸、蛋白质、有机酸（盐）、生物碱盐、果胶及部分苷类等。此外，协同溶解现象可使部分极性小的物质溶解。酸水可以提取得到游离生物碱，碱水可以提取得到有机酸、黄酮、蒽醌、内酯、香豆素及酚类成分。但水提存在一些问题。例如，杂质多、提取效率一般较低；易酶解苷类成分；易霉坏变质（需添加少量防腐剂，如甲苯、氯仿、甲醛）；提取含果胶、黏液质类成分较多的原料时，水提液黏性大，过滤困难（需减压过滤、加助滤剂）；提取含淀粉多的原料时，不宜磨粉后煎煮，否则可能糊化，造成过滤困难；提取含皂苷较多的原料时，对水提液减压浓缩会产生大量泡沫，难以浓缩。在亲水性的有机溶剂中，乙醇最为常用，除蛋白质、黏液质、果胶、淀粉、部分多糖、油脂和蜡外，其余产物均在乙醇中有较好的溶解度。一般用60%～95%乙醇作为提取液，提取较快，产物中杂质较少。而亲脂性有机溶剂是与水不能混溶的一类有机溶剂，如石油醚、苯等。亲脂性有机溶剂选择性强，不能或不容易提出亲水性杂质，但对于油脂、挥发油、蜡、脂溶性色素等可实现完全提取。同时，亲脂性有机溶剂挥发性强，但一般有毒，价格较贵，对设备要求高，且渗透性较差，透入植物组织能力较弱，往往需要反复提取。如原料中含有较多的水分时，这类溶剂很难浸出其有效成分。

水蒸气蒸馏法适用于具有挥发性、能随水蒸气蒸馏而不被破坏、难溶或不溶于水的成分提取，如挥发油、小分子的香豆素类、小分子的醌类成分。升华法适用于提取受热不经过熔融，直接变成蒸汽，遇冷后又凝固为固体物质的提取物，如樟脑、咖啡因等。

（2）现代提取工艺。现代技术的应用可以在一定程度上弥补传统加工技术的不足。例如，超微粉碎技术可以极大限度地提高植物有效成分的生物利用率；微波、超声波等技术可以有效地改善植物有效成分的提取率；非热干燥技术可以解决提取物产品在干燥过程中的热敏性问题。这些新技术的应用和推广，对于提取物产品的研发至关重要[6]。

近年来，应用于中药提取分离中的技术有微波萃取法、超临界流体萃取法、膜分离提取技术、超微粉碎技术、中药絮凝分离技术、半仿生提取法、超声波提取法、酶法等。现代方法的优点：中药提取物纯度高，操作简单，节能；提取效率高，生产周期短，易发现天然植物中新的活性成分，极少损失易挥发组分或破坏生理活性物质，无溶剂残留，产品质量高。

微波萃取法是指使用适合的溶剂在微波反应器中从天然植物、矿物或动物组织中提取各种有效成分的技术和方法。传统加热法的热传递公式为热源→器皿→样品，因而能量传递效率受到制约。微波萃取作为一种新型高效的提取分离技术，具有设备简单、适用范围广、萃取效率高、重现性好、污染小、节省时间和试剂等特点。通过微波加热将能量直接作用于被加热物质，从根本上保证了能量的快速传导和充分利用。不仅如此，微波萃取还有 3 个显著的优点：一是具有一定的选择性，可以对极性分子选择性加热，从而将其选择性地溶出。因此，微波萃取大大降低了萃取时间，提高了萃取速度。二是微波萃取受溶剂亲和力的限制较小，可供选择的溶剂较多，并且减少了溶剂的用量。三是微波萃取如果用于大生产，安全性较高，无污染，生产线组成简单，并可节省投资。需要注意的是，微波萃取有其适用范围，一般适用于热稳定性高的物质，对热敏性物质，微波加热可能导致其变性或失活。并且，要求物料有良好的吸水性，否则细胞难以吸收足够的微波将自身击破，产物也就难以释放出来。

超临界流体萃取法将传统的蒸馏和有机溶剂萃取结合于一体，利用超临界流体优良的溶剂力，将基质与萃取物有效分离，对有效成分进行提取和纯化。超临界流体具有类似气体的较强穿透力和类似于液体的较大密度与溶解度，具有良好的溶剂特性，可作为溶剂进行萃取、分离单体。在实际应用中，通常采用控制压力来控制流体的密度，进而控制萃取和萃取物的释放。超临界流体的选定是超临界流体萃取的关键。超临界流体需具备以下条件：化学稳定、对设备无腐蚀；临界温度在室温附近或操作温度附近；操作温度低于被萃取溶质的分解或变性温度；临界压力不能太高；选择性好；溶解度高；萃取剂廉价易得；无毒。超临界流体萃取具有液相萃取和精馏的特点，其萃取能力取决于流体的密度，而密度可以通过调节温度和压力来加以控制。产物与萃取剂分离及溶剂回收简便，尤其适合于热稳定性差的物质，产品无有机溶剂残留。如用超临界流体萃取法提取青蒿素，提取率比传统方法高 11%～59%，且可使生产周期缩短约 100 h[7]；传统的水蒸气蒸馏法提取野菊花得到的提取物，可分离出 46 种化学成分，提取率为 0.32%，而用超临界流体萃取法提取，可分离出 60 种化学成分，提取率为 3.4%[8]。

膜分离提取技术是近几十年来发展起来的分离技术，其分离基本原理是利用化学成分分子量差异而达到分离目的。在中药应用方面，主要是滤除细菌、微粒、大分子杂质（胶质、单宁、蛋白、多糖）等或脱色。与传统的醇流工艺相比，该工艺省去了醇流工艺中的多道工序，达到除杂的目的，仍然保持了传统中药的煎煮和复方配伍，具有浸膏干燥容易、吸湿性小，添加赋形剂少，节约大量乙醇和相应的回收设备，缩短生产周期，减少工序及人员，节约热能等特点。

超声波提取法是利用超声波具有的机械效应、空化效应及热效应，通过增加介质大分子的运动速度、增大介质的穿透力以提取生物有效成分的方法。超声波提取不需要加热、节约能源、提取率高、溶剂用量少、时间短、提取物含量高。但有效能量利用率极低，操作过程产生大量的热，不易扩大使用规模，噪声大，会生成游离基，对一般植物次生产物无影响，而对蛋白质、核酸有影响。

1.1.4 有效组分及其作用机制

目前，作为饲料添加剂使用的茶多酚、迷迭香提取物、苜蓿提取物（有效成分为苜蓿多糖、苜蓿黄酮、苜蓿皂苷）和杜仲叶提取物（有效成分为绿原酸、杜仲多糖、杜仲黄酮）、淫羊藿提取物（有效成分为淫羊藿苷）和绿原酸（源自山银花，原植物为灰毡毛忍冬）等天然植物提取物，在动物生产中具有提高生产性能、增强机体免疫力、缓解氧化应激、改善肠道健康和改善产品品质等多种功效。实际生产中应用的天然植物种类繁多，含有生物碱类、苷类、挥发油类、糖类、氨基酸、蛋白质和酶类、油脂和蜡、无机成分、色素、植物多酚、有机酸类等成分的天然植物，其活性成分的含量和功能因使用部位、收获季节和产地的差异而不同[9]。

天然植物提取物在饲料中添加可提高动物免疫力、抗病力，促进动物生长，改善肉品质，保护肝脏等。某一种天然植物提取物可能同时具有以上多种活性，取决于功能基团的多样性和生物反应的多通路特点。饲用天然植物提取物有效组分及其作用机制主要从其发挥的功能来体现。

饲用植物及其提取物开发的相关产品富含植物功能活性成分，在改善动物健康、促进动物生长方面具有积极效果，可以作为饲用抗生素替代品在动物生产中应用[7]。

（1）提高动物免疫力。研究表明，存在于天然植物提取物中的免疫有效活性成分主要有多糖、皂苷、生物碱、精油和有机酸等。天然植物提取物的免疫调节作用是多方面的，其不仅与各种免疫细胞有关，还与细胞因子的产生和活性密切相关。同时，天然植物提取物对免疫系统的影响往往受机体因素及添加剂量的影响，呈双向调节作用，这是天然植物提取物免疫机制的复杂之处[10]。天然植物提取物能够通过与免疫细胞膜上的特异受体结合，介导免疫细胞激活的信号通路，来调控巨噬细胞、T/B 淋巴细胞、树突状细胞等免疫细胞因子的分泌，进而增强动物机体的免疫疾病及消除炎症的能力[8,9]。

（2）促进动物生长。天然植物提取物促进动物生长的机制主要包括以下几个方面：①改善饲料适口性来增加动物采食量。②天然植物提取物能够提高内源酶的分泌量增强其活性，调节肠道微生物菌群，提高饲料中养分的生物利用率。③影响营养物质吸收后在体内的转化利用，提高能量用于生长的转化。④调控与生长相关的激素分泌，促进动物生产性能的提高[7,8]。例如，有效成分单宁是一类广泛存在于植物体内的多酚类化合物，具有强蛋白亲和性，应用于反刍动物饲料中可以减少反刍动物体内蛋白质的降解、提高蛋白质利用率和动物生产效率[9]。

（3）改善肉品质。肉的风味受氨基酸、脂肪、脂肪酸、肌苷酸、硫胺素等物质的影响。

天然植物提取物影响肉品风味变化主要是通过改变肌肉中氨基酸、肌苷酸含量，从而改善脂肪酸达到的。王雪梅等[10]研究表明，在肉仔鸡日粮中添加芦荟多糖可以降低肌肉的滴水损失，提高肌肉的持水力，改善鸡肉品质。在肉猪日粮中添加黄芪、葛根等天然植物提取物，添加剂量为 1 000～3 000 g/t。试验结果表明，该提取物具有改良猪肉肉色和猪肉大理石纹，降低猪肉滴水损失和猪肉蒸煮损失的作用。

（4）抗氧化。具有抗氧化活性的天然植物提取物包括天然维生素、黄酮、醌、酚酸、含氮化合物、萜类、烯酸等。在饲料中添加抗氧化剂来阻止或延迟易氧化物质的氧化反应，是防止饲料发生氧化酸败、保证饲料的新鲜度和营养品质的有效方法。主要有以下几种作用机制：①清除活性氧自由基。酚类物质具有很好的抗氧化性，如从绿茶中提取的茶多酚，从菊科植物百里香、牛至和鼠尾草中提取的百里香酚、香芹酚、鼠尾草酚等。②作为还原保护剂争夺氧气，延缓氧化反应发生，还原保护剂可以通过自身被氧化，除去饲料中的氧气，从而延缓氧化反应的发生。例如，天然植物提取物中的维生素 C 与饲料中的氧有很强的亲和力，与其发生化学反应除去饲料中的氧气，自身被氧化为脱氢抗坏血酸和半脱氢抗坏血酸。③络合金属离子，抑制金属离子的氧化反应。天然植物提取物抗氧化剂的作用机制还体现在其对金属离子具有一定的螯合作用，从而减少自由基的产生。

（5）肠胃功能调节机制。大量的研究表明，在饲料中添加天然植物提取物能够刺激消化液的分泌，提高消化酶活性，通过适当消化增加肠道对营养物质的吸收。丁祥文等[11]对喂养含有天然植物提取物饲料的鸡盲肠和回肠中的淀粉酶酶活、糜蛋白酶酶活及胰蛋白酶酶活进行了测试。结果表明，天然植物提取物在一定程度上能够提高肠道中消化酶的活性，提高肠道的消化功能。Amerah 等[12]研究了加入肉桂醛精油和百里酚精油的谷物饲料对肉鸡回肠氮消化率的影响，添加含有精油的谷物饲料后改善了肉鸡回肠氮消化率，且添加精油的谷物饲料饲养的肉鸡回肠内容物中有益菌种类的平均数高于未添加精油喂养的肉鸡。

小肠是动物重要的消化吸收器官，小肠绒毛是小肠的主要黏膜结构，绒毛高度和绒毛宽度增加、隐窝深度变浅均有利于小肠吸收营养物质。Amad 等[13]用麝香草酚和茴香脑为主要活性物质的精油混合物喂养雄性肉鸡，肉鸡的血清总蛋白、白蛋白、总胆固醇和白细胞增加，空肠绒毛高度和隐窝深度增加。另外，天然植物提取物添加剂会导致空肠的形态变化，影响营养吸收，从而改善饲料转化率[7]。

（6）调控肠道菌群。天然植物提取物可促进畜禽的食欲、增加采食量，促进内源性消化酶的分泌，进入动物消化道后主要是对肠道病原菌、有益菌和微生物区系产生影响[14]。吕武兴等[15]研究表明，杜仲提取物可以降低盲肠中大肠杆菌的数量，有利于盲肠和回肠中乳酸杆菌与双歧杆菌的增殖。肠道微生物群落组成的变化影响畜禽机体的健康。植物饲料添加剂的不同配方均可以抑制肠道病原菌的生长，促进有益菌的生长，改变肠道微生物数量及种类[16、17]。使用植物源饲料添加剂可以降低回肠和盲肠的大肠菌群数量以及提高营养物质的消化率等，对肠道菌群和肠道黏膜屏障功能有一定的改善与保护作用[18～20]。植物源饲料添加剂还能改善畜禽肠道菌群结构，日粮中添加不同剂量的混合植物提取物或单一植物提取物，如黄芪、党参、山楂、丹参、白术、茯苓、淫羊藿、补骨脂、生地、熟地、马齿苋和甘草制成的混合多糖，女贞子、甘草、益母草、当归和菟丝子的组合，绿茶提取物、桑叶提取物等，均可以提高有益菌的增殖和减少有害菌的数量，促进畜禽机体对营养物质的消化吸收，在一定程度上优化了肠道菌群结构。运用植物源中药单方或复方，在一定程度上能有效改善畜禽肠道内环境，提高有益菌的增殖，降低有害菌的增殖，维持肠道微生物的平衡，促进畜禽机体的健康，减少断奶仔猪的腹泻，降低鸡的腹泻率。Jia 等[21]研究了一种含 5%浓度的德国商业牛至精油对蛋鸡后期生产性能和肠道微生物的影响，发现其提高了回肠中伯克氏菌目、放线菌、双歧杆菌、肠球菌科和芽孢杆菌科的丰度，降低了志贺菌的丰度，并增加了蛋重和改善了饲料转化率。肉桂和牛至复合精油的体外抗细菌效果可与抗生素媲美，且有着抗生素不可替代的抗真菌效果[22]。天然牛至精油可以含有 35 种以上的成分，主要是烯烃类、酚类和醛酮类。其中，调控肠道病菌群作用强的成分主要是酚类，如香芹酚、百里香酚；其他成分如对散花烃和 γ-萜品烯等成分能够起到增效作用[23]。完整的植物精油提取物的调控肠道病菌群功能要比其主要单体成分或者多种单体组成的混合物更加有效。

1.1.5 应用现状

20 世纪 60 年代，苏联曾将刺五加作为饲料使用，取得了良好的效果。70 年代，日本从大蒜中提取有效成分作为动物促生长剂。韩国和新加坡也较早地开展了天然植物提取物的研究。美国、加拿大、德国等欧美国家对传统药用植物进行了大规模的研究，并在此基础上申请了很多专利，开发了很多应用在人类和动物生产上的产品。1990 年左右，天然植物提取物逐步开始在欧美国家用作植物药和膳食补充剂原料，代表产品有甘草浸膏、麻黄浸膏、紫杉醇等。1994 年，美国《膳食补充剂健康与教育法》（Dietary Supplement Health and Education Act，DSHEA）发布，标志着天然植物提取物真正进入启动期。美国食品药品监督管理局（FDA）认可 1994 年前已在美国应用的植物及代谢产物作为膳食补充剂原料，从而带动了市场的蓬勃发展。这一时期的代表产品有银杏叶、绿茶、水飞蓟、人参、贯叶、连翘等提取物。进入 21 世纪，随着现代提取分离技术的应用，天然植物提取物的成本越来越低、质量更佳、效果更好，其应用也因此进一步扩大。天然色素、天然甜味剂等快速发展，代表产品主要有辣椒红素、白藜芦醇、甜菊糖苷等。同时，随着市场规模的扩大，天然植物提取物行业也逐步进入规范发展期，国内外相继出台各种法规政策。典型的如美国 2011 年在《食品安全现代化法案》（Food Safety Modernization Act，FSMA）中引入了新要求，并在该框架下配套出台了《动物饲料生产良好操作规范、危害分析和风险预防》等法规。这几个法规对作为农业投入品使用的天然植物提取物产品质量和安全风险等方面作出了规范和要求，成为天然植物提取物行业规范发展的重要风向标和转折点[24]。

天然植物提取物含有多种生物活性物质和营养成分。随着我国及全球“饲用禁抗”及“养殖限抗”政策的实施，天然植物提取物因其具有的绿色、安全、有效等特点作为农业投入品原料已成为大众关注的焦点，其开发应用将成为行业未来发展的最重要方向之一[24]。

1.2 国内研究进展

1.2.1 猪饲料中天然植物提取物饲料添加剂的研究进展

在猪饲料中使用的天然植物提取物饲料添加剂主要品种有杜仲叶提取物、苜蓿提取物、淫羊藿提取物、紫苏籽提取物、植物甾醇、糖萜素、茶多酚、牛至香酚、植物炭黑、大豆黄酮、甜菜碱、天然类固醇萨洒皂角苷（源自丝兰）、大蒜素。其中，杜仲叶提取物和植物甾醇仅允许使用在生长育肥猪的饲料中。近年来，有应用研究报道但我国尚未批准在猪饲料中使用的天然植物提取物品种主要有绿原酸、藤茶黄酮、茶树油、苹果提取物、藤黄醇、山竹醇、植物精油、白藜芦醇、黄连提取物、甘草提取物、黄芪多糖、葡萄籽提取物、复合植物提取物（丁香、黄连和洋葱提取物，金银花粗提物和葛根粗提物）、迷迭香提取物、精油提取物等。

1.2.1.1 母猪和断奶仔猪饲料中天然植物提取物饲料添加剂的应用研究进展

（1）苜蓿提取物。饲料添加剂苜蓿提取物（有效成分为苜蓿多糖、苜蓿黄酮、苜蓿皂苷）的适用范围为仔猪、生长育肥猪、肉鸡、犬、猫。文贵辉等[25]评价了饲粮中添加紫花苜蓿多糖对仔猪生长性能及小肠形态的影响。试验选取100头体重相近的28日龄断奶仔猪，随机分为对照组和试验1组、试验2组、试验3组，适应期为7 d，其间饲喂基础饲粮，正式试验时，试验组分别在对照组基础饲粮中添加0.025%、0.05%、0.075%的紫花苜蓿多糖，处理42 d。结果发现，紫花苜蓿多糖处理组仔猪平均末重、平均日增重（ADG）显著提高（$P<0.05$），料重比降低（$P<0.05$），而平均日采食量（ADFI）无显著变化（$P>0.05$）。相比于对照组，试验1组、试验2组、试验3组仔猪平均末重分别增加7.8%、11.6%、10.2%（$P<0.05$），ADG分别增加12.4%、18.2%、15.9%（$P<0.05$），料重比显著降低10.1%、12.5%、10.2%（$P<0.05$）。同时，饲粮中添加紫花苜蓿多糖显著改变小肠肠道形态，与对照组相比，试验2组、试验3组仔猪十二指肠绒毛高度与隐窝深度的比值（V/C）分别降低8.9%、7.7%（$P<0.05$）；试验2组、试验3组仔猪空肠绒毛高度（*VH*）分别增加8.3%、7.0%（$P<0.05$），隐窝深度（CD）分别降低8.8%、7.7%（$P<0.05$），试验1组、试验2组、试验3组V/C分别增加7.6%、18.8%、15.9%（$P<0.05$）。除此之外，试验2组、试验3组仔猪回肠VH较对照组分别增加9.4%、6.2%（$P<0.05$），CD分别降低10.0%、9.6%（$P<0.05$），试验1组、试验2组、试验3组V/C分别增加10.4%、21.5%、17.5%（$P<0.05$）。结果表明，饲粮中添加紫花苜蓿多糖显著改变仔猪小肠形态，促进其生长发育，添加量为0.05%时效果最佳。

曲根等[26]研究了苜蓿草粉和苜蓿黄酮对断奶仔猪结肠微生物区系的影响。选取平均体重［（8.1±0.5）kg］和胎次［（35±1）日龄］相近的“杜×长×大”三元杂交断奶仔猪120头，随机分成5组（每组3个重复，每个重复8头）：对照组饲喂基础饲粮，试验组分别添加1 g/kg（1组）、2 g/kg（2组）、4 g/kg（3组）的苜蓿黄酮和50 g/kg的苜蓿草粉（4组）。预试期为3 d，正试期为32 d。试验采集的结肠内容物，提取总DNA后在Illumina Miseq平台进行测序。结果表明，5个组共产生了484个操作分类单元（OTU），其中共享327个OTU，占总OTU数量的67.56%，其中1组的OTU数量最高。物种丰富度ACE指数（ACE）呈先上升再下降再上升的趋势，其中1组显著高于对照组（$P<0.05$）。物种丰富度Chao指数呈先上升再下降再上升的趋势，其中1组显著高于对照组（$P<0.05$）。与对照组相比，4组的Sobs、ACE、Chao指数均无显著差异（$P>0.05$）。各组之间的Shannon指数和Simpson指数均无显著差异（$P>0.05$）。在门水平上，各组间厚壁菌门和拟杆菌门的相对丰度均无显著差异（$P>0.05$）。在属水平上，各组间梭菌属相对丰度有升高的趋势（$P>0.05$），其中1组和3组梭菌属相对丰度显著高于对照组（$P<0.05$）。与对照组相比，2组粪球菌属相对丰度显著提高（$P<0.05$）。各组间真细菌属相对丰度有升高的趋势（$P>0.05$），其中2组真细菌属相对丰度显著高于对照组（$P<0.05$）。各组间 *Anaerotruncus* 相

对丰度有显著差异（$P<0.05$），其中2组和4组显著高于对照组（$P<0.05$）。各组间*NC*2004相对丰度有差异（$P>0.05$），其中3组*NC*2004相对丰度显著提高（$P<0.05$）。各组间*UCG*-014、*Erysipelotrichaceae*和胃球菌属相对丰度有显著差异（$P<0.05$）。由此可见，饲粮中添加苜蓿草粉和苜蓿黄酮能够改变结肠微生物细菌的组成和结构，进而影响饲料物质的消化代谢。

王文静等[27]研究了苜蓿皂苷对断奶仔猪生长性能、肠道菌群、组织抗氧化能力及相关酶mRNA转录水平的影响。选取24头平均体重为8 kg的"大×长"杂交断奶仔猪，随机分为2组，每组3个重复，每个重复4头。对照组饲喂基础饲粮，苜蓿皂苷组饲喂在基础饲粮中添加0.25%苜蓿皂苷的饲粮。预试期为10 d，正试期为30 d。结果表明，与对照组相比，饲粮中添加苜蓿皂苷可显著提高断奶仔猪平均日增重（$P<0.05$），并显著降低料重比（$P<0.05$）。与对照组相比，饲粮中添加苜蓿皂苷可显著降低仔猪十二指肠和盲肠的pH（$P<0.05$），显著提高十二指肠、空肠和回肠中乳酸菌数量（$P<0.05$）。与对照组相比，饲粮中添加苜蓿皂苷可显著提高仔猪肝脏和肾脏中谷胱甘肽过氧化物酶（GSH-Px）与过氧化氢酶（CAT）活性（$P<0.05$），并显著提高仔猪肝脏和空肠中*GSH-Px*基因mRNA转录水平以及十二指肠和回肠中*CAT*基因mRNA转录水平（$P<0.05$）。综上所述，苜蓿皂苷可以提高断奶仔猪生长性能，增强其组织抗氧化能力并有效改善其肠道菌群。

（2）淫羊藿提取物。饲料添加剂淫羊藿提取物（有效成分为淫羊藿苷）的适用范围为鸡、猪、绵羊、奶牛。邵谱等[28]在妊娠母猪饲料中添加低剂量（500 g/t）、中剂量（1 000 g/t）、高剂量（1 500 g/t）淫羊藿提取物，在妊娠期使用14 d，并设立对照组，在母猪分娩后统计母猪分娩率、活仔数、仔猪初生重等，分析淫羊藿提取物对母猪生产性能的影响。结果表明，饲喂试验低剂量组、中剂量组、高剂量组的活仔数显著高于对照组（$P<0.05$），饲喂试验中剂量组和高剂量组初生重显著高于对照组（$P<0.05$），而中剂量组和高剂量组初生重差异不显著（$P>0.05$），低剂量组初生重虽然高于对照组，但差异不显著（$P>0.05$）。说明淫羊藿提取物作为饲料添加剂可以改善母猪生产性能，建议添加剂量为1 000 g/t。

王志强等[29]为了研究复方黄藿提取物（有效成分主要为发酵黄芪、发酵淫羊藿、甘露寡糖等）对母猪和哺乳仔猪生产性能及健康的影响，选择第3～4胎次、体重和体况相近的"长×大"二元杂交母猪70头，按随机区组分成2组，每组35头，于母猪妊娠35 d开始进入试验。对照组饲喂基础饲粮，试验组母猪每头每天饲喂复方黄藿提取物3 g，每月连续使用7 d，均匀拌料投喂，至母猪下一次配种再妊娠时结束。两组试验猪的饲养管理条件一致，全程跟踪测评两组母猪和哺乳仔猪的生产性能与健康状况。结果表明，母猪繁殖与健康方面，与对照组相比，试验组母猪产仔数、产活仔数分别提高0.59头、0.86头，分娩早产率、滞产率分别降低5.71个百分点、8.57个百分点，母猪初乳中免疫球蛋白G（IgG）含量以及乳蛋白、乳糖、乳脂分别显著提高12.81%、14.07%、13.89%、14.71%，母猪断奶体况评分提高14.08%（$P<0.05$），断奶后7 d内的发情率提高17.14个百分点，14 d内总受胎率提高8.57个百分点。仔猪生长与健康方面，与对照组相比，试验组哺乳仔猪23日龄断奶窝重和断奶窝增重分别提高8.17%（$P<0.05$）和12.50%（$P<0.05$），仔猪的健康状况有改善趋势，表现为腹泻指数降低、断奶仔猪皮毛发育评分提高（$P>0.05$），育成率提高了1.92个百分点。母猪生理机能方面，与对照组相比，试验组母猪断奶后血清促卵泡素、促黄体素、雌二醇水平均有所提高（$P>0.05$），血清IgG含量、总超氧化物歧化酶

（T-SOD）和总抗氧化能力（T-AOC）分别显著提高 11.71%、20.42%和 22.42%（$P<0.05$）。试验证明，饲喂添加复方黄藿提取物能够改善和提升母猪生殖内分泌机能与机体免疫机能，不同程度地提高了母猪和哺乳仔猪的生产性能与健康状况。

（3）紫苏籽提取物。饲料添加剂紫苏籽提取物（有效成分为α-亚油酸、亚麻酸、黄酮）的适用范围为猪、肉鸡、鱼、犬、猫。张勇等[30]研究了两种植物提取物（板蓝根粉剂、紫苏籽提取物）对从江香猪仔猪生长性能、血清生化及免疫指标的影响。试验选用 36 头（10.35±0.93）kg 体重、60 日龄断奶的从江香猪仔猪，随机分为 3 组，每组 3 个重复，每个重复 4 头。各组试验猪分别饲喂基础饲粮（对照组）、基础饲粮+1 000 mg/kg 板蓝根粉剂（板蓝根组）、基础饲粮+1 000 mg/kg 紫苏籽提取物（紫苏籽提取物组）。试验期为 45 d。结果表明，紫苏籽提取物组耗料增重比（F/G）显著低于对照组（$P<0.05$），紫苏籽提取物组尿素氮（BUN）显著低于板蓝根组和对照组（$P<0.05$），紫苏籽提取物组和板蓝根组总蛋白（TP）、白蛋白（ALB）和球蛋白（GLO）水平均显著高于对照组（$P<0.05$），各试验组间白细胞分类计数差异水平不显著（$P>0.05$），紫苏籽提取物组免疫球蛋白 G（IgG）显著高于板蓝根组和对照组（$P<0.05$），各试验组免疫球蛋白 M（IgM）均显著高于对照组（$P<0.05$）。由此可知，两种天然植物提取物添加剂均可改善从江香猪仔猪免疫性能，添加紫苏籽提取物具有增加仔猪生长发育和饲料代谢的功效。

（4）糖萜素。饲料添加剂糖萜素（源自山茶籽饼）的适用范围为猪、家禽。Wang 等[31]研究了糖萜素对仔猪的毒性和组织病理学影响。150 头断奶仔猪（杜×长×大），公、母各半，体重为（7.35±0.29）kg，被随机分为 5 组，分别在日粮中添加 0 mg/kg、500 mg/kg、1 000 mg/kg、2 500 mg/kg 或 5 000 mg/kg 糖萜素。试验期为 70 d。日粮中添加 500 mg/kg 糖萜素可提高仔猪肝脏谷胱甘肽过氧化物酶（GSH-Px）活性，添加 1 000 mg/kg 糖萜素可提高仔猪肝脏谷胱甘肽 S-转移酶（GSH-S）活性（$P<0.05$）。当添加量提高至 2 500 mg/kg 时，仔猪的平均日采食量（ADFI）和平均日增重（ADG）从第 1 d 至第 35 d 均有所下降，在第 35 d 损害心脏组织和肝脏，并在第 70 d 时降低了仔猪血液中白细胞数（WBC）、过氧化氢酶（CAT）和 GSH-Px 活性、葡萄糖（GLU）和尿素氮（BUN）的浓度（$P<0.05$）。此外，日粮中添加 5 000 mg/kg 糖萜素可降低仔猪的 ADFI、ADG，增加仔猪的腹泻率，并降低仔猪血液中血红蛋白（HGB）浓度和 CAT 活性（$P<0.05$），增加第 35 d 的胰腺指数和第 70 d 的肝脏指数，损伤心脏组织、肝脏和脾脏（$P<0.05$）。综上所述，日粮中添加 500 mg/kg 的糖萜素对仔猪有良好的效果，但过量添加糖萜素（2 500 mg/kg 或 5 000 mg/kg）会导致生长迟缓、血液学异常和器官损伤。

张继忠[32]分析了半胱胺、糖萜素和复方螺旋藻提取物组合使用对早期断奶八眉仔猪生长性能及经济效益的影响。选用体重 5 kg 左右的 25 日龄早期断奶八眉仔猪 90 头，按性别、体重相近原则，随机分为对照组、试验 1 组、试验 2 组、试验 3 组、试验 4 组，每组 18 头。试验期内对照组饲喂基础饲粮；试验 1 组在饲喂基础饲粮的基础上每周口服 1 次肥康-100（半胱胺），剂量为 100 mg/kg 体重；试验 2 组在基础饲粮中添加 400 mg/kg 糖萜素；试验 3 组在基础饲粮中添加 1.0 g/kg 复方螺旋藻提取物；试验 4 组在饲喂基础饲粮的基础上每周口服 1 次肥康-100，剂量为 100 mg/kg 体重，同时每日饲粮中添加 400 mg/kg 糖萜素及 1.0 g/kg 复方螺旋藻提取物。试验预试期为 7 d，正试期为 49 d。结果表明，试验 1 组、试验 2 组、试验 3 组、试验 4 组比对照组平均日增重分别提高 19.20%（$P<0.05$）、

22.14%（$P<0.05$）、17.67%（$P<0.05$）、45.71%（$P<0.05$），料重比和每千克增重饲料成本分别降低13.30%（$P<0.05$）、14.78%（$P<0.05$）、11.82%（$P<0.05$）、29.56%（$P<0.05$）和11.76%（$P<0.05$）、13.73%（$P<0.05$）、9.80%（$P<0.05$）、20.78%（$P<0.05$），腹泻率分别降低了11.11个百分点、16.66个百分点、16.66个百分点、22.22个百分点（$P<0.05$），成活率分别提高了5.55个百分点、11.11个百分点、11.11个百分点、16.67个百分点（$P<0.05$）。经各组间对比，试验4组生长性能和腹泻率的改善效果最为明显，经济效益也提高最多，说明半胱胺、糖萜素、复方螺旋藻提取物组合使用效果好，具有协同互补作用。

张继忠[33]还分析了甜菜碱、糖萜素和生物活性小肽组合使用对八眉猪生长性能及胴体品质的影响。选用体重15 kg左右的八眉猪90头，按性别、体重相近原则，随机分为对照组、试验1组、试验2组、试验3组、试验4组，试验期内对照组饲喂基础饲粮，试验1组在基础饲粮中添加甜菜碱1 000 mg/kg，试验2组在基础饲粮中添加糖萜素300 mg/kg，试验3组在基础饲粮中添加0.5%生物活性小肽制品，试验4组在基础饲粮中同时添加甜菜碱1 000 mg/kg、糖萜素300 mg/kg、0.5%生物活性小肽制品。预试期为7 d，正试期为120 d。结果表明，试验全期，试验1组、试验2组、试验3组、试验4组比对照组平均日增重分别提高12.03%（$P<0.05$）、13.67%（$P<0.05$）、13.73%（$P<0.05$）、28.90%（$P<0.05$），料重比分别降低4.82%（$P<0.05$）、6.02%（$P<0.05$）、6.33%（$P<0.05$）、15.06%（$P<0.05$），试验4组提高生长性能和改善胴体品质效果最为明显，说明甜菜碱、糖萜素、生物活性小肽制品组合使用效果好，具有协同互补作用。

刘宗新等[34]研究了饲粮中添加不同剂量的糖萜素对断奶仔猪生长性能、肠道菌群的影响。选用48头“杜×长×大”三元杂交35日龄断奶仔猪，随机分成3组，每组2个重复，每个重复8头。对照组仔猪饲喂基础饲粮，低糖萜素组在基础日粮中添加250 mg/kg糖萜素，高糖萜素组在基础日粮中添加500 mg/kg糖萜素。试验期为35 d。结果表明，250 mg/kg和500 mg/kg糖萜素组均能极显著地提高断奶仔猪的平均日增重水平，极显著地提高断奶仔猪的采食量，降低料重比。250 mg/kg和500 mg/kg的糖萜素组均能显著地降低肠道中大肠杆菌的数量，提高双歧杆菌在结肠和盲肠中的数量，极显著地提高乳酸杆菌在盲肠和直肠中的数量。研究表明，添加高浓度的糖萜素（500 mg/kg）更有利于提高仔猪的采食量和平均日增重，糖萜素能使断奶仔猪肠道内的微生物尽快达到良好的平衡状态，进而减少断奶仔猪腹泻的发生。

庞继达等[35]为探讨乳酸提取糖萜素对母猪繁殖性能和仔猪生长性能及血清指标的影响，选取妊娠80 d、体重和胎次相近、健康的“长×大”二元杂交经产母猪进行试验，以基础日粮中添加400 mg/kg糖萜素组（试验1组）、添加250 mg/kg乳酸生物提取糖萜素组（试验2组）和对照组，仔猪按照与母猪组别一致的原则分组进行试验，测定各组母猪繁殖性能和仔猪生长性能，检测各组母猪血清总超氧化物歧化酶（T-SOD）、总抗氧化能力（T-AOC）和丙二醛（MDA）的活性以及断奶仔猪血清生化指标。研究表明，乳酸提取糖萜素能提高母猪繁殖性能，促进仔猪生长、消化吸收，加强营养物质代谢（特别是蛋白质代谢），提高仔猪机体免疫力。

（5）牛至香酚。饲料添加剂牛至香酚作为调味和诱食物质的适用范围为养殖动物，实际生产中多在饲料中添加含牛至香酚的牛至精油或精油复合成分用于促生长功能。黄晶等[36]

选用刚断奶“杜×长×大”三元杂交仔猪180头，随机分成3组，每组3个重复，每个重复20头。A组在日粮中添加10%的牛至香酚预混剂0.5 g/kg，B组添加5%的喹乙醇预混剂1 g/kg，C组为对照组饲喂基础日粮。结果表明，A组、B组的平均日增重显著高于C组（$P<0.05$），分别提高了8.35%和5.25%，A组比B组提高了2.9%，但A组和B组之间差异不显著（$P>0.05$）；在腹泻率方面，A组比B组、C组分别降低了3.33%和6.67%（$P>0.05$）；在死亡率方面，A组和B组均比C组降低了1.66%，三者之间差异不显著（$P>0.05$）。

（6）大豆黄酮。饲料添加剂大豆黄酮（4,7-二羟基异黄酮）的适用范围为猪、产蛋家禽，是一种植物雌激素，广泛存在于豆类、牧草、谷物等天然植物中。Xie等[37]利用基于核磁共振氢谱（^{1}H NMR）的代谢组学和生化分析，探讨羊水暴露于膳食大豆黄酮（DAI）的特征。将120头经产约克夏×长白（Yorkshire×Landrace）母猪（3～5胎）随机均分为对照组（CON）和大豆黄酮组（DAI）。母猪被安置在单独的妊娠隔间（2.20 m×0.65 m）内，自由饮水。环境温度保持在20～25 ℃。试验从妊娠第1 d开始，到妊娠第34 d结束。在此期间，母猪每天2次（8:00和15:00）饲喂以玉米-豆粕为基础的饲料，每天限饲2.3 kg，不留余料。其中，CON组饲喂基础日粮，DAI组饲喂基础日粮加0.02%大豆黄酮（即200 mg/kg）。研究发现，补充200 mg/kg DAI显著增加了妊娠早期存活胚胎的数量（$P<0.05$）。DAI显著提高羊水中雌激素（E）和胰岛素样生长因子-Ⅰ(IGF-Ⅰ）的浓度（$P<0.05$）。DAI有增加孕酮浓度的趋势，但降低羊水中肿瘤坏死因子-α（TNF-α）的浓度（$0.05<P<0.10$）。DAI组的谷胱甘肽过氧化物酶（GSH-Px）活性高于CON组（$P<0.05$）。基于^{1}H NMR的代谢组学分析确定并量化了羊水中的30多种化合物，发现添加DAI后，精氨酸、肌酸和柠檬酸等关键代谢产物显著升高（$P<0.05$），精氨酸和脯氨酸的代谢途径被发现受到DAI的显著影响。总之，饮食DAI可以通过改善母猪体内羊水中的激素、抗氧化能力和代谢状况来提高胚胎存活率。

张琦琦等[38]探究了饲粮中添加大豆黄酮（DA，纯度为10%）对妊娠母猪繁殖性能、血清激素含量、抗氧化能力及免疫机能的影响。选取3～5胎、体重相近的“长×大”二元杂交母猪40头，受孕后随机分为2组，分别为对照组（基础饲粮）和大豆黄酮组（基础饲粮+200 mg/kg DA)，每组20个重复，每个重复1头。试验期为114 d。结果表明，与对照组相比，一是饲粮中添加DA显著地增加仔猪的初生窝重和窝健仔数（$P<0.05$），而窝总仔数、窝活仔数及仔猪初生个体重均无显著差异（$P>0.05$）。二是饲粮中添加DA极显著地增加妊娠85 d母猪的血清孕酮（P）和胰岛素样生长因子-Ⅰ（IGF-Ⅰ）含量（$P<0.01$），显著地增加妊娠35 d和85 d的血清雌激素（E）与瘦素（LEP）含量（$P<0.05$）。三是饲粮中添加DA极显著或显著地增加妊娠35 d和85 d母猪的血清免疫球蛋白G（IgG）含量（$P<0.01$或$P<0.05$）。四是饲粮中添加DA极显著地增加妊娠35 d和85 d母猪的血清超氧化物歧化酶（SOD）活性（$P<0.01$），显著地增加妊娠85 d的血清总抗氧化能力（T-AOC）（$P<0.05$）。综上所述，饲粮中添加DA可改善妊娠母猪的繁殖性能，调节血清繁殖激素水平，增强机体抗氧化能力和免疫机能。

（7）甜菜碱。饲料添加剂甜菜碱的适用范围为养殖动物，是一种维生素及类维生素类的饲料添加剂，甜菜的糖蜜是天然甜菜碱的主要来源。Wang等[39]研究了甜菜碱对断奶仔猪消化酶和肠道结构的影响。共有150头杂交断奶仔猪（杜洛克×长白×约克夏），平均初始体重为(8.52±0.26)kg,39 日龄(第 25 d 断奶),随机分为 3 组,每组 5 个重复,每个重复 10 头(公、母各半)。处理组为基础饮食+0 mg/kg、基础饮食+1 250 mg/kg、基础饮食+2 500 mg/kg 甜菜碱(纯度为 994 g/kg)。试验期为 30 d。结果表明,日粮中添加甜菜碱可线性增加日增重(ADG),降低腹泻率,提高饲料转化率(FCR)。甜菜碱增加了小肠中粗蛋白(CP)(线性)和乙醚提取物(EE)(线性和二次)的表观消化率,以及淀粉酶(线性和二次)、胰蛋白酶(线性和二次)和脂肪酶(线性)的活性。甜菜碱对消化酶活性的影响在 2 500 mg/kg 时比 1 250 mg/kg 时更明显。体外酶促反应研究发现,甜菜碱包合物可提高淀粉酶和胰蛋白酶与其相应底物的亲和力,并抵消 NaCl 诱导的高渗压抑制作用。甜菜碱还显著增加了小肠绒毛高度和绒毛高度与小肠隐窝深度的比值。甜菜碱增加紧密连接蛋白的表达,同时降低血浆二胺氧化酶(DAO)浓度。甜菜碱对肠道结构的影响在1 250 mg/kg时比 2 500 mg/kg 时更为显著。此外,甜菜碱还增加了肠道谷胱甘肽过氧化物酶(GSH-Px)的活性(线性和二次)。综上所述,日粮中添加甜菜碱可以增强肠道结构,降低腹泻率,提高消化酶活性,促进营养物质的消化,从而改善断奶仔猪的生长性能。

(8)天然类固醇萨洒皂角苷(源自丝兰)。饲料添加剂天然类固醇萨洒皂角苷(源自丝兰)的适用范围为养殖动物。Chen 等[40]研究了日粮中添加丝兰提取物(YSE,主要成分皂角苷含量>10.5%、白藜芦醇含量>318 mg/kg)对母猪生产性能、养分消化率和粪便氨排放的影响。将 80 头母猪随机分为 4 组,分别为对照组、对照组+0.06% YSE、对照组+0.12% YSE、对照组+0.24% YSE 日粮。试验期从妊娠 80 d 到哺乳 21 d。结果表明,日粮中添加 YSE 会导致死胎仔猪数量($P=0.08$)、虚弱仔猪数量($P=0.06$)、断奶前死亡率($P=0.04$)和腹泻($P=0.03$)减少,并改善干物质的表观消化率($P=0.04$)。此外,添加 YSE 显著提高了母猪血液中的过氧化氢酶活性($P=0.02$),同时降低了丙二醛水平($P=0.04$)。此外,添加 YSE 可显著减少母猪粪便中总氮、尿素氮和氨氮的损失。总之,在妊娠晚期和哺乳期母猪日粮中添加 YSE 可以改善母猪和产仔性能、养分消化率,并减少储存期间母猪粪便中的氮损失。

Fan 等[41]研究了日粮中添加丝兰提取物(YSE,含有 30%的皂苷、酚类和多糖)降低断奶仔猪氮排放的可能原因。将 14 头去势断奶仔猪(杜×长×大)分为 2 组,分别饲喂添加 0 mg/kg YSE 和 120 mg/kg YSE 的日粮 14 d。YSE 给药降低了断奶仔猪的 F/G 比和后肠 NH_3-N 的产生($P<0.05$)。日粮添加 YSE 降低了血清尿素氮水平,提高了营养物质的消化率,这可能与改善断奶仔猪空肠黏膜的形态、消化和吸收酶活性以及营养物质转运体 mRNA 转录水平有关($P<0.05$)。YSE 处理后,断奶仔猪空肠黏膜中紧密连接蛋白、黏蛋白和凋亡相关基因的 mRNA 转录水平也得到改善($P<0.05$)。此外,日粮添加 YSE 可调节断奶仔猪远端肠道的微生物群结构和挥发性脂肪酸含量($P<0.05$)。结果表明,YSE 可以减少断奶仔猪后肠 NH_3-N 的产生,这与增加营养利用和肠道屏障功能有关。

1.2.1.2 生长育肥猪饲料中天然植物提取物饲料添加剂的应用研究进展

(1)杜仲叶提取物。饲料添加剂杜仲叶提取物(有效成分为绿原酸、杜仲多糖、杜仲黄酮)的适用范围为生长育肥猪、鱼、虾。刘祝英等[42]研究了以牛膝、杜仲和玄参 3 种药用多糖进行配伍对生长育肥猪生长性能、屠宰性能和肉品质的影响,探讨复合多糖改善育肥猪生长性能及肉品质的机制。试验选用 160 头体重相近的生长育肥猪,采用单因素完全随机试验设计,分为 5 个处理:基础日粮组、抗生素组、0.05%复合多糖组、0.10%复合多糖组、

0.15%复合多糖组。每组4个重复，每个重复8头。试验期为90 d。结果表明：①与基础日粮组相比，0.10%复合多糖组和0.15%复合多糖组能显著地提高猪日增重和降低料重比（$P<0.05$）。②与基础日粮组相比，0.10%复合多糖组和抗生素组能显著地提高猪屠宰率（$P<0.05$），复合多糖各组（0.05%、0.10%和0.15%）和抗生素组能显著地降低猪的背膘厚并提高眼肌面积和瘦肉率（$P<0.05$）。③与基础日粮组相比，复合多糖各组（0.05%、0.10%和0.15%）能显著地提高猪背最长肌大理石纹评分并显著地降低猪背最长肌的滴水损失（$P<0.05$）。与基础日粮组相比，抗生素组显著地提高猪背最长肌的失水率和滴水损失（$P<0.05$）。研究表明，复合多糖能够显著地提高肌肉肉色评分、大理石纹评分、熟肉率，提高瘦肉率和肉品质。

Wang等[43]研究了饲料中添加植物混合提取物（HEM，即金银花、黄芪、杜仲叶、党参混合提取物）对断奶仔猪的生长性能、器官重量、肠道形态和肠道营养转运蛋白的影响。使用在第21 d断奶的27头"杜×长×大"仔猪［体重=（5.99±0.13）kg］，并随机分为3组（每组9头仔猪）。所有仔猪都接受了含有相似营养物质的基础饲粮14 d。3组分别为对照组（无添加剂）、抗生素组（375 mg/kg金霉素，20%；500 mg/kg恩拉霉素，4%；1 500 mg/kg土霉素钙，50%）和HEM组（金银花、黄芪、杜仲叶、党参提取物混合物1 000 mg/kg）。饲喂14 d后，收集组织样本以测量器官重量、肠道参数、肠道形态、消化酶活性和营养转运蛋白的肠道mRNA转录水平。结果表明，HEM组对断奶仔猪生长性能和器官重量无影响。但与对照组相比，HEM和抗生素均改善了肠道形态，HEM提高了回肠中营养转运蛋白的表达（SLC6 A9、SLC15 A1和SLC5 A1）。与对照组相比，HEM显著地降低了回肠中麦芽糖酶的活性以及小肠重量与体重的比率。结果表明，HEM作为饲料添加剂的益处，包括调节肠道形态和增加营养转运蛋白的mRNA转录水平，可以替代动物生产中的抗生素。

Zhou等[44]通过研究验证了杜仲叶多酚提取物（PEE）能改善最长肌（LM）肉品质和肌纤维类型组成的假设。将猪分为2组，分别饲喂标准日粮（SD）和标准日粮+0.08% PEE。检测LM肌纤维类型组成、肉质、LM形态、肌球蛋白重链型（*MyHCⅠ*、*Ⅱa*、*Ⅱb*、*Ⅱx*）mRNA丰度。结果表明，与对照组相比，添加PEE的日粮可提高最终体重（$P<0.01$）、平均日增重（ADG）（$P<0.01$），降低料重比（F/G）（$P<0.01$）。PEE能提高$pH_{24\,h}$（$P<0.05$）、红度值（$P<0.05$）、黄度值（$P<0.05$）、纤维密度（$P<0.05$），但降低纤维直径（$P<0.05$）。PEE组*MyHCⅠ*mRNA转录水平较正常组增加（$P<0.05$），*MyHCⅡb* mRNA转录水平较正常组减少（$P<0.05$）。研究表明，添加PEE能改善肉品质，调节肌纤维类型组成。杜仲叶多酚提取物在育肥猪日粮中应作为一种潜在的天然植物提取物添加剂，以改善肉质。

（2）植物甾醇。饲料添加剂植物甾醇（源于大豆油/菜籽油，有效成分为β-谷甾醇、菜油甾醇、豆甾醇）的适用范围为家禽、生长育肥猪、犬、猫。许栋等[45]研究了植物甾醇对猪生产性能、免疫指标及*Wnt1*基因表达的影响。选择240头"杜×长×大"三元杂交猪，公、母各半，将试验猪随机分为4组，每组6个重复，每个重复10头。分别在日粮中添加0 g/t、100 g/t、200 g/t、300 g/t植物甾醇，按照植物甾醇添加量依次命名为A组（对照组）、B组、C组、D组。试验期为50 d。结果表明，B组、C组、D组试验猪末重显著地高于对照组（$P<0.05$），平均日增重（ADG）、平均日采食量（ADFI）均极显著地高于对照组（$P<0.01$），但料重比（F/G）显著地低于对照组（$P<0.05$）。眼肌面积（LMA）随着

植物甾醇的添加量提高而极显著地升高（P<0.01）。与对照组对比，试验组血清免疫球蛋白A（IgA）显著地提高（P<0.05），免疫球蛋白G（IgG）含量极显著地提高（P<0.01），免疫球蛋白M（IgM）含量无显著差异（P>0.05）。试验组猪血清中总超氧化物歧化酶（T-SOD）活性极显著地高于对照组（P<0.01），谷胱甘肽过氧化物酶（GSH-Px）活性、总抗氧化能力（T-AOC）显著地高于对照组（P<0.05），血清丙二醛（MDA）含量显著地降低。试验组育肥猪的肝脏与背最长肌中*Wnt1*基因的相对表达量均极显著地高于对照组（P<0.01），并且随着植物甾醇添加量的提高呈上升趋势。研究表明，在本试验条件下，建议在猪日粮中添加100～200 g/t植物甾醇。

程业飞等[46]研究了普通和乳化植物甾醇对育肥猪生长性能、血清生化指标和养分消化率的影响。选用75头初始重为60 kg左右的“杜×长×大”三元杂交育肥猪随机分为3组，其中对照组饲喂基础日粮，试验组在基础日粮中分别添加30 mg/kg普通植物甾醇（1组）或乳化植物甾醇（2组）。试验期为52 d。2种植物甾醇对育肥猪生产性能无显著影响，但显著地降低血清总胆固醇（TC）、甘油三酯（TG）水平和白球比（A/G）（P<0.05），显著地提高血清总蛋白（TP）和球蛋白（GLO）水平（P<0.05），1组血清白蛋白（ALB）含量显著地低于对照组（P<0.05），而2组无显著差异；显著地提高育肥猪对干物质、有机物、粗蛋白的消化率（P<0.05），2组粗脂肪消化率也显著地高于对照组（P<0.05）。结果表明，在育肥猪日粮中添加30 mg/kg两种植物甾醇均可改善养分消化率，调节血脂和蛋白质代谢，且从血清ALB和粗脂肪消化率数据来看，乳化植物甾醇的作用效果优于普通植物甾醇。

彭俊平等[47]为研究不同剂量的植物甾醇、枯草芽孢杆菌及复合酶制剂对育肥猪生长性能和肉品质的影响，试验分批选取了600头体重60 kg左右的“杜×长×大”三元杂交商品猪，随机分成4组，每组150头。对照组饲喂玉米-豆粕型基础日粮，试验1组饲喂基础日粮+植物甾醇（75 g/t）+枯草芽孢杆菌（20 g/t）+复合酶制剂（100 g/t），试验2组饲喂基础日粮+植物甾醇（150 g/t）+枯草芽孢杆菌（40 g/t）+复合酶制剂（200 g/t），试验3组饲喂基础日粮+植物甾醇（300 g/t）+枯草芽孢杆菌（80 g/t）+复合酶制剂（400 g/t）。试验期为50 d。结果表明，饲料中添加了植物甾醇、复合酶制剂和枯草芽孢杆菌可显著地提高育肥猪的平均日采食量、平均日增重、降低料重比（P<0.05）。试验2组与试验1组相比差异显著，试验期末重、平均日采食量、平均日增重分别比试验1组提高4.87%、3.81%、10.78%，料重比降低6.8%。试验2组与试验3组相比差异不显著。在肉品质方面，试验组在背膘和肉色方面与对照组相比差异显著（P<0.05），可明显改善肉色。

（3）苜蓿提取物。饲料添加剂苜蓿提取物（有效成分为苜蓿多糖、苜蓿黄酮、苜蓿皂苷）的适用范围为仔猪、生长育肥猪、肉鸡、犬、猫。刘燕[48]为研究紫花苜蓿多糖对育肥猪生长性能及胴体品质的影响，选择体重相近的健康三元杂交育肥猪180头，随机分成3组，每组3个重复，每个重复20头，试验1组饲喂基础日粮为对照组，试验2组、试验3组分别在基础日粮中添加5.0%、10.0%紫花苜蓿多糖。预试期为10 d，正试期为60 d。在试验1 d和60 d测定生长性能指标，试验结束测定胴体品质。结果表明，试验2组、试验3组试验末重和平均日增重分别较对照组提高5.8%、6.2%、14.0%、14.9%（P<0.05），试验2组、试验3组料重比分别较对照组降低4.6%、5.0%（P<0.05）。试验2组、试验3组屠宰率和瘦肉率分别较对照组提高4.2%、4.0%、5.8%、6.9%（P<0.05）。试验2组、

试验 3 组胴体率均高于对照组（$P>0.05$），试验 2 组、试验 3 组背膘厚和眼肌面积分别较对照组降低 7.8%、10.0%、8.9%、8.7%（$P<0.05$）。试验 2 组、试验 3 组肉质评价指标大理石评分、肉色、剪切力、pH_{24h}与对照组相比，差异性均不显著（$P>0.05$）。综上所述，日粮中 10.0%紫花苜蓿多糖可以提高育肥猪的生长性能和胴体品质。

（4）糖萜素。饲料添加剂糖萜素（源自山茶籽饼）的适用范围为猪、家禽。梁龙华等[49]为研究饲粮中不同添加量的糖萜素对生长育肥猪生长性能、免疫指标及血清酶活性指标的影响，采用单因素随机方差试验，选择 300 头日龄相近、体重在（40±1）kg 的育肥猪随机分为 4 组，每组 3 个重复，每个重复 25 头，在饲粮中依次添加糖萜素 0 mg/kg、150 mg/kg、300 mg/kg、450 mg/kg。结果表明，各试验组日增重均比对照组高，其中以 300 mg/kg 糖萜素组最高，比对照组增加 82.70 g。料重比与对照组相比均有所降低，但各组间差异不显著（$P>0.05$）。血清白蛋白（ALB）以 300 mg/kg 糖萜素组最高，为 35.78 g/L；血清球蛋白（GLO）以 300 mg/kg 糖萜素组最高，为 28.53 g/L，但各组间无显著差异（$P>0.05$）。各试验组的谷草转氨酶（GOT）均低于对照组，其中 150 mg/kg 糖萜素组显著地低于对照组（$P<0.05$）；血清碱性磷酸酶（ALP）以 300 mg/kg 糖萜素组最低。因此，糖萜素能改善育肥猪生长性能，增强育肥猪免疫功能，以添加量 300 mg/kg 为宜。

（5）茶多酚。饲料添加剂茶多酚的适用范围为养殖动物，属于抗氧化剂。茶多酚主要来源于茶叶及茶叶副产物，为茶叶中多酚类物质的总称，主要成分为黄烷酮类、花色素类、黄酮醇类、花白素类、酚酸及缩酚酸类 6 类化合物。刘冬等[50]为研究茶多酚对育肥猪生长性能、肉品质及抗氧化功能的影响，试验选择 240 头体重相近、胎次一致、健康的生长猪，应用完全随机单因素试验，设计 5 组，每组 8 个重复，每个重复 6 头，其中对照组饲喂基础日粮，试验组依次在基础日粮中添加 300 mg/kg、400 mg/kg、500 mg/kg、600 mg/kg 的茶多酚。试验期为 30 d。结果表明，与对照组相比，试验 2 组和试验 3 组的平均日增重显著增加 11.44%、9.78%（$P<0.05$），试验 1 组和试验 4 组与对照组相比差异不显著（$P>0.05$）；试验 2 组的料重比较对照组显著降低 8.02%（$P<0.05$），其他试验组的料重比略低于对照组，但差异不显著（$P>0.05$）；各组间的末重、平均日采食量差异不显著（$P>0.05$）。试验 2 组的大理石纹评分较对照组显著提高 29.34%（$P<0.05$），其他试验组比对照组略有提高，但差异不显著（$P>0.05$）；试验 2 组和试验 3 组的剪切力较对照组显著降低 11.69%、9.00%（$P<0.05$），试验 1 组和试验 4 组略低于对照组，但差异不显著（$P>0.05$）。血液抗氧化方面，试验 2 组、试验 3 组、试验 4 组的总抗氧化能力较对照组显著提高 27.03%、22.70%、27.57%（$P<0.05$）；试验 1 组、试验 2 组、试验 3 组、试验 4 组的谷胱甘肽过氧化物酶较对照组显著提高 7.35%、9.38%、8.45%、7.79%（$P<0.05$）；试验 2 组的丙二醛含量较对照组显著降低 8.01%（$P<0.05$）。肝脏抗氧化方面，试验 1 组、试验 2 组、试验 3 组、试验 4 组的总抗氧化能力较对照组显著提高 10.42%、22.92%、41.67%、31.25%（$P<0.05$）；试验 2 组、试验 3 组、试验 4 组的谷胱甘肽过氧化物酶较对照组显著提高 13.16%、12.40%、12.33%（$P<0.05$）；试验 2 组、试验 3 组、试验 4 组的丙二醛含量较对照组显著降低 27.24%、24.73%、25.45%（$P<0.05$）。综上所述，在生长育肥猪日粮中添加茶多酚可以提高其生长性能、改善肉品质及增强抗氧化功能，适宜添加量为 400 mg/kg。

（6）牛至香酚。饲料添加剂牛至香酚的适用范围为养殖动物，属于调味和诱食物质类饲料添加剂。生产中多添加含牛至香酚的植物提取物和牛至精油用于提高生长性能。沈红勋等[51]研究了日粮中添加牛至提取物（有效成分牛至香酚含量大于20%）对生长育肥猪生长性能、营养物质表观消化率、胴体性状的影响。试验选取200头体重相近、健康状态良好的育肥猪，随机分成4组，每组5个重复，每个重复10头。对照组育肥猪饲喂基础日粮，试验组的育肥猪饲喂额外添加200 mg/kg、400 mg/kg、600 mg/kg牛至提取物的基础日粮。试验期为90 d。结果表明，400 mg/kg、600 mg/kg牛至提取物组育肥猪末重和平均日增重显著高于对照组（$P<0.05$），400 mg/kg牛至提取物组育肥猪料重比显著低于对照组（$P<0.05$）。400 mg/kg、600 mg/kg牛至提取物组育肥猪干物质和粗蛋白的表观消化率显著高于对照组（$P<0.05$）。400 mg/kg、600 mg/kg牛至提取物组生长育肥猪的宰前活重和胴体重均显著高于对照组（$P<0.05$）。400 mg/kg、600 mg/kg的牛至提取物组育肥猪肉pH和肌肉脂肪含量显著高于对照组（$P<0.05$），400 mg/kg牛至提取物组育肥猪肉滴水损失显著低于对照组（$P<0.05$）。研究表明，在生长育肥猪日粮中添加牛至提取物能够提高生长性能和营养物质表观消化率，改善胴体性状和肉品质，适宜的添加量为400 mg/kg。

黄其春等[52]研究了牛至提取物（牛至香酚含量≥15%，迷迭香酸含量≥3.75%）对生长育肥猪生长性能、胴体性状及肉品质的影响。将126头体重为（41.64±1.63）kg的“杜×长×大”三元杂交生长育肥猪随机分为3组，对照组饲喂基础日粮，试验组分别在基础日粮中添加300 mg/kg、500 mg/kg牛至提取物。每组设3个重复，每个重复14头。预试期为5 d，正试期为92 d。试验结束时，测定生长育肥猪生长性能、胴体性状和肉品质。结果表明，与对照组相比，300 mg/kg、500 mg/kg牛至提取物组平均日增重、平均日采食量显著提高，耗料增重比显著降低，肌肉中肌苷酸含量显著提高；500 mg/kg牛至提取物组肉色、屠宰后$pH_{45\ min}$显著高于对照组和300 mg/kg牛至提取物组，滴水损失则显著降低；各组屠宰率、瘦肉率、平均背膘厚、眼肌面积以及肌肉的水分、粗脂肪、粗蛋白质和粗灰分含量差异不显著。结果表明，日粮添加500 mg/kg牛至提取物可提高生长育肥猪生长性能，改善肉品质和风味。

（7）紫苏籽提取物。饲料添加剂紫苏籽提取物（有效成分为α-亚油酸、亚麻酸、黄酮）的适用范围为猪、肉鸡、鱼、犬、猫。赵必迁[53]研究了生猪育肥期饲粮中添加紫苏籽提取物（主要成分及含量为α-亚麻酸≥10 000 mg/kg、亚油酸≥3 000 mg/kg、总黄酮≥700 mg/kg）对猪屠宰性能和肉品质的影响。试验采用单因素试验设计，选取160头平均体重相近的“杜×长×大”三元杂交育肥猪，随机分为2组，每组8个重复，每个重复10头。育肥猪基础饲粮为玉米-豆粕型粉料。对照组饲喂育肥猪基础饲粮，试验组饲喂基础饲粮+200 mg/kg紫苏籽提取物，试验猪进行限饲喂养。预试期为7 d，正试期为56 d。饲养试验结束后，每组选16头猪（公、母各半）进行屠宰测定。结果表明，屠宰性能方面，屠宰率两组差异不显著（$P>0.05$）；瘦肉率和眼肌面积都以试验组最高，分别显著提高5.91%（$P<0.05$）和4.02%（$P<0.05$）；背膘厚以试验组最低，与对照组相比显著降低9.97%（$P<0.05$）。肉品质指标方面，大理石纹评分、pH、粗蛋白质含量3个肉质指标两组差异不显著（$P>0.05$）；肉色评分、肌肉脂肪含量和肌苷酸含量3个肉质指标都以试验组最高，与对照组相比分别显著提高13.70%（$P<0.05$）、13.5%（$P<0.05$）和10.03%（$P<0.05$）；滴水损失以试验组最低，与对照组相比极显著降低19.08%（$P<0.01$）。研究表明，育肥猪饲喂200 mg/kg紫苏籽提取物显著提高瘦肉率和眼肌面积，显著降低背膘厚；肉品质方面，紫苏

籽提取物显著提高了肉色评分、肌肉脂肪含量和肌苷酸含量，极显著降低了滴水损失。综合考察育肥猪屠宰性能和肉品质相关指标表明，育肥猪饲粮中添加 200 mg/kg 紫苏籽提取物改善屠宰性能和肉品质的效果较为明显。

（8）甜菜碱。饲料添加剂甜菜碱的适用范围为养殖动物，是一种维生素及类维生素类的饲料添加剂，甜菜的糖蜜是天然甜菜碱的主要来源。张琪等[54]选择 75 kg 左右的松辽黑猪 60 头，随机分成 2 组，对照组饲喂基础饲粮，试验组饲喂基础饲粮+2%由 200 mg/kg 维生素 C、100 mg/kg 维生素 E、1 500 mg/kg 甜菜碱、2 500 mg/kg 牲血素组成的复合添加剂进行生长育肥试验，在体重达到 120 kg 左右时，每组随机选取 3 头屠宰测定各项指标，研究复合添加剂对松辽黑猪肌肉品质和血液生化指标的影响。试验结果表明，试验组的肉色评分、肉色红度值（a^*）分别显著高于对照组 10.64%和 8.39%（$P<0.05$），剪切力显著低于对照组 21.87%（$P<0.05$）；$pH_{45\,min}$、$pH_{24\,h}$、滴水损失 24 h、滴水损失 48 h、滴水损失 72 h 均低于对照组，但差异均不显著（$P>0.05$）。试验组总蛋白、血清白蛋白、高密度脂蛋白含量高于对照组 17.55%、11.01%、43.64%，差异显著（$P<0.05$）；尿素氮的含量低于对照组 33.97%，差异极显著（$P<0.01$）；总胆固醇、甘油三酯含量低于对照组 20.16%、50.79%，差异显著（$P<0.05$）。研究表明，饲粮中添加复合添加剂能够改善松辽黑猪肉色、肉嫩度和肉品质，提高肌肉系水力。

申超超等[55]研究了饲粮中不同甜菜碱水平对三元杂交育肥猪血清中血清总蛋白（TP）、免疫球蛋白 G（IgG）、血清尿素氮（BUN）含量和血清胆碱酯酶（ChE）活性的影响。选取 60 头 3 月龄左右、体重相近［（49±4.04）kg］的“杜×长×大”三元杂交育肥猪，随机分为 4 组，对照组饲喂基础饲粮（无甜菜碱），试验组分别饲喂在基础饲粮中添加 1 000 mg/kg、1 500 mg/kg、2 000 mg/kg 甜菜碱（饲料级甜菜碱，纯度≥98%）的试验饲粮。饲喂试验前后前腔静脉采集抗凝血液，分离血清，全自动生化分析仪测定血清中 TP、BUN、IgG 含量和 ChE 活性，应用 SPSS 23.0 软件进行统计学处理与分析。结果表明，3 个水平甜菜碱对三元杂交育肥猪血清中 BUN 含量和 ChE 活性无显著影响（$P>0.05$）；3 个水平甜菜碱可显著提高血清 TP 含量（$P<0.05$）；在 1 500 mg/kg 甜菜碱水平下，饲喂前后 TP 与 IgG 含量变化与对照组相比极显著升高（$P<0.01$）；饲粮中甜菜碱添加量为 1 500 mg/kg 时饲喂效果最好，可促进三元杂交育肥猪蛋白质合成代谢、提高其免疫力，是育肥猪饲粮甜菜碱最适添加量。

申超超等[56]还研究了低蛋白日粮中不同蛋白质水平与甜菜碱水平（饲料级甜菜碱，纯度≥98%）对三元杂交育肥猪脂类代谢的影响。选取 150 头 3 月龄左右、体重相近［（49±4.04）kg］的“杜×长×大”三元杂交育肥猪，随机分为 10 组，对照组饲喂基础日粮（15%蛋白质，无甜菜碱），其余组别按照 3×3 双因素试验设计，设 3 个蛋白质水平（13%、14%、15%）和 3 个甜菜碱水平（0.10%、0.15%、0.20%），分别饲喂 9 种不同的试验日粮。饲喂试验开始前与结束后，每组分别随机抽取 5 头试验猪前腔静脉采集抗凝血样，分离血清，全自动生化分析仪测定血清中总甘油三酯（TG）、总胆固醇（TC）、高密度脂蛋白胆固醇（HDL-C）、低密度脂蛋白胆固醇（LDL-C）含量，SPSS 23.0 软件进行统计学处理与分析。结果表明，日粮中蛋白质与甜菜碱水平对三元杂交育肥猪血清中 TG、TC、HDL-C、LDL-C 含量均具有极显著影响（$P<0.01$）；蛋白质与甜菜碱间的交互作用对血清中 TG、LDL-C 含量具有极显著影响（$P<0.01$，$|r|>0.3$）；蛋白质与 TC、HDL-C 间存在极显著的强正相关性（$P<0.01$，$|r|>0.3$），甜菜碱与 TC、LDL-C 间存在极显著的强正

相关性（$P<0.01$，$|r|>0.3$）。因此，在14%蛋白质水平下，TG、LDL-C含量极显著降低（$P<0.01$），HDL-C含量极显著升高（$P<0.01$），有利于试验猪健康生长；在0.15%甜菜碱水平下，TG、LDL-C含量极显著降低（$P<0.01$），HDL-C含量极显著升高（$P<0.01$），为最适添加量。

（9）大豆黄酮。饲料添加剂大豆黄酮（4,7-二羟基异黄酮）的适用范围为猪、产蛋家禽，是一种植物雌激素，广泛存在于豆类、牧草、谷物等天然植物中。Sun等[57]研究了日粮中添加大豆黄酮（DAI）对生长育肥猪生长性能、胴体性状和肉质的影响。72头DLY（Duroc×Landrace×Yorkshire）雄性去势生长猪被随机分为4组，并用基础日粮（CON）或含有不同剂量DAI（12.5 mg/kg、37.5 mg/kg和62.5 mg/kg）的基础日粮喂养。大豆黄酮提取自大豆糖蜜，纯度为99%。结果表明，添加DAI显著增加平均日增重（ADG）（$P<0.05$）。此外，DAI不仅提高了血清胰岛素样生长因子-Ⅰ（IGF-Ⅰ）和睾酮浓度（$P<0.05$），而且提高了超氧化物歧化酶（SOD）活性和总抗氧化能力（T-AOC）。高剂量（62.5 mg/kg）的DAI显著增加了肌肉脂肪（IMF）含量，但降低了肝脏中的脂肪含量（$P<0.05$）。经62.5 mg/kg DAI处理的猪的滴水损失和剪切力均降低（$P<0.05$）。在胸部最长肌中，补充DAI可提高*MyHC Ⅰ*的转录水平，降低*MyHC Ⅱb*的转录水平（$P<0.05$）。DAI改变了胸部最长肌和肝脏中关键代谢基因的表达谱。在胸部最长肌中，磷酸烯醇式丙酮酸羧激酶（*PEPCK*）和激素敏感脂肪酶（*HSL*）基因转录水平下调（$P<0.05$）。然而，DAI上调了脂肪酸合成酶（*FASN*）和乙酰辅酶A羧化酶1（*ACC1*）基因的转录水平（$P<0.05$）。在肝脏中，DAI提高了葡萄糖激酶（*GCK*）的转录水平，但降低了*ACC1*的转录水平（$P<0.05$）。这些结果不仅表明日粮中添加DAI对猪的生长性能有有益影响，而且揭示了DAI调节猪肉质的潜在机制。

1.2.1.3 我国尚未批准在猪饲料中使用的天然植物提取物的应用研究进展

（1）绿原酸。饲料添加剂绿原酸（源自山银花，原植物为灰毡毛忍冬）的适用范围为肉仔鸡。绿原酸（CGA）是一种天然酚酸，是多种生物活性膳食酚的重要组成部分。Wang等[58]通过试验探究膳食CGA补充剂是否改善肉质和肌肉纤维特性，以及相应的改善是否与增强育肥猪的抗氧化能力有关。将32头平均初始体重为（71.89±0.92）kg的“大×白×长白”三元杂交育肥猪，分为4组，每组分别喂食补充0、0.02%、0.04%和0.08%（质量比）CGA的饲料。评估了肉质性状、肌纤维特性、血清和肌肉抗氧化能力。结果表明，与对照组相比，饲料中补充0.04%的CGA能显著降低b^*值，显著增加背长肌（LD）和股二头肌（BF）的肌苷酸含量（$P<0.01$）。此外，0.04%的CGA可显著改善LD和BF的氨基酸组成，并增加了LD中*Nrf-2*、*GPX-1*、*MyoD*、*MyoG*和氧化肌纤维（Ⅰ和Ⅱa）的mRNA丰度（$P<0.05$）。这一研究表明，饲料中补充0.04% CGA促进了肌原生成，并诱导LD向更多氧化性肌肉纤维的转变，从而改善了肉质。此外，饲料中添加0.02%和0.04%的CGA显著提高了血清GSH-Px水平（$P<0.01$）。这些潜在的新陈代谢可能与饲料中CGA诱导的抗氧化能力提高有关。

Chen等[59]通过2个试验研究了绿原酸对断奶仔猪生长性能、抗氧化能力、养分消化率、腹泻发生率、肠道消化吸收功能及肠道消化吸收相关基因表达水平的影响。试验一：将200头断奶仔猪随机分为4个日粮处理，在14 d的试验中分别饲喂基础日粮以及添加250 mg/kg、500 mg/kg或1 000 mg/kg绿原酸的基础日粮。与对照组相比，添加1 000 mg/kg绿原酸组的猪具有更低的料重比（F/G）（$P<0.05$）。试验二：将 24 头断奶仔猪随机分为 2 组，分别饲喂基础日粮（对照组）和基础日粮，基础日粮中添加 1 000 mg/kg 的绿原酸（绿原酸组）。在 14 d 的试验后，每处理 8 头猪随机抽取血清和肠道样本。与对照组相比，绿原酸组的平均日采食量、平均日增重、饲料转化率、粗脂肪和灰分、粗蛋白（CP）的表观总消化率均升高（$P<0.05$），腹泻发生率降低（$P<0.05$）。绿原酸组猪血清白蛋白、胰岛素样生长因子-Ⅰ(IGF-Ⅰ）水平高于对照组（$P<0.05$），尿素氮水平低于对照组（$P<0.05$）。此外，日粮添加绿原酸可提高血清超氧化物歧化酶（SOD）、谷胱甘肽过氧化物酶（GSH-Px）、过氧化氢酶（CAT）、空肠和回肠麦芽糖酶、空肠蔗糖酶和碱性磷酸酶（AKP）的活性（$P<0.05$）。饲喂绿原酸的猪十二指肠葡萄糖转运蛋白 1（SGLT1）和锌转运蛋白 1（ZNT1）的 mRNA 水平，以及空肠葡萄糖转运蛋白-1、葡萄糖转运蛋白-2（GLUT-2）和二价金属转运蛋白 1（DMT1）的 mRNA 转录水平均升高（$P<0.05$）。研究表明，日粮中添加绿原酸有可能通过提高仔猪的抗氧化能力和增强肠道消化吸收功能，改善仔猪的生长性能，降低仔猪腹泻发生率。

赖星等[60]研究了日粮添加绿原酸（CGA）和橙皮苷（HDN）对断奶仔猪生长性能与肠道功能的影响。研究选择 40 头健康的“长白×大白×荣昌猪”三元杂交断奶阉公仔猪［日龄（28±2）d，体重（8.97±1.48）kg］，按单因素随机分为 4 组：基础日粮组（CON）、基础日粮添加 100 mg/kg A 杆菌肽组（BT）、基础日粮添加 250 mg/kg 绿原酸组（CGA）、基础日粮添加 250 mg/kg 橙皮苷组（HDN）。每组 10 个重复，每个重复 1 头，采用单栏饲养。试验期为 33 d，其中预试期为 5 d。测定生长性能、血浆和肝生化指标、肠道黏膜组织形态、肠道黏膜相关蛋白含量与 mRNA 丰度、肠道微生物区系。结果表明，与对照组相比，日粮中添加 CGA 和 HDN 能显著提高断奶仔猪平均日增重、平均日采食量、胸腺指数和仔猪小肠长度指数（$P<0.05$）；显著提高血浆和肝组织中总抗氧化能力、总超氧化物歧化酶、过氧化氢酶、谷胱甘肽还原酶、谷胱甘肽过氧化物酶活性（$P<0.05$）。CGA 组、HDN 组和 BT 组仔猪空肠绒毛高度和完整性上均优于对照组（$P<0.05$）。CGA 组仔猪 β 防御素-2（β-defensins-2，BD2）蛋白水平显著高于对照组（$P<0.05$），CGA 组仔猪空肠黏膜 *TNF-α* mRNA 丰度显著高于 HDN 组和对照组（$P<0.05$），HDN 组仔猪空肠黏膜 *IL-8* mRNA 丰度高于 BT 组（$P<0.05$）。CGA 和 HDN 能维持断奶仔猪结肠微生物区系的多样性，保护肠道微生态平衡。日粮添加绿原酸和橙皮苷能显著提高断奶仔猪的平均日增重、平均日采食量、空肠黏膜绒毛高度，显著降低料重比。绿原酸通过促进肠道上皮 BD2 的表达发挥其抗菌作用，绿原酸通过提高 TNF-α 发挥抗炎作用，绿原酸和橙皮苷具有抗氧化作用，能维持断奶仔猪肠道微生物区系的多样性。

Wu 等[61]研究了绿原酸对肠道微生物群调节以及游离氨基酸和 5-羟基色胺（5-HT，即血清素）水平的影响。将 96 头健康成长的猪随机分为 2 组：对照组（标准饲料）和绿原酸组［标准饲料+0.05% 3-咖啡酰奎宁酸（3-CQA)］，持续 60 d。补充绿原酸后，肠道微生物群的多样性增加。这些微生物的变化与血清游离氨基酸水平和结肠 5-HT 水平显著相关。与对照组相比，血清天冬氨酸、苏氨酸、丙氨酸、精氨酸和结肠 5-HT 水平显著升高（$P<0.05$）。这些数据表明，绿原酸在调节肠道微生物群和增加血清游离氨基酸水平方面起着重要作用。

（2）藤茶黄酮。饲料添加剂藤茶黄酮的适用范围为鸡。赵萌等[62]研究了藤茶总黄酮

（AGF）对仔猪血清生化指标及免疫功能的影响。选取 24 头健康的仔猪随机分成 4 组，每组 6 头，对照组饲喂基础日粮，试验组分别饲喂添加 0.25%、0.5%、1% AGF 的基础日粮。试验期为 40 d。试验结束后，每组抽取 2 头仔猪血液进行血清生理生化指标测定。结果表明，仔猪日粮中添加 AGF 能够极显著提高血清白蛋白（ALB）的含量（$P<0.01$）；降低仔猪血清尿素氮（BUN）含量，其中 0.5%组、1%组与对照组相比差异极显著（$P<0.01$）；各试验组甘油三酯（TG）的含量均有所降低，其中 0.25%组和 1%组与对照组相比差异显著（$P<0.05$）；各试验组仔猪血清中的谷草转氨酶（AST）含量显著低于对照组（$P<0.05$），碱性磷酸酶（ALP）含量均有所提高，其中 0.5%组与对照组相比差异极显著（$P<0.01$）；日粮中添加 AGF 能够极显著地提高仔猪血清免疫球蛋白 M（IgM）的含量（$P<0.01$），0.5%组和 1%组血清中免疫球蛋白 G（IgG）的含量极显著高于对照组（$P<0.01$）；0.25%组和 0.5%组在一定程度上提高仔猪血清补体 C3、C4 的含量。综上所述，AGF 能够增强仔猪机体代谢能力及免疫功能。

（3）茶树油。茶树油是一种具有抗炎、抗肿瘤作用的植物提取物。Zhang 等[63]研究了饲料添加剂茶树油（TTO）能否通过调节抗氧化能力和肠道微生物群谱、降低腹泻发病率、提高断奶仔猪的生长性能，从而有效地替代抗生素。216 头断奶仔猪的初始体重为（9.19±1.86）kg，以完全随机的设计分配到 3 种饲料处理中。饲粮包括不含任何抗生素的玉米-豆粕基础饲料（CON）以及 2 种试验性饲料，分别在基础饲料中添加 75 mg/kg 金霉素（AGP）或 100 mg/kg TTO。在 0～14 d 和 14～28 d，喂食 TTO 日粮的猪（$P<0.05$）比喂食 CON 和 AGP 日粮的猪表现出更大的增益与饲料比（$P<0.05$）。与 CON 组相比，饲料中添加 TTO 和 AGP 在 14～28 d（$P=0.06$）和整个试验期间（$P=0.07$）具有增加断奶仔猪平均日增重的趋势，并且显著降低（$P<0.05$）0～14 d 的腹泻发生率。TTO 提高了干物质和醚提取物的表观总消化率（$P<0.05$），并增加了断奶仔猪粪便样品中丙酸盐和丁酸盐浓度（$P<0.05$）。与饲喂 CON 日粮的猪相比，饲喂 TTO 日粮的猪显示出更高的总抗氧化能力、更高的超氧化物歧化酶和白细胞介素-10 浓度，血清中的丙二醛浓度更低（$P<0.05$）。此外，饲喂 TTO 日粮的猪表现出更大的 *Clostridiaceae _ 1* 相对丰度，而饲喂 AGP 的猪表现出更大的 *Lactobacillaceae* 相对丰度。综上所述，饲料添加剂 TTO 可以改善断奶仔猪的生长性能，这主要归因于其对营养消化率、抗氧化能力和微生物群落特征的益处。

Dong 等[64]研究了茶树油对肠黏膜免疫功能的影响。将 90 头 21 日龄断奶仔猪［体重（6.73±0.12）kg］随机分为 5 组，分别为对照组（基础日粮）、抗生素组（基础日粮加 200 mg/kg 硫酸黏菌素和 75 mg/kg 金霉素）和低、中、高水平茶树油添加组（分别以 50 mg/kg、100 mg/kg 和 150 mg/kg 的剂量添加至基础日粮中）。试验 21 d 后，补充剂茶树油使断奶仔猪日均采食量增加（$P<0.05$），日增重呈增加趋势（$0.05<P<0.1$）。经茶树油使用后，空肠绒毛长度（$P<0.001$）以及小肠三段绒毛长度与隐窝深度的比值（$P<0.01$）均有不同程度的改善。补充剂导致空肠和回肠 IL-2 含量增加（$P<0.05$），空肠 IL-10 有增加趋势（$0.05<P<0.1$），回肠 IFN-γ 含量增加（$0.05<P<0.1$）。空肠 IL-1β（$P<0.01$）和IL-10（$P<0.01$）、回肠 TNF-α（$P<0.05$）和闭塞素（$P<0.01$）的基因转录水平均在茶树油使用后上调。茶树油增加空肠热休克蛋白 Hsp60（$P<0.05$）、Hsp70（$P<0.01$）和 Hsp90（$P<0.001$）的基因转录水平，上调回肠 Hsp70（$P<0.05$）和 Hsp90（$P<0.01$）的基因转录水平。此外，补充茶树油可激活小肠中的 Notch2 信号（$P<0.05$）。

与抗生素相比，茶树油显示出更好的效果。综上所述，补充茶树油能提高断奶仔猪的肠黏膜免疫功能，且效果优于抗生素，这可能与激活 Notch2 信号有关。

（4）苹果提取物。Chen 等[65]研究了苹果提取物（MCE）对断奶仔猪生长性能、免疫应答、抗氧化能力、肠道形态及微生物群的影响。在 21 d 的试验中，共使用 36 头“杜×长×大”三元杂交断奶仔猪，断奶时的平均体重为（6.55±0.32）kg。将猪分为 3 组（$n=12$），分别为对照组（基础日粮）、MCE 组（基础日粮＋50 mg/kg MCE）和 ABO 组（基础日粮＋20 mg/kg 链霉素和 100 mg/kg 金霉素）。与对照组相比，MCE 组和 ABO 组仔猪平均日增重高、饲料效率低、腹泻率低（$P<0.05$）。MCE 喂养仔猪血清免疫球蛋白 G（IgG）水平高于对照组（$P<0.05$）。MCE 喂养仔猪血清总抗氧化能力（T - AOC）、谷胱甘肽过氧化物酶（GSH - Px）和超氧化物歧化酶（SOD）活性均高于对照组和 ABO 组（$P<0.05$）。MCE 的加入使乳酸杆菌数量增加（$P<0.05$），沙门菌数量减少（$P<0.05$），并有减少大肠杆菌数量的趋势（$P<0.10$）。日粮 MCE 增加了仔猪十二指肠、空肠、回肠的绒毛高度与绒毛高密比，降低了空肠的隐窝深度（$P<0.05$）。总之，日粮添加 MCE 对断奶仔猪的生长性能、免疫状态、抗氧化能力和肠道健康都有一定的影响，可作为抗生素的替代品。

（5）藤黄醇。Wang 等[66]研究了日粮中添加藤黄醇对断奶仔猪腹泻及肠道屏障功能的影响。将 144 头 16 圈（9 头/圈）“杜×长×大”三元杂交断奶仔猪随机分为 4 组：对照组以及饲料中添加 200 mg/kg（低）、400 mg/kg（中）、600 mg/kg（高）藤黄醇组。试验 14 d 后，每只仔猪取 3 只，收集血浆、肠组织和结肠消化液样品。首次证实了藤黄醇对生长性能的促进作用，表现为日平均采食量增加，料重比降低，腹泻发生率降低（$P<0.05$），抗氧化能力增强，抗氧化指标提高（$P<0.05$）。此外，藤黄醇改善肠屏障功能障碍，随着绒毛高度与隐窝深度的比值增加，空肠和回肠中闭锁小带蛋白- 1（ZO - 1）、闭锁蛋白和 claudin - 1 的表达增加（$P<0.05$），肠通透性降低（$P<0.05$），炎症减轻，空肠和回肠黏膜中细胞因子 IL - 6、IL - 10、IL - 1β 及 TNF - α 水平降低，NF - κB - p65 易位（$P<0.05$）。此外，藤黄醇抑制了肠道中大多数有害细菌的生长，特别是大肠杆菌，并增加了有益细菌乳酸杆菌的生长。藤黄醇可以改善断奶仔猪腹泻和肠屏障功能，可作为功能性饲料添加剂。

Wang 等[67]评估了日粮中添加藤黄醇（0 mg/kg、200 mg/kg、400 mg/kg 和 600 mg/kg）对育肥猪生长性能、肉质、宰后糖酵解和抗氧化能力的影响。日粮中添加藤黄醇提高了猪的平均日增重以及背长肌（LM）的 $pH_{24\,h}$、a^* 和肌红蛋白含量（$P<0.05$），降低了料重比、$L^*_{24\,h}$、糖酵解电位、滴水损失、剪切力和背膘深度（$P<0.05$）。藤黄醇显著提高了谷胱甘肽过氧化物酶（GPx）、过氧化氢酶（CAT）和总抗氧化能力（T - AOC），而乳酸脱氢酶（LDH）和丙二醛（MDA）含量的活性降低（$P<0.05$）。此外，藤黄醇降低了 p300/CBP 相关因子（PCAF）活性、乙酰化水平以及糖酵解酶磷酸甘油酯激酶 1（PGK1）、甘油醛- 3 -磷酸脱氢酶（GAPDH）和 6 -磷酸果糖- 2 -激酶/果糖- 2，6 -双磷酸酶- 3（PFKFB3）的活性（$P<0.05$）。研究表明，藤黄醇降低了宰后糖酵解，这可能是 PCAF 诱导的糖酵解酶乙酰化减少导致的。因此，藤黄醇可以通过改变宰后糖酵解和抗氧化能力来提高猪肉质量。

（6）山竹醇。贺琼玉等[68]研究了饲粮中添加山竹醇对氧化应激仔猪生长性能、抗氧化功能及肝脏脂质合成的影响。选择 30 头健康状况良好、胎次相近的 35 日龄“杜×长×大”

三元杂交断奶仔猪，随机分为5组，每组6个重复，每个重复1头。对照组和应激组仔猪饲喂基础饲粮，山竹醇组仔猪饲喂在基础饲粮中分别添加200 mg/kg、400 mg/kg、600 mg/kg山竹醇的试验饲粮。预饲7 d后开始正式试验，试验期为28 d。在试验第15 d早晨进行前腔静脉采血，采血后应激组和山竹醇组仔猪按照10 mg/kg体重的剂量腹腔注射敌草快（diquat）溶液，对照组仔猪腹腔注射相同剂量的灭菌生理盐水。在第29 d，试验猪空腹进行前腔静脉采血并采取所需肝脏样品，检测血清和肝脏生化指标以及肝脏脂质合成相关基因mRNA的转录水平。结果表明，注射diquat后（15～28 d），应激组仔猪的平均日增重（ADG）和平均日采食量（ADFI）显著低于对照组（$P<0.05$），料重比（F/G）显著高于对照组（$P<0.05$），各山竹醇组的ADG和ADFI均显著高于应激组（$P<0.05$），400 mg/kg山竹醇组的F/G显著低于应激组（$P<0.05$）。注射diquat前（第15 d），饲粮中添加400 mg/kg、600 mg/kg山竹醇显著提高了仔猪血清超氧化物歧化酶（SOD）活性以及总抗氧化能力（T-AOC）（$P<0.05$）。注射diquat后（第29 d），与对照组相比，应激组血清和肝脏SOD、谷胱甘肽过氧化物酶（GSH-Px）活性显著降低（$P<0.05$），血清和肝脏丙二醛（MDA）含量显著增加（$P<0.05$）；饲粮添加200 mg/kg、400 mg/kg和600 mg/kg山竹醇均显著提高了氧化应激仔猪血清和肝脏SOD、GSH-Px活性（$P<0.05$），显著降低了血清和肝脏MDA含量（$P<0.05$），其中以山竹醇添加量为400 mg/kg时效果最好。肝脏组织病理学观察发现，应激组仔猪肝脏组织结构受到损伤，且肝脏内脂质沉积明显增加，与应激组相比，各山竹醇组的肝脏组织结构有一定程度恢复。除此之外，脂质沉积也明显减少。注射diquat后，应激组血清甘油三酯（TG）和总胆固醇（TC）含量显著高于对照组（$P<0.05$）。饲粮添加400 mg/kg、600 mg/kg山竹醇可显著降低氧化应激仔猪血清TG和TC含量（$P<0.05$），且以山竹醇添加量为400 mg/kg时的血清TG和TC含量最低。与对照组相比，应激组肝脏固醇调节元件结合蛋白-1c（*SREBP-1c*）、脂肪酸合成酶（*FAS*）、乙酰辅酶A羧化酶（*ACC*）、硬脂酰辅酶A去饱和酶1（*SCD1*）mRNA的转录水平显著上调（$P<0.05$）。饲粮添加200 mg/kg、600 mg/kg山竹醇可以显著降低氧化应激仔猪肝脏中*SREBP-1c*、*ACC* mRNA的转录水平（$P<0.05$），饲粮添加400 mg/kg山竹醇可以显著降低氧化应激仔猪肝脏中*SREBP-1c*、*FAS*、*ACC*、*SCD1* mRNA的转录水平（$P<0.05$）。由此可见，在氧化应激条件下，饲粮添加山竹醇可通过改善仔猪的抗氧化能力，缓解diquat诱导的氧化应激，改善应激仔猪的生长性能以及应激导致的脂质合成增多，保护肝脏。其中，以山竹醇添加量为400 mg/kg时的效果最佳。

邵亚飞等[69]研究了饲粮中添加山竹醇对生长育肥猪生长性能、肌肉抗氧化能力和肌纤维类型组成的影响。试验选取80日龄左右、健康状况良好且体重［（35.50±1.50）kg］相近的“杜×长×大”三元杂交公猪48头，随机分为4组，每组12个重复，每个重复1头。试验期为90 d。试验期间，对照组全程饲喂基础饲粮，试验1组、试验2组、试验3组分别在屠宰前30 d、60 d、90 d持续饲喂在基础饲粮中添加400 mg/kg山竹醇的试验饲粮。试验结束时，每个重复随机选择6头试验猪进行屠宰，取其背最长肌样品，检测其抗氧化指标、肌纤维类型组成、过氧化物酶体增殖物激活受体γ辅激活因子-1α（PGC-1α）与p300活性以及肌纤维类型和肌肉生长相关基因的mRNA转录水平。结果表明，与对照组相比，各试验组生长育肥猪全程平均日增重（ADG）、平均日采食量和料重比均无显著影响（$P>0.05$）。与对照组相比，生长育肥猪屠宰前60 d和90 d饲喂添加400 mg/kg山竹醇的饲粮均可以显著提高背最长肌中总超氧化物歧化酶（T-SOD）、谷胱甘肽过氧化物酶（GSH-Px）、过氧化氢酶（CAT）活性（$P<0.05$），显著降低背最长肌中丙二醛（MDA）含量（$P<0.05$）。与对照组相比，生长育肥猪屠宰前 60 d 和 90 d 饲喂添加 400 mg/kg 山竹醇的饲粮均可以显著提高背最长肌中Ⅰ型肌纤维的比例（$P<0.05$），显著降低背最长肌中Ⅱ型肌纤维的比例（$P<0.05$）。各组生长育肥猪背最长肌中肌球蛋白重链（*MyHC*）*Ⅱx* 的 mRNA 转录水平无显著差异（$P>0.05$），与对照组相比，生长育肥猪屠宰前 60 d 和 90 d 饲喂添加 400 mg/kg 山竹醇的饲粮均可以显著提高背最长肌中 *MyHC Ⅰ* 和 *MyHC Ⅱa* 的 mRNA 转录水平（$P<0.05$），显著降低背最长肌中 *MyHC Ⅱb* 的 mRNA 转录水平（$P<0.05$）。与对照组相比，生长育肥猪屠宰前 60 d 和 90 d 饲喂添加 400 mg/kg 山竹醇的饲粮均可以显著降低背最长肌中 p300 活性（$P<0.05$），显著提高背最长肌中 PGC-1α 活性（$P<0.05$）。综合以上结果得出，育肥猪屠宰前 60 d 或 90 d 饲喂添加 400 mg/kg 山竹醇的饲粮可以提高肌肉的抗氧化能力，增加背最长肌中Ⅰ型肌纤维的比例，且具有生理阶段效应。

（7）其他植物精油。在《饲料添加剂品种目录（2013）》中，植物精油主要存在于食品用香料中，作为香味物质添加到养殖动物的饲料中。但近年来，一些未在目录中的植物精油也有在猪饲料中的研究应用。Huang 等[70]研究了膳食植物精油（PEO）补充剂对育肥猪生长性能和肉质的影响。共有 18 头“杜×长×大”三元杂交育肥猪，平均初始体重为（79.86±1.94）kg，随机分为 CON 组（用基础饮食饲养）和 PEO 组（用含有 200 mg/kg PEO 的基础饮食喂养），每组 9 头。试验期为 42 d。植物精油由桉树精油（3%）、牛至精油（2%）、百里香精油（0.5%）、柠檬精油（0.1%）、大蒜精油（0.1%）和椰子油（5%，其中一种载体）组成，其主要生物活性成分是桉树醇（>2.5%）、香芹酚（>1.5%）和百里香酚（>0.25%）。结果表明，饲料中添加 PEO 在第一阶段（1～21 d）和整个试验期（1～42 d）显著增加平均日摄入量（ADFI，$P<0.05$），在第二阶段（22～42 d）和整个试验期有增加 ADFI 的趋势（$P=0.09$），在第一阶段降低料重比（F/G，$P<0.05$），并且在整个试验期有降低 F/G 的趋势（$P=0.08$）。同时，与 CON 组相比，PEO 组干物质（DM）、总能（GE）和粗脂肪（EE）的消化率显著提高（$P<0.05$）。PEO 的添加也显著提高了背长肌的总抗氧化能力（T-AOC），降低了丙二醛（MDA）含量（$P<0.05$），具有增加总超氧化物歧化酶（T-SOD）活性的趋势（$P=0.06$）。与 CON 组相比，PEO 组背长肌的肌肉脂肪（IMF）含量更高（$P=0.09$）和剪切力更低（$P=0.08$）。此外，饲喂 PEO 的猪肝脏中 *GLUT4*、*LPL*、*CPT-1*、*CD36*、*FABP* 和 *LDL-R* 以及背长肌中的 *GLUT4* 和 *FAS* 显示出更高的 mRNA 丰度（$P<0.05$）。因此，PEO 可以提高育肥猪的生长性能和营养消化率，补充 PEO 可以通过增加抗氧化能力和 IMF 含量以及在一定程度上降低背长肌剪切力来改善猪肉质量的潜在作用。

刘艳青[71]为研究牛至精油对断奶仔猪生产性能的影响，选用了 150 头 21 d 体重为（6.35±0.38）kg 的“杜×长×大”三元杂交健康断奶仔猪，随机平均分为 5 组。A 组为对照组，饲喂基础日粮；B 组、C 组、D 组、E 组在基础日粮的基础上分别添加 50 mg/kg、100 mg/kg、150 mg/kg、200 mg/kg 的牛至精油。试验期为 7 d。测定仔猪的生产性能和激素水平。结果表明，与对照组相比，100 mg/kg、150 mg/kg、200 mg/kg 组的平均日采食量显著提高（$P<0.05$），而饲料转化率显著降低（$P<0.05$）；100 mg/kg、150 mg/kg 组断奶仔猪血清中的三碘甲状腺原氨酸（T3）、皮质醇（Cor）的含量均显著低于对照组（$P<$

0.05)，胰高血糖素、四碘甲状腺原氨酸、胰岛素的浓度高于对照组，但差异不显著（$P>0.05$）。说明一定水平的牛至精油对改善断奶仔猪的生产性能有一定的效果，并对部分血清激素指标产生一定影响。综合试验结果，以 100 mg/kg 添加水平的饲养效果最好。

Su 等[72]研究了植物精油（PEO，15%肉桂醛和 5%百里酚）对断奶仔猪生长性能、肠道形态和健康的影响。24 头断奶仔猪被分为 4 组，分别为基础日粮（CON）以及在基础日粮中分别添加浓度为 50 mg/kg（PEO50）、100 mg/kg（PEO100）和 200 mg/kg（PEO200）的 PEO。21 d 后，对猪进行屠宰，并收集血液和组织样本。结果表明，PEO200 组与 CON 组相比，平均日增重（ADG）显著增加（$P<0.05$）。PEO 显著提高了 DM 的消化率（$P<0.05$），显著降低了血清甘油三酯和胆固醇浓度（$P<0.05$）。补充 PEO 显著增加了十二指肠蔗糖酶的活性和空肠黏膜中乳糖酶的活性（$P<0.05$）。此外，补充 PEO 改善了肠黏膜的生长。与 CON 组相比，PEO200 组空肠和回肠绒毛高度显著升高（$P<0.05$）。与营养转运（即 GLUT2 和 SGLT1）和屏障功能（闭塞素）相关的关键基因的转录水平在 PEO200 组中显著升高（$P<0.05$）。PEO100 组和 PEO200 组在结肠消化道中的丙酸浓度和总细菌基因拷贝数均显著高于 CON 组（$P<0.05$）。结果表明，PEO 在断奶仔猪的生长和肠道健康调节方面具有积极作用。

Luo 等[73]研究了饲料中不同浓度肉桂醛对育肥猪生长性能、氧化稳定性、免疫功能和肉质的影响。研究使用了 60 头猪［“杜×长×大”三元杂交，体重为（70.10±3.01）kg］。将猪随机分配到 3 种处理［4 次重复（即猪圈），每猪圈 5 头猪］，分别为对照饲粮（基础饲粮）、基础饲粮+每千克饲料中添加 40 mg 肉桂醛、基础饲粮+每千克饲料中添加 80 mg 肉桂醛。结果表明，日粮中添加肉桂醛显著增加了猪的平均日增重（ADG）、背最长肌面积（LA）、$pH_{24\,h}$、保水率和血清白细胞介素-2（IL-2）含量（$P<0.05$），平均背膘厚度、剪切力、肌肉脂肪、大理石花纹评分、糖酵解电位均显著降低（$P<0.05$）。肉桂醛显著提高谷胱甘肽过氧化物酶（GSH-Px）（$P<0.05$）活性，而丙二醛（MDA）含量和超氧化物歧化酶（SOD）活性显著降低（$P<0.05$）。此外，肉桂醛显著降低了糖酵解酶磷酸甘油酯激酶（PGK）和甘油醛 3-磷酸脱氢酶（GAPDH）的活性（$P<0.05$）。这些结果表明，日粮中添加肉桂醛可以通过提高肉的生存免疫力、增强抗氧化能力、降低肉的糖酵解能力来改善育肥猪的生长性能，改善育肥猪的肉质。

李方方等[74]研究了饲粮中添加植物精油（主要成分为 25%香芹酚、25%百里香酚）对断奶仔猪生长性能、血清生化指标以及养分表观消化率的影响。选取 48 头体况良好、体重相近的 28 日龄大白猪断奶仔猪，随机分为 2 组，每组 3 个重复，每个重复 8 头，分别饲喂基础饲粮和在基础饲粮中添加 250 mg/kg 植物精油的试验饲粮。试验期为 28 d。结果表明：①与对照组相比，饲粮中添加植物精油能够显著提高仔猪平均日增重（$P<0.05$），显著降低料重比（$P<0.05$）。②与对照组相比，饲粮中添加植物精油可显著提高粗蛋白质、钙、磷表观消化率（$P<0.05$）。③与对照组相比，饲粮中添加植物精油降低了血清中胆囊收缩素、瘦素、胰高血糖素样肽-1 的含量，提高了血清中胃饥饿素含量，但均未达到显著水平（$P>0.05$）。综上所述，饲粮中添加植物精油显著提高了生长性能，促进了断奶仔猪对饲料物质的消化吸收。

Yang 等[75]以断奶仔猪为研究对象，探讨精油与有机酸混合物对仔猪生长性能、免疫系统、粪便中挥发性脂肪酸（VFAs）及微生物群落的影响。将 300 头“杜×长×大”三元杂交断奶仔猪随机分为基础日粮（C）、基础日粮中添加精油和有机酸混合物（T1），以及基础日粮中添加 1 kg/t 土霉素（T2）。精油和有机酸的混合物由肉桂醛（15%）、百里酚（5%）、柠檬酸（10%）、山梨酸（10%）、苹果酸（6.5%）和富马酸（13.5%）组成。体外研究表明，香精油的混合物会使病原菌的细胞膜变形，细胞内成分紊乱，从而严重破坏病原菌的细胞结构。研究表明，与对照组相比，在第 28 d，添加挥发油和有机酸混合物的日粮能显著改善仔猪的最终体重和日增重（$P<0.05$），显著提高血清补体 4 的浓度（$P<0.05$），显著提高粪便中异戊酸的水平（$P<0.05$）。高通量测序结果表明：①在第 14 d 和第 28 d，所有使用组共有 1 177 个和 1 162 个操作分类单元（OTU）；②在第 28 d，T1 表现出比对照组和抗生素治疗组更高的 β 多样性（$P<0.05$）；③在主成分分析图和相对丰度树中，根据日粮处理和年龄将样品分离，以硬壁菌和拟杆菌为主，乳酸菌和链球菌是公认的微生物群落中的 2 个优势种；④第 28 d，T1 组的黏膜乳杆菌相对丰度显著高于对照组和抗生素组（$P<0.05$）。总的来说，肉桂醛和柠檬酸的混合物在体外破坏了病原菌的结构；精油和有机酸的混合物改善了断奶仔猪的生长性能，增加了粪便异戊酸的浓度，调节了仔猪的微生物群落。

Xu 等[76]研究了单独或联合使用有机酸（OA，主要成分为苯甲酸 50%、甲酸钙 3%、富马酸 1%）和精油（EO，活性成分为百里香酚 25%和香芹酚 25%）对断奶仔猪生产性能、粪便微生物群、肠道形态和消化酶的影响。按照随机完全区组设计，将 210 头初始体重为（8.64±0.33）kg 的“杜×长×大”三元杂交断奶仔猪随机分成 5 组，每组 7 个重复栏（每栏 3 头母猪和 3 头母猪），分组包括 NC 组（阴性对照，玉米-豆粕基础日粮）、PC 组（阳性对照，NC+15 mg/kg 硫酸黏杆菌素、2 mg/kg 诺西肽和 50 mg/kg 喹乙醇）、OA 组（NC+1.5 g/kg OA）、EO 组（NC+30 mg/kg EO）、OA+EO 组（NC+1.5 g/kg OA+30 mg/kg EO）。试验期为 28 d（前期为 0～14 d，后期为 14～28 d）。第 0～14 d，EO 组的平均日增重（ADG）多于 NC 组（$P<0.05$），EO 组和 OA+EO 组比 PC 组更有改善 ADG 的趋势。第 14～28 d，与 NC 组、OA+EO 组相比，OA 组有改善 ADG 的趋势（$P<0.05$）。在整个试验期，与 NC 相比，单独添加 OA 或 EO 可增加日增重（$P<0.05$）；与 PC 组相比，OA+EO 组有增加日增重的趋势。EO 可提高干物质、钙、磷、粗蛋白和总能量的表观消化率（$P<0.05$）。OA 提高了钙、磷和粗蛋白的消化率（$P<0.05$）。与 NC 组相比，第 0～7 d OA 组的粪便评分有下降的趋势（$P<0.10$）。OA 组、EO 组和 OA+EO 组的粪便乳酸杆菌计数高于 PC 组（$P<0.05$）。有机酸和精油增加十二指肠绒毛高度，饲料添加精油后空肠胰蛋白酶和糜蛋白酶活性提高（$P<0.05$）。

常娟等[77]研究了茴香精油对仔猪生长性能、养分表观消化率及粪便菌群数量的影响。试验选择 40 日龄、体重 10 kg 左右的“杜×长×大”三元杂交仔猪 320 头，随机分成 4 组，每组 8 个重复，每个重复 10 头。对照组饲喂基础饲粮，试验 1 组饲喂基础饲粮＋抗生素（金霉素 75 mg/kg＋杆菌肽 10 mg/kg），试验 2 组饲喂基础饲粮＋抗生素（金霉素 75 mg/kg＋杆菌肽 10 mg/kg）＋300 mg/kg 茴香精油，试验 3 组饲喂基础饲粮＋300 mg/kg 茴香精油。试验期为 28 d。结果表明：①添加抗生素和/或茴香精油的各试验组仔猪的平均日增重均显著高于对照组（$P<0.05$），且试验 3 组仔猪的平均日增重显著高于试验 2 组（$P<0.05$），与试验 1 组差异不显著（$P>0.05$）；各试验组料重比均显著低于对照组（$P<0.05$）。②试验 2 组和试验 3 组仔猪的干物质表观消化率显著高于对照组（$P<0.05$）；各试验组的粗脂肪表观消化率均显著高于对照组（$P<0.05$）。③试验 3 组仔猪的粪便乳酸菌数

量显著高于试验2组（$P<0.05$）。因此，饲粮中添加茴香精油可提高仔猪的平均日增重、降低料重比、提高干物质和粗脂肪的表观消化率，与抗生素的作用相当，并有利于仔猪肠道的健康。

宋军帅等[78]研究了饲粮中添加复合植物精油对断奶仔猪生长性能、血清生化指标、抗氧化性能及免疫性能的影响。试验选用396头35日龄平均体重为（9.60±0.30）kg的健康"杜×长×大"三元杂交断奶仔猪，根据体重、性别及健康状况等均衡分布原则随机分为3组：抗生素组（基础饲粮+96 mg/kg延胡索酸泰妙菌素+75 mg/kg金霉素+200 mg/kg吉他霉素）、试验A组（基础饲粮+150 mg/kg复合植物精油）、试验B组（基础饲粮+200 mg/kg复合植物精油），每组6个重复，每个重复22头。复合植物精油主要有效成分为3.0%桉树精油、2.0%香芹精油、0.5%百里香精油、0.1%柠檬精油、0.1%大蒜精油、5.0%薄荷精油等。试验期为35 d。结果表明：①与抗生素组相比，一是饲粮中添加200 mg/kg复合植物精油不仅显著提高仔猪平均日增重（$P<0.05$）、血清中总超氧化物歧化酶（T-SOD）活性和总抗氧化能力（T-AOC）（$P<0.05$），而且能够显著提高仔猪血清中免疫球蛋白G（IgG）含量（$P<0.05$）。②与抗生素组相比，饲粮中添加150 mg/kg复合植物精油能显著提高仔猪血清白蛋白含量（$P<0.05$）。综上所述，饲粮中添加200 mg/kg的复合植物精油具有增强断奶后仔猪健康、促进生长、提高机体抗氧化及免疫力的功效。因此，复合植物精油在断奶仔猪上具有潜在的利用价值。

马玉芳等[79]研究了饲粮中添加牛至油（主要成分为香芹酚和百里香酚各占5%）对断奶仔猪生长性能、血清激素指标及小肠组织胰岛素样生长因子-Ⅰ（IGF-Ⅰ）含量的影响。选取体重相近的25日龄"大白×长白"二元杂交断奶仔猪120头，随机分为4组，每组3个重复，每个重复10头。对照组饲喂基础饲粮，3个试验组分别在基础饲粮中添加300 mg/kg、500 mg/kg、800 mg/kg牛至油。预试期为5 d，正试期为30 d。结果表明，与对照组相比，3个试验组断奶仔猪第130 d的平均日采食量均极显著提高（$P<0.01$），平均日增重显著或极显著提高（$P<0.05$或$P<0.01$），腹泻率极显著降低（$P<0.01$）；3个试验组断奶仔猪第15 d的血清IGF-Ⅰ含量显著提高（$P<0.05$），第30 d的血清IGF-Ⅰ含量极显著提高（$P<0.01$）；3个试验组断奶仔猪十二指肠和回肠IGF-Ⅰ含量极显著提高（$P<0.01$）。由此可见，饲粮中添加牛至油可以提高断奶仔猪血清和小肠组织IGF-Ⅰ含量，促进断奶仔猪生长。

Su等[80]研究了饲料中添加植物精油对断奶仔猪生长性能、免疫功能和抗氧化活性的影响。对24头断奶仔猪，用基础日粮（CON）或含有不同浓度PEO（50 mg/kg、100 mg/kg、200 mg/kg）的基础日粮饲养猪。PEO的活性成分为13.5%百里香酚和4.5%肉桂醛，载体为糊精。21 d后屠宰所有猪，采集血液和组织样本进行生化分析。结果表明，PEO添加至饲料中可改善断奶仔猪的生长性能、免疫功能和抗氧化活性。如果用作畜牧业的饲料添加剂，也可缓解断奶应激，推荐的用量为200 mg/kg PEO。

Cheng等[81]研究了从生长到屠宰期间在猪日粮中添加牛至精油（OEO）对肉品质、脂肪酸组成和胸部最长肌（LT）氧化稳定性的影响。36头母猪被随机分为3个试验处理组，即正常蛋白质日粮（NPD）组，减少蛋白质、补充氨基酸日粮（RPD）组，添加相同RPD（250 mg/kg饲料）和OEO的OEO处理组。与NPD组相比，RPD和OEO的添加增加了猪肉的$b^*_{45\,min}$、嫩度、总体接受度和肌肉脂肪（IMF）含量。OEO肌肉中的$n-3$多不饱和脂肪酸（n－3 PUFA）百分比高于 RPD 肌肉中的，而单不饱和脂肪酸百分比则低于 RPD 肌肉中的。OEO 的添加增加了 LT 肌肉的氧化稳定性、总抗氧化能力和过氧化氢酶，减少了滴水损失。研究表明，日粮中添加 OEO 通过提高 IMF 和 $n-3$ PUFA 比例以及抗氧化能力，提高了猪肉的感官品质和抗氧化能力。

Zou 等[82]研究了饲料中添加牛至精油（OEO）和维生素 E（Vit E）对运输应激后猪肉质、应激反应和肠道形态的影响。288 头育肥猪被随机分为 3 组：基础日粮、基础日粮补充 200 mg/kg 维生素 E、基础日粮补充 25 mg/kg OEO。经过 28 d 的饲喂试验，将 132 头根据饮食和转运应激的育肥猪分为以下 4 组：无运输应激的对照处理（对照组）、5 h 运输应激对照处理组（阴性组）、5 h 运输应激的 Vit E 处理组、5 h 运输应激的 OEO 处理组。与对照组猪相比，运输应激猪的肌肉 $pH_{45\ min}$较低，滴水损失较高。在运输应激下，日粮添加 OEO 和维生素 E 显著增加 $pH_{45\ min}$，OEO 组的 24 h 滴水损失值低于阴性组的猪（$P<0.05$）。OEO 补充猪的血清肌酸激酶（CK）和皮质醇水平降低（$P<0.05$），肌肉中热休克蛋白 27 和热休克蛋白 70 的 mRNA 转录水平降低（$P<0.05$）。此外，组织学分析表明，运输应激猪的肠上皮损伤可通过饮食补充 OEO 逆转。综上所述，添加 OEO 日粮可能比添加 Vit E 日粮更能缓解运输应激引起的猪肉品质、应激反应和肠道形态。

周选武等[83]研究了妊娠后期母猪饲粮添加酒石酸泰万菌素（TT）与植物精油（PEO，主要有效成分为 4.5%百里香酚、13.5%肉桂醛）对其生产性能、免疫功能和乳成分的影响。试验选用 24 头体重相近的 34 胎次“长×大”二元杂交繁殖母猪，随机分为 3 组：对照组（基础饲粮）、TT 组（基础饲粮＋100 mg/kg TT）、PEO 组（基础饲粮＋200 mg/kg PEO）。每组 8 个重复，每个重复 1 头。试验期为妊娠第 96 d 至断奶。结果表明，饲粮添加 TT 和 PEO 可改善母猪生产性能；与对照组和 TT 组相比，PEO 组死胎率分别降低了 71.43%和 53.33%（$P>0.05$），断奶存活率分别提高了 1.17%和 1.60%（$P>0.05$），木乃伊率较对照组降低了 50.00%（$P>0.05$）；PEO 组母猪分娩第 1 d、14 d 和 21 d 以及 TT 组母猪分娩第 21 d 的血清免疫球蛋白（Ig）A 含量均显著高于对照组（$P<0.05$）；PEO 组母猪分娩第 14 d 乳清 IgG、IgM 含量也显著高于其他 2 组（$P<0.05$），同时其分娩第 21 d 乳清 IgG 含量显著高于对照组（$P<0.05$）；PEO 组母猪分娩第 21 d 乳脂含量显著高于对照组（$P<0.05$）。综上所述，饲粮添加 TT 和 PEO 均能在不同程度上改善母猪生产性能与免疫功能，但与 TT 相比，PEO 效果更好，具有替代 TT 在妊娠母猪上应用的潜力。

周选武等[84]还研究了饲粮添加植物精油（PEO，主要有效成分为 13.5%百里香酚和 4.5%肉桂醛，载体为糊精粉）对断奶仔猪生长性能、血液指标及免疫能力的影响。试验选用 24 头体重相近的“杜×长×大”三元杂交断奶仔猪（30 日龄），随机分为 4 组，每组 6 个重复，每个重复 1 头。各组分别饲喂在基础饲粮中添加 50 mg/kg 硫酸黏杆菌素制剂（CS 组）以及 50 mg/kg（1 组）、100 mg/kg（2 组）和 200 mg/kg PEO（3 组）的试验饲粮。预试期为6 d，正试期为 14 d。结果表明：①3 组断奶仔猪平均日增重（ADG）显著高于 CS 组（$P<0.05$），且较 1 组、2 组有增加的趋势（$P=0.05$、$P=0.06$）；3 组断奶仔猪料重比（F/G）较其他各组有所下降，但各组间差异不显著（$P>0.05$）。②1 组干物质（DM）消化率显著低于其他各组（$P<0.05$），3 组粗蛋白质（CP）消化率较 1 组有增加的趋势（$P=0.07$）。③3 组红细胞计数显著高于 CS 组（$P<0.05$）；2 组平均血红蛋白浓度显著高于 CS 组（$P<0.05$）；3 组血清葡萄糖含量高于其他各组，但差异不显著（$P>0.05$）；3 组血清白蛋白含量显著高于其他各组（$P<0.05$）。④3 组血清免疫球蛋白 G（IgG）含量显著高于 CS 组和 1 组（$P<0.05$），3 组血清免疫球蛋白 A（IgA）含量显著高于 1 组（$P<0.05$）。综上所述，饲粮添加 200 mg/kg PEO 具有改善血液有效成分含量、提高机体免疫能力、增强断奶后仔猪健康、促生长的功效。因此，PEO 在断奶仔猪上具有潜在的利用价值。

张勇等[85]研究了饲粮中添加三丁酸甘油酯（TB）和牛至油（OEO）对断奶仔猪生长性能、血清生化指标、营养物质表观消化率和粪中微生物菌群的影响。试验选用 28 日龄平均体重为（7.27±0.68）kg 的健康大白猪断奶仔猪 128 头，随机分成 4 组，每组 4 个重复，每个重复 8 头。各组分别饲喂基础饲粮（对照组）、基础饲粮+1 kg/t TB（TB 组）、基础饲粮+1 kg/t OEO（OEO 组）、基础饲粮+1 kg/t TB+1 kg/t OEO（TB+OEO 组）。试验期为 28 d。结果表明：①与对照组相比，OEO 组显著提高了断奶仔猪平均日增重（$P<0.05$），极显著降低了腹泻率（$P<0.01$）；TB+OEO 组显著降低了断奶仔猪料重比（$P<0.05$），极显著降低了腹泻率（$P<0.01$）。②各组之间血清生化指标无显著差异（$P>0.05$）。③与对照组相比，TB+OEO 组显著提高了断奶仔猪粗蛋白质表观消化率（$P<0.05$），极显著提高了粗脂肪表观消化率（$P<0.01$）。④与对照组相比，TB 组、OEO 组和 TB+OEO 组均极显著降低了粪中大肠杆菌的数量（$P<0.01$）；TB+OEO 组显著提高了粪中双歧杆菌的数量（$P<0.05$）。综上所述，基础饲粮中添加 TB+OEO 可提高断奶仔猪生长性能，改善营养物质表观消化率，调节肠道菌群平衡。

（8）白藜芦醇。段平男等[86]研究了饲粮中添加白藜芦醇对生长育肥期宁乡猪肉品质的影响。选用体重为（43±1）kg 的宁乡猪 24 头，随机分为 2 组，每组 6 个重复，每个重复 2 头（公、母各半）。对照（CON）组饲喂基础饲粮，白藜芦醇组饲喂在基础饲粮中添加 300 mg/kg 白藜芦醇的试验饲粮。试验期为 80 d。饲养结束后，每栏取 1 头体重接近平均体重的猪进行屠宰，并采集背最长肌、股二头肌及腰大肌样品，用于肉品质指标检测。结果表明：①饲粮中添加白藜芦醇对宁乡猪的生长性能和肌肉主要营养成分含量均无显著影响（$P>0.05$）。②与对照组相比，白藜芦醇组宁乡猪宰后 24 h 背最长肌的红度值（a^*）显著提高（$P<0.05$），宰后 24 h 背最长肌和股二头肌的黄度值（b^*）有降低趋势（$0.05\leqslant P<0.10$）。③与对照组相比，白藜芦醇组宁乡猪背最长肌的磷酸果糖激酶（PFK）活性极显著降低（$P<0.01$），股二头肌的丙酮酸激酶（PK）活性和乳酸（LA）含量显著降低（$P<0.05$）；肌肉 pH 无显著变化（$P>0.05$）。④与对照组相比，白藜芦醇组宁乡猪背最长肌的谷胱甘肽过氧化物酶（GSH-Px）活性、总抗氧化能力（T-AOC）及股二头肌的 GSH-Px 活性均极显著提高（$P<0.01$），股二头肌的丙二醛（MDA）含量极显著降低（$P<0.01$）。由此可见，饲粮中添加白藜芦醇可以提高宁乡猪肌肉的抗氧化能力，降低宰后肌肉的糖酵解速率，对肉品质具有一定的改善作用。

白藜芦醇及其衍生物紫檀芪是天然的二苯乙烯，具有各种生物活性，如抗氧化和抗炎作用。Chen 等[87]研究比较了白藜芦醇和紫檀芪对断奶仔猪肠道氧化还原状态和肠道微生物群的保护潜力。根据出生体重和断奶体重，选择 18 头正常体重（NBW）雄性仔猪和 54 头同性宫内发育迟缓（IUGR）仔猪。NBW 仔猪接受基础饲粮，而 IUGR 仔猪根据其断奶时的体重分为 3 组，并分别接受基础饲粮、白藜芦醇补充饲粮（300 mg/kg）或紫檀芪补充饲粮（300 mg/kg）。与 IUGR 仔猪相比，白藜芦醇和紫檀芪均改善了 IUGR 相关的空肠绒毛高度下降、血浆二胺氧化酶活性和 D-乳酸水平以及仔猪空肠凋亡的增加（$P<0.05$）。饲喂白藜

芦醇和紫檀芪还通过促进核因子红系 2 相关因子 2（Nrf2）核易位（$P<0.05$）增强 IUGR 仔猪空肠超氧化物歧化酶活性和超氧化物歧化酶 2 的蛋白表达。相比之下，紫檀芪在提高 IUGR 仔猪空肠的绒毛高度与隐窝深度的比值以及闭塞素 mRNA 和蛋白质水平方面比白藜芦醇更有效（$P<0.05$）。紫檀芪在增加 IUGR 仔猪空肠中 Nrf2 核易位和抑制丙二醛积累方面也优于白藜芦醇（$P<0.05$）。此外，白藜芦醇调节了 IUGR 仔猪盲肠微生物群的组成，这可以通过增加拟杆菌门（Bacteroidetes）和普氏菌属（*Prevotella*）、粪杆菌属（*Faecalibacterium*）、副拟杆菌属（*Parabacteroides*）的患病率以及抑制变形杆菌门（Proteobacteria）及其埃希菌属（*Escherichia*）和放线杆菌属（*Actinobacillus*）的生长来证明（$P<0.05$）。此外，白藜芦醇显著提高了 IUGR 仔猪盲肠中的丁酸盐浓度（$P<0.05$）。研究表明，紫檀芪比白藜芦醇更能有效预防肠道氧化应激。而与紫檀芪相比，白藜芦醇具有更强的调节肠道菌群的能力。

Cheng 等[88]研究探讨了白藜芦醇（RSV）是否能改善宫内发育迟缓猪的肉质、肌肉抗氧化能力、脂质代谢和纤维型组成。将 36 头雄性正常出生体重（NBW）和 36 头宫内发育迟缓（IUGR）雄性仔猪分为 4 组，分别为 NBW－RSV、NBW－CON、IUGR－RSV 和 IUGR－CON，于 21 日龄断奶，150 日龄屠宰。对于 RSV 组，试验分为 2 个阶段：第一阶段，对 7～21 日龄的 NBW 和 IUGR 仔猪每天口服 80 mg RSV/kg 体重（用 0.5% CMC－Na 稀释，RSV 组）或相同体积的 0.5% CMC－Na（CON 组）；第二阶段，断奶至 150 日龄屠宰前，饲喂基础饲粮或含 300 mg RSV/kg 的基础饲粮。IUGR 受损的肉质（亮度值和黄度值）与肌肉氧化应激有关，如通过增加 Keap1 蛋白水平、脂肪积累和更高的肌球蛋白重链（*MyHC*）Ⅱ*b* 基因转录水平。推测白藜芦醇可提高谷胱甘肽过氧化物酶活性和 *MyHC*Ⅰ基因转录，降低蛋白羰基和丙二醛含量，通过上调过氧化物酶体增殖物激活受体-α（*PPAR－α*）和靶向基因转录水平增强脂肪酸氧化，从而改善滴水损失和黄变。结果表明，白藜芦醇通过增强抗氧化能力、增加氧化纤维组成、抑制脂质积累等作用改善了 IUGR 猪的肉质。

Zeng 等[89]研究了饲料添加剂白藜芦醇对断奶仔猪生长性能和肌肉纤维类型转变的影响。在这项研究中，将 54 头 28 日龄的“杜×长×大”三元杂交断奶仔猪随机分为 3 组，并分别喂养基础饲粮（对照组）、补充 150 mg/kg 白藜芦醇的基础饲粮、补充 300 mg/kg 白藜芦醇的基础饲粮。在 42 d 的喂养试验之后，屠宰断奶仔猪，然后收集其背长肌。结果表明，白藜芦醇对断奶仔猪的生长性能没有影响。但白藜芦醇增加了慢速 MyHC 的转录、琥珀酸脱氢酶和苹果酸脱氢酶的活性以及Ⅰ型纤维的比例，降低了乳酸脱氢酶的活性和Ⅱ型纤维的比例，表明白藜芦醇促进断奶仔猪的肌肉纤维类型从Ⅱ型转变为Ⅰ型。此外，饲料添加剂白藜芦醇增加了磷酸化 AMPK（AMPK 的活性形式）的蛋白质水平，这表明白藜芦醇激活 AMPK 通路。白藜芦醇也增加了 Sirt1 的上游因子和 PGC－1α 的下游因子。综上所述，白藜芦醇通过影响断奶仔猪的 Sirt1/AMPK/PGC－1α 信号通路促进肌肉纤维类型从Ⅱ型转变为Ⅰ型。

胡瑶莲等[90]研究了饲粮中添加白藜芦醇对生长育肥猪抗氧化能力、空肠黏膜免疫及结肠菌群的影响。试验选取体重［（24.67±3.49）kg］相近的“杜×长×大”三元杂交生长育肥猪 36 头，随机分为 2 组，分别采食基础饲粮和含白藜芦醇饲粮（基础饲粮＋600 mg/kg 白藜芦醇），每组 6 个重复，每个重复 3 头。试验期为 119 d。试验结束时，每个重复随机选择 1 头体重接近平均体重的试验猪采集血清、肝脏、空肠黏膜和结肠食糜样品，保存样品待测。结果表明，与基础饲粮组相比，饲粮中添加白藜芦醇对试验猪生长育肥全程生长性能无显著影响（$P>0.05$），饲粮中添加白藜芦醇显著提高试验猪血清中过氧化氢酶（CAT）活性以及总抗氧化能力（T-AOC）（$P<0.05$），显著降低试验猪空肠黏膜白细胞介素-6（IL-6）含量（$P<0.05$），显著提高空肠黏膜白细胞介素-10（IL-10）含量（$P<0.05$），显著提高试验猪结肠食糜中双歧杆菌数量（$P<0.05$），有降低大肠杆菌数量的趋势（$P=0.05$）。由此得出，在生长育肥全期，饲粮中添加白藜芦醇可调节生长育肥猪结肠菌群，增强机体抗氧化与空肠黏膜抗炎的能力，改善肠道健康。

Zhang 等[91]研究了日粮中添加白藜芦醇对生长育肥猪生长性能、肉质、血脂谱、肌肉脂肪（IMF）沉积及几种脂代谢相关 miRNAs 和基因转录水平的影响。将 36 头健康“杜×长×大”三元杂交猪随机分为 2 组，分别饲喂基础日粮（CON）和基础日粮加 600 mg/kg 白藜芦醇（RES）。试验期为 119 d。白藜芦醇对生长性能和胴体性状无显著影响。RES 组血清甘油三酯、总胆固醇、低密度脂蛋白胆固醇、极低密度脂蛋白含量均低于 CON 组（$P<0.05$）。日粮添加白藜芦醇可增加背最长肌 IMF 含量（$P<0.05$），增加过氧化物酶体增殖物激活受体-γ、脂肪酸合成酶、乙酰辅酶 A 羧化酶和脂蛋白脂酶的 mRNA 转录水平（$P<0.05$），降低肉碱棕榈酰转移酶-1、sirtuin 1 的 mRNA 转录水平，降低背最长肌中过氧化物酶体增殖物激活受体-α（$P<0.05$）。此外，白藜芦醇增强（$P<0.05$）背最长肌 ssc-miR-181a、ssc-miR-370 和 ssc-miR-21 的转录，降低（$P<0.05$）背最长肌 ssc-miR-27a 的转录。结果表明，日粮中添加白藜芦醇可显著提高 IMF 含量，降低血脂水平，这可能与 ssc-miR-181a、ssc-miR-370、ssc-miR-21、ssc-miR-27a 及其下游基因转录水平的变化有关。

（9）杜仲叶提取物。饲料添加剂杜仲叶提取物（有效成分为绿原酸、杜仲多糖、杜仲黄酮）的适用范围为生长育肥猪、鱼、虾，但近年来也有其应用于断奶仔猪的研究。Jiang 等[92]研究了杜仲叶提取物（ELE）对“杜×长×大”（DLY）三元杂交仔猪和中国本土里岔黑（LCB）仔猪生长性能、血清和肝脏抗氧化能力的影响。共有 96 头仔猪（48 头 DLY 仔猪和 48 头 LCB 仔猪），平均体重为（11.22±0.32）kg，随机分为 4 组，采用 2×4 因素设计。每组 4 个重复，每个重复分别有 3 头 DLY 仔猪和 3 头 LCB 仔猪。试验处理包括基础日粮、基础日粮+250 mg/kg ELE 和基础日粮+50 mg/kg 金霉素（CHL）。所有仔猪在适应 7 d后，在 42 d 的试验期内单独饲养。结果表明，仔猪品种与日粮处理在平均日增重、饲料转化率、血清和肝脏谷胱甘肽过氧化物酶（GSH-Px）及丙二醛（MDA）、肝肿瘤坏死因子-α（TNF-α）的积分光密度（IOD）、肝相对 mRNA 转录［核因子 E2 相关因子 2（*Nrf2*）/*TNF-α*］、TNF-α 的蛋白表达等方面存在显著的交互作用（$P<0.05$）。任何仔猪品种，添加 ELE 均能提高仔猪的日粮和饲料效率、血清和肝脏中 T-SOD 和 GSH-Px、肝脏中 Nrf2 的 IOD、肝脏中 Nrf2/TNF-α 的 mRNA 转录和蛋白表达（$P<0.05$）。而添加 CHL 处理组仔猪的血清 GSH-Px、肝组织 Nrf2/TNF-α mRNA 转录和蛋白表达降低（$P<0.05$），肝组织 MDA 和 IOD 升高。综上所述，250 mg/kg 杜仲叶提取物能提高 DLY 仔猪和 LCB 仔猪的生长性能和抗氧化能力，而金霉素对 DLY 仔猪和 LCB 仔猪的抗氧化能力产生不良的副作用。杜仲叶提取物对 DLY 仔猪和 LCB 仔猪具有不同的抗氧化作用，对中国本土里岔黑仔猪的抗氧化效果优于“杜×长×大”三元杂交仔猪。

Ding 等[93]研究了杜仲叶提取物（ELE）对断奶仔猪生长性能、抗氧化能力和肠道功能的影响。将 200 头初重为（12.96±0.28）kg 的“杜×长×大”三元杂交仔猪随机分为 5 个处理：C_0（基础日粮）、C_1（基础日粮＋0.02 g/kg 硫酸黏菌素＋0.05 g/kg 吉他霉素）和基础日粮添加 0.2 g/kg、0.3 g/kg、0.4 g/kg ELE。结果表明，添加 ELE 或抗生素可显著降低腹泻率，0.3 g/kg ELE 可显著增加日增重（$P<0.05$）。添加 0.3 g/kg ELE 能显著提高血清和肝脏碱性磷酸酶水平和总抗氧化能力（T-AOC），显著提高血清白蛋白和总蛋白（TP）含量（$P<0.05$）。添加 0.3 g/kg ELE 的日粮对十二指肠脂肪酶活性和空肠胰蛋白酶活性的改善均优于 C_0（$P<0.05$）。0.3 g/kg ELE 处理的十二指肠和空肠绒毛高度高于 C_0（$P<0.05$）。结果表明，添加 ELE 对断奶仔猪的抗氧化能力和肠道功能有明显的改善作用，可提高仔猪的生长性能，降低仔猪腹泻率。

Xiao 等[94]研究了杜仲黄酮（EUF）对 Nrf2 途径的调节及 Nrf2 对仔猪肠道氧化应激的抑制作用。在断奶仔猪经过基础日粮、基础日粮＋敌草快和 100 mg/kg EUF 日粮＋敌草快处理 14 d 后，测定 Nrf2 和 Kelch 样 ECH 相关蛋白 1（Keap1）的蛋白表达及下游抗氧化基因 mRNA 转录。在猪空肠上皮细胞系中进行了体外试验，研究了抑制 Nrf2 对细胞生长和细胞内氧化应激参数的影响。结果表明，EUF 能降低氧化型谷胱甘肽（GSSG）的浓度和 GSSG 与谷胱甘肽（GSH）的比值，增加核 Nrf2 和 Keap1 的蛋白表达及血红素氧化酶 1（*HO-1*）、NAD（P）H：醌氧化还原酶-1（*NQO-1*）的 mRNA 转录，在敌草快攻击仔猪小肠黏膜中发现谷氨酸半胱氨酸连接酶催化亚单位（GCLC）。因此，Nrf2 信号通路在 EUF 调节仔猪肠道氧化应激中起重要作用。

Peng 等[95]比较了不同形态杜仲叶（EL，如 EL 提取物、发酵 EL 和 EL 粉）与 75 mg/kg 金四环素对断奶仔猪生长性能、肠道形态、微生物组成及多样性的影响。与对照组相比，抗生素和 EL 提取物均显著提高了日增重，降低了料重比和腹泻率（$P<0.05$）。EL 提取物能显著降低隐窝深度，增加绒毛高度与隐窝深度的比值（$P<0.05$），而发酵 EL 则相反（$P<0.05$）。抗生素组的隐窝深度与 EL 提取物组相似，且低于发酵 EL 组和 EL 粉组（$P<0.05$）。与对照组和抗生素组相比，EL 提取物组仔猪空肠 *claudin-3* mRNA 转录水平及 VFA、Chao1、ACE 含量均显著升高（$P<0.05$）。与对照组和抗生素组相比，EL 提取物组的 Shannon（$P<0.05$）和 Simpson（$P=0.07$）值也升高。在门水平上，EL 提取物组表现出拟杆菌门（Bacteroidetes）丰度减少和厚壁菌门（Firmicutes）丰度增加。在属水平上，EL 提取物组普氏菌属（*Prevotella*）的丰度增加。此外，与抗生素组相比，EL 提取物组和发酵 EL 组的乙酸盐浓度有所提高。总的来说，日粮中添加 EL 提取物可改善仔猪生长性能、空肠形态和功能，以及改变结肠微生物组成和多样性，这可能是保护仔猪断奶应激的替代方法。

王鑫等[96]研究了杜仲叶提取物（ELE）对“杜×长×大”（DLY）三元杂交和中国本土里岔黑（LCB）断奶仔猪免疫功能与抗氧化能力的影响。选择体重［（1.22±0.32）kg］相近的健康 DLY 和 LCB 断奶仔猪各 48 头，随机分为 4 组，每组 3 个重复，每个重复 8 头（DLY 和 LCB 各 4 头）。对照组饲喂基础饲粮，试验组分别饲喂在基础饲粮的基础上添加 250 mg/kg ELE 和 50 mg/kg 金霉素（CHL）的试验饲粮。预试期为 7 d，正试期为 42 d。结果表明：①与对照组相比，ELE 组 DLY 和 LCB 断奶仔猪的平均日增重（ADG）、背最长肌中超氧化物歧化酶（SOD）活性（24 h 和 48 h）、十二指肠谷胱甘肽过氧化物酶 4（*GPx4*）的 mRNA 相对转录水平显著增加（$P<0.05$），而血清尿素氮含量显著降低（$P<$

0.05)。②与对照组相比，ELE组DLY和LCB断奶仔猪的外周血淋巴细胞增殖率和血清免疫球蛋白A（IgA）含量显著增加（$P<0.05$）。③LCB断奶仔猪的平均日采食量（ADFI）、料重比（F/G）、脾脏指数及血清尿素氮、低密度脂蛋白（LDL）、免疫球蛋白M（IgM）、免疫球蛋白G（IgG）、丙二醛（MDA）（48 h）含量显著高于DLY断奶仔猪（$P<0.05$），而ADG、血清高密度脂蛋白（HDL）含量、背长肌中谷胱甘肽过氧化物酶（GSH－Px）活性（24 h）、十二指肠和空肠中*GPx4*的mRNA相对转录水平显著低于DLY断奶仔猪（$P<0.05$）。④仔猪品种与饲粮添加剂的交互作用对断奶仔猪的ADG、ADFI、F/G和血清IgM含量有显著影响（$P<0.05$）。综上所述，饲粮中添加ELE可提高断奶仔猪的抗氧化能力，提高机体免疫功能，促进断奶仔猪的生长发育，缓解仔猪断奶应激。LCB断奶仔猪的自身免疫优于DLY断奶仔猪，而生长性能、背最长肌、十二指肠和空肠的抗氧化能力不如DLY断奶仔猪。

徐明涛等[97]研究了杜仲叶提取物对断奶仔猪小肠内ghrelin表达的影响。选择28日龄体重为（11.22±0.32）kg的24头健康“杜×长×大”三元杂交断奶仔猪为研究对象，对照组（$n=12$）饲喂基础饲粮，试验组（$n=12$）饲喂添加250 mg/kg杜仲叶提取物的基础饲粮。预试期为7 d，正试期为42 d。结果表明，杜仲叶提取物能增加仔猪的平均日采食量和平均日增重，促进小肠绒毛发育，增加小肠绒毛长度和黏膜层增厚，且回肠淋巴小结明显增多；免疫组化和Western blot检测结果表明，杜仲叶提取物能引起仔猪十二指肠、空肠及回肠黏膜上皮细胞分泌ghrelin增多，显著上调小肠中ghrelin蛋白的表达量。研究表明，杜仲叶提取物增强了小肠黏膜上皮细胞分泌ghrelin的能力，以促进仔猪对饲料物质的消化吸收，进而提高其生长性能并增强机体免疫力。

陈鹏等[98]研究了饲粮中添加杜仲叶提取物对断奶仔猪生长性能、血清代谢产物及肠道健康的影响，并探索其作用机制。采用单因素试验设计，选择健康的中国本土里岔黑断奶仔猪48头，随机分为4组，每组3个重复，每个重复4头。对照组饲喂基础饲粮，试验组在基础饲粮的基础上分别添加杜仲叶提取物（250 mg/kg）和金霉素（50 mg/kg）。预试期为7 d，正试期为42 d。结果表明，与对照组相比，杜仲组和抗生素组显著提高断奶仔猪平均日增重（$P<0.05$），杜仲组显著降低了血清尿素氮含量（$P<0.05$），抗生素组显著降低了盲肠大肠杆菌的数量（$P<0.05$）。由此可见，在饲粮中添加杜仲叶提取物可提高仔猪生长性能和免疫力，并具有一定的替代抗生素作用。此外，陈鹏等[99]还研究了饲粮中添加杜仲叶提取物对断奶仔猪生长性能、血清酶活性及肝脏肿瘤坏死因子－α（TNF－α）分布和表达的影响。采用单因素试验设计，选择健康的“杜×长×大”三元杂交断奶仔猪48头，随机分为4组，每组3个重复，每个重复4头。对照组饲喂基础饲粮，试验组在基础饲粮的基础上分别添加杜仲叶提取物（250 mg/kg）和金霉素（50 mg/kg）。预试期为7 d，正试期为42 d。结果表明，与对照组相比，饲粮中添加杜仲叶提取物或金霉素显著提高了断奶仔猪平均日增重（$P<0.05$），饲粮中添加杜仲叶提取物显著降低了血清谷丙转氨酶、碱性磷酸酶活性和肝脏*TNF－α* mRNA相对转录水平（$P<0.05$）。TNF－α免疫阳性结果主要见于肝脏的肝小叶间及肝血窦。由此可见，在饲粮中添加杜仲叶提取物可提高断奶仔猪生长性能，并具有抵抗肝脏炎症反应及氧化应激的能力。

（10）植物甾醇。饲料添加剂植物甾醇（PS）（源于大豆油/菜籽油，有效成分为β－谷甾醇、菜油甾醇、豆甾醇）的适用范围为家禽、生长育肥猪、犬、猫。Hu等[100]研究了日粮植物甾醇对断奶仔猪生长性能、抗氧化酶和肠道形态的影响。试验将 120 头体重为（9.58±0.26）kg 的杂交仔猪，随机分为对照组、PS（0.2 g/kg）和多黏菌素 E（0.04 g/kg）抗生素对照组。与对照组相比，添加 PS 或多黏菌素 E 可显著降低仔猪腹泻率、血清胆固醇和丙二醛（MDA）（$P<0.05$），显著提高仔猪 $CD^{3+}CD^{4+}/CD^{3+}CD^{8+}$ 比值（$P<0.05$）[101]。与对照组相比，PS 饲喂仔猪肝脏 MDA 含量显著降低（$P<0.05$），但与多黏菌素 E 饲喂仔猪相比差异无显著性（$P>0.05$）。与对照组相比，PS 显著增加了十二指肠和空肠绒毛高度与隐窝深度的比值（$P<0.05$）。添加多黏菌素 E 显著提高了仔猪十二指肠绒毛高度和隐窝深度（$P<0.05$）。PS 显著增加了仔猪的嗜碱性粒细胞和血清白细胞介素-4，显著降低了 Th1 与 Th2 的比值（$P<0.05$）。与对照组相比，多黏菌素 E 显著增加了白细胞介素-10（$P<0.05$）。空肠内乳酸杆菌、双歧杆菌和大肠杆菌的数量在 3 种处理间无显著差异（$P>0.05$）。综上所述，PS 可降低断奶仔猪腹泻率，降低血清胆固醇，降低脂质过氧化，改善肠道形态，且 PS 对仔猪肠道形态的改善作用优于多黏菌素 E，对仔猪生长、抗炎和肠道微生物的影响与多黏菌素 E 相似[101]。

（11）黄连提取物。冀艳等[102]研究了在日粮中添加不同水平黄连提取物对生长育肥猪生长性能、养分消化率及肉品质的影响。试验将 150 头平均体重为（20.05±1.0）kg 的生长育肥猪随机分为 3 组，每组 5 个重复，每个重复 10 头。试验共进行 126 d，各组分别饲喂基础日粮、基础日粮+0.5 g/kg 黄连提取物、基础日粮+1.0 g/kg 黄连提取物。结果表明，日粮处理对各时期体重、日增重和采食量均无显著影响（$P>0.05$），但在第 126 d 时，1.0 g/kg 黄连素提取物组较对照组饲料效率显著降低了 10.6%（$P<0.05$）。试验结束时，1.0 g/kg 黄连提取物组血液红细胞计数较对照组显著增加 17.3%（$P<0.05$）。在日粮中添加黄连提取物后显著降低了肌肉的 b 值（$P<0.05$）。1.0 g/kg 黄连提取物组 pH 和系水力均显著高于对照组和 0.5 g/kg 黄连提取物组（$P<0.05$）。1.0 g/kg 黄连提取物组最长肌不饱和脂肪酸含量较对照组显著提高了 7.2%（$P<0.05$），而 0.5 g/kg 和 1.0 g/kg 黄连提取物组最长肌饱和脂肪酸含量分别较对照组显著降低了 5.9%和 5.7%（$P<0.05$）。此外，1.0 g/kg 黄连提取物组最长肌胆固醇含量较对照组显著降低了 5.4%（$P<0.05$）。综上所述，日粮中添加黄连素可改善生长育肥猪肉质，增加红细胞浓度和免疫功能，对生长性能无不良影响。

（12）甘草提取物。罗宗刚等[103]研究了甘草提取物对育肥猪生长性能、胴体性状及肉品质的影响。选取体重约 60 kg“杜×长×大”三元杂交育肥猪 240 头，随机分成 4 组，每组 3 个重复，每个重复 20 头。对照组饲喂基础饲粮，处理组分别在基础饲粮中添加 300 mg/kg、600 mg/kg 和 900 mg/kg 甘草提取物。试验期为 84 d。添加不同水平甘草提取物对育肥猪末重、平均日增重、平均日采食量、料重比、成活率均无显著影响（$P>0.05$），但 900 mg/kg 组的末重、平均日增重最高；育肥猪的屠宰率、胴体长和瘦肉率在 4 个组间差异不显著（$P>0.05$）；900 mg/kg 添加组的眼肌面积得到显著提高（$P<0.05$）；添加甘草提取物提高了肌肉中粗蛋白和粗脂肪含量但没有达到显著水平（$P>0.05$），肌肉中氨基酸含量在不同组间差异不显著（$P>0.05$）；饲粮中添加甘草提取物可显著提高肌肉中油酸的含量（$P<0.05$），且添加甘草提取物与油酸含量呈极显著的线性关系（$P<0.01$），600 mg/kg、900 mg/kg 添加组育肥猪肌肉中不饱和脂肪酸的含量显著高于对照组（$P<0.05$）；600 mg/kg、900 mg/kg 添加组饱和脂肪酸的含量显著低于对照组（$P<0.05$）。在育肥猪饲粮中添加甘草提取物不影响育肥猪的生长性能，提高了育肥猪的眼肌面积，增加了肌肉中不饱和脂肪酸

含量，改善了肉质。综合试验中育肥猪生长性能、肉质性状等指标，建议生长育肥猪中甘草提取物饲料中适宜添加量为 900 mg/kg。

（13）黄芪多糖。张阳等[104]研究复合益生菌与黄芪多糖（APS）对生长育肥猪免疫和抗氧化功能的影响。试验采用 2×2 双因素试验设计，选取 80 头健康状况良好、体重［（33.5±0.8）kg］相近的“杜×长×大”三元杂交生长猪，根据体重随机分为 4 组（每组 5 个重复，每个重复 4 头），分别饲喂基础饲粮（对照组）、基础饲粮+5×10^8 CFU/kg 复合益生菌（复合益生菌组）、基础饲粮+0.1% APS（APS 组）、基础饲粮+5×10^8 CFU/kg 复合益生菌+0.1% APS（复合益生菌+APS 组）。试验期为 84 d。结果表明：①与对照组相比，饲粮添加复合益生菌显著提高第 57 d 和第 85 d 生长育肥猪血清溶菌酶（LZM）活性（$P<0.05$），有提高第 29 d 血清 LZM 活性的趋势（$P=0.068$）；饲粮添加 APS 有提高第 29 d 血清 LZM 活性的趋势（$P=0.09$）。②复合益生菌与 APS 对第 29 d 生长育肥猪外周血 CD^{4+} T 淋巴细胞比例存在互作趋势（$P=0.075$），对第 57 d 外周血 CD^{4+} T 淋巴细胞比例以及第 29 d 和第 57 d 外周血 CD^{4+} T 淋巴细胞/CD^{8+} T 淋巴细胞（CD^{4+}/CD^{8+}）值存在互作效应（$P<0.01$）。主要表现为，第 29 d，与对照组相比，APS 组外周血 CD^{4+} T 淋巴细胞比例和 CD^{4+}/CD^{8+} 值显著降低（$P<0.05$）；与复合益生菌组相比，复合益生菌+APS 组外周血 CD^{4+} T 淋巴细胞比例和 CD^{4+}/CD^{8+} 值无显著差异（$P>0.05$）。第 57 d，与对照组相比，APS 组外周血 CD^{4+} T 淋巴细胞比例和 CD^{4+}/CD^{8+} 值极显著提高（$P<0.01$）；与复合益生菌组相比，复合益生菌+APS 组外周血 CD^{4+} T 淋巴细胞比例和 CD^{4+}/CD^{8+} 值无显著差异（$P>0.05$）。③与对照组相比，饲粮添加复合益生菌显著提高第 85 d 生长育肥猪血清肿瘤坏死因子-α（TNF-α）和干扰素-γ（IFN-γ）含量（$P<0.05$），饲粮添加 APS 有提高第 85 d 血清 IFN-γ（$P=0.067$）和白细胞介素-2（IL-2）（$P=0.093$）含量的趋势。复合益生菌与 APS 对第 85 d 血清白细胞介素-6（IL-6）含量存在互作趋势（$P=0.055$），与对照组相比，APS 组第 85 d 血清 IL-6 含量有降低的趋势（$P=0.055$）；与复合益生菌组相比，复合益生菌+APS 组第 85 d 血清 IL-6 含量无显著差异（$P>0.05$）。④复合益生菌与 APS 对第 57 d 生长育肥猪血清谷胱甘肽过氧化物酶（GSH-Px）活性存在互作效应（$P<0.05$），与对照组相比，复合益生菌组第 57 d 血清 GSH-Px 活性极显著提高（$P<0.01$）；与 APS 组相比，复合益生菌+APS 组第 57 d 血清 GSH-Px 活性无显著差异（$P>0.05$）。⑤与对照组相比，饲粮添加复合益生菌极显著提高第 85 d 生长育肥猪血清谷草转氨酶（AST）活性（$P<0.01$）。复合益生菌与 APS 对第 29 d 血清谷丙转氨酶（ALT）活性存在互作效应（$P<0.05$），与对照组相比，复合益生菌组第 29 d 血清 ALT 活性显著提高（$P<0.05$）；与 APS 组相比，复合益生菌+APS 组第 29 d 血清 ALT 活性则无显著差异（$P>0.05$）。综上所述，饲粮添加复合益生菌可提高生长育肥猪的免疫功能，并在细胞因子的调节中发挥免疫增强作用，但对于抗氧化功能的影响则不稳定；饲粮添加 APS 对生长育肥猪的免疫功能具有一定的提高作用，在细胞因子的调节中主要发挥抗炎作用，在细胞免疫中主要发挥免疫自稳作用，并促进其氧化平衡状态的保持；复合益生菌与 APS 在生长育肥猪细胞免疫、细胞因子调节、抗氧化等方面均存在一定的互作效应，复合益生菌的添加容易引起血液指标大幅度的变化，而 APS 对于这种大幅度的变化具有抑制作用。

张阳等[105]还研究了复合益生菌与黄芪多糖（APS）对生长育肥猪生长性能、血清生化指标和粪便微生物的影响。试验采用 2×2 双因素试验设计，选取 80 头健康状况、体重

[(33.5±0.8) kg] 相近的“杜×长×大”三元杂交生长猪，根据体重随机分为 4 组（每组 5 个重复，每个重复 4 头），分别饲喂基础饲粮（对照组）、基础饲粮+5×10^8 CFU/kg 复合益生菌（复合益生菌组）、基础饲粮+0.1% APS（APS 组）、基础饲粮+5×10^8 CFU/kg 复合益生菌+0.1% APS（复合益生菌+APS 组）。试验期为 84 d。结果表明，第 29～56 d，与对照组相比，饲粮添加复合益生菌有提高生长育肥猪平均日采食量（ADFI）的趋势(P=0.065)，且显著提高料重比（F/G）(P<0.05)。各组生长育肥猪血清生化指标均无显著差异（P>0.05)。与对照组相比，饲粮添加 APS 显著降低了生长育肥猪粪便微生物的 Ace 指数和 Chao1 指数（P<0.05)。与对照组相比，饲粮添加复合益生菌有降低生长育肥猪粪便样品中厚壁菌门相对丰度的趋势（P=0.071)，有提高拟杆菌门相对丰度的趋势（P=0.061)，有降低厚壁菌门/拟杆菌门值的趋势（P=0.050)。复合益生菌与 APS 对生长育肥猪粪便样品中毛螺菌科 XPB1014 群属相对丰度存在互作效应（P<0.05)；与对照组相比，复合益生菌组和 APS 组毛螺菌科 XPB1014 群属相对丰度显著提高（P<0.05)，而与复合益生菌组和 APS 组相比，复合益生菌+APS 组毛螺菌科 XPB1014 群属相对丰度显著降低（P<0.05)。与对照组相比，饲粮添加复合益生菌极显著降低生长育肥猪粪中乙酸和丙酸的含量（P<0.01)，同时显著降低粪中丁酸的含量（P<0.05)。综上所述，饲粮添加复合益生菌通过提高生长育肥猪 ADFI，从而显著提高相应 F/G，同时降低粪便中厚壁菌门/拟杆菌门值及短链脂肪酸含量；饲粮添加 APS 显著降低了生长育肥猪粪便微生物的多样性；复合益生菌与 APS 对生长育肥猪生长性能和血清生化指标无互作效应，对生长育肥猪粪便微生物中的毛螺菌科 XPB1014 群属的相对丰度存在互作效应，但表现出拮抗作用。

（14）葡萄籽提取物。徐光科等[106]通过试验探讨了不同剂量的葡萄籽提取物（GSE）对断奶仔猪生长性能、免疫力及肠道菌群的影响。选取 21 日龄的断奶仔猪 150 头，随机分为 5 组，每组 6 个重复，每个重复 5 头。对照组仔猪饲喂基础日粮，试验 1～4 组分别在基础日粮中添加 40 mg/kg、80 mg/kg、120 mg/kg、160 mg/kg 的 GSE。预试期为 7 d，正试期为 49 d。结果表明，试验 2 组、试验 3 组仔猪末重和平均日增重显著高于对照组（P<0.05)，试验组仔猪料重比均显著低于对照组（P<0.05)。试验 1～3 组仔猪腹泻率极显著低于对照组（P<0.01)。试验 2～4 组仔猪免疫球蛋白 A（IgA）含量显著高于对照组（P<0.05)，试验 2 组、试验 3 组仔猪的免疫球蛋白 G（IgG）含量显著高于对照组（P<0.05)。试验 1～4 组仔猪肿瘤坏死因子-α（TNF-α）水平极显著低于对照组（P<0.01)。试验 2 组、试验 3 组仔猪十二指肠和空肠的绒毛高度显著高于对照组（P<0.05)，试验 2 组、试验 3 组仔猪空肠隐窝深度显著低于对照组（P<0.05)，试验 1～4 组仔猪绒毛高度与隐窝深度的比值极显著高于对照组（P<0.01)。试验 2 组、试验 3 组仔猪回肠的绒毛高度极显著高于对照组（P<0.01)，试验 2 组、试验 3 组仔猪绒毛高度与隐窝深度的比值显著高于其他各组（P<0.05)。试验 2～4 组仔猪盲肠的大肠杆菌数量显著低于对照组（P<0.05)，试验 1～4 组仔猪盲肠乳酸杆菌和双歧杆菌的数量显著高于对照组（P<0.05)。研究表明，在断奶仔猪日粮中添加 GSE 可提高其生长性能、增强免疫力、改善肠道功能，最适添加量为 80～120 mg/kg。

（15）丁香、黄连和洋葱提取物。赵艳阳等[107]评估了不同蛋白质水平日粮补充复合植物提取物对育肥猪生长性能、养分表观消化及血液生化指标的影响。试验选择 512 头 18 周龄平均体重为（76.10±0.21）kg 的商品猪随机分为 4 组，每组 8 个重复，每个重复 16 头。

试验日粮采用2×2因素设计，T1组为低蛋白质日粮（13.5%）+0 mg/kg植物提取物，T2组为低蛋白质日粮（13.5%）+80 mg/kg植物提取物，T3组为高蛋白质日粮（15.5%）+0 mg/kg植物提取物，T4组为高蛋白质日粮（15.5%）+80 mg/kg植物提取物。结果表明，15.5%蛋白质水平组育肥猪末重、平均日增重及饲料效率较13.5%蛋白质水平组分别显著提高3.00%、8.55%和7.94%（$P<0.05$）。与13.5%蛋白质水平组相比，15.5%蛋白质水平组育肥猪干物质和氮表观消化率分别显著提高2.79%和4.27%（$P<0.05$）。日粮蛋白质和复合植物提取物添加水平以及其交互作用对育肥猪血清胰岛素样生长因子-Ⅰ（IGF-Ⅰ）、葡萄糖、甘油三酯、尿素氮及肌酸酐浓度的影响均无显著差异（$P>0.05$）。研究表明，低蛋白质日粮（13.5%）降低育肥猪的日增重、饲料效率及干物质和氮表观消化率，但补充80 mg/kg复合植物提取物可以在一定程度改善上述负面影响。

（16）金银花粗提物和葛根粗提物。刘仲昊等[108]研究了金银花粗提物和葛根粗提物对育肥猪生长性能、胴体性状及肉品质的影响。试验选择体重无显著差异的三元阉公猪72头，随机分为4组，每组3个重复，每个重复6头。对照组育肥猪饲喂基础日粮，试验1组育肥猪饲喂基础日粮+1 000 g/t金银花粗提物，试验2组育肥猪饲喂基础日粮+1 000 g/t葛根粗提物，试验3组育肥猪饲喂基础日粮+500 g/t金银花粗提物+500 g/t葛根粗提物。试验期为45 d。结果表明，与对照组相比，一是试验3组育肥猪平均日增重显著提高（$P<0.05$），料重比显著降低（$P<0.05$）。二是试验组育肥猪眼肌面积均显著增加（$P<0.05$），试验3组猪肉pH和粗脂肪含量显著提高（$P<0.05$）。三是试验3组猪肉总氨基酸、必需氨基酸、支链氨基酸以及鲜味氨基酸含量显著降低（$P<0.05$），油酸含量显著提高（$P<0.05$）。研究表明，在育肥猪日粮中添加金银花粗提物和葛根粗提物能够改善育肥猪的生产性能、胴体性状及肉品质。

（17）迷迭香提取物。迷迭香提取物（RE）具有多种药理学和生物学活性。Yang等[109]研究了饲料添加剂RE对断奶仔猪生长性能、营养消化率、抗氧化能力、肠道形态和微生物群的影响。共有192头杂交断奶仔猪［杜洛克×（大白×地方品种），初始体重=（6.65±0.33）kg，断奶天数=（23±1）d］被分组饲养（每圈6头猪，每组8圈）。猪喂食玉米-豆粕为基础的空白日粮或补充100 mg/kg、200 mg/kg或400 mg/kg RE的基础日粮。评价营养物质的生长性能和表观总消化率，以及肠道形态和抗氧化状态，利用盲肠样品测定微生物群落构成。与对照组相比，添加RE组增加了仔猪的最终体重、日均增重和日均采食量（线性，$P=0.038$、0.016和0.009），降低了仔猪的腹泻比（线性，$P<0.05$）。粗蛋白（线性，$P=0.034$）和总能量（线性，$P=0.046$）的消化率随着RE处理而增加。喂食RE的仔猪在空肠和回肠中显示出更长的绒毛高度（线性，$P=0.037$和0.028）和绒毛高度与隐窝深度的比值（线性，$P=0.004$和0.012；二次，$P=0.023$和0.036）。此外，空肠（线性，$P=0.019$）和回肠（二次，$P=0.042$）的隐窝深度较小。RE的添加增加了血清和肝脏中超氧化物歧化酶（线性，$P=0.035$和0.008）与谷胱甘肽过氧化物酶（线性，$P=0.027$和0.039）的活性，并降低了丙二醛的含量（线性，$P=0.041$和0.013；二次，$P=0.023$和0.005）。与对照组相比，在盲肠内容物中RE增加了双歧杆菌（线性，$P=0.034$）和拟杆菌（线性，$P=0.029$）的数量，减少了大肠杆菌的数量（线性，$P=0.008$；二次，$P=0.014$）。因此，RE作为饲料添加剂可以改善断奶仔猪的生长性能、养分消化率、抗氧化能力、肠道形态和微生物群，最佳剂量为200 mg/kg。

1.2.2 家禽饲料中天然植物提取物饲料添加剂的应用研究进展

饲料添加剂在家禽饲料中使用的天然植物提取物主要有天然叶黄素、苜蓿提取物、淫羊藿提取物、紫苏籽提取物、植物甾醇、茶多酚、姜黄素、糖萜素、牛至香酚、甜菜碱、辣椒红、β-胡萝卜素、大蒜素、大豆黄酮（4,7-二羟基异黄酮）等。近年有应用研究报道但我国尚未批准在家禽饲料中使用的天然植物提取物主要有杜仲叶提取物、迷迭香提取物、白藜芦醇、绿茶提取物、葡萄及葡萄籽提取物、枸杞多糖、油茶籽提取物、芒果皂苷、柴胡提取物、八角茴香、牛膝多糖、橡胶籽油、金银花提取物、生姜提取物、地黄提取物、黄芪提取物、益母草提取物等。

1.2.2.1 蛋鸡饲料中天然植物提取物饲料添加剂的应用研究进展

（1）天然叶黄素。天然叶黄素（源自万寿菊）为着色剂类饲料添加剂，适用范围为家禽、水产养殖动物、犬、猫。张权等[110]为了分析天然叶黄素万寿菊提取物对蛋黄颜色、生产性能及蛋品质的影响，选用380日龄体重相似、产蛋率相近且健康的海兰灰蛋鸡432只进行试验，随机分成4组，每组6个重复，每个重复18只。通过蛋鸡日粮中添加粉末型天然叶黄素（金菊黄2.0）、微囊型天然叶黄素（金菊黄5.0）、合成叶黄素（阿卜酯）进行试验。结果表明，微囊型天然叶黄素对蛋黄的L^*、a^*、b^*值的影响与对照组和粉末型天然叶黄素差异显著（$P<0.05$），微囊型天然叶黄素对蛋黄的L^*、b^*值的影响与合成叶黄素（阿卜酯）差异不显著（$P>0.05$），日粮添加外源色素对蛋鸡生产性能、蛋品质没有显著影响（$P>0.05$）。在日粮中添加微囊型叶黄素能够调节蛋鸡蛋黄颜色。

李守学等[111]主要研究了不同比例的万寿菊提取物、辣椒红色素对小麦-豆粕型日粮蛋鸡蛋黄颜色、生产性能、蛋品质的影响。选用380日龄体重相似、产蛋率相近且健康的“农大三号”蛋鸡300只，随机分为5组，每组5个重复，每个重复12只。对照组只添加辣椒红色素，其中叶黄素的含量为12 mg/kg。试验组饲粮中添加红、黄两种色素中叶黄素含量的比例分别为4∶1（12 mg/kg∶3 mg/kg）、2∶1（12 mg/kg∶6 mg/kg）、1∶1（12 mg/kg∶12 mg/kg）、1∶2（12 mg/kg∶24 mg/kg）。结果表明，不同比例的混合色素对蛋黄的L^*（亮度值）、a^*（红度值）、RCF（罗氏比色值）没有显著的影响（$P>0.05$）；与对照组相比，随着万寿菊提取物含量比例的增加，蛋黄的黄度值b^*有明显提高（$P<0.05$）；在饲粮中单独使用辣椒红色素或添加混合色素，均对蛋鸡的生产性能、蛋品质没有明显的影响（$P>0.05$）。

李守学等[112]研究了万寿菊提取物、辣椒红素两种天然色素分别对蛋鸡蛋黄颜色、生产性能、蛋品质的影响。选用380日龄体重相似、产蛋率相近且健康的“农大三号”蛋鸡540只，随机分为9组，每组5个重复，每个重复12只。对照组不添加任何色素，黄色素试验组分别在小麦-豆粕型基础日粮中添加0.01%、0.02%、0.04%、0.08%的万寿菊提取物添加剂，红色素试验组分别添加0.06%、0.12%、0.24%、0.48%的辣椒红素添加剂。结果表明，两种天然色素均能提高蛋黄的罗氏比色值（RCF），与对照组相比差异极显著（$P<0.01$）。不同浓度的万寿菊提取物对蛋黄的亮度值L^*、红度值a^*、黄度值b^*均没有影响（$P>0.05$）。不同浓度的辣椒红素对蛋黄的a^*值影响极显著（$P<0.01$），对b^*值有不同的影响，对L^*值没有明显的影响（$P>0.05$）。万寿菊提取物、辣椒红素对蛋鸡的生产性能、蛋品质均没有明显的影响（$P>0.05$）。

（2）植物甾醇。饲料添加剂植物甾醇（源于大豆油/菜籽油，有效成分为β-谷甾醇、菜油甾醇、豆甾醇）的适用范围为家禽、生长育肥猪、犬、猫。Wang 等[113]揭示母鸡脂肪代谢对蛋内饲料物质沉积和胚胎肌肉发育的影响，采用添加5%植物甾醇（PE）的日粮或对照日粮饲喂肉鸡，研究了孵化雏鸡卵子的脂质沉积和生长发育。结果表明，PE能增加母鸡卵子和血清中胆汁酸（BA）的沉积量（分别为 $P=0.02$ 和 $P<0.01$），显著改变雌性和雄性后代的胰岛素和葡萄糖水平，促进体重（49日龄雌鸡和雄鸡的 $P=0.02$）、肌纤维密度（49日龄雌性后代的 $P=0.02$），通过激活雌性（而不是雄性）后代的BA受体，表达肌生成素和肌生成决定因子（myoD）（第49 d $P=0.03$ 和 $P=0.02$）。此研究首次确定，PE通过调节BA的沉积促进了蛋鸡肌肉的发育，这可能与BA受体的激活有关。

（3）茶多酚。饲料添加剂茶多酚的适用范围为养殖动物，属于抗氧化剂。茶多酚主要来源于茶叶及茶叶副产物，为茶叶中多酚类物质的总称，主要成分为黄烷酮类、花色素类、黄酮醇类、花白素类、酚酸及缩酚酸类6类化合物。刘宁等[114]研究了饲粮添加茶多酚（TP）对长顺绿壳蛋鸡生产性能、蛋品质、血浆抗氧化指标及输卵管形态的影响。选用180日龄健康的长顺绿壳蛋鸡240只，随机分为3组，每组10个重复，每个重复8只。对照组饲喂基础饲粮，试验组分别在基础饲粮的基础上额外添加200 mg/kg和400 mg/kg的TP。预试期为7 d，正试期为56 d。结果表明：①与对照组相比，饲粮添加200 mg/kg和400 mg/kg的TP均显著降低了1～4周蛋鸡的平均日采食量和平均蛋重（$P<0.05$），饲粮添加400 mg/kg的TP显著降低了5～8周蛋鸡的平均日采食量（$P<0.05$）。②与对照组相比，饲粮添加400 mg/kg的TP显著提高了第4周和第8周鸡蛋的哈氏单位和蛋黄颜色（$P<0.05$），饲粮添加200 mg/kg的TP显著增加了第4周和第8周鸡蛋的哈氏单位（$P<0.05$）。③与对照组相比，饲粮添加400 mg/kg的TP显著降低了血浆丙二醛含量（$P<0.05$）；饲粮添加200 mg/kg和400 mg/kg的TP显著提高了血浆超氧化物歧化酶和谷胱甘肽过氧化物酶活性（$P<0.05$），显著增加了血浆总抗氧化能力（$P<0.05$）。④与对照组相比，饲粮添加400 mg/kg的TP改善了输卵管膨大部形态，显著增加了输卵管膨大部绒毛高度和绒毛宽度（$P<0.05$）。综上所述，饲粮添加400 mg/kg的TP降低了蛋鸡的平均蛋重和平均日采食量，提高了其抗氧化性能，对蛋品质及输卵管膨大部形态有一定的改善作用。

王建萍等[115]研究了饲粮中添加重金属铅（Pb）、镉（Cd）、钒（V）和钼（Mo）对产蛋后期蛋鸡生产性能、蛋品质、鸡蛋中重金属残留和血清抗氧化状态的影响以及抗氧化剂茶多酚（TP）的缓解效应。试验选用300只65周龄罗曼粉壳蛋鸡作为试验动物，随机分成3组，对照组饲喂基础饲粮，重金属联合暴露（HEM）组在基础饲粮中添加重金属（5 mg/kg Pb＋0.5 mg/kg Cd＋5 mg/kg V＋10 mg/kg Mo），TP组在HEM组基础上添加TP（1 000 mg/kg），每组10个重复，每个重复10只。试验期为5周。结果表明，与对照组相比，HEM组日产蛋率显著降低了8.26%（$P<0.05$），料蛋比显著增加了16.06%（$P<0.05$），软壳蛋率显著增加（$P<0.05$）。而TP组日产蛋率和料蛋比与对照组相比差异不显著（$P>0.05$）。与对照组相比，HEM组蛋壳厚度和蛋黄颜色显著降低（$P<0.05$），蛋壳颜色的亮度值显著增加（$P<0.05$），红度值和黄度值显著降低（$P<0.05$），蛋白高度和哈氏单位分别降低了20.08%和16.19%（$P<0.05$）。TP组的蛋壳厚度和蛋黄颜色显著低于对照组（$P<0.05$），蛋白高度和哈氏单位显著高于HEM组（$P<0.05$），但与对照组相比没有显著差异（$P>0.05$）。与对照组相比，HEM组鸡蛋中的铁、锌和硒含量显著下降

($P<0.05$)，分别下降了23.12%、28.66%和65.43%，而Cd、Pb、V和Mo含量显著上升($P<0.05$)，分别提高了30.42%、21.58%、51.67%和30.66%。TP组微量元素和重金属的含量与HEM组具有同样的趋势，但并没有减少重金属Cd、Pb、V和Mo在鸡蛋中的含量。与对照组相比，HEM组血清中谷胱甘肽过氧化物酶（GSH-Px）活性和还原型谷胱甘肽（GSH）含量降低了25.37%和53.97%($P<0.05$)，丙二醛含量增加了100.00%($P<0.05$)。TP组与HEM组相比，血清中GSH-Px活性和GSH含量显著增加($P<0.05$)。由此可知，重金属联合暴露会引起蛋鸡生产性能和蛋品质降低，增加鸡蛋中对应重金属的残留，降低机体氧化酶活性，而添加1 000 mg/kg TP在一定程度上缓解了重金属联合暴露导致的生产性能、蛋品质的降低。

杜洁明等[116]研究了茶多酚对鸡蛋品质、蛋白凝胶特性、微观结构及蛋清微量元素含量的影响。试验选用720只35周龄的罗曼蛋鸡，随机分为5组，每组6个重复，每个重复24只。对照组饲喂基础饲粮，试验组分别在基础饲粮中添加200 mg/kg、400 mg/kg、600 mg/kg和800 mg/kg茶多酚。预试期为2周，正试期为8周。结果表明，与对照组相比，添加茶多酚使第8周鸡蛋的蛋白高度和哈氏单位显著增加($P<0.05$)，蛋白凝胶强度、硬度、胶黏性和咀嚼性显著降低($P<0.05$)，并且随着茶多酚添加水平的提高而呈二次曲线变化($P<0.05$)，添加200 mg/kg、400 mg/kg和600 mg/kg茶多酚使蛋白凝胶呈多孔、疏松和不规则的网状结构，添加茶多酚使蛋清中铜和锰的含量显著降低($P<0.05$)，但对蛋清中铁和锌的含量没有显著影响($P>0.05$)。由此得出，蛋鸡饲粮添加茶多酚可提高鸡蛋蛋白品质，改善蛋白凝胶特性，降低蛋清中铜和锰的含量，茶多酚的添加水平为400 mg/kg时效果较为明显。

Wang等[117]研究了日粮中添加茶多酚（TP）和茶儿茶素（TC）对产蛋鸡生产后期产蛋性能、蛋白品质、卵黄蛋白组成的影响。将270只（64周龄）海兰褐蛋鸡分为基础日粮（对照组）、基础日粮中添加200 mg/kg茶多酚（TP_{200}）或200 mg/kg茶儿茶素（TC_{200}）。每个处理有6个重复，每个重复15只。饲喂试验持续10周，在试验过程中，日粮中添加TP_{200}可显著提高6～10周和1～10周的产蛋量（EP），提高饲料转化率（FCR）($P<0.05$)。在第8周和第10周，喂食TP_{200}的母鸡的蛋白高度和哈氏单位（HU）均高于喂食对照饲料的母鸡($P<0.05$)。TP_{200}组与TC_{200}组在蛋白高度和哈氏单位值上无显著性差异($P>0.05$)。蛋白免疫印迹分析表明，TP_{200}组卵母细胞素组分的条带强度高于对照组和TC_{200}组。与对照组相比，试验结束时TP_{200}组蛋白巯基含量显著增加，蛋白羰基含量和蛋白表面疏水性显著降低($P<0.05$)。TP_{200}组与对照组、TC_{200}组比较，单纯柱状上皮的原代皱褶高度、宽度、上皮细胞高度、纤毛高度均明显增加($P<0.05$)。综上所述，日粮中添加200 mg/kg茶多酚可以改善老年母鸡的生产性能、蛋白质量和肉质形态。

汪小红等[118]研究了茶多酚（TP）对蛋鸡生产性能、蛋品质和抗氧化能力的影响。试验选用450只24周龄的健康海兰灰产蛋鸡，分为5组，每组6个重复，每个重复15只。对照组饲喂基础饲粮，试验组分别在基础饲粮中添加40 mg/kg、80 mg/kg、200 mg/kg和400 mg/kg TP。试验期为63 d，其中预试期为7 d、正试期为56 d。结果表明，与对照组相比，一是400 mg/kg TP显著降低了试验期前4周的平均蛋重($P<0.05$)；200 mg/kg TP显著改善试验期后4周的料蛋比($P<0.05$)；TP未显著影响产蛋率和平均日采食量($P>0.05$)。二是饲粮中添加TP未显著影响蛋形指数、蛋壳强度、蛋壳厚度、蛋白高度、哈氏单位和蛋黄颜色（$P>0.05$）。三是 TP 显著提高了血浆总超氧化物歧化酶（T－SOD）和谷胱甘肽过氧化物酶（GPx）活性（$P<0.05$）；显著提高试验期第 8 周时血浆总抗氧化能力（T－AOC）（$P<0.05$）。四是 TP 显著提高了肝脏和蛋黄 T－AOC 与 T－SOD 活性（$P<0.05$）；显著降低肝脏和蛋黄中丙二醛（MDA）含量（$P<0.05$）。由此可见，饲粮中添加 TP 未显著影响蛋鸡蛋品质；400 mg/kg TP 降低了平均蛋重，200 mg/kg TP 改善了料蛋比，两者均提高了蛋鸡的抗氧化能力，其中以 200 mg/kg 组效果最佳。

夏兵等[119]研究了茶对仙居鸡鸡蛋品质的影响。以功能成分茶多酚含量高、营养成分粗纤维含量低为标准，最终选取仙青茗茶茶粉用于后续试验。试验分为两个阶段。第一阶段选用 80 只 20 周龄的健康仙居鸡，随机分为 4 组，即茶笼养组、茶笼养调味组（茶粉＋适口性调节剂）、笼养对照组、放养对照组，分别在基础日粮中添加 5%、5%（含 1%适口性调节剂）、0%、0%的茶粉饲喂 6 周后收集鸡蛋，检测鸡蛋中胆固醇和维生素 E 含量，发现茶叶组的胆固醇和维生素 E 的含量明显下降并以茶笼养调味组下降最为明显，说明茶资源有改善蛋品质、降低胆固醇含量的作用。第二阶段将 144 只 20 周龄仙居鸡随机分为 3 组，每组 3 个重复，每个重复 16 只，分别为茶叶组、茶多酚（TP）组和对照组，并分别饲喂在基础日粮中添加 3%仙青茗茶茶粉、1%TP 的饲粮及基础日粮，饲养 14 周后，测定茶资源对蛋形指数、蛋壳厚度、蛋壳强度、蛋重、蛋白高度、蛋黄颜色和哈氏单位的影响，发现茶粉能够显著提高哈氏单位，即显著提高鸡蛋的新鲜度，其中以 TP 组效果较好，但在一定程度上造成蛋壳强度和蛋壳厚度下降。

（4）糖萜素。饲料添加剂糖萜素（源自山茶籽饼）的适用范围为猪、家禽。黄凤梅等[120]为明确乳酸菌-糖萜素复合剂对蛋鸡生产性能、鸡蛋品质和养殖环境的影响，选取体况相似的 140 日龄罗曼褐商品蛋鸡 1 600 只，随机分为 4 组，每组 4 个重复，每个重复 100 只，依次为对照组、试验组 1、试验组 2、试验组 3，各试验组在基础日粮基础上分别按质量比添加 0.05%、0.10%和 0.20%的乳酸菌-糖萜素复合剂。结果表明，与对照组相比，试验组 1、试验组 2、试验组 3 的平均蛋重、产蛋率、蛋壳厚度、哈氏单位、蛋黄颜色均有所提高，料蛋比和破蛋率相应降低，而且在试验期间鸡舍的氨气质量浓度显著降低，说明饲喂乳酸菌-糖萜素复合制剂可提高蛋鸡生产性能及鸡蛋品质，还可以有效改善蛋鸡的养殖环境。综合饲喂乳酸菌-糖萜素复合制剂对蛋鸡的生产性能、蛋品质、养殖环境的影响及成本考虑，建议在蛋鸡基础日粮中添加 0.10%乳酸菌-糖萜素复合制剂。

（5）甜菜碱。饲料添加剂甜菜碱的适用范围为养殖动物，是一种维生素及类维生素类的饲料添加剂，甜菜的糖蜜是天然甜菜碱的主要来源。陈宇星等[121]研究了甜菜碱对产蛋高峰期藏鸡产蛋性能及蛋品质的影响。选择体重相近的 180 只 30 周龄产蛋藏鸡，随机分为 3 组，每组 6 个重复，每个重复 10 只，对照组饲喂基础饲粮，试验组 1、试验组 2 分别饲喂在基础饲粮中添加 1 000 mg/kg、3 000 mg/kg 的甜菜碱。预试期为 7 d，试验期为 49 d。结果表明，饲料添加甜菜碱能够显著提高藏鸡产蛋率（$P<0.05$），并有减少料蛋比及增加平均产蛋量的趋势，对采食量、平均蛋重、破蛋率及死淘率无显著影响（$P>0.05$）；对藏鸡鸡蛋表观指标及蛋品质中蛋黄及蛋白内水分、粗蛋白、钙磷含量等均无显著影响（$P>0.05$），但蛋黄粗脂肪含量均显著高于对照组（$P<0.05$），且蛋白内粗脂肪水平有高于对照组的趋势。饲粮中添加甜菜碱显著提高藏鸡产蛋率，可能与脂肪相关代谢改变有关。

郝生燕等[122]研究了饲粮中添加甜菜碱对热应激蛋鸡生产性能、蛋品质及血清生化指标的影响。选用健康的22周龄商品代罗曼褐蛋鸡600只，随机分成5组，每组8个重复，每个重复15只。1组为正对照组，饲喂基础饲粮，正常温热环境，温湿指数（THI）介于64.9～68.9；2组为负对照组，饲喂基础饲粮，热应激环境，THI>72；3～5组分别在基础饲粮中添加200 mg/kg、400 mg/kg和600 mg/kg甜菜碱，均为热应激环境，THI>72。试验期为98 d。结果表明，各组间平均日采食量、料蛋比和破蛋率差异不显著（$P>0.05$）。与1组相比，2组显著降低了入舍母鸡产蛋率、入舍母鸡产蛋重以及血清总蛋白（TP）含量、碱性磷酸酶（AKP）活性（$P<0.05$），显著提高了血清中谷草转氨酶（GOT）、肌酸激酶（CK）和谷丙转氨酶（GPT）活性（$P<0.05$）。与2组相比，4组入舍母鸡产蛋率、入舍母鸡产蛋量和血清TP含量均显著提高（$P<0.05$），5组入舍母鸡产蛋量及血清TP、白蛋白（ALB）含量也显著提高（$P<0.05$），而4组和5组的血清CK、GPT活性却显著降低（$P<0.05$），且5组的血清甘油三酯（TG）含量也显著降低（$P<0.05$）。综上所述，热应激可使产蛋鸡的新陈代谢和生理机能发生变化，导致生产性能下降，而饲粮中添加甜菜碱可以提高入舍母鸡产蛋率和入舍母鸡产蛋重，并改善热应激对蛋鸡的损伤，饲粮中甜菜碱的适宜添加量为400 mg/kg。

（6）辣椒红。饲料添加剂辣椒红的适用范围为家禽。陈继发等[123]为研究辣椒红素对蛋鸡生产性能和蛋品质的影响，试验选取了216只26周龄健康的矮小型粉壳商品蛋鸡（农大3号），随机分为3组，每组6个重复，每个重复12只。对照组（1组）饲喂基础饲粮，试验组（2组、3组）分别在基础饲粮中添加50 mg/kg、100 mg/kg辣椒红素，预试期为7 d，正试期为42 d。结果表明，饲粮中添加不同水平的辣椒红素对蛋鸡生产性能无显著影响（$P>0.05$）。试验第21 d和第42 d，试验组鸡蛋的蛋黄色泽均显著高于对照组（$P<0.05$），3组鸡蛋蛋黄色泽显著高于2组（$P<0.05$），辣椒红素对其他常规蛋品质无显著影响（$P>0.05$）。由此可见，蛋鸡饲粮中添加辣椒红素可显著提高鸡蛋的蛋黄色泽，对蛋鸡生产性能和蛋品质无负面影响。

（7）β-胡萝卜素。饲料添加剂β-胡萝卜素作为维生素及类维生素时的适用范围为养殖动物，作为着色剂时的适用范围为家禽、犬、猫。褚千然等[124]研究了β-胡萝卜素和维生素A的添加对蛋雏鸡生长性能和脂质代谢的影响。蛋鸡随机分为12组，每组8个重复，每个重复10只，采用两因素交叉分组有重复试验设计，对照组饲喂基础日粮，试验组分别添加0 mg/kg、60 mg/kg、120 mg/kg β-胡萝卜素以及0 IU/kg、5 000 IU/kg、10 000 IU/kg、15 000 IU/kg维生素A。试验期为42 d，在21日龄和42日龄检测体重、胫长和血清脂类物质含量。结果表明，维生素A添加显著提高了42日龄蛋雏鸡体重（$P<0.01$），提高了蛋雏鸡血清中甘油三酯（TG）含量，提高了21日龄血清中脂联素（ADPN）和42日龄血清中胰岛素（INS）含量（$0.01<P<0.05$）；β-胡萝卜素添加显著提高了42日龄蛋雏鸡体重（$P<0.01$），提高了42日龄蛋雏鸡血清中TG含量，显著降低了低密度脂蛋白（LDL-C）含量（$P<0.01$），显著提高了INS和ADPN含量（$P<0.01$）。研究结果表明，在调节蛋雏鸡生长性能方面，β-胡萝卜素和维生素A发挥相似的作用；在调节蛋雏鸡脂质代谢方面，β-胡萝卜素具有代替维生素A的作用。

黎雄等[125]观察了添加不同剂量β-胡萝卜素对鸡蛋蛋黄颜色的影响。选择产蛋高峰期的圈养高产罗曼蛋鸡600只，随机分成6组，每组100只。在其日粮中分别按每只鸡每天添加0 mg、16 mg、20 mg、28 mg、32 mg、36 mg的β-胡萝卜素，然后每天观察记录蛋鸡蛋黄颜色变化情况，连续观察 60 d。结果表明，随着 β-胡萝卜素添加量的增加，蛋黄颜色逐渐加深，但以 32 mg 组的蛋黄颜色色度比较集中，95%为 12～13 级，14 级以上仅 5%，高于或低于该添加量，蛋黄颜色色度均比较分散。

刘海艳等[126]研究 β-胡萝卜素对海兰褐雏鸡生长性能及免疫器官的影响，试验选择 1 日龄海兰褐雏鸡 729 只，随机分为 3 组，每组 3 个重复，每个重复 81 只。对照组饲喂基础日粮，1 组在基础日粮中添加 60 mg/kg β-胡萝卜素，2 组在基础日粮中添加 2%胡萝卜渣。试验期为 56 d。结果表明，β-胡萝卜素的添加对早期海兰褐雏鸡体重、胫长的增加有显著影响（$P<0.05$）；与对照组比较，1 组早期海兰褐雏鸡的日增重显著提高（$P<0.05$），料重比显著降低（$P<0.05$）；与对照组相比，1 组 21 日龄雏鸡免疫器官指数显著提高（$P<0.05$）。说明 β-胡萝卜素有促进海兰褐雏鸡生长、提高雏鸡免疫器官指数的作用。

吉昱斌等[127]研究了日粮中添加 β-胡萝卜素和胡萝卜渣对海兰褐雏鸡免疫指标与血液生化指标的影响，选用 1 日龄海兰褐鸡 729 只，随机分为 3 组，每组 3 个重复，每个重复 81 只。对照组饲喂雏鸡基础日粮，其余两组为试验组，在基础日粮的基础上分别添加 60 mg/kg β-胡萝卜素和 2%胡萝卜渣。试验期为 56 d。结果表明，饲喂 21 d，β-胡萝卜素组和胡萝卜渣组血清中 IgA 含量与对照组相比分别提高 20.02%和 13.13%（$P<0.05$）。饲喂 42 d，β-胡萝卜素组血清 IgA 的含量较对照组和胡萝卜渣组分别提高了 22.94%和 24.71%（$P<0.05$）。添加 β-胡萝卜素和胡萝卜渣对雏鸡部分血液生化指标具有一定的改善作用，但效果不显著（$P>0.05$）。由此可见，添加这两种物质对鸡的免疫指标和血液生化指标均有改善作用，β-胡萝卜素对雏鸡的生长发育有重要作用，也为胡萝卜渣作为功能性饲料研发提供了辅助证明。

（8）大蒜素。饲料添加剂大蒜素的适用范围为养殖动物，属于调味和诱食物质类的饲料添加剂，是从葱科葱属植物大蒜的鳞茎（大蒜头）中提取的一种有机硫化合物。陈祥宇等[128]研究了饲粮中添加不同水平复合植物提取物（大蒜提取物和蒲公英提取物，主要成分分别为大蒜素≥70 g/kg、菊粉≥10 g/kg）对蛋鸡生产性能、肠道黏膜形态及盲肠菌群结构的影响。试验选取 960 只 42 周龄的健康状态良好且体重、产蛋率相近的海兰灰蛋鸡，随机分为 4 组，每组 5 个重复，每个重复 48 只。对照组饲喂基础饲粮，试验 1 组、试验 2 组、试验 3 组在基础饲粮中分别添加 150 mg/kg、300 mg/kg 和 450 mg/kg 复合植物提取物。预试期为 10 d，正试期为 56 d。结果表明：①与对照组相比，饲粮中添加 300 mg/kg 和 450 mg/kg 复合植物提取物显著提高了蛋鸡的产蛋率（$P<0.05$）。②与对照组相比，饲粮中添加 300 mg/kg 复合植物提取物显著降低了空肠和十二指肠隐窝深度（$P<0.05$），显著增加了十二指肠绒毛高度与隐窝深度的比值（$P<0.05$）。③在盲肠菌群结构方面，在门水平上，饲粮中添加 300 mg/kg 和 450 mg/kg 复合植物提取物显著提高了拟杆菌门的相对丰度（$P<0.05$），饲粮中添加 450 mg/kg 复合植物提取物显著降低了厚壁菌门的相对丰度（$P<0.05$）；在属水平上，饲粮中添加 450 mg/kg 复合植物提取物显著提高了拟杆菌属的相对丰度（$P<0.05$），有提高艾克曼菌属相对丰度的趋势（$P=0.063$）。综上所述，在本试验条件下，饲粮中添加 300 mg/kg 复合植物提取物可提高蛋鸡的产蛋率，降低空肠和十二指肠隐窝深度，提高十二指肠绒毛高度和隐窝深度，并提高盲肠菌群中拟杆菌门的相对丰度，从而改善蛋鸡的肠道黏膜形态及盲肠菌群结构，提高生产性能。

陈祥宇等[129]还研究了饲粮中添加不同水平的复合植物提取物（大蒜提取物、蒲公英提取物，主要成分是大蒜素和菊粉）对蛋鸡生产性能、蛋品质、免疫功能及抗氧化能力的影响。试验选取 960 只健康状态良好且体重、产蛋率相近的 42 周龄海兰灰蛋鸡，随机分为 4 组，每组 5 个重复，每个重复 48 只。对照组饲喂基础饲粮，3 个试验组分别饲喂在基础饲粮中添加 150 mg/kg、300 mg/kg 和 450 mg/kg 复合植物提取物的试验饲粮。预试期为 10 d，正试期为 56 d。结果表明，与对照组相比，在生产性能方面，第 1～28 d 时，各试验组的产蛋率和平均蛋重均显著升高（$P<0.05$），饲粮中添加 450 mg/kg 复合植物提取物可使平均日采食量显著增加（$P<0.05$）；第 29～56 d 时，饲粮中添加 300 mg/kg 和 450 mg/kg 复合植物提取物可使产蛋率显著升高（$P<0.05$）。在蛋品质方面，第 28 d 时，饲粮中添加 300 mg/kg 复合植物提取物可显著提高鸡蛋的蛋壳厚度（$P<0.05$）；第 56 d 时，饲粮中添加 300 mg/kg 复合植物提取物可显著提高鸡蛋的蛋重（$P<0.05$），饲粮中添加 300 mg/kg 和 450 mg/kg 复合植物提取物可显著提高鸡蛋的哈氏单位（$P<0.05$）。在免疫功能方面，第 28 d 时，饲粮中添加 300 mg/kg 复合植物提取物能够显著提高血清免疫球蛋白 M（IgM）含量（$P<0.05$）；第 56 d 时，饲粮中添加 300 mg/kg 和 450 mg/kg 复合植物提取物能够显著提高血清 IgM 和免疫球蛋白 G（IgG）含量（$P<0.05$）。在抗氧化能力方面，第 28 d 时，饲粮中添加 150 mg/kg 和 300 mg/kg 复合植物提取物可使血清超氧化物歧化酶（SOD）活性显著升高（$P<0.05$）；第 56 d 时，饲粮中添加 300 mg/kg 和 450 mg/kg 复合植物提取物可使血清 SOD 与谷胱甘肽过氧化物酶（GSH-Px）活性显著升高（$P<0.05$）。

（9）大豆黄酮。饲料添加剂大豆黄酮（4,7-二羟基异黄酮）的适用范围为猪、产蛋家禽，是一种植物雌激素，广泛存在于豆类、牧草、谷物等天然植物中。张玲等[130]研究了大豆黄酮对余干乌骨鸡产蛋后期产蛋性能和蛋品质的作用。选择产蛋率相近的 60 周龄余干乌骨鸡 180 只，分为大豆黄酮组和对照组，每组 6 个重复，每个重复 15 只。大豆黄酮组在基础饲粮中添加 30 g/t 的大豆黄酮，对照组饲喂基础饲粮。试验共 8 周。结果表明，与对照组相比，大豆黄酮组的产蛋率提高了 11.67%（$P<0.05$），料蛋比降低了 8.1%（$P<0.05$）；大豆黄酮组的哈氏单位提高了 7.7%（$P<0.05$）。综上所述，饲粮中添加 30 g/t 的大豆黄酮能提高余干乌骨鸡产蛋后期的产蛋性能和蛋品质。

张玲等[131]还研究了饲粮添加大豆黄酮对产蛋后期蛋鸡产蛋性能、蛋品质和血浆激素指标的影响。选择产蛋率相近的 60 周龄海兰褐蛋鸡 180 只，随机分为对照组和大豆黄酮组，每组 6 个重复，每个重复 15 只。对照组饲喂基础饲粮，大豆黄酮组在基础饲粮中添加 30 g/t 的大豆黄酮。试验期为 8 周。结果表明，与对照组相比，饲粮中添加 30 g/t 的大豆黄酮显著降低了试验第 1～4 周、第 5～8 周和第 1～8 周蛋鸡的料蛋比（$P<0.05$），显著提高了试验第 5～8 周和第 1～8 周蛋鸡的产蛋率（$P<0.05$），显著提高了试验第 4 周和第 8 周鸡蛋的哈氏单位（$P<0.05$），显著提高了试验第 8 周的血浆三碘甲状腺原氨酸、卵泡刺激素、黄体生成素、孕酮和雌二醇浓度（$P<0.05$）。综上所述，饲粮中添加 30 g/t 的大豆黄酮能够提高产蛋后期蛋鸡的产蛋性能、蛋品质和血浆激素浓度。

肖蕴祺等[132]研究了饲粮中添加大豆黄酮对产蛋后期地方蛋鸡生产性能、蛋品质和血浆激素指标的影响。试验选用体重及产蛋率相近的 55 周龄如皋黄鸡蛋鸡 192 只，随机分为 2 组，每组 6 个重复，每个重复 16 只。对照组饲喂基础饲粮，试验组饲喂在基础饲粮中添加 60 mg/kg 大豆黄酮的试验饲粮。预试期为 2 周，正试期为 14 周。结果表明，一是试验组产蛋率显著高于对照组（$P<0.05$），试验组死亡率、平均蛋重、平均日采食量和料蛋比与对

照组相比差异不显著（$P>0.05$）。二是试验组鸡蛋哈氏单位显著高于对照组（$P<0.05$），试验组其他蛋品质指标与对照组相比差异不显著（$P>0.05$）。三是试验组血浆雌二醇（E_2）含量显著高于对照组（$P<0.05$），试验组血浆卵泡刺激素（FSH）含量显著低于对照组（$P<0.05$），试验组其他血浆激素指标与对照组相比差异不显著（$P>0.05$）。综上所述，饲粮添加 60 mg/kg 大豆黄酮能改善产蛋后期地方蛋鸡生产性能、蛋品质以及血浆激素指标。

邵丹等[133]研究了饲粮中添加不同水平大豆黄酮对产蛋后期海兰褐蛋种鸡生产性能、血清激素水平、卵泡发育和种蛋孵化性能的影响。选取体重、产蛋率相近的 55 周龄海兰褐蛋种鸡 270 只，随机分为 3 组（每组 6 个重复，每个重复 15 只）：对照组饲喂基础饲粮，试验组饲喂分别添加 30 mg/kg、60 mg/kg 大豆黄酮的基础饲粮。试验期为 12 周（57～68 周龄）。结果表明，饲粮添加 30 mg/kg 的大豆黄酮显著提高了产蛋后期蛋种鸡产蛋率和平均产蛋量（$P<0.05$）；各试验组死亡率、平均蛋重、平均采食量和料蛋比与对照组相比差异不显著（$P>0.05$）。饲粮添加 30 mg/kg 的大豆黄酮显著提高了产蛋后期蛋种鸡血清中促黄体生成素含量（$P<0.05$），对促卵泡生成素、雌激素、孕酮等激素水平无显著影响（$P>0.05$）。试验第 12 周末，各试验组输卵管长度和各级卵泡数与对照组相比差异不显著（$P>0.05$）。试验第 13～14 周，各试验组受精蛋孵化率、出雏率、健雏率与对照组相比差异不显著（$P>0.05$）。由此可见，饲粮添加 30 mg/kg 大豆黄酮能显著提高产蛋后期海兰褐蛋种鸡的产蛋性能。

1.2.2.2 肉鸡饲料中天然植物提取物饲料添加剂的应用研究进展

（1）天然叶黄素。天然叶黄素（源自万寿菊）为着色剂类饲料添加剂，适用范围为家禽、水产养殖动物、犬、猫。王一冰等[134]探究了天然叶黄素替代阿朴酯对黄羽肉鸡不同部位皮肤着色的影响。试验采用单因素试验设计，按照体重均一原则选用 600 只 35 日龄快大型黄羽肉鸡作为试验鸡。试验分 3 组，对照组（斑蝥黄组）在基础饲粮中添加 50 mg/kg 的斑蝥黄，各试验组分别在基础饲粮中添加 200 mg/kg 阿朴酯与 50 mg/kg 的斑蝥黄（阿朴酯组）、200 mg/kg 叶黄素与 50 mg/kg 的斑蝥黄（叶黄素组），每组 5 个重复，每个重复 40 只。饲养周期 35 d。结果表明，与对照组相比，一是各试验组 35～70 日龄肉鸡的生长性能均没有显著差异（$P>0.05$）；二是阿朴酯组肉鸡试验第 21 d、28 d 及宰后第 3 d、5 d 的背部皮红度值（a^*）与黄度值（b^*）均显著提高（$P<0.05$），叶黄素组肉鸡试验第 35 d、宰后第 1 d 的背部皮肤 a^* 值和宰后第 1～5 d 的 b^* 值显著提高（$P<0.05$），第 14 d 亮度值（L^*）显著降低（$P<0.05$）；三是对于腹部，阿朴酯组肉鸡在第 21 d、28 d 及宰后第 3 d、5 d 皮肤 a^* 与 b^* 值显著提高（$P<0.05$），叶黄素组肉鸡在第 21 d 腹部皮肤 a^* 值和第 21～35 d、宰后第 5 d 皮肤 b^* 值显著提高（$P<0.05$），阿朴酯组和叶黄素组第 28 d 腹部皮肤的 L^* 值均显著降低（$P<0.05$）；四是阿朴酯组和叶黄素组肉鸡第 14 d、21 d 胫部皮肤的 a^* 值与第 14～28 d 及宰后第 1 d 的 b^* 值显著提高（$P<0.05$），第 14 d、21 d、35 d 胫部皮肤的 L^* 值显著降低（$P<0.05$）；阿朴酯与叶黄素组肉鸡第 14 d、21 d、35 d 胫部皮肤颜色（罗氏比色值）均显著增加（$P<0.05$），且叶黄素组肉鸡在宰后第 1～5 d 胫部皮肤颜色也显著增加（$P<0.05$）；五是阿朴酯组与叶黄素组黄羽肉鸡腹脂的 a^* 值与 b^* 值均显著提高（$P<0.05$）；六是阿朴酯组与叶黄素组肾脏中 β 胡萝卜素加氧酶 1（*βCO1*）基因相对转录水平显著增加（$P<0.05$）；叶黄素组 β 胡萝卜素加氧酶 2（*βCO2*）基因相对转录水平显著高于其余 2 组（$P<0.05$）。综上所述，相较于单独添加斑蝥黄，饲粮中阿朴酯或天然叶黄素与斑蝥黄复配均可

上调叶黄素沉积效应基因 *βCO1* 基因相对转录水平，提高肉鸡皮肤的 a^* 值与 b^* 值，降低 L^* 值，促进着色，且二者作用效果相近。因此，天然叶黄素可以替代阿朴酯用于黄羽肉鸡皮肤着色。

李丽平等[135]研究了饲粮添加万寿菊提取物对肉鸡生长性能、色素沉积、抗氧化能力和肉品质的影响。试验将 480 只 1 日龄肉仔鸡随机分为 5 组，每组 6 个重复，每个重复 16 只。对照组饲喂基础日粮，其他处理组分别在基础日粮中添加 0.08%、0.16%、0.32%、0.64%万寿菊提取物（其叶黄素含量分别为 20 mg/kg、40 mg/kg、80 mg/kg 和 160 mg/kg）。结果表明，日粮添加万寿菊提取物可显著增加腿肌、皮肤的黄度值及腿肌的红度值，且随着添加水平的升高而线性升高（$P<0.05$）。此外，万寿菊提取物显著提高肝脏和腿肌的总抗氧化能力及超氧化物歧化酶活性（$P<0.05$），显著降低肝脏和腿肌丙二醛含量（$P<0.05$）。日粮添加万寿菊提取物可显著降低腿肌的滴水损失和剪切力（$P<0.05$），但万寿菊提取物对肉鸡生长性能无显著影响（$P>0.05$）。综上所述，日粮中添加万寿菊提取物可显著提高肉鸡胴体黄度值、抗氧化能力和肉品质。

王述浩等[136]研究了饲粮添加万寿菊提取物对肉鸡血清生化指标、抗氧化能力和免疫性能的影响。选取 1 日龄爱拔益加（AA）肉鸡 192 只，随机分为 3 组，每组 8 个重复，每个重复 8 只。对照组饲喂基础饲粮，试验组在基础饲粮中分别添加 0.15%和 0.60%的万寿菊提取物，即有效成分叶黄素含量分别为 30 mg/kg 和 120 mg/kg。试验期为 42 d。结果表明，与对照组相比，饲粮添加 0.60%万寿菊提取物使肉鸡血清甘油三酯和低密度脂蛋白胆固醇水平显著降低（$P<0.05$），高密度脂蛋白胆固醇水平显著升高（$P<0.05$）。0.15%和 0.60%万寿菊提取物添加组肉鸡 21 日龄和 42 日龄血清总抗氧化能力以及超氧化物歧化酶、谷胱甘肽过氧化物酶和过氧化氢酶活性显著提高（$P<0.05$）。0.60%万寿菊提取物添加组肉鸡 21 日龄胸腺、脾脏和法氏囊指数显著升高（$P<0.05$），饲粮添加万寿菊提取物使肉鸡血清免疫球蛋白 M、免疫球蛋白 G 和白细胞介素-2 水平显著升高（$P<0.05$），万寿菊提取物未对肉鸡 42 日龄免疫器官指数造成显著影响（$P>0.05$）。综上所述，肉鸡饲粮中添加万寿菊提取物可以提高肉鸡机体的抗氧化能力和免疫性能，且对机体脂代谢有调节作用。

Wang 等[137]研究了日粮中添加万寿菊提取物对肉鸡生长性能、色素沉着、抗氧化能力和肉质的影响。将 320 只 1 日龄爱拔益加鸡随机分为 5 组，每组 8 只，重复 8 次。对照组饲喂基础日粮，其余试验组分别饲喂基础日粮，基础日粮中添加 0.075%、0.15%、0.30%和 0.60%万寿菊提取物（叶黄素浓度分别为 15 mg/kg、30 mg/kg、60 mg/kg 和 120 mg/kg）。万寿菊提取物能提高小腿、喙、皮肤、肌肉的黄度值和大腿肌肉的红度值（线性，$P<0.01$）。补充万寿菊提取物可显著提高肝脏和大腿肌的总抗氧化能力，提高超氧化物歧化酶活性（线性，$P<0.01$），降低肝脏和大腿肌的丙二醛含量（线性，$P<0.01$）。补充万寿菊提取物能显著降低大腿肌肉的滴水损失和剪切力（线性，$P<0.01$）。补充万寿菊提取物对肉鸡生长性能没有显著影响，但能显著提高肉鸡胴体的黄度值、抗氧化能力和肉质。

（2）牛至香酚。饲料添加剂牛至香酚的适用范围为养殖动物。刘元元等[138]为了科学评价天然牛至香酚预混剂对肉鸡生产性能的影响，以罗斯 308 肉仔公雏为研究对象，以 2 种进口牛至油预混剂为对照药物，研究了天然牛至香酚预混剂颗粒剂（NZY-K）和粉剂（NZY-F）对肉鸡的日增重（ADG）、料重比和成活率等主要生产指标的影响。结果表明，与相同添加量（15 mg/kg）的进口产品 NBD 药物相比，在肉鸡的育雏期、生长期和育肥期，NZY-K

和 NZY - F 预混剂可显著提高肉鸡的 ADG（$P<0.05$）和平均体重（$P<0.05$），显著降低料重比（$P<0.05$）；与相同添加量（15 mg/kg）的进口产品 HLG 药物相比，NZYK 和 NZY - F 预混剂均可显著提高肉鸡的 ADG、平均体重并降低料重比（$P<0.05$）；在肉鸡抗病性方面，NZY - K 和 NZY - F 预混剂与牛至油预混剂进口产品相比无显著性差异（$P>0.05$）。研究表明，在相同添加量（15 mg/kg）时，NZY - K 和 NZY - F 预混剂在肉鸡抗病性方面与进口产品相当，但在促进肉鸡的生产性能方面明显高于同类进口药物。因此，NZY - K 和 NZY - F 预混剂作为进口牛至油饲料添加剂的替代品，在畜牧业推广使用中具有更大的优势。

（3）苜蓿提取物。饲料添加剂苜蓿提取物（有效成分为苜蓿多糖、苜蓿黄酮、苜蓿皂苷）的适用范围为仔猪、生长育肥猪、肉鸡、犬、猫。董晓芳等[139]研究了苜草素对肉仔鸡生长性能和体脂肪沉积的影响，试验选取 1 日龄爱拔益加（AA）雌性肉仔鸡 120 只，随机分为 4 组，其中对照组饲喂基础日粮，试验组饲喂分别添加 100 mg/kg、300 mg/kg、500 mg/kg 苜草素的试验日粮。试验期为 49 d。从第 4 周开始直至第 7 周测定肉仔鸡生长性能，分别于 28 日龄、35 日龄、42 日龄、49 日龄时测定脂肪沉积及血液脂蛋白脂酶（LPL）活性、高密度脂蛋白胆固醇（HDL - C）和低密度脂蛋白胆固醇（LDL - C）水平。结果表明，日粮中添加 500 mg/kg 苜草素可显著提高第 4、第 7 周肉仔鸡的平均日增重（$P<0.05$），显著降低第5～7 周肉仔鸡料重比（$P<0.05$），显著增加 28 日龄、35 日龄肉仔鸡体重（$P<0.05$）。日粮中添加 300 mg/kg、500 mg/kg 苜草素可显著降低 28 日龄、35 日龄、42 日龄肉仔鸡腹脂率（$P<0.05$），日粮中添加 500 mg/kg 苜草素可显著降低 28 日龄、35 日龄肉仔鸡皮下脂肪厚度（$P<0.05$），日粮中添加苜草素对肉仔鸡肌间脂肪宽度的影响不显著（$P>0.05$）。28 日龄、35 日龄、42 日龄时，日粮中添加 500 mg/kg 苜草素可显著降低肉仔鸡血清 LPL 活性和 LDL - C 水平（42 日龄除外）（$P<0.05$），显著升高血清 HDL - C 水平（$P<0.05$）。日粮中添加 300 mg/kg 苜草素可显著降低 28 日龄、35 日龄肉仔鸡血清中 LPL 活性（$P<0.05$），显著升高 28 日龄血清中 HDL - C 水平（$P<0.05$），显著降低 35 日龄血清中 LDL - C 水平（$P<0.05$）。说明日粮中添加 300 mg/kg 苜草素能抑制肉仔鸡腹部脂肪沉积。日粮中添加 500 mg/kg 苜草素能提高肉仔鸡的生产性能、抑制肉仔鸡腹部脂肪和皮下脂肪沉积，并能降低血清 LPL 活性和 LDL - C 水平、升高血清 HDL - C 水平。

杨耀翔等[140]研究了苜蓿多糖对不同性别肉仔鸡生长性能、屠宰性能、肉品质及抗氧化性能的影响。选取 468 只 1 日龄爱拔益加（AA）肉仔鸡，随机分为 3 组，每组 12 个重复（公、母各 6 个重复），每个重复 13 只。组 1 为对照组，饲喂基础饲粮，组 2、组 3 分别在基础饲粮中添加 1 000 mg/kg 和 2 000 mg/kg 苜蓿多糖。试验期为 42 d。结果表明，与对照组相比，饲粮中添加 1 000 mg/kg 和 2 000 mg/kg 苜蓿多糖对公鸡和母鸡的平均体重、平均日采食量、平均日增重、料重比、屠宰率、腿肌率和腹脂率均无显著影响（$P>0.05$），但显著提高了母鸡全净膛率和胸肌率（$P<0.05$），且添加 2 000 mg/kg 苜蓿多糖显著提高了公鸡胸肌率（$P<0.05$）。1 000 mg/kg 苜蓿多糖组（即组 2）公鸡胸肌 $pH_{45\,min}$ 显著提高（$P<0.05$），公鸡和母鸡胸肌滴水损失率及公鸡胸肌蒸煮损失率显著降低（$P<0.05$）。2 000 mg/kg 苜蓿多糖组（即组 3）公鸡和母鸡胸肌滴水损失率及公鸡胸肌蒸煮损失率显著降低（$P<0.05$）。1 000 mg/kg 苜蓿多糖组公鸡和母鸡腿肌滴水损失率及母鸡腿肌剪切力显著降低（$P<0.05$），母鸡腿肌 $pH_{24\,h}$ 显著提高（$P<0.05$），2 000 mg/kg 苜蓿多糖组母鸡腿肌滴水

损失率和剪切力显著降低（$P<0.05$）。1 000 mg/kg 和 2 000 mg/kg 苜蓿多糖组 21 日龄公鸡血清总抗氧化能力（T-AOC）显著提高（$P<0.05$），2 000 mg/kg 苜蓿多糖组 35 日龄和 42 日龄母鸡血清 T-AOC 显著提高（$P<0.05$），2 000 mg/kg 苜蓿多糖组 28 日龄公鸡和母鸡血清谷胱甘肽过氧化物酶（GSH-Px）活性显著提高（$P<0.05$），1 000 mg/kg 和 2 000 mg/kg 苜蓿多糖组 21 日龄和 35 日龄母鸡血清总超氧化物歧化酶（T-SOD）活性显著提高（$P<0.05$），但饲粮中添加 1 000 mg/kg 和 2 000 mg/kg 苜蓿多糖对公鸡和母鸡血清中丙二醛（MDA）含量无显著影响（$P>0.05$）。此外，饲粮中添加 1 000 mg/kg 和 2 000 mg/kg 苜蓿多糖对公鸡和母鸡肝脏与胸肌中 T-AOC、GSH-Px 和 T-SOD 活性及 MDA 含量均无显著影响（$P>0.05$）。综上所述，饲粮中添加苜蓿多糖对公鸡和母鸡的生长性能无显著影响，但能够改善公鸡和母鸡的屠宰性能、肉品质及血清抗氧化性能，且苜蓿多糖的适宜添加量为 1 000 mg/kg。

Ouyang 等[141]以 240 只 1 日龄 AA 母鸡为试验材料，研究了苜蓿黄酮（AF）对肉鸡生产性能、肉质和基因表达的影响。以基础日粮（分别添加 0 mg/kg、5 mg/kg、10 mg/kg 或 15 mg/kg AF）饲喂鸡 42 d。研究了生长性能、肉质、抗氧化作用及脂蛋白脂酶（LPL）、脂肪甘油三酯脂酶（ATGL）、过氧化物酶体增殖物激活受体-γ（PPAR-γ）、脂肪酸合成酶（FAS）基因的转录水平和蛋白表达水平。结果表明，在日粮中添加 AF 可提高 42 日龄母鸡体重和平均日增重，降低血清总胆固醇（TC）、低密度脂蛋白胆固醇（LDL）和高密度脂蛋白胆固醇（HDL）水平，提高超氧化物歧化酶（SOD）、过氧化氢酶（CAT）、谷胱甘肽过氧化物酶（GSH-Px）水平，增强总抗氧化能力（T-AOC），降低血清丙二醛（MDA）浓度。此外，添加 AF 可降低储存 96 h 后的腹部脂肪率、大理石花纹、滴水损失和储存损失。尤其是当 AF 浓度为 15 mg/kg 时，AF 降低 *FAS* 基因的表达，增加肝脏和脂肪组织中 *LPL*、*PPARγ* 及 *ATGL* 基因的表达。结果表明，AF 通过上调 *LPL*、*ATGL*、*PPARγ* 基因和下调脂肪与肝组织中 *FAS* 基因的表达，对促进日增重、提高胸肌率、改善肉质和提高抗氧化活性有显著作用。

（4）淫羊藿提取物。饲料添加剂淫羊藿提取物（有效成分为淫羊藿苷）的适用范围为鸡、猪、绵羊、奶牛。宁康健等[142]将 400 只 2 周龄青脚麻鸡随机分成 4 组，每组 100 只，对照组、淫羊藿低浓度组、淫羊藿中浓度组、淫羊藿高浓度组鸡的饮水中淫羊藿浓缩液的添加量分别为 0 g/L、0.5 g/L、1 g/L、2 g/L。试验期为 6 周。试验结束时，各组随机抽取 8 只鸡，测定肝脏和胸肌中部分矿物元素的含量。结果表明，与对照组相比，淫羊藿各剂量组鸡肝脏中的铁、磷和高浓度组鸡肝脏中镁的含量均极显著下降（$P<0.01$），淫羊藿各剂量组鸡肝脏中的锌含量和淫羊藿高浓度组鸡肝脏中的钙含量均极显著升高（$P<0.01$）；淫羊藿各剂量组鸡胸肌中的铁、锌含量和淫羊藿中、高浓度组鸡胸肌中的钙、镁含量均极显著或显著升高（$P<0.01$、$P<0.05$），而磷含量均极显著下降（$P<0.01$）；钾含量仅淫羊藿高浓度组下降（$P<0.05$）。说明淫羊藿能明显降低鸡肝脏中铁、镁、磷的沉积，而促进锌、钙的沉积；同时，促进胸肌中铁、镁、锌、钙的沉积，降低钾、磷的沉积。

（5）植物甾醇。饲料添加剂植物甾醇（源于大豆油/菜籽油，有效成分为β-谷甾醇、菜油甾醇、豆甾醇）的适用范围为家禽、生长育肥猪、犬、猫。Ding 等[143]评估了不同水平的饲料添加剂植物甾醇（PS）添加对肉鸡生长性能、血清脂质、促炎细胞因子、肠道形态和肉质的影响。将 600 只 1 日龄雄性肉鸡分为 5 组，每组 6 个重复，并饲喂添加 0 mg/kg（对照组）、10 mg/kg、20 mg/kg、40 mg/kg 或 80 mg/kg PS 的基础饲粮 42 d。与对照组相比，在试验期间，40 mg/kg 和 80 mg/kg 的 PS 剂量显著增加了肉鸡的平均日采食量和日均增重。同样，20 mg/kg 和 40 mg/kg 的 PS 剂量增加了白细胞介素-1β、干扰素、白细胞介素-2 和白细胞介素-6 的浓度，但降低了血清中的甘油三酯、总胆固醇和低密度脂蛋白胆固醇含量（$P<0.05$）。PS 在小于或等于 40 mg/kg 水平时显著增加绒毛高度以及绒毛高度与十二指肠和回肠的隐窝深度比（$P<0.05$）。PS 升高了屠宰后 45 min 的 pH，减少了胸肌的滴水损失和剪切力（$P<0.05$）。与对照组相比，20 mg/kg 和 40 mg/kg 的 PS 减少了丙二醛积累，但增加了胸肌的总抗氧化能力和超氧化物歧化酶活性（$P<0.05$）。PS 增加了总氨基酸、风味氨基酸以及二十碳五烯酸、二十二碳六烯酸和总多不饱和脂肪酸的浓度，但降低了胸肌中饱和脂肪酸的浓度（$P<0.05$）。饲料中添加 PS，特别是在 40 mg/kg 时，可以改善肉鸡的生长性能、血清脂质、促炎细胞因子、肠道形态和肉质，具有潜在的饲料添加剂的作用。

邹胜龙等[144]为研究植物甾醇对快大黄鸡生长性能、屠宰性能、血清生化指标及抗氧化指标的影响，试验选用 300 只 1 日龄快大黄鸡，随机分为 2 组，每组 3 个重复，每个重复 50 只。对照组饲喂基础饲料，试验组在基础饲料中添加 200 g/t 植物甾醇，饲养周期 45 d，分 1～16 日龄、17～30 日龄和 31～45 日龄 3 个阶段。结果表明，一是在快大黄鸡基础饲料中添加 200 g/t 植物甾醇，试验组鸡的平均末重和平均日增重均高于对照组，试验组的料重比与对照组相比降低 0.03（$P>0.05$）。二是在快大黄鸡基础饲料中添加 200 g/t 植物甾醇对快大黄鸡屠宰率、半净膛率、全净膛率、胸肌率、腿肌率和腹脂率均无显著性影响（$P>0.05$）。三是添加 200 g/t 植物甾醇组的快大黄鸡法氏囊指数显著高于对照组（$P<0.05$）。四是添加 200 g/t 植物甾醇组的快大黄鸡血清中甘油三酯、总胆固醇、低密度脂蛋白胆固醇含量均低于对照组，高密度脂蛋白胆固醇含量高于对照组，但差异不显著（$P>0.05$）。五是在快大黄鸡基础饲料中添加 200 g/t 植物甾醇，试验组快大黄鸡血清中葡萄糖含量显著低于对照组（$P<0.05$），尿素氮的含量低于对照组，总蛋白和碱性磷酸酶均高于对照组，但差异均不显著（$P>0.05$）。六是在快大黄鸡基础饲料中添加 200 g/t 植物甾醇，试验组快大黄鸡血清超氧化物歧化酶的活性升高，丙二醛的含量降低，但差异不显著（$P>0.05$）；试验组快大黄鸡血清中谷胱甘肽过氧化物酶的活性显著高于对照组（$P<0.05$）。综上所述，在快大黄鸡基础饲粮中添加植物甾醇能促进快大黄鸡的生长，有效降低料重比，并提高成活率，能促进快大黄鸡的脂质代谢，降低甘油三酯和胆固醇含量，减少腹脂沉积，并提高快大黄鸡的抗氧化能力。

黄志毅等[145]选用 1 200 只优质清远麻鸡随机分为 4 组，每组 3 个重复，每个重复 100 只。对照组饲喂基础饲料，其余 3 个试验组分别在基础饲料中添加 100 g/t、200 g/t、300 g/t 植物甾醇（5%含量），饲养周期 120 d。结果表明，一是在清远麻鸡基础饲料中添加 200 g/t 植物甾醇，麻鸡的平均末重和平均日增重显著高于对照组（$P<0.05$）。二是在清远麻鸡基础饲料中添加 100 g/t、200 g/t 和 300 g/t 植物甾醇对血液中白细胞和红细胞数目以及血红蛋白含量无显著性影响（$P>0.05$）。三是添加 200 g/t 植物甾醇组的清远麻鸡血清中甘油三酯（TG）含量显著低于对照组（$P<0.05$），且高密度脂蛋白胆固醇（HDL-C）含量显著高于对照组（$P<0.05$）；添加 200 g/t 和 300 g/t 植物甾醇组的清远麻鸡血清中低密度脂蛋白胆固醇（LDL-C）含量均显著低于对照组（$P<0.05$）。四是在清远麻鸡基础饲料中添加 100 g/t、200 g/t 和 300 g/t 植物甾醇，提高了清远麻鸡血清中超氧化物歧化酶（SOD）和谷

胱甘肽过氧化物酶（GSH－Px）的活性，且丙二醛（MDA）含量均低于对照组，但差异不显著（$P>0.05$）。综上所述，在清远麻鸡基础饲粮中添加植物甾醇能促进清远麻鸡的生长，提高鸡的采食量，降低料重比，并提高出栏率，促进麻鸡的脂质代谢，降低甘油三酯和胆固醇含量，提高麻鸡的抗氧化能力。在本试验条件下，添加 200 g/t 植物甾醇效果最好。

黄志毅等[146]还研究了植物甾醇对 817 肉鸡生长性能和抗氧化能力的影响，试验选用 240 只 817 肉仔鸡，随机分成 2 组，每组 3 个重复，每个重复 40 只，对照组饲喂基础饲粮，试验组在基础饲粮中添加 200 g/t 植物甾醇（5%含量）。试验分 1～21 日龄和 22～42 日龄两个阶段，为期 42 d。结果表明，一是在 817 肉鸡基础饲粮中添加 200 g/t 植物甾醇，可以显著提高 817 肉鸡的平均末重和平均日增重（$P<0.05$），平均日采食量和料重比差异不显著，且试验组 817 肉鸡的成活率比对照组高 3.4%。二是试验组 817 肉鸡血清中超氧化物歧化酶（SOD）的活性显著高于对照组（$P<0.05$），血清中谷胱甘肽过氧化物酶（GSH－Px）活性高于对照组，但差异不显著；丙二醛（MDA）含量低于对照组，差异不显著。综上所述，在 817 肉鸡饲粮中添加 200 g/t 植物甾醇能显著促进肉鸡的生长，提高肉鸡成活率，并提高肉鸡的抗氧化能力。

Zhao 等[147]探讨了日粮植物甾醇（PS）对青脚麻鸡小腿生长性能、抗氧化状态和肉质的影响，将 256 只 1 日龄雄性青脚麻鸡随机分为 4 组，每组 8 个重复，每次重复 8 只。4 个处理中的青脚麻鸡分别以基础日粮添加 0 mg/kg（对照组）、20 mg/kg、40 mg/kg 和 80 mg/kg PS，喂养 50 d。在种鸡期和整个生长期，日粮中添加 PS 可使鸡的平均日增重呈二次增长，而在启动期，饲料增重比呈线性下降。与对照组相比，在基础日粮中添加 40 mg/kg PS 可显著提高雏鸡在生长期和全生育期的平均日增重。随着 PS 添加量的增加，可线性提高 21 d、50 d 血清谷胱甘肽过氧化物酶（GSH－Px）活性以及 21 d 肝脏 GSH－Px 和超氧化物歧化酶活性线性，而 50 d 胸肌丙二醛浓度呈线性下降。与对照组相比，40 mg/kg PS 能显著提高 21 d 时血清 GSH－Px 活性、肝脏超氧化物歧化酶和 GSH－Px 活性。添加 PS 后 50 d，青脚麻鸡胸肌滴水损失（死后 24 h 和 48 h）和亮度值（死后 24 h）呈线性和二次下降，与添加 PS 组相比差异有统计学意义。综上所述，PS 能改善鸡的生长性能、抗氧化状态和肉质，其最适添加量为 40 mg/kg。

Cheng 等[148]研究了 β－谷甾醇对肉仔鸡生长性能、肉质、氧化状态和胸肌线粒体生物发生的影响。将 1 日龄雏鸡分为 5 个处理，每组 6 个重复。在肉鸡基础日粮中分别添加 0 mg/kg（对照）、40 mg/kg、60 mg/kg、80 mg/kg 或 100 mg/kg β－谷甾醇。试验期为 42 d。β－谷甾醇线性和二次降低了胸肌的料重比、肌肉明度$_{24\,h}$和蒸煮损失$_{24\,h}$，而 2,2－二苯基－1－甲基肼清除活性则呈相反趋势。β－谷甾醇能线性降低胸肌滴注损失$_{24\,h}$和丙二醛含量，而能线性增加 $pH_{24\,h}$、超氧化物歧化酶活性和过氧化物酶体增殖物激活受体－γ－辅激活因子－1α（PCG－1α）和线粒体转录因子 A（TFAM）的 mRNA 丰度。与对照组相比，高于 40 mg/kg 的 β－谷甾醇水平降低了料重比、肌肉明度$_{24\,h}$、蒸煮损失$_{24\,h}$和丙二醛水平，而提高了肌肉 2,2－二苯基－1－甲基肼清除活性以及 PCG－1α 和 TFAM 的 mRNA 丰度（60 mg/kg 除外）。80 mg/kg β－谷甾醇可提高肌肉 $pH_{24\,h}$和超氧化物歧化酶活性，但可降低其滴失量$_{24\,h}$。因此，β－谷甾醇可以改善肉仔鸡的生长性能，改善肉品质，改善肉仔鸡的氧化状态，促进胸肌线粒体的生物合成。此外，建议肉鸡日粮中添加 80 mg/kg β－谷甾醇。

姬红波等[149]为研究植物甾醇对肉鸡生长性能、血液生化指标的影响，试验将 1 600 只 1

日龄 AA 肉鸡随机分为 4 组，每组 4 个重复，分别为对照组以及 10 mg/kg、20 mg/kg 和 40 mg/kg 植物甾醇添加组。结果表明，与对照组相比，20 mg/kg 植物甾醇添加组在生长前期（1～21 d）和生长后期（22～42 d），肉鸡平均日增重（ADG）分别提高 5.92%和 4.26%（$P<0.05$）；生长后期（22～42 d）料重比（F/G）降低 4.48%（$P<0.05$）。从血液生化指标来看，20 mg/kg、40 mg/kg 植物甾醇添加组血清总胆固醇（TC）含量分别较对照组降低 11.92%和 11.57%（$P<0.05$）；40 mg/kg 植物甾醇添加组血清低密度脂蛋白胆固醇（LDL－C）含量较对照组降低 17.71%（$P<0.05$）；10 mg/kg、20 mg/kg、40 mg/kg 植物甾醇添加组总超氧化物歧化酶（T－SOD）活性较对照组分别提高 12.05%、6.16%和 8.43%（$P<0.05$）；谷胱甘肽过氧化物酶（GSH－Px）活性则有所提高（$P>0.05$）。根据本次试验结果，肉鸡日粮中添加植物甾醇可以提高生产性能，降低血清胆固醇水平，增强血清抗氧化能力。植物甾醇最佳添加水平为 20 mg/kg。

（6）糖萜素。饲料添加剂糖萜素（源自山茶籽饼）的适用范围为猪、家禽。王满红等[150]研究了糖萜素替代传统抗生素——土霉素钙对肉鸡生长性能的影响。选用 300 只 1 日龄健康肉仔鸡，随机分为 3 组，每组 5 个重复，每个重复 20 只，分别饲喂 3 种日粮：对照组，基础日粮；土霉素钙组，基础日粮＋50 mg/kg 土霉素钙（有效成分计）；糖萜素组，基础日粮＋300 mg/kg 糖萜素。试验期为 42 d。结果表明，肉鸡日粮中添加糖萜素和土霉素钙，21 日龄体重和 42 日龄平均体重，糖萜素组显著高于对照组（$P<0.05$），较对照组分别提高了 4.01%和 3.72%；较土霉素钙组分别提高了 1.64%和 2.31%，但差异不显著（$P>0.05$）。土霉素钙组较对照组分别提高了 2.33%和 1.36%，但差异不显著（$P>0.05$）。就平均日增重而言，试验全期糖萜素组的平均日增重较对照组显著提高了 3.81%（$P<0.05$），土霉素钙组的平均日增重较对照组提高了 1.45%，但差异不显著（$P>0.05$）。就料重比而言，在 0～3 周，土霉素钙组和糖萜素组较对照组均有降低趋势（$P>0.05$），而在4～6 周土霉素钙组和糖萜素组较对照组有升高趋势（$P>0.05$）。就平均日采食量而言，试验全期糖萜素组和土霉素钙组较对照组分别显著提高了 4.54%和 5.04%（$P<0.05$）。由此可见，日粮添加糖萜素可以显著提高肉鸡增重（$P<0.05$），改善肉鸡的生长性能，可以考虑作为传统抗生素——土霉素钙的替代品。

亓秀晔等[151]为探讨复合微生态制剂对冷应激肉鸡免疫机能和小肠黏膜结构的影响，将 240 只 5 日龄雌性健康肉鸡，采用单因素试验设计，随机分为 3 组，每组 4 个平行，每个平行 20 只。空白对照组饲喂基础日粮，微生态制剂组在基础日粮中添加 1‰的微生态制剂，复合微生态制剂组在基础日粮中添加 1‰微生态制剂及 0.5%糖萜素。慢性冷应激条件下处理 10 d，测定各组肉鸡免疫器官指数、抗氧化指标和小肠黏膜结构等。结果表明，复合微生态制剂组的脾指数和法氏囊指数显著高于对照组（$P<0.05$），血清丙二醛（MDA）含量显著降低（$P<0.05$），总抗氧化能力（T－AOC）和总超氧化物歧化酶（T－SOD）含量显著升高（$P<0.05$），十二指肠、空肠和回肠绒毛较长、空杯状细胞减少、绒毛高度与隐窝深度的比值增大。研究表明，复合微生态制剂能提高冷应激肉鸡免疫机能，减少小肠黏膜的损害，促进肠道对营养物质的吸收。

（7）茶多酚。饲料添加剂茶多酚的适用范围为养殖动物，属于抗氧化剂。茶多酚主要来源于茶叶及茶叶副产物，为茶叶中多酚类物质的总称，主要成分为黄烷酮类、花色素类、黄酮醇类、花白素类、酚酸及缩酚酸类 6 类化合物。黄雅莉等[152]为了研究日粮中添加火麻油和茶多酚对三黄鸡生长性能和屠宰性能的影响，将 108 只 90 日龄的三黄鸡按公母比例相同、体重相近的原则随机分为 6 组，即对照组、试验 1 组、试验 2 组、试验 3 组、试验 4 组、试验 5 组，每组 3 个重复，每个重复 6 只[152]。对照组饲喂基础日粮，试验 1 组、试验 2 组、试验 3 组、试验 4 组、试验 5 组分别饲喂添加 2%火麻油、2%火麻油和 200 mg/kg 茶多酚、2%火麻油和 300 mg/kg 茶多酚、3%火麻油和 200 mg/kg 茶多酚、3%火麻油和 300 mg/kg 茶多酚的试验日粮。预试期为 7 d，正试期为 35 d。试验期间每天记录试验鸡的采食量，试验第 1 d 和第 35 d 每只鸡空腹称重，计算总增重、平均日增重、总采食量、平均日采食量和料重比指标；试验第 35 d 每个重复选择 1 只鸡进行屠宰，测定屠宰率、全净膛率、半净膛率、胸肌率、腿肌率和腹脂率指标。结果表明，试验 2 组、试验 4 组的总增重和平均日增重有所提高，但差异不显著（$P>0.05$）；试验 1 组、试验 3 组、试验 5 组的总增重和平均日增重较对照组显著提高（$P<0.05$）；其中试验 3 组的总增重和平均日增重略低于试验 5 组（$P>0.05$），但高于其他各组；试验 1 组、试验 2 组总采食量和平均日采食量与对照组相比差异不显著（$P>0.05$），但试验 3 组、试验 4 组、试验 5 组的总采食量和平均日采食量则较对照组显著提高（$P<0.05$）；试验 2 组、试验 4 组的料重比低于对照组，但是差异不显著（$P>0.05$）；试验 1 组、试验 3 组、试验 5 组的料重比与对照组相比显著降低（$P<0.05$）；其中试验 3 组料重比略高于试验 1 组、试验 5 组（$P>0.05$），低于其他各组；试验 1 组、试验 2 组、试验 4 组、试验 5 组的屠宰率较对照组有所提高，但差异不显著（$P>0.05$），试验 3 组屠宰率较对照组显著提高（$P<0.05$）；所有试验组的全净膛率、半净膛率、胸肌率和腿肌率与对照组相比均差异不显著（$P>0.05$），其中腿肌率均高于对照组；试验 3 组的屠宰率、全净膛率、半净膛率、胸肌率高于其他各组，效果最好；试验 1 组、试验 3 组、试验 4 组、试验 5 组的腹脂率较对照组均有所降低，但差异不显著（$P>0.05$）；试验 2 组的腹脂率显著低于对照组（$P<0.05$），试验 3 组腹脂率略高于试验 2 组（$P>0.05$），但低于其他各组。说明在日粮中添加火麻油和茶多酚可以提高三黄鸡总增重、平均日增重、屠宰率和腿肌率，还可以降低料重比和腹脂率，能很好地改善三黄鸡生长性能和屠宰性能。添加火麻油和茶多酚的适宜比例分别为 2%和 300 mg/kg。

黄雅莉等[153]还研究了三黄鸡饲粮中添加不同比例茶多酚和火麻油对三黄鸡肉品质和抗氧化性能的影响。选取三黄鸡 108 只（90 日龄，体重相近），随机分成 6 组，每组 3 个重复，每重复 6 只。对照组饲喂基础饲粮，试验 1 组、试验 2 组、试验 3 组、试验 4 组、试验 5 组分别饲喂添加 2%火麻油、200 mg/kg 茶多酚和 2%火麻油、300 mg/kg 茶多酚和 2%火麻油、200 mg/kg 茶多酚和 3%火麻油、300 mg/kg 茶多酚和 3%火麻油的试验饲粮。试验期为 35 d。试验在第 35 d 通过屠宰取得胸肌、腿肌以测定肉品质指标，通过翅下静脉采血获得血清以测定抗氧化性能指标。结果表明，一是添加茶多酚和火麻油可增加胸肌 pH 和系水力，降低剪切力。试验 1 组、试验 2 组、试验 3 组 pH 显著高于对照组（$P<0.05$）。试验组剪切力低于对照组（$P>0.05$）。试验 2 组、试验 3 组、试验 4 组系水力显著高于对照组（$P<0.05$）。二是添加茶多酚和火麻油可以增加腿肌 pH 和系水力，降低剪切力。试验组 pH 和系水力这两个指标高于对照组（$P>0.05$）。试验 1 组、试验 2 组、试验 3 组、试验 4 组剪切力显著低于对照组（$P<0.05$）。三是添加茶多酚和火麻油可以降低血清中丙二醛含量、增加总抗氧化能力。试验组丙二醛含量低于对照组（$P>0.05$）。试验 2 组、试验 3 组、试验 4 组总抗氧化能力显著高于对照组（$P<0.05$）。综上所述，饲粮中添加茶多酚和火麻油能很好地

改善三黄鸡肉品质和抗氧化性能，其中以添加 300 mg/kg 茶多酚和 2%火麻油的效果最佳。

蒋磊等[154]为研究茶多酚对肉鸡生长性能、屠宰性能和肉品质的影响，选取 1 日龄 817 肉鸡 200 只，随机分为 5 组，每组 40 只，对照组饲喂基础日粮，试验 1 组、试验 2 组、试验 3 组、试验 4 组在基础日粮中分别添加 200 mg/kg、400 mg/kg、600 mg/kg 和 800 mg/kg 的茶多酚。试验期为 49 d。结果表明，1～21 日龄，与对照组相比，试验 2 组、试验 3 组肉鸡平均日增重显著升高，试验 2 组料重比显著降低（$P<0.05$）；22～49 日龄，与对照组相比，差异无统计学意义（$P>0.05$）；与对照组相比，试验 2 组半净膛率显著提高（$P<0.05$）；与对照组相比，试验组肉鸡宰后 24 h 胸肌 pH 和 a^* 值显著提高，剪切力显著降低（$P<0.05$）。由此可见，饲粮中添加茶多酚可提高肉鸡生长性能，改善屠宰性能，提升肌肉品质。其中，0.04%的添加量效果最佳。

蒋磊等[155]还研究了茶多酚对热应激肉鸡血清生理生化指标的影响，选取 35 日龄 817 肉鸡 160 只，采用 2×2 析因设计，随机分为 4 组，分别为常温组、常温＋0.04%茶多酚组、热应激组、热应激＋0.04%茶多酚组，热应激肉鸡温度控制在（32±1）℃。试验期为 14 d。结果表明，与常温组相比，热应激组肉鸡血清总胆固醇（TC）、甘油三酯（TG）和低密度脂蛋白胆固醇（LDL－C）含量以及腹脂率显著提高，高密度脂蛋白胆固醇（HDL－C）含量显著降低；血糖（GLU）含量显著升高，球蛋白（GLB）含量显著降低；碱性磷酸酶（ALP）活性显著降低，天冬氨酸转氨酶（AST）、乳酸脱氢酶（LDH）、肌酸激酶（CK）活性显著升高（$P<0.05$）。与热应激组相比，添加茶多酚组肉鸡血清 TC、TG、LDL－C 含量显著降低，HDL－C 含量显著升高；GLU 含量显著降低，GLB 含量显著升高；ALP 活性显著升高，LDH 活性显著降低（$P<0.05$）。在本试验条件下，饲粮中添加茶多酚可改善热应激肉鸡血脂、血糖、血清蛋白的含量及血清酶的活性。

蒋磊等[156]还研究了茶多酚对肉鸡血清蛋白、血脂及抗氧化酶的影响，选取 1 日龄 817 肉鸡 160 只，随机分为 4 组，对照组饲喂基础日粮，试验 1 组、试验 2 组、试验 3 组在基础日粮中分别添加 0.02%、0.04%和 0.06%的茶多酚。试验期为 49 d。结果表明，与对照组相比，一是试验 2 组、试验 3 组肉鸡血清 TP、GLB 和 ALB 含量均显著提高（$P<0.05$）。二是试验 2 组、试验 3 组肉鸡血清 TC、TG 和 LDL－C 浓度均显著降低（$P<0.05$），而 HDL－C 浓度无显著性差异（$P>0.05$）。三是试验 2 组、试验 3 组肉鸡血清 T－AOC、GSH－Px 和 SOD 活性显著提高，试验 3 组 CAT 活性显著提高（$P<0.05$），而 MDA 含量无显著性差异（$P>0.05$）。由此可见，饲粮中添加茶多酚可提高肉鸡血清蛋白含量及抗氧化酶活性，降低胆固醇浓度。其中，0.04%以上添加比例效果显著。

刘梅等[157]为研究茶多酚对肉仔鸡生产性能及抗氧化能力的影响，试验选用了体重相近、健康的 1 日龄 AA 肉仔鸡（公）128 只，随机分成 4 组，每组设 4 个重复，每个重复 8 只。试验期为 42 d。在各组基础饲料中，分别添加 0 mg/kg、40 mg/kg、80 mg/kg、120 mg/kg 的茶多酚。结果表明，在 21 日龄时，120 mg/kg 茶多酚组的平均日采食量（ADFI）和平均日增重（ADG）分别显著高于对照组 18.64%（$P<0.05$）、22.86%（$P<0.05$），与对照组相比，120 mg/kg 茶多酚组的料重比（F/G）则显著降低了 3.42%（$P<0.05$）。而在 42 日龄时，与对照组相比，茶多酚各添加组的 ADFI（$P<0.05$）和 ADG（$P<0.05$）均显著增加，茶多酚 80 mg/kg 与 120 mg/kg 组的料重比均显著降低（$P<0.05$）。在 21 日龄时，与对照组相比，80 mg/kg、120 mg/kg 茶多酚组肉仔鸡血清中谷胱甘

肽过氧化物酶（GSH－Px）、过氧化氢酶（CAT）和超氧化物歧化酶（SOD）的活性均显著上升（$P<0.05$）。而在42日龄时，80 mg/kg、120 mg/kg茶多酚组肉仔鸡血清中GSH－Px和SOD的活性均显著上升（$P<0.05$），但CAT活性无显著性变化（$P>0.05$）。在21日龄时，与对照组相比，各试验组之间肉鸡血清的丙二醛（MDA）含量显著下降（$P<0.05$）。而在42日龄时，与对照组相比，茶多酚80 mg/kg、120 mg/kg组肉仔鸡血清中的MDA含量分别显著降低了14.88%、17.79%（$P<0.05$）。与对照组相比，茶多酚80 mg/kg、120 mg/kg组的肉仔鸡胸肌*GPx4*基因转录水平显著上调。综上所述，茶多酚能促进肉仔鸡的生长，提高血清抗氧化物酶GSH－Px、SOD和CAT的活性，降低肉鸡血清中的MDA含量，显著提高肉鸡胸肌*GPx4*基因mRNA的转录水平。

黄进宝等[158]以28日龄雄性白羽肉鸡为研究对象，在正常饲喂基础上分别每天逐只灌喂80 mg/kg和160 mg/kg的茶多酚，以考察试验处理对肉鸡脂肪代谢和组织脂肪酸组成的影响。试验期为28 d。结果表明，茶多酚处理能够显著降低肉鸡腹脂率、皮下脂肪厚度和肌间脂肪宽度，并改善动物的血脂水平。试验处理组动物肝脏、腿肌和胸肌含脂率与对照组动物相比显著下降，肝脏和腿肌单不饱和脂肪酸比例显著下降，而多不饱和脂肪酸比例显著升高。与对照组动物相比，160 mg/kg茶多酚组肉鸡肝脏花生四烯酸（C20：4）、二十二碳五烯酸（C22：5）和二十二碳六烯酸（C22：6）分别显著提高50.5%（$P<0.001$）、32.8%（$P<0.05$）和48.4%（$P<0.05$），而腿肌中3种多不饱和脂肪酸分别升高83.7%（$P<0.01$）、86.0%（$P<0.01$）和78.3%（$P<0.05$）。因此，茶多酚处理可显著改善肉鸡的血脂水平和体脂分布，并在一定程度上提高腿肌的营养价值。

陆江等[159]为了研究茶多酚（含量99.5%）对热应激致肉用仔鸡氧化损伤保护作用，将120只AA肉用仔鸡随机分成3组，分别是热应激对照组、低剂量茶多酚组（0.01%含量）和高剂量茶多酚组（0.05%含量），用加热器和空调控制温度在33～35 ℃进行热应激试验。结果表明，与热应激对照组相比，高剂量茶多酚组血清、肝脏和肾脏组织中丙二醛（MDA）含量均降低（$P<0.05$），血清和肾脏中谷胱甘肽抗氧化酶（GSH－Px）和超氧化物（SOD）活性升高（$P<0.05$），且肝脏中GSH－Px和SOD活性极显著升高（$P<0.01$）。研究表明，茶多酚主要通过增强肉用仔鸡体内GSH－Px和SOD活性来缓解热应激对肉用仔鸡产生的氧化应激。

李桦等[160]研究了绿茶多酚对热应激肉鸡血生化指标和抗氧化能力的影响。选取10日龄80只肉鸡，随机分成4组，每组20只，试验1～3组饮水中分别添加0.02%绿茶多酚、0.1%绿茶多酚、0.2%绿茶多酚，试验4组为空白对照组。试验14 d测定肉鸡血清生化指标，14 d、28 d测定血清超氧化物（SOD）、丙二醛（MDA）、谷胱甘肽抗氧化酶（GSH－Px）、总抗氧化能力（T－AOC）抗氧化指标。结果表明，14 d试验1组、试验2组、试验3组谷丙转氨酶（ALT）水平显著降低（$P<0.05$），且谷草转氨酶（AST）水平降低（$P>0.05$）；试验1组、试验2组、试验3组总蛋白（TP）和白蛋白（ALB）水平高于对照组（$P>0.05$）；血糖（GLU）显著升高（$P<0.05$）。试验28 d，空白对照组SOD极显著升高（$P<0.01$），且GSH－Px显著高于绿茶多酚组（$P<0.05$）；14 d、28 d，绿茶多酚组T－AOC降低；试验28 d，绿茶多酚组MDA含量极显著低于空白组（$P<0.01$），表明在饮水中添加绿茶多酚能不同程度地改善热应激对肉鸡血液相关生化指标与抗氧化的不良影响。

（8）姜黄素。饲料添加剂姜黄素为抗氧化剂类饲料添加剂，适用范围为淡水鱼类、肉仔鸡，是从姜科、天南星科的一些植物根茎中提取的一种二酮类化合物。樊祥宇等[161]研究了姜黄素对中速型黄羽肉鸡生长性能、腹脂沉积、抗氧化能力和肝脏脂肪代谢相关酶活性及基因表达的影响。试验选用 28 日龄中速型黄羽肉鸡 384 只，随机分为 4 组，每组 6 个重复，每个重复 16 只。对照组饲喂基础饲粮，试验组分别饲喂在基础饲粮中添加 50 mg/kg、100 mg/kg 和 200 mg/kg 姜黄素的试验饲粮。试验期为 42 d，分为 29～42 日龄、43～56 日龄和 57～70 日龄 3 个阶段。结果表明，与对照组相比，一是饲粮中添加 100 mg/kg 和 200 mg/kg 姜黄素显著降低 57～70 日龄和 29～70 日龄中速型黄羽肉鸡的平均日采食量（$P<0.05$）。二是饲粮中添加 50 mg/kg、100 mg/kg 和 200 mg/kg 姜黄素显著降低中速型黄羽肉鸡 70 日龄时的腹脂率（$P<0.05$），其中以 200 mg/kg 姜黄素添加组的效果最佳。三是 43～56 日龄时，饲粮中添加 200 mg/kg 姜黄素极显著降低中速型黄羽肉鸡的血清丙二醛（MDA）含量和超氧化物歧化酶（SOD）活性（$P<0.01$）；57～70 日龄时，饲粮中添加 200 mg/kg 姜黄素极显著降低血清 MDA 含量（$P<0.01$），显著提高血清谷胱甘肽过氧化物酶（GSH - Px）活性和总抗氧化能力（T - AOC）（$P<0.05$）。四是饲粮中添加 50 mg/kg 和 200 mg/kg 姜黄素显著降低中速型黄羽肉鸡的肝脏脂肪酸合成酶（FAS）活性（$P<0.05$）；饲粮中添加 50 mg/kg、100 mg/kg 和 200 mg/kg 姜黄素均显著提高肝脏激素敏感性脂肪酶（HSL）活性（$P<0.05$）。五是饲粮中添加 200 mg/kg 姜黄素显著降低中速型黄羽肉鸡肝脏乙酰辅酶 A 羧化酶（ACC）的 mRNA 相对转录水平（$P<0.05$）。综上所述，姜黄素能提高中速型黄羽肉鸡的抗氧化能力，调节肝脏脂肪代谢，降低腹脂沉积，且生长后期（43～70 日龄）的效果优于生长前期（29～42 日龄），其作用原理与姜黄素降低肝脏 *FAS* 和 *ACC* 基因的 mRNA 相对转录水平有关。

樊祥宇等[162]为探索改善肉鸡腹脂沉积的功效性成分，还通过试验研究了姜黄素和双去甲氧基姜黄素对中速型黄羽肉鸡生产性能、能量利用率和十二指肠肠道形态的影响。试验分为 7 组，每组 6 个重复，每个重复 10 只。对照组饲喂基础日粮，试验组在日粮中分别添加 50 mg/kg、100 mg/kg、200 mg/kg 姜黄素或双去甲氧基姜黄素。试验分为 29～42 日龄、43～56 日龄和 57～70 日龄 3 个阶段。研究表明，100 mg/kg 姜黄素和双去甲氧基姜黄素均显著降低了黄羽肉鸡后期的日增重（$P<0.05$），200 mg/kg 姜黄素显著提高了前期、中期和全期的能量利用率（$P<0.05$）。不同剂量的双去甲氧基姜黄素对肉鸡能量利用率影响的阶段不同。100 mg/kg 姜黄素显著降低十二指肠前期的隐窝深度，提高前中期绒毛高度与隐窝深度的比值（$P<0.05$）。100 mg/kg 和 200 mg/kg 双去甲氧基姜黄素能提高十二指肠绒毛高度与隐窝深度的比值，但作用的阶段不同。综上所述，姜黄素和双去甲氧基姜黄素能降低肉鸡采食量。提高肉鸡的能量利用率的作用原理与十二指肠的绒毛长度和绒毛高度与隐窝深度的比值的提高作用有关。有效剂量为 100 mg/kg 和 200 mg/kg。

杨灿等[163]研究了姜黄素对湘黄鸡生长性能、血清生化指标和抗氧化能力的影响。将 160 只 1 日龄湘黄鸡公鸡随机分为 2 组，分别为对照组和试验组，每组 8 个重复，每个重复 10 只。对照组饲喂玉米-豆粕型基础饲粮，试验组饲喂在基础饲粮基础上添加 500 mg/kg 姜黄素的试验饲粮。试验期为 5 周。结果表明，姜黄素组湘黄鸡在试验第 3 周和第 4 周以及全期的平均日采食量和平均日增重均显著高于对照组（$P<0.05$）。姜黄素组湘黄鸡胸肌占体重的比例有高于对照组的趋势（$P=0.064$）。姜黄素组湘黄鸡血清低密度脂蛋白胆固醇含量较对照组显著降低（$P<0.05$）。姜黄素组湘黄鸡肝脏铜锌超氧化物歧化酶和胸肌谷胱甘肽

过氧化物酶活性显著高于对照组（$P<0.05$）。由此得出，姜黄素可通过增强胸肌抗氧化能力，促进胸肌生长，进而提高湘黄鸡的平均日增重。

范兆卓等[164]以AA肉鸡为对象，研究了姜黄素、大蒜素对其生产性能及胆固醇代谢的影响。选择135只1日龄AA肉鸡，随机分成3组，每组3个重复，每个重复15只。其中，对照组饲喂基础日粮，试验组在基础日粮上分别添加250 mg/kg姜黄素、200 mg/kg大蒜素，以研究其对生产性能和胆固醇代谢的影响。结果表明，与对照组相比，基础日粮中添加姜黄素能明显提高肉鸡的生产性能，其中4～6周龄肉鸡日增重升高了13.09%（$P<0.01$），0～3周龄肉鸡料重比下降了9.47%（$P<0.01$）；姜黄素组0～3周龄肉鸡高密度蛋白（HDL）升高了5.94%（$P<0.05$），4～6周龄肉鸡胸肌中甘油三酯（TG）下降了44.00%（$P<0.05$）。因此，大蒜素对生产性能的影响不及姜黄素，但其降胆固醇的作用优于姜黄素。姜黄素对低密度蛋白（LDL）、极低密度蛋白（VLDL）、总胆固醇（TC）、TG均有降低的作用，且其降TG的效果优于降TC的效果。大蒜素对血清中TC、LDL影响显著（$P<0.05$），4～6周龄HDL、肝脏中TC影响极显著（$P<0.01$），大蒜素对TG有降低的趋势。

钱兆全等[165]研究了姜黄素对肉鸡日增重、料重比及肉质指标的影响。将360只1日龄肉鸡随机分为6组，每组3个重复，每个重复20只，对照组、1组、2组、3组、4组、5组分别在基础日粮中添加0 mg/kg、100 mg/kg、200 mg/kg、300 mg/kg、400 mg/kg、500 mg/kg姜黄素。结果表明，与对照组相比，3组和4组日均采食量和日均增重显著提高（$P<0.05$），3组料重比显著降低（$P<0.05$），3组胸肌和5组腿肌滴水损失显著降低（$P<0.05$），2组、3组胸肌剪切力和2组、3组、4组腿肌剪切力均显著降低（$P<0.05$），3组胸肌L^*值显著降低（$P<0.05$），除3组外，各试验组胸肌b^*值均显著降低（$P<0.05$），2组和3组腿肌b^*值显著降低（$P<0.05$）。熟肉率和肌肉a^*值都无显著性差异（$P>0.05$），但较对照组均有提高。因此，姜黄素可显著提高日增重和料重比，对肉鸡肉质指标具有显著的改善作用。其中，以第3组最为显著。

孙全友等[166]研究了姜黄素和地衣芽孢杆菌对肉鸡生长性能、血清抗氧化功能、肠道微生物数量和免疫器官指数的影响。选用1日龄爱拔益加（AA）肉鸡450只，随机分为5组，每组6个重复，每个重复15只。对照组饲喂基础饲粮，试验组饲喂在基础饲粮中分别添加35 mg/kg抗生素（D1组）、200 mg/kg姜黄素（D2组）、100 mg/kg地衣芽孢杆菌（D3组）和200 mg/kg姜黄素+100 mg/kg地衣芽孢杆菌（D4组）的试验饲粮。试验期为42 d。结果表明，与对照组相比，一是各试验组平均日增重显著升高（$P<0.05$），D1组平均日增重及末重均显著高于D2、D3组（$P<0.05$），而与D4组差异不显著（$P>0.05$）；D1、D4组料重比显著低于对照组（$P<0.05$）。二是与对照组和D1组相比，D2组、D3组和D4组均能显著提高血清中的超氧化物歧化酶（D3组除外）、谷胱甘肽过氧化物酶和溶菌酶活性（$P<0.05$）；D2组、D3组和D4组血清中丙二醛含量显著低于对照组（$P<0.05$）。三是D4组肠道中乳酸杆菌和双歧杆菌的数量显著升高（$P<0.05$），各试验组间无显著差异（$P>0.05$）；D1组和D4组肠道中大肠杆菌和沙门菌数量显著降低（$P<0.05$）。四是D4组的脾脏和法氏囊指数显著升高（$P<0.05$）。研究表明，姜黄素和地衣芽孢杆菌单独或联合使用均能提高肉鸡的生长性能和免疫功能及肠道微生物环境，联合使用的效果要优于单独使用，二者之间存在一定的协同作用。

周璐丽等[167]研究了在日粮中添加100～300 mg/kg姜黄提取物（姜黄素含量为86%）对文昌鸡生长性能、血液指标和免疫器官指数的影响。300只1日龄雏鸡集中育雏2周后，随机分为4组，每组5个重复，每个重复15只。T0组饲喂基础日粮，T100组、T200组和T300组分别在基础日粮中添加100 mg/kg、200 mg/kg和300 mg/kg姜黄提取物，饲养至12周龄。结果表明，日粮中添加100～200 mg/kg姜黄提取物能提高9～12周龄文昌鸡生长性能。日粮添加姜黄提取物对文昌鸡血液指标无显著影响（$P>0.05$），但可提高9～12周龄文昌鸡胸腺和法氏囊指数。上述研究表明，在日粮添加100～300 mg/kg姜黄提取物可促进文昌鸡后期生长性能，提高免疫器官指数。

（9）甜菜碱。饲料添加剂甜菜碱的适用范围为养殖动物，是一种维生素及类维生素类的饲料添加剂。甜菜的糖蜜是天然甜菜碱的主要来源。姚宏等[168]通过在饲粮中添加不同剂量的甜菜碱，探讨了其对藏鸡脂肪沉积、血脂和肝脂含量以及肝脏中与脂肪代谢相关基因表达的影响。选择体重相近的180只30周龄藏鸡，随机分为3组，每组6个重复，每个重复10只。对照组饲喂基础饲粮，低剂量组、高剂量组分别在基础饲粮中添加1 000 mg/kg、3 000 mg/kg的甜菜碱。试验期为7周。计算平均日采食量（ADFI）、平均日增重（ADG）、料重比（F/G），测定腹脂率、血脂及肝脂含量，检测肝脏中与脂肪代谢相关基因的表达。与对照组相比，饲粮中添加低剂量、高剂量的甜菜碱对藏鸡的ADFI、ADG、F/G以及终末重均无显著影响（$P>0.05$），但显著降低了藏鸡腹脂率且呈现剂量效应（$P<0.05$）；添加低剂量、高剂量的甜菜碱均能显著降低藏鸡血浆中甘油三酯（TG）、总胆固醇（TC）、低密度脂蛋白（LDL-C）的含量和提高游离脂肪酸的含量（NEAF）（$P<0.05$），并且高剂量的甜菜碱还显著提高了血浆中高密度脂蛋白（HDL-C）的含量（$P<0.05$）。低剂量、高剂量的甜菜碱均能显著下调藏鸡肝脏中脂肪酸合成酶（*FAS*）基因的转录和上调过氧化物酶体增殖剂激活受体（*PPARα*）基因的转录（$P<0.05$），且添加3 000 mg/kg甜菜碱还能显著降低乙酰辅酶A羧化酶（*ACC*）基因的表达量（$P<0.05$）。饲粮中添加甜菜碱显著降低了藏鸡血脂及肝脂含量，减少藏鸡腹脂沉积，这与肝脏中*FAS*基因低转录水平以及*PPARα*基因高转录水平密切相关。研究表明，甜菜碱通过降低脂肪合成相关基因的表达，抑制脂肪酸脂化生成甘油三酯，从而调节藏鸡脂肪代谢。其中，3 000 mg/kg甜菜碱添加效果更佳。

Wen等[169]评估了日粮中添加甜菜碱对饲喂霉菌污染玉米（MCC）的肉鸡的影响。将192只1日龄罗斯308雄性肉鸡随机分为4组，每组6个重复，每个重复8只，分别饲喂添加0 mg/kg、250 mg/kg、500 mg/kg和1 000 mg/kg甜菜碱的MCC日粮。甜菜碱增加了肉鸡的平均日增重（线性，$P=0.030$），降低了1～21 d（线性，$P=0.027$）、22～42 d（线性，$P=0.012$；二次，$P<0.001$）和1～42 d（线性，$P=0.003$；二次，$P=0.004$）的饲料转化率，而饲料摄入没有受到影响。甜菜碱可降低血清中总胆固醇（线性，$P=0.024$）、丙氨酸转氨酶（二次，$P<0.001$）和碱性磷酸酶（线性，$P=0.007$；二次，$P=0.025$）的活性。甜菜碱线性增加了胸肌产量（$P=0.003$）和$pH_{24\,h}$（$P=0.008$），并减少了滴水损失（$P=0.022$）。甜菜碱增加（线性，$P=0.025$；二次，$P=0.016$）胸肌中的总超氧化物歧化酶活性，降低血清（线性，$P=0.006$）、肝脏（二次，$P=0.006$）和胸肌（线性，$P=0.003$）中的丙二醛含量。此外，甜菜碱可线性降低胸肌中玉米赤霉烯酮的浓度（$P=0.006$）。结果表明，甜菜碱可以改善肉鸡的生长性能、肝脏健康、抗氧化状态、胸肉产量和品质，在500 mg/kg或1 000 mg/kg时可以减少以MCC为基础的日粮中玉米赤霉烯酮的

残留。

景旭凯等[170]研究了胍基乙酸配伍不同甲基组合物对肉仔鸡生产和屠宰性能的影响。试验选取了1日龄AA肉仔鸡320只，随机分为5组，对照组饲喂基础日粮，试验组分别按摩尔比添加胍基乙酸和甲基组合物（蛋氨酸、甜菜碱），连续饲喂42 d，测定各组的生产和屠宰性能指标。结果表明，胍基乙酸与甲基组合物合理配伍可以改善肉仔鸡生产和屠宰性能。其中，按胍基乙酸4 mol配伍蛋氨酸2 mol、甜菜碱2 mol，可以显著降低料重比（$P<0.05$）；按胍基乙酸4 mol配伍甜菜碱4 mol，可以显著提高宰后全净膛率（$P<0.05$）。

Wen等[171]研究了日粮甜菜碱对热应激（HS）条件下肉仔鸡肉品质和氧化状态的影响。将144只爱拔益加雄性肉鸡随机分为3组，每组6个重复，每个重复8只，日龄为21～42 d。对照组的肉鸡在22 ℃下饲养并接受基础日粮，其他两组的肉鸡于9:00—17:00在34 ℃下饲养，其余时间在22 ℃下饲养，并在基础日粮中添加或不添加1 000 mg/kg甜菜碱。结果表明，日粮中添加甜菜碱有逆转HS引起的肉鸡增重和采食量下降的趋势（$P<0.1$）。甜菜碱恢复了HS条件下肉鸡胸肌红度值（a^*值）的下降（$P<0.05$），这有助于减少胸肌滴水损失（$P<0.1$）。日粮中添加甜菜碱的肉仔鸡在HS条件下有增加胸肌含水量但降低胸肌粗蛋白含量的趋势（$P<0.1$）。此外，甜菜碱使暴露于HS条件的肉鸡胸肌中谷胱甘肽含量、超氧化物歧化酶和谷胱甘肽过氧化物酶活性升高（$P<0.05$），而丙二醛含量降低（$P<0.05$）。研究表明，日粮中添加甜菜碱减轻了HS对肉鸡某些肉质性状和氧化状态的负面影响。

Chen等[172]研究了日粮中添加甜菜碱对运输肉鸡的生长性能、肉品质、肌肉无氧糖酵解和抗氧化能力的影响。将1日龄青脚麻肉鸡（$n=192$）随机分为3组，进行为期50 d的饲养试验。对照组肉鸡饲喂基础日粮，屠宰前经历0.75 h的运输。其他3组的肉鸡分别饲喂添加0 mg/kg、500 mg/kg或1 000 mg/kg甜菜碱（BET）的基础日粮，并在屠宰前经历3 h的运输（T组、T+BET_{500}组或T+$BET_{1\,000}$组）。结果表明，日粮中添加甜菜碱提高了肉鸡的日增重（$P<0.05$），添加500 mg/kg甜菜碱也提高了饲料转化率（$P<0.05$）。与对照组相比，3 h的运输增加了体重减失、血清皮质酮和皮质醇浓度，以及肌肉乳酸和丙二醛（MDA）含量（$P<0.05$），降低了肌肉$pH_{24\,h}$、糖原含量和总超氧化物歧化酶活性（$P<0.05$）。与T组相比，补充甜菜碱降低了血清皮质酮和皮质醇浓度以及肌肉MDA含量（$P<0.05$），增加了肌肉总超氧化物歧化酶活性（$P<0.05$）。此外，补充1 000 mg/kg甜菜碱进一步降低了肌肉滴水损失、乳酸含量和乳酸脱氢酶活性（$P<0.05$），并增加了肌肉谷胱甘肽含量和谷胱甘肽过氧化物酶活性（$P<0.05$）。因此，甜菜碱的添加不仅改善了肉鸡的生长性能，而且通过改变肌肉无氧糖酵解能力和抗氧化能力，缓解了运输导致的肉质恶化。

陈志辉等[173]探讨了玉米-豆粕型日粮中添加甜菜碱对肉仔鸡生产性能和免疫功能的影响。选用1日龄AA肉仔鸡180只，随机分成3组，每组6个重复，每个重复10只。对照组饲喂基础日粮，试验组分别在基础日粮中添加400 mg/kg、800 mg/kg甜菜碱（纯度为75%）。试验期为42 d。结果表明，与对照组相比，日粮中添加800 mg/kg甜菜碱时，42日龄肉仔鸡体重、日采食量和日增重分别提高12.3%、10.2%和12.5%（$P<0.05$）；日粮中添加400 mg/kg时，肉仔鸡代谢能和钙的表观代谢率分别提高1.8%和5.4%（$P<0.05$），添加800 mg/kg甜菜碱的能量、粗蛋白质、粗脂肪、钙和磷表观代谢率分别提高2.7%、6.1%、6.8%、9.4%、4.3%（$P<0.05$）；甜菜碱有提高肉仔鸡胸肌率和腿肌率的趋势（$P>0.05$），并可显著降低肉仔鸡腹脂率（$P<0.05$）；400 mg/kg、800 mg/kg甜菜碱组肉

仔鸡脾脏指数分别提高 9.5%和 11.9%（P<0.05），血液白细胞介素-2（IL-2）分别提高 9.7%和 41.6%（P<0.05）。由此可见，饲粮中添加甜菜碱可提高肉仔鸡的生产性能，增强肉仔鸡免疫能力。

（10）β-胡萝卜素。饲料添加剂 β-胡萝卜素作为维生素及类维生素时的适用范围为养殖动物，作为着色剂时的适用范围为家禽、犬、猫。刘霞等[174]研究了日粮添加不同水平富含 β-胡萝卜素的芒果渣对肉鸡生长性能、肠道形态及免疫功能的影响。试验选择 612 只平均体重为（57.02±0.69）g 的 1 日龄商品肉鸡，随机分为 3 组，每组 6 个重复，每个重复 34 只。对照组肉鸡饲喂基础日粮，T1 组和 T2 组肉鸡分别饲喂基础日粮+1%和 2%富含 β-胡萝卜素果渣。试验期为 42 d。结果表明，与对照组相比，T1 组和 T2 组肉鸡 21 d 体重分别显著提高 5.45%和 6.22%（P<0.05），1～21 d 饲料效率分别显著提高 7.50%和 12.5%（P<0.05）。T2 组肉鸡 1～21 d 平均日增重较对照组显著提高 6.79%（P<0.05），而采食量降低 4.97%（P<0.05）。与对照组相比，T2 组十二指肠绒毛高度和绒毛高度与隐窝深度的比值分别显著提高 10.36%和 9.41%（P<0.05），而 T1 组和 T2 组空肠绒毛高度及绒毛高度与隐窝深度的比值显著高于对照组（P<0.05）。T2 组回肠绒毛高度和隐窝深度较对照组分别显著提高 6.50%和 15.68%（P<0.05）。对照组和 T1 组肉鸡脾脏相对重量显著低于 T2 组（P<0.05），同时，T2 组法氏囊相对重量较对照组显著提高 10.90%（P<0.05）。T2 组肉鸡空肠黏膜免疫球蛋白 A（IgA）和分泌型免疫球蛋白 A（sIgA）浓度均显著高于对照组（P<0.05）。因此，在本试验条件下，日粮中果渣的适宜添加水平为 2%，可提高肉鸡小肠绒毛形态及免疫功能，进而改善肉鸡生长前期的体重和饲料效率。

（11）大蒜素。饲料添加剂大蒜素的适用范围为养殖动物，属于调味和诱食物质类的饲料添加剂，是从葱科葱属植物大蒜的鳞茎（大蒜头）中提取的一种有机硫化合物。范秋丽等[175]研究了辣椒碱、姜辣素、大蒜素以及精油对 817 肉鸡生长性能、胴体性能、抗氧化和免疫功能的影响。750 只 2 日龄 817 肉鸡随机分为 5 组，每组 6 个重复，每个重复 25 只。试验分 2～21 日龄和 22～41 日龄 2 个阶段，试验期为 40 d。处理设置如下：1 组（基础饲粮）、2 组（2 mg/kg 恩拉霉素）、3 组（75 mg/kg 辣椒碱）、4 组（第 1 阶段 37 mg/kg 辣椒碱+50 mg/kg 姜辣素+200 mg/kg 大蒜素；第 2 阶段 75 mg/kg 辣椒碱+100 mg/kg 姜辣素+400 mg/kg 大蒜素）、5 组（200 mg/kg 肉桂醛和香芹酚组成的混合精油）。结果表明，一是 3 组、4 组和 5 组 2～21 日龄料重比显著降低（P<0.05），且 5 组显著低于 2 组（P<0.05）；3 组和 4 组 2～41 日龄销售利润显著提高（P<0.05）。二是植物提取物的添加对胴体性能和免疫器官指数影响不显著（P>0.05）。三是 3 组血浆微量丙二醛（MDA）含量显著低于 1 组、2 组，免疫球蛋白 M（IgM）含量显著高于 1 组、2 组（P<0.05）；3 组、4 组和 5 组氧化型谷胱甘肽（GSSG）含量显著低于 1 组、2 组，免疫球蛋白 G（IgG）含量显著高于 1 组、2 组（P<0.05）；3 组和 4 组免疫球蛋白 A（IgA）含量显著高于 1 组（P<0.05），且 3 组显著高于 2 组（P<0.05）。综上所述，2～41 日龄 817 肉鸡基础饲粮中单独添加辣椒碱或与姜辣素和大蒜素混合添加可提高生长性能、抗氧化和免疫功能，单独添加精油可提高抗氧化和免疫功能。

范秋丽等[176]还研究了姜辣素和大蒜素及其组合对 817 肉鸡生长性能、抗氧化和免疫功能的影响。选用 900 只 2 日龄 817 肉鸡，根据体重一致原则分为 6 组，每组 6 个重复，每个重复 25 只。试验分 2～21 日龄和 22～41 日龄 2 个阶段，试验期为 40 d。各组抗生素、姜辣素和大蒜素添加情况分别为A组（零添加）、B组（2 mg/kg恩拉霉素）、C组（100 mg/kg姜辣素）、D组（400 mg/kg大蒜素）、E组（第1阶段25 mg/kg姜辣素+100 mg/kg大蒜素；第2阶段50 mg/kg姜辣素+200 mg/kg大蒜素）、F组（第1阶段50 mg/kg姜辣素+200 mg/kg大蒜素；第2阶段100 mg/kg姜辣素+400 mg/kg大蒜素）。结果表明，一是相比A组、B组，D组和E组2～21日龄料重比显著降低（$P<0.05$）；E组22～41日龄平均日增重以及2～41日龄平均日增重均显著升高（$P<0.05$），22～41日龄料重比以及2～41日龄料重比和增重饲料成本均显著降低（$P<0.05$）。二是C组、D组、E组和F组屠体率显著高于A组（$P<0.05$）。三是姜辣素和大蒜素对免疫器官指数无显著影响（$P>0.05$）。四是相比A组、B组，C组、D组、E组和F组血浆丙二醛（MDA）含量显著降低（$P<0.05$）；E组血浆总抗氧化能力（T-AOC）显著升高（$P<0.05$）；C组、E组和F组血浆氧化型谷胱甘肽（GSSG）含量显著降低（$P<0.05$）；F组血浆还原型谷胱甘肽/氧化型谷胱甘肽（GSH/GSSG）显著升高（$P<0.05$）。相比A组，B组、C组和E组血浆免疫球蛋白A（IgA）和免疫球蛋白G（IgG）含量显著升高（$P<0.05$）；E组血浆免疫球蛋白M（IgM）含量显著升高（$P<0.05$）。综上所述，817肉鸡在2～21日龄阶段基础饲粮中混合添加25 mg/kg姜辣素和100 mg/kg大蒜素，22～41日龄阶段混合添加50 mg/kg姜辣素和200 mg/kg大蒜素可提高生长性能、经济效益、胴体性能、抗氧化和免疫功能。

纪丽丽等[19]研究了日粮添加植物提取物替代抗生素对1～42 d肉鸡生长性能、器官发育、免疫功能及肠道菌群的影响。试验选择1日龄商品肉鸡1 008只，随机分为6组，每组6个重复，每个重复28只。试验设计的6个组分别为对照组、抗生素组和植物提取物组，其中对照组饲喂基础日粮，抗生素组在基础日粮中添加15 mg/kg维吉霉素，植物提取物组分别在基础日粮中添加0.1%金花菊（处理1组）、大蒜素（处理2组）、百里香（处理3组）和3种植物混合物（处理4组）。试验开展42 d。结果表明，日粮添加植物提取物显著影响42 d肉鸡日采食量和料重比（$P<0.05$）；与抗生素组相比，处理1组肉鸡采食量和体重显著降低（$P<0.05$），料重比显著提高（$P<0.05$）。抗生素组较对照组、处理1组、处理2组和处理3组显著降低了小肠的相对重量（$P<0.05$），而处理4组较对照组和处理3组显著降低了小肠的相对重量（$P<0.05$）。处理2组较其他各组显著提高了法氏囊相对重量（$P<0.05$），处理1组抗免疫红细胞和过敏反应程度显著高于其他各组（$P<0.05$）。处理2组显著降低了血清甘油三酯、胆固醇和低密度脂蛋白含量（$P<0.05$），同时显著提高了高密度脂蛋白含量（$P<0.05$）。处理3组较对照组显著降低了回肠内容物大肠杆菌的含量（$P<0.05$），处理4组较其他各组显著提高了回肠内容物乳酸杆菌的含量（$P<0.05$）。因此，日粮添加大蒜素可以达到与抗生素一致的效果，提高1～42 d肉鸡料重比，大蒜素和金花菊可以改善免疫性能，降低血清甘油三酯含量和肠道大肠杆菌含量。

（12）大豆黄酮。饲料添加剂大豆黄酮（4,7-二羟基异黄酮）的适用范围为猪、产蛋家禽，是一种植物雌激素，广泛存在于豆类、牧草、谷物等天然植物中。王钱保等[177]研究了添加大豆黄酮后对肉种鸡产蛋和繁殖性能的影响。选取43周龄体况相近一致（体重、产蛋率）的肉种鸡S2系母鸡240只，随机分成4组，每组6个重复，每个重复10只。选取1组作为对照组，饲喂无大豆黄酮的基础饲粮，其余3组分别在基础饲粮中添加5 mg/kg、10 mg/kg、20 mg/kg大豆黄酮。再挑选20只强健的S2系公鸡采集精液，混精后对试验鸡进行人工授精。试验期为15周。结果表明，与对照组相比，一是添加大豆黄酮对S2系母鸡体增重、采食量及死亡率无显著影响（$P>0.05$）。二是添加大豆黄酮后能显著提高产蛋率（$P<0.05$），其中 10 mg/kg 组产蛋率提高了 4.1%（$P<0.05$），日产蛋量提高了 3.5%（$P<0.05$），为 3 组最佳。5 mg/kg、10 mg/kg 组料蛋比分别降低了 8.0%和 11.2%（$P<0.05$）。三是 10 mg/kg 组受精率、孵化率和健雏率分别提高了 13.1%、20.5%和 5.8%（$P<0.05$）。由此可见，饲粮中添加大豆黄酮能显著影响肉种鸡产蛋和繁殖性能，其中 10 mg/kg 组综合效果最佳。

1.2.2.3 肉鸭饲料中天然植物提取物饲料添加剂的应用研究进展

（1）茶多酚。饲料添加剂茶多酚的适用范围为养殖动物，属于抗氧化剂。茶多酚主要来源于茶叶及茶叶副产物，为茶叶中多酚类物质的总称，主要成分为黄烷酮类、花色素类、黄酮醇类、花白素类、酚酸及缩酚酸类 6 类化合物。余婕等[178]研究了以亚麻籽为 $n-3$ PUFA 来源的肉鸭饲粮中添加茶多酚（TP），对肉鸭生长性能、屠宰性能、抗氧化能力和肌肉不饱和脂肪酸含量的影响。选用 240 只 1 日龄樱桃谷肉鸭，随机分为 4 组，其中对照组饲喂基础饲粮，试验 1 组、试验 2 组、试验 3 组分别饲喂含 3%亚麻籽、3%亚麻籽+100 mg/kg TP、3%亚麻籽+200 mg/kg TP 的试验饲粮。试验期为 40 d。结果表明，试验 1 组的平均日采食量（ADFI）和料重比（F/G）显著高于对照组（$P<0.05$）；试验 2 组、试验 3 组的 ADFI 和 F/G 与对照组差异不显著（$P>0.05$）。屠宰率、半净膛率和全净膛率各组间均差异不显著（$P>0.05$）。试验 3 组血浆的总抗氧化能力（T-AOC）、总超氧化物歧化酶（T-SOD）活性显著高于对照组（$P<0.01$），丙二醛（MDA）含量显著低于对照组（$P<0.01$）。各试验组腿肌中 $n-3$ PUFA 的含量均显著高于对照组（$P<0.05$）。因此，饲粮中添加 3%亚麻籽会显著增加樱桃谷肉鸭的料重比和肌肉中 $n-3$ PUFA 的含量，但对屠宰性能无显著影响。在肉鸭饲粮中添加 3%亚麻籽用于生产富含 $n-3$ PUFA 肉产品时，加入 200 mg/kg TP 对肉鸭生长性能及机体抗氧化效果最佳。

（2）甜菜碱。饲料添加剂甜菜碱的适用范围为养殖动物，是一种维生素及类维生素类的饲料添加剂。甜菜的糖蜜是天然甜菜碱的主要来源。田梅等[179]评估了甜菜碱对热应激条件下肉鸭血液指标、电解质、气体分压和盲肠短链脂肪酸含量的影响。试验选择平均体重为 48.6 g 当天孵化的肉鸭 400 只，随机分为 4 组，每组 5 个重复，每个重复 20 只。试验日粮处理分为对照组和 3 个处理组，对照组饲喂基础日粮（自由采食），处理 1 组为热应激条件下添加 1 500 mg/kg 甜菜碱，处理 2 组为热应激条件下 5:00—10:00 以及 17:00—20:00 饲喂含 1 500 mg/kg 甜菜碱日粮，处理 3 组为热应激条件下 17:00 至翌日 10:00 饲喂含 1 500 mg/kg 甜菜碱日粮。试验共进行 42 d。结果表明，饲喂甜菜碱日粮的肉鸭较对照组体重显著提高（$P<0.05$）。对照组肉鸭血液红细胞总数、红细胞压积、血红蛋白、红细胞平均体积、红细胞分布宽度、血小板计数、血小板压积、血小板平均体积均低于甜菜碱组（$P<0.05$）。不同饲喂时间的甜菜碱组肉鸭电解质浓度均高于对照组（$P<0.05$）。对照组肉鸭血液二氧化碳分压、氧气分压、细胞外液碱浓度、碳酸氢盐和总二氧化碳浓度均低于甜菜碱组（$P<0.05$）。与对照组相比，甜菜碱组肉鸭盲肠中总短链脂肪酸、乙酸、丙酸的浓度较高（$P<0.05$），而丁酸、异丁酸、戊酸和异戊酸含量较低（$P<0.05$）。因此，与自由采食相比，在上午和下午限制饲喂甜菜碱日粮或 17:00 至翌日 10:00 饲喂甜菜碱日粮显著提高了热应激条件下肉鸭的生长性能和生物学参数。

丁君辉等[180]研究了日粮中添加甜菜碱对热应激山麻鸭的影响。选择 672 只 147 日龄体重相近的山麻鸭笼养，按甜菜碱添加量的不同随机分为 4 组，每组 3 个重复，每个重复 56 只。1 组为对照组，饲喂基础日粮；2～4 组分别在基础日粮中添加 0.5 g/kg、1.0 g/kg 和 1.5 g/kg甜菜碱，各组均为热应激环境，温湿指数（THI）>72。结果表明，各组蛋鸭产蛋率、乳酸脱氢酶活性、肌酸激酶活性呈现随日粮甜菜碱添加水平增加而提高的趋势，差异不显著（$P>0.05$）。与对照组相比，2 组碱性磷酸酶活性极显著提高 81.31%（$P<0.01$）；3 组蛋白比例显著降低，蛋黄比例、血清球蛋白含量显著提高，差异显著（$P<0.05$）；4 组尿酸含量升高 62.09%，且总胆固醇含量显著高于 2 组，差异显著（$P<0.05$）。可见，日粮中添加甜菜碱可以缓解热应激对笼养山麻鸭的影响。基础日粮的适宜添加量为 0.5～1 g/kg。

杨晓志等[181]研究了核苷酸-甜菜碱、核苷酸-大豆异黄酮、甜菜碱-大豆异黄酮 3 种添加剂组合对苏邮 2 号麻鸭生长性能、屠宰性能及肉品质的影响。选用体重 1 日龄的苏邮 2 号麻鸭 160 只，按试验要求随机分为 4 组，每组 4 个重复，每个重复 10 只，公、母各半，分别饲喂含 0.3%呈味核苷酸、0.1%甜菜碱和 0.003%大豆异黄酮 3 种添加剂组合的日粮。试验期为 70 d。结果表明，核苷酸-大豆异黄酮添加组麻鸭的 70 日龄平均体重、平均日增重显著高于对照组（$P<0.05$）；核苷酸-大豆异黄酮组合添加组胸肌系水率显著高于对照组（$P<0.05$）；3 种添加剂组合对肉鸭肌肉中的肌苷酸含量都有显著提高（$P<0.05$），肌苷酸含量分别比对照组提高 12.12%、11.52%和 9.70%，3 种添加剂组合对麻鸭肌肉中的氨基酸总量、必需氨基酸含量、鲜味氨基酸含量等都有所提高。结果表明，甜菜碱-大豆异黄酮复合添加剂和核苷酸-大豆异黄酮复合添加剂对麻鸭生产性能有一定的促进作用，并可提高肌肉中风味物质的含量。

1.2.2.4 蛋鸭饲料中天然植物提取物饲料添加剂的应用研究进展

饲料添加剂甜菜碱的适用范围为养殖动物，是一种维生素及类维生素类的饲料添加剂。甜菜的糖蜜是天然甜菜碱的主要来源。丁君辉等[182]选择 672 只 119 日龄体重相近（1 300 g）的山麻鸭进行笼养，研究在热应激条件下（THI 72.92～81.97）日粮中添加甜菜碱 0%（A 组）、0.05%（B 组）、0.1%（C 组）、0.15%（D 组）对笼养山麻鸭生产性能的影响。结果表明，日粮中添加甜菜碱对 17～21 周龄笼养山麻鸭的采食量、产蛋率、蛋品合格率无显著影响。当添加 0.5 g/kg 和 1 g/kg 的甜菜碱时，笼养山麻鸭的开产日龄比对照组显著推迟了 4 d，且两组蛋鸭的产蛋曲线和采食量均平稳上升，这有利于 18～21 周热应激山麻鸭的平稳开产及产蛋潜能的发挥，继续增大甜菜碱添加量至 1.5 g/kg 时对开产日龄无显著影响。可见，日粮中添加甜菜碱可以缓解热应激对 18～21 周笼养山麻鸭的影响，使笼养山麻鸭平稳开产，以添加 0.5～1 g/kg 甜菜碱的效果最佳。

1.2.2.5 我国尚未批准在家禽饲料中使用的天然植物提取物的应用研究进展

（1）杜仲叶提取物。饲料添加剂杜仲叶提取物（有效成分为绿原酸、杜仲多糖、杜仲黄酮）的适用范围为生长育肥猪、鱼、虾。刘青翠等[183]研究了杜仲叶提取物对产蛋后期蛋鸡生产性能、蛋品质、蛋黄胆固醇含量及血清抗氧化指标的影响。采用单因素试验设计，选择产蛋率和体重相近、健康状态良好的 420 日龄海兰褐蛋鸡 1 200 只，随机分为 4 组，每组 6 个重复，每个重复 50 只。对照组饲喂基础饲粮，试验组分别在基础饲粮中添加 100 g/t、200 g/t 和300 g/t 杜仲叶提取物。预试期为 1 周，正试期为 8 周。结果表明，与对照组相比，一是试验组的破软蛋率和死淘率均显著降低（$P<0.05$）。二是试验第 56 h，试验组的蛋壳厚度、蛋壳强度均显著增加（$P<0.05$），蛋黄胆固醇含量极显著减少（$P<0.01$）。三

是试验组的血清超氧化物歧化酶和过氧化氢酶活性极显著升高（$P<0.01$），血清丙二醛含量极显著降低（$P<0.01$）。综上所述，饲粮中添加杜仲叶提取物可降低产蛋后期蛋鸡死淘率和破软蛋率，增加蛋壳厚度、蛋壳强度，降低蛋黄胆固醇含量，改善机体抗氧化能力。其中，添加 300 g/t 杜仲叶提取物的效果最好。

Zhao 等[184]研究了杜仲叶绿原酸提取物（CGAE）对热应激肉仔鸡生产性能、肉品质、氧化稳定性和胸肉脂肪酸组成的影响。将 400 只 28 日龄雄性罗斯 308 肉仔鸡随机分为 4 组，每组 10 个重复，每个重复 10 只。正常组（NOR）的肉鸡保持在（22±2）℃（24 h/d）并饲喂基础日粮，其他 3 组分别用循环热［（34±2）℃从 8：00—18：00 和（22±2）℃从 18：00 至翌日 8：00］处理，并饲喂添加 CGAE 0 mg/kg（HT）、500 mg/kg（CGAE500）和 1 000 mg/kg（CGAE1000）饮食。试验期为 14 d。结果表明，与 HT 组相比，NOR 组和 CGAE1000 组肉鸡日增重较高，饲料转化率较低（$P<0.05$）。添加 1 000 mg/kg CGAE 可提高热应激肉鸡胸肉 $pH_{24\,h}$、a^*值和总超氧化物歧化酶活性，降低滴水损失、蒸煮损失、L^*值和丙二醛、羰基含量（$P<0.05$）。与其他各组相比，HT 组肉鸡胸肉中核因子红系 2 相关因子 2（$P<0.001$）、超氧化物歧化酶（$P=0.004$）和过氧化氢酶（$P<0.001$）mRNA 水平较低。添加 1 000 mg/kg CGAE 可降低热应激肉仔鸡胸肉中硬脂酸和饱和脂肪酸（SFA）含量，增加二聚 γ-亚麻酸、亚油酸、亚麻酸、二十碳五烯酸、多不饱和脂肪酸（PUFA）和 $n-6$ PUFA 含量及PUFA∶SFA值（$P<0.05$）。综上所述，添加 1 000 mg/kg CGAE 可以减轻热应激对肉鸡生长性能和肉质的不利影响，提高热应激肉鸡胸肉的氧化稳定性和脂肪酸组成。

（2）迷迭香提取物。饲料添加剂迷迭香提取物的适用范围为宠物。刘亚楠等[185]选取同一批次孵化的 1 日龄京海黄鸡 800 只，随机分成 10 组，1～9 组为试验组，10 组为对照组，每组 4 个重复，每个重复 20 只（公、母各半）。1～3 试验组分别在基础日粮中添加水溶性迷迭香提取物 100 mg/kg、150 mg/kg、200 mg/kg，4～6 试验组分别在基础日粮中添加脂溶性迷迭香提取物 100 mg/kg、150 mg/kg、200 mg/kg，7～9 试验组分别在基础日粮中添加混合（水溶性＋脂溶性）迷迭香提取物（50＋50）mg/kg、（75＋75）mg/kg、（100＋100）mg/kg，10 组饲喂基础日粮。试验期为 112 d。结果表明，迷迭香提取物能显著改善京海黄鸡生长性能（$P<0.05$），提高京海黄鸡胸腺指数（$P<0.05$），但对脾脏和法氏囊指数无显著影响（$P>0.05$），200 mg/kg 脂溶性迷迭香提取物添加水平显著提高了血清的总抗氧化能力（$P<0.05$），200 mg/kg 混合迷迭香提取物添加水平显著降低了血清丙二醛含量（$P<0.05$）。由此可知，200 mg/kg 脂溶性和混合迷迭香提取物添加水平能够提高京海黄鸡血清的抗氧化能力。

（3）白藜芦醇。白藜芦醇是一种非黄酮类多酚化合物，是许多植物受到刺激时产生的一种抗毒素。Feng 等[186]评价了日粮中添加白藜芦醇对蛋鸡产蛋性能、蛋品质、蛋黄胆固醇和抗氧化酶活性的影响。将 360 只 60 周龄的北京粉红 1 号蛋鸡随机分为 5 组，每组 6 个重复，每个重复 12 只。日粮处理为在基础日粮中分别添加 0 g/kg（对照）、0.5 g/kg、1.0 g/kg、2.0 g/kg 和 4.0 g/kg 白藜芦醇。试验持续 9 周，其中适应期 1 周，主试验期 8 周。结果表明，在试验的 5～8 周和 1～8 周，白藜芦醇显著提高了饲料转化率。提高日粮中白藜芦醇的浓度，可以线性提高鸡蛋的哈氏单位和蛋白高度。白藜芦醇可显著降低血清总胆固醇（TC）、甘油三酯（TG）、低密度脂蛋白胆固醇（LDL－C）、极低密度脂蛋白胆固醇（VLDL－C）和蛋黄胆固醇含量，这些指标与白藜芦醇补充水平呈显著线性相关。与对照组相比，日粮添加白藜芦醇 2.0 g/kg 和 4.0 g/kg 处理组血清谷胱甘肽过氧化物酶（GSH－Px）活性显著提高，丙二醛（MDA）含量显著降低。但补充白藜芦醇对血清超氧化物歧化酶（SOD）活性无影响。结果表明，白藜芦醇对蛋鸡生产性能、血脂相关性状和抗氧化活性有显著影响。

Zhang 等[187]研究了添加不同浓度的白藜芦醇对鸡饲料的影响。选取 210 日龄京粉白蛋鸡 2 160 只，随机分为 4 组，每组 6 个重复，每个重复 90 只。有 4 种剂量的白藜芦醇添加在日粮中，分别为 0 mg/kg、200 mg/kg、400 mg/kg 和 800 mg/kg。与对照组相比，200 mg/kg 白藜芦醇能显著提高产蛋率和日平均摄食量（$P<0.05$）。这些蛋鸡的料蛋比显著降低（$P<0.05$），淘汰/死亡率也显著降低。白藜芦醇还与延长鸡蛋货架期和改善感官评分有关。补充 400 mg/kg 白藜芦醇可显著降低血清总胆固醇、甘油三酯水平及丙氨酸转氨酶、天冬氨酸转氨酶活性（$P<0.05$）。结果表明，添加 200 mg/kg 白藜芦醇可改善蛋鸡的生产性能，而 400 mg/kg 白藜芦醇可改善脂质代谢、降低鸡蛋胆固醇含量、延长鸡蛋货架期、提高抗氧化活性和改善鸡蛋感官评分。

（4）绿茶提取物。Huang 等[188]以蛋鸡为试验材料，研究绿茶提取物对蛋鸡脂代谢、产蛋及蛋黄脂肪酸组成的影响。以 0%、0.1%或 0.3%（*w/w*）的剂量向 288 只 30 周龄蛋鸡的日粮中添加绿茶提取物。绿茶提取物显著降低了母鸡血清总胆固醇和低密度脂蛋白胆固醇水平，减轻了腹部脂肪的过度沉积，增加了总粪脂和粪胆固醇的排泄。绿茶提取物处理对产蛋性能和蛋体性状没有影响。在蛋黄中，低剂量绿茶提取物（0.1%）显著提高了 8 周后花生四烯酸（22.6%）、二十二碳六烯酸（34.3%）和总多不饱和脂肪酸（23.5%）的浓度。添加 0.1%绿茶提取物 4 周和 8 周，蛋黄胆固醇含量分别降低 16.6%和 19.1%。2 种剂量的绿茶提取物对蛋黄脂肪酸组成的影响相同。结果表明，在蛋鸡日粮中添加绿茶提取物可以在不改变生产性能的同时改善蛋黄脂肪的组成。

（5）葡萄及葡萄籽提取物。程玉萍等[189]评估了高温环境条件下日粮添加葡萄提取物对肉鸡生长性能、血清生化、小肠绒毛形态及养殖成本的影响。将平均初始体重为（57.83±0.70）g 的 468 只 1 日龄肉仔鸡随机分为 3 组，每组 6 个重复，每个重复 26 只。对照组肉鸡在适宜环境温度下（23 ℃）饲喂基础日粮，处理组肉鸡在高温环境条件下（32 ℃）分别饲喂基础日粮＋0 mg/kg（处理 1 组）和 100 mg/kg（处理 2 组）葡萄提取物。试验期为 42 d。结果表明，与处理 1 组相比，对照组和处理 2 组 42 d 肉鸡体重分别显著提高 1.46%和 1.63%（$P<0.05$），同时，22～42 d 饲料效率分别显著提高 4.69%和 6.25%（$P<0.05$），1～42 d 饲料效率分别显著提高 4.62%和 6.15%（$P<0.05$）。处理 2 组肉鸡血清胆固醇、低密度脂蛋白浓度均显著低于对照组和处理 1 组（$P<0.05$），而对照组和处理 2 组血清总蛋白浓度显著高于处理 1 组（$P<0.05$）。与处理 1 组相比，对照组血清谷草转氨酶活性显著降低 25.04%（$P<0.05$）。对照组和处理 2 组回肠相对长度较处理 1 组分别显著提高 12.46%和 10.86%（$P<0.05$），同时对照组十二指肠绒毛高度较处理组分别显著提高 23.52%和 23.25%（$P<0.05$）。与处理 1 组相比，对照组和处理 2 组空肠绒毛高度分别显著提高 15.33%和 16.47%（$P<0.05$）。因此，在本研究条件下，高温环境（32 ℃）日粮添加 100 mg/kg 葡萄提取物可以提高 1～42 d 肉鸡的饲料效率，同时提高回肠相对长度及空肠绒毛高度。

聂青青等[190]探究了饲粮中添加葡萄籽提取物对宁都黄鸡的屠宰性能和肉品质的影响。

选择 40 只 78 日龄的宁都黄鸡随机分为 4 组，每组 10 个重复。各组试验鸡分别饲喂添加 0 mg/kg、200 mg/kg、400 mg/kg、600 mg/kg 葡萄籽提取物的基础饲粮。试验期为 42 d。结果表明，与对照组相比，200 mg/kg、600 mg/kg 葡萄籽提取物组鸡肉胸肌率显著提高（$P<0.05$），600 mg/kg 葡萄籽提取物组鸡肉失水率显著降低（$P<0.05$），600 mg/kg 葡萄籽提取物组鸡肉粗脂肪、胶原蛋白含量显著提高（$P<0.05$），200 mg/kg 葡萄籽提取物组料重比降低（$P>0.05$）。研究表明，葡萄籽提取物可在一定程度上改善宁都黄鸡屠宰性能和肉品质，降低料重比；葡萄籽提取物的添加浓度以 200 mg/kg 或 600 mg/kg 为宜。

Sun 等[191]研究了葡萄籽提取物（GSE）和酵母培养物（YC）对蛋鸡日平均采食量、料蛋比、产蛋率、平均蛋重和蛋黄胆固醇含量的影响。采用完全随机设计，将 640 只 25 周龄的海兰褐蛋鸡随机分为 4 组，每组 5 个重复，每个重复 32 只。初步试验持续 6 d，试验持续 48 d，1 组饲喂基础日粮作为对照组，2～4 组在饲喂基础日粮的基础上分别添加 GSE、YC 和 GSE＋YC。结果表明，添加 GSE 和 GSE＋YC 的日粮能显著降低蛋黄胆固醇含量（$P<0.05$）。日粮中添加 GSE＋YC 组的产蛋率明显高于其他 3 组（$P<0.05$）。与对照组相比，其他各组的平均蛋重均显著降低（$P<0.05$）。各组的日平均采食量和料蛋比均无显著性差异（$P>0.05$）。结果表明，葡萄籽提取物和酵母培养物对蛋鸡的日平均采食量和料蛋比无明显影响，但对产蛋率、平均蛋重和蛋黄的胆固醇含量有显著影响。

（6）枸杞多糖。张海燕等[192]评估了日粮添加不同水平枸杞多糖对蛋鸡生产性能、血清生化及免疫指标的影响。试验将 30 周龄产蛋性能一致的 540 只海兰褐蛋鸡随机分为 3 组，每组 6 个重复，每个重复 30 只。试验期为 6 周，对照组蛋鸡饲喂基础日粮，处理组蛋鸡饲喂基础日粮＋50 mg/kg 和 100 mg/kg 枸杞多糖。结果表明，50 mg/kg 枸杞多糖组蛋鸡的平均蛋重显著高于对照组和 100 mg/kg 枸杞多糖组（$P<0.05$），但料重比显著降低（$P<0.05$）。对照组蛋鸡蛋壳厚度、胸腺和法氏囊相对重量显著低于处理组（$P<0.05$），同时，50 mg/kg 枸杞多糖组脾脏相对重量显著高于对照组（$P<0.05$）。50 mg/kg 枸杞多糖组蛋鸡血清总蛋白浓度及溶菌酶活性较对照组分别显著提高 16.80% 和 18.99%（$P<0.05$），50 mg/kg和 100 mg/kg 枸杞多糖组蛋鸡血清白蛋白浓度较对照组分别显著提高 26.83% 和 24.49%（$P<0.05$）。50 mg/kg 枸杞多糖组蛋鸡血液 CD^{3+} 浓度显著高于对照组（$P<0.05$），而 100 mg/kg 枸杞多糖组血液 CD^{4+} 浓度显著高于对照组和 50 mg/kg 枸杞多糖组（$P<0.05$）。在本研究条件下，向蛋鸡玉米-豆粕型日粮中添加 50 mg/kg 枸杞多糖可提高鸡蛋的平均蛋重、饲料转化率及免疫器官重量和细胞因子浓度。

Liu 等[193]评价了枸杞多糖对肉鸡的临床效果。将 240 只新孵出的肉鸡随机分为 4 组，每组 6 个重复，每个重复 10 只。在对照组基础上，其余 3 组的日粮分别添加 2 g/kg、4 g/kg 和 8 g/kg 的枸杞多糖。采用体外培养的鸡血淋巴细胞检测枸杞多糖的免疫调节功能。在体内试验中，4 g/kg 组的日平均采食量（ADFI）和饲料转化率（FCR）均显著降低（$P<0.05$），21 日龄肉鸡免疫器官指数显著提高（$P<0.05$）。8 g/kg 组肉鸡血清总蛋白、球蛋白、白蛋白、溶菌酶水平均高于对照组（$P<0.05$）。4 g/kg 组血中 T 细胞 CD^{4+}/CD^{8+} 比值明显高于对照组（$P<0.05$）。体外试验结果表明，添加 100 μg/mL 和 1 600 μg/mL 枸杞多糖对肉鸡血液 B 淋巴细胞和 T 淋巴细胞增殖均有显著促进作用（$P<0.05$）。低浓度枸杞多糖组 *TNF*-α mRNA 丰度明显降低（$P<0.05$）。

Long 等[194]研究了日粮添加枸杞多糖对肉鸡生长性能、消化酶活性、抗氧化状态及免疫功能的影响。将 256 只 1 日龄 AA 肉鸡随机分为 4 组，每组 8 个重复，每个重复 8 只。基础日粮为玉米-豆粕，不饲喂枸杞多糖为对照组，另有 3 组分别饲喂 1 000 mg/kg、2 000 mg/kg、4 000 mg/kg 枸杞多糖，饲喂 6 周。与对照组相比，基础日粮中添加 2 000 mg/kg 枸杞多糖的肉鸡在生长期和全生育期的日增重显著增加（$P<0.05$），而基础日粮中添加 1 000 mg/kg 或 2 000 mg/kg 枸杞多糖能显著降低鸡的料重比（$P<0.05$）。在肉鸡日粮中添加枸杞多糖可提高总淀粉酶、脂肪酶和蛋白酶活性（$P<0.05$），提高血清和肝脏超氧化物歧化酶与谷胱甘肽过氧化物酶活性，但降低丙二醛含量（$P<0.05$）。饲喂含枸杞多糖日粮的肉鸡血清 IgG 和 IgA 浓度均高于对照组（$P<0.05$）。2 000 mg/kg 枸杞多糖组血清 TNF－α 和 IL－4 水平显著高于对照组（$P<0.05$）。日粮中添加枸杞多糖的肉鸡血清 IL－6 和 IFN－γ 浓度呈线性（$P<0.05$）和二次（$P<0.05$）升高。

（7）油茶籽提取物。Song 等[195]研究了微囊化粪肠球菌（MEF）和油茶籽提取物（ECOS）对肉鸡生长性能、免疫功能和血清生化指标的影响。将 240 只 1 日龄雄性肉鸡随机分为 6 组，每组 8 个重复，每个重复 5 只。分组包括：①不含抗生素的基础日粮（A 组）；②基础日粮＋1 g/kg MEF 日粮（1×10^{10} CFU/g MEF；B 组）；③基础日粮＋300 mg/kg ECOS 日粮（C 组）；④基础日粮＋300 mg/kg ECOS 日粮＋1 g/kg MEF 日粮（D 组）；⑤基础日粮＋500 mg/kg ECOS 日粮（E 组）；⑥基础日粮＋500 mg/kg ECOS 饲料＋1 g/kg MEF 饲料（F 组）。饲养试验分为 2 个阶段：第 1 d 至第 21 d 为开始阶段，第 22 d 至第 42 d 为生长阶段。结果表明，添加 MEF 和 ECOS 的日粮对整个试验期的日均增重、日均采食量、饲料转化率和平均体重均无显著影响（$P>0.05$），但 F 组生长性能有改善趋势。日粮处理对血清 IL－2、IgA、IgG 水平及脾脏指数有显著影响（$P<0.05$）。F 组血清 IgA、IgG 水平及脾脏指数均显著高于 A 组（$P<0.05$），IL－2 水平在 21 d、42 d 明显下降（$P<0.05$）。与 A 组相比，添加 MEF 和 ECOS 的日粮可显著降低总胆固醇、低密度脂蛋白胆固醇、甘油三酯和血尿素氮水平（$P<0.05$），并在 21 d 和 42 d 提高高密度脂蛋白胆固醇水平。F 组血清生化指标明显提高（$P<0.05$）。结果表明，日粮中添加 MEF 和/或 ECOS 对生长性能无显著影响，但能显著提高脾脏指数、血清 IgA 和 IgG 水平，改善血脂代谢。最佳补充剂量为 1 g/kg MEF 日粮（1×10^{7} CFU/g 日粮）加 500 mg/kg ECOS 日粮。

（8）芒果皂苷。Zhang 等[196]研究了芒果皂苷对肉鸡生长性能、胴体性状、肉品质和血浆生化指标的影响，并探讨其作为肉鸡饲料添加剂的可行性。将 216 只 1 日龄肉鸡随机分为 3 组，即对照组（基础日粮）、基础日粮＋0.14％芒果皂苷、基础日粮＋0.28％芒果皂苷，每组 6 个重复，每个重复 12 只。饲养试验持续 6 周。与对照组相比，日粮中添加 0.14％或 0.28％芒果皂苷可使肉鸡在生长期（22～42 d）和整个生长期（1～42 d）的日增重增加，且在 42 日龄时的最终体重显著增加（$P<0.05$）。在 42 d 日粮中添加 0.28％芒果皂苷的肉鸡中，观察到了较低的 $L^*_{45\ \mathrm{min}}$（亮度值）和 $L^*_{24\ \mathrm{h}}$、较低的 $b^*_{24\ \mathrm{h}}$（黄色值）和较高的 $a^*_{45\ \mathrm{min}}$（红色值）和 $a^*_{24\ \mathrm{h}}$（$P<0.05$）。芒果皂苷组血浆总抗氧化能力在 21 d 时升高 0.14％（$P<0.001$）。在 21 d 和 42 d 日粮中添加 0.28％芒果皂苷的肉鸡血浆总胆固醇和甘油三酯含量较低，而在 21 d 日粮中添加 0.14％芒果皂苷的肉鸡血浆甘油三酯含量较低（$P<0.05$）。42 d 时芒果皂苷组血浆葡萄糖含量下降 0.28％（$P<0.001$）。因此，日粮中添加 0.28％芒果皂苷可改善肉鸡的生长性能、肉质和血脂代谢。

（9）柴胡和黄芪提取物。柴胡（RB）和黄芪（RA）提取物对人体具有抗炎和抗氧化作用。Bai 等[197]为确定 RB 和 RA 提取物对慢性热应激肉鸡是否具有上述作用，将 560 只 15 日龄雄性肉鸡随机分为 7 组，每组 8 个重复，每个重复 10 只。试验条件为：36 ℃（9：00—17：00）8 h，其他时间为 30 ℃。以基础日粮（对照组）或基础日粮中添加 200 mg/kg 或 400 mg/kg RB 提取物（RB200 或 RB400）、600 mg/kg 或 800 mg/kg RA 提取物（RA600 或 RA800）、RB200＋RA800（RB200－RA800）或 RB400＋RA600（RB400－RA600）饲喂 28 d。RB 提取物中柴胡皂苷含量为 40.1 mg/g，RA 提取物中黄芪多糖含量为 80.0 mg/g，日粮中添加 RB 或/和 RA 提取物可使 42 日龄肉鸡体重（BW）和 15～42 日龄体重增加（$P<0.05$）。与 RB200 和 RA800 个体相比，RB200 和 RA800 组合对肉鸡的体重有加性效应。因此，选择对照组 RB200、RA800 和 RB200－RA800 来研究这种加性效应。在 RA800 和 RB200－RA800 日粮中，与对照组相比，肉鸡空肠中 *IL－1*、*IL－6* 和 *TNF－α* 基因的 mRNA 丰度降低（$P<0.05$），而 RA800 和 RB200－RA800 日粮中这些指标均无显著性差异。与对照组相比，添加 RB200、RA800 或 RB200－RA800 可降低丙二醛浓度（$P<0.01$），添加 RA800 或 RB200－RA800 可提高含锰超氧化物歧化酶（MnSOD）活性（$P<0.05$），添加 RB200 或 RB200－RA800 可提高 42 d 肝脏过氧化氢酶（CAT）活性（$P<0.05$）。日粮中添加 RB200、RA800 或 RB200－RA800 可提高 42 d 肝脏 *MnSOD* 和 *CAT* 基因的 mRNA 转录水平。RB200－RA800 组肝脏 CAT 活性以及 *MnSOD* 和 *CAT* 基因的 mRNA 丰度均高于 RB200 和 RA800 组（$P<0.05$）。结果表明，日粮中添加 RB 或/和 RA 提取物可以改善高温肉鸡的生长性能，这可能与降低肠道炎症和提高肝脏抗氧化能力有关。

（10）八角茴香。Ding 等[198]以 384 只 1 日龄雄性 AA 肉鸡为试验材料，随机分为 4 组，每组 8 个重复，每个重复 12 只。采用完全随机设计，研究八角茴香、精油和八角茴香精油提取残渣对肉鸡生长性能及抗氧化状态的影响。以玉米、豆粕为基础日粮，分别添加 5 g/kg 八角茴香、0.2 g/kg 精油和 5 g/kg 提取残渣，共 42 d。在整个试验期间，所有肉鸡的饲料转化率相似。而添加八角茴香及其精油的肉鸡，其日均增重、日均采食量均高于对照组和残渣组（$P<0.05$）。添加八角茴香及其精油可提高 21 日龄和 42 日龄肉鸡血清超氧化物歧化酶（SOD）、谷胱甘肽过氧化物酶（GSH－Px）和过氧化氢酶（CAT）活性（$P<0.05$），降低丙二醛（MDA）含量（$P<0.05$）。日粮中添加八角茴香及其精油可改善生长性能、血清和肝脏抗氧化状态。日粮中以添加 5 g/kg 八角茴香或 0.2 g/kg 精油效果最好。

（11）牛膝多糖。欧淑琦等[199]研究了添加牛膝多糖对黄羽肉鸡生长性能及免疫性能的影响。试验选用 1 日龄的黄羽肉鸡 300 只，随机分成 5 组，每组 6 个重复，每个重复 10 只。对照组饲喂基础饲粮，牛膝多糖组在基础饲粮中添加 400 mg/kg 牛膝多糖，抗生素组在基础饲粮中添加 300 mg/kg 杆菌肽锌。试验期为 56 d，分为 2 个阶段（1～28 日龄、29～56 日龄）进行。结果表明，试验处理对黄羽肉鸡的 1～28 日龄、29～56 日龄平均日采食量、平均日增重以及 1～28 日龄料重比均有显著影响（$P<0.05$）。29～56 日龄，牛膝多糖组平均日采食量和平均日增重均显著高于对照组和抗生素组（$P<0.05$）。牛膝多糖对 1～28 日龄、29～56 日龄的平均日采食量均有显著的互作效应（$P<0.05$）。28 日龄时，牛膝多糖组外周血淋巴细胞增殖率均显著高于对照组和抗生素组（$P<0.05$）。牛膝多糖对 28 日龄外周血淋巴细胞增殖率存在显著的互作效应（$P<0.05$）。28 日龄时，与对照组相比，添加牛膝多糖在一定程度上提高了黄羽肉鸡的免疫器官指数（$P>0.05$），但牛膝多糖对黄羽肉鸡免疫器官指数没有显著的互作效应（$P>0.05$）。由此得出，牛膝多糖对黄羽肉鸡有促生长和提高机体免疫力的作用，且对生长性能和外周血淋巴细胞增殖率有一定的互作效应。

（12）金银花和黄芪提取物。金银花和黄芪提取物具有抗氧化和抗炎作用。Xie 等[200]为确定金银花（LC）或黄芪（AR）提取物对提高产蛋量和蛋品质的作用是否相似，将 1 440 只 52 周龄的罗曼粉蛋鸡随机分为 4 组，每组 9 个重复，每个重复 40 只。以基础日粮（CON）或基础日粮添加 0.1% LC 提取物、0.1% AR 提取物、0.1% LC 提取物+0.1% AR 提取物（LC-AR）饲养 12 周。第 6 周和第 12 周收集鸡蛋进行分析，试验结束时收集血浆和卵巢。基础日粮处理对产蛋量、蛋重、饲料转化率无显著影响（$P<0.05$）。与其他组相比，LC-AR 的添加增加了鸡蛋的蛋黄颜色和感官品质（$P<0.02$）。在第 12 周与对照组相比，随着 LC-AR 添加量的提高（$P=0.02$），添加 LC 有增加鸡蛋哈氏单位的趋势（$P=0.08$）。与对照组相比，LC-AR 组血浆丙二醛浓度降低（$P<0.001$），LC 组和 AR 组血浆丙二醛浓度降低（$P<0.10$）。相反，补充 LC 可提高（$P=0.02$）总超氧化物歧化酶活性，补充 LC 或/和 AR 可提高血浆中含锰超氧化物歧化酶（MnSOD）（$P<0.08$）和谷胱甘肽过氧化物酶（GSH-Px）（$P<0.01$）的活性，增加卵巢中 *MnSOD*、*GSH-Px1* 过氧化氢酶基因的 mRNA 丰度（$P<0.05$）。与对照组相比，补充 LC 或/和 AR 可降低血浆中 IL-6 和 TNF-α 的浓度（$P<0.05$），降低卵巢中 *IL-6* 和 *TNF-α* 基因的 mRNA 丰度（$P<0.04$）。结果表明，LC 或/和 AR 可改善蛋清品质，LC 和 AR 可改善蛋黄颜色，这与提高蛋鸡抗氧化能力和抑制全身炎症有关。

（13）橡胶籽油。Lu 等[201]评估了饲料添加剂橡胶籽油对蛋鸡在 16 周喂养试验期内生产性能、蛋类质量和蛋黄脂肪酸组成的影响。将 48 只 25 周龄的海兰褐蛋鸡随机分为 3 组，每组 4 个重复，每个重复 4 只。将橡胶籽油按 3.5%（Ⅰ组）、4.5%（Ⅱ组）或 0（对照组）加入玉米-豆粕基础日粮中，并为试验组和对照组提供等效营养。3 组蛋鸡的生产性能、蛋品质、饱和脂肪酸组成、胆固醇和单不饱和脂肪酸含量均无显著差异。与对照组相比，两个饲喂橡胶籽油组的亚油酸、α-亚麻酸、二十碳五烯酸和二十二碳六烯酸的含量显著高于对照组，花生四烯酸的含量显著低于对照组（$P<0.05$）。随着橡胶籽油添加水平的升高，$n-6$ 多不饱和脂肪酸（PUFA）、$n-3$ PUFA 和总 PUFA 的含量呈上升趋势，但 $n-6/n-3$ PUFA 比例呈下降趋势。因此，橡胶籽油作为饲料添加剂有效提高了蛋类中 PUFA 的总含量，而不影响蛋鸡的生产性能和蛋品质。

（14）生姜提取物、地黄提取物、黄芪提取物、益母草提取物。郭梦宇等[202]为了研究生姜、地黄、黄芪、益母草这 4 种植物提取物对肉种鸡生产性能和蛋品质的影响，将 320 只 290 日龄的罗斯 308 肉种鸡随机分成 5 组，分别为对照组、生姜组、地黄组、黄芪组和益母草组，每组 4 个重复，每个重复 16 只。对照组饲喂基础日粮，试验组分别在基础日粮中添加 0.1%生姜提取物、0.1%地黄提取物、0.1%黄芪提取物和 0.1%益母草提取物进行饲喂试验。预试期为 7 d，正试期为 42 d。测定各组肉种鸡的生产性能、蛋品质和孵化性能等指标。结果表明，从生产性能来看，黄芪组肉种鸡的产蛋率显著高于地黄组（$P<0.05$），与其他组相比差异不显著（$P>0.05$）；地黄组种蛋合格率显著低于对照组（$P<0.05$），与其他组相比差异不显著（$P>0.05$）；各组种蛋畸形率、种蛋破壳率均差异不显著（$P>0.05$）。从蛋品质来看，地黄组蛋重、蛋清重显著低于对照组、生姜组（$P<0.05$），与其他组相比差异不显著（$P>0.05$）；各组蛋黄重、蛋壳重均差异不显著（$P>0.05$）；生姜组、地黄组蛋白高度、哈氏单位极显著高于对照组（$P<0.01$），黄芪组、益母草组蛋白高度、哈氏单

位与对照组相比均有改善趋势（$P>0.05$）；地黄组种蛋中腰部蛋壳厚度极显著高于其他组（$P<0.01$）；各组蛋壳大头厚度、小头厚度、平均厚度、蛋壳强度均差异不显著（$P>0.05$）。从孵化性能来看，黄芪组受精蛋孵化率显著高于对照组、生姜组和益母草组（$P<0.05$）；黄芪组、生姜组、地黄组健雏率显著高于对照组（$P<0.05$）；黄芪组种蛋受精率、入孵蛋孵化率虽未达到显著水平，但与其他3种植物提取物组相比有明显改善趋势。研究表明，从产蛋率、孵化性能来看，黄芪提取物的综合应用效果较好。

（15）牛至精油。和玉丹等[203]研究了饲粮中添加牛至精油（牛至精油含有60%香芹酚与2%百里香酚）对蛋鸡生产性能和蛋品质的影响。试验选取432只产蛋率、体重相近的270日龄海兰褐蛋鸡，随机分为3组，其中对照组饲喂基础饲粮，试验组在基础饲粮中分别添加200 mg/kg、400 mg/kg 5%牛至精油。试验期为4周，其间自由采食、饮水。试验结束时对蛋鸡生产性能、蛋品质、血浆生化指标进行检测。结果表明，添加牛至精油对产蛋率、平均蛋重及平均日采食量无显著影响（$P>0.05$），但200 mg/kg组料蛋比显著降低（$P<0.05$）；添加牛至精油能显著提高蛋壳强度（$P<0.05$），但对蛋壳指数、蛋壳厚度、蛋黄指数及蛋黄颜色没有显著影响，对蛋白指数、浓蛋白重量、稀蛋白重量、稀蛋白指数、浓稀比、蛋白高度及哈氏单位也没有显著影响（$P>0.05$）；添加牛至精油显著增加血浆中球蛋白及钙离子含量（$P<0.05$），400 mg/kg组血浆中总蛋白、无机磷以及铁含量显著升高（$P<0.05$）。研究表明，蛋鸡饲粮中添加牛至精油可以提升蛋壳质量和血浆中球蛋白、钙离子含量，添加量为200 mg/kg时，可以降低料蛋比。

1.2.3 反刍动物饲料中天然植物提取物饲料添加剂的应用研究进展

饲料添加剂在反刍动物饲料中使用的天然植物提取物主要有甜菜碱、茶多酚、大蒜素等。近年有应用研究报道但我国尚未批准在反刍动物饲料中使用的天然植物提取物品种有苜蓿提取物、杜仲叶提取物、紫苏籽提取物、植物甾醇、藤茶黄酮、橡胶籽油和亚麻籽油、牛至精油、复合植物提取物（金银花、蒲公英、益母草、连翘）、大豆黄酮、没食子酸、沙棘黄酮、沙葱提取物、金银花提取物、迷迭香提取物、枸杞多糖等。

1.2.3.1 牛饲料中天然植物提取物饲料添加剂的应用研究进展

饲料添加剂甜菜碱的适用范围为养殖动物，是一种维生素及类维生素类的饲料添加剂，甜菜的糖蜜是天然甜菜碱的主要来源。杨占涛等[204]研究了甜菜碱与烟酰胺复合制剂（主要成分为甜菜碱和烟酰胺，其中甜菜碱含量≥70%，烟酰胺含量≤10%，过瘤胃率≥80%）对热应激奶牛生产性能、乳品质及血清生化指标的影响，以探究其适宜添加量。选择胎次、泌乳天数和产奶量相近的泌乳中期荷斯坦奶牛45头，随机分为3组，每组15个重复，每个重复1头。对照组（CON组）饲喂基础饲粮，低剂量组（LD组）和高剂量组（HD组）在基础饲粮中分别添加30 g/d、60 g/d的甜菜碱与烟酰胺复合制剂。预试期为5 d，正试期为30 d。结果表明：①第16～30 d，LD组和HD组的干物质采食量显著高于CON组（$P<0.05$）；第1～30 d，HD组的干物质采食量显著高于CON组（$P<0.05$）；第1～15 d、第16～30 d和第1～30 d，LD组和HD组的产奶量均显著高于CON组（$P<0.05$）。②第15 d，LD组和HD组的乳脂率与乳蛋白率显著高于CON组（$P<0.05$）；第30 d，LD组的乳中尿素氮（UN）含量显著低于CON组（$P<0.05$）。③第15 d，HD组的血清葡萄糖（GLU）含量显著低于CON组（$P<0.05$）；第30 d，LD组和HD组的血清GLU含量显著低于CON组

（$P<0.05$）；第 15 d，LD 组和 HD 组的血清 UN 含量显著低于 CON 组（$P<0.05$）。④第 30 d，LD 组和 HD 组的血清碱性磷酸酶（ALP）活性显著低于 CON 组（$P<0.05$）；第 30 d，HD 组的血清肌酐（CRE）含量显著低于 CON 组（$P<0.05$）。综上所述，饲粮中添加甜菜碱与烟酰胺复合制剂可以提高热应激奶牛的干物质采食量、产奶量，改善乳品质及部分血清生化指标，有助于缓解奶牛热应激，且 30 g/d 为适宜添加量。

Liu 等[205]研究了胍基乙酸（GAA）和甜菜碱（BT）对公牛生长性能、养分消化和瘤胃发酵的影响。44 头安格斯公牛根据体重分组，然后采用 2×2 完全随机试验设计分为 4 组。在含有 0 g/kg 或 0.6 g/kg 干物质（DM）GAA 的日粮中分别添加 0 g/kg 或 0.6 g/kg DM 甜菜碱（饲料级，0.98 g/g）。试验包括 20 d 的适应期和 60 d 的数据收集期。平均日增重和饲料效率均通过添加 GAA 或 BT 提高，但与单独添加 BT 或 GAA 相比，同时添加 BT 和 GAA 不会进一步提高。补充 GAA 或 BT 不会影响 DM 摄入量，但会增加 DM、有机物（OM）、粗蛋白（CP）和酸性洗涤纤维（ADF）的表观消化率。中性洗涤纤维（NDF）的消化率因 GAA 的补充而增加，但 BT 的添加对其无影响。添加 GAA 或 BT 后，瘤胃 pH 降低，但总挥发性脂肪酸和氨氮升高。GAA 对瘤胃短链脂肪酸百分比和发酵模式没有影响。日粮中添加 BT 增加了醋酸盐、戊酸盐、异丁酸盐和异戊酸盐的摩尔比例，以及醋酸盐与丙酸盐的比值。添加 GAA 或 BT 后，黄瘤胃球菌和琥珀酸纤维杆菌的瘤胃种群增加，且添加 BT 后，与不添加 GAA 的日粮相比，添加 GAA 日粮中的瘤胃种群增加更多。添加 GAA 或 BT 可提高纤维二糖酶、木聚糖酶、α-淀粉酶和蛋白酶的活性，并增加总细菌、纤维素分解细菌和嗜淀粉瘤胃杆菌的数量，但不影响瘤胃前置杆菌。BT 的添加增加了羧甲基纤维素酶和果胶酶的活性以及真菌总数。GAA 或 BT 可增加血肌酸含量，同时添加 GAA 和 BT 的血肌酸含量高于单独添加 GAA 或 BT 的血肌酸含量。血清中葡萄糖、叶酸、精氨酸和蛋氨酸的含量没有变化，但总蛋白含量随着 GAA 或 BT 的添加而增加。血液同型半胱氨酸含量不受 GAA 影响，但随着补充 BT 而降低。数据显示，添加 GAA 或 BT 可提高公牛的生长性能和饲料效率，但与单独添加 GAA 或 BT 相比，同时添加 GAA 和 BT 不会进一步提高公牛的性能。

李美发等[206]为探究甜菜碱对锦江黄牛瘤胃微生物及其发酵功能的影响，试验选用 3 只装有瘤胃瘘管的健康锦江黄牛（体重约为 350 kg）提供瘤胃液。试验设计采用单因素，试验分为 5 组，每组 3 个重复。在日粮中添加甜菜碱（纯度≥99%）：0 mg/g（对照组）、4 mg/g、8 mg/g、12 mg/g、16 mg/g，体外发酵 24 h 后，测定干物质消化率（IVDMD）、氨态氮（NH_3-N）、微生物蛋白（MCP）、pH、挥发性脂肪酸（VFA）等相关发酵参数。结果表明：①8 mg/g、12 mg/g、16 mg/g 添加组总挥发性脂肪酸、丙酸含量与对照组相比有所提高，但差异不显著（$P>0.05$）；添加量为 8 mg/g、12 mg/g、16 mg/g 组的乙酸含量显著高于对照组（$P<0.05$）；各试验组的丁酸含量与对照组相比有所提高，而乙酸与丙酸的比值随着添加水平的增加而有降低的趋势，但差异不显著（$P>0.05$）。②各试验组中 NH_3-N 和 MCP 的含量相比于对照组有所提高，但是差异不显著（$P>0.05$）；添加量为 8 mg/g、12 mg/g、16 mg/g 组的干物质消化率高于对照组，而各组的 pH 无显著差异（$P>0.05$）。综上所述，在本试验条件下，在日粮中添加一定比例的甜菜碱有助于改善体外干物质消化，同时有增加 NH_3-N、MCP、VFA 含量的趋势。综合本试验的各个指标以及实际生产中的经济因素，添加 8 mg/g 的甜菜碱较为适宜。

Cheng 等[207]研究了甜菜碱（BT，饲料级，980 g/kg）和瘤胃保护叶酸（RPFA，叶酸含量为 20 g/kg）对奶牛泌乳性能、营养物质消化、瘤胃发酵和血液代谢产物的影响。36 头泌乳中期荷斯坦奶牛随机分为 4 组。补充 RPFA［0（RPFA－）或 5.2（RPFA＋）mg/kg 日粮干物质（DM）的叶酸］与补充 BT［0（BT－）或 4.0（BT＋）g/kg 干物质的 BT］混合到日粮中。试验持续了 105 d，前 15 d 为适应期，后 90 d 用于样本采集。RPFA×BT 相互作用对血液叶酸浓度有显著影响，在 RPFA－饮食中随着 BT 的添加会降低血液叶酸浓度，但在 RPFA＋饮食中添加 BT 会增加血液叶酸浓度。各处理组之间的干物质摄入量和体重变化相似。日粮中添加 RPFA 或 BT 可增加牛奶和乳脂的产量，但只有添加 RPFA 才能提高牛奶蛋白质的产量。添加 RPFA 或 BT 可提高饲料效率。添加 RPFA 或 BT 后，DM、有机物、粗蛋白、中性洗涤纤维和酸性洗涤纤维的表观消化率增加。添加 RPFA 后，瘤胃 pH 降低，但添加 BT 后，瘤胃 pH 不变。日粮中添加 RPFA 或 BT 增加了瘤胃总挥发性脂肪酸浓度，并改变了瘤胃发酵模式以产生更多的醋酸盐。添加 RPFA 后，氨氮浓度保持不变，但添加 BT 后，氨氮浓度降低。RPFA 或 BT 的添加增加了羧甲基纤维素酶、木聚糖酶和蛋白酶的活性，以及细菌总数、原生动物、*Ruminococcus*（*R.*）*albus* 和 *R. flavefaciens* 的数量。添加 RPFA 后，*Prevotella ruminicola* 的数量较高，但添加 BT 后，纤维二糖酶的活性、总真菌和 *Ruminobacter amylophilus* 的数量较高。各治疗组的血糖、非酯化脂肪酸、β-羟基丁酸和同型半胱氨酸的血药浓度相似。添加 RPFA 可增加血液总蛋白和白蛋白浓度，但不受添加 BT 的影响。结果表明，添加 RPFA 或 BT 对奶牛的泌乳性能、营养物质消化和瘤胃发酵有有利影响，添加 BT 可提高不添加 RPFA 日粮的奶牛的叶酸利用率。

Wang 等[208]研究了瘤胃保护叶酸（RPFA）和甜菜碱（BT）对公牛生长性能、营养物质消化和血液代谢产物的影响。采用 2×2 完全随机试验设计，将 48 头安格斯公牛按体重分成 4 组。在不添加或添加 6 mg/kg 干物质（DM）的 RPFA（叶酸含量为 20 g/kg）的情况下，分别向日粮中添加 0 g/kg 或 0.6 g/kg DM 的 BT（饲料级，0.98 g/g）。在不添加 RPFA 和添加 RPFA 的情况下，添加 BT 的平均日增重分别增加了 25.2%和 6.29%。添加不含 RPFA 的 BT 后，中性洗涤纤维和酸性洗涤纤维的消化率以及瘤胃总挥发性脂肪酸增加，饲料转化率和血液叶酸降低，但添加 RPFA 的日粮中，这些指标没有变化。饲粮 DM、有机物和粗蛋白的消化率以及醋酸盐与丙酸盐的比值，随着 RPFA 或 BT 的添加而增加。瘤胃氨氮随 RPFA 添加量的增加而降低。随着 RPFA 或 BT 的添加，羧甲基纤维素酶、纤维素酶、木聚糖酶、果胶酶和蛋白酶的活性以及总细菌数、原虫、*Fibrobacter succinogenes* 和 *Ruminobacter amylophilus* 的数量增加。漆酶活性和总真菌、*Ruminococcus flavefaciens* 和 *Prevotella ruminicola* 的数量随着 RPFA 的添加而增加，而 *Ruminococcus albus* 的数量随着 BT 的添加而增加。随着 RPFA 的添加，血糖、总蛋白、白蛋白、生长激素和胰岛素样生长因子-Ⅰ也随之增加。添加 RPFA 或 BT 可降低血液同型半胱氨酸。结果表明，只有在不添加 RPFA 的情况下，添加 BT 才能刺激公牛的生长和营养物质的消化。

肖正中等[209]研究了在高温环境下不同添加剂对娟姗奶牛产奶性能的影响，筛选出能更好地缓解奶牛热应激的添加剂。试验采用单因素随机分组设计，选择体重、产奶日龄和产奶量相近、健康的娟姗奶牛 32 头，随机分成 4 组，每组 8 头。试验 1 组、试验 2 组、试验 3 组分别在基础日粮中添加 50%氯化胆碱 20 g/d、甜菜碱 20 g/d 和 50%维生素 E 2 g/d，对照组饲喂基础日粮作空白对照。牛群在相同条件下进行饲养，预试期为 7 d，正试期为 30 d，共计 37 d。对试验牛群产奶量、乳成分等产奶性能指标和血清热休克蛋白 70（HSP70）含量进行测定。结果表明，氯化胆碱、甜菜碱、维生素 E 均有提高奶牛产奶量的作用，但各组间差异均不显著（$P>0.05$）；试验 2 组乳蛋白和乳糖含量显著高于对照组（$P<0.05$），氯化胆碱、甜菜碱和维生素 E 均有提高乳脂率和非脂固形物的作用，但组间差异均不显著（$P>0.05$）；试验 2 组奶牛血清 HSP70 含量显著高于对照组（$P<0.05$），试验 1 组和试验 3 组血清 HSP70 含量均高于对照组，但差异不显著（$P>0.05$）。说明在热应激状态下，日粮中添加甜菜碱可明显提高娟姗奶牛牛奶中乳蛋白和乳糖的含量，同时能提高血清 HSP70 含量，从而提高娟姗奶牛的抗热应激能力。

1.2.3.2 羊饲料中天然植物提取物饲料添加剂的应用研究进展

（1）甜菜碱。饲料添加剂甜菜碱的适用范围为养殖动物，是一种维生素及类维生素类的饲料添加剂。甜菜的糖蜜是天然甜菜碱的主要来源。任国栋等[210]研究了饲粮中添加胍基乙酸（GAA，有效成分含量≥95%）和甜菜碱（BT，有效成分含量≥78%）对公羔生长发育、屠宰性能和肉品质的影响。试验选取 48 只 3 月龄、体重［（22.03±1.30）kg］相近的杜泊羊×小尾寒羊杂交一代公羔为试验动物，采用 2×2 完全随机试验设计，试验因素为 GAA（0 mg/kg 或 900 mg/kg）和 BT（0 g/d 或 5 g/d），随机分为 4 个处理，各处理在饲喂基础饲粮的同时分别补充 0 g/d BT（对照）、5 g/d BT、900 mg/kg GAA 和 5 g/d BT＋900 mg/kg GAA。预试期为 15 d，正试期为 60 d。结果表明：①饲粮中添加 GAA 显著提高饲料效率（$P\leqslant0.05$），添加 BT 显著提高平均日增重和饲料效率（$P\leqslant0.05$），且 GAA 和 BT 对平均日增重和饲料效率具有显著互作效应（$P\leqslant0.05$）。②饲粮中添加 GAA 显著提高眼肌面积和净肉重（$P\leqslant0.05$），添加 BT 显著提高眼肌面积（$P\leqslant0.05$），二者对屠宰性能无显著互作效应（$P>0.05$）。③饲粮中添加 GAA 显著提高回肠长度（$P\leqslant0.05$）；饲粮中添加 GAA 或 BT 对器官发育均无显著影响（$P>0.05$）。④饲粮中添加 GAA 显著提高背最长肌 $pH_{24\,h}$（$P\leqslant0.05$），显著降低失水率（$P\leqslant0.05$），且有提高背最长肌粗蛋白质含量的趋势（$P=0.096$）；添加 BT 有提高背最长肌 $pH_{24\,h}$（$P=0.061$）、降低失水率（$P=0.061$）的趋势；饲粮中同时添加 GAA 和 BT 对背最长肌失水率有显著互作效应（$P\leqslant0.05$），二者有提高背最长肌 24 h 亮度值（$L^*_{24\,h}$）的趋势（$P=0.077$）。综上所述，饲粮中添加 GAA、BT 能够提高羔羊的生长性能，并改善屠宰性能和肉品质。

杨东等[211]研究了甜菜碱和 L-肉碱对蒙寒杂交羊生长性能、屠宰性能、器官发育及脂肪沉积的影响。试验采用单因素试验设计，选取体重为（29.0±0.4）kg 的蒙寒杂交羊 270 只，随机分为 3 组，每组 3 个重复，每个重复 30 只。对照组（CON 组）饲喂基础饲粮，甜菜碱组（BN 组）和 L-肉碱组（L-CN 组）分别在基础饲粮中添加 1‰甜菜碱（纯度为 98%）和 0.4‰ L-肉碱（有效成分的含量为 50%）。预试期为 15 d，正试期为 40 d。结果表明：①L-CN 组平均日采食量显著低于 CON 组和 BN 组（$P<0.05$），各组之间其他生长性能指标均无显著性差异（$P>0.05$）。②各组之间宰前活重、胴体重、屠宰率、眼积面积以及胴体脂肪含量值均无显著性差异（$P>0.05$）。③各组之间内脏器官发育指标均无显著性差异（$P>0.05$）。④L-CN 组大肠重量及其所占宰前活重比例显著低于 CON 组（$P<0.05$），各组之间其余胃肠道发育指标均无显著性差异（$P>0.05$）。⑤BN 组和 L-CN 组总脂肪重量及其占宰前活重比例均显著低于 CON 组（$P<0.05$），L-CN 组总脂肪重量及其占宰前活重比例显著高于 BN 组（$P<0.05$）；CON 组尾部脂肪重量及其占宰前活重比例显著高于

BN组（$P<0.05$）；各组之间瘤胃脂肪、肠脂肪、心周脂肪、肾周脂肪重量及其占宰前活重比例均无显著差异（$P>0.05$）。由此可见，饲粮添加甜菜碱和L-肉碱均降低了蒙寒杂交羊的脂肪沉积量，而且主要降低了尾部脂肪的重量，表明甜菜碱和L-肉碱对蒙寒杂交羊降低体脂有一定的作用。

刘凯等[212]为研究添加甜菜碱（betaine，Bet，纯度为96.0%）和过瘤胃脂肪（rumen protected fat，RPF，主要成分为棕榈油，纯度为99.5%）对育肥湖羊生长性能、血液参数和瘤胃发酵参数的影响，选取了48只3月龄湖羊公羔，随机分为6组，每组8个重复，每个重复1只。试验过渡期为10 d，预试期为7 d，试验期为50 d。采用2×3双因素试验，即2个RPF添加浓度（0和2.4%）、3个Bet水平（0 g/d、4 g/d和8 g/d）。结果表明：①添加2.4%的RPF能显著降低湖羊日增重、采食量和末体重（$P<0.05$），显著提高血浆中胆固醇（TCH）和甘油三酯（TG）含量（$P<0.05$），对血浆中的葡萄糖（Glu）含量无显著影响（$P>0.05$）；日粮添加Bet对育肥湖羊生长性能和血液指标无显著影响（$P>0.05$）。二者交互对育肥湖羊生长性能和血液指标无显著作用（$P>0.05$）。②添加2.4%的RPF能显著降低饲料中性洗涤纤维（NDF）和酸性洗涤纤维（ADF）消化率（$P<0.05$），对干物质（DM）、有机物（OM）和粗蛋白（CP）消化率无显著影响（$P>0.05$），对瘤胃挥发性脂肪酸浓度及比例无显著影响（$P>0.05$）；日粮添加Bet对养分消化率和瘤胃挥发性脂肪酸浓度及比例无显著影响（$P>0.05$）。二者互作对瘤胃发酵和养分消化率无显著影响（$P>0.05$）。综上可知，在本研究条件下，甜菜碱对湖羊无调控作用，RPF主要通过降低湖羊采食量及纤维消化率影响生产性能。在实际生产中，若以羊肉产量为目标，则不宜添加2.4% RPF。

（2）茶多酚。饲料添加剂茶多酚的适用范围为养殖动物，属于抗氧化剂。茶多酚主要来源于茶叶及茶叶副产物，为茶叶中多酚类物质的总称，主要成分为黄烷酮类、花色素类、黄酮醇类、花白素类、酚酸及缩酚酸类6类化合物。肖红艳等[213]研究了茶多酚对奶山羊生产性能、血液指标和抗氧化功能的影响。选择24只体重、泌乳日龄、产奶量、胎次相近的健康西农萨能奶山羊，随机分成2组，每组4个重复，每个重复3只。对照组饲喂全混合日粮，试验组在全混合日粮中添加5.71 g/kg茶多酚（提取原料为绿茶叶，茶多酚含量为50%）。预试期为10 d，正试期为42 d。结果表明：①饲粮中添加茶多酚对奶山羊的干物质采食量和产奶量无显著影响（$P>0.05$）。②第21 d和第42 d，茶多酚组的乳中体细胞数显著低于对照组（$P<0.05$）；第21 d，茶多酚组的乳中尿素氮含量显著高于对照组（$P<0.05$）。③第21 d，茶多酚组的血清丙二醛含量显著低于对照组（$P<0.05$），血清总超氧化物歧化酶和谷胱甘肽过氧化物酶（GSH-Px）活性显著高于对照组（$P<0.05$）。第42 d，与对照组相比，茶多酚组的血清GSH-Px活性有提高的趋势（$P=0.065$）。④第42 d，与对照组相比，茶多酚组的血清谷草转氨酶活性有提高的趋势（$P=0.067$）。⑤第42 d，茶多酚组的血液中嗜酸性粒细胞数量显著低于对照组（$P<0.05$）。综上所述，在本试验条件下，饲粮中添加茶多酚能降低乳中体细胞数，提高奶山羊的抗氧化功能。

（3）大蒜素。饲料添加剂大蒜素的适用范围为养殖动物，属于调味和诱食物质类的饲料添加剂，是从葱科葱属植物大蒜的鳞茎（大蒜头）中提取的一种有机硫化合物。Ma等[214]研究了绵羊日粮中添加大蒜素（AL）对体内消化率、瘤胃发酵和微生物区系变化的影响。选用杜泊羊×小尾寒羊杂交母羊。在试验1中，18只（60.0±1.73）kg母羊被随机分配到

2个处理组中［基础饮食或基础饮食+2.0 g AL/(头·d)］，试验期为29 d，以研究补充AL对营养物质消化率和甲烷排放的影响。在试验2中，6只（65.2±2.0）kg母羊的瘤胃肠管分配到与试验1相同的2个处理组，试验期为42 d，以研究补充AL对瘤胃发酵和微生物区系的影响。甲烷排放量使用开路呼吸计量系统测定，微生物评估通过16S rRNA基因的qPCR进行。结果表明，大蒜素的添加提高了有机物（$P<0.001$）、氮（$P=0.006$）、中性洗涤纤维（$P<0.001$）和酸性洗涤纤维（$P=0.002$）的表观消化率。粪便氮输出量减少（$P=0.001$），但尿氮输出量不受影响（$P=0.691$），而氮存留（$P=0.077$）和氮存留量/氮摄入量（$P=0.077$）有增加的趋势。补充AL使甲烷排放量与代谢体重的比例降低了5.95%（$P=0.007$），与可消化有机物摄入量的比例降低了8.36%（$P=0.009$）。补充AL后，瘤胃pH不受影响（$P=0.601$），而氨降低（$P=0.024$），总挥发性脂肪酸增加（$P=0.024$）。补充AL降低了产甲烷菌的数量（$P=0.001$），并表现出降低原生动物数量的趋势（$P=0.097$），但增加了产琥珀酸杆菌（$P<0.001$）、黄腐酸杆菌（$P=0.001$）和纤维蛋白杆菌（$P=0.001$）的数量。因此，以2.0 g/(头·d)的剂量补充AL，可有效提高母羊对有机物、氮、中性洗涤纤维和酸性洗涤纤维的消化率，并减少每日甲烷排放量（L/kg $BW^{0.75}$），这可能是通过减少瘤胃原生动物和产甲烷菌的数量而实现的。

1.2.3.3 我国尚未批准在反刍动物饲料中使用的天然植物提取物的应用研究进展

（1）苜蓿提取物。饲料添加剂苜蓿提取物的适用范围为仔猪、生长育肥猪、肉鸡、犬、猫。Zhan等[215]采用16S核糖体脱氧核糖核酸（rDNA）分子分析技术，研究苜蓿黄酮类化合物（AFE）对微生物区系的影响。在门水平上，随着AFE的增加，软壁菌的丰富度有增加的趋势（$P=0.10$）；广古菌门的比例呈线性增加，而梭杆菌门的比例则随AFE添加量的增加而呈线性下降（$P=0.04$）。在属水平上，随着AFE的增加，艰难杆菌属、锥形杆菌属和无甾醇原体属的比例呈线性下降（$P<0.05$）。螺旋体属、琥珀酸弧菌属和萨顿菌属在属水平的丰度随AFE的增加而呈线性下降（$0.05<P<0.10$）。在奶牛日粮中添加AFE可改变瘤胃微生物组成，但其对瘤胃养分消化率的影响尚不清楚。

Zhan等[216]研究了苜蓿黄酮（AFE）对奶牛生产性能、免疫功能和瘤胃发酵的影响。结果表明，60 mg/kg体重AFE组的采食量显著高于100 mg/kg体重AFE组（$P<0.05$）。添加AFE可以改变牛奶的成分，并可能通过调节瘤胃中微生物的数量而增加饲料物质的消化，通过提高抗氧化酶活性来改善抗氧化性能，通过改变奶牛淋巴细胞和中性粒细胞的比例来影响免疫。研究表明，在奶牛日粮中添加60 mg/kg体重AFE是有益的。

王凯等[217]为研究苜蓿和红车轴草黄酮提取物对绵羊生长性能、血液生化指标、激素和抗氧化性的影响，选取36只1.5月龄杜泊羊×湖羊杂交公羔羊，随机分成3组，每组12只。对照组饲喂基础日粮，苜蓿组饲喂添加苜蓿黄酮提取物20 mg/kg+基础日粮，红车轴草组饲喂添加红车轴草黄酮提取物15 mg/kg+基础日粮。预饲期为10 d，正试期为60 d，分别对各组绵羊生长性能、血液生化指标、激素和抗氧化性指标进行测量。结果表明，添加苜蓿和红车轴草黄酮提取物提高了血清中生长激素（GH）、胰岛素样生长因子-Ⅰ（IGF-Ⅰ）和三碘甲腺原氨酸（T3）含量；显著提高肉羊的日增重（$P<0.05$），降低料重比；显著降低血清中甘油三酯（TG）和总胆固醇（TC）含量（$P<0.05$）；提高了谷胱甘肽过氧化物酶（GSH-Px）、超氧化物歧化酶（SOD）和过氧化氢酶（CAT）活性，降低了丙二醛（MDA）的含量，增强了肉羊的抗氧化性能。综上所述，试验中苜蓿和红车轴草黄酮提取物

添加量可以调节绵羊血液抗氧化性能、激素和部分生化指标，提高肉羊的日增重。

刘艳丰等[218]研究了苜蓿黄酮对萨福克×小尾寒羊杂交羊的血液抗氧化性能影响。采用单因素随机区组试验设计，选择体重为（27.02±3.03）kg的萨福克×小尾寒羊杂交羊28只，随机分成4组，每组7只。1组为对照组，饲喂基础日粮，2组、3组、4组分别在基础日粮中添加0.1%、0.2%、0.4%剂量的苜蓿黄酮。试验期为48 d，其中预试期为7 d、正试期为41 d。结果表明，试验组绵羊血清中总抗氧化能力、超氧化物歧化酶、超氧阴离子清除能力和羟基自由基清除能力与对照组相比有升高趋势，且谷胱甘肽过氧化物酶活性显著高于对照组（$P<0.05$）。研究表明，苜蓿黄酮可提高绵羊的抗氧化性能。

Liu等[219]研究了日粮中添加苜蓿皂苷对生长性能、养分消化率和血浆参数的影响。将羔羊随机分为5组，每组10只。向50∶50精粗比的饲料中添加不同含量的苜蓿皂苷（0 mg/kg、500 mg/kg、1 000 mg/kg、2 000 mg/kg、4 000 mg/kg干物质摄入量）。每天2次（8:30和16:30），为期90 d（3个月）。每月测定生长性能、表观养分消化率、体尺指标和血浆参数。在试验的最初一个月（$P=0.011$）和最后一个月（$P=0.039$），各使用添加剂组的最终体重不同。然而，未发现苜蓿皂苷的添加对平均日增重（$P=0.072$）或饲料转化率（$P=0.113$）有显著影响。饲料物质消化率随剂量的增加而增加，尤其是干物质消化率（$P=0.005$）、粗蛋白消化率（$P=0.005$）和酸性洗涤纤维消化率（$P=0.013$）。各处理间身体测量指标均无显著性差异。血糖（$P=0.016$）、甘油三酯（$P=0.018$）、丙氨酸转氨酶（$P=0.002$）水平均随剂量的增加而降低。研究表明，苜蓿皂苷对提高饲料物质的消化率和血浆代谢物水平具有重要作用。

（2）杜仲叶提取物。饲料添加剂杜仲叶提取物的适用范围为生长育肥猪、鱼、虾。徐琪翔等[220]研究了饲粮中添加复合植物（含杜仲叶、迷迭香叶、枇杷叶和柿子叶）提取物对湘东黑山羊生长性能、营养物质表观消化率、血浆指标及背最长肌脂肪酸组成的影响。试验选择体重［（9.82±0.83）kg］相近的健康雌性湘东黑山羊20头，随机分为2组，每组10只。对照组饲喂基础饲粮，试验组在基础饲粮中添加0.15%的复合植物提取物。试验期为56 d。结果表明，与对照组相比，一是饲粮中添加复合植物提取物对湘东黑山羊的平均日增重（ADG）、平均日采食量（ADFI）、料重比（F/G）和营养物质表观消化率均没有显著影响（$P>0.05$）。二是饲粮中添加复合植物提取物可显著或极显著提高湘东黑山羊血浆中甘油三酯（TG）含量（$P<0.05$）、超氧化物歧化酶（SOD）活性（$P<0.05$）和总抗氧化能力（T-AOC）（$P<0.01$），且具有提高血浆总胆汁酸（TBA）含量的趋势（$0.05<P<0.10$）；但对血浆中葡萄糖（GLU）和丙二醛（MDA）含量具有降低趋势（$0.05<P<0.10$）；对血浆免疫球蛋白含量没有显著影响（$P>0.05$）。三是饲粮中添加复合植物提取物对湘东黑山羊背最长肌脂肪酸组成没有显著影响（$P>0.05$）。综上所述，在饲粮中添加0.15%复合植物提取物对湘东黑山羊的生长性能并没有显著影响，但能够显著提高山羊的抗氧化性能和血浆TG的含量以及具有降低血浆GLU含量的趋势。

严欣茹等[221]研究了日粮中添加不同水平杜仲叶对牦牛瘤胃液体外发酵及养分降解率的影响，采用单因素试验设计，分为6组，基础日粮的精粗比为50∶50，分别用0（对照组）、1%、2%、3%、4%、5%的杜仲叶替代基础日粮中的粗料，每4个重复。与对照组相比，基础日粮中添加杜仲叶培养72 h后，对总产气量、最大潜在产气量、产气速率、产气前停滞时间和pH没有显著影响（$P>0.05$）；各试验组的干物质降解率（DMD）分别提高

8.85%、9.15%、11.90%、15.47%、14.55%，粗蛋白质降解率（CPD）分别提高2.20%、4.11%、8.59%、10.72%、7.27%，中性洗涤纤维降解率（NDFD）分别提高5.11%、7.11%、9.50%、13.31%、6.83%，酸性洗涤纤维降解率（ADFD）分别提高11.96%、15.17%、16.57%、18.60%、11.25%。随着杜仲叶添加水平的提高，日粮中DMD、CPD、NDFD和ADFD呈二次曲线变化（$P<0.01$），当添加量为4%时达到最大值，当添加量提高到5%时，日粮中DMD、CPD、NDFD和ADFD显著降低（$P<0.05$）；各试验组的氨态氮（NH_3-N）浓度分别降低4.05%、4.73%、8.68%、11.03%、12.99%，微生物菌体蛋白（MCP）浓度分别提高104.55%、204.55%、222.73%、236.36%、236.36%。瘤胃液中NH_3-N浓度随杜仲叶添加水平的提高呈线性下降（$P<0.01$），而瘤胃液中MCP浓度随杜仲叶添加水平的提高呈二次曲线变化，当添加量为1%～3%时，MCP浓度显著增加（$P<0.01$），当添加量为3%以上时，MCP浓度呈现平台模型。综上所述，日粮中添加杜仲叶可以提高日粮纤维的降解率，降低瘤胃液氨态氮浓度，提高瘤胃微生物蛋白的合成，杜仲叶适宜添加量为3%～4%。

Liu等[222]研究了杜仲叶多酚提取物（PEEU）对育肥羔羊生长性能、消化率、瘤胃发酵和抗氧化状态的影响，将30只湖州公羔羊平均分为3组，分别向基础日粮中添加0 g/kg（对照组）、5 g/kg（PEEU5组）和10 g/kg（PEEU10组）的PEEU。日粮添加PEEU不影响生长性能和养分表观消化率。与对照组相比，PEEU10组羔羊瘤胃液中氨氮浓度（$P<0.01$）、乙酸与丙酸的比值（$P<0.05$）降低，丙酸盐摩尔比升高（$P<0.05$）。PEEU与采样日的交互作用影响氨氮浓度（$P<0.01$）和丙酸盐摩尔比（$P<0.05$）。日粮添加PEEU 10 g/kg时，与对照组相比，血清总抗氧化能力（$P<0.05$）、超氧化物歧化酶（$P<0.05$）、谷胱甘肽过氧化物酶（$P<0.01$）、肝谷胱甘肽过氧化物酶（$P<0.05$）活性升高，血清和肝丙二醛含量降低（$P<0.05$）。综上所述，日粮添加PEEU对育肥羔羊瘤胃发酵方式和抗氧化状态有影响。

杨改青等[223]研究了杜仲叶（*Eucommia ulmoides leaves*，EUL）对绵羊饲料代谢和生理功能的影响，选取25～30 kg、70～80日龄的湖羊30只，随机分为3组，每组10只，分别为对照组（无杜仲叶日粮组，CTL）、低剂量添加组（10%杜仲叶日粮组，EUL1）、高剂量添加组（20%杜仲叶日粮组，EUL2）。预试期为15 d，正试期为90 d。试验结束时，通过静脉采血，离心后分别取血浆和血清，血浆用于生化分析，血清用于代谢组学分析。结果表明，饲喂杜仲叶后，EUL1组和EUL2组绵羊血浆中葡萄糖、非酯化脂肪酸、高密度脂蛋白和极低密度脂蛋白均升高，EUL2组与CTL组相比差异显著或极显著（$P<0.05$；$P<0.01$），EUL1组与CTL组相比差异不显著（$P>0.05$）；EUL1组和EUL2组尿素与CTL组相比极显著降低（$P<0.01$），总胆固醇水平显著降低（$P<0.05$），EUL1组和EUL2组间差异不显著（$P>0.05$）。血清样品采用液相色谱-质谱联用仪（LC-MS）进行检测，在正模式下得到593个代谢物，在负模式下得到1 570个代谢物。通过主成分分析（PCA）、偏最小二乘判别分析（PLS-DA）及正交偏最小二乘判别分析（OPLS-DA）发现，各试验组间的差异代谢物较多，能将其得分图明显区分。进一步对变量重要性因子大于1.0（VIP>1.0）的代谢物进行*t*检验后发现，各组之间有24种特征代谢物差异显著（$P<0.05$）。这些差异代谢物涉及体内葡萄糖、脂肪酸和氨基酸等的代谢，有的代谢物还与动物的免疫机能相关。杜仲叶饲料对绵羊的饲料代谢、生理状态和免疫功能可产生明显的影响，代谢组学可有针对

性地分析代谢物发生的步骤及生理作用，为阐明杜仲叶影响饲料代谢的机制提供参考。

（3）紫苏籽提取物。饲料添加剂紫苏籽提取物的适用范围为猪、肉鸡、鱼、犬、猫。张海波[224]研究了紫苏籽提取物对育肥牛生长性能、屠宰性能、肉品质和肌肉脂肪（IMF）沉积相关基因表达的影响。选用20头西杂阉公育肥牛（西门塔尔牛×本地黄牛），随机分为2组，每组10头牛。对照组饲喂基础饲粮，试验组在基础饲粮中添加0.03%紫苏籽提取物（干物质基础），即添加0.04‰紫苏籽提取物活性成分（干物质基础）（紫苏籽提取物活性成分含量×紫苏籽提取物添加量0.03%）。试验期为120 d。结果表明：①与对照组相比，饲粮中添加紫苏籽提取物对育肥牛初重、末重、平均日增重、日均干物质采食量、料重比、胴体重、净肉重、屠宰率、胴体产肉率、背最长肌pH和背最长肌系水力均无显著影响（$P>0.05$）。②与对照组相比，饲粮中添加紫苏籽提取物显著提高了育肥牛背最长肌IMF含量（$P<0.05$），显著降低了背最长肌剪切力（$P<0.05$）。③与对照组相比，饲粮中添加紫苏籽提取物显著提高了育肥牛背最长肌脂肪酸合成酶（FAS）和乙酰辅酶A羧化酶（ACC）的活性（$P<0.05$），显著降低了背最长肌激素敏感脂肪酶（HSL）和肉碱转移酶-1（CPT-1）的活性（$P<0.05$）。④与对照组相比，饲粮中添加紫苏籽提取物显著提高了育肥牛背最长肌固醇调节元件结合蛋白-1（*SREBP-1*）、*FAS*、*ACC*和过氧化物酶增殖激活受体γ（*PPARγ*）基因的相对转录水平（$P<0.05$），显著降低了背最长肌*HSL*和*CPT-1*基因的相对转录水平（$P<0.05$）。由此可见，饲粮中添加紫苏籽提取物可上调育肥牛背最长肌脂肪酸合成相关基因（*SREBP-1*、*FAS*、*ACC*和*PPARγ*）的转录，下调脂肪酸分解相关基因（*HSL*和*CPT-1*）的转录，提高脂肪酸合成关键酶（FAS和ACC）的活性，并降低脂肪酸分解关键酶（HSL和CPT-1）的活性，从而促进IMF的沉积。

邓凯平等[225]研究了日粮中添加不同水平紫苏籽（*Perilla frutescens seed*，PFS）对湖羊生长性能、血清生化指标、养分表观消化率及瘤胃发酵的影响。选取2月龄、平均初始体重为（23.02±1.36）kg的湖羊公羔60只，依据日粮中PFS含量随机分为对照组、5%紫苏籽组（5% PFS）、10%紫苏籽组（10% PFS）和15%紫苏籽组（15% PFS）。预试期为14 d，正试期为70 d。饲喂试验结束前21 d，从各组随机挑选4只羊进行7 d的消化代谢试验。试验结束后称重，计算平均日增重（ADG），并采集瘤胃液和血液，分别用气相色谱法、比色法、全自动生化分析仪和酶联免疫分析法测定瘤胃液挥发性脂肪酸（VFA）、氨态氮（NH_3-N）、血清中总蛋白（TP）、尿素氮（UN）、葡萄糖（Glu）和血清中生长激素（GH）、胰岛素样生长因子-Ⅰ（IGF-Ⅰ）等。结果表明，日粮中PFS水平对湖羊生长性能（干物质采食量、平均日增重和料重比）、血清生化指标（TP、UN、Glu、GH和IGF-Ⅰ）、瘤胃pH和瘤胃液乙酸、丙酸及总挥发性脂肪酸（TVFA）等含量的影响不显著（$P>0.05$），但随着PFS添加水平的升高，乙酸、丁酸和TVFA的含量呈降低趋势，丙酸含量呈上升趋势；与对照组相比，15% PFS组中NH_3-N和乙酸与丙酸的比值极显著降低（$P<0.01$）；添加PFS不影响日粮中粗脂肪（EE）和酸性洗涤纤维（ADF）的表观消化率（$P>0.05$），但干物质（DM）、有机物（OM）和中性洗涤纤维（NDF）的表观消化率随着PFS添加水平的升高而下降，且15% PFS组DM和OM的表观消化率均极显著低于对照组（$P<0.01$）；与对照组相比，10% PFS组粗蛋白（CP）表观消化率极显著提高（$P<0.01$），而15% PFS组CP表观消化率极显著降低（$P<0.01$）。综上所述，湖羊日粮中添加PFS水平为10%时，饲喂效果较好。

樊懿萱等[226]研究了富含多不饱和脂肪酸（PUFAs，添加紫苏籽）添加酵母硒对湖羊肌肉和肝脂肪酸组成及抗氧化的影响。选取 3 月龄、体重为（23.02±1.36）kg 的湖羊公羔 45 只，随机分为 3 组，分别为基础日粮组（C）、C+10%紫苏籽组（PFS）和 C+PFS+酵母硒组（PFS+Se）。预试期为 10 d，正试期为 60 d。试验开始和结束时测定羔羊生产性能，并通过颈静脉采血进行生化分析，同时在试验结束时进行屠宰试验，取背最长肌和肝，测定脂肪酸组成、抗氧化酶活性和抗氧化基因表达量。结果表明：①多不饱和脂肪酸日粮中添加酵母硒对湖羊生长性能和屠宰性能均无显著性影响（$P>0.05$）。②日粮中添加紫苏籽和酵母硒均显著提高湖羊背最长肌粗脂肪含量（$P<0.05$），但对 Fe、Cu、Na、K 和 Mg 等矿物质元素含量无显著影响（$P>0.05$）。③日粮中添加紫苏籽和酵母硒均显著增加肌肉和肝 $n-3$ 多不饱和脂肪酸（PUFA）含量，降低 $n-6/n-3$ PUFA 的值（$P<0.05$）。④在紫苏籽日粮中添加酵母硒显著提高了血清 CAT 活性和 T-AOC（$P<0.05$），降低了肝中丙二醛含量（MDA，$P<0.05$），提高了肝中 *CAT* 和 *GPX* 基因的转录水平（$P<0.05$）。结果表明，育肥湖羊饲喂富含亚麻酸的日粮（紫苏籽）可提高肌间脂肪和 $n-3$ PUFA 的沉积，降低肌肉和肝中 $n-6/n-3$ PUFA 的值。在紫苏籽日粮中添加酵母硒可提高湖羊机体的抗氧化能力，但不能促进 PUFA 沉积。

（4）植物甾醇。饲料添加剂植物甾醇适用的范围为家禽、生长育肥猪、犬、猫。谢颖等[227]研究了植物甾醇对奶牛产奶性能、血液胆固醇和抗氧化能力的影响，并探索了其在奶牛应用上的可行性。试验选择 33 头奶牛，随机分为 3 组，每组 11 头。对照组饲喂奶牛场常规日粮（添加 0 mg/d 植物甾醇），试验 1 组、试验 2 组分别饲喂额外添加含 200 mg/d、800 mg/d植物甾醇的日粮。预试期为 7 d，试验期为 50 d。试验 1 组的产奶量相比对照组高了 1.71 kg/d，差异显著（$P<0.05$），但试验 2 组与对照组相比差异不显著。试验 1 组总胆固醇（TC）含量低于对照组（第 10 d，$P<0.01$；第 30 d、第 50 d，$P<0.05$），试验 2 组仅在第 10 d 极显著低于对照组（$P<0.01$）。试验 1 组高密度脂蛋白胆固醇（HDL-C）含量在第 30 d 极显著低于对照组（$P<0.01$），试验 2 组的 HDL-C 含量在第 50 d 显著低于对照组（$P<0.05$）。试验 1 组低密度脂蛋白胆固醇（LDL-C）含量在第 10 d（$P<0.05$）、第 30 d（$P<0.05$）和第 50 d（$P<0.01$）均显著低于对照组，试验 2 组只有在第 10 d 显著低于对照组（$P<0.01$）。试验组游离脂肪酸（NEFA）含量在第 10 d、第 50 d 均高于对照组，且差异极显著（$P<0.01$）。试验 2 组雌激素（E_2）含量显著低于对照组（$P<0.05$）。在第 10 d，试验 2 组谷草转氨酶（GOT）含量显著高于对照组（$P<0.05$）；试验 2 组超氧化物歧化酶（SOD）含量在第 10 d（$P<0.01$）、第 30 d（$P<0.01$）、第 50 d（$P<0.05$）显著高于对照组；试验 1 组的谷胱甘肽过氧化物酶（GSH-Px）在第 30 d、第 50 d 均显著高于对照组（$P<0.05$）；试验 2 组的 GSH-Px 在第 30 d 高于对照组，差异极显著（$P<0.01$）；试验 1 组、试验 2 组的脂蛋白酯酶（LPL）含量在第 50 d 均极显著低于对照组（$P<0.01$）；试验 1 组、试验 2 组的肝酯酶（HL）含量在第 10 d（$P<0.01$）和第 50 d（$P<0.05$）均低于对照组。研究表明，日粮中添加 200 mg 植物甾醇可提高奶牛产奶量，降低血液胆固醇水平，并起到抗氧化剂的作用，可维持奶牛的健康。

（5）藤茶黄酮。饲料添加剂藤茶黄酮的适用范围为鸡。黄德均等[228]研究了藤茶黄酮对后备母牛生长发育及血清生化指标的影响，试验选取 10 头 6 月龄左右的后备母牛，将其分为 2 组，对照组饲喂基础日粮，试验组在基础日粮中添加 1.5 g/(头·d) 的藤茶黄酮混合型饲料添加剂（藤茶黄酮≥0.5%）。试验期为 30 d。结果表明，与对照组相比，试验组平均日增重、体高、体直长和血糖浓度有增长趋势，但差异不显著（$P>0.05$）。在试验条件下可得出，日粮中添加藤茶黄酮对后备母牛的生长发育、适应能力和抗逆性有一定的促进作用。

雷荷仙等[229]在西本杂交二代（西门塔尔♂×西本杂交二代的一代♀）、安本杂交（安格斯♂×安本杂交一代♀）12 月龄青年肉牛（各 20 头，其中，公牛 12 头、母牛 8 头）日粮中添加 5%的藤茶黄酮进行为期 75 d 的饲喂试验，研究其对肉牛体重、体高、体斜长、胸围及管围 5 个性状指标的影响。结果表明，藤茶黄酮对 2 个肉牛品种均有一定的促生长作用，各品种肉牛 5 个性状指标试验组均显著高于对照组（未添加藤茶黄酮）；饲喂藤茶黄酮后，西本杂交二代肉牛 5 个性状指标的增长均高于安本杂交肉牛，且公牛高于母牛。

（6）橡胶籽油和亚麻籽油。Pi 等[230]研究了日粮中添加橡胶籽油和亚麻籽油对奶牛血清脂肪酸谱、血清和乳汁氧化稳定性及免疫功能的影响。试验选取 48 头泌乳中期的荷斯坦奶牛，随机分为 4 个处理，分别为基础饲粮（CON）以及在基础饲粮中添加 4%橡胶籽油（RO）、4%亚麻籽油（FO）、2%橡胶籽油+2%亚麻籽油（RFO），以干物质为基础，连续饲喂 8 周。与对照组相比，各处理组血清中反式-11 C18：1（异油酸）、顺式-9、反式-11 C18：2（共轭亚油酸，CLA）和 C18：3（α-亚麻酸 ALA）水平均升高。处理组血清和乳汁中谷胱甘肽过氧化物酶与过氧化氢酶活性均降低，与顺式-9、反式-11CLA 和 ALA 水平呈负相关；处理组血清促炎因子（肿瘤坏死因子-α 和干扰素-γ）浓度低于对照组。日粮中添加橡胶籽油或亚麻籽油可改变奶牛血清脂肪酸谱，增强其免疫功能。

（7）牛至精油。李佳龙等[231]研究了牛至精油对平凉红牛生长性能、血液生理指标、肉品质及肌肉脂肪酸的影响。选取 12 月龄左右、体重为（270.74±26.24）kg 的健康平凉红牛（阉牛）9 头，随机分为 3 组（每组 3 头），对照组（CON 组）饲喂基础饲粮，试验组分别在基础饲粮中添加 10 g/(d·头)（L 组）、20 g/(d·头)（H 组）牛至精油。饲喂 584 d（预试期为 14 d，正试期为 570 d）后屠宰。结果表明：①试验组的终末体重、平均日增重、宰前活重、净肉重、眼肌面积显著高于 CON 组（$P<0.05$），L 组的皮下脂肪厚度和 H 组的胴体胸深显著高于 CON 组（$P<0.05$），且 L 组和 H 组的平均日增重较 CON 组分别提高了 16.07%、21.43%。②试验组的白细胞计数、淋巴细胞计数、单核细胞计数、粒细胞计数、血红蛋白浓度显著高于 CON 组（$P<0.05$），L 组的血小板计数、血小板压积显著高于 CON 组（$P<0.05$）。③试验组的肌肉 $pH_{45\,min}$、$pH_{24\,h}$、剪切力显著低于 CON 组（$P<0.05$）；L 组的大理石花纹评分和 H 组的熟肉率显著高于 CON 组（$P<0.05$），H 组的蒸煮损失显著低于 CON 组（$P<0.05$）。④对于肌肉脂肪酸组成和含量，试验组饱和脂肪酸含量显著低于 CON 组（$P<0.05$），不饱和脂肪酸含量显著高于 CON 组（$P<0.05$）；CON 组和 L 组的 C8：0、C13：0、C20：2 含量显著低于 H 组（$P<0.05$），试验组的 C18：0 和 C18：1 *n9c* 含量显著高于 CON 组（$P<0.05$）；*n*-3 多不饱和脂肪酸、*n*-6 多不饱和脂肪酸、多不饱和脂肪酸/饱和脂肪酸值各组间差异均不显著（$P>0.05$），但 L 组和 H 组的多不饱和脂肪酸/饱和脂肪酸值较 CON 组分别提高了 16.67%和 33.33%。综上所述，饲粮中添加牛至精油可以提高平凉红牛的生长性能及产肉量，改善牛肉品质，改变肌肉脂肪酸的组成和含量，提升机体的健康状态。

柏妍等[232]研究了牛至精油（oregano essential oil，OEO）与莫能菌素（monensin，

MON）对荷斯坦犊牛血清生化指标、消化酶活性以及瘤胃微生物区系的影响。添加牛至精油显著提高了56日龄犊牛血清中TP、SOD、GSH和GSH-Px的浓度（$P \leqslant 0.05$）；牛至精油显著降低了56日龄、70日龄犊牛瘤胃中产琥珀酸丝状杆菌的数量（$P<0.05$），显著提高了白色瘤胃球菌的数量（$P \leqslant 0.05$）；饲粮中添加牛至精油可提高犊牛的免疫力和抗氧化能力。牛至精油可改善犊牛的健康状况以及调控瘤胃微生物区系，并可替代犊牛期预防性的其他类抗生素生长促进剂。

张凯祥等[233]研究了牛至油（Oo）和过瘤胃赖氨酸（RPLys）组合添加对奶牛产奶性能和氮排泄的影响。选取年龄、体重、胎次、产奶量、乳成分及泌乳期［(105±15) d］相近、体况良好的荷斯坦奶牛40头，随机分为10组，每组4头。对照组饲喂基础饲粮，各试验组在基础饲粮中添加不同水平组合的Oo和RPLys。结果表明，饲粮中联合添加牛至油和过瘤胃赖氨酸可以提高奶牛的产奶性能、降低氮排泄量；综合考虑以上各指标，最佳组合为牛至油13.0 g/(d·头)、过瘤胃赖氨酸30.0 g/(d·头)。

周瑞等[234]研究了饲粮中添加牛至精油对绵羊复胃发育、消化酶活性及瘤胃微生物区系的影响。选取18只体重相近［(20.30±1.27) kg］、体况良好的3月龄萨福克×小尾寒羊F_1代公羔，随机分为3组（每组6只）：对照组（CON组）饲喂基础饲粮，牛至精油组饲喂在基础饲粮中分别添加4 g/d（EO4组）和7 g/d（EO7组）牛至精油的试验饲粮。预试期为10 d，正试期为72 d。绵羊瘤胃容积随饲粮中牛至精油添加量的增加显著增大（$P<0.05$），与CON组相比，EO7组瘤胃容积指数提高了2.09%（$P<0.05$），皱胃容积指数降低了1.61%（$P<0.05$）。与CON组相比，EO4组瘤胃中纤维素酶和胃蛋白酶活性显著升高（$P<0.05$），皱胃中纤维素酶和β-葡萄糖苷酶活性显著升高（$P<0.05$）；EO7组瘤胃、网胃中纤维素酶、β-葡萄糖苷酶、α-淀粉酶活性显著升高（$P<0.05$），瓣胃中纤维素酶和皱胃中胃蛋白酶活性显著升高（$P<0.05$）。饲粮添加4 g/d和7 g/d牛至精油均显著降低了瘤胃中原虫数量（$P<0.05$）；与CON组相比，EO4组瘤胃中黄色瘤胃球菌数量显著升高（$P<0.05$）；EO7组瘤胃中真菌、黄色瘤胃球菌、白色瘤胃球菌和产琥珀酸丝状杆菌数量均显著升高（$P<0.05$）。因此，饲粮中添加牛至精油能促进瘤胃发育及瘤胃中真菌和纤维分解菌的增殖，抑制原虫的生长，提高瘤胃消化酶活性，且以7 g/d的添加量效果较好。

（8）金银花、蒲公英、益母草、连翘的复合植物提取物。徐腾腾等[235]研究了复合植物提取物对奶牛生产性能及血清免疫、抗氧化指标的影响。以金银花、蒲公英、益母草、连翘4种全株植物乙醇提取物按重量比1∶1∶1∶1混合制成复合植物提取物。采用完全随机试验设计，选取胎次、泌乳期、泌乳量及体况相近的24头荷斯坦奶牛，随机分为2组，每组12头。对照组饲喂基础饲粮，试验组饲喂基础饲粮+54 g/(头·d)复合植物提取物。预试期为15 d，正试期为60 d。饲粮中添加复合植物提取物对奶牛产奶量、干物质采食量、饲料物质表观消化率没有显著影响（$P>0.05$）。试验组第60 d乳蛋白率显著高于对照组（$P<0.05$），试验组第30 d体细胞数显著低于对照组（$P<0.05$）。与对照组相比，试验组第30 d、第45 d和第60 d血清总蛋白含量显著增加（$P<0.05$），血清白蛋白含量显著降低（$P<0.05$）；试验组第30 d和第45 d血清免疫球蛋白A含量显著增加（$P<0.05$），试验组第30 d血清免疫球蛋白M含量显著降低（$P<0.05$），试验组第15 d血清免疫球蛋白G含量显著降低（$P<0.05$），试验组各时间点血清白细胞介素-2含量显著降低（$P<0.05$）。试验组第30 d血清谷胱甘肽过氧化物酶活性显著升高（$P<0.05$），试验组第15 d和第45 d血

清超氧化物歧化酶活性显著升高（$P<0.05$），试验组第 15 d 和第 60 d 血清总抗氧化能力显著提高（$P<0.05$），试验组第 30 d 和第 60 d 血清一氧化氮含量和一氧化氮合成酶活性均显著提高（$P<0.05$）。由此可见，饲粮中添加复合植物提取物对奶牛产奶量、干物质采食量和饲料物质表观消化率没有显著影响，但对机体的免疫功能及抗氧化能力有促进效果。

（9）大豆黄酮。饲料添加剂 4,7－二羟基异黄酮（大豆黄酮）的适用范围为猪、产蛋家禽。Zhao 等[236]研究了大豆黄酮对犊牛生长性能、血清代谢产物、养分消化率和粪便细菌群落的影响。添加大豆黄酮可显著提高日增重（$P<0.001$），对照组与 400 mg/kg 组相比差异最大。与对照组相比，200 mg/kg 和 400 mg/kg 组增加或趋向于增加德氏弧菌属（$P=0.003$）、消化球菌属（$P=0.046$）、肠杆菌属（$P=0.095$）、瘤胃杆菌属（$P=0.093$）和瘤胃球菌科（$P=0.073$）的粪便细菌相对丰度，减少了 *Bacteroidales* _ S24 - 7 _ group _ norank（$P=0.001$）和 *Parabacteroides*（$P=0.023$）的丰度。100 mg/kg 组与对照组相比增加了杜氏菌属（$P=0.047$）和普氏菌科（$P=0.032$）的丰度，并有降低瘤胃菌科（$P=0.058$，$P=0.084$）丰度的趋势。结果表明，日粮中添加大豆黄酮可以提高犊牛的抗氧化能力和免疫能力，改变胃肠道微生物种群，促进蛋白质消化，提高犊牛生产性能。

（10）没食子酸。张全宇等[237]研究了饲粮中添加没食子酸对断奶前犊牛生长性能及血浆生化、抗氧化和免疫指标的影响。试验选取 12 头体重为（39.52±1.68）kg 的新生荷斯坦犊牛，随机分为 2 组，每组 6 头。对照组开食料中不添加没食子酸，没食子酸组在开食料中添加 1 g/kg 没食子酸，同时 2 个组中的每头犊牛均饲喂牛奶 6 L/d。试验期为 56 d。结果表明，第 29～56 d，没食子酸组开食料采食量和平均日增重显著高于对照组（$P<0.05$）。第 56 d，没食子酸组血浆过氧化氢酶（CAT）活性（$P=0.05$）和总抗氧化能力（T－AOC）（$P<0.05$）显著高于对照组，血浆 MDA 含量显著低于对照组（$P=0.05$）。第 28 d，没食子酸组血浆免疫球蛋白 G（IgG）含量极显著高于对照组（$P=0.01$），血浆肿瘤坏死因子－α（TNF－α）含量显著低于对照组（$P<0.05$）。第 56 d，没食子酸组血浆免疫球蛋白 A（IgA）含量显著高于对照组（$P<0.05$），血浆 TNF－α 含量极显著低于对照组（$P<0.01$）。

Wei 等[238]研究了日粮中添加没食子酸（GA）对肉牛氮（N）平衡、氮排泄方式和尿氮组分的影响。在 4×4 拉丁方设计中，4 头 30 月龄的西门塔尔牛［活重（443±22）kg］在基础日粮中添加 4 个水平的 GA（纯度≥98.5%），即 0 g/kg、5.3 g/kg、10.5 g/kg、21.1 g/kg 的干物质。试验期为 17 d，包括 12 d 适应期和 5 d 取样期。结果表明，饲喂 5.3 g/kg、10.5 g/kg 和 21.1 g/kg 干物质的肉牛，添加没食子酸对氮平衡无影响，但可通过提高粪氮/尿氮值和降低尿中尿素氮/总氮值来调节氮的排泄规律。

（11）沙棘黄酮。白齐昌等[239]研究了饲粮中添加不同水平沙棘黄酮对绵羊体外产气量、瘤胃发酵参数和微生物区系的影响。与对照组相比，饲粮中添加 0.3%、0.4%和 0.5%沙棘黄酮显著提高了各时间点产气量（$P<0.05$），且在沙棘黄酮添加水平为 0.5%时产气量均达到最大值。饲粮中添加 0.3%和 0.4%沙棘黄酮显著提高了干物质降解率、有机物降解率和代谢能（$P<0.05$），且均在沙棘黄酮添加水平为 0.3%时达到最大值；但 0.5%组有机物降解率和代谢能与对照组差异不显著（$P>0.05$）。饲粮中添加不同水平沙棘黄酮对发酵液 pH 和氨态氮浓度无显著影响（$P>0.05$）。0.4%组和 0.5%组的发酵液微生物蛋白质浓度显著高于其他各组（$P<0.05$）；0.3%组发酵液甲烷产量最低，显著低于对照组、0.1%组、0.2%组和 0.5%组（$P<0.05$）。0.3%组发酵液乙酸浓度显著高于对照组、0.1%组（$P<$

0.05)，0.3%组发酵液丙酸浓度显著高于其他各组（$P<0.05$）；0.3%组发酵液总挥发性脂肪酸浓度最高，显著高于对照组、0.1%组（$P<0.05$）。0.4%组和0.5%组的发酵液中白色瘤胃球菌、黄色瘤胃球菌、原虫、产甲烷菌和总菌数量均显著低于其他各组（$P<0.05$）。因此，沙棘黄酮可以改善绵羊体外发酵，抑制甲烷产生。在本试验条件下，沙棘黄酮的适宜添加水平为0.3%。

（12）沙葱提取物。Liu等[240]探讨了日粮添加沙葱提取物对公羊生长性能、胴体特性、脂肪颜色及3种支链脂肪酸浓度的影响。选取60只3月龄雄性小尾寒羊，随机分为4组。采用4种饲养处理：①对照组（CK）不补充基础饲粮；②基础饲粮补充沙葱粉10 g/(羊·d) 作为AMR组；③基础饲粮补充沙葱水提取物3.4 g/(羊·d) 作为AWE组；④基础饲粮补充沙葱乙醇提取物2.8 g/(羊·d) 作为AFE组。结果表明，AFE组的干物质摄入量低于其他组（$P=0.001$）。AFE的饲料转化率高于其他组别（$P=0.039$）。与对照组相比，沙葱粉及其提取物降低了4-甲基辛酸（MOA）（$P<0.001$）、4-乙基辛酸（EOA）（$P<0.001$）和4-甲基壬酸（MNA）（$P=0.044$）的浓度。与对照组相比，沙葱粉及其提取物降低了背侧皮下脂肪组织中MOA（$P<0.001$）和EOA（$P<0.001$）的浓度。处理后，网膜脂肪中MOA（$P<0.001$）和EOA（$P=0.002$）的浓度受到添加剂剂量的显著影响，AMR组、AWE组和AFE组羔羊的MNA浓度（$P=0.062$）低于对照组。研究表明，除尾脂组织外，沙葱及其提取物可显著提高饲料转化率，但干物质摄入量减少，可降低与羔羊体脂特征风味和气味相关的MOA及EOA浓度。

赵亚星等[241]研究了沙葱及其提取物对肉羊瘤胃发酵和微生物区系的影响。与对照组相比，在60 d时，饲粮中添加沙葱及其提取物显著提高了瘤胃液pH（$P<0.05$），降低了瘤胃液氨态氮的浓度（$P>0.05$），但均未超过正常范围；饲粮中添加沙葱显著提高了瘤胃液菌体蛋白浓度（$P<0.05$）。在60 d时，饲粮中添加沙葱及其脂溶性提取物显著提高了瘤胃液丙酸浓度（$P<0.05$），添加沙葱显著提高了瘤胃液丁酸浓度（$P<0.05$）并显著降低了异丁酸浓度（$P<0.05$），乙酸、戊酸和异戊酸浓度各组间差异不显著（$P>0.05$）。在30 d、60 d时，饲粮中添加沙葱及其提取物显著提高了产琥珀酸丝状杆菌和黄色瘤胃球菌含量（$P<0.05$），对溶纤维丁酸弧菌、甲烷菌、白色瘤胃球菌含量没有显著影响（$P>0.05$）；在60 d时，饲粮中添加沙葱水溶性提取物显著提高了瘤胃液真菌含量（$P<0.05$），饲粮中添加沙葱显著降低了瘤胃液原虫含量（$P<0.05$）。因此，沙葱及其提取物改善了瘤胃发酵模式，显著影响了肉羊瘤胃微生物区系。

（13）金银花提取物。Zhao等[242]研究了金银花提取物（LJE）对荷斯坦奶牛围产期产奶量、瘤胃发酵及能量代谢、炎症和氧化应激等血液生化指标的影响。与对照组相比，添加1 g/kg和2 g/kg的LJE能提高干物质采食量（DMI）、产奶量，并降低牛奶体细胞数。补充LJE还可降低促炎症因子（IL-1β、IL-6和结合珠蛋白）、能量代谢［非酯化脂肪酸（NEFA）和β-羟基丁酸（BHBA）］和氧化应激（反应性氧代谢物）等血液生物标志物的浓度，同时增加血液中总抗氧化能力（T-AOC）和超氧化物歧化酶（SOD）浓度。在围产期添加1 g/kg和2 g/kg LJE可提高DMI，改善泌乳性能，增强奶牛的抗炎和抗氧化能力。

（14）迷迭香提取物。张紫阳等[243]研究了饲粮中添加迷迭香提取物对奶山羊生产性能、抗氧化能力及免疫功能的影响。选取24头胎次、泌乳日龄和日均产奶量相近的西农萨能奶山羊，随机分成2组，每组12只。对照组饲喂基础饲粮，迷迭香提取物组在基础饲粮中添加 2.14 g/kg（在饲粮中的占比为 0.213%）的迷迭香提取物。预试期为 10 d，正试期为 42 d。结果表明：①饲粮中添加迷迭香提取物对奶山羊的干物质采食量、产奶量、奶料比没有显著影响（$P>0.05$），对奶山羊的干物质、粗蛋白质、粗脂肪、中性洗涤纤维、酸性洗涤纤维摄入量和表观消化率也没有显著影响（$P>0.05$）。②第 21 d 和第 42 d，迷迭香提取物组的血清谷胱甘肽过氧化物酶（GSH-Px）活性极显著高于对照组（$P<0.01$）；第 42 d，迷迭香提取物组的血清总抗氧化能力（T-AOC）较对照组有提高的趋势（$P=0.079$）。③第 21 d，迷迭香提取物组的血清免疫球蛋白 A（IgA）和免疫球蛋白 M（IgM）含量显著高于对照组（$P<0.05$）；第 42 d，迷迭香提取物组的血清 IgA 和 IgM 含量显著低于对照组（$P<0.05$）。此外，第 42 d，与对照组相比，迷迭香提取物组的血液中性粒细胞数量显著提高（$P<0.05$），淋巴细胞数有降低的趋势（$P=0.087$）。由此可见，饲粮中添加迷迭香提取物可通过提高奶山羊血清 GSH-Px 活性和 T-AOC 来提高其抗氧化能力；短期（21 d）饲喂可通过提高奶山羊血清中 IgA 和 IgM 含量来改善其免疫功能，但长时间（42 d）饲喂则会降低奶山羊血清中 IgA 和 IgM 含量，从而对其免疫功能产生一定的抑制作用。

（15）枸杞多糖。王秀琴等[244]研究了添加枸杞多糖免疫增效剂对滩寒杂交代羔羊生长性能、屠宰性能和免疫功能的影响。试验采用随机试验设计，分为 3 组，每组羔羊 15 只。羔羊初始体重为 26 kg 左右，组间平均初始体重差异不显著（$P>0.05$）。试验 1 组羔羊饲喂肉羊育肥期浓缩饲料配合玉米制成的全价料，试验 2 组羔羊饲喂添加 5%枸杞多糖免疫增效剂的日粮，对照组羔羊饲喂基础日粮（自配料）。试验预试期为 10 d，正试期为 90 d。每天 7:00、18:00 各饲喂 1 次，预试期饲喂量从每天 0.5 kg/只逐渐增加至 1.0 kg/只，正试期开始每天按 2.0 kg/只饲喂。3 组羊饲养环境一致，自由饮水，常规管理，对生长性能、屠宰性能［胴体重、屠宰率、净肉率、胴体脂肪含量（GR 值）、眼肌面积］、肉质性状（剪切力、失水率、熟肉率）、脏器指数（心脏、肝脏、肺脏、肾脏、小肠、胃）和免疫指标［IgA、IgM、IgG、白细胞介素（IL）-2、IL-13、IL-17、IL-19、干扰素-γ（IFN-γ）、肿瘤坏死因子-β（TNF-β）］进行检测。结果表明，试验 2 组滩寒杂代羔羊体重增加明显，平均日增重比对照组高 20.88 g（$P>0.05$），比试验 1 组高 40.55 g（$P<0.05$）。宰前活重和 GR 值分别比对照组高 8.10%和 13.70%（$P<0.05$）；试验 1 组羊肉的失水率和剪切力均低于对照组（$P>0.05$）；试验 2 组肝脏、肺脏、肾脏和小肠的脏器指数略低于对照组。对照组和试验 1 组的 IgA、IgM、IgG 含量随着饲喂时间延长而逐渐增加，试验第 90 d 均显著高于第 30 d（$P<0.05$），但试验 2 组则为先增加后降低，第 60 d 时 IgA、IgM、IgG 含量最高。对于IL-2、IL-13、IL-19 和 IFN-γ 来说，对照组和试验 1 组的含量随着饲喂时间延长而逐渐增加，试验第 90 d 均显著高于第 30 d（$P<0.05$）；试验 2 组表现为先增加后降低，试验第 60 d 含量最高，与试验第 30 d、第 90 d 相比均差异显著（$P<0.05$），试验第 90 d 均低于第 30 d。各组间的 IL-17 和 TNF-β 含量变化趋势基本相同，均随着饲喂时间延长而逐渐下降，试验第 30 d 含量最高。说明在日粮中添加枸杞多糖免疫增效剂可增加肉羊体重，提高屠宰性能，促进滩寒杂代羔羊对营养物质的吸收，提高免疫功能，有利于生长发育，对肉羊器官发育无不良影响，但应合理控制饲喂时间，饲喂 2 个月左右效果最佳。

1.2.4 水产养殖动物饲料中天然植物提取物饲料添加剂的应用研究进展

在水产养殖动物饲料中使用的天然植物提取物饲料添加剂主要有天然叶黄素、杜仲叶提取物、紫苏籽提取物、姜黄素、虾青素。近年有应用研究报道但我国尚未批准在水产养殖动物饲料中使用的天然植物提取物主要有淫羊藿提取物、植物甾醇、白藜芦醇、甘草提取物、刺五加超微粉、儿茶素、枸杞多糖、苜蓿提取物等。

1.2.4.1 水产养殖动物饲料中天然植物提取物饲料添加剂的应用研究进展

（1）天然叶黄素。天然叶黄素（源自万寿菊）为着色剂类饲料添加剂，适用范围为家禽、水产养殖动物、犬、猫。林城丽等[245]为探究万寿菊（*Tagetes erecta* L.）粉对黄金锦鲤（*Yamabaki ogon*）生长性能及抗氧化能力的影响，试验选用初始体重为（25.39±1.23）g的黄金锦鲤540尾，随机分为6组，分别标记为D1组～D6组，其中D1组为对照组，D2组～D5组为试验组，每组3个重复，分别投喂含0、0.50%、1.00%、2.00%、4.00%、8.00%万寿菊粉的6组等氮等能饲料。饲养60 d后分析不同水平万寿菊粉对黄金锦鲤生长和抗氧化能力的影响。结果表明，在生长方面，D5组增重率和蛋白质效率提升最显著且比对照组分别提高了58.66%、92.77%，D6组肥满度提升最显著且比对照组提高了36.95%，D5组饵料系数降低最显著且比对照组降低了63.69%（$P<0.05$）。在抗氧化能力方面，D5组的血清、头肾和脾超氧化物歧化酶（SOD）活性提高最显著且分别比对照组提高了71.21%、117.92%、230.76%，D4组肝胰脏和中肾SOD活性提高最显著且分别比对照组提高了110.82%、92.28%（$P<0.05$），D5组肝胰脏、头肾和脾过氧化氢酶（CAT）活性提升最显著且分别高于对照组93.50%、50.38%、100.83%，D4组血清和中肾CAT活性提升最显著且分别高于对照组4.11%、66.31%（$P<0.05$），D5组的血清、肝胰脏、头肾、中肾和脾的谷胱甘肽（GSH）含量提升最显著且分别比对照组提高了341.38%、223.91%、230.33%、372.26%、439.07%（$P<0.05$），D5组的血清、头肾和脾GSH-Px含量提升最显著且分别比对照组提高了112.07%、155.67%、236.28%，D6组肝胰脏谷胱甘肽过氧化物酶（GSH-Px）含量提升最显著且分别比对照组提高了157.47%（$P<0.05$），试验组的中肾GSH-Px含量提高不显著（$P>0.05$），D5组血清、肝胰脏、头肾和脾的丙二醛（MDA）含量降低最显著且分别比对照组降低了36.94%、51.25%、47.79%、81.25%（$P<0.05$），而试验组中肾MDA含量降低不显著（$P>0.05$）。研究表明，饲料中添加4.00%万寿菊粉能够有效促进黄金锦鲤生长性能，并提高其抗氧化能力。

张宝龙等[246]以红草金鱼为对象，以万寿菊粉、虾青素、加丽素红及辣椒红素作为着色剂，采用4因素3水平L9（3^4）正交设计方案设计9种饲料配方，以不添加着色剂的饲料作为对照组，将900尾初始体重为（54.60±1.58）g的红草金鱼随机分为10组（每处理3个重复，每个重复30尾），养殖56 d后测定其生长、体色及免疫力等相关指标。结果表明，7处理组（含有0.250%万寿菊粉、0.060%虾青素、0.050%加丽素红、0.030%辣椒红素）增重率及特定生长率最高且饵料系数最低，说明虾青素对红草金鱼生长的影响要高于其他3种着色剂；7处理组红草金鱼皮肤及鳍条总类胡萝卜素含量最高，万寿菊粉为红草金鱼体色的主要影响因素，其次为虾青素、辣椒红素及加丽素红；红草金鱼免疫力3处理组（含有1.000%万寿菊粉、0.010%虾青素、0.120%加丽素红、0.030%辣椒红素）最高，与7处理组相比差异不显著（$P>0.05$），不同着色剂对不同组织相关酶活性的影响程度不同。综合生长、体色及免疫力来看，7处理组为红草金鱼生长及增色的优良饲料。

曲木等[247]以狮子头金鱼为研究对象，在不含任何增色剂的基础饲料中分别添加万寿菊粉（0.38%、0.76%、1.52%）和虾青素（0.04%、0.08%、0.16%），采用“3×3因素设计”制成9种试验饲料，通过8周的养殖试验，研究饲料中不同水平的万寿菊粉和虾青素对狮子头金鱼的生长、体色及抗氧化指标的影响。结果表明：①当饲料中万寿菊粉、虾青素添加量分别为0.38%、0.08%时，狮子头金鱼生长最好，增重率、特定生长率、蛋白质效率与对照组相比分别提高了41.02%、29.59%、35.71%，饵料系数降低了27.51%；②狮子头金鱼皮肤中总类胡萝卜素含量在Diet 9饲料组（1.52%万寿菊粉，0.16%虾青素）达到最大，比对照组提高了30.57%；Diet 2饲料组（0.38%万寿菊粉，0.08%虾青素）鳍条中总类胡萝卜素含量最高，比对照组提高了28.46%；万寿菊粉水平对狮子头金鱼皮肤中总类胡萝卜素含量影响显著；③Diet 2饲料组抗氧化能力显著提升，血清、肝胰脏、肾脏中超氧化物歧化酶（SOD）活性分别较对照组提高了18.86%、35.57%、20.81%，过氧化氢（CAT）活性分别较对照组提高了15.21%、47.30%、26.63%，丙二醛（MDA）含量分别较对照组提高了44.72%、33.11%、39.58%，而还原型谷胱甘肽（GSH）含量和谷胱甘肽-S转移酶（GST）活性在Diet 9饲料组达到最高，血清、肝胰脏、肾脏中GSH含量分别较对照组提升了35.13%、60.03%、36.28%，GST活性分别较对照组提升了34.43%、34.89%、36.28%；万寿菊粉水平对狮子头金鱼血清、肾脏中GSH含量以及血清中GST活性影响显著（$P<0.05$）。总的来说，在本试验条件下，当饲料中万寿菊粉、虾青素含量分别为0.38%、0.08%及1.52%、0.16%时，养殖效果最佳。综合考虑生长、增色及饲料成本来说，狮子头金鱼饲料中最适万寿菊粉、虾青素添加量分别为0.38%、0.08%。

张宝龙等[248]研究了万寿菊粉的不同添加水平对黄颡鱼生长、肉质及抗氧化能力的影响。在黄颡鱼基础饲料中，分别添加0、1.00%、2.00%、3.00%、4.00%、5.00%、6.00%的万寿菊粉，记为Diet 1组～Diet 7组，其中Diet 1组为对照组，Diet 2组～Diet 7组为试验组。经过56 d的饲喂试验，结果表明，在生长方面，饲料中添加4.00%～6.00%水平的万寿菊粉时，黄颡鱼的终末体重、增重率显著提高（$P<0.05$），饵料系数显著降低（$P<0.05$）；在Diet 7组，黄颡鱼生长性能最佳，饵料系数最低。在肉质方面，黄颡鱼肌肉的滴水损失率和蒸煮损失率受万寿菊粉影响显著（$P<0.05$），随着饲料中万寿菊粉水平的增加而呈先降低后升高的趋势，在Diet 6组最低。在抗氧化能力方面，万寿菊粉添加水平对机体SOD、CAT活性和MDA含量影响显著（$P<0.05$）。当万寿菊粉添加水平为6.00%时，即Diet 7组，黄颡鱼肝脏、血清中SOD活性及CAT活性最高，MDA含量最低，表明机体抗氧化功能最好。研究表明，饲料中添加4.00%～6.00%的万寿菊粉不仅能有效促进黄颡鱼生长性能、改善黄颡鱼肌肉的系水能力，还能提高黄颡鱼的抗氧化能力。

（2）杜仲叶提取物。饲料添加剂杜仲叶提取物的适用范围为生长育肥猪、鱼、虾。李军涛等[249]研究了杜仲（*Eucommia ulmoides*）叶提取物在凡纳滨对虾（*Litopenaeus vannamei*）饵料中的适宜添加量，为研发高效、无污染、无残留的对虾饵料配方提供参考依据。以凡纳滨对虾专用饵料为基础饵料，分别添加0.1 g/kg、0.2 g/kg、0.3 g/kg、0.5 g/kg和0.7 g/kg的杜仲叶提取物，进行为期6周的养殖试验，探究饵料中梯度添加杜仲叶提取物对凡纳滨对虾生长性能、免疫相关酶活性及肝胰腺组织结构的影响。综合凡纳滨对虾的增重率、存活率和肥满度3个指标可知，添加0.3 g/kg杜仲叶提取物可有效改善凡纳滨对虾的生长性能和个体存活率，同时降低凡纳滨对虾的饵料系数；随着杜仲叶提取物添加量的增加，凡纳滨对虾的超氧化物歧化酶（SOD）、过氧化氢酶（CAT）、谷胱甘肽过氧化物酶（GSH-Px）和酚氧化酶（PO）活性整体上呈先升高后降低的变化趋势，而丙二醛（MDA）水平的变化恰好相反，综合各项指标也是以 0.3 g/kg 添加量的效果最佳；梯度添加杜仲叶提取物对凡纳滨对虾肝胰腺无明显影响，仍保持完整的细胞结构，但其 B 细胞数量明显增多。饵料中添加杜仲叶提取物能有效提高凡纳滨对虾的生长性能和免疫酶活性，并增加肝胰腺中具分泌功能的消化酶细胞，具有替代抗生素的潜能。在实际生产中，杜仲叶提取物的最适添加量为 0.3 g/kg。

（3）紫苏籽提取物。饲料添加剂紫苏籽提取物的适用范围为猪、肉鸡、鱼、犬、猫。庞小磊等[250]分析了饲料 $n-3/n-6$ 多不饱和脂肪酸（PUFAs）水平对黄河鲤幼鱼生长性能和生长相关基因的影响，试验以鱼油和混合植物油（花生油和紫苏籽油）为脂肪源配制 5 组等氮等能饲料。对照组（T1）以鱼油为唯一脂肪源（18∶3 $n-3$/18∶2 $n-6$ 为 0.97），第二组（T2）以花生油为唯一脂肪源（18∶3 $n-3$/18∶2 $n-6$ 为 0.02），其他 3 组试验饲料以花生油和紫苏籽油为脂肪源，且 $n-3/n-6$ 值分别为 0.46（T3）、1.09（T4）和 1.53（T5）。10 周养殖试验结束后，分析各组鱼体的生长性能、血清中生长激素（GH）含量及不同部位肌肉中生长相关基因的转录水平。结果表明，与对照组相比，$n-3/n-6$ 值对鱼体的脏体比（VSI）、饲料转化率（FCR）、摄食率（FI）无显著影响，增重率（WGR）随 $n-3/n-6$ 值的增加先升后降，$n-3/n-6$ 值等于 1.09 时，WGR 达到峰值，为（218.53±24.32）%。T2 组血清 GH 含量显著高于其他处理组，随着 $n-3/n-6$ 值增大，GH 含量逐渐降低。背部肌肉中生长相关基因 *gh*、*ghr*、*igf*-*I* 和 *myod* 表达量均表现为先升后降的趋势，*igf*-*I r* 基因表现为先降后升，*mstn* 基因无显著差异。红肌中 *gh*、*myod* 基因表达量逐渐降低，*ghr*、*mstn* 基因不存在显著差异，*igf*-*I* 基因与背部肌肉中的相似，表达量先升后降，*igf*-*I r* 基因先降后升。腹部肌肉中 *gh*、*ghr* 和 *igf*-*I* 基因表达情况与背部肌肉一致，*igf*-*I r* 和 *myod* 基因的表达不存在显著差异。T2 组和 T4 组背部肌肉肌纤维数目存在显著差异，且 T4 组肌纤维比 T2 组粗。研究表明，$n-3/n-6$ 值不仅在一定程度上提高鱼体的 WGR，且不同比例的 $n-3/n-6$ 值会影响血清 GH 的含量，不同部位肌肉组织中 GH/IGF 轴生长相关基因的水平也受饲料中 $n-3/n-6$ 值的影响。

（4）姜黄素。饲料添加剂姜黄素为抗氧化剂类饲料添加剂，适用范围为淡水鱼类、肉仔鸡，是从姜科、天南星科中一些植物的根茎中提取的一种二酮类化合物。明建华等[251]研究了姜黄素对草鱼生长性能、抗氧化应激能力以及核因子 E2 相关因子 2/抗氧化反应元件（Nrf2/ARE）信号通路相关基因表达的影响。选择初体重为（5.11±0.08）g 的草鱼幼鱼 525 尾，随机分为 5 组（每组 3 个重复，每个重复 35 尾），分别饲喂在基础饲料中添加 0 mg/kg（对照）、200 mg/kg、400 mg/kg、600 mg/kg 和 800 mg/kg 姜黄素的 5 种饲料。试验期为 60 d。饲养试验结束后，每重复取 15 尾规格基本一致的草鱼，每尾鱼腹腔注射 10 mg/kg 体重的敌草快，进行急性氧化应激试验，在注射前（0 h）、注射后 24 h 时分别采样，检测草鱼血清和肝脏相关的生理生化指标，以及肝脏抗氧化相关基因的 mRNA 转录水平。结果表明：①随着饲料中姜黄素添加量的增加，草鱼幼鱼的增重率、特定生长率和成活率均先升高后下降，而饲料转化率和肝体指数则先下降后升高，当饲料中姜黄素添加量为 400 mg/kg、600 mg/kg 时，草鱼的生长性能较佳，而肝体指数和肥满度在各组间的差异均不显著（$P>0.05$）。②在草鱼注射敌草快前，其血清皮质醇（COR）、葡萄糖（GLU）含量及谷丙转氨酶（ALT）和谷草转氨酶（AST）活性在各组间均无显著差异（$P>0.05$）；在注射敌草快 24 h 后，草鱼血清上述指标随着饲料中姜黄素添加量的增加呈先下降后升高的变化趋势，当饲料姜黄素添加量为 400 mg/kg、600 mg/kg 时，达到较低水平，显著低于对照组（$P<0.05$）。③在草鱼注射敌草快前、注射 24 h 后，随着饲料中姜黄素添加量的增加，草鱼肝脏超氧化物歧化酶（SOD）、过氧化氢酶（CAT）和谷胱甘肽过氧化物酶（GSH - Px）的活性，总抗氧化能力（T - AOC）和还原型谷胱甘肽（GSH）含量，*Nrf2*、铜与锌超氧化物歧化酶（*Cu - ZnSOD*）、锰超氧化物歧化酶（*MnSOD*）、*CAT*、*GSH - Px* 和诱导型热休克蛋白 70（*HSP70*）mRNA 转录水平均呈先升高后下降的变化趋势，而肝脏活性氧（*ROS*）、丙二醛（*MDA*）和 Kelch 样环氧氯丙烷相关蛋白 1（*Keap1*）mRNA 转录水平均呈先下降后升高的变化趋势，当饲料姜黄素添加量为 400 mg/kg、600 mg/kg 时，这些指标分别达到较高或较低的水平。由此可见，饲料中添加姜黄素 400 mg/kg、600 mg/kg 可促进草鱼幼鱼的生长，降低饲料转化率，提高鱼体抗氧化应激能力，对敌草快诱导的急性氧化应激损伤具有保护作用，并可激活 Nrf2/ARE 信号通路相关基因的转录。

杨雨生等[252]研究了姜黄素、壳聚糖、维生素 C 及维生素 B_2 这 4 种添加剂对黄颡鱼生长、消化与抗氧化能力的影响。选取初始体重为（56.67±10.75）g、初始体长为（15.86±1.23）cm 的雄性黄颡鱼共 1 050 尾，随机分养于 21 个养殖箱中，每箱 50 尾。试验共分 7 组，分别为对照组（T1）、姜黄素组（T2）、壳聚糖组（T3）、维生素 C＋维生素 B_2 组（T4）、低剂量配伍组（T5）、中剂量配伍组（T6）、高剂量配伍组（T7）。试验期为 60 d。结果表明，4 种添加剂及其不同比例的配伍可以不同程度地降低饲料转化率，提高增重率、特定增长率、蛋白质效率及存活率，其中 T6 组效果最好，T7 组次之；各试验组肠道脂肪酶活性均不同程度地高于 T1 组，其中 T6 组酶活性最高（$P<0.05$）；肠道蛋白酶活性最高值出现在 T6 组（$P<0.05$）；前肠和后肠淀粉酶活性最高值均出现在 T6 组，活性分别是对照组的 4.58 倍和 5.02 倍（$P<0.05$），T7 组中肠淀粉酶活性最高（$P<0.05$），T6 组活性次之（$P<0.05$）；4 种添加剂及其配伍对不同组织抗氧化酶的活性均有不同程度的提高，其中 T6 组组织中 SOD、CAT、GSH 和 GSH - Px 活性最高，且 MDA 含量下降也最为明显。综合生长、消化和抗氧化能力 3 个方面，最适水平为 T6 组，即饲料中添加姜黄素 150 mg/kg、壳聚糖 4 500 mg/kg、维生素 C 709 mg/kg（总量 1 409 mg/kg）、维生素B_2 40 mg/kg（总量 72 mg/kg）。

张媛媛等[253]研究了饲料中添加姜黄素对尼罗罗非鱼（*Oreochromis niloticus*）幼鱼生长性能的影响。在基础饲料中分别添加不同水平（0 mg/kg、15 mg/kg、30 mg/kg、60 mg/kg、120 mg/kg 和 240 mg/kg）的姜黄素，连续饲喂鱼体 8 周后进行采样，探讨姜黄素对尼罗罗非鱼生长的影响。结果表明，饲料中添加 60 mg/kg 和 120 mg/kg 姜黄素可显著增加鱼体的增重率和特定生长率（$P<0.05$），促进尼罗罗非鱼幼鱼生长性能的提高。

张滕闲等[254]为研究姜黄素对黄颡鱼（*Pelteobagrus fulvidraco*）生长、消化与抗氧化能力的影响，选取初始体重为（13.17±0.68）g、初始体长为（11.86±0.53）cm 的黄颡鱼 720 尾，随机分为 6 组，每组 3 个重复，每个重复 40 尾。分别投喂添加 0 mg/kg、50 mg/kg、100 mg/kg、200 mg/kg、400 mg/kg、800 mg/kg 姜黄素的试验饲料，分别标记为 T1～T6。试验期为 60 d。试验结束后，测定黄颡鱼生长、消化和抗氧化能力指标。结果表明，各试验组特定增长率和存活率均显著高于对照组（$P<0.05$），T4 组增重率和蛋白质效率显著高于对照组（$P<0.05$），T3 组、T4 组饲料转化率显著低于对照组（T1 组）（$P<0.05$）；T3 组、T4 组、T5 组前肠脂肪酶活性显著高于对照组（$P<0.05$），T4 组前肠淀粉酶活性显著高于

对照组（$P<0.05$）；T6 组肝胰脏、T5 组脑与 T4 组头肾超氧化物歧化酶（SOD）活性均较对照组有显著提升（$P<0.05$）；各组脑组织中的丙二醛（MDA）含量均显著低于对照组（$P<0.05$）；T6 组肝胰脏、T5 组脾脏过氧化氢酶（CAT）活性显著高于对照组（$P<0.05$）；T4 组肝胰脏、T5 组脾脏、T5 组中肾谷胱甘肽过氧化物酶（GSH－Px）活性显著提升（$P<0.05$）；各组血清中的 GSH－Px 活性均显著高于对照组（$P<0.05$）；各组肝胰脏中的谷胱甘肽（GSH）含量均显著高于对照组（$P<0.05$）；T5 组肝胰脏、T4 组脾脏和血清一氧化氮（NO）含量显著高于对照组（$P<0.05$）。研究表明，在饲料中添加适量的姜黄素可以显著提高黄颡鱼的生长性能、消化能力以及抗氧化能力，以 200 mg/kg 添加量为最佳。

（5）虾青素。饲料添加剂虾青素的适用范围为水产养殖动物、观赏鱼、犬、猫，其主要来源于雨生红球藻。姜巨峰等[255]研究了天然虾青素对棘颊雀鲷生长性能及体色的影响。选择体重为（7.98±1.32）g 的棘颊雀鲷 60 尾，随机分为 5 组，每组 3 个重复，每个重复 4 尾，分别投喂含有 0 mg/kg（对照组）、50 mg/kg（A50 组）、100 mg/kg（A100 组）、150 mg/kg（A150 组）、200 mg/kg（A200 组）天然虾青素的饵料。试验期为 8 周。结果表明，50～150 mg/kg 天然虾青素对棘颊雀鲷的生长性能有促进作用。A150 组棘颊雀鲷的红度值（a^*）显著高于其他各组（$P<0.05$）；A100 组和 A200 组棘颊雀鲷的红度值（a^*）显著高于 A50 组和对照组（$P<0.05$）。研究表明，在饵料中添加天然虾青素可以有效改善棘颊雀鲷的体色，虾青素的适宜添加量为 150 mg/kg。

吴雪芹等[256]研究了虾青素对大鳞副泥鳅幼鱼生长、肠道消化酶和抗氧化指标的影响，选取 450 尾大鳞副泥鳅幼鱼，随机分成 5 组，每组设 3 个重复，每个重复 30 尾。分别饲喂基础饲料（对照组）以及添加 50 mg/kg、100 mg/kg、150 mg/kg、200 mg/kg 虾青素的试验饲料，进行为期 8 周的饲养试验。结果表明，当虾青素的添加量为 100～200 mg/kg 时，大鳞副泥鳅的末重和平均增重率高于对照组和 50 mg/kg 组（$P<0.05$），饲料效率和蛋白质效率高于对照组（$P<0.05$）。大鳞副泥鳅肠道蛋白酶、淀粉酶和脂肪酶活性在虾青素添加量为 50～200 mg/kg 时，均高于对照组（$P<0.01$），其中淀粉酶活性在 200 mg/kg 时，低于 50 mg/kg 和 150 mg/kg 组（$P<0.05$）。当虾青素的添加量为 50～200 mg/kg 时，大鳞副泥鳅的肠道超氧化物歧化酶（T－SOD）活性、过氧化氢酶（CAT）活性、谷胱甘肽（GSH）含量和谷胱甘肽过氧化物酶（GSH－Px）活性均高于对照组（$P<0.05$），肠道丙二醛（MDA）含量则低于对照组（$P<0.05$）。在试验条件下，饲料中添加虾青素具有促生长和改善肠道消化酶以及抗氧化能力的作用。

张春燕等[257]研究了不同来源虾青素对虹鳟生长性能、肉色和抗氧化能力的影响。选取体质健壮、大小均匀的虹鳟 375 尾［平均体重为（6.28±0.07）g］，随机分为 5 组，每组 3 个重复，每个重复 25 尾。试验配制 5 种等氮等能的饲料，分别为基础饲料以及在基础饲料（对照组）中分别添加 1.0 g/kg 合成虾青素（Ast）、6.5 g/kg 福寿花花瓣粉（AF）、3.4 g/kg 福寿花提取物（AE）和 4.4 g/kg 雨生红球藻提取物（HE）（折算成虾青素含量均为 100 mg/kg）的试验饲料。饲养虹鳟 6 周。Ast、AF、AE 和 HE 组中虾青素含量分别为 10.30％、1.54％、2.90％和 2.26％。结果表明，饲料中添加 Ast、AE 和 HE 对虹鳟增重率和饲料转化率无显著影响（$P>0.05$），但 AF 组的增重率较对照组显著降低（$P<0.05$），饲料转化率显著提高（$P<0.05$）。Ast、AF、AE 和 HE 组的肌肉红度值和黄度值、组织虾

青素含量和血清类胡萝卜素含量（除AF组第2周）均显著高于对照组（$P<0.05$），肌肉亮度值显著低于对照组（$P<0.05$）。与对照组相比，饲料中添加Ast、AE和HE显著降低了肌肉冷冻损失以及4 h、6 h的滴水损失，显著降低了肌肉、肝脏和血清总超氧化物歧化酶活性与丙二醛含量（$P<0.05$），显著提高了抑制羟自由基能力（$P<0.05$）。结果表明，饲料中添加AE、HE能有效改善虹鳟肌肉颜色，增强机体抗氧化能力，达到与添加Ast一致的效果，但AF不宜直接用作虹鳟的着色剂。

李美鑫等[258]研究了虾青素对乌鳢生长、抗氧化和免疫功能的影响，在基础饲料中添加0 mg/kg（对照组）、50 mg/kg、100 mg/kg和200 mg/kg虾青素，饲喂乌鳢56 d后取样检测生长、抗氧化和免疫等指标。结果表明，日粮添加100 mg/kg、200 mg/kg虾青素显著提高乌鳢生长性能和饲料效率。日粮添加50 mg/kg、100 mg/kg、200 mg/kg虾青素显著提高乌鳢血清和肝脏中超氧化物歧化酶（SOD）、过氧化氢酶（CAT）、谷胱甘肽过氧化物酶（GSH-Px）活性及血清和肝脏补体（C3）和溶菌酶（LZM）的含量（除血清中50 mg/kg组），降低血清和肝脏氧化应激指标丙二醛（MDA）、蛋白质羰基（PC）含量及血清皮质醇（COR）、谷丙转氨酶（ALT）和谷草转氨酶（AST）水平。

姚金明等[259]研究了不同虾青素添加水平饲料对大鳞副泥鳅幼鱼生长、体成分及抗氧化指标的影响。选取450尾初始体重为（3.00±0.10）g/尾的大鳞副泥鳅幼鱼，随机分成5组，每组3个重复，每个重复30尾，分别饲喂基础饲料（对照组）以及添加50 mg/kg、100 mg/kg、150 mg/kg、200 mg/kg虾青素的试验饲料，在控温养殖系统中进行为期8周的饲养试验。试验结束后，称量鱼体重并计算生长指标，测定试鱼体成分及肝胰脏抗氧化指标。结果表明，试验期间大鳞副泥鳅成活率为100%。大鳞副泥鳅的终末体重、平均增重率和特定生长率在虾青素添加水平为50～200 mg/kg时显著高于对照组（$P<0.05$），饲料效率和蛋白质效率在虾青素添加水平为100～200 mg/kg时显著高于对照组（$P<0.05$）；结合抛物线回归分析结果与方差分析结果可知，大鳞副泥鳅平均增重率最大时的最适虾青素添加水平为100～151.06 mg/kg，饲料效率最大时的虾青素添加水平为100～157.04 mg/kg。当虾青素添加水平为50～200 mg/kg时，大鳞副泥鳅全鱼蛋白质含量显著高于对照组（$P<0.05$）。肝胰脏总超氧化物歧化酶（T-SOD）、过氧化氢酶（CAT）、谷胱甘肽过氧化物酶（GSH-Px）活性及谷胱甘肽（GSH）含量在虾青素添加水平为50～200 mg/kg时均显著高于对照组（$P<0.05$）；当虾青素添加水平为50～200 mg/kg时，丙二醛（MDA）含量显著低于对照组（$P<0.05$）。因此，在本试验条件下，综合生长、体成分及抗氧化指标，大鳞副泥鳅饲料中虾青素的最适添加水平为100～151.06 mg/kg。

姚金明等[260]还研究了饲料中添加不同水平虾青素对大鳞副泥鳅生长和体色的影响。将450尾体重为（3.01±0.10）g的大鳞副泥鳅随机分成5组，每组3个重复，每个重复30尾。分别投饲基础饲料（对照组）以及添加50 mg/kg、100 mg/kg、150 mg/kg、200 mg/kg虾青素的试验饲料，进行为期8周的饲养试验。结果表明，大鳞副泥鳅体平均增重率和特定生长率在虾青素的添加水平为50～200 mg/kg时显著高于对照组（$P<0.05$）。大鳞副泥鳅头、鳍、皮肤及肌肉中类胡萝卜素含量在虾青素的添加水平为100～200 mg/kg时，均显著高于对照组（$P<0.05$）。大鳞副泥鳅的各组织酪氨酸酶（Tyr）含量随着虾青素的添加水平提高呈现下降的趋势，其中当虾青素的添加水平为150～200 mg/kg时，肝脏Tyr含量显著低于对照组（$P<0.05$）。当虾青素的添加水平为50～200 mg/kg时，肌肉和皮肤中Tyr含

量显著低于对照组（$P<0.05$）；但肠道中各组 Tyr 含量差异不显著。在本试验条件下，大鳞副泥鳅饲料中添加 100～200 mg/kg 虾青素可有效促进其生长，改善其体色。

王军辉等[261]研究了不同添加量的虾青素对锦鲤生长、体色、抗氧化能力和免疫力的影响。将 540 尾红白锦鲤随机分为 6 组（每组 3 个重复，每个重复 30 尾），分别投喂虾青素添加量为 0 mg/kg（对照）、200 mg/kg、400 mg/kg、600 mg/kg、800 mg/kg 和 1 000 mg/kg 的饲料 8 周。结果表明，随着虾青素添加量的增加，锦鲤增重率和特定生长率先升高后降低，饲料转化率先降低后升高，在 400 mg/kg 组饲料转化率最低，增重率和特定生长率最高，与对照组差异显著（$P<0.05$）；200 mg/kg 组和 400 mg/kg 组体色中的红度值（a^*）显著高于对照组和 800 mg/kg 组（$P<0.05$），其他添加组与对照组并无显著差异（$P>0.05$）；体色中的黄度值（b^*）和皮肤中类胡萝卜素含量随着虾青素添加量的增加呈先升高后降低的趋势，在 400 mg/kg 组达到最大，且显著高于对照组（$P<0.05$）；体色中的亮度值（L^*）各组之间无显著差异（$P>0.05$）；400 mg/kg 组肝脏中超氧化物歧化酶（SOD）、过氧化氢酶（CAT）和谷胱甘肽过氧化物酶（GPx）活性，血清中溶菌酶（LZM）、酸性磷酸酶（ACP）、碱性磷酸酶（AKP）活性以及补体 3（C3）、补体 4（C4）含量均最高，且显著高于对照组和 1 000 mg/kg 组（除 ACP 活性）（$P<0.05$）；400 mg/kg 和 600 mg/kg 组肝脏总抗氧化能力（T-AOC）显著高于对照组以及 800 mg/kg 和 1 000 mg/kg 组（$P<0.05$）；肝脏丙二醛（MDA）含量在 400 mg/kg 组最低，且 200 mg/kg、400 mg/kg、600 mg/kg 组显著低于对照组（$P<0.05$）。由此得出，在饲料中添加适量的虾青素可提高锦鲤的生长性能，有效改善体色，增强肝脏抗氧化能力和机体免疫力。综合分析各指标，推荐锦鲤饲料中虾青素的添加量为 400 mg/kg。

韩星星等[262]为了探讨饲料色素对大黄鱼成鱼体色及其抗氧化能力的影响，在基础饲料中分别添加 0 mg/kg（对照组 D1）、100 mg/kg（D2）、200 mg/kg（D3）、300 mg/kg（D4）叶黄素和虾青素（1∶1）混合色素配制成 4 种等氮等能饲料，选择平均体重为（365.54±5.83）g 的大黄鱼 1 800 尾，随机分为 4 组，每组设置 3 个重复，每个重复 150 尾，进行为期 60 d 的投喂试验。结果表明，投喂 30 d 后，色素添加组大黄鱼背部和腹部皮肤的黄度值（b^*）显著高于对照组（$P<0.05$）；试验结束时，除 D2 组大黄鱼腹部皮肤的红度值（a^*）显著高于其他组（$P<0.05$）外，各组之间大黄鱼背部及腹部皮肤亮度值（L^*）和红度值（a^*）均无显著性差异（$P>0.05$），各色素添加组大黄鱼背部和腹部皮肤的黄度值（b^*）无显著性差异（$P>0.05$），但均显著高于对照组（$P<0.05$）；大黄鱼肝脏总抗氧化能力（TAOC）、过氧化氢酶（CAT）和超氧化物歧化酶（SOD）活性均随着色素添加水平的上升而升高，丙二醛（MDA）含量随着色素添加水平的上升而降低。因此，在本试验条件下，饲料中添加叶黄素和虾青素（1∶1）混合色素可以改善大黄鱼成鱼体色及提高其抗氧化能力。综上所述并考虑饲料成本，建议混合色素添加量为 100～200 mg/kg。

1.2.4.2 我国尚未批准在水产养殖动物饲料中使用的天然植物提取物的应用研究进展

（1）淫羊藿提取物。饲料添加剂淫羊藿提取物的适用范围为鸡、猪、绵羊、奶牛。赖晓健等[263]在水温（21±1）℃下，给体重为（592.5±52.5）g 的日本鳗鲡（*Anguilla japonica*）雌亲鱼投喂每千克体重含 0.034 g 淫羊藿和 0.034 g 菟丝子浸膏的饲料 90 d，对照组投喂人工配合饲料，研究淫羊藿和菟丝子对卵巢发育的影响。结果表明，饲料中添加淫羊藿和菟丝子的雌鱼卵巢大部分卵母细胞属第Ⅱ时相，性腺指数和肝体比均显著高于对照组

($P<0.05$)；卵母细胞油滴明显增多，部分卵母细胞胞质已充满油滴，核仁变小增多；血清雌二醇（E2）和11-酮基睾酮（11-KT）水平显著升高（$P<0.05$），试验组11-KT含量约为对照组的4倍；肝脏卵黄蛋白原基因 *vtg* 转录水平升高，试验组和对照组卵巢 *cyp19a1* 基因仅微量转录，肝脏未检测到 *erα* 和 *erβ* 基因的转录；试验组肌肉总脂肪酸、饱和脂肪酸（SFA）、单不饱和脂肪酸（MUFA）和高度不饱和脂肪酸（HUFA）含量均显著高于对照组（$P<0.05$），最主要的高度不饱和脂肪酸花生四烯酸（AA）、二十碳五烯酸（EPA）和二十二碳六烯酸（DHA）含量均显著高于对照组（$P<0.05$）。研究表明，在亲鱼培育饲料中添加植物提取物淫羊藿和菟丝子促进了日本鳗鲡卵母细胞油滴与肝脏卵黄蛋白原增加，提高了肌肉高不饱和脂肪酸的积累，为卵黄生成和卵母细胞进一步发育提供更充分的准备。

（2）植物甾醇。饲料添加剂植物甾醇的适用范围为家禽、生长育肥猪、犬、猫。令狐克川等[264]探究了植物甾醇对中华绒螯蟹生长性能、血清生化指标、体成分和抗氧化功能的影响，选用规格相近的中华绒螯蟹360只，随机分为4组，每组5个重复，每个重复18只，分别饲喂在基础饲料中添加0 mg/kg、25 mg/kg、50 mg/kg、100 mg/kg植物甾醇的试验日粮[264]。结果表明，与对照组相比，50 mg/kg植物甾醇添加组可提高中华绒螯蟹的生长性能，且有降低中华绒螯蟹血清总胆固醇水平含量的趋势（$P=0.081$）；50 mg/kg、100 mg/kg植物甾醇添加组可食内脏丙二醛（MDA）含量显著低于对照组（$P<0.05$），过氧化氢酶（CAT）活性显著高于对照组（$P<0.05$）。雄蟹可食内脏中的总胆固醇含量低于雌蟹，而粗蛋白含量高于雌蟹。由此可知，植物甾醇可在一定程度上提高中华绒螯蟹的生产性能且降低中华绒螯蟹血清总胆固醇含量，改善可食内脏的抗氧化能力，适宜添加水平为50 mg/kg；与雌蟹相比，雄蟹可食内脏总胆固醇含量较低，而粗蛋白含量较高。

李志华等[265]研究了植物甾醇对吉富罗非鱼生长性能、血清脂质代谢指标和肝胰脏抗氧化指标的影响。选取体重为（39.25±1.56）g的吉富罗非鱼360尾，随机分成4组（每组3个重复，每个重复30尾），分别投喂在基础饲料中添加0 mg/kg（L_1组，作为对照组）、20 mg/kg（L_2组）、40 mg/kg（L_3组）和160 mg/kg（L_4组）植物甾醇的试验饲料，进行为期60 d的饲养试验。结果表明：①与L_1组相比，L_2组、L_3组罗非鱼的增重率和特定生长率显著提高（$P<0.05$），L_2组、L_3组、L_4组罗非鱼的饲料转化率均显著降低（$P<0.05$），其中L_2组效果最佳。②饲料中添加不同水平植物甾醇均可显著提高罗非鱼肌肉粗灰分含量（$P<0.05$），但对肌肉水分、粗蛋白质和粗脂肪含量没有显著影响（$P>0.05$）。③与L_1组相比，L_2组、L_3组、L_4组血清总胆固醇、甘油三酯和低密度脂蛋白胆固醇含量均显著降低（$P<0.05$）。④与L_1组和L_4组相比，L_2组、L_3组肝胰脏超氧化物歧化酶活性显著提高（$P<0.05$），但肝胰脏过氧化氢酶活性和丙二醛含量则没有显著差异（$P>0.05$）。由此得出，在饲料中添加适量的植物甾醇可以促进罗非鱼生长，降低血清脂质含量，同时对改善罗非鱼肝胰脏抗氧化能力有一定的积极作用。在本试验条件下，在人工配合饲料中添加20 mg/kg植物甾醇时，罗非鱼可获得最佳的生长性能。

潘忠超等[266]选取初始体重为（0.32±0.02）g的罗氏沼虾450尾，随机分为5组，每组设3个重复，每个重复30尾。以基础饲料为对照组，分别于基础饲料中添加10 mg/kg、20 mg/kg、40 mg/kg、400 mg/kg植物甾醇。试验期为70 d。结果表明：①与对照组相比，添加20 mg/kg、40 mg/kg和400 mg/kg植物甾醇组罗氏沼虾的终末体重、增重率以及特定生长率显著高于对照组（$P<0.05$），添加 40 mg/kg 组的饲料转化率显著低于对照组以及添加 10 mg/kg 和 400 mg/kg 组（$P<0.05$），添加 40 mg/kg 组的肥满度显著高于对照组以及添加 10 mg/kg 和 400 mg/kg 组（$P<0.05$）。②添加 20 mg/kg 和 40 mg/kg 植物甾醇其肝脏脂肪酶活性显著高于对照组（$P<0.05$），对肝脏蛋白酶和淀粉酶活性则没有显著影响（$P>0.05$）。③添加 20 mg/kg、40 mg/kg 和 400 mg/kg 植物甾醇组罗氏沼虾的含肉率显著高于对照组（$P<0.05$），添加 40 mg/kg 和 400 mg/kg 植物甾醇显著降低了滴水损失（$P<0.05$）。④添加 20 mg/kg、40 mg/kg 和 400 mg/kg 植物甾醇显著提高了罗氏沼虾肌肉粗蛋白质含量（$P<0.05$），添加 40 mg/kg 和 400 mg/kg 植物甾醇显著提高了罗氏沼虾肌肉谷氨酸与甘氨酸含量（$P<0.05$）。在本试验条件下，在罗氏沼虾基础饲料中添加 40 mg/kg 植物甾醇可获得最佳生长性能和肌肉品质。

（3）白藜芦醇。Jia 等[267]探讨了白藜芦醇（R）和槲皮素（Q）对高脂肪饲料喂养的幼年钝吻鲷［平均初始体重（4.6±0.10）g］生长性能、抗氧化能力和肝细胞凋亡的影响。补充白藜芦醇和槲皮素可降低血浆葡萄糖（GLU）、甘油三酯（TG）以及总胆固醇（TC）含量，增加一氧化氮（NO）含量，上调 SIRT1、铜与锌超氧化物歧化酶（Cu/Zn SOD）、过氧化氢酶（CAT）和谷胱甘肽过氧化物酶（GPx）mRNA 转录水平，下调 Caspase8 和 TNF-α mRNA 转录水平。与其他处理相比，单独添加 0.8%槲皮素的高脂肪饲料鱼的增重率（WGR）显著增加（仅添加 0.4%槲皮素的高脂肪饲料鱼除外）。在相同槲皮素浓度下，随着白藜芦醇浓度的增加，生长性能下降。与 D2（高脂肪饲料）和 D7（高脂肪饲料加 0.8%槲皮素和 0.5%白藜芦醇）相比，0.4%槲皮素和 1.0%白藜芦醇联合应用显著降低肝脏甘油三酯（TG）与总胆固醇（TC）含量（$P<0.05$）。另外，与 D2 相比，0.8%槲皮素和 1.0%白藜芦醇联合应用可显著提高肝内皮型一氧化氮合酶（e-NOS）和诱导型一氧化氮合酶（i-NOS）的活性（$P<0.05$）。研究表明，槲皮素与白藜芦醇联合饲料能提高钝吻鲷的免疫力、抗氧化能力和脂质代谢，高浓度的白藜芦醇对钝吻鲷生长有抑制作用，而单独使用较高浓度的槲皮素能促进钝吻鲷的生长。

李开放等[268]研究了白藜芦醇对松浦镜鲤生长性能、肠道消化酶活性、肝脏抗氧化指标和血清生化指标的影响。选取初始体重为（3.00±0.15）g 的松浦镜鲤 720 尾，随机分成 6 组，每组 4 个重复，每个重复 30 尾。各组饲料中分别添加 0 mg/kg（对照）、80 mg/kg、160 mg/kg、240 mg/kg、320 mg/kg 和 400 mg/kg 的白藜芦醇。试验期为 56 d。结果表明：①饲料添加不同水平的白藜芦醇对松浦镜鲤的增重率、肥满度和肝体指数无显著影响（$P>0.05$）。与对照组相比，饲料添加 160 mg/kg、240 mg/kg 和 320 mg/kg 白藜芦醇组饲料转化率显著降低（$P<0.05$），饲料添加 240 mg/kg 和 320 mg/kg 白藜芦醇组肝体指数显著降低（$P<0.05$）。②与对照组相比，饲料添加 160 mg/kg 白藜芦醇组中肠淀粉酶、脂肪酶和蛋白酶活性均显著升高（$P<0.05$）。③与对照组相比，饲料添加 160 mg/kg 白藜芦醇组肝脏超氧化物歧化酶（SOD）活性显著升高（$P<0.05$），饲料添加 160 mg/kg 和 240 mg/kg 白藜芦醇组肝脏丙二醛（MDA）含量显著降低（$P<0.05$），饲料添加 80 mg/kg 和 160 mg/kg 白藜芦醇组肝脏过氧化氢酶（CAT）活性显著升高（$P<0.05$）。④与对照组相比，饲料添加 160 mg/kg 和 240 mg/kg 白藜芦醇组血清碱性磷酸酶（AKP）活性显著升高（$P<0.05$），饲料添加 80 mg/kg、160 mg/kg 和 320 mg/kg 白藜芦醇组血清酸性磷酸酶（ACP）活性显著升高（$P<0.05$）。饲料添加不同水平的白藜芦醇对血清谷丙转氨酶

(ALT) 和谷草转氨酶 (AST) 活性无显著影响 ($P>0.05$)。由此可见，饲料中添加白藜芦醇能有效提高松浦镜鲤幼鱼的消化酶活性和抗氧化能力，白藜芦醇的适宜添加水平为160 mg/kg。

(4) 甘草提取物。Wang 等[269]研究了甘草提取物对黄鲶生长性能、组织结构、免疫应答及抗病性的影响。对鱼投喂 2 种不同的食物，即基础日粮为对照组 (CG 组)，饲粮中添加甘草提取物为试验组 (GG 组)。饲养 60 d 后，GG 组的鱼生长性能明显提高，增重率和比生长速率增加，饲料转化率降低。因为鱼在第一次感染后表现出罕见的死亡率。因此，用柱状芽孢杆菌对鱼进行两次攻击。GG 组的鱼感染 21 d 后的累积死亡率明显低于 CG 组。CG 组的鱼表皮细胞脱落，表皮明显空泡化，鳃片充血；GG 组的鱼表皮宽度和皮肤黏液细胞数增加，鳃二级片长度增加。感染后多数时间点，GG 组的鱼血清溶菌酶活性和头肾溶菌酶 mRNA 转录水平均高于 CG 组的鱼。乌拉尔甘草 (*Glycyrrhiza uralensis*) 提取物的补充也诱导早期血清抗氧化反应，1 dpi① 时 GG 组鱼超氧化物歧化酶活性和总抗氧化能力增加。与 CG 组的鱼相比，GG 组的鱼显示 TLRs - NF - κB 信号传导相关基因 (*TLR2*、*TLR3*、*TLR5*、*TLR9*、*Myd88* 和 *p65NFκB*) 的转录水平升高，导致感染后头肾组织中促炎性细胞因子 (IL - 1β 和 IL - 8) 的转录水平升高。但是，这些基因在 GG 组的鱼鳃中表现出一定的变异性，在某些时间点变异性增加，而在其他时间点变异性降低。此外，甘草提取物的补充显著地下调头肾 IgM 和 IgD 的转录水平，以及黄鲶鳃 IgM 的表达水平，提示在感染柱状黄杆菌期间体液免疫反应增强。所有这些结果都有助于提高黄鲶在日粮中添加甘草提取物后的抗病能力。

(5) 刺五加超微粉。李鸣霄等[270]探究了饲料中添加刺五加超微粉对吉富罗非鱼生长、脂肪沉积以及非特异性免疫能力的影响。选取平均体重为 (6.50±0.02) g 的健康吉富罗非鱼 720 尾，随机分成 6 组，每组 4 个重复，每个重复 30 尾。6 组试验鱼分别饲喂添加了 0 (对照)、0.5‰、1.0‰、2.0‰、4.0‰和 8.0‰刺五加超微粉的试验饲料，饲养 56 d。试验结束后，测定各组试验鱼的生长性能、血常规指标、血清生化指标、肝脏生化指标以及肝脏中免疫相关基因 mRNA 相对转录水平。结果表明：①各添加组的增重率 (WGR) 和特定生长率 (SGR) 均显著高于对照组 ($P<0.05$)，且以 2.0‰组最高。1.0‰、2.0‰、4.0‰、8.0‰组饲料转化率 (FCR) 均显著高于对照组 ($P<0.05$)，且以 1.0‰组最高。②2.0‰、4.0‰、8.0‰组的白细胞计数 (WBC) 与 8.0‰组红细胞计数 (RBC) 均显著高于对照组 ($P<0.05$)，但在血红蛋白浓度 (HGB) 和红细胞压积 (HCT) 上，各组之间均没有显著差异 ($P>0.05$)。③血清葡萄糖 (Glu) 含量随着刺五加添加量的增加呈先下降后上升的趋势，0.5‰和 1.0‰组显著低于其他组 ($P<0.05$)。1.0‰组血清谷丙转氨酶 (ALT)、谷草转氨酶 (AST) 活性以及甘油三酯 (TG) 含量均最低，显著低于对照组 ($P<0.05$)。血清补体 3 (C3) 含量随着饲料中刺五加超微粉添加量的增加先上升后下降，以 1.0‰组最高，显著高于对照组 ($P<0.05$)。血清溶菌酶 (LZM) 活性以 1.0‰组最高，与对照组差异不显著 ($P>0.05$)，但显著高于 8.0‰组 ($P<0.05$)。④2.0‰组肝脏超氧化物歧化酶 (SOD) 和 LZM 活性显著高于对照组 ($P<0.05$)，同时该组肝脏丙二醛 (MDA) 含量最低，显著低于对照组 ($P<0.05$)。肝脏总胆固醇 (TC)、糖原 (Gly) 和 TG 含量随着饲料

① dpi 是 days post infection 的缩写，表示感染后天数。

中刺五加超微粉添加量的增加呈先下降后上升的趋势，1.0‰组显著低于对照组（$P<0.05$）。⑤与对照组相比，各添加组肝脏中肿瘤坏死因子-α（$TNF-\alpha$）与干扰素-γ（$INF-\gamma$）mRNA相对转录水平均显著降低（$P<0.05$）。因此，在实际生产中，建议在饲料中添加1.0‰～2.0‰的刺五加超微粉，以促进吉富罗非鱼健康生长。

（6）儿茶素。徐禛等[271]研究了儿茶素对草鱼生长性能、血清抗氧化指标和肌肉品质的影响。试验选取平均体重为（18.5±0.2）g的草鱼360尾，随机分为6组，分别饲喂在基础饲料中添加0 g/kg（对照组）、0.1 g/kg、0.3 g/kg、0.5 g/kg、0.7 g/kg和0.9 g/kg儿茶素的6种饲料，每组3个重复，每个重复20尾。试验期为60 d。结果表明：①随着儿茶素的添加，各组间鱼体增重率和饲料转化率无显著差异（$P>0.05$），添加0.5 g/kg、0.7 g/kg和0.9 g/kg儿茶素显著提高了鱼体肥满度（$P<0.05$），显著降低了血清丙二醛含量（$P<0.05$）。除0.1 g/kg组外，其余各儿茶素添加组血清超氧化物歧化酶活性均显著高于对照组（$P<0.05$），各组间在血清碱性磷酸酶和过氧化氢脱氢酶活性上无显著差异（$P>0.05$）。②在肌肉游离氨基酸和脂肪酸组成方面，0.5 g/kg、0.7 g/kg组的总氨基酸、呈味氨基酸含量和C20：5不饱和脂肪酸、$n-3$不饱和脂肪酸含量显著高于对照组（$P<0.05$）。③各组间在肌肉水分、粗蛋白质、粗脂肪、粗灰分含量、肌肉质构特性、肌肉失水率以及肌纤维密度和直径上差异均不显著（$P>0.05$），但0.7 g/kg组和0.9 g/kg组的肌肉胶原蛋白含量显著高于对照组（$P<0.05$）。因此，儿茶素对草鱼生长性能没有显著影响，可提高血清抗氧化能力，在一定程度上改善肌肉品质。草鱼饲料中儿茶素的推荐添加量为0.5～0.7 g/kg。

（7）枸杞多糖。谭连杰等[272]研究了枸杞多糖对卵形鲳鲹（*Trachinotus ovatus*）生长性能、抗氧化能力及血清免疫、生化指标的影响。选取平均体重为（7.45±0.06）g的卵形鲳鲹幼鱼360尾，随机分为6组，每组3个重复，每个重复20尾，分别饲喂枸杞多糖含量为0（对照）、0.05%、0.10%、0.20%、0.40%和0.80%的6种饲料。试验期为8周。各组末重、增重率和特定生长率差异不显著（$P>0.05$）。0.10%和0.20%组肝脏超氧化物歧化酶活性显著高于对照组（$P<0.05$），丙二醛含量显著低于对照组（$P<0.05$）。0.10%、0.20%、0.40%和0.80%组肝脏过氧化氢酶活性显著高于对照组（$P<0.05$）。0.10%组肝脏谷胱甘肽过氧化物酶活性和总抗氧化能力显著高于对照组（$P<0.05$）。0.10%组血清补体3和补体4含量均显著高于对照组（$P<0.05$）。0.10%组和0.20%组血清溶菌酶活性显著高于对照组（$P<0.05$）。0.10%组和0.20%组血清葡萄糖含量显著低于0.05%组和对照组（$P<0.05$）。0.10%组、0.20%组和0.40%组血清胆固醇含量显著低于0.05%组和对照组（$P<0.05$）。0.10%组血清甘油三酯含量显著低于0.05%和对照组（$P<0.05$）。0.10%组和0.20%组血清高密度脂蛋白含量显著高于对照组（$P<0.05$），低密度脂蛋白含量显著低于对照组（$P<0.05$）。因此，枸杞多糖可以显著提高卵形鲳鲹的抗氧化能力和免疫力，而促生长的作用不显著。卵形鲳鲹幼鱼饲料中枸杞多糖的适宜添加量为0.10%。

（8）苜蓿提取物。饲料添加剂苜蓿提取物（有效成分为苜蓿多糖、苜蓿黄酮、苜蓿皂苷）的适用范围为仔猪、生长育肥猪、肉鸡、犬、猫。杨龙等[273]评估了日粮添加不同水平的苜蓿提取物对鲤鱼生长性能、血液生化及抗氧化性能的影响。试验将平均体重为（22.56±0.08）g的1 080尾鲤鱼随机分为3组，每组6个重复，每个重复60尾。对照组鲤鱼饲喂基础日粮，T1组和T2组鲤鱼分别饲喂基础日粮+20 mg/kg和40 mg/kg苜蓿提取物，饲养试验持续 70 d。结果发现，与对照组相比，T2 组鲤鱼的相对生长率和生长率分别显著提高 12.47%和 5.69%（$P<0.05$），同时，T1 组和 T2 组鲤鱼外形指数较对照组分别显著提高 4.67%和 4.67%（$P<0.05$）。T1 组和 T2 组血液葡萄糖浓度显著高于对照组（$P<0.05$），同时对照组血液胆固醇浓度较 T2 组显著提高 5.64%（$P<0.05$），但高密度脂蛋白浓度显著降低 14.32%（$P<0.05$）。对照组鲤鱼机体粗脂肪含量较 T1 组和 T2 组分别显著提高 9.13%和 6.97%（$P<0.05$）。与对照组相比，T2 组鲤鱼血清谷胱甘肽过氧化物酶和过氧化氢酶活性分别显著提高 13.54%和 6.03%（$P<0.05$），但丙二醛含量显著降低 38.08%（$P<0.05$）。综上所述，日粮中添加苜蓿提取物可以改善鲤鱼的外形指数、血液生化指标和抗氧化功能。综合考虑鲤鱼的生长性能和血清抗氧化指标，日粮中苜蓿提取物的适宜添加水平为 40 mg/kg。

1.3 国外相关研究进展

欧盟是成功在饲料中应用天然植物提取物的首个地区[274]。2006 年 1 月 1 日起，欧盟禁用饲用抗生素，而作为传统抗生素的替代品，植物源性饲料和草本植物的研究得到了大力扶持与快速发展[275]。消费者认为，植物提取物是天然产物，因此在市场上有更高的接受度。不断攀升的欧盟市场缺口带来的经济利益与市场价值，促进了其他国家对天然植物提取物的研究。美国、韩国、日本、印度尼西亚等国家也都已立法禁止使用抗生素促生长添加剂[276,277]，使得针对天然植物提取物饲料添加剂开发与应用的研究越来越多。其中，以肉禽或产蛋禽、肉用或泌乳用反刍动物的研究为主，育肥猪、水产养殖动物等也有研究[278]。全球范围内的广泛“禁抗政策”为天然植物提取物的发展创造了巨大的市场空间。

全球范围内，禽肉、蛋的市场需求最高。2016 年，Abudabos 等[279]研究结果表明，向鼠伤寒沙门菌感染的肉鸡的饲料中添加百里香、茴香和其他成分的提取物以及原生植物，与抗生素组相比，没有明显副作用并且生物利用率得到有效提高。2018 年，Reham 等[280]测试了茴香、黑孜然和红辣椒加入蛋鸡饲料中对所产蛋的影响。研究证明可使鸡蛋胆固醇浓度降低，提高鸡蛋的抗氧化能力，并降低了蛋鸡的血清胆固醇和丙二醛的浓度。同年，João 等[281]将百里酚、香芹酚和肉桂醛替代传统生长促进剂加入肉鸡饲料中，研究其对肉鸡体内细菌总数、生化指标、肉质的影响，发现这些植物提取物可以取代传统生长促进剂，还具有保护肝的功能。2020 年，Saeed[282]综述了饲粮中添加心叶青牛胆提取物对肉鸡影响的相关研究，发现其对肉鸡的生长性能、体增重（增加 4.8%）、屠宰率（增加 7.1%）、肉质性状和货架期均有积极影响。心叶青牛胆有效成分通过减少活酶和血浆尿酸并增强免疫反应，对肉鸡的总体健康状况产生了缓和作用，这一点在白细胞计数、血凝素滴度、白细胞介素活性和死亡率水平上都有所体现。Encinas 等[283]于 2020 年研究了欧油橄榄果提取物对肉鸡生长性能、消化率、肠道菌群、胆汁酸组成和免疫应答的影响，发现饲粮处理间肉鸡采食量无显著差异，但是试验组的饲料转化率与粗蛋白回肠消化率明显高于对照组，而且喂食欧油橄榄果提取物的肉鸡回肠中 IL－8 的转录明显下降，TGF－β4 的转录有显著性差异。同样在 2020 年，Gou 等[284]通过在肉鸡饲料里添加亚麻油和大豆异黄酮提取物，发现饲料效率得到提高，且对肉质相关指标无负向影响。此外，这种生物饲料显著降低了肉鸡的致动脉粥样硬化指数、血栓形成指数，并提高了低胆固醇血症与高胆固醇血症的比率，因此具有优化肉鸡饲料价值的作用。

猪、肉牛、羊等动物是另一大肉类食品供给来源。奶牛是全球乳制品的主要供给动物，2019 年全球牛奶产量为 51 322 万吨[285]，在世界范围内也具有较高的研究价值。2019 年，Leal 等[286]以 288 只 70 日龄的 *Rasa Aragonesa* 公羊为试验样本，在屠宰前 14 d，向饲料中加入月桂、马郁兰、牛至、迷迭香、百里香、姜黄、孜然、香菜、莳萝、肉桂和肉豆蔻提取物。研究发现，这些天然植物提取物对肌肉、肝脏和肾脏的自由基清除活性有不同影响。例如，在肌肉中，添加肉豆蔻提取物后，羔羊的自由基清除能力（TEAC）增加，而添加牛至、莳萝、肉桂和肉豆蔻后，羔羊的自由基清除能力下降（ORAC 值）。在肝脏中，添加肉豆蔻增加了抗氧化能力（TEAC），而姜黄、肉桂和肉豆蔻降低了组织的自由基清除能力（DPPH）。在肾脏中，补充牛至、孜然和香菜的羔羊清除自由基的能力（TEAC 值）较低，而姜黄、孜然、香菜、肉桂和肉豆蔻增加肾脏的抗氧化能力（ORAC 值）。这项成果为未来新型添加剂的研究奠定了基础。2020 年，Petri 等[287]通过在产乳牛饲料中添加香料、草本植物和精油混合而成的植物添加剂，证实其可以抑制 *CLDN4* 基因的表达。稳定瘤胃上皮微生物群落，从而使牛获得更好的饮食结构与消化系统平衡。这些植物源性的饲料综合证明其具有促进生长、抗菌、抗氧化和抗炎症的功能。2020 年，Vigors 等[288]发现海藻提取物作为饲料可以通过促进细菌类群（如普氏菌属）的增殖，增加断奶仔猪的饲料消化，提高日均进食量（ADFI）、日均增重（ADG），同时降低包括肠杆菌科在内的潜在致病性细菌类群的负荷，可以减少断奶后猪的肠道功能障碍。Almeida 等[289]研究发现，在哺乳期黑白花奶牛的饲料中加入燕麦和黑麦草，可以通过减少瘤胃 NH_3 的产生或增加瘤胃内微生物对 NH_3 的吸收，降低了瘤胃 NH_3 浓度，从而降低了牛奶尿素氮含量，提升牛奶品质。2020 年 3 月，Prasetiyono 等[290]研究发现，向饲料中添加洋刀豆提取物，可以使得弗里生-荷斯坦雄性杂交牛的平均日增重提高，料重比显著提升，同时肉牛的消化能（DE）、代谢能（ME）和净能（NE）采食量也显著提升，提高了肉牛的饲料效率、生长和经济效益。这一发现表明了洋刀豆作为肉牛饲用的潜在价值。2021 年，Samanta 等[291]研究发现，饲粮中添加肉桂和苜蓿精油的混合物（EO）或枸杞子和藤黄（分别为 2.8 g/kg 和 1.4 g/kg）以及玉米赤霉和紫檀精油（分别为 0.3 g/kg 和 0.4 g/kg）的植物提取物（PEO）可以改善仔猪的一些脂质谱、免疫反应和粪便微生物种群。Muniyappan 等[292]发现，饲料中添加微胶囊有机酸（MOAs）能够显著提高育肥猪的体重和平均日增重、背膘厚度（BFT）和瘦肉百分比（LMT），降低育肥猪粪便中的大肠杆菌含量和滴水损失。关于水产养殖动物饲料中应用天然植物提取物的研究，2018 年，Arsyad 等[293]研究了鱼饲料中添加橄榄叶提取物粉（OLP）对红鲷肌肉蛋白的影响，喂养 40 d 后，OLP 日粮组红海鲷肌原纤维含量是同期对照组的 1.4 倍，酸溶性胶原含量是对照组的 2.2 倍。而且，OLP 日粮组红海鲷的肌层结构更坚硬。因此，OLP 是一种有效的饲料添加剂，可以通过强化养殖红海鲷肌肉中的胶原结构来增强肌肉的纹理。此外，2019 年，Fehrmann - Cartes 等[294]证实了芦荟提取物对斑马鱼的豆粕性肠道炎症具有较好的抗炎作用，并且可以强烈抑制因为大豆而诱发的炎症标记物的表达；Pilotto 等[295]在对虾的日粮中添加蓝藻提取物可以提高白斑综合征病毒（WSSV）感染后虾的存活率，并在对虾体液和肠道防御中的免疫调节特性方面，强调了基于蓝藻提取物的免疫刺激剂在对虾养殖中用于预防传染病的潜在作用；2020 年，Tan 等[296]发现，银杏提取物对高脂日粮喂养的杂交石斑鱼肠道健康和免疫明显有益，通过增加血浆免疫球蛋白 M 含量显著提高免疫能力，促进高脂日粮的应用。

1.4 应用前景展望

1.4.1 存在的问题

目前，饲用天然植物提取物开发和应用还存在以下问题。

（1）天然植物提取物在饲料生产中的应用研究主要集中在使用效果上，对于其代谢途径、作用机制尚缺乏深入的研究。这样使得植物提取物在使用过程中可能由于方法不得当，无法发挥植物提取物真正的作用。目前，对天然植物提取物研究与应用主要还是沿用传统的中医药理论，对确切的药理机制与代谢过程还缺乏相应的研究，其生物安全性还需进一步研究[297]。

（2）天然植物提取物种类繁多、功能各异，不同植物提取物之间存在着协同和拮抗的作用，对于多组分复配使用如何取得好的效果还需要做深入研究。一些植物提取物对动物体内激素存在相克反应。例如，杀虫和抗菌性较强的植物作用于动物身上就会发生较强的安全隐患，这种植物提取物的反作用容易被生产企业和饲养方忽视[298]。

（3）天然植物提取物评价与成分检测未建立统一的方法和标准。植物种类繁多，活性有效成分差异大。不同产地、不同种类、不同生长阶段、不同收获季节等会导致植物提取物活性有效成分不同，即使植物中含有同类活性物质，化学结构上的差异也可能导致功能差异[299]。建立统一方法和标准对植物提取物进行质量控制，有利于行业稳定发展。

（4）天然植物提取工艺的提取周期长、提取率低、提取纯度不高，无法满足植物提取物添加剂发展的需求[300]。企业对植物提取技术的研发力度不足，企业自主创新能力不佳，植物提取物行业发展动力不足，影响下游产品的开发。提取工艺差异导致活性有效成分及含量不稳定，产业化生产需要提取工艺技术的突破。缺乏专门的监管标准，对植物提取物市场的管理和监督力度不足。需要建立有效机制对植物提取物企业进行约束，形成一定的行业准入门槛，促进行业健康发展。

（5）天然植物提取物植物原材料易混淆。我国幅员辽阔，植物资源丰富和品种多样，造就了相似植物活性成分差异大，其中有效成分也各不相同。某些有着亲缘关系的同科属植物提取物，其性状和功效部位非常相似，不易准确分辨。如土茯苓与菝葜属、射干与鸢尾根茎、水半夏与半夏等。即使是同种植物，不同的收获时期、使用部位和产地，都会导致有效成分含量存在差异。

（6）植物学名的翻译对应存在困难。例如，“白头翁”有 *Pulsatilla chinensis*、Chinese Pulsatilla Root、*Anemone chinensis* 等多种表达，“牛至”在欧美能找到几十种不同的植物。这给饲用天然植物提取物走向国际市场带来了巨大阻碍[301,302]。

1.4.2 研究方向展望

针对目前天然植物提取物产品存在的成本高、国际化困难、标准不统一等问题，今后应从以下几个方面开展工作。

（1）加强饲用植物提取物特有品种的培育研究。逐步遴选出更适合畜禽水产饲料中应用的植物品种，依托不同地区的气候环境和水土条件进行目标植物的开发、筛选以及标准化培育[303]。在保证饲养动物健康的前提下，逐步寻求最佳的高端药材替代品并形成标准，降低成本[304]。

（2）加快植物提取物新产品研发的速度。随着生物技术不断发展，越来越多的植物提取物及其有效的功能将被发现，这些发现将推动植物提取物行业不断发展进步。我国虽然已批准多种天然植物提取物作为饲料添加剂使用，但仍不能满足饲料工业发展的需求，应加强天然植物提取物饲料添加剂产品的研发和创新，让更多安全、高效的天然植物提取物产品投入生产实际。

（3）加强饲用天然植物提取物标准和相关技术法规建设。研究建立饲用天然植物提取物品种行业质量标准体系、生产质量标准和检测方法体系，保障饲用天然植物提取物的质量安全；建立科学、全面、可靠的评价体系，以靶动物饲喂后的主要消化参数、饲料利用率、日增重为主要评价指标，辅以其他生理指标，形成具有权威性、科学性与实用性的行业评价方法。

（4）持续提升植物提取物提取工艺。天然植物提取物提取工艺对产品质量影响显著。加强植物提取物提取、分离和纯化工艺研究，建立科学的植物有效成分分离提取技术，保证产品质量的可控性和稳定性，是实现植物提取物添加剂标准化生产和产业化发展的必要条件[300]。

（5）加强对饲用植物提取物的机制研究。植物提取物的不当使用也会对动物的生产性能造成影响，甚至会危害动物的健康[10]。国内的研究热点集中在各种饲用植物提取物利用率和饲料特性等生产实际中效果的验证，缺乏具有创新性的全面评估与机制深入研究[304]。所以，加强对饲用植物提取物的机制研究，在此基础上规范植物提取物添加剂的合理使用。

（6）加强天然植物活性成分的挖掘。大量研究表明，植物提取物在抑制消减细菌耐药性方面的研究潜力巨大。此外，植物提取物可降低耐药靶点活性、抑制细菌耐药酶和消除含有耐药基因的质粒、抑制药物外排泵等以辅助抗生素恢复对多重耐药性病原菌的杀菌作用，减轻因耐药引起的大剂量或蓄积的抗生素毒副作用。因此，提高抗炎、提高免疫能力、调节肠道菌群的天然植物活性成分发现水平，加强植物提取物在减抗替抗、消减耐药性、协同抗生素增效、减少抗菌素毒性等方面功效的研究与应用，关注酚类、精油类、生物碱等活性成分在动物养殖开发中的功能价值，对于植物提取物的开发和应用具有重要的意义[305～307]。

本章编写人员

中国农业大学：郝智慧、黄亭亭、高雪嫣、张艳楠、王芊芊、陈婷婷
全国畜牧总站：李燕松、王荃、李红烨
山东省农业科学院家禽研究所：李凯远
青岛农业大学：翟冰
新疆农业大学：韩俊成

参考文献

[1] 马瑞雪，朱崇淼．一种复合可饲用天然植物提取物饲料添加剂及其制备方法［P］. CN110786418A,

2020-02-14.
[2] 彭新宇，符应琳，莫棣华．中草药饲料添加剂发展的新思路：天然植物提取物饲料添加剂复方组合 [J]. 广东饲料，2008 (2)：27-29.
[3] 刘学剑．植物提取物开发应用的影响因素及对策 [J]. 饲料研究，2008 (2)：19-21.
[4] 唐茂妍，陈旭东．天然植物提取物饲料添加剂替代饲用抗生素的应用研究进展 [J]. 饲料博览，2018 (12)：17-22.
[5] 王若瑾，袁保京，金立志．天然植物提取物饲料添加剂生物学功能与综合性功能研究综述 [J]. 中国畜牧杂志，2015，51 (8)：72-78.
[6] 薛峰，黄剑宇，吴浩，等．现代中药加工技术研究进展 [J]. 南京中医药大学学报，2020 (5)：727-735.
[7] 王晓杰，黄立新，张彩虹，等．植物提取物饲料添加剂的研究进展 [J]. 生物质化学工程，2018，52 (3)：50-58.
[8] 张志敏．影响植物提取物饲料添加剂开发应用的因素及其对策 [J]. 养殖技术顾问，2011 (12)：61.
[9] 甘利平，杨维仁，张崇玉，等．植物提取物的生物学功能及其作用机理 [J]. 动物营养学报，2015，27 (9)：2667-2675.
[10] 肖传明，王蕾，黄远荣，等．常见植物提取物在饲料中的主要应用研究进展 [J]. 广东饲料，2016 (12)：29-31.
[11] 丁祥文，李艳芬，宋志刚．植物性饲料添加剂对白羽肉鸡生产性能及肠道健康的影响 [J]. 家禽科学，2016 (4)：14-19.
[12] A M Amerah，A Péron，F Zaefarian，et al. Influence of whole wheat inclusion and a blend of essential oils on the performance，nutrient utilisation，digestive tract development and ileal microbiota profile of broiler chickens [J]. British Poultry Science，2011，52 (1)：124-132.
[13] Amad Abdulkarim A，Wendler K R，Zentek J. Effects of a phytogenic feed additive on growth performance，selected blood criteria and jejunal morphology in broiler chickens [J]. Emirates Journal of Food and Agriculture，2013，25 (7)：549-554.
[14] 张耀，朱伟云．中草药对消化道微生物的影响 [J]. 微生物学通报，2007 (3)：569-571.
[15] 吕武兴，贺建华，王建辉，等．杜仲提取物对三黄鸡生产性能和肠道微生物的影响 [J]. 动物营养学报，2007，16 (1)：61-65.
[16] Brisbin J T，Gong J，Lusty C A，et al. Influence of in-feed virginiamycin on the systemic and mucosal antibody response of chickens [J]. Poultry Science，2008，87 (10)：1995-1999.
[17] Choct M. Managing gut health through nutrition [J]. British Poultry Science，2009，50 (1)：9-15.
[18] 段智璇，田维毅．中草药对肠道菌群及肠黏膜屏障功能的影响 [J]. 内蒙古医学杂志，2016，48 (9)：1053-1057.
[19] 纪丽丽，祁根兄，王传宝，等．中草药提取物对肉鸡生长性能、器官发育、免疫功能及肠道菌群的影响 [J]. 中国饲料，2018 (22)：32-36.
[20] Rostami F，Ghasemi H A，Taherpour K. Effect of *Scrophularia striata* and *Ferulago angulata*，as alternatives to virginiamycin，on growth performance，intestinal microbial population，immune response，and blood constituents of broiler chickens [J]. Poultry Science，2015，94 (9)：2202-2209.
[21] Jia F，Mingyuan L，Jing W，et al. Dietary oregano essential oil supplementation improves intestinal functions and alters gut microbiota in late-phase laying hens [J]. Journal of Animal Science and Biotechnology，2022，13 (1)：265-279.
[22] 吴克刚，罗敏婷，魏浩．8 种植物精油对肠道常见微生物体外抑菌效果的研究 [J]. 现代食品科技，2017，33 (6)：133-141，93.

[23] 张玉玉，孙宝国，祝钧．牛至精油挥发性成分的 GC - MS 与 GC - O 分析［J］．食品科学，2009，30（16）：275 - 277.

[24] 曾建国．植物提取物及其饲料添加剂注册开发建议［J］．饲料工业，2020（10）：1 - 8.

[25] 文贵辉，杨海，刘增再．紫花苜蓿多糖对仔猪生长性能及小肠形态的影响［J］．中国饲料，2019（16）：40 - 43.

[26] 曲根，刘建宇，郭志鹏，等．苜蓿草粉和黄酮对断奶仔猪结肠微生物区系的影响［J］．草业学报，2019，28（6）：175 - 184.

[27] 王文静，刘伯帅，陈要鹏，等．苜蓿皂苷对断奶仔猪生长性能、肠道菌群、组织抗氧化能力及相关酶 mRNA 表达的影响［J］．动物营养学报，2017，29（12）：4469 - 4476.

[28] 邵谱，郭立佳，张娜，等．淫羊藿提取物内控方法初探及初步饲喂试验［J］．黑龙江畜牧兽医，2020（9）：140 - 143.

[29] 王志强，周超，曾勇庆，等．复方黄藿提取物对母仔猪生产性能及健康影响的研究［J］．养猪，2018（2）：9 - 12.

[30] 张勇，张雄，陆静，等．两种中草药添加剂对从江香猪仔猪生长性能及血清免疫指标的影响［J］．中国畜牧杂志，2017，53（2）：127 - 131.

[31] Wang M，Yu B，He J，et al. The toxicological effect of dietary excess of saccharicterpenin，the extract of camellia seed meal，in piglets［J］. Journal of Integrative Agriculture，2020，19（1）：211 - 224.

[32] 张继忠．半胱胺、糖萜素和复方螺旋藻提取物组合使用对早期断奶八眉仔猪生长性能及经济效益的影响［J］．养猪，2019（2）：38 - 40.

[33] 张继忠．甜菜碱、糖萜素和生物活性小肽组合使用对八眉猪生长性能及胴体品质的影响［J］．养猪，2018（4）：12 - 14.

[34] 刘宗新，潘庆伟，林凌．日粮中添加不同浓度糖萜素对断奶仔猪生产性能及肠道主要菌群的影响［J］．安徽农学通报，2017，23（12）：150 - 152.

[35] 庞继达，何莫斌，俸祥仁，等．乳酸提取糖萜素对母猪繁殖性能和仔猪生产性能及血清指标的影响［J］．贵州畜牧兽医，2016，40（2）：13 - 16.

[36] 黄晶，潘书磊，陈金雄，等．牛至香酚与抗生素对断奶仔猪生产性能的对比研究［J］．广东饲料，2017，26（8）：29 - 30.

[37] Xie K，Li Y，Chen D，et al. Daidzein supplementation enhances embryo survival by improving hormones，antioxidant capacity，and metabolic profiles of amniotic fluid in sows［J］. Food & Function，2020，11（12）：10588 - 10600.

[38] 张琦琦，李延，陈代文，等．大豆黄酮对妊娠母猪繁殖性能、血清激素含量、抗氧化能力及免疫机能的影响［J］．动物营养学报，2019，31（10）：4710 - 4716.

[39] Wang H，Li S，Xu S，et al. Betaine improves growth performance by increasing digestive enzymes activities，and enhancing intestinal structure of weaned piglets［J］. Animal Feed Science and Technology，2020（267）：114545.

[40] Chen F，Lv Y，Zhu P，et al. Dietary Yucca schidigera extract supplementation during late gestating and lactating sows improves animal performance，nutrient digestibility，and manure ammonia emission［J］. Frontiers in Veterinary Science，2021（8）：676324.

[41] Fan X，Xiao X，Chen D，et al. Yucca schidigera extract decreases nitrogen emission via improving nutrient utilisation and gut barrier function in weaned piglets［J］. Journal of Animal Physiology and Animal Nutrition，2021，106（5）：1036 - 1045.

[42] 刘祝英，王小龙，秦茂，等．复合多糖对育肥猪生长性能和胴体品质的影响［J］．猪业科学，2021，38（4）：32 - 35.

[43] Wang M, Huang H, Hu Y, et al. Effects of dietary supplementation with herbal extract mixture on growth performance, organ weight and intestinal morphology in weaning piglets [J]. Journal of Animal Physiology and Animal Nutrition, 2020, 104 (5): 1462 - 1470.

[44] Zhou Y, Ruan Z, Li X L, et al. *Eucommia ulmoides* oliver leaf polyphenol supplementation improves meat quality and regulates myofiber type in finishing pigs [J]. Journal of Animal Science, 2016 (94): 164 - 168.

[45] 许栋，李景军，林丽秀，等．植物甾醇对猪生产性能、免疫指标及不同组织 *Wnt1* 基因表达的影响 [J]. 饲料研究，2021，44 (17)：14 - 17.

[46] 程业飞，胡琴，王春梅，等．普通和乳化植物甾醇对育肥猪生长性能、血清生化指标和养分消化率的影响 [J]. 中国粮油学报，2017，32 (4)：98 - 102.

[47] 彭俊平，舒鑫标，施杏芬，等．饲粮中添加植物甾醇、枯草芽孢杆菌及复合酶制剂对育肥猪生长性能和肉品质的影响 [J]. 中国饲料，2018 (15)：62 - 64.

[48] 刘燕．饲料中添加紫花苜蓿多糖对育肥猪生长性能和胴体品质的影响 [J]. 中国饲料，2019 (1)：12 - 15.

[49] 梁龙华，覃小荣，涂兴强．糖萜素对肥育猪生长性能、免疫指标及血清酶活性的影响 [J]. 养猪，2016 (6)：52 - 54.

[50] 刘冬，丁兆忠，吴忠良，等．不同水平的茶多酚对育肥猪生长性能、肉品质及抗氧化功能的影响 [J]. 中国饲料，2021 (15)：48 - 53.

[51] 沈红勋，班宜锋．日粮添加牛至提取物对生长育肥猪生长性能、营养物质表观消化率及胴体性状的影响 [J]. 饲料研究，2021，44 (6)：36 - 39.

[52] 黄其春，吴樟强，赖建彬，等．牛至提取物对生长育肥猪生长性能、胴体性状及肉品质的影响 [J]. 中国畜牧杂志，2020，56 (8)：150 - 153.

[53] 赵必迁．紫苏籽提取物对杜长大猪屠宰性能和肉品质的影响 [J]. 养猪，2018 (2)：70 - 72.

[54] 张琪，张明举，李娜，等．肥育后期饲粮中添加维生素 C、维生素 E、甜菜碱、牲血素对松辽黑猪血液生化指标及肉品质的影响 [J]. 养猪，2018 (5)：62 - 63.

[55] 申超超，许迟，杜晓华，等．甜菜碱对三元育肥猪血清中 TP、BUN、IgG 含量和 ChE 活性的影响 [J]. 动物医学进展，2017，38 (3)：72 - 78.

[56] 申超超，赵元，杜晓华，等．不同低蛋白日粮下甜菜碱对三元育肥猪脂类代谢的影响 [J]. 甘肃农业大学学报，2017，52 (6)：18 - 25，32.

[57] Sun Z, Li D, Li Y, et al. Effects of dietary daidzein supplementation on growth performance, carcass characteristics, and meat quality in growing - finishing pigs [J]. Animal Feed Science and Technology, 2020 (268): 114591.

[58] Wang W, Wen C, Guo Q, et al. Dietary supplementation with chlorogenic acid derived from lonicera macranthoides Hand - Mazz improves meat quality and muscle fiber characteristics of finishing pigs via enhancement of antioxidant capacity [J]. Frontiers in Physiology, 2021 (12): 650084.

[59] Chen J, Li Y, Yu B, et al. Dietary chlorogenic acid improves growth performance of weaned pigs through maintaining antioxidant capacity and intestinal digestion and absorption function [J]. Journal of Animal Science, 2018, 96 (3): 1108 - 1118.

[60] 赖星，陈庆菊，卢昌文，等．日粮添加绿原酸和橙皮苷对断奶仔猪生长性能与肠道功能的影响 [J]. 畜牧兽医学报，2019，50 (3)：570 - 580.

[61] Wu Y, Liu W, Li Q, et al. Dietary chlorogenic acid regulates gut microbiota, serum - free amino acids and colonic serotonin levels in growing pigs [J]. International Journal of Food Sciences and Nutrition, 2018, 69 (5): 566 - 573.

[62] 赵萌，郁建生，郁建平，等．藤茶总黄酮对仔猪血清生化指标及免疫功能的影响 [J]. 中国畜牧兽医，2016，43 (5)：1221-1225.

[63] Zhang G，Zhao J，Dong W，et al. Effects of tea tree oil supplementation on growth performance，antioxidant capacity，immune status and microbial community in weaned pigs [J]. Archives of Animal Nutrition，2021，75 (2)：121-136.

[64] Dong L，Liu J，Zhong Z，et al. Dietary tea tree oil supplementation improves the intestinal mucosal immunity of weanling piglets [J]. Animal Feed Science and Technology，2019 (255)：114209.

[65] Chen J，Kang B，Yao K，et al. Effects of dietary *Macleaya cordata* extract on growth performance，immune responses，antioxidant capacity，and intestinal development in weaned piglets [J]. Journal of Applied Animal Research，2019，47 (1)：349-356.

[66] Wang T，Yao W，Li J，et al. Dietary garcinol supplementation improves diarrhea and intestinal barrier function associated with its modulation of gut microbiota in weaned piglets [J]. Journal of Animal Science and Biotechnology，2020，11 (3)：853-865.

[67] Wang T，Li J，Shao Y，et al. The effect of dietary garcinol supplementation on oxidative stability，muscle postmortem glycolysis and meat quality in pigs [J]. Meat Science，2020 (161)：107998.

[68] 贺琼玉，邵亚飞，姚卫磊，等．饲粮添加山竹醇对氧化应激仔猪生长性能、抗氧化功能及肝脏脂质合成的影响 [J]. 动物营养学报，2019，31 (12)：5834-5845.

[69] 邵亚飞，贺琼玉，姚卫磊，等．山竹醇对生长育肥猪生长性能、肌肉抗氧化能力和肌纤维类型组成的影响 [J]. 动物营养学报，2020，32 (3)：1151-1160.

[70] Huang C，Chen D，Tian G，et al. Effects of dietary plant essential oil supplementation on growth performance，nutrient digestibility and meat quality in finishing pigs [J]. Journal of Animal Physiology and Animal Nutrition，2021，published online，doi：10.1111/jpn.13673.

[71] 刘艳青．牛至精油对断奶仔猪生产性能及血清生化指标的影响 [J]. 湖南畜牧兽医，2021 (2)：42-44.

[72] Su G，Zhou X，Wang Y，et al. Dietary supplementation of plant essential oil improves growth performance，intestinal morphology and health in weaned pigs [J]. Journal of Animal Physiology and Animal Nutrition，2020，104 (2)：579-589.

[73] Luo Q，Li N，Zheng Z，et al. Dietary cinnamaldehyde supplementation improves the growth performance，oxidative stability，immune function，and meat quality in finishing pigs [J]. Livestock Science，2020 (240)：104221.

[74] 李方方，杨晶晶，张瑞阳，等．植物精油对断奶仔猪生长性能、血清生化指标及养分表观消率的影响 [J]. 动物营养学报，2019，31 (3)：1428-1433.

[75] Yang C，Zhang L，Cao G，et al. Effects of dietary supplementation with essential oils and organic acids on the growth performance，immune system，fecal volatile fatty acids，and microflora community in weaned piglets [J]. Journal of Animal Science，2019，97 (1)：133-143.

[76] Xu Y，Liu L，Long S，et al. Effect of organic acids and essential oils on performance，intestinal health and digestive enzyme activities of weaned pigs [J]. Animal Feed Science and Technology，2018 (235)：110-119.

[77] 常娟，杨雪冰，王平，等．茴香精油对仔猪生长性能、养分表观消化率和粪便菌群数量的影响 [J]. 动物营养学报，2019，31 (11)：5238-5244.

[78] 宋军帅，张文飞，林小峰，等．饲粮中添加复合植物精油对断奶仔猪生长性能、血清生化指标及抗氧化性能的影响 [J]. 动物营养学报，2019，31 (8)：3776-3783.

[79] 马玉芳，王冠淞，闵思明，等．牛至油对断奶仔猪生长性能、血清激素指标及小肠组织胰岛素样生长

因子-Ⅰ含量的影响［J］. 动物营养学报，2018，30（6）：2303－2309.

［80］Su G，Zhou X，Wang Y，et al. Effects of plant essential oil supplementation on growth performance，immune function and antioxidant activities in weaned pigs［J］. Lipids in Health and Disease，2018，17（1）：1－10.

［81］Cheng C，Liu Z，Zhou Y，et al. Effect of oregano essential oil supplementation to a reduced－protein，amino acid－supplemented diet on meat quality，fatty acid composition，and oxidative stability of Longissimus thoracis muscle in growing－finishing pigs［J］. Meat science，2017（133）：103－109.

［82］Zou Y，Hu X，Zhang T，et al. Effects of dietary oregano essential oil and vitamin E supplementation on meat quality，stress response and intestinal morphology in pigs following transport stress［J］. Journal of Veterinary Medical Science，2017，79（2）：328－335.

［83］周选武，杨开云，陈代文，等．饲粮添加抗生素和植物精油对母猪生产性能、免疫功能和乳成分的影响［J］. 动物营养学报，2017，29（3）：995－1002.

［84］周选武，王宇，陈代文，等．植物精油对断奶仔猪生长性能、血液指标及免疫能力的影响［J］. 动物营养学报，2017，29（7）：2512－2519.

［85］张勇，王萌，李方方，等．三丁酸甘油酯和牛至油对断奶仔猪生长性能、血清生化指标和营养物质表观消化率的影响［J］. 动物营养学报，2016，28（9）：2786－2794.

［86］段平男，杨婷，陈佳亿，等．白藜芦醇对生长肥育期宁乡猪肉品质的影响［J］. 动物营养学报，2021，33（8）：4364－4372.

［87］Chen Y，Zhang H，Chen Y，et al. Resveratrol and its derivative pterostilbene ameliorate intestine injury in intrauterine growth－retarded weanling piglets by modulating redox status and gut microbiota［J］. Journal of Animal Science and Biotechnology，2021，12（1）：1－13.

［88］Cheng K，Yu C，Li Z，et al. Resveratrol improves meat quality，muscular antioxidant capacity，lipid metabolism and fiber type composition of intrauterine growth retarded pigs［J］. Meat Science，2020（170）：108237.

［89］Zeng Z，Chen X，Huang Z，et al. Effects of dietary resveratrol supplementation on growth performance and muscle fiber type transformation in weaned piglets［J］. Animal Feed Science and Technology，2020（265）：114499.

［90］胡瑶莲，张恒志，陈代文，等．白藜芦醇对生长育肥猪抗氧化能力、空肠黏膜免疫及结肠菌群的影响［J］. 动物营养学报，2019，31（1）：459－468.

［91］Zhang H Z，Chen D W，He J，et al. Long－term dietary resveratrol supplementation decreased serum lipids levels，improved intramuscular fat content，and changed the expression of several lipid metabolism－related miRNAs and genes in growing－finishing pigs［J］. Journal of Animal Science，2019，97（4）：1745－1756.

［92］Jiang S，Yang Z，Huang L，et al. Effect of *Illicium verum* or *Eucommia ulmoides* leaf extracts on the anti－stress ability，and mRNA and protein expression of Nrf2 and TNF－α in Duroc×Landrace×Yorkshire and Chinese native Licha－black nursery piglets［J］. Journal of Animal Physiology and Animal Nutrition，2020，104（4）：1085－1095.

［93］Ding H，Cao A，Li H，et al. Effects of *Eucommia ulmoides* leaf extracts on growth performance，antioxidant capacity and intestinal function in weaned piglets［J］. Journal of Animal Physiology and Animal Nutrition，2020，104（4）：1169－1177.

［94］Xiao D，Yuan D，Tan B，et al. The role of Nrf2 signaling pathway in *Eucommia ulmoides* flavones regulating oxidative stress in the intestine of piglets［J］. Oxidative Medicine and Cellular Longevity，2019，2019（1）：9719618.

[95] Peng M, Wang Z, Peng S, et al. Dietary supplementation with the extract from *Eucommia ulmoides* leaves changed epithelial restitution and gut microbial community and composition of weanling piglets [J]. PLoS One, 2019, 14 (9): e0223002.

[96] 王鑫，陈鹏，杨立杰，等．八角和杜仲叶提取物对杜×长×大和本土里岔黑断奶仔猪免疫功能和抗氧化能力的影响 [J]. 动物营养学报，2019，31 (10)：4717 - 4728.

[97] 徐明涛，冯蕾，陈鹏，等．杜仲叶提取物对三元杂交断奶仔猪小肠内 ghrelin 表达的影响 [J]. 中国兽医学报，2018，38 (10)：1994 - 2000.

[98] 陈鹏，杨在宾，张庆，等．八角和杜仲叶提取物对断奶仔猪生长性能、血清代谢产物及肠道健康的影响 [J]. 饲料工业，2017，38 (4)：8 - 11.

[99] 陈鹏，杨在宾，黄丽波，等．八角和杜仲叶提取物对断奶仔猪生长性能、血清酶活性及肝脏肿瘤坏死因子-α分布和表达的影响 [J]. 动物营养学报，2017，29 (3)：874 - 881.

[100] Hu Q, Li S, Zhang Y, et al. Phytosterols on growth performance, antioxidant enzymes and intestinal morphology in weaned piglets [J]. Journal of the Science of Food and Agriculture, 2017, 97 (13): 4629 - 4624.

[101] Hu Q, Zhuo Z, Fang S, et al. Phytosterols improve immunity and exert anti - inflammatory activity in weaned piglets [J]. Journal of the Science of Food and Agriculture, 2017, 97 (12): 4103 - 4109.

[102] 冀艳，刘跃敏．黄连提取物对肥育猪生长性能、营养物质消化率及肉质的影响 [J]. 中国饲料，2020 (8)：29 - 32.

[103] 罗宗刚，王玲，杨远新，等．甘草提取物对肥育猪生长性能、胴体性状和肉品质的影响 [J]. 四川农业大学学报，2019，37 (2)：208 - 214.

[104] 张阳，吕慧源，徐盛玉，等．复合益生菌与黄芪多糖对生长育肥猪免疫和抗氧化功能的影响 [J]. 动物营养学报，2021，33 (6)：3185 - 3197.

[105] 张阳，吕慧源，徐盛玉，等．复合益生菌与黄芪多糖对生长育肥猪生长性能、血清生化指标和粪便微生物的影响 [J]. 动物营养学报，2021，33 (6)：3542 - 3553.

[106] 徐光科，陈会敏，吴海港，等．葡萄籽提取物对断奶仔猪生长性能、免疫机能及肠道菌群的影响 [J]. 饲料研究，2021，44 (6)：31 - 35.

[107] 赵艳阳，王维．不同营养水平日粮补充复合植物提取物对育肥猪生长性能、养分消化及血液指标的影响 [J]. 中国饲料，2021 (20)：29 - 32.

[108] 刘仲昊，闫峻，李宁，等．金银花粗提物和葛根粗提物对育肥猪生长性能、胴体性状及肉品质的影响 [J]. 饲料研究，2021，44 (12)：22 - 27.

[109] Yang M, Yin Y, Wang F, et al. Effects of dietary rosemary extract supplementation on growth performance, nutrient digestibility, antioxidant capacity, intestinal morphology, and microbiota of weaning pigs [J]. Journal of Animal Science, 2021, 99 (9): 1 - 9.

[110] 张权，李辉，徐鹏，等．叶黄素对蛋鸡蛋黄颜色、生产性能及蛋品质的影响 [J]. 中国家禽，2019，41 (6)：33 - 36.

[111] 李守学，胡喜军，张治刚，等．不同比例的两种天然色素对蛋鸡蛋黄颜色、生产性能及蛋品质的影响 [J]. 饲料工业，2017，38 (6)：12 - 15.

[112] 李守学，胡喜军，张治刚，等．两种天然色素对小麦-豆粕型饲粮蛋鸡蛋品质影响的研究 [J]. 饲料工业，2016，37 (22)：10 - 14.

[113] Wang L, Zuo X, Zhao W, et al. Effect of maternal dietary supplementation with phytosterol esters on muscle development of broiler offspring [J]. Acta Biochimica Polonica, 2020, 67 (1): 135 - 141.

[114] 刘宁，张柏林，张丽娟，等．饲粮添加茶多酚对长顺绿壳蛋鸡生产性能、蛋品质、血浆抗氧化指标及输卵管形态的影响 [J]. 动物营养学报，2021，33 (11)：6137 - 6146.

[115] 王建萍，杨曾乔，丁雪梅，等．茶多酚对蛋鸡重金属联合暴露的缓解作用［J］．动物营养学报，2019，31（1）：444－451.

[116] 杜洁明，张克英，王建萍，等．茶多酚对鸡蛋品质、蛋白凝胶特性、微观结构及蛋清微量元素含量的影响［J］．动物营养学报，2019，31（3）：1326－1333.

[117] Wang X，Wang X，Wang J，et al. Dietary tea polyphenol supplementation improved egg production performance，albumen quality，and magnum morphology of Hy－Line Brown hens during the late laying period［J］. Journal of Animal Science，2018，96（1）：225－235.

[118] 汪小红，武书庚，崔耀明，等．茶多酚对蛋鸡生产性能、蛋品质和抗氧化能力的影响［J］．动物营养学报，2017，29（1）：193－201.

[119] 夏兵，朱水星，朱跃进，等．茶资源添加方式对仙居鸡鸡蛋品质的影响［J］．中国家禽，2016，38（21）：38－41.

[120] 黄凤梅，姜源明，莫少春，等．乳酸-糖萜素对蛋鸡性能、蛋品质和环境的影响［J］．中国畜禽种业，2017，13（2）：134－136.

[121] 陈宇星，郑玉才，徐亚欧，等．甜菜碱对藏鸡产蛋性能及蛋品质的影响［J］．中国家禽，2018，40（23）：23－26.

[122] 郝生燕，刘陇生，王国栋，等．饲粮中添加甜菜碱对热应激蛋鸡生产性能、蛋品质及血清生化指标的影响［J］．动物营养学报，2017，29（1）：184－192.

[123] 陈继发，韩召，曲湘勇．辣椒红素对蛋鸡生产性能和蛋品质的影响［J］．中国家禽，2016，38（21）：34－37.

[124] 褚千然，王太平，龚海洲，等．日粮添加β-胡萝卜素和维生素A对蛋雏鸡生长性能和脂质代谢的影响［J］．中国家禽，2021，43（4）：47－53.

[125] 黎雄，王胜萍，赖炳群，等．添加不同剂量β-胡萝卜素对鸡蛋蛋黄颜色影响观察［J］．江西畜牧兽医杂志，2017（4）：14.

[126] 刘海艳，吉昱斌，王玉璘，等．日粮中添加β-胡萝卜素对海兰褐雏鸡生长性能及免疫器官的影响［J］．黑龙江畜牧兽医，2016（24）：75－77.

[127] 吉昱斌，刘海艳，王玉璘，等．日粮中添加β-胡萝卜素和胡萝卜渣对海兰褐雏鸡免疫指标和血液生化指标的影响［J］．中国饲料，2016（6）：14－17.

[128] 陈祥宇，耿浩川，侯建库，等．复合植物提取物对蛋鸡生产性能、肠道黏膜形态及盲肠菌群结构的影响［J］．动物营养学报，2021，33（4）：2033－2043.

[129] 陈祥宇，朱亚昊，刘萌，等．复合植物提取物对蛋鸡生产性能、蛋品质、免疫功能和抗氧化能力的影响［J］．动物营养学报，2021，33（6）：3271－3279.

[130] 张玲，钟光，张尧，等．大豆黄酮对余干乌骨鸡产蛋后期产蛋性能和蛋品质的影响［J］．中国家禽，2020，42（4）：63－66.

[131] 张玲，钟光，顾文婕，等．饲粮添加大豆黄酮对产蛋后期蛋鸡产蛋性能、蛋品质和血浆激素指标的影响［J］．动物营养学报，2020，32（9）：4110－4115.

[132] 肖蕴祺，王强，童海兵，等．大豆黄酮对产蛋后期地方蛋鸡生产性能、蛋品质和血浆激素指标的影响［J］．动物营养学报，2018，30（3）：1110－1115.

[133] 邵丹，胡艳，王强，等．大豆黄酮对产蛋后期蛋种鸡生产性能、激素水平和繁殖性能的影响［J］．中国家禽，2016，38（20）：28－32.

[134] 王一冰，张盛，李辉，等．天然叶黄素替代阿朴酯对黄羽肉鸡不同部位皮肤着色的影响［J］．动物营养学报，2021，33（8）：4405－4414.

[135] 李丽平，邱伟海．万寿菊提取物对肉鸡生长性能、色素沉积、抗氧化和肉质的影响［J］．中国饲料，2020（8）：51－55.

[136] 王述浩，张林，李蛟龙，等．饲粮添加万寿菊提取物对肉鸡血清生化指标、抗氧化能力和免疫性能的影响［J］．动物营养学报，2016，28（8）：2476－2484.

[137] Wang S，Zhang L，Li J，et al. Effects of dietary marigold extract supplementation on growth performance，pigmentation，antioxidant capacity and meat quality in broiler chickens［J］. Asian－Australasian Journal of Animal Sciences，2017，30（1）：71－77.

[138] 刘元元，王英俊，张浩，等．天然牛至香酚预混剂对肉鸡生产性能的影响［J］．畜牧与兽医，2016，48（2）：57－60.

[139] 董晓芳，佟建明，刘平．苜草素对肉仔鸡生长性能和体脂肪沉积的影响［J］．黑龙江畜牧兽医，2018（9）：22－27.

[140] 杨耀翔，杨玉，董晓芳，等．苜蓿多糖对不同性别肉仔鸡生长性能、屠宰性能、肉品质及抗氧化性能的影响［J］．动物营养学报，2017，29（2）：488－501.

[141] Ouyang K，Xu M，Jiang Y，et al. Effects of alfalfa flavonoids on broiler performance，meat quality，and gene expression［J］. Canadian Journal of Animal Science，2016，96（3）：332－341.

[142] 宁康健，熊年年，孙莉莉，等．淫羊藿对鸡肝脏和胸肌中部分矿物元素含量的影响［J］．黑龙江畜牧兽医（下半月），2017（11）：164－166.

[143] Ding X Q，Yuan C C，Huang Y B，et al. Effects of phytosterol supplementation on growth performance，serum lipid，proinflammatory cytokines，intestinal morphology，and meat quality of white feather broilers［J］. Poultry Science，2021，100（7）：101096.

[144] 邹胜龙，黄志毅，龚红，等．植物甾醇对快大黄鸡生长性能、屠宰性能、血清生化指标及抗氧化指标的影响［J］．广东饲料，2020，29（6）：21－25.

[145] 黄志毅，李志华，龚红，等．植物甾醇对清远麻鸡生长性能及血清生化指标的影响［J］．广东饲料，2019，28（12）：26－29.

[146] 黄志毅，李志华，孙凤刚，等．植物甾醇对 817 肉鸡生长性能和抗氧化能力的影响［J］．家禽科学，2019（12）：7－9.

[147] Zhao Y R，Chen Y P，Cheng Y F，et al. Effects of dietary phytosterols on growth performance，antioxidant status，and meat quality in partridge shank chickens［J］. Poultry Science，2019，98（9）：3715－3721.

[148] Cheng Y，Chen Y，Li J，et al. Dietary β－sitosterol improves growth performance，meat quality，antioxidant status，and mitochondrial biogenesis of breast muscle in broilers［J］. Animals，2019，9（3）：71－83.

[149] 姬红波，吕鑫，孙楼．植物甾醇对肉鸡生长性能和血液生化指标的影响［J］．中国饲料，2017（23）：29－32.

[150] 王满红，陈桂林，肖欢平，等．糖萜素在肉鸡日粮中替代土霉素钙的应用效果研究［J］．饲料工业，2017，38（16）：12－16.

[151] 亓秀晔，穆熙军，张志焱，等．复合微生态制剂对冷应激肉鸡免疫机能和小肠黏膜结构的影响［J］．中国兽医科学，2018，48（10）：1332－1340.

[152] 黄雅莉，蓝铋师，侯小露，等．火麻油和茶多酚对三黄鸡生长性能和屠宰性能的影响［J］．黑龙江畜牧兽医，2021（16）：105－108.

[153] 黄雅莉，蓝铋师，侯小露，等．茶多酚和火麻油对三黄鸡肉品质和抗氧化性能的影响［J］．饲料工业，2021，42（15）：48－52.

[154] 蒋磊，陈杰．茶多酚对肉鸡生长性能和肉品质的影响［J］．西昌学院学报（自然科学版），2021，35（2）：39－42，48.

[155] 蒋磊，陈杰．茶多酚对热应激肉鸡血清生理生化指标的影响［J］．洛阳师范学院学报，2021，40

(8)：10-14.
[156] 蒋磊，陈杰．日粮中添加茶多酚对肉鸡血清生化指标的影响 [J]. 贵阳学院学报（自然科学版），2020，15 (1)：72-75.
[157] 刘梅，史挺，王玉海，等．茶多酚对肉仔鸡生产性能及抗氧化能力的影响 [J]. 中国饲料，2018 (19)：65-69.
[158] 黄进宝，万蓓，葛高飞．茶多酚对肉鸡血脂水平、体脂分布及组织脂肪酸组成的影响 [J]. 食品工业科技，2017，38 (15)：290-295.
[159] 陆江，朱道仙，卢劲晔，等．茶多酚对热应激肉用仔鸡抗氧化指标的影响 [J]. 中国家禽，2017，39 (21)：69-70.
[160] 李桦，杨梅梅，屈倩，等．绿茶多酚对热应激肉鸡血生化指标和抗氧化能力的影响 [J]. 中国兽医学报，2016，36 (5)：801-803，813.
[161] 樊祥宇，张富群，黄泰来，等．姜黄素对中速型黄羽肉鸡生长性能、腹脂沉积、抗氧化能力、肝脏脂肪代谢相关酶活性及基因表达的影响 [J]. 动物营养学报，2021，33 (10)：5581-5590.
[162] 樊祥宇，张富群，黄泰来，等．姜黄素和双去甲氧基姜黄素对黄羽肉鸡能量利用率和肠道形态的影响 [J]. 饲料工业，2021，42 (23)：36-42.
[163] 杨灿，张玉婷，唐小武，等．姜黄素对湘黄鸡生长性能、血清生化指标和抗氧化能力的影响 [J]. 动物营养学报，2021，33 (12)：6749-6756.
[164] 范兆卓，邓小杰，纵瑞，等．姜黄素、大蒜素对肉鸡生产性能和胆固醇代谢的影响 [J]. 安徽科技学院学报，2019，33 (6)：1-5.
[165] 钱兆全，周金星．姜黄素对肉鸡日增重、料重比及肉质指标的影响 [J]. 安徽科技学院学报，2018，32 (6)：40-43.
[166] 孙全友，李文嘉，徐彬，等．姜黄素和地衣芽孢杆菌对肉鸡生长性能、血清抗氧化功能、肠道微生物数量和免疫器官指数的影响 [J]. 动物营养学报，2018，30 (8)：3176-3183.
[167] 周璐丽，周汉林，王定发．姜黄提取物对文昌鸡生长性能、血液生化指标和免疫器官指数的影响 [J]. 饲料工业，2016，37 (18)：5-8.
[168] 姚宏，郑玉才，李志雄，等．甜菜碱对藏鸡脂肪代谢及其相关基因表达的影响 [J]. 畜牧与兽医，2021，53 (7)：25-31.
[169] Wen C，Chen R，Chen Y，et al. Betaine improves growth performance，liver health，antioxidant status，breast meat yield，and quality in broilers fed a mold-contaminated corn-based diet [J]. Animal Nutrition，2021，7 (3)：661-666.
[170] 景旭凯，王继军，李斌．胍基乙酸配伍不同甲基组合物对肉仔鸡生产和屠宰性能的影响 [J]. 湖北畜牧兽医，2021，42 (8)：11-13.
[171] Wen C，Chen Y，Leng Z，et al. Dietary betaine improves meat quality and oxidative status of broilers under heat stress [J]. Journal of the Science of Food and Agriculture，2019，99 (2)：620-623.
[172] Chen R，Wen C，Gu Y，et al. Dietary betaine supplementation improves meat quality of transported broilers through altering muscle anaerobic glycolysis and antioxidant capacity [J]. Journal of the Science of Food and Agriculture，2020，100 (6)：2656-2663.
[173] 陈志辉，牟韶阳，段晓雪，等．甜菜碱对肉仔鸡生产性能和免疫功能的影响 [J]. 中国饲料，2017 (2)：25-28.
[174] 刘霞，郭春玲．日粮添加富含β-胡萝卜素果渣对肉鸡生长性能、肠道形态及免疫功能的影响 [J]. 中国饲料，2021 (18)：109-112.
[175] 范秋丽，李辉，蒋守群，等．辣椒碱、姜辣素、大蒜素以及精油对肉鸡生长性能、胴体性能、抗氧化和免疫功能的影响 [J]. 饲料工业，2021，42 (2)：7-12.

[176] 范秋丽，李辉，蒋守群，等．姜辣素和大蒜素及其组合对817肉鸡生长性能、抗氧化和免疫功能的影响［J］．动物营养学报，2020，32（9）：4132－4139.

[177] 王钱保，黎寿丰，赵振华，等．大豆黄酮对肉种鸡产蛋和繁殖性能的影响［J］．动物营养学报，2016，28（2）：593－597.

[178] 余婕，王定发，周源，等．亚麻籽和茶多酚对肉鸭生长性能、屠宰性能、血液抗氧化能力和肌肉不饱和脂肪酸含量的影响［J］．中国粮油学报，2018，33（10）：78－83.

[179] 田梅，张蕾，房灿，等．甜菜碱日粮对热应激条件下肉鸭生长性能、血液指标及盲肠脂肪酸含量的影响［J］．中国饲料，2019（16）：68－72.

[180] 丁君辉，刘继明，吴志勇，等．甜菜碱对热应激条件下笼养山麻鸭的影响［J］．江西畜牧兽医杂志，2018（6）：27－32.

[181] 杨晓志，刘丹，任善茂，等．三种饲料添加剂组合对苏邮2号麻鸭生产性能和肉品质的影响［J］．饲料工业，2017，38（16）：7－11.

[182] 丁君辉，刘继明，吴志勇，等．日粮中添加甜菜碱对18～21周龄热应激山麻鸭生产性能的影响［J］．江西畜牧兽医杂志，2018，37（5）：12－14.

[183] 刘青翠，彭翔，张俊平，等．杜仲叶提取物对产蛋后期蛋鸡生产性能、蛋品质、蛋黄胆固醇含量及血清抗氧化指标的影响［J］．动物营养学报，2018，30（1）：284－292.

[184] Zhao J S, Deng W, Liu H W. Effects of chlorogenic acid－enriched extract from *Eucommia ulmoides* leaf on performance, meat quality, oxidative stability, and fatty acid profile of meat in heat－stressed broilers [J]. Poultry Science, 2019, 98 (7): 3040－3049.

[185] 刘亚楠，李爱华，谢恺舟，等．迷迭香提取物对京海黄鸡生长性能、免疫器官指数和血清抗氧化性的影响［J］．中国兽医学报，2016，36（7）：1218－1223，1272.

[186] Feng Z H, Gong J G, Zhao G X, et al. Effects of dietary supplementation of resveratrol on performance, egg quality, yolk cholesterol and antioxidant enzyme activity of laying hens [J]. British Poultry Science, 2017, 58 (5): 544－549.

[187] Zhang C, Kang X, Zhang T, et al. Positive effects of resveratrol on egg－laying ability, egg quality, and antioxidant activity in hens [J]. Journal of Applied Poultry Research, 2019, 28 (4): 1099－1105.

[188] Huang J, Hao Q, Wang Q, et al. Supplementation with green tea extract affects lipid metabolism and egg yolk lipid composition in laying hens [J]. Journal of Applied Poultry Research, 2019, 28 (4): 881－891.

[189] 程玉萍，黄子芮．高温环境下日粮添加葡萄提取物对肉鸡生长性能、血清生化、小肠绒毛形态及养殖成本的影响［J］．中国饲料，2021（12）：41－44.

[190] 聂青青，袁玉琳，邹龙祥，等．葡萄籽提取物对宁都黄鸡屠宰性能与肉品质的影响［J］．饲料研究，2021（22）：38－41.

[191] Sun P, Lu Y, Cheng H, et al. The effect of grape seed extract and yeast culture on both cholesterol content of egg yolk and performance of laying hens [J]. The Journal of Applied Poultry Research, 2018, 27 (4): 564－569.

[192] 张海燕，兰晓葳．枸杞多糖对蛋鸡产蛋性能、血清生化及免疫指标的影响［J］．中国饲料，2021（14）：41－44.

[193] Liu Y L, Yin R Q, Liang S S, et al. Effect of dietary *Lycium barbarum* polysaccharide on growth performance and immune function of broilers [J]. Journal of Applied Poultry Research, 2017, 26 (2): 200－208.

[194] Long L N, Kang B J, Jiang Q, et al. Effects of dietary *Lycium barbarum* polysaccharides on growth performance, digestive enzyme activities, antioxidant status, and immunity of broiler chickens [J].

Poultry Science, 2020, 99 (2): 744 - 751.

[195] Song D, Wang Y W, Hou Y J, et al. The effects of dietary supplementation of microencapsulated *Enterococcus faecalis* and the extract of *Camellia oleifera* seed on growth performance, immune functions, and serum biochemical parameters in broiler chickens [J]. Journal of Animal Science, 2016, 94 (8): 3271 - 3277.

[196] Zhang Y N, Wang J, Qi B, et al. Evaluation of mango saponin in broilers: effects on growth performance, carcass characteristics, meat quality and plasma biochemical indices [J]. Asian - Australasian Journal of Animal Science, 2017, 30 (8): 1143 - 1149.

[197] Bai S, He C, Zhang K, et al. Effects of dietary inclusion of *Radix bupleuri* and *Radix astragali* extracts on the performance, intestinal inflammatory cytokines expression, and hepatic antioxidant capacity in broilers exposed to high temperature [J]. Animal Feed Science and Technology, 2020 (259): 114288.

[198] Ding X, Yang C W, Yang Z B. Effects of star anise (*Illicium verum* Hook. f.), essential oil, and leavings on growth performance, serum, and liver antioxidant status of broiler chickens [J]. The Journal of Applied Poultry Research, 2017, 26 (4): 459 - 466.

[199] 欧淑琦，刘祝英，郭丹，等．血根碱和牛膝多糖对黄羽肉鸡生长性能及免疫性能的影响 [J]. 动物营养学报，2019，31 (1): 360 - 368.

[200] Xie T, Bai S P, Zhang K Y, et al. Effects of *Lonicera confusa* and *Astragali radix* extracts supplementation on egg production performance, egg quality, sensory evaluation, and antioxidative parameters of laying hens during the late laying period [J]. Poultry Science, 2019, 98 (10): 4838 - 4847.

[201] Lu Q, Chen P, Chai Y, et al. Effects of dietary rubber seed oil on production performance, egg quality and yolk fatty acid composition of Hy - Line Brown layers [J]. Animal Bioscience, 2021, 34 (1): 119 - 126.

[202] 郭梦宇，崔浩亮，武文文，等．四种植物提取物对肉种鸡种蛋品质和孵化性能的影响 [J]. 黑龙江畜牧兽医，2021 (23): 62 - 67.

[203] 和玉丹，易松强，易凤珍，等．牛至精油对蛋鸡生产性能、蛋品质及血浆生化指标的影响 [J]. 中国家禽，2021，43 (6): 46 - 52.

[204] 杨占涛，孔凡林，王吉东，等．甜菜碱与烟酰胺复合制剂对热应激奶牛生产性能、乳品质及血清生化指标的影响 [J]. 动物营养学报，2021，33 (6): 3323 - 3333.

[205] Liu C, Wang C, Zhang J, et al. Guanidinoacetic acid and betaine supplementation have positive effects on growth performance, nutrient digestion and rumen fermentation in Angus bulls [J]. Animal Feed Science and Technology, 2021 (276): 114923.

[206] 李美发，辛均平，丁鹏举，等．日粮添加甜菜碱对锦江黄牛瘤胃体外发酵特性的影响 [J]. 饲料工业，2020，41 (11): 18 - 21.

[207] Cheng K, Wang C, Zhang G, et al. Effects of betaine and rumen - protected folic acid supplementation on lactation performance, nutrient digestion, rumen fermentation and blood metabolites in dairy cows [J]. Animal Feed Science and Technology, 2020 (262): 114445.

[208] Wang C, Liu C, Zhang G, et al. Effects of rumen - protected folic acid and betaine supplementation on growth performance, nutrient digestion, rumen fermentation and blood metabolites in Angus bulls [J]. British Journal of Nutrition, 2020, 123 (10): 1109 - 1116.

[209] 肖正中，周晓情，黄光云，等．不同添加剂对娟姗奶牛产奶性能及血清 HSP70 的影响 [J]. 黑龙江畜牧兽医（下半月），2016 (7): 63 - 65, 292.

[210] 任国栋，郝小燕，刘森，等．胍基乙酸和甜菜碱对公羔生长发育、屠宰性能和肉品质的影响 [J]. 动物营养学报，2021，33 (12)：6899-6909.

[211] 杨东，王文义，马涛，等．甜菜碱和 L-肉碱对蒙寒杂交羊生长性能、屠宰性能、器官发育及脂肪沉积的影响 [J]. 动物营养学报，2018，30 (12)：5134-5144.

[212] 刘凯，李飞，唐德富，等．日粮甜菜碱和过瘤胃脂肪对育肥湖羊生长性能和消化参数的影响 [J]. 草业科学，2016，33 (12)：2565-2575.

[213] 肖红艳，屈金涛，凌浩，等．茶多酚对奶山羊生产性能、血液指标和抗氧化功能的影响 [J]. 动物营养学报，2021，33 (8)：4533-4540.

[214] Ma T, Chen D, Tu Y, et al. Effect of supplementation of allicin on methanogenesis and ruminal microbial flora in Dorper crossbred ewes [J]. Journal of Animal Science and Biotechnology, 2016, 7 (1): 1-7.

[215] Zhan J, Liu M, Wu C, et al. Effects of alfalfa flavonoids extract on the microbial flora of dairy cow rumen [J]. Asian-Australasian Journal of Animal Sciences, 2017, 30 (9): 1261-1269.

[216] Zhan J, Liu M, Su X, et al. Effects of alfalfa flavonoids on the production performance, immune system, and ruminal fermentation of dairy cows [J]. Asian-Australasian Journal of Animal Sciences, 2017, 30 (10): 1416-1424.

[217] 王凯，王洋，孙娟娟，等．苜蓿和红车轴草黄酮提取物对绵羊生长性能和血液相关指标的影响 [J]. 中国兽医学报，2017，37 (4)：704-709.

[218] 刘艳丰，王梦竹，王文奇，等．苜蓿黄酮对绵羊血液抗氧化性能的影响 [J]. 饲料工业，2016，37 (1)：50-52.

[219] Liu C, Qu Y, Guo P, et al. Effects of dietary supplementation with alfalfa (*Medicago sativa* L.) saponins on lamb growth performance, nutrient digestibility, and plasma parameters [J]. Animal Feed Science and Technology, 2018 (236): 98-106.

[220] 徐琪翔，曹文豪，罗双贵，等．复合植物提取物对湘东黑山羊生长性能和肌肉脂肪酸组成的影响 [J]. 动物营养学报，2021，33 (4)：2146-2157.

[221] 严欣茹，杨尚霖，郭春华，等．日粮中添加不同水平杜仲叶对牦牛瘤胃液体外发酵的影响 [J]. 中国饲料，2019 (9)：35-40.

[222] Liu H, Li K, Zhao J, et al. Effects of polyphenolic extract from *Eucommia ulmoides* Oliver leaf on growth performance, digestibility, rumen fermentation and antioxidant status of fattening lambs [J]. Animal Science Journal, 2018, 89 (6): 888-894.

[223] 杨改青，王林枫，廉红霞，等．杜仲叶影响绵羊血清代谢组学的研究 [J]. 中国畜牧兽医，2017，44 (7)：1915-1924.

[224] 张海波．紫苏籽提取物对育肥牛肌内脂肪沉积的影响 [J]. 动物营养学报，2019，31 (4)：1897-1903.

[225] 邓凯平，王锋，马铁伟，等．日粮中添加不同水平紫苏籽对湖羊生长性能、瘤胃发酵及养分表观消化率的影响 [J]. 草业学报，2017，26 (5)：205-212.

[226] 樊懿萱，邓凯平，澹台文静，等．多不饱和脂肪酸日粮中添加酵母硒对湖羊脂肪酸组成和抗氧化的影响 [J]. 畜牧兽医学报，2018，49 (8)：1661-1673.

[227] 谢颖，金志红，朱靖，等．植物甾醇对奶牛生产性能、血液胆固醇和抗氧化能力的影响 [J]. 中国奶牛，2020 (2)：12-18.

[228] 黄德均，陈艳青，张健，等．藤茶黄酮对抗旱王后备母牛生长发育及血清生化指标的影响 [J]. 中国饲料，2021 (11)：46-49.

[229] 雷荷仙，任明晋，张前卫，等．藤茶黄酮对不同品种肉牛体重和体尺性状的影响 [J]. 贵州农业科

学，2019，47（6）：63-67.

[230] Pi Y，Ma L，Wang H，et al. Rubber seed oil and flaxseed oil supplementation on serum fatty acid profile，oxidation stability of serum and milk，and immune function of dairy cows [J]. Asian - Australasian Journal of Animal Sciences，2019，32（9）：1363-1372.

[231] 李佳龙，张瑞，吴建平，等．牛至精油对平凉红牛生长性能、血液生理指标、肉品质及肌肉脂肪酸的影响［J］. 动物营养学报，2021，33（8）：4478-4490.

[232] 柏妍，郎侠，王彩莲，等．饲粮中添加牛至精油和莫能菌素对荷斯坦犊牛血清生化指标、消化酶活性及瘤胃微生物区系的影响［J］. 畜牧兽医学报，2019，50（12）：2458-2469.

[233] 张凯祥，邢德芳，高许雷，等．牛至油和过瘤胃赖氨酸组合添加对奶牛产奶性能和氮排泄的影响［J］. 动物营养学报，2019，31（3）：1342-1351.

[234] 周瑞，郎侠，王彩莲，等．饲粮中添加牛至精油对绵羊复胃发育、消化酶活性及瘤胃微生物区系的影响［J］. 动物营养学报，2019，31（4）：1910-1918.

[235] 徐腾腾，张腾龙，王丽芳，等．复合植物提取物对奶牛生产性能及血清免疫、抗氧化指标的影响［J］. 动物营养学报，2019，31（12）：5707-5718.

[236] Zhao X H，Chen Z D，Zhou S，et al. Effects of daidzein on performance，serum metabolites，nutrient digestibility，and fecal bacterial community in bull calves [J]. Animal Feed Science and Technology，2017（225）：87-96.

[237] 张全宇，徐宏建，王丽华，等．没食子酸对断奶前犊牛生长性能及血浆生化、抗氧化和免疫指标的影响［J］. 动物营养学报，2022，34（4）：2496-2503.

[238] Wei C，Yang K，Zhao G Y，et al. Effect of dietary supplementation of gallic acid on nitrogen balance，nitrogen excretion pattern and urinary nitrogenous constituents in beef cattle [J]. Archives of Animal Nutrition，2016，70（5）：416-423.

[239] 白齐昌，郝小燕，项斌伟，等．沙棘黄酮对绵羊体外产气量、瘤胃发酵参数和微生物菌群的影响［J］. 动物营养学报，2020，32（3）：1405-1414.

[240] Liu W，Ao C. Effect of dietary supplementation with *Allium mongolicum* Regel extracts on growth performance，carcass characteristics，and the fat color and flavor - related branched - chain fatty acids concentration in ram lambs [J]. Animal Bioscience，2021，34（7）：1134-1145.

[241] 赵亚星，敖长金，包志碧，等．沙葱及其提取物对肉羊瘤胃发酵及微生物区系的影响［J］. 动物营养学报，2019，31（5）：2313-2322.

[242] Zhao Y，Tang Z，Nan X，et al. Effects of *Lonicera japonica* extract on performance and blood biomarkers of inflammation and oxidative stress during perinatal period in dairy cow [J]. Asian - Australasian Journal of Animal Sciences，2020，33（7）：1096-1102.

[243] 张紫阳，肖红艳，凌浩，等．饲粮中添加迷迭香提取物对奶山羊生产性能、抗氧化能力及免疫功能的影响［J］. 动物营养学报，2021，33（10）：5771-5780.

[244] 王秀琴，张俊丽，康晓冬，等．添加枸杞多糖免疫增效剂对滩寒杂代羔羊生长性能、屠宰性能和免疫功能的影响［J］. 黑龙江畜牧兽医，2021（21）：102-107.

[245] 林城丽，张宝龙，白东清，等．万寿菊粉对锦鲤生长及抗氧化能力的影响［J］. 中国饲料，2017（12）：37-41.

[246] 张宝龙，曲木，窦艳君，等．饲料中不同着色剂对红草金鱼生长、体色及免疫力的影响［J］. 饲料研究，2017（13）：36-44.

[247] 曲木，张宝龙，程镇燕，等．饲料不同着色剂对金鱼生长、体色及抗氧化能力的影响［J］. 中国饲料，2018（7）：72-79.

[248] 张宝龙，曲木，赵国营，等．饲料中添加不同含量的万寿菊粉对黄颡鱼生长、肉质及抗氧化能力的

影响 [J]. 今日畜牧兽医，2018，34 (9)：1-4.

[249] 李军涛，李金宝，冼健安，等．杜仲叶提取物对凡纳滨对虾生长、免疫酶活性及肝胰腺组织的影响 [J]. 南方农业学报，2018，49 (9)：1858-1864.

[250] 庞小磊，田雪，王良炎，等．饲料中 $n-3/n-6$ 多不饱和脂肪酸水平对黄河鲤幼鱼生长性能及生长相关基因 mRNA 表达的影响 [J]. 水产学报，2019，43 (2)：492-504.

[251] 明建华，叶金云，张易祥，等．姜黄素对草鱼生长性能、抗氧化应激能力及核因子 E2 相关因子 2/抗氧化反应元件信号通路相关基因表达的影响 [J]. 动物营养学报，2019，31 (2)：809-823.

[252] 杨雨生，王洋，曾祥茜，等．四种添加剂对黄颡鱼生长、消化与抗氧化能力的影响 [J]. 饲料工业，2018，39 (18)：17-24.

[253] 张媛媛，宋理平，胡斌，等．饲料中添加姜黄素对尼罗罗非鱼幼鱼生长和四氯化碳诱导肝损伤的影响 [J]. 中国水产科学，2018，25 (6)：1271-1280.

[254] 张滕闲，陈钱，张宝龙，等．姜黄素对黄颡鱼（*Pelteobagrus fulvidraco*）生长、消化与抗氧化能力的影响 [J]. 渔业科学进展，2017，38 (6)：56-63.

[255] 姜巨峰，韩现芹，周勇，等．饲料中添加天然虾青素对棘颊雀鲷生长性能及体色的影响 [J]. 饲料研究，2021，44 (20)：38-42.

[256] 吴雪芹，姚金明，赵静，等．虾青素对大鳞副泥鳅幼鱼生长、肠道消化酶和抗氧化指标的影响 [J]. 吉林农业大学学报，2021，43 (4)：482-487.

[257] 张春燕，文登鑫，姚文祥，等．不同来源虾青素对虹鳟生长性能、肉色和抗氧化能力的影响 [J]. 动物营养学报，2021，33 (2)：1008-1019.

[258] 李美鑫，刘曦澜，许世峰，等．虾青素对乌鳢生长、抗氧化和免疫功能的影响 [J]. 饲料工业，2021，42 (16)：51-57.

[259] 姚金明，陈秀梅，刘明哲，等．虾青素对大鳞副泥鳅幼鱼生长、体成分及抗氧化指标的影响 [J]. 西北农林科技大学学报（自然科学版），2020，48 (1)：9-15，32.

[260] 姚金明，陈秀梅，刘明哲，等．饲料中添加虾青素对大鳞副泥鳅生长和体色的影响 [J]. 饲料工业，2019，40 (8)：46-51.

[261] 王军辉，熊建利，张东洋，等．饲料中添加虾青素对锦鲤生长、体色、抗氧化能力和免疫力的影响 [J]. 动物营养学报，2019，31 (9)：4144-4151.

[262] 韩星星，王秋荣，叶坤，等．叶黄素和虾青素对大黄鱼体色及抗氧化能力的影响 [J]. 渔业研究，2018，40 (2)：104-110.

[263] 赖晓健，陈仕玺，赖国银，等．中草药淫羊藿和菟丝子对日本鳗鲡卵巢发育的影响 [J]. 中国水产科学，2019，26 (2)：314-321.

[264] 令狐克川，张瑞强，张干，等．植物甾醇对中华绒螯蟹生长性能、血清生化指标、体成分和抗氧化能力的影响 [J]. 江苏农业科学，2019，47 (18)：204-208.

[265] 李志华，黄志毅，潘忠超，等．植物甾醇对罗非鱼生长性能、血清脂质代谢指标和肝胰脏抗氧化指标的影响 [J]. 动物营养学报，2019，31 (12)：5866-5872.

[266] 潘忠超，李志华，孙凤刚，等．植物甾醇对罗氏沼虾生长性能、消化酶、肌肉品质及氨基酸组成的影响 [J]. 江西水产科技，2019 (6)：3-7.

[267] Jia E, Yan Y, Zhou M, et al. Combined effects of dietary quercetin and resveratrol on growth performance, antioxidant capability and innate immunity of blunt snout bream (*Megalobrama amblycephala*) [J]. Animal Feed Science and Technology, 2019 (256): 114268.

[268] 李开放，徐奇友．白藜芦醇对松浦镜鲤生长性能、肠道消化酶活性、肝脏抗氧化指标和血清生化指标的影响 [J]. 动物营养学报，2019，31 (4)：1833-1841.

[269] Wang Q, Shen J, Yan Z, et al. Dietary *Glycyrrhiza uralensis* extracts supplementation elevated

growth performance，immune responses and disease resistance against Flavobacterium column are in yellow catfish（*Pelteobagrus fulvidraco*）[J]. Fish and Shellfish Immunology，2020（97）：153-164.

[270] 李鸣霄，李红霞，强俊，等. 饲料中添加刺五加超微粉对吉富罗非鱼生长、脂肪沉积以及非特异性免疫能力的影响 [J]. 动物营养学报，2019，31（12）：5801-5812.

[271] 徐禛，杨航，姜维波，等. 儿茶素对草鱼生长性能、血清抗氧化指标和肌肉品质的影响 [J]. 动物营养学报，2020，32（2）：836-846.

[272] 谭连杰，林黑着，黄忠，等. 枸杞多糖对卵形鲳鲹生长性能、抗氧化能力及血清免疫、生化指标的影响 [J]. 动物营养学报，2019，31（1）：418-427.

[273] 杨龙，吴玲霞. 苜蓿提取物对鲤鱼生长性能、血液生化及抗氧化性能的影响 [J]. 中国饲料，2021（20）：57-60.

[274] Yang C，Chowdhury M A，Huo Y，et al. Phytogenic compounds as alternatives to in-feed antibiotics：potentials and challenges in application [J]. Pathogens，2015，4（1）：137-156.

[275] Atanasov A G，Waltenberger B，Pferschy-Wenzig E，et al. Discovery and resupply of pharmacologically active plant-derived natural products：A review [J]. Biotechnology Advances，2015，33（8）：1582-1614.

[276] Manafi M，Hedayati M，Pirany N，et al. Comparison of performance and feed digestibility of the non-antibiotic feed supplement（Novacid）and an antibiotic growth promoter in broiler chickens [J]. Poultry Science，2019，98（2）：904-911.

[277] Liu Y H，Espinosa C D，Abelilla J J，et al. Non-antibiotic feed additives in diets for pigs：A review [J]. Animnal Nutrition，2018，4（2）：113-125.

[278] 金立志，杨江涛. 植物提取物的抗氧化特性及其在动物无抗饲料中的应用研究进展 [J]. 中国畜牧杂志，2020，56（4）：29-34.

[279] Abudabos A M，Alyemni A H，Dafalla Y M，et al. The effect of phytogenic feed additives to substitute in-feed antibiotics on growth traits and blood biochemical parameters in broiler chicks challenged with *Salmonella typhimurium* [J]. Environmental Science Pollution Research，2016，23（23）：24151-24157.

[280] Reham A，Shaimaa S，Eman H. Effect of supplementing layer hen diet with phytogenic feed additives on laying performance，egg quality，egg lipid peroxidation and blood biochemical constituents [J]. Animal Nutrition，2018，4（4）：394-400.

[281] João H R，Roger R G，Mauricio B，et al. Effects of phytogenic feed additive based on thymol，carvacrol and cinnamic aldehyde on body weight，blood parameters and environmental bacteria in broilers chickens [J]. Microbial Pathogenesis，2018（125）：168-176.

[282] Saeed M，Naveed M，Leskovec J，et al. Usingguduchi（*Tinospora cordifolia*）as an eco-friendly feed supplement inhuman and poultry nutrition [J]. Poultry Science，2020，99（2）：801-811.

[283] Herrero-Encinas J，Blanch M，Pastor J J，et al. Effects of a bioactive olive pomace extract from *Olea europaea* on growth performance，gut function，and intestinal microbiota in broiler chickens [J]. Poultry Science，2020，99（1）：2-10.

[284] Gou Z Y，Cui X Y，Li L，et al. Effects of dietary incorporation of linseed oil with soybean isoflavone on fatty acid profiles and lipid metabolism-related gene expression in breast muscle of chickens [J]. Animal，2020，14（11）：2414-2422.

[285] 霍晓娜. 近年来中国乳制品市场形势分析及展望 [J]. 农业展望，2019，15（7）：4-7.

[286] Leal L N，Jordan M J，Bello J M，et al. Dietary supplementation of 11 different plant extracts on the antioxidant capacity of blood and selected tissues in lightweight lambs [J]. Journal of Science Food

Agriculture，2019，99（9）：4296－4303.

[287] Petri R M，Neubauer V，Humer E，et al. Feed additives differentially impact the epimural microbiota and host epithelial gene expression of the bovine rumen fed rich in concentrates [J]. Frontiers in Microbiology，2020（11）：119－134.

[288] Vigors S，O' Doherty J V，Rattigan R，et al. Effect of a laminarin rich macroalgal extract on the caecal and colonic microbiota in the post－weaned pig [J]. Marine drugs，2020，18（3）：157.

[289] Almeida J G R，Dall－Orsoletta A C，Oziemblowski M M，et al. Carbohydrate－rich supplements can improve nitrogen use efficiency and mitigate nitrogenous gas emissions from the excreta of dairy cows grazing temperate grass [J]. Animal，2020，14（6）：1184－1195.

[290] Prasetiyono B，Subrata A，Widiyanto W. Effect of KOROPASS，an extruded jack bean（*Canavalia ensiformis*）－derived supplement，on productivity and economic performance of beef cattle [J]. Veterinary World，2020，13（3）：593－596.

[291] Samanta A K，Gali J M，Dutta T K，et al. Effect of dietary phytobiotic mixture on growth performance，nutrient utilization，and immunity in weaned piglets [J]. Tropical Animal Health and Production，2021，53（5）：1－13.

[292] Muniyappan M，Palanisamy T，Kim I H. Effect of microencapsulated organic acids on growth performance，nutrient digestibility，blood profile，fecal gas emission，fecal microbial，and meat－carcass grade quality of growing－finishing pigs [J]. Livestock Science，2021（252）：104658.

[293] Arsyad M A，Akazawa T，Nozaki C，et al. Effects of olive leaf powder supplemented to fish feed on muscle protein of red sea bream [J]. Fish Physiology Biochemistry，2018，44（5）：1299－1308.

[294] Fehrmann－Cartes K，Coronado M，Hernández A J，et al. Anti－inflammatory effects of aloe vera on soy meal－induced intestinal inflammation in zebrafish [J]. Fish and Shellfish Immunology，2019（95）：564－573.

[295] Pilotto M R，Milanez S，Moreira R T，et al. Potential immunomodulatory and protective effects of the *Arthrospira*－based dietary supplement on shrimp intestinal immune defenses [J]. Fish and Shellfish Immunology，2019（88）：47－52.

[296] Tan X，Sun Z，Ye C. Dietary Ginkgo biloba leaf extracts supplementation improved immunity and intestinal morphology，antioxidant ability and tight junction proteins mRNA expression of hybrid groupers（*Epinephelus lanceolatus* ♂ × *Epinephelus fuscoguttatus* ♀）fed high lipid diets [J]. Fish and Shellfish Immunology，2020（98）：611－618.

[297] 张登辉，赵立军，史海涛，等．植物提取物添加剂在动物生产中的应用及安全风险分析 [J]. 中国饲料，2019（21）：9－13.

[298] 王宏山．植物提取物在反刍动物饲养中的应用分析 [J]. 今日畜牧兽医，2021，37（7）：71，110.

[299] 丁雪瑶，刘思伽，方心灵，等．植物提取物在畜禽无抗饲料中的应用 [J]. 广东畜牧兽医科技，2021，46（3）：13－17.

[300] 邵云东．天然药用植物提取物的生产与质量控制 [D]. 天津：天津大学，2004.

[301] 程蒙，杨光，池秀莲，等．基于钻石理论的植物提取物产业国际贸易竞争力研究 [J]. 中国植物提取物杂志，2019，44（1）：199－203.

[302] 孙昱．对植物提取物新药申报资料与天然药物新药技术要求的思考 [J]. 药物评价研究，2020，43（1）：16－20.

[303] 苏立城，周玮，陈晓阳，等．木本饲料资源开发利用的现状与展望 [J]. 饲料研究，2020，43（4）：107－110.

[304] 张冀莎．植物提取物及植物提取物专业的发展前景 [J]. 中国医药指南，2013，11（26）：245－246.

[305] Liu S, Zhou Y, Niu X, et al. Magnolol restores the activity of meropenem against NDM - 1 - producing *Escherichia coli* by inhibiting the activity of metallo - beta - lactamase [J]. Cell Death Discovery, 2018, 4 (1): 1 - 8.

[306] Vázquez N M, Fiorilli G, Guido P A C, et al. Carnosic acid acts synergistically with gentamicin in killing methicillin - resistant *Staphylococcus aureus* clinical isolates [J]. Phytomedicine, 2016, 23 (12): 1337 - 1343.

[307] Sun Y, Liu Q, Chen S, et al. Characterization and plasmid elimination of NDM - 1 - producing *Acinetobacter calcoaceticus* from China [J]. PLoS One, 2014, 9 (9): e10655.

2

微生物饲料添加剂

本章综述了2016—2021年我国微生物饲料添加剂在猪、家禽、反刍动物、水产养殖动物等领域应用研究的公开发表的论文，主要内容包括以下几个方面。

（1）微生物饲料添加剂在猪（断奶仔猪和生长育肥猪）饲料方面的应用，包括罗伊氏乳杆菌、植物乳杆菌、干酪乳杆菌、嗜酸乳杆菌、德氏乳杆菌、枯草芽孢杆菌、地衣芽孢杆菌、乳酸片球菌、发酵乳杆菌、复合菌及其他一些我国尚未批准在猪饲料中使用的微生物（如卷曲乳杆菌、短乳杆菌等）。收录相关论文27篇（其中，SCI收录论文11篇、中文论文16篇）。

（2）微生物饲料添加剂在家禽（蛋鸡、肉鸡、肉鸭和鹅）饲料方面的应用，包括地衣芽孢杆菌、枯草芽孢杆菌、短小芽孢杆菌、动物双歧杆菌、粪肠球菌、戊糖片球菌、植物乳杆菌、酿酒酵母、黑曲霉、米曲霉、迟缓芽孢杆菌、凝结芽孢杆菌、侧孢短芽孢杆菌、两歧双歧杆菌、干酪乳杆菌、嗜酸乳杆菌、屎肠球菌、发酵乳杆菌、罗伊氏乳杆菌、戊糖片球菌、乳酸片球菌、产朊假丝酵母、沼泽红假单胞菌及其他一些我国尚未批准在家禽饲料中使用的微生物（如解淀粉芽孢杆菌、凝结芽孢杆菌等）。收录相关论文103篇（其中，SCI收录论文36篇、中文论文67篇）。

（3）微生物饲料添加剂在反刍动物（牛和羊）饲料方面的应用，包括地衣芽孢杆菌、枯草芽孢杆菌、产朊假丝酵母、植物乳杆菌、乳酸片球菌、米曲霉等。收录相关论文33篇（其中，SCI收录论文14篇、中文论文19篇）。

（4）微生物饲料添加剂在水产动物饲料方面的应用，包括我国已批准和未批准的微生物饲料添加剂在淡水鱼类、海水鱼类、虾类、海参、鲍鱼中的应用现状。收录相关论文49篇（其中，SCI收录论文25篇、中文论文24篇）。

2.1 概述

20世纪80年代，我国饲料行业的微生态学家、营养学家提出了微生物饲料添加剂（microbial feed additive）的概念，将其定义为“用已知有益的微生物经培养和发酵、干燥等特殊工艺制成的对人、畜安全有益的活菌制剂并用于饲料的添加剂”；1989年，美国食品与药物管理局（FDA）把这类产品定义为“可直接饲用的微生物制品（direct fed microbial products，DFMs），又称益生素（probiotics）、活菌剂、生菌剂、促生素、利生素、微生态制剂等。后来，我国农业农村部将其定义为“微生物饲料添加剂”。

微生物饲料添加剂，也称微生态制剂或益生菌剂。从传统意义上来讲，益生菌是指在投入足够数量并对宿主产生有益作用的微生物。这些微生物能够参与调控宿主肠道菌群的平衡，促进宿主对营养物质的消化吸收，促进宿主的生长发育，增强宿主的免疫功能和抗氧化功能，并能够减少环境污染和改善饲养环境[1~3]。基于益生菌绿色健康的生物学特性，微生物饲料添加剂被认为是一种理想的抗生素替代物，成为一类被寄予厚望的新型促生长剂。

2.1.1 定义

农业行业标准《微生物饲料添加剂技术通则》（NY/T 1444—2007）中对微生物饲料添加剂的定义如下：在饲料中添加或直接饲喂给动物的微生物或微生物及其培养物，参与调节胃肠道内微生态平衡或者刺激特异性或非特异性免疫功能、具有促进动物生长和提高饲料转化效率的微生物制剂。

目前，国际上通用的定义：益生菌剂或益生素是含有益活菌和（或）死菌，包括培养基组分和代谢产物的细菌制品，经口或黏膜途径投入，旨在改善黏膜表面微生物或酶的平衡，或者刺激特异性或非特异性免疫机制（德国国际会议，1994）。这个定义对其组成成分、使用途径和主要作用作了更加清晰的描述。

2.1.2 种类

我国农业农村部目前已批准36种可作为饲料添加剂的微生物，其中包括23种乳酸菌、6种芽孢杆菌、2种酵母菌、2种霉菌、1种光合细菌、1种产丙酸菌和1种丁酸梭菌（*Clostridium butyricum*）。

（1）乳酸菌。乳酸菌制剂是使用最早、种类最多、应用最广、效果较好的一类微生物制剂。乳酸菌是一类以发酵碳水化合物产生乳酸等副产物的革兰氏阳性细菌的统称，厌氧或兼性厌氧，绝大多数种类无运动性。乳酸菌容易定植于畜禽肠道，能够在宿主体内发挥生物屏障、营养、提高免疫力和抗肿瘤等生理作用[4]。

我国批准使用的微生物饲料添加剂有23种乳酸菌，其中乳杆菌属（*Lactobacillus* sp.）11种，分别是嗜酸乳杆菌（*Lactobacillus acidophilus*）、干酪乳杆菌（*Lactobacillus casei*）[因其细菌分类学地位的变迁，其名称已变迁为干酪乳酪杆菌（*Lacticaseibacillus casei*）]、德式乳杆菌乳酸亚种（*Lactobacillus delbrueckii* subsp. *lactis*）、植物乳杆菌（*Lactobacillus plantarum*）[已变迁为植物乳植物杆菌（*Lactiplantibacillus plantarum*）]、罗伊氏乳杆菌（*Lactobacillus reuteri*）[已变迁为罗伊氏黏液乳杆菌（*Limosilactobacillus reuteri*）]、纤维二糖乳杆菌（*Lactobacillus cellobiosas*）、发酵乳杆菌（*Lactobacillus fermentum*）[已变迁为发酵黏液乳杆菌（*Limosilactobacillus fermentum*）]、德氏乳杆菌保加利亚亚种（*Lactobacillus delbrueckii* subsp. *bulgaricus*）、布氏乳杆菌（*Lactobacillus buchneri*）[已变迁为布氏迟缓乳杆菌（*Lentilactobacillus buchneri*）]、副干酪乳杆菌（*Lactobacillus paracasei*）[已变迁为类干酪乳酪杆菌（*Lacticaseibacillus paracasei*）]和约氏乳杆菌（*Lactobacillus johnsonii*），其中，纤维二糖乳杆菌（*Lactobacillus cellobiosus*）与发酵乳杆菌（*Lactobacillus fermentum*）为同物异名；双歧杆菌属（*Bifidobacterium* sp.）6种，分别是两歧双歧杆菌（*Bifidobacterium bifidum*）、婴儿双歧杆菌（*Bifidobacterium infantis*）、长双歧杆菌（*Bifidobacterium longum*）、短双歧杆菌（*Bifidobacterium breve*）、青春双歧杆菌（*Bifidobacterium adolescentis*）和动物双歧杆菌（*Bifidobacterium animalis*），其中，婴儿双

歧杆菌（*B. infantis*）当前科学名称为长双歧杆菌婴儿亚种（*Bifidobacterium longum* subsp. *infantis*）；肠球菌属（*Enterococcus* sp.）3种，分别是粪肠球菌（*Enterococcus faecalis*）、屎肠球菌（*Enterococcus faecium*）和乳酸肠球菌（*Enterococcus lactis*）；片球菌属（*Pediococcus* sp.）2种，分别是乳酸片球菌（*Pediococcus acidilactici*）和戊糖片球菌（*Pediococcus pentosaceus*）；链球菌属1种，是嗜热链球菌（*Streptococcus thermophilus*）。

（2）芽孢杆菌。芽孢杆菌制剂是以益生芽孢杆菌为基础研发的具有促进畜禽生长、提高畜禽免疫力的微生物饲料添加剂。益生菌剂所用的芽孢杆菌是一类可形成芽孢的革兰氏阳性细菌，需氧或兼性厌氧，周生鞭毛，能运动。益生芽孢杆菌因其具有耐高温、耐酸碱、易培养、耐储藏、加工损失少的特点，在微生态制剂等领域得到了广泛应用[5]。

我国批准使用的微生物饲料添加剂有6种芽孢杆菌，分别是地衣芽孢杆菌（*Bacillus licheniformis*）、枯草芽孢杆菌（*Bacillus subtilis*）、迟缓芽孢杆菌（*Bacillus lentus*）、短小芽孢杆菌（*Bacillus pumilus*）、凝结芽孢杆菌（*Bacillus coagulans*）和侧孢短芽孢杆菌（*Brevibacillus laterosporus*）。试验表明，芽孢杆菌具有调节肠道微生物区系平衡[6]，大量分泌各种消化酶类[7]，促进宿主对营养物质的消化吸收[8]，促进畜禽生长[9]，维护和调节肠上皮组织的屏障功能[10]，增强宿主的免疫功能[11]，净化养殖环境[12]的作用。

（3）酵母菌。酵母菌是一类兼性厌氧的真菌，易于生长，是人类文明史上应用最早的微生物。我国批准使用的微生物饲料添加剂有2种酵母菌，分别是产朊假丝酵母（*Candida utilis*）和酿酒酵母（*Saccharomyces cerevisiae*）。产朊假丝酵母和酿酒酵母菌体均具有较高含量的蛋白，能为宿主提供丰富的氨基酸和维生素（尤其是B族维生素）资源，在宿主体内能够分泌大量的消化酶类和多种促生长因子，促进畜禽的生长。此外，产朊假丝酵母和酿酒酵母具有促进反刍动物瘤胃发育，促进畜禽动物肠道微生物区系平衡，增强畜禽免疫功能的作用[13,14]。

（4）曲霉。曲霉是菌丝体较为发达的丝状真菌，可以产生生物活性物质（如木聚糖酶和纤维素酶等），常应用于反刍动物饲料的天然催化剂和酶促物。我国批准使用的微生物饲料添加剂曲霉有2种，分别是黑曲霉（*Aspergillus niger*）和米曲霉（*Aspergillus oryzae*）。黑曲霉和米曲霉作为饲料添加剂，可以为养殖动物提供纤维素酶、木聚糖酶、脂肪酶、淀粉酶、蛋白酶等消化酶类，提高营养物质的消化率，促进生长；也可以作为活菌制剂，调控宿主肠道内微生态平衡，维持宿主的肠道健康[15,16]。

（5）光合细菌。光合细菌是一类能够随环境变化而转变代谢类型的原核微生物，因其独特的生理特性，常用于水产养殖动物中。我国批准使用的微生物饲料添加剂有1种光合细菌：沼泽红假单胞杆菌（*Rhodopseudomonas palustris*）。沼泽红假单胞杆菌是光合细菌的典型代表，其菌体中富含蛋白质、胞外多糖、维生素、微量元素及多种生物活性物质。作为饲料添加剂使用时，沼泽红假单胞杆菌能为养殖动物提供优质的营养物质及多种有利于消化功能的生物活性酶，并且能够调节养殖动物肠道的微生态平衡，增强机体的免疫功能[17,18]。

（6）丙酸菌。丙酸菌是一种不形成芽孢、不运动的革兰氏阳性细菌，杆状，异养厌氧生长，其可以利用乳酸代谢产生丙酸和乙酸，应用于青贮饲料中能够提高饲料的有氧稳定性[19]。我国批准使用的微生物饲料添加剂有1种产丙酸菌：产丙酸丙酸杆菌（*Propionibacterium acidipropionici*）。但目前有关产丙酸丙酸杆菌在养殖动物上的应用报道较少，其可能是作为一种丙酸供给剂，在宿主体内代谢产生丙酸，发挥丙酸抑制有害菌生长、调控宿主肠道微生态平衡、缓解炎症及维持宿主健康的作用。

（7）丁酸梭菌。丁酸梭菌（*C. butyricum*）属于芽孢杆菌科梭菌属，有芽孢，孢子卵圆形，偏心或次端生，可抵抗不良环境。丁酸梭菌是一种专性厌氧的革兰氏阳性芽孢杆菌，菌稍长可变为阴性，周身鞭毛，能运动。丁酸梭菌能够发酵葡萄糖、蔗糖、果糖、乳糖等碳水化合物产生丁酸、醋酸和乳酸，还发现有少量的丙酸、甲酸。我国已于 2009 年批准丁酸梭菌用于微生物饲料添加剂。作为饲料添加剂，丁酸梭菌在动物肠道内主要作用包括：①促进动物肠道有益菌群；②产生 B 族维生素等营养成分；③丁酸梭菌主要产物丁酸是肠道上皮组织细胞再生和修复的主要营养物质；④对多种饲用抗生素有较强的耐受性，可与之配伍使用[20,21]。

目前，在国内市场上，各类微生物饲料添加剂产品中实际使用最多的菌种是枯草芽孢杆菌（*B. subtilis*）、地衣芽孢杆菌（*B. licheniformis*）、粪肠球菌（*E. faecalis*）、屎肠球菌（*E. faecium*）、植物乳杆菌（*L. plantarum*）和酿酒酵母（*S. cerevisiae*）；其次是嗜酸乳杆菌（*L. acidophilus*）、产朊假丝酵母（*C. utilis*）、乳酸片球菌（*P. acidilactici*）、戊糖片球菌（*P. pentosaceus*）、凝结芽孢杆菌（*B. coagulans*）、侧孢短芽孢杆菌（*B. laterosporus*）和丁酸梭菌（*C. butyricum*），目前还没有一种产品含有双歧杆菌[22]，但国内已经授权该方面的专利[23]。

2.1.3 加工工艺方法

微生物饲料添加剂加工工艺主要有固体发酵和液体发酵两种。固体发酵是一种相对完善的发酵工艺，在我国具有悠久的历史。因其发酵条件相对开放、设备简单、操作方便、成本较低，一直受到发酵生产应用的青睐，但发酵水平有限，较易污染。固体发酵的主要工艺流程可简述如下：各种原料（发酵基）粉碎→配合/比→加水混合→高温灭菌→冷却→接入菌种→发酵→出池→干燥→抽检→分装→产品[24]。固体发酵也分单菌发酵和混菌发酵两种，与单菌发酵相比，混菌发酵能综合各菌种的发酵优势，充分利用发酵资源。常用于混菌发酵的菌种有霉菌、酵母菌、乳酸菌等[25]。液体发酵具有发酵效率高、生长周期短、污染少等特点，在生产上也有很广泛的应用。其主要工艺流程简述如下：保存菌种→摇瓶种子→一级种子罐扩大培养→二级种子罐扩大培养→生产大罐发酵（一般用三级发酵）→下游处理→抽检→分装→产品。

2.1.4 有效组分及其作用机制

微生物饲料添加剂的主要成分是益生菌，但也含有部分死菌。益生菌进入肠道后，死菌能为机体提供菌体蛋白、维生素和菌体崩解释放出的各种物质等，活菌能利用宿主肠道内的有机物进行新陈代谢，并发挥一系列类似于营养和生理调控作用，部分乳酸杆菌则会在肠道中定植。而芽孢杆菌和酵母可发挥营养和生理调控作用但不在肠道中定植，通常成为过路菌。不同种类的益生菌，其营养调控作用途径相同。例如，有的芽孢杆菌能代谢产生一些活性肽、消化酶类、氨基酸、脂肪酸和维生素等生物活性物质。张日俊团队[26~29]研究的枯草芽孢杆菌群解淀粉芽孢杆菌 LFB112 是国内最早完成全基因组测序的饲用益生菌[26]，能代谢分泌大量的细菌素（肽类）、脂肪酶、蛋白质酶、淀粉酶等，可极显著（$P<0.01$）改善

肉品质、提高胸肌中 14 种不饱和脂肪酸和总不饱和脂肪酸（PUFA＋MUFA）① 含量以及 PUFA/SFA，且随着 LFB112 添加量的增加，胸肌内 FA 含量也随之增加，呈现剂量依赖性[28]。蔡军等[30]对 LFB112 的全基因组测序和代谢通路分析显示，其参与能量产生与转化以及脂类、碳水化合物、氨基酸等转运和代谢的基因丰度很高，在其 245 个代谢通路中，脂肪酸的生物合成能力十分强大，可合成多种脂肪酸；肠道微生物宏基因组研究也表明，LFB112 能调控肠道菌群形成以家禽乳杆菌、加氏乳杆菌（*L. gasseri*）和敏捷乳杆菌［*L. agilis*（当前科学名称为敏捷联合乳杆菌 *Ligilactobacillus agilis*）］等乳酸菌为绝对优势的菌群；多元相关分析也表明，胸肌内 14 种不饱和脂肪极显著增加（$P<0.01$）与上述 3 类乳酸菌的丰度呈显著正相关。丁酸梭菌 CGMCC No. 8187 能代谢产生大量的纤维素酶、淀粉酶以及超氧化物歧化酶（SOD），能改善肉鸡对饲料的消化吸收，提高肉鸡的生长性能、肠道健康和全身抗氧化功能[31、32]。因益生菌菌株的特异性不同，其产生的营养调控作用也不尽相同，因此益生菌的作用机制必须结合特定菌株或产生的特定物质来研究。总的来说，微生物饲料添加剂的替抗机制可以从以下 5 个方面来理解：①竞争性排斥病原微生物；②增加肠黏膜的黏附力，抑制病原体黏附肠黏膜；③产生抗微生物物质；④调节免疫系统；⑤增强肠上皮组织屏障功能。

（1）竞争性排斥病原微生物。竞争性排斥是一个生态学概念，借用在肠道微生物菌群这个对象上即是指一种或几种肠道微生物比其他微生物更激烈地竞争肠道中的某一受体位点[33]。竞争性排斥也是益生菌在肠道中发挥作用的一个重要途径。研究发现，植物乳杆菌（*L. plantarum*）和嗜酸乳杆菌（*L. acidophilus*）在某些胃肠道条件下可抑制幽门螺杆菌（*Helicobacter pylori*）、艰难梭菌（*Clostridium difficile*）、轮状病毒、耐多种药物志贺氏菌属（*Shigella* sp.）和大肠埃希菌（*Escherichia coli*）的生长[34]，并对多种泌尿致病菌具有竞争性排斥作用[35]。肠道中益生菌发挥竞争性排斥病原微生物的主要机制有降低肠道 pH、争夺营养源、产生细菌素或类细菌素样物质[36]。Ebrahimi 等[37]在肉鸡饮水（0～14 d）和日粮（14～42 d）中添加益生菌制剂，发现益生菌能通过降低肠道 pH 来抑制弯曲杆菌的定植；Asahara 等[38]在小鼠产志贺毒素大肠埃希菌（*E. coli*）O157:H7 感染模型中，发现益生菌短双歧杆菌（*B. breve*）Yakult 能够产生高浓度的乙酸，通过降低肠道 pH 来抑制产志贺毒素大肠杆菌（*E. coli*）O157:H7 的定植。益生菌也可以通过产生细菌素来抑制病原菌定植。例如，唾液乳杆菌唾液亚种（*L. salivarius* subsp. *salivarius*）UCC118 能通过分泌一种肽类细菌素 ABP－118 来抑制芽孢杆菌、葡萄球菌、肠球菌、李斯特菌和沙门菌在肠道中的定植[39]；乳酸乳球菌可通过产生一种广谱细菌素乳杆菌素 3147 来抑制肠道中的致病性梭状芽孢杆菌的定植[40]。不同的益生菌产生的细菌素种类和数量并不相同，这些细菌素的抑菌活性也各异。有些细菌素能够抑制某些乳酸杆菌或某些革兰氏阳性菌，而有些细菌素则对革兰氏阳性菌、革兰氏阴性菌、酵母菌和霉菌都有抑菌活性，如益生芽孢杆菌 LFB112 就是典型的代表[29]。研究表明，益生菌可以通过分泌代谢物和产生细菌素来竞争性排斥其他细菌在肠道的定植，减少病原菌对肠道上皮细胞的损伤。

（2）增加肠黏膜的黏附力，抑制病原体黏附肠黏膜。益生菌黏附于黏液层或肠道上皮细

① 多不饱和脂肪酸：polyunsaturated fatty acid，PUFA；单不饱和脂肪酸：monounsaturated fatty acid，MUFA；总不饱和脂肪酸：total unsaturated fatty acid，TUFA（PUFA＋MUFA）；饱和脂肪酸：saturated fatty acid，SFA。

胞是其在宿主体内发挥生理作用的重要前提，也是其发挥生物屏障功能的基础。细菌对肠道上皮细胞的黏附可以分为两个过程：一是细菌接近黏膜上皮细胞表面并与之发生非特异性结合，仅仅是物理学上的接触，此阶段是可逆的；二是细菌与黏膜上皮细胞上的特异性受体发生特异性结合的过程，这个过程中受体与配体的结合是通过化学键来产生作用[6]。参与黏附的物质有很多，其中最直接作用的是细菌产生的黏附素和细胞表面的黏附素受体。细菌产生的黏附素是一种具有多种结构和功能的活性分子，其物质基础可能是蛋白质、多肽、糖蛋白、糖脂和多糖或单糖[6]。例如，许多乳酸菌的表面蛋白中含有大量的黏附素和黏液黏附促进蛋白；双歧杆菌等产生的黏液靶向细菌黏附素，其结合位点是糖萼。黏附素介导细菌对细胞靶位点的附着后，能刺激细胞内的某些信号传导通路。研究发现，植物乳杆菌（*L. plantarum*）299v 与肠道上皮细胞系 HT-29 共培养时，能够上调细胞 MUC2 和 MUC3 的 mRNA 水平[41]；复合益生菌 VSL 3① 能上调肠上皮细胞 MUC2、MUC3 和 MUC5A 的 mRNA 水平与蛋白表达量[42]；植物乳杆菌（*L. plantarum*）TIFN101 上调了 MMP-2、TIMP-1、TIMP-3 和 MUC2 的 mRNA 水平[43]。黏蛋白（Mucin）是由上皮细胞分泌的大分子糖蛋白，其表达量受 MUC2 等基因的 mRNA 调控，Mucin 蛋白能在肠道表面形成一层黏液层以保护肠道免受病原微生物的黏附和侵扰。结果表明，益生菌能够刺激肠道上皮细胞增加 MUC2 等蛋白的表达，阻断其他微生物的黏附。

（3）产生抗微生物物质。益生菌也可以通过有机酸、细菌素、防御素等代谢产物来发挥抗微生物的作用。某些益生菌可以代谢产生大量的有机酸（如乙酸、丁酸等）来降低肠道管腔 pH，对肠内微生物形成一个生理限制性环境，抑制不耐酸细菌的黏附和移位；有些益生菌能代谢产生抗菌肽，其作用于致病性病原菌的细胞膜，破坏细胞膜结构，使其出现“孔泡”，达到抑菌杀菌的效果[29]；有些益生菌能够将结合型胆酸盐转化为去结合型胆酸盐，对多种肠道病原菌具有较强的抑制作用。

（4）调节免疫系统。益生菌在宿主体内最主要的益生作用是能调节宿主的免疫反应[44]，维持宿主的肠道健康。益生菌通过与宿主上皮细胞、树突状细胞、单核巨噬细胞以及淋巴细胞的相互作用来调节宿主的炎症与免疫。益生菌对宿主非特异性免疫调控主要是通过病原体相关分子模式（PAMPs）来实现的，与 PAMPs 相结合的模式识别受体（PPRs）主要有 TLRs、NODLRs、黏附分子和凝集素这四大类[44~46]，Hevia 等以双歧杆菌和乳杆菌为研究对象，发现了益生菌能产生 C 型凝集素受体、甲酰化肽受体、视黄醇诱导样解旋酶 [retinoic acid-inducible（RIG）-like helicases] 和胞内 IL-1 转化酶蛋白激活受体等多种 PRRs 来改善某些炎症性肠道疾病、区分有益细菌与致病细菌、增加免疫细胞或其模式识别受体的数量[47]。此外，众多研究发现，多种植物乳杆菌、发酵乳杆菌、嗜酸乳杆菌和嗜热链球菌均能通过 TLR2/TLR6 信号转导来调控宿主的免疫反应，这些免疫反应与宿主体内的特异性免疫反应调节有交叉联系。

益生菌对宿主体内特异性免疫的调节作用主要是通过刺激 T 淋巴细胞、B 淋巴细胞产生抗体来实现的。Yousefi 等[48]研究发现，益生菌能够调控辅助性效应 T 细胞（Th 细胞）和调节性 T 细胞（T-reg 细胞）的比值来调控宿主的免疫反应。Kwon 等[49]也报道了益生菌能够降低 T 淋巴细胞、B 淋巴细胞的免疫敏感性，并通过下调 Th1、Th2 和 Th17 细胞因

① 复合益生菌 VSL3 由 4 种乳酸杆菌、3 种双歧杆菌和 1 种链球菌组成。

子的表达来抑制细胞凋亡，治疗宿主体内炎症免疫紊乱。Wang 等[50]报道了鼠李糖乳杆菌 LGG 能够刺激肠道黏膜分泌 sIgA，使 IgA 二聚体向上皮细胞表面聚集，增强肠道的黏膜免疫功能。

由此可见，益生菌可以诱导有效的黏膜免疫与体液免疫反应，增强宿主的免疫力，减少疾病的发生。

（5）增强肠上皮组织屏障功能。肠道屏障功能是由多个相互关联的系统组成的，这个系统包括黏液分泌系统、水和氯离子转运系统以及紧密连接系统等。在体外模型和动物体内都观察到益生菌对肠屏障功能的增强作用。益生菌增强宿主肠道屏障功能可能是通过以下两个方面的调控来实现的，即增加肠道黏液的分泌和增加肠道屏障的完整性[51]。研究发现，外来抗原入侵肠道后能引起肠上皮细胞紧密连接蛋白的聚集，Otte 等[42]使用都柏林沙门菌（*Salmonella dublin*）感染肠上表皮细胞后，发现在单层细胞的部分区域观察到明显的 ZO－1 积聚现象，其中一些细胞的顶周向结合环收缩，随后相邻细胞间隙增大。结果表明，外来病原菌改变了肠道上表皮闭锁蛋白 ZO－1 的分布情况，而向细胞培养液中添加复合益生菌 VSL 3 共培养 12 h 后发现，VSL 3 抑制了由都柏林沙门菌（*S. dublin*）引起的肠上表皮细胞 ZO－1 的重新分布；Lievin 等[52]报道了嗜酸乳杆菌（*L. acidophilus*）能够抑制因致病性大肠埃希菌（*E. coli*）感染导致的肠上表皮细胞肌动蛋白 F－actin 的重新分布；Zyrek 等[53]发现，有益大肠埃希菌（*E. coli*）Nissle 1917 能够抑制致病性大肠埃希菌（*E. coli*）对 T－84 细胞屏障的破坏作用，这一过程是 Nissle 1917 调控 T－84 细胞上调 ZO－2 的表达，并通过 PKCζ 信号通路来实现的。在动物试验中，Rajput 等[54]报道了布拉氏酵母菌和枯草芽孢杆菌（*B. subtilis*）B10 能通过上调 Occludin、Claudin－2 和 Claudin－3 的 mRNA 水平来增强肉鸡空肠与回肠的紧密连接组织。由此可见，益生菌在肠道定植后可以通过调节细胞骨架和紧密连接蛋白磷酸化来增强肠屏障功能，提高机体的免疫力。

2.1.5 应用现状

微生物饲料添加剂已成为最具研发潜力的抗生素替代物之一，其具有调节动物肠道菌群、促进消化和生长、改善肠道环境、提高机体免疫力、减少环境污染等特点，并已得到市场的广泛认可，在生产应用上具有广阔和光明的前景。近些年，我国微生物饲料添加剂的市场发展迅速，但产品的功能和品质有待提高，加速国产微生物饲料添加剂产品的研发与推广仍然是目前的工作重心，国内关于微生物饲料添加剂的评价标准、规程急需完善。因此，制定统一的、合理的、公平的饲用添加剂菌种标准和制剂标准应当是目前工作的重中之重。

2.2 国内研究进展

2.2.1 猪饲料中微生物饲料添加剂的应用研究进展

2.2.1.1 断奶仔猪中微生物饲料添加剂的应用研究进展

（1）罗伊氏乳杆菌（*L. reuteri*）。罗伊氏乳杆菌的适用范围为养殖动物。Zhang 等[55、56]研究了罗伊氏乳杆菌 ZLR003 对断奶仔猪肠道菌群及空肠基因表达谱的影响。选择体重为

(8.57±1.28) kg 的健康“长×大”二元杂交断奶仔猪 9 头，对照组每天灌服 5 mL 的 0.85%无菌生理盐水，金霉素组每天灌服 5 mL 用 0.85%生理盐水配制的金霉素溶液（100 mg/kg），罗伊氏乳杆菌组每天灌服 5 mL 用 0.85%生理盐水配制的罗伊氏乳杆菌液体制剂（2.0×10^{9} CFU/mL）。饲喂期为 10 d。结果表明，饲喂罗伊氏乳杆菌显著增加了断奶仔猪空肠微生物物种丰富度（ACE 和 Chao1 指数）（$P<0.05$），显著减少了断奶仔猪盲肠和结肠密螺旋体属比例。仔猪空肠组织 RNA-seq 结果表明，与对照组和金霉素组相比，罗伊氏乳杆菌组分别检测到 401 个和 326 个差异表达基因、1 083 个和 900 个 GO 条目以及 78 条 KEGG 通路得到富集，并在抗氧化性（antioxidant activity）和受体调节活性（receptor regulator activity）GO 功能显著富集，在多不饱和脂肪酸（如亚油酸、花生四烯酸代谢等）KEGG 通路显著富集。结果表明，饲喂罗伊氏乳杆菌 ZLR003 具有改善仔猪肠道菌群组成、促进断奶仔猪肠道内环境稳态平衡等作用，进而提高断奶仔猪的肠道健康水平。

Zhang 等[57]研究了罗伊氏乳杆菌 ZLR003 调控断奶仔猪粪便菌群及其与粪便短链脂肪酸、血清长链脂肪酸和游离氨基酸的相关性。选择窝重为（14.5±0.25）kg 的 12 窝健康“长×大”二元杂交哺乳仔猪。从仔猪 10 日龄饲喂教槽料时开始进行试验，到仔猪 70 日龄结束试验，所有仔猪在 30 日龄断奶并全部转移至保育猪舍。10～30 日龄采用哺乳阶段日粮，31～70 日龄采用保育阶段日粮。对照组饲喂基础日粮，试验组在基础日粮中添加罗伊氏乳杆菌冻干制剂（6.0×10^{6} CFU/g）。结果表明，罗伊氏乳杆菌显著增加了哺乳仔猪拟杆菌门及普氏菌属相对丰度（$P<0.05$），增加了断奶仔猪厚壁菌门及普氏菌属、光岗菌属、乳杆菌属相对丰度（$P<0.05$），减少了链球菌属比例（$P<0.05$）。断奶仔猪粪便中乳酸和丁酸含量显著增加（$P<0.05$），乙酸含量显著减少（$P<0.05$），血清中 C18：2 n6c、C18：3 n3、C20：4 n6 和 C22：6 n3 含量，以及血清中甘氨酸、蛋氨酸、丙氨酸、组氨酸、亮氨酸及异亮氨酸等含量显著增加（$P<0.05$）。皮尔森相关性分析显示，粪便中瘤胃菌科_UCG-010、瘤胃菌科_UCG-014 与短链脂肪酸含量呈显著负相关，普氏菌属与血清 C18：2 n6c 含量呈显著正相关，光岗菌属和巨型球菌属与血清游离氨基酸含量呈显著正相关。结果表明，罗伊氏乳杆菌 ZLR003 改善了仔猪肠道菌群，并且与菌株调控机体营养物质代谢具有密切的相关性。

Tian 等[58]研究了长期饲喂罗伊氏乳杆菌 LR1 对断奶仔猪生长性能及小肠消化和吸收功能的影响。选择平均体重为（6.49±0.04）kg 的健康“杜×长×大”三元杂交断奶仔猪 44 头，对照组饲喂基础日粮，抗生素组分别是在断奶阶段添加 100 mg/kg 喹乙醇+75 mg/kg 金霉素，在生长育肥阶段添加 75 mg/kg 金霉素，乳酸菌组是在基础日粮中添加罗伊氏乳杆菌 LR1（5×10^{10} CFU/kg），饲喂时间为 175 d。结果表明，LR1 组和抗生素组能够显著增加断奶仔猪阶段（0～42 d）平均日增重（$P<0.05$）。LR1 组能够改善空肠和回肠黏膜形态及肠屏障完整性，增加了空肠葡萄糖苷酶、回肠麦芽糖酶和蔗糖酶 mRNA 水平（$P<0.05$）以及仔猪回肠中氨基酸转运蛋白 4F2hc、ASTC2、B0+AT1 和 CAT1 与脂肪酸和葡萄糖转运蛋白 APOA1、FADS2、FADS2、FATP1 和 SGLT1 的 mRNA 水平（$P<0.05$），并显著刺激了肠黏膜蛋白合成（$P<0.05$）。结果表明，罗伊氏乳杆菌 LR1 可以作为抗生素替代品，对促进断奶仔猪的小肠消化吸收及蛋白质合成功能发挥了重要的作用。

（2）植物乳杆菌（*L. plantarum*）。植物乳杆菌的适用范围为养殖动物。张飞等[59]研究了猪源植物乳杆菌 LPZ 对断奶仔猪生长性能、免疫指标和粪挥发性脂肪酸的影响。选取

(26±2) 日龄、体重 (7.92±0.16) kg 的健康断奶仔猪 96 头，对照组仔猪饲喂基础日粮，抗生素组在基础日粮中添加 200 mg/kg 土霉素钙+50 mg/kg 吉他霉素，植物乳杆菌组在基础饲粮中添加 800 mg/kg 植物乳杆菌 LPZ 冻干粉 (其活菌浓度为 1×10^{10} CFU/g)。试验期为 28 d。结果表明，植物乳杆菌 LPZ 能够显著提高仔猪平均日增重 ($P<0.05$)，提高了第 14 d 和第 28 d 仔猪血清 IgA、Ig G、T-AOC、超氧化物歧化酶以及丁酸含量 ($P<0.05$)，降低了仔猪料重比、猪腹泻指数、腹泻率和血液内丙二醛水平 ($P<0.05$)。结果表明，植物乳杆菌 LPZ 具有提高断奶仔猪生长性能、免疫力和抗氧化能力，提升短链脂肪酸含量及降低仔猪腹泻率等作用，具有较好的应用前景和推广价值。

李雪莉等[60]研究了植物乳杆菌制剂对苏淮断奶仔猪肠道黏膜营养素转运体、紧密连接蛋白相关基因表达量、微生物菌群数量、短链脂肪酸及乳酸含量的影响。选取胎次相近、体重平均为 (9.34±0.33) kg 的 28 日龄健康苏淮断奶仔猪 144 头。随机分为对照组 (基础日粮)、抗生素组 (基础日粮+200 mg/kg 硫酸黏杆菌素+200 mg/kg 恩拉霉素)、植物乳杆菌制剂组 (基础日粮+植物乳杆菌制剂 200 mg/kg)。结果表明，与对照组相比，植物乳杆菌制剂组可显著上调十二指肠 *PepT1*、空肠 *SGLT-1* 和 *Pep T1* 以及回肠 *SGLT-1* 基因的相对表达量 ($P<0.05$)，显著增加了仔猪盲肠丁酸、结肠丁酸和乳酸含量 ($P<0.05$)，减少了大肠埃希菌数量 ($P<0.05$)，增加了结肠乳酸杆菌和梭菌 XIVa 群的数量 ($P<0.05$)。与对照组和抗生素组相比，植物乳杆菌制剂组可显著上调十二指肠 Occludin、空肠和回肠 Occludin 及 ZO-1 基因的相对表达量 ($P<0.05$)，并显著提高盲肠乳酸、结肠乳酸和丁酸含量以及盲肠和结肠中乳酸杆菌数量 ($P<0.05$)。结果表明，日粮中添加植物乳杆菌制剂能够调节断奶仔猪肠道黏膜营养素转运体及紧密连接蛋白相关基因表达量，并且具有提高短链脂肪酸和乳酸含量、改善肠道菌群的作用，从而促进肠道健康、缓解断奶应激。

(3) 干酪乳杆菌 (*L. casei*)。干酪乳杆菌的适用范围为养殖动物。王四新等[61]研究了干酪乳杆菌对北京黑猪保育阶段生长性能及肠道菌群的影响。选择 (35±2) 日龄、体重 (7.53±0.21) kg 的北京黑猪仔猪 120 头，分为对照组、干酪乳杆菌组和金霉素组。对照组试验猪饲喂基础饲粮，干酪乳杆菌组在基础饲粮中添加干酪乳杆菌活菌冻干制剂 (4.0×10^9 CFU/kg)，金霉素组在基础饲粮中添加金霉素预混剂 (75 mg/kg)。试验期为 30 d。结果表明，与对照组相比，干酪乳杆菌组和金霉素组仔猪平均日增重分别提高了 12.71% ($P<0.05$) 和 8.58% ($P<0.05$)，料重比分别降低 7.34% ($P<0.05$) 和 4.52% ($P>0.05$)。干酪乳杆菌组肠道菌群丰富度和多样性均高于对照组和金霉素，3 组粪样中共含有 17 个菌门 206 个菌属，对照组、干酪乳杆菌组和金霉素组粪样中分别含有 198 个、200 个和 197 个菌属。结果表明，日粮中添加干酪乳杆菌能够改善北京黑猪保育猪肠道菌群结构，对于提高猪群的生长性能具有积极的促进作用。

(4) 嗜酸乳杆菌 (*L. acidophilus*)。嗜酸乳杆菌的适用范围为养殖动物。Lan 等[62]研究了在不同能量和营养密度日粮条件下嗜酸乳杆菌对断奶仔猪生产性能、营养消化率、血液指标、粪便微生物及粪中有害气体排放的影响。选取 28 日龄、平均体重为 (7.51±0.79) kg 的“长×大”二元杂交仔猪 140 头，分为对照组和添加 0.1%活菌浓度为 5×10^{10} CFU/g 的嗜酸乳杆菌，阶段 1 (0～14 d) 两组能量和营养密度分别为 3 750 kcal* /kg 和 3 900 kcal/kg，

* kcal 为非法定计量单位。1 kcal=4 184 J。

阶段 2（15～42 d）两组能量和营养密度分别为 3 550 kcal/kg 和 3 700 kcal/kg。试验期为 42 d。结果表明，在两个阶段条件下，高能量营养密度日粮能够显著增加仔猪平均日增重、饲料转化率以及粪便中硫化氢和乙酸排放量（$P<0.05$）。与对照组相比，添加嗜酸乳杆菌显著增加了仔猪平衡日增重和饲料转化率（$P<0.05$）。嗜酸乳杆菌显著增加了仔猪 0～14 d 干物质消化率和粪中乳酸菌活菌数，显著降低了粪中大肠埃希菌活菌含量（$P<0.05$）。另外，日粮中添加嗜酸乳杆菌在高能量营养密度下对减少粪中硫化氢和乙酸排放效果更为显著（$P<0.05$）。

（5）德氏乳杆菌（*L. delbrueckii*）。德氏乳杆菌的适用范围为养殖动物。Li 等[63]研究了在哺乳阶段口服德氏乳杆菌对断奶仔猪肠道屏障完整性的影响。选取 10 窝“杜×长×大”三元杂交新生仔猪，每窝选取 10 头，共 100 头，分为对照组和试验组。两组在 1 d、3 d、7 d和 14 d 分别灌服 1 mL、2 mL、3 mL、4 mL 的无菌生理盐水或德氏乳杆菌制剂（5.0×10^9 CFU/mL）。结果表明，饲喂德氏乳杆菌组断奶仔猪 49 日龄体重显著增加（$P<0.05$），21～28 d、28～29 d 和 21～49 d 腹泻率显著下降（$P<0.05$）。德氏乳杆菌组断奶仔猪小肠绒毛高度及小肠紧密结合蛋白的 mRNA 水平显著增加，血清二胺氧化酶活性显著下降（$P<0.05$）。结果表明，在哺乳阶段饲喂德氏乳杆菌能够增强仔猪肠道屏障的完整性和屏障功能，减少仔猪断奶腹泻发病率及促进断奶仔猪生长，其益生效果能维持到仔猪断奶后 4 周。

（6）枯草芽孢杆菌（*B. subtilis*）。枯草芽孢杆菌的适用范围为养殖动物。丁浩等[64]研究了枯草芽孢杆菌对保育猪生长性能和血浆生化参数的影响。选用 21 日龄平均体重为（7.84±0.02）kg“长×大”二元杂交断奶公猪 64 头，对照组饲喂基础饲粮，试验组在基础日粮中添加 500 g/t 枯草芽孢杆菌 DSM 32315 制剂。结果表明，试验第 1～14 d 枯草芽孢杆菌组能够显著增加仔猪的平均日增重（$P<0.05$），降低料重比（$P<0.05$），试验第 1～14 d、15～28 d、1～42 d 枯草芽孢杆菌组猪群腹泻率极显著降低（$P<0.05$）。在血清生化指标方面，枯草芽孢杆菌显著增加了第 14 d、第 28 d 和第 42 d 血浆总蛋白 TP 含量，显著降低了其乳酸脱氢酶 LDH 活性。另外，枯草芽孢杆菌组仔猪在第 14 d 肝脂酶活性显著增加，尿素氮和氨氮含量（$P<0.05$）显著降低，并显著增加了第 28 d 的葡萄糖（GLU）、甘油三酯（TG）含量、谷丙转氨酶（ALT）和 α-淀粉酶活性，以及第 42 d 的白蛋白、GLU、TG 和高密度脂蛋白-胆固醇（HDL-C）含量。结果表明，日粮中添加 500 g/t 的枯草芽孢杆菌 DSM32315 可以改善断奶仔猪机体氮利用率和糖脂代谢相关生化指标，降低腹泻率，提高猪群生长性能。

魏立民等[65]研究了不同剂量枯草芽孢杆菌对断奶仔猪生长性能和血清生化指标的影响。选取健康、体重相近［（7.58±0.23）kg］的“杜×长×大”三元杂交仔猪 96 头，随机分为对照组和添加枯草芽孢杆菌 0.1%组、0.2%组、0.3%组。试验期为 40 d。结果表明，添加剂量为 0.2%时，仔猪末重、平均日增重和平均日采食量显著高于对照组（$P<0.05$），并显著提高了断奶仔猪血清超氧化物歧化酶活性（$P<0.05$）。建议在海南气候条件下，断奶仔猪日粮中枯草芽孢杆菌添加量为 0.2%。

（7）复合菌或菌酶复合物。张丽等[66]研究了酵母培养物、枯草芽孢杆菌、木瓜蛋白酶以及酵母培养物和木瓜蛋白酶复合物对保育猪生长性能、营养物质表观消化率和粪便微生物数量的影响。选择平均体重为（15.70±0.26）kg 的断奶仔猪 225 头。分别设置为基础日粮组、基础日粮+5 g/kg 酵母培养物组、基础日粮$+2\times10^{11}$ CFU/kg 枯草芽孢杆菌组、基础日粮+0.3 g/kg 木瓜蛋白酶组、基础日粮+5 g/kg 酵母培养物+0.3 g/kg 木瓜蛋白酶组。预试期为 5 d，正试期为 30 d。结果表明，添加酵母培养物和木瓜蛋白酶复合组现在改善了保育猪末重、平均日增重及料重比（$P<0.05$），酵母培养物组、木瓜蛋白酶组和复合组猪群的腹泻率显著低于对照组和芽孢杆菌组（$P<0.05$）。与对照组相比，4 个试验组的总能和干物质的表观消化率显著增加（$P<0.05$），酵母培养物组和复合组显著增加了猪群粪便中乳酸菌数量、乳酸菌与大肠埃希菌的比值，并显著减少了大肠埃希菌活菌数（$P<0.05$）。结果表明，酵母培养物能够改善仔猪生长性能和肠道生态环境，酵母培养物和木瓜蛋白酶复合联用对仔猪生长也有积极的作用。

2.2.1.2 生长育肥猪中微生物饲料添加剂的应用研究进展

（1）地衣芽孢杆菌（*B. licheniformis*）。地衣芽孢杆菌的适用范围为养殖动物。林裕胜[67]研究了地衣芽孢杆菌对生长育肥猪生长性能与腹泻率的影响。分别选取体重为 25 kg 左右和 50 kg 左右的“杜×长×大”三元杂交生长育肥猪各 80 头，随机分为对照组和试验组，分别饲喂基础日粮（对照组）、基础日粮+100 mg/kg 地衣芽孢杆菌粉剂（地衣芽孢杆菌含量为 200 CFU/g）的试验日粮。试验期为 15 d。结果表明，在日粮中添加 100 mg/kg 的地衣芽孢杆菌对生长猪日增重提高 11.94%（$P<0.05$），腹泻率减少 10%（$P<0.05$）；然而，对育肥猪的生长性能和腹泻率均没有显著影响（$P>0.05$）。

（2）枯草芽孢杆菌（*B. subtilis*）。枯草芽孢杆菌的适用范围为养殖动物。朱瑾等[68]研究了枯草芽孢杆菌对育肥猪生长性能、肉品质和抗氧化能力的影响。试验选择 120 头平均体重为（62.90±2.37）kg 的“杜×长×大”三元杂交育肥猪，随机分为 3 组：对照组饲喂基础饲粮，试验 1 组、试验 2 组分别在基础饲粮中添加 100 mg/kg、200 mg/kg 枯草芽孢杆菌。预试期为 7 d，正试期为 63 d。结果表明，饲粮中添加枯草芽孢杆菌显著增强了育肥猪血浆抗氧化能力（$P<0.05$），而对育肥猪生长性能、肉品质和肌肉抗氧化能力无显著影响（$P>0.05$）。

贺长青等[69]研究了枯草芽孢杆菌对育肥猪血浆生化和免疫指标及粪便菌群的影响。试验选择 120 头平均体重为（62.90±2.37）kg 的“杜×长×大”三元杂交育肥猪，随机分为 3 组：对照组饲喂基础饲粮，试验 1 组、试验 2 组分别在基础饲粮中添加 100 mg/kg、200 mg/kg 枯草芽孢杆菌。预试期为 7 d，正试期为 63 d。结果表明，饲粮中添加枯草芽孢杆菌可在一定程度上改善育肥猪机体代谢，增强机体免疫功能，优化肠道菌群。

彭俊平等[70]研究了日粮中添加不同剂量的植物甾醇、枯草芽孢杆菌及复合酶制剂组合对育肥猪生长性能和肉品质的影响。试验选取了 600 头体重 60 kg 左右的“杜×长×大”三元杂交育肥猪，随机分成 4 组，对照组饲喂玉米-豆粕型基础日粮，试验 1 组、试验 2 组、试验 3 组分别饲喂基础日粮+不同含量的植物甾醇、枯草芽孢杆菌、复合酶制剂的组合。试验期为 50 d。结果表明，饲料中添加了植物甾醇、枯草芽孢杆菌和复合酶制剂可显著提高育肥猪的平均日采食量、平均日增重，降低料重比（$P<0.05$）；在肉品质方面，试验组在背膘和肉色方面与对照组相比差异显著（$P<0.05$），可明显改善肉色。

（3）干酪乳杆菌（*L. casei*）。干酪乳杆菌的适用范围为养殖动物。王四新等[71]研究了干酪乳杆菌对育肥阶段北京黑猪肠道消化物菌群组成及乳酸、短链脂肪酸和长链脂肪酸含量的影响。选择体重为（62.77±0.59）kg 的北京黑猪 120 头，随机分成对照组和干酪乳杆菌组，对照组饲喂基础饲粮（不添加抗生素和干酪乳杆菌），干酪乳杆菌组在基础饲粮中添加干酪乳杆菌冻干制剂（每千克饲粮中有效活菌数为 2.0×10^{9} CFU）。在试验猪平均体重为 92 kg 时，采集空肠和结肠中的内容物，分析内容物中的菌群组成及乳酸、短链脂肪酸和长链脂肪酸含量。结果表明，在饲粮中添加干酪乳杆菌可以显著改善北京黑猪育肥阶段的生长性能和饲料利用率（$P<0.05$），而对其肌肉中营养成分含量无显著影响（$P>0.05$），减少了空肠中埃希菌属-志贺菌属的相对丰度，增加了结肠中乳杆菌属的相对丰度；降低了结肠中乳酸的含量，提高了丁酸的含量；提高了空肠中二十二碳六烯酸的含量，降低了结肠中花生四烯酸的含量。肠道内容物中的这些变化有利于猪群健康和生长性能的提高。

（4）乳酸片球菌（*P. acidilactici*）。乳酸片球菌的适用范围为养殖动物。刘辉等[72]研究了乳酸片球菌对生长猪生长性能、粪便菌群、血清生化和免疫指标的影响。选取平均体重为（23.21±0.84）kg 的“长×大”二元杂交生长猪 140 头，随机分为对照组和试验组，对照组饲喂基础饲粮，试验组在基础饲粮中添加 2.70×10^{9} CFU/kg 乳酸片球菌冻干制剂。预试期为 5 d，正试期为 34 d。与对照组相比，试验组生长猪的末重和平均日增重分别提高了 6.32%和 12.23%（$P<0.05$），料重比降低了 8.58%（$P<0.05$）；试验组生长猪粪便中乳酸菌的数量显著提高（$P<0.05$），大肠杆菌和金黄色葡萄球菌的数量显著降低（$P<0.05$）；试验组生长猪粪便中乙酸、丁酸和总挥发性脂肪酸的含量依次提高了 13.44%、20.51%和 11.01%（$P<0.05$）。试验组生长猪血清中总蛋白、球蛋白、免疫球蛋白 G 和免疫球蛋白 A 的含量依次提高了 18.85%、33.31%、15.85%和 45.86%（$P<0.05$），血清中尿素氮和结合珠蛋白的含量分别降低了 19.29%和 52.72%（$P<0.05$）。

秦红等[73]研究了乳酸片球菌对育肥猪生长性能及肠道抗氧化能力、形态结构和菌群的影响。选取 48 头体重为（62.46±1.20）kg 的“杜×长×大”三元杂交育肥猪，将其随机分为 2 组，对照组饲喂基础饲粮，试验组饲喂在基础饲粮中添加 0.1 g/kg 乳酸片球菌制剂（含菌量 1.0×10^{10} CFU/g）的试验饲粮。试验期为 56 d。结果表明，饲粮中添加 0.1 g/kg 乳酸片球菌（含菌量 1.0×10^{10} CFU/g）能改善育肥猪肠道菌群和肠道形态结构，增强肠道抗氧化能力，进而促进育肥猪的肠道健康。

（5）罗伊氏乳杆菌（*L. reuteri*）。罗伊氏乳杆菌的适用范围为养殖动物。Tian 等[58]研究了日粮中长期添加罗伊氏乳杆菌对猪的生长性能及小肠消化、吸收功能的影响。试验选取 144 头 21 日龄的“杜×长×大”三元杂交断奶仔猪，随机分成 3 组，分别饲喂玉米-豆粕型基础日粮、基础日粮+抗生素组合、基础日粮+罗伊氏乳杆菌（5×10^{10} CFU/g）。试验期为 175 d。结果表明，日粮中添加抗生素组合或罗伊氏乳杆菌 42 d 后，生长性能均显著好于空白对照组（$P<0.05$），这一优势持续至生长育肥阶段。日粮中添加罗伊氏乳杆菌，可以显著改善空肠和回肠黏膜形态，增加空肠葡萄糖苷酶、回肠胆囊收缩素、消化酶和营养转运蛋白的表达。

（6）发酵乳杆菌（*L. fermentum*）。发酵乳杆菌的适用范围为养殖动物。孙建广等[74]研究了日粮中添加发酵乳杆菌对生长育肥猪生长性能和肉品质的影响。试验选择 144 头体重在 20 kg 左右的“杜×长×大”三元杂交仔猪，随机分成对照组、抗生素组和发酵乳杆菌组。试验分 2 个阶段：生长阶段（体重 20～50 kg）和育肥阶段（体重 50～90 kg）。对照组饲喂基础日粮，抗生素组饲喂基础日粮+150 mg/kg 金霉素，发酵乳杆菌组饲喂基础日粮+0.1%发酵乳杆菌（活菌数≥10.2×10^{10} CFU/g）。试验期为 3 个月。结果表明，在生长性能方面，日粮中添加发酵乳杆菌，生长性能明显提高。日粮中添加 0.1%单一的发酵乳酸杆菌代替抗生素（金霉素），试验猪生长性能略优于抗生素（$P>0.05$）；发酵乳杆菌组滴水损失、剪切力比对照组和抗生素组均降低；与对照组相比，发酵乳杆菌组显著提高了 C18：2、C20：2、C20：4 不饱和脂肪酸和总多不饱和脂肪酸（PUFA）的含量（$P<0.05$）；与抗生素组相比，显著降低了 C20：2 不饱和脂肪酸的含量（$P<0.05$）。

2.2.1.3 我国尚未批准在猪饲料中使用的微生物应用研究进展

（1）副干酪乳杆菌（*Lactobacillus paracasei*）。刘辉等[75]研究了副干酪乳杆菌发酵饲料对生长猪生长性能、粪便菌群数量、挥发性脂肪酸含量以及血清生化和免疫指标的影响。选取平均体重为（20.86±0.62）kg 的健康“长×大”二元杂交生长猪 140 头，随机分为 2 组（对照组和试验组），每组 5 个重复，每个重复 14 头。对照组生长猪饲喂基础饲粮，试验组生长猪饲喂由 95%基础饲粮和 5%副干酪乳杆菌发酵饲料组成的试验饲粮。预试期为 5 d，正试期为 31 d。结果表明，与对照组相比，试验组生长猪的末重和平均日增重分别提高了 6.32%（$P<0.05$）和 12.23%（$P<0.05$），料重比降低了 8.58%（$P<0.05$）；试验组生长猪粪便中乳酸菌的数量显著提高（$P<0.05$），大肠杆菌和金黄色葡萄球菌的数量显著降低（$P<0.05$）；试验组生长猪粪便中乙酸、丁酸和总挥发性脂肪酸的含量分别提高了 13.44%（$P<0.05$）、20.51%（$P<0.05$）和 11.01%（$P<0.05$）；试验组生长猪血清中总蛋白、球蛋白、免疫球蛋白 G 和免疫球蛋白 A 的含量分别提高了 18.85%（$P<0.05$）、33.31%（$P<0.05$）、15.85%（$P<0.05$）和 45.86%（$P<0.05$），血清中尿素氮和结合珠蛋白的含量分别降低了 19.29%（$P<0.05$）和 52.72%（$P<0.05$）。研究表明，在饲粮中添加副干酪乳杆菌发酵饲料可提高生长猪的生长性能，调节肠道菌群平衡，增强机体免疫功能并增加粪便中挥发性脂肪酸的含量。

（2）卷曲乳杆菌（*Lactobacillus crispatus*）。张董燕等[76]研究了猪源卷曲乳杆菌对生长猪生长性能、粪便菌群和短链脂肪酸组成以及血清长链脂肪酸组成的影响。选取体重为（20.35±0.53）kg 的“长×大”二元杂交生长猪 120 头，对照组饲喂基础饲粮，试验组在基础饲粮中添加卷曲乳杆菌冻干制剂（5.5×10^9 CFU/kg）。饲喂期为 30 d。结果表明，与对照组相比，试验组生长猪平日增重提高了 7.32%（$P<0.05$），料重比降低了 5.68%（$P<0.05$）。卷曲乳杆菌能够提高生长猪粪便菌群物种丰富度，增加厚壁菌门及乳酸杆菌属和光岗菌属的比例；与对照组相比，试验组生长猪粪便中丁酸含量增加了 6.20%（$P<0.05$），乙酸含量减少了 9.88%（$P<0.05$）；试验组猪群血清中亚油酸和花生四烯酸含量分别比对照组提高了 11.12%（$P<0.05$）和 6.28%（$P<0.05$）。结果表明，在饲粮中添加 5.5×10^9 CFU/kg 卷曲乳杆菌能够影响生长猪的粪便菌群组成，增加了粪便中丁酸的含量，改善了血清中不饱和脂肪酸的组成，从而对生长猪的肠道健康及生长起到促进作用。

（3）短乳杆菌（*Lactobacillus brevis*）。Liu 等[77]研究了猪源短乳杆菌 ZLB004 对断奶仔猪生长性能、粪便菌群和血清生化指标的影响。选取体重为（15.60±0.13）kg 的“杜×长×大”三元杂交生长猪 144 头。对照组饲喂基础饲粮，试验组分别在基础日粮中添加 0.4 g/kg、0.8 g/kg 短乳杆菌冻干制剂（5.5×10^9 CFU/kg）。试验期为 30 d。结果表明，添加两个剂量的短乳杆菌 ZLB004 显著增加了断奶仔猪平均日增重、日采食量和饲料转化率（$P<0.05$），显著降低了仔猪腹泻率（$P<0.05$），显著增加了粪便中乳酸菌活菌数，降低了大肠埃希菌活菌含量（$P<0.05$）。另外，两个试验组显著增加了仔猪血清中干扰素-γ 和总蛋白含量，降低了血清中结合珠蛋白和尿素氮含量（$P<0.05$）。结果表明，日粮中添加两个剂

量的短乳杆菌 ZLB004 均能起到改善肠道菌群和血液生化指标、促进仔猪健康生长的作用。

（4）丁酸梭菌（*C. butyricum*）。Lu 等[78]通过消化功能、肠道屏障完整性及肠道感染等方面研究了丁酸梭菌对断奶仔猪腹泻的影响。选用 25 日龄平均体重为（6.24±0.32）kg“杜×长×大”三元杂交断奶仔猪 360 头，对照组为基础日粮，4 个试验组分别在基础日粮中添加 200 mg/kg、250 mg/kg、500 mg/kg 和 1 000 mg/kg 的丁酸梭菌。仔猪先饲喂 4 d 基础日粮后再饲喂试验日粮 30 d。结果表明，随着日粮中丁酸梭菌浓度增加，仔猪腹泻率降低（$P<0.05$），以 500 mg/kg 添加量组腹泻率最低。十二指肠淀粉酶和脂肪酶活性随着丁酸梭菌浓度增加而增加（$P<0.05$），以 500 mg/kg 组最高；4 个试验组仔猪空肠脂肪酶活性显著增加（$P<0.05$），以 250 mg/kg 最高。500 mg/kg 组仔猪血清 D-乳酸含量显著降低，1 000 mg/kg 组仔猪空肠 ZO-1 的 mRNA 水平显著增加。另外，200 mg/kg 组仔猪空肠白细胞介素-10 含量显著增加，而血管内皮细胞生长因子含量显著降低。结果表明，日粮中添加适量的丁酸梭菌能够通过提高肠道消化酶活性、维持肠道屏障完整性及减少肠道感染等途径，起到缓解断奶仔猪腹泻的作用。

（5）复合菌。Zong 等[79]研究了丁酸梭菌、丁酸梭菌复合地衣芽孢杆菌对断奶仔猪生长性能、血液指标及肠道屏障功能的影响。选择日龄为（23±2）d、平均体重为（7.8±0.2）kg 的断奶仔猪 225 头。试验设置：对照 1 组（基础日粮+100 mg/kg 喹乙醇+20 mg/kg 硫酸黏杆菌素+50 mg/kg 吉他霉素+2 250 mg/kg 氧化锌）、对照 2 组（基础日粮+100 mg/kg 喹乙醇+20 mg/kg 硫酸黏杆菌素+50 mg/kg 吉他霉素+1 125 mg/kg 氧化锌）、基础日粮+1 125 mg/kg 氧化锌+10^9 CFU/kg 地衣芽孢杆菌、基础日粮+1 125 mg/kg 氧化锌+10^8 CFU/kg 丁酸梭菌、基础日粮+1 125 mg/kg 氧化锌+10^9 CFU/kg 地衣芽孢杆菌+10^8 CFU/kg 丁酸梭菌。结果表明，与对照 2 组相比，丁酸梭菌组和丁酸梭菌+地衣芽孢杆菌组显著增加了断奶仔猪生长性能，降低了腹泻率（$P<0.05$），两组血清总抗氧化能力、超氧化物歧化酶、谷胱甘肽过氧化物酶、免疫球蛋白 G、免疫球蛋白 A 和补体蛋白 C3 显著增加（$P<0.05$），促炎性细胞因子白细胞介素-6、肿瘤坏死因子-α、干扰素-γ 显著降低（$P<0.05$）。丁酸梭菌组仔猪十二指肠和回肠具有较高的绒毛高度与隐窝深度的比值。结果表明，单独丁酸梭菌或丁酸梭菌和地衣芽孢杆菌复合使用均可以起到部分替代抗生素的作用。

2.2.2 家禽饲料中微生物饲料添加剂的应用研究进展

2.2.2.1 蛋鸡饲料中微生物饲料添加剂的应用研究进展

（1）地衣芽孢杆菌（*B. licheniformis*）、枯草芽孢杆菌（*B. subtilis*）和短小芽孢杆菌（*B. pumilus*）。地衣芽孢杆菌、枯草芽孢杆菌和短小芽孢杆菌的适用范围为养殖动物。Wang 等[80]研究发现，日粮中添加地衣芽孢杆菌 CGMCC1.3448 可提高蛋鸡的产蛋性能和蛋品质。试验选用 360 只 28 周龄海兰 W-36 蛋鸡随机分为 4 组，每组 6 个重复，每个重复 15 只。对照组饲喂基础日粮，试验组在基础日粮中分别添加 0.01%、0.03%和 0.06%地衣芽孢杆菌菌粉（2×10^{10} CFU/g），饲养 8 周。结果表明，地衣芽孢杆菌通过降低肠道通透性、促进黏蛋白-2 的转录和调节炎症细胞因子，从而显著增强肠道屏障功能。地衣芽孢杆菌通过调节特异性免疫和非特异性免疫，提高了蛋鸡的免疫功能。此外，激素受体的基因表达，包括雌激素受体 α、雌激素受体 β 和卵泡刺激素受体也受到地衣杆菌的调节。与对照组相比，地衣芽孢杆菌显著增加促性腺激素释放激素水平，显著降低 ghrelin 和抑制素分泌物。

研究表明，日粮添加地衣芽孢杆菌可以改善肠道屏障和免疫功能，调节生殖激素分泌，有助于提高母鸡的产蛋性能。

Yang 等[81]研究了地衣芽孢杆菌和枯草芽孢杆菌对蛋鸡的影响。选用 60 周龄海兰棕蛋鸡，随机分为 5 组。分别为基础日粮、基础日粮中添加 1.0×10^6 CFU/g 地衣芽孢杆菌 YB-214245、1.0×10^6 CFU/g 枯草芽孢杆菌 YB-114246、地衣芽孢杆菌和枯草芽孢杆菌以 2∶1 的比例组合（6.6×10^5∶3.3×10^5）和 5 mg/kg 黄霉素。试验期为 84 d。结果表明，基础日粮中联合添加地衣芽孢杆菌和枯草芽孢杆菌可显著改善老母鸡的产蛋性能。与对照组或抗生素组相比，添加芽孢杆菌可以提高鸡蛋蛋壳强度，显著降低鸡蛋中总胆固醇、甘油三酯和极低密度脂蛋白胆固醇含量。芽孢杆菌联合处理的母鸡小肠形态优于对照组，盲肠中的需氧菌（杆菌、乳酸菌和双歧杆菌）总数也显著高于对照组和抗生素组，大肠埃希菌和沙门菌数量显著低于对照组。因此，蛋鸡日粮中添加芽孢杆菌，可以提高其生长性能、盲肠细菌组成、蛋品质量和小肠形态。

崔闯飞等[82]研究了饲粮中添加枯草芽孢杆菌对产蛋后期蛋鸡生产性能和蛋壳品质的影响。选取 420 只产蛋率和体重相近的健康 52 周龄海兰褐蛋鸡，随机分为 4 组，每组 7 个重复，每个重复 15 只。对照组饲喂玉米-豆粕型基础饲粮，试验组分别在基础饲粮中添加 200 mg/kg、400 mg/kg 和 800 mg/kg 枯草芽孢杆菌。试验期为 12 周。结果表明，与对照组相比，饲粮中添加 200 mg/kg、400 mg/kg 和 800 mg/kg 枯草芽孢杆菌对产蛋率和平均蛋重无显著影响，但显著降低了平均日采食量；饲粮中添加 400 mg/kg 和 800 mg/kg 枯草芽孢杆菌显著降低了料蛋比。饲粮中添加 200 mg/kg、400 mg/kg 和 800 mg/kg 枯草芽孢杆菌显著增加了蛋壳厚度，显著降低了破软蛋率；饲粮中添加 800 mg/kg 枯草芽孢杆菌显著提高了蛋壳强度和壳重比例。饲粮中添加 800 mg/kg 枯草芽孢杆菌改善了蛋壳的超微结构，显著增加了蛋壳中的钙含量。可见，饲粮中添加枯草芽孢杆菌可以改善产蛋后期蛋鸡生产性能，提高蛋壳品质，降低破软蛋率。在本试验条件下，饲粮中以添加 800 mg/kg 枯草芽孢杆菌为宜。

曲湘勇等[83]研究了饲粮中添加蒙脱石（MMT）和枯草芽孢杆菌（BS）对产蛋鸡盲肠菌群与肠道通透性的影响。采用 2×2 双因素随机设计，选择 360 只 29 周龄健康的罗曼粉蛋鸡，随机分为 4 组（每组 6 个重复，每个重复 15 只），分别饲喂基础饲粮（对照组）、基础饲粮＋0.5 g/kg MMT（MMT 组）、基础饲粮＋5×10^8 CFU/kg BS（BS 组）、基础饲粮＋0.5 g/kg MMT＋5×10^8 CFU/kg BS（MMT＋BS 组）。预试期为 7 d，正试期为 70 d。结果表明，BS 组肠道微生物测序的有效序列显著多于其他各组，试验组测序的优质序列较对照组均有一定增加。在门水平上，与对照组相比，MMT 组梭杆菌门相对含量有降低的趋势，MMT＋BS 组迷踪菌门相对含量有降低的趋势。在属水平上，与对照组相比，MMT 组梭杆菌属相对含量有降低的趋势，BS 组乳杆菌属相对含量显著提高，BS 组和 MMT＋BS 组巨单胞菌属相对含量显著提高，MMT＋BS 组梭菌属相对含量显著降低。与对照组相比，饲粮添加 BS 显著降低了产蛋鸡血浆二胺氧化酶活性和内毒素含量，有降低血浆 D-乳酸含量的趋势。研究表明，MMT、BS 及其联用均在一定程度上影响了产蛋鸡盲肠菌群的物种丰度，添加 BS 降低了肠道通透性。

方晓等[84]研究了不同芽孢杆菌对蛋鸡生产性能、鸡蛋品质、肠道菌群及粪便中臭味物质的影响。试验选择健康的海兰褐蛋鸡（392 日龄）600 只，随机分为 4 组，对照组饲喂基础日粮，试验组分别在基础日粮中添加0.15%枯草芽孢杆菌、0.15%地衣芽孢杆菌、0.15%复合芽孢杆菌（枯草芽孢杆菌、地衣芽孢杆菌、蜡芽孢杆菌和短小芽孢杆菌各占25%）。试验期为84 d。结果表明，日粮中添加复合芽孢杆菌显著提高了蛋鸡的日产蛋量，显著降低了蛋鸡的入舍死亡率，并在一定程度上提高了蛋鸡的产蛋率、降低了破软蛋率。日粮中添加3种不同的芽孢杆菌均能促进乳杆菌的生长，抑制葡萄球菌、肠球菌、肠杆菌的繁殖，复合芽孢杆菌的作用效果最佳。此外，日粮中添加3种不同的芽孢杆菌均能降低粪便臭味物质的含量，复合芽孢杆菌的作用效果最佳。

（2）动物双歧杆菌（*B. animalis*）。动物双歧杆菌的适用范围为养殖动物。张美曦等[85]应用过碘酸雪夫染色法、荧光定量PCR、间接酶联免疫吸附试验对饲喂动物双歧杆菌BB-12后雏鸡肠道杯状细胞数量、MUC2 mRNA水平及肠液黏蛋白2（MUC2）含量变化进行了测定，研究了双歧杆菌对雏鸡局部黏膜免疫的影响。结果表明，饲喂双歧杆菌后1～18 d雏鸡肠道杯状细胞数量、MUC2 mRNA水平及肠液MUC2含量均不同程度地高于对照雏鸡。其中，饲喂后1～4 d，回肠杯状细胞数量、MUC2的mRNA及肠液MUC2含量显著高于对照雏鸡；结直肠MUC2的mRNA于饲喂后1～7 d极显著高于对照雏鸡。研究表明，双歧杆菌能增加雏鸡肠道杯状细胞数量，提高MUC2的分泌量，增强雏鸡肠道黏膜免疫功能。

（3）粪肠球菌（*E. faecalis*）。粪肠球菌的适用范围为养殖动物。庄宏等[86]选用58周龄海兰褐蛋鸡900只，随机分为2组，每组450只，每组设3个重复，每个重复150只，试验组在基础日粮中添加禽用乳酸菌（鸡源粪肠球菌等）微生态制剂100 g/kg。结果表明，试验组蛋壳厚度、蛋壳强度、哈氏单位均显著提高，蛋黄颜色较对照组提高2.87%；试验组氨气浓度在试验第10 d、第15 d、第30 d分别降低了22.66%、42.93%、52.45%；死淘率显著降低48.53%。

刘松等[87]研究了饲粮添加粪肠球菌对蛋鸡生产性能、蛋品质、脂质代谢和肠道微生物数量的影响。选择137日龄海兰褐蛋鸡450只，随机分成5组，每组6个重复，每个重复15只，分别饲喂在基础日粮中添加0 CFU/g、1.0×10^{4} CFU/g、1.0×10^{6} CFU/g、1.0×10^{8} CFU/g和1.0×10^{10} CFU/g粪肠球菌（CGMCC 1.213 5T）的饲粮。试验期为168 d。结果表明，试验第113～140 d和第141～168 d，1.0×10^{6} CFU/g粪肠球菌添加组蛋鸡的产蛋量极显著高于对照组和其他粪肠球菌添加组；试验第141～168 d，1.0×10^{4} CFU/g粪肠球菌添加组的料蛋比显著低于1.0×10^{8} CFU/g粪肠球菌添加组。

（4）戊糖片球菌（*P. pentosaceus*）。戊糖片球菌的适用范围为养殖动物。李天杰[88]选用600只罗曼粉蛋鸡，研究添加不同益生菌对生产性能的影响，并利用荧光定量PCR技术检测肝脏中生长激素（GH）、生长激素受体（GHR）、胰岛素样生长因子-Ⅰ（IGF-Ⅰ）基因的相对表达量，采集的盲肠组织通过扩增总16S rDNA的V4～V5区来分析样品的微生物组成。结果表明，添加戊糖片球菌显著提高3～6周蛋鸡体重（增重4%左右），而添加枯草芽孢杆菌的个体则体重最轻。益生菌对蛋鸡的体重影响在后期逐渐变小，各组间差异不显著。添加植物乳杆菌可以极显著地提高蛋黄颜色。研究表明，早期定植益生菌可以对蛋鸡肠道微生物组成产生影响，进而促进或抑制蛋鸡的生长发育过程。

（5）植物乳杆菌（*L. plantarum*）。植物乳杆菌的适用范围为养殖动物。高长斌等[89]研究了在基础日粮中添加植物乳杆菌（*L. plantarum*）WEI-70菌粉对产蛋鸡的生产性能、蛋品质、组织病理学影响。试验使用305日龄海兰褐蛋鸡288只，随机分为2组，每组6个重复，每个重复 24 只。对照组饲喂基础日粮，试验组在基础日粮中添加植物乳杆菌 WEI－70 冻干菌粉，每克日粮中的活菌为 1×10^{6} CFU。结果表明，与对照组相比，试验组的平均日产蛋量显著提高了 2.71％，平均料蛋比显著下降了 3.27％，哈氏单位显著提高了 3.42％，蛋黄颜色显著提高了 4.37％；试验组和对照组的心、肝、脾的脏器重量以及脏器指数均无显著差异，都没有出现病理学变化，但与对照组相比，试验组的空肠绒毛高度显著提高了 31.82％。由此可见，植物乳杆菌 WEI－70 在蛋鸡养殖生产中能够促进蛋鸡生产性能、蛋品质的提升和空肠绒毛高度的增加。

刘聪等[90]选用 400 只沙门菌阴性蛋鸡，随机分成 4 组，每组 5 个重复，每个重复 20 只。对照组（T1 组、T3 组）饲喂基础日粮，试验组（T2 组、T4 组）在基础日粮中添加 2×10^{8} CFU/g 植物乳杆菌。饲喂 1 周后，T3 组、T4 组试验鸡连续 2 d 灌服 1 mL 肠炎沙门菌悬浮液（1.0×10^{8} CFU/mL），T1 组、T2 组试验鸡口服等量无菌 PBS 溶液。结果表明：①蛋鸡感染肠炎沙门菌后可极显著降低产蛋率及平均日采食量。添加植物乳酸杆菌可显著提高产蛋率，显著降低料蛋比。②蛋鸡感染肠炎沙门菌后，添加植物乳酸杆菌可显著增加蛋壳厚度和蛋壳强度，显著降低蛋黄颜色。由此表明，植物乳杆菌可显著改善蛋鸡生产性能和蛋品质，维持蛋鸡生理生化指标稳定，同时可缓解沙门菌带来的病理损伤，保障蛋鸡机体健康。

孙浩政等[91]选用 44 周龄海兰灰蛋鸡 400 只并分为试验组和对照组，试验组在饮水中添加植物乳杆菌（$\geqslant1.67\times10^{12}$ CFU/L）。试验期为 30 d。结果表明，饮水中添加植物乳杆菌可显著提高平均蛋重，显著降低死淘率，对蛋品质无显著影响，但对蛋黄抗体水平有提升作用，第 30 d 试验组蛋黄禽流感 H9 亚型抗体水平显著高于对照组。与对照组相比，饲粮中添加植物乳杆菌可显著或极显著提高血清免疫球蛋白 A（IgA）、免疫球蛋白 G（IgG）、免疫球蛋白 M（IgM）、干扰素-γ（IFN－γ）及分泌型免疫球蛋白 A（sIgA）含量。由此表明，饮水中添加植物乳杆菌可增加蛋鸡的平均蛋重，提高机体免疫能力。

（6）酿酒酵母（*S. cerevisiae*）。酿酒酵母的适用范围为养殖动物。Tapingkae 等[92]探讨了在日粮中添加酵母菌对蛋鸡生产性能和蛋品质的影响。将 200 只伊萨褐蛋鸡（23 周龄）平均分为阴性对照组（不添加酵母），阳性对照组（2 g/kg 酿酒酵母），处理组分别添加 0.5 g/kg、1 g/kg、2 g/kg 红色酵母（*Rhodotorula* sp.）。试验期为 12 周。对照组和酵母组的采食量、日产蛋量和蛋重无显著差异。添加酵母组饲料效率显著提高。红酵母添加量增加蛋黄颜色评分。饲喂红色酵母的蛋鸡血清以及蛋黄中胆固醇和甘油三酯含量显著低于对照组，但添加酵母组间差异不显著。添加 2 g/kg 红色酵母组蛋鸡肝脏羟甲基戊二酰辅酶（HMG－CoA）还原酶活性显著低于对照组和其他添加红色酵母组。与对照组相比，饲喂 1 g/kg 和 2 g/kg 红色酵母的蛋鸡盲肠短链脂肪酸含量增加。日粮中添加 2 g/kg 红色酵母可显著改善蛋黄颜色，降低血清和蛋黄胆固醇水平。

（7）黑曲霉（*A. niger*）。黑曲霉的适用范围为养殖动物。廖天江[93]为了研究发酵沙棘籽渣对蛋鸡生产性能及肠道菌群的影响，以黑曲霉作为发酵菌，在 35 ℃环境下，按照接种量 5％、料水 80％的条件进行发酵试验，并对发酵产物的粗蛋白、蛋白酶、纤维素酶含量和氨基酸总量进行检测。试验选取 270 日龄的蛋鸡，以玉米-豆粕为基础日粮，对 4 组蛋鸡分别饲喂添加 0、0.4％、0.8％和 1.2％发酵沙棘籽渣的基础日粮。试验期为 6 周。结果表明，沙棘籽渣经黑曲霉发酵后，粗蛋白含量和蛋白酶含量显著提高。与对照组相比，添加发酵沙棘籽渣对蛋鸡产蛋率和饲料转化率均有一定的改善作用，各试验组肠道中大肠埃希菌数（CFU/g）分别降低 10.66%、6.23%和 4.67%；添加 0.8%的发酵沙棘籽渣，双歧杆菌数量有极显著提高。研究表明，黑曲霉发酵可以提高沙棘籽渣的饲料价值，还可以提高蛋鸡的生产性能，并优化肠道中的菌群结构。

（8）米曲霉（*A. oryzae*）。米曲霉的适用范围为养殖动物。李岩等[94]研究了米曲霉对蛋鸡生产性能、血液指标和免疫性能的影响。试验选择 3 840 只 300 日龄的海兰褐蛋鸡，随机分成 2 组，即对照组和 0.5%米曲霉合生元组。每组 1 920 只，每组 3 个重复，每个重复 640 只。结果表明，各组蛋鸡的平均体重差异均不显著。米曲霉合生元组与对照组相比，蛋鸡血清中总蛋白、清蛋白（ALB）和高密度脂蛋白（HDL）含量显著提高，而总胆固醇、低密度脂蛋白（LDL）、甘油三酯、尿素氮和葡萄糖（GLU）含量均显著降低，蛋鸡血液中的谷草转氨酶（AST）、谷丙转氨酶（ALT）和碱性磷酸酶（AKP）活性均显著提高。蛋鸡血清抗氧化剂超氧化物歧化酶（SOD）和谷胱甘肽过氧化物酶（GSH－Px）活性随着饲喂日龄增加而显著增加，丙二醛（MDA）含量随着饲喂日龄增加而显著降低。研究表明，米曲霉合生元具有提高蛋鸡免疫力和体内抗氧化的作用。

2.2.2.2 肉鸡饲料中微生物饲料添加剂的应用研究进展

（1）地衣芽孢杆菌（*B. licheniformis*）。地衣芽孢杆菌的适用范围为养殖动物。Zhao 等[95]研究了饲粮添加地衣芽孢杆菌 H2 对产气荚膜梭菌（CP）诱导的家禽亚临床坏死性肠炎（SNE）的预防作用。选用 180 只 1 日龄肉鸡（罗斯 308）随机分为 3 组，每组 6 个重复，每个重复 10 只：阴性对照组（NC 组）；SNE 感染组（球虫病疫苗 CP 组）；SNE 感染 H2 预处理组（BL 组），均饲喂基础日粮。结果表明，地衣芽孢杆菌能显著抑制由 SNE 引起的 ACE 对肉鸡生长的负面影响，包括 28 d 时不同处理对增重、采食量的减少和饲料转化率的提高。添加地衣芽孢杆菌显著增加了肉鸡回肠绒毛高度与隐窝深度的比值及绒毛高度。此外，与疫苗治疗组相比，地衣芽孢杆菌能提高回肠、血清和肝脏中抗氧化酶的活性，还可以通过显著增加肝脏中 Bcl－2 蛋白含量来阻止 SNE 症状。研究表明，日粮中添加地衣芽孢杆菌可有效防止产气荚膜梭菌诱导的 SNE，改善 SNE 对生长性能的影响，其机制可能与 H2 改善的肠道发育、抗氧化能力和凋亡有关。

孙全友等[96]研究了姜黄素与地衣芽孢杆菌对肉鸡生长性能、血清抗氧化功能、肠道微生物数量和免疫器官指数的影响。选用 1 日龄 AA 肉鸡 450 只，随机分为 5 组，每组 6 个重复，每个重复 15 只。对照组饲喂基础饲粮，试验组饲喂在基础饲粮中分别添加 35 mg/kg 抗生素（D1 组）、200 mg/kg 姜黄素（D2 组）、100 mg/kg 地衣芽孢杆菌（D3 组）和 200 mg/kg 姜黄素＋100 mg/kg 地衣芽孢杆菌（D4 组）的饲粮。试验期为 42 d。结果表明：①与对照组相比，各试验组平均日增重显著升高，D1 组平均日增重及末重均显著高于 D2 组、D3 组，而与 D4 组差异不显著，D1 组、D4 组料重比显著低于对照组。②与对照组和 D1 组相比，D2 组、D3 组和 D4 组均能显著提高血清中的超氧化物歧化酶（D3 组除外）、谷胱甘肽过氧化物酶和溶菌酶活性，D2 组、D3 组和 D4 组血清中丙二醛含量显著低于对照组。③与对照组相比，D4 组肠道中乳酸杆菌和双歧杆菌的数量显著升高，各试验组间无显著差异，D1 组和 D4 组肠道中大肠埃希菌和沙门菌数量显著降低。④与对照组相比，D4 组的脾脏和法氏囊指数显著升高。研究表明，姜黄素和地衣芽孢杆菌单独或联合使用均能提高肉鸡的生长性能和免疫功能以及肠道微生物环境，联合使用的效果要优于单独使用，二者之间存在一定的协同作用。

（2）枯草芽孢杆菌（*B. subtilis*）。枯草芽孢杆菌的适用范围为养殖动物。钟光等[97]通过研究枯草芽孢杆菌对肉鸡生长性能、抗氧化功能和肠道形态的影响。选取1日龄雄性AA肉鸡420只，随机分为4组，每组7个重复，每个重复15只。对照组饲喂基础饲粮，枯草芽孢杆菌组在基础饲粮中添加200 g/t枯草芽孢杆菌，杆菌肽锌组在基础饲粮中添加250 g/t杆菌肽锌，枯草芽孢杆菌＋杆菌肽锌组在基础饲粮中添加200 g/t枯草芽孢杆菌和250 g/t杆菌肽锌。试验期为42 d。结果表明，与对照组相比，饲粮中添加枯草芽孢杆菌显著提高了22～42日龄肉鸡的平均日增重（ADG）和血清丙二醛（MDA）含量，显著降低了1～21日龄肉鸡的ADG、平均日采食量（ADFI）、血清超氧化物歧化酶（SOD）活性和空肠隐窝深度。饲粮中添加枯草芽孢杆菌和杆菌肽锌对22～42日龄肉鸡的料重比（F/G）、1～42日龄欧洲效益指数和肝脏MDA含量有显著交互作用。综上所述，饲粮中添加200 g/t的枯草芽孢杆菌能提高22～42日龄肉鸡的生长性能，在一定程度上改善肉鸡空肠黏膜形态；饲粮中添加200 g/t的枯草芽孢杆菌和250 g/t的杆菌肽锌能够提高肉鸡的生长性能。

肖丹等[98]通过研究在含有微量黄曲霉毒素B_1（AFB_1）日粮中添加霉菌毒素分解酶枯草杆菌制剂对肉鸡生长性能、免疫器官指数和抗氧化能力的影响，选用120只7日龄艾维茵肉鸡，随机分成4组，每组3个重复，每个重复10只。A组饲喂基础日粮，B组、C组、D组在基础日粮中分别添加50 μg/kg AFB_1、50 μg/kg AFB_1＋0.1%枯草芽孢杆菌制剂和50 μg/kg AFB_1＋0.1%霉菌毒素分解酶枯草杆菌制剂，饲喂28 d后测定肉鸡的生长性能、免疫器官指数、抗氧化能力以及AFB_1在肝脏和肌肉的残留量。结果表明，试验期间，除B组鸡出现精神沉郁和6.67%死亡率外，其余3组鸡均未出现病理症状和死亡现象；净增重D组＞A组＞C组＞B组，料重比B组＞C组＞D组＞A组；脾脏指数A组＞D组＞C组＞B组，并且A组、D组、C组极显著高于B组；B组血清和肝脏中的超氧化物歧化酶（SOD）活性与总抗氧化能力（T-AOC）显著或极显著低于A组、D组，丙二醛（MDA）含量极显著高于A组、C组、D组；各组肉鸡肝脏和肌肉中黄曲霉毒素的残留量A组＜D组＜C组＜B组，A组、C组、D组与B组差异极显著。研究表明，霉菌毒素分解酶枯草杆菌制剂和枯草芽孢杆菌均可以降低黄曲霉毒素在体内的残留，改善AFB_1造成的肉鸡生长受阻、免疫器官发育受损、抗氧化功能下降等现象。其中，霉菌毒素分解酶枯草杆菌制剂较枯草芽孢杆菌效果更佳。本研究为霉菌毒素分解酶枯草杆菌制剂在生产中的应用提供了试验依据。

彭豫东等[99]研究了饲粮中添加枯草芽孢杆菌对石门土鸡生长性能、屠宰性能、血清抗氧化指标和肠道形态的影响。选取540只55日龄、体重相近的健康石门土鸡母鸡，随机分成3组，每组6个重复，每个重复30只。对照组饲喂基础饲粮，试验组分别在基础饲粮的基础上添加300 mg/kg和600 mg/kg枯草芽孢杆菌。预试期为7 d，正试期为28 d。结果表明，1～14 d，与对照组相比，300 mg/kg、600 mg/kg枯草芽孢杆菌组石门土鸡的平均日采食量（ADFI）和平均日增重（ADG）有提高趋势；600 mg/kg枯草芽孢杆菌组石门土鸡的屠宰率显著提高，300 mg/kg、600 mg/kg枯草芽孢杆菌组的腹脂率有提高趋势；14 d时，300 mg/kg枯草芽孢杆菌组石门土鸡的血清总超氧化物歧化酶（T-SOD）活性显著提高；14 d和28 d时，300 mg/kg、600 mg/kg枯草芽孢杆菌组的血清谷胱甘肽过氧化物酶（GSH-Px）活性极显著提高；300 mg/kg、600 mg/kg枯草芽孢杆菌组石门土鸡的十二指肠绒毛高度、绒毛宽度、隐窝深度均有提高趋势，300 mg/kg 枯草芽孢杆菌组的空肠绒毛宽度显著提高。综上所述，饲粮中添加枯草芽孢杆菌提高了石门土鸡的屠宰性能，增强了机体抗氧化能力，改善了肠道形态。

（3）迟缓芽孢杆菌（*B. lentus*）。迟缓芽孢杆菌的适用范围为养殖动物。Zangiabadi 等[100]对低劣全枣在肉鸡日粮中的应用进行了研究，测定整个枣和枣核的表观代谢能（AMEn）。采用迟缓芽孢杆菌的最低酶活为 1.58 亿 U/kg。研究采用 3×2 双因素试验设计，对肉鸡日粮中全枣（0 g/kg、175 g/kg 和 350 g/kg）和酶（0 g/kg 和 0.4 g/kg）的营养价值进行了评估。迟缓芽孢杆菌发酵的酶处理提高了整个枣和枣核中 AMEn 的含量。与对照组相比，含 175 g/kg 或 350 g/kg 整枣的日粮可增加肉鸡的体重（BWG），迟缓芽孢杆菌发酵产生的酶在整个试验期间改善了 BWG 和饲料转化率。此外，β-甘露聚糖酶的补充将对饲喂玉米-大豆或玉米-大豆-全日粮的肉鸡生产性能和免疫产生有益的影响。

利明[101]研究了日粮中添加不同芽孢杆菌对肉仔鸡生长性能、蛋白和能量代谢、屠宰性能和肉品质以及机体免疫功能的影响。试验选用 600 只 1 日龄雄性肉仔鸡，随机分为 5 个日粮处理组，每组 4 个重复，每个重复 30 只。对照组饲喂基础日粮，其他 4 个试验组日粮在基础日粮中分别添加 2×10^6 CFU/g 迟缓芽孢杆菌、2×10^6 CFU/g 枯草芽孢杆菌、2×10^6 CFU/g 地衣芽孢杆菌、1×10^6 CFU/g 枯草芽孢杆菌+1×10^6 CFU/g 地衣芽孢杆菌。试验期为 42 d，于 49 日龄进行为期 5 d 的代谢试验。结果表明：①3 种芽孢杆菌对肉鸡生长性能均有促进作用，枯草芽孢杆菌和地衣芽孢杆菌 1∶1 的混合使用比枯草芽孢杆菌和地衣芽孢杆菌的单独使用更有利于促进肉鸡的生长性能，显著促进 42 日龄肉鸡的平均日增重。迟缓芽孢杆菌可促进肉鸡 3 周龄之前的平均日增重，并降低料重比。②日粮中添加芽孢杆菌可在一定程度上有提高蛋白和能量表观代谢率的趋势。③芽孢杆菌能显著改善肉鸡屠宰性能，提高半净膛率和全净膛率。④不同芽孢杆菌均能提高肉鸡免疫器官指数和单核、巨噬细胞吞噬功能，以枯草芽孢杆菌最为明显。

（4）短小芽孢杆菌（*B. pumilus*）。短小芽孢杆菌的适用范围为养殖动物。Alessandra 等[102]首次研究了含有短小芽孢杆菌、枯草芽孢杆菌、巨型芽孢杆菌对新的和重复使用的肉鸡舍的净化效果。在 3 个饲养周期（每个周期为 6 周）中，饲养结束时，评估了不同鸡舍用芽孢杆菌清洁产品处理对鸡盲肠菌群的影响。经过清洁处理的鸡舍芽孢杆菌能够成功地定植于重复利用的鸡舍中，并降低鸡舍中总需氧菌、肠杆菌科和凝固酶阳性葡萄球菌的含菌数。在肉鸡的盲肠中，也观察到了以大肠埃希菌为代表的肠杆菌科减少。此外，重复利用的鸡舍保留了盲肠中瘤胃菌科和粪杆菌的菌含量及其生物多样性的丰度。研究表明，基于芽孢杆菌的清洁策略对肉鸡养殖环境、微生物净化再利用以及对肉鸡盲肠微生物多样性的积极作用，从而可以提高动物健康水平，并预防家禽疾病。

（5）凝结芽孢杆菌（*B. coagulans*）。凝结芽孢杆菌的适用范围为肉鸡、生长育肥猪和水产养殖动物。Zhen 等[103]研究评价了日粮中添加凝结芽孢杆菌对感染肠道沙门菌的肉鸡的保护作用。将 240 只 1 日龄 Cobb 肉鸡随机分为 2×2 因素组，分别添加 2 个水平的凝结芽孢杆菌（0 mg/kg 或 400 mg/kg）和 2 个水平的沙门菌感染（0 CFU/g 或 1×10^9 CFU/g）。结果表明，沙门菌感染不影响生长性能，但通过减少肠道杯状细胞和有益菌数，增加盲肠沙门菌定植和肝脏沙门菌侵袭，引起肠道炎症和屏障功能损害，与未感染的肉鸡相比，降低空肠黏蛋白 2（感染后 7 d 和 17 d，DPI）、*TLR2*（7 DPI 和 17 DPI）、*TLR4*（17 DPI）、*TNFSF15*

(7 DPI 和 17 DPI) 基因 mRNA 水平，上调空肠 *IFN* − γ 基因 mRNA 水平 (17 DPI)。此外，与未感染沙门菌的肉鸡相比，沙门菌感染提高了空肠抗沙门菌 IgA 和血清抗沙门菌 IgG 的浓度。然而，饲喂凝结芽孢杆菌的肉鸡在 15～21 d 时，体重增加、增重与采食量的比值、碱性磷酸酶活性 (7 DPI)、盲肠乳酸杆菌和双歧杆菌数量 (7 DPI，17 DPI)、绒毛高度与隐窝深度的比值 (17 DPI) 和杯状细胞数 (7 DPI 和 17 DPI) 显著增加，与未感染沙门菌的肉鸡相比，空肠隐窝深度 (17 DPI)、盲肠大肠埃希菌 (7 DPI、17 DPI和 31 DPI) 和沙门菌 (7 DPI 和 17 DPI) 水平都有所降低。此外，与对照组相比，凝结芽孢杆菌可以上调溶菌酶 mRNA 水平 (17 DPI)、下调 *IFN* − γ 基因 mRNA 水平 (7 DPI 和 17 DPI)，使禽流感素-2 mRNA 水平 (7 DPI) 和肝沙门菌负荷呈下降趋势。研究表明，凝固酶对沙门菌感染肉鸡有保护作用。

赵娜等[104]研究了凝结芽孢杆菌对肉鸡生长性能、免疫器官指数、血清生化指标及肠道菌群的影响。试验选择健康的 1 日龄艾维茵 500 肉鸡 10 000 只，随机分成 2 组，每组 5 个重复，每个重复 1 000 只。对照组饲喂基础饲粮，试验组饲喂基础饲粮＋300 mg/kg 凝结芽孢杆菌制剂。试验期为 6 周。结果表明：①1～21 日龄、22～42 日龄试验组肉鸡死淘率显著低于对照组，分别下降了 61.7%、52.42%；22～42 日龄，试验组肉鸡的平均日增重、平均日采食量均显著高于对照组。②21 日龄试验组肉鸡的脾脏指数、胸腺指数、法氏囊指数均显著高于对照组，而肠道指数却显著低于对照组。42 日龄试验组肉鸡的脾脏指数、胸腺指数均显著高于对照组。③ 21 日龄和 42 日龄试验组肉鸡血清中的丙氨酸氨基转移酶、碱性磷酸酶活性及总蛋白、球蛋白含量均显著高于对照组。④ 21 日龄和 42 日龄试验组肉鸡盲肠、回肠食糜中凝结芽孢杆菌数量均显著高于对照组，大肠埃希菌数量均显著低于对照组。由此可见，饲粮中添加凝结芽孢杆菌可抑制肉鸡肠道中大肠埃希菌的生长，提高免疫器官指数，降低死淘率。

(6) 侧孢短芽孢杆菌 (*B. laterosporus*)。侧孢短芽孢杆菌的适用范围为肉鸡、肉鸭、猪、虾。侧孢短芽孢杆菌目前作为微生物杀虫剂常应用于控制畜禽养殖或粪污中蝇类的环境控制。Ruiu 等[105]将侧孢短芽孢杆菌应用于家禽的养殖过程中，在笼养鸡中口服昆虫病原细菌侧孢短芽孢杆菌，可使其活性成分与苍蝇繁殖介质均匀结合。处理过的肉鸡或母鸡的粪便对暴露的成虫和幼虫有毒性。杀虫效果呈浓度依赖性，对成虫和幼虫的半数致死浓度 (LC_{50}) 分别为 1.34×10^8 孢子/g 和 0.61×10^8 孢子/g。只要给鸡饲喂含有足够浓度侧孢短芽孢杆菌孢子的饲料，粪便对苍蝇的毒性就可以维持。中断对家禽的孢子供给后，毒性显著降低。当鸡饲料中含有 10^{10} 孢子/g 时，粪便饲养的苍蝇死亡率超过 80%。研究表明，在鸡生产中使用侧孢短芽孢杆菌作为饲料添加剂是合理的防蝇方法。

Wolfenden 等[106]将侧孢短芽孢杆菌和枯草芽孢杆菌应用于火鸡雏鸡的养殖过程中。在试验中，雏鸡在常规育雏 7 d 后，对雏鸡进行标记、称重，将其分为 4 组。其中，阴性对照组添加 0.019%硝苯胂酸，试验组分别添加侧孢短芽孢杆菌 PHL - MM65 (10^6 孢子/g 饲料)、枯草芽孢杆菌 PHL - NP122 (10^6 孢子/g 饲料)。试验期为 23 d。与对照组相比，添加枯草芽孢杆菌或硝苯胂酸可显著增加体重，而添加侧孢短芽孢杆菌对体增重无显著影响。试验第 23 d，从各组鸡中无菌条件采集盲肠样本，并进行沙门菌培养。与对照组相比，添加侧孢短芽孢杆菌和枯草芽孢杆菌的沙门菌含量显著降低。研究表明，饲料中添加枯草芽孢杆菌促进火鸡生产的育雏阶段增加体重，侧孢短芽孢杆菌和枯草芽孢杆菌对肠道中致病菌有较好的抑制作用。

（7）两歧双歧杆菌（*B. bifidum*）。两歧双歧杆菌的适用范围为养殖动物。王雪飞等[107]将420只1日龄肉仔鸡随机分为6组。试验期为42 d。试验将苦豆籽粕-两歧双歧杆菌CCICC6071合生元混于肉仔鸡饲料中，每周龄末清晨7:00空腹称量体重，计算平均日增重；计算饲料消耗量和平均日采食量；根据试验期增重和耗料量，计算料重比；分别于7日龄、14日龄、21日龄、28日龄、35日龄、42日龄每组随机抽取10只鸡剖杀，制作小肠各肠段组织切片，测量肠黏膜绒毛高度、隐窝深度和黏膜厚度。结果表明，苦豆籽粕-两歧双歧杆菌合生元能显著提高肠黏膜绒毛高度、黏膜厚度和V/C值（绒毛高度与隐窝深度的比值），降低隐窝深度。研究表明，肉鸡饲料中添加苦豆籽粕-两歧双歧杆菌合生元可以改善肉仔鸡的肠道组织结构形态发育，从而提高肉鸡的生产性能。

（8）植物乳杆菌（*L. plantarum*）。植物乳杆菌的适用范围为养殖动物。赵巍等[108]通过探讨不同剂量灭活的植物乳杆菌培养物来研究其对肉仔鸡生长性能、盲肠主要微生物和血清生化指标的影响。将体重相近、健康的1日龄AA商品肉仔鸡300只，采用完全随机分组试验设计，随机分为5组，每组6个重复，每个重复10只。对照组饲喂基础日粮，A组、B组、C组、D组分别在基础日粮中添加0.8‰、1.6‰、3.2‰和6.4‰的灭活植物乳杆菌培养物，21 d和42 d分别进行屠宰试验。结果表明，1～21 d，D组的平均日增重（ADG）和料重比显著高于对照组；22～42 d，B组ADG、血清白蛋白显著高于对照组；1～42 d，与对照组相比，B组肉仔鸡ADG显著提高。综上所述，在本试验条件下，1.6‰的灭活植物乳杆菌培养物对肉仔鸡的生长性能、盲肠双歧杆菌和血清生化指标的促进效果最佳。

高鹏飞等[109]以益生乳酸菌植物乳杆菌P-8饲喂肉鸡，研究其在规模化养殖中对肉鸡生产性能、粪便pH以及吲哚和粪臭素含量、抗生素盐酸林可霉素残留的影响。选择18万只1日龄AA肉鸡为研究对象，随机平均分为3组，对照组为基础日粮＋盐酸林可霉素（3 g/t）；试验组1为基础日粮＋植物乳杆菌P-8＋盐酸林可霉素（3 g/t）；试验组2为基础日粮＋植物乳杆菌P-8＋盐酸林可霉素（1.5 g/t）。结果表明，试验组肉鸡成活率、出栏重和饮水量显著高于对照组，料重比显著低于对照组，试验组间无显著差异。由此表明，植物乳杆菌P-8在大规模肉鸡养殖过程中具有减少抗生素用量、改善肉鸡生长性能和养殖环境等特点，有利于肉鸡养殖业的持续健康发展，在健康养殖领域具有广阔的应用前景。

甄玉国等[110]探究了日粮中添加植物乳杆菌活菌、菌液、培养液和灭活菌液对肉仔鸡生长性能与免疫功能的影响，选取300只健康的、体重相近的1日龄AA肉仔鸡，随机分为5组，每组6个重复，每个重复10只。结果表明，7～21 d，添加培养液和灭活菌液组肉仔鸡的平均日增重（ADG）显著高于对照组；22～42 d，与对照组相比，培养液组的ADG显著提高，培养液组和灭活组的饲料增重比均显著降低。因此，添加植物乳杆菌活菌、菌液、培养液和灭活菌液均可提高肉仔鸡生长性能和免疫功能。

黄腾[111]验证了芦荟多糖与植物乳杆菌对鸡群生长性能及免疫性能的影响。将1日龄SPF鸡240只随机分为6组，分别为1组（芦荟多糖组）、2组（黄芪多糖组）、3组（芦荟多糖和植物乳杆菌组）、4组（黄芪多糖和植物乳杆菌组）、5组（植物乳杆菌组）、6组（空白对照组），探究芦荟多糖与植物乳杆菌对鸡群生长性能及免疫性能的影响。研究发现，在芦荟多糖中添加植物乳杆菌，鸡群日增重显著提高，表明芦荟多糖和植物乳杆菌对鸡群生长性能有促进作用。因此，芦荟多糖和植物乳杆菌可协同促进鸡群生长性能和免疫性能，以期为新型生长促进剂的开发提供新的路径。

龚胜等[112]通过在日粮中添加不同水平的植物乳杆菌代谢产物，研究其对肉鸡生长性能、粪微生物菌群、挥发性脂肪酸含量以及小肠绒毛形态的影响。选择健康、体重一致的1日龄AA肉鸡576只，采用单因素试验设计，随机分为6组，每组4个重复，每个重复24只。对照组饲喂基础日粮+80 mg/kg新霉素，处理组分别在基础日粮中添加0.1%、0.2%、0.3%、0.4%和0.5%不同水平的植物乳杆菌代谢产物。试验期为42 d。结果表明，0.4%植物乳杆菌代谢产物组较对照组、0.1%、0.3%和0.5%植物乳杆菌代谢产物组显著提高了42 d肉鸡末重、总增重和平均日增重，0.1%和0.3%植物乳杆菌代谢产物组较0.4%植物乳杆菌代谢产物组显著提高了肉鸡饲料转化率。研究表明，日粮添加植物乳杆菌代谢产物可以改善肉鸡生长性能，降低粪中大肠埃希菌含量，提高小肠绒毛高度和粪中挥发性脂肪酸含量。其中，日粮添加0.2%和0.4%植物乳杆菌代谢产物对肉鸡增重、饲料转化率和绒毛高度的影响最佳。

王俊[113]用产细菌素的乳酸杆菌饲喂科宝肉鸡，结果表明，肉仔鸡日粮中添加植物乳杆菌显著提升14日龄肉鸡的平均体重（由对照组306 g提升至329 g）和42日龄的平均体重（由对照组2 423 g提升至2 538 g），分别提高7.5%和4.7%；提升肉鸡前期平均日增重以及全周期平均日增重。与对照组相比，试验组肉鸡42日龄屠宰率和全净膛率增加。

Peng等[114]通过两个试验来确定植物乳杆菌B1对肉鸡生产性能、盲肠细菌以及回肠和盲肠短链脂肪酸（SCFA）的影响。试验1将72只肉鸡分为2个处理组（$n=6$）：一个处理组是基础日粮（CON），另一个处理组是在基础日粮中添加2×10^9 CFU/kg植物乳酸菌B1（Wh）。在试验2中，将144只1日龄肉鸡分为4个处理组（$n=6$），分别在不同阶段（早期、中期和全期）添加植物乳杆菌。结果表明，植物乳杆菌B1提高了肉鸡的平均日增重（ADG）和饲料转化率（FCR）。试验2中，雏鸡阶段肉鸡的ADG高于对照（CON），全期料重比得到改善。

杨桂连等[115]以150只1日龄肉雏鸡为试验动物，以2×10^8 CFU/200 μL植物乳杆菌、鼠李糖乳杆菌、乳酸片球菌和复合制剂饲喂雏鸡，并设对照组，进行柔嫩艾美耳球虫（*Eimeria tenella*）感染。结果表明，乳酸菌制剂显著减轻球虫感染对雏鸡增重的影响，降低卵囊排出量和盲肠病理损伤（$P<0.05$），抗球虫指数（ACI值）达到中等抗球虫效果；并显著提高了IFN-γ、IL-2、IgG、SIgA水平和外周血中T淋巴细胞数量，从而增强了机体细胞和体液免疫水平。

Xu等[116]采用2×2双因素设计方法，选择80只体重相近的1日龄白来航蛋鸡并随机分为4组：散养环境+基础日粮组、散养环境+植物乳杆菌组、特定的无病原体（SPF）环境+基础日粮组、SPF环境+植物乳杆菌组；饲养至36～42日龄进行产气荚膜梭菌攻毒（每天口服1 mL）。结果表明，无论SPF环境或自由放养的环境，日粮中添加植物乳酸杆菌明显增加了小肠绒毛高度与隐窝深度的比值以及回肠黏膜中*MUC2*基因mRNA的表达，同时降低了回肠黏膜中*TNF-α*基因的mRNA水平；添加植物乳杆菌显著降低了鸡血清中总蛋白含量以及总超氧化物歧化酶和谷草转氨酶的活性。研究表明，散养环境中补充植物乳酸杆菌更有利于蛋鸡感染产气荚膜梭菌的恢复。

（9）干酪乳杆菌（*L. casei*）。干酪乳杆菌的适用范围为养殖动物。伊淑帅[117]通过研究干酪乳杆菌ATCC393的抑菌活性、对肠壁细胞的黏附活性，并通过在雏鸡饮水中添加干酪乳杆菌和抗生素比较两者对雏鸡生长性能与主要免疫机能的影响。将 160 只 1 日龄 AA+肉鸡公雏随机分为 4 组：对照组（A 组），正常饮水；干酪乳杆菌组（B 组），饮水中添加 1 g/L 干酪乳杆菌菌剂，连续饮用 5 d；磷霉素组（C 组），饮水中添加 0.1%磷霉素，连续饮用 5 d；氟苯尼考组（D 组），饮水中添加 0.1%氟苯尼考，连续饮用 5 d。每组 4 个重复，每个重复 10 只。试验期为 21 d，共分为 3 个阶段进行。检测不同处理阶段的不同处理组雏鸡的日平均增重、料重比、免疫器官指数、盲肠 sIgA 含量、外周血 IgG 含量、淋巴细胞增殖能力。结果表明，整个试验期内，饮水中添加干酪乳杆菌与磷霉素对雏鸡体重、平均日增重、平均日采食量影响不显著，但有增加趋势；饮水中添加氟苯尼考则显著抑制了雏鸡的生长性能，试验雏鸡检测指标中料重比差异均不显著。

李阳等[118]研究了饲粮中添加壳寡糖与干酪乳杆菌对肉鸡生长性能、肌肉品质以及抗氧化性能的影响。选用 1 日龄爱拔益加（AA）健康肉公鸡 240 只，随机分为 4 组，每组 6 个重复，每个重复 10 只。对照组饲喂基础饲粮，试验组分别在基础饲粮中添加 120 mg/kg 壳寡糖、2×10^6 CFU/g 干酪乳杆菌、120 mg/kg 壳寡糖+2×10^6 CFU/g 干酪乳杆菌。试验期为 42 d。结果表明：①与对照组相比，单独添加壳寡糖或壳寡糖与干酪乳杆菌共同添加可显著提高肉鸡平均日增重、胸肌和腿肌红度值（a^*）、肌肉脂肪和肌苷酸含量以及胸肌单不饱和脂肪酸和多不饱和脂肪酸含量，显著降低胸肌饱和脂肪酸含量、腿肌黄度值（b^*）。②饲粮中单独添加干酪乳杆菌显著提高腿肌脂肪及胸肌单不饱和脂肪酸含量，显著降低胸肌饱和脂肪酸含量。③饲粮中单独添加壳寡糖、干酪乳杆菌或二者共同添加均可显著降低血浆、胸肌和腿肌丙二醛含量，显著提高血浆、胸肌和腿肌总超氧化物歧化酶活性及总抗氧化能力，显著降低血浆肌酸激酶的活性。综合分析表明，饲粮中添加壳寡糖、干酪乳杆菌或二者共同添加可提高肉鸡的生长性能和抗氧化性能，改善肌肉品质，而单独添加 120 mg/kg 壳寡糖效果最佳。

Chang 等[119]为了减轻黄曲霉毒素 B_1（AFB_1）和玉米赤霉烯酮（ZEA）对肉鸡生产性能与肠道菌群的毒性作用，选择 3 种复合益生菌（枯草芽孢杆菌、干酪乳杆菌和产朊假丝酵母）（CP）。选用 350 只 1 日龄的罗斯肉鸡，随机分为 7 组，A 组为基础日粮，B～G 组含 ZEA、AFB_1、ZEA+AFB_1、ZEA+CP1、AFB_1+CP2、ZEA+AFB_1+CP3。结果表明，AFB_1 或 AFB_1+ZEA 显著降低了肉鸡的生产性能，损害了肝脏和空肠，增加了肉鸡体内的霉菌毒素残留。相关分析表明，肠道乳杆菌属的丰度与肉鸡的平均日增重呈正相关（$P<0.05$），而 AFB_1+ZEA 的添加会降低其相对丰度，表明 CP3 的添加通过增加乳杆菌的丰度来提高肉鸡的生长。总之，复合益生菌可以保持肠道菌群稳定，降解霉菌毒素，减轻组织学损害，提高生产性能并降低肉鸡的霉菌毒素毒性。

（10）嗜酸乳杆菌（*L. acidophilus*）。嗜酸乳杆菌的适用范围为养殖动物。李景伟等[120]研究了在饮水中添加嗜酸乳杆菌对 1～28 日龄罗斯 308 白羽肉鸡生产性能的影响。将 11 栋鸡舍 477 200 只 1 日龄肉鸡随机分为对照组和试验组，分别有肉鸡 186 800 和 290 400 只。对照组饲喂基础日粮，试验组除饲喂基础日粮外，每周前 3 d 在饮水中按 1∶200 稀释添加嗜酸乳杆菌。试验期为 28 d。结果表明，嗜酸乳杆菌可以显著抑制大肠埃希菌的生长；相对于对照组，饮用嗜酸乳杆菌可以使采食量提高 70 g、均重增加 120 g、死亡率降低 0.26%、料重比降低 0.07%。研究表明，嗜酸乳杆菌可抑制大肠埃希菌生长，显著提高肉鸡生产性能。

张晓羊等[121]通过研究嗜酸乳杆菌发酵棉籽粕对黄羽肉鸡生长性能、屠宰性能和血清生化指标的影响。选用 21 日龄健康黄羽肉鸡公鸡 180 只，随机分成 3 组，分别为 1 组（对照组）、2 组和 3 组，每组 6 个重复，每个重复 10 只。对照组饲喂含 6%棉籽粕的基础饲粮，2 组饲喂含 6%嗜酸乳杆菌发酵棉籽粕的试验饲粮，3 组饲喂在含 6%棉籽粕的基础饲粮中添加 7×10^4 CFU/g 的嗜酸乳杆菌的试验饲粮。试验分为 2 个阶段：21～42 日龄和 43～64 日龄。结果表明：①21～42 日龄时，与对照组相比，2 组黄羽肉鸡的平均日增重（ADG）提高了 8.61%，料重比（F/G）下降了 7.69%；3 组的 ADG、平均日采食量（ADFI）和 F/G 均无显著差异。与 3 组相比，2 组的 ADG 提高了 4.56%。43～64 日龄时，与对照组相比，2 组的 ADG 提高了 12.32%；3 组的 ADG、ADFI 和 F/G 均无显著差异。与 3 组相比，2 组的 ADG 提高了 8.20%。②21～64 日龄时，各组的 ADG、ADFI 和 F/G 均无显著差异。由此可见，饲粮中添加发酵棉籽粕可改善黄羽肉鸡的生长性能和屠宰性能，增强黄羽肉鸡对蛋白质、脂肪和钙等营养物质的消化吸收。

谢文惠[122]研究了复合益生菌制剂对肉鸡生长、免疫功能及肠道菌群的影响。选用 320 只 1 日龄健康的雄性 AA 肉仔鸡，随机分为 4 组，每组 4 个重复，每个重复 20 只。1 组为空白对照组，饲喂基础饲粮；2 组在基础饲粮添加 1 000 mg/kg 比例为 2∶1∶1∶1（枯草芽孢杆菌∶酿酒酵母∶嗜酸乳杆菌∶动物双歧杆菌乳亚种的复合益生菌制剂）；3 组在基础饲粮添加 1 000 mg/kg 比例为 1∶2∶1∶1（枯草芽孢杆菌∶酿酒酵母∶嗜酸乳杆菌∶乳双歧杆菌）的复合益生菌制剂；4 组在基础饲粮添加 1 000 mg/kg 比例为 1∶1∶1.5∶1.5（枯草芽孢杆菌∶酿酒酵母∶嗜酸乳杆菌∶乳双歧杆菌）的复合益生菌制剂。试验期为 42 d。结果表明，复合益生菌制剂能够在一定程度上提高肉鸡生长性能、改善屠宰性能和提高营养物质代谢率。在 1～42 日龄时，3 组平均日采食量和平均日增重最高，料重比最低，与空白对照组（1 组）差异显著。综合以上结果，饲粮中添加不同配比复合益生菌制剂可不同程度地提高肉鸡的生长性能、营养代谢率以及免疫性能，改善屠宰性能、肠道黏膜形态以及肠道菌群。

李追[123]研究了日粮中添加嗜酸乳杆菌对感染产气荚膜梭菌肉仔鸡生长性能及肠道微生物区系的影响。利用 2×2 双因素随机设计，用 308 只 1 日龄的 AA 肉公雏研究嗜酸乳杆菌（添加或不添加）、产气荚膜梭菌（感染或不感染）以及二者的交互作用。嗜酸乳杆菌提高了 21 日龄感染产气荚膜梭菌肉仔鸡体重，有降低死亡率的趋势。研究表明，嗜酸乳杆菌缓解了产气荚膜梭菌感染对肉仔鸡肠道健康造成的损伤，产气荚膜梭菌感染和日粮中添加嗜酸乳杆菌改变了肠道微生物区系中部分微生物的相对丰度，添加嗜酸乳杆菌有利于恢复被产气荚膜梭菌感染所扰乱的肠道微生物区系。

（11）粪肠球菌（*E. faecalis*）。粪肠球菌的适用范围为养殖动物。许兰娇等[124]研究了不同摄入量的粪肠球菌对泰和鸡生产性能的影响。试验选用 1 日龄健康正常的泰和乌鸡 1 200 只，随机分为 6 组，每组 5 个重复，每个重复 40 只。试验分为 0～4 周、5～8 周、9～12 周 3 个阶段。采用单因素试验设计，分别在对照组、试验组 1 组、试验 2 组、试验 3 组、试验 4 组、试验 5 组的日粮中添加不同水平的乳酸粪肠球菌菌剂（3×10^8 CFU/g），测定平均采食量、平均日增重和料重比等生产性能指标。结果表明：①0～4 周龄泰和乌鸡的采食量、平均日增重、饲料转化率随着粪肠球菌添加水平的提高而呈现提高的趋势。其中，50 g/t 组的平均日采食量与对照组和 40 g/t 组差异显著；50 g/t 组的日增重与对照组和 30 g/t 组、40 g/t 组差异显著；50 g/t 组的料重比与对照组和其他试验组差异显著。②5～8 周龄泰和乌鸡的平均采食量、平均日增重、饲料转化率随着粪肠球菌添加量的增加而呈现升高趋势。其中，40 g/t 组的平均日采食量与对照组差异显著，其他各组差异不显著；40 g/t 组的平均日增重与对照组和 60 g/t 组差异显著，其他各组差异不显著；40 g/t 组的料重比与对照组、30 g/t 组、50 g/t 组、60 g/t 组差异显著。③9～12 周龄泰和乌鸡的平均日采食量、平均日增重、饲料转化率随着粪肠球菌添加量的增加而呈现先升高后下降的趋势，但各组差异不显著。研究表明，在泰和乌鸡日粮中添加粪肠球菌能改善其生产性能，提高其采食量和饲料转化率，促进泰和乌鸡生长发育。

（12）屎肠球菌（*E. faecium*）。屎肠球菌的适用范围为养殖动物。黄丽卿等[125]研究了饲粮添加屎肠球菌对鼠伤寒沙门菌感染肉鸡的生产性能、肠道微生物菌群和血液抗氧化功能的影响。选取 432 只 1 日龄罗斯 308 雄性肉鸡，随机分为 4 个试验组，每组 6 个重复，每个重复 12 只。分别在各试验组基础饲粮中添加 0 mg/kg、100 mg/kg、200 mg/kg、300 mg/kg 屎肠球菌菌剂（8.2×10^{12} CFU/g）。在 11 日龄、12 日龄时，各个试验组口服鼠伤寒沙门菌（1×10^{9} CFU/mL，1 mL/只鸡）。结果表明，与无添加组相比，饲粮中添加屎肠球菌可显著提高 1～21 日龄、22～35 日龄和 1～35 日龄采食量与日增重。研究表明，饲粮中添加屎肠球菌可以缓解鼠伤寒沙门菌感染导致的肉鸡饲料转化效率下降、肠道菌群失调及机体的氧化应激损伤。

Wu 等[126]评估了日粮添加屎肠球菌 NCIMB 11 181 对肉鸡生长性能和免疫反应的影响。将 360 只 1 日龄的 AA 雄性肉鸡随机分成 4 个处理组，这些处理组采用不同剂量的屎肠球菌（0 CFU/kg、5×10^{7} CFU/kg、1×10^{8} CFU/kg 和 2×10^{8} CFU/kg）。结果表明，平均日增重（ADG）呈二次变化，而饲料转化率（FCR）从第 22 d 到第 35 d 和第 1 d 到第 35 d 呈线性增加。与其他组相比，以 5×10^{7} CFU/kg 的日粮补充屎肠球菌导致 ADG 升高。研究表明，在肉鸡日粮中添加 5×10^{7} CFU/kg 的屎肠球菌 NCIMB 11 181 与正常条件下肉鸡的生长性能有关。

Lan 等[62]探讨了屎肠球菌 SLB 120 对肉鸡生长性能、血液参数、相对脏器重量、胸肌肉质、排泄物微生物群的排出和有害气体排放的影响。将 816 只 1 日龄的雄性肉鸡分为 4 组，每组 12 个重复，每个重复 17 只。分组为空白对照组（基础日粮）、T1（基础日粮＋0.05％屎肠球菌）、T2（基础日粮＋0.10％屎肠球菌）、T3（基础日粮＋0.20％屎肠球菌）。从第 1 d 到第 21 d，饲料中添加屎肠球菌的组显示增重比呈线性增加。从第 21 d 到第 35 d 以及整个试验期，添加屎肠球菌肉鸡体重和增重与采食饲料的比值呈线性增加。总之，补充屎肠球菌能改善鸡的生产性能、干物质和氮的消化率以及法氏囊的相对重量，增加乳酸菌和减少大肠埃希菌数量，减少排泄物 NH_3、H_2S 和总硫醇气体的排放量。

张立恒等[127]研究了日粮添加屎肠球菌对肉仔鸡生长性能、抗氧化和免疫能力的影响。试验选择 240 只鸡，分为 4 组，每组 3 个重复，每个重复 20 只。对照组饲喂基础日粮，试验组分别在基础日粮中补充屎肠球菌 1×10^{6} CFU/kg、1×10^{8} CFU/kg 和 1×10^{10} CFU/kg。结果表明，与对照组相比，日粮添加 1×10^{8} CFU/kg 和 1×10^{10} CFU/kg 的屎肠球菌显著增加肉仔鸡在 22～42 d 时的平均日增重，降低肉仔鸡料重比，提高了肉仔鸡 42 d 时血清中谷胱甘肽过氧化物酶（GSH－Px）、超氧化物歧化酶（SOD）和总抗氧化能力（T－AOC）水平。综上所述，在肉仔鸡日粮中添加屎肠球菌有助于提高肉仔鸡的生长性能。

刘军等[128]研究了日粮中添加屎肠球菌对爱拔益加（AA）肉鸡肠道相关酶活以及绒毛形态的影响。发现 AA 肉鸡日粮中添加 200 mg/kg 屎肠球菌菌剂能够显著提高小肠中蛋白酶活性，并且有提升小肠绒毛高度的趋势，有利于改善小肠黏膜结构，促进肉鸡生长性能提高。

彭众等[129]研究了日粮中添加屎肠球菌对 AA 肉鸡生产性能、免疫器官指数和血液脂质代谢相关指标的影响。试验选取 1 日龄 AA 肉鸡公仔鸡 600 只，随机分成 5 组，每组 6 个重复，每个重复 20 只。对照组（CON）饲喂基础日粮；抗生素组（ANT）饲喂基础日粮＋0.1%金霉素；3 个屎肠球菌试验组（LEF、MEF 和 HEF 组）在基础日粮中分别添加 50 mg/kg、100 mg/kg、200 mg/kg 屎肠球菌菌剂（1×10^{10} CFU/g）。试验分 2 期，分别为 1～21 日龄（前期）和 22～42 日龄（后期）。结果表明：①各试验组肉鸡生长性能与 CON 组相比均无显著差异；从饲养全期来看，中剂量和高剂量添加剂组 AA 肉鸡的死淘率最低。②在饲养后期，与 CON 组相比，中剂量（MEF）组胸腺指数显著提高，脾脏指数有提高的趋势。综上所述，在肉鸡饲养中，添加屎肠球菌可以在一定程度上降低死淘率，并有促进免疫器官发育的趋势，还具有一定的降低血脂的作用。

曹广添等[130]研究了日粮中添加屎肠球菌对大肠埃希菌感染的肉鸡生长性能、血清生化指标和盲肠菌群结构的影响。将 360 只 1 日龄体重相近的白羽肉鸡随机分为 4 组，每组 6 个重复，每个重复 15 只，即阴性对照组（NC）、阳性对照组（PC）、屎肠球菌组（E. f）和抗生素组（Anti）。后 3 组肉鸡在 7 日龄感染大肠埃希菌，试验期为 28 d。结果表明，当 14 日龄、21 日龄和 28 日龄时，屎肠球菌组肉鸡体重显著高于阴性对照组和阳性对照组肉鸡；10～14 日龄、15～21 日龄、10～28 日龄屎肠球菌组肉鸡平均日增重显著高于阴性对照组和阳性对照组肉鸡。研究表明，饲喂屎肠球菌可显著提高大肠埃希菌感染肉鸡的生长性能，提高血液免疫相关指数，改变盲肠菌群多样性。

（13）其他乳酸菌类在肉鸡中的应用。其他乳酸菌，如发酵乳杆菌（*L. fermentium*）、罗伊氏乳杆菌（*L. reuteri*）、戊糖片球菌（*P. pentosaceus*）和乳酸片球菌（*P. acidilactici*）在肉鸡生产试验中也有较多的报道。

Chang 等[119]研究了复合益生菌与栀子复合物对肉鸡生长性能、肠道微生物组成和代谢产物以及肠道形态的影响。饲粮分组包括没有添加任何抗菌剂的基础饲料，基础日粮加 10 mg/kg 卑霉素（A），基础日粮加 0.1%的一系列的益生菌粉［嗜酸乳杆菌 LAP5、发酵乳杆菌 P2、干酪乳杆菌 L21 和乳酸片球菌 LS（1×10^{7} CFU/g）］（P）和基础日粮加补充 0.1%一系列的益生菌和 0.05%的混合草药（PH）。结果表明，所有组间的生长性能指标没有显著差异。

Chen 等[131]研究了酵母菌素和乳酸菌培养物（罗伊氏乳杆菌 BCRC 17476 和乳杆菌 BCRC 10436 的混合物）单独或联合添加对肉鸡生产性能的影响。总共有 300 只 1 日龄健康肉鸡被随机分为 5 组：①基础日粮（空白）；②基础日粮＋0.25%酿酒酵母（YC）；③基础日粮＋0.25%酵母和细菌素（BA）；④基础日粮＋乳酸菌培养物（LAB）；⑤基础日粮＋0.25%酵母菌素和乳酸菌培养物（BA＋LAB）。检测分析了 21 日龄和 35 日龄鸡的生长性能、盲肠微生物群、盲肠发酵产物及血液生化指标。结果表明，添加 YC、BA 和 BA＋LAB 后，1～21 d 饲料转化率（FCR）显著优于对照组（$P<0.05$）。研究表明，添加 BA＋LAB 对肉鸡的增重和 FCR 有一定的促进作用。

周建东等[132]研究了鸡源戊糖片球菌对无特定病原（SPF）鸡生长性能、屠宰性能及肌肉品质的影响。试验选用 60 只 7 日龄 SPF 鸡，随机分为 3 组，每组 2 个重复，每个重复 10 只。对照组饲喂基础日粮，试验组饲喂添加戊糖片球菌和屎肠球菌菌剂（1×10^{10} CFU/g）的基础日粮。试验期为 24 d。结果表明，与对照组相比，添加戊糖片球菌能显著提高鸡的体重、平均日增重、粗蛋白消化率、屠宰率、脾脏指数和肌肉的脂肪含量，降低料重比；与添加屎肠球菌相比，添加戊糖片球菌能显著提高粗蛋白消化率、屠宰率和肌肉脂肪含量。研究表明，鸡源戊糖片球菌能提高 SPF 鸡的生长性能、屠宰率及肌肉脂肪含量，是一种理想的益生菌菌株。

夏亿等[133]以产气荚膜梭菌感染肉仔鸡建立坏死性肠炎模型，研究发酵乳杆菌和凝结芽孢杆菌对感染肉鸡生长性能和肠道健康的影响。将 336 只 1 日龄爱拔益加肉仔鸡随机分成 4 组，每组 6 个重复，每个重复 14 只。4 组分别为对照组、感染组、感染＋LF 组（日粮添加 1×10^{9} CFU/kg 发酵乳杆菌）、感染＋BC 组（日粮添加 1×10^{10} CFU/kg 凝结芽孢杆菌）。所有感染肉鸡在 14～21 d 经口接种 A 型产气荚膜梭菌。试验期为 28 d。结果表明，与感染组相比，日粮添加发酵乳杆菌显著提高 21 d 肉鸡回肠的乳杆菌属数量，显著降低 21 d 盲肠大肠埃希菌的数量。综上所述，日粮中添加发酵乳杆菌对感染肉鸡的肠道微生物具有调控作用。其中，添加凝结芽孢杆菌有利于肠道绒毛发育，缓解肠道损伤，在一定程度上提高了肉鸡的生长性能；而发酵乳杆菌没有缓解肠道损伤的作用。

谢文惠等[134]选用 320 只 1 日龄健康雄性 AA 肉仔鸡，随机分为 4 组，每组 4 个重复，每个重复 20 只。对照组（1 组）饲喂基础饲粮，2 组、3 组和 4 组饲粮分别在基础饲粮中添加 1 000 mg/kg 不同配比的复合益生菌制剂。试验期为 42 d。结果表明：①1～42 日龄时，3 组肉鸡的平均日采食量和平均日增重最高，料重比最低，与 1 组差异显著。②3 组和 4 组的胸肌率显著高于 1 组。③21 日龄和 42 日龄时，3 组肉鸡的血清免疫球蛋白 A 含量显著高于 1 组。由此可知，饲粮中添加复合益生菌制剂可不同程度提高肉鸡的生长性能，改善屠宰性能，提高血清免疫球蛋白含量。其中，以添加 1 000 mg/kg 配比为 1∶2∶1∶1（枯草芽孢杆菌∶酿酒酵母∶嗜酸乳杆菌∶动物双歧杆菌乳亚种）的复合益生菌制剂效果最好。

张飞燕等[135]将植物乳杆菌、酵母菌、枯草芽孢杆菌复合的益生菌制剂与消食健脾和抗病毒类中药饲料添加剂联合应用，研究其对 AA 肉仔鸡生长性能和免疫器官的影响。试验期为 35 d。结果表明，日粮中添加复合的益生菌制剂日增重提高了 9.08%～12.97%，料重比与对照组相比降低了 6.62%～9.17%；连续饲喂益生菌及中药配伍制剂 35 d，还可以提高 AA 肉仔鸡胸腺、脾脏和法氏囊指数。

张彩凤等[136,137]选取 400 只 1 日龄爱拔益加肉仔鸡公雏，分为 4 组，每组 5 个重复，每个重复 20 只。试验组分别在对照组（基础饲粮）中添加 30 mg/kg 维吉尼亚霉素（VM 组）、15 mg/kg VM＋0.1%乳酸菌制剂 LS（VM＋LS 组）、0.1%乳酸菌制剂 LS（LS 组）的试验饲粮。试验期为 42 d。结果表明，添加乳酸菌和酵母菌复合制剂（LS）显著提高 42 日龄肉仔鸡体重；试验后期（22～42 d）和全期的平均日增重、料重比显著优于对照组（$P<0.05$）；此外，提高了 42 日龄胸肌率和全净膛率，提高了血清总蛋白含量、免疫球蛋白 G（IgG）含量、免疫球蛋白 A（IgA）含量、血清谷胱甘肽过氧化物酶活性，血清丙二醛含量显著降低，饲粮单独添加 0.1%的 LS 提高了肉仔鸡的抗氧化能力和免疫功能。

（14）产朊假丝酵母（*C. utilis*）。产朊假丝酵母的适用范围为养殖动物。涂健等[138]研究了嗜酸乳杆菌和产朊假丝酵母复合微生态制剂对肉鸡生产性能、免疫器官指数、血液生化指标、肠道菌群及组织学结构的影响。7 200 只 1 日龄 817 杂交肉鸡随机分为 4 组，分别为试验 1 组、试验 2 组、试验 3 组及对照组，每组 3 个重复。试验 1 组肉鸡全程饲喂复合微生态制剂，试验2组肉鸡全程饲喂嗜酸乳杆菌单菌制剂，试验3组肉鸡全程饲喂产朊假丝酵母菌单菌制剂，对照组肉鸡饲喂基础日粮。结果表明，复合微生态制剂能明显改善杂交肉鸡生产性能、免疫器官指数、血液生化指标、肠道菌群及组织学结构完整性。该结果将为复合微生态制剂在肉鸡饲养中的科学运用提供理论依据。

（15）酿酒酵母（*S. cerevisiae*）。酿酒酵母的适用范围为养殖动物。丁小娟等[139]研究了酿酒酵母培养物（SC）对817肉仔鸡生长性能、养分表观利用率及肠道菌群的影响。试验选取1日龄的817肉仔鸡600只，随机分为5组，每组6个重复，每个重复20只。对照组饲喂基础饲粮，抗生素组在基础饲粮中添加20 mg/kg硫酸黏杆菌素+2.6 mg/kg黄霉素，试验1组、试验2组、试验3组分别在基础饲粮中添加2 500 mg/kg、5 000 mg/kg、7 500 mg/kg SC。试验期为60 d。结果表明：①1日龄、21日龄，试验2组、试验3组的平均日增重（ADG）、平均日采食量（ADFI）均显著高于对照组，与抗生素组无显著差异；在22～60日龄和1～60日龄2个阶段，试验2组的ADG显著高于对照组（$P<0.05$），ADFI显著高于抗生素组。②试验2组、试验3组较对照组显著提高了总磷的表观利用率；各组粗蛋白质、钙的表观利用率无显著差异。③与对照组相比，试验1组盲肠中大肠埃希菌的数量显著降低，与抗生素组无显著差异；试验2组盲肠中乳酸菌数量和试验3组空肠中双歧杆菌数量均显著高于对照组和抗生素组。由此可见，饲粮中添加适宜水平的SC能增加817肉仔鸡ADFI和ADG，降低料重比，增强对饲粮中总磷的利用率，促进乳酸菌、双歧杆菌的增殖，抑制大肠埃希菌的增殖；当酿酒酵母培养物添加水平为5 000 mg/kg时，对动物的促生长效果最佳，优于抗生素。

Arif等[140]研究了酿酒酵母细胞壁作为真菌毒素生物降解剂对黄曲霉毒素B_1污染日粮肉鸡生产性能、饲料效率、胴体性状和抗病性的影响。将200只1日龄肉鸡随机分为4组，每组5个重复，每个重复10只。在4组试验鸡日粮中，分别添加0 g/kg、1.25 g/kg、2.5 g/kg和3.75 g/kg的酿酒酵母细胞壁，4组均添加黄曲霉毒素B_1（100 μg/kg），进行35 d的饲养试验。试验鸡在标准管理条件下饲养，并对传染性法氏囊病（IBD）、传染性支气管炎（IB）和新城疫（ND）进行免疫接种。在饲养试验结束时，随机采集胴体、器官重量和血液样本，以测定胴体性状以及抗ND和IBD病毒抗体滴度。结果表明，饲料中添加2.5 g/kg和3.75 g/kg的酿酒酵母细胞壁，可提高鸡只的增重、最终重量、饲料摄入量和FCR值。提高酿酒酵母在肉仔鸡日粮中的水平，显著改善了肉仔鸡的胴体性状。研究表明，添加2.5 g/kg或3.75 g/kg酿酒酵母细胞壁作为生物降解剂的肉仔鸡日粮可提高肉仔鸡的生长性能、免疫活性和胴体性状。

（16）沼泽红假单胞菌（*R. palustris*）。沼泽红假单胞菌的适用范围为养殖动物。Xu等[141]研究了沼泽红假单胞菌对肉鸡生长性能和肉质的影响。选用900只AA肉鸡分为3个试验处理，为期6周。雏鸡在饮用水中添加沼泽红假单胞菌，其中对照组不添加沼泽红假单胞菌；试验1组（R1）在饮用水中每只雏鸡每天添加沼泽红假单胞菌8×10^9 CFU；试验2组（R2），在饮用水中每只雏鸡每天添加沼泽红假单胞菌1.6×10^{10} CFU。结果表明，与对照组相比，两组均能显著提高肉鸡在整个生长期（6周）的日增重和饲料转化率。与对照组相比，用R2处理的鸡胸肉中总酸和谷氨酸含量均较高，而脂肪含量较低。此外，沼泽红假单胞菌处理也改善了鸡胸肉的感官特性。研究表明，沼泽红假单胞菌作为一种提供丰富营养和生物活性物质的益生菌，在饮用水中应用对肉鸡具有促生长和改善肉质的作用。

（17）黑曲霉（*A. niger*）。黑曲霉的适用范围为养殖动物。Nesseim 等[142]以麻疯树种子为原料，经脱脂、加热、黑曲霉发酵、烘干后制成麻疯树仁粉，对肉鸡采食量和生长性能进行测定。以 20 日龄罗斯 308 系肉鸡为试验材料，试验期为 7 d。根据完全随机设计，对照组为基础日粮，试验组以麻疯树仁粉来代替花生粉预混料的 1/3，以保证日粮的等氮和等热量特性。结果表明，饲喂黑曲霉发酵的麻疯树仁粉的动物与对照组相比，其体重（156.1 g/只、152.7 g/只）、平均日增重（12.3 g/d/只、11.7 g/d）、日采食量均无显著差异，饲料转化率也无差异（麻疯树组和对照组分别为 2.0 和 2.1）。在试验过程中，两组动物的存活率为 100%。研究表明，通过黑曲霉发酵的麻疯树种子经物理、化学和生物处理后可作为家禽养殖的副产品，对肉鸡生产性能无不良影响。

（18）米曲霉（*A. oryzae*）。米曲霉的适用范围为养殖动物。Zahirian 等[143]研究了饲粮添加不同浓度米曲霉和不同摄入时期对肉鸡生产性能、胴体性状、血液指标以及免疫功能的影响。试验选用 270 只（雌雄）罗斯 308 雏鸡，随机分为 9 组。试验按照 2×4 因素设计，采用 2 个水平（2 g/kg 和 4 g/kg）的米曲霉菌粉和 4 个不同摄入时期（前期、生长期、后期和整个生长期）。与对照组相比，在整个饲养期间使用米曲霉可增加体重，降低腹部脂肪、天冬氨酸转氨酶（AST）和丙氨酸转氨酶（ALT）血清水平的相对重量，提高流感、新城疫疫苗和羊红细胞注射的抗体滴度。研究表明，在肉鸡日粮中添加米曲霉对肉鸡的生产性能、胴体组成和健康都有一定的促进作用，但这些促进作用主要体现在整个饲养期。

王国强等[144]研究了米曲霉发酵的非常规蛋白饲料对肉鸡代谢的影响，试验选用 7 周龄的雄性 AA 肉鸡 25 只，随机分为 5 组，每组 5 只，分别饲喂 5 组日粮。第 1 组为对照组，第 2～4 组分别用 90%、60%和 30%的米曲霉发酵蛋白质饲料来替代对应比例的豆粕，第 5 组用 60%未发酵的蛋白质饲料来替代等比例豆粕。结果表明，与对照组相比，第 3～4 组营养物质的表观代谢率差异不显著，但可显著地减少直肠中大肠埃希菌 *E. coli* 的数量，增加小肠中消化酶的活性。与未发酵蛋白质组相比，发酵蛋白质能明显提高肉鸡日粮中粗蛋白、钙、磷的代谢率，并提高直肠中乳酸数量和小肠中消化酶活性，降低直肠中大肠埃希菌的数量。该研究为以米曲霉发酵的非常规蛋白质饲料资源的开发和利用提供了依据。

2.2.2.3 肉鸭或鹅饲料中微生物饲料添加剂的应用研究进展

（1）地衣芽孢杆菌（*B. licheniformis*）。地衣芽孢杆菌的适用范围为养殖动物。袁慧坤等[145]研究了饲粮中添加地衣芽孢杆菌与丁酸梭菌对北京鸭生长性能、血清生化和免疫指标及免疫器官指数的影响。选取 1 日龄健康北京鸭 300 只，随机分成 5 组，每组 6 个重复，每个重复 10 只。对照组（试验 1 组）饲喂基础饲粮，试验组分别在基础饲粮中添加 40 mg/kg 杆菌肽锌（试验 2 组）、5×10^8 CFU/kg 丁酸梭菌（试验 3 组）、1×10^9 CFU/kg 地衣芽孢杆菌（试验 4 组）、5×10^8 CFU/kg 丁酸梭菌$+1\times10^9$ CFU/kg 地衣芽孢杆菌（试验 5 组）。试验期为 21 d。结果表明，试验 2 组、试验 3 组、试验 4 组、试验 5 组的平均日增重均显著高于对照组。各组之间的平均日采食量和料重比差异不显著。试验 5 组的血清中 IgA、IgG、补体 3、补体 4 含量显著高于对照组。试验 5 组的胸腺指数、脾脏指数显著高于对照组。由此可见，饲粮中添加丁酸梭菌与地衣芽孢杆菌复合菌可以有效改善北京鸭的生长性能和免疫指标。

（2）枯草芽孢杆菌（*B. subtilis*）。枯草芽孢杆菌的适用范围为养殖动物。胡振华等[146]研究了枯草芽孢杆菌对樱桃谷肉鸭生长性能、免疫器官指数、肠道菌群及肠道形态的影响。

试验选取2周龄体重相近、健康的樱桃谷肉鸭600只，随机分为3组，每组4个重复，每个重复50只。对照组饲喂基础饲粮，试验组分别在基础饲粮中添加2 g/kg枯草芽孢杆菌（BS组）和1 g/kg复合芽孢杆菌（CB组）。试验期为4周。结果表明：①与对照组相比，BS组和CB组肉鸭第5周和第36周的平均日采食量均极显著降低，第5周的料重比显著降低；CB组第36周的料重比显著降低。②BS组和CB组肉鸭的胸腺指数显著高于对照组，各组之间的脾脏指数和法氏囊指数差异不显著。③BS组和CB组肉鸭盲肠中菌落总数、芽孢杆菌数量均显著高于对照组，大肠埃希菌数量显著低于对照组；BS组肉鸭盲肠中乳酸菌数量显著高于对照组。④BS组和CB组肉鸭十二指肠绒毛高度、黏膜厚度、绒毛高度与隐窝深度的比值以及空肠黏膜厚度显著高于对照组，且空肠隐窝深度显著低于对照组。由此可见，饲粮中添加枯草芽孢杆菌可改善肠道形态，增加肠道内有益菌的数量以及刺激免疫器官的发育，促进肉鸭生长。

孙玲玲等[147]对饲粮中添加枯草芽孢杆菌和丁酸梭菌对五龙鹅雏鹅生长性能、屠宰性能、血清生化指标及抗氧化能力的影响进行了研究。选择1日龄的健康五龙鹅雏鹅200只，随机分为4组，每组5个重复，每个重复10只。1组（对照组）饲喂基础饲粮，2组在基础饲粮中添加250 mg/kg枯草芽孢杆菌，3组在基础饲粮中添加250 mg/kg丁酸梭菌，4组在基础饲粮中添加250 mg/kg枯草芽孢杆菌＋250 mg/kg丁酸梭菌。试验期为4周。结果表明：①与对照组相比，2组、3组、4组鹅末重分别提高了7.78%、3.12%和9.54%，平均日增重分别提高了7.89%、3.39%和10.18%，料重比分别降低了4.96%、1.65%和6.20%；②与对照组相比，2组、3组、4组鹅的胸肌率分别提高了2.10%、2.80%和4.20%，腿肌率分别提高了9.50%、8.60%和10.86%，腹脂率分别降低了7.74%、5.81%和10.97%；③与对照组相比，2组、3组、4组鹅血清总抗氧化能力分别提高了4.46%、3.39%和12.33%，血清总超氧化物歧化酶活性分别提高了4.94%、3.30%和7.69%。由此可见，饲粮中添加枯草芽孢杆菌和丁酸梭菌能够提高五龙鹅雏鹅生长性能、屠宰性能和抗氧化能力，二者配合使用的效果优于单一菌种。

（3）植物乳杆菌（*L. plantarum*）。植物乳杆菌的适用范围为养殖动物。刘芳丹[148]研究了鸭源植物乳杆菌对肉鸭生产性能、免疫等方面的影响。将120只1日龄健康樱桃谷雏鸭随机分成2组，每组60只鸭。第1组为对照组，第2组为试验组，第2组在饮水中添加1%的植物乳杆菌发酵液，采用自由采食和自由饮水方式，其他管理方式均相同。结果表明，试验组周增重比对照组大，且14～28日龄差异越来越大，一直到35日龄，试验组显著高于对照组。14日龄之前对照组肉料比高于试验组，至21日龄开始试验组高于对照组，到35日龄相差显著。在免疫器官指数上，试验组的胸腺指数、脾脏指数、法氏囊指数均大于对照组，28日龄时试验组与对照组的胸腺指数和法氏囊指数差异最大，试验组分别高出33.80%和18.67%，21日龄试验组脾脏指数差异最大，比对照组高18.93%。在对肠道结构的影响上，试验组回肠和盲肠的肠壁厚度及绒毛长度均高于对照组，在35日龄差异显著。在肠道菌群的调节上，试验组中盲肠内容物的大肠埃希菌数量低于对照组，而乳酸菌数高于对照组，尤其在20日龄以后比较明显。研究表明，乳酸菌及其代谢产物能够抑制有害致病菌的生长且能够调节肉鸭肠道菌群平衡，改变肠道结构，促进肉鸭生长发育，提高肉料比及促进免疫器官的生长发育，增强肉鸭的免疫能力。

2.2.2.4 我国尚未批准在家禽饲料中使用的微生物应用研究进展

(1) 丁酸梭菌(*C. butyricum*)。丁酸梭菌已被批准作为断奶仔猪和肉仔鸡的饲料添加剂。廖秀冬等[32、149]通过系列试验研究了丁酸梭菌的筛选、鉴定及其对肉鸡抗氧化能力、肠道健康和肌肉品质的影响。从肉鸡等动物肠道或粪便中分离筛选生物学性能和抗逆性优良的丁酸梭菌。通过强化梭菌培养基和梭菌选择性培养基以及丁酸梭菌的芽孢和严格厌氧特性,分离得到了符合丁酸梭菌培养和形态特征的菌株。经16S rRNA初步鉴定,获得了16株与丁酸梭菌相似性在99%以上的菌株。首先,以丁酸和总短链脂肪酸(SCFA)产量为指标,对这些菌株进行初筛,从中挑选出产酸能力较优的5株菌进行API-20 A生化鉴定和特异性分子鉴定;然后,以淀粉酶和纤维素酶活性、活菌数、芽孢存活率、模拟胃液和模拟小肠液存活率为指标,对鉴定获得的丁酸梭菌进行复筛;最后,从中挑选出1株生物学性能和抗逆性最优的丁酸梭菌CGMCC No.8187进行后续试验,还发现该菌株可以产生超氧化物歧化酶(SOD)、NADH氧化酶以及H_2和CO_2等气体。研究了丁酸梭菌CGMCC No.8187对肉鸡生长性能、肠道健康、免疫功能、抗氧化能力和肉品质的影响。试验选取1日龄体重相近的AA肉公雏320只,随机分为5组,每组8个重复,每个重复8只。试验期为42 d。各处理组分别为:对照组饲喂基础日粮,丁酸梭菌组分别在基础日粮中添加丁酸梭菌2.5×10^8 CFU/kg、5×10^8 CFU/kg和1×10^9 CFU/kg,抗生素组在基础日粮中添加金霉素150 mg/kg。结果表明,日粮中添加丁酸梭菌显著提高了肉鸡1~21 d和22~42 d的平均日增重;改善了21 d和42 d肉鸡十二指肠形态结构,并提高了21 d盲肠食糜中乙酸、丁酸和总SCFA的含量;提高了21 d和42 d肉鸡血清中IgM的含量;提高了21 d和42 d肉鸡十二指肠、空肠与回肠黏膜、血清与肝脏的抗氧化能力;提高了42 d肉鸡的胸肌率并降低了腹脂率;提高了42 d肉鸡胸肌多不饱和脂肪酸(PUFA)C20:2 n-6、C20:3 n-6、C20:3 n-3、C20:4 n-6(ARA)、C20:5 n-3(EPA)、C22:6 n-3(DHA)和总PUFA的含量以及PUFA/SFA(饱和脂肪酸)比率,提高了42 d肉鸡腿肌PUFA C18:2 t-9、C18:2 t-12、C20:3 n-6、C20:3 n-3和EPA的含量,但对胸肌和腿肌中大部分SFA与单不饱和脂肪酸(MUFA)无显著影响;降低了21 d肉鸡血清中胆固醇和高密度脂蛋白胆固醇的含量以及42 d血清中胆固醇的含量。研究表明,丁酸梭菌CGMCC No.8187通过增强肉鸡抗氧化能力、肠道健康和免疫功能提高了肉鸡的肉品质。

贾丽楠等[150]通过模拟肉仔鸡饲料制粒条件及其消化道环境,研究了丁酸梭菌在饲料制粒过程中以及在肉仔鸡消化道内对不良环境的耐受性。试验分别对丁酸梭菌的温度、压力、人工胃液及肠道消化酶耐受性进行评价。高温耐受性试验:将含丁酸梭菌试验饲粮在85 ℃条件下分别处理2.5 min、5.0 min、7.5 min,对照组不作处理。高压耐受性试验:将含丁酸梭菌试验饲粮分别在0.20 MPa、0.30 MPa、0.40 MPa压力下处理5 min,对照组不作处理。人工胃液耐受性试验:将含丁酸梭菌试验饲粮在pH分别为2.00、3.00、4.00的人工胃液中处理48 min,对照组以pH为7.00的磷酸盐缓冲液(PBS)替代人工胃液。肠道消化酶耐受性试验:将含丁酸梭菌试验饲粮用pH为3.00的人工胃液处理48 min后,再在肠道消化酶混合液中处理198 min,对照组以pH为7.00的PBS替代肠道消化酶。每组均设3个重复。试验结束后,采用平板计数法检测试验饲粮的丁酸梭菌活菌数,计算存活率。结果表明,85 ℃高温处理2.5 min、5.0 min、7.5 min后丁酸梭菌的存活率分别为70.43%、52.69%、46.35%;0.20 MPa、0.30 MPa、0.40 MPa压力下处理5 min后丁酸梭菌的存活率分别为64.38%、87.14%、101.74%；pH为2.00、3.00、4.00的人工胃液处理48 min后丁酸梭菌的存活率分别为113.27%、123.07%、78.52%；经肠道消化酶混合液处理198 min后丁酸梭菌的存活率为47.71%。研究表明，丁酸梭菌能够耐受肉仔鸡饲料加工过程中的高温、高压环境，对人工胃液有较好的耐受性，但对肠道消化酶的耐受性较低。

Zhao等[151]探讨了口服丁酸梭菌对抗肉鸡肠道沙门菌（SE）定植的保护机制。180只1日龄健康的AA肉鸡被平均分为3组，每组3个重复，每个重复20只。阴性对照组饲喂基础日粮，无SE感染；阳性对照组（PC）饲喂基础日粮，感染SE（5×10^6 CFU/mL）。试验组（EXP）饲喂基础日粮，口服丁酸梭菌（10^6 CFU/mL）和SE（5×10^6 CFU/mL）。结果表明，与PC组相比，试验组除感染后第2 d，除脾脏外，肝脏、盲肠SE负荷显著降低，试验组肝脏、脾脏、盲肠产生干扰素-γ、白细胞介素（IL）-1β、IL-8、肿瘤坏死因子-α有不同程度的下降。RT-PCR结果进一步表明，丁酸梭菌通过下调TLR4、MyD88和NF-κB依赖性途径减轻试验组鸡的炎症反应。研究表明，口服丁酸梭菌是预防肉鸡SE感染的一个合适产品。

Zhao等[152]采用肠炎沙门菌感染无特异性病原体（SPF）鸡和肠上皮细胞（IEC），探讨了丁酸梭菌对免疫和肠黏膜屏障功能在肠黏膜水平的影响。发现丁酸梭菌可以通过TLR4、MyD88和NF-κB依赖性途径降低肠组织与肠上皮细胞中的细胞因子水平（IFN-γ、IL-1β、IL-8和TNF-α）。此外，丁酸梭菌可以减轻细菌引起的肠道损伤，提高小肠和肠上皮细胞中MUC-2与ZO-1的表达水平。此外，丁酸梭菌改变了沙门菌感染鸡的肠道微生物组成，增加了盲肠细菌群落的多样性。研究表明，丁酸梭菌能有效减轻沙门菌感染雏鸡肠道的炎症和上皮屏障损伤，改变肠道微生物组成，增加肠道细菌群落的多样性，说明丁酸梭菌是治疗沙门菌感染的一种安全有效的方法。

Zhang等[153]评估了丁酸梭菌对大肠埃希菌（*E. coli*）K88攻击后对肉鸡的生长性能、免疫应答、肠屏障功能和消化酶活性的影响。将肉鸡随机分为4组，试验期为28 d。阴性对照处理（NC）饲喂基础日粮不加大肠埃希菌（*E. coli*）K88攻毒，阳性对照处理（PC）饲喂基础日粮加大肠埃希菌（*E. coli*）K88攻毒。丁酸梭菌处理（CB）饲喂含2×10^7 CFU/kg丁酸梭菌的饲料，并用大肠杆菌K88进行攻毒。硫酸黏杆菌素处理组（CS）喂饲含有20 mg/kg硫酸黏杆菌素的饲料，并用大肠埃希菌（*E. coli*）K88攻毒。结果表明，CB组肉鸡的体重和日增重（ADG）均高于PC组，但14～21 d的ADG除外。CB组在激发后3 d和7 d肿瘤坏死因子-α（TNF-α）浓度高于PC组，激发后14 d白细胞介素-4（IL-4）浓度高于PC组。CB组在激发后21 d血清内毒素浓度较低，而在激发后14 d和21 d血清二胺氧化酶活性较PC低。CB组在激发后7 d、14 d、21 d空肠绒毛高度均高于PC组、NC组、CS组。与PC组相比，CB组空肠隐窝深度较低。CB组和CS处理组在激发后3 d、7 d、14 d淀粉酶和蛋白酶活性均高于PC组，而在激发后3 d、7 d脂肪酶活性则高于PC组。研究表明，日粮中添加丁酸梭菌可提高大肠埃希菌（*E. coli*）K88攻毒肉鸡的免疫应答、肠屏障功能和消化酶活性。丁酸杆菌与硫酸黏杆菌素处理无显著性差异。因此，丁酸梭菌可能是肉鸡抗生素的替代品。

贾聪慧等[2]研究了丁酸梭菌对罗斯308肉鸡生长性能、抗氧化能力、免疫功能和血清生化指标的影响。将540只1日龄健康罗斯308肉鸡随机分为3组，每组6个重复，每个重复30只。试验分为：对照组，饲喂不含抗生素的基础饲粮；抗生素组，在基础饲粮中添加

10 mg/kg 硫酸黏杆菌素和 50 mg/kg 杆菌肽锌；丁酸梭菌组，在基础饲粮中添加 3×10^8 CFU/kg 丁酸梭菌。试验期为 42 d。结果表明：①与对照组相比，丁酸梭菌组和抗生素组肉鸡体重、平均日增重以及平均日采食量均显著提高。②与对照组相比，丁酸梭菌组 42 日龄肉鸡血清谷胱甘肽过氧化物酶（GSH－Px）和总超氧化物歧化酶（T－SOD）活性显著增强，其中 GSH－Px 活性比抗生素组提高 60.00%；抗生素组 7 日龄和 21 日龄肉鸡血清 T－SOD活性比对照组显著提高。③21 日龄，丁酸梭菌组和抗生素组肉鸡血清免疫球蛋白 A（IgA）含量分别比对照组提高 28.70%和 26.46%。7 日龄、21 日龄和 42 日龄，丁酸梭菌组肉鸡血清免疫球蛋白 G（IgG）含量分别比对照组提高 36.60%、37.77%和 27.03%。7 日龄和 42 日龄，抗生素组肉鸡血清 IgG 含量与对照组相比显著提高。21 日龄和 42 日龄，丁酸梭菌组肉鸡血清免疫球蛋白 M（IgM）含量与对照组相比显著提高，且分别比抗生素组提高 7.92%和 47.62%。④与对照组相比，丁酸梭菌组肉鸡血清总蛋白（TP）含量显著升高，且在 21 日龄和 42 日龄时，TP 含量分别比抗生素组提高 31.33%和 52.27%。与对照组相比，丁酸梭菌组 21 日龄和 42 日龄肉鸡血氨含量显著降低。由此可见，饲粮中添加丁酸梭菌能够提高肉鸡血清抗氧化能力并增强机体免疫功能，促进蛋白质代谢，进而改善肉鸡的生长性能，且添加丁酸梭菌能减少肉鸡氨排放。

邓文等[154]探讨了饲粮中添加丁酸梭菌和低聚木糖对肉鸡生产性能、屠宰性能和肉品质的影响及其互作效应。288 只 21 日龄罗斯 308 肉鸡随机分成 4 组（对照组、丁酸梭菌组、低聚木糖组和丁酸梭菌＋低聚木糖组），每组 6 个重复，每个重复 12 只。结果表明，同时添加丁酸梭菌和低聚木糖能显著提高肉鸡平均日增重，降低料重比，两者有明显的互作效应；添加丁酸梭菌能显著提高肉鸡胸肌率，单独添加丁酸梭菌和低聚木糖以及同时添加两者能显著降低肉鸡腹脂率，两者互作效应明显；同时，添加丁酸梭菌和低聚木糖能显著提高胸肌 $pH_{45\,min}$ 及降低滴水损失，且互作效应明显；添加丁酸梭菌以及同时添加丁酸梭菌和低聚木糖能显著提高胸肌的红度值（a^*）。综上所述，丁酸梭菌和低聚木糖可互作改善肉鸡生产性能、屠宰性能以及肉品质。

何菊等[155]选取 1 日龄 Cobb500 肉鸡 15 000 只，随机分为 5 组，每组 3 000 只，每组 3 个重复。试验期为 42 d，分为两个阶段：前期（1～21 d）和后期（22～42 d）。试验分组为基础日粮组（A 组）、基础日粮＋50 g/t 金霉素组（B 组）、基础日粮＋100 g/t 丁酸梭菌 CB1 制剂组（C1 组）、基础日粮＋200 g/t 丁酸梭菌 CB1 制剂组（C2 组）、基础日粮＋200 g/t 丁酸梭菌 CB1 组和枯草芽孢杆菌复合菌制剂组（D 组），分别在 21 d 和 42 d 时每个重复随机抽取 10 只鸡进行屠宰取样，测定相关指标。结果表明，丁酸梭菌 CB1 制剂添加组 C1 组、C2 组和 D 组 42 d 法氏囊指数比 A 组、B 组分别提高了 347.37%、520%和 400%（$P<0.01$），脾脏指数比 B 组显著提高了 61.11%、46.67%和 31.11%。C1 组、C2 组、D 组气管黏膜 sIgA 水平显著高于 A 组和 B 组，C2 组、D 组肠道黏膜 sIgA 水平显著高于 A 组和 B 组。21 d 和 42 d，血糖含量 C1 组、C2 组、D 组与 A 组、B 组相比均有所提高，D 组显著高于 A 组和 B 组；尿素氮含量 C1 组、C2 组、D 组均低于 A 组和 B 组，D 组显著低于 A 组和 B 组。21 d D 组总胆固醇、肌酐含量也显著低于 A 组和 B 组，但 42 d 差异不显著。研究表明，丁酸梭菌 CB1 及其复合菌制剂能有效促进法氏囊和脾脏的生长发育，对于后期法氏囊的生长维持作用优于抗生素和基础日粮组；能有效刺激肉鸡气管和肠道体黏膜 sIgA 的分泌；在一定程度上改善了肉鸡血液生化指标，复合菌制剂组的血糖含量、尿素氮指标显著优于抗生

素组。

赵旭等[156]研究了丁酸梭菌对肉鸡腿肌脂肪代谢的影响。试验选用 1 日龄爱拔益加肉公鸡 192 只，随机分为 2 组，每组 6 个重复，每个重复 16 只。对照组饲喂基础饲粮，试验组饲喂在基础饲粮中添加 1×10^9 CFU/kg 丁酸梭菌的饲粮。试验期为 42 d。结果表明，与对照组相比，一是饲粮中添加丁酸梭菌显著增加了 21 日龄肉鸡腿肌肌肉脂肪含量，但对 42 日龄肉鸡腿肌肌肉脂肪含量无显著影响。二是饲粮中添加丁酸梭菌显著降低了 21 日龄肉鸡腿肌激素敏感脂肪酶活性，显著提高了 21 日龄肉鸡腿肌脂蛋白脂酶活性，且有增加 42 日龄肉鸡腿肌脂蛋白脂酶活性的趋势。三是饲粮中添加丁酸梭菌显著降低了 21 日龄肉鸡血清中游离三碘甲状腺原氨酸含量。四是饲粮中添加丁酸梭菌显著降低了 21 日龄肉鸡腿肌脂肪甘油三酯脂肪酶 mRNA 水平。由此可见，饲粮中添加丁酸梭菌可通过改变 21 日龄肉鸡腿肌脂肪代谢相关酶活性和基因表达来增加肉鸡腿肌肌肉脂肪含量。

Huang 等[157]研究了丁酸梭菌对患坏死性肠炎（NE）鸡发育过程中免疫反应和肠道微生物群的影响。从第 1 d 到第 20 d，鸡被分为 2 组：一组饲粮中添加丁酸梭菌，另一组不添加丁酸梭菌。在第 20 d，将鸡分为 4 组：产气荚膜梭菌感染组和未感染组，这 2 组各自又分为 2 组，分别添加或不添加丁酸梭菌。所有试验组均饲喂基础日粮 13 d，然后在第 14 d 至第 24 d 饲喂 50%鱼粉的基础日粮。在第 21 d 到第 23 d，鸡感染产气荚膜梭菌。在第 13 d、第 20 d 和第 24 d 收集样本，分析免疫应答和肠黏膜屏障相关基因以及肠道微生物的相对表达。结果表明，丁酸梭菌能抑制产气荚膜梭菌攻击引起的 IL－17A 基因表达增加和 Claudin－1 基因表达降低。此外，丁酸梭菌可增加感染鸡的抗炎 IL－10 的表达。尽管丁酸梭菌对基础日粮组的肠道细菌结构产生有益的影响，如降低肠道产气荚膜梭菌的丰度，但没有显著抑制产气荚膜梭菌感染后肠道病变的发生，也没有引起肠道细菌菌群结构的变化。研究表明，尽管丁酸梭菌促进了抗炎症和紧密结合蛋白基因的表达，抑制促炎基因在产气荚膜梭菌感染鸡中的表达，并未改善 NE 鸡肠道菌群结构。因此，需要确定更有效的丁酸梭菌补充方案来预防和治疗鸡的 NE。

Abdel－Latif 等[158]以 120 只 1 日龄商品肉鸡为试验材料，研究了丁酸梭菌和/或酿酒酵母对肉鸡生长性能、肠道健康和免疫状态的影响。试验组分如下：G1 组为基础日粮（BD），G2 组为 BD＋0.5 g/kg 的丁酸梭菌制剂，G3 组为 BD＋0.5 g/kg 的酿酒酵母制剂，G4 组为 BD＋0.25 g/kg 的丁酸梭菌制剂＋0.25 g/kg 的酿酒酵母。结果表明，G4 组的总增重、饲料转化率和蛋白质利用率均显著高于其他各组。G2 组和 G4 组雏鸡的绒毛高度延长，绒毛高度与隐窝深度的比值显著高于对照组。所有益生菌补充组的隐窝深度均显著降低。研究表明，以相同比例添加丁酸梭菌和酿酒酵母的混合饲料对改善肉鸡的生长性能、免疫状态以及肠道健康更为有效。

Svejstil 等[159]探讨了丁酸梭菌对肉鸡肠道菌群丰度、挥发性脂肪酸以及生长性能的影响。采用平板计数法对肉鸡盲肠中的厌氧菌进行了计数，并对其生长性能进行了评价。丁酸梭菌在第 10 d 和第 42 d 显著降低肉鸡盲肠中大肠埃希菌的数量，并提高其生长性能。此外，它显著增加了盲肠中向肠细胞提供能量的丁酸含量，增加了体重。研究表明，丁酸梭菌对肉鸡的肠道菌群有影响，对肉鸡的生长性能有积极影响。

Han 等[160]研究了丁酸梭菌、植物乳杆菌对肉仔鸡生长性能、免疫功能和盲肠消化道挥发性脂肪酸（VFA）水平的影响。将 140 只肉鸡分为 5 组（CON：基础日粮组；CB 组：基础日粮＋丁酸梭菌；MLP组：基础日粮＋植物乳杆菌；MIX组：基础日粮＋丁酸梭菌＋植物乳杆菌；ANT组：基础日粮＋金霉素）。结果表明，CB组在21日龄时血清IgM水平高于对照组。在第42 d，与MLP组相比，MIX组的IgA和IgM水平更高。研究表明，日粮中添加丁酸梭菌可提高肉鸡血清免疫球蛋白水平和盲肠消化道VFA水平，但添加丁酸梭菌和植物乳杆菌对肉鸡生长性能无显著影响。

Kupryś－Carukt等[161]选用500只罗斯308肉鸡随机分为4组，分别饲喂0 CFU/g、5×10^5 CFU/g、1×10^6 CFU/g、1×10^7 CFU/g的乳酸杆菌［植物乳杆菌（*L. plantarum*）KKP 593/p和鼠李糖乳杆菌（*L. rhamnosus*）KKP 825］，与对照组相比，添加乳酸杆菌能显著提高21日龄肉鸡体重和前期（1～21日龄）肉鸡的日增重，但不同添加量对肉鸡的增重、采食量和料重比没有差异；在肉鸡中期和后期效果有增加趋势，但差异不显著。而随着乳酸菌量的添加有利于鸡的健康，死淘率降低；乳酸菌的添加抑制了肠道中沙门菌和产气荚膜梭菌的增长。

王成森等[162]研究了丁酸梭菌对海兰褐蛋鸡生产性能、蛋品质和肠道菌群的影响。试验1组为不添加丁酸梭菌的空白对照组，试验2组、试验3组、试验4组分别添加浓度1×10^6 CFU/g、5×10^6 CFU/g、1×10^7 CFU/g的丁酸梭菌菌粉。结果表明，饲喂42 d后，试验2组、试验3组、试验4组的海兰褐蛋鸡产蛋率显著增高（$P<0.05$），料蛋比显著降低（$P<0.05$），死淘率也明显降低（$P<0.05$）。在蛋品质方面，试验3组和试验4组显著提高了蛋黄颜色（$P<0.05$），试验2组、试验3组、试验4组也明显提高了蛋壳厚度（$P<0.05$），但各组之间的蛋重无明显差异（$P>0.05$）。在肠道微生物变化方面，试验2组、试验3组、试验4组显著提高了蛋鸡盲肠食糜中乳酸菌的数量（$P<0.05$），同时显著降低了大肠埃希菌的数量（$P<0.05$）。研究表明，丁酸梭菌能够提高海兰褐蛋鸡的生产性能及蛋品质，促进肠道健康。

郑超等[163]探究了日粮添加丁酸梭菌及其复合菌剂对蛋鸡夏季生产性能、蛋品质和血清生化指标的影响。随机选用380日龄京粉2号蛋鸡360只，随机分成4组，每组6个重复，每个重复15只。对照组饲喂基础日粮，3个试验组分别在基础日粮中添加1×10^5 CFU/g丁酸梭菌（活菌数1×10^9 CFU/g）、2×10^6 CFU/g复合益生菌A（由丁酸梭菌和凝结芽孢杆菌组成，活菌数分别为4×10^8 CFU/g和1.96×10^{10} CFU/g）、5×10^6 CFU/g复合益生菌B（由丁酸梭菌和地衣芽孢杆菌组成，活菌数分别为1×10^8 CFU/g和9.9×10^9 CFU/g）。预试期为1周，正试期为12周。结果表明，与对照组相比，丁酸梭菌组和复合益生菌A组的料蛋比分别降低6.7%和6.3%，产蛋率提高3.0%和2.9%；与对照组相比，复合益生菌A组的蛋白高度、蛋黄重和蛋黄比例分别提高7.1%、6.3%和3.6%，复合益生菌B组的蛋黄重和蛋黄比例分别提高3.9%和3.8%，丁酸梭菌组蛋白高度和哈氏单位分别提高16.8%和12.2%，试验56 d采集鸡蛋保存14 d之后，丁酸梭菌组蛋白高度提高18.5%，复合益生菌A组的哈氏单位和蛋壳强度分别提高21.3%和15.2%；复合益生菌B组血清总蛋白和白蛋白分别降低13.9%和10.9%。由此可见，日粮添加丁酸梭菌及其复合菌剂能有效缓解夏季高温对产蛋鸡生产性能和蛋品质造成的负面影响，并延长鸡蛋存放时间，改善血清生化指标。

Zhan等[164]研究了日粮中添加丁酸梭菌对产蛋后期蛋鸡生产性能、蛋品质、血清指标及盲肠菌群的影响。将京红1号品系产蛋母鸡（$n=960$，48周龄）随机分为5组，每组6个重复，每个重复 32 只。用基础日粮（对照组）和基础日粮中分别添加 2.5×10^4CFU/g（CB1）、5×10^4CFU/g（CB2）、1×10^5CFU/g（CB3）和 2×10^5CFU/g（CB4）的丁酸梭菌，饲喂母鸡 10 周。结果表明，随着丁酸梭菌添加量的增加，产蛋量、蛋重和蛋壳强度呈二次型增加，CB2 组的反应最大（$P<0.05$）。与对照组相比，添加丁酸梭菌对血清总蛋白、尿酸、钙、补体成分 C3 和过氧化氢酶浓度均产生二次效应，且 CB2 组反应最大或最小（$P<0.05$）。血清 IgM、总超氧化物歧化酶和谷胱甘肽过氧化物酶浓度呈线性和二次型升高，CB2 组和 CB3 组的反应最大（$P<0.05$）。与对照组相比，CB2 组加用丁酸梭菌可使血清 IgG 浓度线性升高（$P<0.05$）。CB2 组脾脏指数升高（$P<0.05$）。饲喂丁酸梭菌的母鸡减少了大肠埃希菌的数量（$P>0.05$），而 CB2 组的双歧杆菌数量呈二次型升高且最大（$P<0.05$）。研究表明，日粮中添加 5×10^4 CFU/g 或 1×10^5 CFU/g 的丁酸梭菌，可提高蛋鸡的免疫功能，增强其抗氧化能力，改善产蛋后期的盲肠菌群，改善蛋鸡的产蛋性能和蛋品质。

Wang 等[165]探讨了肠道菌群和胆汁酸受丁酸梭菌调节后对蛋鸡脂代谢的潜在影响。将 192 只 60 周龄海兰褐蛋鸡分为 2 组，每组 8 个重复，每个重复 12 只。分别饲喂基础日粮和每千克基础日粮添加 2.7 g 丁酸梭菌（1.0×10^9 CFU/g），试验第八周周末采集样本。结果表明，丁酸梭菌可使血清胰高血糖素样肽-1、胰岛素和甲状腺激素水平升高（$P<0.05$），肝游离脂肪酸含量降低，肝酰辅酶 a 氧化酶、法尼酯 X 受体（FXR）和 PPARα 的表达增加。丁酸梭菌添加增加了回肠拟杆菌丰度，但有降低厚壁菌门丰度的趋势。此外，添加丁酸梭菌增加了梭菌（*Clostridiales*）和普氏菌（*Prevotellaceae*）的丰度，而双歧杆菌（*Bifidobacteriaceae*）的丰度呈上升趋势，并降低了克雷伯菌（*Klebsiella*）等几种有害细菌的丰度。回肠胆汁酸含量降低，牛磺胆酸和石胆酸含量升高，鹅去氧胆酸和石胆酸含量呈上升趋势，回肠 FXR 表达增加。总的来说，添加丁酸梭菌可加速肝脏脂肪酸氧化，调控肠道菌群和胆汁酸成分，从而减少老龄蛋鸡肝脏脂肪沉积。

Takahashi 等[166]评估了益生菌丁酸梭菌对肉鸡和断奶仔猪健康与生产性能的影响。分别对肉鸡和断奶仔猪进行了 5 项现场研究，每项研究均采用随机分组设计，包括 2 个处理组：对照组（基础饮食组）和补充丁酸梭菌 CBM588 组。结果表明，与对照组相比，饲喂丁酸梭菌日粮的肉鸡体重显著增加（2%），饲料效率显著提高。同样，对断奶仔猪试验的集合数据分析表明，丁酸梭菌饲喂仔猪比对照仔猪体重显著增加（2.6%），日增重显著增加（4.7%），饲料效率显著提高。除了生产性能效果研究外，还评估了在肉鸡自然攻击模型下，丁酸梭菌对肉鸡坏死性肠炎（NE）的预防作用，显示 CBM588 降低了 NE 损伤的发生率和严重程度。这些数据表明，丁酸梭菌 CBM588 有可能改善肉鸡和断奶仔猪的生产性能，并对动物健康有积极作用。

（2）解淀粉芽孢杆菌（*B. amyloliquefaciens*）。解淀粉芽孢杆菌是枯草芽孢杆菌的一个变种、枯草芽孢杆菌群的一个成员，从基因组到生物特性都很相似（只有少数差异）。研究表明，经过选育的特异性解淀粉芽孢杆菌菌株具有优秀的生物学特性和肉鸡应用效果[26、27、29、167、168]，可极显著改善肉品质和风味，提高胸肌中 14 种不饱和脂肪酸和总不饱和脂肪酸（MUFA+PUFA）以及多不饱和与饱和脂肪酸的比例，且呈现剂量效应[28]。

（3）乳酸菌类复合菌。Olnood 等[169]选择 294 只 1 日龄科宝肉鸡，分为 6 组，每组 7 个重复，每个重复 7 只。分别为基础日粮；基础日粮+杆菌肽锌（ZnB，50 mg/kg）；其余 4

组分别在基础日粮中添加 4 株乳酸菌中的 1 株，即约氏乳杆菌（*L. johnsonii*）、卷曲乳杆菌（*L. crispatus*）、唾液联合乳杆菌（*L. salivarius*）和 1 株未鉴定的乳酸菌。结果表明，添加乳酸菌并没有显著改善肉仔鸡体重、采食量和饲料转化率，但显著增加 6 周龄鸡回肠和盲肠中总厌氧细菌、乳酸菌的数量；鸡小肠（空肠、回肠）重量明显增加。与对照组相比，4 种益生菌均有减少回肠肠杆菌数量的趋势。

（4）凝结芽孢杆菌（*B. coagulans*）（已列入《饲料添加剂品种目录》，但尚未允许在蛋鸡中添加使用）。Xing 等[170]以凝结芽孢杆菌 R11 为模型菌，研究了饲料中的铅污染对产蛋母鸡代谢产物和基因变化的影响。采用转录组学和代谢组学方法筛选铅暴露下的主要代谢产物和相关基因。结果表明，4-乙酰氨基丁酸、十二酸、L-3-苯基乳酸、芹菜素和大豆苷元是主要的代谢产物，即使在 100 mg/kg 铅暴露组中（这些代谢物的含量在 100 mg/kg 组比在纯培养基中分别高 1.17 倍、1.10 倍、4.80 倍、1.43 倍和 1.67 倍）。共鉴定出 23 个与上述 5 种主要代谢产物合成相关的基因。动物试验进一步表明，用凝结芽孢杆菌 R11 喂养蛋鸡，可以通过提高 T-AOC 和 T-SOD 活性，降低血清中 MDA 浓度，减少潜在病原体（大肠埃希菌、铜绿假单胞菌和沙门菌）的数量来防止氧化损伤。结果还表明，病原菌生长受到抑制的原因是基因表达的调控，这些基因与上述 5 种主要代谢产物有关。当铅暴露浓度为 100 mg/kg 时，产蛋率比对照组下降 10.53%。研究表明，凝结芽孢杆菌 R11 有助于防止蛋鸡的氧化损伤，抑制病原菌的生长，以维持健康的肠道环境和日常饲养，但在高铅条件下，凝结芽孢杆菌 R11 可降低产蛋率。

黄世猛等[171]研究了凝结芽孢杆菌对感染沙门菌前后蛋鸡生产性能、蛋品质及血浆生化指标的影响。将 400 只沙门菌阴性、体况健康的京红商品代蛋鸡根据产蛋率无显著差异的原则随机分成 4 组（A 组、B 组、C 组和 D 组），每组 5 个重复，每个重复 20 只。对照组（A 组和 C 组）饲喂基础饲粮，凝结芽孢杆菌组（B 组和 D 组）在基础饲粮中添加 2.5×10^{10} CFU/kg 凝结芽孢杆菌；饲喂 1 周后，C 组和 D 组连续 2 d 定量口服肠炎沙门菌悬浮液（1×10^{8} CFU/mL），A 组和 B 组口服等量 PBS，继续饲养 3 周。结果表明：①感染沙门菌后，沙门菌显著降低了蛋鸡平均日采食量；凝结芽孢杆菌极显著降低了蛋鸡的料蛋比，显著降低了平均日采食量。②感染沙门菌前，凝结芽孢杆菌极显著增加了蛋鸡蛋壳重/蛋重。感染后，沙门菌和凝结芽孢杆菌对蛋鸡蛋品质指标均无显著影响。③感染后，凝结芽孢杆菌显著降低了血浆总胆固醇和甘油三酯含量；沙门菌显著降低了血浆总胆固醇、甘油三酯和钙含量，显著提高了血浆谷草转氨酶活性，极显著提高了血浆碱性磷酸酶活性；凝结芽孢杆菌与沙门菌对血浆总蛋白含量，钙/磷及谷草转氨酶活性有显著交互作用。综上所述，凝结芽孢杆菌可改善蛋鸡生产性能和蛋品质，在蛋白质代谢、脂质代谢、肝功能和钙磷吸收上都具有一定程度的改善作用。

龚萍等[12]选取 405 只 1 日龄樱桃谷肉鸭，对照组饲喂基础日粮，试验组分别在基础日粮中添加凝结芽孢杆菌和粪肠球菌，研究凝结芽孢杆菌、粪肠球菌对樱桃谷肉鸭生长性能的影响。结果表明，1 周龄时，凝结芽孢杆菌组体重极显著低于粪肠球菌组及对照组，日采食量显著高于对照组。6 周龄时，凝结芽孢杆菌组及粪肠球菌组日采食量极显著低于对照组；凝结芽孢杆菌组与粪肠球菌组的平均成活率显著高于对照组；凝结芽孢杆菌组与粪肠球菌组的平均日采食量、平均料重比有低于对照组的趋势，但差异不显著。由此可见，在樱桃谷肉鸭饲粮中添加凝结芽孢杆菌和粪肠球菌能有效减少日采食量，降低料重比，提高成活率，具有一定的经济效益。

2.2.3　反刍动物饲料中微生物饲料添加剂的应用研究进展

2.2.3.1　牛饲料中微生物饲料添加剂的应用研究进展

1952年，Beeson等研究发现，活性干酵母对于反刍动物具有显著的促生长作用，此后各类益生菌制剂逐步进入奶牛等多种动物养殖领域。目前，以酿酒酵母（*S. cerevisiae*）为代表的真菌类，以植物乳杆菌、粪肠球菌为代表的乳酸菌类，以枯草芽孢杆菌、地衣芽孢杆菌为代表的芽孢杆菌类，是奶牛养殖中应用最为广泛的3类益生菌。不同种类的益生菌其生物学特性不同，因而在养殖动物上的应用效果也存在显著差异。同样，因生理特点及饲养模式的差异，不同种类的养殖动物或同种养殖动物的不同生产或生理阶段在对益生菌菌种及制剂类型选择上也存在明显的不同。奶牛养殖过程中哺乳期犊牛具有类似于单胃动物的消化生理特点，而在育成期与产奶期则应重点考虑益生菌制剂对瘤胃发育及消化生理的影响，而病理状态下奶牛的益生菌制剂选择又具有其特点。下面将根据不同饲养阶段，对现有文献报道的奶牛用益生菌制剂应用情况进行综述。

（1）益生菌制剂在奶牛犊牛上的应用。自然状态下，犊牛在出生后通过与母牛牛体及自然环境接触，微生物能够及时进入瘤胃及肠道并定植，促进消化道发育、提高饲料消化吸收率、减少消化道问题。而养殖场新生犊牛在出生后即与母牛分开，并被饲养于相对封闭、清洁的环境中，阻碍了犊牛瘤胃与肠道中微生物的定植，因而在一定程度上对其正常生长发育产生了负面影响，而通过在饲料中人工补充益生菌制剂是改善此种情况的一种有效手段。目前，在犊牛阶段应用最多的一类益生菌制剂是乳酸菌类，主要包括乳杆菌、双歧杆菌以及肠球菌，芽孢杆菌类因其抗逆性强也有少量应用。乳酸菌类主要通过降低瘤胃与肠道pH、产生多种抑菌物质、竞争黏附位点、调节肠道菌群结构及改善肠道免疫等途径对犊牛消化道产生有益作用进而促进其生长发育。

有研究报道，在犊牛日粮中添加乳酸菌或者芽孢杆菌菌粉（或菌液）能够改善犊牛生产性能，并降低犊牛腹泻率；Bayatkouhsar等[172]用乳酸杆菌饲喂初生荷斯坦犊牛，增加了犊牛的采食量和日增重，缩短了犊牛断奶时间；Timmerman等[173]研究发现，通过给犊牛投喂6种乳酸菌组成的复合益生菌制剂，显著降低了腹泻率和腹泻持续时间（分别降低了50%和58%）；Lee等[174]试验发现，采食添加了植物乳杆菌和枯草芽孢杆菌日粮的断奶犊牛，其整个试验阶段的腹泻率显著降低。当然，现有研究报道中也有少量报道未能观察到正向试验结果。Abu-Tarboush等[175]研究发现，给犊牛投喂植物乳杆菌和嗜酸乳杆菌后，其饲料转化率变化并不显著；Riddell等[176]同样在饲喂地衣芽孢杆菌和枯草芽孢杆菌后，受试犊牛的干物质采食量、饲料转化率和平均日增重都没有显著改善。

总体来看，通过使用益生菌制剂，大部分情况下是能够改善犊牛生长发育状况的。而以上少量不一致的试验结果，可能受到了多种因素的影响，如添加的乳酸菌或芽孢杆菌的种类、添加菌种的组合方式及添加剂量、犊牛的日龄等。综合诸多研究结果发现，随着犊牛日龄的增大，添加益生菌的有益效果逐渐不明显；处于应激状态或健康状况不佳的犊牛应用益生菌的效果可能好于体况良好的犊牛；犊牛的日粮类型也有影响，如饲用代乳料的犊牛饲喂益生菌制剂出现正向效果的报道更多一些。因此，在生产实践或试验研究中，当选择犊牛用益生菌制剂时，应当综合考虑以上各个因素。

（2）益生菌制剂在奶牛育成期的应用。奶牛育成期是其体重增长与生殖系统发育的关键时期。该时期饲养水平的高低直接关系到后期生产性能，进而最终影响养殖场的经济效益。但因本时期奶牛不产犊、不产奶，奶牛此时的饲养管理常被忽视，而益生菌制剂在本时期应用的研究报道相对较少。符运勤[177]试验发现，日粮中添加地衣芽孢杆菌产品可改善荷斯坦育成牛的生长性能，优化瘤胃内环境，增加瘤胃菌群丰富度、均匀度指数和香农-威纳多样性指数；Lascano 等[178]试验发现，在限饲条件下添加酿酒酵母培养物可提高瘤胃发酵效率及瘤胃挥发性脂肪酸的产量，并能够降低瘤胃液氨基氮浓度。育成阶段的奶牛瘤胃消化生理已接近成年母牛，因此在选择应用益生菌制剂时可适当参考成年母牛。

（3）益生菌制剂在奶牛泌乳期的应用。

① 增加产奶量，改善乳品质。饲喂益生菌制剂可补充奶牛瘤胃及肠道有益微生物或补充促进微生物生长的物质，改善瘤胃发酵水平与模式，提高奶牛产奶性能。在早期研究与应用中，泌乳奶牛应用较多的是米曲霉及其发酵产物。研究发现，添加米曲霉或其发酵产物能提高泌乳牛采食量、产奶量、乳脂率与乳蛋白率等。当然，也有少量研究报道，添加米曲霉及其培养物对泌乳牛产奶性能没有显著影响。除米曲霉外，埃氏巨型球菌、丙酸杆菌和乳酸菌等微生物在泌乳牛上也有应用报道，同样应用效果也不尽一致。

目前，在泌乳牛上研究与应用报道较多的一类益生菌制剂是活性干酵母及酵母培养物产品。酿酒酵母（*S. cerevisiae*）等酵母类制剂主要通过改善瘤胃菌群组成与活性，而对泌乳牛产生有益作用。有研究发现，酿酒酵母可刺激瘤胃中有益微生物的生长（蛋白分解菌、纤维利用菌、乳酸利用菌、瘤胃原虫、瘤胃真菌等），进而促进瘤胃内饲料的消化、吸收以及菌体蛋白的合成，并可有效维持瘤胃 pH 稳定。Dawson 等[179]研究表明，在饲粮中添加酵母可以通过增加泌乳牛的采食量进而提高其产奶量；通过分析 22 个试验研究报告中饲喂同种酵母的数据发现，饲粮中添加适量酿酒酵母制剂可将产奶量平均提高约 7.3%。甄玉国等[180]试验报道，饲料中添加酿酒酵母可使乳脂率提高 5.77%～33.46%，平均乳蛋白率略有增加，乳中总固形物率增加显著。但是，使用酵母制剂对泌乳奶牛生产性能的影响并不总是正向的。Suwandyastuti 等[181]发现，当向每头泌乳牛饲粮中加入酿酒酵母 15 g/d 时，其产奶量与奶组分并没有显著变化。

试验研究发现，并非所有酵母菌株都能够刺激瘤胃内微生物的生长。Dawson 等[182]试验发现，在选择的 50 株酵母中，只观察到其中 7 株能够刺激瘤胃中纤维素利用细菌的生长。也有研究报道，少量酵母菌株可以同时刺激纤维素利用菌和乳酸盐利用菌的生长；而且，酵母菌的活性对饲喂效果有明显的影响，一般认为活的或有代谢活性的酵母都能够刺激瘤胃内微生物的活性，经高压灭菌处理过的酵母没有任何功效。可见，当选择酵母类益生菌制剂产品时，必须考虑菌株的种类与活性。泌乳牛的日粮组成和泌乳阶段与酵母产品的使用效果有密切关系。Piva 等[183]发现，给采食高精料饲粮的早期泌乳牛使用活性酵母效果会更显著；而将酵母应用于采食均衡日粮的泌乳牛时，其饲喂效果会有所降低[184]。此外，泌乳牛的生理状态也明显影响酵母制剂的应用效果。Moallem 等[185]试验发现，给处于热应激状态的泌乳牛投喂活性酵母可显著改善其瘤胃内环境，并可提高干物质采食量与产奶性能。因此，当选择应用酵母类产品时，需考虑菌株性能与奶牛的生理特性。

② 预防泌乳牛相关疾病。乳房炎和子宫炎是影响泌乳牛生产性能和奶牛业发展的两大重要疾病，每年都会给奶牛养殖业带来巨大的经济损失。众多研究发现，乳酸菌制剂可通过

刺激奶牛免疫系统，增强其抗应激和抗病能力，对于预防奶牛乳房炎和子宫炎有显著功效。杨慧娟等[186]试验证明，给泌乳牛饲喂含干酪乳杆菌和植物乳杆菌的复合型乳酸菌制剂 5～10 d 后，牛奶中平均体细胞数量降低了 39.8%～62.8%；在饲喂 10～30 d 后，中轻度乳房炎的改善率达到了 71.21%，总体有效率达到了 89.39%，重度乳房炎的改善率为 33%～74.19%，总有效率达到 73%～87.09%。包维臣等[187]研究发现，给患有隐性乳房炎的泌乳牛饲喂由 2 株乳杆菌组成的复合制剂 5 d 后，牛奶中的体细胞数量下降了 76.6%；在饲喂 10 d后，体细胞数下降了 89.56%。张志焱等[188]报道其开发的乳酸菌代谢物对奶牛子宫炎的总有效率高达 95%。李炳志[189]使用乳杆菌对患有子宫炎的泌乳牛进行灌注，对子宫炎有显著的改善效果，总有效率为 95.23%。综合已有报道，对于预防泌乳牛乳房炎与子宫炎，乳酸菌制剂可能是一个不错的选择。

（4）益生菌制剂在奶牛干奶期的应用。干奶期一般指的是奶牛分娩前 2 个月停止挤奶的这段时期，合适的干奶期管理既对奶牛产奶性能和繁殖性能非常重要，也对控制奶牛乳房炎非常关键。目前，有关益生菌制剂在干奶期奶牛上应用的文献相对较少，已有文献报道该方面的研究主要集中在乳酸菌制剂。Peng 等[114]将超声处理过的粪肠球菌 SF68 灌注于干奶期奶牛前乳区，用磷酸缓冲液灌注后乳区做对照。1 周后检测发现，前乳区产生了大量中性粒细胞（$P<0.05$），同时诱导产生了大量活性氧（$P<0.05$），中性粒细胞在奶牛干奶期乳腺防御病原微生物的侵染中作为首要防线，且主要通过产生活性氧来起到抑菌杀菌的作用。Tiantong 等[190]试验发现，与灌注抗生素相比，干奶期奶牛乳房内灌注超声处理过的粪肠球菌 SF68 后，中性粒细胞浸润速度更快，蛋白组成改变更早，基质金属蛋白酶-9 即时增量更多。研究表明，超声处理的粪肠球菌 SF68 能够加快复原乳腺细胞的物质合成，并可加强乳腺细胞外基质分解。

（5）益生菌制剂在奶牛围产期的应用。奶牛围产期指分娩前 3 周和分娩后 2～3 周这段时间，围产期对于奶牛的机体健康和产奶性能极为重要。围产期奶牛由于处于干物质采食减少而能量需求增加的状态，引起能量负平衡，因而这一时期脂肪肝、酮病等能量代谢障碍疾病发生率较高。血液中非脂化脂肪酸（NEFA）和 β-羟基丁酸（BHB）含量是分别监测奶牛产前和产后是否处于能量负平衡或亚临床酮病的重要指标。研究表明，饲喂益生菌制剂有利于改善围产期奶牛体况，减少常发代谢性疾病及多种炎性疾病的发生。现阶段在围产期奶牛上使用相对较多的益生菌制剂包括乳酸菌和酵母菌单菌或以上两类菌的复合菌制剂。Savoini 等[191]报道，围产期奶牛饲喂乳杆菌可以提高产奶量和血糖浓度，并可降低血清中 NEFA 浓度；Bakr 等[192]研究发现，给围产期奶牛口服酿酒酵母能够增加瘤胃内挥发性脂肪酸的浓度，提高血液中葡萄糖浓度，降低血液中甘油三酯、高密度和低密度脂蛋白含量；Nocek 等[193]发现，给围产期奶牛饲喂酵母菌和屎肠球菌混合物，能够提高奶牛产后血糖浓度和产奶量，并可降低产前和产后第 1 d BHB 浓度。综合已有文献可知，饲喂益生菌制剂对缓解奶牛围产期能量负平衡、改善奶牛围产期体况及预防健康奶牛围产期亚临床酮病的发生均具有有益的作用。

此外，奶牛在围产前期和产后采食高峰期最容易发生亚临床性瘤胃酸中毒，而亚临床蹄炎与瘤胃酸中毒又有密切关系。目前，用于调控瘤胃 pH、缓解亚临床性酸中毒的益生菌制剂主要是酵母和乳酸菌。Chiquette 等[194]发现，给围产期奶牛饲喂粪肠球菌和酿酒酵母混合制剂，可以显著提高瘤胃最低 pH 和平均瘤胃 pH，有效缓解瘤胃酸中毒症状。

随着益生菌制剂在动物上的应用研究不断积累，其在畜禽养殖领域的应用范围将逐步扩大。目前，我国批准使用的微生物饲料添加剂有 36 种，每个菌种之下又有数个甚至几十个菌株在应用，同种而不同株的益生菌之间生物学功能也不尽相同，因而在奶牛养殖中所发挥的功效也存在差异。如何实现不同类型益生菌制剂在奶牛不同饲养阶段的精准应用，将是未来益生菌制剂行业必须经历的发展阶段，同样也是研究者需要进一步探索的方向之一。而益生菌制剂精准应用的实现也必将推动益生菌制剂行业与奶牛养殖业的协同发展。

2.2.3.2 羊饲料中微生物饲料添加剂的应用研究进展

（1）地衣芽孢杆菌（*B. licheniformis*）。地衣芽孢杆菌的适用范围为养殖动物。贾鹏等[195]研究了饲粮中添加地衣芽孢杆菌等不同生物制剂对杜寒杂交肉羊生产性能和屠宰性能的影响。采用单因素试验设计，试验选取了 160 只平均体重为 32.0 kg 的杜寒杂交肉羊，随机分为 5 组，每组 4 个重复，每个重复 8 只。对照组饲喂基础饲粮，试验组分别在基础饲粮中添加 21 mg/kg 莫能菌素、4×10^9 CFU/kg 地衣芽孢杆菌（*B. licheniformis*）、3.2×10^9 CFU/kg 酿酒酵母菌（*S. cerevisiae*）和 1.1 g/kg 复合生物制剂（地衣芽孢杆菌$\geqslant6\times10^9$ CFU/g、酿酒酵母$\geqslant4\times10^9$ CFU/g、碱性蛋白酶$\geqslant$1 000 U/g）。预试期为 10 d，正试期为 56 d，每 2 d 记录 1 次采食量，每 20 d 进行 1 次称重。当复合生物制剂组羊只的平均体重达到约 50 kg 时，每组选取 10 只羊进行屠宰，测定其生长性能和屠宰性能等指标。结果表明，地衣芽孢杆菌组和复合生物制剂组料重比显著低于对照组（$P<0.05$）；莫能菌素组、地衣芽孢杆菌组、酿酒酵母菌组、复合生物制剂组胴体重均显著高于对照组（$P<0.05$），且莫能菌素组、地衣芽孢杆菌组、酿酒酵母菌组有提高屠宰率的趋势，复合生物制剂组显著提高了肉羊的屠宰率（$P<0.05$）。研究表明，地衣芽孢杆菌、酿酒酵母、复合生物制剂可以替代莫能菌素作为促生长剂提高肉羊的生产性能和屠宰性能，地衣芽孢杆菌优于酿酒酵母菌，但复合生物制剂效果最佳。

Deng 等[196]研究了饲粮中添加不同水平的地衣芽孢杆菌对肉羊甲烷排放及消化代谢的影响。采用单因素随机区组设计，试验选取 24 只体重为（45.00±1.96）kg、体况良好的杜寒杂交 F_1 代成年肉羊，随机分成 4 组，每组 6 个重复，每个重复 1 只。对照组饲喂基础饲粮，3 个试验组分别在基础饲粮中添加 2.4×10^8 CFU/(只·d)、2.4×10^9 CFU/(只·d) 和 2.4×10^{10} CFU/(只·d) 的地衣芽孢杆菌（*B. licheniformis*）。预试期为 14 d，正试期为 20 d，正试期分别对各组肉羊甲烷排放量和消化代谢指标进行测定。结果表明，与对照组相比，饲粮中添加地衣芽孢杆菌提高了肉羊干物质、有机物、氮和中性洗涤纤维的表观消化率（$P<0.05$），提高了氮的沉积和利用效率（$P<0.05$）；低剂量组、中剂量组降低了肉羊干物质采食量和代谢体重基础的甲烷排放量［L/(kg $W^{0.75}$ · kg DMI)］（$P<0.05$），饲粮中添加地衣芽孢杆菌降低了甲烷排放量与可消化干物质摄入量之间的比值（$P<0.05$）。研究表明，肉羊饲粮中添加地衣芽孢杆菌可在一定程度上降低肉羊的甲烷排放量，提高营养物质消化率，进而提高饲粮的能量利用率。

（2）枯草芽孢杆菌（*B. subtilis*）。枯草芽孢杆菌的适用范围为养殖动物。乌日勒格[197]研究了饲粮中添加枯草芽孢杆菌对杜寒杂交肉羊生长性能、血液生化指标和瘤胃微生物的影响。采用单因素试验设计，试验选取了 100 只平均体重为（24.0±1.0）kg 的 3 月龄断奶杜寒杂交羊，随机分为 2 组，每组 50 只。对照组饲喂基础饲粮，试验组在基础饲粮中添加 300 g/t 枯草芽孢杆菌（*B. subtilis*）（活菌数$\geqslant1\times10^9$ CFU/g）。试验期为 80 d。结果表明，饲粮中添加枯草芽孢杆菌提高了杜寒羊的平均日增重和消化道总重（$P<0.05$）；提高了羊血清总蛋白、葡萄糖和乳酸脱氢酶的水平（$P<0.05$）；提高了瘤胃微生物的 α-多样性和拟杆菌门的数量，降低了变形菌门的数量（$P<0.05$）。研究表明，饲粮中添加枯草芽孢杆菌具有促进杜寒杂交肉羊生长的效果，有利于断奶羊羔快速建立瘤胃微生物区系。

宋淑珍等[198]研究了枯草芽孢杆菌和紫锥菊提取物对育肥羊生长性能、养分表观消化率、腹泻率、血清生化指标、器官指数、屠宰性能及肉品质的影响。试验选取了 27 只 3～4 月龄体况相近的断奶萨寒公羔，随机分为 3 组，每组 3 个重复，每个重复 3 只。对照组饲喂基础饲粮，试验组分别在基础日粮中添加 100 mg/(kg BW · d) 枯草芽孢杆菌（*B. subtilis*）（活菌数≥5×10^8 CFU/g）和 100 mg/(kg BW · d) 紫锥菊提取物。预试期为 10 d，正试期为 60 d。结果表明，与对照组相比，饲粮中添加枯草芽孢杆菌对育肥羊的平均日增重、干物质采食量和料重比无显著影响（$P>0.05$），但提高了干物质、粗蛋白质、粗脂肪、中性洗涤纤维和酸性洗涤纤维的表观消化率（$P<0.05$）；饲粮中添加枯草芽孢杆菌降低了育肥羊血清尿素氮、白蛋白、甘油三酯和葡萄糖浓度，提高了血清总蛋白、球蛋白浓度（$P<0.05$）；枯草芽孢杆菌提高了育肥羊脾脏指数和肺脏指数（$P<0.05$）。研究表明，饲粮中添加枯草芽孢杆菌可以提高育肥羊营养物质的表观消化率和免疫功能。

苏勇华等[199]研究了饲粮中添加枯草芽孢杆菌对多浪羊消化率、瘤胃发酵参数及血液指标的影响。试验采用 4×4 拉丁方试验设计，选取了 12 只体况相近的同性别多浪羊，随机分为 4 组，每组 3 只。对照组饲喂基础饲粮，试验组分别在基础饲粮中添加活菌数为 3.2×10^9 CFU/g、3.2×10^{10} CFU/g 和 3.2×10^{11} CFU/g 的枯草芽孢杆菌（*B. subtilis*）。预试期为 10 d，正试期为 20 d。结果表明，饲粮中添加枯草芽孢杆菌可以提高多浪羊的平均日增重（$P<0.05$）；提高干物质、粗蛋白、中性洗涤纤维和酸性洗涤纤维的表观消化率（$P<0.05$）；但对多浪羊瘤胃 pH、总挥发性脂肪酸、丙酸和丁酸含量无显著影响。研究表明，枯草芽孢杆菌具有提高饲料消化率的功能，可以促进多浪羊的生长。

张俊瑜等[200]研究了纳豆芽孢杆菌（*B. natto*）和枯草芽孢杆菌（*B. subtilis*）对绵羊生长性能、营养物质表观消化率和血清生化指标的影响。试验选取了 30 只平均体重为（36.81±3.78）kg 的小尾寒羊公羊，随机分为 3 组，每组 10 只。对照组饲喂基础饲粮，试验组分别在基础饲粮中添加纳豆芽孢杆菌以及纳豆芽孢杆菌和枯草芽孢杆菌组合成的复合益生菌，每种益生菌的有效活菌数≥2×10^{10} CFU/g，每只羊日饲喂量为 6 g。预试期为 10 d，正试期为 50 d，消化代谢试验为 10 d。结果表明，饲粮中添加纳豆芽孢杆菌以及复合益生菌均提高了绵羊的平均日增重，降低了血清尿素氮的含量（$P<0.05$），且复合添加枯草芽孢杆菌效果更好；饲粮中添加复合益生菌显著提高了饲粮中粗蛋白质的表观消化率（$P<0.05$），而纳豆芽孢杆菌对饲粮中粗蛋白质的表观消化率没有显著影响。研究表明，饲粮中添加纳豆芽孢杆菌可以提高绵羊的生长性能，提高绵羊对饲粮粗蛋白的消化能力，且复合添加枯草芽孢杆菌的效果更好。

程连平等[201]研究了枯草芽孢杆菌（*B. subtilis*）和富硒酵母对湖羊断奶羔羊生长性能、血清指标、养分表观消化率、胰腺消化酶活性及瘤胃发酵参数的影响。试验选取了 21 只平均体重为（9.65±0.38）kg 的湖羊断奶羔羊，随机分为 3 组，每组 7 只。对照组饲喂精料饲粮，试验组分别在精料饲粮中添加 100 g/t 的枯草芽孢杆菌（有效活菌数为 1×10^{10} CFU/g）和富硒酵母（硒含量为 2 000 mg/kg）。试验期为 28 d。结果表明，饲粮中添加枯草芽孢杆菌能够提高断奶湖羊羔羊的平均日增重，降低料重比；提高羊羔血清中免疫球蛋白含量和抗氧化酶活性；提高羔羊对养分的表观消化率、胰腺消化酶活性和瘤胃发酵参数，提高湖羊断奶羔羊的消化功能。

（3）产朊假丝酵母（*C. utilis*）。产朊假丝酵母的适用范围为养殖动物。仇武松等[202]研究了产朊假丝酵母（*C. utilis*）和枯草芽孢杆菌（*B. subtilis*）对湖羊生长性能及养分消化率的影响。试验选取了72只体重相近的3.5月龄雄性湖羊，随机分为3组，每组6个重复，每个重复4只。对照组饲喂基础饲粮，试验组分别在基础饲粮中添加产朊假丝酵母和枯草芽孢杆菌，添加量为7.2 kg/t的菌剂（产朊假丝酵母活菌总数≥8×10^9 CFU/g、枯草芽孢杆菌活菌总数≥10×10^9 CFU/g）。预试期为15 d，正试期为40 d。结果表明，湖羊饲粮中添加产朊假丝酵母和枯草芽孢杆菌均能在不影响湖羊日增重的情况下降低干物质采食量，降低料重比（$P<0.05$）；枯草芽孢杆菌显著提高了饲粮蛋白质消化率（$P<0.05$），而产朊假丝酵母效果不明显。研究表明，在全混合日粮中添加产朊假丝酵母和枯草芽孢杆菌可在一定程度上促进湖羊生长，提高料重比，且添加枯草芽孢杆菌的促生长效果优于产朊假丝酵母。

（4）植物乳杆菌（*L. plantarum*）。植物乳杆菌的适用范围为养殖动物。程光民等[203]研究了全株玉米青贮中植物乳杆菌（*L. plantarum*）及其与尿素混合添加对杜泊绵羊生产性能和消化功能的影响。试验选取了60只平均体重为（23.0±1.5）kg的2月龄断奶杜泊绵羊公羊，随机分为3组，每组4个重复，每个重复5只。对照组饲喂不含任何添加剂的全混合日粮，试验组分别饲喂单一添加占全株玉米鲜重0.1%植物乳杆菌的全株玉米青贮（益生菌组）以及全株玉米秸秆鲜重0.1%植物乳杆菌与0.5%尿素混合的全株玉米青贮（混合组）配制而成的全混合日粮。预试期为10 d，正试期为90 d。结果表明，饲粮中单一添加植物乳杆菌并不能改变杜泊绵羊的生长性能和消化性能，而饲粮中混合添加植物乳杆菌和尿素有利于提高杜泊绵羊生长性能、屠宰性能、肌肉品质、氮的消化吸收及利用，同时混合添加影响了杜泊绵羊血清生化指标和瘤胃发酵指标。

彭涛等[204]研究了由植物乳杆菌（*L. plantarum*）和酿酒酵母菌（*S. cerevisiae*）组成的复合益生菌制剂对舍饲山羊育肥性能与血清生化指标的影响。试验选取了80只平均体重为21.89 kg的4月龄努比亚母山羊，随机分为5组，每组4个重复，每个重复4只。对照组饲喂基础饲粮，试验组分别在基础饲粮中添加0.1%、0.2%、0.4%和0.8%的复合益生菌制剂，复合益生菌制剂由植物乳杆菌（活菌数为2.0×10^6 CFU/mL）和酿酒酵母菌（活菌数为1.0×10^6 CFU/mL）组成。预试期为7 d，正试期为60 d。结果表明，饲粮中添加含植物乳杆菌的复合益生菌制剂具有促进努比亚母山羊生长的效果，能够提高山羊的血清免疫球蛋白含量，改善其抗氧化功能；在本试验条件下，复合益生菌制剂添加量为0.4%的效果最好。

范燕茹等[205]利用绵羊瘤胃上皮细胞构建了诱导绵羊β-防御素-1（Sheep beta defensin-1，SBD-1）表达模型，采用了实时荧光定量PCR的方法探究了植物乳杆菌（*L. plantarum*）诱导绵羊瘤胃上皮细胞SBD-1表达的信号通路途径。结果表明，植物乳杆菌可能通过激活绵羊瘤胃上皮细胞内NF-κB、JNK、ERK1/2等信号通路来促进SBD-1的表达，提高绵羊的免疫功能。

（5）乳酸片球菌（*P. acidilactici*）。乳酸片球菌的适用范围为养殖动物。程光民等[206,207]研究了全株玉米青贮中乳酸片球菌（*P. acidilactici*）及其与尿素混合添加对杜泊绵羊生产性能和消化功能的影响。试验选取了60只平均体重为（23.0±1.5）kg的2月龄断奶杜泊绵羊公羊，随机分为3组，每组4个重复，每个重复5只。对照组饲喂不含任何添加剂的全混合日粮，试验组分别饲喂单一添加占全株玉米鲜重0.1%植物乳杆菌的全株玉米青贮（益生菌组）和全株玉米秸秆鲜重0.1%植物乳杆菌与0.5%尿素混合的全株玉米青贮（混合组）配制而成的全混合日粮。预试期为10 d，正试期为90 d。结果表明，饲粮中单一添加乳酸片球菌并不能改变杜泊绵羊的生长性能和消化性能，而混合添加乳酸片球菌和尿素能够提高杜泊绵羊的生产性能与消化吸收功能，增加肌肉中粗脂肪和部分氨基酸含量，改善羊肉品质。

（6）米曲霉（*A. oryzae*）。米曲霉的适用范围为养殖动物。肖君等[208]研究了不同添加剂量的米曲霉培养物对绵羊瘤胃发酵及纤维物质降解率的影响。试验选取了12只体况良好、体重相近的、装有永久性瘤胃瘘管的小尾寒羊公羊，随机分为4组，每组3个重复，每个重复1只。在精粗比为3∶7的底物条件下，米曲霉培养物的添加剂量分别为0、0.2%、0.4%和0.6%干物质量（DM）。结果表明，与对照组相比，米曲霉培养物对瘤胃pH影响不显著（$P>0.05$），0.2% DM组降低了瘤胃氨态氮浓度（$P<0.05$），0.4% DM组提高了乙酸、总酸含量，同时提高了瘤胃中干物质、中性洗涤纤维和酸性洗涤纤维的降解率（$P<0.05$）。研究表明，适量添加米曲霉培养物（0.4% DM）有利于改善瘤胃内环境，提高纤维物质降解率。

甄玉国等[209]利用高通量测序方法检测了米曲霉培养物与酵母培养物组合对绵羊瘤胃菌群多样性的影响。试验选取了15只装有瘤胃瘘管的绵羊，随机分为5组，每组3个重复，每个重复1只。试验设置了5个不同组合梯度的米曲霉培养物与酵母培养物的微生态制剂。结果表明，5组共检测到17个细菌门类138个细菌菌属，拟杆菌门和厚壁菌门为瘤胃优势菌门；添加米曲霉培养物和酵母培养物能够增加瘤胃中拟杆菌门和纤维杆菌门的相对丰度，添加米曲霉培养物或酵母培养物能增加瘤胃中月形单胞菌属和梭菌属等有益菌的数量。

2.2.4 水产饲料中微生物饲料添加剂的应用研究进展

水产养殖已成为世界上增长最快的动物生产行业，每年养殖鱼类价值800亿美元。水产养殖的快速增长已经超过了其他用于食品的陆生动物生产，如鸡肉、家禽和猪。这一趋势正在迅速增长，特别是在高价值的底栖鱼类物种，如石斑鱼、盲曹鱼、鲷鱼和黑鲳鱼[210]。高密度、集约化的人工养殖过程会对水环境造成严重污染，病原菌滋生，导致水产动物免疫力下降，患病率高，抗生素对预防水产疾病、改善动物体质和提高产量发挥了巨大作用，但过度使用带来的抗生素残留、耐药性等问题也越来越严重，益生菌的使用为水产养殖的可持续发展提供了良好途径[210~212]。在水产养殖中，使用的益生菌主要是乳酸菌和芽孢杆菌属（*Bacillus*）的细菌，其他几个属也在使用，如气单胞菌属（*Aeromonas*）、臭单胞菌属（*Alteromonas*）、节杆菌属（*Arthrobacter*）、双歧杆菌属（*Bifidobacterium*）、梭菌属（*Clostridium*）、类芽孢杆菌属（*Paenibacillus*）、假单胞菌属（*Pseudomonas*）、暗棕色乳杆菌属（*Phaeobacter*）、假交替单胞菌属（*Pseudoalteromonas*）、红冬孢酵母属（*Rhodosporidium*）、玫瑰杆菌属（*Roseobacter*）、链霉菌属（*Streptomyces*）和弧菌属（*Vibrio*），以及微藻

(*Tetraselmis*) 和酵母 (*Debyomyces*、*Phaffia* 和 *Saccharomyces*)[213]。益生菌可以提高水产动物饲料利用率和生长性能，增强抗病能力。饲料中添加浓度分别为 1×10^7 CFU/g 和 5×10^8 CFU/g 乳杆菌 (*Lactobacillus* sp.) 和戊糖乳杆菌 (*L. pentosus*)，可提高太平洋白虾几种消化酶水平，提高饲料利用率，增加虾体重[214,215]。在喂食植物乳杆菌 (*L. plantarum*) 的小龙虾中，发现蛋白酶、淀粉酶和碱性磷酸酶水平的升高[216]；喂食粪肠球菌 (*E. faecalis*) 和乳酸片球菌 (*P. acidilactici*) 的小龙虾体重增加[217]。乳酸片球菌 (*P. acidilactici*)、植物乳杆菌 (*L. plantarum*)、粪肠球菌 (*E. faecalis*) 的添加，使各种养殖鱼类饲料转化率 (FCR) 降低，体重增加，抗病力增强[218,219]。在饲料中添加热灭活的植物乳杆菌，可以显著提高尼罗河罗非鱼的淀粉酶、脂肪酶和蛋白酶的活性，从而提高生长性能[220]。

中国是全球最大的水产养殖国家，养殖水产品总量逐年增长。据统计，2019 年水产品总产量达 6 450 万 t，超过世界养殖水产品总量的 70%，为优质蛋白质的供给以及国家的粮食安全作出了巨大贡献。目前，高密度、集约化已成为中国水产养殖的主要模式[221]。然而，养殖密度的不断提高极易打破池塘原有的生态平衡，过多的残饵、粪便无法被池塘中的微生物分解利用，导致氨氮、亚硝酸盐等有害物质积累，影响养殖动物的健康[222]。另外，化学药物及抗生素的应用，导致有害耐药细菌及有害藻类大量繁殖，同时，药物残留问题也影响着养殖动物的品质及安全[223]。益生菌的应用能够促进藻类繁殖、稳定池塘生态系统，降解池塘氨氮、亚硝酸盐等有害物质[224]，并且能够提升动物免疫力、生长性能及成活率[225,226]，可大幅度降低抗生素及化学药物等的应用。现从淡水鱼类、海水鱼类、虾类、蟹类、棘皮动物及贝类分述水产饲料中微生物饲料添加剂的应用研究进展。

水产动物微生物饲料添加剂与陆生动物的应用环境和使用目标不同，在菌种筛选方面应区别对待。众所周知，水产养殖动物基本都生活在水体当中，同畜禽养殖最大的区别就是其剩余饲料、排泄物在养殖水体中难以清理，而畜禽养殖能够人为地清理排泄物。因此，对于水产动物应用的微生物饲料添加剂，除了要考虑对养殖动物的效果外，还需要重点考量对养殖水体的改善作用。如图 2-1 所示，这就需要应用的菌株能够在水生动物肠道内及养殖水体环境中存活，存活的益生菌是发挥作用的关键；同时，还需要具有功能性，菌株对水生动物及水体环境有益，如对养殖动物可以促进生长、改善消化、提升免疫和抗病等，对水体环境菌株能够改善水质或底质环境，即“存活+有效”。然而，目前市场应用的多数水产微生物制剂产品尚缺乏此方面的数据。

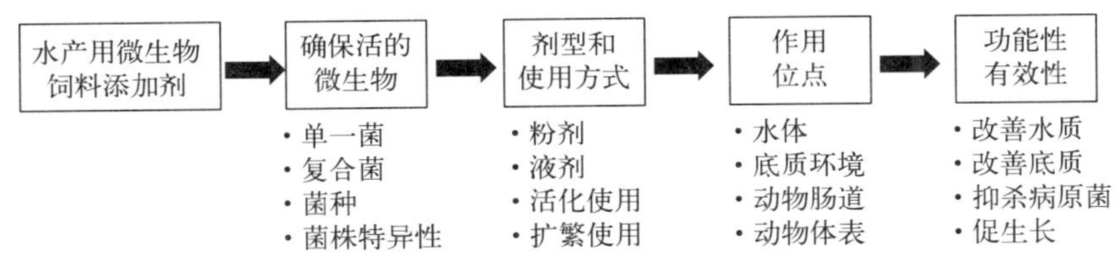

图 2-1 水产微生物饲料添加剂起效关键要素示意图

2.2.4.1 水产饲料中微生物饲料添加剂的应用研究进展

(1) 淡水鱼类。草鱼。草鱼是我国大宗淡水鱼中养殖量最大的一种鱼类，在养殖过程中主要应用的微生物饲料添加剂种类为芽孢杆菌类，该菌种在促进草鱼生长、提高动物免疫力、降低疾病发生等方面取得了较好的效果。黄灿等[227]研究枯草芽孢杆菌 (*B. subtilis*) 对嗜水气单胞菌（*Aeromonas hydrophila*）攻毒的草鱼肠道黏膜结构的保护作用发现，枯草芽孢杆菌减轻了草鱼肠道黏膜上皮细胞变性、坏死、大量脱落等炎症症状，紧密连接缝隙明显变窄，微绒毛数量多且排列较整齐，线粒体无明显肿胀，肠上皮细胞中的微丝荧光强度高于攻毒组。这说明枯草芽孢杆菌（*B. subtilis*）对嗜水气单胞菌（*A. hydrophila*）造成的肠黏膜结构损伤有一定的保护作用。在初始体重（4.39 ± 0.01）g 的健康草鱼日粮中添加 1×10^9 CFU/kg 的蜡样芽孢杆菌（不在《饲料添加剂品种目录》）＋枯草芽孢杆菌（*B. subtilis*）＋马氏副球菌（*Paracoccus marcusii*）（不在《饲料添加剂品种目录》）＋植物乳杆菌（*L. plantarum*），饲养 8 周。结果表明，益生菌组显著降低草鱼的饵料系数，提高特定生长率。与对照组相比，益生菌组可显著增加血清中 C3、C4 的含量，显著降低肠道丙二醛含量；显著降低血清谷丙转氨酶的活性和葡萄糖的含量，但对肝脏总胆汁酸的含量并无显著影响。可见，饲料中添加上述 4 种益生菌可显著促进草鱼的生长，增强饲料利用率和机体免疫力以及提高糖和脂肪代谢水平[228]。高产胞外酶的地衣芽孢杆菌（*B. licheniformis*）、枯草芽孢杆菌（*B. subtilis*）的添加显著提升了草鱼血清、肌肉和肝脏中溶菌酶、酚氧化酶、超氧化物歧化酶活性等指标，且试验组血清免疫指标较对照组增加幅度较高。这表明，益生菌应用于草鱼配合饲料具有较好的水解酶活性，增强机体非特异性免疫机能[229]。饲料中枯草芽孢杆菌（*B. subtilis*）WTC019 的添加显著提高了草鱼的增重率和特定生长率，草鱼肠道中的淀粉酶、脂肪酶和胰蛋白酶的活性，以及氧化氢酶、超氧化物歧化酶活性和谷胱甘肽含量。可见，枯草芽孢杆菌（*B. subtilis*）可提高草鱼的消化酶的活性和抗氧化功能，进而可促进草鱼生长[230]。研究发现，草鱼在嗜气单胞菌攻毒前 42 d 饲喂枯草益生菌饲粮，显著降低了丙二醛含量及氧化应激水平，提高了总抗氧化能力、超氧化物歧化酶及过氧化氢酶活性，表明枯草杆菌对草鱼的氧化应激损伤具有较好的保护作用[231]。

鲤鱼。关于鲤鱼中微生态制剂的研究报道相对较少，已有的研究表明，地衣芽孢杆菌（*B. licheniformis*）添加后，对鲤鱼有促生长作用，试验组增重较对照组提高 11.8%，饵料系数下降 0.24；免疫方面，试验组免疫器官胸腺、脾脏生长发育较对照组迅速、成熟快，电镜观察免疫器官内 T 淋巴细胞、B 淋巴细胞较对照组成熟快、数量增多、产生抗体增多，免疫功能增强；肠道健康方面，试验组前肠黏膜皱褶增多、隐窝加深、微绒毛长而密集，肠吸收面积增大[232]。

鲫鱼。研究发现，饲喂枯草芽孢杆菌（*B. sutilis*）降低了鲫鱼脑、鳃、肝胰脏、躯干肾、肠及肌肉中的铅蓄积量，提高机体抗氧化能力[233]。枯草芽孢杆菌和沼泽红假单胞菌联合饲喂鲫鱼后发现，复合菌应用后显著提升了鲫鱼血浆中碱性磷酸酶、溶菌酶活性，降低了血浆中丙二醛浓度。这表明，复合菌对鲫鱼的免疫机能有一定的增强作用[234]。

罗非鱼。在罗非鱼养殖中研究较多的微生物饲料添加剂种类包括芽孢杆菌、植物乳杆菌等。研究发现，在罗非鱼饲料中添加相同比例的地衣芽孢杆菌（*B. licheniformis*）＋枯草芽孢杆菌（*B. subtilis*）、地衣芽孢杆菌（*B. licheniformis*）＋凝结芽孢杆菌（*B. coagulans*）或地衣芽孢杆菌（*B. licheniformis*）＋粪肠球菌（*E. faecalis*），饲喂 40 d 后，益生菌的添加显著诱导罗非鱼肝脏、肾脏、头肾、脾脏以及鳃中 CoX－2、IL－1β 和 TNF－α 基因表达丰度，而且地衣芽孢杆菌＋枯草芽孢杆菌组提高了罗非鱼对嗜水气单胞菌（*Aeromonas hydrophila*）、维氏气单胞菌（*Aeromonas veronii*）和无乳链球菌（*Streptococcus agalactiae*）的抗感染保护率；地衣芽孢杆菌＋凝结芽孢杆菌组提高了罗非鱼对嗜水气单胞菌和维氏气单胞菌的抗感染保护率[235]。刘海天[236]应用枯草芽孢杆菌饲喂罗非鱼 8 周后，显著提升了罗非鱼终体重、增重率和特定生长率，并增强了罗非鱼的多项非特异免疫指标，血清总抗氧化力（T-AOC）和超氧化物歧化酶（SOD）活性显著提高。而且，肠道消化酶活性显著高于对照组，这同枯草芽孢杆菌能够分泌蛋白酶和淀粉酶且具有较强的黏附能力有关[236,237]。研究表明，植物乳杆菌（*L. plantarum*）显著提升了尼罗罗非鱼平均增重、增重率和特定生长率，且有显著的黏膜免疫调节能力，在一定程度上能抑制炎症反应，增强机体的免疫应答，可显著提高生长性能及抗病力。

（2）海水鱼。鲈鱼。研究发现，鲈鱼的幼鱼水体中添加 3.0×10^7 CFU/mL 的枯草芽孢杆菌（*B. subtilis*），持续 1 周。在鲈鱼的肝脏、脾脏和鳃组织中，试验组 pIgR、STAT6、IL-17 与 IRF-1 的表达量显著上调；在鲈鱼肠道中，试验组 pIgR、STAT6 及 IL-17 的表达水平也高于对照组。这表明，枯草芽孢杆菌（*B. subtilis*）能够促进鲈鱼免疫基因的表达，提高鲈鱼的非特异性免疫，减少病害发生[238]。

大黄鱼。廖志勇等[239]用含植物乳杆菌（*L. plantarum*）P13 的饲料喂养大黄鱼 4 周后，可明显提高大黄鱼生长性能、补体活性、溶菌酶活性、吞噬活性和头肾白细胞呼吸性。可见，植物乳杆菌（*L. plantarum*）P13 能促进大黄鱼生长，增强大黄鱼先天免疫能力[239]。

石斑鱼。养殖中研究较多的微生物饲料添加剂种类为乳酸杆菌、芽孢杆菌和戊糖片球菌（*P. pentosaceus*）等。李军亮[240]在斜带石斑鱼（*Epinephelus coioides*）幼鱼饲料中添加嗜酸乳杆菌（*L. acidophilus*），显著提升了石斑鱼的生长性能，并提高消化酶活性；随后又在低鱼粉饲料中添加枯草芽孢杆菌，结果表明，益生菌处理可显著促进珍珠龙胆石斑鱼的生长，提高抗病力、消化酶、血清过氧化氢酶和超氧化物歧化酶活性及其 mRNA 丰度。研究发现，在饲粮中添加戊糖片球菌可显著提升石斑鱼的生长速度、先天性免疫，鳗弧菌攻毒后，戊糖片球菌（*P. pentosaceus*）可促进石斑鱼生长速度与红细胞的数量，还可调节促发炎或抗发炎细胞激素的基因表现，从而提升石斑鱼的抗病力[241]。而以光合细菌、短小芽孢杆菌（*B. pumilus*）和嗜酸乳杆菌（*L. acidophilus*）组成的复合菌剂拌喂斜带石斑鱼 30 d，发现益生菌组石斑鱼的体增重率、体增长率和肥满度均有显著提高，饲料转化率均显著下降；各免疫特性指标中，血清碱性磷酸酶、酸性磷酸酶、总抗氧化酶和溶菌酶活性显著升高，总超氧化物歧化酶活性极显著升高；复合益生菌饲料对哈维氏弧菌（*Vibrio harveyi*）攻毒后石斑鱼的保护率显著提升[242]。研究发现，饲喂含 1×10^6 CFU/g、1×10^8 CFU/g 和 1×10^{10} CFU/g 枯草芽孢杆菌（*B. subtilis*）的石斑鱼最终体重、体重增量、百分增长体重及喂食效率显著高于对照组，并且通过上调免疫相关基因表达，增加其对病毒感染的抵抗能力[243]。

（3）虾类。南美白对虾。南美白对虾，又称凡纳滨对虾，在我国广东、广西、福建、海南等地快速发展，已成为我国主要的虾类养殖品种。

研究表明，在日粮中添加嗜酸乳杆菌（*L. acidophilus*）显著提升了南美白对虾生长性能，并提高非特异性免疫酶活性；随后在低鱼粉饲料添加枯草芽孢杆菌，显著南美白对虾的生长性能，提高抗病力、非特异性免疫酶活性及其 mRNA 丰度[240]。嗜酸乳杆菌（*L. acidophilus*）和枯草芽孢杆菌按 1∶1 组成的复合活菌制剂应用于南美白对虾日粮后，可显著提升对虾生长速度、成活率，降低饵料系数，并且提升了酸性磷酸酶（ACP）、碱性磷酸酶（AKP）和过氧化物酶（POD）活性，益生菌的添加提高了南美白对虾的生长指标和免疫性能[244]。鲁瑞娟[245]在南美白对虾饲料中添加 1% 100 亿 CFU/g 的枯草芽孢杆菌菌粉，可有效改善南美白对虾的生长性能、成活率，饵料系数降低 0.14。植物乳杆菌（*L. plantarum*）的添加则显著提高南美白对虾的增重率、特定生长率，以及肠道胰酶、脂肪酶、胃蛋白酶活性。组织学研究还发现，植物乳杆菌（*L. plantarum*）可显著增加对虾肠上皮绒毛高度[246]。Cai 等[247]研究发现，地衣芽孢杆菌（*B. licheniformis*）LS-1 和弯曲芽孢杆菌（*B. flexus*）LD-1（不在《饲料添加剂品种目录》）能有效提高南美白对虾的生长、固有免疫酶活性、消化酶活性、抗逆性和抗病性，而且能够有效改善水质，表明益生菌对水产动物和养殖水体的双重有益作用。在南美白对虾饲料中添加芽孢杆菌和双歧杆菌，饲喂 4 周后，显著提升了对虾的过氧化物酶、超氧化物歧化酶、酸性磷酸酶和碱性磷酸酶活性，改善了对虾肠道菌群组成及抗病力[248]。沙玉杰[249]在南美白对虾日粮中添加戊糖乳杆菌（*L. pentosus*）HC-2 和粪肠球菌（*E. faecalis*）NRW-2 后发现，益生菌投喂后再浸浴在弧菌中的存活率高于对虾感染弧菌后再投喂益生菌的存活率，但是差异不显著，益生菌对凡纳滨对虾内在免疫具有一定的调节作用，在一定程度上可以增强其对病原菌的抵抗力。然而，益生菌的短期投喂不能较好地提高凡纳滨对虾抵抗病原菌的能力。刘强强等[250]研究表明，地衣芽孢杆菌（*B. licheniformis*）无论是添加在饲料中还是泼洒在养殖水体中都能提高南美白对虾的免疫力，地衣芽孢杆菌（*B. licheniformis*）在对虾饲料中的添加量应控制在 0.3～3.0 mg/kg。文金顺[251]应用从海南海水养殖环境样品与凡纳滨对虾消化道分离的粪肠球菌（*E. faecalis*）饲喂南美白对虾，结果表明，饵料系数、成活率、增重率、特定生长率和弧菌胁迫死亡率与阴性对照相比具有显著性差异，与现有市售某复合菌株产品相比，从海南热带海洋分离的乳酸菌更适于海南养殖凡纳滨对虾的拌料投喂。袁卫[252]采用拌料投喂的方式，对地衣芽孢杆菌（*B. licheniformis*）和弯曲芽孢杆菌（*B. flexus*）（不在《饲料添加剂品种目录》）对凡纳滨对虾仔虾生长、免疫、抗病力和水质的影响进行了研究，结果表明，益生菌组仔虾存活率和特定生长率均显著提高，水中氨氮、COD 含量以及弧菌总量均显著低于对照组，在淡水、40‰海水和 300 mg/L 亚硝酸盐极端环境胁迫下，抗逆性均强于对照组，在浓度为 1×10^7 CFU/mL 的哈维氏弧菌强毒株环境下攻毒 1 周后，存活率均显著高于对照组，与对照组相比，添加益生菌的处理组可显著提高凡纳滨对虾组织中的蛋白酶、脂肪酶、碱性磷酸酶和溶菌酶活性。可见，益生菌的添加能够促进凡纳滨对虾的健康生长并提高其抗病能力、改善其生长水环境。孙博超等[253]应用枯草芽孢杆菌（*B. subtilis*）+地衣芽孢杆菌（*B. licheniformis*）+短小芽孢杆菌（*B. pumilus*）的复合益生菌每日投喂对虾，试验 3 周后进行白斑综合征病毒（WSSV）人工感染，结果表明，益生菌组显著降低了对虾累积死亡率，抗病基因表达结果表明，WSSV 感染后，各组对虾肠道基因 Caspase 相对表达量随着感染时间的延长呈先上调再下调的趋势，益生菌摄取和 WSSV 感染都能刺激 Trx 基因的表达，益生菌的刺激相对平缓，且各试验组对虾肠道 Trx 基因相对表达量在 WSSV 感染后的 18 h 时陡升到最大值，极显著高于对照组。研究证实，枯草芽孢杆菌（*B. subtilis*）、地衣芽孢杆菌（*B. licheniformis*）和短小芽孢杆菌（*B. pumilus*）复合菌提高了对虾抗 WSSV 感染能力。对虾抗病力的提高可能与芽孢杆菌减缓了病毒在靶组织的增殖速率、提高了 Caspase 和 Trx 基因表达水平相关。

罗氏沼虾。朱光来等[254]在罗氏沼虾幼苗饲料中添加 6×10^5 CFU/g 枯草芽孢杆菌（*B. subtilis*），饲养 12 周后发现，芽孢杆菌的添加显著提高了罗氏沼虾的末重、特定生长率、屠体蛋白和归一化生物指数，改善了罗氏沼虾的生长性能。

（4）海参。Li 等[255]研究了来源于海水鱼肠道的植物乳杆菌（*L. plantarum*）LL11、粪肠球菌 LC3（*E. faecalis* LC3）对刺参生长和免疫能力的影响。试验期为 30 d。结果表明，饵料中添加 LL11（1×10^9 CFU/g）和 LC13（1×10^9 CFU/g）显著提高了刺参的生长性能和存活率（$P<0.05$），而添加乳酸乳球菌 LH8（1×10^9 CFU/g）对刺参生长性能无显著影响（$P>0.05$）。灿烂弧菌攻毒试验结果表明，与空白对照组（48.1%）相比，饵料中添加 3 种乳酸菌显著提高了刺参的抗病能力，存活率分别提高至 66.7%（LL11）、64.88%（LH8）和 63.0%（LC3）。饵料中添加植物乳杆菌（*L. plantarum*）显著提高了刺参体壁碱性磷酸酶（AKP）、酸性磷酸酶（ACP）、超氧化物歧化酶（SOD）的活性，而对体壁的溶菌酶（LSZ）活性无影响（$P>0.05$）。作者同时也检测了刺参体壁中与免疫相关基因的 mRNA 水平。结果表明，热休克蛋白（HSP70、HSP60、HSP90）、半胱氨酸天冬氨酸酶（caspase－2）和 NF－κB 转运因子 P65（Rel）的 mRNA 水平在饲养试验的第 30 d 均显著上调（$P<0.05$），而一氧化氮合酶（NOS）的 mRNA 水平在试验的第 15 d 和第 30 d 均显著下调。研究表明，饵料中添加植物乳杆菌（*L. plantarum*）LL11、乳酸乳球菌 LH8 和粪肠球菌（*E. faecalis*）LC3 可以在一定程度上提高刺参的生长性能、抗病力和免疫能力。

Yang 等[256]研究了饵料中添加 4 种不同浓度（0.005 g/kg、0.025 g/kg、0.05 g/kg 和 0.25 g/kg）的灭活植物乳杆菌 L－137（*L. plantarum* L－137）对刺参生长、消化和非特异性免疫的影响。试验期为 60 d。结果表明，饵料中添加 0.05 g/kg 和 0.25 g/kg 的 L－137 显著提高了刺参的体重和特定生长率（$P<0.05$）。饵料中添加 0.05 g/kg 和 0.25 g/kg 的 L－137 显著提高了刺参肠道蛋白酶活性。饵料中添加 0.05 g/kg 的 L－137 显著提高了刺参肠道淀粉酶活性以及体腔液的溶菌酶活性和呼吸暴发活力（$P<0.05$）。添加 0.05 g/kg 的 L－137 显著提高了刺参体腔液的超氧化物歧化酶（SOD）和碱性磷酸酶（AKP）活性，而对酸性磷酸酶（ACP）活性无影响（$P>0.05$）。研究表明，饵料中添加 0.05 g/kg 的灭活乳酸菌可以提高刺参的生长性能、消化以及免疫力。

（5）鲍鱼。Gao 等[257]研究了饵料中添加地衣芽孢杆菌（*B. licheniformis*）对皱纹盘鲍生长、免疫和抗病力的影响。试验期为 60 d。试验分为 2 组，对照组（C）饲喂基础饲料，益生菌添加组饲喂以 1×10^3 CFU/mL（B1）、1×10^5 CFU/mL（B2）和 1×10^7 CFU/mL（B3）3 个不同浓度喷洒在基础日粮上制成的试验日粮。结果表明，存活率、血淋巴细胞总数（THC）、酸性磷酸酶活性（ACP），以及 B1 组、B2 组、B3 组鲍鱼的热休克蛋白 70（*HSP70*）表达水平显著高于 C 组（$P<0.05$）。B2 组鲍鱼的生长速率、摄食量、饲料转化率、血淋巴细胞吞噬活性、髓过氧化物酶（MPO）和过氧化氢酶（CAT）活性，以及 *CAT* 基因和硫氧还蛋白过氧化物酶（TP_X）的表达水平均显著高于 B1 组和 C 组（$P<0.05$）。B2 组与 B1 组、B3 组血淋巴细胞呼吸暴发产生的 O_2^- 水平无显著差异（$P>0.05$），但均显著高于 C 组（$P<0.05$）。B1 组和 B3 组的超氧化物歧化酶（SOD）活性、淋巴细胞呼吸暴发产生的一氧化氮（NO）水平，以及 *Mn－SOD* 表达水平均显著高于 C 组，但显著低于 B2 组（$P<0.05$）。结果表明，副溶血性弧菌（*Vibrio parahaemolyticus*）感染 14 d 后，B2 组鲍鱼的累积死亡率显著低于 B1 组和 C 组（$P<0.05$）。以上研究表明，1×10^5 CFU/mL 地衣芽孢杆菌（*B. licheniformis*）添加到饲料中后可促进鲍鱼的摄食和生长，提高鲍鱼对副溶血性弧菌（*V. parahaemolyticus*）感染的抗性。

Gao 等[258]研究了地衣芽孢杆菌（*B. linchenİformis*）的投喂频率对皱纹盘鲍生长、消化和免疫力的影响。试验期为 70 d。试验设计如下：对照组（C）每天喂正常饲料；M1 试验组在试验结束前，每天交替给予试验饲料和基础饲料；M2 试验组给予试验饲料 4 d，基础饲料 3 d，每 7 d 重复 1 次，直至试验结束；M3 试验组给予试验饲料 2 d，基础饲料 5 d，每 7 d 重复 1 次，直至试验结束；M4 组在试验期间连续给予试验饲料。每个试验组中添加地衣芽孢杆菌（*B. licheniformis*）浓度为 1×10^5 CFU/g（活菌数）。结果表明，M1 组和 M2 组鲍鱼的生长速率与饲料转化率均显著高于 M4 组和 C 组的鲍鱼（$P<0.05$）。M1 组、M2 组、M4 组鲍鱼的纤维素酶与脂肪酶活性均显著高于 M3 组和 C 组（$P<0.05$）。M2 组鲍鱼的酸性磷酸酶（ACP）、超氧化物歧化酶（SOD）、总血细胞计数、呼吸暴发产生的 O^{2-} 水平，以及 *Mn - SOD*、*TPx*、*GSTs* 和 *GSTm* 的表达水平均显著高于其他饲养频率组（$P<0.05$）。副溶血性弧菌（*V. parahaemolyticus*）感染试验结果表明，M2 组鲍鱼的累积死亡率显著低于其他组（$P<0.05$）。以上研究表明，采用地衣芽孢杆菌（*B. licheniformis*）每周 4 d、基础饲料 3 d 的饲养方案，在没有产生免疫疲劳或资源浪费的情况下，提高了鲍鱼个体的生长速度和对副溶血性弧菌（*V. parahaemolyticus*）感染的抵抗力。

2.2.4.2 我国尚未批准在水产饲料中使用的微生物应用研究进展

（1）淡水鱼。草鱼。研究发现，用解淀粉芽孢杆菌强化复合微生物后饲喂草鱼，试验 3 个月，可促进肠绒毛发育，促进肠绒毛长度及宽度的生长；添加复合微生态制剂可抑制嗜水气单胞菌生长，可在水产养殖生产中推广和应用[259]。给草鱼饲喂 *Shewanella xiamenensis* A - 1 和维氏气单胞菌（*A. veronii*）A - 7 28 d 后，可显著降低肠内潜在致病菌（如假单胞菌和黄杆菌属）的丰度，改善草鱼肠道微生物群落的组成及其免疫功能，这提示在草鱼养殖过程中，益生菌诱导的菌群变化可能降低病害暴发的风险[260]。草鱼日粮中添加表达华支睾吸虫副淀粉蛋白的枯草芽孢杆菌孢子后，结果发现，芽孢杆菌处理组血清、皮肤黏液、胆汁、肠黏液特异性抗 cspmy IgM 水平及脾脏和头肾 IgM、IgZ 的 mRNA 水平均显著升高，而且每克鱼肉中囊蚴的数量显著降低，表明枯草芽孢杆菌可能是一种安全、有效的草鱼抗华支睾吸虫候选疫苗[261]。

鲤鱼。研究表明，苏云金芽孢杆菌（*B. thuringiensis*）添加到黄河鲤鱼的饲料后，分别于第 0 d、15 d、30 d、40 d 时检测各组鲤鱼白细胞吞噬活性、血清溶菌酶活性、血清凝集抗体效价，并进行攻毒试验。结果表明，投喂苏云金芽孢杆菌（*B. thuringiensis*）对黄河鲤鱼血液免疫应答有明显促进作用[262]。

罗非鱼。罗非鱼口服重组表达无乳链球菌 Sip 蛋白的乳酸乳球菌（*L. lactis*）免疫 2 次后，显著提高血清抗体水平和抗无乳链球菌感染能力，2.24×10^{10} CFU/mL 免疫组的相对免疫保护率达 41%。这表明，通过口服疫苗或可防治罗非鱼链球菌病[263]。

（2）海水鱼——主要养殖品种为石斑鱼。王杰等[264]在斜带石斑鱼基础料中分别加入 1.0×10^8 CFU/g 的活性和热灭活克劳氏芽孢杆菌（*Bacillus clausii*），饲喂 60 d。结果表明，与对照组相比，活菌组和灭活菌组都显著降低了饵料系数，提高了斜带石斑鱼饵料转化率，在喂食 30 d 和 60 d 时，灭活益生菌显著提高了斜带石斑鱼血清溶菌酶活性和补体 C3 水平，而活性益生菌只是在喂食 60 d 时显著提高斜带石斑鱼血清溶菌酶活性和 SOD 活性。此外，与对照组相比，灭活益生菌显著提高了斜带石斑鱼头肾中 Toll 样受体 5、促炎性细胞因子（IL - 8 和 IL - 1β）、转化生长因子- β 的基因表达水平，而活性益生菌没有显著提高斜带石斑鱼头肾中上述基因的表达水平。

（3）虾类——主要养殖品种为南美白对虾。Li 等[265]研究了铜绿假单胞菌（*Pseudomonas aeruginosa*）YY24 对南美白对虾生长等方面的影响。结果表明，对虾存活率和增重率均显著高于对照组，且益生菌对水质有明显的改善作用。复合益生菌假交替单胞菌 CDM8＋短小芽孢杆菌 LV012＋硝化细菌 BC107 应用南美白对虾苗种培育后，结果表明，添加益生菌存活率提高 14.9%，同时，在每一变态时期变态率均高于对照组。在蚤状幼体、糠虾幼体以及仔虾幼体时期，添加益生菌后水体以及对虾幼体内的可培养细菌总数显著增加，水体中可培养弧菌的数量显著下降。这表明，在南美白对虾苗种培育阶段，添加益生菌可以有效提高幼体存活率，提升每个发育期变态率，增加水体以及幼体体内菌的含量，抑制弧菌增殖[266]。尚碧娇等[267]添加霍氏肠杆菌和植物乳杆菌（*L. plantarum*）进行为期 4 周的南美白对虾饲喂试验。结果表明，添加益生菌可以提高南美白对虾肠道菌群的丰富度，可以改变南美白对虾肠道内原有菌群的数量和结构，促进对虾肠道内微生物群落间复杂的相互作用，进而在维持或者促进对虾健康方面发挥着重要的作用。同时，发现该两株益生菌在对虾肠道中停留时间最少为 5 d。

（4）海参。Liu 等[268]研究了饵料中添加来源于刺参池塘养殖底泥的白翎芽孢杆菌 MS1（*Bacillus baekryungensis* MS1）对刺参生长、非特异性免疫和肠道菌群结构的影响。试验期为 60 d。结果表明，饵料中添加 1×10^9 CFU/g 的芽孢杆菌显著提高了刺参的生长性能（$P<0.05$）。在饲喂 30 d 后，与对照组相比，MS1 添加组酸性磷酸酶（ACP）和呼吸暴发活力显著提高（$P<0.05$），而其他指标无显著差异（$P>0.05$）。在饲喂 60 d 后，与对照组相比，MS1 添加组刺参体腔液的超氧化物歧化酶（SOD）、总一氧化氮合酶（T－NOS）、酸性磷酸酶（ACP）、碱性磷酸酶（AKP）和过氧化氢酶（CAT）的活性均显著提高（$P<0.05$），体腔细胞的吞噬活性与呼吸暴发活力与对照组无显著差异（$P>0.05$）。灿烂弧菌（*Vibrio splendidus*）攻毒试验结果表明，对照组刺参的致死率为 72.5%，MS1 添加组为 52.5%，表明饲喂 MS1 可显著提高刺参的抗病力（$P<0.05$）。作者对刺参肠道菌群以及养殖水体菌群进行测定，结果表明，在饲喂 30 d 和 60 d 后，MS1 添加组的水体菌群结构与对照组无显著性差异（$P>0.05$）。肠道菌群结构结果表明，芽孢杆菌添加组与对照组的优势菌存在显著性差异（$P<0.05$）。作者应用转录组测序方法，探究了饲喂芽孢杆菌 MS1 对刺参体腔细胞基因表达的影响，差异表达基因统计结果表明，共得到差异表达基因 118 个，其中上调基因 80 个，下调基因 38 个。对转录组测序数据中获得的差异表达基因进行功能注释富集后，确定 2 组中与免疫相关的代谢通路，通过 qRT－PCR 技术对差异表达的免疫相关基因进行验证。结果表明，MS1 通过抑制雷帕霉素蛋白信号通路（*mTOR* signaling pathway）以及激活泛素介导的蛋白水解（Ubiquitin mediated proteolysis）途径对刺参进行免疫调节，同时，*TLR*、*NFκB* 以及 *IRAK* 等基因表达量的提高，对刺参免疫能力的提高也起到了积极的作用。以上研究表明，饵料中添加白翎芽孢杆菌 MS1 可显著提高刺参的生长性能、免疫力和抗病力。

Yang 等[269]研究了饵料中添加蜡样芽孢杆菌 BC－1（*B. cereus* BC－1）对刺参肠道菌群的影响。试验期为 60 d。结果表明，饵料中添加 1×10^9 CFU/g 的 BC－1 对刺参肠道细菌菌群的 α－多样性、丰富度和均匀度均无显著影响（$P>0.05$）。研究表明，空白对照组和芽孢杆菌添加组刺参肠道细菌菌群在物种-物种相互作用的基础上，形成了以优势微生物为主成分独特生态网络，在这个网络中，一些操作分类单元（OTU）有助于维持细菌结构的稳定性，并可促进微生物群落的动态平衡。研究还表明，蜡样芽孢杆菌 BC-1 可通过增加淀粉、蔗糖和蛋白质的微生物发酵作用提高刺参对饲料的利用率。以上研究表明，饵料中添加蜡样芽孢杆菌 BC-1 对刺参肠道的菌群组成无影响，但可提高肠道微生物群落的动态平衡，进而提高肠道菌群对营养物质的消化利用。

Zhao 等[270]研究了饵料中添加 1×10^5 CFU/g、1×10^7 CFU/g 和 1×10^9 CFU/g 的枯草芽孢杆菌（*B. cereus*）2-1 对幼刺参生长及肠道菌群结构的影响。试验期为 8 周。结果表明，饵料中添加 1×10^9 CFU/g 枯草芽孢杆菌显著提高了幼刺参的生长性能以及肠道中淀粉酶和胰蛋白酶的活性（$P<0.05$），但对肠道中脂肪酶的活性没有影响（$P>0.05$）。DGGE 和 16S rRNA 基因测序结果表明，饵料中添加 1×10^9 CFU/g 的枯草芽孢杆菌显著降低了刺参肠道中弧菌的种类和数量（$P<0.05$），同时提高了冷杆菌和芽孢杆菌的数量（$P<0.05$）。研究表明，饵料中添加枯草芽孢杆菌 2-1 可提高刺参的生长性能和消化能力，同时可影响刺参肠道的菌群结构，减少有害菌的种类和数量，增加有益菌的数量。

Zhao 等[271]研究了来源于养殖水域海泥的蜡样芽孢杆菌 EN25（*B. cereus* EN25）对幼刺参生长、免疫和抗病力的影响。试验期为 30 d。结果表明，饵料中添加 1×10^5 CFU/g、1×10^7 CFU/g 和 1×10^9 CFU/g 的芽孢杆菌对幼刺参的生长、体腔细胞总数（TCC）和肠道中消化酶的活性没有影响（$P>0.05$）。饵料中添加 1×10^7CFU/g 的蜡样芽孢杆菌 EN25 显著提高了刺参体腔液的吞噬作用、呼吸暴发活力和总一氧化氮合酶（T-NOS）的活性（$P<0.05$）。饵料中添加 1×10^9 CFU/g 的蜡样芽孢杆菌 EN25 显著提高了刺参体腔液中的超氧化物歧化酶（SOD）活性。灿烂弧菌攻毒试验结果表明，饵料中添加 1×10^7 CFU/g 的蜡样芽孢杆菌 EN25 显著提高了刺参的抗病能力。以上研究表明，饵料中添加 1×10^7 CFU/g 蜡样芽孢杆菌 EN25 可提高刺参的免疫能力和抗病力。

Yang 等[272]研究了饵料中添加来源于刺参肠道的蜡样芽孢杆菌（*B. cereus*）G19 和 BC-01 以及马氏副球菌（*Paracoccus marcusii*）DB11 的菌体细胞对刺参生长和免疫能力的影响。试验期为 60 d。结果表明，饵料中添加 3 种益生菌可显著提高刺参的生长性能（$P<0.05$）。饵料中添加蜡样芽孢杆菌 G19 和马氏副球菌 DB11 可显著提高刺参体腔液的超氧化物歧化酶（SOD）活性和体腔细胞的吞噬能力（$P<0.05$）。饵料中添加蜡样芽孢杆菌 G19 和 BC-01 可显著提高刺参肠道与免疫相关的基因 *Aj*-rel 和 *Aj*-p50 的 mRNA 水平（$P<0.05$）。饵料中添加马氏副球菌 DB11 显著提高了刺参肠道与免疫相关的基因 *Aj*-p105、*Aj*-p50 和*Aj*-lys 的 mRNA 水平（$P<0.05$）。以上研究表明，饵料中添加蜡样芽孢杆菌 G19 和 BC-01 以及马氏副球菌 DB11 的菌体可提高刺参的生长性能和免疫力。

Ma 等[273]研究了饵料中单独或混合添加红酵母 H26（*Rhodotorula* sp. H26）和梅奇酵母 C14（*Metschnikowia* sp. C14）对刺参生长、消化、免疫、肠道菌群结构和体壁成分的影响。试验期为 8 周。结果表明，混合添加（H26+C14）两种酵母菌显著提高了刺参的特定生长率（$P<0.05$），而单独添加两种酵母菌对刺参的生长性能无影响（$P>0.05$）。在饲养试验的第 4 周，饵料中混合添加两种酵母菌均显著提高了刺参肠道胃蛋白酶、胰蛋白酶、脂肪酶和淀粉酶的活性（$P<0.05$）；在饲养试验的第 8 周，饵料中单独添加红酵母 H26 显著提高了刺参肠道的胰蛋白酶和脂肪酶的活性（$P<0.05$），饵料中单独添加梅奇酵母 C14 显著提高了胃蛋白酶、胰蛋白酶和脂肪酶的活性（$P<0.05$）。在饲养试验的第 4 周和第 8 周，

饲料中单独或混合添加两种酵母菌均显著提高了刺参体壁的粗蛋白含量（$P<0.05$），在饲养试验的第 8 周，饲料中单独添加梅奇酵母 C14 和混合添加两种酵母菌显著提高了刺参体壁多不饱和脂肪酸 C20：2 $n-6$+C20：3 $n-9$ 和 C20：4 $n-6$ 的含量（$P<0.05$）。与空白对照组和单独添加组相比，饲料中混合添加两种酵母菌 4 周和 8 周均显著提高了刺参体腔细胞的吞噬能力和呼吸暴发活力（$P<0.05$），同时也提高了刺参体腔液中的溶菌酶和酚氧化酶活性（$P<0.05$）。在饲养试验的第 4 周和第 8 周，混合添加两种酵母菌显著提高了刺参肠道的细菌总数（$P<0.05$），并显著降低了刺参肠道弧菌的数量（$P<0.05$）。变性梯度凝胶电泳（DGGE）结果表明，混合添加两种酵母菌对刺参肠道的菌群结构无影响（$P>0.05$）。以上研究表明，混合添加红酵母 H26 和梅奇酵母 C14 可提高刺参的生长性能、消化能力、营养价值及免疫能力。

Wang 等[274]以幼刺参为对象，在刺参基础饲料中分别添加 0 CFU/g、1×10^5 CFU/g、1×10^6 CFU/g 和 1×10^7 CFU/g 的海洋红酵母（*Rhodotorula benthica*）D30，饲养 30 d，考查海洋红酵母在刺参养殖中的应用效果，考查指标包括刺参生长性能、消化酶、免疫力和抗病能力。结果表明，添加不同浓度的海洋红酵母均对刺参生长有显著的促进作用（$P<0.05$），其中 1×10^7 CFU/g 的海洋红酵母对刺参促生长作用最强，与对照组相比，提高了 36.89%。饲料中海洋红酵母添加浓度为 1×10^7 CFU/g 时，刺参存活率最高，与对照组相比，提高了 10.38%。1×10^7 CFU/g 的海洋红酵母组刺参蛋白酶活性最高，与对照组相比，提高了 5.33%；1×10^6 CFU/g 的海洋红酵母组刺参淀粉酶的活性最高，与对照组相比，提高了 1.42 倍，1×10^6 CFU/g 的海洋红酵母组刺参脂肪酶的活性最高，与对照组相比，提高了 19.67%；1×10^7 CFU/g 的海洋红酵母组刺参纤维素酶活性最高，与对照组相比，提高了 22.96%，刺参褐藻酸酶活性最高，与对照组相比，提高了 1.21 倍。以上研究表明，海洋红酵母 D30 可在一定程度上提高刺参消化酶的活性。在刺参养殖中，海洋红酵母添加浓度为 1×10^7 CFU/g 时，刺参肠道消化酶的活性最高。与空白对照组相比，添加不同浓度的海洋红酵母对刺参体腔细胞总数无显著影响（$P>0.05$）；吞噬率在添加量为 1×10^7 CFU/g 时显著提高（$P<0.05$）；溶菌酶活性在添加量为 1×10^7 CFU/g 时显著提高；酚氧化酶（PO）活性在添加量为 1×10^5 CFU/g 时显著增强；超氧化物歧化酶（SOD）活性在 1×10^5 CFU/g 时显著增强；总一氧化氮合酶（T-NOS）活性在 1×10^7 CFU/g 时显著增强；酸性磷酸酶（ACP）和碱性磷酸酶（AKP）活性无显著影响（$P>0.05$）。以上研究表明，饲料中添加 1×10^6 CFU/g 和 1×10^7 CFU/g 的海洋红酵母 D30 可以提高刺参的生长性能、消化、免疫和抗病力。

Li 等[275]研究了来源于海水鱼肠道的融合魏斯氏菌（*Weissella confusa*）LS13 对刺参生长和免疫能力的影响。试验期为 30 d。结果表明，饲料中添加 LS13（1×10^9 CFU/g）对刺参的生长性能无影响（$P>0.05$），但可以显著提高刺参的存活率和抗病力（$P<0.05$）。饲料中添加融合魏斯氏菌（*W. confusa*）显著提高了刺参体壁酸性磷酸酶（ACP）活性（$P<0.05$）。同时，检测了刺参体壁中与免疫相关基因的 mRNA 水平。结果表明，热休克蛋白（HSP70、HSP60、HSP90）、半胱氨酸天冬氨酸酶（caspase-2）和 NF-κB 转运因子 P65（Rel）的 mRNA 水平在饲养试验的第 30 d 均显著上调（$P<0.05$），而一氧化氮合酶（NOS）的 mRNA 水平在试验的第 15 d 和第 30 d 均显著下调。研究表明，饲料中添加融合魏斯氏菌（*W. confuse*）LS13 可以在一定程度上提高刺参的抗病力和免疫能力。

(5) 鲍鱼。Zhao 等[276]研究了饵料中单独或混合添加平流层芽孢杆菌（*Bacillus stratospphericus*）A3440 和东草港暗棕色杆菌 AP1220（*Phaeobacter daeponensis*，最新分类为 *Leisingera daeponensis*）对杂色鲍生长、免疫和肠道菌群结构的影响。试验期为 180 d。结果表明，单独和混合添加两种潜在益生菌（1.0×10^8～2.0×10^8 菌体细胞）均可显著增加鲍鱼幼体的壳长和湿重（$P<0.05$）。与空白对照组相比，单独添加 A3440 和混合添加两种潜在益生菌均可显著提高鲍鱼肠道胰蛋白酶与脂肪酶活性（$P<0.05$）。哈维氏弧菌攻毒试验结果表明，AP1220 组鲍鱼的存活率为 90%，而空白对照组鲍鱼的存活率为 60%。谷胱甘肽过氧化物酶（GSH－Px）、过氧化氢酶（CAT）、碱性磷酸酶（AKP）、酸性磷酸酶（ACP）和超氧化物歧化酶（SOD）检测结果表明，单独或混合添加两种益生菌均能显著提高杂色鲍的免疫应答（$P<0.05$）。应用高通量测序方法，从鲍鱼肠道菌群中获得了 13 622 个操作分类单元（OTU）。在弧菌感染试验前后，空白对照组鲍鱼肠道的微生物多样性指数和丰富度均显著下降；相反，这些指标在 3 个潜在益生菌处理中有不同程度的提高，其中，A3440 组数值最高。聚类分析表明，2 种潜在益生菌单独添加或混合添加均可以在动物受到致病菌攻毒后重建鲍鱼肠道微生物群落，进而达到平衡。此外，这些潜在的益生菌对鲍鱼肠道内有益的内源细菌（如细菌和放线菌）的数量也有积极的影响。因此，饵料中单独或混合添加同温层芽孢杆菌 A3440 和海洋褐色杆菌 AP1220 对杂色鲍生长、免疫以及肠道菌群结构均有积极的影响。

Gao 等[257]研究了饵料中添加戊糖乳杆菌（*L. pentosus*）对皱纹盘鲍生长、免疫和抗病力的影响，在为期 8 周的室内养殖试验和为期 2 周的副溶血性弧菌人工感染试验中，对照组每天喂 1 次未经处理的饲料，而试验组（L1 组、L2 组和 L3 组）则饲喂添加了戊糖乳杆菌（1×10^3 CFU/g、1×10^5 CFU/g 和 1×10^7 CFU/g）的饲料。结果表明，L1 组和 L2 组鲍鱼的存活率、生长速率和饲料转化率均显著高于对照组。L3 组鲍鱼摄食量显著低于 L1 组、L2 组和对照组，但 L1 组、L2 组和 L3 组的饲料转化率无显著性差异（$P>0.05$）。戊糖乳杆菌添加组血淋巴细胞总数、溶菌酶（LZM）活性、酸性磷酸酶（ACP）活性、超氧化物歧化酶（SOD）活性，以及锰超氧化物歧化酶（*Mn－SOD*）、硫氧还蛋白过氧化物酶（*TPx*）表达水平均显著高于对照组（$P<0.05$），而且丙二醛（MDA）含量显著低于对照组（$P<0.05$）。结果表明，对照组鲍鱼的血淋巴细胞吞噬活性、过氧化氢酶活性和热休克蛋白 70（*HSP70*）表达水平均显著低于 L1 组和 L2 组，但与 L3 组相比，无显著性差异（$P>0.05$）。L1 组和 L2 组鲍鱼淋巴细胞呼吸暴发产生的 O_2^-、NO 水平及过氧化氢酶（*CAT*）表达水平均显著高于 L3 组和对照组（$P<0.05$）。以上研究表明，饲料中添加 1×10^3 CFU/g 和 1×10^5 CFU/g 戊糖乳杆菌不仅促进了鲍鱼的摄食和生长，而且提高了鲍鱼的非特异性免疫力。

2.3 国外相关研究进展

在益生菌制剂的使用方面，日本和欧盟走在前列，20 世纪 70 年代美国也开始使用微生物来进行饲喂，但因当时益生菌的使用尚未得到 FDA 批准，其使用量都在最低水平[277]。我国对益生菌的研究与应用起步比较晚，在 20 世纪 80 年代才开始对益生菌制剂进行研究，但研发速度很快。

欧盟在动物饲料中使用的微生物饲料添加剂主要是一些革兰氏阳性细菌。例如，地衣芽孢杆菌（*B. licheniformis*）、枯草芽孢杆菌（*B. subtilis*）等芽孢杆菌属（*Bacillus*）的细菌；粪肠球菌（*E. faecium*）、嗜酸乳杆菌（*L. acidophilus*）、干酪乳杆菌（*L. casei*）、香肠伴生乳杆菌（*L. farciminis*）、植物乳杆菌（*L. plantarum*）、鼠李糖乳杆菌（*L. rhamnosus*）、乳酸片球菌（*P. acidilactici*）和小儿链球菌（*S. infantarius*）等乳酸菌；酿酒酵母（*S. cerevisiae*）和克鲁维氏酵母（*Kluyveromyces*）等酵母菌[271]。芽孢杆菌属和乳酸杆菌属的细菌在许多特性上都不同，而芽孢杆菌和酵母菌通常是过路菌。目前，用于微生物饲料添加剂的大多数菌属和菌种都是安全的，如乳杆菌和双歧杆菌。但某些微生物可能存在问题，如肠球菌（*Enterococcus* sp.），其可能含有可传播的抗生素耐药决定因子，部分还含有毒性蛋白（致病因子）；蜡样芽孢杆菌中一些菌株能产生肠毒素和呕吐毒素。例如，蜡样芽孢杆菌东洋变种（*B. cereus* var. *toyoi*）NCIMB 40112/CNCMI－1012 作为饲料添加剂已经于2015 年在欧盟被撤回先前所有授权[278]。

（1）微生物饲料添加剂在家禽上的应用。益生菌能提高家禽生产性能，防止致病菌定植，并提高免疫力，被广泛用于家禽生产。益生菌制剂可由一种或多种微生物组成，可单独使用，也可添加到饲料、水中与其他添加剂联合使用[8]。日粮中添加粪肠球菌（*E. faecalis*）AL41 对肠炎沙门菌感染肉鸡的胸大肌毛细血管化有积极影响，从而有利于 O_2 的传递、营养物质的供应和代谢物的去除。因此，在肠炎沙门菌感染过程中，补充益生菌可减少能量应激，改善肌肉健康和肉质[279]。益生菌可减轻热应激条件下肉鸡胸肌的氧化降解[280]。Ramlucken 等[281]发现，由 4 株枯草芽孢杆菌（*B. Subtilis*）和 2 株贝莱斯芽孢杆菌（*B. velezensis*）组成的多菌株益生菌制剂不仅能增强肉鸡生产性能，还能提高十二指肠绒毛高度以及十二指肠和空肠的隐窝深度比，改善肠道健康，提高肉鸡抗产气荚膜梭菌（*C. perfringens*）感染的能力，可作为替代抗生素生长促进剂在肉鸡生产中使用。Smialek 等[282]发现，将乳酸乳球菌（*L. lactis*）、肉食杆菌（*Carnobacterium divergens*）、干酪乳杆菌（*L. casei*）、植物乳杆菌（*L. plantarum*）和酿酒酵母（*S. cerevisae*）组成的多菌株益生菌添加到肉鸡的饲料中，能够有效减少弯曲杆菌（*Campylobacter* spp.）在肉鸡胃肠道的入侵程度，从而降低环境中的污染水平，最终有助于改善家禽胴体的卫生参数。此外，这种益生菌制剂有良好的免疫调节特性，为益生菌用作预防疾病的特定制剂提供了可能[282]。Neijat 等[283]发现，足量的益生菌可替代家禽生产中使用的抗生素生长促进剂。日粮中添加枯草芽孢杆菌（*B. subtilis*）可提高肉鸡体重，降低采食量而提高饲料转化率，并增加饲料成分的表观保留率[283]。2020 年，Mikulski 等[284]在海兰褐母鸡不同能量水平日粮中添加乳酸片球菌（*P. acidilactici*），发现低能量水平组的产蛋率、产蛋量、日采食量和饲料转化率与没有添加益生菌的中能量组等效，表明低能量饮食可促进益生菌的反应，提高家禽的能量利用率。Redweik 等[285]用重组减毒沙门菌疫苗（RASV）联合益生菌防控禽源致病性大肠杆菌（*E. coli*）和肯塔基沙门菌（*S. kentucky*）。结果表明，不论是否使用益生菌，接种疫苗均会产生大量 LPS 特异性抗体。与对照组相比，益生菌＋疫苗组雏鸡的血液和血清对多种禽源致病性大肠杆菌菌株的杀灭能力增强，即使在沙门菌攻毒后，益生菌＋疫苗组雏鸡的血液中禽源致病性大肠杆菌更少，气囊炎的体征和心包炎/肝炎性肝炎更低；在所有时间点只有益生菌＋疫苗组家禽粪便中沙门菌呈阴性。研究表明，这种联合治疗可能是减少禽源致病性大肠杆菌和沙门菌感染的可行方法[285,286]。

（2）益生菌在养猪上的应用。在猪日粮中添加益生菌可通过改变微生物区系来改善肠道健康，有助于控制病原体，并能增强免疫调节和反应，提高养分消化率，改善健康状况，提高猪的生长性能，还可以使肠细胞中促炎细胞因子减少，从而减少免疫刺激。这可能会将通常用于过度免疫刺激的能量转移到生长中，从而提高饲料效率[286]。Accogli 等[287]对猪的研究发现，正常条件下猪十二指肠布鲁纳氏腺的分泌细胞主要产生中性糖蛋白和少量酸性非硫酸黏蛋白，但益生菌会影响生长育肥猪布鲁纳氏腺中产生黏蛋白的聚糖组成，从而可以有效影响猪的胃肠功能和健康状况。Dowarah 等[288]研究发现，乳酸片球菌（*P. acidilactici*）FT28 和嗜酸乳杆菌（*L. acidophilus*）NCDC－15 均能使血清总蛋白和白蛋白水平升高（$P<0.05$），甘油三酯水平降低（$P<0.05$）；乳酸片球菌（*P. acidilactici*）FT28 处理组血液中球蛋白和葡萄糖水平更高（$P<0.05$），胴体的乙醚提取物、pH 和感官属性（汁液和外观）改善更显著（$P<0.05$）。乳酸片球菌（*P. acidilactici*）FT28 可作为提高猪肉胴体品质和理化性能的益生菌。Zimmermann 等[289]对 1980—2015 年发表的关于益生菌对猪平均日增重影响的 67 个试验和益生菌对饲料效率影响的 60 个试验分别进行了分析。结果发现，在猪生长的第一阶段和育肥期使用益生菌，更有利于提高日增重和饲料效率，而与使用的是单一菌种还是多个菌种无关，猪的品种和品种特性对试验结果影响较大。Jørgensen 等[290]研究发现，从断奶到屠宰期间，在日粮中添加芽孢杆菌可促进生长和料重比，对生长期脂肪和磷的表观消化率有明显的促进作用，益生菌对猪生长发育的影响随着日粮能量水平的变化而不同。Zhang 等[291]研究发现，在断奶仔猪接种口蹄疫疫苗时，添加 0.5%的螺旋藻、0.05%的益生菌或两者均添加，都能提高仔猪的生长性能和血清 IgG、IgM、IgA、C3 水平。然而，螺旋藻在改善断奶仔猪粪便菌群方面弱于益生菌。

（3）益生菌在反刍动物的应用。益生菌在反刍动物方面的应用取得了显著效果。Kelsey 和 Colpoys[292]研究发现，益生菌可改善断奶犊牛和生长犊牛的生产性能，有利于牛的饲养，而不会对牛的应激状况造成负面影响。采用中草药混合发酵的益生菌发酵浓缩液饲喂娟姗牛，可以显著提高娟姗牛的生产性能、免疫力和耐热性[293]。有研究发现，干酪乳杆菌（*L. casei*）Zhang 和植物乳杆菌（*L. plantarum*）P－8 能显著提高奶牛的产奶量和牛乳中乳免疫球蛋白 G（IgG）、乳铁蛋白（LTF）、溶菌酶（LYS）和乳过氧化物酶（LP）的含量，使瘤胃中的发酵菌［类杆菌（*Bacteroides*）、罗斯氏菌（*Roseburia*）、瘤胃球菌（*Ruminococcus*）、梭状芽孢杆菌（*Clostridium*）、粪球菌（*Coprococcus*）和多利亚菌（*Dorea*）］和有益菌［普氏粪杆菌（*Faecalibacterium prausnitzii*）］明显增多，一些条件致病菌被抑制[294]。在羊的研究方面也有类似结果，Khattab 等[295]发现，日粮中添加枯草芽孢杆菌（*B. subtilis*）和干酪乳杆菌（*L. casei*）比添加酿酒酵母（*S. cerevisiae*）能显著提高羔羊的日增重。与不添加益生菌的对照组相比，益生菌使瘤胃氨氮浓度显著提高（$P<0.05$），而不影响 pH 和总挥发性脂肪酸浓度，使血液中尿素氮水平提高（$P<0.05$），总脂质和甘油三酯降低（$P<0.05$），改善羔羊的健康状况[295]。牛疱疹病毒 5 型（BoHV－5）是一种重要的动物病原体，疫苗对其保护作用有限。Roos 等[296]以 5 月龄羔羊为试验动物，检测了益生菌（*B. toyonensis*）和布拉氏酵母菌（*S. boulardii*）作为一种潜在的免疫调节剂提高疫苗效率的情况。研究发现，与未添加益生菌的动物相比，添加益生菌的羔羊对 BoHV－5 的血清转化率显著增加（$P<0.001$），并且对 BoHV－5 的中和抗体滴度更高（$P<0.05$）。试验第 63 d，绵羊脾细胞中细胞因子 IL－10 和 IL－17 A 的 mRNA 转录水平提高，表明这些益

生菌可为提高疫苗疗效提供一种有前景的手段[296]。Liang 等[297]将犊牛分为：①空白对照组（CON）、基础代乳品对照组；②空白对照组＋鼠伤寒沙门菌（*S. typhimurium* ATCC 14028）（CON＋ST），基础代乳品＋第七鼠伤寒沙门菌攻毒；③益生菌＋鼠伤寒沙门菌（PRO＋ST），基础代乳品＋干酪乳杆菌（*L. casei*）和屎肠球菌（*E. faecium*）菌株＋第七鼠伤寒沙门菌攻毒，攻毒量为 5×10^6 CFU，不会引起犊牛的腹泻。结果发现，益生菌能够使攻毒后直肠温度升高，外周血中性粒细胞百分率提高，十二指肠绒毛高度与隐窝深度的比值提高，表明益生菌可改善轻度伤寒沙门菌感染的病理生理反应[297]。

2.4 应用前景展望

2.4.1 存在的问题

随着无抗养殖和微生态科学的不断发展，微生物饲料添加剂增强畜禽肠道功能、促进营养物质消化吸收、提高畜禽生产性能和产品品质、增强畜禽机体免疫功能和抗氧化能力等效果得到人们的认可，成为发展绿色养殖和替代抗生素的主要品种之一。然而，在我国推广应用微生物饲料添加剂的过程中，亟待解决如下问题。

（1）我国批准使用的微生物饲料添加剂仅有 36 个微生物品种，与美国 2009 年公布的 46 种可以直接饲喂动物的安全微生物相比，仍有不小的差距。某些在欧盟和美国目录中已有的功能强大、应用性强的微生物目前仍未得到准用许可，如解淀粉芽孢杆菌。

（2）我国批准使用的 36 个微生物饲料添加剂品种中，目前在饲料中推广应用的种类主要集中在芽孢杆菌、乳酸菌、酵母菌等中的有限菌种[298]，同质化比较严重。

（3）我国微生物饲料添加剂标准体系依旧不健全，许多微生物饲料添加剂没有权威的国家标准或行业标准参照，市场上的微生物饲料添加剂质量良莠不齐，缺乏具有统一标准、合理可靠的评价体系[298]，特别是在生产菌株的菌种鉴定、基因组测序、安全性评价等方面。

（4）微生物饲料添加剂在应用过程中易受环境等因素的影响，这导致微生物饲料添加剂在不同条件下使用的效果差别较大，许多养殖户因不具备饲料储存、运输和使用的相关知识，导致微生物饲料添加剂的使用效果降低。

（5）微生物饲料添加剂在畜禽体内的具体作用机制尚不明确，仍需进行大量的基础研究，在不同饲料底物中的最适添加菌种和剂量也需进一步研究。

（6）某些优秀的微生物饲料添加剂品种，如凝结芽孢杆菌（*B. coagulans*）、丁酸梭菌（*C. butyricum*）和双歧杆菌（*Bifidobacterium* sp.）对发酵或保存条件要求高，导致生产和应用成本高，限制了它们广泛应用。

（7）某些对哺乳动物有益的微生物应用于水生动物可能会产生不利影响，在菌种筛选过程中，制定适合水产养殖的方法、标准就显得非常重要。

2.4.2 研究方向展望

由于微生物饲料添加剂具有绿色天然、无毒副作用的特点，其在“后抗生素时代”注定将得到更广泛的关注。从目前的行业现状来看，微生物饲料添加剂行业可以从以下几个方向发展。

（1）加快新型菌种，特别是功能益生菌（有明确可测的生物标志）的筛选。要特别关注菌种的特异性，扩大准用的微生物饲料添加剂种类。例如，在充分验证的基础上，加快批准人用益生菌应用到畜禽，以满足养殖需要。

（2）加速已研发菌种的成果转化。在安全性、有效性验证的基础上，增加市场上的应用微生物种类，实现产品的多元化。

（3）加快制定合理的国家标准和行业标准，包括菌种标准、评价标准和方法，为微生物饲料添加剂提供合理可靠的评价体系，规范市场产品质量；对微生物饲料添加剂的知识产权应从基因组方面建立保护制度，这直接关系到微生物饲料添加剂的技术进步、菌种研发与创新。

（4）提高使用者对益生菌的认知水平，为消费者提供更多的微生物饲料添加剂使用知识，提高微生物饲料添加剂的使用效果。

（5）加大微生物饲料添加剂或菌种的基础研究，包括菌种代谢产物、表面活性蛋白、作用靶点和机制等，为生产应用提供科学的理论支持，同时也将促进原创性益生菌产品的开发。

（6）加强多菌种共生、配伍的研究，从而提供更加高效的微生物饲料添加剂。

（7）水产养殖方面，除现有《饲料添加剂品种目录》中已有菌种外，还需重点研究改良水质、底质环境的菌种，包括具有生物脱氮功能、底质有害物质分解功能及拮抗病原菌等功能的菌种。

（8）深入研究、系统阐明益生菌与动物的互作机制，解析益生菌促进动物健康生长和提高饲料效率的益生机制，定向改造、选育动物益生菌种质资源。

（9）深入解析益生菌的功能基因及其产物，利用基因编辑技术、合成生物学技术等构建新型动物益生菌和（或）功能性产物，创制新一代益生素（probiotics）和后生素（postbiotics）产品。

随着我国开放和国际化水平的不断推进，发达国家纷纷把微生物饲料添加剂产品输入我国，技术竞争越发激烈。因此，我国科研机构和企业应加强原创性新菌种、产品专性以及发酵技术、制剂技术等方面的研究和知识产权保护。相信不久的将来，我国微生物饲料添加剂的新菌种、新机制、新方法、新产品、新制剂会不断涌现。

本章编写人员

中国农业大学：张日俊、斯大勇、程强
全国畜牧总站：丁健、张娜
北京市农林科学院畜牧兽医研究所：张董燕
江西农业大学：刘宝生、朱年华
中国农业科学院北京畜牧兽医研究所：廖秀冬
西南林业大学：杨亚晋
嘉应学院：王庆
聊城大学：马青山
东莞理工学院：肖珊
山东农业大学：刘丽英

参考文献

[1] 胡聪，李仲玄，斯大勇，等．解淀粉芽孢杆菌在畜禽养殖中的应用[J]. 饲料工业，2018，39（6）：56-60.

[2] 贾聪慧，杨彩梅，曾新福，等．丁酸梭菌对肉鸡生长性能、抗氧化能力、免疫功能和血清生化指标的影响[J]. 动物营养学报，2016，28（3）：908-915.

[3] 王佰魁，姚江涛，卞国顺，等．枯草芽孢杆菌 B10 对肉鸡免疫、抗氧化功能及血清生化指标的影响[J]. 饲料工业，2016，37（17）：47-51.

[4] 斯大勇，张日俊．乳酸菌黏附的机制、特点、生物学作用[J]. 中国微生态学杂志，2008（3）：294-297.

[5] 张干，宦海琳，闫俊书，等．饲用芽孢杆菌在动物肠道内的作用机理及其应用研究进展[J]. 饲料工业，2019，40（11）：59-64.

[6] Alagawany M，Abd El-Hack M E，Farag M R，et al. The use of probiotics as eco-friendly alternatives for antibiotics in poultry nutrition [J]. Environ Sci Pollut Res Int，2018，25（11）：10611-10618.

[7] Zhao C Z，Zhu J Y，Hu J T，et al. Effects of dietary Bacillus pumilus on growth performance，innate immunity and digestive enzymes of giant freshwater prawns（*Macrobrachium rosenbergii*）[J]. Aquaculture Nutrition，2019，25（3）：712-720.

[8] Park I，Zimmerman N P，Smith A H，et al. Dietary supplementation with *Bacillus subtilis* direct-fed microbials alters chicken intestinal metabolite levels [J]. Front Vet Sci，2020（7）：123.

[9] Park I，Lee Y，Goo D，et al. The effects of dietary *Bacillus subtilis* supplementation，as an alternative to antibiotics，on growth performance，intestinal immunity，and epithelial barrier integrity in broiler chickens infected with *Eimeria maxima* [J]. Poultry Sci，2020，99（2）：725-733.

[10] Pu J N，Chen D W，Tian G，et al. Effects of benzoic acid，*Bacillus coagulans* and oregano oil combined supplementation on growth performance，immune status and intestinal barrier integrity of weaned piglets [J]. Animal Nutrition，2020，6（2）：152-159.

[11] Dong Y X，Li R，Liu Y，et al. Benefit of dietary supplementation with *Bacillus subtilis* BYS2 on growth performance，immune response，and disease resistance of broilers [J]. Probiotics and Antimicrobial Proteins，2020，12（4）：1385-1397.

[12] 龚萍，杨宇，杨永平，等．枯草芽孢杆菌显著改善鸭舍内生态环境质量[J]. 家畜生态学报，2018，39（5）：64-68.

[13] 鲁宇橦，陈群，邱玉朗．饲用产朊假丝酵母发酵培养基的优化[J]. 黑龙江畜牧兽医，2019（17）：123-127，186.

[14] 仲伟光，祁宏伟，闫晓刚，等．酵母菌制剂在调控犊牛瘤胃发育及免疫功能方面的应用[J]. 动物营养学报，2018，30（6）：2085-2089.

[15] 李凤玲，范明夏，边传周．黑曲霉菌的产酶特性及在动物生产中的应用[J]. 现代牧业，2018，2（4）：47-49.

[16] 马剑青，郭艳丽，张铁鹰．米曲霉 0-8 固态发酵条件优化及其发酵产物对肉仔鸡日粮养分消化的影响[J]. 中国畜牧兽医，2017，44（11）：3179-3186.

[17] Zhang P，Sun F F，Cheng X，et al. Preparation and biological activities of an extracellular polysaccharide from *Rhodopseudomonas palustris* [J]. Int J Biol Macromol，2019（131）：933-940.

[18] 韩瑞鑫，王培嘉，刘玉承，等．沼泽红假单胞菌与地衣芽孢杆菌对奶牛生产性能的影响[J]. 畜牧与

饲料科学，2019，40（12）：6－10.

［19］李健，张健，李林祥，等．玉米青贮有氧稳定性的研究进展［J］．草业与畜牧，2015（5）：10－14.

［20］刘婷婷，张帅，邓斐月，等．谷氨酰胺与丁酸梭菌对断奶仔猪生长性能、免疫功能、小肠形态和肠道菌群的影响［J］．动物营养学报，2011，23（6）：998－1005.

［21］贾聪慧，杨彩梅，曾新福，等．丁酸梭菌对肉鸡生长性能、抗氧化能力、免疫功能和血清生化指标的影响［J］．动物营养学报，2016，28（3）：908－915.

［22］张日俊．动物微生态制剂（益生菌）的标准、评价规程、功能和发展趋势［J］．饲料工业，2015，36（4）：1－7.

［23］张日俊，梁晓明，黄燕，等．一种双歧杆菌新菌株及其发酵制备方法与应用：中国，ZL 200910093779.5.［P］．2011.

［24］高林，白子金，冯波，等．微生物饲料添加剂研究与应用进展［J］．微生物学杂志，2014，34（2）：1－6.

［25］周小玲，舒燕，周映华，等．三种复合菌对无抗全价饲料的固体发酵研究［J］．饲料工业，2015，36（6）：54－57.

［26］Cai J，Liu F，Liao X D，et al. Complete genome sequence of *Bacillus amyloliquefaciens* LFB112 isolated from Chinese herbs，a strain of a broad inhibitory spectrum against domestic animal pathogens ［J］. J Biotechnol，2014（175）：63－64.

［27］Li G G，Liu B S，Shang Y J，et al. Novel activity evaluation and subsequent partial purification of antimicrobial peptides produced by *Bacillus subtilis* LFB112［J］. Ann Microbiol，2012，62（2）：667－674.

［28］Wei X B，Liao X D，Cai J，et al. Effects of *Bacillus amyloliquefaciens* LFB112 in the diet on growth of broilers and on the quality and fatty acid composition of broiler meat［J］. Anim Prod Sci，2017，57（9）：1899－1905.

［29］Xie J H，Zhang R J，Shang C J，et al. Isolation and characterization of a bacteriocin produced by an isolated *Bacillus subtilis* LFB112 that exhibits antimicrobial activity against domestic animal pathogens ［J］. Afr J Biotechnol，2009，8（20）：5611－5619.

［30］蔡军．芽孢杆菌 LFB112 的基因组学及其对鸡肉品质和肠道菌群调控的研究［D］．北京：中国农业大学，2014.

［31］Liao X D，Wu R J，Ma G，et al. Effects of *Clostridium butyricum* on antioxidant properties，meat quality and fatty acid composition of broiler birds［J］. Lipids Health Dis，2015，14（1）：1－9.

［32］Liao X D，Ma G，Cai J，et al. Effects of Clostridium butyricum on growth performance，antioxidation，and immune function of broilers［J］. Poult Sci，2015，94（4）：662－667.

［33］Bermudez－Brito M，Plaza－Diaz J，Munoz－Quezada S，et al. Probiotic mechanisms of action［J］. Ann Nutr Metab，2012，61（2）：160－174.

［34］Kumar M，Dhaka P，Vijay D，et al. Antimicrobial effects of *Lactobacillus plantarum* and *Lactobacillus acidophilus* against multidrug－resistant enteroaggregative *Escherichia coli*［J］. Int J Antimicrob Ag，2016，48（3）：265－270.

［35］Mokoena M P. Lactic acid bacteria and their bacteriocins：classification，biosynthesis and applications against uropathogens：A mini－review［J］. Molecules，2017，22（8）.

［36］Collado M C，Gueimonde M，Salminen S. Probiotics in adhesion of pathogens：mechanisms of action ［J］. Bioactive Foods in Promoting Health：Probiotics and Prebiotics，2010，353－370.

［37］Ebrahimi H，Rahimi S，Khaki P，et al. The effects of probiotics，organic acid，and a medicinal plant on the immune system and gastrointestinal microflora in broilers challenged with *Campylobacter jejuni*

[J]. Turk J Vet Anim Sci, 2016, 40 (3): 329 - 336.

[38] Asahara T, Shimizu K, Nomoto K, et al. Probiotic bifidobacteria protect mice from lethal infection with shiga toxin - producing *Escherichia coli* O157: H7 [J]. Infect Immun, 2004, 72 (4): 2240 - 2247.

[39] Flynn S, van Sinderen D, Thornton G M, et al. Characterization of the genetic locus responsible for the production of ABP - 118, a novel bacteriocin produced by the probiotic bacterium *Lactobacillus salivarius* subsp salivarius UCC118 [J]. Microbiol - Sgm, 2002 (148): 973 - 984.

[40] Rea M C, Clayton E, O'Connor P M, et al. Antimicrobial activity of lacticin 3147 against clinical *Clostridium* difficile strains [J]. J Med Microbiol, 2007, 56 (7): 940 - 946.

[41] Mack D R, Michail S, Wei S, et al. Probiotics inhibit enteropathogenic *E. coli* adherence in vitro by inducing intestinal mucin gene expression [J]. Am J Physiol - Gastr L, 1999, 276 (4): 941 - 950.

[42] Otte J M, Podolsky D K. Functional modulation of enterocytes by gram - positive and gram - negative microorganisms [J]. Am J Physiol - Gastr L, 2004, 286 (4): 613 - 626.

[43] Mujagic Z, de Vos P, Boekschoten M V, et al. The effects of *Lactobacillus plantarum* on small intestinal barrier function and mucosal gene transcription; a randomized double - blind placebo controlled trial [J]. Sci Rep - Uk, 2017 (7): 1 - 11.

[44] Plaza - Diaz J, Ruiz - Ojeda F J, Gil - Campos M, et al. Mechanisms of action of probiotics [J]. Adv Nutr, 2019 (10): S49 - S66.

[45] Claes A K, Zhou J Y, Philpott D J. NOD - like receptors: guardians of intestinal mucosal barriers [J]. Physiology, 2015, 30 (3): 241 - 250.

[46] Gomez - Llorente C, Munoz S, Gil A. Role of Toll - like receptors in the development of immunotolerance mediated by probiotics [J]. P Nutr Soc, 2010, 69 (3): 381 - 389.

[47] Hevia A, Delgado S, Sanchez B, et al. Molecular players involved in the interaction between beneficial bacteria and the immune system [J]. Frontiers in microbiology, 2015 (6): 1285.

[48] Yousefi M, Movassaghpour A A, Shamsasenjan K, et al. The skewed balance between Tregs and Th17 in chronic lymphocytic leukemia [J]. Future Oncol, 2015, 11 (10): 1567 - 1582.

[49] Kwon H K, Lee C G, So J S, et al. Generation of regulatory dendritic cells and CD4 (+) Foxp3 (+) T cells by probiotics administration suppresses immune disorders [J]. P Natl Acad Sci USA, 2010, 107 (5): 2159 - 2164.

[50] Wang H F, Gao K, Wen K, et al. *Lactobacillus rhamnosus* GG modulates innate signaling pathway and cytokine responses to rotavirus vaccine in intestinal mononuclear cells of gnotobiotic pigs transplanted with human gut microbiota [J]. Bmc Microbiol, 2016, 16 (1): 109.

[51] Ng S C, Hart A L, Kamm M A, et al. Mechanisms of action of probiotics: recent advances [J]. Inflamm Bowel Dis, 2009, 15 (2): 300 - 310.

[52] Lievin - Le Moal V, Amsellem R, Servin A L, et al. *Lactobacillus acidophilus* (strain LB) from the resident adult human gastrointestinal microflora exerts activity against brush border damage promoted by a diarrhoeagenic *Escherichia coli* in human enterocyte - like cells [J]. Gut, 2002, 50 (6): 803 - 811.

[53] Zyrek A A, Cichon C, Helms S, et al. Molecular mechanisms underlying the probiotic effects of *Escherichia coli* Nissle 1917 involve ZO - 2 and PKC zeta redistribution resulting in tight junction and epithelial barrier repair [J]. Cell Microbiol, 2007, 9 (3): 804 - 816.

[54] Rajput I R, Li L Y, Xin X, et al. Effect of *Saccharomyces boulardii* and *Bacillus subtilis* B10 on intestinal ultrastructure modulation and mucosal immunity development mechanism in broiler chickens [J]. Poultry Sci, 2013, 92 (4): 956 - 965.

[55] Zhang D Y, Ji H F, Liu H, et al. Changes in the diversity and composition of gut microbiota of weaned piglets after oral administration of *Lactobacillus* or an antibiotic [J]. Applied Microbiology and Biotechnology, 2016, 100 (23): 10081-10093.

[56] Zhang D Y, Shang T T, Huang Y, et al. Gene expression profile changes in the jejunum of weaned piglets after oral administration of *Lactobacillus* or an antibiotic [J]. Sci Rep-Uk, 2017, 7 (1): 15816.

[57] Zhang D Y, Liu H, Wang S X, et al. Fecal microbiota and its correlation with fatty acids and free amino acids metabolism in piglets after a *Lactobacillus* strain oral administration [J]. Frontiers in microbiology, 2019 (10).

[58] Tian Z M, Cui Y Y, Lu H J, et al. Effects of long-term feeding diets supplemented with *Lactobacillus reuteri* 1 on growth performance, digestive and absorptive function of the small intestine in pigs [J]. Journal of Functional Foods, 2020 (71): 104010.

[59] 张飞，李越，毕丁仁，等．猪源植物乳杆菌 LPZ 对断奶仔猪生长性能、免疫指标和粪挥发性脂肪酸的影响 [J]. 中国畜牧杂志，2020，56 (11)：104-109.

[60] 李雪莉，虞德夫，王超，等．植物乳杆菌制剂对断奶仔猪肠道黏膜功能和微生物菌群及短链脂肪酸的影响 [J]. 南京农业大学学报，2018，41 (3)：504-510.

[61] 王四新，季海峰，石国华，等．干酪乳杆菌对北京黑猪保育阶段生长性能及肠道菌群的影响 [J]. 动物营养学报，2018，30 (1)：326-335.

[62] Lan R X, Koo J M, Kim I H. Effects of *Lactobacillus acidophilus* supplementation in different energy and nutrient density diets on growth performance, nutrient digestibility, blood characteristics, fecal microbiota shedding, and fecal noxious gas emission in weaning pigs [J]. Animal Feed Science and Technology, 2016 (219): 181-188.

[63] Li Y H, Hou S L, Chen J S, et al. Oral administration of *Lactobacillus delbrueckii* during the suckling period improves intestinal integrity after weaning in piglets [J]. Journal of Functional Foods, 2019 (63): 103591.

[64] 丁浩，黄攀，章文明，等．饲粮添加枯草芽孢杆菌对保育猪生长性能和血浆生化参数的影响 [J]. 动物营养学报，2020，32 (2)：605-612.

[65] 魏立民，孙瑞萍，刘海隆，等．枯草芽孢杆菌对断奶仔猪生长性能和血清生化指标的影响 [J]. 中国畜牧兽医，2017，44 (6)：1720-1725.

[66] 张丽，丁宏标．酵母培养物、枯草芽孢杆菌和木瓜蛋白酶对保育猪生长性能、营养物质表观消化率和粪便微生物数量的影响 [J]. 动物营养学报，2016，28 (11)：3642-3649.

[67] 林裕胜．地衣芽孢杆菌对仔猪和生长猪生长性能与腹泻率的影响 [J]. 中国畜牧兽医文摘，2016，32 (6)：49-50.

[68] 朱瑾，匡佑华，陈继发，等．枯草芽孢杆菌对肥育猪生长性能、肉品质和抗氧化能力的影响 [J]. 动物营养学报，2019，31 (6)：2572-2578.

[69] 贺长青，朱瑾，匡佑华，等．枯草芽孢杆菌对肥育猪血浆生化和免疫指标及粪便菌群的影响 [J]. 动物营养学报，2019，31 (7)：3260-3267.

[70] 彭俊平，舒鑫标，施杏芬，等．饲粮中添加植物甾醇、枯草芽孢杆菌及复合酶制剂对育肥猪生长性能和肉品质的影响 [J]. 中国饲料，2018 (15)：62-64.

[71] 王四新，季海峰，王红卫，等．干酪乳杆菌对北京黑猪育肥阶段肠道消化物菌群组成及乳酸、短链脂肪酸和长链脂肪酸含量的影响 [J]. 动物营养学报，2020，32 (4)：1595-1604.

[72] 刘辉，季海峰，王四新，等．乳酸片球菌对生长猪生长性能、粪便菌群、血清生化和免疫指标的影响 [J]. 动物营养学报，2020，32 (6)：2558-2566.

[73] 秦红，赵燕，车向荣，等．乳酸片球菌对肥育猪生长性能及肠道抗氧化能力、形态结构和菌群的影响

[J]. 动物营养学报，2017，29 (8)：2953-2960.
[74] 孙建广，张石蕊，谯仕彦，等. 发酵乳酸杆菌对生长肥育猪生长性能和肉品质的影响 [J]. 动物营养学报，2010，22 (1)：132-138.
[75] 刘辉，季海峰，王四新，等. 副干酪乳杆菌发酵饲料对生长猪生长性能、粪便菌群数量与挥发性脂肪酸含量以及血清生化和免疫指标的影响 [J]. 动物营养学报，2019，31 (8)：3747-3754.
[76] 张董燕，季海峰，刘辉，等. 卷曲乳杆菌对生长猪生长性能、粪便菌群和短链脂肪酸组成以及血清长链脂肪酸组成的影响 [J]. 动物营养学报，2019，31 (4)：1564-1573.
[77] Liu H, Ji H F, Zhang D Y, et al. Effects of *Lactobacillus brevis* preparation on growth performance, fecal microflora and serum profile in weaned pigs [J]. Livestock Science, 2015 (178): 251-254.
[78] Lu J J, Yao J Y, Xu Q Q, et al. *Clostridium butyricum* relieves diarrhea by enhancing digestive function, maintaining intestinal barrier integrity, and relieving intestinal inflammation in weaned piglets [J]. Livestock Science, 2020 (239): 104112.
[79] Zong X, Wang T H, Lu Z Q, et al. Effects of *Clostridium butyricum* or in combination with *Bacillus licheniformis* on the growth performance, blood indexes, and intestinal barrier function of weanling piglets [J]. Livestock Science, 2019 (220): 137-142.
[80] Wang Y, Du W, Lei K, et al. Effects of dietary *Bacillus licheniformis* on gut physical barrier, immunity, and reproductive hormones of laying hens [J]. Probiotics and Antimicrobial Proteins, 2017, 9 (3): 292-299.
[81] Yang J J, Zhan K, Zhang M H. Effects of the use of a combination of two *Bacillus* species on performance, egg quality, small intestinal mucosal morphology, and cecal microbiota profile in aging laying hens [J]. Probiotics and Antimicrobial Proteins, 2020, 12 (1): 204-213.
[82] 崔闯飞，王晶，齐广海，等. 枯草芽孢杆菌对产蛋后期蛋鸡生产性能和蛋壳品质的影响 [J]. 动物营养学报，2018，30 (4)：1481-1488.
[83] 曲湘勇，陈继发，匡佑华，等. 饲粮添加蒙脱石和枯草芽孢杆菌对产蛋鸡盲肠菌群和肠道通透性的影响 [J]. 动物营养学报，2019，31 (4)：1887-896.
[84] 方晓，高慧君，曹宪国，等. 芽孢杆菌在蛋鸡生产中的应用 [J]. 大连工业大学学报，2015，34 (1)：11-16.
[85] 张美曦，隋欣，刘超男，等. 双歧杆菌对雏鸡肠道杯状细胞数量及黏蛋白 2 含量的影响 [J]. 中国兽医杂志，2016，52 (12)：24-27，50.
[86] 庄宏，刘爱君. 乳酸菌类微生态制对海兰褐蛋鸡蛋品质、肠道微生物和养殖环境的影响 [C]. 第七届中国蛋鸡行业发展大会，2015.
[87] 刘松，董晓芳，佟建明，等. 饲粮添加粪肠球菌对蛋鸡生产性能、蛋品质、脂质代谢和肠道微生物数量的影响 [J]. 动物营养学报，2017，29 (1)：202-213.
[88] 李天杰. 益生菌对蛋鸡生产性能及肠道微生物变化与基因表达研究 [D]. 成都：四川农业大学，2016.
[89] 高长斌，冯媛媛，乔琳，等. 植物乳杆菌 WEI-70 菌粉对产蛋鸡的安全性及生产性能和蛋品质的影响 [J]. 中国畜牧杂志，2018，54 (5)：126-131.
[90] 刘聪，黄世猛，计成，等. 植物乳酸杆菌对感染肠炎沙门氏菌蛋鸡生产性能、蛋品质及血浆生化指标的影响 [J]. 中国畜牧兽医，2018，45 (5)：1196-1202.
[91] 孙浩政，锡建中，朱亚昊，等. 饮水中添加植物乳杆菌对蛋鸡生产性能、蛋品质、血清与肠道黏膜免疫指标的影响 [J]. 动物营养学报，2020，32 (6)：2880-2888.
[92] Tapingkae W, Panyachai K, Yachai M, et al. Effects of dietary red yeast (*Sporidiobolus pararoseus*) on production performance and egg quality of laying hens [J]. Journal of Animal Physiology and Animal

Nutrition, 2018, 102 (1): E337 - E344.
[93] 廖天江．饲料中添加发酵沙棘籽渣对蛋鸡生产性能及肠道菌群的影响 [J]. 国外畜牧学（猪与禽），2018，38（10）：61－63.
[94] 李岩，张鑫，孙建晨，等．米曲霉合生元对蛋鸡血清指标及抗氧化剂的影响 [J]. 饲料研究，2015（8）：42－45，55.
[95] Zhao Y, Zeng D, Wang H S, et al. Dietary probiotic *Bacillus licheniformis* H2 enhanced growth performance, morphology of small intestine and liver, and antioxidant capacity of broiler chickens against clostridium perfringens - induced subclinical necrotic enteritis [J]. Probiotics and Antimicrobial Proteins, 2020, 12 (3): 883 - 895.
[96] 孙全友，李文嘉，徐彬，等．姜黄素和地衣芽孢杆菌对肉鸡生长性能、血清抗氧化功能、肠道微生物数量和免疫器官指数的影响 [J]. 动物营养学报，2018，30（8）：3176－3183.
[97] 钟光，王强，沈一茹，等．枯草芽孢杆菌对肉鸡生长性能、抗氧化功能和肠道形态的影响 [J]. 动物营养学报，2020，32（4）：1675－1683.
[98] 肖丹，赵怡，杨桂林，等．霉菌毒素分解酶枯草杆菌制剂对日粮含 AFB_1 的艾维茵肉鸡的解毒效果研究 [J]. 中国预防兽医学报，2019，41（5）：514－519.
[99] 彭豫东，康克浪，曲湘勇，等．枯草芽孢杆菌对石门土鸡生长性能、屠宰性能、血清抗氧化指标和肠道形态的影响 [J]. 动物营养学报，2019，31（5）：2119－2126.
[100] Zangiabadi H, Torki M. The effect of a beta - mannanase - based enzyme on growth performance and humoral immune response of broiler chickens fed diets containing graded levels of whole dates [J]. Tropical Animal Health and Production, 2010, 42 (6): 1209 - 1217.
[101] 利明．日粮中添加芽孢杆菌对肉仔鸡生产性能和免疫功能影响的研究 [D]. 呼和浩特：内蒙古农业大学，2009.
[102] De Cesare A, Caselli E, Lucchi A, et al. Impact of a probiotic - based cleaning product on the microbiological profile of broiler litters and chicken caeca microbiota [J]. Poultry Science, 2019, 98 (9): 3602 - 3610.
[103] Zhen W R, Shao Y J, Gong X Y, et al. Effect of dietary *Bacillus coagulans* supplementation on growth performance and immune responses of broiler chickens challenged by *Salmonella enteritidis* [J]. Poultry Science, 2018, 97 (8): 2654 - 2666.
[104] 赵娜，申杰，魏金涛，等．凝结芽孢杆菌对肉鸡生长性能、免疫器官指数、血清生化指标及肠道菌群的影响 [J]. 动物营养学报，2017，29（1）：249－256.
[105] Ruiu L, Satta A, Floris I. Administration of *Brevibacillus laterosporus* spores as a poultry feed additive to inhibit house fly development in feces: A new eco - sustainable concept [J]. Poultry Science, 2014, 93 (3): 519 - 526.
[106] Wolfenden R E, Pumford N R, Morgan, et al. Evaluation of selected direct - fed microbial candidates on live performance and *Salmonella* reduction in commercial turkey brooding houses [J]. Poult Science, 2011, 90 (11): 2627 - 2631.
[107] 王雪飞，班慧，王炼，等．苦豆籽粕-双歧杆菌合生元对肉鸡生产性能及肠道黏膜形态结构的影响 [J]. 中国兽医学报，2015，35（3）：497－506.
[108] 赵巍，孙喆，王欣，等．灭活植物乳杆菌培养物对肉仔鸡生长性能、盲肠菌群及血清生化指标的影响 [J]. 中国兽医学报，2016，36（8）：1440－1445.
[109] 高鹏飞，张和平．益生乳酸菌 *Lactobacillus plantarum* P－8 在规模化养殖中对肉鸡生产性能和鸡肉中盐酸林可霉素残留的影响 [J]. 中国农学通报，2016，32（26）：15－20.
[110] 甄玉国，秦贵信，赵巍，等．植物乳杆菌及其培养物对肉仔鸡生长性能和免疫功能的影响 [J]. 中

国畜牧杂志，2016，52（13）：68-72.
[111] 黄腾．芦荟多糖和植物乳杆菌对鸡群生长及免疫性能的影响［D］．泰安：山东农业大学，2019.
[112] 龚胜，邓树勇，甘凌秀．不同水平的植物乳杆菌代谢产物对肉鸡生长性能、粪微生物菌群及绒毛形态的影响［J］．中国农学通报，2019（4）：36-40.
[113] 王俊．产细菌素乳酸菌 LZS42B 对肉鸡生产性能、肠道菌群结构及功能的影响［D］．南昌：江西农业大学，2019.
[114] Peng H Y，Tiantong A，Chen S E，et al. Ultrasonicated *Enterococcus faecium* SF68 enhances neutrophil free radical production and udder innate immunity of drying-off dairy cows［J］. Journal of Dairy Research，2013，80（3）：349-359.
[115] 杨桂连，杨军，黄海斌，等．乳酸菌复合制剂对柔嫩艾美耳球虫感染雏鸡免疫水平的影响及免疫保护效果评价［J］．中国兽医科学，2017，47（6）：733-738.
[116] Xu T，Chen Y，Yu L，et al. Effects of *Lactobacillus plantarum* on intestinal integrity and immune responses of egg-laying chickens infected with *Clostridium perfringens* under the free-range or the specific pathogen free environment［J］. BMC Veterinary Research，2020，16（1）：47.
[117] 伊淑帅．干酪乳杆菌部分生物学特性及其对肉雏鸡生长性能及主要免疫机能的影响［D］．长春：吉林农业大学，2016.
[118] 李阳，常文环，张姝，等．饲粮添加壳寡糖和干酪乳杆菌对肉鸡生长性能、肌肉品质及抗氧化性能的影响［J］．动物营养学报，2016，28（5）：1450-1461.
[119] Chang J，Wang T，Wang P，et al. Compound probiotics alleviating aflatoxin B_1 and zearalenone toxic effects on broiler production performance and gut microbiota［J］. Ecotoxicology and Environmental Safety，2020（194）：110420.
[120] 李景伟，王付伟，彭志领，等．饲喂嗜酸乳杆菌对 1～28 日龄肉鸡生产性能的影响［J］．中国家禽，2016，38（18）：52-54.
[121] 张晓羊，王永强，张文举，等．嗜酸乳杆菌发酵棉籽粕对黄羽肉鸡生长性能、屠宰性能和血清生化指标的影响［J］．动物营养学报，2016，28（12）：3885-3893.
[122] 谢文惠．复合益生菌制剂对肉鸡生长、免疫功能及肠道菌群的影响［D］．大庆：黑龙江八一农垦大学，2018.
[123] 李追．嗜酸乳杆菌对肠道健康的调节作用与肉仔鸡肠道发育差异的组学机理研究［D］．北京：中国农业大学，2018.
[124] 许兰娇，包淋斌，王灿宇，等．乳酸粪肠球菌对泰和鸡生产性能的影响［J］．江西饲料，2016（4）：4-7.
[125] 黄丽卿，罗丽萍，张亚茹，等．屎肠球菌 NCIMB11181 对鼠伤寒沙门菌感染肉鸡生产性能、肠道微生物菌群和血液抗氧化功能的影响［J］．中国兽医杂志，2017，53（7）：16-19，23.
[126] Wu Y，Zhen W，Geng Y，et al. Effects of dietary *Enterococcus faecium* NCIMB 11181 supplementation on growth performance and cellular and humoral immune responses in broiler chickens［J］. Poult Sci，2019，98（1）：150-163.
[127] 张立恒，史洪涛，乔宏兴，等．日粮添加屎肠球菌对肉仔鸡生长性能、抗氧化及免疫能力的影响［J］．饲料研究，2020，43（5）：40-44.
[128] 刘军，彭众，喻礼怀，等．屎肠球菌对 AA 肉鸡肠道酶活和绒毛形态的影响［J］．中国家禽，2020，42（2）：64-68.
[129] 彭众，董丽，王淑楠，等．日粮中添加屎肠球菌对 AA 肉鸡生产性能、免疫器官指数和血液脂质代谢相关指标的影响［J］．中国畜牧兽医，2018，45（6）：1502-1509.
[130] 曹广添，代兵，张玲玲，等．屎肠球菌对大肠杆菌感染肉鸡生长性能、血清生化指标和盲肠菌群结

构的影响 [J]. 畜牧兽医学报，2018，49 (5)：962 - 970.

[131] Chen C Y，Chen S W，Wang H T. Effect of supplementation of yeast with bacteriocin and *Lactobacillus* culture on growth performance，cecal fermentation，microbiota composition，and blood characteristics in broiler chickens [J]. Asian - Australasian Journal of Animal Sciences，2017，30 (2)：211 - 220.

[132] 周建东，朱连勤，朱风华，等．鸡源戊糖片球菌对 SPF 鸡生长、屠宰性能及肉品质的影响 [J]. 中国家禽，2017，39 (17)：59 - 61.

[133] 夏亿，张元可，徐晶云，等．发酵乳杆菌和凝结芽孢杆菌对产气荚膜梭菌感染肉鸡生长性能和肠道健康的影响 [J]. 中国畜牧兽医，2019，46 (10)：2927 - 2936.

[134] 谢文惠，姜宁，张爱忠．复合益生菌制剂对肉鸡生长性能、屠宰性能和免疫指标的影响 [J]. 动物营养学报，2018，30 (1)：360 - 367.

[135] 张飞燕，张丽萍，杨继业，等．益生菌配伍中草药制剂对肉仔鸡生长性能及免疫器官的影响 [J]. 中国饲料，2018 (1)：59 - 62.

[136] 张彩凤，齐广海，王晓翠，等．乳酸菌和酵母菌复合制剂及其与维吉尼亚霉素联合使用对肉仔鸡血清生化指标、抗氧化能力和免疫功能的影响 [J]. 动物营养学报，2018，30 (5)：1893 - 1901.

[137] 张彩凤，王晓翠，张海军，等．乳酸菌和酵母菌复合制剂对肉仔鸡生长性能、屠宰性能和肠道健康的影响 [J]. 动物营养学报，2017，29 (4)：1248 - 1256.

[138] 涂健，吴鹏飞，柳矿里，等．复合微生态制剂对肉鸡生产性能及免疫生化指标的影响 [J]. 中国家禽，2015，37 (17)：47 - 49.

[139] 丁小娟，张晓图，王世琼，等．酿酒酵母培养物对 817 肉仔鸡生长性能、养分表观利用率及肠道菌群的影响 [J]. 动物营养学报，2017，29 (7)：2391 - 2398.

[140] Arif M，Iram A，Bhutta M A K，et al. The biodegradation role of *Saccharomyces cerevisiae* against harmful effects of mycotoxin contaminated diets on broiler performance，immunity status，and carcass characteristics [J]. Animals (Basel)，2020，10 (2)：238.

[141] Xu Q Q，Yan H，Liu X L，et al. Growth performance and meat quality of broiler chickens supplemented with *Rhodopseudomonas palustris* in drinking water [J]. Br Poult Sci，2014，55 (3)：360 - 366.

[142] Nesseim T D T，Benteboula M，Dieng A，et al. Effects of partial dietary substitution of groundnut meal by defatted，*Aspergillus niger* - fermented and heated *Jatropha curcas* kernel meal on feed intake and growth performance of broiler chicks [J]. Trop Anim Health Prod，2019，51 (6)：1383 - 1391.

[143] Zahirian M，Seidavi A，Solka M，et al. Dietary supplementation of *Aspergillus oryzae* meal and its effect on performance，carcass characteristics，blood variables，and immunity of broiler chickens [J]. Trop Anim Health Prod，2019，51 (8)：2263 - 2268.

[144] 王国强，王朋朋，刘超齐，等．利用肉鸡测定米曲霉发酵的非常规蛋白质饲料中营养物质代谢率 [J]. 饲料工业，2016，37 (18)：41 - 44.

[145] 袁慧坤，袁文华，赵文文，等．丁酸梭菌和地衣芽孢杆菌对北京鸭生长性能、血清生化和免疫指标及免疫器官指数的影响 [J]. 动物营养学报，2018，30 (11)：4635 - 4641.

[146] 胡振华，杨永平，杨宇，等．枯草芽孢杆菌对樱桃谷肉鸭生长性能、免疫器官指数、肠道菌群及肠道形态的影响 [J]. 动物营养学报，2018，30 (4)：1504 - 1512.

[147] 孙玲玲，王宝维，龙建华，等．饲粮中添加枯草芽孢杆菌和丁酸梭菌对五龙鹅雏鹅生长性能、屠宰性能、血清生化指标及抗氧化能力的影响 [J]. 动物营养学报，2018，30 (11)：4642 - 4649.

[148] 刘芳丹．一株鸭源植物乳杆菌的分离鉴定及其对肉鸭生产性能和免疫机能的影响 [D]. 泰安：山东农业大学，2015.

[149] 廖秀冬．丁酸梭菌的筛选及其对动物抗氧化能力和肉鸡肉品质影响的研究［D］．北京：中国农业大学，2015.

[150] 贾丽楠，崔嘉，陈宝江．丁酸梭菌对肉仔鸡饲料加工过程及消化道环境的耐受性研究［J］．动物营养学报，2017，29（10）：3787－3791.

[151] Zhao X，Yang J，Wang L，et al. Protection mechanism of *Clostridium butyricum* against *Salmonella enteritidis* infection in broilers［J］. Front Microbiol，2017（8）：1523.

[152] Zhao X，Yang J，Ju Z，et al. *Clostridium butyricum* ameliorates *Salmonella enteritis* induced inflammation by enhancing and improving immunity of the intestinal epithelial barrier at the intestinal mucosal level［J］. Front Microbiol，2020（11）：299.

[153] Zhang L，Zhan X，Zeng X，et al. Effects of dietary supplementation of probiotic，*Clostridium butyricum*，on growth performance，immune response，intestinal barrier function，and digestive enzyme activity in broiler chickens challenged with *Escherichia coli* K88［J］. Journal of Animal Science and Biotechnology，2016（7）：3.

[154] 邓文，焦玉萍，徐彬，等．丁酸梭菌和低聚木糖对肉鸡生产性能、屠宰性能和肉品质的影响［J］．中国家禽，2017，39（7）：24－28.

[155] 何菊，胡迪，郭云清，等．丁酸梭菌 CB1 对肉鸡免疫器官指数、黏膜 SIgA 抗体和血清生化指标的影响［J］．中国兽医学报，2018，38（5）：998－1002，1007.

[156] 赵旭，丁晓，杨在宾，等．丁酸梭菌对肉鸡腿肌脂肪代谢的影响［J］．动物营养学报，2017，29（8）：2884－2892.

[157] Huang T，Peng X Y，Gao B，et al. The effect of *Clostridium butyricum* on gut microbiota，immune response and intestinal barrier function during the development of *Necrotic enteritis* in chickens［J］. Front Microbiol，2019（10）：2309.

[158] Abdel－Latif M A，Abd El－Hack M E，Swelum A A，et al. Single and combined effects of *Clostridium butyricum* and *Saccharomyces cerevisiae* on growth indices，intestinal health，and immunity of broilers［J］. Animals（Basel），2018，8（10）.

[159] Svejstil R，Plachy V，Joch M，et al. Effect of probiotic *Clostridium butyricum* CBM 588 on microbiota and growth performance of broiler chickens［J］. Czech Journal of Animal Science，2019，64（9）：387－394.

[160] Han J F，Wang Y W，Song D，et al. Effects of *Clostridium butyricum* and *Lactobacillus plantarum* on growth performance，immune function and volatile fatty acid level of caecal digesta in broilers［J］. Food Agr Immunol，2018，29（1）：797－807.

[161] Kuprys－Caruk M，Michalczuk M，Chablowska B，et al. Efficacy and safety assessment of microbiological feed additive for chicken broilers in tolerance studies［J］. J Vet Res，2018，62（1）：57－64.

[162] 王成森．丁酸梭菌对蛋鸡生产性能、蛋品质及肠道菌群的影响［J］．饲料研究，2020，43（4）：46－49.

[163] 郑超，皮劲松，刘雄涛，等．日粮添加丁酸梭菌及其复合菌剂对蛋鸡夏季生产性能的影响［J］．中国畜牧杂志，2020，56（10）：127－132.

[164] Zhan H Q，Dong X Y，Li L L，et al. Effects of dietary supplementation with *Clostridium butyricum* on laying performance，egg quality，serum parameters，and cecal microflora of laying hens in the late phase of production［J］. Poultry Sci，2019，98（2）：896－903.

[165] Wang W W，Wang J，Zhang H J，et al. Supplemental *Clostridium butyricum* modulates lipid metabolism through shaping gut microbiota and bile acid profile of aged laying hens［J］. Frontiers in

Microbiology，2020（11）：600.

[166] Takahashi M，McCartney E，Knox A，et al. Effects of the butyric acid - producing strain *Clostridium butyricum* MIYAIRI 588 on broiler and piglet zootechnical performance and prevention of necrotic enteritis [J]. Animal Science Journal Nihon Chikusan Gakkaiho，2018，89（6）：895 - 905.

[167] 邓凯，苏丽芳，张日俊．细菌素 Subticin 112 对金黄色葡萄球菌 CVCC 1885 的体内外抑菌活性 [J]. 中国农业科学，2011，44（13）：2830 - 2837.

[168] 邓凯，张日俊．细菌素 Subticin112 对小鼠的急性毒性作用研究 [J]. 动物营养学报，2011，23，（8）：1446 - 1452.

[169] Olnood C G，Beski S S M，Iji P A，et al. Delivery routes for probiotics：Effects on broiler performance，intestinal morphology and gut microflora [J]. Anim Nutr，2015，1（3）：192 - 202.

[170] Xing S C，Mi J D，Chen J Y，et al. Metabolic activity of *Bacillus coagulans* R11 and the health benefits of and potential pathogen inhibition by this species in the intestines of laying hens under lead exposure [J]. Science of the Total Environment，2020（709）：134507.

[171] 黄世猛，黄楚然，赵丽红，等．凝结芽孢杆菌对感染沙门氏菌蛋鸡生产性能、蛋品质和血浆生化指标的影响 [J]. 动物营养学报，2017，29（12）：4534 - 4541.

[172] Bayatkouhsar J，Tahmasebi A M，Naserian A A，et al. Effects of supplementation of lactic acid bacteria on growth performance，blood metabolites and fecal coliform and lactobacilli of young dairy calves [J]. Animal Feed Science and Technology，2013，186（1 - 2）：1 - 11.

[173] Timmerman H M，Mulder L，Everts H，et al. Health and growth of veal calves fed milk replacers with or without probiotics [J]. Journal of Dairy Science，2005，88（6）：2154 - 2165.

[174] Lee Y E，Kang I J，Yu E A，et al. Effect of feeding the combination with *Lactobacillus plantarum* and *Bacillus subtilis* on fecal microflora and diarrhea incidence of Korean native calves [J]. Korean Journal of Veterinary Service，2012，35（4）：343 - 346.

[175] AbuTarboush H M，AlSaiady M Y，ElDin A H K. Evaluation of diet containing *Lactobacilli* on performance，fecal coliform，and *Lactobacilli* of young dairy calves [J]. Animal Feed Science and Technology，1996，57（1 - 2）：39 - 49.

[176] Riddell J B，Gallegos A J，Harmon D L，et al. Addition of a *Bacillus* based probiotic to the diet of preruminant calves：Influence on growth，health，and blood parameters [J]. Int J Appl Res Vet M，2010，8（1）：78 - 85.

[177] 符运勤．地衣芽孢杆菌及其复合菌对后备牛生长性能和瘤胃内环境的影响 [D]. 北京：中国农业科学院研究生院，2012.

[178] Lascano G J，Zanton G I，Heinrichs A J. Concentrate levels and *Saccharomyces cerevisiae* affect rumen fluid - associated bacteria numbers in dairy heifers [J]. Livestock Science，2009，126（1 - 3）：189 - 194.

[179] Dawson K A，Tricarico J. The evolution of yeast cultures - 20 years of research. In：Navigating from Niche Markets to Mainstream [C]. Proceedings of Alltech's European，Middle Eastern and African Lecture Tour，2002：26 - 43.

[180] 甄玉国．饲用微生态制剂：酵母培养物及其在反刍动物中的应用 [J]. 饲料工业，2005，26（1）：5 - 9.

[181] Suwandyastuti S N O，Rimbawanto E A. Effect of yeast *Saccharomyces cerevisiae* addition to lactating dairy cows ration upon milk production and composition [J]. Journal of Animal Production，2014，16（2）：101 - 106.

[182] Dawson K A，Hopkins D M. Differential effects of live yeast on the cellulolytic activities of anaerobic

ruminal bacteria [J]. Journal of Animal Science，1991，69 (S1)：531.

[183] Piva G，Belladonna S，Fusconi G，et al. Effects of yeast on dairy - cow performance，ruminal fermentation，blood components，and milk manufacturing properties [J]. Journal of Dairy Science，1993，76 (9)：2717 - 2722.

[184] Denev S A，Peeva T，Radulova P，et al. Yeast cultures in ruminant nutrition [J]. Bulgarian Journal of Agricultural Science，2007 (13)：357 - 374.

[185] Moallem U，Lehrer H，Livshitz L，et al. The effects of live yeast supplementation to dairy cows during the hot season on production，feed efficiency，and digestibility [J]. Journal of Dairy Science，2009，92 (1)：343，351.

[186] 杨慧娟，张善亭，崔景丽，等. 乳酸菌微生态制剂防治奶牛隐性乳房炎应用研究 [J]. 中国奶牛，2014 (17)：51 - 54.

[187] 包维臣，高朋飞，姚国强. 等. 益生乳酸菌在奶牛隐性乳房炎治疗中的应用 [R]. 天津：第九届乳酸菌与健康国际研讨会，2014.

[188] 张志焱，张建梅，李金敏，等. 微生态制剂对奶牛子宫内膜炎的治疗效果 [J]. 饲料广角，2013 (17)：43 - 45.

[189] 李炳志. 奶牛子宫内膜炎菌群分析及微生态制剂对其疗效观察 [D]. 杨凌：西北农林科技大学，2008.

[190] Tiantong A，Peng H Y，Chen S E，et al. Intramammary infusion of an *Enterococcus faecium* SF68 preparation promoted the involution of drying off Holstein cows partly related to neutrophil - associated matrix metalloproteinase 9 [J]. Animal Science Journal，2015，86 (1)：111 - 119.

[191] Savoini G，Mancin G，Rossi C S，et al. Administration of lactobacilli in transition [peripartum] cows：effects on blood level of glucose，β - hydroxybutyrate and NEFA and on milk yield [J]. Oral Surgery Oral Medicine Oral Pathology Oral Radiology Endodontics，2000，112 (1)：34 - 41.

[192] Bakr H A，Hassan M S，Giadinis N D，et al. Effect of *Saccharomyces cerevisiae* supplementation on health and performance of dairy cows during transition and early lactation period [J]. Biotechnology in Animal Husbandry，2015，31 (3)：349 - 364.

[193] Nocek J E，Kautz W P. Direct - fed microbial supplementation on ruminal digestion，health，and performance of pre - and postpartum dairy cattle [J]. Journal of Dairy Science，2006，89 (1)：260 - 266.

[194] Chiquette J，Lagrost J，Girard C L，et al. Efficacy of the direct - fed microbial *Enterococcus faecium* alone or in combination with *Saccharomyces cerevisiae* or *Lactococcus lactis* during induced subacute ruminal acidosis [J]. Journal of Dairy Science，2015，98 (1)：190 - 203.

[195] 贾鹏，万凡，马涛，等. 饲粮中添加不同生物制剂对杜寒杂交肉羊生产性能和屠宰性能的影响 [J]. 动物营养学报，2017，29 (12)：4621 - 4631.

[196] Deng K D，Xiao Y，Ma T，et al. Ruminal fermentation，nutrient metabolism，and methane emissions of sheep in response to dietary supplementation with *Bacillus licheniformis* [J]. Animal Feed Science and Technology，2018 (241)：38 - 44.

[197] 乌日勒格. 日粮中添加枯草芽孢杆菌对育肥羊生长性能、血液指标及瘤胃微生物的影响 [D]. 呼和浩特：内蒙古农业大学，2019.

[198] 宋淑珍，王彩莲，吴建平，等. 枯草芽孢杆菌和紫锥菊提取物对育肥羊生长性能、免疫性能和肉品质的影响 [J]. 动物营养学报，2018，30 (3)：1084 - 1094.

[199] 苏勇华，方雷，应璐，等. 枯草芽孢杆菌对多浪羊消化率、瘤胃发酵参数及血液指标的影响 [J]. 江苏农业科学，2018，46 (8)：162 - 166.

[200] 张俊瑜，丛少波，臧长江，等．纳豆芽孢杆菌和枯草芽孢杆菌对绵羊生长性能、消化性能和血清生化指标的影响 [J]. 中国饲料，2019 (19)：34-38.

[201] 程连平，贺濛初，夏晓冬，等．富硒酵母和枯草芽孢杆菌对湖羊羔羊生长性能、血清指标和消化功能的影响 [J]. 动物营养学报，2018，30 (8)：3189-3198.

[202] 仇武松，王彦芦，张振威，等．日粮添加产朊假丝酵母与枯草芽孢杆菌对湖羊生长性能及养分消化率的影响 [J]. 中国畜牧杂志，2017，53 (2)：106-109.

[203] 程光民，陈凤梅，张永翠，等．全株玉米青贮中植物乳杆菌及其与尿素混合添加对杜泊绵羊消化代谢、血清生化指标及瘤胃发酵指标的影响 [J]. 动物营养学报，2019，31 (11)：5730-5739.

[204] 彭涛，郭贝贝，张水印，等．复合益生菌制剂对舍饲山羊育肥性能和血清生化指标的影响 [J]. 动物营养学报，2020，2 (1)：440-446.

[205] 范燕茹，金鑫，田巧珍，等．植物乳杆菌诱导绵羊瘤胃上皮细胞 SBD-1 表达的信号通路途径初探 [J]. 畜牧兽医学报，2016，47 (5)：1026-1032.

[206] 程光民，陈凤梅，张永翠，等．全株玉米青贮中乳酸片球菌及其与尿素混合添加对杜泊绵羊生长性能、屠宰性能和肌肉品质的影响 [J]. 动物营养学报，2019，31 (11)：5283-5291.

[207] 程光民，陈凤梅，张永翠，等．全株玉米青贮中乳酸片球菌及其与尿素混合添加对杜泊绵羊消化代谢、血清生化和瘤胃发酵指标的影响 [J]. 动物营养学报，2019，31 (11)：5274-5282.

[208] 肖君，甄玉国，周雪飞，等．不同添加剂量的米曲霉培养物对绵羊瘤胃发酵及羊草降解率的影响 [J]. 中国畜牧杂志，2015，51 (23)：53-58.

[209] 甄玉国，陈雪，朴光赫，等．米曲霉培养物与酵母培养物组合对绵羊瘤胃菌群多样性的影响 [J]. 中国畜牧杂志，2018，54 (6)：96-100.

[210] Loh J Y, Chan H K, Yam H C, et al. An overview of the immunomodulatory effects exerted by probiotics and prebiotics in grouper fish [J]. Aquaculture International, 2019, 28 (2): 729-750.

[211] 田启文，郭振，嵇乐乐，等．水产养殖中益生菌研究进展 [J]. 工业微生物，2019，49 (4)：50-55.

[212] Qi X, Xue M, Cui H, et al. Antimicrobial activity of Pseudomonas monteilii JK-1 isolated from fish gut and its major metabolite, 1-hydroxyphenazine, against *Aeromonas hydrophila* [J]. Aquaculture, 2020 (526): 735336.

[213] Ringo E, Van Doan H, Lee S H, et al. Probiotics, lactic acid bacteria and bacilli: interesting supplementation for aquaculture [J]. J Appl Microbiol, 2020, 129 (1): 116-136.

[214] Zuo Z H, Shang B J, Shao Y C, et al. Screening of intestinal probiotics and the effects of feeding probiotics on the growth, immune, digestive enzyme activity and intestinal flora of *Litopenaeus vannamei* [J]. Fish Shellfish Immun, 2019 (86): 160-168.

[215] Du Y, Wang B J, Jiang K Y, et al. Exploring the influence of the surface proteins on probiotic effects performed by Lactobacillus pentosus HC-2 using transcriptome analysis in *Litopenaeus vannamei* midgut [J]. Fish Shellfish Immun, 2019 (87): 853-870.

[216] Valipour A, Nedaei S, Noori A, et al. Dietary Lactobacillus plantarum affected on some immune parameters, air-exposure stress response, intestinal microbiota, digestive enzyme activity and performance of narrow clawed crayfish (*Astacus leptodactylus*, Eschscholtz) [J]. Aquaculture, 2019 (504): 121-130.

[217] Safari O, Paolucci M, Motlagh H A. Effects of synbiotics on immunity and disease resistance of narrow-clawed crayfish, *Astacus leptodactylus leptodactylus* (Eschscholtz, 1823) [J]. Fish Shellfish Immun, 2017 (64): 392-400.

[218] Doan H V, Hoseinifar S H, Khanongnuch C, et al. Host-associated probiotics boosted mucosal and

serum immunity, disease resistance and growth performance of Nile tilapia (*Oreochromis niloticus*) [J]. Aquaculture, 2018 (491): 94-100.

[219] Hoseinifar S H, Hosseini M, Paknejad H, et al. Enhanced mucosal immune responses, immune related genes and growth performance in common carp (*Cyprinus carpio*) juveniles fed dietary *Pediococcus acidilactici* MA18/5M and raffinose [J]. Dev Comp Immunol, 2019 (94): 59-65.

[220] Dawood M A O, Magouz F I, Salem M F I, et al. Modulation of digestive enzyme activity, blood health, oxidative responses and growth-related gene expression in GIFT by heat-killed *Lactobacillus plantarum* (L-137) [J]. Aquaculture, 2019 (505): 127-136.

[221] Liu X, Steele J C, Meng X Z. Usage, residue, and human health risk of antibiotics in Chinese aquaculture: A review [J]. Environmental Pollution, 2017 (223): 161-169.

[222] He Z, Cheng X, Kyzas G Z, et al. Pharmaceuticals pollution of aquaculture and its management in China [J]. Journal of Molecular Liquids, 2016 (223): 781-789.

[223] Zhao Y, Zhang X X, Zhao Z, et al. Metagenomic analysis revealed the prevalence of antibiotic resistance genes in the gut and living environment of freshwater shrimp [J]. Journal of Hazardous Materials, 2018, 350 (15): 10-18.

[224] Wang A, Ran C, Wang Y, et al. Use of probiotics in aquaculture of China-a review of the past decade [J]. Fish Shellfish Immunol, 2019 (86): 734-755.

[225] Kewcharoen W, Srisapoome P. Probiotic effects of *Bacillus* spp. from Pacific white shrimp (*Litopenaeus vannamei*) on water quality and shrimp growth, immune responses, and resistance to *Vibrio parahaemolyticus* (AHPND strains) [J]. Fish Shellfish Immun, 2019 (94): 175-189.

[226] Tarkhani R, Imani A, Hoseinifar S H, et al. Comparative study of host-associated and commercial probiotic effects on serum and mucosal immune parameters, intestinal microbiota, digestive enzymes activity and growth performance of roach (*Rutilus rutilus caspicus*) fingerlings [J]. Fish Shellfish Immun, 2020 (98): 661-669.

[227] 黄灿，张忠海，吴淑勤，等．益生芽孢杆菌对草鱼肠黏膜结构的保护作用 [J]. 水生生物学报，2017，41 (4)：774-780.

[228] 薛俊敬．益生菌对草鱼生长、营养代谢和机体免疫的影响 [D]. 南昌：南昌大学，2018.

[229] 丁贤，胡瑞萍，段亚飞，等．新型益生菌的酶活特性及其对草鱼免疫因子的影响 [C]. 2018 年中国水产学会学术年会论文摘要集，2018.

[230] 鞠守勇，李金山．枯草芽孢杆菌对草鱼生长性能、肠道消化酶及抗氧化酶活性的影响 [J]. 淡水渔业，2018 (5)：99-105.

[231] Tang Y, Han L, Chen X, et al. Dietary supplementation of probiotic *Bacillus subtilis* affects antioxidant defenses and immune response in grass carp under *Aeromonas hydrophila* challenge [J]. Probiotics and Antimicrobial Proteins, 2019, 11 (2): 545-558.

[232] 刘克琳，何明清．益生菌对鲤鱼免疫功能影响的研究 [J]. 饲料工业，2000 (6)：24-25.

[233] 张蕾，郭曦尧，尹玉伟，等．枯草芽孢杆菌对铅暴露鲫鱼的代谢及保护作用 [J]. 中国兽医杂志，2018，54 (6)：100-107.

[234] 邵林，李璟，乐露，等．枯草芽孢杆菌和沼泽红假单胞菌对鲫鱼免疫机能的影响及其代谢产物的抑菌活性研究 [J]. 黑龙江畜牧兽医，2018 (20)：176-178.

[235] 杨虎城．复合益生菌对罗非鱼免疫相关基因的影响 [D]. 长沙：湖南农业大学，2017.

[236] 刘海天．枯草芽孢杆菌 HAINUP40 对罗非鱼生长、消化酶活性及非特异性免疫的研究 [D]. 海口：海南大学，2016.

[237] 刘长军．植物乳杆菌对尼罗罗非鱼的肠道黏膜免疫调节及生长性能的影响 [J]. 饲料工业，2018

(12): 49 - 54.

[238] 于小娜. 微生物制剂对鲈鱼免疫指标的影响 [D]. 宁波: 宁波大学, 2016.

[239] 廖志勇, 林利, 缪雄伟. 植物乳杆菌对大黄鱼非特异性免疫力的影响 [J]. 安徽农业科学, 2013, 41 (27): 11050 - 11051, 11108.

[240] 李军亮. 两种益生菌对凡纳滨对虾幼虾和石斑鱼幼鱼生长和抗病力的影响 [D]. 湛江: 广东海洋大学, 2018.

[241] 林金生, 张孝东, 胡宏熙, 等. 饲粮中添加戊糖片球菌 PP4012 促进海鲡鱼与石斑鱼生长性能与抗病能力之评估 [C]. 中国食品科学技术学会益生菌: 技术及产业化——第十二届益生菌与健康国际研讨会摘要集, 2017: 108 - 109.

[242] 李小梅, 杨丽冬, 张家学, 等. 一种复合益生菌对斜带石斑鱼生长及免疫特性影响的研究 [J]. 饲料工业, 2015, 36 (2): 30 - 33.

[243] 周胜, 黄晓红, 黄友华, 等. 石斑鱼肠道枯草芽孢杆菌分离鉴定及其作为饲料添加剂研究 [C]. 2017 年中国水产学会学术年会论文摘要集, 2017: 480 - 481.

[244] 张崇英, 刘伟, 宋金秋. 不同益生菌对大棚养殖南美白对虾生长和免疫力的影响 [J]. 中国饲料, 2018 (24): 80 - 84.

[245] 鲁瑞娟. 一株水产用益生芽孢杆菌的筛选及益生特性研究 [D]. 洛阳: 河南科技大学, 2019.

[246] Zheng X, Duan Y, Dong H, et al. Effects of dietary *Lactobacillus plantarum* on growth performance, digestive enzymes and gut morphology of *Litopenaeus vannamei* [J]. Probiotics and Antimicrobial Proteins, 2018, 10 (3): 504 - 510.

[247] Cai Y, Yuan W, Shifeng W, et al. In vitro screening of putative probiotics and their dual beneficial effects: To white shrimp (*Litopenaeus vannamei*) postlarvae and to the rearing water [J]. Aquaculture, 2018 (498): 61 - 71.

[248] Meng X, Yang M, Wang Y, et al. Effects of probiotics on immunologic functions and intestinal microflora in pacific white leg shrimp *Litopenaeus vannamei* [J]. Fisheries Science, 2017, 36 (1): 60 - 65.

[249] 沙玉杰. 乳酸菌对凡纳滨对虾益生机理的研究 [D]. 青岛: 中国科学院研究生院 (海洋研究所), 2016.

[250] 刘强强, 陈旭, 谢家俊, 等. 饲料或养殖水体中添加地衣芽孢杆菌对凡纳滨对虾生长性能和免疫力的影响 [J]. 动物营养学报, 2017, 29 (8): 2808 - 2816.

[251] 文金顺. 海南土著乳酸菌筛选及其对凡纳滨对虾生长影响的研究 [D]. 海口: 海南大学, 2017.

[252] 袁卫. 芽孢杆菌筛选及其对凡纳滨对虾生长、免疫力和抗逆性的影响研究 [D]. 海口: 海南大学, 2016.

[253] 孙博超, 杨运楷, 李玉宏, 等. 饲料中添加复合芽孢杆菌对凡纳滨对虾抗病毒感染能力及抗病基因表达的影响 [J]. 渔业科学进展, 2019, 40 (3): 113 - 121.

[254] 朱光来, 齐富刚, 王东博, 等. 益生菌对罗氏沼虾生长性能和水质的影响 [J]. 中国饲料, 2019 (20): 97 - 102.

[255] Li C, Ren Y, Jiang S, et al. Effects of dietary supplementation of four strains of lactic acid bacteria on growth, immune - related response and genes expression of the juvenile sea cucumber *Apostichopus japonicus* Selenka [J]. Fish & Shellfish Immunology, 2018 (74): 69 - 75.

[256] Yang H, Han Y, Ren T, et al. Effects of dietary heat - killed *Lactobacillus plantarum* L - 137 (HK L - 137) on the growth performance, digestive enzymes and selected non - specific immune responses in sea cucumber, *Apostichopus japonicus* Selenka [J]. Aquaculture Research, 2016, 47 (9): 2814 - 2824.

[257] Gao X, Zhang M, Li X, et al. Effects of a probiotic (*Bacillus licheniformis*) on the growth,

immunity, and disease resistance of *Haliotis discus hannai* Ino [J]. Fish & Shellfish Immunology, 2018 (76): 143 - 152.

[258] Gao X, Ke C, Wu F, et al. Effects of *Bacillus lincheniformis* feeding frequency on the growth, digestion and immunity of *Haliotis discus hannai* [J]. Fish & Shellfish Immunology, 2020 (96): 1 - 12.

[259] 朱芝秀，邓舜洲，张丽珍，等．复合微生态制剂对鱼肠道及肠道内嗜水气单胞菌的相关作用（英文）[J]. Agricultural Science & Technology, 2016, 17 (11): 2622 - 2626.

[260] Hao K, Wu Z Q, Li D L, et al. Effects of dietary administration of *Shewanella xiamenensis* A - 1, *Aeromonas veronii* A - 7, and *Bacillus subtilis*, single or combined, on the grass carp (*Ctenopharyngodon idella*) intestinal microbiota [J]. Probiotics and antimicrobial proteins, 2017, 9 (4): 386 - 396.

[261] Sun H, Shang M, Tang Z, et al. Oral delivery of *Bacillus subtilis* spores expressing *Clonorchis sinensis* paramyosin protects grass carp from cercaria infection [J]. Applied Microbiology and Biotechnology, 2020, 104 (4): 1633 - 1646.

[262] 殷海成，赵红月．苏云金芽孢杆菌对黄河鲤鱼血液免疫效果的研究 [J]. 饲料广角，2008 (22): 33 - 36.

[263] 蔡玉臻，刘志刚，卢迈新，等．罗非鱼无乳链球菌 Sip 蛋白益生菌口服疫苗的免疫原性研究 [J]. 珠江水产科学，2018 (3): 53 - 63.

[264] 王杰，夏汉钦，杨红玲，等．活性和热灭活克劳氏芽孢杆菌 DE5 对斜带石斑鱼生长性能、免疫反应和免疫基因表达的影响 [C]. 第十届世界华人鱼虾营养学术研讨会，2015.

[265] Li L X, Yang Z, Xing L, et al. The effect of *Pseudomonas aeruginosa* YY24 on the growth of *Litopenaeus vannamei* and water quality [J]. Journal of Hydroecology, 2018, 3 (12): 1674 - 1675.

[266] 孙博超，宋晓玲，黄倢，等．复合益生菌在凡纳滨对虾苗种培育中的应用评价 [C]. 2017 年中国水产学会学术年会，2017.

[267] 尚碧娇，左志晗，李文悦，等．Biolog - ECO 方法探究饲喂益生菌对凡纳滨对虾肠道微生物代谢及有效作用时间的影响 [J]. 水产学报，2019, 43 (4): 1162 - 1170.

[268] Liu B, Zhou W, Wang H, et al. Bacillus baekryungensis MS1 regulates the growth, non - specific immune parameters and gut microbiota of the sea cucumber *Apostichopus japonicus* [J]. Fish & Shellfish Immunology, 2020 (102): 133 - 139.

[269] Yang G, Tian X, Dong S. *Bacillus cereus* and rhubarb regulate the intestinal microbiota of sea cucumber (*Apostichopus japonicus* Selenka): Species - species interaction, network, and stability [J]. Aquaculture, 2019 (512): 734284.

[270] Zhao Y, Yuan L, Wan J, et al. Effects of a potential autochthonous probiotic *Bacillus subtilis* 2 - 1 on the growth and intestinal microbiota of juvenile sea cucumber, *Apostichopus japonicus* Selenka [J]. Journal of Ocean University of China, 2018, 17 (2): 363 - 370.

[271] Zhao Y, Yuan L, Wan J, et al. Effects of potential probiotic *Bacillus cereus* EN25 on growth, immunity and disease resistance of juvenile sea cucumber *Apostichopus japonicus* [J]. Fish & Shellfish Immunology, 2016 (49): 237 - 242.

[272] Yang G, Tian X L, Dong S L, et al. Effects of dietary *Bacillus cereus* G19, B - cereus BC - 01, and *Paracoccus marcusii* DB11 supplementation on the growth, immune response, and expression of immune - related genes in coelomocytes and intestine of the sea cucumber (*Apostichopus japonicus* Selenka) [J]. Fish & Shellfish Immunology, 2015, 45 (2): 800 - 807.

[273] Ma Y X, Li L Y, Li M, et al. Effects of dietary probiotic yeast on growth parameters in juvenile sea cucumber, *Apostichopus japonicus* [J]. Aquaculture, 2019 (499): 203 - 211.

[274] Wang J H, Zhao L Q, Liu J F, et al. Effect of potential probiotic *Rhodotorula benthica* D30 on the growth performance, digestive enzyme activity and immunity in juvenile sea cucumber *Apostichopus japonicus* [J]. Fish & Shellfish Immunology, 2015, 43 (2): 330-336.

[275] Li C, Ren Y, Jiang S, Zhou, S, et al. 2018. Effects of dietary supplementation of four strains of lactic acid bacteria on growth, immune-related response and genes expression of the juvenile sea cucumber *Apostichopus japonicus* Selenka [J]. Fish & Shellfish Immunology, 2018 (74): 69-75.

[276] Zhao J, Ling Y, Zhang R, et al. Effects of dietary supplementation of probiotics on growth, immune responses, and gut microbiome of the abalone *Haliotis diversicolor* [J]. Aquaculture, 2018 (493): 289-295.

[277] Al-Khalaifa H, Al-Nasser A, Al-Surayee T, et al. Effect of dietary probiotics and prebiotics on the performance of broiler chickens [J]. Poulty Science, 2019, 98 (10): 4465-4479.

[278] Arturo Anadón I A, Martínez-Larrañaga M R, Martínez M A. Nutraceuticals in veterinary medicine [M]. Switzerland: Springer, 2019.

[279] Zitnan R, Albrecht E, Kalbe C, et al. Muscle characteristics in chicks challenged with *Salmonella enteritidis* and the effect of preventive application of the probiotic *Enterococcus faecium* [J]. Poulty Science, 2019, 98 (5): 2014-2025.

[280] Cramer T A, Kim H W, Chao Y, et al. Effects of probiotic (*Bacillus subtilis*) supplementation on meat quality characteristics of breast muscle from broilers exposed to chronic heat stress [J]. Poulty Science, 2018, 97 (9): 3358-3368.

[281] Ramlucken U, Ramchuran S O, Moonsamy G, et al. A novel *Bacillus* based multi-strain probiotic improves growth performance and intestinal properties of *Clostridium perfringens* challenged broilers [J]. Poulty Science, 2020, 99 (1): 331-341.

[282] Smialek M, Burchardt S, Koncicki A. The influence of probiotic supplementation in broiler chickens on population and carcass contamination with *Campylobacter* spp. field study [J]. Research in Veterinary Science, 2018 (118): 312-316.

[283] Neijat M, Shirley R B, Welsher A, et al. Growth performance, apparent retention of components, and excreta dry matter content in shaver white pullets (5 to 16 week of age) in response to dietary supplementation of graded levels of a single strain *Bacillus subtilis* probiotic [J]. Poulty Science, 2019, 98 (9): 3777-3786.

[284] Mikulski D, Jankowski J, Mikulska M, et al. Effects of dietary probiotic (*Pediococcus acidilactici*) supplementation on productive performance, egg quality, and body composition in laying hens fed diets varying in energy density [J]. Poulty Science, 2020, 99 (4): 2275-2285.

[285] Redweik G A J, Stromberg Z R, Van Goor A, et al. Protection against avian pathogenic *Escherichia coli* and *Salmonella Kentucky* exhibited in chickens given both probiotics and live *Salmonella vaccine* [J]. Poulty Science, 2020, 99 (2): 752-762.

[286] Liu Y, Espinosa C D, Abelilla J J, et al. Non-antibiotic feed additives in diets for pigs: A review [J]. Animal Nutrition, 2018, 4 (2): 113-125.

[287] Accogli G, Crovace A M, Mastrodonato M, et al. Probiotic supplementation affects the glycan composition of mucins secreted by Brunner's glands of the pig duodenum [J]. Annals of Anatomy-anatomischer Anzeiger, 2018 (218): 236-242.

[288] Dowarah R, Verma A K, Agarwal N, et al. Efficacy of species-specific probiotic *Pediococcus acidilactici* FT28 on blood biochemical profile, carcass traits and physicochemical properties of meat in fattening pigs [J]. Research in Veterinary Science, 2018 (117): 60-64.

[289] Zimmermann J A, Fusari M L, Rossler E, et al. Effects of probiotics in swines growth performance: A meta - analysis of randomised controlled trials [J]. Animal Feed Science and Technology, 2016 (219): 280 - 293.

[290] Jørgensen J N, Laguna J S, Millán C, et al. Effects of *a Bacillus* - based probiotic and dietary energy content on the performance and nutrient digestibility of wean to finish pigs [J]. Animal Feed Science and Technology, 2016 (221): 54 - 61.

[291] Zhang L, Jin P, Qin S, et al. Effects of dietary supplementation with *S. platensis* and probiotics on the growth performance, immune response and the fecal *Lactobacillus* spp. and *E. coli* contents of weaned piglets [J]. Livestock Science, 2019 (225): 32 - 38.

[292] Kelsey A J, Colpoys J D. Effects of dietary probiotics on beef cattle performance and stress [J]. Journal of Veterinary Behavior Clinical Applications and Research, 2018 (27): 8 - 14.

[293] Wang X, Xie H, Liu F, et al. Production performance, immunity, and heat stress resistance in Jersey cattle fed a concentrate fermented with probiotics in the presence of a Chinese herbal combination [J]. Animal Feed Science and Technology, 2017 (228): 59 - 65.

[294] Xu H, Huang W, Hou Q, et al. The effects of probiotics administration on the milk production, milk components and fecal bacteria microbiota of dairy cows [J]. Science Bulletin, 2017, 62 (11): 767 - 774.

[295] Khattab I M, Abdel - Wahed A M, Khattab A S, et al. Effect of dietary probiotics supplementation on intake and production performance of ewes fed Atriplex hay - based diet [J]. Livestock Science, 2020 (237): 104065.

[296] Roos T B, de Moraes C M, Sturbelle R T, et al. Probiotics *Bacillus toyonensis* and *Saccharomyces boulardii* improve the vaccine immune response to *Bovine herpesvirus* type 5 in sheep [J]. Research in Veterinary Science, 2018 (117): 260 - 265.

[297] Liang Y, Hudson R E, Ballou M A. Supplementing neonatal jersey calves with a blend of probiotic bacteria improves the pathophysiological response to an oral *Salmonella enterica* serotype typhimurium challenge [J]. Journal of Dairy Science, 2020, 103 (8): 7351 - 7363.

[298] 张日俊. 我国动物微生态产业存在的问题与发展对策 [J]. 饲料与畜牧, 2009 (10): 8 - 13.

3 饲用酶制剂

本章综述了2016—2020年我国饲用酶制剂在猪、家禽、反刍动物、水产养殖动物等领域应用研究的公开发表的论文，主要内容包括以下几个方面。

（1）饲用酶制剂在猪（断奶仔猪和生长育肥猪）饲料方面的应用，包括葡萄糖氧化酶（产自特异青霉、黑曲霉）（glucose oxidase）、蛋白酶（protease）、木聚糖酶（xylanase）、β-甘露聚糖酶（β-mannanase）、β-葡聚糖酶（β-glucanase）等饲料添加剂以及其他一些我国尚未批准在猪饲料中使用的酶制剂，如阿魏酸酯酶（feruloyl esterase）、过氧化氢酶（catalase）等。收录相关论文51篇（其中，SCI收录论文10篇、中文论文41篇）。

（2）饲用酶制剂在家禽（蛋鸡和肉鸡）饲料方面的应用，包括植酸酶（phytase）、木聚糖酶（xylanase）、β-甘露聚糖酶（β-mannanase）、蛋白酶（protease）、淀粉酶（amylase）、葡萄糖氧化酶（glucose oxidase）、溶菌酶（lysozyme）、复合酶制剂以及其他一些我国尚未批准在家禽饲料中使用的酶制剂，如超氧化物歧化酶（superoxide dismutase，SOD）等。收录相关论文51篇（其中，SCI收录论文9篇、中文论文42篇）。

（3）饲用酶制剂在反刍动物（牛、羊）饲料方面的应用，包括溶菌酶（lysozyme）、蛋白酶（protease）、复合酶（包括纤维素酶、葡聚糖酶、木聚糖酶、甘露聚糖酶、淀粉酶、果胶酶、蛋白酶等）以及其他一些我国尚未批准在反刍动物饲料中使用的酶制剂。收录相关论文36篇（其中，SCI收录论文4篇、中文论文32篇）。

（4）饲用酶制剂在水产养殖动物饲料方面的应用，包括纤维素酶（cellulase）、β-葡聚糖酶（β-glucanase）、植酸酶（phytase）、脂肪酶（lipase）、β-甘露聚糖酶（β-mannase）、蛋白酶（protease）、木聚糖酶（xylanase）、淀粉酶（amylase）等饲料添加剂以及其他一些我国尚未批准在水产养殖动物饲料中使用的酶制剂。收录相关论文34篇（其中，SCI收录论文9篇、中文论文25篇）。

对于部分试验材料、方法交代不够详细，结果存在争议的文章，本章未做收录。

3.1 概述

生物酶是一类催化剂，最初指由活细胞产生的具有催化功能的生物蛋白大分子。后续的酶学研究表明，除蛋白质外，某些RNA也具有生物催化的能力。目前，商业化生产的大宗酶类均为蛋白类生物酶。国际酶学委员会在1961年根据酶催化的类型将酶分为6类，具体包括氧化还原酶类、转移酶类、水解酶类、裂合酶类、异构酶类和合成酶（或者连接酶）类。生物酶与一般催化剂具有一定的共性，如可以降低反应的活化能，加快反应速度但不改变平衡点。生物酶又具有显著的生物催化特性，如多数生物酶具有非常强的底物专一性。当前，生物酶在很多领域具有广泛的应用，特别是以淀粉酶、糖化酶、蛋白酶和脂肪酶为代表的生物酶制剂在食品、纺织、洗涤、造纸和皮革等领域市场用量巨大，占据全部酶制剂市场的一半以上。因此，行业习惯将其称为工业酶制剂。

以蛋白酶、淀粉酶、脂肪酶等为代表的第一代饲用酶制剂，可以补充内源消化酶的不足，直接提高日粮养分的消化利用；以非淀粉多糖酶等为代表的第二代饲用酶制剂，可以降解饲料中的抗营养因子，提升生物学利用率，促进营养物质吸收；以葡萄糖氧化酶等为代表的第三代饲用酶制剂，则通过非药物性机制和途径杀菌抑菌，改善肠道结构和功能，调节肠道的微生态菌群结构与平衡，从而促进动物的肠道健康。

3.1.1 定义

饲用酶制剂是通过对来自细菌和真菌等微生物的菌株进行发酵，并结合特定的生产工艺制作成的一种以酶为主要功能因子的产品[1,2]。在饲料中添加酶制剂产品可以提高动物对饲料的吸收利用、促进其生长发育、提高机体免疫力、降低动物排泄物中有机物质的含量、保护环境等[3,4]。同时，饲用酶制剂作为新型饲料添加剂的一种，具有绿色、安全无毒、无残留等优点，在替代饲用抗生素方面有非常大的潜力。

3.1.2 种类

饲用酶制剂的种类，随着在饲料中使用酶制剂的目的多元化而不断扩大。最初主要是基于对动物内源酶的补充进行设计，主要包括蛋白酶、淀粉酶和脂肪酶类。从 2000 年左右开始，以消除饲料中某些抗营养因子为主要目的进行的饲用酶设计逐渐被行业接受并开始大规模使用[5]，如植酸酶、果胶酶、β-葡聚糖酶、β-甘露聚糖酶、α-半乳糖苷酶、β-木聚糖酶和纤维素酶等，也正是由于这些酶在饲料领域的广泛应用，才真正标志着我国饲用酶制剂行业进入了蓬勃发展的时期。近年来，随着酶工程技术领域的进步及畜禽养殖行业更高的技术要求，以减少甚至替代饲用抗生素使用（如溶菌酶、蛋白酶、葡萄糖氧化酶、淬灭酶等）、消除饲料中的有害物质（如霉菌毒素降解酶、棉酚降解酶等）、提升动物机体的抗氧化能力或对动物有其他特殊作用（如蛋白酶、木聚糖酶、甘露聚糖酶、葡聚糖酶、果糖基转移酶、葡萄糖苷酶等）等方面的功能性饲用酶制剂陆续被广泛研究并逐步在行业开始使用。目前，饲用酶已经被广泛证实是应用效果极为显著的新型绿色饲料添加剂，其在提高动物生产性能、开发新的饲料资源、改善动物肠道健康、减少养殖环节氮磷排放等多个领域显现出不同程度的应用价值，特别是在国家对饲用抗生素严格管理、减量使用的政策环境下，以抗生素替代为主要目标的饲用酶制剂的研究和开发获得了显著的进步。

3.1.3 加工工艺方法

我国在营养性及去除抗营养因子饲用酶制剂的生产方面处于国际先进水平，已批准使用的植酸酶、蛋白酶、脂肪酶、淀粉酶、木聚糖酶、β-葡聚糖酶、纤维素酶等饲用酶制剂均实现了产业化开发和应用。

目前，饲用酶制剂大多选用微生物生产。虽然动物和植物中也存在各种各样的酶，但从中提取酶的成本极高，且生产受到季节等因素的限制。而用微生物生产酶制剂，产量高、生产成本低且不受季节等因素的限制。利用微生物生产饲用酶制剂有两种方法：固态发酵和液态发酵。固态发酵也称表层发酵。与液态发酵相比，具有生产投资较小、生产成本低、技术和原材料要求低、环境污染小、发酵活性较高等特点。而液态发酵可实现菌种的纯种培养，发酵过程参数也可以自动控制，并且能够进行大规模的生产。近年来，我国主要采取液态发酵工艺，其生产的酶制剂具有酶活较高、菌落数较低的优点[6]。

饲用酶制剂的制备和生产工艺通常为：首先，通过筛选、诱变等方式筛选出具有高分泌酶能力的真菌或细菌微生物菌株，或者采用基因工程的技术手段构建高产饲用酶的重组菌株；然后，将该菌株扩大培养，并按照发酵、提取、浓缩、包被、载体吸附、干燥、粉碎等步骤制成粗酶制剂或精酶制剂，最后进行分装[7]。

实际上，微生物发酵生产酶制剂是一个复杂的系统工程，在培养过程中有很多因素会直接或者间接地影响到最终的发酵活性，如营养物质、温度、pH、溶解氧等。针对这些因素，在发酵过程中根据不同菌株的生长特点及不同酶种的性质对整体发酵工艺进行控制策略的调整和优化，确保饲用酶制剂的高效、低成本生产。在顺利完成液态发酵过程后，采用一系列的后续工业操作将其生产为最终产品，主要包括 4 段工序：固液分离、微滤除菌、超滤浓缩、制剂干燥。在这个过程中，重点要关注两个方面的关键技术问题：一是尽可能地减少发酵结束到成品的工序，每减少一个工序不仅可以直接提高总收率，而且可以简化生产工艺，提高生产强度；二是从技术工艺上进行系统优化，尽可能提高每个工段的收率。

3.1.4 有效组分及其作用机制

在饲料中添加酶制剂的主要用途是促进养殖动物对于饲料中营养物质的利用率以及减少养殖动物排泄物对于环境的污染，而随着国家对于饲料中禁抗的硬性要求以及对于饲养动物的精细化管理，更多其他功能的酶制剂也将会陆续投入实际的动物养殖中去。

3.1.4.1 补充内源消化酶不足

以蛋白酶、淀粉酶和脂肪酶等为代表的饲用酶，通过补充内源消化酶的不足，从而直接提高日粮养分的消化利用率。在早期的饲用酶应用研究中，人们认为在饲料中只需添加外源消化酶（即养殖动物体内不能自行产生的酶，通常为动物体内所能分泌产生的蛋白酶、淀粉酶和脂肪酶），不需添加内源性的消化酶。近些年，随着研究的不断深入，内源消化酶的应用效果不断被人们所重视。养殖动物在幼龄、断奶或者处于应激状态下的内源消化酶是严重不足的，通过额外添加外源性消化酶来维持其正常生理需要。目前，市面上针对不同幼龄养殖动物种类的专用复合酶的配制即是按照此原理进行设计。

3.1.4.2 消除抗营养因子

以一系列非淀粉多糖酶为代表的饲用酶，通过消除饲料中的抗营养因子，从而提高机体对营养物质的吸收和利用。以植酸酶为例，植酸广泛存在于各种植物性饲料原料中，易与磷原子结合形成植酸磷；而植酸磷是一种典型的抗营养因子，是不能被动物机体吸收和利用的，这不仅降低了饲料中磷的利用率，而且会络合钙、铁、锰、锌等金属离子形成不溶物。植酸酶作为一种专一水解饲料原料中植酸或植酸盐的饲用酶，通过在饲料中添加植酸酶，一方面，可消除植酸的抗营养作用，增加饲料养分的消化率；另一方面，可有效分解饲料原料中的植酸和植酸盐，释放大量的无机磷供养殖动物机体利用，从而减少粪便中磷的含量，减少环境污染。

3.1.4.3 替代抗生素

能够直接替代抗生素的酶制剂可以分为3类。一是破坏致病菌细胞壁或细胞膜的酶。例如，细菌细胞壁溶菌酶（又称肽聚糖水解酶）、真菌细胞壁溶菌酶，包括几丁质酶、β-1,3-葡聚糖酶、甘露聚糖酶、磷脂酶等，通过破坏致病菌的细胞壁或细胞膜来达到抑制或杀灭微生物的作用，从而实现替代抗生素的作用。二是产生具有抑菌、杀菌功能化合物的酶。例如，葡萄糖氧化酶、过氧化氢酶、蛋白酶、淬灭酶等，能够分解底物产生具有抑菌杀菌功能的化合物抑制、干扰致病菌毒力。三是调节肠道健康，提高免疫力的酶。例如，多种非淀粉多糖酶、蛋白酶等，分解底物消除抗营养因子，提高动物对饲料的吸收率，产生益生元。

（1）破坏致病菌细胞壁或细胞膜的酶。

① 细菌细胞壁溶菌酶（肽聚糖水解酶）。细菌细胞壁溶菌酶（又称肽聚糖水解酶）是一种天然蛋白质，无毒性，不仅具有抗菌、抗病毒、抗肿瘤的作用，还具有止血、消肿、防腐以及加快组织修复等功能[8]。在畜禽饲料中添加溶菌酶，可以改善胃肠道健康，减少腹泻，提高免疫能力，提高生长性能和饲料效率，提高肉质品质。溶菌酶还可以增强动物巨噬细胞的吞噬和消化功能，与细菌脂多糖结合，减少内毒素的释放，提高机体抵抗力[9]。溶菌酶对革兰氏阳性菌具有良好的抗菌作用，但对于革兰氏阴性菌作用很弱。近年来，人们采用酶修饰或蛋白质工程来提高溶菌酶对革兰氏阳性菌的杀菌作用已经取得了一定的效果。

② 真菌细胞壁溶菌酶——几丁质酶。真菌细胞壁主要由几丁质、甘露聚糖、β-1,3-葡聚糖和β-1,6-葡聚糖组成，能够降解这些物质的酶均对真菌细胞壁具有破坏作用。其中，几丁质酶是研究较多的真菌细胞壁溶菌酶。几丁质酶又名甲壳素酶，随机切割几丁质中的β-1,4-糖苷键生成几丁低聚糖，从而可以降解病原真菌细胞壁中的几丁质，导致病原体死亡[10]。在饲料中添加几丁质酶，能够杀灭一些致病真菌，促进动物的健康生长。利用几丁质酶对霉菌的抑制作用还可以在动物饲料中作为防霉剂类饲料添加剂使用。几丁质酶广泛应用在水产领域，对鱼类的免疫具有促进作用，对鱼类的肠道环境有改善作用，能够提高饲料利用率，改善抗病性。由于肽聚糖和几丁质的糖骨架具有相似的结构，一些几丁质酶也具有细菌溶菌酶活性[11]。

③ 破坏微生物细胞膜的酶——磷脂酶。磷脂酶可将磷脂水解为磷脂酸及氨基醇，水解微生物的膜磷脂，从而破坏微生物细胞膜。分泌型磷脂酶 A_2（$sPLA_2$）是一种14 ku的酶，分子小巧、紧凑且在极端温度和pH下非常稳定，具有极好的饲料添加优势。首先，$sPLA_2$能有效分解革兰氏阳性细菌，如金黄色葡萄球菌、化脓链球菌、大肠埃希菌等的膜磷脂，造成细菌细胞膜受损。其次，$sPLA_2$ 对革兰氏阴性细菌也具有一定的影响。此外，磷脂酶可以间接改善饲料乳化性质，提高畜禽免疫力，是无抗养殖时代非常重要的一类酶。

④ 蛋白酶。蛋白酶有很多种，包括胰蛋白酶、糜蛋白酶、金属蛋白酶、碱性蛋白酶等，具有很强的抗菌消炎活性。1957年，胰蛋白酶和糜蛋白酶就用于组织损伤与炎症的治疗，胰蛋白酶在医学临床上主要用于肺脓肿、肺支气管炎等的治疗，同时胰蛋白酶和糜蛋白酶可以用于伤口消炎及防止局部水肿[12,13]。王喆等[14]将胰蛋白酶和糜蛋白酶用于治疗奶牛乳房炎，效果显著。蜘蛛酶是一种高活性的碱性金属蛋白酶，对许多致病菌（如大肠杆菌、分枝杆菌、金黄色葡萄球菌等）都具有抑菌活性，具有强大的蛋白分解能力和很强的抗菌消炎活性[15,16]。源自 *Bacillus Tequilensis* ZMS-2 的碱性蛋白酶对金黄色葡萄球菌、地衣芽孢杆菌、肺炎克雷伯菌、大肠杆菌都具有抗菌作用[17]。

（2）产生具有抑菌、杀菌功能化合物的酶。

① 葡萄糖氧化酶。葡萄糖氧化酶（Glucose oxidase，Gox，EC 1. 1. 3. 4）是近几年快速发展起来的一类饲料用酶，在畜禽生产上通过改善肠道环境、预防肠道感染和腹泻，从而提高饲粮消化利用率，促进畜禽生长。葡萄糖氧化酶是一种黄素依赖型蛋白，黄素腺嘌呤二核苷酸（Flavin adenine dinucleotide，FAD）与酶分子非共价结合。在催化反应过程中，Gox利用FAD作为氧化还原反应的载体，以分子氧为电子受体，催化β-D-葡萄糖生成D-葡萄糖酸-δ-内酯和过氧化氢，再经非酶促反应水解成葡萄糖酸。

葡萄糖氧化酶催化葡萄糖分解时消耗氧气，同时产生过氧化氢和葡萄糖酸。首先，Gox在动物肠道内发生催化反应的同时消耗大量的氧气，为厌氧有益菌的生存提供厌氧环境，促使厌氧有益菌形成微生态竞争优势，抑制有害细菌繁殖，从而进一步提高机体免疫力。其次，Gox在催化过程中产生葡萄糖酸，降低动物胃肠道内pH，可以有效抑制有害菌群的生长，促进有益菌群的增殖。较低的pH还可激活胃蛋白酶的活性，有效改善动物的饲料消化率，提高营养成分的消化吸收。同时，当过氧化氢的浓度在动物肠道中积累到一定浓度时，可抑制大肠杆菌、金黄色葡萄球菌、弧菌等致病菌的生长繁殖，从而改善动物肠道的微生物环境。因此，葡萄糖氧化酶可以对致病菌进行非药物性抑杀[18]。适量的葡萄糖酸可以调节肠道形成酸性环境，促进以乳酸菌为代表的益生菌增殖[19]。此外，葡萄糖氧化酶可以破坏黄曲霉毒素、赭曲霉毒素和呕吐毒素等毒素分子，达到饲料脱毒的效果。

② 蛋白酶。蛋白酶酶解饲料中的蛋白底物后可以产生功能各异的生物活性肽，包括降血压活性肽、抗氧化活性肽、抗菌活性肽和免疫调节活性肽等[20]。消化道蛋白酶对于特定饲料蛋白的水解位点是保守的，因此代谢产物中的寡肽类型和比率相对稳定，但也使得内源性寡肽的种类和数量受到限制。外源添加蛋白酶并实现蛋白的定向切割，产生特定的功能肽将是今后的一个研究重点，为蛋白酶的抗生素替代提供新的方向。

③ 淬灭酶——*N*-乙酰高丝氨酸内酯降解酶。细菌的群体感应系统中起决定性作用的是细胞分泌的一种化学小信号分子，已经有很多类型的群体感应信号分子被发现。其中，*N*-乙酰高丝氨酸内酯是许多革兰氏阴性菌产生的一类信号分子。*N*-乙酰高丝氨酸内酯信号分子结构的典型特征是含有高丝氨酸内酯环和一个酰胺侧链，依赖于*N*-乙酰高丝氨酸内酯的细菌群体感应系统参与很多种重要生理功能的调控。因此，许多研究通过降解*N*-乙酰高丝氨酸内酯来干扰细菌群体感应的信号系统，从而阻断病原菌的毒力及致病性。*N*-乙酰高丝氨酸内酯降解酶又称淬灭酶，是抑制群体感应系统最简易的途径，*N*-乙酰高丝氨酸内酯酶通过断裂*N*-乙酰高丝氨酸内酯的内酯键水解*N*-乙酰高丝氨酸内酯，是目前最具特异性的*N*-乙酰高丝氨酸内酯降解酶，具有不同酰胺侧链的*N*-乙酰高丝氨酸内酯都可作为*N*-乙酰高丝氨酸内酯酶的底物，但对其他化合物并没有降解活性[21、22]。

（3）调节肠道健康，提高免疫力的酶。包括多种非淀粉多糖酶（如甘露聚糖酶、木聚糖酶、葡聚糖酶、果胶酶）和蛋白酶等，它们能够分解饲料中的底物，消除抗营养因子，提高动物对饲料的吸收率，产生寡糖、寡肽等益生元。

在饲料中添加非淀粉多糖酶的应用最早开始于20世纪80年代，可以解决非淀粉多糖，如甘露聚糖、木聚糖、葡聚糖等的抗营养问题，从而大幅度提高饲料消化率和转化率。非淀粉多糖酶裂解植物的细胞壁，使细胞营养物质释放出来，促进下一步降解，不仅提高了动物对饲料的吸收率，而且促进了非淀粉多糖的消化，进而改善了高纤维饲料的利用率。此外，在饲料中添加非淀粉多糖酶，还可以通过改善消化道酶系的多样性、酶的活性以及酶的分泌量等来实现对消化道环境的改善。在饲料中非淀粉多糖酶除了具有以上两个方面的优势以外，对缓解或消除饲料抗营养因子的影响也具有重要意义。更重要的是，非淀粉多糖酶的添加可以将纤维素、半纤维素、果胶等大分子物质降解为单糖和寡糖，达到降低饲料黏稠度的效果，从而促进内源酶的扩散，对提高饲料中养分的吸收率具有重要作用，而寡糖可以作为益生元直接促进特定肠道菌增殖，增加肠道微生物的活性，改变微生物的组成，增加微生物的数量，从而调节动物肠道健康，提高动物免疫水平。除此之外，非淀粉多糖酶对维持小肠绒毛形态的完整性发挥重要功能，可以提高对营养物质吸收率[23]。甘露寡糖还具有重要的生理作用：刺激机体免疫系统细胞，使免疫器官发育加快，增强机体的细胞免疫功能和体液免疫功能[24、25]；竞争性吸附排除病原菌及特异性结合毒素的能力增强，减少有害菌与肠黏膜上皮细胞的连接，有效阻止病原菌的繁殖，同时促进有益菌大量增殖，提高动物肠黏膜的免疫力[26]；通过与肠绒毛免疫细胞表面蛋白受体相互作用或通过干预淋巴结和黏膜固有层记忆细胞上的信号系统进行免疫调节[27]。

此外，降解产物木寡糖可调节动物肠道菌群，促进后肠道发酵，维持动物肠道健康，提高动物生产性能[25]，具体表现在以下 3 个方面：一是木寡糖对动物肠道有益菌尤其是双歧杆菌有选择性的增殖效果，被认为是一种双歧因子和益生素，因此可改善动物肠道内环境[28]。二是木寡糖可以显著增加盲肠隐窝深度，同时结肠肠壁厚度也有显著增加，因此可有效保护动物肠道黏膜，防止其受损伤[29]。三是木寡糖是以半纤维素的分解产物形成的低聚糖类，具有可溶性膳食纤维的特征，在胃肠道中可与脂肪球形成纤维-脂肪复合物排出体外，从而减少脂肪的吸收[30]。

3.1.5 应用现状

酶制剂的应用起始于 20 世纪 60 年代，欧美于 20 世纪 90 年代开始推广饲用酶制剂并进入中国市场，而我国饲用酶制剂真正被养殖行业广泛接受并大量使用则是近 20 年的事情。我国作为畜牧业大国对于饲料的需求与日俱增[31]。自 2011 年以来，我国的饲料产量位居世界第一位；2020 年，我国饲料产量为 2.5 亿吨。同时，随着我国社会经济的发展，消费者对于高品质的肉类需求与日俱增，提高饲料品质以提高饲养动物的肉质成为一种解决办法。饲用酶制剂作为一种具有高效催化功能的生物制品，具有无残留、提高饲料利用率、改善饲养动物的胃肠道环境等功效，具备高效性、专一性、反应条件温和、减少污染等优点，从而得到了广泛认可，饲用酶制剂在近几年迅速发展，其产品体系逐渐完善，产量不断攀升。当前，饲用酶制剂已经成为一种不可或缺的重要饲料添加剂，伴随着饲料行业的发展，其使用频率及应用范围也将更加广泛。饲用酶制剂作为抗生素的替代品更成为热点。

3.2 国内研究进展

饲料工业中酶制剂通常都是直接添加到饲料中使用，因此有其特殊的性能要求，如耐制粒的高温环境、抗消化道中极端酸性环境及内源性蛋白酶的破坏作用等，同时要通过实现酶的高效表达进而解决在饲料中的使用成本问题，因此酶制剂在饲料工业中的应用发展经历了一个较长期的过程。饲用酶制剂特殊的性能要求和能承担的使用成本较低的问题，在很长时间内限制了其在畜禽养殖业的普及与推广应用。在国家各类科技计划项目的支持下，通过近20年的发展，我国饲用酶制剂从基础研究到实际应用都取得了长足的进步，科技创新能力显著增强，一大批酶制剂品种不仅被开发并广泛应用于畜禽养殖业，而且酶的使用方式发生了很大的变化，从最初的直接在饲料中添加使用，扩展到现在的可通过饮水线使用、原料预处理使用等多种方式。

3.2.1 猪饲料中酶制剂的应用研究进展

3.2.1.1 断奶仔猪饲料中酶制剂的应用研究进展

（1）葡萄糖氧化酶。饲料添加剂葡萄糖氧化酶产自特异青霉、黑曲霉。李宁宁等[32]研究了葡萄糖氧化酶对保育猪生长性能、腹泻情况的影响。通过对试验组中21日龄集中断奶的“杜×长×大”三元杂交仔猪基础饲粮中添加300 mg/kg葡萄糖氧化酶，其保育阶段腹泻频率和死淘率显著低于对照组，70日龄转群重和平均日采食量显著高于对照组。研究表明，在饲粮中添加葡萄糖氧化酶可有效改善保育猪肠道健康状况，降低腹泻率和死淘率，提高转群重。

穆淑琴等[33]研究了在日粮中添加400 g/t葡萄糖氧化酶对28日龄断奶仔猪生长性能、血清生化指标的影响。结果表明，日粮中添加葡萄糖氧化酶后，仔猪末重和平均日增重显著高于对照组和抗生素组（100 g/t喹乙醇、75 g/t金霉素、60 g/t土霉素钙），而日均采食量和料重比显著低于对照组和抗生素组。血清谷草转氨酶活性和血清丙二醛含量显著低于对照组和抗生素组；血清免疫球蛋白A（IgA）、血清免疫球蛋白G（IgG）、血清免疫球蛋白M（IgM）和肿瘤坏死因子-α（TNF-α）均显著高于对照组和抗生素组。研究表明，在仔猪日粮中添加葡萄糖氧化酶可有效改善其血液抗氧化能力，提高生长性能，缓解肝脏损伤。

侯振平等[34]研究了饲粮中添加不同水平（120 U/kg、180 U/kg、240 U/kg和300 U/kg）葡萄糖氧化酶对28日龄断奶仔猪生长性能、血清生化指标和抗氧化功能及养分消化率的影响。试验组仔猪的粗蛋白质消化率、总能消化率、血清白蛋白含量和血清尿素氮含量显著高于对照组；添加量为180 U/kg葡萄糖氧化酶的试验组腹泻率和血清丙二醛含量显著低于其他组，血清超氧化物歧化酶活性显著高于其他组；干物质消化率、粗蛋白质消化率和总能消化率显著高于对照组。研究表明，在断奶仔猪饲粮中添加葡萄糖氧化酶可改善仔猪血清抗氧化功能，降低腹泻率，促进机体对蛋白质、糖和脂质代谢与消化吸收，从而提高生长性能。

侯振平等[35]进一步研究了两种不同的葡萄糖氧化酶对28日龄断奶仔猪生长性能、血清生化指标及养分消化率的影响。结果表明，两组试验组仔猪干物质、粗蛋白质消化率和能量消化率显著高于对照组，仔猪腹泻率均显著低于对照组；在基础日粮中添加0.1%的葡萄糖氧化酶2组（试验2组）仔猪末重和平均日增重均显著高于对照组和在基础日粮中添加0.1%的葡萄糖氧化酶1组（试验1组），而试验1组仔猪血清尿素氮含量显著高于对照组。研究表明，在断奶仔猪日粮中添加葡萄糖氧化酶能够改善仔猪的免疫功能，显著降低腹泻率，并且不同的葡萄糖氧化酶的应用效果不同，在促进养分的消化吸收、提高仔猪日增重和饲料转化率方面显示出差异。

陈清华等[36]针对葡萄糖氧化酶对仔猪生长性能、养分消化率、肠道微生物和肠道形态结构的影响展开了研究。试验针对“杜×长×大”三元杂交断奶仔猪分别添加0.1%金霉素和200 g/t葡萄糖氧化酶进行比较试验。与对照组相比，试验组平均日增重显著增加，饲粮中的干物质和粗蛋白质的消化率显著升高，胃和十二指肠食糜的 pH 显著下降，胃和回肠中的大肠杆菌数量显著减少，乳酸菌数量显著增长；而葡萄糖氧化酶组的十二指肠的绒毛高度以及绒毛高度与隐窝深度的比值显著增加。

吴端钦等[37]研究了葡萄糖氧化酶对断奶仔猪生产性能、腹泻以及替代氧化锌等方面对日粮主要养分消化率的影响。试验针对 28 日龄的“杜×长×大”三元杂交仔猪，分别饲喂基础日粮并添加不同剂量（20～40 mg/kg）的葡萄糖氧化酶。结果表明，试验组提高了仔猪采食量和日增重，降低了仔猪腹泻率；葡萄糖氧化酶替代氧化锌显著提高了干物质和能量的表观消化率，降低了饲料成本。在日粮中添加葡萄糖氧化酶能够在一定程度上提高仔猪生长性能，降低腹泻率；与氧化锌相比，葡萄糖氧化酶提高了主要营养成分的表观消化率，降低了饲料成本，具有一定的经济效益和生态效益。

李璐[38]研究了在玉米-豆粕型日粮中添加葡萄糖氧化酶和苯甲酸对断奶仔猪生产性能、养分消化率、血液生化指标和肠道健康的影响。当以 100 mg/kg 葡萄糖氧化酶和 5 000 mg/kg 苯甲酸的剂量联合应用时，可显著提高仔猪生产性能，提高日粮表观消化率；降低血清甘油三酯、氨氮和丙二醛水平；显著降低断奶仔猪肠道 pH；改善小肠形态结构；显著降低盲肠内容物的大肠杆菌数量（$P<0.05$）。

Zhang 等[39]研究了含有 1 000 mg/kg 葡萄糖氧化酶的益生菌与八角提取物对断奶仔猪血清、肝脏和空肠抗氧化能力的差异及相互作用的影响。结果表明，42 d 后，试验组血清中总超氧化物歧化酶和谷胱甘肽过氧化物酶活性显著改善，说明含有葡萄糖氧化酶的复配剂可以提高断奶仔猪的抗氧化能力。

Tang 等[40]研究了 100 U/kg 葡萄糖氧化酶对仔猪生长性能、血清参数和粪便菌群的影响。试验组仔猪的平均日增重和采食量增加，饲料转化率降低；三碘甲状腺素、甲状腺素和生长激素的含量提高；粪便中沙门菌浓度降低。研究表明，日粮中添加葡萄糖氧化酶可以促进生长性能，增加生长发育相关激素的含量，并改善生长仔猪的粪便菌群。

（2）蛋白酶。李志鹏等[41]研究了在玉米或高粱型日粮中添加 0.05%蛋白酶对保育后期仔猪生长性能和肠道健康的影响。结果表明，无论日粮类型如何，在日粮添加 0.05%蛋白酶均可改善仔猪采食量，并显著提高粗蛋白质回肠表观消化率；此外，在日粮中添加 0.05%蛋白酶可降低十二指肠黏膜丙二醛含量，并提高十二指肠绒毛高度与隐窝深度的比值。研究表明，无论以高粱或玉米为基础日粮，补充外源蛋白酶均可改善蛋白质消化率，并可能通过减少氧化应激，增强形态学来维持肠道健康。

马文锋等[42]研究了功能性添加剂对断奶仔猪生长性能、血清生化指标和免疫功能的影响。试验针对“杜×长×大”三元杂交健康仔猪，分别在基础饲粮中添加 200 mg/kg 碱性蛋白酶、啤酒酵母菌和枯草芽孢杆菌进行比对试验。结果表明，添加 200 mg/kg 碱性蛋白酶的试验组，仔猪血清葡萄糖、免疫球蛋白 G 和球蛋白含量较对照组分别提高了 10.43%、17.00%和 15.15%（$P<0.05$），且血清谷丙转氨酶活性较啤酒酵母菌和枯草芽孢杆菌添加组还要高。研究表明，在仔猪日粮中添加 200 mg/kg 碱性蛋白酶可改善其生长性能，且效果要优于枯草芽孢杆菌和啤酒酵母菌。

李阳等[43]通过混合蛋白酶 10 000 U/g、淀粉酶 500 U/g、β-葡聚糖酶 300 U/g、木聚糖酶 15 000 U/g、β-甘露聚糖酶 2 000 U/g 和 α-半乳糖苷酶 150 U/g 开发了一种仔猪专用复合酶。使用该复合酶（1 000 g/t）后，仔猪料重比和腹泻率显著降低，且发病率下降趋势明显。研究表明，含有蛋白酶的复合酶对乳仔猪的生长性能和抗病能力具有较好的改善作用。

史林鑫等[44]评价了复合酶制剂对断奶仔猪生长性能、营养物质表观消化率、血清抗氧化指标和内源消化酶活性的影响。所用的复合酶制剂包含 3 000 U/g 中性蛋白酶、4 000 U/g 纤维素酶、1 500 U/g α-淀粉酶和 150 U/g β-葡聚糖酶。结果表明，饲粮中添加该复合酶制剂（1 000 mg/kg）可显著降低断奶仔猪全期的料重比，血清中总抗氧化能力和总超氧化物歧化酶活性显著提高，血清丙二醛含量显著降低，且空肠和回肠黏膜蔗糖酶以及回肠黏膜乳糖酶和胰脏胰脂肪酶活性增强。研究表明，含有中性蛋白酶的复合酶制剂能通过提高营养物质的消化率和内源消化酶活性以及增强血清抗氧化能力来改善断奶仔猪机体健康水平和生长性能。

刘冬等[45]研究了日粮中添加 0.1%复合蛋白酶对断奶仔猪生长性能、肠道形态和消化酶活性的影响。结果表明，试验组断奶仔猪的平均日增重提高 5.1%，料重比降低 4.67%；空肠绒毛高度与隐窝深度的比值显著提高；且空肠的蛋白酶活性和淀粉酶活性均极显著升高。研究表明，在仔猪日粮中添加蛋白酶可显著提高其日增重，降低料重比和成本，且促进了肠道绒毛和隐窝结构的发育以及肠道消化酶的活性，改善了仔猪的生长性能。

于海涛等[46]研究了在断奶仔猪饲粮中添加角蛋白酶体外酶解豆粕对断奶仔猪生长性能和腹泻率等影响。结果表明，在豆粕中混合小麦麸作为角蛋白酶体外酶解物料，可降低豆粕中 β-伴大豆球蛋白和大豆球蛋白水平，改善豆粕的风味和品质；饲粮中添加酶解豆粕能够提高断奶仔猪的生长性能和采食量，降低断奶仔猪的腹泻率和粪便评分。研究表明，以小麦麸混合豆粕作为角蛋白酶体外酶解底物能够改善豆粕的品质，从而在断奶仔猪饲粮中添加酶解豆粕能够提高其生长性能并降低断奶仔猪的腹泻率。

李艳红[47]研究了复合蛋白酶对断奶仔猪生长性能、营养物质消化率、血液指标及肠道健康的影响。结果表明，试验组断奶仔猪体重、日增重、干物质和氮的消化率显著提高，血液肌酐的浓度和粪中氨气含量显著降低。研究表明，日粮中添加 100 mg/kg 复合蛋白酶可以提高断奶仔猪的生长速度、改善营养物质消化率，同时复合蛋白酶可以降低断奶仔猪粪便氨气含量。

侯玉煌等[48]研究了酸性、中性和碱性 3 种蛋白酶对苏淮断奶仔猪生长性能、营养物质表观消化率和血清生化等指标的影响。0.2 g/kg 酸性蛋白酶处理组的末重、平均日增重、平均日采食量和粗蛋白质消化率有显著提高，说明酸性蛋白酶在提高苏淮断奶仔猪生长性能和营养物质表观消化率方面的效果较好；0.2 g/kg 中性蛋白酶处理组的腹泻率和粪便指数显著降低，血清中免疫球蛋白 G 和免疫球蛋白 M 的含量、超氧化物歧化酶和过氧化氢酶的活性显著提高，说明中性蛋白酶在减少营养性腹泻方面有较好的效果，且可显著改善苏淮断奶仔猪的免疫力和抗氧化性；0.1 g/kg 碱性蛋白酶处理组的处理效果较中性蛋白酶的相似，但超氧化物歧化酶和过氧化氢酶的活性低于中性蛋白酶处理组，说明碱性蛋白酶也可用于减少仔猪营养性腹泻。

陈静等[49]研究了高粱-豆粕型日粮添加复合蛋白酶对仔猪生长性能、养分利用率、氮利用率及细菌组分的影响。结果表明，相对于饲喂 50%高粱替代玉米-豆粕型的基础日粮对照组，添加了 200 mg/kg 复合蛋白酶后，仔猪各阶段平均日增重、平均日采食量和末重均无显著影响；但料重比、粪氮和尿氮的排泄量显著降低；干物质、有机物、总能和粗蛋白质利用率显著提高，粪中乳酸杆菌和粪肠球菌的数量显著提高。研究表明，在高粱-豆粕型日粮中添加复合蛋白酶可以提高仔猪的饲料利用率、氮的利用率和沉积率，降低粪氮和尿氮的排泄量。

郭玉光等[50]研究了饲粮中添加不同水平的复合酶对仔猪生长性能、血液生化指标和养分消化率的影响。选用的复合酶主要成分为蛋白酶、木聚糖酶、甘露聚糖酶、纤维素酶、α-淀粉酶、葡聚糖酶。当在基础饲粮中添加 500 g/t 的复合酶时，日增重显著提高，干物质、粗蛋白和能量表观消化率显著增高，耗料增重比和腹泻率显著降低；血清中总蛋白、球蛋白和三碘甲状腺原氨酸浓度显著增高，尿素氮含量显著降低。研究表明，饲粮中添加含有蛋白酶的复合酶对仔猪生长性能、腹泻率、养分消化率均有很好的改善作用。

张丽等[51]研究了木瓜蛋白酶对保育猪生长性能、营养物质表观消化率和粪便微生物数量的影响。结果表明，0.3 g/kg 木瓜蛋白酶处理组腹泻率显著降低，总能和干物质的表观消化率显著提高；当与 5 g/kg 酵母培养物联合使用后，粪便乳酸菌数量和乳酸菌与大肠杆菌的比值显著提高，粪便大肠杆菌数量显著降低。研究表明，木瓜蛋白酶对仔猪生长性能和肠道生态环境有积极作用。

Tactacan 等[52]研究了蛋白酶对断奶仔猪的生长性能、营养物质消化率、血液特性和胃肠道健康状况的影响。试验组添加了 200 g/t 的蛋白酶后，断奶仔猪体重、平均日增重、总表观消化率显著增加；粪便中氨气的排放量显著减少。研究表明，为断奶仔猪补充蛋白酶可以提高生长速度和营养消化率，减少粪便中的氨气排放。

Zuo 等[53]研究了蛋白酶对断奶仔猪生长性能、养分消化率、肠道形态、消化酶和基因表达的影响。当蛋白酶添加量为 200 g/t 时，十二指肠、空肠和回肠的绒毛高度与隐窝深度的比值显著增加，饲料增重比、腹泻指数、血尿素氮含量和二胺氧化酶活性均显著降低，空肠中碱性氨基酸和胱氨酸转运载体的丰度增高。研究表明，断奶仔猪日粮中添加蛋白酶可提高生长性能，当饲喂低消化率的蛋白质源时，有助于改善肠道发育、蛋白质消化率、营养转运效率和仔猪的健康状况。

（3）木聚糖酶。程金龙等[54]研究了不同组合的酶制剂及其与微生态制剂的配伍对仔猪营养物质消化率的影响。选用的复合酶制剂主要成分为木聚糖酶、纤维素酶、α-淀粉酶和酸性蛋白酶。300 g/t 复合酶制剂添加组的钙消化率和粗纤维消化率显著提高，粗蛋白消化率显著降低；磷消化率和粗脂肪消化率显著提高，但与芽孢杆菌配伍组差异不显著。研究表明，在仔猪日粮中添加复合酶制剂可显著提高仔猪对钙和粗纤维的消化率，降低粗蛋白的消化率。

何鑫[55]研究了木聚糖酶对饲粮养分消化的影响及其对断奶仔猪生长性能和肠道健康的影响。饲粮中添加木聚糖酶（0 mg/kg、30 mg/kg、60 mg/kg、90 mg/kg）可显著提高仔猪的日增重，胃内食糜的相对黏度显著降低；随着木聚糖酶量的增加，仔猪的料重比呈线性降低，而空肠紧密连接蛋白 ZO-1、原癌基因蛋白 Bcl-2 的基因表达量线性提高，空肠分泌型免疫性球蛋白 A 含量线性增加。研究表明，饲粮中添加木聚糖酶能改善仔猪生长性能，改善仔猪的肠道机械屏障和免疫屏障功能。

Wang 等[56]研究了木聚糖酶对断奶仔猪生长性能、养分消化率、短链脂肪酸和细菌群落的影响。结果表明，添加木聚糖酶（4 000 U/kg、6 000 U/kg）后可显著增加回肠和盲肠食糜中乙酸盐的浓度，结肠消化物中的异丁酸酯和戊酸浓度显著增加，回肠、盲肠和结肠消化物中乳酸杆菌的含量显著增加，盲肠和结肠中的降解非淀粉多糖的细菌（盲肠球菌和普氏杆菌）数量显著增加。研究表明，添加木聚糖酶可以通过改变肠道菌群来提高断奶仔猪的生长性能。

Chen 等[57]研究了细菌木聚糖酶和木霉木聚糖酶对断奶仔猪生长性能与肠道菌群的影响。在相同添加量（0.01%）的条件下，两组试验组的回肠大肠杆菌水平显著降低，回肠乳酸菌水平显著增高，但木霉木聚糖酶试验组的平均日增重要明显高于细菌木聚糖酶试验组，木霉木聚糖酶较细菌木聚糖酶在改善断奶仔猪生长和增加回肠乳酸菌水平方面表现更好。

（4）β-甘露聚糖酶。黄伟杰等[58]研究了不同来源 β-甘露聚糖酶对仔猪生长性能的影响。结果表明，在添加有复合酶制剂的情况下，额外添加 β-甘露聚糖酶，对仔猪的生长性能影响不显著，但有降低料重比的趋势，同时饲料中粗蛋白、钙、磷的表观消化率相对得到提高。

余璐璐等[59]研究了酸性与中性 β-甘露聚糖酶组合效果及其不同添加量对断奶仔猪生长性能及血清生化指标的影响。通过仿生消化试验评估，当酸性与中性 β-甘露聚糖酶酶活比为 1∶1 时，对日粮作用后还原糖的释放量最为明显。通过对断奶仔猪进行生产试验，当添加 4 000 U/kg 及以上的复合型 β-甘露聚糖酶时，断奶仔猪末重、日均采食量、日增重显著提高，仔猪腹泻率显著降低，血清中血糖和总蛋白含量显著提高。研究表明，将酸性与中性 β-甘露聚糖酶进行 1∶1 配比后添加至仔猪日粮中，能显著改善断奶仔猪的生长性能，降低仔猪腹泻率，提高血清中血糖和总蛋白含量。

朱晓彤等[60]研究了饲粮豆粕水平与 β-甘露聚糖酶对断奶仔猪血清 α-GM、β-GM、GM 含量、血清生化指标以及肠道溶质载体家族 7 成员 1（*SLC7A1*）、溶质载体家族 7 成员 11（*SLC7A11*）、溶质载体家族 38 成员 2（*SLC38A2*）基因相对表达量的影响。当饲粮豆粕水平提高后，断奶仔猪平均日采食量和回肠 *SLC7A1* 基因相对表达量均显著降低，断奶仔猪平均日采食 α-GM 含量、颈动脉血清 β-GM 含量、肠系膜静脉血清 β-GM 与 GM 含量、前腔静脉血清谷丙转氨酶、谷草转氨酶活性和尿素氮含量均显著升高；当添加了 0.02% β-甘露聚糖酶后，断奶仔猪肠系膜静脉血清 α-GM 含量及肝门静脉血清 α-GM 和 GM 含量均显著降低，前腔静脉血清葡萄糖、钙和高密度脂蛋白含量均显著升高；随着饲粮中豆粕水平的提高，添加 0.02% β-甘露聚糖酶后，断奶仔猪肝门静脉血清 GM 含量显著降低，空肠 *SLC7A1*、*SLC7A11* 和 *SLC38A2* 基因相对表达量均显著升高。研究表明，仔猪平均日采食 α-GM 的含量升高，可降低仔猪平均日采食量；肝门静脉、颈动脉和肠系膜静脉血清 α-GM、β-GM 与 GM 含量随着饲粮 α-GM、β-GM 与 GM 含量的增加而增加；此时，添加 β-甘露聚糖酶可降低肝门静脉血清 GM 含量，上调空肠 *SLC7A1*、*SLC7A11* 和 *SLC38A2* 基因相对表达量。

田军辉等[61]研究了低能量日粮中添加 β-甘露聚糖酶（0、0.4%、0.8%、1.6% 和 2.4%）对断奶仔猪生长性能的影响。与对照组相比，试验组的日增重提高，料重比降低，综合经济效益提高。

（5）β-葡聚糖酶。陈庆菊等[62]研究了 β-葡聚糖替代抗生素对断奶仔猪生长性能、肠道微生物区系和微生物氨基酸脱羧酶活性的影响。400 mg/kg β-葡聚糖组和 100 mg/kg 杆菌肽锌组断奶仔猪的生长性能与腹泻指数显著提高，料重比显著降低；而 β-葡聚糖组与杆菌肽锌组之间仔猪的生长性能、腹泻指数和料重比均无显著差异。此外，与杆菌肽锌组相比，饲粮中添加 β-葡聚糖能显著降低断奶仔猪回肠微生物色氨酸脱羧酶和赖氨酸脱羧酶活性。

研究表明，在饲粮中添加 400 mg/kg β-葡聚糖可提高断奶仔猪的生长性能，降低肠道中微生物氨基酸脱羧酶的活性，并提高结肠微生物的相对丰度和降低有害菌的相对丰度，意味着β-葡聚糖在促进肠道有益菌生长方面优于杆菌肽锌。

Li 等[63]研究了含有 β-葡聚糖酶的复合酶制剂对断奶猪肠道和外周系统以及肠道微生物和微生物代谢产物的免疫特性的影响。结果表明，试验组的结肠 IL－17、occludin 和 claudin 3 的 mRNA 水平显著高于对照组，盲肠的丙酸、丁酸和总挥发性脂肪酸含量显著降低，且结肠中的乳杆菌数量减少。研究表明，仔猪日粮中添加含有 β-葡聚糖酶的复合酶制剂（0.01%）可以降低免疫激活的系统性标志物，并将能量和营养物转移至生长。

3.2.1.2 生长育肥猪饲料中酶制剂的应用研究进展

（1）葡萄糖氧化酶。程振峰[64]研究了饲料中添加微生态制剂、三丁酸甘油酯、肠杆菌肽和葡萄糖氧化酶及其组合添加对生长育肥猪生长和小肠肠道形态、发育的影响。结果表明，与 0.5 kg/t 抗生素组相比，添加了 0.5 kg/t 葡萄糖氧化酶的试验组显著提高生长育肥猪平均日增重。此外，葡萄糖氧化酶处理组可引起小肠 M 细胞形态改变，加强吞噬能力。0.5 kg/t 葡萄糖氧化酶、0.5 kg/t 微生态制剂和 0.5 kg/t 肠杆菌肽等均能提高生长育肥猪生产和免疫性能，且葡萄糖氧化酶处理组生产性能数值表现优于肠杆菌肽和抗生素处理组，而微生态制剂配合葡萄糖氧化酶使用效果更好。

（2）蛋白酶。敖翔等[65]研究了棕榈仁粕饲粮添加碳水化合物酶对生长育肥猪生长性能、养分消化率和肉品质的影响。选用含有蛋白酶、α-半乳糖苷酶和 β-甘露聚糖酶的复合酶制剂 1 kg/t 进行比对试验。结果表明，试验组的料重比显著降低，干物质和总能的表观消化率、大理石纹评分显著升高。研究表明，在生长育肥猪的棕榈仁粕饲粮中添加含有蛋白酶的复合酶制剂可提高养分消化率，改善生长性能，且对肉品质无显著影响。

李思思等[66]研究了不同高粱水平饲粮补充蛋白酶对生长猪生长性能、肉品质和血清氨基酸含量的影响。通过用高粱替代 20%～80%的玉米，在添加蛋白酶后，生长猪的平均日采食量、平均日增重、料重比和肉品质指标均无显著差异。研究表明，在使用蛋白酶的前提下，用高粱替代 20%～80%的玉米，仍可作为生长猪的饲粮。

杨文娇等[67]研究了复合蛋白酶添加量对鲁烟白猪生产性能、养分消化率及血液生化指标的影响。结果表明，在玉米-杂粕型日粮中，随着复合蛋白酶添加量（0、0.05%、0.075%、0.1%和 0.125%）的增高，耗料增重比显著降低，粗蛋白质的消化率和血清总蛋白含量显著提高。研究表明，在鲁烟白猪玉米-杂粕型日粮中添加蛋白酶效果明显。

张秀江等[68]研究了酸性蛋白酶对生长育肥猪生产性能的影响。当在生长育肥猪的日粮中添加 0.02%酸性蛋白酶后，平均日增重从 722.5 g/头提高到 782.5 g/头，提高了 8.3%；平均日采食量从 2 463.7 g/头提高到 2 605.7 g/头，提高了 5.76%；料重比从 3.41 下降到 3.33，下降了 2.3%；发病率从 2.22%下降到 1.11%，下降了 50%。当 0.02%酸性蛋白酶与 0.15%益生菌联合使用时，效果更佳。

Pan 等[69]研究了包膜复合蛋白酶对猪日粮中氮和能量的表观总消化率以及氨基酸和养分的表观回肠消化率的影响。当添加量为 200 g/t 时，试验组中可消化和代谢的氮与能量值以及氮的消化率和保留率显著增加，能量和营养物质的表观总消化率显著提高，粗蛋白和一些必需氨基酸（精氨酸、异亮氨酸和亮氨酸）的表观回肠消化率显著提高。研究表明，在猪玉米-豆粕日粮中添加蛋白酶可改善氮和能量的表观总消化率以及一些必需氨基酸和营养素的能量与表观回肠消化率。

（3）木聚糖酶。杨飞来等[70]研究了不同复合酶制剂对育肥猪生长性能和营养物质表观消化率的影响。复合酶制剂的主要成分为木聚糖酶 25 608 U/g、葡聚糖酶 3 917 U/g 和纤维素酶 3 650 U/g。与对照组相比，饲粮中添加复合酶制剂可显著降低育肥猪的料重比；此外，复合酶制剂组显著提高了育肥猪饲粮粗蛋白和粗纤维的表观消化率。研究表明，在玉米-豆粕-稻谷型日粮中添加含有木聚糖酶的复合酶制剂，可以提高育肥猪的生长性能和营养物质表观消化率。

李美琪等[71]研究了木聚糖酶对育肥猪的生长性能、营养消化率以及粪便气味的影响。当 200 mg/kg 木聚糖酶与 200 mg/kg 蛋白酶配伍之后，可降低总能当中的回肠表观消化率，且猪粪便的臭气排放量降低。木聚糖酶具有减少粪便异味的作用。

（4）β-甘露聚糖酶。敖翔等[72]研究了低营养水平饲粮添加单一或复合非淀粉多糖酶对生长育肥猪生长性能、养分消化率和肉品质的影响。饲粮中添加 β-甘露聚糖酶后显著提高了末重、日增重，并显著降低了料重比；对干物质的表观消化率显著提高；有效氮和总能的表观消化率。当 β-甘露聚糖酶和半乳糖苷酶配伍使用时，效果更佳，且对猪肉品质无显著影响。研究表明，低营养水平饲粮降低了生长育肥猪的生长性能和养分表观消化率，而在生长育肥猪低营养水平饲粮中添加β-甘露聚糖酶或复合非淀粉多糖酶都可以部分提高生长性能和养分表观消化率，且对猪肉品质无影响。

Upadhaya 等[73]研究了在玉米-豆粕型基础日粮中添加 β-甘露聚糖酶对生长猪生长性能、养分消化率、血尿素氮、粪便大肠杆菌和乳酸菌及粪便有害气体排放的影响。日粮中添加β-甘露聚糖酶对试验猪的生产性能和养分消化率无影响，但对降低粪便大肠杆菌数量有积极作用，并有降低 NH_3 排放的趋势。

Kim 等[74]研究了 β-甘露聚糖酶对生长猪生长性能、表观总道消化率和血液代谢产物的影响。试验组的总体重、平均日增重和血糖随血液总胆固醇、甘油三酯和血尿素氮的浓度呈现线性增加，说明在低或高甘露聚糖日粮中补充 β-甘露聚糖酶具有改善生长猪生长性能的潜力。此外，作者还发现，在日粮中添加 β-甘露聚糖酶，棕榈仁粕可部分替代玉米和玉米-豆粕而不会降低猪的生长性能。

（5）β-葡聚糖酶。Zhao 等[75]研究了纤维素降解酶对猪回肠和全肠营养物质消化率与发酵产物的影响。选用的纤维素降解酶主要成分为 β-葡聚糖酶、木聚糖酶和纤维素酶。结果表明，含有 β-葡聚糖酶的纤维素降解酶可显著改善膳食总能量、粗蛋白、干物质、有机物、总膳食纤维、中性洗涤剂纤维和表观回肠消化率；增加了猪回肠消化道和粪便中的乙酸盐和总短链脂肪酸浓度。研究表明，为了提高猪的生产效率，可在纤维饲料中使用纤维素降解酶。

3.2.1.3 我国尚未批准在猪饲料中使用的酶制剂的应用研究进展

（1）饲用黄曲霉毒素 B_1 分解酶。饲料添加剂黄曲霉毒素 B_1 分解酶（产自发光假蜜环菌）的适用范围为肉鸡、仔猪。潘康成等[76]在含有黄曲霉毒素 B_1（AFB_1）的育肥猪日粮中添加 100 mg/kg 的霉菌毒素分解酶，以研究其对育肥猪生产性能和肝脏功能的影响，以及 AFB_1 在肝脏中检出量的影响。结果表明，在育肥猪日粮中添加黄曲霉毒素 B_1 会造成育肥猪生产性能下降、肝功能减弱，在含有黄曲霉毒素 B_1 的日粮中添加 100 mg/kg 的霉菌毒素分解酶，日均增重从 550 g 提高到 568 g，日均采食量从 1 397 g 提高到 1 424 g，料重比由

2.54 下降到 2.51，显著提高了育肥猪的生长性能，尤其显著降低了黄曲霉毒 B_1 在肝脏中的检出量。

（2）阿魏酸酯酶。罗云等[77]为了研究阿魏酸酯酶在猪发酵饲料中的作用，将实验室制备的阿魏酸酯酶粗酶液与商品化的微生物饲料发酵剂混合共同制备猪酶化发酵饲料，以研究酶化发酵饲料对三元杂交猪生产性能和消化性能的影响。结果表明，阿魏酸酯酶酶化发酵饲料可大大改善饲料的风味，提高适口性；显著提高酸性洗涤纤维、中性洗涤纤维的降解率；总氨基酸含量、阿魏酸含量、低聚木糖含量、单位饲料中细菌总数、乳酸菌总数也有显著提高。此外，平均日采食量、平均日增重、料重比有显著提高，干物质、中性洗涤纤维、酸性洗涤纤维、粗灰分的消化率也有显著提高。研究表明，阿魏酸酯酶提高了发酵饲料的风味、饲料品质，酶化发酵饲料可以促进三元杂交猪生长、提高其消化性能。

（3）过氧化氢酶。战晓燕等[78]研究了过氧化氢酶对断奶仔猪生长性能、肠道形态和消化酶活性的影响。结果表明，在饲粮中添加过氧化氢酶后显著提高了日增重和日采食量，降低了料重比，空肠绒毛高度、绒毛高度与隐窝深度的比值显著提高，十二指肠和回肠隐窝深度降低。研究表明，在仔猪日粮中添加过氧化氢酶可明显促进肠道绒毛-隐窝结构的发育，提高消化酶活性，降低腹泻率，从而改善生长性能。这在实际生产中具使用价值，可减少锌使用量。

申童等[79]研究了过氧化氢酶对断奶仔猪生长性能的影响。结果表明，试验组的平均日增重显著提高，料重比和腹泻率显著降低。研究表明，过氧化氢酶在断奶仔猪生长性能方面效果显著。

方锐等[80]系统研究了过氧化氢酶对断奶仔猪生长性能、肠道形态以及抗氧化性能的影响。结果表明，饲粮中添加过氧化氢酶可显著降低断奶仔猪料重比，同时提高了平均日增重和平均日采食量；十二指肠、空肠、回肠绒毛高度有不同程度增加，隐窝深度有不同程度降低；血清中丙二醛含量显著降低，谷胱甘肽含量显著升高；粗脂肪表观消化率显著提高。研究表明，在饲粮仔猪中添加过氧化氢酶可提高断奶仔猪抗氧化性能，改善肠道绒毛形态，提高营养物质的消化率，从而达到提高生长性能的效果。

李威等[81]研究了过氧化氢酶对猪群健康状态的影响。通过健康评价计算机模型分析猪群健康度、营养指数、中毒指数、过敏指数等指标后，发现在仔猪基础日粮中添加过氧化氢酶可显著提高猪群抗过敏功能，改善猪群健康状态。

陈嘉铭等[82]研究了在母猪妊娠后期和哺乳期饲粮中添加过氧化氢酶对母猪繁殖性能、抗氧化能力、饲粮养分消化率以及仔猪生长性能与抗氧化能力的影响。结果表明，试验组的粗蛋白质消化率和粗脂肪消化率均与对照组差异显著；在饲粮中添加过氧化氢酶，总产仔头数、活仔数、健仔数、初生窝重有一定程度提高，在降低哺乳仔猪腹泻率方面效果显著；血清过氧化氢酶活性和总抗氧化能力显著提高。研究表明，在母猪饲粮中添加过氧化氢酶可以在一定程度上提高母猪总产仔数，并有效提高母猪妊娠哺乳期和初乳中血清过氧化氢酶活性与总抗氧化能力。

3.2.2 家禽饲料中酶制剂的应用研究进展

3.2.2.1 蛋鸡饲料中酶制剂的应用研究进展

（1）植酸酶。Ren 等[83]使用 504 只蛋鸡分别饲喂添加非植酸磷含量 0.05%、0.1%、

0.15%、0.20%、0.25%和0.30%的含有2 000 FTU/kg植酸酶的日粮。试验期为3周。研究产蛋鸡日粮中是否需要额外添加非植酸磷来提高磷需要的安全阈值。研究发现，额外添加0.05%～0.30%的非植酸磷对于日粮中添加2 000 FTU/kg植酸酶的蛋鸡日粮而言，并没有对产蛋率、蛋重、饲料采食量、料蛋比和不合格蛋比例等产蛋性能有所改善，同时对蛋壳强度、蛋壳厚度、蛋白高度、蛋黄颜色、哈氏单位等蛋品质指标，以及胫骨钙、磷含量等指标无显著影响。

刘国庆等[84]选用52周龄的京红1号蛋鸡360只，开展了产蛋后期钙的适宜需要量研究。4个试验处理的钙水平分别为2.91%、3.94%、4.38%和4.98%，每组添加0.2 g/kg的植酸酶。试验期为6周。结果表明，不同钙水平对蛋鸡平均日产蛋率、平均蛋重、平均日产蛋量、平均日采食量和料蛋比的影响均不显著，但3.94%处理组料蛋比和平均日采食量较其他处理组均有所降低，且3.94%处理组的蛋破损率显著低于4.38%和4.98%处理组；不同钙水平日粮对蛋壳厚度影响显著，4.38%处理组蛋壳厚度显著高于2.91%和4.98%处理组，3.94%处理组显著高于4.98%处理组；3.94%处理组的蛋壳强度最大，蛋壳占全蛋的重量比例最适宜，但二者在各个处理间差异不显著；通过建立蛋壳厚度与日粮钙水平间的回归关系，估测日粮最佳钙水平为3.84%。研究表明，在饲喂玉米-豆粕-植酸酶型基础日粮条件下，3.84%～3.94%钙水平日粮能改善京红1号蛋鸡产蛋后期蛋壳厚度、提高蛋重、降低蛋破损率。

吴继承等[85]研究了饲粮粗蛋白、非植酸磷水平和植酸酶对蛋鸡生产性能的影响。选用432只海兰褐商品蛋鸡开展4周饲养试验，基础日粮为玉米-豆粕型。结果表明，饲粮粗蛋白质、非植酸磷水平和植酸酶等因素间对产蛋鸡的产蛋率、平均蛋重、产蛋量没有显著影响。饲粮中添加植酸酶可显著提高产蛋鸡的产蛋率和产蛋量。

李连彬等[86]选取720只24周龄海兰褐蛋鸡，试验处理组分别为正对照组（PC组）饲喂有效磷为0.36%的正常基础日粮，负对照组（NC组）饲喂有效磷为0.16%的低磷日粮，其余试验组是在NC组日粮基础上分别添加2种植酸酶（A或B）各125 U/kg、250 U/kg、500 U/kg。结果表明，与PC组相比，NC组和B500组产蛋率、平均蛋重和日采食量显著降低，其他各添加植酸酶组恢复到PC组水平，各添加植酸酶组料蛋比和蛋品质无显著变化；NC组胫骨灰分、胫骨磷和血浆磷含量显著降低，添加2种植酸酶组（除B500组外）恢复到PC组水平，B500组血浆磷含量显著低于PC组，各试验组胫骨钙含量和血浆钙含量与PC组无显著差异。研究表明，低磷玉米-杂粕型日粮中添加2种植酸酶都能够缓解低磷引起的负效应，但2种植酸酶的最佳添加量不同，在本试验条件下的日粮中添加125 U/kg的植酸酶B或250 U/kg的植酸酶A都能满足蛋鸡对无机磷的需求。

（2）木聚糖酶。黄晨轩等[87]探究了枯草芽孢杆菌和木聚糖酶复合物对蛋鸡后期生产性能和蛋品质的影响。试验选取60周龄健康的海兰灰蛋鸡8 640只，对照组饲喂基础日粮，试验组在基础日粮中添加1‰的枯草芽孢杆菌和木聚糖酶复合物。结果表明，与对照组相比，试验组的产蛋率显著提高了2.62%，试验组的采食量、料蛋比和破蛋率分别降低了1.01%、3.18%和8.10%。研究表明，枯草芽孢杆菌和木聚糖酶复合物对维持蛋鸡产蛋后期的产蛋率有一定作用。

漆雯雯等[88]研究了在小麦替代部分玉米的日粮中添加重组葡聚糖酶和木聚糖酶对蛋鸡生产性能及鸡蛋品质的影响。选用240只产蛋高峰期海兰褐蛋鸡随机分为4组，试验处理分为玉米日粮组（对照组）、试验1组（40%小麦替代组）、试验2组（60%小麦替代组）和试验3组（添加80%小麦替代组）。结果表明，与对照组相比，各试验组小麦日粮添加重组葡聚糖酶和木聚糖酶后，采食量、体重、产蛋率、蛋重、污蛋率、蛋形指数、蛋壳质量、蛋白高度、哈氏单位、蛋黄质量、蛋白质量均无显著差异，但随着替代比例的增加，蛋黄色度由10.67分别下降至9.47、7.75和6.20，呈现显著差异；蛋破损率显著低于对照组，试验1组的蛋壳厚度比对照组的蛋壳薄0.02 mm。研究表明，用40%～80%的小麦替代部分玉米的小麦型日粮中添加重组葡聚糖酶和木聚糖酶对处于高峰期海兰褐蛋鸡的产蛋性能和鸡蛋品质无影响。

朱虹[89]研究了不同类型日粮添加木聚糖酶对蛋鸡产蛋性能、蛋品质和肠道形态的影响。试验将768只34周龄的海兰褐蛋鸡随机分为6组，每组4个重复，每个重复32只。试验日粮采用3×2因素设计，即3种基础日粮（对照组、5%甜菜粕组和5%麸皮组）、2种木聚糖酶水平（0 U/g和200 U/g）。试验期为8周。结果表明，对照组蛋鸡的产蛋率和平均日采食量均显著高于对照组和甜菜粕组（$P<0.05$），对照组蛋鸡平均蛋重显著高于甜菜粕组（$P<0.05$）。同时，无论日粮类型如何，日粮添加200 U/g木聚糖酶均显著提高平均日采食量（$P<0.05$），蛋品质不受日粮类型或酶添加水平的显著影响（$P>0.05$），5%麸皮组蛋鸡空肠绒毛高度显著高于对照组和5%甜菜粕组（$P<0.05$），日粮添加200 U/g木聚糖酶显著改善了空肠绒毛高度（$P<0.05$）。研究表明，日粮添加5%麸皮或甜菜粕会降低蛋鸡产蛋率，5%麸皮日粮补充200 U/g木聚糖酶可以提高蛋鸡采食量，改善空肠绒毛高度。

（3）β-甘露聚糖酶。郑允志等[90]研究了在夏季高温时期蛋鸡日粮中添加β-甘露聚糖酶对蛋鸡生产性能、蛋品质和养分表观消化率的影响。选择体重及产蛋率相近的82周龄海兰白蛋鸡576只，试验共设计4种日粮，处理1组饲喂高能日粮（代谢能11.76 MJ/kg），处理2组饲喂低能日粮（代谢能11.34 MJ/kg），处理3组饲喂处理2组日粮+500 mg/kg β-甘露聚糖酶，处理4组饲喂处理2组日粮+1 000 mg/kg β-甘露聚糖酶。结果表明，高能日粮组、低能日粮组及低能日粮组添加β-甘露聚糖酶对蛋鸡末重、产蛋率、采食量、平均蛋重、料蛋比和破蛋率均无显著影响。各处理组对鸡蛋蛋壳强度、哈氏单位、蛋黄颜色和蛋壳颜色无显著影响，与其他3组相比，日粮添加500 mg/kg β-甘露聚糖酶显著提高了蛋壳厚度。高能日粮组、低能日粮组及低能日粮添加β-甘露聚糖酶组对试验第3周或第5周蛋鸡泄殖腔温度的影响无显著差异。与低能日粮组及低能日粮组添加500 mg/kg β-甘露聚糖酶相比，高能日粮组显著提高了蛋鸡代谢能的表观消化率。研究表明，代谢能为11.34 MJ/kg、粗蛋白质水平为15%的日粮中添加500 mg/kg β-甘露聚糖酶可以提高夏季高温条件下蛋鸡的能量利用率和蛋壳强度。

郭永胜等[91]选用30周龄海兰褐蛋鸡研究了β-甘露聚糖酶在蛋鸡饲料中的应用效果和适宜添加量。对照组饲喂基础日粮，试验1组、试验2组、试验3组分别在基础日粮中添加50 g/t（9 U/g）、100 g/t（18 U/g）和150 g/t（27 U/g）β-甘露聚糖酶。结果表明，试验1组、试验2组、试验3组蛋鸡的采食量均高于对照组，但组间差异不显著；随着β-甘露聚糖酶添加量的增加，产蛋率、蛋重逐渐提高，其中试验3组与对照组之间差异显著；料蛋比随着β-甘露聚糖酶添加量的增加而逐渐降低，但组间差异不显著；试验3组除粗蛋白外，能量、钙、总磷的表观消化率均显著提高；对蛋黄相对重、蛋黄颜色和哈氏单位均无显著影响；胆固醇含量随着添加量的增加而逐渐降低，与对照组之间差异显著。研究表明，β-甘露聚糖酶在玉米-豆粕型蛋鸡饲料中的适宜添加量为 150 g/t（27 U/g）。

（4）蛋白酶。家禽的肠道短，内源性蛋白酶分泌不足。外源蛋白酶的添加可以降低消化道食糜黏度，减少消化不良引起的应激反应。秦魁[92]选取 270 只 60 周龄的蛋鸡，研究了在蛋鸡日粮中添加芽孢杆菌蛋白酶制剂对蛋鸡生产性能的影响。对照组饲喂基础饲粮，2 个试验组分别在基础饲粮中添加饲喂芽孢杆菌蛋白酶制剂 1 号和芽孢杆菌蛋白酶制剂 2 号。结果表明，添加芽孢杆菌蛋白酶制剂组可提高蛋鸡的平均日采食量。

谭权等[93]选用品种、日龄、体重、性能一致的 50 周龄海兰褐蛋鸡 3 300 只，参照海兰褐蛋鸡营养需要标准及常规原料设计为正对照日粮；增加非常规原料玉米 DDGS、玉米皮和羽毛粉用量设计为负对照日粮；在负对照日粮的基础上，分别添加 50 g/t、100 g/t、250 g/t 蛋白酶 DP100，设计为 3 种加酶日粮。结果表明，与正对照组相比，负对照组蛋鸡生产性能有所降低；与负对照组相比，添加 100 g/t 蛋白酶 DP100 使产蛋率提高了 1.3%，料蛋比降低了 0.04；添加 250 g/t 蛋白酶 DP100 使产蛋率提高了 1.1%，料蛋比降低了 0.08，达到甚至超过正对照组生产性能；各加酶处理组的造蛋成本均低于负对照组，经济效益均高于负对照组；随着蛋白酶 DP100 添加量的增加，料蛋比降低，造蛋成本进一步降低，经济效益进一步提高。研究表明，蛋鸡日粮中合理利用蛋白酶 DP100 和非常规原料能降低饲养成本，提高生产性能，提升经济效益。

（5）淀粉酶。晏桂芳等[94]选取 435 日龄海兰褐蛋鸡，研究了低温淀粉酶对蛋鸡生产性能的影响。试验期间，试验组日粮在对照组日粮的基础上添加低温淀粉酶 300 g/t。结果表明，与对照组相比，试验组蛋鸡平均日采食量降低 1.11%，平均日产蛋量提高 2.20%，平均产蛋率提高 2.36%；与对照组相比，料蛋比降低 0.073，降低了 3.49%。经济效益分析表明，日粮中添加低温淀粉酶饲养 41 d，试验组比对照组多盈利 0.29 元/只。研究表明，在日粮中添加低温淀粉酶能够改善蛋鸡的生产性能。

（6）葡萄糖氧化酶。饲料添加剂葡萄糖氧化酶产自特异青霉、黑曲霉。王恒毅等[95]研究了饲料中添加葡萄糖氧化酶对蛋鸡生产性能的影响。试验分为 2 组，与对照组相比，试验组添加了 0.2%的葡萄糖氧化酶。结果表明，试验组提高了蛋鸡的产蛋率，降低了破蛋率，蛋鸡的采食量、料蛋比、死淘率明显降低。

李嘉辉等[96]研究了葡萄糖氧化酶对产蛋后期蛋种鸡产蛋性能、孵化性能、抗氧化能力及相关基因表达的影响。采用单因素试验设计，选用 480 只 55 周龄、体重和产蛋率基本一致的海兰褐蛋种鸡，随机分为 4 组，每组 6 个重复，每个重复 20 只。对照组饲喂基础饲粮，试验组分别饲喂在基础饲粮中添加 200 mg/kg、350 mg/kg 和 500 mg/kg 葡萄糖氧化酶的试验饲粮。预试期为 1 周，正试期为 12 周。与对照组相比，350 mg/kg 和 500 mg/kg 葡萄糖氧化酶组产蛋后期蛋种鸡的产蛋率显著增加（$P<0.05$），料蛋比显著降低（$P<0.05$）；200 mg/kg、350 mg/kg 和 500 mg/kg GOD 组的种蛋受精率显著增加（$P<0.05$），种蛋孵化率和出雏率无显著变化（$P>0.05$）。350 mg/kg 和 500 mg/kg 葡萄糖氧化酶组产蛋后期蛋种鸡的种蛋蛋壳厚度及哈氏单位显著增加（$P<0.05$）。500 mg/kg 葡萄糖氧化酶组产蛋后期蛋种鸡的血清丙二醛（MDA）含量显著降低（$P<0.05$）；200 mg/kg、350 mg/kg 和 500 mg/kg 葡萄糖氧化酶组的血清超氧化物歧化酶（SOD）活性与总抗氧化能力（T-AOC）显著增加（$P<0.05$）；350 mg/kg 和 500 mg/kg 葡萄糖氧化酶组的血清谷胱甘肽过氧化物酶（GSH-Px）活性显著增加（$P<0.05$）。200 mg/kg、350 mg/kg 和 500 mg/kg 葡萄糖氧化酶组产蛋后期蛋种鸡

的肝脏MDA含量显著降低（$P<0.05$），肝脏SOD活性显著增加（$P<0.05$）；350 mg/kg和500 mg/kg葡萄糖氧化酶组的肝脏GSH-Px活性显著增加（$P<0.05$）。200 mg/kg、350 mg/kg和500 mg/kg葡萄糖氧化酶组产蛋后期蛋种鸡的核因子E2相关因子2（Nrf2）、锰超氧化物歧化酶（Mn-SOD）和铜锌超氧化物歧化酶（Cu/Zn-SOD）mRNA相对表达量显著增加（$P<0.05$）。当饲粮中葡萄糖氧化酶的添加水平为500 mg/kg时，经济效益最佳。

（7）复合酶制剂。周小娟等[97]研究了复合酶对蛋鸡生产性能和蛋品质的影响。将800只海兰褐蛋鸡随机分为5组，试验1组饲喂基础日粮，试验2组、试验3组、试验4组、试验5组在基础日粮的基础上降低0.42 MJ/kg的能量，同时试验1组、试验4组、试验5组分别添加复合酶100 g/t、200 g/t和300 g/t。结果表明，在平均蛋重、耗料量、料蛋比和软破蛋率指标上，各组间差异不显著；在产蛋率指标上，试验5组比试验2组提高5.85%，差异显著；在蛋形指数、蛋壳强度、蛋壳厚度和蛋黄颜色指标上，各组间差异不显著；在哈氏单位指标上，试验4组比试验2组提高15.21%，差异显著（$P<0.05$），试验5组比试验1组提高16.91%，差异极显著。研究表明，在降低能量的前提下，在饲料中添加复合酶可改善蛋鸡的生产性能和蛋品质，其中以添加300 g/t的复合酶效果最佳。

曹岩峰等[98]研究了不同酶制剂对产蛋后期蛋鸡生产性能、蛋品质和血液生化指标的影响。对照组饲喂基础日粮，基础日粮添加复合酶制剂A、复合酶制剂B分别记为试验1组、试验2组。结果表明，两种酶制剂均能提高蛋鸡的生产性能、蛋重和产蛋率，但对料蛋比无显著影响。复合酶制剂B对蛋白高度有明显的改善作用，两种复合酶制剂对蛋壳厚度、蛋壳强度、蛋壳比例、蛋重、蛋黄颜色、哈氏单位和蛋黄比例无显著影响。

于翔宇等[99]以玉米-豆粕为基础日粮，研究了在低能日粮中添加复合酶制剂对蛋鸡生产性能、血液生化指标的影响。选用368日龄480只蛋鸡随机分成5组，即1组（正对照组）、2组（负对照组）、3组（200 g/t酶制剂）、4组（300 g/t酶制剂）和5组（400 g/t酶制剂）。结果表明，复合酶制剂能提高蛋鸡生产性能，3组平均蛋重显著高于1组、2组，4组产蛋率极显著高于2组。在低能日粮中添加复合酶制剂能够改善血液生化指标，5组血清中白蛋白含量极显著高于1组和2组，血清总胆固醇含量显著高于2组，3组、4组血清磷含量极显著高于1组和2组。研究表明，低能日粮中添加复合酶制剂能改善蛋鸡生产性能，提高血液中各生化指标的含量，弥补日粮降低能量对蛋鸡的不利影响。

王丽娟等[100]选用1 440只体重和产蛋率相近的300日龄海兰褐蛋鸡，研究了不同代谢能水平的日粮中添加复合酶对蛋鸡产蛋性能及血液生化指标的影响。试验1组为基础日粮正对照组，试验3组、试验5组分别为基础日粮降低代谢能0.16 MJ/kg和0.33 MJ/kg的负对照组，试验2组、试验4组和试验6组分别为在试验1组、试验3组和试验5组基础上按每吨全价料400 g的比例添加复合酶的试验组。结果表明，试验2组的T淋巴细胞转化率显著高于试验1组，但二者的其他产蛋性能和血液生化指标差异均不显著；试验4组、试验6组的产蛋性能和血液生化指标与相应的试验3组、试验5组相比均有显著改善。研究表明，添加复合酶可以提高蛋鸡对饲料的利用率，能够挖掘饲料潜在的营养价值。

3.2.2.2 肉鸡饲料中酶制剂的应用研究进展

（1）植酸酶。杨敏等[101]总结了外源植酸酶在肉鸡饲粮中的研究进展，发现植酸酶的活性受温度、pH等影响，对植酸磷的释放仅仅在20%左右，仍然具有巨大潜力。植酸酶能提高低磷饲粮养分利用率和肉鸡生产性能，超量添加（>500 U/kg）对生产性能的改善有超过正常磷水平饲粮的潜力。饲粮添加植酸酶能提高磷的消化利用率，降低饲粮磷水平和磷排放。该研究从植酸酶对植酸磷的作用、对肉鸡生产性能及养分利用、对磷排放以及与非淀粉多糖酶互作作用等方面做了较为详细的综述。

侯爽[102]选取 14 日龄体重相近的白羽肉鸡，研究了饲粮中锌、锰和植酸酶水平对肉鸡生长性能、血清生化指标以及血清中锌、锰含量的影响，以探究饲粮中添加植酸酶是否能提高锌、锰的吸收利用率，从而降低饲粮中锌、锰的添加量。试验采用2×3 双因素试验设计，分别在基础饲粮中添加 2 个水平的植酸酶（0 FTY/kg 和 2 000 FTY/kg）和 3 个水平的锌、锰组合（30 mg/kg 锌＋40 mg/kg 锰、60 mg/kg 锌＋70 mg/kg 锰、90 mg/kg 锌＋100 mg/kg 锰），共组成 6 种饲粮。结果表明，饲粮中添加植酸酶能够提高肉鸡生长性能和血清抗氧化酶活性。饲粮中添加锌、锰有利于机体蛋白质的合成。饲粮中添加植酸酶并没有达到降低锌、锰添加量的目的。

郑书英等[103]选用白羽肉鸡 720 只，研究了植酸酶对 1～42 d 肉鸡生长发育的影响。试验共分为 5 组，分别为阳性对照组（正常日粮）、负对照组（低磷日粮）、低磷日粮＋1 000 U/kg、2 000 U/kg 和 3 000 U/kg 植酸酶。结果表明，随着日粮植酸酶添加水平的升高，显著改善了 1～21 d 肉鸡日增重、采食量和料重比，而 1～42 d 肉鸡生长性能表现为显著的二次曲线效应，其中负对照组肉鸡日增重和采食量最低，料重比最高。阳性对照组较负对照组显著提高了 42 d 肉鸡胫骨干物质含量。随着植酸酶添加水平的升高，21 d 肉鸡血钙浓度表现为显著线性降低，而血磷浓度先升高后降低，低磷日粮＋1 000 U/kg 植酸酶组最高。42 d 肉鸡血磷浓度随着日粮植酸酶水平的升高表现为二次曲线效应。阳性对照组和负对照组较处理组显著提高了 42 d 肉鸡血钙浓度。与阳性对照组和负对照组相比，低磷日粮添加植酸酶组显著降低了矿物质回肠表观消化系数，而低磷日粮＋3 000 U/kg 植酸酶较负对照组显著降低了能量回肠表观消化系数。研究表明，植酸酶在回归分析的基础上提高了肉鸡生长性能，添加高剂量植酸酶 3 000 U/kg 显著提高 21 d 肉鸡日增重。试验期为 42 d，日粮添加 2 000 U/kg 植酸酶对肉鸡的增重和饲料转化率效果较好。

卢广林[104]研究了低磷、低钙水平日粮添加植酸酶、柠檬酸和碳水化合物酶对 1～21 d 肉鸡生长性能及养分消化率的影响。试验选择 1 日龄肉仔鸡 576 只，试验共分为 6 种日粮，即阳性对照组日粮（正常钙磷水平），阴性对照组日粮（低磷、低钙），阴性对照组日粮＋600 IU/kg 植酸酶，阴性对照组日粮＋600 IU/kg 植酸酶＋5 g/kg 柠檬酸，阴性对照组日粮＋600 IU/kg 植酸酶＋500 mg/kg 复合碳水化合物酶，阴性对照组日粮＋600 IU/kg 植酸酶＋5 g/kg 柠檬酸＋500 mg/kg 复合碳水化合物酶。结果表明，阳性对照组肉鸡日增重和采食量显著高于阴性对照组；植酸酶组添加碳水化合物酶组较单独添加植酸酶组显著提高了肉鸡的日增重；植酸酶＋碳水化合物酶组较阴性对照组显著改善了料重比。阳性对照组较阴性对照组显著提高了肉鸡胫骨灰分含量；植酸酶组显著提高了总磷、有效磷和植酸磷的回肠表观消化率，同时植酸酶组添加柠檬酸或碳水化合物酶进一步提高了总磷和植酸磷的回肠表观消化率。阴性对照组添加植酸酶显著提高了表观代谢能及干物质、总能、氮和总磷的表观沉积量，而植酸酶组添加碳水化合物酶提高了干物质和总磷表观沉积量。研究表明，低磷、低钙水平日粮添加植酸酶和碳水化合物酶改善了肉鸡生长性能、提高了营养物质的消化率和沉积量，而植酸酶日粮添加柠檬酸可以改善营养物质消化率和沉积量。

董以雷等[105]选用 1 日龄白羽肉鸡，研究了在低钙磷饲粮中添加大剂量植酸酶和维生

素 D_3 对肉鸡生产性能、胫骨灰分及血清指标的影响。对照组饲粮的植酸酶为 1 000 FTU/kg，维生素 D_3 为 1 000 IU/kg，钙和总磷的相对含量（与其他试验组相比）为 100%。其余 4 个试验组的植酸酶均提高至 5 000 FTU/kg，饲粮钙磷的相对含量（与对照组相比）及维生素 D_3 水平依次为 80%、2 000 IU/kg（80～2 000 组），80%、4 000 IU/kg（80～4 000 组），70%、2 000 IU/kg（0～2 000 组），70%、4 000 IU/kg（70～4 000 组）。结果表明，80～2 000 组的体重、日增重、料重比和存活率与对照组相比均无显著差异，粪磷含量显著低于对照组。研究表明，80～2 000组（植酸酶 5 000 FTU/kg、80%钙磷和维生素 D_3 2 000 IU/kg）的营养最为适宜，可满足肉鸡良好生长和骨骼发育需要，并且肉鸡 1～42 日龄磷酸氢钙消耗量比对照组降低大约 74.62%。

姜文联等[106]选择 1 日龄科宝白羽肉仔鸡 850 只，试验处理组共有 5 组，即低磷日粮、高磷日粮、低磷日粮＋2 000 IU/kg 木聚糖酶、低磷日粮＋500 FTU/kg 植酸酶、低磷日粮＋2 000 IU/kg 木聚糖酶＋500 FTU/kg 植酸酶。结果表明，低磷组较高磷组显著降低了肉鸡的日增重、日采食量及趾骨灰分含量，与低磷组相比，木聚糖酶组显著降低了肉鸡的料重比，而植酸酶组显著提高了肉鸡日增重、日采食量、趾骨灰分及饲料利用率。复合酶组显著提高了 15 种氨基酸回肠表观消化率。与低磷组相比，木聚糖酶组显著提高了表观消化能和可消化代谢能及回肠氮消化率，而植酸酶显著提高了氮沉积及回肠氮消化率，复合酶组显著提高了代谢能、可消化代谢能及氮沉积量。植酸酶和复合酶组较高磷组显著提高了磷表观消化率和沉积量，但低磷组较高磷组显著提高了钙的表观消化率，植酸酶和复合酶组较其他 3 组显著提高了钾的沉积量。研究表明，小麦型日粮同时添加植酸酶和木聚糖酶对肉鸡生长和消化的影响要优于单独添加这两种酶。

刘松柏等[107]选取 900 只矮脚黄公鸡，研究了高剂量添加植酸酶对黄羽肉鸡不同生长阶段生长性能的影响。试验随机分成 2 组，第一组为正常植酸酶添加组（500 FTU/kg）（即对照组），第二组为高剂量添加植酸酶组（2 000 FTU/kg）。结果表明，高剂量添加植酸酶（2 000 FTU/kg）能显著降低黄羽肉鸡全程料重比，同时对肉鸡日均增重也有一定改善。研究表明，高剂量添加量植酸酶对于改善黄羽肉鸡生长性能效果明显。

陈冠华等[108]研究了在含 25-羟基维生素 D_3 低磷日粮中添加高剂量植酸酶对 1～42 日龄肉鸡生长性能、骨骼矿化和钙磷沉积率的影响。试验将 250 只 1 日龄肉鸡公雏随机分成 5 个处理。对照组：非植酸磷（NPP）含量为 0.45%/0.35%；4 个试验组按照 2×2 因素设计试验：2 个NPP 含量（1～21 日龄，NPP 含量分别为 0.35%和 0.25%；22～42 日龄，NPP 含量分别为 0.25%和 0.15%），植酸酶 2 个添加水平为 1 000 U/kg 和 10 000 U/kg。结果表明，1～42 日龄肉鸡日粮中 NPP 含量为 0.35%/0.25%时，植酸酶适宜添加量为 1 000 U/kg；NPP 含量为 0.25%/0.15%时，植酸酶适宜添加量为 10 000 U/kg。

（2）木聚糖酶。王雄等[109]通过 540 只黄羽肉鸡的 42 d 饲养试验，研究了不同来源木聚糖酶对黄羽肉鸡生长性能的影响。试验处理组包括：对照组饲喂小麦-玉米-豆粕型基础日粮，试验 A 组、试验 B 组分别饲喂在基础日粮中添加 200 g/t 木霉产木聚糖酶和 200 g/t 细菌产木聚糖酶的试验日粮，木聚糖酶酶活均为 30 000 U/g。结果表明，与对照组相比，试验 A 组、试验 B 组的平均日增重和粗脂肪、粗纤维、钙、磷的表观代谢率及日粮表观代谢能均显著提高，料重比显著降低，粗蛋白质表观代谢率分别提高了 5.90%和 3.54%。试验 A 组、试验 B 组之间各测定指标没有显著差异。研究表明，日粮中添加 200 g/t 木霉产木聚糖酶或细菌产木聚糖酶均能提高养分代谢率，改善肉鸡生长性能，木霉产木聚糖酶的效果稍好于细菌产木聚糖酶。

班志彬等[110]使用禽用开放回流式呼吸测热装置进行能量代谢试验，探究了木聚糖酶对肉鸡玉米-豆粕型饲粮和玉米干酒糟及其可溶物（DDGS）型饲粮净能值的影响。试验选用1日龄白羽肉鸡120只，随机分为4组。采用2×2双因素试验设计，饲粮类型（普通饲粮、玉米DDGS饲粮）和饲粮中添加木聚糖酶（0 U/kg、40 000 U/kg）为2个主效应。结果表明，木聚糖酶可显著提高肉鸡的呼吸熵；与普通饲粮相比，玉米DDGS饲粮可显著提高肉鸡的平均日采食量、料重比、耗氧量、呼吸熵、总产热量和代谢能摄入量，显著降低表观代谢能、净能及净能/表观代谢能；木聚糖酶和饲粮类型的交互作用对肉鸡的代谢能摄入量和沉积能有显著影响。研究表明，在肉鸡玉米-豆粕型饲粮和30%玉米DDGS饲粮中添加40 000 U/kg木聚糖酶对饲粮净能值无显著影响。

（3）β-甘露聚糖酶。黄铁生等[111]选用300只白羽肉鸡，研究了β-甘露聚糖酶对肉仔鸡生长性能的影响。与对照组相比，试验组饲喂添加5 000 U/kg的β-甘露聚糖酶的全价饲料。结果表明，在肉鸡饲料中加入β-甘露聚糖酶能够显著提高肉鸡的平均日增重，但是添加β-甘露聚糖酶没有显著改善肉鸡的料重比以及免疫器官指数和新城疫病毒抗体水平。

赵娜等[112]研究了在低能日粮中添加β-甘露聚糖酶对肉仔鸡生长性能和养分表观消化率的影响。试验设计了6个处理，分别饲喂高能日粮、低能日粮以及在低能日粮中分别加入300 mg/kg、400 mg/kg、500 mg/kg、1 000 mg/kg的β-甘露聚糖酶。结果表明，在低能日粮中添加β-甘露聚糖酶能够提高肉仔鸡的饲料养分消化率，促进肉仔鸡生长。

孟昆等[113]通过饲喂评价试验，研究了β-甘露聚糖酶转基因玉米对肉鸡生长性能、屠宰性能及血清生理生化指标的影响。试验选择1日龄白羽肉鸡480只，随机分成4组。1组为非转基因玉米的对照组，不添加β-甘露聚糖酶；2组为非转基因玉米添加低剂量微生物来源β-甘露聚糖酶组，β-甘露聚糖酶活性为500 U/kg；3组为低剂量β-甘露聚糖酶转基因玉米组，β-甘露聚糖酶活性为500 U/kg；4组为高剂量β-甘露聚糖酶转基因玉米组，β-甘露聚糖酶活性为5 000 U/kg。结果表明，与对照组相比，3组和4组42日龄肉鸡平均日增重有显著提高，4组料重比显著降低。4组42日龄肉鸡屠宰率和全净膛率显著高于2组和对照组。2组、3组和4组21日龄和42日龄肉鸡的血液生理生化指标与对照组相比均没有显著差异。研究表明，饲粮中添加β-甘露聚糖酶转基因玉米能提高受试肉鸡的生长性能和屠宰性能，但对血液生理生化指标没有显著影响。

（4）蛋白酶。Xu等[114]使用256只白羽肉鸡，研究了在不同能量饲料原料（玉米与低单宁含量的高粱）日粮中分别添加1 200 U/kg包被复合蛋白酶（木霉来源的酸性蛋白酶、枯草芽孢杆菌来源的中性蛋白酶和地衣芽孢杆菌来源的碱性蛋白酶）对肉鸡生长性能、营养物质沉积、肠道形态以及胴体品质等指标的影响。结果表明，两种能量原料对于肉鸡生产性能没有影响，但是添加蛋白酶显著改善了肉鸡的总能、表观代谢能、干物质以及氮的沉积，改善了后期和全期的平均日增重以及肠道形态；同时，在屠宰性能和肉品质方面，提高了肉鸡的屠宰重量、胸肉产量以及胸肉$pH_{24\,h}$，降低了胸肉的滴水损失。

Ding等[115]通过1 080只白羽肉鸡公雏42 d的饲养试验，研究了不同肉鸡日粮粗蛋白水平与添加不同剂量地衣芽孢杆菌来源的蛋白酶（0 mg/kg、150 mg/kg、300 mg/kg，酶活为10万U/g），对生长性能、营养物质利用率、胰蛋白酶活性以及肠道形态的影响。结果表明，无论肉鸡日粮蛋白水平高低，添加外源蛋白酶可以显著改善肉鸡前期的饲料转化效率，同时能提高粗蛋白消化率。此外，添加外源蛋白酶 300 mg/kg 处理组改善了胰脏胰蛋白酶活性，以及 21 d 的十二指肠、空肠和回肠的肠道形态。研究表明，外源添加蛋白酶对肉鸡前期的生长性能和肠道形态有显著的改善作用。

张立兰等[116]通过仿生法研究饲粮中外源蛋白酶的最适添加量，试验组分别在肉鸡前期和后期基础饲粮中添加 0 PROT/kg、15 000 PROT/kg、75 000 PROT/kg 和 150 000 PROT/kg 的外源蛋白酶，试验共 8 种饲粮样品，每种饲粮样品设 5 个重复，每个重复 1 根仿生消化管，使用单胃动物仿生消化系统（SDS-Ⅱ）分别模拟饲粮在鸡胃肠道的消化过程，测试并计算饲粮样品的饲料体外干物质消化率（DMD）、体外能量消化率（GED）和饲料体外酶水解物能值（EHGE），分别建立 DMD 和 EHGE 与蛋白酶添加量（PS）的回归方程，并分析 DMD 和 EHGE 与 PS 的相关关系。结果表明，玉米-豆粕型基础饲粮中添加外源蛋白酶，可显著提高肉鸡基础饲粮体外全消化道 DMD、GED 和 EHGE。但外源蛋白酶的添加剂量对不同消化道阶段和不同营养指标消化率的影响并不呈单纯一致的剂量反应规律。通过回归模型计算，肉鸡前期和后期基础饲粮中分别添加 112 500 PROT/kg 和 91 800 PROT/kg 的蛋白酶时，EHGE 提升效果最好。

张静静等[117]研究了低蛋白质饲粮添加蛋白酶对肉仔鸡生长性能、血清生化指标、肝脏关键生长基因及雷帕霉素靶蛋白（TOR）信号通路基因表达的影响。选取 1 日龄爱拔益加（AA）白羽肉仔鸡 324 只，随机分为 3 组，每组 6 个重复，每个重复 18 只（公、母各占 1/2）。对照组饲喂基础饲粮（前期粗蛋白质水平为 23%，后期粗蛋白质水平为 20%）；低蛋白质组（前期粗蛋白质水平为 21%，后期粗蛋白质水平为 18%）补充 L-赖氨酸盐酸盐、DL-蛋氨酸和 L-苏氨酸达到 AA 肉仔鸡饲养标准；低蛋白质加酶组在低蛋白质组饲粮基础上添加 500 mg/kg 蛋白酶（酶活性为 30 000 U/g）。试验期为 42 d。结果表明，低蛋白质加酶组肉仔鸡 21 日龄和 42 日龄体重及 1～21 日龄和 1～42 日龄平均日增重（ADG）显著高于低蛋白质组（$P<0.05$），且 1～21 日龄 ADG 显著高于对照组（$P<0.05$），1～21 日龄料重比显著低于对照组和低蛋白质组（$P<0.05$）。低蛋白质组和低蛋白质加酶组肉仔鸡血清尿酸含量均显著低于对照组（$P<0.05$），低蛋白质加酶组血清尿素氮含量显著低于对照组（$P<0.05$），低蛋白质组血清总胆固醇含量显著高于对照组和低蛋白质加酶组（$P<0.05$）。低蛋白质加酶组肉仔鸡肝脏中胰岛素样生长因子结合蛋白-1（IGFBP-1）基因的表达量显著低于对照组和低蛋白质组（$P<0.05$），肝脏中胰岛素样生长因子-Ⅰ（IGF-Ⅰ）、生长激素（GH）和生长激素受体（GHR）基因的表达量显著高于低蛋白质组（$P<0.05$）。低蛋白质加酶组肉仔鸡胸肌率和腿肌率以及胸肌或腿肌中 TOR、核糖体蛋白 S6 激酶 β1（S6K1）和真核翻译起始因子 4E 结合蛋白 1（4E-BP1）基因的表达量显著高于低蛋白质组（$P<0.05$）。所以，低蛋白质饲粮添加蛋白酶能够提高肉仔鸡肝脏关键生长基因及 TOR 信号通路相关基因的表达水平，促进蛋白质的合成代谢，增加骨骼肌蛋白质沉积，从而改善了肉仔鸡生长性能。

唐建伟等[118]研究了不同蛋白质日粮补充蛋白酶对热应激肉鸡生长性能、绒毛形态及胴体性状的影响。试验将初始体重为（58.70±0.32）g 的 1 日龄肉鸡 768 只随机分为 4 组，每组 6 个重复，每个重复 32 只。试验日粮采用 2×2 因素设计，即 2 个蛋白质水平（正常和低蛋白）及 2 个酶水平（0 kU/kg 蛋白酶和 20 kU/kg 蛋白酶）。试验期为 6 周。与低蛋白组相比，正常蛋白组肉鸡的末重显著提高 1.15%（$P<0.05$），而料重比显著降低 2.61%（$P<0.05$）。日粮蛋白质与酶水平对肉鸡采食量的影响具有显著交互作用（$P<0.05$）。正常蛋白组肉鸡空肠绒毛高度及绒毛高度与隐窝深度的比值较低蛋白组分别显著提高 7.26% 和 6.10%（$P<0.05$）。20 kU/kg 蛋白酶组空肠绒毛高度较无酶组显著提高 2.01%（$P<0.05$）。与低蛋白组肉鸡相比，正常蛋白组肉鸡胸肌重量显著提高 6.29%（$P<0.05$），而腹脂相对重量显著降低 22.58%（$P<0.05$）。20 kU/kg 蛋白酶组肉鸡胸肌相对重量较无酶组显著提高 4.99%（$P<0.05$）。这些结果说明，热应激条件下低蛋白质日粮补充 20 kU/kg 蛋白酶可以提高肉鸡空肠绒毛高度和胸肌相对重量。

谢谦等[119]研究了饲粮中添加蛋白酶和益生菌复合制剂对白羽肉鸡生长性能、养分利用率和粪便有害气体排放的影响。试验选取体重相近、健康的 1 日龄爱拔益加（AA）肉仔鸡 192 只，按照体重随机分为 2 组，每组 8 个重复，每个重复 12 只。对照组饲喂基础饲粮，试验组饲喂添加蛋白酶、枯草芽孢杆菌、地衣芽孢杆菌、凝结芽孢杆菌、酵母菌复合制剂的基础饲粮，其中 1～14 日龄、15～28 日龄、29～42 日龄饲粮中分别添加 500 mg/kg、400 mg/kg、300 mg/kg 复合制剂。试验期为 42 d。结果表明，与对照组相比，试验组 42 日龄体重有上升趋势（$P=0.08$），22～42 日龄和全期的平均日增重有上升趋势（$P=0.08$），22～42 日龄和全期的耗料增重比显著降低，试验组与对照组在 1～21 日龄的平均日采食量、平均日增重、耗料增重比以及在 22～42 日龄和全期的平均日采食量均无显著差异；此外，试验组粗蛋白质利用率极显著上升，试验组粗脂肪、粗纤维利用率显著上升；两组物质、能量利用率无显著差异。试验组白羽肉鸡发酵粪便氨气含量有下降趋势（$P=0.08$），各组白羽肉鸡发酵粪便硫化氢含量无显著差异。所以，蛋白酶和益生菌复合制剂可以提高白羽肉鸡生长性能和养分利用率，降低氨气的产生和排放。

（5）淀粉酶。Yuan 等[120]通过 630 只 1 日龄白羽肉鸡 14 d 的饲养试验，研究了在肉鸡日粮中添加不同种类淀粉酶对生长性能和玉米淀粉利用率的效果。试验分为对照组，木霉来源 α-1,4-淀粉酶 1 500 U/kg 和 3 000 U/kg，枯草芽孢杆菌来源 α-1,4-淀粉酶 480 U/kg 和 960 U/kg，以及异淀粉酶 200 U/kg 和 400 U/kg。结果表明，淀粉酶对肉鸡生长性能的影响取决于来源和添加量。与 α-1,6-异淀粉酶处理组相比，添加 1 500 U/kg 木霉来源 α-1,4-淀粉酶可以显著改善能量消化率，提高饲料转化效率。而添加 3 000 U/kg 木霉来源 α-1,4-淀粉酶和添加 α-1,6-异淀粉酶处理组与其他处理组相比，在对空肠黏膜蔗糖酶活性、回肠淀粉消化率以及饲料转化效率方面有些负面影响，后续试验需要确认这些影响的具体原因与机制。

刘迎春等[121]先开展体外试验，采用酶解试验模拟胃、小肠两步消化，分析低温 α-淀粉酶对饲料中还原糖释放的影响。随后选用 600 只 1 日龄白羽肉鸡，开展了 42 d 的饲养试验，研究了低温 α-淀粉酶对饲料中淀粉的酶解及肉鸡生长性能的影响。试验处理分为 4 组，对照组饲喂基础日粮，试验 1 组、试验 2 组、试验 3 组分别在基础日粮中添加 1 000 U/kg、1 500 U/kg 和 2 000 U/kg 低温 α-淀粉酶。结果表明，低温 α-淀粉酶提高了饲料在胃消化阶段 1 h、2 h 的还原糖生成量。日粮添加 100 g/t 低温 α-淀粉酶显著提高了 42 日龄肉鸡体重、后期平均日增重；低温 α-淀粉酶降低了后期和全期料重比。研究表明，低温 α-淀粉酶提高了饲料中还原糖在胃消化阶段的释放量，肉鸡日粮中添加低温 α-淀粉酶可以改善生长性能，添加量以 1 000 U/kg 为宜。

马杰等[122]选用1日龄爱拔益加肉仔鸡960只开展为期21 d的饲养试验，研究了饲粮直链与支链淀粉的比值和淀粉酶对肉鸡生长性能和营养物质表观消化率的影响。试验采用4×3双因素设计，饲粮直链与支链淀粉的比值分别为0.11、0.23、0.35、0.47，淀粉酶的添加量分别为0 U/kg、3 000 U/kg、6 000 U/kg。结果表明，直链与支链淀粉的比值为0.23的饲粮组肉鸡的平均日增重显著提高，料重比以直链与支链淀粉的比值为0.47的饲粮组最高，其他组间差异不显著；饲粮中添加6 000 U/kg淀粉酶显著降低肉鸡平均日增重，但对料重比影响不显著；二者的互作效应不显著；能量、粗蛋白质、干物质、粗脂肪以及钙表观消化率以直链与支链淀粉的比值为0.11的饲粮组最高，直链与支链淀粉的比值为0.47的饲粮组最低；饲粮中添加淀粉酶对营养物质表观消化率影响不显著；二者的互作效应对营养物质表观消化率影响显著。研究表明，饲喂直链与支链淀粉的比值为0.23和淀粉酶添加量为3 000 U/kg的饲粮可提高肉鸡的生长性能。

(6) 葡萄糖氧化酶。Wang等[123]使用720只黄羽肉鸡，研究了在饲料中添加葡萄糖氧化酶与益生菌解淀粉芽孢杆菌BaSC06对生长性能、肉品质以及免疫功能的应用效果。结果表明，单独使用葡萄糖氧化酶和葡萄糖氧化酶与益生菌BaSC06一起使用均可以改善肉鸡胸肌的剪切力和滴失、表达肠道紧密连接、抗氧化能力和免疫功能。但是，葡萄糖氧化酶与益生菌BaSC06一起使用比单独使用葡萄糖氧化酶具有更好的抗细胞凋亡作用。

Wu等[124]通过42 d 525只的白羽肉鸡饲养试验，研究了在全期饲料中添加3个不同剂量40 U/kg、50 U/kg、60 U/kg的葡萄糖氧化酶对肉鸡生长性能、消化率、肠道功能以及盲肠微生态的影响。结果表明，3个葡萄糖氧化酶处理组的体增重和消化能力均高于对照组，与抗生素处理组的各项指标相似。同时，通过盲肠内容物的16S rRNA高通量测序研究，发现提高肉鸡生长性能主要表现在2个方面：一方面，由于*F. prausnitzii*、*Ruminococcaceae*和*Firmicutes*等肠道微生物丰度的提高，促进了生长并且保持肠道健康；另一方面，由于饲料中添加葡萄糖氧化酶可以改善肠道消化酶活性和营养物质表观消化率，从而改善肉鸡的生产性能。

于娟等[125]选用1日龄白羽肉鸡600只开展了为期42 d的饲养试验，研究了在肉鸡的饮水中添加液态的葡萄糖氧化酶对其生长性能的影响。与正常饮水的对照组相比，试验组在水中添加了0.1%的液态葡萄糖氧化酶（200 U/g）。结果表明，相比于对照组，在饮水中添加葡萄糖氧化酶后，能够显著提高肉鸡平均日增重和胴体屠宰性能，降低料重比，并且显著减少死淘率。

崔细鹏等[126]通过在白羽肉仔鸡日粮中添加不同浓度水平的葡萄糖氧化酶，研究其对白羽肉仔鸡生长性能和养分代谢的影响。试验设计了4个处理，对照组为玉米-豆粕型的基础日粮，处理1组、处理2组、处理3组分别是在基础日粮中加入50 U/kg、100 U/kg、200 U/kg的葡萄糖氧化酶。结果表明，肉鸡的生长性能随着葡萄糖氧化酶添加量的增加而提高。在基础日粮中加入100 U/kg、200 U/kg的葡萄糖氧化酶能够显著提高肉鸡全期日增重，降低料重比，并且提高对饲粮营养物质的利用率，从而促进其生长。

汤海鸥等[127]研究了在饲粮中添加不同剂量葡萄糖氧化酶对AA肉仔鸡生长性能的影响以及其替代抗生素的效果。其中，1组（对照组）饲喂基础饲料；试验2组、试验3组在基础饲料中分别加入葡萄糖氧化酶100 g/t、200 g/t；试验4组、试验5组在基础饲粮中除去抗生素后，分别再加入葡萄糖氧化酶200 g/t、400 g/t。结果表明，在AA肉仔鸡饲粮中加入葡萄糖氧化酶，能够显著提高日增重和采食量，降低料重比。

李向群等[128]选用 1 500 只 1 日龄健康的肉仔鸡开展为期 21 d 的饲养，研究了在饲料中添加葡萄糖氧化酶对肉仔鸡生长性能的影响。试验设计了 5 组，试验 1 组添加抗生素，试验 2 组正常饲喂，试验 3 组、试验 4 组、试验 5 组分别添加 1 000 U/g、2 000 U/g、4 000 U/g 的葡萄糖氧化酶。结果表明，在饲粮中添加葡萄糖氧化酶能够提高肉仔鸡的平均日增重，降低平均日采食量和料重比。提高饲料中有机物、粗蛋白质和粗脂肪的利用率。此外，葡萄糖氧化酶的添加酶显著提高了肉仔鸡的胸腺指数和脾脏指数，对血清中补体 3 和补体 4 以及 IgG、IgA、IgM 的含量均有提高，表明日粮中添加葡萄糖氧化酶可以提高肉仔鸡的生长性能和免疫机能。

郗艳菊等[129]选取白羽肉鸡 20 000 只开展为期 42 d 的饲养试验，研究了葡萄糖氧化酶对肉鸡生产性能、肠道 pH、肠道微生物、肝脏丙二醛含量的影响，从而探讨葡萄糖氧化酶缓解霉变饲料慢性中毒的作用。试验分为 4 组，对照组饲喂 90%基础日粮+10%霉变饲料，试验 1 组、试验 2 组、试验 3 组在对照组基础上分别添加葡萄糖氧化酶 200 g/t、400 g/t、600 g/t（酶活为 10 000 U/g）。结果表明，添加不同浓度的葡萄糖氧化酶能改善肉鸡生产性能，各组之间差异不显著；肠道中大肠杆菌数量各试验组与对照组相比均有降低且差异均极显著；各试验组肠道中乳酸杆菌数量均比对照组有所增加。试验组肉鸡肝脏中丙二醛含量较对照组均有所降低，分别降低了 5.17%、17.59%、13.45%，其中试验 1 组差异显著，试验 2 组和试验 3 组差异均极显著。研究表明，葡萄糖氧化酶能够促进肉鸡生产性能，对肉鸡肠道发育有促进作用，且能够有效控制霉菌毒素对肉鸡的侵害。综合本次试验结果及实际生产利益，在被污染日粮中添加 400 g/t 葡萄糖氧化酶性价比最高。

（7）溶菌酶。饲料添加剂溶菌酶（源自鸡蛋清）的适用范围为仔猪、肉鸡、犬、猫。苏长城等[130]为研究蛋源溶菌酶对肉鸡血清和组织细胞因子水平的影响，将 630 只 1 日龄岭南黄雏鸡随机分为 3 组（对照组、抗生素组和溶菌酶组），每组 3 个重复，对照组饲喂基础日粮，抗生素组和溶菌酶组分别在基础日粮中添加 2.5 mg/kg 那西肽和 585 000 U/kg 蛋源溶菌酶。结果表明，与对照组相比，溶菌酶组显著降低了肉鸡 21 日龄血清、脾脏和回肠 INF－γ 浓度；与抗生素组相比，溶菌酶组显著降低了肉鸡 21 日龄血清 INF－γ 浓度；而对肉鸡生长全期血清和组织的 IL－6、IL－10 浓度均无显著影响。研究表明，蛋源溶菌酶能降低肉鸡血清和组织中的 INF－γ 浓度，从而对肉鸡免疫机能产生有利影响，且总体效果优于那西肽抗生素组。

（8）脂肪酶。Hu 等[131]使用 720 只白羽肉鸡公雏开展为期 28 d 的饲养试验，研究了不同日粮能量水平及脂肪酶剂量对生长性能、消化率以及屠宰胴体指标的影响。试验分为对照组（前期 2 950 kcal、后期 3 100 kcal）、高能量组（前期 3 050 kcal、后期 3 200 kcal）、对照组+1 500 U/kg 脂肪酶，高能量组+3 000 U/kg 脂肪酶。结果表明，高能量组+3 000 U/kg 脂肪酶处理组可以显著改善生长性能、干物质和代谢能量消化率，提高肠绒毛高度、绒毛高度与隐窝深度的比值以及胰脏脂肪酶的活性；相反的，饲喂低能量日粮的肉鸡可以降低甘油三酯、低密度脂蛋白胆固醇的含量和腹脂率。

杨娟等[132]选取体重相近的 21 日龄白羽肉鸡 500 只开展饲养试验，研究了饲粮油脂和脂肪酶添加水平对热应激肉鸡生长性能与血清生化指标的影响。试验采用 5×2 双因素设计，随机分为 10 组，各组肉鸡分别饲喂不同油脂水平（5.53%、6.71%、7.89%、9.07%、

10.25%）和脂肪酶添加水平（0 U/kg、6 000 U/kg）组合的 10 种试验饲粮。结果表明，在饲粮油脂水平为 10.25%、脂肪酶添加水平为 6 000 U/kg 时，可显著提高热应激肉鸡的生长性能，并对肉鸡的脂质代谢有一定影响。

（9）复合酶制剂。Yin 等[133]研究了 5 种含有淀粉酶和不同碳水化合物水解酶的复合酶制剂在使用新收获玉米肉鸡饲料中的应用效果。处理 1 添加 1 500 U/g α-淀粉酶（酶制剂 A），处理 2 添加酶制剂 A 和 300 U/g 支链淀粉酶、20 000 U/g 葡糖糖化酶（酶制剂 B），处理 3 添加酶制剂 B+10 000 U/g 蛋白酶，处理 4 添加酶制剂 B+10 000 U/g 蛋白酶+15 000 U/g 木聚糖酶（酶制剂 C），处理 5 添加酶制剂 C+200 U/g 纤维素酶+1 000 U/g 果胶酶。结果表明，肉鸡日粮中使用新收获玉米时，添加淀粉酶和葡糖糖化酶或者蛋白酶对于淀粉的消化率和肉鸡生长性能的改善最为显著。

Liu 等[134]使用 480 只白羽肉鸡进行为期 21 d 的饲养试验，研究了在不同粗蛋白水平的肉鸡日粮中添加复合酶制剂（植酸酶 1 000 U/kg、蛋白酶 2 000 U/kg、木聚糖酶 1 000 U/kg）对生长性能、轻度坏死性肠炎、肠道黏膜屏障以及微生态计数的影响。结果表明，在日粮中使用杂粕类作为蛋白来源时，肉鸡因轻微感染坏死性肠炎而提供高蛋白日粮会加重小肠损伤，提高十二指肠黏蛋白 2 的分泌，并且增加回肠中有害菌产气荚膜梭菌和大肠杆菌的数量，降低空肠中 SIgA、PIgR 的 mRNA 表达量以及回肠乳酸杆菌和双歧杆菌的数量。研究表明，日粮中添加复合酶制剂，可以改善饲料采食量、体增重，提高空肠中 SIgA、PIgR 的 mRNA 表达量，并提高回肠乳酸杆菌和双歧杆菌的数量。

张会芳等[135]研究了复合酶制剂对肉仔鸡生产性能和养分消化利用的影响。试验选用 1 日龄白羽肉鸡 400 只，随机分为 5 组，分别为正对照组（1 组）、负对照组［2 组，较正对照组代谢能值（ME）低 836 kJ/kg］以及在负对照基础上分别添加复合酶制剂 A、复合酶制剂 B、复合酶制剂 C 所组成的 3 组、4 组和 5 组，酶制剂（含有木聚糖酶、淀粉酶和蛋白酶）添加量均为 100 g/t。结果表明，试验前期，1 组肉仔鸡的日均体重增加（ADG）显著高于其他组，料重比（F/G）和表观代谢能值（AME）均显著高于 2 组。与 2 组相比，加酶组肉仔鸡的半纤维素消化率均显著提高，AME 值也有所提高。试验后期，与 2 组肉仔鸡相比，1 组、3 组和 5 组肉仔鸡 F/G 值显著降低，5 组肉仔鸡氮利用率、1 组肉仔鸡 AME 值显著提高，加酶组肉仔鸡 AME 值有所提高。5 组肉仔鸡回肠干物质消化率和 1 组、3 组、5 组肉仔鸡回肠消化能值（IDE）显著高于Ⅳ组。研究表明，在玉米-豆粕-杂粕型饲粮中添加由木聚糖酶、蛋白酶和淀粉酶组成的复合酶不同程度地提高了肉仔鸡的生长性能和养分消化利用率，其中以酶制剂 C（木聚糖酶、淀粉酶和蛋白酶的活性分别为 3 000 U/g、4 000 U/g、80 000 U/g）的添加效果最佳。

刘胜利等[136]利用体外仿生学消化法筛选适用于肉鸡玉米-豆粕-杂粕型饲粮的非淀粉多糖复合酶，研究了采用响应面法优化筛选 6 种非淀粉多糖酶（木聚糖酶、β-葡聚糖酶、纤维素酶、β-甘露聚糖酶、α-半乳糖苷酶、果胶酶）添加于肉鸡饲粮中最优组合酶谱。试验基础饲粮中分别添加 5 个水平的 6 种非淀粉多糖酶，以还原糖释放量和干物质消化率提高值为评价指标，确定单酶的最佳添加量。结果表明，1～3 周龄肉鸡饲粮 6 种非淀粉多糖酶最佳酶谱是木聚糖酶 11.40 U/g、β-葡聚糖酶 3.76 U/g、纤维素酶 8.52 U/g、β-甘露聚糖酶 8.19 U/g、α-半乳糖苷酶 6.24 U/g、果胶酶 1.60 U/g；4～6 周龄肉鸡饲粮 6 种非淀粉多糖酶最佳酶谱是木聚糖酶 11.90 U/g、β-葡聚糖酶 5.26 U/g、纤维素酶 8.32 U/g、β-甘露聚糖酶 7.96 U/g、α-半乳糖苷酶 6.29 U/g、果胶酶 6.17 U/g。

范秋丽等[137]选用 1 440 只 1 日龄快速型岭南黄羽肉公雏开展 66 d 的饲养试验，研究了益生菌、低聚壳聚糖、酸化剂单独使用及与复合酶组合使用对 1～66 日龄黄羽肉鸡生长性能、免疫功能、胴体性能和肉品质的影响。根据体重一致原则，分为 8 组：对照组（无抗生素添加）、抗生素组（225 mg/kg 金霉素+200 mg/kg 恩拉霉素）、益生菌 1 组（500 mg/kg 枯草芽孢杆菌+200 mg/kg 乳酸杆菌+1 000 mg/kg 活性酵母）、益生菌 2 组（200 mg/kg 混合菌产品）、低聚壳聚糖组（50 mg/kg 低聚壳聚糖）、酸化剂组（2 000 mg/kg 苯甲酸+2 000 mg/kg 柠檬酸）、无抗组合 1 组（50 mg/kg 低聚壳聚糖+1 000 mg/kg 酸化剂+500 mg/kg 复合酶）、无抗组合 2 组（益生菌 1 组+无抗组合 1 组）。结果表明，综合 3 个阶段的生长性能、免疫功能、胴体性能和肉品质等结果，推荐 1～66 日龄黄羽肉鸡基础无抗日粮中添加 50 mg/kg 低聚壳聚糖/1 000 mg/kg 酸化剂以及 500 mg/kg 复合酶制剂代替抗生素来提高生长性能、免疫功能、胴体性能和肉品质。

此外，范秋丽等[138]还研究了葡萄糖氧化酶（GOD）、溶菌酶（LZ）和腐殖酸钠（NaHA）代替抗生素对脂多糖（LPS）处理 1～21 日龄黄羽肉鸡生长性能、免疫功能、抗氧化功能和空肠形态结构的影响。选择 1 440 只 1 日龄快大型岭南黄羽肉公鸡，随机分为 8 组，每组 6 个重复，每个重复 30 只。对照组饲喂基础日粮，试验组分别在基础日粮中添加 20 mg/kg 维吉尼亚霉素、100 mg/kg GOD、200 mg/kg GOD、400 mg/kg LZ、800 mg/kg LZ、0.3% NaHA、0.6%NaHA。所有鸡分别在 17 日龄和 19 日龄腹腔注射 500 μg/kg 体重的 LPS 诱导应激。试验期为 21 d。结果表明，日粮中添加 GOD、LZ 和 NaHA 对肉鸡的体重、平均日增重、平均日采食量、耗料增重比和死亡率无显著影响；800 mg/kg LZ 组的法式囊指数高于对照组和 20 mg/kg 维吉尼亚霉素组（$P<0.05$）；800 mg/kg LZ 组、0.6%NaHA 组血浆免疫球蛋白 A（IgA）含量高于对照组（$P<0.05$），且 800 mg/kg LZ 组高于 20 mg/kg 维吉尼亚霉素组（$P<0.05$）；800 mg/kg LZ 组和 0.6%NaHA 组的免疫球蛋白 M（IgM）含量、100 mg/kg GOD 组的干扰素-γ（IFN-γ）含量及 100 mg/kg GOD 组、800 mg/kg LZ 组、0.6%NaHA 组的白细胞介素-2（IL-2）含量以及 800 mg/kg LZ 组的总抗氧化能力（T-AOC）均高于对照组和 20 mg/kg 维吉尼亚霉素组（$P<0.05$）；800 mg/kg LZ 组空肠黏膜分泌型免疫球蛋白 A（SIgA）含量、100 mg/kg GOD 组、800 mg/kg LZ 组、0.6% NaHA 组的 T-AOC 以及 100 mg/kg GOD 组总超氧化物歧化酶（T-SOD）活性均高于对照组和 20 mg/kg 维吉尼亚霉素组（$P<0.05$）；100 mg/kg GOD 组、800 mg/kg LZ 组、0.6% NaHA 组的肿瘤坏死因子-α（TNF-α）含量低于对照组，且 800 mg/kg LZ 组、0.6%NaHA 组低于 20 mg/kg 维吉尼亚霉素组（$P<0.05$）；各组 IL-2 含量高于对照组（$P<0.05$）。所以，在基础日粮中添加 100 mg/kg GOD、800 mg/kg LZ 和 0.6%NaHA 替代抗生素来提高 LPS 处理 1～21 日龄黄羽肉鸡免疫功能和抗氧化功能。

燕磊等[139]研究了添加不同复合蛋白酶制剂对肉鸡生长性能、屠宰性能和营养物质利用率的影响。试验选取 2 592 只 1 日龄罗斯 308 商品肉仔鸡公雏。随机分为 6 组，每组 12 个重复，每个重复 36 只。饲养密度 12 只/m^2。处理 1 组为对照组，不使用酶制剂，日粮蛋白水平相对于营养标准降低了 1.5%；处理 2～6 组在处理 1 组的基础上添加 5 种复合蛋白酶制剂产品（均由酸性蛋白酶、中性蛋白酶和碱性蛋白酶组成）。试验期为 38 d。结果表明，肉鸡 13～24 日龄，添加不同蛋白酶均在不同程度上有改善肉鸡料重比的趋势（$P<0.10$），其

中 T2 组效果较佳，料重比改善 0.017；其余阶段及全期，不同处理的肉鸡生长性能无显著差异（$P>0.05$）；各处理组之间肉鸡全净膛率、胸肌率、腿肌率、翅重率、腹脂率、肌胃率、腺胃率差异不显著（$P>0.05$）；在低蛋白日粮的基础上添加蛋白酶均可提高肉鸡日粮表观代谢能（AME）、氮校正表观代谢能（AMEn）、能量利用率以及粗蛋白质表观消化率，其中 AME 分别提高 19 kcal/kg、33 kcal/kg、8 kcal/kg、61 kcal/kg、51 kcal/kg，能量利用率分别提高 1.2%、1.3%、0.5%、2.2%、1.8%，但统计上差异不显著（$P>0.05$）。研究表明，添加不同外源蛋白酶对肉鸡生长性能和屠宰性能无显著影响，但可在一定程度上提高营养物质利用率，从而降低肉鸡粪便氮排泄量。

3.2.2.3 我国尚未批准在家禽饲料中使用酶制剂的应用研究进展

超氧化物歧化酶。马渭青等[140]旨在研究饲粮中添加超氧化物歧化酶模拟物（SODm）对肉鸡生长性能、血清免疫指标及肠道抗氧化指标和消化酶活性的影响。选取 1 日龄白羽肉鸡公雏 288 只，随机分为 4 组。对照组（1 组）饲喂基础饲粮，试验组（2 组、3 组、4 组）在基础饲粮中分别添加 1.0 g/kg、2.0 g/kg、3.0 g/kg 的 SODm。结果表明，饲粮中添加 SODm 对肉鸡生长性能无显著影响；21 日龄时，3 组的血清免疫球蛋白 G（IgG）含量显著高于对照组，4 组的血清免疫球蛋白 M（IgM）含量显著高于其他组，各组之间血清免疫球蛋白 A（IgA）含量无显著差异。42 日龄时，各组之间血清 IgA、IgG、IgM 含量均无显著差异。21 日龄时，3 组的肠道超氧化物歧化酶（SOD）、谷胱甘肽过氧化物酶（GSH－Px）活性显著高于对照组，丙二醛（MDA）含量显著低于对照组。42 日龄时，4 组的肠道总抗氧化能力（T－AOC）显著高于其他各组，3 组、4 组的肠道 MDA 含量显著低于对照组；21 日龄时，2 组、3 组的肠道胰蛋白酶、胃蛋白酶、脂肪酶活性显著高于对照组；42 日龄时，3 组的肠道胃蛋白酶活性显著高于其他各组。研究表明，饲粮中添加 SOD 可以提高肉仔鸡血清免疫指标及肠道抗氧化性能和消化酶活性。

3.2.3 反刍动物饲料中酶制剂的应用研究进展

3.2.3.1 牛饲料中酶制剂的应用研究进展

（1）蛋白酶。奶牛乳房炎可造成奶牛泌乳量急剧降低、生殖机能失调，是影响奶牛产业经济效益的主要疾病之一。吴垒等[141]探索和评价了复合蛋白酶制剂对泌乳期奶牛乳房炎的治疗效果，并确定了其注射使用剂量。在使用 8 mg 糜蛋白酶＋8 mg 胰蛋白酶间隔 12 h、3 次连续用药后，奶牛的精神、食欲、乳房炎症、产奶量及乳汁质量都有了明显改善，患病乳区主要致病菌（如链球菌、大肠杆菌、葡萄球菌等）减少 50%以上。该剂量的复合蛋白酶制剂对泌乳期奶牛乳房炎的有效率为 88.2%，治愈率可达 70.6%。复合蛋白酶注射剂的开发和应用为奶牛乳房炎的治疗提供了新思路。

（2）复合酶。主要由不同种类的饲用酶制剂添加剂，包括纤维素酶、β-葡聚糖酶、木聚糖酶、淀粉酶、蛋白酶等按一定比例混合制成。

① 促进养分消化率和生产性能。王超丽等[142,143]通过每日在泌乳奶牛饲料中添加复合酶 30 g（纤维素酶、木聚糖酶和 β-葡聚糖酶），进行了为期 30 d 的饲养试验。结果发现，复合酶显著改善了奶牛对粗饲料，特别是长纤维的消化，试验组奶牛的日产奶量也有明显提升。

李奎等[144]研究了复合酶制剂对安格斯肉牛生产性能和血清生化指标的影响。结果表明，添加不同配比的纤维素酶、木聚糖酶和 β-葡聚糖酶都可以不同程度地提升安格斯肉牛的平均日增重。与此同时，复合酶制剂的饲喂对安格斯肉牛血清总蛋白、血糖、血清中尿素氮和甘油三酯等血清生化指标无显著影响。

王斌星等[145]通过在牦牛日粮中添加不同水平的纤维素酶和木聚糖酶研究外源纤维素降解酶对舍饲牦牛生产性能、养分表观消化率及瘤胃发酵的影响。试验选取 24 头麦洼公牦牛，外源纤维素酶的添加量为 0 g/kg、0.2 g/kg、0.4 g/kg 日粮干物质。结果表明，0.4 g/kg 日粮干物质添加组牦牛的日增重比对照提高了 21.42%，干物质采食量显著高于对照组，料重比也有低于对照组的趋势。外源纤维素酶添加组牦牛对饲料中酸性洗涤纤维和中性洗涤纤维有较好的消化率，而对饲料中的有机物和粗蛋白的消化提升不显著。外源纤维素酶的添加对牦牛瘤胃发酵也产生了一定的影响，显著降低了瘤胃中 NH_3-N 的浓度，提高了总挥发性脂肪酸的产量，促进了瘤胃的健康。

徐磊等[146]研究了在精料中添加复合酶制剂（含纤维素酶、木聚糖酶、蛋白酶和淀粉酶）对西门塔尔公牛育肥效果、养分表观消化率及血液生化指标的影响。试验选取了 30 头西门塔尔育肥公牛，开展了为期 91 d 的饲养试验。结果表明，添加 0.1%和 0.2%的复合酶制剂使育肥肉牛的日增重提高了 14.4%和 36.5%，并显著提高了粗蛋白、粗脂肪、中性洗涤纤维、酸性洗涤纤维和能量的表观消化率，降低了料重比。复合酶制剂的添加对肉牛血清中总蛋白、尿素氮和血糖无明显影响，但显著提高了血清中总胆固醇的量。这可能是由于复合酶制剂促进了瘤胃发酵，产生了更多的挥发性脂肪酸，机体内脂肪积累的结果。

时发亿等[147]将木聚糖酶、β-葡聚糖酶、β-甘露聚糖酶、纤维素酶、果胶酶、中性蛋白酶复合酶制剂添加到断奶西门塔尔公犊牛的饲料中，研究了复合酶的添加对犊牛免疫和生长性能的影响。结果表明，复合酶有效提升了 IgG、干扰素-γ、白细胞介素-2、白细胞介素-4 等血清指标，使犊牛发病率降低了 10%～20%。试验后期，试验组犊牛的体高、体斜长等均明显优于对照组。

② 对瘤胃发酵的影响。

李艳玲等[148]研究了添加不同剂量的纤维素酶和木聚糖酶复合酶制剂对体外瘤胃发酵及奶牛泌乳性能的影响。研究发现，添加外源复合酶制剂会在一定程度上提高瘤胃中中性洗涤纤维降解率，并促进微生物蛋白的生成。随着外源复合酶制剂添加量的增加，奶牛的产奶量、乳脂率和乳蛋白率也有提高的趋势，以饲喂每头每天 10 g 外源酶时效果最佳。

林静等[149]通过在饲粮中添加不同剂量复合酶制剂（包含纤维素酶、木聚糖酶、β-葡聚糖酶、果胶酶）的方式，研究了外源复合酶制剂的添加对泌乳期奶牛瘤胃发酵、养分表观消化率和生产性能的影响。试验采取单一控制变量，选择了体重、胎次等各方面都相近的 9 头泌乳期荷斯坦奶牛进行了 3 期动物试验。结果表明，复合酶制剂的添加显著提高了奶牛瘤胃中丁酸的产量，改变了瘤胃中微生物的发酵特性。复合酶制剂的添加还提升了奶牛对干物质、粗蛋白和中性洗涤纤维的消化率，从而显著提高了奶牛的产奶量，改善了乳汁中乳脂和乳糖成分。

陈雅坤等[150]研究了添加含有纤维素酶、木聚糖酶、β-葡聚糖酶、β-甘露聚糖酶、果胶酶和中性蛋白酶的复合酶制剂对瘤胃发酵与牛奶生产性能的影响。在体外瘤胃发酵试验中，添加 0.10%、0.15%和 0.20%的酶制剂均可以显著提高瘤胃发酵液中的总挥发性脂肪酸和乙酸的浓度，对饲料中粗蛋白和中性洗涤纤维的降解也有明显的促进作用。在饲喂泌乳期荷斯坦奶牛的试验中，添加不同水平复合酶制剂也显著提高了奶牛的乳脂率和乳产量，且添加量为 0.15%时效果较好。

赵连生等[151]选取 32 头泌乳早期荷斯坦奶牛，研究了不同剂量复合酶制剂对奶牛瘤胃发酵、营养成分表观消化率、血清生化指标和生产性能的影响。通过饲喂含有纤维素酶、木聚糖酶、β-葡聚糖酶、β-甘露聚糖酶、果胶酶和中性蛋白酶的复合酶制剂，荷斯坦奶牛瘤胃中总挥发性脂肪酸和乙酸的含量均有一定的提升，而对瘤胃中氨态氮和微生物蛋白含量无显著影响。添加 0.10%～0.20%的复合酶制剂促进了瘤胃中饲料干物质、中性洗涤纤维和有机物的表观消化率，并在一定程度上提高了血清总蛋白含量和乳产量。综合各试验结果，复合酶添加量为 0.15%时效果较好。

③ 对奶牛泌乳的影响。

谢小峰等[152]选取 90 头荷斯坦奶牛，在饲料中添加含有纤维素酶、木聚糖酶和 β-葡聚糖酶的复合酶制剂，探究外源纤维降解酶对高产奶牛生产性能和乳成分的影响。结果表明，添加 10 g/d 和 20 g/d 的复合纤维素可分别提升奶产量 0.9 kg/d 和 1.5 kg/d，可显著提高经济效益。另外，复合酶制剂的添加也显著提高了日乳脂量，改善了乳品质。

毛春春等[153]通过在日粮中添加含纤维素酶、木聚糖酶、β-葡聚糖酶的复合酶制剂，研究了酶制剂对奶牛产奶量和乳成分的影响。在每头牛添加 20 g/d 酶制剂的情况下，奶牛产奶量比对照组高出 1.05 kg/d，而对乳成分各指标的影响不显著。

乔伟等[154]研究了在饲料中补充反刍专用复合酶制剂（主要含纤维素酶、木聚糖酶和 β-葡聚糖酶）对奶牛在夏季高温热应激情况下的产奶量影响。综合研究结果表明，复合酶制剂能够有效缓解热应激对奶牛产奶的影响，缩短产奶量上升所需的恢复期，适宜添加量为 200 g/t 饲粮。

(3) 酶制剂与其他添加剂共同使用。张莹莹等[155]研究了在日粮中添加以木聚糖酶为主的纤维分解酶和异丁酸对荷斯坦犊牛小肠消化酶活性和肝生长轴基因表达的影响。结果表明，纤维分解酶和异丁酸的使用均能不同程度地提升犊牛小肠消化酶活性和肝中生长轴基因的表达，混合使用时效果最佳。

Wang 等[156]研究了在饲粮中添加复合酶（包含纤维素酶和木聚糖酶）和异丁酸对断奶前后荷斯坦犊牛瘤胃酶活性及菌群变化的影响。试验选取 48 头 15 日龄的荷斯坦犊牛，在饲粮中补充 1.83 g/d 的外源酶或 6 g/d 的异丁酸，开展了为期 75 d 的试验。结果表明，复合纤维分解酶的添加增加了瘤胃中总挥发性脂肪酸和乙酸的浓度，显著提高了犊牛瘤胃液中羧甲基纤维素酶的活性，并促进了产琥珀酸丝状杆菌及溶纤维丁酸弧菌的生长。研究表明，复合纤维分解酶的添加有利于改善瘤胃发酵和微生物酶活性，刺激瘤胃纤维素分解菌的繁殖，且复合纤维分解酶与异丁酸复配使用时效果最好。

谭树义等[157]研究了添加复合酶和乳酸菌制剂对海南黑牛生产性能的影响。与对照组相比，试验组添加 1.00 kg/t 复合酶和 20.00 g/t 乳酸菌制剂。结果表明，试验组海南黑牛体重比对照组提高了 0.54%，日增重提高 38.26%，而采食量比对照组降低 11.39%，料重比降低 35.12%。与对照组相比，试验组毛利润增加 45.74%，而料重比降低 32.85%。研究表明，添加复合酶和乳酸菌制剂的青贮玉米秸秆可使海南黑牛获得较高的生产性能。

郑海英等[158]通过添加纤维素复合酶制剂和微生态制剂研究这两种添加剂对育肥牛增重效果的影响。试验选择了 120 头西门塔尔架子牛，随机分为 4 组开展研究。结果表明，在日粮中添加酶制剂对育肥牛增重效果有提高的趋势，同时添加酶制剂和微生态制剂时对育肥牛增重效果最好、经济效益最高。

周胜花等[159]研究了纤维素分解酶（含纤维素酶和木聚糖酶）和2-甲基丁酸复配使用对泌乳奶牛生产性能的影响。结果表明，复配组奶牛的干物质采食量、产奶量、乳脂率等显著高于对照组。纤维素分解酶和2-甲基丁酸的添加改善了瘤胃发酵特性，提高了瘤胃中总挥发性脂肪酸、乙酸、丁酸的浓度，提高了饲粮中干物质、有机物、粗蛋白、粗脂肪、中性洗涤纤维和酸性洗涤纤维的表观消化率。

3.2.3.2 羊饲料中酶制剂的应用研究进展

（1）蛋白酶。李蒋伟等[160]研究了在日粮中添加蛋白酶对欧拉型育肥藏羔羊生产性能的影响。试验选择4月龄的欧拉型藏羔羊30只，开展为期60 d的试验。结果表明，在日粮中添加0.02%的蛋白酶能提升育肥羔羊对饲料中粗脂肪、粗纤维和钙的消化吸收率，显著提高了育肥羔羊的平均日增重。

（2）复合酶。

① 对养分消化率和生产性能的影响。

孙瑞萍等[161]研究了在精料中添加含有纤维素酶、木聚糖酶和β-葡聚糖酶的复合酶制剂对海南黑山羊生产性能和血清生化指标的影响。结果表明，补充复合酶可以显著提高黑山羊的日增重，其中添加量为0.2%时效果较好。日增重比未添加复合酶的对照组提高8.95%，而复合酶制剂对黑山羊血清生化指标的影响不显著。

周艳等[162]选用30只雄性新疆细毛羊，通过在饲料中添加含有中性蛋白酶、α-淀粉酶和脂肪酶的复合酶制剂研究了饲用复合酶制剂对新疆细毛羊羔羊生产性能的影响。结果表明，添加饲用复合酶显著提高了羔羊的平均日增重，试验中使用的几种饲用酶在单独使用和混合使用时对羔羊的生长均有一定的促进作用。

乔雄[163]研究了在饲喂山羊的小麦秸秆中添加纤维素复合酶（含有纤维素酶、木聚糖酶和β-葡聚糖酶）对山羊生产性能的影响。结果表明，添加0.1%复合酶对山羊的采食量和氮代谢影响不大，但山羊的日增重比对照组提升了37.7%。

孟芳等[164]研究发现，不同的外源酶添加到玉米-豆粕型日粮中对断奶羔羊血液生化指标和营养物质消化率有不同的影响。试验设置了5组，1组为对照组，使用基础日粮；其他4组为试验组，其中1组是在基础日粮中添加含纤维素酶、淀粉酶、蛋白酶的复合酶制剂，其他3组添加其中一种外源酶。结果表明，添加外源酶制剂使断奶羔羊的采食量显著降低；添加淀粉酶显著降低了羔羊对中性洗涤纤维和酸性洗涤纤维的消化率；混合添加纤维素酶＋淀粉酶＋蛋白酶提高了血清中谷草转氨酶、总蛋白、白蛋白、尿素氮、肌酸激酶、乳酸脱氢酶的平均值，对羔羊血液生化指标造成了一定的影响。

Song等[165]研究了在含有非纤维碳水化合物和中性洗涤纤维的日粮中添加外源纤维素酶与木聚糖酶对黑山羊生长性能、营养物质消化率及瘤胃发酵的影响。结果表明，添加外源酶显著提高了黑山羊对有机物、酸性洗涤纤维和中性洗涤纤维的消化，从而提高了饲料转化率和山羊的日增重；外源酶制剂还显著降低了瘤胃中NH_3-N的浓度，并提升了瘤胃液中总挥发性脂肪酸，特别是丙酸的浓度，促进了瘤胃的健康。

② 对瘤胃发酵的影响。

陈宇[166]采用体外模拟瘤胃发酵的方式研究了添加外源纤维降解酶（木聚糖酶和纤维素酶）对湖羊瘤胃微生物生长的影响。结果表明，添加外源复合酶可以有效提高瘤胃培养液中细菌总浓度。其中，主要促进了纤维素降解菌的繁殖，而抑制了产甲烷菌的生长。外源酶添加量为 10 mg/kg 的全混日粮效果最佳，饲料中营养物质利用率和纤维素降解率都得到了明显提升。

孟芳等[167]同样采用体外模拟瘤胃发酵的方法研究了添加外源纤维素酶对断奶羔羊瘤胃发酵参数及消化酶活性的影响。结果表明，添加外源纤维素酶提高了瘤胃中干物质的降解率，增强了微生物蛋白的合成，促进了体外瘤胃发酵。外源纤维素酶添加量为 300 000 U/kg 的精料效果最好，体外瘤胃发酵液中的纤维素酶和 α-淀粉酶活性均得到提升。

Lu 等[168]采用动物体内试验的方式研究了添加外源纤维素酶和木聚糖酶对黑山羊瘤胃发酵、甲烷排放等指标的影响。动物体内试验结果表明，添加外源纤维降解酶对黑山羊的饲料摄取量、营养成分消化率、能量利用与瘤胃发酵模式等均没有显著的影响，而且对山羊瘤胃内羧甲基纤维素酶活性、木聚糖酶活性、甲烷排放、产甲烷菌群落多样性等也都没有明显的影响。这与此前体外瘤胃发酵试验结果不同，因此添加外源酶要综合考虑饲料酶的稳定性、特异性、添加量及添加方式等因素。

（3）酶制剂与其他添加剂共同使用。Lu 等[169]研究了配合使用纤维素酶和酿酒酵母发酵产物对黑山羊营养物质消化率、瘤胃发酵和肠道甲烷排放的影响。研究发现，添加纤维素酶和酵母产物没有影响黑山羊的采食量及对有机质、中性洗涤纤维和酸性洗涤纤维的表观消化率，而主要作用是降低了瘤胃液中氨态氮的浓度，进而降低了肠道氨气的排放。

赵梦迪等[170,171]通过在湖羊日粮中添加饲用纤维素酶和单宁，探究这两种添加剂协同作用机制及对湖羊瘤胃微生物菌群、生长性能、血液生化指标的影响。与对照组相比，添加单宁和饲用纤维素酶试验组的湖羊瘤胃中微生物多样性得到提高，饲用纤维素酶的补充有效缓解了单宁对拟杆菌门和厚壁菌门微生物的抑制，提高了湖羊对纤维素物质的分解利用。添加 0.1%单宁和 0.1%饲用纤维素酶可以显著提高湖羊的平均日增重和屠宰率，并在一定程度上提高了血清中球蛋白、总蛋白含量及碱性磷酸酶活性，从而提升了湖羊的机体免疫力，且对各脏器发育并无不良影响。

肖杰等[172]也对饲用纤维素酶和单宁提高湖羊生长性能的机制进行了探究，发现添加这两种添加剂后，湖羊的空肠隐窝深度有所降低，回肠绒毛高度与隐窝深度的比值得到一定程度提高。结果表明，添加纤维素酶和单宁有利于湖羊肠道的健康发育，并因此提升了湖羊的生长性能。

3.2.3.3 我国尚未批准在反刍动物饲料中使用酶制剂的应用研究进展

（1）溶菌酶。饲料添加剂溶菌酶（源自鸡蛋清）的适用范围为仔猪、肉鸡、犬和猫。截至目前，溶菌酶的适用范围不包括牛，但仍有相关科研人员对溶菌酶在牛饲料中的应用展开了研究。

解冰冰[173]研究了在基础日粮中添加溶菌酶对围产期奶牛直肠中菌群多样性的影响及调节作用。结果表明，添加溶菌酶没有影响奶牛直肠中正常优势菌群，而是相对应地减少了需氧菌粪肠球菌的数量，增加了白色瘤胃球菌和普雷沃氏菌在菌群中的比例。白色瘤胃球菌和普雷沃氏菌分别是反刍动物瘤胃中主要的纤维素分解菌和蛋白质分解菌，因此，这两种菌比例的增加有利于围产期奶牛对纤维素和蛋白质的消化吸收。

陈亚迎等[174]采用体外静态模拟瘤胃发酵的方法研究了溶菌酶的应用对瘤胃发酵、甲烷生成及瘤胃微生物菌群多样性的影响。添加适量的溶菌酶（1 mg/100 mL）可显著降低瘤胃中甲烷和氨的生成，增加挥发性脂肪酸丙酸的浓度，且短期内并不影响饲料消化率。通过微生物组学分析表明，瘤胃发酵模式的改变与瘤胃中微生物菌群多样性的变化有密切联系。溶菌酶的应用增加了月形单胞菌和琥珀酸弧菌等丙酸产生菌的比例，因而更多的氢被用来合成丙酸，造成甲烷产量降低；溶菌酶对拟杆菌和普雷沃氏菌等蛋白质降解菌有显著的抑制作用，因此减少了蛋白的过度降解，降低了氨氮的浓度。此结论与解冰冰[173]的研究结果不同，可能是由于溶菌酶的使用浓度不同造成的。

（2）漆酶。王红梅等[175]在杜寒杂交公羔羊的饲料中添加了含有漆酶等多种不同纤维降解酶的复合酶制剂，研究了不同配伍酶制剂对肉羊生长性能和营养物质表观效率的影响。试验选取了 400 只杜寒杂交公羔羊，在其饲粮中添加了 1 kg/t 基础日粮的复合酶制剂，开展了为期 76 d 的试验。与对照组相比，添加纤维素酶、β-葡聚糖酶、木聚糖酶、果胶酶和漆酶复合酶制剂的试验组肉羊的营养物质消化率提高了 11%，增重提高了 23.51%，饲料转化率提高了 26.36%，1 kg 增重饲料成本降低了 18.42%，显著提高了育肥羊的生长性能和营养物质消化率。

冯文晓等[176]选择在肉用绵羊的饲料中添加纤维素酶、木聚糖酶、β-葡聚糖酶、果胶酶和漆酶的复合酶，进而研究了复合酶制剂的添加对绵羊营养物质表观消化率和血清生化指标的影响。试验选取了 80 只肉用绵羊，开展了为期 68 d 的饲喂试验。结果表明，与对照组相比，酶制剂添加组的干物质、中性洗涤纤维、酸性洗涤纤维消化率分别提高了 32.02%、42.24%和 100.12%，显著促进了肉羊对营养物质的消化利用。为了进一步提升效果，将含有植物乳杆菌和布氏乳杆菌的益生菌制剂加入饲料中与复合酶制剂协同作用，但提升效果不显著。

3.2.4 水产养殖动物饲料中酶制剂的应用研究进展

3.2.4.1 我国批准在水产养殖动物饲料中使用酶制剂的应用研究进展

（1）纤维素酶。秦搏等[177]研究了饲料中添加纤维素酶对幼刺参的影响。在幼刺参的基础日粮中分别添加了 0.025%、0.05%、0.1%、0.2%和 0.4%的纤维素酶后，研究了其对幼刺参生长性能、消化能力和非特异性免疫力的影响，包括对刺参的生长性能、消化能力和非特异性免疫力的影响。结果表明，当纤维素酶的添加量为 0.1%～0.2%时，幼刺参肠道中的超氧化物歧化酶和酸性磷酸酶活性均得到了显著提高。即在本试验条件下，通过向饲料中添加纤维素酶，幼刺参消化能力及非特异性免疫力均得以提高。

徐国武等[178]对饲料中添加 β-葡聚糖酶对鲤鱼机体的影响进行了试验研究。结果表明，向含有大麦粉的饲料中添加 β-葡聚糖酶并饲喂鲤鱼后，能够增加鲤鱼肠道食糜的黏性，使肠黏膜表层增厚而能够附着大量的益生菌（如乳酸菌、酵母菌和双歧杆菌等），进而能够提高鲤鱼的免疫力，减少死亡率。

彭素晓等[179]向海带渣中添加了 β-葡聚糖酶进行酶解后投喂凡纳滨对虾，并对凡纳滨对虾的生长、消化和非特异性免疫力进行了检测。结果表明，对虾血清中的酸性磷酸酶、酚氧化物酶活性均得到了显著提高。由此得出，海带渣经 β-葡聚糖酶酶解后能够提高凡纳滨对虾的非特异性免疫力。

王万良等[180]研究了 β-葡聚糖对亚东鲑幼鱼生长、肠道消化酶活性及肝脏抗氧化能力的影响。选择平均体重为（1.07±0.3）g 的幼鱼 1 050 尾，分别投喂添加不同含量 β-葡聚糖

(0、0.1%、0.2%、0.5%、1.0%、1.5%和2.0%)的基础饲料。试验期为60 d。结果表明，随着β-葡聚糖含量的不断增加，特定生长率(SGR)呈先递增后降低的变化趋势，0.5%试验组最大，显著高于其他各组($P<0.05$)；不同β-葡聚糖含量对肠道消化酶活性有一定影响；胰蛋白酶活性0试验组与1.5%和2.0%试验组差异不显著，显著低于其他各组($P<0.05$)；脂肪酶活性0试验组显著低于其他各组($P<0.05$)；淀粉酶活性0.5%试验组显著高于其他各组($P<0.05$)；β-葡聚糖从0～0.5%增加，GSH含量和GSH-Px、SOD活性依次递增，表明适量β-葡聚糖能够提升亚东鲑幼鱼抗氧化能力。所以，在基础饲料中适量添加β-葡聚糖能促进亚东鲑幼鱼生长，提高肠道消化酶活性和肝脏抗氧化能力。

同时，王万良等[181]研究了β-葡聚糖对亚东鲑幼鱼存活及生长的影响。在水温13～14 ℃条件下，将平均体重(1.07±0.3) g的亚东鲑幼鱼养在100 cm×100 cm×60 cm圆形玻璃缸循环水系统中，密度为159尾/m^3，水深约40 cm，投喂添加0、0.1%、0.2%、0.5%、1.0%、1.5%和2.0% β-葡聚糖的饲料，饲养60 d。结果表明，不同含量β-葡聚糖对亚东鲑幼鱼存活率差异不显著，均为100%；平均体重增长率0.5%试验组最大，显著高于其他各组($P<0.05$)，平均体长增长率0.5%试验组最大，与0.2%、0.5%、1.5%试验组之间差异不显著，显著高于其他各组($P<0.05$)，0试验组平均体长增长率最小；特定生长率0.5%试验组最高，显著高于其他各组($P<0.05$)，0试验组最低；肝体指数依次递减，0试验组最大，与0.1%、0.2%和0.5%试验组之间差异不显著，但显著高于其他各组($P<0.05$)；肥满度0.1%、0.2%、0.5%、1.0%试验组之间差异不显著，显著高于其他各组($P<0.05$)，0试验组最小；摄食率0.1%试验组最高，随着β-葡聚糖添加量增加而依次递减，但各试验组之间差异不显著；食物转化率0.5%试验组最高，与1.0%、1.5%、2.0%之间差异不显著，显著高于其他各组($P<0.05$)，0试验组最低。肠道脂肪酶、胰蛋白酶和淀粉酶活性均随β-葡聚糖含量增加呈先增后减的变化趋势，说明β-葡聚糖能够提升肠道消化酶活性。所以，饲料中添加0.5%β-葡聚糖对亚东鲑存活与生长效果较好。

赵红霞等[182]研究了β-1,3-葡聚糖的不同投喂方式对凡纳滨对虾生长、血清代谢和抗亚硝酸氮应激能力的影响。选用480尾初体重(0.43±0.01) g的凡纳滨对虾，随机分为4组，即G0组(全程投喂基础饲料)、G1组(全程投喂0.1%β-1,3-葡聚糖饲料)、G2组(0.1% β-1,3-葡聚糖饲料7 d+基础饲料7 d循环)和G3组(0.1% β-1,3-葡聚糖饲料14 d+基础饲料14 d循环)。在养殖84 d后，应用亚硝酸钠进行120 h亚硝酸氮应激试验。结果表明，各试验组凡纳滨对虾生长性能和全虾营养成分没有显著性差异。在养殖84 d后，G2组和G3组凡纳滨对虾肝胰腺脂肪酶活性显著高于G0组和G1组($P<0.05$)，G1组、G2组和G3组凡纳滨对虾血清胆固醇和甘油三酯含量显著高于G0组($P<0.05$)，G3组凡纳滨对虾肌肉脂多糖β-1,3-葡聚糖结合蛋白(LGBP)、酚氧化物酶原(proPO)和超氧化物歧化酶(SOD) mRNA表达显著高于G0组和G1组($P<0.05$)。亚硝酸氮应激120 h，G1组、G2组和G3组凡纳滨对虾累计死亡率显著低于G0组($P<0.05$)，G3组凡纳滨对虾累计死亡率显著低于G0组、G1组和G2组($P<0.05$)。在亚硝酸氮应激120 h后，与G0组相比，G1组、G2组和G3组凡纳滨对虾血清总蛋白含量显著升高($P<0.05$)，葡萄糖含量、谷丙转氨酶和谷草转氨酶活性显著降低($P<0.05$)；G3组凡纳滨对虾肌肉LGBP、proPO和SOD mRNA表达显著高于G0组($P<0.05$)，G1组凡纳滨对虾肌肉丝氨酸蛋白酶(SP) mRNA表达显著高于G0组、G2组和G3组($P<0.05$)。说明14 d间隔投

喂 0.1% β-1,3-葡聚糖可能通过促进能量代谢和 LGBP、proPO 和 SOD mRNA 表达提高凡纳滨对虾抗亚硝酸氮应激能力。

（2）植酸酶。王国霞等[183]研究了在以鱼粉、豆粕、棉籽粕和双低菜籽粕为蛋白质源的食用饲料中分别添加植酸酶和复合酶制剂对黄颡鱼免疫抗氧化力和肠道结构形态的影响。结果表明，各组酸性磷酸酶、碱性磷酸酶、过氧化氢酶活性及抗超氧阴离子自由基含量无显著差异。与对照组比较，试验组超氧化物歧化酶活性、谷胱甘肽过氧化物酶活性、总抗氧化能力均有升高。试验组丙二醛含量有所下降。植酸酶和复合酶组黄颡鱼的前肠肠壁厚度与肠绒毛高度均高于对照组。即在黄颡鱼食用饲料中分别添加植酸酶和复合酶能在一定程度上提高了血清超氧化物歧化酶和谷胱甘肽过氧化物酶活性，降低了丙二醛含量，改善了鱼体抗氧化力。同时，能够增加黄颡鱼肠壁厚度，提高肠绒毛高度，改善鱼体肠道健康状况。

Hu 等[184]研究了植酸酶对罗非鱼的肠道组织学、黏附菌群和免疫相关细胞因子基因表达的影响。结果表明，饲喂植酸酶后，鱼的鳞片、肠黏膜皱襞更紧、更规则，微绒毛密度显著增加。而且，黏附肠道细菌群落发生显著改变。同时，饲粮中添加植酸酶后，可明显观察到鱼肠道的炎症和应激状态，细胞因子在肠道中的表达也被上调。

杨航等[185]研究了复合酶制剂（主要为植酸酶和碳水化合物酶）对草鱼生长性能、营养物质消化率和沉积率、血清生化指标及肠道组织形态的影响。分别利用正对照饲料、低磷低脂饲料、无鱼粉低磷低脂饲料、添加酶制剂的低磷低脂饲料以及添加酶制剂的无鱼粉低磷低脂饲料 5 种试验饲料进行了饲喂草鱼试验。结果表明，添加复合酶制剂后的低磷低脂饲料和无鱼粉低磷低脂饲料饲养草鱼之后，草鱼的增重率有所提高，饲料转化率和血清碱性磷酸酶活性均显著降低，而且蛋白质和磷沉积率以及干物质、蛋白质和磷消化率显著提高。除此之外，在无鱼粉低磷低脂饲料中添加复合酶制剂后，草鱼的肠道绒毛高度和绒毛纵截面面积也显著增加。综合试验结果，在低磷低脂饲料和无鱼粉低磷低脂饲料中添加复合酶制剂能够显著提升草鱼对营养物质的利用率，改善鱼体生长性能。

Maas 等[186]对添加植酸酶以及木聚糖酶的饲料对尼罗罗非鱼生长、体组成、消化率以及能量、氮和磷平衡的影响进行了试验研究。结果表明，添加植酸酶和木聚糖酶的饲料喂养尼罗罗非鱼后，能够显著影响罗非鱼生长，两种酶之间存在协同作用。植酸酶能够显著提高罗非鱼体内的干物质、粗蛋白、碳水化合物、能量、灰分、磷和钙的消化率。木聚糖酶也能够显著提高鱼体内的干物质、粗蛋白、碳水化合物和能量的消化率。氮平衡表明，植酸酶和木聚糖酶对蛋白质保留有显著的协同作用。即植酸酶和木聚糖酶是提高尼罗罗非鱼养分利用率和生长的有效手段。

郑欣等[187]研究了低磷低鱼粉饲料中添加植酸酶和蛋白酶对草鱼生长性能、消化酶活性、营养物质表观消化率及免疫力的影响。结果表明，与饲喂正常磷正常鱼粉饲料草鱼相比，饲喂低磷低鱼粉饲料草鱼的增重率、特定生长率、营养物质（干物质、蛋白质、钙和磷）表观消化率、肠道消化酶（胰蛋白酶、糜蛋白酶和淀粉酶）活性、血清溶菌酶活性均显著降低，饲料转化率和血清丙二醛含量显著升高。在低磷正常鱼粉饲料、正常磷低鱼粉饲料、低磷低鱼粉饲料中分别添加植酸酶、蛋白酶、植酸酶与蛋白酶后，草鱼的上述指标均得到显著改善。以上研究表明，在低磷低鱼粉饲料中添加植酸酶和蛋白酶能够提高草鱼的营养物质表观消化率、肠道消化酶活性与免疫力，从而改善其生长性能。

Li 等[188]研究了在低磷和无鱼粉饲料中添加植酸酶和蛋白酶对罗非鱼生长和养分利用的

影响。添加植酸酶、蛋白酶或者同时添加植酸酶和蛋白酶能够提高罗非鱼的体重，而且添加酶的分组中罗非鱼的蛋白和磷的消化率更高，肠绒毛长度也更高。同时，饲粮中添加植酸酶以及同时添加植酸酶与蛋白酶还能促进粗蛋白和磷的保留。结果表明，在饲粮中添加植酸酶和蛋白酶均可以促进罗非鱼的生长和营养利用。

（3）脂肪酶。Liu 等[189]研究了外源脂肪酶对草鱼幼体的生长性能、肠道生长功能、免疫应答和物理屏障功能以及相关信号分子 mRNA 表达的影响。结果表明，添加脂肪酶能够增加草鱼体内酸性磷酸酶的活性、补体 3 的含量。肠道中的抗菌肽、抗发炎细胞激素及信号分子抑制蛋白 κBα、雷帕霉素靶蛋白的 mRNA 水平均被上调，而促炎性细胞因子和相关的信号分子等的 mRNA 水平均被下调。在最佳的脂肪酶添加量条件下，活性氧、丙二醛及蛋白质羰基含量均下降，抗超氧阴离子活性、抗羟自由基活性、谷胱甘肽浓度均提高，抗氧化酶活性及 mRNA 水平均提高。即添加脂肪酶能够改善草鱼幼体的生长状况、肠道功能、肠道免疫及调控鱼体内相关信号分子的 mRNA 的表达。

（4）β-甘露聚糖酶。Chen 等[190]通过向罗非鱼植物性饲料中添加商业化的 β-甘露聚糖酶研究了该酶对罗非鱼生产性能和机体免疫的影响。结果表明，罗非鱼饲喂添加了 β-甘露聚糖酶的饲料后，肠道中的淀粉酶、胰蛋白酶以及 ATP 酶的活性均显著升高，而血清天冬氨酸转氨酶和丙氨酸转氨酶的活性降低。同时，罗非鱼体内的白细胞总数、溶菌酶活性和超氧化物歧化酶活性均升高。因此，添加 β-甘露聚糖酶的罗非鱼植物性饲料中能够提高饲料转化率和非特异性免疫水平。

毛述宏等[191]研究了向饲料中添加 β-甘露聚糖酶对罗非鱼的生长性能、消化代谢和非特异性免疫力的影响。结果表明，1 000 U/kg β-甘露聚糖酶组的罗非鱼末重、特定生长率和蛋白质效率均显著高于其他组。而且，随着饲料中 β-甘露聚糖酶添加水平的提高，罗非鱼的肠道淀粉酶、胰蛋白酶、Na^+，K^+- ATP 酶的活性均显著提高。1 000 U/kg β-甘露聚糖酶组罗非鱼血液谷草转氨酶活性和高密度脂蛋白胆固醇含量显著低于对照组和 500 U/kg β-甘露聚糖酶组，而总胆固醇、极低密度脂蛋白胆固醇含量却显著高于对照组和 500 U/kg β-甘露聚糖酶组。500 U/kg 和 1 000 U/kg β-甘露聚糖酶组罗非鱼血液中性粒细胞、单核细胞百分比以及血清碱性磷酸酶和过氧化氢酶活性均显著高于对照组，而淋巴细胞百分比却显著低于对照组。由此可见，饲料中添加适宜水平的 β-甘露聚糖酶可以提高罗非鱼的消化吸收能力，增强罗非鱼的非特异性免疫力，进而促进其生长。

（5）蛋白酶。Xiao 等[192]研究了经蛋白酶处理后的大豆蛋白对剑鱼幼鱼肠道免疫反应和抗氧化状态的影响。结果表明，与高蛋白饮食相比，减少 2%的膳食蛋白可增加蛋白质的羰基含量，降低抗羟基自由基能力和超氧化物歧化酶活性，并增加促炎细胞因子的相对表达。而低蛋白饮食可能会损害肠道健康，进而降低鱼类的生长性能。在低蛋白饮食中加入 1.5%或 2%的经蛋白酶处理后的大豆蛋白后，经蛋白酶处理后的大豆蛋白降低了剑鱼促炎细胞因子的相对表达，增加了抗炎细胞因子的相对表达。经蛋白酶处理后的大豆蛋白降低了剑鱼体内丙二醛和蛋白质的羰基含量，提高了其抗氧化酶活性、谷胱甘肽含量、抗氧化酶和 Nrf2 的相对表达，甚至远高于高蛋白饮食。以上数据表明，经蛋白酶处理后的大豆蛋白可节约 2%的鱼饲蛋白，这可能与通过调节剑鱼肠道免疫反应和抗氧化状态改善剑鱼肠道健康有关。

Huan 等[193]研究了无鱼粉饲料中有机酸盐混合物、蛋白酶复合物及其组合对罗非鱼生长、养分保留率和消化率的影响。结果表明，有机酸盐、蛋白酶复合物在罗非鱼无鱼粉日粮中联合使用能提高鱼对干物质、粗蛋白、矿物质和蛋白质的消化率，使肠绒毛高度显著增加，使罗非鱼对无鱼粉日粮的消化吸收效率显著提高，从而促进了罗非鱼的生长。

宋红利等[194]通过向高植物蛋白饲料中添加蛋白酶和有机酸盐，研究了这些添加剂对凡纳滨对虾的生长性能、免疫酶及消化酶的影响。结果表明，向对虾饲料中添加蛋白酶能够显著提高血清碱性磷酸酶、酸性磷酸酶、总超氧化物歧化酶和酚氧化酶的活性，对肝胰脏中胰蛋白酶、脂肪酶及淀粉酶活性也有显著影响。同时，其对凡纳滨对虾的肝胰脏中的AKP、ACP及T-SOD活性也有明显的影响。因此，向饲料中添加蛋白酶能够提高凡纳滨对虾的生长性能、提高免疫酶的活性。

谢骏等[195]研究了向饲料中添加蜘蛛酶对凡纳滨对虾成活率、对虾血清中酸性磷酸酶活性和溶菌酶活性的影响。结果表明，添加蜘蛛酶可以提高凡纳滨对虾的成活率且能够显著提高每百尾对虾的日增重。同时，在饲料中添加蜘蛛酶后，凡纳滨对虾血清中酸性磷酸酶活性和溶菌酶的活性均显著提高，但对超氧化物歧化酶活性影响并不显著。

姜德田等[196]研究了经蛋白酶和非淀粉多糖酶定位酶解后的普通豆粕对凡纳滨对虾生长性能和抗胁迫机能的影响。结果表明，不添加蛋白酶和非淀粉多糖酶定位酶解豆粕饲料的对照组对虾肌肉粗蛋白质含量显著低于其他各试验组。添加蛋白酶和非淀粉多糖酶酶解豆粕饲料的分组中，对虾肌肉粗脂肪含量显著高于对照组，而且对虾肝胰腺蛋白酶、淀粉酶、脂肪酶、血清溶菌酶和血清总超氧化物歧化酶活性均显著高于对照组。同时，对照组对虾血清丙二醛含量显著高于各个试验组。人工急性感染高剂量副溶血性弧菌的胁迫试验中，对照组对虾在弧菌感染48 h和60 h时的累积死亡率均显著高于试验组对虾同期的累积死亡率。低剂量副溶血性弧菌人工急性感染后，在凡纳滨对虾鳃组织中检测Toll受体、免疫缺陷和溶菌酶3种免疫相关基因的表达量。结果表明，对虾Toll受体、IMD和溶菌酶mRNA表达量最大峰值分别出现在添加酶解豆粕的试验组中。因此，经蛋白酶和非淀粉多糖酶酶解后的豆粕会显著提高凡纳滨对虾肌肉粗蛋白质含量和粗脂肪含量，显著降低对虾血清丙二醛含量，同时会显著改变凡纳滨对虾对弧菌的抵抗力及其免疫相关基因的时空表达。

卢静等[197]研究了添加复合酶制剂（主要成分为中性蛋白酶和酸性蛋白酶，兼具纤维素酶等）后的饲料对欧洲鳗鲡的生长性能、消化酶活性及非特异性免疫的影响。结果表明，随着复合酶制剂添加量的递增，欧鳗增重率和特定生长率呈先增后降的趋势，同时，鱼体粗灰分的含量明显降低。相较于对照组，各添加酶制剂组的鳗鱼肠道胰蛋白酶活性显著提高，淀粉酶活性则随着酶制剂浓度的增高呈先升后降的趋势。同时，各添加酶制剂组鳗鱼血清中超氧化物歧化酶、溶菌酶、碱性磷酸酶的活性相比对照组均有不同程度提高，所有添加组鳗鱼血清总蛋白含量均显著高于不添加酶制剂的对照组。综上所述，饲料中添加适量的复合酶制剂具有促进鳗鲡生长、提高肠道消化酶活性和非特异性免疫的功能。

关莹等[198]研究了饲料中添加蛋白酶对大口黑鲈生长性能及糖、脂代谢的影响。试验将初始体重为（31.39±0.05）g的大口黑鲈幼鱼240尾，随机分为2个对照组和2个试验组，每组3个重复，每个重复20尾。饲喂鱼粉含量为50%的饲料作为正对照（HFM组），鱼粉含量为30%、棉籽浓缩蛋白（CPC）替代40%鱼粉蛋白的饲料作为基础对照（LFM组）；试验组是在LFM组饲料的基础上分别添加4 500 U/kg蛋白酶（LFM+E4 500组）和7 500 U/kg蛋白酶（LFM+E7 500组）。对各组饲料的必需氨基酸和必需脂肪酸进行了平衡，养殖周期为65 d。结果表明，CPC替代40%鱼粉蛋白后，基础能量代谢水平与HFM组相比显著降低（$P<0.05$）。添加蛋白酶后，存活率有一定程度的上调（由 LFM 组的 92.50%上调到 LFM+E4 500 组的 98.33%和 LFM+E7 500 组的 100.00%）。试验组鱼体腹脂率与 LFM 组相比显著下降（$P<0.05$），可以使鱼体可食用部分增加，极大地提高了大口黑鲈的商业价值和经济效益。与 LFM 组相比，试验组前、后肠蛋白酶含量显著提高（$P<0.05$），从而提高鱼体对蛋白质的消化吸收能力。此外，饲料中添加 4 500 U/kg 蛋白酶提高了肝脏糖异生酶磷酸烯醇式丙酮酸羧激酶（PEPCK）、葡萄糖- 6 -磷酸酶（G6 Pase）的活性，有助于空腹状态下糖异生相关酶的正常表达，维持饥饿状态下血糖浓度的相对恒定；肝脏中升高的环磷酸腺苷（cAMP）含量上调了环磷腺苷效应元件结合蛋白（CREB）mRNA 相对表达量，从而使肝脏脂解过程的酶［脂肪甘油三酯脂肪酶（ATGL）、单酰甘油脂肪酶（MGL）］、腹脂脂解过程的酶［ATGL 和激素敏感性脂肪酶（HSL）］活性和 mRNA 相对表达量显著上调（$P<0.05$），加速脂解。所以，在低鱼粉基础饲料中添加 4 500 U/kg 的蛋白酶，可进一步提高大口黑鲈的基础能量代谢水平和前、后肠蛋白酶含量，促进空腹状态下糖代谢关键酶的正常表达，并可以减少肝脏和鱼体脂质积累，但过量添加蛋白酶（7 500 U/kg）会降低鱼体蛋白质沉积率，提高饲料转化率，降低饲料利用率，建议大口黑鲈饲料中蛋白酶适宜添加量为 4 500 U/kg。

（6）木聚糖酶。Luo 等[199]研究了在日粮中添加木聚糖酶对大黄鱼幼鱼生长性能、消化酶活性、肠道形态参数、肠道微生物群落多样性和碳水化合物代谢的影响。以 1 200 U/kg 木聚糖酶饲料喂养的鱼肠道皱褶和微绒毛高度最高。在日粮中补充木聚糖酶增加了拟杆菌和单胞菌的相对丰度。在喂食木聚糖酶补充饲料的鱼中观察到肝脏葡萄糖激酶和葡萄糖-6-磷酸脱氢酶活性升高。因此，饲料中添加木聚糖酶可上调肝脏中葡萄糖激酶和葡萄糖-6-磷酸脱氢酶基因的相对表达。综上所述，饲粮中添加木聚糖酶（600～1 200 U/kg）可以改善大黄鱼幼鱼的生长性能，优化肠道形态结构和微生物群构成，提高大黄鱼幼鱼对碳水化合物的利用能力。

武明欣等[200]研究了添加木聚糖酶对刺参生长性能、消化酶和体腔液酶活性的影响。结果表明，饲料中添加木聚糖酶能够使幼参增重率和特定生长率显著提高。而且，添加木聚糖酶后，刺参肠道蛋白酶的活性得到明显提升。在一定的木聚糖酶添加量范围内，幼参体腔液中溶菌酶、过氧化氢酶、谷草转氨酶以及谷丙转氨酶活性均得到提升。同时，添加木聚糖酶能够提高刺参溶菌酶、过氧化氢酶和超氧化物歧化酶的活性。因此，该研究表明，饲料中添加适量木聚糖酶对刺参免疫酶、抗氧化酶和转氨酶活性的提高以及刺参免疫与抗氧化性能的增强均具有重要意义。

田芊芊等[201]研究了不同来源木聚糖酶对芙蓉鲫幼鱼部分血液指标和消化酶活性的影响。以基础饲料为对照组，在基础饲料中分别添加里氏木霉液态深层发酵生产的木聚糖酶、黑曲霉固态发酵生产的木聚糖酶以及毕赤酵母液态深层发酵生产的木聚糖酶。结果表明，与对照组相比，黑曲霉组、毕赤酵母组喂养芙蓉鲫幼鱼后的血糖含量均显著提高，甘油三酯含量也提高。与对照组相比，里氏木霉组和毕赤酵母组总胆固醇含量均降低。与对照组相比，里氏木霉组尿素氮含量提高，而黑曲霉组和毕赤酵母组尿素氮含量均降低。里氏木霉组肠道胰蛋白酶活性得以提高。3 个试验组的淀粉酶活性均得到了提高，而且，里氏木霉组脂肪酶活性也得以提高。综上所述，饲料中添加不同发酵来源的木聚糖酶可提高芙蓉鲫的消化能力，能提供更多的能量，有利于提高饲料利用率，且里氏木霉组效果最佳。

戚传利等[202]研究了在刺参基础饲料中添加复合酶制剂（木聚糖酶、β-甘露聚糖酶、纤维素酶）对其生长、免疫及肠道消化酶活性的影响。结果表明，与对照组相比，饲料中添加复合酶制剂后，刺参的特定生长率显著提高。同时，饲料中添加复合酶显著提高了刺参体腔液的超氧化物歧化酶、过氧化氢酶和碱性磷酸酶活性。与对照组相比，添加复合酶后刺参体内的溶菌酶活性也显著提高，酸性磷酸酶活性也随着复合酶添加量的增加有所提高。因此，该研究表明，饲料中添加一定量的复合酶木聚糖酶、β-甘露聚糖酶、纤维素酶能够改善刺参生长性能，提高刺参免疫酶活性。

（7）淀粉酶。武明欣等[203]研究了酶制剂对刺参生长、体成分、免疫能力及氨氮胁迫下免疫酶活性和热休克蛋白 70 含量的影响。结果表明，淀粉酶、木聚糖酶、纤维素酶以及复合酶组的增重率以及特定生长率相较于对照组均得到了提高。饲料中添加纤维素酶、淀粉酶和复合酶显著提高了刺参体壁粗蛋白质、粗脂肪和粗灰分的含量。而且，添加淀粉酶后，显著提高了体腔液中溶菌酶、超氧化物歧化酶、过氧化氢酶活性。在 120 h 氨氮胁迫过程中，除纤维素酶组外，各组体腔液中溶菌酶、超氧化物歧化酶、过氧化氢酶活性及热休克蛋白 70 含量的最大值均高于对照组。由上述结果可知，饲料中适量添加淀粉酶、木聚糖酶、纤维素酶或其复合酶均能显著促进刺参生长，改善体成分，提高免疫能力，而且淀粉酶的促免疫作用更明显。在氨氮胁迫条件下，饲料中适量添加淀粉酶、木聚糖酶、纤维素酶或其复合酶均能使刺参更迅速和强烈地表现出免疫抵抗反应。

3.2.4.2 我国尚未批准在水产养殖动物饲料中使用酶制剂的应用研究进展

（1）溶菌酶。饲料添加剂溶菌酶（源自鸡蛋清）的适用范围为仔猪、肉鸡、犬和猫。王坛等[204]研究了在饲料中添加溶菌酶对吉富罗非鱼生长性能、免疫-抗氧化功能和血清抗菌性能的影响。结果表明，4 mg/kg 溶菌酶添加组鱼的生长性能和饲料利用情况最优，增重率和蛋白质效率均显著高于对照组，饲料转化率显著低于对照组，肝体比随着溶菌酶添加水平的增加呈现下降趋势。溶菌酶的添加水平对罗非鱼的免疫-抗氧化能力能够产生影响，能显著提高鱼体血清和肝脏的超氧化物歧化酶、过氧化氢酶活性，降低丙二醛含量，肝脏溶菌酶活性在 54 mg/kg 和 72 mg/kg 添加组均显著高于对照组。添加溶菌酶能够提高鱼的生长性能，能显著提高鱼体血清和肝脏的超氧化物歧化酶、过氧化氢酶以及溶菌酶的活性，降低丙二醛含量。血清抗菌试验显示，饲料添加溶菌酶后，罗非鱼对大肠杆菌、金黄色葡萄球菌、嗜水气单胞菌和溶藻弧菌的抑制能力均得到了显著提高。

陈春山等[205]探讨了天蚕素和溶菌酶对中华鳖 *Trionyx sinensis* 腐皮病的防治效果。结果表明，天蚕素和溶菌酶二联法对中华鳖保护效果最好、免疫效果最佳。无药物残留和耐药副作用，并提高免疫力，避免了应用抗生素带来的危害。

王坛等[206]研究了氨氮应激下溶菌酶对吉富罗非鱼血清生化指标、抗菌性能及肝脏抗氧化能力的影响。首先利用不同溶菌酶添加水平的饲料饲喂罗非鱼，之后应用氯化铵进行氨氮应激试验。结果表明，添加溶菌酶后，罗非鱼能够利用不同机制来应对外界应激，即不同溶菌酶添加水平下的鱼体对氨氮应激产生了不同的响应机制。血清抗菌试验表明，添加溶菌酶后，鱼对大肠杆菌、金黄色葡萄球菌和嗜水气单胞菌均能够产生抑制作用，而且各溶菌酶添加组的鱼对枯草芽孢杆菌具有不同程度的保护作用。同时，应激后肝脏的超氧化物歧化酶、谷胱甘肽过氧化物酶和过氧化氢酶活性随着溶菌酶添加水平的增加总体呈现先升后降的变化趋势。各添加组丙二醛含量均显著低于对照组。即向饲料中添加溶菌酶对氨氮应激下吉富罗非鱼的血清生化指标、抗菌活性和肝脏抗氧化指标产生了积极有效的调控。

（2）N -酰基高丝氨酸内酯酶。张美超等[207]研究表明，N -酰基高丝氨酸内酯酶能够特异性降解 N -酰基高丝氨酸内酯类信号分子，从而生成酰基高丝氨酸使信号分子失活，进而阻断致病菌的群体感应路径。因此，利用 N -酰基高丝氨酸内酯酶能够防治水产养殖中的细菌性病害，在水产养殖业具有广阔的应用前景。

张滕闲等[208]以锦鲤为研究对象，分别投喂在基础饲料中添加不同量淬灭酶的试验饲料，而后对所有试验鱼进行爱德华氏菌注射攻毒。并测定了锦鲤体内丙二醛含量以及超氧化物歧化酶、过氧化氢酶和溶菌酶活性，白细胞吞噬率、吞噬指数和死亡率等指标，来探讨饲料中添加淬灭酶对锦鲤感染爱德华氏菌的防治效果。结果表明，添加了淬灭酶试验组的超氧化物歧化酶和过氧化氢酶活性均显著高于对照组，丙二醛含量均显著低于对照组，溶菌酶和吞噬细胞活性比对照组显著增强，死亡率相比于对照组也有所降低。综上所述，在饲料中添加适量的淬灭酶可以显著提高锦鲤的抗氧化能力和非特异性免疫功能，有效促进锦鲤对爱德华氏菌的免疫能力。

（3）几丁质酶。张文宜等[209]从日本沼虾精巢 cDNA 文库中筛选到一条 *MnCht1C* 表达序列片段，该基因编码的蛋白质具有完整的几丁质酶结构。使用 qPCR 分析，该基因在虾幼体发育时期不表达，在蜕壳中期表达水平最高。

叶成凯等[210]研究表明，罗氏沼虾几丁质酶Ⅲ基因（*MrChi3B*）多克隆抗体在虾蜕皮期之后，在胃、表皮和肌肉中表达量上升。许杨等[211]研究表明，脊尾白虾蜕皮过程中几丁质酶在生长和生殖不同阶段的活性也不同。在生长蜕皮阶段，几丁质酶的活性逐渐增加。生殖蜕皮期先减少后增加。酶活性生长蜕皮明显低于生殖蜕皮，后期生长蜕皮明显低于生殖蜕皮。宋柳等[212]通过 cDNA 末端快速扩增技术，克隆几丁质酶基因 *PtCht6*，该基因来自三疣梭子蟹，并采用实时荧光定量技术研究该基因对三疣梭子蟹蜕皮和免疫防御机制的影响。结果发现，在肝胰腺中该基因表达最高，在人工感染白斑综合征病毒和副溶血弧菌后上升，在低盐环境中受到抑制。由此可见，几丁质酶对甲壳类动物的蜕皮、生长和免疫等功能有重要影响。因此，在饲料中添加几丁质酶可调节虾蟹等甲壳动物蜕皮周期，提高免疫和促进生长等作用。

Huo 等[213]将几丁质酶添加到斑马鱼饲料中，对几丁质酶作为水产养殖动物饲料添加剂的潜力进行了试验研究。结果表明，几丁质酶不但能够显著改善斑马鱼肠道微绒毛的长度和密度，而且饲料中添加几丁质酶后，斑马鱼的生长性能、饲料利用率和抗病性均略有提高。

张海涛等[214]选取了泥鳅幼鱼作为试验对象，通过向含有蝇蛆粉的基础饲料中添加不同剂量的几丁质酶，研究了蝇蛆粉替代鱼粉饲料在添加几丁质酶后对泥鳅生长性能和非特异性免疫力的影响。结果发现，饲料中添加 0.025%～0.100%几丁质酶后能够提高泥鳅的增重率和特定的生长率，而且能够降低饲料转化率和泥鳅肝脏、血清中丙二醛含量。饲料中添加 0.050%～0.100%几丁质酶可显著提高泥鳅肝脏和血清中超氧化物歧化酶活性。

3.3 国外相关研究进展

酶制剂最初仅是作为添加剂应用于食品工业。直到 20 世纪 50 年代，酶制剂才开始应用于畜牧业。1954 年，Jenson 等将酶添加于鸡日粮中取得了良好的效果，使鸡的免疫力增强、生产性能提高，并且减少了疾病和环境污染[215]。但饲用酶制剂在动物饲料中广泛应用是近30年的事情。随着人们生活水平的提高及安全意识的增强，饲用酶制剂以其无残留、无抗药性、不污染环境等优势被广泛推广与应用，并逐渐被人们所接受[216]。与此同时，随着理论和技术方面的不断创新，饲用酶制剂行业正面临新的发展趋势，不断地突破人们对饲用酶传统消化功能的认识。研究表明，饲用酶制剂在降低代谢、减少营养消耗方面的应用也具有重要价值，如β-甘露聚糖酶具有促进能量和纤维素消化与吸收的作用[5]。

猪、牛、羊等动物的畜产品是食品生产加工与消费的主要对象，主要以肉、奶及副产物为主，具有丰富的蛋白质、脂肪和多种营养成分，是现代生活的重要食物来源[217]。Upadhaya等[218]研究了以玉米和豆粕为基础的日粮中添加β-甘露聚糖酶对生长猪的生长性能、养分消化率、尿素氮、粪便大肠菌群和乳酸菌以及有害气体排放的影响。在试验饲喂过程中发现，补充β-甘露聚糖酶对增重、采食量和增重比均无影响。与去皮玉米和豆粕相比，饲喂非去皮的玉米和豆粕使猪采食量增加。饲喂去皮玉米和豆粕提高了猪的采食量和料重比。膳食的处理不影响干物质、氮和总能量的消化道总消化率。添加酶降低了粪便大肠菌群的数量。综上所述，补充β-甘露聚糖酶对生长性能和养分消化率没有影响，但对降低大肠菌群有积极作用，且有降低氨排放的趋势。Lee等[219]研究了饲料中添加木聚糖酶对猪生长性能的影响，包括干物质表观消化率、氮、总能量、营养素和氨基酸的回肠表观消化率以及以玉米-豆粕型日粮的粪便和回肠菌群数。结果表明，饲料中添加木聚糖酶能够显著提高猪的日增重，并有提高增重比的趋势。同时，干物质表观消化率、氮含量以及总能量也得到提高。添加木聚糖酶可显著改善组氨酸和谷氨酸的回肠表观消化率，而赖氨酸、蛋氨酸和苏氨酸的回肠表观消化率也有改善趋势。补充木聚糖酶能够增加粪便和回肠乳杆菌的数量，并减少粪便和回肠大肠杆菌的数量。因此，膳食中加入木聚糖酶可以提高猪的生长性能，提高营养素和氨基酸的回肠表观消化率，对粪便和回肠菌群有有益影响，并增加乳酸菌的数量和减少大肠杆菌的数量。Torres-Pitarch等[220]研究表明，日粮中添加酶制剂，可以提高生长育肥猪的营养物质消化率和饲料利用效率。然而，日粮的成分组成严重影响酶的功效和饲喂效果。单独添加木聚糖酶可以改善以玉米及其副产品为日粮的生长育肥猪的日增重，但对饲料增重没有影响。日粮中添加木聚糖酶和β-葡聚糖酶对平均日增重和平均日采食量没有影响。日粮添加复合酶制剂可改善以玉米、小麦、大麦和副产品为基础日粮的生长育肥猪的平均日增重。总而言之，根据饲粮成分和含量添加不同种类的酶可以改善营养物质消化率。例如，β-甘露聚糖酶和复合酶制剂能够改善动物生长性能和饲料转化效率。Schliffka等[221]对一种新型微生物溶菌酶作为猪饲料添加剂的安全性进行了研究。结果表明，饲料中添加溶菌酶后，猪的生长并没有被抑制，也没有发现任何对血液学和血清化学参数的负面影响。同时，猪的平均日增重和日采食量得到了明显提升。Oliver等[222]研究了溶菌酶对猪的生长性能和免疫反应的影响。结果表明，饲料中添加溶菌酶后，对猪的生长起到了促进作用。对猪的低水平免疫应答进行研究后发现，仔猪饲喂含有溶菌酶的饲料后，其细胞肿瘤因子、结合珠蛋白、C反应蛋白水平比饲喂不含溶菌酶饲料的仔猪低，表明饲喂溶菌酶可减少仔猪自身免疫应答反应，促进其健康生长。猪的机体脂质减少，但蛋白量上升。血液中肿瘤坏死因子-α（TNF-α）的水平、结合珠蛋白和C反应蛋白均明显升高。与对照组相比，饲用添加了溶菌酶饲料的猪的TNF-α、结合珠蛋白和C反应蛋白均较低。因此，溶菌酶可以改善慢性间接免疫应答的影响。

在全球蛋白质市场中，禽肉仅次于猪肉排在第二位，而且具有超过猪肉的趋势。因此，家禽养殖越发受到全世界的重视[223]。Mohammed 等[224]通过 6 种处理（3 种不同油橄榄饼水平×2 种植酸酶添加水平）对不同油橄榄饼水平和植酸酶添加水平对肉鸡生长的影响进行了试验研究。结果表明，在日粮中添加油橄榄饼对肉鸡早期生长无影响，而通过添加植酸酶能够显著降低肉鸡的血浆胆固醇以及甘油三酯水平，提高肉鸡血浆无机磷水平、生长速度和经济效益。Peek 等[225]研究了向肉鸡日粮中添加蛋白酶对球虫病感染、生产性能、肠道黏液层厚度和毛刷边缘酶活性的影响。结果表明，向饲粮中添加蛋白酶能够增加鸡的体重，同时十二指肠、空肠和盲肠黏液层显著增厚。即饲粮中添加蛋白酶能够缓解球虫病感染对肉鸡体重的负面影响。Ferreira 等[226]评估了β-甘露聚糖酶对肉仔鸡生长性能、氨基酸消化率和免疫功能的影响。结果表明，β-甘露聚糖酶提高了肉鸡增重率和饲料转化率，还提高了所有氨基酸的真回肠消化率系数和表观代谢能值，降低了排泄量。肉鸡血清中免疫球蛋白的含量升高，血清 IgA、IgG 和 IgM 值降低。即β-甘露聚糖酶能够提高肉鸡的生产性能、能量值以及氨基酸的真回肠消化率系数水平。Goodarzi 等[227]选用 4 种日粮（含有不同剂量的溶菌酶）饲喂肉鸡，研究了溶菌酶对肉鸡生长性能、回肠表观消化率和肠道组织学的影响。结果表明，与对照组相比，添加溶菌酶能够提高粗蛋白、磷等主要营养物质的回肠表观消化率，改善肉鸡生长性能；提高回肠绒毛长度与隐窝深度的比值，降低回肠 CD45 细胞数。Sais 等[228]研究了在饲料中添加溶菌酶对 1 日龄公鸡的影响。试验分为饲料中不添加酶的对照组和添加溶菌酶的试验组。分别于第 9 d 和第 36 d 对公鸡的消化和组织样品进行了采集与分析。结果表明，添加溶菌酶的试验组的公鸡饲料转化率较低，而干物质、有机物和能量的回肠表观消化率提高；日粮添加溶菌酶后，显著提高了第 9 d 公鸡的总脂肪酸、单不饱和脂肪酸、多不饱和脂肪酸的消化率和血浆中维生素 A 的含量。对公鸡进行空肠组织形态学分析显示，试验组在第 36 d 时，绒毛高度和隐窝深度无明显差异，但杯状细胞和上皮内淋巴细胞数目较多。

水产品因其所具有的高蛋白、低脂肪等特点而备受人们喜爱，因而渔业市场广阔，且具有良好的发展前景[229]。国外已有诸多关于将酶制剂作为水产饲料添加剂的报道。Abo Norag 等[230]研究了在低磷日粮中添加植酸酶对尼罗罗非鱼的生长性能、体组成、健康状况等方面的影响。结果表明，鱼饲料中添加植酸酶后，尼罗罗非鱼的血清钙磷水平、鱼的体重、平均日增重、体蛋白含量、脂质含量和养分利用效率等方面均有提高。低磷日粮饲养尼罗罗非鱼发生感染后，吞噬细胞和中性粒细胞减少，死亡率升高。而饲料中补充植酸酶后，与鱼免疫反应相关的参数恢复正常，肝、脾、胃、肠的病理病变减少。Adeoye 等[231]的研究证明，饲喂植酸酶的罗非鱼体重、特定生长率、饲料转化率和蛋白效率比均有明显提高，肠微绒毛密度显著高于不饲喂植酸酶的对照组。Santos 等[232]向高蛋白豆粕饲料中添加了能够分泌真菌植酸酶的枯草芽孢杆菌，并评价了其对斑马鱼的影响。结果表明，这种转基因益生菌在刺激鱼的免疫系统、降低炎症反应和氧化应激方面是有效的。证明了向高蛋白豆粕饲料中添加植酸酶对斑马鱼的免疫系统具有激活作用。Mohamed 等[233]研究了向日粮中添加蛋白酶或苹果酸对尼罗罗非鱼生长、消化酶和血液免疫学指标的影响。结果表明，蛋白酶和苹果酸均能显著改善罗非鱼的生长状况；在添加 5 g/kg 苹果酸的水平上，添加蛋白酶可以显著提高肠道糜蛋白酶、胰蛋白酶和脂肪酶活性，且鱼的血红蛋白、红细胞、血清总蛋白、白蛋白等含量在此情况下最高。Woraprayote 等[234]研究发现，白粪综合征与对虾血淋巴和肠道的弧菌丰度有关。在对虾饲料中添加 0.125 g/kg 的蛋清溶菌酶，对虾体内的醇氧化酶、丝氨酸蛋白酶、超氧化物歧化酶和铁蛋白的表达显著升高，同时对哈维氏弧菌的抵抗力明显增强。Shakoori 等[235]研究了饲料中添加溶菌酶对虹鳟的生长性能、血清和皮肤黏液免疫参数以及肠道免疫相关基因表达的影响。结果表明，日粮中添加了溶菌酶虹鳟血清总免疫球蛋白浓度均明显升高。当日粮中添加 1.0 g/kg 和 1.5 g/kg 溶菌酶后，虹鳟皮肤黏膜溶菌酶和碱性磷酸酶的活性以及肠肿瘤坏死因子-α 和白细胞介素-1β 的基因表达水平均上调，即溶菌酶可被视为潜在的免疫刺激剂。

副溶血性弧菌能够在虾类水产养殖中造成严重感染，这也是消费者因饲喂未煮熟的海鲜而导致胃肠炎的一个重要原因。Vinoj 等[236]从印度白虾中筛选出对副溶血性弧菌具有生物膜抑制活性的地衣芽孢杆菌 DAHB1 并纯化得到了一种能够抵抗虾肠道酸性环境的 *N*-乙酰高丝氨酸内酯酶。结果表明，该酶能够抑制弧菌生物膜的形成，减少弧菌活菌数，能够显著降低在循环式养殖系统中饲养虾的弧菌感染和死亡率。综上所述，该淬灭酶可被用于预防虾的弧菌感染，以抑制或减少水产养殖中虾的弧菌定植和死亡率。

3.4 应用前景展望

3.4.1 存在的问题

饲用酶制剂在养殖业中的广泛应用，不仅推动了饲料工业的发展，还为养殖业带来可观的效益。同时，应当看到酶制剂行业发展过程中出现的问题，需要研发、生产和应用领域多方面协作、共同应对。

我国饲用酶的研究与应用起步相对较晚，与全球部分国家相比仍有一定差距，除少数产品外，普遍存在生产技术水平低、品种少、应用技术不完善等问题。

（1）饲用酶制剂应用成本限制。从我国饲料工业现状来看，如不考虑减轻环境污染等社会效益，饲用酶制剂的添加成本每吨配合饲料不能超过 50 元，否则将增加养殖成本。这就要求饲用酶制剂必须能规模化廉价生产。而这也正是饲用酶制剂应用效果在已经得到公认的前提下，绝大多数饲用酶制剂未能被广泛应用的最根本原因之一。饲用酶制剂均来源于微生物，但在天然菌株中含量太低，难以大量生产，生产成本高，利用基因工程技术构建高效表达饲用酶的生物反应器是解决这一问题的最有效途径。

（2）饲用酶制剂的性能不能满足饲料工业的实际应用需求。绝大多数的饲用酶制剂都存在有效性差、应用效果不稳定的现象。在酶的 pH 性质、热稳定性、抗胃蛋白酶和胰蛋白酶能力等方面严重不足，导致其有效性不能充分发挥，难以满足饲料工业的要求，从而不能有效推广应用。尤其是目前市场上的许多饲用酶制剂原本是轻工业或食品工业使用的酶，其性质上与饲用酶制剂的要求相差较大，饲喂效果大打折扣。真正适合于饲料中使用的酶制剂，必须具有良好的热稳定性和常温下的高活性，在酸性到中性的范围内能维持较高活性，对动物胃、胰蛋白酶和其他蛋白酶具有较好的抗性等综合性质。

（3）饲用酶制剂的配伍问题。饲用酶制剂有单酶、复合酶等多种形式。由于饲料原料的成分是极其复杂的，以降解复杂饲料原料为目的将多种单酶进行定量混合，构成复合酶以实现多酶协同互作的效果。近年来，单一酶种的种类不断增加，生物活性大幅提升。但是，饲料产品的质量不应仅仅以酶活的高低和酶的种类多少来评判。过度强调单酶的活性和产能，反而会造成产品的浪费。而饲用酶制剂由于其应用目的的多样性，再加上饲料成分的复杂性，尤其是一些非常规饲料原料有着特殊的物理成分和化学特性，在酶制剂的选用上不能只局限于单酶。单一饲料酶种作用有限，而多种酶科学搭配可以实现组合效应，需要加大在不同酶活间的配伍、协同方面的研究[237]。复合酶由多种单酶组成，可同时降解饲料中的多种底物，目前国内外许多饲用酶产品主要属于这一类。各单酶之间有机结合、协同作用，可以释放更多的营养物质，有针对性地解决饲料组分复杂的问题。例如，纤维素酶和木聚糖酶就是针对纤维类物料的常见配合方式。相对于单酶，复合酶的优点在于能够很好地降解饲料中的所有组分，解决饲料成分复杂的问题。

（4）缺乏科学合理的有效性评价方法。饲用酶制剂的作用环境复杂、降解底物种类多样，在畜禽中的应用效果必然是多方面的，因此，其应用效果评价也应该是多种形式的。目前，对饲用酶制剂应用效果的评价有体外消化法、单胃动物仿生仪法和饲养试验法 3 种。其中，单胃动物仿生仪法相较于体外消化法更接近动物消化环境，重复性好，可以作为评估酶制剂作用效果的一种选择；而饲养试验法直接以靶动物的生长性能来评判酶制剂好坏，对于使用者而言，是最接近酶制剂实际作用效果的方法[238]。在实际生产应用中，最期望看到饲用酶制剂的使用效果能够有效地体现在动物生产中，然而在很多情况下，酶制剂产品和生产技术的升级在动物养殖方面并没有得到很好的体现，原因可能是人们往往只关注动物的常规性能，而忽略整体健康状况、整齐度、成活率等指标。这些指标的变化有的时候达不到生物统计学的水平，而这些不能量化的指标恰恰最能反映酶制剂复杂、多功能的效用。因此，外观表现、健康状况、整齐度、成活率、出栏比例等“动物非常规生产性能指标”的建立就显得十分必要[239]。

3.4.2 研究方向展望

我国饲用酶制剂行业自起步以来取得了很大的发展，来源于细菌、真菌等微生物发酵的饲用酶制剂在畜禽水产养殖业中主要用于补充内源性消化酶以及降解饲料中抗营养因子这两大消化领域[240]，直接或间接地提高了饲料的利用率，有效地强化了基础饲料的营养价值，具有代表性的饲用酶制剂为蛋白酶和木聚糖酶。在后续的研究中，针对可选用酶品种少、生产效率低、应用效果评估难等问题，重点攻克有重要应用价值的新型抗生素替代用酶的基因资源挖掘、分子设计改良、酶的高效表达及高细胞密度发酵生产等瓶颈性核心技术，创制有重大应用价值的新型饲用酶制剂产品，并进行科学评估与应用，这是后续研究的方向。

（1）加强抗生素替代用的饲用酶制剂基因资源的挖掘与筛选，并针对饲料工业的特殊要求对饲用酶制剂进行功能改造，以解决饲用酶制剂性能差的问题。注重资源挖掘，尤其是特殊环境的微生物资源，并利用现代分子生物学和生物技术手段，高通量筛选抗生素替代用的饲用酶基因资源，获得性质优良的饲用酶新基因，从源头上创新。在此基础上，利用蛋白质工程技术，定向改良天然酶，甚至于创造新的、自然界本不存在的、具有优良特性的饲用酶蛋白质分子，以解决天然酶难以满足饲料工业应用要求的问题，并进一步提高其应用性能。Tu 等[230]以黑曲霉葡萄糖氧化酶为材料，经过随机突变策略、天冬酰胺保护策略、疏水氨基酸引入策略和蛋白表面电荷优化策略 4 种手段，成功获得了热稳定性显著提高的突变体 GOxA _ M4[241]。突变体 GOxA _ M4 的最适温度与野生型 GOxA 保持一致，为 40 ℃；在 60 ℃处理 2 h 后，剩余酶活由野生型的 31%提高到 86%；在 70 ℃处理 10 min 后，剩余酶活由野生型的 14%提高到 63%。此外，突变体 GOxA _ M4 在热稳定性大幅提高的同时，催化效率较野生型 GOxA 提高了 1.78 倍，实现了在不损失酶活的前提下显著提高酶热稳定性的研究目标，极大地促进了其在饲料工业中的应用。

（2）利用基因工程、代谢工程技术，构建高效生物反应器技术平台，提高饲用酶单位产量，实现规模化廉价生产，以解决饲用酶制剂添加成本空间有限的问题。基于安全性好、表达量高的毕赤酵母、芽孢杆菌以及木霉、曲霉等丝状真菌表达系统宿主细胞，构建高效重组菌株。例如，通过高效表达元件的优化策略，在毕赤酵母中表达的甘露聚糖酶基因和葡聚糖酶基因，比未改造的表达载体在毕赤酵母细胞中的表达量分别提高 50 倍和 80 倍，极大地降低了饲用酶制剂的生产成本。在此基础上，建立以廉价工农业原料为基质的高效高密度发酵方法和高密度发酵过程放大技术，促进其大规模生产。通过建立并开发高效稳定的饲用酶制剂和产品加工技术，提高饲用酶产品的稳定性、实用性和应用的高效性。

（3）改变“唯高酶活论”的传统思维模式，正确使用饲用酶制剂。在饲用酶制剂的使用过程中，想要获得理想的使用效果，应注意多方面因素的影响。就饲用酶制剂本身来讲，酶的种类和功能的专一性在很大程度上影响其使用效果，需要针对不同的饲料类型选择合适的酶制剂，不同的日粮类型对应不同的酶制剂配方设计。如果在酶种的选择和使用方面不恰当，则达不到理想的经济效益。一般来说，小麦型日粮的 DDGS（干酒糟及其可溶物）含有高水平的非淀粉多糖，添加木聚糖酶能够使非淀粉多糖的可利用率提高[242]；一般而言，大麦型日粮中以添加 β-葡聚糖酶、果胶酶为主；玉米-豆粕型混合日粮中以添加蛋白酶、淀粉酶和 β-甘露聚糖酶等为主；分别在含有植物性蛋白和动物性蛋白的仔猪饲料中添加酶制剂，此时含植物性蛋白的饲料效果要明显更好[243]。另外，选用酶制剂应考虑到动物品种、年龄阶段以及消化道内环境等动物因素。家禽的消化功能比较简单，酶制剂的使用效果相对来说比较明显。研究表明，在以大麦为基础的家禽日粮中添加 β-葡聚糖酶的应用效果较为显著。在仔猪和育肥猪日粮中添加的饲用酶种类也不相同，仔猪由于其消化机能不足，在日粮中可以添加淀粉酶和脂肪酶等外源性酶，不仅可以有效地补充内源酶的不足，也有助于激活内源酶的分泌[53]。而在生长育肥阶段，猪的消化系统已经基本发育完善，只需添加植酸酶、纤维素酶或非淀粉多糖酶等[244]。此时，如果添加过多的外源消化酶，则会对动物本身内源酶的分泌有抑制作用。所以，动物不同的生长阶段所需饲用酶的种类和剂量均不相同，应严格把控[245]。

本章编写人员

中国农业科学院北京畜牧兽医研究所：罗会颖、涂涛、黄火清、柏映国、秦星

全国畜牧总站：胡广东、单丽燕

参考文献

[1] 毛开云，陈大明，江洪波．饲用酶制剂产业发展态势分析 [J]. 生物产业技术，2016（2）：56 - 58.

[2] 周艳，兰疆．饲用酶制剂在畜牧业生产中的应用研究 [J]. 甘肃畜牧兽医，2015，45（10）：18 - 19.

[3] 李琪，张娴．绿色饲料添加剂概述［J］．食品安全导刊，2019（6）：36.

[4] 冯定远．饲用酶制剂对降低动物免疫应激与营养损耗的作用［J］．饲料与畜牧，2018，366（9）：26－30.

[5] 冯定远．饲料酶制剂应用技术与产业开发现状和展望［J］．饲料工业，2018，39（17）：1－6.

[6] 蔡辉益，张姝，邓雪娟．生物饲料科技研究与应用新进展［C］．中国畜牧兽医学会动物营养学分会第七届中国饲料营养学术研讨会，2014.

[7] 刘丽．饲料用酶制剂的生产与应用研究进展［C］．全国动物营养研究开发及饲料加工应用新技术新设备交流研讨会，2010.

[8] Tiantian W，Qingqing J，Dan W，et al. What is new in lysozyme research and its application in food industry? —A review［J］. Food Chemistry，2019（274）：698－709.

[9] Ragland S A，Criss A K. From bacterial killing to immune modulation：Recent insights into the functions of lysozyme［J］. Plos Pathog，2017，13（9）：e1006512.

[10] Oyeleye A，Normi Y M. Chitinase：diversity，limitations，and trends in engineering for suitable applications［J］. Bioscience Rep，2018，38（4）：323.

[11] 糜艳霞，任慧，张常，等．几丁质酶的研究进展［J］．生物技术，2001，11（5）：30－34.

[12] 聂陆娥，胡卿香，程丽红，等．糜蛋白酶治疗褥疮的疗效评价［J］．中华国际护理杂志，2004，3（12）：882－884.

[13] 孙逸佃．胰蛋白酶在治疗蛇伤中的应用［J］．中国医院药学杂志，1984（6）：10－11.

[14] 王喆，刘茜倩，庞博，等．胰蛋白酶和糜蛋白酶与抗生素联用的体外抗菌活性研究［J］．南京农业大学学报，2015，38（4）：636－644.

[15] 周春香，孟碰，卢炜．蚓蛛酶对僵猪、弱仔猪生长性能的影响［J］．河南畜牧兽医（综合版），2012（7）：3－4.

[16] 孙贵斌，关静姝，张泽虎．蚓蛛酶及其对奶牛生产性能的影响［J］．中国奶牛，2010（3）：33－35.

[17] Khan Z，Shafique M，Nawaz H R，et al. Bacillus tequilensis zms－2：A novel source of alkaline protease with antimicrobial，anti－coagulant，fibrinolytic and dehairing potentials［J］. Pakistan Journal of Pharmaceutical Ences，2019，32（4）：1913－1918.

[18] 张民．酶制剂在畜禽养殖中的应用研究进展［J］．生物产业技术，2019（3）：91－98.

[19] 乔伟．饲料酶对仔猪肠道健康的影响［J］．饲料工业，2016（8）：58－61.

[20] Hou Y，Wu Z，Dai Z，et al. Protein hydrolysates in animal nutrition：Industrial production，bioactive peptides，and functional significance［J］. Journal of Animal Science and Biotechnology，2017（8）：24.

[21] 张广民，王振兴，汤海鸥，等．*N*-酰基高丝氨酸内酯酶对断奶仔猪生产性能的影响［J］．中国饲料，2014（23）：19－21.

[22] 张盼，丁贤，李来好，等．枯草芽孢杆菌 SS6N-酰基高丝氨酸内酯酶基因的克隆表达及其酶学特性［J］．微生物学报，2015，55（6）：739－747.

[23] Baurhoo N，Baurhoo B，Zhao X. Effects of exogenous enzymes in corn－based and Canadian pearl millet－based diets with reduced soybean meal on growth performance，intestinal nutrient digestibility，villus development，and selected microbial populations in broiler chickens［J］. Journal of Animal Science 2011，89（12）：4100－4108.

[24] 汪彬，李来梅，周映华，等．益生菌、寡糖和酶制剂对断奶仔猪生产性能的影响［J］．湖南农业科学，2010（15）：140－141.

[25] O'Neill H V M，Smith J A，Bedford M R. Multicarbohydrase enzymes for non－ruminants［J］. Asian Austral J Anim，2014，27（2）：290－301.

[26] Jackson M E，Stephens K R，Mathis G F. The effect of β－mannanase（hemicell feed enzyme）and high levels of distillers dried grains on turkey hen performance［J］. Poultry Science，2008（87）：65－66.

[27] Zou X T, Qiao X J, Xu Z R. Effect of β - mannanase (hemicell) on growth performance and immunity of broilers [J]. Poultry Science, 2006, 85 (12): 2176 - 2179.

[28] 李艳丽，许少春，柳永，等．低聚木糖的制备及其对益生菌体外增殖的作用 [J]. 浙江大学学报（农业与生命科学版），2011，37（3）：245 - 251.

[29] 宁俊，刘立存，陈小刚．低聚木糖促进营养物质吸收概述 [J]. 食品工业科技，2015，36（1）：26 - 28.

[30] 扶国才，吴大伟，罗有文，等．低聚木糖对蛋鸡生产性能、脂类代谢及生殖机能的影响 [J]. 湖北农业科学，2012，51（14）：3041 - 3044.

[31] 刘杰．2018 年饲料添加剂产业概况 [J]. 中国饲料，2019（12）：1 - 3.

[32] 李宁宁，胡成，刘则学．葡萄糖氧化酶对保育猪生长性能及腹泻防控效果试验 [J]. 养猪，2020（2）：41 - 43.

[33] 穆淑琴，李宁，闫峻，等．葡萄糖氧化酶对仔猪生长性能和血清生化指标的影响 [J]. 中国畜牧兽医，2018，45（8）：2212 - 2218.

[34] 侯振平，蒋桂韬，吴端钦，等．葡萄糖氧化酶对断奶仔猪生长性能、血清生化指标和抗氧化功能及养分消化率的影响 [J]. 动物营养学报，2017，29（10）：3482 - 3488.

[35] 侯振平，蒋桂韬，李闯，等．不同葡萄糖氧化酶对断奶仔猪生长性能、血清生化指标及养分消化率的影响 [J]. 中国饲料，2017（23）：25 - 28.

[36] 陈清华，陈凤鸣，肖晶，等．葡萄糖氧化酶对仔猪生长性能、养分消化率及肠道微生物和形态结构的影响 [J]. 动物营养学报，2015，27（10）：3218 - 3224.

[37] 吴端钦，陈成，戴求仲．仔猪日粮中葡萄糖氧化酶适宜添加量及替代氧化锌的效益比较研究 [J]. 家畜生态学报，2015（9）：37 - 41.

[38] 李璐．日粮添加苯甲酸和葡萄糖氧化酶对仔猪生产性能和肠道健康的影响 [D]. 杨凌：西北农林科技大学，2017.

[39] Zhang J, Liu Y J, Yang Z B, et al. Illicium verum extracts and probiotics with added glucose oxidase promote antioxidant capacity through upregulating hepatic and jejunal Nrf2/Keap1 of weaned piglets [J]. Journal of Animal Science, 2020, 98 (3): 77.

[40] Tang H, Yao B, Gao X, et al. Effects of glucose oxidase on the growth performance, serum parameters and faecal microflora of piglets [J]. South African Journal of Animal Science, 2016, 46 (1): 14 - 20.

[41] 李志鹏，赵恤锋．能量饲料补充蛋白酶对保育后期仔猪生长性能和肠道健康的影响 [J]. 中国饲料，2019（24）：87 - 91.

[42] 马文锋，朱艳芝，陈晓晨，等．功能性添加剂对断奶仔猪生长性能、血清生化指标和免疫功能的影响 [J]. 中国饲料，2020（1）：36 - 40.

[43] 李阳，张广民，蔡辉益，等．仔猪专用复合酶的开发及其对乳仔猪作用效果的研究 [J]. 饲料工业，2019，40（22）：11 - 15.

[44] 史林鑫，乔鹏飞，龙沈飞，等．复合酶制剂对断奶仔猪生长性能、营养物质表观消化率、血清抗氧化指标及内源消化酶活性的影响 [J]. 动物营养学报，2019，31（8）：3872 - 3881.

[45] 刘冬，胡蕾，丁兆忠，等．日粮中添加蛋白酶对断奶仔猪生长性能、肠道形态和消化酶的影响 [J]. 中国饲料，2019（15）：63 - 65.

[46] 于海涛，周智旋，耿正颖，等．角蛋白酶体外酶解豆粕的营养价值及其在断奶仔猪生产中的应用研究 [J]. 中国畜牧杂志，2019，55（7）：122 - 127.

[47] 李艳红．复合蛋白酶对断奶仔猪生长性能、营养物质消化率、血液指标及肠道健康的影响 [J]. 中国饲料，2018（18）：28 - 32.

[48] 侯玉煌，丁宏标，李强．3 种蛋白酶对苏淮断奶仔猪生长性能、营养物质表观消化率和血清生化指标的影响 [J]. 动物营养学报，2018，30（5）：411 - 417.

[49] 陈静，单柳跃，戴劲．高粱-豆粕型日粮添加复合蛋白酶对仔猪生长性能、养分利用率及粪中细菌组分的影响［J］．中国饲料，2018（6）：71-76.

[50] 郭玉光，杜红方，王敏，等．饲粮中添加复合酶对仔猪生长性能、血液生化指标和养分消化率的影响［J］．中国畜牧杂志，2018，54（2）：65-68，72.

[51] 张丽，丁宏标．酵母培养物、枯草芽孢杆菌和木瓜蛋白酶对保育猪生长性能、营养物质表观消化率和粪便微生物数量的影响［J］．动物营养学报，2016，28（11）：3642-3649.

[52] Tactacan G B，Cho S Y，Cho J H，et al. Performance responses，nutrient digestibility，blood characteristics，and measures of gastrointestinal health in weanling pigs fed protease enzyme［J］. Asian Austral J Anim，2016，29（7）：998-1003.

[53] Zuo J，Ling B，Long L，et al. Effect of dietary supplementation with protease on growth performance，nutrient digestibility，intestinal morphology，digestive enzymes and gene expression of weaned piglets［J］. Animal Nutrition，2015，1（4）：276-282.

[54] 程金龙，邢荣娥，张路路，等．酶制剂及其与芽孢杆菌的配伍对仔猪营养物质消化率的影响［J］．饲料研究，2017（4）：14-19.

[55] 何鑫．非淀粉多糖酶对饲粮养分消化和仔猪肠道健康的影响［D］．雅安：四川农业大学，2018.

[56] Wang J，Liu Y，Yang Y，et al. High-level expression of an acidic thermostable xylanase in *Pichia pastoris* and its application in weaned piglets［J］. Journal of Animal Science，2019，98（1）：364.

[57] Chen Q，Li M，Wang X. Enzymology properties of two different xylanases and their impacts on growth performance and intestinal microflora of weaned piglets［J］. Animal Nutrition，2016，2（1）：18-23.

[58] 黄伟杰，卢剑，温玉梅，等．对比不同厂家β-甘露聚糖酶对仔猪生长性能、养分表观消化率的影响［J］．广西农学报，2019，34（2）：27-29，45.

[59] 余璐璐，宋全芳，严峰，等．复合型β-甘露聚糖酶的开发及其对断奶仔猪生长性能和血清生化指标的影响［J］．饲料工业，2019，40（4）：30-34.

[60] 朱晓彤，张方亮，尹杰，等．饲粮豆粕水平与β-甘露聚糖酶对断奶仔猪血清半乳甘露聚糖含量、生化指标及肠道氨基酸转运载体基因表达的影响［J］．动物营养学报，2018，30（5）：78-89.

[61] 田军辉，王世琼，刘丽芳，等．低能量日粮中添加β-甘露聚糖酶对断奶仔猪生长性能的影响［J］．饲料研究，2015（2）：39-41.

[62] 陈庆菊，刘金艳，卢昌文，等．饲粮添加β-葡聚糖对断奶仔猪生长性能和肠道微生物区系的影响［J］．动物营养学报，2018，30（11）：441-449.

[63] Li Q Y，Schmitz-Esser S，Loving C L，et al. Exogenous carbohydrases added to a starter diet reduced markers of systemic immune activation and decreased *Lactobacillus* in weaned pigs［J］. Journal of Animal Science，2019，97（3）：1242-1253.

[64] 程振峰．不同抗生素替代物对生长肥育猪生长、肠道形态与发育影响的研究［D］．泰安：山东农业大学，2018.

[65] 敖翔，周建川，周婷，等．棕榈仁粕饲粮添加碳水化合物酶对生长肥育猪生长性能、养分消化率和肉品质的影响［J］．养猪，2019（3）：9-12.

[66] 李思思，方俊，李铁军．不同高粱水平饲粮补充蛋白酶对生长猪的影响［J］．湖南农业科学，2018，391（4）：78-82.

[67] 杨文娇，宋春阳，于振洋，等．复合蛋白酶添加量对鲁烟白猪生产性能、养分消化率及血液生化指标的影响［J］．中国饲料，2018（7）：59-63.

[68] 张秀江，胡虹，王秋菊，等．益生菌和酸性蛋白酶对生长肥育猪生产性能的影响［J］．饲料工业，2018，39（2）：15-18.

[69] Pan L，Zhao P F，Yang Z Y，et al. Effects of coated compound proteases on apparent total tract

digestibility of nutrients and apparent ileal digestibility of amino acids for pigs [J]. Asian - Australasian Journal Animal Scicences，2016，29 (12)：1761 - 1767.

[70] 杨飞来，阳建华，邓敦，等．不同复合酶制剂对育肥猪生长性能和营养物质表观消化率的影响 [J]. 湖南饲料，2019 (5)：29 - 32.

[71] 李美琪，董美静，廖冰．蛋白酶和木聚糖酶对育肥猪的生长性能、营养消化率以及粪便气味的作用观察 [J]. 兽医导刊，2018 (22)：211.

[72] 敖翔，周建川，周婷，等．低营养水平饲粮添加单一或复合非淀粉多糖酶对生长肥育猪生长性能、养分消化率和肉品质的影响 [J]. 养猪，2019，162 (1)：13 - 16.

[73] Upadhaya U S，朱丽媛．玉米-豆粕基础日粮中添加 β-甘露聚糖酶对生长猪生长性能、养分消化率、血尿素氮、粪便大肠杆菌和乳酸菌及粪便有害气体排放的作用 [J]. 中国畜牧兽医，2016，43 (7)：1928.

[74] Kim J S，Ingale S L，Hosseindoust A R，et al. Effects of mannan level and β - mannanase supplementation on growth performance，apparent total tract digestibility and blood metabolites of growing pigs [J]. Animal An International Journal of Animal Bioscience，2017，11 (2)：202 - 208.

[75] Zhao J，Zhang G，Liu L，et al. Effects of fibre - degrading enzymes in combination with different fibre sources on ileal and total tract nutrient digestibility and fermentation products in pigs [J]. Archives of Animal Nutrition，2020 (22)：1 - 16.

[76] 潘康成，张新华，张钧利，等．霉菌毒素分解酶对育肥猪生产性能及肝功能的影响 [J]. 饲料工业，2016，37 (11)：39 - 41.

[77] 罗云，王镇发，梅胜，等．阿魏酸酯酶酶化发酵饲料饲喂三元猪的影响 [J]. 食品与生物技术学报，2018，37 (5)：527 - 534.

[78] 战晓燕，张似青，田建兴，等．生物活性过氧化氢酶对断奶仔猪生长性能、肠道形态和消化酶活性的影响 [J]. 现代畜牧兽医，2018 (12)：1 - 8.

[79] 申童，黄生强．日粮中添加过氧化氢酶对断奶仔猪生长性能的影响 [J]. 湖南畜牧兽医，2018 (1)：7 - 8.

[80] 方锐，左建军，凌宝明，等．日粮中添加过氧化氢酶对断奶仔猪生长性能、肠道形态及抗氧化性能的影响 [J]. 中国饲料，2017 (1)：23 - 27.

[81] 李威，索艳丽．过氧化氢酶对断奶仔猪健康评价的影响 [J]. 饲料工业，2015 (14)：56 - 58.

[82] 陈嘉铭，张志东，战晓燕，等．母猪饲粮中添加过氧化氢酶对母猪及仔猪生长性能和抗氧化能力的影响 [J]. 动物营养学报，2019，31 (7)：3268 - 3275.

[83] Ren Z，Sun W，Cheng X，et al. The adaptability of Hyline brown laying hens to low phosphorus diets supplemented with phytase [J]. Poultry ence，2020，99 (7)：3525 - 3531.

[84] 刘国庆，张雄，张磊，等．玉米-豆粕-植酸酶型日粮钙水平对京红 1 号蛋鸡产蛋后期生产性能、蛋品质的影响 [J]. 中国畜牧兽医，2018，45 (12)：3431 - 3437.

[85] 吴继承，王素焕．饲粮中粗蛋白质、非植酸磷水平和植酸酶对蛋鸡生产性能的影响 [J]. 畜牧兽医科学，2018 (16)：6 - 7.

[86] 李连彬，陈秀丽，宋丹，等．玉米-杂粕型日粮中添加不同植酸酶对蛋鸡生产性能和蛋品质及钙磷代谢的影响 [J]. 中国畜牧杂志，2015，51 (1)：43 - 47.

[87] 黄晨轩，岳巧娴，陈辉，等．枯草芽孢杆菌和木聚糖酶复合物对蛋鸡后期生产性能和蛋品质的影响 [J]. 中国饲料，2018 (9)：56 - 59.

[88] 漆雯雯，高超，何生，等．小麦型日粮添加重组葡聚糖酶和木聚糖酶对蛋鸡产蛋性能和蛋品质的影响 [J]. 中国饲料，2015 (6)：21 - 24.

[89] 朱虹，兰晓葳．不同类型日粮添加木聚糖酶对蛋鸡产蛋性能、蛋品质和肠道形态的影响 [J]. 中国饲

料，2021 (16)：46-49.
[90] 郑允志，王冰，王兴刚 . β-甘露聚糖酶对夏季高温蛋鸡生产性能、蛋品质和养分表观消化率的影响 [J]. 中国饲料，2018 (16)：42-45.
[91] 郭永胜，史西川，党国旗，等 . β-甘露聚糖酶对蛋鸡生产性能及蛋品质的影响 [J]. 黑龙江畜牧兽医，2017，528 (12)：186-188.
[92] 秦魁 . 芽孢杆菌蛋白酶制剂对蛋鸡生产性能的影响 [J]. 养殖与饲料，2020 (3)：30-32.
[93] 谭权，孙得发 . 外源蛋白酶对蛋鸡生产性能及经济效益的影响 [J]. 中国畜牧杂志，2018，54 (3)：83-86.
[94] 晏桂芳，高研，刘金爱，等 . 添加低温淀粉酶对蛋鸡生产性能的影响 [J]. 中国饲料添加剂，2017 (9)：13-16.
[95] 王恒毅，马义国 . 饲粮中添加葡萄糖氧化酶对蛋鸡生产性能的影响 [J]. 家禽科学，2020 (1)：20-22.
[96] 李嘉辉，李生杰，龚建刚，等 . 葡萄糖氧化酶对产蛋后期蛋种鸡产蛋性能、孵化性能及抗氧化能力的影响 [J]. 动物营养学报，2021，33 (10)：5617-5626.
[97] 周小娟，邓文，董俊伟，等 . 复合酶制剂对蛋鸡生产性能和蛋品质的影响 [J]. 河南畜牧兽医（综合版），2020，41 (2)：9-11.
[98] 曹岩峰，王丽娟，丁毅，等 . 复合酶制剂对蛋鸡产蛋后期产蛋性能、蛋品质及血清生化指标的影响 [J]. 饲料与畜牧，2018 (12)：58-62.
[99] 于翔宇，张宏福，王玉璘，等 . 低能日粮中添加复合酶制剂对蛋鸡生产性能及血液指标的影响 [J]. 饲料工业，2017，38 (6)：19-22.
[100] 王丽娟，王玉璘 . 不同代谢能水平的日粮添加复合酶对蛋鸡产蛋性能及血液生化指标的影响 [J]. 畜牧与饲料科学，2016，37 (11)：43-46.
[101] 杨敏，叶青华，米勇，等 . 植酸酶在肉鸡饲粮中的应用研究进展 [J]. 中国家禽，2018，40 (10)：46-49.
[102] 侯爽 . 饲粮中锌、锰和植酸酶水平对肉鸡生长性能、血液生化指标及养分代谢率的影响 [D]. 沈阳：沈阳农业大学，2018.
[103] 郑书英，曲振奇，郭书奇 . 高剂量植酸酶对肉鸡生长性能和消化率的影响 [J]. 中国饲料，2019 (14)：66-70.
[104] 卢广林 . 植酸酶、柠檬酸和碳酸化合物酶对肉鸡生长性能和养分利用率的影响 [J]. 中国饲料，2019 (10)：40-44.
[105] 董以雷，井庆川，刘雪兰，等 . 低钙磷饲粮添加大剂量植酸酶和维生素 D_3 对肉鸡生产性能、胫骨灰分和血清指标的影响 [J]. 饲料研究，2019，42 (12)：32-36.
[106] 姜文联，方心灵，李海华 . 小麦型日粮添加木聚糖酶和植酸酶对肉鸡生长性能、回肠氨基酸表观消化率及常量元素沉积的影响 [J]. 中国饲料，2019 (8)：53-57.
[107] 刘松柏，谭会泽，温志芬，等 . 高剂量添加植酸酶对黄羽肉鸡不同生长阶段生长性能的影响 [J]. 饲料研究，2018 (4)：12-14.
[108] 陈冠华，张金龙，张宁，等 . 日粮中高剂量植酸酶对肉鸡生长性能、骨骼矿化和钙磷沉积的影响 [J]. 饲料工业，2017，38 (16)：22-29.
[109] 王雄，陈清华，丁增辉，等 . 两种木聚糖酶对黄羽肉鸡生长性能和养分代谢率的影响 [J]. 中国畜牧兽医，2016，43 (7)：1755-1760.
[110] 班志彬，闫晓刚，张莹，等 . 木聚糖酶对肉鸡不同类型饲粮净能值的影响 [J]. 动物营养学报，2019，31 (3)：461-468.
[111] 黄铁生，达剑森 . β-甘露聚糖酶对肉鸡生长性能及免疫功能的影响 [J]. 中国家禽，2016，38 (22)：62-63.
[112] 赵娜，韩苗苗，龚利敏，等 . 低能日粮中添加 β-甘露聚糖酶对肉仔鸡生长性能及养分表观消化率的

影响 [J]. 中国畜牧杂志，2017 (11)：66-70.
[113] 孟昆，陈桂兰，刘国华，等．饲用甘露聚糖酶转基因玉米对肉鸡生长性能、屠宰性能及血清生理生化指标的影响 [J]. 动物营养学报，2016，28 (1)：182-190.
[114] Xu X, Wang H L, Pan L, et al. Effects of coated proteases on the performance, nutrient retention, gut morphology and carcass traits of broilers fed corn or sorghum based diets supplemented with soybean meal [J]. Animal Feed Science & Technology, 2016 (223): 119-127.
[115] Ding X M, Li D D, Li Z R, et al. Effects of dietary crude protein levels and exogenous protease on performance, nutrient digestibility, trypsin activity and intestinal morphology in broilers [J]. Livestock Science, 2016 (193): 26-31.
[116] 张立兰，陈亮，钟儒清，等．外源蛋白酶对肉鸡饲粮体外干物质消化率和酶水解物能值的影响 [J]. 中国农业科学，2017，50 (7)：1326-1333.
[117] 张静静，郑旭，李玥，等．低蛋白质饲粮添加蛋白酶对肉仔鸡生长性能、肝脏生长基因及雷帕霉素靶蛋白信号通路基因表达的影响 [J]. 动物营养学报，2021，33 (9)：5332-5344.
[118] 唐建伟，胡琳华．不同蛋白质日粮补充蛋白酶对热应激肉鸡生长性能、肠绒毛形态及胴体性状的影响 [J]. 中国饲料，2021 (14)：13-16.
[119] 谢谦，杨媚，张海涵，等．蛋白酶和益生菌复合制剂对白羽肉鸡生长性能、养分利用率和粪便有害气体排放的影响 [J]. 中国畜牧杂志，2021，57 (2)：165-169.
[120] Yuan J, Wang X, Yin D, et al. Effect of different amylases on the utilization of cornstarch in broiler chickens [J]. Poultry Science, 2017 (96): 1139-1148.
[121] 刘迎春，辛守帅，张相伦，等．低温 α-淀粉酶对饲料淀粉酶解及肉鸡生长性能的影响 [J]. 中国家禽，2016，38 (23)：24-27.
[122] 马杰，杨泰，杨媚，等．饲粮直链/支链淀粉和淀粉酶对肉鸡生长性能的影响及其互作效应研究 [J]. 动物营养学报，2019，31 (7)：3086-3094.
[123] Wang Y, Wang Y, Han X, et al. Direct-fed glucose oxidase and its combination with *B. amyloliquefaciens* SC06 on growth performance, meat quality, intestinal barrier, antioxidative status, and immunity of yellow-feathered broilers [J]. Poultry Science, 2018 (97): 3540-3549.
[124] Shengru W, Taohuan L, Huafeng N, et al. Effects of glucose oxidase on growth performance, gut function, and cecal microbiota of broiler chickens [J]. Poultry Science, 2018 (98): 828-841.
[125] 于娟，庄明，杨景晁，等．饮水添加葡萄糖氧化酶对肉鸡生产性能的影响 [J]. 家禽科学，2019 (4)：25-28.
[126] 崔细鹏，王敏．葡萄糖氧化酶对白羽肉仔鸡生长性能、养分代谢的影响 [J]. 广东饲料，2018，27 (10)：33-37.
[127] 汤海鸥，高秀华，姚斌，等．葡萄糖氧化酶对肉鸡生长性能的影响及其替代抗生素效果研究 [J]. 饲料工业，2016 (6)：18-21.
[128] 李向群，李哲．葡萄糖氧化酶对肉仔鸡生长性能及免疫机能的影响 [J]. 饲料研究，2019，42 (12)：37-40.
[129] 郗艳菊，郭永红，邢义，等．葡萄糖氧化酶对肉鸡生产性能、肠道微生物及抗氧化机理的研究 [J]. 今日畜牧兽医，2019，35 (7)：9-10.
[130] 苏长城，鞠婷婷，刘伟，等．日粮添加蛋源溶菌酶对肉鸡血清和组织细胞因子水平的影响 [J]. 中国家禽，2018，40 (3)：19-22.
[131] Hu Y D, Lan D, Zhu Y, et al. Effect of diets with different energy and lipase levels on performance, digestibility and carcass trait in broilers [J]. Asian Australasian Journal of Animal ences, 2017, 31 (8): 1275-1284.

[132] 杨媚，马杰，邓圣庭，等．饲粮油脂和脂肪酶添加水平对热应激肉鸡生长性能和血清生化指标的影响［J］. 动物营养学报，2020，32（1）：160－168.

[133] Yin D，Yin X，Wang X，et al. Supplementation of amylase combined with glucoamylase or protease changes intestinal microbiota diversity and benefits for broilers fed a diet of newly harvested corn［J］. Journal of Animal Science and Biotechnology，2018，9（2）：467－479.

[134] Liu N，Wang J Q，Gu K T，et al. Effects of dietary protein levels and multienzyme supplementation on growth performance and markers of gut health of broilers fed a miscellaneous meal based diet［J］. Animal Feed Science & Technology，2017（234）：110－117.

[135] 张会芳，唐德富，年芳，等．添加复合酶制剂对肉仔鸡生长性能和养分消化利用的影响［J］. 甘肃农业大学学报，2015（2）：31－36.

[136] 刘胜利，刘示杰，王述柏，等．基于体外仿生消化法筛选适用于肉鸡玉米-豆粕-杂粕型饲粮的非淀粉多糖复合酶［J］. 动物营养学报，2020，32（3）：1362－1381.

[137] 范秋丽，蒋守群，苟钟勇，等．益生菌、低聚壳聚糖、酸化剂及复合酶对1～66日龄黄羽肉鸡生长性能、免疫功能、胴体性能和肉品质的影响［J］. 中国畜牧兽医，2020，47（5）：1368－1380.

[138] 范秋丽，李茂泽，赵鑫铭，等．葡萄糖氧化酶、溶菌酶和腐殖酸钠对肉鸡免疫和抗氧化功能的影响［J］. 中国畜牧杂志，2021，57（8）：230－236.

[139] 燕磊，吕尊周，王鹏，等．不同复合蛋白酶对肉鸡生长性能和营养物质利用率的影响［J］. 中国饲料，2021（1）：59－63.

[140] 马渭青，王思博，杨季，等．饲粮中添加超氧化物歧化酶模拟物对肉鸡生长性能、血清免疫指标及肠道抗氧化指标和消化酶活性的影响［J］. 动物营养学报，2020，32（1）：432－439.

[141] 吴垒，张晓辉，宗昕如，等．复合蛋白酶乳房注入剂对泌乳期奶牛乳房炎（临床型）的疗效试验［J］. 畜牧与兽医，2015，47（3）：39－45.

[142] 王超丽，王树杰，许存柱，等．反刍动物专用复合酶对奶牛生产性能的影响［J］. 中国奶牛，2015（16）：14－17.

[143] 王超丽，王树杰，许存柱，等．反刍动物专用复合酶对奶牛消化率的影响［J］. 石河子科技，2015（4）：7－9.

[144] 李奎，杨亮，张文举，等．复合酶制剂对安格斯肉牛生产性能和血清生化指标的影响［J］. 饲料博览，2016，288（4）：9－12.

[145] 王斌星，付洋洋，郭春华，等．外源酶对舍饲牦牛生产性能和养分消化率及瘤胃发酵的影响［J］. 中国畜牧杂志，2016，52（21）：54－58.

[146] 徐磊，赵拴平，贾玉堂，等．不同剂量的复合酶制剂对肉牛育肥效果的影响［J］. 中国牛业科学，2016，42（1）：23－26.

[147] 时发亿，张巧娥，吴仙花，等．复合酶对犊牛免疫和生长性能影响的研究［J］. 饲料研究，2019，42（4）：1－5.

[148] 李艳玲，张民，柴建民，等．外源性复合酶制剂对体外瘤胃发酵及奶牛产奶性能的影响［J］. 动物营养学报，2015，27（9）：2911－2919.

[149] 林静，赵鑫源，都文，等．复合酶制剂对泌乳奶牛瘤胃发酵、营养物质表观消化率及生产性能的影响［J］. 动物营养学报，2017，29（6）：2124－2133.

[150] 陈雅坤，王建平，卜登攀，等．复合酶制剂对瘤胃发酵及泌乳早期奶牛生产性能的影响［J］. 草业学报，2018，27（4）：170－177.

[151] 赵连生，王典，王有月，等．饲粮中添加复合酶制剂对奶牛瘤胃发酵、营养物质表观消化率和生产性能的影响［J］. 动物营养学报，2018，30（10）：4172－4180.

[152] 谢小峰，周玉明，王明亮，等．复合酶制剂对奶牛产奶量及乳成分的影响［J］. 畜牧与兽医，2015

(8): 64 - 66, 69.
[153] 毛春春，肖爱萍．酶制剂对奶牛产奶量及乳成分的影响 [J]. 中国奶牛，2016，317 (9)：1 - 4.
[154] 乔伟，姚斌．反刍动物专用复合酶在缓解夏季奶牛热应激并提高产奶量方面的研究 [J]. 饲料工业，2016，37 (16)：62 - 64.
[155] 张莹莹，王聪，刘强，等．纤维分解酶与异丁酸对犊牛小肠消化酶活力和肝生长轴基因表达的影响 [J]. 畜牧兽医学报，2016，47 (9)：1879 - 1887.
[156] Wang C, Liu Q, Guo G, et al. Effects of fibrolytic enzymes and isobutyrate on ruminal fermentation, microbial enzyme activity and cellulolytic bacteria in pre - and post - weaning dairy calves [J]. Animal Production Science, 2018 (59): 471 - 478.
[157] 谭树义，王峰，魏立民，等．添加复合酶和乳酸菌制剂青贮玉米秸秆对海南黑牛生产性能的影响 [J]. 饲料研究，2016 (15)：29 - 31.
[158] 郑海英，贾伟星，高丽娟，等．纤维素复合酶制剂和微生态制剂对育肥牛增重效果试验 [J]. 今日畜牧兽医，2018，34 (4)：11 - 12.
[159] 周胜花，宋献艺．2 -甲基丁酸和纤维素酶对泌乳牛生产性能的影响 [J]. 黑龙江畜牧兽医，2018 (15)：160 - 162.
[160] 李蒋伟，侯生珍，王志有．日粮中添加蛋白酶对欧拉型藏羔羊生产性能的影响 [J]. 饲料研究，2020，43 (5)：12 - 14.
[161] 孙瑞萍，魏立民，刘圈炜，等．复合酶制剂对育肥前期海南黑山羊生产性能和血清生化指标的影响 [J]. 安徽农业科学，2015，43 (19)：112 - 113，134.
[162] 周艳，兰疆．饲用复合酶制剂对新疆细毛羊羔羊生产性能的影响 [J]. 中国畜牧兽医文摘，2015，31 (10)：210.
[163] 乔雄．秸秆中添加纤维素复合酶饲喂山羊试验 [J]. 青海畜牧兽医杂志，2016 (4)：34 - 36.
[164] 孟芳，韩向敏，王彩莲，等．外源消化酶对断奶羔羊营养物质消化代谢的影响 [J]. 中国饲料，2018 (5)：7 - 12.
[165] Song S D, Chen G J, Guo C H, et al. Effects of exogenous fibrolytic enzyme supplementation to diets with different NFC/NDF ratios on the growth performance, nutrient digestibility and ruminal fermentation in Chinese domesticated black goats [J]. Animal Feed Science & Technology, 2018 (236): 170 - 177.
[166] 陈宇．外源酶对湖羊瘤胃微生物区系的影响 [J]. 粮食与饲料工业，2017 (1)：57 - 63.
[167] 孟芳，刘立山，郎侠，等．外源纤维素酶对断奶羔羊瘤胃体外发酵特性的影响 [J]. 动物营养学报，2020，32 (6)：1 - 10.
[168] Lu Q, Jiao J, Tang, S, et al. Effects of dietary cellulase and xylanase addition on digestion, rumen fermentation and methane emission in growing goats [J]. Archives of Animal Nutrition, 2015, 69 (4): 251 - 266.
[169] Lu Q, Wu J, Wang M, et al. Effects of dietary addition of cellulase and a *Saccharomyces cerevisiae* fermentation product on nutrient digestibility, rumen fermentation and enteric methane emissions in growing goats [J]. Archives of Animal Nutrition, 2016, 70 (3): 224 - 238.
[170] 赵梦迪，邸凌峰，唐泽宇，等．单宁与饲用纤维素酶对湖羊瘤胃微生物菌群的影响 [J]. 中国畜牧兽医，2019，46 (1)：112 - 122.
[171] 赵梦迪，邸凌峰，唐泽宇，等．单宁与饲用纤维素酶对湖羊生长性能、血液生化指标、屠宰性能及器官发育的影响 [J]. 中国畜牧兽医，2019，46 (6)：1668 - 1676.
[172] 肖杰，孙攀峰，李鹏伟，等．饲粮中添加单宁和纤维素酶对育肥湖羊生长性能、营养物质消化率及肠道形态的影响 [J]. 中国饲料，2020 (8)：33 - 36.
[173] 解冰冰．溶菌酶对围产期奶牛直肠菌群多样性的影响 [D]. 雅安：四川农业大学，2014.

[174] 陈亚迎，申军士，吕朋安，等．溶菌酶对瘤胃体外发酵、甲烷生成及微生物菌群结构的影响［J]．微生物学报，2017，57（5）：758-768.

[175] 王红梅，屠焰，司丙文，等．不同配伍酶制剂处理玉米秸秆对肉用绵羊生长性能和营养物质消化率的影响［J]．中国农业科学，2016，49（24）：4806-4813.

[176] 冯文晓，陶莲，陈国顺，等．菌酶处理水稻秸秆对肉用绵羊营养物质表观消化率与血清生化指标的影响［J]．中国饲料，2017（11）：9-14.

[177] 秦搏，陈四清，常青，等．饲料中添加纤维素酶对幼刺参生长性能、消化能力和非特异性免疫力的影响［J]．动物营养学报，2014，26（9）：2698-2705.

[178] 徐国武，许民强．β-葡聚糖酶对鲤鱼生长性能及饲料消化率的影响［J]．饲料工业，2000（3）：23-24.

[179] 彭素晓，常志强，马骊，等．海带渣添加比例及其酶解产物对凡纳滨对虾生长、消化和非特异性免疫力的影响［J]．动物营养学报，2017，29（7）：2587-2596.

[180] 王万良，周建设，陈美群，等．β-葡聚糖对亚东鲑幼鱼生长、肠道消化酶活性及肝脏抗氧化能力的影响［J]．西南农业学报，2021，34（3）：673-678.

[181] 王万良，牟振波，周建设，等．β-葡聚糖对亚东鲑幼鱼存活及生长的影响［J]．水产科学，2021，40（2）：273-278.

[182] 赵红霞，陈冰，莫文艳，等．饲料添加β-1，3-葡聚糖对凡纳滨对虾生长性能、血清代谢、免疫相关基因表达和抗亚硝酸氮应激能力的影响［J]．水生生物学报，2021，45（3）：593-600.

[183] 王国霞，曹俊明，牛凤池，等．外源酶制剂对黄颡鱼免疫抗氧化指标和肠道形态结构的影响［J]．饲料工业，2017，38（16）：17-21.

[184] Hu J，Ran C，He S，et al. Dietary microbial phytase exerts mixed effects on the gut health of tilapia：a possible reason for the null effect on growth promotion［J]. British Journal of Nutrition，2016，115（11）：1-9.

[185] 杨航，张国奇，周陆，等．复合酶制剂对草鱼生长性能、营养物质利用及肠道组织形态的影响［J]．动物营养学报，2019，31（11）：5262-5273.

[186] Maas R M，Verdegem M C J，Dersjant-Li Y，et al. The effect of phytase，xylanase and their combination on growth performance and nutrient utilization in *Nile tilapia*［J]. Aquaculture，2017（487）：7-14.

[187] 郑欣，徐树德，唐启峰，等．低磷低鱼粉饲料中添加植酸酶和蛋白酶对草鱼生长性能和消化生理的影响［J]．动物营养学报，2020，32（4）：1788-1799.

[188] Li X Q，Zhang X Q，Amirul K C M，et al. Dietary phytase and protease improved growth and nutrient utilization in tilapia（*Oreochromis niloticus*×*Oreochromis aureus*）fed low phosphorus and fishmeal-free diets［J]. Aquaculture Nutrition，2018，25（1）：46-55.

[189] Liu S，Feng L，Jiang W D，et al. Impact of exogenous lipase supplementation on growth，intestinal function，mucosal immune and physical barrier，and related signaling molecules mRNA expression of young grass carp（*Ctenopharyngodon idella*）［J]. Fish & Shellfish Immunology，2016（55）：88-105.

[190] Chen W，Lin S，Li F，et al. Effects of dietary mannanase on growth，metabolism and non-specific immunity of tilapia（*Oreochromis niloticus*）［J]. Aquaculture Research，2016，47（9）：2835-2843.

[191] 毛述宏，林鑫，杨阳，等．甘露聚糖酶对罗非鱼生长性能、消化代谢和非特异性免疫力的影响［J]．动物营养学报，2013，25（7）：1641-1647.

[192] Xiao W，Jiang W，Feng L，et al. Effect of dietary enzyme-treated soy protein on the immunity and antioxidant status in the intestine of juvenile Jian carp（*Cyprinus carpio* var. *Jian*）［J]. Aquaculture Research，2019，50（5）：1411-1421.

[193] Dianyu H，Xiaoqin L，Mohiuddin C，et al. Organic acid salts，protease and their combination in fish

meal - free diets improved growth, nutrient retention and digestibility of tilapia (*Oreochromis niloticus* × *O. aureus*) [J]. Aquaculture Nutrition, 2018, 24 (6): 1813 - 1821.

[194] 宋红利，董晓慧，谭北平，等．蛋白酶和有机酸盐对凡纳滨对虾生长性能、免疫酶和消化酶的影响 [J]. 广东饲料，2016，25 (4)：31 - 36.

[195] 谢骏，余德光，王广军，等．饲料中添加蜘蛛酶对凡纳滨对虾生长性能、非特异性免疫能力和养殖水环境的影响 [J]. 饲料与畜牧，2009 (7)：52 - 54.

[196] 姜德田，汪毅，黄旭雄，等．低鱼粉饲料中添加酶解豆粕对凡纳滨对虾生长性能和抗胁迫机能的影响 [J]. 水产学报，2020，44 (6)：999 - 1012.

[197] 卢静，黎中宝，陈强，等．复合酶制剂对欧洲鳗鲡（*Anguilla anguilla*）生长性能、消化酶及非特异性免疫的影响 [J]. 海洋与湖沼，2015，46 (2)：420 - 425.

[198] 关莹，薛继鹏，薛敏，等．饲料中添加蛋白酶对大口黑鲈生长性能和糖、脂代谢的影响 [J]. 动物营养学报，2021，33 (10)：5974 - 5988.

[199] Luo J, Li Y, Jin M, et al. Effects of dietary exogenous xylanase supplementation on growth performance, intestinal health, and carbohydrate metabolism of juvenile large yellow croaker, *Larimichthys crocea* [J]. Fish Physiology and Biochemistry, 2020, 46 (3): 1093 - 1110.

[200] 武明欣，王雅平，李培玉，等．饲料中添加木聚糖酶对刺参幼参生长、消化和体腔液酶活力的影响 [J]. 大连海洋大学学报，2018，33 (3)：329 - 335.

[201] 田芊芊，徐树德，胡毅，等．不同发酵来源的木聚糖酶对芙蓉鲫幼鱼消化酶及部分血液指标的影响 [J]. 中国饲料，2016，557 (9)：34 - 36，41.

[202] 戚传利，王福强，钱淑媛，等．复合酶对刺参生长、免疫酶活性和消化酶活性的影响 [J]. 中国饲料，2014 (19)：33 - 36.

[203] 武明欣，王际英，李宝山，等．酶制剂对刺参生长、体成分、免疫能力及氨氮胁迫下免疫酶活力和热休克蛋白 70 含量的影响 [J]. 动物营养学报，2015，27 (4)：1293 - 1301.

[204] 王坛，华雪铭，朱伟星，等．饲料中添加溶菌酶对吉富罗非鱼生长、免疫-抗氧化功能及血清抗菌性能的影响 [J]. 水生生物学报，2016 (4)：663 - 671.

[205] 陈春山，郭明磊，魏凯，等．天蚕素和溶菌酶对中华鳖腐皮病预防效果的研究 [J]. 四川动物，2017，36 (3)：311 - 316.

[206] 王坛，华雪铭，朱伟星，等．饲料溶菌酶添加水平对氨氮应激下吉富罗非鱼血清生化指标、抗菌性能和肝脏抗氧化能力的影响 [J]. 水产学报，2016，40 (5)：740 - 750.

[207] 张美超，杨雅麟，宋水山，等．红球菌来源 QsdA 型 *N*-酰基高丝氨酸内酯酶水产养殖饲用潜力分析 [J]. 水生生物学报，2015，39 (3)：540 - 548.

[208] 张滕闲，陈丽梅，白东清，等．口服淬灭酶对锦鲤感染爱德华氏菌的防治效果研究 [C]. 2015 年中国水产学会学术年会，2015：224.

[209] 张文宜，张世勇，陈校辉，等．日本沼虾几丁质酶 1C（*MnCht1C*）基因的克隆及表达分析 [J]. 基因组学与应用生物学，2018，37 (2)：723 - 732.

[210] 叶成凯，卢志杰，Sarath Babu V，等．罗氏沼虾几丁质酶 3B 基因的克隆及其在蜕皮周期中的表达 [J]. 水产学报，2019，43 (4)：751 - 762.

[211] 许杨，李健，崔彦婷，等．脊尾白虾不同蜕皮分期免疫酶、几丁质酶及蜕皮激素的变化 [J]. 渔业科学进展，2018，39 (3)：120 - 125.

[212] 宋柳，吕建建，王磊，等．三疣梭子蟹几丁质酶基因（*PtCht6*）的克隆及其在免疫中的功能分析 [J]. 海洋与湖沼，2019，50 (5)：1080 - 1090.

[213] Huo F, Ran C, Yang Y, et al. Gene cloning, expression and characterization of an exo - chitinase with high β - glucanase activity from *Aeromonas veronii* B565 [J]. Acta Microbiologica Sinica, 2016,

56 (5): 787-803.

[214] 张海涛，高峰，李云龙，等．蝇蛆粉替代鱼粉饲料中添加甲壳素酶对泥鳅生长性能和非特异性免疫力的影响 [J]. 中国饲料，2017 (11): 39-43.

[215] 杨敏馨，寇涛，孙铁成，等．饲用抗生素主要替代添加剂在养鸡生产中的应用研究进展 [J]. 福建畜牧兽医，2017，39 (5): 18-22.

[216] 马俊驰．浅谈饲用酶制剂在畜牧业生产中的应用 [J]. 养殖与饲料，2019 (9): 62-63.

[217] 修建成．大豆异黄酮在猪牛羊养殖中的应用进展 [J]. 科学技术创新，2018 (11): 140-142.

[218] Upadhaya S D, Park J W, Lee J H, et al. Efficacy of β-mannanase supplementation to corn-soya bean meal-based diets on growth performance, nutrient digestibility, blood urea nitrogen, faecal coliform and lactic acid bacteria and faecal noxious gas emission in growing pigs [J]. Archives of Animal Nutrition, 2016, 70 (1): 33-43.

[219] Lee K Y, Balasubramanian B, Kim J K, et al. Dietary inclusion of xylanase improves growth performance, apparent total tract nutrient digestibility, apparent ileal digestibility of nutrients and amino acids and alters gut microbiota in growing pigs [J]. Animal Feed Science And Technology, 2018 (235): 105-109.

[220] Torres-Pitarch A, Manzanilla E G, Gardiner G E, et al. Systematic review and meta-analysis of the effect of feed enzymes on growth and nutrient digestibility in grow-finisher pigs: Effect of enzyme type and cereal source [J]. Animal Feed Science and Technology, 2019 (251): 153-165.

[221] Schliffka W, Zhai H X, Calvo E P, et al. Safety and efficacy evaluation of a novel dietary muramidase for swine [J]. Heliyon, 2019, 5 (10): e02600.

[222] Oliver W T, Wells J E, Maxwell C V. Lysozyme as an alternative to antibiotics improves performance in nursery pigs during an indirect immune challenge [J]. Journal of Animal Science, 2014, 92 (11): 4927-4934.

[223] Fritz R. 美国家禽行业现状 [J]. 兽医导刊，2016 (1): 7-8.

[224] Al-Harthi M A, Attia Y A, El-Shafey A S, et al. Impact of phytase on improving the utilisation of pelleted broiler diets containing olive by-products [J]. Italian Journal of Animal Science, 2020, 19 (1): 310-318.

[225] Peek H W, Klis J D V D, Vermeulen B, et al. Dietary protease can alleviate negative effects of a coccidiosis infection on production performance in broiler chickens [J]. Animal Feed Science & Technology, 2009, 150 (1-2): 151-159.

[226] Ferreira H C, Hannas M I, Albino L F T, et al. Effect of the addition of β-mannanase on the performance, metabolizable energy, amino acid digestibility coefficients, and immune functions of broilers fed different nutritional levels [J]. Poultry Science, 2016, 95 (8): 1848-1857.

[227] Goodarzi Boroojeni F, Männer K, Rieger J, et al. Evaluation of a microbial muramidase supplementation on growth performance, apparent ileal digestibility, and intestinal histology of broiler chickens [J]. Poultry Science, 2019, 98 (5): 2080-2086.

[228] Sais M, Barroeta A C, Lopez-Colom P, et al. Evaluation of dietary supplementation of a novel microbial muramidase on gastrointestinal functionality and growth performance in broiler chickens [J]. Poultry Science, 2020, 99 (1): 235-245.

[229] 孙广爽．浅谈水产养殖技术发展现状及趋势 [J]. 科学与财富，2017 (25): 121-122.

[230] Abo Norag M A, El-Shenawy A M, Fadl S E, et al. Effect of phytase enzyme on growth performance, serum biochemical alteration, immune response and gene expression in *Nile tilapia* [J]. Fish Shellfish Immunol, 2018 (80): 97-108.

[231] Adeoye A A, Jaramillo - Torres A, Fox S W, et al. Supplementation of formulated diets for tilapia (*Oreochromis niloticus*) with selected exogenous enzymes: Overall performance and effects on intestinal histology and microbiota [J]. Animal Feed Science and Technology, 2016 (215): 133 - 143.

[232] Santos K O, Costa J, Riet J, et al. Probiotic expressing heterologous phytase improves the immune system and attenuates inflammatory response in zebrafish fed with a diet rich in soybean meal [J]. Fish & Shellfish Immunology, 2019 (93): 652 - 658.

[233] S Hassaan M, Y Mohammady E, M Adnan A, et al. Effect of dietary protease at different levels of malic acid on growth, digestive enzymes and haemato - immunological responses of *Nile tilapia*, fed fish meal free diets [J]. Aquaculture, 2020 (522): 735124.

[234] Woraprayote W, Pumpuang L, Tepaamorndech S, et al. Suppression of white feces syndrome in Pacific white shrimp, *Litopenaeus vannamei*, using hen egg white lysozyme [J]. Aquaculture, 2020 (521): 735025.

[235] Shakoori M, Hoseinifar S H, Paknejad H, et al. Enrichment of rainbow trout (*Oncorhynchus mykiss*) fingerlings diet with microbial lysozyme: Effects on growth performance, serum and skin mucus immune parameters [J]. Fish & Shellfish Immunology, 2019 (86): 480 - 485.

[236] Vinoj G, Vaseeharan B, Thomas S, et al. Quorum - quenching activity of the AHL - lactonase from *Bacillus licheniformis* DAHB1 inhibits vibrio biofilm formation in vitro and reduces shrimp intestinal colonisation and mortality [J]. Marine Biotechnology, 2014, 16 (6): 707 - 715.

[237] 达富兰 . 饲用酶制剂及其应用探讨 [J]. 青海畜牧兽医杂志, 2015, 45 (6): 53 - 55.

[238] 李敬, 李晓洁, 宫官, 等 . 如何评价酶制剂在饲料行业中的应用效果 [J]. 饲料工业, 2017, 38 (4): 21 - 24.

[239] 冯定远 . 葡萄糖氧化酶在日粮中替代抗生素的机理和应用价值 [C]. 中国畜牧兽医学会动物营养学分会第十二次动物营养学术研讨会论文集, 2016: 299 - 304.

[240] 卜孟娟, 杨濡, 李菲, 等 . 饲用抗生素替代品研究进展 [J]. 粮食与饲料工业, 2019 (3): 36 - 39, 44.

[241] Tu T, Wang Y, Huang H, et al. Improving the thermostability and catalytic efficiency of glucose oxidase from *Aspergillus niger* by molecular evolution [J]. Food chemistry, 2019 (281): 163 - 170.

[242] 韩浩月, 唐彩琰, Sarah Mikesell. 饲用酶制剂助力动物生产可持续发展 [J]. 国外畜牧学 (猪与禽), 2020, 40 (1): 76 - 78.

[243] 祁玲红 . 畜禽饲用酶添加剂的应用 [J]. 水禽世界, 2015 (6): 50 - 52.

[244] 李梅, 方乾, 李浩, 等 . 酶制剂在生猪健康养殖中的应用 [J]. 畜牧兽医杂志, 2016, 35 (4): 88 - 90.

[245] 王道坤, 侯天燕 . 饲料酶制剂的作用与应用 [J]. 科学种养, 2017 (6): 51 - 52.

4 饲用多糖和寡糖

本章综述了2016—2021年以来我国饲用多糖和寡糖在猪、家禽、反刍动物、水产养殖动物等领域应用研究的公开发表的论文，主要内容包括以下几个方面。

(1) 饲用多糖和寡糖在生猪（断奶仔猪和生长育肥猪）饲料中的应用，包括低聚木糖（木寡糖）(xylo-oligosaccharides，XOS)、低聚壳聚糖（low-molecular-weight chitosan)、低聚异麦芽糖（isomalto-oligosaccharide)、半乳甘露寡糖（galactomannan-oligosaccharides)、果寡糖（fructo-oligosaccharides，FOS)、甘露寡糖（mannose-oligosaccharides，MOS)、低聚半乳糖（galacto-oligosaccharides，GOS)、壳寡糖（寡聚β-1-4-2-氨基-2-脱氧-D-葡萄糖）(n=2～10）(Chitosan-oligosaccharide，COS)、N，O-羧甲基壳聚糖（N，O-carboxymethyl chitosan）等饲料添加剂及其他一些我国尚未批准在生猪饲料中使用的多糖和寡糖。收录相关论文58篇（其中，SCI收录论文26篇、中文论文32篇)。

(2) 饲用多糖和寡糖在家禽（蛋鸡和肉鸡）饲料中的应用，包括低聚木糖、低聚壳聚糖、半乳甘露寡糖、果寡糖、甘露寡糖、低聚半乳糖、壳寡糖、N，O-羧甲基壳聚糖、褐藻酸寡糖（Alginate oligosaccharides，AOS）等饲料添加剂及其他一些我国尚未批准在家禽饲料中使用的多糖和寡糖。收录相关论文46篇（其中，SCI收录论文19篇、中文论文27篇)。

(3) 饲用多糖和寡糖在反刍动物饲料方面的应用，包括果寡糖、甘露寡糖、低聚半乳糖等饲料添加剂及其他一些我国尚未批准在反刍动物饲料中使用的多糖和寡糖。收录相关论文21篇（其中，SCI收录论文6篇、中文论文15篇)。

(4) 饲用多糖和寡糖在水产养殖动物饲料方面的应用，包括低聚木糖、低聚壳聚糖、半乳甘露寡糖、果寡糖、甘露寡糖、低聚半乳糖、壳寡糖、β-1,3-D-葡聚糖（源自酿酒酵母)，以及其他一些我国尚未批准在水产养殖动物饲料中使用的多糖和寡糖。收录相关论文32篇（其中，SCI收录论文16篇、中文论文16篇)。

对于部分在大学学报、核心期刊和非核心期刊中发表，但试验材料方法交代不甚详细、结果存在争议的文章，本章未作收录。

4.1 概述

生产多糖和寡糖的原材料都来自天然产物，来源广泛。例如，虾蟹壳、菊芋、酵母、褐藻、海藻、黄芪、灵芝、香菇等。使用这些天然产物，经过物理、化学或生物降解途径获得了寡糖（如壳寡糖、果寡糖）或多糖（如黄芪多糖、灵芝多糖等)。

多糖和寡糖能够选择性地促进动物肠道中有益微生物的增殖，抑制有害微生物的生长、维护动物肠道健康和稳态；同时，在动物生产应用中，能够提高动物体的免疫功能和生产性能。寡糖的作用效果与益生菌类似，能够提高动物日增重及饲料转化率，增加产奶量并改善乳品质，增强机体免疫力和抗氧化能力，降低疾病的发生率；与益生菌相比，寡糖还具有其他特性，如低甜度、低热量及高稳定性，耐加工和易储存。多糖在动物生产中具有促进动物生长、提高生长性能、增强动物免疫机能、降低疾病发生率以及提高抗氧化力等功能。

多糖和寡糖在试验研究和使用过程中未发现毒副作用，不会使细菌产生耐药性，在动物体经过代谢后可排出体外，不会污染环境，很好地解决了长期以来困扰养殖业发展的抗生素水土污染、残留、细菌耐药性等问题，为生产安全、放心、无污染的畜禽产品提供了可靠保证。但天然多糖种类繁多、结构复杂，其生物活性机制、剂量与效应关系、特征性高级结构尚不清楚，限制了天然多糖的开发与利用。

当前，围绕促进饲料工业健康发展、保障食品安全等关系国计民生重大战略问题，应加强多糖和寡糖的研究与开发应用，多学科交叉融合，重点解决海洋寡糖工程和营养糖生物学在畜禽生产中应用的技术与科学问题，加快多糖和寡糖等新型饲料添加剂尽快转化为生产力，推动我国绿色环保饲料产业和畜牧业健康养殖的形成与发展，满足人民群众对食品安全的新需求新期待。

4.1.1 定义

（1）饲用多糖。多糖（polysaccharide）又称为多聚糖，是由糖苷键结合的糖链，至少10个单糖组成的聚合糖高分子碳水化合物，可用通式（$C_6H_{10}O_5$）$_n$ 表示。多糖不是一种纯化合物，而是聚合程度不同的物质的混合物。多糖广泛存在于动物细胞膜和植物、微生物的细胞壁中，一般不溶于水，无甜味，不能形成结晶，无还原性和变旋现象，是构成生物体的一类十分重要的有机化合物。

饲用多糖是指分子中至少含有10个单糖的高分子聚合糖。通过动物试验验证发现，在饲料中适量添加多糖能够对动物生长和繁殖等性能发挥一定的调节作用。

（2）饲用寡糖。寡糖是一类一般包括2～10个单糖基团的糖类。寡糖性质稳定，在酸性和高温环境中能够保持结构的完整性，并具有很强的持水力，一般可溶，热值低，是蔗糖热值的40%～50%，甜度低，只有蔗糖的30%～60%。根据寡糖的功能分为普通寡糖和功能性寡糖两类。普通寡糖是指能够被机体消化吸收并为机体提供能量的寡糖，如海藻糖和麦芽糖。功能性寡糖又称为非消化性低聚糖，由2～7个单糖分子脱水通过α型、β型等糖苷键连接形成的带有支链或直链的低度聚合糖，具有一定甜度、黏度和水溶性等糖类的特性。其糖苷键的空间构型可以抵抗肠道消化酶的水解作用，但是肠道微生物产生的酶可以将其水解成单糖，最终转变成短链脂肪酸和气体，为机体间接提供能源，同时参与调节细胞的代谢、促进细胞的增殖与分化。目前，用于饲料的主要是功能性寡糖，包括大豆寡糖、果寡糖、低聚木糖、壳寡糖、甘露寡糖和半乳寡糖等。

饲用寡糖是指分子中含有2～10个单糖组成的聚合糖。通过动物试验验证发现，在饲料中适量添加寡糖能够对动物生长和繁殖等性能发挥一定的调节作用。

目前，国际上已经成功开发出70余种寡糖，动物营养研究与应用较多的主要是甘露寡糖、果寡糖、壳寡糖、低聚木糖、褐藻酸寡糖等。

4.1.2 种类

我国批准作为饲料添加剂使用的多糖和寡糖包括以下几种：低聚木糖（木寡糖）、低聚壳聚糖、半乳甘露寡糖、果寡糖、甘露寡糖、低聚半乳糖、壳寡糖（寡聚β-1-4-2-氨基-2-脱氧-D-葡萄糖）（$n=2\sim10$）、β-1,3-D-葡聚糖（源自酿酒酵母）、低聚异麦芽糖、N，*O*-羧甲基壳聚糖、褐藻酸寡糖。处于实验室研究阶段和未大规模开发的多糖与寡糖包括大豆寡糖、卡拉胶寡糖、琼脂寡糖、果胶寡糖、纤维寡糖、硫酸软骨素、透明质酸等。

依据来源不同，可把寡糖分为三大类，分别为：①动物寡糖。如壳寡糖是通过虾蟹壳降解等方法获得，可以归类为动物寡糖。②植物寡糖。如果寡糖通过降解菊芋获得，木寡糖通过降解玉米芯获得，均可以归类为植物寡糖。③微生物寡糖。养殖行业使用的低聚甘露寡糖主要来源于酿酒酵母细胞壁的提取物，可以归类为微生物寡糖。

依据来源不同，可把多糖分为三大类，分别为：①动物多糖。目前，用于饲料添加剂的动物多糖主要有低分子量壳聚糖、*N*，*O*-羧甲基壳聚糖等。动物多糖包括糖原（glycogen）、甲壳素（chitin）、肝素（heparin）、硫酸软骨素（chondroitin sulfate）、透明质酸（hyaluronic acid）、硫酸角质素（keratin sulfate）、酸性黏多糖（acidic mucopolysaccharide）或糖胺聚糖（glycosaminoglycan）。甲壳素、壳聚糖一般来源于动物，原料价廉且容易获取，在糖工程产业发展之初即获得了广泛的应用。肝素、硫酸软骨素、透明质酸、硫酸角质素由于含量少，不能大规模生产。②植物多糖。植物多糖的研究报道较多，这与我国具有丰富的植物资源和中药材资源相关。主要包括海藻多糖、海带多糖、枸杞多糖、黄芪多糖、牛膝多糖、当归多糖、白术多糖、茯苓多糖、灵芝多糖、云芝多糖、蒲公英多糖、松花粉多糖、玉屏风多糖。养殖场使用较多的是黄芪多糖。③微生物多糖。用于饲料添加剂的微生物多糖主要是β-1,3-D-葡聚糖。香菇多糖（lentinan，LNT）是从伞菌科香菇属的天然香菇子实体中提取分离得到的一种真菌多糖，其发挥生理活性作用的主要是β-葡聚糖。此外，酵母葡聚糖是一种存在于天然营养酵母细胞壁中的免疫多糖。

4.1.3 加工工艺方法

多糖和寡糖都属于新型功能性糖源，广泛应用于食品、保健品、饮料、医药、饲料等领域，大体上可分为以下4种：从天然原料中提取、微波固相合成方法、酸碱转化法、酶水解法等。由于来源不同，每种多糖和寡糖的生产制备方法有差异，以下是部分批准作为饲料添加剂的寡糖（多糖）的常规生产制备方法。

（1）壳寡糖[1]。

化学法：分为酸解法和氧化法。壳聚糖（chitosan，CTS）分子中的游离氨基可以与酸性溶液中的氢离子结合，使CTS长链中分子间的氢键断裂，形成多个聚合度不等的分子，即为壳寡糖（COS）。常用于降解的酸有HCl、H_2SO_4、HNO_3和H_3PO_4等。酸解法工艺操作简单，但反应剧烈，极易腐蚀设备并污染环境，后续处理困难，在实际生产中较少单一运用，常与其他方法结合使用。

物理法：物理法是通过辐射作用断裂CTS糖苷键的方法，主要手段有微波、电磁波和超声波等。在一定条件下，辐射作用时间越长，降解的CTS越多，寡糖的相对分子质量越小。该法对环境友好，但机械设备的成本较大、生产效率较低，并由于糖苷键在任意处断裂，难以得到指定聚合度的COS，因此造成原料浪费、经济消耗较大，通常与其他材料或方法联合使用，以减少成本并提高产率。

酶解法：利用酶对CTS进行降解，分为专一性酶（甲壳素酶和壳聚糖酶）与非专一性酶（脂肪酶、果胶酶与纤维素酶等）降解。与化学法相比，酶法反应条件温和，不需要化学药品产生大量废液，节能、高效并无污染，是目前制备COS使用最多的方法之一。

联合法：利用两种或多种方法共同制备COS，所得产物多、活性好，且成本较单一方法低，在工业生产中应用较为广泛。例如，有研究采用H_2O_2－HCl法制备COS，得到了COS和CTS的衍生物，活性较高。综上所述，联合法可以弥补单一法的缺陷，有效提高COS的产率并节约成本，如今已大量用于实验室和生产实践中。

（2）果寡糖。通常采用以下几种方法生产果寡糖：①酶水解法。比利时ORAFTI公司以菊苣为原料，提取其菊粉（含量为15%～20%）再经酶水解生产果寡糖。②黑曲霉发酵高浓度蔗糖法。③固定化增殖细胞法。④共固定化法。目前，果寡糖的生产工艺采用酶水解法，分为两类：第一类是以蔗糖为底物，利用微生物发酵产生的β-果糖基转移酶或β-呋喃果糖苷酶进行分子间果糖基转移反应来生产；第二类是以菊粉为底物，利用内切菊粉酶进行催化水解菊粉而生产得到。由于我国缺少菊苣资源，低聚果糖的生产主要以蔗糖为底物，利用微生物发酵生产的β-果糖基转移酶或β-呋喃果糖苷酶进行分子间果糖基转移反应进行生产。我国低聚果糖的研发起步较晚，现有工业生产的产率较低、成本昂贵、生产工艺较为复杂，限制了其进一步发展和利用。采用顺序式模拟移动床提纯技术可提高产品纯度，现已应用到低聚果糖的工业化生产中。

（3）甘露寡糖。甘露寡糖的制备方法较多，主要包括：①降解法，如酶降解法、氧化酸化降解法、超声波降解法和辐照改性降解法等；②合成法，如微波固态合成法。由于合成法成本高、技术难度大，目前工业生产甘露寡糖多采用降解法。化学法制备甘露寡糖由于需要使用强酸等化学试剂，易造成环境污染，且产品用于食品行业也存在一定的安全隐患；此外，化学法制备甘露寡糖存在能耗高、水解过程不易控制、产物结构易受破坏、副产物多以及分离纯化困难等缺点，使其应用受到一定限制。酶法制备甘露寡糖是一种高效、特异性强、环境友好的方法，具有很多优点，如反应条件温和、不破坏低聚糖组成单元的化学结构、产物均一、能耗低、无污染等。优良的特异性β-甘露聚糖酶是能成功高效制备甘露寡糖的关键。甘露寡糖主要是通过特异性β-甘露聚糖酶水解魔芋粉、瓜尔豆胶、田菁胶、椰子壳、棕榈粕等原料中的甘露聚糖制备。

（4）低聚木糖（木寡糖）。秸秆、棉籽壳、甘蔗渣和玉米皮芯等含有较多的木聚糖半纤维素，可以作为制备低聚木糖的原料，通过直接提取、糖基转移、聚合法、多糖分解这4种方式提取低聚木糖。目前，多采用多糖分解法制备低聚木糖，主要有酸水解法、热水抽提法、酶水解法和微波降解法等。①酸水解法。可以采用三氯醋酸、盐酸、硫酸的稀酸部分水解木聚糖制备低聚木糖。但是，由于该方法对设备耐酸、耐热、耐压方面的要求比较高，且酸水解速度很快，很难控制，因此得率低，同时生产投入成本较高。②热水抽提法。原理是利用木聚糖自身含有的乙酰基在一定温度或压力的作用下脱落生成乙酸，降低反应体系的pH，使得木聚糖的β-1,4-糖苷键发生自身水解断裂。③酶水解法。目前，工业上制备低聚木糖多采用酶水解法，即利用微生物产生的内切型木聚糖酶分解木聚糖，然后经分离提纯得到低聚木糖。利用内切型木聚糖酶定向酶解半纤维素反应副产物较少，有利于后续工艺中分离、提纯和精制低聚木糖。在低聚木糖的工业化生产过程中，最常采用的是酶水解法。

（5）低聚半乳糖。目前，低聚半乳糖的制备大致分为5种：①天然提取法：从含有低聚半乳糖的母乳及水果、蔬菜中提取（香蕉、洋葱、菊芋、大豆等）；②通过酸水解天然多糖得到低聚半乳糖；③化学合成法；④微生物发酵法；⑤微生物酶法。微生物酶法合成低聚半乳糖成本相对较低，是目前应用最广的制备方法。其以乳糖为主要原料，通过β-半乳糖苷酶的转糖苷作用进行生产。近年来，研究人员通过优化生产途径的各个环节（如β-半乳糖苷酶的固定化等），得到了更多、更高效的制备途径。

（6）半乳甘露寡糖。目前，生产和制备半乳甘露寡糖的主要原料为半乳甘露聚糖胶，如田菁胶等。田菁胶来源于田菁种子的内胶乳，含有少量的蛋白质，不溶于有机溶剂，易溶于水，其主要化学组成是半乳甘露聚糖。半乳甘露聚糖是由甘露糖单元构成主链，半乳糖单元形成支链，半乳糖与甘露糖单元之比为1∶2，相对分子量在20万左右。半乳甘露寡糖的生产和制备主要是通过生物酶降解田菁胶而得。

（7）β-1,3-D-葡聚糖（源自酿酒酵母）。目前，国内外提取酵母β-1,3-D-葡聚糖的方法主要有酸法、碱法、酸碱综合法、碱-酶法等。酸法提取是最早采用的酵母β-1,3-葡聚糖提取方法。碱法提取酵母β-1,3-葡聚糖，则是用不同浓度的NaOH高温处理3～6 h，离心后沉淀脱水，干燥即得成品。酸法、碱法和酸碱综合法均需使用酸、碱、有机溶剂等强极性试剂，既会破坏β-葡聚糖的结构而使产率降低，也会对环境和人体造成损害。而碱-酶法中的酶处理酵母细胞壁后能去除大量蛋白，从而降低后续碱的浓度和使用量，使得到的酵母葡聚糖产品分子结构更加完整。由于葡聚糖的分子结构与其生物活性密切相关，因此碱-酶法更适合于大规模酵母葡聚糖的提取和纯化。

4.1.4 有效组分及其作用机制

（1）多糖和寡糖有效组分。

壳寡糖。壳寡糖又叫壳聚寡糖、低聚壳聚糖，是将壳聚糖经特殊的生物酶技术或化学降解、微波降解得到的一种聚合度为2～20的寡糖产品，相对分子量≤3 200 u。它具有壳聚糖所没有的高溶解度、完全溶于水、容易被生物体吸收利用等诸多独特的功能，其作用为壳聚糖的14倍。壳寡糖是自然界中唯一带正电荷的阳离子碱性氨基低聚糖，是动物性纤维素。

低聚壳聚糖。壳聚糖是由自然界广泛存在的几丁质经过脱乙酰作用得到的，化学名称为聚葡萄糖胺1-4-2-氨基-B-D-葡萄糖。其有效组分多因制备方法不同而不同，但聚合度和脱乙酰度是其活性决定因素。

半乳甘露寡糖。半乳甘露寡糖又称为半乳甘露低聚糖，是半乳甘露多糖的不完全降解产物，由D-半乳糖和D-甘露寡糖组成。半乳甘露寡糖的来源主要是田菁胶、葫芦巴胶、长角豆胶、瓜尔豆胶和卡拉胶，是一种无臭、无味、耐酸、耐盐、热稳定性好的白色粉末。可溶于水，水溶液透明，呈中性并有很低的黏度。

果寡糖。又称为果聚糖、低聚果糖、蔗果三糖族低聚糖，分子式为$G-F-F_n$（G为葡萄糖，F为果糖，n=13），是在蔗糖分子上以β-1,2-糖苷键结合数个D-果糖所形成的一组低聚糖的总称。应用于饲料中的主要是寡果三糖（GF_2）、寡果四糖（GF_3）和寡果五糖（GF_4）。它们具有低热、稳定、安全无毒等良好的理化性能，大部分不能被动物本身的消化酶所消化，到达肠道后可作为有益微生物的底物，但不能被病原微生物利用，从而促进有益微生物的繁殖和抑制有害微生物。

甘露寡糖。甘露寡糖来源广泛，从槐豆胶、田菁胶、魔芋粉、瓜尔豆胶及很多微生物细胞壁内都可提取。目前，动物养殖行业使用的低聚甘露寡糖主要来源于酿酒酵母细胞壁的提取物，这种低聚甘露寡糖多为2～10个单糖组成的寡糖混合物。饲料级甘露寡糖的常规组成成分包括30%的甘露寡糖、30%的葡聚糖、20%的蛋白质和3%的灰分等。

低聚半乳糖。低聚半乳糖是一种具有天然属性的功能性低聚糖，其分子结构一般是在半乳糖或葡萄糖分子上连接1～7个半乳糖基，即Gal-（Gal）$_n$-Glc/Gal（n为0～6）。在自然界中，动物的乳汁中存在微量的低聚半乳糖（GOS），而人母乳中含量较多。

低聚木糖（木寡糖）。低聚木糖又称木寡糖，是由2～7个木糖分子以β-1,4-糖苷键结合而成的功能性聚合糖。相对分子质量为300～2 000 u。它可以选择性地促进肠道双歧杆菌的增殖活性。其双歧因子功能是其他聚合糖类的10～20倍。

β-1,3-D-葡聚糖（源自酿酒酵母）。葡聚糖是酵母细胞壁最重要的结构成分之一，其主要包括碱溶性和碱不溶性两种，其中以碱不溶性β-1,3-葡聚糖占绝大多数。酵母碱不溶性β-1,3-葡聚糖是一种活性多糖，制备酵母β-葡聚糖即提取碱不溶性β-1,3-葡聚糖。

褐藻酸寡糖。褐藻酸寡糖为淡黄褐色粉末，能溶于水，稳定性强。是由β-D-聚甘露糖醛酸（M）和α-L-聚古罗糖醛酸（G）组成的线型低聚合物，有聚甘露糖醛酸（PM）、聚古罗糖醛酸（PG）和杂合褐藻寡糖（PMG）3种类型的产品。

（2）饲用多糖和寡糖作用机制。多糖和寡糖生理作用广泛，特别是在免疫调节方面，可增强消化道黏膜免疫，具有抗氧化、抗病毒、抗炎等多种功能[2]。人们对多糖和寡糖及其复合物在畜禽上的作用也有了越来越深入的认识，在畜禽日粮中添加，可提高畜禽的生产性能、改善营养物质的消化率、增强抗病能力、替代促生长类药物抗生素使用等[3]，其作用机制包括以下几点。

促进矿物质的吸收。许多研究表明，功能性寡糖能促进动物对矿物质整体吸收量。寡糖可提高养殖动物钙和镁的吸收及骨盐沉积，促进钙平衡，降低骨转化率，提高腿骨中钙的含量。这可能是由于寡糖进入大肠后被肠道细菌分解成短链脂肪酸（SCFA），降低了肠道pH，使原本不溶且难以吸收的矿物质转变成为可吸收的离子形式；同时，酸性环境和SCFA促进了肠道上皮细胞的增殖，扩大了肠道表面吸收面积，从而提高矿物质的吸收。

促进动物生长。在饲料中添加一定浓度的寡糖或多糖能够改善动物的生产性能，提高畜禽的平均日采食量与平均日增重，降低料重比。研究表明，肉仔鸡日粮中添加1.0%和1.5%的水溶性苜蓿多糖能极显著提高42 d时的平均日增重与平均日采食量，显著降低料重比和腹脂率；壳寡糖在断奶仔猪上的应用也显示，壳寡糖可显著提高断奶仔猪的日增重，降低料重比和腹泻率。研究表明，部分寡糖或多糖通过促进机体生长相关激素的合成与分泌来促进脂类与糖的代谢，提高机体氨基酸与蛋白质合成，以达到促生长作用。

抗氧化作用。机体在应激和病理状态时，产生过多的活性氧（ROS）、羟基等强氧化自由基，造成细胞膜、蛋白质、DNA等的损伤，甚至导致细胞死亡；脂质过氧化反应过程会产生脂质过氧化物（LPO）和丙二醛（MDA）等毒性物质，使机体遭受更大的损伤。多糖和寡糖普遍具有抗氧化功能，可提高超氧化物歧化酶（SOD）等氧化性自由基清除酶的活性，加快ROS的清除，减少对机体的损伤。饲养动物饲喂寡糖或多糖后，SOD、还原型谷胱甘肽（GSH）、谷胱甘肽过氧化物酶（GSH-Px）、过氧化氢酶（CAT）活性上升，MDA

水平下降，肝脏抗氧化功能显著提高，缓解了机体的氧化应激损伤。

调节动物胃肠道菌群的平衡。外源寡糖对肠道菌群的调节是通过以下途径实现的：①作为营养物质被有益菌消化利用，促进有益菌增殖。研究发现[4]，采用特异性酶解法制备了海藻酸低聚糖（AlgO）、琼脂糖低聚糖（AO）和 k-卡拉胶低聚糖（KCO）3 种低聚糖。在体外培养基中添加这 3 种寡糖和猪粪便微生物菌群发酵 24 h，每种寡糖均能增加短链脂肪酸（SCFAs）（尤其是丁酸）的浓度，改变微生物的分布，可以改善肠道微生物群的组成。这些结果表明，AlgO 和 AO 可以作为肠道微生物调节剂，并有可能改善动物的胃肠道健康和预防肠道疾病。②分解产物使整个肠道的 pH 降低，抑制有害菌增殖。在动物胃肠道菌群的动态平衡中，厌氧菌（如双歧杆菌和乳酸杆菌等）在健康动物消化道内占绝大多数，而兼性厌氧菌和需氧菌只占极少数。当动物处于应激状态时，兼性厌氧菌和需氧菌等致病菌便会大量繁殖，导致菌群失调，使动物对营养物质的消化吸收率降低、免疫力下降，进而引发下痢等疾病。外源寡糖可通过促进有益菌、抑制有害菌生长增殖，达到调整消化道菌群平衡的目的。

提高动物的免疫力。多糖和寡糖是重要的免疫调节剂，能够激活免疫细胞，提高机体免疫功能，对机体特异性和非特异性免疫功能均具有增强作用。其作用机制是通过激活各免疫细胞（淋巴细胞、巨噬细胞等）对细胞因子的释放，调动补体系统，促进抗体生成等功能，从而实现多功能、多层次的免疫调节作用。一般认为，外源寡糖发挥其免疫调节作用主要通过以下几种途径：①与病原结合。外源寡糖能与一些病毒、毒素、真核细胞的表面外源凝集素结合作为这些外源抗原的佐剂，减缓抗原吸收，促进抗体产生，从而增强体液免疫和细胞免疫能力。②在肠道中刺激固有层淋巴细胞，产生浆细胞，转化 IgA、IgM、IgG 等免疫球蛋白。③外源寡糖可借助肠道有益菌合成的营养成分（如维生素等）发挥免疫作用。

防止便秘。多糖有类似日粮纤维的特性，有吸水性，使肠内容物膨胀，增加粪中的含水量。在日粮中添加低聚木糖，可以增加粪中乙酸的含量，降低粪的 pH。乙酸能够促进大肠的蠕动，从而提高了肠动力，改善便秘。同时，多糖在肠道中发酵产生的甲烷、二氧化碳、氢气等气体能够促进肠蠕动，有利于排便。

4.1.5 应用现状

日本、美国以及欧洲部分国家是全球主要寡糖生产国，同时也是寡糖主要消费市场。目前，这些国家的功能性寡糖产品实现工业化生产的有十几种，其中日本的低聚异麦芽糖和欧美国家的由菊苣制取的低聚果糖都达到了万吨级的产能。在中国，自壳寡糖研究课题列入国家科技攻关项目和“863”计划以来，我国的壳寡糖生物制备技术、生物功能开发水平不断提高，在壳寡糖研究领域的科研成果达到国际先进水平。

近年来，我国饲用功能糖产业蓬勃发展，生产厂家遍布山东、河南、辽宁、广东、江苏、浙江、湖北、云南、新疆等省份，绝大多数中大型饲料及养殖企业已开始使用，国外饲料企业也开始关注我国的寡糖。但由于饲用功能糖发展时间短，当前获得农业农村部批准且全面推广的只有低聚木糖（木寡糖）、低聚壳聚糖、半乳甘露寡糖、果寡糖、甘露寡糖、低聚半乳糖、壳寡糖（寡聚β-1-4-2-氨基-2-脱氧-D-葡萄糖）（n=2～10）、多糖β-1,3-D-葡聚糖（源自酿酒酵母）、N，O-羧甲基壳聚糖。

我国具有充足的多糖和寡糖资源，且有使用多糖、寡糖作为食品和药品的悠久历史。应充分发掘功能糖资源潜力，加强开发创制新型多糖、寡糖，为维护人民身体健康、保护自然环境安全作出贡献。

4.2 国内研究进展

4.2.1 猪饲料中多糖和寡糖的应用研究进展

4.2.1.1 断奶仔猪饲料中多糖和寡糖饲料添加剂的应用研究进展

（1）壳寡糖。饲料添加剂壳寡糖（COS）的适用范围为猪、鸡、肉鸭、虹鳟、犬、猫。壳寡糖可以减少肝脏脂质的积累。Xie 等[5]研究探讨了哺乳期母体 COS 喂养是否通过影响生物钟基因在仔猪体内的表达而影响肝脂质代谢。从妊娠第 85 d 到产后第 14 d，将 16 头妊娠母猪分为对照组（基础日粮不添加 COS）和 COS 组（基础日粮＋30 mg/kg COS）。分娩后，每组各选 1 头仔猪，分别于第 0 日龄和第 14 日龄采集血浆和肝脏标本。结果表明，补充 COS 能促进 14 日龄哺乳仔猪血浆和肝脏胆固醇的积累，并上调负调节元素周期 1（Per1）的 mRNA 水平，降低其阳性元素丰度、昼夜运动周期蛋白（Clock）和脑肌 Arnt－like1（BMAL1）。这些改变可能会促进肝脏胆固醇的积累，反过来，激活肝脏胆汁酸代谢，并减弱肝脏脂质代谢相关基因的相对表达水平。补充 COS 对血浆和肝脏中 Clock 与 BMAL1 的表达及脂质含量无明显影响。研究表明，母猪在产前补充 COS 可以部分通过调节生物钟基因来调节哺乳仔猪 14 日龄的胆固醇积累。

壳寡糖是如何从母猪传输给小猪的研究还很有限。Xie 等[6]研究了母猪日粮中添加 COS 对哺乳仔猪抗氧化能力的影响。从妊娠第 85 d 到产后 14 d，将 16 头妊娠母猪分为对照组（基础日粮不添加 COS）和 COS 组（基础日粮＋30 mg/kg COS）。然后，收集 14 日龄哺乳仔猪的血浆和组织标本。与对照组相比，COS 组仔猪回肠和空肠绒毛长度、绒毛长度与隐窝深度的比值（$P<0.01$）以及血浆谷胱甘肽过氧化物酶活性（$P<0.01$）明显增加。RT－PCR 结果表明，COS 组仔猪结肠和十二指肠中 Cu/Zn－超氧化物歧化酶（SOD）和谷胱甘肽过氧化物酶 1（GPx1）的相对 mRNA 水平显著升高（$P<0.05$），而 COS 组肝脏中 Mn－SOD 和 GPx1 的相对 mRNA 水平显著降低（$P<0.05$）。谷胱甘肽过氧化物酶 4 和过氧化氢酶的相对表达在两组间无显著性差异（$P>0.05$）。综上所述，母猪日粮中添加 COS 可促进哺乳仔猪小肠的发育，在一定程度上有助于提高小肠的抗氧化能力。

田刚等[7]研究了饲粮中添加壳寡糖对正常饲养和氧化应激仔猪生长性能、抗氧化能力及空肠养分消化和转运能力的影响。选择 24 日龄、平均体重（7.34±0.09）kg 的健康“杜×长×大”三元杂交断奶仔猪 24 头，按照 2×2 双因素试验设计，随机分为对照组、COS 组、敌草快（diquat）组和 COS＋diquat 组，每组 6 个重复，每个重复 1 头。试验期为 28 d。饲粮 COS 添加量为 50 mg/kg，饲喂贯穿试验全程，于试验第 22 d 进行一次性腹腔注射 10 mg/kg BW 敌草快，不注射敌草快的试验猪腹腔注射等量生理盐水。于试验第 18～21 d 采用内源指示剂法进行消化试验，第 22 d 早上试验猪空腹前腔静脉采血后再进行敌草快处理，第 29 d 早上试验猪前腔静脉采血后屠宰取空肠黏膜样品待测。结果表明：①注射敌草快前，饲粮添加 COS 对仔猪的平均日增重（ADG）和平均日采食量（ADFI）无显著影响（$P>0.05$），但有降低料重比（F/G）的趋势（$P=0.09$）；显著升高仔猪对饲粮干物质、有机物、粗蛋白质、粗脂肪、能量、粗灰分、钙和磷的表观消化率（$P<0.05$）；显著升高血浆超氧化物歧化酶（SOD）活性和总抗氧化能力（T-AOC）（$P<0.05$）。②注射敌草快极显著降低仔猪的 ADG 和 ADFI（$P<0.01$），极显著升高 F/G（$P<0.01$）；饲粮添加 COS 显著抑制因注射敌草快导致的 ADG 下降（$P<0.05$）。③注射敌草快极显著降低仔猪的血浆过氧化氢酶（CAT）活性（$P<0.01$），显著降低空肠黏膜乳糖酶、蔗糖酶、麦芽糖酶的活性以及葡萄糖转运载体 2（GLUT2）、钠/葡萄糖转运载体 1（SGLT1）的 mRNA 表达量（$P<0.05$）；饲粮添加 COS 显著升高氧化应激仔猪的血浆 SOD 活性和 T-AOC（$P<0.05$），显著缓解空肠黏膜二糖酶活性的降低以及 GLUT2 和 SGLT1 mRNA 表达量的下调（$P<0.05$）。由此可见，在正常饲养条件下，饲粮添加 50 mg/kg COS 可显著改善仔猪对饲粮的养分消化率和机体的抗氧化能力，有降低 F/G 的趋势；在氧化应激条件下，COS 可通过改善机体的抗氧化能力，缓解敌草快诱导的氧化应激，提高应激仔猪的空肠养分消化和转运能力，缓解氧化应激导致的增重下降。

党国旗等[8]研究了壳寡糖对断奶仔猪免疫力及相关理化指标的影响。试验选用 21 日龄“杜×长×大”三元杂交断奶仔猪 256 头，随机分为 4 组，每组 4 个重复，每个重复 16 头。对照组饲喂基础饲粮，试验组分别饲喂在基础饲粮中添加 50 g/t、100 g/t 和 150 g/t 壳寡糖的饲粮。预试期为 7 d，试验期为 28 d。结果表明：①与对照组相比，试验 1 组、试验 2 组和试验 3 组血清谷草转氨酶活性依次降低了 26.71%（$P<0.01$）、7.56%（$P>0.05$）和 16.64%（$P<0.05$），血清谷丙转氨酶活性依次降低 47.26%（$P<0.05$）、47.28%（$P<0.01$）和 21.88%（$P>0.05$），血清碱性磷酸酶活性依次提高了 6.37%、16.78%和 1.24%（$P>0.05$）；试验组血清总蛋白含量均高于对照组（$P>0.05$）。②与对照组相比，试验 1 组、试验 2 组和试验 3 组血清免疫球蛋白 A 含量依次提高了 45.40%（$P<0.05$）、2.62%（$P>0.05$）和 137.26%（$P<0.01$）；试验 1 组和试验 2 组血清免疫球蛋白 G 含量分别比对照组提高 4.47%和 10.92%（$P>0.05$），血清免疫球蛋白 M 含量分别比对照组提高 9.29%和 5.69%（$P>0.05$）。③与对照组相比，试验组血清伪狂犬、猪瘟、猪繁殖与呼吸综合征抗体效价均有不同程度提高，其中试验 3 组血清伪狂犬和猪繁殖与呼吸综合征抗体效价显著高于对照组（$P<0.05$）。由此可知，饲粮中添加适宜量的壳寡糖能在一定程度提高断奶仔猪体液免疫与细胞免疫能力以及血清抗体效价，缓解断奶应激。

Zhao 等[9]研究了连翘提取物（FSE）和壳寡糖（COS）对断奶仔猪生产性能与健康状况的影响。对照组饲喂基础日粮，试验组分别在基础日粮中添加 160 mg/kg COS、100 mg/kg FSE、100 mg/kg FSE+160 mg/kg COS。结果表明，前 2 周日粮单独添加 COS 或 FSE 均可提高平均日增重和饲料转化率。在第 14 d，单独添加 COS 或 FSE 分别产生比对照组更强的血清总抗氧化能力和谷胱甘肽过氧化物酶活性，较低的血清内毒素和丙二醛浓度，较高的血清补体 4、外周血淋巴细胞增殖和血清特异性卵清蛋白抗体水平。28 d 时，氧化损伤和免疫指标无明显差异。单独使用 FSE 或 COS 相比，二者结果相似。这些数据表明，COS 可以通过调节幼猪肠道通透性、抗氧化状态和免疫功能来提高生产性能。

Yang 等[10]研究了壳寡糖对断奶仔猪肠道黏液氨基酸谱、碱性磷酸酶（ALP）活性及血清生化指标的影响。24 头断奶仔猪（7.82±0.21）kg，随机分为 2 组：一组喂食基础日粮 CON，另一组喂食基础日粮含 30 mg/kg 的 COS，共 14 d。日粮添加 COS 增加 IgG 和尿氮含量（$P<0.05$），并有提高血清钙的趋势（$P<0.10$）。饲喂 COS 的仔猪回肠黏膜 ALP 活

性高于 CON 组。日粮中添加 COS 提高断奶仔猪小肠黏膜 Asn 和 Cys 含量（$P<0.05$），并有提高 Asp 和 Orn 含量的趋势（$P<0.10$）。此外，断奶仔猪盲肠结肠食糜中脂肪酸（SCFA）含量受日粮中添加的 COS 的影响（$P<0.05$）。断奶仔猪消化物中 SCFA 含量与日粮中添加 COS 有明显的相关关系（$P<0.05$）。研究表明，日粮中添加 COS 影响断奶仔猪肠道和免疫功能。

（2）低聚木糖。饲料添加剂低聚木糖（XOS）的适用范围为鸡、猪、水产养殖动物、犬、猫。谭兵兵等[11]评价了不同剂量的低聚木糖同时替代抗生素与氧化锌对断奶仔猪生长性能、腹泻率和血浆生化参数的影响，并筛选出最佳添加剂量。试验选取 21 日龄的“杜×长×大”三元杂交断奶仔猪 150 头，随机分为 5 组，每组 6 个重复，每个重复 5 头。各组分别为空白对照组（不添加抗生素、氧化锌）、阳性对照组（添加抗生素、氧化锌）及 100 g/t、250 g/t 和 500 g/t XOS 添加组。结果表明：①试验第 8～21 d 和第 1～56 d 时，100 g/t XOS 组的 ADG 显著高于空白对照组（$P<0.05$）；试验第 8～21 d、第 22～56 d 和第 1～56 d 时，100 g/t XOS 组的 ADFI 显著高于空白对照组（$P<0.05$）。②试验第 1～7 d 时，100 g/t 和 250 g/t XOS组以及试验第 8～21 d 时 3 个 XOS 添加组的腹泻率均显著低于空白对照组（$P<0.05$），且与阳性对照组无显著差异（$P>0.05$）。③试验第 7 d 时，500 g/t XOS 组血浆天冬氨酸转氨酶（AST）和乳酸脱氢酶（LDH）活性显著高于阳性对照组（$P<0.05$）；试验第 21 d 时，100 g/t 和 500 g/t XOS 组血浆丙氨酸转氨酶（ALT）活性显著高于空白对照组（$P<0.05$）；试验第 56 d 时，100 g/t XOS 组血浆 ALT 活性、500 g/t XOS 组血浆 AST 活性、250 g/t 和 500 g/t XOS 组血浆碱性磷酸酶活性均显著高于空白对照组和阳性对照组（$P<0.05$），100 g/t XOS 组血浆 LDH 活性显著高于空白对照组（$P<0.05$），500 g/t XOS 组血浆 α-淀粉酶活性显著高于阳性对照组（$P<0.05$）。结果表明，饲粮中添加 100～250 g/t 的 XOS 可通过调控断奶仔猪营养素代谢增强肠道健康、减少腹泻，从而促进生长；随着仔猪日龄的增加，可适当增加 XOS 的添加量。

郭秋平等[12]研究了饲粮添加不同水平低聚木糖对仔猪生长性能、背最长肌营养成分含量及肌纤维类型组成的影响，探讨 XOS 在仔猪饲粮中的最佳添加量及其对肌肉营养成分和肌纤维类型组成的调控作用。试验选取健康的 21 日龄“杜×长×大”三元杂交断奶仔猪 120 头，随机分为 4 组，每组 6 个重复，每个重复 5 头。对照组饲喂基础饲粮，试验组（1 组、2 组和 3 组）分别饲喂在基础饲粮中添加 100 mg/kg、250 mg/kg 和 500 mg/kg XOS 的饲粮。试验期为 56 d。结果表明：①与对照组相比，1 组仔猪的平均日增重和平均日采食量显著增加（$P<0.05$），2 组和 3 组平均日采食量显著增加（$P<0.05$）；②各组之间背最长肌粗蛋白质、粗脂肪以及游离氨基酸包括亮氨酸、甘氨酸及天冬氨酸含量差异不显著（$P>0.05$）；③与对照组相比，1 组肌球蛋白重链 *MyHC Ⅱ* mRNA 相对表达量显著增加（$P<0.05$），2 组 *MyHC Ⅰ* mRNA 相对表达量与 3 组相比显著增加（$P<0.05$）；与对照组相比，1 组腺苷酸活化蛋白激酶 α、沉默交配型信息调节因子 2 和解偶联蛋白 3 mRNA 相对表达量显著增加（$P<0.05$）。由此可知，仔猪饲粮中合理添加 XOS 能提高生长性能，促进慢肌纤维相关基因的表达，推荐添加水平为 100～250 mg/kg。

赵蕾等[13]研究了低聚木糖对保育猪生长性能、腹泻率及血清生化指标的影响，并筛选出其最佳添加量。试验选取胎次相近、健康的“杜×长×大”三元杂交仔猪 72 头，随机分为 4 组，每组 3 个重复，每个重复 6 头。对照组饲喂基础饲粮，试验 1 组、试验 2 组、试验

3组饲粮在基础饲粮中分别添加100 mg/kg、200 mg/kg、400 mg/kg XOS。试验期为28 d。结果表明：①试验2组仔猪的终末体重、平均日增重（ADG）与平均日采食量（ADFI）均显著高于其他各组（$P<0.05$）；试验1组和试验2组仔猪的料重比（F/G）显著低于对照组和试验3组（$P<0.05$），且以试验2组效果最佳。②与对照组相比，各试验组仔猪腹泻率均极显著降低（$P<0.01$），以试验2组效果最佳。③试验2组血清中葡萄糖含量以及淀粉酶和碱性磷酸酶活性均显著高于对照组（$P<0.05$）；各试验组血清中尿素氮和总胆固醇含量均显著低于对照组（$P<0.05$）。由此可见，饲粮添加适量XOS可以提高保育猪的生长性能，降低腹泻率，并可改善保育猪的部分血清生化指标。在本试验条件下，保育猪饲粮中添加200 mg/kg XOS效果最佳。

Yin等[14]研究了日粮中添加低聚木糖对断奶仔猪肠道功能（肠道形态、肠道屏障、肠道微生物群和代谢）及生长性能的影响。将19头断奶仔猪随机分为2组（分别为9头、10头）：对照组（基础日粮）、XOS处理组（0.01% XOS），饲喂28 d。分析生长性能、血细胞和生化指标、血清细胞因子、肠道形态学、肠道屏障、肠道食糜微生物群和肠道代谢情况。结果表明，日粮中添加XOS对仔猪生长性能、血细胞、生化指标和肠组织形态学影响不大。喂食XOS的仔猪肠黏膜炎症状态和肠黏膜屏障功能均得到改善，这是通过IFN-γ表达降低以及ZO-1表达上调来佐证。微生物区系分析表明，XOS在基因水平上增加了多样性，影响了乳酸菌、链球菌和细菌的相对丰度。通过功能预测，微生物区系的改变可能进一步涉及糖代谢、细胞运动、细胞过程和信号传导、脂质代谢以及其他氨基酸的代谢。总之，日粮中添加XOS可以改善炎症状态、肠道屏障和微生物群落。XOS可能作为一种有潜力的饲料添加剂，用于预防仔猪断奶引起的肠道功能障碍。

Su等[15]研究了日粮中添加XOS对仔猪空肠和回肠上皮细胞形态、粪便微生物菌群、代谢活动以及结肠屏障功能相关基因表达的影响。试验选取150头仔猪，分为基础饮食组（空白对照），基础饮食分别添加100 mg/kg、250 mg/kg和500 mg/kg XOS，以及基础饮食添加0.04 kg/t维吉尼霉素、0.2 kg/t可乐定和3 000 mg/kg ZnO（阳性对照）共5组。结果表明，添加100 mg/kg XOS即可显著增加回肠绒毛高度、乳酸杆菌和双歧杆菌的相对数量，以及粪便中乙酸和短链脂肪酸的浓度（$P<0.05$）。因此，XOS可以有效改善断奶仔猪的肠道生态系统。

Chen等[16]研究了日粮中添加XOS对断奶仔猪的生长性能、血清参数、小肠形态、肠道黏膜完整性和免疫功能的影响。试验选取240头平均体重为（8.82±0.05）kg的断奶仔猪，分为普通日粮，以及日粮分别添加100 mg/kg、500 mg/kg和1 000 mg/kg XOS共4组。试验期为28 d。结果表明，添加500 mg/kg XOS可显著提高仔猪体重、平均日增重及增重饲料比，提高血清总抗氧化能力、总超氧化物歧化酶和过氧化氢酶水平，以及血清免疫球蛋白G（IgG）浓度，显著提高空肠和回肠的绒毛高度（VH）和VH与隐窝深度的比值（$P<0.05$）。因此，XOS改善断奶仔猪的血清抗氧化防御系统、血清IgG、小肠结构和肠道屏障功能，对生长性能有益。

Ding等[17]研究了日粮中添加XOS和枯草芽孢杆菌（BS）对断奶仔猪的生长性能、肠道形态、肠道微生物群落和代谢物的影响。试验选取128头仔猪，分为对照组（基础饮食）、BS组（基础饮食+500 g/t BS）、XOS组（基础饮食+250 g/t XOS）和BS+XOS组（基础饮食+500 g/t BS+250 g/t XOS）。试验期为48 d。结果表明，添加XOS可以提高仔猪平均日增重，同时降低料重比，XOS通过增加回肠的绒毛高度和绒毛高度与隐窝深度的比值，改善了断奶仔猪的肠道形态，增加了回肠中丁酸盐的浓度和结肠中色胺和精氨酸的浓度，同时减少了结肠中吲哚的浓度。因此，XOS可以改善肠道形态、微生物群落和代谢物来影响肠道健康，改善仔猪生长性能。

Chen等[18]研究了日粮中添加XOS替代金霉素（CTC）对断奶仔猪的生长、肠道形态、肠道微生物群和后肠短链脂肪酸（SCFA）含量的影响。试验选取180头断奶仔猪被随机分配到对照组（基础饮食，CON）、基础饮食中添加500 mg/kg XOS（XOS500）和阳性对照（基础饮食中添加100 mg/kg CTC）3个处理中。试验期为28 d。结果表明，与对照组相比，XOS500组仔猪在第28 d的体重（BW）、平均日增重（ADG）、饲料与增重比都有所提高（$P<0.05$）。此外，XOS增加了回肠绒毛高度与隐窝深度的比值以及盲肠隐窝中的吞咽细胞的数量，显著增加了肠道细菌的多样性，显著提高回肠和盲肠中乳酸菌属的丰度（$P<0.01$），盲肠中的总短链脂肪酸、丙酸盐和丁酸盐的浓度明显增加，乙酸盐的浓度下降（$P<0.05$）。综上所述，日粮中补充XOS可以提高特定有益微生物群的丰度，降低有害微生物群的丰度以维持肠道形态结构，从而提高断奶仔猪的生长性能。因此，XOS有可能成为断奶仔猪饲料中抗生素的替代品。

陈小连等[19]研究了日粮中添加XOS对断奶仔猪生长性能、免疫与抗氧化功能、血常规和血清生化指标的影响。试验选取72头40日龄体重相近的“杜×长×大”三元杂交断奶仔猪，随机分为抗生素对照组（饲喂含75 mg/kg的喹烯酮和10 mg/kg恩拉霉素的基础饲粮）、多酚组（饲喂含0.05%杨树多酚的基础饲粮）以及低聚木糖组（饲喂含0.01%杨树来源低聚木糖的基础饲粮）3组。试验期为30 d。结果表明，与抗生素对照组相比，低聚木糖组血清IgG提高了8.4%（$P<0.05$），平均日采食量与抗生素对照组差异不显著（$P>0.05$），末体重和平均日增重显著低于抗生素对照组，料重比显著高于抗生素对照组（$P<0.05$）。综上所述，饲粮中添加0.01%低聚木糖效果比抗生素效果略低，但在提高断奶仔猪免疫功能方面具有一定的优势。

（3）壳聚糖。饲料添加剂低聚壳聚糖（CS）的适用范围为猪、鸡、水产养殖动物、犬、猫，饲料添加剂*N*，*O*-羧甲基壳聚糖的适用范围为猪、鸡。低聚壳聚糖作为促生长类饲药物料添加剂的替代品，对断奶仔猪有促进生长作用。Yu等[20]为探讨低聚壳聚糖对仔猪肠道微生物群落结构的影响，比较添加氧化锌的低聚壳聚糖和抗生素对仔猪肠道微生物群落结构的影响。采用16S rRNA基因测序方法，分基础日粮（CTR组）、低聚壳聚糖基础日粮（LC组）以及抗生素和氧化锌基础日粮（AZ组）3个处理，对仔猪肠道微生物群落结构进行了研究。β多样性分析表明，不同处理间的群落结构有明显差异，说明不同处理对仔猪微生物群落结构有调节作用。在仔猪盲肠内容物中，拟杆菌类、厚壁菌类和变形菌占群落的98%。与基础日粮组相比，添加低聚壳聚糖和氧化锌均增加了拟杆菌的相对丰度，但减少了厚壁菌的数量，氧化锌组降低了变形菌的数量。在属水平上，基础日粮组中最丰富的4个属分别是普雷沃菌属（10.4%）、苏氏弧菌属（6.2%）、乳酸菌属（5.6%）和厌氧弧菌属（5.4%）。低聚壳聚糖组和氧化锌组，均增加了乳杆菌的相对丰度，但降低了乳酸菌的比例。此外，添加低聚壳聚糖增加了浮游弧菌和厌氧弧菌的相对丰度，而氧化锌则降低了它们的相对丰度。微生物功能预测结果表明，低聚壳聚糖在辅助因子和维生素代谢中影响了更多的途径。由于对肠道微生物具有有益的调节作用，低聚壳聚糖可能在断奶仔猪中作为促生长作用的药物饲料添加剂的替代品。

Hu 等[21]研究了低聚壳聚糖对断奶仔猪生长性能、肠道形态、屏障功能、细胞因子表达及抗氧化系统的影响。40 头 21 日龄断奶仔猪，平均体重（6.37±0.08）kg，随机分为 2 组：基础日粮组和基础日粮添加 50 mg/kg LC，饲喂 28 d。与对照组相比，日粮中添加低聚壳聚糖后，仔猪平均日采食量（ADFI）和肠黏膜屏障蛋白 ZO－1 表达增加。两组间平均日增重、增重与饲料比、腹泻发生率、抗氧化能力无显著性差异。与对照组相比，添加低聚壳聚糖的仔猪空肠黏膜组织 IL－1β 和 TNF－α 表达显著降低。结果表明，日粮添加 50 mg/kg 低聚壳聚糖能显著提高断奶仔猪的生长性能，改善肠黏膜屏障功能，减轻肠道炎症反应。

Xu 等[22]研究了壳聚糖对敌草快诱导断奶仔猪氧化应激的保护作用。36 头平均体重为（8.80±0.53）kg 的仔猪，随机分为 6 个日粮处理（$n=6$）：对照组（基础日粮）、阴性对照（每千克体重注射 10 mg 敌草快），以及含 250 mg/kg、500 mg/kg、1 000 mg/kg、2 000 mg/kg 壳聚糖的日粮并注射 10 mg/kg 敌草快。试验共进行了 21 d，包括试验前期（14 d）和启动期（7 d）。监测体重、饲料摄入量和粪便的浓度。采集血液样本进行抗氧化和免疫指标测定。日粮中添加壳聚糖可提高 1～14 d 仔猪生长性能，降低仔猪粪便评分。敌草快通过降低抗氧化剂活性和调节细胞因子以诱导氧化应激与炎症反应。而饲料中添加壳聚糖可减轻敌草快诱导的这些不良反应，降低血清促炎细胞因子浓度，增加抗氧化酶和抗炎细胞因子的活性。结果表明，壳聚糖可明显降低敌草快注射液对仔猪的氧化应激。

Xu 等[23]研究了壳聚糖对断奶仔猪生产性能、免疫应答和腹泻率的影响。共有 24 头小猪分别被圈养在猪圈里。动物接受两种饮食处理中的一种：对照饮食，对照添加 500 mg/kg 壳聚糖。试验期为 14 d。试验结束时，采集血液和粪便样品，测定免疫参数、营养物质表观消化率和粪便微生物数量。结果表明，壳聚糖在整个试验期间提高了日增重（$P<0.01$）和饲料转化率（$P<0.01$）。粪便评分值与对照组相比有显著提高（$P<0.001$），并在整个时期呈下降趋势。壳聚糖的添加降低了大肠杆菌（$P=0.02$）、沙门菌（$P<0.01$）和金黄色葡萄球菌（$P<0.01$）的数量，增加了粪便中乳酸菌与大肠杆菌的比例（$P=0.04$）。与对照组相比，壳聚糖组血清 IL－2（$P=0.02$）、IgG（$P=0.07$）水平升高，血清皮质醇（$P<0.05$）水平降低。结果表明，饲料添加壳聚糖能提高仔猪对营养物质的表观消化率，调节粪便微生物群，增加血清 IL－2 和 IgG 含量，降低血清皮质醇水平，从而提高仔猪的生产性能和免疫应答。

（4）果寡糖。饲料添加剂果寡糖（FOS）的适用范围为养殖动物。Wang 等[24]研究了微囊化植物乳杆菌（MLP）和果寡糖组成的共生体对断奶仔猪生长性能、血液免疫参数及肠道微生物群的影响。将 90 头断奶仔猪分为基础日粮（CON）、基础日粮＋金霉素（ANT）、基础日粮＋MLP 和 FOS（SYN）3 组，进行为期 4 周的试验。与对照组相比，SYN 组猪的增重率、采食量均高于对照组，腹泻率低于对照组。同时，与对照组相比，SYN 组猪的血浆 IgA 和 IgG 浓度有所提高，结肠中的乳酸菌数量也有所增加。综上所述，以 MLP 和 FOS 为基础的合生元饲料对断奶仔猪的生长性能、血浆免疫参数和肠道微生物群均有良好的影响，有可能成为断奶仔猪饲料中促生长类药物饲料添加剂的替代品。

Zhao 等[25]探讨了短链低聚果糖（scFOS）对仔猪肠道屏障功能的保护作用。16 头 28 d 断奶仔猪随机分为 2 个日粮处理组：对照组日粮（CON）、scFOS 处理组日粮（4 g/kg scFOS 替代相同剂量的玉米）。试验期为 28 d，试验组日均 scFOS 摄入量为 1.94 g。结果表明，scFOS 摄入提高了仔猪日增重，降低了饲料比重和腹泻指数。scFOS 组仔猪血清 D－乳酸、白细胞介素-1β（IL-1β）、白细胞介素-6（IL-6）和肿瘤坏死因子-α（TNF-α）水平均低于对照组。scFOS的摄入增加了小肠闭合蛋白（ZO-1）和紧密连接蛋白1（CLDN1）的表达。添加scFOS下调空肠黏膜IL-1β表达，并下调回肠黏膜中IL-6表达。scFOS组仔猪结肠食糜中乙酸含量明显高于对照组。scFOS消耗增加结肠食糜中拟杆菌、乳酸杆菌、普氏杆菌和双歧杆菌的相对丰度。总之，断奶仔猪日粮添加scFOS通过抑制黏膜炎症、增加短链脂肪酸产量和调节后肠道微生物群组成，改善了仔猪的生产性能和肠道完整性。

Yan等[26]探讨了短链低聚果糖（scFOS）对氧化油脂喂养诱发肠功能障碍的保护作用。试验采用对照日粮、氧化油脂日粮和添加scFOS（4 g/kg）的氧化油脂日粮饲喂仔猪28 d。结果表明，scFOS能增加氧化油脂刺激的仔猪空肠紧密连接蛋白的表达，降低丙二醛含量和促炎细胞因子的产生。此外，scFOS减轻了氧化油脂对仔猪肠道菌群相对丰度的影响，使普氏杆菌、拟杆菌、弯曲杆菌和乳酸杆菌的相对丰度回归正常，并恢复了氧化油脂处理仔猪的结肠丁酸产量。因此，scFOS可减轻氧化油脂引起的肠道屏障损伤、氧化还原失衡以及与微生物组成变化有关的炎症反应，提示scFOS可用于预防动物营养中氧化油脂引起的肠道功能障碍。

朱爱民等[27]研究了果寡糖对断奶仔猪生长性能、免疫功能及肠道菌群的影响。试验选取240头21日龄、体重相近、健康的断奶仔猪，分为对照组（豆粕型基础日粮），以及分别添加0.1%、0.2%、0.3%果寡糖的基础日粮，共4组。试验期为28 d。结果表明，添加0.2%果寡糖断奶仔猪的末重显著高于对照组，料重比极显著低于对照组，添加0.2%和0.3%果寡糖仔猪免疫球蛋白A（IgA）及免疫球蛋白G（IgG）含量显著高于对照组，仔猪回肠中的乳酸杆菌数量显著升高，大肠杆菌数量显著降低。因此，添加果寡糖可以改善仔猪生长性能，提高免疫力，调节肠道菌群结构，改善肠道健康。

（5）甘露寡糖。饲料添加剂甘露寡糖（MOS）的适用范围为养殖动物。李玉欣等[28]给48头去势断奶公猪分别饲喂基础日粮和0.2%毕赤酵母甘露寡糖日粮，于试验第14 d进行口服大肠杆菌（K88+K99，1×10^{10}CFU/mL）攻毒，于试验第24 d统计生长性能、测定肠道黏膜免疫细胞数量。结果表明，毕赤酵母甘露寡糖能改善大肠杆菌攻毒对仔猪造成的生长速度下降和饲料效率降低，增加上皮细胞间淋巴细胞和杯状细胞数量。研究表明，毕赤酵母甘露寡糖在大肠杆菌感染时可以通过改变免疫细胞数量来提高机体局部免疫反应，防止免疫过度激活，改善仔猪生长性能。

苏成文等[29]研究了小麦日粮中添加益生菌和甘露寡糖对保育猪生产性能、粪便微生物及养分消化率的影响，试验采用单因素设计，将8 kg左右“杜×长×大”三元杂交保育猪160头随机分为对照组、试验1组、试验2组、试验3组，分别饲喂基础日粮、基础日粮+1 000 mg/kg益生菌、基础日粮+1 000 mg/kg甘露寡糖、基础日粮+1 000 mg/kg益生菌+1 000 mg/kg甘露寡糖，测定保育猪生产性能、粪便微生物及养分消化率，并进行了经济效益分析。结果表明，试验1组、试验2组、试验3组保育猪平均日增重均高于对照组，料重比低于对照组；试验1组、试验3组保育猪粪便中乳酸菌数高于对照组，试验1组、试验3组大肠杆菌数低于对照组，试验2组、试验3组双歧杆菌数高于对照组；各组间日粮养分消化率差异不明显；试验1组、试验2组、试验3组经济效益均高于对照组，其中试验3组最高。研究表明，甘露寡糖可提高保育猪粪便中双歧杆菌数，小麦日粮中添加益生菌和甘露寡糖均可以提高养殖经济效益，二者协同添加则经济效益更高。

（6）低聚半乳糖。饲料添加剂低聚半乳糖（GOS）的适用范围为养殖动物。Tian 等[30]探讨了半乳寡糖干预对哺乳仔猪空肠发育的影响。将 6 窝平均出生体重为（1.55±0.05）kg 的新生仔猪（每窝 10 头，杜×长×大）分为对照组（CON）和 GOS 组。处理组在 1～7 日龄每日口服 10 mL GOS 溶液（达到 1 g/kg 体重 GOS），对照组每日口服等量生理盐水。结果表明，早期 GOS 干预提高了第三周的平均日增重，降低了 21 d 仔猪空肠隐窝深度下降。GOS 早期干预提高了 8 d 的空肠乳糖酶活性，升高了 21 d 的麦芽糖酶活性和蔗糖酶活性。另外，早期 GOS 干预对 8 d 钠葡萄糖协同转运蛋白1（SGLT1）mRNA 表达和 21 d 葡萄糖转运蛋白 2（GLUT2）mRNA 表达也有促进作用。进一步证实 GOS 上调前胰高血糖素（GCG）、胰岛素样生长因子-Ⅰ(IGF－Ⅰ)、胰岛素样生长因子 1 受体（IGF－ⅠR）和表皮生长因子（EGF）的 mRNA 表达。GOS 也上调仔猪空肠中胰高血糖素样肽－2（GLP－2）和表皮生长因子（EGF）的表达。此外，发现 GOS 增强 8 d 时 ZO－1 的表达，提高 TGF－β 的 mRNA 表达，降低 IL－12 的 mRNA 表达。结果表明，GOS 除了降低哺乳仔猪空肠的隐窝深度和促进空肠功能发育外，GOS 对仔猪生长性能也有积极的影响。

高仁等[31]探讨了低聚半乳糖（GOS）对脂多糖（LPS）刺激的哺乳仔猪盲肠微生物区系、肠道炎症和屏障功能的影响。试验选取 18 头初始体重［(1.57±0.05）kg］相近的新生哺乳仔猪，随机分为对照组、LPS 刺激组和 GOS 添加组（1 g/kg BW），喂养 14 d 后，LPS 刺激组和 GOS 添加组的仔猪腹腔注射 80 μg/kg BW 的 LPS 溶液，对照组的仔猪腹腔注射等量无菌生理盐水。结果表明，与 LPS 刺激组相比，GOS 添加组仔猪盲肠食糜中乙酸、丙酸、丁酸和总短链脂肪酸含量显著或极显著提高（$P<0.05$ 或 $P<0.01$），盲肠食糜 pH 显著降低（$P<0.05$），肠黏膜中白细胞介素－1β（IL－1β）、白细胞介素－6（IL－6）和肿瘤坏死因子－α（TNF－α）含量显著降低（$P<0.05$），盲肠黏膜中闭合蛋白－1（claudin－1）的蛋白表达水平显著提高（$P<0.05$），盲肠食糜中厚壁菌门（Firmicutes）的相对丰度显著提高（$P<0.05$）。因此，GOS 干预可以预防 LPS 刺激造成的肠道炎症反应、调节肠道菌群和维持肠道屏障功能。

Wang 等[32]研究了半乳寡糖干预仔猪对结肠黏膜相关微生物组成、黏膜免疫稳态和屏障功能的影响。试验组和对照组每周分别给新生仔猪喂食 10 mL/kg 体重 GOS 溶液和生理盐水溶液。每组 6 头小猪分别于第 8 d 和第 21 d 接受安乐死。GOS 饲喂仔猪结肠黏膜中短链脂肪酸（SCFAs）的产生量较高，主要产生于结肠黏膜中的普雷沃氏菌、巴氏杆菌、副球菌和未分类的卟啉单胞菌。另外，GOS 饲喂仔猪结肠食糜中 SCFAs 总水平在第 8 d 和第 21 d 有所升高。同时，GOS 饲喂仔猪结肠 SCFAs 浓度升高，可能通过调节 NF－κB 和 AMPK 信号通路的磷酸化，影响炎性细胞因子（IL－8 和 IL－10）和屏障蛋白（ZO－1 和 Claudin－1）的基因表达。总之，这些结果为揭示半乳寡糖干预仔猪早期肠道黏膜微生物群定植与肠道功能的关系提供了重要的启示。

（7）低聚异麦芽糖。饲料添加剂低聚异麦芽糖（IMO）的适用范围为断奶仔猪、犬、猫。Wu 等[33]研究了日粮中添加低聚异麦芽糖对断奶仔猪生产性能、粪便评分、血清免疫力、肠道形态、肠道挥发性脂肪酸（VFA）浓度及肠道菌群的影响。试验采用随机分组设计，将 72 头平均体重为（8.76±1.04）kg 的健康“杜×长×大”三元杂交断奶仔猪，按性别和体重分为 2 组，每组 6 头。日粮处理包括玉米-豆粕型基础日粮（CTR）和以玉米为基础添加 6 g/kg IMO 的基础日粮。与 CTR 相比，日粮添加 IMO 提高断奶仔猪第 14～28 d 和第 0～28 d 的平均日增重（ADG）。在整个试验期以及前 2 周中，IMO 组的猪粪便得分低于 CTR。在第 28 d，IMO 提高了干物质、有机质和总能量的表观消化率，并趋向于提高粗蛋白质的表观消化率。第 14 d，IMO 降低丙二醛（MDA）水平，升高谷胱甘肽过氧化物酶（GSH－Px）、过氧化氢酶（CAT）和免疫球蛋白 G（IgG）水平，并趋于升高超氧化物歧化酶（SOD）水平。饲喂 IMO 的猪回肠绒毛高度及盲肠和结肠的总 VFA 含量均大于 CTR。对 16S rDNA 的基因序列分析表明，IMO 可以调节肠道微生物群，其中链球菌科和柯林赛菌等相对有益菌的数量因添加 IMO 而增加。总体而言，IMO 对断奶仔猪的生产性能和血清免疫力有正向影响，并能调节盲肠微生物区系。因此，IMO 可能通过增强断奶仔猪的免疫功能和肠道健康，成为提高仔猪生产性能的潜在益生元。

Wang 等[34]研究了低聚异麦芽糖对断奶仔猪生产性能、免疫功能、肠道菌群和肠黏膜形态的影响。在为期 28 d 的试验中，选用 180 头 28 日龄断奶仔猪，对初始体重为（8.19±1.45）kg 的“杜×大×长”三元杂交猪，分别饲喂未添加任何添加剂的玉米-豆粕型日粮或添加 0.2%、0.4%、0.6%、0.8% IMO 的玉米型日粮。每个处理重复 6 次，从第 0 d 到第 14 d，随着 IMO 水平的增加，体增重呈线性增加，肉料比呈线性增加，腹泻率呈线性下降。第 14 d，随着 IMO 添加量的增加，猪血清中免疫球蛋白 IgA、IgM 和 IgG 水平呈线性增加。白细胞介素－6（IL－6）随着 IMO 摄入量的增加呈线性下降。从第 15 d 到第 28 d，体重增加呈线性增加趋势；随着第 28 d IMO 添加量的增加，IL－2 呈线性增加趋势。在整个试验过程中，随着 IMO 水平的增加，增重呈线性增加，肉料比呈线性增加，腹泻率呈线性下降。结果表明，日粮中添加 IMO 可以增加仔猪的增重、肉料比、提高仔猪的免疫水平，是一种有价值的断奶仔猪饲料添加剂，尤其是在断奶初期。

4.2.1.2 生长育肥猪饲料中多糖和寡糖饲料添加剂的应用研究进展

（1）低聚木糖。饲料添加剂低聚木糖（XOS）的适用范围为鸡、猪、水产养殖动物、犬、猫。谢菲等[35]研究了饲粮中添加不同水平的低聚木糖对生长育肥猪生长性能、胴体性状及肉品质的影响。选择 72 头 21 kg 的健康 DLY 猪，随机分为 4 组，每组 6 个重复，每个重复 3 头。对照组饲喂玉米-豆粕型基础饲粮，处理组在基础饲粮中分别添加 0.02%、0.03%和 0.04%低聚木糖。结果表明，低聚木糖对生长育肥猪各阶段以及全期的采食量、日增重和料重比均无显著影响（$P>0.05$）；饲粮添加 0.03% XOS 显著提高50～75 kg 阶段干物质和能量消化率（$P<0.05$），添加 0.02%和 0.03% XOS 显著提高 75～100 kg 阶段干物质与能量消化率（$P<0.05$），且饲粮添加 XOS 与干物质和总能呈现出极显著的二次回归关系（$P<0.01$）；饲粮添加低聚木糖显著增加 25～50 kg 阶段猪血清葡萄糖水平（$P<0.05$）；饲粮添加 0.03% XOS 显著增加猪胴体长（$P<0.05$），并显著增加猪肉 a 值和 b 值（$P<0.05$）。研究表明，饲粮添加低聚木糖能显著提高养分表观消化率，饲粮添加 0.03% XOS 有改善猪胴体长和肉色的作用。在本试验条件下，低聚木糖在生长育肥猪饲粮中的适宜添加量为 0.03%。

韩丽等[36]研究了低聚木糖对生长育肥猪血浆生化参数和肌肉脂肪酸组成的影响。选取 70 日龄、平均体重约为 30 kg 的“杜×长×大”三元杂交生长育肥猪 110 头，随机分为 11 组，每组 10 头（公、母各占 1/2）。试验设对照组（饲喂基础饲粮），抗生素组（在基础饲粮中添加 0.04 kg/t 速大肥、0.2 kg/t 抗敌素），30～65 kg 阶段 100 g/t、250 g/t 和 500 g/t

XOS 添加组（在 30～65 kg 阶段分别在基础饲粮中添加 100 g/t、250 g/t和 500 g/t XOS，在 66～100 kg 阶段均饲喂基础饲粮），66～100 kg 阶段100 g/t、250 g/t 和 500 g/t XOS 添加组（在 30～65 kg 阶段均饲喂基础饲粮，在 66～100 kg 阶段分别在基础饲粮中添加 100 g/t、250 g/t 和 500 g/t XOS）以及 30～100 kg 阶段 100 g/t、250 g/t 和 500 g/t XOS 添加组（分别在基础饲粮中添加 100 g/t、250 g/t 和 500 g/t XOS）。当猪平均体重达 100 kg（约 170 日龄）时，前腔静脉采血，离心分离血浆，测定生化参数；屠宰后取背最长肌和股二头肌样品，测定其脂肪酸组成。结果表明，与对照组相比，30～65 kg 阶段，饲粮添加 100 g/t 或 500 g/t XOS 可显著降低股二头肌中十七烷酸（C17：0）含量（$P<0.05$）；66～100 kg 阶段，饲粮添加 250 g/t XOS 可显著增加股二头肌中饱和脂肪酸（SFA）＋单不饱和脂肪酸（MUFA）含量（$P<0.05$），添加 100 g/t 或 500 g/t XOS 可显著增加股二头肌中花生烯酸（C20：1）含量（$P<0.05$）；30～100 kg 阶段，饲粮添加 100 g/t XOS 可显著增加背最长肌中油酸/亚油酸以及股二头肌中 C20：1、MUFA 和 SFA＋MUFA 含量（$P<0.05$），添加 100 g/t 或 250 g/t XOS 可显著降低血浆总胆固醇浓度（$P<0.05$），添加 500 g/t XOS 可显著增加血浆高密度脂蛋白-胆固醇浓度（$P<0.05$）。综上所述，饲粮添加一定剂量的 XOS 可通过调控与脂代谢相关的血浆生化参数、增加肌肉中 MUFA 和 SFA＋MUFA 含量而改善猪肉的风味和营养价值，且30～100 kg 阶段添加 100 g/t XOS 效果最佳。

潘杰等[37]研究了低聚木糖对生长育肥猪生长性能、胴体性状和肉品质的影响，试验选取体重为 30 kg 左右的三元杂交生长育肥猪 80 头，随机分为 8 组，每组 10 头，公、母各占 1/2，单栏饲养。试验设对照组、抗生素组（添加 0.04 kg/t 维吉尼霉素及 0.2 kg/t 硫酸黏菌素），30～65 kg 阶段 100 g/t、250 g/t 和 500 g/t XOS 组，以及 30～100 kg 阶段100 g/t、250 g/t 和 500 g/t XOS 组。分别于试验开始和结束时记录每头猪的空腹体重及采食量，计算平均日采食量（ADFI）、平均日增重（ADG）和料重比（F/G）；平均体重达 100 kg 时屠宰采样，测定胴体性状、肉品质和肌肉化学成分。结果表明，与对照组或抗生素组相比，饲粮添加不同剂量的 XOS 对生长育肥猪的 ADFI、ADG、F/G、胴体性状和肉品质均无显著影响（$P>0.05$）；30～65 kg 阶段添加 250 g/t XOS 可显著增加脾脏指数以及背最长肌粗蛋白质含量（$P<0.05$）；30～100 kg 阶段添加 500 g/t XOS 可显著增加脾脏指数及背最长肌粗蛋白质含量（$P<0.05$）。综上所述，饲粮添加不同剂量的 XOS 虽对生长育肥猪的 ADFI、ADG、F/G、胴体性状和肉品质等指标影响不显著，但可通过增加肌肉粗蛋白质含量而改善猪肉营养价值，以 30～100 kg 阶段添加 500 g/t XOS 效果较佳。

（2）壳寡糖。饲料添加剂壳寡糖（COS）的适用范围为猪、鸡、肉鸭、虹鳟、犬、猫。敖翔等[38]研究了壳寡糖对育肥猪生长性能、养分消化率和粪便菌群的影响，试验选择体重（23.5±0.95）kg 的 150 头健康“杜×长×大”三元杂交生长猪，按体重相近、公母各半的原则，随机分为 3 组：对照组，饲喂基础饲粮；阿美拉霉素组，在基础饲粮中添加阿美拉霉素 165 g/t；壳寡糖组，在基础饲粮中添加壳寡糖 5 000 g/t。每组 5 个重复，每个重复 10 头。试验期为 42 d。结果表明，阿美拉霉素组的料重比均显著低于对照组和壳寡糖组；与对照组相比，阿美拉霉素组干物质的消化率升高 1.3 个百分点（$P<0.05$）；壳寡糖组显著降低粪便中大肠杆菌数（$P<0.05$）。

晁文菊等[39]探讨了壳寡糖作为一种无残留、无污染的环保型饲料添加剂在生猪养殖中的实用性，试验选用 87 头日龄相近及品种相同的 65 kg 体重“杜×长×大”三元杂交肉猪，随机分为 3 组，对照组饲喂基础日粮，试验 1 组、试验 2 组在基础日粮中分别添加 200 g/t 和 400 g/t 壳寡糖产品。试验期为 43 d。结果表明，日粮中添加壳寡糖产品能够改善肉猪育肥后期的生产性能，与对照组相比，试验 1 组和试验 2 组生长速度分别提高 6.38%和 6.86%（$P<0.05$），平均日采食量分别提高 1.94%和 2.19%（$P<0.05$），料重比分别下降 0.117%和 0.123%，试验期每头猪养殖毛利分别增加 21.12 元和 13.24 元，而且圈舍粪便臭味明显减轻，肉猪的健康水平得到提升。根据本试验数据，壳寡糖产品在肉猪育肥后期日粮中的推荐添加量为 150～300 g/t。

蒋登湖等[40]探讨了饲粮中添加 300 mg/kg COS 对育肥猪生长性能、肉品质以及免疫功能的影响。试验选取体重为（37.13±0.12）kg 的“杜×长×大”三元杂交育肥猪 225 头，随机分为 3 组。处理 1 为基础饲粮（空白对照组），处理 2 在基础饲粮中添加 300 mg/kg COS，处理 3 在低能低蛋白饲粮（调整原料组成，使得比对照组粗蛋白下降 1%，消化能下降 50 kcal/kg）中添加 300 mg/kg COS。试验期为 98 d。结果表明：①在生长性能方面，与对照组相比，处理 2 的平均日增重提高 4.64%（$P<0.05$），且料重比显著降低（$P<0.05$）；同时，处理 3 平均日增重比对照组提高了 3.65%（$P<0.05$），料重比降低了 3.03%（$P<0.05$）。②在肉品质方面，与对照组相比，添加 300 mg/kg COS 组（处理 2、处理 3）均显著提高了背最长肌中粗脂肪和肌苷酸的含量（$P<0.05$），均显著降低了背最长肌中的菌落总数含量（$P<0.05$）。同时，处理 2 肌肉中呈味氨基酸含量比对照组提高了 21.97%（$P<0.05$），并显著提高了肌肉中丝氨酸和丙氨酸的含量（$P<0.05$）。③在免疫功能方面，处理 2 血清中总抗氧化能力（T-AOC）提高，血清丙二醛（MDA）含量降低，且差异显著（$P<0.05$）；与对照组相比，处理 2 显著提高了血清中 IgG、IgM、C4 的含量（$P<0.05$）。由此可见，饲粮中添加 300 mg/kg COS 可在一定程度上改善育肥猪的生长性能和肌肉品质，并提高育肥猪机体的免疫功能，在改善肉品质方面具有一定的潜在效果。

苏维发等[41]研究了壳寡糖对生长育肥猪生长性能、肉品质、抗氧化功能以及免疫功能的影响。试验选取体重为（37.00±1.55）kg 的“杜×长×大”三元杂交生长育肥猪 225 头，随机分成 3 组，对照组饲喂基础饲粮，COS 组饲喂添加 30 mg/kg COS 的基础饲粮，低能低蛋白质+COS 组饲喂添加 30 mg/kg COS 的低能低蛋白质饲粮。试验期为 98 d。结果表明，与对照组相比，COS 组生长育肥猪料重比显著降低（$P<0.05$），生长育肥猪背最长肌中肌苷酸和部分鲜味氨基酸（谷氨酸、苯丙氨酸和丙氨酸）含量显著提高（$P<0.05$），低能低蛋白质+COS 组生长育肥猪背最长肌中肌苷酸含量同样显著提高（$P<0.05$），血清总抗氧化能力显著提高（$P<0.05$），血清丙二醛含量显著降低（$P<0.05$），谷胱甘肽过氧化物酶 1、谷胱甘肽过氧化物酶 4 和 p53 的 mRNA 相对表达量显著提高（$P<0.05$），血清免疫球蛋白 G、免疫球蛋白 M、血清补体 4 含量显著提高（$P<0.05$），十二指肠绒毛高度与隐窝深度的比值显著提高（$P<0.05$）。由此可见，添加壳寡糖可提高免疫功能、抗氧化功能及改善肠道黏膜形态，进而提高生长育肥猪的生长性能，并一定程度上改善猪肉品质。

（3）果寡糖。饲料添加剂果寡糖（FOS）的适用范围为养殖动物。谭聪灵等[42]在玉米-豆粕型基础饲粮（对照组）中分别添加 50 mg/kg 的抗生素（硫酸黏杆菌素和杆菌肽锌按 1∶5 比例配制）（2 组），以及 0.1%（3 组）、0.3%（4 组）和 0.5%（5 组）的果寡糖（FOS），进行为期 40 d 的试验，研究了 FOS 对猪生长性能和免疫机能的影响。结果表明，与对照组相比，4 组、5 组平均日增重分别提高 9.21%和 6.05%（$P<0.05$），4 组显著高于 2 组，但

4 组、5 组与抗生素组差异不显著；4 组料重比显著低于对照组 7.34%，且腹泻率最低。与对照组相比，4 组、5 组猪血清甘油三酯水平显著降低；5 组猪血清总胆固醇较对照组、抗生素组显著降低。与对照组相比，4 组血清 IgA 水平显著提高 42.86%；4 组、5 组 IgG 比抗生素组分别提高 32.94%（$P<0.05$）和 38.82%（$P<0.05$）。以添加量为 0.3% FOS 效果最佳。

（4）甘露寡糖。饲料添加剂甘露寡糖（MOS）的适用范围为养殖动物。戴德渊等[43]为研究 20～50 kg 生长猪甘露寡糖的适宜添加水平，采用单因素对比试验，选用体重在 20 kg 左右、60 日龄“杜×长×大”三元杂交生长猪 40 头，分设对照组、试验1 组、试验 2 组和试验 3 组，每组 10 头。分别在基础日粮中添加甘露寡糖（MOS）0 mg/kg、160 mg/kg、480 mg/kg 和 800 mg/kg。结果表明：①在饲粮中添加甘露寡糖，生长猪前期、后期及全程的日增重均比对照组高。在前期，试验 2 组（MOS 480 mg/kg）提高最大，与对照组（MOS 0 mg/kg）相比差异极显著（$P<0.01$），与试验 3 组（MOS 800 mg/kg）、试验 1 组（MOS 160 mg/kg）相比差异显著（$P<0.05$）。而在后期，仅试验 2 组与对照组达到显著水平（$P<0.05$）；试验各组间差异不显著（$P>0.05$），对日增重的提高强度有所下降。全程日增重分析，试验 2 组与对照组差异极显著（$P<0.01$），与试验 1 组和试验 3 组差异显著（$P<0.05$）。②试验各组料重比均比对照组低，有降低趋势；从前期、后期及全程来看，试验 2 组降低明显。③生物学综合评定值，无论前期、后期及全程，由高到低依次为试验 2 组>试验 3 组>试验 1 组>对照组。④在饲粮中添加 MOS 可提高生长猪的抗病力，降低腹泻率；在 20～30 kg 前期较 30～50 kg 后期明显，并以试验 2 组效果较好。

（5）半乳甘露寡糖。饲料添加剂半乳甘露寡糖（GMOS）的适用范围为猪、肉鸡、兔、水产养殖动物。王彬等[44]将 48 头“杜×长×大”三元杂交育肥猪随机分为 2 组，每组 3 个重复，在同一玉米-豆粕型基础日粮中分别添加 0.1%半乳甘露寡糖和50 mg/kg 金霉素（CTC），进行 46 d 的对比试验，饲养试验结束后，从两个处理的每个重复分别选择 1 头阉公猪屠宰。结果表明：①生长性能，基础日粮添加 0.1% GMOS 与添加 50 mg/kg CTC 相比，平均日增重提高 10.2%（$P<0.05$），平均日采食量降低 25.2%（$P<0.01$），料重比下降 13.2%（$P<0.01$）；②屠宰性能，基础日粮添加 0.1%的 GMOS 与添加 50 mg/kg 的 CTC 相比，背膘厚下降 15.6%，皮厚下降 11.5%，瘦肉率提高 2.94%；③血清生化指标，与添加 50 mg/kg 的 CTC 相比，基础日粮添加 0.1%的 GMOS 可使育肥猪血清中的血糖水平升高 120%（$P<0.05$），胆固醇水平下降 3.86%（$P>0.05$），甘油三酯水平下降 42.6%（$P>0.05$）；④猪肉品质，与添加 50 mg/kg 的金霉素相比，基础日粮添加 0.1%的 GMOS 可显著降低肉中吲哚的含量（$P<0.05$），对其他肉质指标无显著影响。

4.2.1.3 我国尚未批准在猪饲料中使用多糖和寡糖的应用研究进展

（1）褐藻酸寡糖。饲料添加剂褐藻酸寡糖（AOS）的适用范围为肉鸡、蛋鸡。Wan 等[45]在海藻酸钠寡糖调控猪生长机制的研究中，通过测定断奶仔猪的肠道形态、屏障功能和上皮细胞凋亡来研究 AOS 介导的断奶仔猪生长性能的变化。24 头断奶仔猪随机分为 2 组（$n=12$），分别饲喂基础日粮（对照组）和在基础日粮中添加 100 mg/kg 的 AOS。在 15 d，每处理随机选择 8 头猪口服 D-木糖（0.1 g/kg 体重），1 h 后采集血清和肠黏膜样品。结果表明，断奶仔猪日粮中添加 AOS 两周后，平均日增重显著增加（$P<0.05$）。AOS 能明显改善肠形态和屏障功能，肠绒毛高度、分泌性免疫球蛋白 A 含量和杯状细胞计数均明显增

加（$P<0.05$）。与对照组相比，AOS摄入降低了肠上皮细胞的总凋亡率（$P<0.05$），增加了S期在肠上皮细胞中的比例（$P<0.05$）。此外，AOS不仅上调（$P<0.05$）B细胞淋巴瘤2（BCL2）的转录水平，而且下调（$P<0.05$）B细胞淋巴瘤2相关X蛋白（BAX）、半胱氨酸天冬氨酸特异性蛋白酶3（caspase-3）和蛋白酶9（caspase-9）的转录水平。研究表明，补充AOS通过线粒体依赖性凋亡减少细胞凋亡，从而改善断奶仔猪生长性能，可能与改善肠道形态和屏障功能，抑制肠细胞死亡有关。

Wan等[46]通过两个试验，评价了AOS对断奶仔猪生长性能、抗氧化能力、血清激素水平和肠道吸收功能的影响。在试验1中，将200头断奶仔猪分为4组，分别饲喂基础日粮（对照组）和基础日粮+50 mg/kg、100 mg/kg或200 mg/kg AOS，添加100 mg/kg或200 mg/kg AOS组连续饲喂2周日均增重均显著高于对照组。在试验2中，将24头断奶仔猪分为对照组（基础日粮）和AOS组（基础日粮+100 mg/kg AOS）。在第11～14 d，每组随机选取8头猪，采集新鲜粪便样品，评价其营养物质表观消化率。在第15 d早上，从同样选出的猪中收集血清和肠黏膜标本。结果表明，AOS通过提高血清过氧化氢酶活性和谷胱甘肽含量，有效地提高了机体的抗氧化防御能力，血清胰岛素、胰岛素样生长因子-Ⅰ等激素水平均有显著提高。与对照组相比，添加AOS可提高营养物质（粗蛋白、灰分和脂肪）的消化率，并提高十二指肠和空肠黏膜中麦芽糖酶和蔗糖酶活性。此外，补充AOS增加了空肠黏膜中Na^+/葡萄糖协同转运蛋白1（SGLT1）和二价金属转运蛋白1（DMT1）的转运。总的来说，添加AOS可以刺激断奶仔猪生长。

（2）β-1,3-D-葡聚糖。饲料添加剂β-1,3-D-葡聚糖的适用范围为水产养殖动物、犬、猫。刘金艳等[47]选取30头28日龄健康“杜×长×大”三元杂交断奶仔猪，随机分为3组，每组10个重复，每个重复1头。对照组饲喂基础日粮，试验1组在基础日粮中添加100 mg/kg硫酸黏杆菌素，试验2组在基础日粮中添加400 mg/kg β-葡聚糖。试验期为28 d。结果表明，与对照组和抗生素组相比，日粮添加400 mg/kg β-葡聚糖显著提高断奶仔猪的末重、平均日增重、平均日采食量、肉料比、脾脏指数，血浆T-ACC、T-SOD、CAT、NOS、GR、GSH-Px浓度，回肠绒毛高度，空肠黏膜TLR4、β-defensins-2蛋白浓度（$P<0.05$）；降低血浆ALT和AST浓度，空肠、回肠和结肠的隐窝深度，空肠黏膜HSP90和PAPR-1蛋白浓度，IL-8和TGF-β1 mRNA水平（$P<0.05$）。研究表明，在日粮中添加400 mg/kg β-葡聚糖可替代100 mg/kg硫酸黏杆菌素，从而提高断奶仔猪的生产性能、提高动物血液的抗氧化能力、增强断奶仔猪机体免疫力。

杜建等[48]通过研究β-葡聚糖对生长育肥猪生长性能、胴体性能和肉品质的影响，旨在探明β-葡聚糖在生长育肥猪饲粮中的应用效果及适宜添加量。试验采用单因素试验设计，选取96头20 kg左右的健康“杜×长×大”三元杂交生长育肥猪，按体重和性别比例随机分为4组，每组6个重复，每个重复4头。对照组饲喂基础饲粮，试验组在基础饲粮中分别添加50 mg/kg、100 mg/kg和200 mg/kg β-葡聚糖。试验期为103 d。结果表明：①与对照组相比，饲粮添加100 mg/kg β-葡聚糖显著提高生长育肥猪平均日增重（$P<0.05$），显著降低料重比（$P<0.05$），显著改善饲粮干物质、能量和粗蛋白质消化率（$P<0.05$）；②与对照组相比，饲粮添加100 mg/kg β-葡聚糖显著提高猪胴体长和肌肉pH（$P<0.05$），显著降低肌肉滴水损失（$P<0.05$），显著改善肉色（$P<0.05$），同时显著提高肌肉中肌苷酸含量（$P<0.05$），改变猪肉中饱和脂肪酸和单不饱和脂肪酸的组成比例，从而改善肉的风味。

（3）海藻来源多糖。袁朝原等[49]研究了不同剂量的海藻来源多糖对猪免疫功能的影响。选取 70 头健康的瘦肉型二元杂交仔猪，随机分为 7 组，设海藻多糖、空白对照和药物对照（黄芪多糖组）3 个大组。其中，海藻多糖组又分为 A 组、B 组、C 组、D 组和 E 组，在基础日粮中分别添加海藻多糖可溶性粉 300 mg/kg、200 mg/kg、150 mg/kg、100 mg/kg 和 50 mg/kg，F 组为空白对照组，G 组为药物对照组，连用 7 d。于处理后第 7 d 和第 14 d 对 70 头猪进行静脉采血，测定血清中白细胞介素-2（IL-2）、白细胞介素-6（IL-6）、干扰素-γ（IFN-γ）和免疫球蛋白（IgG）的含量。结果表明，处理后第 7 d，海藻多糖组与空白对照组和药物对照组相比，IL-2、IL-6、IFN-γ 和 IgG 的水平较高且差异显著（$P<0.05$）；处理后第 14 d，添加海藻多糖的各组猪血清中 IL-2、IL-6、IFN-γ 水平较空白对照组显著提高（$P<0.05$）；添加海藻多糖的各组猪血清中 IL-2、IL-6、IFN-γ 水平较药物对照组有显著提高。与药物对照组比较，饲料中添加 150 mg/kg 的海藻多糖能升高仔猪血清中 IgG 水平。研究表明，海藻多糖可以提高猪血清中 IL-2、IL-6、IFN-γ 和 IgG 水平，增强猪的免疫功能，推荐剂量为 100 mg/kg，连用 7 d。

谢小东等[50]研究了海藻多糖对自然感染 PCV2 仔猪血清中细胞因子的调节作用，随机选取 80 头 35～50 日龄自然感染猪圆环病毒 2 型（PCV2）的仔猪，设海藻多糖高（400 mg/kg）、中（200 mg/kg）、低（100 mg/kg）剂量组及黄芪多糖对照组，每组 20 头，连续用药 7 d；另设阳性对照组和无 PCV2 感染阴性对照组，每组 20 头。从给药开始连续 14 d 观察仔猪临床症状，分别于用药前、用药后第 7 d、第 14 d，每组随机选取 10 头前腔静脉采血，检测血清中 IL-2、IL-6、TNF-α、IFN-γ 及 IgG 水平。结果表明，相比于用药前，在用药后第 7 d 和第 14 d，各用药组临床症状改善明显；血清中 IL-2、IL-6、IFN-γ、TNF-α、IgG 含量有不同程度升高。研究表明，给予不同剂量的海藻多糖 7 d，可提高自然感染 PCV2 的仔猪免疫能力，且推荐剂量为200 mg/kg 饲料，连用 7 d。

罗梦圆等[51]研究了海藻多糖在规模化猪生产中大面积应用的效果及安全性。选取 35～50 日龄临床自然感染猪圆环病毒 2 型（PCV2）仔猪 150 头，随机分为 3 组，每组 50 头，分别设供试药物组（在饲料中添加海藻多糖 200 mg/kg，连用 7 d）、药物对照组（在饲料中添加黄芪多糖粉 200 mg/kg，连用 7 d）和阳性对照组（不处理）。于用药前 1 d、用药后第 7 d和第 14 d 每组随机选择 10 头试验猪测定血清中猪白细胞介素-2（IL-2）、白细胞介素-6（IL-6）、干扰素-γ（INF-γ）、肿瘤坏死因子-α（TNF-α）等细胞因子和免疫球蛋白 G（IgG）水平。结果表明，在临床自然感染猪圆环病毒 2 型（PCV2）的仔猪日粮里添加 200 mg/kg 海藻多糖能升高猪血清中 IL-2、IL-6、TNF-α、IFN-γ 和 IgG 水平；试验期间，在仔猪日粮中添加 200 mg/kg 海藻多糖连用 7 d 无不良反应出现。由该试验结果可以得出，海藻多糖可溶性粉能够提高猪的免疫功能，临床使用是安全的。

（4）灵芝多糖。查琳等[52]探讨了饲粮中添加灵芝多糖对接种 PRRSV 弱毒苗生长育肥内江猪抗氧化能力的影响。选择 80 头生长育肥内江猪（分为 2 组，每组 40 头）为研究对象，试验分为 2 组，每组 40 头。试验按照 2×2 的因素设计：因子一设接种 PRRSV 弱毒苗和不接种两种处理；因子二为灵芝多糖添加水平，设 0 mg/kg、50 mg/kg 两个水平。在试验的第 1 d 和第 29 d 接种弱毒苗。结果表明，接种疫苗组的抗氧化能力下降。与对照组比，接种疫苗组在第 7 d 和第 14 d 这一时段中，血清中总抗氧化能力下降显著（$P<0.05$），第 1 d 血清丙二醇（MDA）含量上升。接种疫苗组在第 14 d 时血清中的 MDA 显著下降（$P<$

0.01)。研究表明，添加灵芝多糖能提高机体抗氧化能力。

文贵辉等[53]研究了灵芝细胞外多糖（EPG）对育肥猪生长性能和血液指标的影响。试验选择100头体重为（53.13±0.46）kg的生长猪，随机分为4组，试验1组、试验2组、试验3组分别在对照组基础饲粮的基础上添加0.1%、0.2%、0.3%的EPG，试验分为两个阶段，分别持续35 d。结果表明，在0～35 d阶段，EPG处理组生长性能无显著变化（$P>0.05$）；在35～70 d阶段，试验1组、试验2组、试验3组育肥猪ADG分别显著增加7.2%、9.5%、8.3%（$P<0.05$），在整个试验期间，试验2组ADG显著增加7.4%（$P<0.05$）。此外，与对照组相比，试验1组、试验2组、试验3组育肥猪血浆中IgG浓度分别增加20.1%、36.1%、25.5%（$P<0.05$），IL-2浓度分别增加16.6%、23.3%、14.4%（$P<0.05$），球蛋白浓度分别显著增加10.4%、13.0%、13.8%（$P<0.05$），甘油三酯浓度分别显著降低10.9%、28.1%、17.2%（$P<0.05$）。试验2组、试验3组育肥猪血浆中白蛋白和球蛋白的比值分别较对照组降低12.4%、11.5%（$P<0.05$），LDL-C浓度分别显著降低12.8%、11.1%（$P<0.05$），试验2组血浆中总胆固醇较对照组显著降低9.2%（$P<0.05$）。研究表明，饲粮中添加EPG显著促进育肥猪生长，改善血液指标和免疫功能，添加量为0.2%时效果最佳。

（5）黄芪多糖。蒙洪娇等[54]研究了黄芪多糖对断奶仔猪生长性能、营养物质消化率和免疫功能的影响，选择28日龄断奶、体重（12±1.04）kg的健康"杜×长×大"三元杂交仔猪48头，按体重随机分为4组。对照组饲喂基础饲粮，3个试验组分别在基础饲粮中添加0.5 g/kg、1 g/kg、2 g/kg黄芪多糖。试验期为28 d。结果表明，与对照组相比，0.5 g/kg黄芪多糖组、1 g/kg黄芪多糖组、2 g/kg黄芪多糖组日采食量分别提高0.23%（$P>0.05$）、6.99%（$P<0.05$）、11.62%（$P<0.05$）；0.5 g/kg黄芪多糖组料重比降低0.59%（$P>0.05$），1 g/kg黄芪多糖组、2 g/kg黄芪多糖组料重比分别提高10.65%（$P<0.05$）、14.79%（$P<0.05$）；0.5 g/kg黄芪多糖组、1 g/kg黄芪多糖组、2 g/kg黄芪多糖组腹泻频率分别降低0.05个百分点（$P>0.05$）、0.06个百分点（$P>0.05$）、0.25个百分点（$P<0.05$）。0.5 g/kg黄芪多糖组白细胞介素-2降低3.58%（$P>0.05$），1 g/kg黄芪多糖组、2 g/kg黄芪多糖组白细胞介素-2分别提高41.69%（$P>0.05$）、85.06%（$P<0.05$）；0.5 g/kg黄芪多糖组、1 g/kg黄芪多糖组、2 g/kg黄芪多糖组干扰素-α分别提高0.26%（$P>0.05$）、3.93%（$P>0.05$）、10.78%（$P<0.05$）；0.5 g/kg黄芪多糖组、1 g/kg黄芪多糖组IgG分别提高4.51%（$P>0.05$）、1.25%（$P<0.05$），2 g/kg黄芪多糖组IgG降低3.22%（$P>0.05$）。综合考虑，在断奶仔猪饲粮中添加1 g/kg黄芪多糖的饲喂效果好。

（6）枸杞多糖。王建东等[55]探讨了枸杞多糖对仔猪免疫功能的影响，试验选择体况相近的断奶仔猪48头，随机分成4组，每组12头，1组饲喂含0.7%枸杞多糖、2组饲喂含1.4%枸杞多糖、3组饲喂含2.1%的枸杞多糖、4组饲喂含2.8%枸杞多糖，每组平均分为3个小组，每隔5 d各组均有1个小组仔猪停止饲喂免疫增效剂。各组分别在饲喂前、饲喂结束时采集血样，检测外周血IgG含量、白细胞数和淋巴细胞数。结果表明，饲喂5 d时3组的IgG含量是饲喂前的1.26倍，白细胞数和淋巴细胞数分别是饲喂前的1.29倍和1.35倍，提高机体免疫功能的效果较好。研究表明，饲喂仔猪含2.1%枸杞多糖的免疫增效剂5 d即可达到增强仔猪机体免疫力的作用。

（7）牛膝多糖。赵玉蓉等[56]以猪小肠上皮细胞（IPEC-1）为模型，探讨了牛膝多糖

（ABPS）对 IPEC－1 增殖、紧密连接相关蛋白 mRNA 表达和沙门菌侵染的影响。在 IPEC－1 细胞培养基中分别加入相应剂量的 ABPS，培养基中 ABPS 终浓度分别为 0 μg/mL（对照）、50 μg/mL、100 μg/mL、200 μg/mL、400 μg/mL。分别采用噻唑蓝（MTT）法、实时荧光定量 PCR 法和平板细菌计数法检测 ABPS 对 IPEC－1 的影响。结果表明：①与对照组相比，ABPS 对 IPEC－1 增殖无显著影响（$P>0.05$）。②ABPS 处理能显著抑制沙门菌的侵染，随着 ABPS 浓度的增加，其抑制效果先增加后减少，浓度为 50 μg/mL 时抑制效果达到峰值，其细胞被侵染的沙门菌数量极显著低于对照组和 200 μg/mL、400 μg/mL ABPS 组（$P<0.01$）。③与对照组相比，50 μg/mL、200 μg/mL ABPS 均极显著上调 IPEC－1 紧密连接相关蛋白 Ras 相关的 C3 肉毒素底物 1（RAC1）、细胞质密闭小带－1（ZO－1）、闭锁蛋白（occludin）、闭合蛋白－1（claudin－1）mRNA 的相对表达量（$P<0.01$）。由此可知，适量的 ABPS 能够通过上调 IPEC－1 紧密连接相关蛋白 mRNA 表达，从而增强小肠黏膜的屏障功能，抑制沙门菌的侵染。

（8）香菇多糖。阳玉彪等[57]为了进一步提高猪瘟疫苗的免疫效果，探讨了香菇多糖对猪瘟疫苗的免疫增强作用，为新型猪瘟疫苗免疫增强剂的研发提供理论依据。以不同剂量的香菇多糖作为猪瘟疫苗的稀释液免疫断奶仔猪，分别于免疫当天、免疫接种后第 7 d、第 14 d、第 21 d、第 28 d 无菌操作采集血样，运用 ELISA 检测血清猪瘟抗体水平。结果表明，香菇多糖可显著提高血清中的猪瘟抗体水平，第 4 组（0.187 5 mg 香菇多糖）于免疫后第 14 d 和第 28 d，猪瘟抗体阻断率平均值分别比猪瘟疫苗专用稀释液稀释组提高 13.6%和 12.2%；免疫合格率为 100%。研究表明，将香菇多糖作为猪瘟疫苗稀释液应用，可特异性提高猪体的免疫应答，香菇多糖具有显著增强猪瘟疫苗免疫效果的作用。

（9）人参多糖。Yang 等[58]研究了黄芪多糖（Aps）和人参多糖（Gps）对断奶仔猪生长性能、肠道形态、免疫功能、挥发性脂肪酸（VFAs）及微生物区系的影响。将 180 头断奶仔猪随机分为 3 组，分别饲喂基础日粮（Con 组）、基础日粮＋800 mg/kg Aps（Aps 组）、基础日粮＋800 mg/kg Gps（Gps 组）。结果表明，Aps 组和 Gps 组均能提高体重、平均日增重和饲料转化率，降低腹泻发生率。14 d 后，Gps 组也降低了仔猪的天冬氨酸转氨酶活性。在 14 d 和 28 d 后，Aps 组和 Gps 组仔猪的血清免疫球蛋白 M 水平均升高，空肠隐窝深度降低，空肠绒毛长度增加，绒毛高度与隐窝深度的比值增加，空肠中 Toll 样受体 4、髓样分化因子 88、核因子－κB 蛋白表达增加。Aps 组和 Gps 组仔猪的结肠中醋酸、异丁酸和丁酸的含量也较高。高通量测序数据显示，Aps 组和 Gps 组影响结肠细菌数量与多样性。Aps 组和 Gps 组仔猪也具有较高的毛螺菌 *Lachnospiraceae* 和厌氧棒状菌 *Anaerostipes* 的相对丰富度，而 Aps 组仔猪则具有较高的格氏乳杆菌 *Lactobacillus gasseri* 和噬淀粉乳杆菌 *Lactobacillus amylovorus* 的相对丰富度。因此，在日粮中添加 Aps 和 Gps 有利于优化养猪生产性能，减少对抗生素的依赖。

（10）牡蛎粗多糖。Yin 等[59]探究了牡蛎粗多糖（OPS）是否能减轻脂多糖（LPS）诱导的断奶仔猪免疫应激。将 30 头健康杂交仔猪［（28±1）日龄］，随机分为 5 组，每组 6 头。空白对照组和 LPS 组分别饲喂基础日粮，低、中、高剂量组分别饲喂添加 0.5%、0.8%和 1.2% OPS 的基础日粮 30 d。LPS 组以及低、中、高剂量 OPS 组腹腔注射 LPS（100 μg/kg 体重），空白对照组给予磷酸盐缓冲生理盐水。采用酶联免疫吸附试验（ELISA）检测血浆中 TNF－α、IL－1β 和 IL－6 浓度。采用实时荧光定量 PCR 技术检测肝脏、脾脏、肾上腺和胸腺 PPARγ mRNA 水平。结果表明，与空白对照相比，LPS 处理显著提高血浆 IL-1、IL-6 和 TNF-α水平，日粮中添加 0.5%、0.8%或 1.2% OPS 可显著降低血浆 IL-1、IL-6 和 TNF-α水平。此外，LPS 能显著诱导肝脏、脾脏、肾上腺和胸腺中 PPARγ mRNA 的表达，可以通过添加 OPS 来阻断 PPARγ mRNA 的表达。结果表明，日粮中添加 OPS 能够减轻 LPS 诱导的仔猪免疫应激。

（11）果胶寡糖。Chen 等[60]研究了日粮中添加果胶寡糖（POS）对感染猪轮状病毒（PRV）的断奶仔猪生长性能和免疫功能的影响。将 28 头断奶仔猪随机分为基础日粮组和非基础日粮组，饲养 18 d。第 15 d PRV 给一半的猪口服注射。在断奶仔猪中，PRV 感染可影响 ADFI、ADG 和 F/G 值。PRV 攻击也可引起腹泻以及血清尿素氮、丙二醛、IgA、IgG、断奶仔猪空肠和回肠黏膜组织的 IL-2 水平变化，降低了断奶仔猪空肠食糜的消化酶活性，降低空肠和回肠黏膜组织 sIgA、IL-4、IFN-γ 浓度和血清 T-AOC 浓度。断奶仔猪添加 POS 后，生长性能、血清 IgA 水平、空肠消化道脂肪酶和类胰蛋白酶活性以及空肠和回肠黏膜 sIgA、IL-4 与 IFN-γ 水平均有所提高。此外，日粮中添加 POS 可减轻口服 PRV 断奶仔猪腹泻和生长性能下降，增加血清、空肠和回肠轮状病毒抗体水平，减轻 PRV 攻击对断奶仔猪血清 T-AOC、IgG 和 MDA 浓度，增加空肠食糜脂肪酶和类胰蛋白酶活性。结果表明，饲粮添加补充 POS 能提高猪的生长性能，这可能是因为补充 POS 提高 PRV 感染仔猪的免疫功能和营养物质的利用率，为预防仔猪肠道轮状病毒感染提供了一种有效的饮食干预策略。

（12）唾液酸化乳低聚糖。唾液酸化乳低聚糖（SMOs）具有多功能的健康益处，但是它们在调节肠道成熟方面潜在作用的分子细节机制还不清楚。Yang 等[61]为了验证唾液酸乳糖（SL）通过调控神经元功能而介导肠道成熟和功能的假说，从仔猪出生后 3～38 日龄开始，在日粮中添加 3′-唾液酸乳糖和 6′-唾液酸乳糖混合物。基因转录分析调节肠神经系统功能、多聚唾液酸合成和细胞增殖情况。结果表明，SL 干预：①上调了回肠胶质源性神经营养因子（GDNF）的基因和蛋白表达；②上调了 cAMP 反应元件结合蛋白（CREB）的磷酸化，这是 GDNF 信号通路的下游靶点；③增加隐窝中 Ki-67 阳性细胞的数量和密度，促进细胞增殖；④回肠隐窝宽度增加 10%，但不影响功能细胞的基因标志物；⑤上调了多唾液酸转移酶（ST8Sia IV）mRNA 表达水平，这是负责合成 polySia-NCAM 的一个关键的多唾液酸转移酶；⑥降低了腹泻的发生率和严重程度。研究表明，SL 通过上调新生仔猪 GDNF、合成 polySia 和 CREB-交互作用途径促进新生仔猪肠道成熟。

（13）纤维寡糖。王杰等[62]研究了复合益生菌和纤维寡糖对断奶仔猪生长性能、粪便微生物及血清指标的影响。选用 120 头初始平均体重为（9.72±2.25）kg 的断奶仔猪，随机分为 4 组。分别饲喂基础饲粮（对照组）、基础饲粮+0.30%复合益生菌（A 组）、基础饲粮+0.08%纤维寡糖（B 组）、基础饲粮+0.30%复合益生菌+0.08%纤维寡糖（C 组）。正试期分为第 1 阶段（1～14 d）和第 2 阶段（15～35 d）。结果表明：①除试验 15～35 d 时 C 组试验仔猪料重比（F/G）显著低于对照组外（$P<0.05$），其余各阶段各组试验仔猪平均日采食量（ADFI）、平均日增重（ADG）、料重比均无显著差异（$P>0.05$）；试验 1～14 d，A 组、C 组试验仔猪腹泻率（DR）均显著低于对照组（$P<0.05$）。②试验第 14 d、第 35 d，各组试验仔猪粪便中芽孢杆菌数、乳酸菌数和大肠杆菌数均无显著差异（$P>0.05$）。③各组试验仔猪各项血清指标也均无显著差异（$P>0.05$）。由此可见，在本试验条件下，添加复合益生菌和纤维寡糖可改善断奶仔猪断奶后1～14 d的腹泻情况，提高断奶仔猪断奶后15～35 d的饲料利用效率。

4.2.2 家禽饲料中多糖和寡糖的应用研究进展

4.2.2.1 蛋鸡饲料中多糖和寡糖的应用研究进展

（1）壳寡糖。饲料添加剂壳寡糖（COS）的适用范围为猪、鸡、肉鸭、虹鳟、犬、猫。Jiao等[63]研究了日粮中添加壳寡糖对鸡蛋产量、蛋品质、产蛋母鸡血清生化指标的影响。试验选用192只海兰褐蛋鸡（产蛋龄46周），分为4组，每组8个重复，每个重复6只，进行为期8周的饲喂研究。试验处理包括CON（基础日粮）、COS1（基础日粮+0.1%COS）、COS2（基础日粮+0.2%COS）和COS3（基础日粮+0.3%COS）。结果表明，壳寡糖处理组鸡蛋品质和高密度脂蛋白胆固醇（HDL/C）呈线性改善（$P<0.05$）。第8周，随着COS剂量增加，在蛋黄的哈氏单位中观察到线性改善（$P=0.04$）。第3周、第5周、第6周、第7周、第8周壳寡糖处理组蛋壳厚度呈线性变化（$P<0.05$）。综上所述，在蛋鸡日粮中添加COS可以线性地提高蛋鸡的蛋重和质量以及血液高密度脂蛋白（HDL/C）浓度。因此，COS有可能作为蛋鸡具有促生长作用的药物饲料添加剂的替代品进行应用。

孟晓等[64]在饲粮中添加不同水平的壳寡糖，考察对蛋鸡生产性能、蛋品质、血清生化指标、盲肠微生物数量以及脾脏白细胞介素-2（IL-2）和肿瘤坏死因子-α（TNF-α）基因表达的影响。试验选取体重和产蛋率相近的58周龄海兰褐蛋鸡600只，随机分为4组，每组5个重复，每个重复30只。对照组饲喂基础饲粮，试验组分别饲喂在基础饲粮中添加300 mg/kg、600 mg/kg、900 mg/kg壳寡糖的试验饲粮。预试期为7 d，正试期为42 d。结果表明：①添加300 mg/kg、600 mg/kg和900 mg/kg壳寡糖组的产蛋率分别比对照组提高了4.52 %（$P<0.05$）、2.99%（$P>0.05$）和4.08%（$P>0.05$）。②试验第3周周末、第6周周末，添加600 mg/kg和900 mg/kg壳寡糖组的鸡蛋哈氏单位分别比对照组提高6.87%、6.69%和6.47%、6.60%（$P<0.05$）。③与对照组相比，饲粮添加600 mg/kg、900 mg/kg壳寡糖显著降低了血清葡萄糖、胆固醇含量和谷草转氨酶活性（$P<0.05$）。④与对照组相比，饲粮添加600 mg/kg、900 mg/kg壳寡糖显著提高了盲肠双歧杆菌和乳酸杆菌的数量（$P<0.05$），显著降低了盲肠金黄色葡萄球菌的数量（$P<0.05$）。⑤与对照组相比，饲粮添加300 mg/kg、600 mg/kg壳寡糖显著提高了脾脏IL-2 mRNA表达水平（$P<0.05$），饲粮添加600 mg/kg壳寡糖显著提高了脾脏TNF-α mRNA表达水平（$P<0.05$）。由此可见，饲粮中添加不同水平的壳寡糖，提高了蛋鸡的产蛋率和哈氏单位，调节了肠道微生物菌群，增强了蛋鸡的免疫力，适宜的壳寡糖添加水平为600 mg/kg。

刘志友等[65]在饲粮中添加不同水平壳聚糖，考察对蛋种鸡血清中脂类物质及脂肪细胞因子含量的影响。试验选择26周龄健康海兰褐蛋种鸡450只，随机分为5组，每组6个重复，每个重复15只。对照组饲喂不添加壳聚糖的基础饲粮，4个试验组分别饲喂在基础饲粮中添加250 mg/kg、500 mg/kg、1 000 mg/kg和2 000 mg/kg壳聚糖的试验饲粮。试验期为56 d。结果表明，与对照组相比，饲粮添加250 mg/kg、500 mg/kg、1 000 mg/kg和2 000 mg/kg壳聚糖可不同程度地降低试验第28 d和第56 d蛋种鸡血清中总胆固醇（TC）、低密度脂蛋白胆固醇（LDL-C）、游离脂肪酸（FFA）的含量及肝脏FFA含量。试验第28 d，与对照组相比，饲粮添加250 mg/kg、500 mg/kg和1 000 mg/kg壳聚糖可显著降低蛋种鸡血清中甘油三酯（TG）含量（$P<0.05$），添加 500 mg/kg 壳聚糖可显著降低蛋种鸡血清中极低密度脂蛋白（VLDL）含量（$P<0.05$），添加 250 mg/kg、500 mg/kg、1 000 mg/kg 和 2 000 mg/kg 壳聚糖可显著降低蛋种鸡血清中瘦素（LEP）含量（$P<0.05$），添加250 mg/kg 壳聚糖可显著增加蛋种鸡血清中高密度脂蛋白胆固醇（HDL－C）含量（$P<0.05$）。试验第 28 d 和第 56 d，蛋种鸡血清 TC 含量随着壳聚糖添加水平增加均呈现显著的线性下降（$P<0.01$）；试验第 28 d，蛋种鸡血清 TG（$P<0.01$）、HDL－C（$P<0.01$）、FFA（$P=0.04$）和 VLDL 含量（$P<0.01$）与壳聚糖添加水平呈显著的二次曲线关系，通过回归分析得出，壳聚糖添加水平在 652.56～967.18 mg/kg 时对上述指标有较好的调节效果。由此可见，饲粮添加壳聚糖可改善蛋种鸡体内脂质代谢的健康水平，且壳聚糖对蛋种鸡血清脂类物质含量及肝脏 FFA 含量的影响与其添加水平有关。

（2）低聚木糖。饲料添加剂低聚木糖（XOS）的适用范围为鸡、猪、水产养殖动物、犬、猫。Ding 等[66]研究了低聚木糖对蛋鸡肠道特性、肠道微生物群、盲肠短链脂肪酸、血浆钙代谢及免疫指标的益生作用。1 080 只罗曼白蛋鸡（28 周龄）被分成 6 个日粮处理，即 0、0.01％、0.02％、0.03％、0.04％或 0.05％浓度的 XOS，持续 8 周。每个处理有 6 个重复、10 个笼子（3 只鸡/笼子）。试验结束时，从鸡身上采集血液、肠组织和盲肠内容物样本。对不同肠段的绒毛高度、隐窝深度、绒毛高度与隐窝深度的比值（VH∶CD）及相对长度进行测定。此外，测定了盲肠样品中微生物的数量和短链脂肪酸的含量，以及血浆免疫球蛋白 A（IgA）、免疫球蛋白 G（IgG）、免疫球蛋白 M（IgM）、白细胞介素－2（IL－2）、肿瘤坏死因子－α（TNF－α）、1－2－5－二羟维生素 D_3、降钙素（CT）和甲状旁腺激素（PTH）的含量。结果表明，随着日粮 XOS 浓度的增加，空肠绒毛高度与隐窝深度的比值 VH∶CD 增加（线性，$P<0.01$），空肠相对长度显著增加（$P=0.03$）。日粮中添加 XOS 的效果显著，双歧杆菌在盲肠中的数量增加（线性，$P<0.01$）；但是，补充 XOS 对盲肠中的细菌总数、乳酸杆菌和大肠杆菌没有影响。此外，XOS 的加入增加了盲肠中丁酸的含量（线性，$P<0.01$）；醋酸的含量随着 XOS 浓度的增加呈线性增加趋势（$P=0.053$）。不同日粮处理间 CT、PTH 含量无显著差异（$P>0.05$）。日粮 XOS 增加了 IgA（线性，$P<0.05$）、TNF－α（线性，$P<0.05$）、IgM（线性，$P<0.05$；二次，$P<0.05$）和 IL－2（二次，$P<0.05$）的含量。综上所述，饲料中补充 XOS 可以通过影响蛋鸡肠道特性、肠道微生物群、盲肠短链脂肪酸和免疫参数，增强蛋鸡肠道健康和免疫功能。

Li 等[67]研究了日粮中添加低聚木糖对罗曼蛋鸡产蛋性能、蛋品质、养分消化率和血浆参数的影响。1 080 只罗曼蛋鸡（28 周龄）被分配到 6 个日粮处理组，分别为 0 g/kg、0.1 g/kg、0.2 g/kg、0.3 g/kg、0.4 g/kg、0.5 g/kg 的 XOS，持续 8 周。每组 6 个重复、10 个笼子（3 只鸡/笼子）。每日记录产蛋量、蛋重和采食量。每 4 周测试一次鸡蛋的蛋品质。在研究结束时，对血浆参数进行评估，对每个处理中的 36 只鸡进行了代谢试验。结果表明，添加 XOS 对生产性能没有影响，但能显著改善蛋壳品质、蛋壳厚度和蛋壳相对重量，添加 XOS 呈线性增加趋势（$P<0.05$）。但添加 XOS 对蛋黄相对重量、哈氏单位、蛋黄颜色、蛋壳强度等品质性状无影响。另外，补充 XOS 可显著提高钙的表观消化率（$P<0.05$）。此外，血浆谷丙转氨酶（GPT）活性、胆固醇含量、高密度脂蛋白（HDL）含量和极低密度脂蛋白（VLDL）含量随着 XOS 浓度的增加呈线性下降（$P<0.05$）。XOS 能提高蛋壳钙的表观消化率，降低蛋鸡血浆 GPT、胆固醇、HDL 和 VLDL，是一种有效的饲料添加剂。

杨海峰[68]等研究了在日粮中添加不同水平木寡糖对蛋鸡产蛋性能、蛋品质、营养物质消化率和血清生化的影响。试验选取健康、产蛋率相近的27周龄海兰褐蛋鸡900只，随机分成6组，每组5个重复，每个重复30只。基础日粮为玉米-豆粕型日粮，试验日粮分别在基础日粮中添加0.1 g/kg、0.2 g/kg、0.3 g/kg、0.4 g/kg和0.5 g/kg木寡糖。预试期为1周，试验期为8周。结果表明，不同木寡糖添加水平对蛋鸡的产蛋性能无显著影响（$P>0.05$）。试验第4周，随着木寡糖添加水平的升高，蛋壳厚度与木寡糖添加水平呈现显著二次曲线关系（$P<0.05$），蛋壳相对重量与木寡糖添加水平呈现显著线性关系（$P<0.05$）；试验第8周，蛋壳厚度和蛋壳相对重量与日粮木寡糖水平呈现显著的线性关系（$P<0.05$）。与对照组相比，日粮添加0.1 g/kg、0.2 g/kg、0.3 g/kg、0.4 g/kg和0.5 g/kg木寡糖显著提高了蛋壳厚度与蛋壳相对重量（$P<0.05$）。日粮添加木寡糖显著提高钙的表观消化率（$P<0.05$），且随着木寡糖添加水平的升高而显著升高（$P<0.05$）。随着日粮木寡糖添加水平的增加，血清胆固醇含量、极低密度脂蛋白水平呈现显著的线性增加（$P<0.05$）。同时，血清谷丙转氨酶活性和高密度脂蛋白水平随着日粮木寡糖水平的升高而显著降低（$P<0.05$）。研究表明，在本试验条件下，日粮添加木寡糖可以提高蛋壳厚度和蛋壳相对重量，同时提高钙的表观消化率，降低血清谷丙转氨酶、胆固醇、高密度脂蛋白和极低密度脂蛋白的水平。

周建民等[69]研究了在日粮中添加低聚木糖对蛋鸡蛋品质、血清抗氧化功能和脂质代谢的影响。试验选取480只45周龄、体重和产蛋率相近的健康海兰褐蛋鸡，随机分成5组，对照组饲喂基础饲粮，试验组在基础饲粮中分别添加0.01%、0.02%、0.04%和0.08%的XOS。预试期为1周，正试期为12周。结果表明，饲粮添加0.01%～0.08%XOS线性提高试验第12周周末蛋黄颜色、血清谷胱甘肽过氧化物酶活性（$P<0.05$），显著降低了蛋黄总胆固醇和甘油三酯含量（$P<0.05$），线性降低血清谷草转氨酶活性、血清甘油三酯、低密度脂蛋白胆固醇含量、血清极低密度脂蛋白含量，肝脏指数和肝脏甘油三酯含量随着XOS添加水平提高呈线性上升趋势。因此，饲粮添加XOS提高了蛋鸡蛋黄颜色，这可能与XOS改善蛋鸡血清抗氧化功能和调节脂质代谢有关。

（3）甘露寡糖。饲料添加剂甘露寡糖（MOS）的适用范围为养殖动物。陈伟[70]研究了在饲粮中添加甘露寡糖对蛋鸡生产性能、免疫反应、回肠微生物区系的影响。150只68周龄蛋鸡随机分为5组，每组6个重复，每个重复5只。饲粮中分别添加5个不同水平的甘露寡糖（0 g/kg、0.5 g/kg、1 g/kg、1.5 g/kg、2 g/kg）。适应期为7 d，试验期为70 d，分为两个阶段（6～74周龄和74～79周龄）。结果表明，饲粮中添加1 g/kg或1.5 g/kg MOS显著提高了试验全期蛋鸡产蛋率（$P<0.05$），这两组的产蛋量相应也是最高的。与对照组相比，添加1～2 g/kg甘露寡糖降低了血浆中甘油三酯和低密度脂蛋白水平（$P<0.01$），提高了血浆高密度脂蛋白（$P<0.01$）水平。饲粮中添加甘露寡糖显著提高了鸡抗新城疫和传染性支气管病毒抗体滴度（$P<0.05$）。而且，提高甘露寡糖能提高饲料中粗蛋白（$P<0.01$）和干物质（$P<0.05$）消化率。与甘露寡糖添加组相比，对照组蛋鸡回肠沙门菌数量最大（$P<0.01$）。添加1 g/kg甘露寡糖降低了回肠中大肠杆菌和总细菌的数量（$P<0.05$）。研究发现，饲粮中添加1 g/kg或1.5 g/kg甘露寡糖提高了蛋鸡生产性能和饲料转化率。添加甘露寡糖对蛋鸡性能的改善很可能是由于提高了蛋鸡回肠养分消化率，降低了肠道病原菌数量。

丁祥文[71]较系统地研究了在日粮中添加甘露寡糖对高密度应激蛋鸡生产性能、肠道菌群及血清免疫球蛋白的影响，探讨甘露寡糖在调整肠道菌群和免疫功能方面的应用潜能与功效。试验选取 864 只 12 周龄海兰褐蛋鸡，随机分为 6 组，每组 12 个重复，每个重复 12 只。试验 L0 组为低密度对照组，H0 组为高密度对照组，试验 L2 组为在基础日粮中添加 250 g/t 甘露寡糖的低密度组，试验 H2 组为在基础日粮中添加 250 g/t 甘露寡糖的高密度组，试验 L5 组为在基础日粮中添加 500 g/t 甘露寡糖的低密度组，试验 H5 组为在基础日粮中添加 500 g/t 甘露寡糖的高密度组。试验期为 40 周，在蛋鸡第 16 周龄、第 30 周龄和第 50 周龄，随机抽取各重复组蛋鸡各 1 只，采集血样、肠道黏膜和肠道食糜，用于检测试验指标。结果表明，添加甘露寡糖可以在一定程度上减小高密度组采食量的降低程度，密度和甘露寡糖剂量对蛋鸡采食量存在交互作用。饲养密度和甘露寡糖对产蛋率和料蛋比没有显著性影响，高密度组显著降低蛋鸡第 30 周龄血清中葡萄糖（GLU）、尿素氮（UREA）和血清总胆固醇（TCHO）水平，添加甘露寡糖可显著提高血清中 GLU 水平，在一定程度上降低甘油三酯（TG）、极低密度脂蛋白（VLDL）水平，甘露寡糖对免疫后蛋鸡血清中免疫球蛋白 IgA 含量有提高作用（$P<0.05$），显著降低内毒素含量（$P<0.05$），250 g/t 剂量组的效果更佳。甘露寡糖显著降低空肠和回肠内的大肠杆菌数量，增加空肠和回肠乳酸杆菌的数量（$P<0.05$），显著提高空肠绒毛长度，降低隐窝深度，增加绒毛长度与隐窝深度的比值。综上所述，甘露寡糖可以通过平衡肠道菌群，促进肠道黏膜结构的恢复和发育，吸收肠道内毒素，从而减小其毒害作用，维护肠道健康，增加免疫球蛋白分泌量，提高机体免疫力，恢复正常的生殖激素分泌，增加肠道黏膜基因表达来减小高密度饲养带来的应激反应。250 g/t 甘露寡糖剂量组具有更佳的作用效果。

（4）果寡糖。饲料添加剂果寡糖的适用范围为养殖动物。周建民等[72]探讨了饲粮添加果寡糖对产蛋后期蛋鸡生产性能、营养素利用率、血清生化指标和肠道形态结构的影响。试验选取 384 只 65 周龄、体重和产蛋率相近的健康海兰褐蛋鸡，随机分成 4 组，每组 8 个重复，每个重复 12 只。对照组饲喂基础饲粮，试验组在基础饲粮中分别添加 0.2%、0.4%和 0.6%的果寡糖。预试期为 1 周，正试期为 12 周。结果表明：①与对照组相比，饲粮添加 0.2%果寡糖显著降低试验后期（第 7～12 周）蛋鸡料蛋比（$P<0.05$），且料蛋比随着果寡糖添加量的增加呈二次曲线变化（$P<0.05$）。②试验期末（第 12 周周末），蛋黄颜色评分随着饲粮果寡糖添加量的增加呈线性升高（$P<0.05$）。③与对照组相比，饲粮添加 0.2%果寡糖显著提高了试验期末蛋鸡对饲粮的表观代谢能和粗蛋白质利用率（$P<0.05$），且表观代谢能和粗蛋白质利用率随着果寡糖添加量的增加呈二次曲线变化（$P<0.05$）。④试验期末蛋鸡血清总蛋白和球蛋白含量随着果寡糖添加量的增加呈线性增加（$P<0.05$），血清总胆固醇、甘油三酯和高密度脂蛋白含量随着果寡糖添加量的增加呈线性降低（$P<0.05$），其中，0.4%果寡糖添加组和 0.6%果寡糖添加组蛋鸡血清甘油三酯含量较对照组显著降低（$P<0.05$）。⑤与对照组相比，饲粮添加 0.2%果寡糖显著降低了试验第 12 周周末蛋鸡空肠隐窝深度（$P<0.05$），显著增加了蛋鸡回肠绒毛高度（$P<0.05$）。由此可见，饲粮添加果寡糖可改善产蛋后期蛋鸡肠道形态结构，提高营养素利用率，调节脂质代谢，从而提高生产性能和改善蛋品质，且在试验后期效果更加显著。以生产性能为判断依据，推荐产蛋后期蛋鸡基础饲粮中果寡糖的添加量为 0.20%～0.25%。

（5）壳聚糖。饲料添加剂低聚壳聚糖的适用范围为猪、鸡、水产养殖动物、犬、猫，*N*，*O*-羧甲基壳聚糖的适用范围为猪、鸡。壳聚糖可以应用于蛋鸡养殖，但相关报道不多。赵启龙等[73]研究了蛋鸡日粮中添加不同水平壳聚糖对蛋品质及蛋黄抗氧化指标的影响，旨在为壳聚糖在蛋鸡日粮中的科学应用提供理论依据。根据体重和产蛋率相近的原则，选取26周龄健康无病的海兰褐蛋鸡450只，随机分为5组，每组6个重复，每个重复15只。对照组饲喂基础日粮，试验组分别在基础日粮中添加250 mg/kg、500 mg/kg、1 000 mg/kg、2 000 mg/kg的壳聚糖。预试期为1周，正试期为8周。结果表明，在第8周时，随着壳聚糖添加剂量的升高，蛋白高度呈显著的二次曲线升高效应（$P<0.05$），而哈氏单位呈极显著的二次曲线升高效应（$P<0.01$），随着蛋鸡日粮中壳聚糖添加水平的升高，壳聚糖组蛋黄中总超氧化物歧化酶（T-SOD）活性在第4周和第8周时均呈现显著的一次线性或二次曲线升高效应（$P<0.05$）。此外，在试验第8周时，壳聚糖组蛋黄中丙二醛（MDA）含量均低于对照组，并呈现显著的一次线性降低趋势（$P=0.054$），以添加500 mg/kg壳聚糖组蛋黄中MDA含量最低。由此可见，日粮中适宜剂量的壳聚糖可在一定程度上改善蛋鸡的蛋品质和蛋黄的抗氧化功能。

4.2.2.2 肉鸡饲料中多糖和寡糖的应用研究进展

（1）壳寡糖。饲料添加剂壳寡糖（COS）的适用范围为猪、鸡、肉鸭、虹鳟、犬、猫。Li等[74]探讨了壳寡糖作为抗生素替代品对肉鸡生长性能、肠道形态、屏障功能、抗氧化能力和免疫功能的影响。试验共选取144只1日龄的肉仔鸡，分为3组，分别饲喂不含抗生素的基础日粮（对照组），以及在基础日粮中添加金霉素（抗生素50 mg/kg）组或COS（30 mg/kg）组。试验期为21 d。与对照组相比，COS的加入降低了料重比、空肠隐窝深度、血浆二胺氧化酶活性、内毒素浓度、空肠和回肠丙二醛含量，同时增加了十二指肠绒毛高度、十二指肠和空肠比例、绒毛高度与隐窝深度的比值，肠免疫球蛋白G（IgG）、空肠免疫球蛋白M（IgM）含量的变化与抗生素组相似或更好。此外，与对照组和抗生素组相比，补充COS可增强超氧化物歧化酶活性，空肠和回肠中十二指肠的活性和IgM含量以及claudin-3的mRNA水平升高。综上所述，日粮中添加COS（30 mg/kg）作为抗生素的替代品，对肉鸡的生长性能、肠道形态、屏障功能、抗氧化能力和免疫功能等都有一定的改善作用。

Li等[75]研究了壳寡糖对肉鸡发育的脂质代谢、免疫器官和淋巴细胞凋亡的影响。选用1日龄肉鸡共计480只，将肉鸡随机平均分配到对照组和试验组（1组、2组和3组）。对照组饲喂基础饲粮，试验1组、试验2组和试验3组分别在基础饲粮中添加50 mg/kg金霉素、20 mg/kg和40 mg/kg壳寡糖。试验期为42 d。结果表明，21 d后，试验2组的血清甘油三酯水平和低密度脂蛋白胆固醇（LDL-C）显著降低，脾脏的动脉周围淋巴鞘面积和法氏囊结节平均数量明显增多。试验3组血清总蛋白高密度脂蛋白胆固醇（HDL-C）水平升高、法氏囊指数和法氏囊小叶面积增加。42 d后，试验2组血清总蛋白含量增加，法氏囊小叶面积也增加。此外，试验3组脾动脉周围淋巴鞘面积和法氏囊结节平均值数量显著增加。在第21 d和第42 d，试验2组和试验3组脾脏与法氏囊中的半胱天冬酶3阳性细胞数显著下降。研究表明，补充壳寡糖可以改善脂质代谢，促进免疫器官发育，并抑制肉鸡淋巴细胞凋亡。

Li等[76]研究了壳寡糖对肉鸡回肠黏膜的淋巴细胞抗氧化能力和凋亡的影响。将640只AA肉仔鸡随机分为4组，分别饲喂基础饲粮，以及在基础饲粮中补充0 mg/kg、200 mg/kg、350 mg/kg和500 mg/kg的COS。试验期为42 d。结果表明，与对照组相比，350 mg/kg和500 mg/kg COS组的谷胱甘肽过氧化物酶、超氧化物歧化酶活性上升，总抗氧化能力和谷胱甘肽含量显著增加，而丙二醛水平显著降低。350 mg/kg和500 mg/kg COS组的S期、G_2M有丝分裂期、增殖期回肠黏膜淋巴细胞指数百分比增加，但与对照组相比，回肠淋巴细胞凋亡率无显著差异。350 mg/kg 和 500 mg/kg COS 组上述功能的抗氧化水平没有显著差异，细胞周期分布和回肠淋巴细胞凋亡的百分比之间存在差异。综合分析表明，350 mg/kg 和 500 mg/kg 的壳寡糖膳食补充可提高肉鸡回肠黏膜的免疫功能、抗氧化功能，加速淋巴细胞增殖。

李阳等[77]研究了在饲粮中添加壳寡糖与干酪乳杆菌，考察其对肉鸡生长性能、肌肉品质及抗氧化性能的影响。试验选用 1 日龄爱拔益加（AA）健康肉公鸡 240 只，随机分为 4 组，每组 6 个重复，每个重复 10 只。对照组饲喂基础饲粮，试验组分别在基础饲粮中添加 120 mg/kg 壳寡糖、2×10^{6} CFU/g 干酪乳杆菌、120 mg/kg 壳寡糖＋2×10^{6} CFU/g 干酪乳杆菌。试验期为 42 d。结果表明：①与对照组相比，单独添加壳寡糖或壳寡糖与干酪乳杆菌共同添加可显著提高肉鸡平均日增重、胸肌和腿肌红度值、肌肉脂肪和肌苷酸含量，以及胸肌单不饱和脂肪酸和多不饱和脂肪酸含量（$P<0.05$），显著降低胸肌饱和脂肪酸含量、腿肌黄度值（$P<0.05$）。②饲粮中单独添加干酪乳杆菌显著提高腿肌脂肪及胸肌单不饱和脂肪酸含量（$P<0.05$），显著降低胸肌饱和脂肪酸含量（$P<0.05$）。③饲粮中单独添加壳寡糖、干酪乳杆菌或二者共同添加均可显著降低血浆、胸肌和腿肌丙二醛含量（$P<0.05$），显著提高血浆、胸肌和腿肌总超氧化物歧化酶活性及总抗氧化能力（$P<0.05$），显著降低血浆肌酸激酶的活性（$P<0.05$）。综合分析表明，饲粮中添加壳寡糖、干酪乳杆菌或二者共同添加可提高肉鸡的生长性能和抗氧化性能，改善肌肉品质，而单独添加 120 mg/kg 壳寡糖的效果最佳。

杨明顺等[78]研究了日粮添加壳寡糖对持续高温环境肉鸡生长、体脂沉积及胴体性能的影响。试验选取 180 只 8 周龄健康黄羽肉鸡母鸡，分为 5 个处理。试验期为 28 d。结果表明，与对照组相比，添加壳寡糖对持续高温环境下肉鸡腹脂率和皮下脂肪厚无显著影响，但添加 250 mg/kg 壳寡糖显著降低肉鸡肝脂率（$P<0.05$），添加 125 mg/kg 壳寡糖显著降低肉鸡的肌间脂肪宽（$P<0.05$）。添加壳寡糖对平均日增重、料重比以及肉鸡屠宰性能均无显著影响。

Lan 等[79]研究了在日粮中添加壳寡糖对高温条件下肉鸡肝脏和脾脏氧化应激及炎症反应的影响。试验选取 144 只 35 日龄的中国本土黄羽肉鸡，分为基础日粮、基础日粮＋100 mg/kg 壳寡糖、基础日粮＋200 mg/kg 壳寡糖 3 个处理。试验期为 21 d。结果表明，与对照组相比，饲喂添加 200 mg/kg 壳寡糖日粮，肉鸡的平均日采食量显著增加（$P<0.05$），血清丙氨酸氨基转移酶、天门冬氨酸氨基转移酶、肿瘤坏死因子-α 水平和脾脏丙二醛（MDA）含量显著降低（$P<0.05$），而肝脏超氧化物歧化酶活性和血清白细胞介素-10（IL-10）水平显著增加（$P<0.05$）。综合分析表明，饲粮中添加壳寡糖可以减少肝脂率，提高抗氧化酶活性及 IL-10 水平，从而减轻氧化应激和炎症反应。

徐小龙等[80]研究了在日粮中添加壳寡糖替代抗生素对肉仔鸡生长性能及免疫功能的影响。试验选用 1 080 只 1 日龄罗斯 308 商品肉仔鸡公雏，分为 6 个处理。试验期为 39 d。结果表明，与对照组相比，饲喂添加 100～200 g/t 的壳寡糖日粮，肉仔鸡的平均日增重和免疫器官的指数都显著高于对照组，IgA、IgG 和 IgM 含量显著增加，显著提高血清中 GSH-Px 活性并降低 MDA 含量；添加 200～300 g/t 壳寡糖可使肉仔鸡空肠和回肠食糜中丙酸浓度以及异丁酸浓度提高；与抗生素（BMD）组相比，日粮中添加 100～200 g/t 的壳寡糖对肉仔鸡生长性能及免疫功能无显著性差异。研究表明，壳寡糖可以提高肉仔鸡的生产性能和免疫功能，调节肠道环境，并且可用于替代饲料中的部分抗生素，为无抗养殖提供了科学依据。

(2) 甘露寡糖。饲料添加剂甘露寡糖（MOS）的适用范围为养殖动物。Cheng 等[81]研究了甘露寡糖对热应激肉鸡生长性能、肠道氧化状态和屏障完整性的保护作用。将 240 只 1 日龄雏鸡分为 3 组，每组 10 个重复，每个重复 8 只。在热中性温度下饲养的对照肉仔鸡饲喂基础日粮，而在循环高温（32～33 ℃，8 h/d）下饲养的热应激和甘露寡糖组的肉仔鸡分别添加 0 mg/kg 或 250 mg/kg 甘露寡糖的基础日粮。与对照组相比，热应激降低了肉鸡生长、发育和全生育期的平均日增重与饲料转化率（$P<0.05$），降低了育肥期和全生育期的平均日采食量（$P<0.05$），降低了第 42 d 的回肠超氧化物歧化酶活性（$P<0.05$），提高了第 21 d 和第 42 d 的直肠温度以及第 42 d 的空肠丙二醛含量（$P<0.05$），提高了第 21 d 空肠绒毛高度（VH）和 claudin-3 基因表达量，第 42 d 空肠和回肠 VH 和绒毛高度与隐窝深度（CD）的比值，以及空肠黏蛋白 2 和闭合蛋白、回肠黏蛋白 2 和闭合蛋白的 mRNA 丰度，并且第 21 d 和第 42 d 血清 D-乳糖酸含量增加（$P<0.05$），补充甘露寡糖后，第 21 d 空肠和回肠的 VH，第 42 d 空肠和回肠的 CD、空肠闭合蛋白和回肠黏蛋白 2 的 mRNA 丰度增加（$P<0.05$），第 42 d 回肠的 CD 减少（$P<0.05$）。研究表明，在循环热应激下，甘露寡糖改善了肉鸡的生长性能、氧化状态和肠道屏障的完整性。

Cheng 等[82]研究了饲粮中添加甘露寡糖对肉鸡生长性能、血清皮质酮水平、抗氧化能力、肉质以及化学成分的影响。将 144 只 1 日龄雄性肉鸡随机分配到 3 组，每组 6 个重复，每个重复 8 只。对照组的肉鸡饲喂基础饲粮，热应激（HS）组的肉鸡饲喂基础饲粮，MOS 组在基础饲粮中添加 1 g/kg 甘露寡糖，饲养 42 d。前 3 d，所有肉鸡的温度均保持在 32～33 ℃。在对照组中，每周减少 3 ℃，最终温度为 20 ℃。HS 组和 MOS 组每天保持 8 h 不变，而在剩下的 16 h 内，HS 组和 MOS 组均降低到与对照组相同的水平。与对照组相比，HS 周期性导致生长性能下降，血清皮质酮水平升高（$P<0.05$）。补充甘露寡糖促进肉鸡生长性能，血清皮质酮浓度降低（$P<0.05$）。在 48 h 内循环 HS 增加了肌肉滴水损失、蒸煮损失、丙二醛积累，并且降低了 $pH_{24\,h}$、谷胱甘肽过氧化物酶（GSH-Px）活性和肌肉中的粗蛋白含量（$P<0.05$）。研究表明，日粮中添加甘露寡糖降低了 48 h 的滴水损失和丙二醛浓度，并且胸肌谷胱甘肽过氧化物酶活性与对照组相比有所增加（$P<0.05$）。综合分析，在 HS 周期下，肉鸡日粮中添加甘露寡糖可提高仔鸡生长性能，改善肌肉的氧化状态和肉质状况。

Wang 等[83]研究了活性酵母和甘露寡糖对肉鸡大肠杆菌导致肠损伤的影响。试验按照 3×2 因素设计，3 个饮食处理：对照组、0.5 g/kg LY（酿酒酵母）、0.5 g/kg 甘露寡糖，以及 2 种免疫处理（在第 7～11 d 是否有大肠杆菌攻毒）。样本在第 14 d 时收集。结果表明，大肠杆菌攻击降低了肉仔鸡在生长期（1～21 d）和整个生长期（1～35 d）的生产性能，血清内毒素、二胺氧化酶、回肠髓过氧化物酶和溶菌酶活性增加（$P<0.05$），而麦芽糖酶活性降低（$P<0.05$），并损伤了回肠的形态结构。此外，还上调多种炎症基因的 mRNA 表达（$P<0.05$），降低回肠闭锁蛋白的表达。饲粮中添加 LY 和甘露寡糖降低了血清二胺氧化酶以及过氧化物酶水平（$P<0.05$），但回肠绒毛高度（$P<0.10$）和绒毛高度与隐窝深度的比值（$P<0.05$）升高。同时，甘露寡糖抑制了大肠杆菌诱导回肠 Toll 样受体 4、核因子-κB 和白细胞介素-1β 表达增加（$P<0.05$）。此外，添加酿酒酵母使生长期肉鸡饲料转化率降低（$P<0\ 05$），而添加甘露寡糖则抵消回肠白细胞介素-10 和闭锁蛋白表达的减少（$P<$

0.05）。总之，补充酿酒酵母和甘露寡糖都可以减轻大肠杆菌引起的肠损伤、肉鸡肠道炎症和屏障功能障碍。

熊阿玲等[84]探讨了饲粮中添加不同浓度甘露寡糖对肉仔鸡生长性能及肝脏、脾脏、回肠、盲肠中 Toll 样受体（TLR）和抗菌肽等天然免疫基因表达的影响。试验选用 176 只 1 日龄雄性科宝-500 白羽肉仔鸡，随机分成 4 组，每组 4 个重复，每个重复 11 只，4 组分别在基础饲粮中添加 0.0 g/kg、0.3 g/kg、0.6 g/kg 和 0.9 g/kg 甘露寡糖。试验期为 42 d。结果表明，与对照组相比，饲粮中添加 0.3～0.9 g/kg MOS 显著提高肉仔鸡 1～42 日龄的平均日采食量和平均日增重（$P<0.05$ 或 $P<0.01$）；饲粮添加 MOS 显著提高肉仔鸡 21 日龄法氏囊指数和 42 日龄胸腺指数（$P<0.05$）。与对照组相比，饲粮中添加 MOS 可不同程度地提高 21 日龄和 42 日龄肉鸡回肠、盲肠、肝脏、脾脏中 TLR2、TLR4、β-防御素9（AvBD9）mRNA 表达（$P<0.05$ 或 $P<0.01$）。饲粮中添加适宜水平的 MOS 可不同程度地提高肉仔鸡生长性能，可能通过提高肉仔鸡组织 TLRs 表达，并由 TLRs 介导上调 β-防御素等抗菌肽表达，从而提高肉仔鸡天然免疫防御功能。

（3）果寡糖。饲料添加剂果寡糖（FOS）的适用范围为养殖动物。郑雅文等[85]通过在日粮中添加果寡糖测定其对肉鸡生长性能、消化酶活性和短链脂肪酸的影响，研究了果寡糖在肉鸡生产中的应用效果。试验选用 250 只 1 日龄爱拔益加（AA）肉公鸡，随机分为 5 组，每组 5 个重复，每个重复 10 只。CON 组为对照组，饲喂不添加果寡糖的基础日粮；4 个试验组分别在基础日粮中添加 125 mg/kg、250 mg/kg、500 mg/kg、1 000 mg/kg FOS。结果表明，与 CON 组相比，添加 250 mg/kg FOS 不仅能够显著提高肉鸡平均日采食量（$P<0.05$）和十二指肠食糜中淀粉酶活性（$P<0.05$），还能够提高 22 d 肉鸡盲肠食糜中戊酸含量。同时，饲料中添加 125 mg/kg 和 500 mg/kg FOS 也能显著提高肉鸡盲肠食糜中戊酸含量（$P<0.05$）。由此可知，肉鸡饲料中果寡糖的最佳添加量为 250 mg/kg。

Ding 等[86]将 1 日龄肉仔鸡随机分为 5 组：基础日粮和口服无菌生理盐水（阴性对照，n-对照）；基础日粮中添加攻毒大肠杆菌 O78（阳性对照，p-对照）；基础日粮中添加 1×10^8 CFU/kg 植物乳杆菌 15-1，并用大肠杆菌 O78 攻击（LP）；基础日粮中添加 5 g/kg 果寡糖（FOS），并用大肠杆菌 O78 攻击（FOS）；基础日粮中同时添加植物乳杆菌 15-1、FOS，并用大肠杆菌 O78 攻击（LP＋FOS）。与对照组相比，LP 组、FOS 组和 LP＋FOS 组肉鸡在第14 d的隐窝深度下降。此外，在第 14 d 和第 21 d，LP＋FOS 组肉鸡血清 IgA、IgG 浓度均较对照组升高，DAO 水平较对照组降低（$P<0.05$）。此外，FOS 组在第 21 d 时戊酸和总 SCFAs 含量均高于对照组（$P<0.05$）。LP＋FOS 组在第 14 d 也显示出较高的丁酸水平（$P<0.05$）。总之，膳食中添加 FOS 可改善生长性能，而添加植物乳杆菌 15-1、FOS 可通过提高 SCFAs 水平和减轻大肠杆菌 O78 造成的损伤，从而改善肠道健康，防止肠道损伤和增强免疫反应。

朱沛霁等[87]研究了枯草芽孢杆菌 048（BS048）和果寡糖（FOS）联用对雪山草鸡生长性能的影响及其机制。试验选用 980 只体重相近的 1 日龄雪山草鸡（公），随机分为 2 组，每组 7 个重复，每个重复 70 只。对照组饲喂基础饲粮，试验组在基础饲粮中添加 0.1%（*W/W*）BS048 和 0.08%（*W/W*）FOS。试验期为 80 d。结果表明，与对照组相比，试验组雪山草鸡的平均日增重（ADG）、平均日采食量（ADFI）、空肠消化酶活性和盲肠挥发性脂肪酸（VFA）含量均显著或极显著提高（$P<0.05$ 或 $P<0.01$），小肠食糜黏度则极显著

降低（$P<0.01$），而料重比、小肠食糜 pH 并无显著变化（$P>0.05$）。由此可见，BS048 和 FOS 联用，不仅能够降低小肠食糜黏度并提高空肠消化酶活性，增强肠道的消化功能，而且可以促进盲肠 VFA 的产生，维持并改善肠道健康状况，从而提高雪山草鸡生长性能。

（4）低聚木糖。饲料添加剂低聚木糖的适用范围为鸡、猪、水产养殖动物、犬、猫。许金根等[88]研究了添加低聚木糖对肉鸡屠宰性能、器官指数和血清生化指标的影响。选取体重相近、健康的 1 日龄 AA 肉仔鸡 216 只，随机分成 3 组，每组 3 个重复，每个重复 24 只。对照组饲喂基础日粮，试验组 A 和试验组 B 分别在基础日粮中添加 0.02%、0.025%低聚木糖。试验期为 42 d。结果表明，低聚木糖对 21 日龄和 42 日龄肉鸡的屠宰性能无显著影响（$P>0.05$）；对 21 日龄肉鸡胸腺指数有显著影响，其中，试验组 A 的胸腺指数显著高于对照组（$P<0.05$），但对 21 日龄和 42 日龄其他器官指数无显著影响（$P>0.05$）；对 21 日龄肉鸡血清谷草转氨酶和甘油三酯有显著影响，其中，试验组 A 和试验组 B 的血清谷草转氨酶活性显著低于对照组（$P<0.05$），试验组 B 的血清甘油三酯含量显著高于对照组（$P<0.05$），但对 21 日龄和 42 日龄其他血清生化指标无显著影响（$P>0.05$）。添加 0.02%低聚木糖对肉鸡早期的部分免疫器官指数和血清生化指标有一定改善作用。

陈雁南等[89]将 1 日龄 AA 肉鸡 512 只随机分成 4 组，分别在基础日粮中添加 0 mg/kg、100 mg/kg、150 mg/kg、200 mg/kg 低聚木糖，研究了低聚木糖对肉鸡生产性能、血清相关指标及盲肠大肠杆菌数的影响。结果表明，基础日粮中添加低聚木糖对 AA 肉鸡前后期增重及料重比无显著影响（$P>0.05$）；具有降低前期 A/G、TC、TG、GLU 等血清指标的趋势，其中，150 mg/kg 添加量显著降低了血清 GLU（$P<0.05$），后期添加低聚木糖均有降低各血清指标的趋势，添加量为 150 mg/kg 时显著降低了 TP、ALB 和 TC（$P<0.05$）；低聚木糖也使肉鸡前后期盲肠大肠杆菌数有所下降（$P>0.05$）。

Luo 等[90]研究了日粮中补充低聚木糖（XOS）、涂布丁酸钠（CSB）以及它们的组合对肉鸡生长性能、免疫参数和肠道屏障的影响。试验选取 192 只 1 日龄雏鸡随机分为 4 组，包括对照组、2 种日粮添加剂组及混合添加组（150 mg/kg XOS 以及 400 mg/kg CSB）。试验期为 42 d。结果表明，XOS 改善了 IgM 的浓度（$P<0.05$），增加了十二指肠和空肠中的小球细胞数量（$P<0.05$），提高了回肠中 claudin3 的表达（$P<0.05$）。因此，补充 XOS 可以改善肉鸡免疫器官的发育、小肠形态和肠道物理屏障。

（5）壳聚糖。低聚壳聚糖的适用范围为猪、鸡、水产养殖动物、犬、猫，*N*，*O*-羧甲基壳聚糖的适用范围为猪、鸡。Li 等[91]研究了不同分子量壳聚糖对肉鸡脂肪代谢、体脂沉积、生长性能及作用机制的影响。将 192 只初始体重为（583±4）g 的 50 日龄地方鸡，随机分为 4 组，每组 8 个重复，每个重复 6 只。分别饲喂含 0 ku（对照）、2 ku（LMWC）、5 ku（MMWC）和 50 ku（HMWC）壳聚糖的玉米豆粕日粮 42 d。LMWC 对粪便脂质、表观脂肪代谢率、血清总胆固醇（TC）和甘油三酯（TG）浓度无影响，降低肝脏、肌肉脂肪堆积和腹部脂肪产量（$P<0.05$）。饲喂 MMWC 和 HMWC 可增加粪脂排出量，降低脂肪含量在肝脏和肌肉中的蓄积量、腹部脂肪产量以及血清 TC、TG 浓度（$P<0.05$）。LMWC 和 MMWC 均降低肝脏脂肪酸合酶（FAS）活性（$P<0.01$），而肝脂蛋白脂酶（LPL）和肝脂肪酶活性升高（$P<0.05$）。然而，饲喂 HMWC 并没有影响组织脂肪酶的活性，只是降低了肝脏 FAS 的活性。3 种壳聚糖均能提高血清超氧化物歧化酶活性，降低丙二醛含量，改善抗氧化状态（$P<0.05$）。肝 FAS mRNA 在处理组间无差异。随着壳聚糖分子量的增加，肝脏

LPL mRNA 呈下降趋势（$P=0.077$）。总之，3 种壳聚糖均能抑制肉鸡体脂沉积。50 ku 壳聚糖的降脂作用可能是通过降低膳食脂肪吸收来实现的，2 ku 壳聚糖有利于脂肪分解代谢，5 ku 壳聚糖有利于脂肪分解代谢似乎是通过这两种机制起作用。

王润莲等[92]为研究低分子壳聚糖对肉鸡生产性能及脂质代谢的影响，将 300 只 42 日龄怀乡鸡随机分成 5 组，每组 6 个重复，每个重复 10 只，分别饲喂基础日粮及在基础日粮中添加 0.20%、0.40%、0.60%、0.80%低分子壳聚糖。结果表明，屠宰率、半净膛率、全净膛率、胸肌率、腿肌率组间差异不显著（$P>0.05$），但添加壳聚糖显著降低怀乡鸡的肝脂率和腹脂率（$P<0.05$），添加壳聚糖有降低胸肌滴水损失的趋势（$P<0.1$），趋势分析呈线性变化，其最佳效应的添加水平为 0.53%。综上所述，添加低分子壳聚糖对怀乡鸡的生长没有影响，但能显著降低肝脂和腹脂沉积，有改善肉品质的趋势，其适宜添加水平为 0.58%。

（6）半乳甘露寡糖。饲料添加剂半乳甘露寡糖的适用范围为猪、肉鸡、兔、水产养殖动物。王吉潭等[93]研究了日粮中添加半乳甘露寡糖对肉鸡生产性能及免疫机能的影响。试验选用 360 只肉鸡，随机分为 4 组，即抗生素组、0.08%半乳甘露寡糖+抗生素组、0.12%半乳甘露寡糖+抗生素组、0.12%半乳甘露寡糖组。结果表明：①半乳甘露寡糖对饲料转化率和平均日增重没有显著影响（$P>0.05$），但日粮采食量有提高的趋势；②添加半乳甘露寡糖与添加抗生素相比，胸腺、脾脏和法氏囊相对重量差异不显著（$P>0.05$），但脾脏和法氏囊的相对重量有提高的趋势；③与抗生素组相比，半乳甘露寡糖组血清新城疫抗体滴度显著提高（$P<0.05$）。研究表明，半乳甘露寡糖在肉鸡日粮中的应用效果在一定程度上可以替代具有促生长作用的药物饲料添加剂。

4.2.2.3 我国尚未批准在家禽饲料中使用的多糖和寡糖的应用研究进展

（1）β-1,3-D-葡聚糖。饲料添加剂 β-1,3-D-葡聚糖的适用范围为水产养殖动物、犬、猫。Tian 等[94]研究了酵母 β-葡聚糖（YG）对坏死性肠炎肉鸡生长性能、肠道形态、肠道产气荚膜梭菌种群、内源性抗菌肽表达和体液免疫反应的影响。坏死性肠炎（NE）是一种由产气荚膜梭状芽孢杆菌引起的肠毒素性疾病，给全球家禽业造成了巨大的经济损失。试验设计 240 只 1 日龄雄性肉鸡被随机分配到 2×2 因素排列的处理中，其中，两种饲料葡聚糖水平（0 mg/kg 或 200 mg/kg）和两种疾病攻毒状态（对照或攻毒）。通过在 12 日龄时口服接种艾美尔球虫种的混合菌株，然后在 16 日龄、17 日龄和 18 日龄时口服接种产气荚膜梭菌来诱导 NE 模型。饲喂添加葡聚糖饲料的感染肉鸡体重显著增加（13～21 d、0～42 d），饲料效率显著提高（13～21 d、21～42 d），葡聚糖提高抗产气荚膜梭菌的抗体水平，并改善肠道绒毛高度和绒毛高度与隐窝深度的比值。此外，受感染的肉鸡随着补充 YG，与饲喂不补充 YG 的受感染鸡相比，肠道产气荚膜梭菌的数量明显减少，肠道损伤也明显减少。此外，补充 YG 增加了 *Cath-2*、*AvBD-4* 和 *AvBD-10* 基因表达。研究表明，β-葡聚糖改善了患有产气荚膜梭菌诱导的坏死性肠炎的肉鸡肠道问题。

烟曲霉是一种常见的饲料污染物，普遍存在于储存的饲料中，对肉鸡肠道健康构成潜在的危害。Chen 等[95]探究在自然饲料熏蒸下，评估饲料中补充酵母 β-葡聚糖和甘露寡糖对肉鸡生产与健康的影响。试验设计包括对照组饲喂常规饲料，两组试验组饲喂 BG 或 MOS。结果表明，与对照组相比，试验组患有新城疫病毒的肉鸡死亡率较低。免疫分析发现，添加葡聚糖和甘露寡糖试验组肉鸡脾脏和胸腺指数明显改善，血清中细胞因子浓度升高，嗜异性细胞和淋巴细胞上升。这些数据表明，这种葡聚糖和甘露寡糖膳食补充剂不仅能克服烟曲霉的副作用，还可以改善肉鸡生产性能和免疫功能。

曲昆鹏等[96]研究了饲粮中添加β-葡聚糖对肉仔鸡生长性能、免疫功能和肠道微环境的影响。选取1日龄爱拔益加（AA）肉仔鸡672只，随机分为4组，每组14个重复，每个重复12只。对照组饲喂基础饲粮，试验组分别在基础饲粮中添加100 g/t、150 g/t和200 g/t β-葡聚糖。试验期为42 d。结果表明：①150 g/t剂量组1～21日龄肉仔鸡体增重显著高于对照组（$P<0.05$）。②150 g/t剂量组肉仔鸡血清免疫球蛋白含量高于对照组（$P>0.05$）。③21日龄时，150 g/t剂量组肉仔鸡盲肠内乳酸菌数量显著高于对照组（$P<0.05$），空肠和回肠内沙门菌数量显著低于对照组（$P<0.05$）；42日龄时，150 g/t和200 g/t剂量组肉仔鸡盲肠内沙门菌数量显著低于对照组和100 g/t剂量组（$P<0.05$）。④饲粮添加β-葡聚糖对42日龄肉仔鸡空肠绒毛高度与隐窝深度的比值影响显著（$P<0.05$）。由此可见，饲粮中添加适量的β-葡聚糖可提高肉仔鸡出栏重，改善肉仔鸡生长性能，增加盲肠内乳酸菌数量，减少空肠、回肠和盲肠内沙门菌数量。

（2）海带来源多糖。夏伦斌等[97]研究了饲料中添加海带来源的海藻多糖对肉鸡抗氧化性能的影响。选取1日龄健壮肉雏鸡180只，分成3组，即对照组、抗生素组和海藻多糖组，每组3个重复，每个重复20只，分别于21日龄、42日龄测定血清中总抗氧化能力、超氧化物歧化酶、谷胱甘肽过氧化物酶和丙二醛的含量。结果表明，海藻多糖可以明显增强肉鸡的抗氧化能力，且与对照组相比，差异显著（$P<0.05$）；肉鸡存活率显著提高。由此可见，海藻多糖具有在养殖生产中代替抗生素的应用价值，从而可以避免因抗生素的使用所产生的负面影响。

刘会娟[98]为了研究海带来源多糖对大骨鸡生长性能和免疫器官发育的影响，将160只1日龄大骨鸡随机分为4组，1组为空白对照组，2组、3组、4组在基础日粮中分别添加50 mg/kg、100 mg/kg、200 mg/kg海带来源多糖。试验期为49 d。在不同试验阶段，采血测定血清新城疫抗体效价及血清免疫球蛋白、甘油三酯、胆固醇含量。结果表明，在日粮中添加不同比例的海带来源多糖对大骨鸡血清效价有提高作用，对免疫功能有明显的促进作用，对血清甘油三酯和胆固醇含量有明显的降低作用，添加量以100 mg/kg的效果最佳。

（3）黄芪多糖。贾红杰等[99]研究了山黄粉（FLBS）和黄芪多糖（APS）配伍使用对产蛋鸡生产性能、蛋品质、血清抗氧化和生化指标的影响。试验选取43周龄产蛋率和体重相近的健康海兰褐蛋鸡432只，随机分成4组，每组6个重复，每个重复18只。对照组（1组）饲喂基础饲粮，试验组分别在基础饲粮中添加100 mg/kg FLBS＋100 mg/kg APS（2组）、100 mg/kg FLBS＋200 mg/kg APS（3组）、100 mg/kg FLBS＋400 mg/kg APS（4组）。预试期为1周，正试期为12周。结果表明，与对照组相比，2组、3组和4组产蛋鸡生产性能和蛋品质指标均无显著变化（$P>0.05$）。与对照组相比，3组和4组试验第6周周末和第12周周末的血清总抗氧化能力（T-AOC）显著提高（$P<0.05$）；试验第12周周末，3组和4组的血清丙二醛（MDA）含量显著降低（$P<0.05$），2组、3组和4组的血清超氧化物歧化酶（SOD）活性显著提高（$P<0.05$）。与对照组相比，试验第6周周末，2组的血清尿酸（UA）含量显著升高（$P<0.05$），2组和3组的血清总胆固醇（TC）含量显著降低（$P<0.05$）。试验第12周周末，2组、3组和4组的血清UA和甘油三酯（TG）含量显著降低（$P<0.05$），2组和4组的血清葡萄糖（GLU）含量显著提高（$P<0.05$）。由此可见，

饲粮中 FLBS 和 APS 配伍使用可增强蛋鸡机体抗氧化能力，并在脂质代谢、肝肾功能方面都具有一定程度的改善作用。本试验中，100 mg/kg FLBS＋100 mg/kg 组或 200 mg/kg APS 组效果较好。

父代日粮黄芪多糖（APS）可诱导子代鸡空肠产生内毒素耐受样反应，肠黏膜免疫与全身免疫之间存在正相关。因此，Li 等[100]研究了父代日粮 APS 对脾脏免疫功能的代际效应和营养表观遗传作用。选用 64 只 1 日龄艾维因种鸡，采用单因素设计，APS 分别为 0 g/kg 和 10 g/kg，每组 4 个重复笼，每笼 8 只。40 周龄育雏公鸡采精液进行孵化试验，获得肉鸡。父代日粮 APS 可使子代雏鸡血清Ⅰ型干扰素水平升高。饲粮 APS 对繁殖公鸡脾脏基因转录无显著影响。而父代日粮添加 APS 可诱导肉鸡脾脏产生内毒素耐受样免疫反应（TLR4 途径）。但 APS 对相关调控因子的转录和核心调控因子（TRIF、MyD88 和 SOCS1）的启动子甲基化没有显著影响。这意味着父代日粮 APS 可隔代诱导脾脏内毒素耐受样免疫应答，其根本原因可能在于其对肠黏膜免疫的影响。

（4）枸杞多糖。枸杞多糖是枸杞的主要生物活性成分，因其具有抗氧化和免疫调节等多种生物活性而被广泛用作中药和功能性食品。Liu 等[101]评价了枸杞多糖对肉鸡的饲喂效果。将 240 只新孵出的肉鸡随机分为 4 组，每组 6 个重复，每个重复 10 只。在对照组日粮的基础上，其余 3 组分别添加 2 g/kg、4 g/kg 和 8 g/kg 的枸杞多糖。采用体外培养的鸡血淋巴细胞检测枸杞多糖的免疫调节功能。在体内试验中，4 g/kg 组的日平均采食量和饲料转化率均显著降低（$P<0.05$），21 日龄肉鸡免疫器官指数显著提高（$P<0.05$）。8 g/kg 组肉鸡血清总蛋白、球蛋白、白蛋白、溶菌酶水平均高于对照组（$P<0.05$）。4 g/kg 组血中 T 细胞 CD^{4+}/CD^{8+} 比值明显高于对照组（$P<0.05$）。体外试验结果表明，添加 100 μg/mL 和 1 600 μg/mL枸杞多糖对肉鸡血液 B 淋巴细胞和 T 淋巴细胞增殖均有显著促进作用（$P<0.05$）。低浓度枸杞多糖组 TNF-α mRNA 丰度明显降低（$P<0.05$）。因此，枸杞多糖在临床上具有促进生长和免疫调节的作用。

Long 等[102]研究了日粮添加枸杞多糖对肉鸡生长性能、消化酶活性、抗氧化状态及免疫功能的影响。将 256 只 1 日龄肉鸡随机分为 4 组，每组 8 个重复，每个重复 8 只，基础日粮为玉米豆粕，不饲喂枸杞多糖为对照组，另有 3 组分别饲喂 1 000 mg/kg、2 000 mg/kg、4 000 mg/kg 枸杞多糖，饲喂 6 周。与对照组相比，基础日粮中添加 2 000 mg/kg 枸杞多糖的雏鸡在生长期和全生育期的日增重显著增加（$P<0.05$），而基础日粮中添加 1 000 mg/kg 或 2 000 mg/kg 枸杞多糖的雏鸡在启动期的增重比显著降低（$P<0.05$）。在肉鸡日粮中添加枸杞多糖可提高总淀粉酶、脂肪酶和蛋白酶活性（$P<0.05$），提高血清和肝脏超氧化物歧化酶与谷胱甘肽过氧化物酶活性，但降低丙二醛含量（$P<0.05$）。饲喂含枸杞多糖日粮的肉鸡血清 IgG 和 IgA 浓度均高于对照组（$P<0.05$）。2 000 mg/kg 枸杞多糖组血清 TNF-α 和 IL-4 水平明显高于对照组（$P<0.05$）。日粮中添加 LBP 的肉鸡血清 IL-6 和 IFN-γ 浓度呈线性（$P<0.05$）以及二次（$P<0.05$）升高。综上所述，日粮添加枸杞多糖可提高肉鸡的生长性能、消化酶活性、抗氧化能力和免疫功能。枸杞多糖可作为一种有前途的肉鸡饲料添加剂，推荐剂量为 2 000 mg/kg。

（5）酵母细胞壁多糖。郜来平等[103]研究了肉仔鸡日粮中添加不同水平的酵母细胞壁多糖对生产性能和机体免疫功能的影响。试验采用单因素随机区组试验设计，选取体重相近的 1 日龄爱拔益加肉仔鸡（AA 肉鸡）300 只，随机分为 5 组。对照组饲喂基础日粮，试验组分别在基础日粮中添加0.05%、0.1%、0.2%、0.3%的酵母多糖。试验分为2个阶段（1～21日龄和22～42日龄），整个试验共42 d。结果表明，日粮中添加酵母多糖对前期肉仔鸡的平均日增重无显著性影响（$P>0.05$），但0.1%、0.2%和0.3%添加水平的酵母多糖可以显著提高肉仔鸡的平均日采食量（$P<0.05$）；在后期，0.2%和0.3%添加水平的酵母多糖对肉仔鸡的平均日增重和平均日采食量均具有显著的促进作用（$P<0.05$）；0.2%和0.3%添加水平的酵母多糖在前期可以显著促进肉仔鸡胸腺的发育（$P<0.05$），在后期，各添加水平的酵母多糖均可以显著促进肉仔鸡脾脏的发育（$P<0.05$），且以0.1%添加水平效果最优；0.2%和0.3%添加水平的酵母多糖还可以显著提肉仔鸡21 d和42 d血清中新城疫抗体滴度水平（$P<0.05$）。综上所述，日粮中添加酵母多糖可以有效提高肉仔鸡的生产性能，促进免疫器官发育，增强机体免疫功能和抗病毒能力。相对来说，0.2%添加水平的酵母多糖可以取得较好效果。

杨福剑等[104]为研究酵母多糖对后备种鸡生长、鸡白痢抗体阳性率和免疫功能的影响，将100只70日龄广西麻鸡后备母鸡分为试验组和对照组，每组50只。试验组在日粮中添加0.025%的酵母多糖，对照组不添加。试验期为35 d。结果表明，在日粮中添加酵母多糖，可以显著提高后备种鸡日增重（$P<0.05$），有效控制后备种鸡白痢抗体的阳性率，并显著提高H7、H9和ND等免疫抗体效价（$P<0.05$）。研究表明，酵母多糖能明显提高后备种鸡的日增重和抗体水平，有效控制鸡白痢的水平传播，建议日粮中添加0.025%。

（6）灵芝多糖。徐孝宙等[105]为了解灵芝多糖（GLP）对人工感染传染性法氏囊病毒（IBDV）雏鸡淋巴细胞增殖和血清中细胞因子含量的影响，试验选取IBDV抗体阴性雏鸡150只，随机分为6组，每组25只，分别设为GLP高浓度组、中浓度组、低浓度组及空白对照组、黄芪多糖（APS）组和IBD模型组。18日龄时，除空白对照组外，其他各组鸡人工感染IBDV。21日龄时，GLP高浓度组（GLP，40 mg/kg/d）、GLP中浓度组［GLP，20 mg/(kg・d)］、GLP低浓度组［GLP，10 mg/(kg・d)］、APS组［APS，10 mg/(kg・d)］雏鸡灌服给药，连用5 d。20日龄、27日龄、34日龄、41日龄时，MTT比色法测定外周血和脾脏淋巴细胞增殖情况，ELISA试剂盒测定血清中IFN-γ、IL-4和IL-6浓度。结果表明，41日龄时，各浓度GLP均能提高IBDV感染雏鸡外周血淋巴细胞OD_{490}值，其中，GLP中、低浓度组显著高于IBD模型组（$P<0.05$）。与IBD模型组比较，各浓度GLP均能提高IBDV感染雏鸡脾淋巴细胞OD_{490}值，以低浓度组最好；与IBD模型组相比，各浓度GLP均能提高免疫抑制型雏鸡血清中IL-4、IL-6和IFN-γ的浓度，其中，以低浓度组效果最好，在34日龄、41日龄时均显著高于IBD模型组（$P<0.05$）。研究表明，连续经口灌服一定浓度灵芝多糖能有效提高IBDV感染雏鸡的免疫力，以GLP低浓度组效果好。

（7）香菇多糖。雷莉辉等[106]为研究香菇多糖对肉仔鸡生产性能与新城疫疫苗（LaSota株）免疫效果的影响，选择300只1日龄非免疫AA肉仔鸡，随机分为5组，分别为空白对照组（不进行免疫及不添加香菇多糖）、免疫对照组（不添加香菇多糖）、低剂量组（香菇多糖添加量为200 mg/kg）、中剂量组（香菇多糖添加量为350 mg/kg）和高剂量组（香菇多糖添加量为500 mg/kg），每组3个重复，每个重复20只。饲养至7日龄时，称量各组肉仔鸡平均体重，测定新城疫母源抗体效价，进行为期35 d的饲养试验。结果表明，在肉仔鸡日粮中添加香菇多糖对肉仔鸡的生产性能有促进作用，各试验组肉仔鸡在14日龄、21日龄、28日龄和35日龄时血清中的新城疫HI抗体水平均高于免疫对照组和空白对照组，且在

28 日龄和 35 日龄时，中剂量组和高剂量组新城疫 HI 抗体水平显著高于低剂量组（$P<0.05$）。研究表明，香菇多糖具有提高肉仔鸡新城疫 HI 抗体水平的效果，且以香菇多糖添加量为 350 mg/kg 时的效果最佳。

（8）牛膝多糖。田丽芳等[107]为研究饲料中添加酯化牛膝多糖对蛋鸡生产性能和蛋品质的影响，选取 134 日龄海兰灰商品代蛋鸡 240 只，随机分为 6 组，每组 4 个重复，每个重复 10 只。试验 1 组为对照组，饲喂基础日粮；试验 2～6 组为酯化牛膝多糖处理组，分别在基础日粮中添加 50 mg/kg、100 mg/kg、200 mg/kg、300 mg/kg、400 mg/kg 的酯化牛膝多糖，研究其对蛋鸡生产性能及蛋品质的影响。结果表明，与对照组相比，50 mg/kg 组、100 mg/kg 组和 200 mg/kg 组蛋鸡的产蛋率、蛋重有显著提高（$P<0.05$）。151～167 日龄蛋鸡产蛋率分别提高 1.51%、3.25%、1.74%；168～184 日龄蛋鸡分别提高 4.47%、5.84%、4.47%；100 mg/kg 组和 200 mg/kg 组 185～202 日龄蛋鸡分别提高 2.81%、2.58%，均达到显著水平。185 日龄蛋鸡 100 mg/kg 组以及 202 日龄蛋鸡 100 mg/kg 和 200 mg/kg 组的蛋重分别提高 4.29%、5.41%、4.47%，均显著高于对照组。50 mg/kg 组、100 mg/kg 组和 200 mg/kg 组的料蛋比分别降低 2.00%、2.40%、2.40%，差异显著（$P<0.05$）。100 mg/kg 酯化牛膝多糖组哈氏单位显著提高（$P<0.05$），151 日龄、168 日龄、185 日龄和 202 日龄蛋鸡分别比对照组提高 7.25%、6.4%、8.14%和 10.34%；酯化牛膝多糖对蛋黄相对重、蛋壳厚度、蛋壳强度及蛋壳相对重无显著影响（$P>0.05$）。研究表明，添加酯化牛膝多糖有显著效果。

（9）果胶低聚糖。Wang 等[108]研究了果胶低聚糖（POS）和锌螯合物（Zn－POS）对肉鸡生长性能、抗氧化能力、锌营养状况、肠道形态及短链脂肪酸的影响。将 324 只 1 日龄肉鸡随机分为 3 组：①对照组，从 $ZnSO_4$ 中提取 80 mg/kg 锌；②POS 组，从 $ZnSO_4$ 中提取 80 mg/kg 锌＋482 mg/kg POS；③Zn－POS 组，从 Zn－POS 中提取 80 mg/kg 锌。与对照组相比，POS 和 Zn－POS 的补充均增加了平均日增重，降低了第 22～42 d 的死亡率，在第 22～42 d 和第 1～42 d，仅添加 Zn－POS 降低了料重比。此外，补充 POS 和 Zn－POS 都改善了锌的状态和肠道功能，胰腺中的金属硫蛋白浓度、十二指肠绒毛高度和盲肠中的异丁酸浓度都有所增加。此外，补充 Zn－POS 可增加胰腺中金属硫蛋白、锌转运蛋白 1、锌转运蛋白 2、肝中核因子、红细胞相关因子 2、胰岛素受体等基因表达。研究表明，日粮中添加 POS 或 Zn－POS 有利于提高肉鸡的生长性能、锌营养状况、抗氧化能力和肠道功能。以螯合物的形式补充 Zn－POS 比单独添加 POS 和 $ZnSO_4$ 更有效。

4.2.3 反刍动物饲料中多糖和寡糖的应用研究进展

4.2.3.1 牛饲料中多糖和寡糖的应用研究进展

（1）果寡糖。饲料添加剂果寡糖的适用范围为养殖动物。胡丹丹等[109]为研究果寡糖对泌乳早期奶牛瘤胃发酵及生产性能的影响，采用两阶段交叉设计，将 4 头泌乳天数 20 d、产奶量 30 kg/d、体重（550±35）kg、健康经产（二胎）中国荷斯坦泌乳奶牛随机分为 2 组，分别为试验组、对照组，试验组添加果寡糖。结果表明，日粮中添加 60 g/(d·头）的果寡糖，对奶牛瘤胃中总挥发性脂肪酸、氨态氮影响极显著（$P<0.01$），对丁酸影响差异显著（$P<0.05$），但是，对于乙酸、丙酸来说影响不显著（$P>0.05$）；与对照组相比，试验组的总挥发性脂肪酸量提高 35.9%，氨态氮降低 15.5%，丁酸提高 33%。对奶牛生产性能进行分析，乳脂率影响差异显著（$P<0.05$），体细胞影响差异极显著（$P<0.01$）；与对照组相比，试验组乳脂率提高 4.7%，体细胞降低 68.5%，而产奶量、乳蛋白、乳中尿素氮浓度均无显著影响（$P>0.05$）。综上所述，日粮中添加果寡糖能够改变瘤胃发酵模式，提高奶牛的乳脂率。

冶文兴等[110]利用高通量测序分析技术研究果寡糖对奶牛瘤胃真菌菌群的影响。采用两阶段交叉设计，选择泌乳阶段相近、胎次相同、健康状况良好的泌乳期奶牛 4 头，随机分为 2 组，对照组饲喂基础饲粮，试验组在基础饲粮中添加果寡糖，添加量为 60 g/头。在日粮中添加果寡糖并未显著影响奶牛瘤胃真菌的多样性（$P>0.05$），但优势菌属的相对丰度在两组之间存在差异，其中接合菌门仅存在于对照组，试验组新丽鞭毛菌门相对丰度较对照组增加 628.28%，但差异不显著（$P=0.21$）。试验组假丝酵母属和平革菌属相对丰度极显著高于对照组（$P=0.001$、$P=0.003$），试验组毛壳属相对丰度显著增加（$P=0.037$），试验组瘤胃壶菌属相对丰度较对照组增加 1 205.71%，但差异不显著（$P=0.135$）。试验组柄孢壳属和德巴利氏酵母属相对丰度与对照组相比分别降低 99.08%和 64.14%，但差异不显著（$P=0.523$、$P=0.671$）。日粮中果寡糖的添加对奶牛瘤胃真菌菌群的多样性并未产生明显的影响，但优势菌比例发生变化，瘤胃中壶菌属、平革菌属等纤维降解菌的相对丰度提高，增强了瘤胃真菌菌群对纤维的降解能力。

（2）甘露寡糖。饲料添加剂甘露寡糖的适用范围为养殖动物。徐晓锋等[111]研究了甘露寡糖（MOS）对高精料诱导的低乳脂奶牛瘤胃细菌菌群结构的调控作用。选择泌乳阶段相近、胎次相同的中国荷斯坦奶牛 4 头，利用自身对照试验，在饲喂基础饲粮（对照组）的基础上，通过淀粉诱导奶牛低乳脂（诱导组），然后添加 MOS 进行瘤胃发酵与乳脂调控（调控组）。结果表明，MOS 对高精料诱导的低乳脂奶牛瘤胃细菌菌群结构产生了积极影响。在门水平上，与诱导组相比，低乳脂奶牛瘤胃中拟杆菌门（$P<0.05$）、螺旋体门（$P>0.05$）和放线菌门（$P>0.05$）的丰度降低；厚壁菌门的丰度显著提高（$P<0.05$），且丰度显著高于对照组（$P<0.05$）；与诱导组和对照组相比，调控组纤维杆菌门的丰度极显著增加（$P<0.01$）。对瘤胃菌群进行功能预测发现，低乳脂奶牛饲粮添加 MOS 降低了参与淀粉和蔗糖代谢的菌群丰度。由此可见，添加 MOS 可以调控瘤胃中细菌菌群的结构，缓解因饲喂大量淀粉而造成纤维降解菌丰度的下降，对提高瘤胃对纤维素的降解率有一定的作用；还可以降低产酸菌属的丰度，对稳定瘤胃 pH 具有积极的作用。

李浩东等[112]研究了饲粮中添加甘露寡糖对荷斯坦奶牛围产后期瘤胃微生物区系的影响。试验选取 60 头中国荷斯坦奶牛，随机分为对照组（饲喂基础饲粮）以及在基础饲粮中分别添加 5 g/(头・d)、10 g/(头・d) 和 15 g/(头・d) 甘露寡糖，共 4 组。结果表明，随着甘露寡糖添加量的增加，奶牛产后 21 d 瘤胃液中微生物蛋白含量，总挥发性脂肪酸（TVFA）、乙酸、丙酸、丁酸、异丁酸浓度以及乙酸与丙酸的比值均线性上升（$P<0.05$），厚壁菌门和蓝藻菌门相对丰度呈线性下降（$P<0.01$），而淋溶菌门相对丰度线性上升（$P<0.05$）。因此，添加一定量的甘露寡糖可能通过调节瘤胃微生物菌群结构来提高纤维的瘤胃降解率，进而改善奶牛生产性能。

4.2.3.2 羊饲料中多糖和寡糖饲料添加剂的应用研究进展

饲料添加剂甘露寡糖的适用范围为养殖动物。Zheng 等[113]探讨了添加甘露寡糖（MOS）对绵羊营养物质消化率和保留率、瘤胃发酵、免疫和抗氧化能力的影响。选用 12

只体重相近［(28.04±2.07) kg］的健康杂交母羊，分为4组，每组3个重复。分别在基础日粮中添加0、1.2%、1.6%和2.0% MOS对母羊进行补充。试验持续17 d，其中驯化期为10 d、正试期为7 d。结果表明，MOS对瘤胃营养物质的表观消化率和存留率、瘤胃发酵和免疫功能、血清一氧化氮浓度和血清一氧化氮合酶活性无显著影响（$P>0.07$）。而中性纤维和酸性纤维在MOS添加量为1.6%和2.0%时的表观消化率均高于对照组（$P\leqslant 0.103$）。MOS可以提高氮的保留率（$P=0.082$）。MOS可以提高绵羊的抗氧化能力（$P\leqslant 0.018$），特别是在1.6%的剂量下：总超氧化物歧化酶（$P=0.007$）、谷胱甘肽过氧化物酶（$P=0.018$）和总抗氧化能力（$P<0.001$）升高，丙二醛浓度降低（$P<0.001$）。研究表明，MOS改善了绵羊的纤维消化、氮存留和部分抗氧化能力。

谢明欣等[114]研究了酵母甘露寡糖对蒙古绵羊生长性能、血清免疫和炎症以及抗氧化指标的影响。选用体况良好、体重为(28.91±1.81) kg的18只蒙古绵羊，随机分为3组，每组6只。对照组饲喂基础饲粮，甘露寡糖组和瘤胃素组在基础饲粮中分别添加0.1%酵母甘露寡糖和0.015%的瘤胃素。试验期为70 d。第1～30 d，饲粮精粗比为4∶6；第31～60 d，饲粮精粗比逐步过渡到7∶3。于正试期第1 d、第30 d和第60 d空腹称重并采集血清，检测血清免疫球蛋白M（IgM）、脂多糖结合蛋白（LBP）、白细胞介素-6（IL-6）、血清淀粉样蛋白A（SAA）和一氧化氮（NO）的浓度，以及总抗氧化能力（TAOC）、总超氧化物歧化酶（T-SOD）和谷胱甘肽过氧化物酶（GSH-Px）活性。结果表明，与对照组相比，饲粮添加甘露寡糖和瘤胃素均能显著提高高精料饲养模式下蒙古绵羊的生长性能，表现为体重（第60 d）、平均日增重显著增加（$P<0.05$），料重比显著降低（$P<0.05$），且甘露寡糖组在第1～30 d阶段的日增重显著高于对照组和瘤胃素组（$P<0.05$），甘露寡糖组绵羊血清中的IgM浓度、LBP浓度和T-SOD活性显著高于对照组（$P<0.05$）；第60 d，与对照组相比，甘露寡糖组绵羊血清中SAA浓度显著升高（$P<0.05$），血清T-AOC和GSH-Px活性显著降低（$P<0.05$）。综合得出，添加酵母甘露寡糖能改善饲喂高精料饲粮蒙古绵羊的生长性能、血清免疫功能和抗氧化能力，与添加瘤胃素有相似的效果，且在精粗比为4∶6时的效果较好。

陈志龙等[115]研究了不同精粗比饲粮中添加甘露寡糖（MOS）对绵羊体外瘤胃发酵的影响。采用4×6二因素析因试验设计，在4种不同精粗比（20∶80、30∶70、40∶60、50∶50）饲粮中分别添加6个水平（0、0.4%、0.8%、1.2%、1.6%、2.0%）的MOS，制备出24种底物，以体外产气法对各底物培养3 h、6 h、9 h、12 h和24 h，对体外培养液pH、氨态氮（NH_3-N）浓度和挥发性脂肪酸（VFA）浓度进行测定。结果表明，精粗比对培养液pH、NH_3-N浓度、总挥发性脂肪酸（TVFA）浓度和丁酸含量产生了显著影响（$P<0.05$），MOS水平对培养液NH_3-N浓度产生了显著影响（$P<0.05$），精粗比与MOS水平对培养液NH_3-N浓度产生显著的交互作用（$P<0.05$）。随着精粗比的提高，培养液TVFA浓度和丁酸含量升高，而pH和NH_3-N浓度降低；随着MOS水平升高，培养液NH_3-N浓度略有升高。综合得出，不同精粗比饲粮中添加MOS对绵羊体外瘤胃发酵NH_3-N浓度有显著影响，其中MOS的影响较轻微，尚未呈现剂量效应，主体起作用的仍是精粗比；饲粮精粗比的提高增加了绵羊体外瘤胃发酵VFA浓度，降低了pH和NH_3-N浓度。

王甜等[116]研究了饲粮中添加甘露寡糖（MOS）对滩羊生产性能及抗氧化能力的影响。试验选取断奶3月龄宁夏滩羊羯羊20只，分为4组，对照组饲喂基础饲粮，试验组在基础饲粮中分别添加1.0%、2.0%、3.0%的MOS。预试期为15 d，正试期为60 d。结果表明，添加1.0% MOS体长增长量、体高增长量和胸围增长量均高于其他各组，添加MOS各组血清丙二醛（MDA）含量均显著低于对照组（$P<0.05$），滩羊的平均日增重、总增重、料重比及干物质采食量各组间无显著差异（$P>0.05$）。

4.2.3.3 我国尚未批准在反刍动物饲料中使用的多糖和寡糖的应用研究进展

（1）壳聚糖。饲料添加剂低聚壳聚糖的适用范围为猪、鸡、水产养殖动物、犬、猫，*N*，*O*-羧甲基壳聚糖的适用范围为猪、鸡。Li等[117]研究了壳聚糖（CHI）对肉牛免疫和抗氧化功能的影响。将24头体重和年龄相近的西门塔尔肉牛随机分为3组，分别在基础日粮中添加0 mg/kg、500 mg/kg和1 000 mg/kg的CHI。试验期为84 d。结果表明，日粮中添加CHI可提高血清IgA和白细胞介素-1水平（$P<0.05$），降低血清中分化4受体可溶性簇的水平，但1 000 mg/kg CHI组IgA水平没有变化。日粮中添加500 mg/kg的CHI可提高血清总超氧化物歧化酶活性，降低血清丙二醛含量（$P<0.05$）。综上所述，添加500 mg/kg的CHI可影响肉牛体液免疫和细胞免疫应答，提高肉牛的抗氧化能力。

李倜宇等[118]研究了壳聚糖对泌乳中期奶牛花生四烯酸（AA）免疫调节途径的影响。将40头泌乳中期中国荷斯坦奶牛依照产奶、泌乳期和胎次相一致的原则，随机分为5组，每组8头。5组奶牛饲粮中壳聚糖添加水平分别为0 mg/kg（对照组）、500 mg/kg、1 000 mg/kg、1 500 mg/kg和2 000 mg/kg。试验期为60 d，分为试验前期（第1～30 d）和试验后期（第31～60 d）2个阶段。结果表明，随着壳聚糖添加水平的升高，试验后期（60 d）血清中AA和白三烯B4（LTB4）浓度、5-脂氧化酶（5-LOX）活性以及外周血淋巴细胞中胞浆型磷脂酶A2（cPLA2）和5-LOX基因表达量呈显著的一次线性升高（$P<0.05$），前列腺素E2（PGE2）和LTB4浓度、cPLA2和环氧合酶-2（COX-活性及外周血淋巴细胞中COX-2和5-LOX基因表达量呈显著的二次曲线升高效应（$P<0.05$）；试验前期（30 d）血清中cPLA2基因表达量呈极显著的一次线性效应（$P<0.01$），外周血淋巴细胞中5-LOX基因表达量呈显著的二次曲线升高效应（$P<0.05$）；上述指标均在1 500 mg/kg壳聚糖添加组表现最佳。研究表明，壳聚糖可以通过增加cPLA2、COX-2和5-LOX基因的表达量及其活性，促进免疫细胞对AA代谢途径中主要介质AA、PGE2和LTB4的释放，进而影响泌乳中期奶牛的免疫功能，以1 500 mg/kg壳聚糖的免疫调节效果最佳。

（2）β-1,3-D-葡聚糖。饲料添加剂β-1,3-D-葡聚糖的适用范围为水产养殖动物、犬、猫。顾鲲涛等[119]研究了饲粮中添加酵母β-葡聚糖对围产期奶牛生产性能、血清生化指标及抗氧化能力的影响。选择40头体况评分（3.63±0.06）、胎次（2.88±0.05）、上一泌乳期产奶量［（36.86±1.06）kg/d］及预产期［（28±1）d］相近的健康中国荷斯坦奶牛，采用完全随机设计，分为对照组和试验组，每组20头。对照组饲喂基础饲粮，试验组在基础饲粮中添加10 g/（d·头）的酵母β-葡聚糖。试验期为49 d。结果表明：①饲粮中添加酵母β-葡聚糖显著提高了产后干物质采食量、产奶量及乳蛋白产量（$P<0.05$）；②饲粮中添加酵母β-葡聚糖显著提高了产后血清葡萄糖含量（$P<0.05$），显著降低了产后血清非酯化脂肪酸含量（$P<0.05$），产后血清总蛋白含量有增加趋势（$P=0.06$），对产前和产后血清中白蛋白、C-反应蛋白、结合珠蛋白、淀粉样蛋白含量没有显著影响（$P>0.05$）；③饲粮中添加酵母β-葡聚糖显著提高了产前和产后血清谷胱甘肽过氧化物酶活性（$P<0.05$），有降低

产前血清丙二醛含量的趋势（$P=0.05$），对产前和产后血清总抗氧化能力、超氧化物歧化酶活性没有显著影响（$P>0.05$）。综上所述，围产期饲粮中添加 10 g/(d・头) 酵母 β-葡聚糖可提高奶牛的产后干物质采食量、产奶量、乳蛋白产量，提高产后血清葡萄糖含量及血清抗氧化能力，降低产后血清非酯化脂肪酸含量。

绵羊瘤胃上皮细胞（ORECs）不仅具有物理屏障功能，而且能分泌宿主防御肽（HDPs），如绵羊 β-防御素-1（SBD-1）。β-葡聚糖诱导的（SBD-1）表达所涉及的信号转导机制尚不完全清楚。Jin 等[120]以绵羊瘤胃上皮细胞为对象，研究了 β-葡聚糖诱导 SBD-1 上调的受体和细胞内通路。采用实时荧光定量聚合酶链式反应（qPCR）、酶联免疫吸附试验（ELISA）和免疫印迹法检测了 β-葡聚糖诱导 SBD-1 上调的调控机制。TLR-2 和 MyD88 基因敲除或抑制 β-葡聚糖诱导的 SBD-1 表达，研究还发现，对 MAPK 和NF-κB 通路的抑制显著降低了 β-葡聚糖诱导的 SBD-1 表达。结果表明，β-葡聚糖诱导的SBD-1 表达依赖于 TLR-2-MyD88，可能通过 MAPK 和 NF-κB 途径调节。由于 NF-κB 抑制对 β-葡聚糖诱导的 SBD-1 表达下调有较大影响，所以 NF-κB 途径可能是调节防御素表达的主要信号通路。研究表明，β-葡聚糖诱导的 SBD-1 表达是通过 TLR-2-MyD88-NF-κB/MAPK 途径介导的。本研究结果将有助于了解由益生菌酵母细胞壁成分触发的肠黏膜免疫调节。

（3）低聚异麦芽糖。饲料添加剂低聚异麦芽糖的适用范围为断奶仔猪、犬、猫。郭成等[121]利用 16S rRNA 基因测序技术研究了低聚异麦芽糖对奶牛瘤胃菌群的影响。试验采用两阶段交叉设计方法，将 4 头泌乳中国荷斯坦泌乳奶牛随机分为 2 组，第一阶试验结束，经过恢复期后，再将试验组和对照组交叉，由之前的对照组变为试验组。试验组添加 60 g/(d・头）的低聚异麦芽糖。结果表明，日粮添加低聚异麦芽糖后，奶牛瘤胃细菌菌群多样性无显著影响。门水平上分析，疣微菌门丰度显著增加（$P<0.05$）。属水平上分析，饲喂低聚异麦芽糖，奶牛瘤胃液瘤胃杆菌属丰度显著增加（$P<0.05$），盐细菌属丰度显著增加（$P<0.05$），乳酸杆菌属丰度显著降低（$P<0.05$）。氨基酸球菌属和气微菌属丰度有增加趋势（$0.05<P<0.1$）。研究表明，在本试验条件下，日粮添加低聚异麦芽糖对奶牛瘤胃菌群多样性无显著影响，纤维分解菌丰度影响差异不显著，淀粉分解菌丰度增加，乳酸生成菌丰度降低。

（4）枸杞多糖。王建东等[122]研究了枸杞多糖免疫增效剂对滩羊免疫功能的影响，试验选择体况相近的滩羊母羊 120 只，随机分成 4 组，每组 30 只。每天在饲料中添加含不同浓度的枸杞多糖免疫增效剂，添加量为 A 组 0.2%、B 组 0.4%、C 组 0.6%、D 组 0.8%。各组每饲喂 5 d 有 10 只羊停止饲喂，停止饲喂的 10 只羊 5 d 后继续采集血样作为跟踪一次的数据，15 d 后饲喂全部结束，分别检测饲喂前、饲喂结束及跟踪一次的外周血 IgG 含量和血液中的淋巴细胞数、白细胞数。结果表明，A 组饲喂 5 d 时增强免疫力效果最明显，IgG 含量是饲喂前的 1.17 倍，白细胞数是饲喂前的 1.18 倍，淋巴细胞数是饲喂前的 1.24 倍。研究表明，0.2%的枸杞多糖免疫增效剂饲喂滩羊 5 d 即可较好地提高滩羊机体免疫力。

王占林等[123]利用枸杞多糖制作的营养舔砖饲喂滩羊，研究了对育肥滩羊饲养效果的影响，为枸杞多糖资源用于反刍动物提供技术依据。采用单因素饲养对比试验，将性别、年龄、体重、生理状态、饲养管理水平一致的 84 只 8 月龄育肥滩羊分为 3 组，每组 28 只。结果表明，添加 0.1% 枸杞多糖组增重提高 6.98%，差异显著（$P<0.05$）；料重比降低

9.66%，差异显著（$P<0.05$）；毛利润为125.76元，高于对照组57.52元。添加0.2%枸杞多糖组增重提高8.63%，差异显著（$P<0.05$）；料重比降低10.80%，差异显著（$P<0.05$）；毛利润为125.76元，高于对照组63.41元。添加枸杞多糖添加剂0.1%与0.2%的组增重、料重比与毛利润差异均不显著。研究表明，使用枸杞多糖营养舔砖对提高育肥滩羊增重、降低料重比、提高饲料转化率有积极影响，其中，添加0.1%与0.2%差异不显著。枸杞多糖添加剂对育肥滩羊增重、降低料重比、提高饲料转化率有积极影响。

马吉锋等[124]探究了枸杞多糖免疫增效剂对架子牛抗体水平和细胞因子分泌的影响。选择体重350 kg左右的西门塔尔架子牛27头，在基础日粮中添加500 g的自制肉牛枸杞多糖免疫增效剂，连续饲喂7 d，分别在开始饲喂的0 d、7 d、14 d采集血样，进行免疫球蛋白、细胞因子及血常规检测。结果表明，饲喂7 d后，IgA含量与0 d和14 d达到显著差异（$P<0.05$），14 d的含量极显著高于0 d（$P<0.01$）；14 d的IgM含量极显著高于0 d和7 d（$P<0.01$）；饲喂7 d、14 d的IgG含量极显著地高于0 d（$P<0.01$）；IL-2、IL-13、IL-17、IL-19含量，饲喂14 d的含量极显著地高于0 d和7 d的含量（$P<0.01$）；饲喂7 d后IL-19含量显著高于0 d（$P<0.05$），14 d的含量极显著高于0 d（$P<0.01$）；IFN-γ和TNF-β总体呈现增长趋势，14 d后含量极显著高于0 d、7 d（$P<0.01$）。第14 d的白细胞含量极显著高于0 d（$P<0.01$）；淋巴细胞在饲喂7 d后，与0 d、14 d的差异不显著（$P>0.05$），14 d的含量显著高于0 d（$P<0.05$）。结果表明，饲喂枸杞多糖免疫增效剂7 d，可提高肉牛免疫球蛋白水平，促进细胞因子的分泌，激活体内淋巴细胞和白细胞，提高肉牛机体免疫力。

（5）黄芪多糖。鲍玉林等[125]研究了不同添加水平黄芪多糖对藏羊生长性能和免疫功能的影响，试验采用单因素试验设计，将90只藏羊随机分成3组，对照组饲喂基础日粮，0.05%黄芪多糖组和0.1%黄芪多糖组在基础日粮中分别添加0.05%、0.1%黄芪多糖。预试期为10 d，正试期为60 d。结果表明，与对照组相比，0.05%黄芪多糖组日均采食量、试验末体重、日均增重、IgG含量、IL-2含量、IFN-γ含量分别显著提高了2.0%、1.28%、5.36%、16.67%、3.52%、7.22%（$P<0.05$）；与对照组相比，0.1%黄芪多糖组日均采食量、试验末体重、日均增重、脾脏指数、IgG含量、IgA含量、IgM含量、IL-2含量、IFN-γ含量分别显著提高了2.84%、3.0%、13.59%、12.59%、30.21%、10.89%、10.53%、4.45%、14.09%（$P<0.05$），料重比降低9.51%（$P<0.05$）；与0.05%黄芪多糖组相比，0.1%黄芪多糖组试验末体重、日均增重、IgG含量、IFN-γ含量分别显著提高了1.70%、7.81%、11.61%、6.41%（$P<0.05$），料重比降低6.41%（$P<0.05$）。在本试验条件下，基础饲粮中添加0.05%和0.1%的黄芪多糖均能显著提高藏羊的生长性能和免疫功能，且0.1%的添加量显著优于0.05%的添加量。

王义翠等[126]研究了黄芪多糖对运输应激公犊牛直肠pH、微生物、免疫指标和发病率的影响，试验选择2月龄断奶公犊牛30头，随机分为空白组、运输应激组和黄芪多糖组，每组10头。空白组试验牛不采取任何措施，运输应激组和黄芪多糖组试验牛进行4 h的速度为60 km/h公路运输。其中，黄芪多糖组试验牛在试验期间每天补充10 g/头的黄芪多糖。试验期为7 d。结果表明，空白组、运输应激组和黄芪多糖组试验牛的直肠pH、肠道总细菌、大肠杆菌及乳酸杆菌菌落数未出现显著差异（$P>0.05$）；但黄芪多糖组总细菌和大肠杆菌菌落数均低于运输应激组，乳酸杆菌菌落数高于运输应激组。黄芪多糖组试验牛的IgG含量显著高于空白组和运输应激组（$P<0.05$）。运输应激组试验牛的甲状腺素T3和T4含

量显著高于空白组和黄芪多糖组（$P<0.05$），而空白组和黄芪多糖组差异不显著（$P>0.05$）。运输应激组试验牛的腹泻率、腹泻指数和其他疾病发病率最高，黄芪多糖组试验牛的腹泻率和腹泻指数稍高于空白组。研究表明，在运输应激公犊牛日粮中补充 10 g/(头・d) 的黄芪多糖对于改善肠道健康、提高免疫力和减少发病率有一定的效果。

（6）小麦麸皮阿魏酰低聚糖。Wang 等[127]研究了小麦麸皮中阿魏酸低聚糖（FOs）作为抗氧化剂对羔羊生产性能、血液代谢产物、抗氧化状态及瘤胃发酵的影响。将 50 只初始体重为（20.21±3.36）kg 的 2 月龄小尾寒羊公羔随机分为 5 组，每组 10 只，分别饲喂 0 mg/kg、50 mg/kg、100 mg/kg、200 mg/kg 和 400 mg/kg 麸皮 FOs 饲料。试验期为 56 d，之前是 14 d 的适应期。添加 FOs 在 29～56 d 以及整个试验期间，饲料转化率随着饲料 FOs 添加量的增加而降低（$P<0.05$）。在 29～56 d 内，饲喂 100 mg/kg 和 200 mg/kg FOs 的羔羊平均日增重高于饲喂 400 mg/kg FOs 的羔羊（$P=0.06$）。饲喂 400 mg/kg FOs 的羔羊对干物质（DM）、有机质（OM）、粗蛋白（CP）和中性纤维（NDF）的表观消化率显著降低（$P<0.05$）。饲喂 50 mg/kg、100 mg/kg 和 200 mg/kg FOs 的羔羊血清总蛋白含量显著增加（$P<0.05$）。随着 FOs 添加量的增加，血清总抗氧化能力（T-AOC）呈增加趋势（$P=0.07$），谷胱甘肽过氧化物酶（GSH-Px）活性呈增加趋势（$P<0.05$）。饲喂 50 mg/kg 和 100 mg/kg FOs 的羔羊体内过氧化氢酶（CAT）与超氧化物歧化酶（SOD）活性显著高于对照组（$P<0.05$）。FOs 添加组血清谷胱甘肽（GSH）含量高于对照组（$P<0.05$）。另外，饲喂 200 mg/kg FOs 羔羊的瘤胃氨氮浓度比 400 mg/kg 羔羊的低（$P=0.07$），但不影响总挥发性脂肪酸（VFA）和个体 VFA 含量。研究表明，添加 FOs 能提高绵羊的抗氧化酶活性和谷胱甘肽含量，从而提高绵羊的生长性能，降低瘤胃氨氮含量，改善抗氧化性能。

（7）酵母细胞壁多糖。Peng 等[128]研究了活酵母和酵母细胞壁多糖对肉牛生长性能、瘤胃功能、血浆脂多糖（LPS）含量及免疫指标的影响。40 头秦川牛随机分为 4 组，每组 10 个重复，每个重复 1 头。日粮处理为对照日粮（CTR）、CTR 添加活酵母 1 g（每日每头牛 2×10^{10} 活细胞）（YST1）、CTR 添加活酵母 2 g（每日每头牛 4×10^{10} 活细胞）（YST2）、CTR 添加酵母细胞壁多糖 20 g（YCW）。YST2 的日增重较 CTR 高（$P=0.023$），而饲料转化率较低（$P=0.042$）。中性纤维（$P=0.039$）和酸性纤维（$P=0.016$）在酵母添加组消化率较高。YST2 中乙酸与丙酸的比值较 CTR 低（$P=0.033$）。YST2 组血浆 LPS（$P=0.032$）、急性期蛋白结合珠蛋白（$P=0.033$）、血浆淀粉样蛋白 A（$P=0.015$）和组胺（$P=0.038$）均低于 CTR。YST2 组纤维化微生物种群的拷贝数如 *Ruminococcus albus* 7 高于 CTR 组（$P<0.001$）。CTR、YST1 和 YCW 在生长性能、瘤胃发酵特性、微生物数量、免疫指标、总消化道养分消化率方面差异不大。研究表明，YST2 能促进纤维化微生物数量的增加，降低淀粉利用菌的数量，减少瘤胃 LPS 的产生，降低血浆 LPS 的吸收，减少炎症参数，从而提高肉牛的生长性能。

（8）蜂花粉多糖。Tu 等[129]研究了 14～70 日龄犊牛日粮中添加蜂花粉（BP）或蜂花粉多糖（PS）对犊牛生长性能、血清生化指标和营养物质表观消化率的影响。试验选用中国荷斯坦母犊牛 25 头，随机分为 5 组，每组 5 头，分别饲喂添加 0 mg/kg（对照）、10 g/d、25 g/d、50 g/d 蜂花粉（BP）或 5 g/d 蜂花粉多糖（PS）。试验期为 56 d，测定了生长性能、营养物质表观消化率和血清生化指标。饲喂含有 BP 日粮的小牛体重增加更多。添加 BP 或 PS 对犊牛 DM、钙和磷的表观消化率均有显著影响（$P=0.025$、0.012 和 0.076）。25 g/d

BP 组和 5 g/d PS 组犊牛对干物质的表观消化率分别比对照组提高 9.7%和 8.2%（P=0.007 和 0.019）。血清碱性磷酸酶、尿素氮、葡萄糖、总蛋白、白蛋白、总胆固醇和甘油三酯的浓度无显著差异。结果表明，在犊牛日粮中添加 25 g/d 蜂花粉（BP）和 5 g/d 蜂花粉多糖（PS）均可提高犊牛对营养物质的消化率。

4.2.4 水产养殖动物饲料中多糖和寡糖的应用研究进展

4.2.4.1 我国批准在水产养殖动物饲料中使用的多糖和寡糖的应用研究进展

（1）甘露寡糖。饲料添加剂甘露寡糖（MOS）的适用范围为养殖动物。Ren 等[130]研究了添加甘露寡糖对杂交石斑鱼幼鱼生长性能、抗氧化能力、非特异性免疫及免疫相关基因表达的影响。以添加 MOS（0、0.3%、0.6%、1.0%和 2.0%）的基础日粮饲喂石斑鱼 9 周。结果表明，各组在采食量、肝体指数、脾脏指数及生存率方面均无显著性差异（$P>0.05$）。抗氧化分析表明，添加 MOS 后，石斑鱼总抗氧化能力（T-AOC）和超氧化物歧化酶（SOD）活性显著增加（$P<0.05$）；非特异性免疫评价表明，添加 MOS 后，石斑鱼呼吸氧爆发活性（RB）、酸性磷酸酶活性（ACP）和溶菌酶活性（LZM）显著增加（$P<0.05$）。此外，膳食 MOS 的补充增强了肠道的形态完整性、绒毛厚度、长度和宽度（$P<0.05$）。同时，在饲喂 MOS 的幼年石斑鱼的肠道和肝脏中，免疫相关基因白细胞介素-8（IL-8）、转化生长因子-β1（TGF-β1）和 Toll 样受体 3（TLR3）的表达上调。用哈维氏弧菌攻毒石斑鱼后，添加 0.6% MOS 组的攻毒后存活率明显高于对照组（$P<0.05$）。结果表明，日粮补充 MOS 并未改善石斑鱼幼鱼的生长性能和饲料利用率，但可以通过改善肠道形态，促进肠道健康和完整性，增强抗氧化能力和非特异性免疫，增加免疫相关基因表达，降低肠和肝细胞凋亡相关基因表达。

甘露寡糖是水产养殖中常见的提高动物健康和免疫力的益生元。然而，其最佳添加水平和对螃蟹免疫反应的影响目前尚不清楚。Lu 等[131]以中华绒螯蟹幼蟹为研究对象，探讨饲料中添加 MOS 的最佳水平及其对生长性能、抗氧化能力、非特异性免疫和肠道形态的影响。用对照饲料或添加 MOS（0.1%、0.2%、0.3%、0.4%、0.5%和 0.6%）的饲料喂养幼蟹[(2.95±0.05) g] 8 周。与对照组相比，0.3% MOS 组的中华绒螯蟹增重率、比生长率和饲料转化率均最好。饲喂 0.1%和 0.3%的 MOS 日粮后，螃蟹肠道溶菌酶和碱性磷酸酶活性高于其他日粮组。0.2%和 0.3% MOS 日粮比其他日粮组具有更高的抗氧化能力。此外，0.2%和 0.3% MOS 日粮对中华绒螯蟹肝胰腺免疫相关基因 Es-Toll-2 与 Es-Lec 等 mRNA 表达也有显著的上调作用。研究表明，添加 0.2%～0.3%的 MOS 可以提高中华绒螯蟹的生长性能，增强其抗氧化能力和免疫功能。

Li 等[132]研究了不同剂量（2.5 mg/g、5 mg/g 和 10 mg/g）菊粉和甘露寡糖对凡纳滨对虾生长速度、免疫相关基因表达和白斑综合征病毒抗性的影响。在 28 d 饲养试验结束时，发现用 5 mg/g 的膳食菊粉或 MOS 饲喂对虾，虾的比生长率（SGR）和 toll 样受体（TLRs）、信号转导子和转录激活子（STAT）、抗脂多糖因子（ALF）和前体氧化酶（proPO）等基因达到最大表达值。与个别处理相比，含复合益生元（5 mg/g 菊粉和 MOS）的日粮显著提高了凡纳滨对虾 TLRs、STAT 、proPO 的表达。此外，食用复合益生元的凡纳滨对虾，其免疫相关基因的表达显著增加，累积死亡率最低。研究表明，菊粉（5 mg/g）和 MOS（5 mg/g）联合应用能显著提高对虾的固有免疫应答和抗病性，是一种很有前途的太平洋白虾免疫刺激剂。

Wang 等[133]研究了甘露寡糖对凡纳滨对虾生长性能影响。在基础日粮中加入 0、0.02%、0.04%、0.08%和 0.16%的 MOS。试验期为 8 周。结果表明，日粮中的 MOS 改善了虾的生长性能和消化能力，提高了总超氧化物歧化酶、过氧化氢酶和谷胱甘肽过氧化物酶的活性，降低了对虾血浆中丙二醛的含量，提高了血浆中碱性磷酸酶和溶菌酶的活性以及血细胞数，提高了肠道黏液蛋白-2、黏液蛋白-5B 和黏液蛋白-19 的表达，而降低了肠道黏液蛋白-1 和巨噬细胞迁移抑制因子的表达。改善了细菌的多样性，增加了乳酸菌、双歧杆菌、布劳特菌和假单胞菌的丰度，并减少了肠道内弧菌的丰度。在副溶血性弧菌攻毒条件下，降低了虾的死亡率。因此，补充 MOS 的日粮增强了机体抗氧化能力和免疫力，提高了肠道免疫力，优化了肠道微生态，减轻了抗生素耐药程度，提高了对副溶血性弧菌的抵抗力。

(2) β-1,3-D-葡聚糖。饲料添加剂 β-1,3-D-葡聚糖的适用范围为水产养殖动物、犬、猫。Ji 等[134]研究了虹鳟饲粮中添加 β-葡聚糖（0、0.05%、0.1%和 0.2%）42 d 后，对其生长性能的影响，并在此基础上，对虹鳟感染嗜水气单胞菌的存活率及应激和免疫相关因子的调节过程进行分析。结果表明，较高的膳食 β-葡聚糖水平明显提高了鱼的比生长率（SGR）、增重（WG）和饲料效率（$P<0.05$）。β-葡聚糖组感染嗜水气单胞菌后存活率明显高于对照组（$P<0.05$）。β-葡聚糖组鱼血清总超氧化物歧化酶（T-SOD）、过氧化物酶（POD）和过氧化氢酶（CAT）活性及其在头肾中的 mRNA 表达普遍升高至较高水平。β-葡聚糖组血清溶菌酶（LSZ）及其在头肾中的表达比对照组提前达到高峰，β-葡聚糖组的谷草转氨酶（GOT）和谷丙转氨酶（GPT）水平显著低于对照组（$P<0.05$）。0.2% β-葡聚糖组热休克蛋白 70（HSP 70）的表达高峰较高，且出现时间早于其他组（$P<0.05$）。这些结果证实，0.1%和 0.2%的膳食 β-葡聚糖有利于促进虹鳟的生长以及增强对细菌的抗性。此外，β-葡聚糖可以更快地调节虹鳟的应激和免疫相关因子对抗细菌感染。

陈靖雯等[135]研究了饲料中添加 β-葡聚糖（BG）和热灭活乳酸菌（HK-LP）对泥鳅幼鱼生长性能、肠道脂肪酸组成及免疫功能的影响。采用 2×3 双因素设计，设 2 个 BG（0%和 1%）和 3 个 HK-LP（0.025%、0.05%和 0.1%）水平，选择初始均重为（0.17±0.01）g 的泥鳅幼鱼，分别投喂 6 种配合饲料，每种饲料 3 个重复。饲养期为 80 d。结果表明，在饲料中分别添加 BG 和 HK-LP 显著提高了泥鳅幼鱼的终末体重、增重率、特定成长率，显著降低了饲料转化率。添加 BG 显著降低了肠道脂肪酸中 C16：1 $n-7$ 与 C18：2 $n-6$ 的比率。BG、HK-LP 及两因素的相互作用均显著影响了体表黏液中碱性磷酸酶（AKP）活性，随着 BG 及 HK-LP 添加量的增加，溶菌酶（LZM）活性出现升高趋势。添加 1%BG 和 0.05%HK-LP 饲料，显著上调了热休克蛋白 HSP 70 和 HSP 90α 的表达水平。综上所述，饲料中添加 β-葡聚糖可以改善泥鳅幼鱼生长性能，其中，BG 1%的试验组对泥鳅幼鱼生长的促进作用最为显著。

Li 等[136]研究了在低盐度下添加 β-葡聚糖（0、0.01%、0.02%、0.04%）对凡纳滨对虾生长和健康的影响。试验期为 8 周。与对照组（0% β-葡聚糖）相比，0.02%和 0.04% β-葡聚糖组体重增加，肠道蛋白酶、淀粉酶、超氧化物歧化酶和谷胱甘肽过氧化物酶活性升高。添加 0.04% β-葡聚糖的凡纳滨对虾的肥满度高于对照组。添加 0.02% β-葡聚糖的凡纳滨对虾的肝胰脏淀粉酶活性高于对照组。膳食 β-葡聚糖可增加肝胰脏和肠组织 Toll 样受体与热休克蛋白 70 的 mRNA 表达，但降低肿瘤坏死因子-α和C-型凝集素 3 的 mRNA 表达。添加 0.04% β-葡聚糖降低了肠道微生物群落的丰富度和多样性。与对照组相比，添加 0.04% β-葡聚糖的凡纳滨对虾肠道中的芽孢杆菌、地杆菌和弧菌的数量增加，而黄杆菌和分枝杆菌的数量显著减少。研究表明，添加 0.02%～0.04%的β-葡聚糖能显著提高凡纳滨对虾的消化率、抗氧化能力和免疫力，从而提高其在低盐度下的生长性能和存活率。β-葡聚糖的这些有益作用可能与益生菌对肠道潜在病原体的优势有关。

（3）果寡糖。饲料添加剂果寡糖（FOS）的适用范围为养殖动物。张春暖等[137]研究了高温应激条件下果寡糖水平对团头鲂血液免疫和抗氧化指标的影响。将 360 尾体重（13.5±0.5）g 的团头鲂随机分为 3 组，3 组分别投喂含有果寡糖 0（对照）、0.4%和 0.8%的日粮。饲养 8 周后，用 34 ℃的高温对鱼进行高温应激试验，并采用比色法和酶联免疫吸附法对团头鲂血液免疫和抗氧化指标进行测定。结果表明，FOS 添加组的谷丙转氨酶（GPT）活性显著低于对照组（$P<0.05$）；0.4% FOS 组的 GPT 活性在应激后 24 h 显著低于对照组（$P<0.05$），0.4% FOS 组 AKP 活性在应激后 12 h 显著高于其余两组（$P<0.05$），0.4% FOS 组补体 3 和补体 4 活性在应激前显著高于对照组（$P<0.05$），0.4% FOS 组补体 C4 含量在应激后 3 h 和 6 h 时显著高于对照组（$P<0.05$），添加 FOS 后，超氧化物歧化酶（SOD）活性有升高趋势；过氧化氢酶（CAT）和总抗氧化酶（T-AOC）活性在高温应激后呈现先升高后降低的趋势，并在 6 h 时达到最大值；0.4% FOS 组 CAT 活性在应激前显著高于对照组（$P<0.05$），而该组 T-AOC 活性在应激后 3 h、6 h 显著高于对照组（$P<0.05$）；丙二醛（MDA）含量在应激后呈现上升的趋势，且 0.4% FOS 组在应激前和应激后 48 h 时显著低于其他两组（$P<0.05$）。研究表明，饲料中添加 0.4%的 FOS 能够提高团头鲂血液的免疫指标水平和抗氧化能力，增强团头鲂抗高温应激的能力。

王杰等[138]探讨了果寡糖对斜带石斑鱼生长性能和消化酶活性的影响。以斜带石斑鱼幼鱼［(18.13±0.02) g］为试验对象，试验分为 4 组：T1 组为对照组，饲喂基础饲料；T2 组饲喂添加 0.05%果寡糖的基础饲料；T3 组饲喂添加 0.1%果寡糖的基础饲料；T4 组饲喂添加 0.2%果寡糖的基础饲料。每组 3 个重复，每个重复 25 尾，连续养殖 56 d。结果表明，饲料中添加不同剂量的果寡糖能提高斜带石斑鱼的增重率和特定生长率。其中，T2 组石斑鱼增重率和特定生长率显著上升（$P<0.05$），说明果寡糖能提高斜带石斑鱼的生长性能。此外，饲料中添加不同剂量果寡糖均能提高石斑鱼肠道胰蛋白酶、淀粉酶和脂肪酶活性。其中，T3 组和 T4 组胰蛋白酶、淀粉酶和脂肪酶的活性显著上升（$P<0.05$）。总之，饲料中添加果寡糖能提高斜带石斑鱼的生长性能和肠道消化酶活性，并且这种效应与果寡糖添加剂量具有一定的相关性。

Hu 等[139]研究了低聚果糖对凡纳滨对虾生长性能、免疫功能和肠道优势菌群的影响。将虾［（1.82±0.01）g］分为 15 个储槽（每个储槽 25 只虾），分别饲喂阳性对照日粮（C0 组，含 250 g/kg 鱼粉和 285 g/kg 豆粕）、对照日粮（C 组，含 125 g/kg 鱼粉和 439 g/kg 豆粕），以及添加 1.0 g/kg FOS 的试验日粮（T1 组）、2.0 g/kg FOS（T2 组）和 4.0 g/kg FOS（T3 组）。在 6 周饲喂试验结束时，每组随机抽取 15 只虾进行分析。结果表明，对照组（C 组）的 FBW、WGR、SGR 和 SR 均较阳性对照组（C0 组）明显降低，而 FCR 和 FI 则显著升高。与阳性对照相比，对照组（C 组）胰蛋白酶和脂肪酶活性显著降低，SOD、AKP 和 ACP 活性显著降低。另外，与对照组相比，T1 组、T2 组和 T3 组的 SGR 显著提高，FCR 显著降低。此外，与对照组（C 组）相比，T3 组的脂肪酶和淀粉酶活性显著提高，而 GOT 和 GPT 活性随着 FOS 添加量的增加而显著下降。与对照组（C 组）相比，T2 组、T3 组 SOD 活性显著增强，MDA 含量显著降低，T3 组 AKP、ACP 活性显著提高。此外，饲粮 FOS 改善了对虾肠道微生物多样性，抑制了几种潜在的致病菌，如弧菌、副溶血弧菌和光杆菌。结果表明，FOS 可以减轻豆粕引起的副作用，并支持在虾日粮中使用 2.0～4.0 g/kg FOS，用豆粕部分替代鱼粉。

（4）低聚木糖。饲料添加剂低聚木糖（XOS）的适用范围为鸡、猪、水产养殖动物、犬、猫。Abasubong 等[140]研究了低聚木糖对高脂饲料鲤鱼生长性能和脂肪代谢的影响。将 192 尾鱼随机分为 6 组，每组 4 个重复，每个重复 8 尾，分别饲喂对照饲料、高脂饲料和添加 5 g/kg、10 g/kg、20 g/kg、30 g/kg XOS 的饲料，共 24 个鱼缸，饲养 8 周。添加 10 g/kg XOS 饲料的鱼最终体重、增重、比生长率和蛋白质利用率均高于对照组，而饲料转化率则呈相反趋势。喂食高脂饲料的鱼获得更高的肝体指数、腹部脂肪、能量摄入，而在高脂饲料中添加了 10～20 g/kg XOS 则有降低效果。在喂食高脂饲料的鱼中，脂蛋白脂酶的转录上调，而肉碱棕榈酰转移酶Ⅰ、过氧化物酶体增殖激活受体 α、酰基辅酶 a 氧化酶和 CD36 的转录下调。添加 10～20 g/kg XOS 的高脂饲料与对照组的趋势相反。综上所述，添加 XOS 对饲喂高脂饲料鲤鱼的生长性能和脂肪代谢有一定的促进作用。

陈晓瑛等[141]研究了饲料中添加低聚木糖对凡纳滨对虾消化酶活性、肠道形态及细菌数量的影响。试验选用平均体重为（0.67±0.02）g 的凡纳滨对虾幼虾 800 尾，随机分成 4 组，每组 4 个重复，每个重复 50 尾。对照组投喂基础饲料，试验组分别在基础饲料中添加 200 mg/kg、400 mg/kg 和 600 mg/kg XOS。试验期为 42 d。结果表明：①与对照组相比，试验组对虾肠道淀粉酶活性和肝胰腺蛋白酶活性显著提高（$P<0.05$），200 mg/kg 组肠道和肝胰腺蛋白酶活性、400 mg/kg 组肠道和肝胰腺脂肪酶活性、400 mg/kg 组胃中蛋白酶活性显著升高（$P<0.05$）。②与对照组相比，400 mg/kg 组对虾肝胰腺总蛋白含量、肠壁厚度和肠绒毛高度均显著升高（$P<0.05$）。③与对照组相比，试验组对虾肠道总菌和双歧杆菌数量显著升高（$P<0.05$），肠道弧菌数量显著降低（$P<0.05$）。由此可见，饲料中添加 XOS 能提高凡纳滨对虾幼虾消化酶活性，改善肠道形态，提高肠道总菌和双歧杆菌数量，降低弧菌数量。

Sun 等[142]研究了 XOS 对草鱼生长表现和肠道凋亡的影响。试验将 540 尾鱼分为 6 组，分别补充 0、0.002%、0.004%、0.006%、0.008%和 0.010%的 XOS。试验期为 60 d。结果表明，补充 XOS 改善鱼的生长性能，减少远端肠道细胞凋亡。

（5）壳聚糖。低聚壳聚糖的适用范围为猪、鸡、水产养殖动物、犬、猫，*N*，*O*-羧甲基壳聚糖的适用范围为猪、鸡。Chen 等[143]研究了壳聚糖对泥鳅生长性能和非特异性免疫功能的影响。将不同壳聚糖水平（1 g/kg、5 g/kg 和 10 g/kg）的饲料分为 3 组（每组 20 条），分别饲喂泥鳅［（3.13±0.0）g］10 周。与高浓度壳聚糖处理相比，低浓度或中等浓度的壳聚糖（1 g/kg 或 5 g/kg）处理显著增加体重、比生长率和肥满度。壳聚糖可以提高泥鳅的存活率，提高酚氧化酶、超氧化物歧化酶、谷胱甘肽过氧化物酶、溶菌酶、酸性磷酸酶和碱性磷酸酶活性，提高免疫球蛋白 M 和补体 3 含量以及对嗜水气单胞菌的抗病性。泥鳅生长最适所需壳聚糖日粮用量为 5 g/kg。研究表明，壳聚糖对泥鳅具有免疫刺激作用，可作为饲料添加剂在其养殖中使用。

肖艳翼等[144]在基础饲料中分别添加浓度为0 g/kg（对照组）、1.25 g/kg、2.5 g/kg、5 g/kg、7.5 g/kg和10 g/kg的壳聚糖，投喂12 g左右的俄罗斯鲟50 d，每组3个重复，每个重复30尾，研究了不同浓度的壳聚糖对俄罗斯鲟幼鱼生长性能及免疫力的影响。结果表明，与对照组相比，添加2.5 g/kg和5 g/kg的壳聚糖可显著提高俄罗斯鲟幼鱼的增重率与特定生长率，降低饲料转化率（$P<0.05$），而当添加量超过10 g/kg时，会抑制其生长（$P<0.05$）；1.25 g/kg和2.5 g/kg组血清超氧化物歧化酶活性显著高于对照组（$P<0.05$），其他试验组则显著低于对照组（$P<0.05$）；2.5 g/kg和5 g/kg组溶菌酶活性显著高于对照组，当壳聚糖添加量超过7.5 g/kg时，则会抑制血清溶菌酶活性（$P<0.05$）；1.25 g/kg和5 g/kg组酸性磷酸酶活性、碱性磷酸酶活性和补体C3含量都显著高于对照组（$P<0.05$）；在本试验条件下，添加适量的壳聚糖能提高俄罗斯鲟幼鱼的生长性能，增强其免疫能力。以增重率、特定生长率及非特异性免疫为综合评价指标，壳聚糖添加量以2.5 g/kg为宜。

（6）半乳甘露寡糖。饲料添加剂半乳甘露寡糖的适用范围为猪、肉鸡、兔、水产养殖动物。王锐等[145]以异育银鲫幼鱼为试验对象，研究不同水平半乳甘露寡糖对其生长性能和非特异性免疫的影响。在基础饲料中分别添加0（对照组）、0.1%、0.2%和0.3%的半乳甘露寡糖，每组3个重复，每个重复40尾。试验鱼体初始体重为1.03 g左右，每天饱食投喂2次，饲养10周。结果表明，在基础饲料中添加0.2%半乳甘露寡糖能显著提高异育银鲫幼鱼的增重率和特定生长率（$P<0.05$），降低饵料系数（$P<0.05$），同时能够显著提高鱼体的非特异性免疫功能（$P<0.05$）。

4.2.4.2 我国尚未批准在水产养殖动物饲料中使用的多糖和寡糖的应用研究进展

（1）壳寡糖。饲料添加剂壳寡糖（COS）的适用范围为猪、鸡、肉鸭、虹鳟、犬、猫。Meng等[146]通过50 d饲养试验，研究了5种不同水平的壳寡糖（0 g/kg、0.1 g/kg、0.2 g/kg、0.4 g/kg和0.8 g/kg）对罗非鱼生长性能、血清参数、体成分和非特异性免疫的影响。将600尾鱼分为5组，每组4个重复，每个重复30尾。结果表明，日粮中添加0.4 g/kg或0.8 g/kg COS显著提高了鱼的最终体重、比生长率、饲料利用率和蛋白质利用率（$P<0.05$）。补充COS对血清白蛋白、球蛋白和葡萄糖含量无显著影响，但对血清总蛋白、胆固醇和甘油三酯的升高趋势有显著影响。免疫应答试验表明，日粮中添加0.4 g/kg或0.8 g/kg COS可显著提高细胞的吞噬活性、血清杀菌活性和溶菌酶活性（$P<0.05$）；0.4 g/kg和0.8 g/kg COS之间无显著差异（$P>0.05$）。总之，添加0.4 g/kg和0.8 g/kg COS显著提高了罗非鱼的生长性能和非特异性免疫，建议在日粮中添加0.4 g/kg壳寡糖。

Zhang[147]研究了3种不同水平壳寡糖（1 g/kg、3 g/kg和5 g/kg）对泥鳅生长性能、体成分、肠道消化酶、抗氧化性能以及对嗜水气单胞菌的反应和抗性的影响。基本日粮不添加COS作为对照组。饲养60 d后，壳寡糖组泥鳅生长性能、肠道消化酶活性、体蛋白含量和总多不饱和脂肪酸、抗氧化反应高于对照组。泥鳅最大生长所需饲料COS的剂量是3 g/kg。结果表明，日粮中添加COS可提高泥鳅生长性能、改善机体组成、改善机体代谢等，同时提高泥鳅肠道消化酶、抗氧化反应及对嗜水气单胞菌的抗性，因此可以作为泥鳅饲料的补充。

苏鹏等[148]研究了壳寡糖对红鳍东方鲀血清和血液生化指标及非特异性免疫指标的影响，选用体量为（129.2±3.1）g的红鳍东方鲀600尾，随机分为C0、C1、C2、C3共4组，每组设3个平行。在基础饲料中分别添加0 mg/kg、500 mg/kg、1 000 mg/kg、

2 000 mg/kg 的壳寡糖，经 56 d 饲养后，测定其血液指标、抗氧化酶活性及其攻毒耐受性。结果表明，饲料中添加壳寡糖能显著提高血清中碱性磷酸酶、溶菌酶、过氧化氢酶、超氧化物歧化酶活性和全血中血小板数量（$P<0.05$），各项指标随着壳寡糖添加量的增加而整体呈升高趋势；饲料中添加壳寡糖能显著提高红鳍东方鲀肝脏组织中过氧化氢酶、超氧化物歧化酶活性（$P<0.05$），显著降低丙二醛含量（$P<0.05$）；壳寡糖能明显提高红鳍东方鲀对迟缓爱德华氏菌和哈维弧菌的抵抗力。研究表明，在本试验条件下，饲料中添加 2 000 mg/kg 壳寡糖能够提高红鳍东方鲀的非特异性免疫功能。

Rahimnejad 等[149]研究了在低鱼粉日粮中添加壳寡糖对太平洋白虾生长、免疫反应、肠和肝胰组织学以及炎症和免疫相关基因表达的影响。以鱼粉（FM）和豆粕（SM）为主要蛋白质来源配制基础日粮，并添加 0 g/kg、0.3 g/kg、0.6 g/kg、0.9 g/kg、1.2 g/kg、1.5 g/kg COS，设立 LFM 组、COS3 组、COS6 组、COS9 组、COS12 组和 COS15 组。试验期为 8 周。试验结束时，各处理组间白虾生长和成活率均无显著性差异（$P>0.05$）。FM 替代导致血清溶菌酶活性显著降低（$P<0.05$），添加 0.3 g/kg 或 0.6 g/kg COS 可显著提高 LFM 日粮的溶菌酶活性。LFM 组超氧化物歧化酶和谷胱甘肽过氧化物酶活性均高于 HFM 组，COS 的应用使其进一步增强。LFM 组肝胰腺总抗氧化能力和碱性磷酸酶活性降低，而 COS 的添加提高了其值。溶菌酶、抗菌肽、Pen3 和 proPo 基因在 0.3～0.9 g/kg COS 组肝胰腺中的表达显著上调。FM 替代能增强肝胰腺和肠中 HSP70、炎症基因（如 AIF 和 TNF）的表达，而 COS 适度降低了它们的表达水平。与 LFM 组相比，COS 组虾肝胰腺小管内的 E 细胞数量更高。研究表明，COS 可以增强太平洋白虾的非特异性免疫应答和抗氧化活性，并改善高 SM 日粮对其肠道和肝胰腺健康的负面影响。

黄钦成等[150]研究了饲料中分别或联合添加壳寡糖和霉菌毒素吸附剂（mycotoxins adsorbent）对凡纳滨对虾肠道黏膜形态及菌群结构的影响。在基础饲料（对照组）中分别添加 250 mg/kg COS、2 500 mg/kg 霉菌毒素吸附剂、250 mg COS+2 500 mg/kg 霉菌毒素吸附剂（组号为 C0、C0.25、M2.5、C0.25+M2.5），投喂初重（0.23±0.02）g 的凡纳滨对虾 8 周。结果表明，COS 与霉菌毒素吸附剂联合使用有助于改善肠道形态学指标，C0.25+M2.5 组绒毛高度显著大于 C0 组、C0.25 组（$P<0.05$），绒毛宽度显著大于 M2.5 组（$P<0.05$），肌层厚度显著大于其他各组（$P<0.05$）。高通量测序结果表明，肠道菌群主要为变形菌门、厚壁菌门和拟杆菌门，C0.25+M2.5 组变形菌门细菌含量最低，且厚壁菌门细菌含量最高，各组拟杆菌门细菌均升高，C0 组含量最低。在属水平上，C0.25+M2.5 组弧菌属、发光杆菌属细菌含量均有效减少；C0.25+M2.5 组发光杆菌属细菌含量最低，假交替单胞菌属细菌含量最高。250 mg/kg COS 和 2 500 mg/kg 霉菌毒素吸附剂联合添加对菌群丰富度无显著影响，但优化了肠道形态学指标及肠道菌群结构，提升了肠道健康，效果优于单一添加组。

施斐等[151]研究了壳寡糖对虎龙斑生长、免疫剂肠道菌群的影响。在基础饲料中分别添加 0 mg/kg（对照组）、100 mg/kg、200 mg/kg、400 mg/kg、800 mg/kg、1 600 mg/kg 的壳寡糖，投喂虎龙斑 4 周。结果表明，壳寡糖显著提高石斑鱼的增重率，降低饲料转化率，提高免疫相关基因表达水平（$P<0.05$），激活炎症因子 TNF-α、IL-13、TGF-β1、TOR、TLR3 的表达，提高 GPx、CAT、MnSOD 的表达来改善抗氧化能力，并增加紧密连接蛋白 ZO-1、ZO-2、ZO-3、Claudin-3α 的表达，800 mg/kg 组的益生菌所占丰度增加，但对肥满度和存活率无显著影响。此外，使用哈维弧菌攻毒 7 d 后，800 mg/kg 组的累

积死亡率显著低于对照组和其他试验组（$P<0.05$）。综上所述，壳寡糖能促进虎龙斑的生长、提高免疫力、改善肠道菌群和肠道形态、增强抗病力。

陈嘉俊等[152]研究了壳寡糖对珍珠龙胆石斑鱼非特异性免疫能力的影响。在基础饲料中分别添加0 mg/kg（对照组）、200 mg/kg、400 mg/kg和800 mg/kg的壳寡糖，投喂珍珠龙胆石斑鱼4周。结果表明，壳寡糖显著提高珍珠龙胆石斑鱼谷胱甘肽过氧化物酶、溶菌酶、过氧化氢酶、碱性磷酸酶、谷草转氨酶和谷丙转氨酶酶活性，提高头肾占比。壳寡糖能通过NF-κB细胞通路抑制炎症因子mRNA的表达，同时显著抑制细胞凋亡相关基因的表达。由此可见，壳寡糖可促进珍珠龙胆石斑鱼的生长，提高其非特异性免疫。

（2）褐藻酸寡糖。饲料添加剂褐藻酸寡糖的适用范围为肉鸡、蛋鸡。潘金露等[153]在基础饲料中分别添加0、0.02%、0.05%、0.20%、0.50%的褐藻酸寡糖，饲喂体重为（17.61±0.16）g的大菱鲆70 d，研究了褐藻酸寡糖对大菱鲆肠道结构、消化酶活性及表观消化率的影响。结果表明：①褐藻酸寡糖处理组的肠道微绒毛长度与对照组相比差异无统计学意义（$P>0.05$），肠道皱襞高度与对照组相比差异无统计学意义（$P>0.05$），杯状细胞大于对照组（$P<0.05$）；②饲料中添加褐藻酸寡糖对大菱鲆肠道内蛋白酶和淀粉酶活性影响无统计学意义（$P>0.05$），0.02%和0.05%褐藻酸寡糖试验组中的脂肪酶活性与对照组相比差异有统计学意义（$P<0.05$）；③褐藻酸寡糖对饲料干物质消化率、蛋白质消化率以及脂肪消化率影响无统计学意义（$P>0.05$）。在大菱鲆饲料中添加褐藻酸寡糖可使肠道杯状细胞增大，促进肠道脂肪酶活性，但对肠绒毛长度、皱襞高度、淀粉酶活性、蛋白酶活性、表观消化率无影响。

（3）海带来源多糖。林建斌等[154]探究了海带多糖对珍珠龙胆石斑鱼生长性能和免疫力的影响。在石斑鱼膨化颗粒配合饲料中添加0.6%海带多糖投喂平均体重为（275.55±29.79）g的珍珠龙胆石斑鱼，结合养殖场实际生产，试验组和对照组各设2处面积为30 m^2水泥池，每处放养约1 800尾。在封闭式循环水饲养系统饲养66 d。结果表明，添加海带多糖试验组的增重率比对照组提高29.03%（$P<0.05$），特定生长率提高23.88%（$P<0.05$），饲料转化率降低15.20%（$P<0.05$）；试验组石斑鱼每增重1 kg的饲料成本比对照组减少1.96元，饲料成本降低12.54%；试验组与对照组石斑鱼肌肉营养成分差异不显著（$P<0.05$）；试验组珍珠龙胆石斑鱼免疫活性（碱性磷酸酶、溶菌酶、总超氧化物歧化酶）比对照组显著提高（$P<0.05$）。研究表明，海带多糖具有提高珍珠龙胆石斑鱼生长性能、增强机体免疫力的作用。

李文武等[155]研究了海带多糖对石斑鱼生长性能及胃肠道酶活性的影响。试验选用120尾平均体重为（90±2.6）g的石斑鱼，随机分为4组，每组2个重复，每个重复15尾，分别投喂海带多糖水平为0（CK组）、0.5%（F1组）、1.0%（F2组）和1.5%（F3组）的试验软颗粒料。经过48 d的饲养期，测定其生长性能、胃肠蛋白酶、麦芽糖酶、乳糖酶和蔗糖酶的活性。结果表明，F1组和F2组的末均体重（FAW）、增重率（WGR）、鱼体丰满度（CF）均显著高于CK组（$P<0.05$），饲料转化率（FCR）均极显著或显著低于CK组（$P<0.01$或$P<0.05$）；F1组的内脏比和肝体比（HSI）也显著高于CK组（$P<0.05$）。F1组胃肠蛋白酶及麦芽糖酶活性均极显著高于CK组（$P<0.01$），F1和F2组中肠段乳糖酶活性均显著高于CK组（$P<0.05$），与CK组相比，试验组各肠段蔗糖酶活性虽有提高，但大体无显著差异（$P>0.05$）。可见，饲料中添加0.5%的海带多糖时，可明显改善斜带石斑鱼生长性能和提高消化酶活性。

（4）黄芪多糖。在水产饲料中添加免疫促进剂是提高水产养殖动物健康水平、替代抗生素的有效途径。Sun 等[156]研究了黄芪多糖（APS）对大菱鲆的潜在应用作用。在基础日粮（CON）中添加两种水平的 APS（50 mg/kg 和 150 mg/kg），并进行为期 63 d 的生长试验[初始体重（10.13±0.04）g]。结果表明，APS 组生长性能有明显改善。此外，150 mg/kg 的 APS 显著提高了肝脏总抗氧化能力（T－AOC）、谷胱甘肽过氧化物酶（GSH－Px）和溶菌酶活性。同时，APS 诱导 *tlr5α*、*tlr5β*、*tlr8* 和 *tlr21* 等 toll 样受体（TLRs）mRNA 表达，同时降低 *tlr3* 和 *tlr22* 的表达。APS 组炎性基因髓样分化因子 88、核因子 p65、促炎性细胞因子肿瘤坏死因子－α、白细胞介素－1β 表达上调，抗炎性细胞因子转化生长因子－β 表达下调。研究表明，黄芪多糖能显著提高大菱鲆的生长性能、抗氧化能力和维持机体的主动免疫应答。

Wu[157]研究了黄芪多糖（AMP）对鲫鱼生长及先天免疫的影响。将鲫鱼随机分为对照组（基础日粮喂养）和 3 组试验组（在基础日粮中分别添加 50 mg/kg、100 mg/kg 和 150 mg/kg 的 AMP）。饲养 60 d 后，称重各组鲫鱼，测定其免疫指标。每组的另一批鲫鱼注射 0.15 mL 嗜水气单胞菌（1×10^7 CFU/mL）。低、中剂量 AMP 组鲫鱼增重、饲料转化率、比生长率和消化酶活性均高于对照组。与对照组相比，AMP 组的存活率和碱性磷酸酶水平显著提高，但谷氨酸草酰乙酸转氨酶、谷氨酸丙氨酸转氨酶和血清细菌数较低。鲫鱼最大生长所需的日粮 AMP 为 100 mg/kg。综合分析，AMP 能促进鲫鱼生长，提高其抗病性。

（5）地黄多糖。Feng 等[158]研究了饲喂地黄多糖（RGP－1）对鲤鱼免疫调节特性、抗氧化活性和抗嗜水气单胞菌的影响。纯化的 RGP－1（250 μg/mL、500 μg/mL 和 1 000 μg/mL）与鲤鱼头肾细胞共培养，测定头肾细胞的增殖和吞噬活性、培养液中一氧化氮（NO）和细胞因子的浓度。体内试验，将 300 尾普通鲤鱼（47.66±0.43）g 随机分为 5 组，2 个对照组（阴性和阳性）给予无菌 PBS，3 个处理组分别给予不同浓度的 RGP－1（250 μg/mL、500 μg/mL 和 1 000 μg/mL）7 d。随后，阳性组和处理组感染嗜水气单胞菌，阴性组给予无菌 PBS 24 h，测定血清 NO、细胞因子、溶菌酶（LZM）、碱性磷酸酶（AKP）、总抗氧化能力（T－AOC）、丙二醛（MDA）、谷胱甘肽（GSH）水平，测定鲤鱼肝胰脏超氧化物歧化酶（T－SOD）、过氧化氢酶（CAT）和谷胱甘肽过氧化物酶（GSH－Px）的总活性。结果表明，RGP－1 除了在体外诱导 NO、促炎性细胞因子（TNF－α、IL－1β、IL－6、IL－12）和抗炎性细胞因子（IL－10、TGF－β）的产生外，还能显著提高细胞的增殖和吞噬活性（$P<0.05$）。体内试验结果表明，与阴性组相比，RGP－1 显著提高了 NO、促炎细胞因子（TNFα、IL－1β、IL－6、IL－12）、LZM 和 AKP 的水平，以及抗氧化物（T－AOC、SOD、CAT、GSH、GSH－Px 和 MDA）的含量（$P<0.05$）。嗜水气单胞菌感染后，NO、促炎细胞因子、LZM 和 AKP 活性均显著低于阳性组（$P<0.05$）。无论感染与否，RGP－1 处理组的抗炎细胞因子（IL－10、TGF－β）表达均显著升高（$P<0.05$）。因此，RGP－1 可以提高鲤鱼的非特异性免疫、抗氧化和抗嗜水气单胞菌活性，是一种安全有效的水产饲料添加剂。

（6）当归多糖。谭连杰等[159]研究了当归多糖对卵形鲳鲹幼鱼生长性能、肝脏抗氧化能力、血清免疫指标和血清生化指标的影响。配制 6 种饲料，当归多糖的质量分数分别为 0

（对照组）、0.05%、0.10%、0.20%、0.40%和0.80%。挑选体重为（4.99±0.08）g的卵形鲳鲹幼鱼随机分为6组，每组3个重复，每个重复20尾，放于池塘网箱中喂养，每天饱食投喂2次，为期8周。结果表明，各组末重、增重率和特定生长率差异不显著（$P>0.05$）。0.10%组肝脏超氧化物歧化酶活性和总抗氧化能力显著高于对照组（$P<0.05$）；0.10%组和0.20%组血清补体3、补体4含量显著高于对照组（$P<0.05$）；0.10%组血清溶菌酶活性显著高于对照组（$P<0.05$）；0.10%组血清胆固醇、甘油三酯含量和谷草转氨酶活性显著低于0.40%组、0.80%组和对照组（$P<0.05$）。结果表明，当归多糖能显著提高卵形鲳鲹幼鱼的抗氧化能力，增强机体免疫力，但促生长的作用不显著。卵形鲳鲹幼鱼饲料中当归多糖的适宜添加量为0.10%。

（7）香菇多糖。黄小丽等[160]在基础饲料中分别添加0 g/kg、0.8 g/kg、1.2 g/kg、1.6 g/kg、2.0 g/kg、2.4 g/kg的香菇多糖，连续饲喂体重为（40.0±0.5）g的建鲤49 d后，研究了香菇多糖对幼建鲤主要肠道菌群数量及部分非特异性免疫指标的影响。结果表明，饲喂各试验剂量的香菇多糖均能极显著地提高幼建鲤的白细胞杀菌活性和血清中的溶菌酶活性（$P<0.01$）；饲喂1.6 g/kg（饲料）及以上剂量的香菇多糖，可使幼建鲤前、中、后肠中的乳酸杆菌和双歧杆菌数量较对照组极显著增加（$P<0.01$），且以2.4 g/kg（饲料）剂量组的刺激效果较佳；饲喂1.2 g/kg（饲料）及以上剂量的香菇多糖，可使幼建鲤前、中、后肠中的大肠杆菌和嗜水气单胞菌数量较对照组极显著减少（$P<0.01$），分别以2.0 g/kg、2.4 g/kg（饲料）剂量组的刺激效果较佳。

（8）枸杞多糖。谭连杰等[161]研究了枸杞多糖对卵形鲳鲹生长性能、抗氧化能力及血清免疫、生化指标的影响。选取平均体重为（7.45±0.06）g的卵形鲳鲹幼鱼360尾，随机分为6组，每组3个重复，每个重复20尾，分别饲喂枸杞多糖含量为0（对照）、0.05%、0.10%、0.20%、0.40%和0.80%的6种饲料。试验期为8周。各组末重、增重率和特定生长率差异不显著（$P>0.05$）。0.10%和0.20%组肝脏超氧化物歧化酶活性显著高于对照组（$P<0.05$），丙二醛含量显著低于对照组（$P<0.05$）。0.10%、0.20%、0.40%和0.80%组肝脏过氧化氢酶活性显著高于对照组（$P<0.05$）。0.10%组肝脏谷胱甘肽过氧化物酶活性和总抗氧化能力显著高于对照组（$P<0.05$）。0.10%组血清补体3和补体4含量均显著高于对照组（$P<0.05$）。0.10%和0.20%组血清溶菌酶活性显著高于对照组（$P<0.05$）。0.10%组和0.20%组血清葡萄糖含量显著低于0.05%组和对照组（$P<0.05$）。0.10%组、0.20%组和0.40%组血清胆固醇含量显著低于0.05%组和对照组（$P<0.05$）。0.10%组血清甘油三酯含量显著低于0.05%组和对照组（$P<0.05$）。0.10%组和0.20%组血清高密度脂蛋白含量显著高于对照组（$P<0.05$），低密度脂蛋白含量显著低于对照组（$P<0.05$）。因此，枸杞多糖可以显著提高卵形鲳鲹的抗氧化能力和免疫力，而促生长的作用不显著。卵形鲳鲹幼鱼饲料中枸杞多糖的适宜添加量为0.10%。

4.3 国外相关研究进展

根据近5年发表的多糖和寡糖相关研究论文，全球关于多糖和寡糖的研究有较快的发展。前10位的国家分别是美国、中国、伊朗、巴西、日本、加拿大、德国、英国、西班牙、澳大利亚，上述10个国家在多糖和寡糖相关主题中的发文量占总量的75.38%。而国外相关研究多集中在低聚壳聚糖（壳寡糖）、甘露低聚糖（甘露寡糖）、低聚木糖（木寡糖）和果寡糖等。

4.3.1 猪饲料中多糖和寡糖的应用研究进展

（1）壳寡糖。Suthongsa 等[162]研究了添加 COS 对断奶仔猪生长性能、营养物质消化率和小肠功能的影响，作为断奶后抗生素的有效替代品。在试验中，断奶仔猪被分为 5 组（每组 13～14 头），分别接受基础日粮、75 mg/kg、150 mg/kg、225 mg/kg COS 的补充日粮，或 110 mg/kg 林可霉素的补充日粮。试验期为 56 d。在试验第 28 d 和第 56 d，分别测定了生长、饲料效率、血液学和生化特性、养分回肠消化率、小肠形态和隐窝细胞增殖。在试验第 28 d，添加 150 mg/kg COS 或 110 mg/kg 林可霉素的猪表现出：①回肠可消化量持续增加（如粗蛋白、粗脂肪、灰分、钙和磷）。②吸收能力增加（例如，3 个肠段的绒毛高度和绒毛高度与隐窝深度的比值增加）；第 56 d，150 mg/kg COS 细胞分裂活跃（十二指肠和空肠隐窝细胞的 Ki－67 标记物显示）（$P<0.05$）。这些数据表明，150 mg/kg 的 COS 可能是一种有益的膳食补充剂，可以促进营养吸收和消化。

Oliveiral 等[163]研究了壳寡糖（COS）对断奶仔猪生产性能、腹泻指数、内脏特征和形态的影响。72 头 23 日龄断奶仔猪［体重为（7.51±1.35）kg］被随机分成 4 组，分别在基础饮食中添加 0 mg/kg、50 mg/kg、100 mg/kg、150 mg/kg COS。24 头仔猪在 31 日龄时屠宰，体重为（11.01±1.25）kg，进行内脏形态测量评价。结果表明，较高剂量的 COS 导致大肠重量、空肠绒毛高度、空肠和回肠隐窝深度绝对值较高，回肠绒毛高度与隐窝深度的比值较高。高浓度的 COS 可使回肠嗜酸性粒细胞数量增加。一般来说，COS 含量的增加可以改善小猪肠道固有层的肠道形态和活化的体细胞，但对这些动物的生产性能没有影响。综合所有研究参数，在本试验条件下，饲料中添加 100 mg/kg 的 COS 水平是最有效果的。

（2）果寡糖。在母猪饲料中添加低聚糖有利于后代的生长。然而，给哺乳仔猪喂食低聚糖的研究很少。因此，Ayuso 等[164]研究了日粮中添加短链低聚果糖（scFOS，1 g/d）对低（LBW）、正常（NBW）和高（HBW）出生体重仔猪从出生到 7～21 日龄的影响。分别于出生时（0 d）、第 7 d、断奶时（21.5 d）、断奶后 2 周（36.5 d）测定粪便和食糜的相关参数、肠道菌群以及短链脂肪酸组成。在第 36.5 d 分析反映肠道健康的其他参数（肠道完整性和形态学、黏膜免疫系统）。大多数参数随着仔猪的年龄而变化，或者随着仔猪的出生体重而变化。喂食 scFOS 可使哺乳仔猪体重增加 1 kg，断奶后死亡率降低 100%。治疗组 IgG 水平、微生物组成及发酵活性无明显差异。此外，通过测定肠道通透性和再生能力来判断肠道完整性，治疗组之间相似。肠道结构（绒毛高度、隐窝深度）也不受 scFOS 的影响。检测免疫系统相关基因（IL－10、IL－1β、IL－6、TNFα 和 IFNγ）以评估黏膜免疫功能。仔猪接受 scFOS 7 d，只有 IFNγ 表达被上调。添加 scFOS 可以改善仔猪体亶和降低断奶后死亡率，证明 scFOS 对仔猪健康和恢复力有积极影响。然而，这些影响的作用机制尚未完全清楚。

（3）β－葡聚糖和甘露寡糖。Phan 等[165]研究了饲料中添加 β－葡聚糖和甘露寡糖（BG＋MOS）对断奶仔猪生长性能、粪便细菌数量及免疫应答的影响。将 288 头断奶仔猪随机分为 3 组，每组 8 个重复，每个重复 12 头。第一组，作为对照，饲喂商业化的基础保育饲料。

第二组和第三组分别饲喂同一日粮中添加 BG+MOS 1 kg/t 和 2 kg/t 的饲料。分别于试验第 1 d、第 21 d、第 42 d 计算增重（WG）、日增重（ADG）、日采食量（ADFI）和饲料转化率（FCR）。分析血液样本中白细胞介素-1（IL-1）、白细胞介素-6（IL-6）和肿瘤坏死因子-α（TNF-α）。测定粪便中总菌数、总大肠菌群浓度、乳酸菌浓度和乳酸菌与大肠菌群的比例（L∶C）。结果表明，第二组和第三组在第 1～21 d 具有较好的 WG、ADFI 和 ADG。然而，在第 21～42 d 和第 1～42 d，各组之间的生长表现没有显著差异。在整个试验过程中，各组之间的 FCR 并无不同。补充 BG+MOS 组粪中总细菌和大肠菌群浓度均有所降低，但乳酸菌浓度和 L∶C 值均有所增加。在试验的前 3 周，观察到补充 BG+MOS 的两组在减少腹泻发病率方面的程度相似。第 42 d，第三组猪的 PRRS 抗体反应明显高于对照组。各组间血清 IL-1、IL-6、TNF-α 均无统计学差异。研究表明，补充 BG+MOS 有利于 1～21 日龄断奶仔猪的生长性能、粪便细菌数量平衡和减少腹泻的发生。

（4）药用植物源低聚糖。Borah 等[166]研究了药用植物源低聚糖对杂交猪生长发育的影响。选用 24 头阿萨姆猪杂交仔猪［（12±0.81）kg］，随机分为 4 组，分别饲喂基础日粮（对照组）以及在基础日粮中添加中草药低聚糖 0.1%（T-1）、0.2%（T-2）和 0.3%（T-3）。在 182 d 的饲养试验中，各处理组的总体重、平均日增重和饲料转化效率在采食量方面均显著高于对照组（$P<0.05$）。DM、OM、CP、CF、EE 和 NFE 的消化率在 3 组间差异显著（$P<0.05$）。结果表明，添加 0.2%的药用植物源低聚糖产品对仔猪的生长性能和养分利用率均有一定的促进作用。

4.3.2 家禽饲料中多糖和寡糖的应用研究进展

（1）壳寡糖。Osho 等[167]通过饲喂地塞米松（DEX）诱导应激试验模型，研究了日粮中添加壳寡糖（COS）对雄性肉鸡生长性能、营养物质消化率、空肠形态、基因表达和血浆抗氧化酶活性的影响。按完全随机分组设计，将雄性肉仔鸡分成 2 组，分别添加 0 g/kg 和 1 g/kg 的 COS，从出壳后饲喂到第 27 d。在每种饲料（0 g/kg 或 1 g/kg COS）中混合饲喂，并从出壳后 20～27 d，在每种饲料中添加 0 g/kg 或 1 g/kg DEX。COS 和 DEX 每个因子 2 个水平，每笼 7 只，重复 8 个笼。出壳后第 27 d，对雏鸡进行称重和安乐死，采集样本。饲料中添加 COS 可以降低 DEX 诱导的体重，体重增重和肉料比改变（$P<0.05$）。饲料中添加 COS 可以减弱地塞米松对绒毛高度、隐窝深度、绒毛高度与隐窝深度的比值、干物质和能量的回肠消化率的影响（$P<0.05$）。饲料中添加 COS 可降低地塞米松诱导的空肠黏膜 IL-6、IL-10 和 claudin-1 相关 mRNA 表达（$P<0.05$）。壳寡糖增加了 DEX 引起的血浆超氧化物歧化酶、过氧化氢酶和谷胱甘肽过氧化物酶活性改变。壳寡糖增加 IL-8 和闭塞素 mRNA 的表达（$P<0.05$）。综上所述，饲粮中添加壳寡糖可以通过改善肉鸡的生长性能、营养物质消化率、空肠形态、基因表达和血浆抗氧化酶活性来降低地塞米松诱导效应。研究表明，饲粮中添加 COS 可能有助于改善应激对肉鸡肠道健康的负面影响。

Yousefi 等[168]研究了铁源性壳寡糖（Fe-CNP）对肉鸡细菌性软骨坏死及骨髓炎（BCO）发病的影响。将 480 只雏鸡（罗斯 308）分为 4 组，每组 6 个重复，每个重复 20 只。试验期为 42 d。除对照组之外，试验组为 10 mg/kg Fe 组（来自 Fe-CNP，Fe-CNP 组）、20 mg/kg Fe 组（来自 $FeSO_4$，$FeSO_4$ 组）、20 mg/kg Fe（来自 $FeSO_4$）+CNP 组（$FeSO_4$+CNP 组）。结果表明，与对照组相比，所有铁添加组的生产效率、体重增加和 FCR 均有显著提高（$P<0.05$）。各组间采食量差异无显著性（$P>0.05$）。Fe-CNP 组血清肿瘤坏死因子-α（TNF-α）水平显著降低，而血清免疫球蛋白 G（IgG）水平显著升高（$P<0.05$）。肉鸡在第 42 d 步态评分（GS≥3）、受损的发生率在饮食治疗组之间没有显著差异（$P>0.05$）。对肉仔鸡的评价结果表明，Fe-CNP 的步态受损程度比对照组更低（$P<0.05$）。添加 $FeSO_4$ 可显著提高股骨和胫骨病变百分率（$P<0.05$）。肉鸡下肢评定结果表明，Fe-CNP 组和对照组的正常股骨（NF）发生率较高，过渡性股骨坏死（FHT）和全股骨病变发生率较低（$P=0.05$）。饮食处理对股骨头坏死（FHN）和 FHS 无显著影响（$P>0.05$）。总的来说，补充 Fe-CNP 通过改善免疫系统，降低了肉鸡的 BCO 发病率。

（2）甘露低聚糖。使用甘露低聚糖（MOS）替代抗生素可以减少肉鸡小肠内的病原菌数目。Putri 等[169]研究了椰子干粉中提取的 MOS 对肉鸡肠道微生物种群和血液参数的影响。选取 150 只平均体重为（46.00±1.41）g 的 35 日龄公肉鸡为试验对象，研究了不同日龄公肉鸡的生长发育规律。试验采用完全随机设计，分为 3 组，每组 5 个重复，每个重复 10 只。日粮处理包括对照日粮（玉米-豆粕型日粮，不添加抗生素和益生菌）、对照日粮＋0.1%抗生素班贝霉素、对照日粮＋0.035% MOS。在前 4 周，给这些鸡喂食处理饲料，接着是饲喂 2 周的商业饲料。研究观察的参数是肠道微生物数量和血相指标。结果表明，0.035%MOS 与抗生素相比能提高乳酸菌（LAB）数（$P<0.05$），但与对照组相比无显著性差异（$P>0.05$）。MOS 和抗生素治疗组的总大肠菌群高于对照组。日粮中添加 0.035% MOS 提高肉仔鸡白细胞水平，这对肉仔鸡的免疫反应有重要意义。鸡血象水平在正常范围内，使用该饲料是安全的。

（3）低聚木糖。Craig 等[170]研究了日粮中添加木聚糖酶或低聚木糖（XOS）对肉仔鸡生长性能、回肠中非淀粉多糖（NSP）水解产物浓度、盲肠中短链脂肪酸（SCFA）浓度的影响。在这项为期 29 d 的研究中，共选用 500 只罗斯 308 肉公鸡。采用 2 种饲料添加剂（木聚糖酶或 XOS）设计成 2 个水平（低剂量和高剂量），再加上一个没有添加剂的对照处理。每个处理组用 100 只鸡，共 5 个处理组。试验第 14 d 时，添加 XOS 的日粮中盲肠乙酸、异丁酸、异戊酸、正戊酸和 SCFA 总浓度显著高于木聚糖酶（$P<0.05$）。添加高水平木聚糖酶的日粮中，不溶性 NSP 组分中阿拉伯糖、半乳糖和葡萄糖醛酸（GlucA2）的回肠浓度明显高于对照组（$P<0.05$）。饲料中添加高水平木聚糖酶或低水平 XOS 时，水溶性 NSP 中果糖的回肠浓度明显高于对照组（$P<0.05$）。结果表明，木聚糖酶和 XOS 对盲肠内 NSP 浓度与 SCFA 的影响相似，但对生产性能的影响不大。结果表明，在以小麦为基础的肉鸡日粮中添加木聚糖酶或低聚木糖，除了降低肉糜黏度和释放额外的营养素以外，还有更多的好处。

（4）阿拉伯低聚糖。阿拉伯低聚糖（AXOS）是阿拉伯木聚糖（AX）的水解降解产物，能够被肠道菌群发酵，因此具有潜在的益生特性。Morgan 等[171]研究了 AX 和 AXOS 对肉仔鸡净能量和养分利用率的影响。试验采用罗斯 308 肉鸡（$n=90$，每个处理 30 只）。结果表明，饲料中添加 AXOS 的鸡饲料转化率最低，为 1.26；而 AX 组的饲料转化率为 1.37。AXOS 组的回肠干物质消化率（$P=0.047$）、回肠消化能（$P=0.004$）和总消化道干物质消化率（$P=0.001$）高于 AX 组。饲喂 AXOS 有较高的可代谢能量（ME）摄入量（$P=0.049$）和氮截留率（$P=0.001$）。饲喂 AXOS 的肉鸡回肠总 SCFA、乳酸和甲酸含量均高于饲喂 AX 的肉鸡（$P=0.011$、$P=0.012$ 和 $P=0.023$）。饲喂 AXOS 的肉鸡盲肠总

SCFA、醋酸、丁酸和异戊酸浓度高于饲喂 AX 的肉鸡（$P=0.001$、$P=0.004$、$P=0.016$ 和 $P=0.008$）。饲喂 AXOS 和 AX 的肉鸡回肠与盲肠微生物数量较饲喂 AX 的肉鸡高，pH 较低。研究表明，直接饲喂 AXOS 比在肠黏膜中产生 AXOS 更加有效，并提示 AXOS 在肉鸡日粮中有可能成为一种有效的益生元。

4.3.3 反刍动物饲料中多糖和寡糖的应用研究进展

（1）酵母中的β-葡聚糖。酵母中的β-葡聚糖可以在体内外模型中诱导训练后的免疫反应。哺乳动物腹腔内不同剂量的葡聚糖已显示可诱导训练免疫，但口服葡聚糖的训练效果尚不清楚。新生山羊在初生阶段易感染，所以引入经过训练的免疫系统可以提高动物存活率。Angulo 等[172]研究了汉森酵母（β-Dh）β-葡聚糖免疫训练对山羊单核细胞的影响，以及口服剂量对新生山羊抗脂多糖攻击的免疫效果。在体外，经β-Dh 训练的山羊单核细胞能上调巨噬细胞表面标志物（CD11b 和 F4/80）的基因表达，而在 LPS 的作用下，细胞存活率和吞噬能力得到提高。在活体试验中，给新生山羊分别注射β-Dh（50 mg/kg）（第 4 d 和第 7 d），并用 LPS 攻击（第 0 d），新生山羊血浆中呼吸暴发活力有所增加，IL-1β、IL-6 和 TNF-α 的产生，以及巨噬细胞表面标记物的转录水平均有所提高。研究首次证明，口服β-葡聚糖能诱导新生山羊产生训练免疫力。

（2）甘露寡糖。为初生犊牛提供足够数量和质量的初乳，可优化其未来的健康、生产能力和降低发病风险。Westland 等[173]通过对 80 头奶牛进行 6 个月的双盲试验，研究了添加甘露寡糖（MOS）对初乳质量、数量和犊牛生产性能的影响。将 80 头杂交奶牛按既往泌乳次数和产量分为对照组与治疗组。在整个试验过程中，对照组和治疗组分别饲喂相同的商品标准干奶牛日粮，并分别不添加或添加 1.33% MOS 的矿物质浓缩物。母牛在产犊前 40 min 内收集初乳，记录体重。甘露寡糖饲喂的奶牛初乳产量［(7.5±0.69) kg］显著高于非甘露寡糖饲喂的奶牛［(5.6±0.43) kg］。免疫球蛋白 G（IgG）浓度和产能总质量在不同处理间没有差异。在研究过程中，没有观察到 MOS 对小牛健康或体重增加有显著的影响。

Gelsinger 等[174]设计了一个 2×2 的水平试验。怀孕的母牛和小牛被分配接受处理，包括两个补充矿物质方案中的一个：有机方案（铁、锌、锰、铜、钴、硒并补充甘露寡糖、酵母和细菌发酵产品），或无机方案（硫酸盐矿物形式和没有补充甘露寡糖或发酵产品）。小母牛被随机分配给代乳品和犊牛饲料，使用相同的矿物质程序。从出生至 6 周龄，每周采集犊牛血液，分析 IgG、血浆结合珠蛋白、铜、锰、硒和锌的浓度。通过 6 周内每周收集的粪便样本进行 IgA 分析。每日记录粪便、呼吸和一般健康评分。每周测量体重和臀宽，测量时间为 6～12 周。结果表明，矿物质处理不影响体重、发酵剂摄入量、血浆 IgG 含量、铜或硒含量、粪便中的 IgA 含量和排便频率。然而，采用有机方案降低了孕牛一般健康评分（>2）和血浆结合珠蛋白（>50 μg/mL）。采用有机方案，提高了犊牛的总体健康水平。犊牛的高结合珠蛋白比例和血浆铜、锰、硒、锌浓度随着周龄的不同而不同。采用这种有机方案，可以改善小牛的健康状况和矿物质的生物利用率。

4.3.4 水产养殖动物饲料中多糖和寡糖的应用研究进展

（1）壳聚糖。Nguyen 等[175]采用γ-钴-60 辐照壳聚糖和β-葡聚糖溶液制备了低聚壳聚糖（COS）与低聚β-葡聚糖（βOG）。以 0～200 mg/kg 的 COS、βOG 和 COS+βOG 的混合饲料饲喂条纹鲶鱼 45 d，然后用爱德华氏菌进行攻击。研究了添加 COS、βOG 和 COS+βOG 混合物对条纹鲶鱼免疫刺激与生长性能的影响。结果表明，投喂 100～200 mg/kg 的 COS 或 βOG mg/kg 饲料，可显著提高鲶鱼的生长性能，降低死亡率。此外，与对照组相比，在增加体重（约 26%）和降低死亡率（约 38%）方面，添加 50 mg/kg COS+50 mg/kg βOG 饲料的条纹鲶鱼效果最好。此外，饲料中添加 COS 和/或 βOG 可提高鱼的吞噬活性与溶菌酶活性。因此，COS 和/或 βOG 可作为水产养殖的免疫刺激剂与生长促进剂。

（2）甘露寡糖（MOS）。Navid 等[176]探讨了甘露寡糖（MOS）是否可以减少饲料匮乏对斑马鱼生长和繁殖的有害影响。在生长性能试验中，幼鱼分为正常对照（NC）、饥饿对照（SC）、正常益生元（NP）和饥饿益生元（SP）4 组。8 周后，在各个处理组中，NP 和 SC 处理组鱼的生长模式分别为最高和最低。NC 和 SP 处理组之间标准长度、特定生长率和饲料转化率差异不显著。NP 和 SP 处理组乳酸菌（LAB）显著高于 NC 与 SP 处理组。限制饲料导致甲状腺素浓度显著降低。在繁殖性能试验中，只有 NP 处理组鱼成功产卵，组织学检查显示为成熟精子和卵母细胞。结果表明，在限饲条件下（SP），雌鱼卵母细胞的成熟度与未限饲条件（NC）下雌鱼卵母细胞的成熟度相同，但精子数明显低于未限饲条件下的雄鱼。性激素在饥饿和补充 MOS 后均发生变化，NC 和 SP 处理组在睾酮和雌性 17β-雌二醇水平上无显著差异。研究表明，添加 MOS 的饲料可以减少某些饲料缺乏引起的副作用（最终体重和长度、SGR、FCR、LAB 和 T3 水平），并且饲料中添加 MOS 可能会减轻斑马鱼因缺乏某些饲料而产生的一些负面影响。

通过饲养试验，Ali 等[177]研究了添加甘露寡糖（MOS）对平均体重为（8.13±0.06）g 的亚洲海鲈（尖吻鲈）幼鱼生长、体成分、血液学、生化指标和组织学的影响。在日粮中分别添加 0、0.5%、1%、1.5%和 2%浓度的甘露寡糖（40%蛋白质和 9%脂肪）。试验期为 60 d。结果表明，饲喂含 1% MOS 的鱼，其最终体重、增重（WG）、平均日增重、存活率、特定生长率、日生长系数、肝指数和内脏指数均显著增加（$P<0.05$）。不同处理组饲喂后动物的全身组成无显著性差异（$P>0.05$）。血液学参数分析表明，不同处理间无显著性差异（$P>0.05$），但添加 1% MOS 的鱼血红蛋白含量显著增高（$P<0.05$）。血糖、尿素、胆固醇、甘油三酯等生化指标与对照组相比差异显著（$P<0.05$）。组织学观察显示，补充 MOS 可增加肠道吸收表面积，增加肝脏糖原沉积。研究表明，海鲈日粮中添加 MOS 有利于生长，添加 1%水平时最有利。

（3）甘露聚糖或果寡糖。通过 12 周的饲养试验，Park 等[178]研究了枯草芽孢杆菌 KCTC 2217 或地衣芽孢杆菌 KCCM 1177 与甘露寡糖（MO）或果寡糖（FOS）对日本鳗鲡的影响。将平均体重为（12.8±0.47）g 的鱼随机分为 6 个处理，每个处理设置 3 层水箱。分为基础控制日粮（CON），在基础日粮中添加枯草芽孢杆菌+MOS（BSM）、枯草芽孢杆菌+FOS（BSF）、地衣芽孢杆菌+MOS（BLM）和地衣芽孢杆菌+FOS（BLF），以及 4 种共生日粮（BSM）。结果表明，所有合生元饲料组的增重和特定生长率均高于普通饲料组。免疫相关基因热休克蛋白 70 和免疫球蛋白 M 表达水平在饲喂 BSF 和 BLM 的鱼类中均显著高于 CON 组（$P<0.05$）。饲喂 BSF 和 BLM 鱼的肠绒毛长度显著高于饲喂 BLF 和 CON 鱼的肠绒毛长度（$P<0.05$）。饲喂合生元饲料的鱼对嗜水气单胞菌的抗病性显著高于 CON 饲料的鱼（$P<0.05$）。综上所述，日粮中添加 FOS（BSF）的枯草芽孢杆菌和添加 MOS（BLM）的地衣芽孢杆菌对日本鳗鲡的肠道形态与免疫相关基因表达均有一定的影响。

（4）低聚半乳糖。Aftabgard 等[179]以里海鲑为试验材料，研究了半乳寡糖（GOS）与芽孢杆菌（*Bacillus* spp.）混合生物制剂对鱼苗营养成分的影响。与对照组相比，合生元饲料饲喂的里海鲑增重率、蛋白质效率、存活率显著提高，饲料转化率显著降低（$P<0.05$）。与对照组相比，饲喂合生素饲料的鱼血清蛋白、白蛋白、球蛋白和乳酸脱氢酶水平显著升高（$P<0.05$），而血清碱性磷酸酶水平显著降低（$P<0.05$）。用合生素饲料饲喂的里海鲑，其天然免疫反应参数，包括溶菌酶、超氧化物歧化酶和过氧化氢酶的活性显著高于对照组（$P<0.05$）。里海鲑的肠道菌群中有氧细菌总数（TVABCs）、乳酸菌（LAB）水平和 LAB/TVABCs 比值显著升高（$P<0.05$）。此外，肠道内淀粉酶、胰蛋白酶和糜蛋白酶的活性，以及胰蛋白酶与糜蛋白酶的比值，在接受合生素饲料的鱼中显著增加（$P<0.05$）。研究表明，GOS 和芽孢杆菌联合添加对里海鲑的生长、存活率、免疫生化指标、消化活性和肠道有益微生物密度均有显著影响。

（5）壳聚糖。Abd El－Naby 等[180]研究了壳聚糖纳米粒（ChNP）对尼罗罗非鱼的生长、全身组成、肠道细菌数量、组织形态学、消化酶、血液学、免疫应答及肝脏状况的影响。将 120 尾平均初始体重为（5.66±0.02）g 的罗非鱼分为 4 组，每千克日粮中分别添加 0 g（对照）、1 g、3 g、5 g ChNP。结果表明，与对照组相比，添加不同水平的 ChNP 显著提高了罗非鱼生长性能、总采食量和饲料利用率（$P<0.05$），而肝指数和存活率在各试验组间差异不显著。此外，饲喂 3 g/kg 或 5 g/kg ChNP 的鱼，全身粗脂肪水平显著上升。补充 ChNP 后，红细胞和白细胞总数显著增加。增加日粮中 ChNP 水平，血清总蛋白和球蛋白含量、一氧化氮、谷丙转氨酶和谷草转氨酶活性也显著提高（$P<0.05$）。此外，添加 5 g/kg ChNP 的日粮能显著提高鱼类淀粉酶和脂肪酶的活性。补充 ChNP 后，肠道厌氧菌总数和需氧菌总数出现浓度依赖性下降。试验组小肠前段组织学未见改变。最终，日粮中添加 ChNP 通过提高消化酶的活性，抑制肠道微生物种群的生长，提高先天性免疫指标，具有良好的促生长和饲料利用效果。

（6）火龙果低聚糖。火龙果低聚糖（DFO）是一种难消化的益生元。在本研究中，Sangkuanun 等[181]研究了 DFO 对水蚤（*Daphnia magna*）肠道微生物群、氧化应激和免疫相关基因表达的影响。用 0 mg/L、9 mg/L 和 27 mg/L DFO 处理 10 日龄水蚤 85 h，观察肠道菌群、超氧化物歧化酶（SOD）活性、脂质过氧化及 Toll 信号通路中基因的表达。结果表明，9 mg/L和 27 mg/L DFO 处理的水蚤通过增加湖沼菌和乳酸菌的数量，改变了肠道微生物群的组成，显著提高了 SOD 活性，降低了脂质过氧化。此外，9 mg/L 和 27 mg/L DFO 处理的水蚤中 Toll2、Toll3、Toll5、Toll7、Pelle 基因的表达显著增加。研究表明，DFO 通过增加有益菌的数量，改变了水蚤肠道微生物群的组成。DFO 还能通过提高 SPD 活性、降低脂质过氧化和增加免疫相关基因的表达来刺激水蚤的天然免疫功能。

4.4 应用前景展望

4.4.1 存在的问题

我国对于饲用多糖和寡糖的开发与应用起步较晚，发展时间短，必然面临一些问题[182]。首先是生产和应用成本较高、较难适应目前我国饲料工业和养殖业的需求，这是制约多糖和寡糖应用的关键因素之一。饲用多糖和寡糖多来源于动植物资源，虽然我国的动植物资源丰富，但许多天然植物资源有限而且价格偏高，有些植物资源更是名贵药材。如灵芝多糖[183]、黄芪多糖[184]，已被证明可改善断奶仔猪、肉鸡、异育银鲫等免疫力、脂质代谢紊乱及其肠道菌群失调，具有增强免疫力、抗氧化、抗肿瘤、降血糖等多重功效。但是，由于成本价格过高使得实用价值受到了限制。因此，寻找来源丰富且成本低廉的多糖和寡糖生产原料是解决上述问题的主要途径，如来自玉米芯的木寡糖[66]，已经证明具有很好的肠道菌落调节作用；来自虾蟹壳废弃物的低聚壳聚糖和壳寡糖[185]，已经证明具有良好的促生长和免疫调节作用，属于变废为宝，更有利于在养殖业上全面应用推广。

其次，饲用多糖和寡糖添加剂制备工艺落后，规模化生产不足，难以满足日益增长的市场需求。多糖是一种极性很大的高聚物，可溶于水，而几乎不溶于乙醇等有机溶剂。常见的提取方法是热水浸提法，但是这种方法耗时久、耗能高且提取率较低[186]；同时，提取温度高，可能会破坏结构，导致多糖降解和药理活性降低。在热水浸提法的基础上发展而来的还有酸提法和碱提法。选用这两种方法时，需结合多糖的性质与结构，在操作中严格控制酸碱度，避免对糖苷键造成破坏。同时，反应后废弃的酸、碱对环境污染压力较大。近年来，虽然研究人员还提出了酶法、微波提取法等多种方法，结合化学计量学不断改良优化试验条件，但仍有较多的问题待解决[187]。此外，饲用多糖和寡糖规模化生产不足，目前年产 1 000 t 以上的饲用多糖和寡糖企业不多，极大地限制了多糖和寡糖类在动物养殖领域的推广。

最后，缺乏科学规范的产品标准。目前，我国已发布的饲料添加剂多糖和寡糖类产品标准较少，限制了饲用多糖和寡糖的发展与应用，产品质量、理化性质的不稳定造成产品饲用功效的不确定性。我国幅员辽阔，动植物资源丰富和品种多样，造就了相似动植物多糖和寡糖活性成分差异大，其中有效成分各不相同。生产工艺、评价方法和检测方法需要建立统一的标准与法规参考[188]。目前，不同生产厂家在设计配方时，参考的依据不同，再加上不同地域的多糖和寡糖成分与含量也各不相同，导致了市面上多糖和寡糖活性物质不明确或含量不确定，用户也很难准确测定。此外，由于多糖和寡糖生产工艺不同，其产品质量也差异较大。如采用化学法降解壳聚糖获得的壳寡糖中含有大量的氨基葡萄糖单糖，活性寡糖成分（聚合度 2～10）的含量较低[189]，而采用生物酶法降解壳聚糖制备的壳寡糖，活性寡糖成分（聚合度 2～10）的含量可以达到 90%以上，其饲用效果明显且优于化学法制备的寡糖[190]。

4.4.2 研究方向

随着对饲用多糖和寡糖添加剂研究的不断深入，养殖行业对于饲用多糖和寡糖的优势有了更多的了解，对饲用多糖和寡糖的需求持续提升。同时，我国丰富的动植物资源与悠久的应用历史也为饲用多糖和寡糖的发展提供了坚实的基础条件。针对目前饲用多糖和寡糖发展中存在的成本高、作用机制不清、加工工艺落后、标准不统一、缺乏评价方法等问题，应加强微生物和植物源糖链生产关键技术、作用机制研究，建立多糖和寡糖高效筛选和评价平台，加快饲用多糖和寡糖的研发进度，为健康养殖作出贡献。

（1）加强饲用多糖和寡糖绿色生产工艺建立。现有生产多糖和寡糖的工艺流程耗时久、耗能高、提取率低，且多涉及大量的酸碱使用。由于多糖的酸降解产物成分复杂，很难获得高纯度的单品，且不同生产批次的组分常存在较大差异，降解产物的质量控制及活性评价等均存在一定的困难。此外，强酸的使用极易产生环境污染。因此，酸水解生产多糖和寡糖已难以适应实际生产的需要。与酸水解相比，生物酶解法生产功能糖具有无可比拟的优势，其不但可通过糖苷酶的精准切割保证了寡糖酶解片段的均一性和生产批次间的稳定性，也不会产生环境污染，是真正意义上的绿色生产[191]。为此，应加快多糖和寡糖生产专用酶制剂的研发。同时，注重新型分离提取和纯化技术的集成应用，提升饲用多糖和寡糖生产规模，降低生产成本，确保饲用多糖和寡糖能够更多地应用于养殖行业。

（2）加强产品质量标准和评价方法研究。我国饲用多糖和寡糖产品在质量标准与评价、检测方法方面还缺乏系统的研究[192]，需要加大对产品质量评价方法研究。研究要落实到生产实处，在保证饲养动物健康的前提下，逐步寻求最佳的添加量和添加时间并形成固定的标准，降低成本。需要投入更多的资金和人力，建立科学、全面、可靠的评价体系。例如，以试验动物饲喂后的消化参数、饲料利用率、日增重为主要评价指标，辅以其他生理指标，形成一整套具有权威性、科学性与实用性的行业评价方法[193]。在考虑饲料质量和饲料效果的同时，还要兼顾多糖和寡糖的功能性。既要考虑通过饲料途径修复养殖动物受损伤的器官或组织，又要考虑通过饲料途径增强养殖动物的免疫防御能力，从而保障动物的肉品以及蛋、奶等其他产出的质量[194]。

（3）强化新型多糖和寡糖添加剂产品培育。应加大对新型多糖和寡糖的研发，如新型糖链活性物质[195]、分子修饰多糖和寡糖分子[196]、乳汁寡糖化学合成及应用[197]、糖链疫苗佐剂[198]等，丰富现有多糖和寡糖的种类及应用范围。

（4）依托不同多糖和寡糖的化学组成与生物学活性，加强对多糖和寡糖的作用机制研究。此前国内的研究热点多集中在各种多糖和寡糖利用率及饲料特性等生产实际中的效果验证[199]，但是，缺乏具有创新性的全面评估与深入机制研究。一些新的试验技术和方法的应用，如现代分析技术[200]、组学技术[201]、CRISPR/Cas9 基因敲除技术[202]等，可能促进对多糖和寡糖作用机制的研究。

（5）加强多糖和寡糖在减抗替抗、消减耐药、减少抗菌素毒性等方面功效的研究与应用。研究表明，饲用多糖和寡糖可以提高养殖动物生长性能、免疫功能及饲料利用效率。与某些抗生素的作用相比，饲用多糖和寡糖的作用基本相当。虽然饲用多糖和寡糖具有良好的替抗应用前景，但仍有许多问题有待解决，如替代时间和剂量的选择等。最后，应该指出，在饲养措施规定与产业政策配合和支持的基础上，若想达成饲用多糖和寡糖逐渐取代传统促生长类饲料药物添加剂的目标，那么只依靠单一产品的研究很难实现。在研究中需要有大局观和战略眼光，关注多种产品或措施的相互配合作用，科学合理地开发利用饲用多糖和寡糖，推动我国饲料工业和养殖业可持续健康发展。

如果能创制更多的饲用多糖和寡糖，开发出可降低生产成本的规模化生产新技术，同时对多糖和寡糖的作用机制进行深入细致的研究，解决好功能糖最优利用率、不同动物在不同生理状态下的最佳添加量和添加方式、多糖和寡糖与其他营养因素之间的相互关系等问题，饲用多糖和寡糖必将迎来更广阔的发展前景。

本章编写人员

中国科学院过程工程研究所：杜昱光、王倬、李瑞莲、朱立猛、冯翠、张毓宸
全国畜牧总站：杜伟、杨正楠
大连民族大学：许青松

参考文献

[1] 李允，秦臻，张銮，等．酶膜耦合法制备高聚合度壳寡糖 [J]. 食品工业科技，2019，40 (18)：22-27.

[2] Sinha S, Chand S, Tripathi P. Recent progress in chitosanase production of monomer-free chitooligosaccharides: Bioprocess strategies and future applications [J]. Appl Biochem Biotechnol, 2016, 180 (5): 883-899.

[3] Swiatkiewicz S, Swiatkiewicz M, Arczewska-Wlosek A, et al. Chitosan and its oligosaccharide derivatives (chito-oligosaccharides) as feed supplements in poultry and swine nutrition [J]. J Anim Physiol an N, 2015, 99 (1): 1-12.

[4] Han Z L, Yang M, Fu X D, et al. Evaluation of prebiotic potential of three marine algae oligosaccharides from enzymatic hydrolysis [J]. Marine Drugs, 2019, 17 (3): 173.

[5] Xie C, Wu X, Guo X, et al. Maternal chitosan oligosaccharide supplementation affecting expression of circadian clock genes, and possible association with hepatic cholesterol accumulation in suckling piglets [J]. Biological Rhythm Research, 2015, 47 (2): 253-265.

[6] Xie C, Long C, Wu X, et al. Effect of maternal supplementation with chitosan oligosaccharide on the antioxidant capacity of suckling piglets [J]. Journal of Animal Science, 2016, 94 (7): 453-456.

[7] 田刚，黄琳惠，宋晓华．壳寡糖对氧化应激仔猪生长性能、抗氧化能力及空肠养分消化和转运能力的影响 [J]. 动物营养学报，2018，30 (7)：2652-2661.

[8] 党国旗，杨新宇，许晴，等．壳寡糖对断奶仔猪免疫力及相关理化指标的影响 [J]. 动物营养学报，2017，29 (11)：3980-3986.

[9] Zhao P, Piao X, Zeng Z, et al. Effect offorsythia suspensaextract and chito-oligosaccharide alone or in combination on performance, intestinal barrier function, antioxidant capacity and immune characteristics of weaned piglets [J]. Animal Science Journal, 2017, 88 (6): 854-862.

[10] Yang H S, Xiong X, Li J Z, et al. Effects of chito-oligosaccharide on intestinal mucosal amino acid profiles and alkaline phosphatase activities, and serum biochemical variables in weaned piglets [J]. Livestock Science, 2016 (190): 141-146.

[11] 谭兵兵，姬玉娇，丁浩，等．低聚木糖对断奶仔猪生长性能、腹泻率和血浆生化参数的影响 [J]. 动物营养学报，2016，28 (8)：2556-2563.

[12] 郭秋平，文超越，王文龙，等．低聚木糖对仔猪生长性能、肌肉组织营养成分含量及肌纤维类型组成的影响 [J]. 动物营养学报，2017，29 (8)：2769-2776.

[13] 赵蕾，陈清华，易海秋．低聚木糖对保育猪生长性能、腹泻率和血清生化指标的影响 [J]. 动物营养学报，2018，30 (5)：1887-1892.

[14] Yin J, Li F, Kong X, et al. Dietary xylo-oligosaccharide improves intestinal functions in weaned piglets [J]. Food & Function, 2019, 10 (5): 2701-2709.

[15] Su J, Zhang W, Ma C, et al. Dietary supplementation with xylo-oligosaccharides modifies the intestinal epithelial morphology, barrier function and the fecal microbiota composition and activity in

weaned piglets [J]. Front. Vet. Sci.，2021 (8)：680208.

[16] Chen Y，Xie Y，Zhong R，et al. Effects of graded levels of xylo - oligosaccharides on growth performance，serum parameters，intestinal morphology，and intestinal barrier function in weaned piglets [J]. J Anim Sci.，2021，99 (7)：183.

[17] Ding H，Zhao X，Azad M A K，et al. Dietary supplementation with *Bacillus subtilis* and xylo - oligosaccharides improves growth performance and intestinal morphology and alters intestinal microbiota and metabolites in weaned piglets [J]. Food Funct.，2021，12 (13)：5837 - 5849.

[18] Chen Y，Xie Y，Zhong R，et al. Effects of xylo - oligosaccharides on growth and gut microbiota as potential replacements for antibiotic in weaning piglets [J]. Front Microbiol.，2021 (12)：641172.

[19] 陈小连，宋琼莉，宋文静，等．杨树来源多酚和低聚木糖对断奶仔猪生长性能、免疫与抗氧化功能、血常规和血清生化指标的影响 [J]. 江西农业大学学报，2020，42 (5)：932 - 940.

[20] Yu T，Wang Y，Chen S，et al. Low - molecular - weight chitosan supplementation increases the population of prevotella in the cecal contents of weanling pigs [J]. Frontiers in Microbiology，2017 (8)：2182.

[21] Hu S，Wang Y，Wen X，et al. Effects of low - molecular - weight chitosan on the growth performance，intestinal morphology，barrier function，cytokine expression and antioxidant system of weaned piglets [J]. BMC Veterinary Research，2018，14 (1)：215.

[22] Xu Y Q，Xing Y Y，Wang Z Q，et al. Pre - protective effects of dietary chitosan supplementation against oxidative stress induced by diquat in weaned piglets [J]. Cell Stress and Chaperones，2018，23 (4)：703 - 710.

[23] Xu Y，Wang Z，Wang Y，et al. Effects of chitosan as growth promoter on diarrhea，nutrient apparent digestibility，fecal microbiota and immune response in weaned piglets [J]. Journal of Applied Animal Research，2018，46 (1)：1437 - 1442.

[24] Wang W，Chen J，Zhou H，et al. Effects of microencapsulated *Lactobacillus plantarum* and fructooligosaccharide on growth performance，blood immune parameters，and intestinal morphology in weaned piglets [J]. Food and Agricultural Immunology，2017，29 (1)：84 - 94.

[25] Zhao W，Yuan M，Li P，et al. Short - chain fructo - oligosaccharides enhances intestinal barrier function by attenuating mucosa inflammation and altering colonic microbiota composition of weaning piglets [J]. Italian Journal of Animal Science，2019，18 (1)：976 - 986.

[26] Yan H，Zhou P，Zhang Y，et al. Short - chain fructo - oligosaccharides alleviates oxidized oil - induced intestinal dysfunction in piglets associated with the modulation of gut microbiota [J]. Journal of Functional Foods，2020 (64)：103661.

[27] 朱爱民，孙强东，童朝亮，等．不同水平果寡糖对断奶仔猪生长性能、免疫机能及肠道菌群的影响 [J]. 饲料研究，2021，44 (14)：46 - 49.

[28] 李玉欣，王海彦，韩博．毕赤酵母甘露寡糖对大肠杆菌攻毒断奶仔猪免疫细胞数量的影响 [J]. 饲料工业，2019，40 (6)：36 - 38.

[29] 苏成文，肖发沂，李义，等．小麦日粮中益生菌与甘露寡糖对保育猪生产性能及粪便微生物的影响 [J]. 黑龙江畜牧兽医，2016，13 (7)：117 - 119.

[30] Tian S，Wang J，Yu H，et al. Effects of galacto - oligosaccharides on growth and gut function of newborn suckling piglets [J]. Journal of Animal Science and Biotechnology，2018，9 (1).

[31] 高仁，田时祎，汪晶，等．低聚半乳糖对脂多糖刺激哺乳仔猪盲肠微生物区系、肠道炎症和屏障功能的影响 [J]. 动物营养学报，2022，34 (1)：1 - 13.

[32] Wang J，Tian S，Yu H，et al. Response of colonic mucosa - associated microbiota composition，mucosal immune homeostasis，and barrier function to early life galactooligosaccharides intervention in suckling piglets

[J]. Journal of Agricultural and Food Chemistry, 2018, 67 (2): 578 - 588.

[33] Wu Y, Pan L, Shang Q H, et al. Effects of isomalto - oligosaccharides as potential prebiotics on performance, immune function and gut microbiota in weaned pigs [J]. Animal Feed Science and Technology, 2017, 5 (13): 126 - 135.

[34] Wang X X, Song P X, Wu H, et al. Effects of graded levels of isomaltooligosaccharides on the performance, immune function and intestinal status of weaned pigs [J]. Asian - Australasian Journal of Animal Sciences, 2015, 29 (2): 250 - 256.

[35] 谢菲，罗钧秋，陈代文，等．低聚木糖对生长育肥猪生长性能、胴体性状和肉品质的影响 [J]. 四川农业大学学报，2018，36 (4)：520 - 526.

[36] 韩丽，潘杰婷，解培峰，等．低聚木糖对生长肥育猪血浆生化参数和肌肉脂肪酸组成的影响 [J]. 动物营养学报，2017，29 (6)：3316 - 3324.

[37] 潘杰，韩丽，张婷，等．低聚木糖对生长肥育猪生长性能、胴体性状和肉品质的影响 [J]. 动物营养学报，2017，29 (7)：2475 - 2481.

[38] 敖翔，周建川，张立泰，等．壳寡糖对生长猪生长性能、养分消化率和粪便菌群的影响 [J]. 养猪，2018，159 (4)：16 - 18.

[39] 晁文菊，李亮，樊福好．壳寡糖对肥猪后期生产性能的影响 [J]. 北方牧业，2018 (1)：25 - 26.

[40] 蒋登湖，路则庆，汪以真．壳寡糖对育肥猪生长性能、肉品质及免疫功能的影响 [C]. 中国畜牧兽医学会动物营养学分会第十二次动物营养学术研讨会论文集，2016：86.

[41] 苏维发，周洪彬，蒋登湖，等．壳寡糖对生长育肥猪生长性能、肉品质、抗氧化功能以及免疫功能的影响 [J]. 动物营养学报，2021，33 (5)：2555 - 2567.

[42] 谭聪灵，夏中生，李永民，等．饲粮中添加果寡糖对生长猪生产性能和免疫机能的影响 [J]. 粮食与饲料工业，2010 (4)：1 - 3.

[43] 戴德渊，宋代军，黄勇富，等．20～50 kg 生长猪甘露寡糖适宜添加水平的研究 [J]. 江西饲料，2005 (9)：7 - 12.

[44] 王彬，黄瑞林，印遇龙，等．半乳甘露寡糖对育肥猪的应用效果 [J]. 中国科学院大学学报，2006，23 (3)：364 - 369.

[45] Wan J, Zhang J, Chen D, et al. Alginate oligosaccharide - induced intestinal morphology, barrier function and epithelium apoptosis modifications have beneficial effects on the growth performance of weaned pigs [J]. J Anim Sci Biotechnol, 2018 (9): 58.

[46] Wan J, Zhang J, Chen D, et al. Effects of alginate oligosaccharide on the growth performance, antioxidant capacity and intestinal digestion - absorption function in weaned pigs [J]. Animal Feed Science and Technology, 2017 (234): 118 - 127.

[47] 刘金艳，王瑶，毛俊霞，等．日粮添加 β-葡聚糖对仔猪生长性能、肠道发育与免疫功能的影响 [J]. 中国兽医学报，2017，37 (11)：2197 - 2205.

[48] 杜建，陈代文，余冰，等．β-葡聚糖对生长育肥猪生长性能、胴体性能和肉品质的影响 [J]. 动物营养学报，2018，30 (9)：3634 - 3642.

[49] 袁朝原，曹迷霞，韦英益．海藻多糖对猪免疫功能影响的初步研究 [J]. 广西畜牧兽医，2019，35 (1)：3 - 6.

[50] 谢小东，肖蕊，张娅，等．海藻多糖可溶性粉对感染 pcv2 仔猪细胞因子含量的调节作用 [J]. 畜牧与兽医，2019，51 (11)：67 - 72.

[51] 罗梦圆，刘倩，张娅，等．海藻多糖可溶性粉增强猪免疫功能的临床应用研究 [J]. 畜牧与饲料科学，2019，40 (1)：21 - 25.

[52] 查琳，易霞，周天予．灵芝多糖对接种 PRRSV 弱毒苗生长育肥内江猪抗氧化能力的影响 [J]. 兽医

导刊，2017（14）：211-213.

[53] 文贵辉，杨海，刘增再．灵芝细胞外多糖对育肥猪生长性能和血液指标的影响［J］．中国饲料，2019（22）：77-80.

[54] 蒙洪娇，姜海龙，朱世馨，等．黄芪多糖对断奶仔猪生长性能、营养物质消化率和免疫功能的影响［J］．养猪，2016（6）：41-43.

[55] 王建东，高慧兰，马吉锋，等．含不同浓度枸杞多糖的免疫增效剂对仔猪机体免疫力的影响［J］．黑龙江畜牧兽医，2018（8）：160-162.

[56] 赵玉蓉，王耀东．牛膝多糖抑制沙门氏菌侵染猪小肠上皮细胞的研究［J］．动物营养学报，2018，30（12）：5083-5088.

[57] 阳玉彪，唐桂华，郑明愈，等．香菇多糖对猪瘟疫苗免疫效果的影响［J］．广西农学报，2019（1）：37-40.

[58] Yang C M，Han Q J，Wang K L，et al. Astragalus and ginseng polysaccharides improve developmental，intestinal morphological，and immune functional characters of weaned piglets［J］. Frontiers in Physiology，2019（10）：418.

[59] Yin G，Huang J，Ma M，et al. Oyster crude polysaccharides attenuates lipopolysaccharide - induced cytokines production and ppargamma expression in weanling piglets［J］. SpringerPlus，2016，5（1）：677-681.

[60] Chen H，Hu H，Chen D，et al. Dietary pectic oligosaccharide administration improves growth performance and immunity in weaned pigs infected by rotavirus［J］. Journal of Agricultural and Food Chemistry，2017，65（14）：2923-2929.

[61] Yang C，Zhang P，Fang W，et al. Molecular mechanisms underlying how sialyllactose intervention promotes intestinal maturity by upregulating gdnf through a creb - dependent pathway in neonatal piglets［J］. Molecular Neurobiology，2019，56（12）：7994-8007.

[62] 王杰，艾萍萍，刁其玉，等．复合益生菌和纤维寡糖对断奶仔猪生长性能、粪便微生物及血清指标的影响［J］．动物营养学报，2016，28（3）：881-890.

[63] Jiao Y，Jha R，Zhang W L，et al. Effects of chitooligosaccharide supplementation on egg production，egg quality and blood profiles in laying hens［J］. Indian Journal of Animal Research，2019，53（9）：1199-1204.

[64] 孟晓，王纪亭，万文菊，等．低分子质量壳寡糖对蛋鸡生产性能、蛋品质、血清生化指标、盲肠微生物数量及脾脏白细胞介素-2、肿瘤坏死因子-α基因表达的影响［J］．动物营养学报，2017，29（5）：1590-1599.

[65] 刘志友，李胤豪，闫素梅，等．壳聚糖对蛋种鸡血清中脂类物质及脂肪细胞因子含量的影响［J］．动物营养学报，2018，30（6）：297-304.

[66] Ding X M，Li D D，Bai S P，et al. Effect of dietary xylooligosaccharides on intestinal characteristics，gut microbiota，cecal short - chain fatty acids，and plasma immune parameters of laying hens［J］. Poultry Science，2018，97（3）：874-881.

[67] Li D D，Ding X M，Zhang K Y，et al. Effects of dietary xylooligosaccharides on the performance，egg quality，nutrient digestibility and plasma parameters of laying hens［J］. Animal Feed Science and Technology，2017（225）：20-26.

[68] 杨海峰，何宏勇，李艳艳，等．木寡糖对蛋鸡产蛋性能、蛋品质、营养物质消化率和血清生化指标的影响［J］．中国饲料，2018（8）：50-55.

[69] 周建民，邱凯，张海军，等．饲粮添加低聚木糖对蛋鸡蛋品质、血清抗氧化功能和脂质代谢的影响［J］．动物营养学报，2021，33（7）：3853-3862.

[70] 陈伟．饲粮中添加甘露寡糖对蛋鸡生产性能、免疫力、血脂代谢、肠道微生物区系和回肠养分消化率的影响 [J]. 广东饲料，2016，25 (5)：51.
[71] 丁祥文．甘露寡糖对不同饲养密度蛋鸡生产性能的影响及机制 [D]. 泰安：山东农业大学，2016.
[72] 周建民，付宇，王伟唯，等．饲粮添加果寡糖对产蛋后期蛋鸡生产性能、营养素利用率、血清生化指标和肠道形态结构的影响 [J]. 动物营养学报，2019，31 (4)：343 - 352.
[73] 赵启龙，史彬林，张鹏飞，等．壳聚糖对蛋鸡蛋品质及蛋黄抗氧化功能的影响 [J]. 中国畜牧杂志，2015 (11)：66 - 69.
[74] Li J, Cheng Y, Chen Y, et al. Dietary chitooligosaccharide inclusion as an alternative to antibiotics improves intestinal morphology, barrier function, antioxidant capacity, and immunity of broilers at early age [J]. Animals (Basel), 2019, 9 (8): 493.
[75] Li S H, Jin E H, Qiao E M, et al. Chitooligosaccharide promotes immune organ development in broiler chickens and reduces serum lipid levels [J]. Histol Histopathol, 2017, 32 (9): 951 - 961.
[76] Li X, Ding X, Peng X, et al. Effect of chitosan oligosaccharides on antioxidant function, lymphocyte cycle and apoptosis in ileum mucosa of broiler [J]. Kafkas Universitesi Veteriner Fakultesi Dergisi, 2017, 23 (4): 571 - 577.
[77] 李阳，常文环，张姝，等．饲粮添加壳寡糖和干酪乳杆菌对肉鸡生长性能、肌肉品质及抗氧化性能的影响 [J]. 动物营养学报，2016 (5)：1450 - 1461.
[78] 杨明顺，陈静文，王润莲，等．海洋活性物质壳寡糖对持续高温环境下肉鸡生长、体脂沉积及胴体性能的影响 [J]. 广东饲料，2021，30 (3)：20 - 23.
[79] Lan R, Wei, L, Chang Q, et al. Effects of dietary chitosan oligosaccharides on oxidative stress and inflammation response in liver and spleen of yellow - feather broilers exposed to high ambient temperature [J]. Italian Journal of Animal Science, 2021, 19 (1): 1498 - 1507.
[80] 徐小龙，周鲁宁，张斌，等．壳寡糖替代抗生素对肉仔鸡生长性能及免疫功能的影响 [J]. 饲料广角，2016 (17)：33 - 37.
[81] Cheng Y F, Chen Y P, Chen R, et al. Dietary mannan oligosaccharide ameliorates cyclic heat stress - induced damages on intestinal oxidative status and barrier integrity of broilers [J]. Poultry Science, 2019, 98 (10): 4767 - 4776.
[82] Cheng Y, Du M, Xu Q, et al. Dietary mannan oligosaccharide improves growth performance, muscle oxidative status, and meat quality in broilers under cyclic heat stress [J]. Journal of Thermal Biology, 2018 (75): 106 - 111.
[83] Wang W, Li Z, Han Q, et al. Dietary live yeast and mannan - oligosaccharide supplementation attenuate intestinal inflammation and barrier dysfunction induced by escherichia coli in broilers [J]. British Journal of Nutrition, 2016, 116 (11): 1878 - 1888.
[84] 熊阿玲，包龙飞，许兰娇，等．饲粮中添加甘露寡糖对肉仔鸡生长性能及组织天然免疫相关基因表达的影响 [J]. 中国粮油学报，2019，34 (9)：80 - 87.
[85] 郑雅文，张丽元，赵丽红，等．日粮果寡糖对肉鸡生长性能、消化酶活性和短链脂肪酸的影响 [J]. 饲料工业，2019 (22)：16 - 21.
[86] Ding S, Wang Y, Yan W, et al. Effects of *Lactobacillus plantarum* 15 - 1 and fructooligosaccharides on the response of broilers to pathogenic *Escherichia coli* O78 challenge [J]. PLoS One, 2019, 14 (6): e0212079.
[87] 朱沛霁，徐歆，齐玉凯，等．枯草芽孢杆菌和果寡糖联用对肉鸡生长性能的影响及其机理 [J]. 动物营养学报，2016，28 (6)：1742 - 1747.
[88] 许金根，靳二辉，闻爱友，等．低聚木糖对肉鸡屠宰性能、器官指数和血清生化指标的影响 [J]. 安

徽科技学院学报，2017 (2)：6-11.

[89] 陈雁南，罗有文，郝家杰，等．低聚木糖对 AA 肉鸡生产性能、血清相关指标及盲肠大肠杆菌数的影响 [J]. 江苏农业科学，2009 (6)：273-275.

[90] Luo D, Li J, Xing T, et al. Combined effects of xylo-oligosaccharides and coated sodium butyrate on growth performance, immune function, and intestinal physical barrier function of broilers [J]. Anim Sci J., 2021, 92 (1): e13545.

[91] Li Q P, Gooneratne S R, Wang R L, et al. Effect of different molecular weight of chitosans on performance and lipid metabolism in chicken [J]. Animal Feed Science and Technology, 2016 (211): 174-180.

[92] 王润莲，梁翠萍，陈静文，等．添加低分子壳聚糖对怀乡鸡生长、屠宰性能及肉品质的影响 [J]. 家禽科学，2019 (3)：9-13.

[93] 王吉潭，李德发，龚利敏，等．半乳甘露寡糖对肉鸡生产性能和免疫机能的影响 [J]. 中国畜牧杂志，2003 (2)：4-6.

[94] Tian X, Shao Y, Wang Z, et al. Effects of dietary yeast β-glucans supplementation on growth performance, gut morphology, intestinal clostridium perfringens population and immune response of broiler chickens challenged with necrotic enteritis [J]. Animal Feed Science and Technology, 2016 (215): 144-155.

[95] Chen L, Jiang T, Li X, et al. Immunomodulatory activity of β-glucan and mannan-oligosaccharides from saccharomyces cerevisiae on broiler chickens challenged with feed-borne aspergillus fumigatus [J]. Pak Vet J, 2016, 36 (3): 297-301.

[96] 曲昆鹏，张倩，杨家昶，等．β-葡聚糖对肉仔鸡生长性能、免疫功能和肠道微环境的影响 [J]. 动物营养学报，2016，28 (7)：2235-2242.

[97] 夏伦斌，黄燕，左瑞华，等．海藻多糖对肉鸡抗氧化性能及存活率的影响 [J]. 畜牧与饲料科学，2016，217 (4)：30-32.

[98] 刘会娟．海带多糖对大骨鸡免疫功能和血液指标的影响 [J]. 黑龙江畜牧兽医，2013 (1)：118-120.

[99] 贾红杰，史兆国，武书庚，等．山黄粉和黄芪多糖配伍使用对产蛋鸡生产性能、蛋品质、血清抗氧化和生化指标的影响 [J]. 动物营养学报，2019，31 (3)：361-368.

[100] Li Y, Lei X, Yin Z, et al. Transgenerational effects of paternal dietary astragalus polysaccharides on spleen immunity of broilers [J]. Int J Biol Macromol, 2018 (115): 90-97.

[101] Liu Y L, Yin R Q, Liang S S, et al. Effect of dietary lycium barbarum polysaccharide on growth performance and immune function of broilers [J]. Journal of Applied Poultry Research, 2017, 26 (2): 200-208.

[102] Long L N, Kang B J, Jiang Q, et al. Effects of dietary lycium barbarum polysaccharides on growth performance, digestive enzyme activities, antioxidant status, and immunity of broiler chickens [J]. Poult Sci, 2020, 99 (2): 744-751.

[103] 鄐来平，魏国兰．酵母多糖对肉仔鸡生产性能和免疫功能的影响 [J]. 中国饲料，2018 (18)：48-52.

[104] 杨福剑，谢建华，黄建烨，等．酵母多糖对后备种鸡生长、白痢阳性率和疫苗免疫抗体水平的影响 [J]. 广西畜牧兽医，2020，36 (2)：51-53.

[105] 徐孝宙，夏继涛，刘海侠，等．灵芝多糖对人工感染 IBDV 雏鸡免疫抑制的调节作用 [J]. 黑龙江畜牧兽医，2020 (8)：114-118.

[106] 雷莉辉，曹授俊，艾君涛，等．香菇多糖对肉仔鸡生产性能及新城疫疫苗免疫效果的影响 [J]. 饲料研究，2017 (3)：22-25.

[107] 田丽芳，马可为，张涛．酯化牛膝多糖对蛋鸡生产性能和蛋品质的影响 [J]. 中国饲料，2019，621

(1): 56 - 59.

[108] Wang Z, Yu H, Xie J, et al. Effect of pectin oligosaccharides and zinc chelate on growth performance, zinc status, antioxidant ability, intestinal morphology and short - chain fatty acids in broilers [J]. J Anim Physiol Anim Nutr (Berl), 2019, 103 (3): 935 - 946.

[109] 胡丹丹，郭婷婷，金亚东，等. 果寡糖对泌乳早期奶牛瘤胃发酵及生产性能的影响 [J]. 中国乳品工业，2017 (45): 6 - 10.

[110] 冶文兴，张洁，李娜，等. 基于 ITS 高通量测序技术研究果寡糖对奶牛瘤胃真菌菌群的影响 [J]. 云南农业大学学报（自然科学版），2019，34 (6): 965 - 970.

[111] 徐晓锋，郭婷婷，郭成，等. 甘露寡糖对高精料诱导的低乳脂奶牛瘤胃细菌菌群调控的研究 [J]. 动物营养学报，2019，31 (11): 5245 - 5255.

[112] 李浩东，李妍，沈宜钊，等. 甘露寡糖对围产期奶牛瘤胃微生物区系的影响 [J]. 饲料研究，2021，44 (4): 1 - 6.

[113] Zheng C, Li F, Hao Z, et al. Effects of adding mannan oligosaccharides on digestibility and metabolism of nutrients, ruminal fermentation parameters, immunity, and antioxidant capacity of sheep [J]. J Anim Sci, 2018, 96 (1): 284 - 292.

[114] 谢明欣，王海荣，杨金丽，等. 酵母甘露寡糖对蒙古绵羊生长性能、血清免疫和炎症及抗氧化指标的影响 [J]. 动物营养学报，2018，30 (1): 219 - 226.

[115] 陈志龙，曾燕霞，王林，等. 不同精粗比饲粮中添加甘露寡糖对绵羊体外瘤胃发酵的影响 [J]. 动物营养学报，2016 (28): 3292 - 3300.

[116] 王甜，王雪，李庆敏，等. 复合化学处理稻草饲粮中添加甘露寡糖对滩羊生产性能及抗氧化能力的影响 [J]. 动物营养学报，2021，33 (4): 1 - 10.

[117] Li T, Na R, Yu P, et al. Effects of dietary supplementation of chitosan on immune and antioxidative function in beef cattle [J]. Czech J Anim Sci, 2015, 60 (1): 38 - 44.

[118] 李倜宇，闫素梅，史彬林，等. 壳聚糖对泌乳中期奶牛花生四烯酸免疫调节途径的影响 [J]. 动物营养学报，2019，31 (9): 4218 - 4225.

[119] 顾鲲涛，赵连生，王留香，等. 饲粮中添加酵母 β-葡聚糖对围产期奶牛生产性能、血清生化指标及抗氧化能力的影响 [J]. 动物营养学报，2018，30 (6): 2164 - 2171.

[120] Jin X, Zhang M, Yang Y F. Saccharomyces cerevisiae β - glucan - induced sbd - 1 expression in ovine ruminal epithelial cells is mediated through the tlr - 2 - myd88 - nf - κb/mapk pathway [J]. Veterinary Research Communications, 2019, 43 (2): 77 - 89.

[121] 郭成，郭婷婷，胡丹丹，等. 基于 16S rRNA 基因测序技术研究低聚异麦芽糖对奶牛瘤胃细菌菌群的影响 [J]. 四川农业大学学报，2018，36 (6): 815 - 821.

[122] 王建东，高慧兰，马吉锋，等. 不同浓度枸杞免疫增效剂对滩羊机体免疫力的影响 [J]. 黑龙江畜牧兽医，2018 (4): 181 - 183.

[123] 王占林，丁有仁，云华，等. 枸杞多糖营养舔砖对滩羊育肥效果的影响 [J]. 当代畜牧，2019 (11): 1 - 3.

[124] 马吉锋，王建东，于洋，等. 饲喂枸杞多糖对架子牛免疫球蛋白水平和细胞因子分泌的影响 [J]. 畜牧与兽医，2019，51 (3): 123 - 125.

[125] 鲍玉林，刘妍妍. 黄芪多糖对舍饲藏羊生长性能和免疫功能的影响 [J]. 中国畜牧杂志，2019，55 (5): 103 - 106.

[126] 王义翠，孙宇，高腾云，等. 黄芪多糖对运输应激奶公犊肠道微生物及部分免疫指标的影响 [J]. 黑龙江畜牧兽医，2019 (8): 136 - 139.

[127] Wang Y, Meng Z, Guo J, et al. Effect of wheat bran feruloyl oligosaccharides on the performance,

blood metabolites, antioxidant status and rumen fermentation of lambs [J]. Small Ruminant Research, 2019 (175): 65 - 71.

[128] Peng Q H, Cheng L, Kang K, et al. Effects of yeast and yeast cell wall polysaccharides supplementation on beef cattle growth performance, rumen microbial populations and lipopolysaccharides production [J]. Journal of Integrative Agriculture, 2020, 19 (3): 810 - 819.

[129] Tu Y, Zhang G F, Deng K D, et al. Effects of supplementary bee pollen and its polysaccharides on nutrient digestibility and serum biochemical parameters in holstein calves [J]. Animal Production Science, 2015 (55): 1318 - 1323.

[130] Ren Z, Wang S, Cai Y, et al. Effects of dietary mannan oligosaccharide supplementation on growth performance, antioxidant capacity, non - specific immunity and immune - related gene expression of juvenile hybrid grouper (*Epinephelus lanceolatus* ♂ × *Epinephelus fuscoguttatus* ♀) [J]. Aquaculture, 2020 (523): 735195.

[131] Lu J, Qi C, Limbu S M, et al. Dietary mannan oligosaccharide (mos) improves growth performance, antioxidant capacity, non - specific immunity and intestinal histology of juvenile chinese mitten crabs (*Eriocheir sinensis*) [J]. Aquaculture, 2019 (510): 337 - 346.

[132] Li Y, Liu H, Dai X, et al. Effects of dietary inulin and mannan oligosaccharide on immune related genes expression and disease resistance of pacific white shrimp, *Litopenaeus vannamei* [J]. Fish & Shellfish Immunology, 2018 (76): 78 - 92.

[133] Wang T, Yang J, Lin G, et al. Effects of dietary mannan oligosaccharides on non - specific immunity, intestinal health, and antibiotic resistance genes in pacific white shrimp *Litopenaeus vannamei* [J]. Front Immunol., 2021 (12): 772570.

[134] Ji L, Sun G, Li J, et al. Effect of dietary β - glucan on growth, survival and regulation of immune processes in rainbow trout (*Oncorhynchus mykiss*) infected by *Aeromonas salmonicida* [J]. Fish & Shellfish Immunology, 2017 (64): 56 - 67.

[135] 陈靖雯，郭道远，赵冰，等．饲料β-葡聚糖和灭活乳酸菌的添加对泥鳅幼鱼生长性能、肠脂肪酸组成及免疫性能的影响 [J]. 水生生物学报，2019，43 (1)：52 - 59.

[136] Li H, Xu C, Zhou L, et al. Beneficial effects of dietary β - glucan on growth and health status of pacific white shrimp litopenaeus vannamei at low salinity [J]. Fish & Shellfish Immunology, 2019 (91): 315 - 324.

[137] 张春暖，张纪亮，任洪涛，等．高温应激下果寡糖水平对团头鲂血液免疫和抗氧化指标的影响 [J]. 大连海洋大学学报，2017，32 (4)：399 - 404.

[138] 王杰，杨红玲，赵芸，等．果寡糖对斜带石斑鱼生长性能和消化酶活性的影响 [J]. 饲料与畜牧，2016 (12)：54 - 57.

[139] Hu X, Yang H L, Yan Y Y, et al. Effects of fructooligosaccharide on growth, immunity and intestinal microbiota of shrimp (*Litopenaeus vannamei*) fed diets with fish meal partially replaced by soybean meal [J]. Aquaculture Nutrition, 2019, 25 (1): 194 - 204.

[140] Abasubong K P, Li X F, Zhang D D, et al. Dietary supplementation of xylooligosaccharides benefits the growth performance and lipid metabolism of common carp (*Cyprinus carpio*) fed high - fat diets [J]. Aquaculture Nutrition, 2018, 24 (5): 1416 - 1424.

[141] 陈晓瑛，王国霞，孙育平，等．饲料中添加低聚木糖对凡纳滨对虾幼虾消化酶活力、肠道形态及细菌数量的影响 [J]. 动物营养学报，2018，30 (4)：1522 - 1529.

[142] Sun C, Yang L, Feng L, et al. Xylooligosaccharide supplementation improved growth performance and prevented intestinal apoptosis in grass carp [J]. Aquaculture, 2021 (535): 736360.

[143] Chen J, Chen L. Effects of chitosan - supplemented diets on the growth performance, nonspecific immunity and health of loach fish (*Misgurnus anguillicadatus*) [J]. Carbohydrate Polymers, 2019 (225): 115227.

[144] 肖艳翼，夏永涛，刘腾飞，等．壳聚糖对俄罗斯鲟幼鱼生长性能及免疫功能的影响 [J]. 水生生物学报，2017 (1): 114 - 120.

[145] 王锐，刘军，刘辉宇，等．半乳甘露寡糖对异育银鲫幼鱼生长和非特异性免疫的影响 [J]. 上海水产大学学报，2008 (4): 120 - 124.

[146] Meng X, Wang J, Wan W, et al. Influence of low molecular weight chitooligosaccharides on growth performance and non - specific immune response in nile tilapia *Oreochromis niloticus* [J]. Aquaculture International, 2017, 25 (3): 1265 - 1277.

[147] Zhang B. Dietary chitosan oligosaccharides modulate the growth, intestine digestive enzymes, body composition and nonspecific immunity of loach *Paramisgurnus dabryanus* [J]. Fish Shellfish Immunol, 2019 (88): 359 - 363.

[148] 苏鹏，潘金露，韩雨哲，等．壳寡糖对红鳍东方鲀血液指标和非特异性免疫指标的影响 [J]. 大连海洋大学学报，2016 (1): 37 - 43.

[149] Rahimnejad S, Yuan X, Wang L, et al. Chitooligosaccharide supplementation in low - fish meal diets for pacific white shrimp (*Litopenaeus vannamei*): Effects on growth, innate immunity, gut histology, and immune - related genes expression [J]. Fish Shellfish Immunol, 2018 (80): 405 - 415.

[150] 黄钦成，谭北平，董晓慧，等．饲料中添加壳寡糖和霉菌毒素吸附剂对凡纳滨对虾肠道黏膜形态及菌群结构的影响 [J]. 中国水产科学，2018, 25 (2): 373 - 383.

[151] 施斐，黄垚，卢志杰，等．壳寡糖对虎龙斑的生长、免疫及肠道菌群的影响 [J]. 水产学报，2022, 46 (9): 1 - 12.

[152] 陈嘉俊，石韫玉，施斐，等. 壳寡糖改善珍珠龙胆石斑鱼非特异性免疫能力的机制 [J]. 水产学报，2022, 46 (1): 95 - 106.

[153] 潘金露，韩雨哲，霍圃宇，等．饲料中添加褐藻酸寡糖对大菱鲆肠道结构、消化酶活性及表观消化率的影响 [J]. 广东海洋大学学报，2016, 36 (3): 39 - 44.

[154] 林建斌，梁萍，朱庆国，等．海带多糖对珍珠龙胆石斑鱼生长性能和免疫力的影响 [J]. 福建农业学报，2017, 32 (1): 17 - 21.

[155] 李文武，殷光文，林希，等．海带多糖对斜带石斑鱼生长性能及胃肠道消化酶活性的影响 [J]. 饲料研究，2015 (4): 59 - 62.

[156] Sun Y, Wang X, Zhou H, et al. Dietary astragalus polysaccharides ameliorates the growth performance, antioxidant capacity and immune responses in turbot (*Scophthalmus maximus* L.) [J]. Fish Shellfish Immunol, 2020 (99): 603 - 608.

[157] Wu S. Dietary astragalus membranaceus polysaccharide ameliorates the growth performance and innate immunity of juvenile crucian carp (*Carassius auratus*) [J]. Int J Biol Macromol, 2020 (149): 877 - 881.

[158] Feng J C, Cai Z L, Zhang X P, et al. The effects of oral rehmannia glutinosa polysaccharide administration on immune responses, antioxidant activity and resistance against aeromonas hydrophila in the common carp, *Cyprinus carpio* L. [J]. Front Immunol, 2020 (11): 904.

[159] 谭连杰，林黑着，黄忠，等．当归多糖对卵形鲳鲹生长性能、抗氧化能力、血清免疫和血清生化指标的影响 [J]. 南方水产科学，2018, 14 (4): 72 - 79.

[160] 黄小丽，邓永强，汪开毓，等．香菇多糖对幼建鲤肠道菌群数量及非特异性免疫指标的影响 [J]. 大连海洋大学学报，2013, 28 (4): 329 - 333.

[161] 谭连杰，林黑着，黄忠，等．枸杞多糖对卵形鲳鲹生长性能、抗氧化能力及血清免疫、生化指标的

影响 [J]. 动物营养学报，2019，31 (1)：418-427.
[162] Suthongsa S, Pichyangkura R, Kalandakanond - Thongsong S, et al. Effects of dietary levels of chito - oligosaccharide on ileal digestibility of nutrients, small intestinal morphology and crypt cell proliferation in weaned pigs [J]. Livestock Science, 2017 (198): 37-44.
[163] Oliveira E R, Silva C a D, Lozano A P, et al. Chitooligosaccharide for piglets: Effects on performance, viscera and intestinal morphometry [J]. Semina Ciencias Agrarias, 2017, 38 (4Supl1): 2727-2742.
[164] Ayuso M, Michiels J, Wuyts S, et al. Short - chain fructo - oligosaccharides supplementation to suckling piglets: Assessment of pre - and post - weaning performance and gut health [J]. PLoS One, 2020, 15 (6): e0233910.
[165] Phan Thi T, Assavacheep P, Angkanaporn K, et al. Effects of β - glucan and mannan - oligosaccharide supplementation on growth performance, fecal bacterial population, and immune responses of weaned pigs [J]. Thai J Vet Med, 2016, 46 (4): 589-599.
[166] Borah L, Bhuyan R, Sarmah D N, et al. Effect of dietary herbal oligosaccharides on growth performance and nutrient utilization of crossbred pigs [J]. Animal Nutrition and Feed Technology, 2017, 17 (3): 487-492.
[167] Osho S O, Adeola O. Chitosan oligosaccharide supplementation alleviates stress stimulated by in - feed dexamethasone in broiler chickens [J]. Poult Sci, 2020, 99 (4): 2061-2067.
[168] Yousefi A, Saki A A. Iron loaded chitooligosaccharide nanoparticles reduces incidence of bacterial chondronecrosis with osteomyelitis in broiler chickens [J]. Iranian Journal of Applied Animal Science, 2019, 9 (2): 329-336.
[169] Putri A N S, Sumiati S, Meryandini A. Effect of dietary mannan - oligosaccharides from copra meal on intestinal microbes and blood profile of broiler chickens [J]. Journal of the Indonesian Tropical Animal Agriculture, 2017, 42 (2): 109-119.
[170] Craig A D, Khattak F, Hastie P, et al. Xylanase and xylo - oligosaccharide prebiotic improve the growth performance and concentration of potentially prebiotic oligosaccharides in the ileum of broiler chickens [J]. British Poultry Science, 2020, 61 (1): 70-78.
[171] K Morgan N, Keerqin C, Wallace A, et al. Effect of arabinoxylo - oligosaccharides and arabinoxylans on net energy and nutrient utilization in broilers [J]. Animal Nutrition, 2019 (5): 56-62.
[172] Angulo M, Reyes - Becerril M, Cepeda - Palacios R, et al. Oral administration of debaryomyces hansenii cbs8339 - beta - glucan induces trained immunity in newborn goats [J]. Dev Comp Immunol, 2020 (105): 103597.
[173] Westland A, Martin R, White R, et al. Mannan oligosaccharide prepartum supplementation: Effects on dairy cow colostrum quality and quantity [J]. Animal, 2017, 11 (10): 1779-1782.
[174] Gelsinger S L, Pino F, Jones C M, et al. Effects of a dietary organic mineral program including mannan oligosaccharides for pregnant cattle and their calves on calf health and performance [J]. Professional Animal Scientist, 2016, 32 (2): 205-213.
[175] Nguyen N D, Van Dang P, Le A Q, et al. Effect of oligochitosan and oligo - beta - glucan supplementation on growth, innate immunity, and disease resistance of striped catfish (*Pangasianodon hypophthalmus*) [J]. Biotechnol Appl Biochem, 2017, 64 (4): 564-571.
[176] Navid F M, Ali N M, Gholamreza R, et al. Effects of the prebiotic mannan - oligosaccharide on feed deprived zebrafish: Growth and reproduction [J]. Aquaculture Research, 2018, 49 (8): 2822-2832.
[177] Ali S R, Ambasankar K, Praveena E, et al. Effect of dietary mannan oligosaccharide on growth, body composition, haematology and biochemical parameters of asian seabass (*Lates calcarifer*) [J]. Aquaculture Research, 2017, 48 (3): 899-908.

[178] Park Y, Kim H, Won S, et al. Effects of two dietary probiotics (*Bacillus subtilis* or *Bacillus licheniformis*) with two prebiotics (mannan or fructo oligosaccharide) in japanese eel, *Anguilla japonica* [J]. Aquaculture Nutrition, 2020 (26): 1-12.

[179] Aftabgard M, Salarzadeh A, Mohseni M. The effects of a synbiotic mixture of galacto-oligosaccharides and bacillus strains in caspian salmon, salmo trutta caspius fingerlings [J]. Probiotics and Antimicrobial Proteins, 2019, 11 (4): 1300-1308.

[180] Abd El-Naby F S, Naiel M a E, Al-Sagheer A A, et al. Dietary chitosan nanoparticles enhance the growth, production performance, and immunity in *Oreochromis niloticus* [J]. Aquaculture, 2019 (501): 82-89.

[181] Sangkuanun T, Wichienchot S, Kato Y, et al. Oligosaccharides derived from dragon fruit modulate gut microbiota, reduce oxidative stress and stimulate toll-pathway related gene expression in freshwater crustacean *Daphnia magna* [J]. Fish and Shellfish Immunology, 2020 (103): 126-134.

[182] 王露懿，朱华旭. 多糖资源的开发应用现状及存在问题分析 [J]. 药物生物技术，2018，25 (1)：90-94.

[183] 王颖，魏佳韵，吴思佳，等. 灵芝多糖结构特征及药理作用的研究进展 [J]. 中成药，2019，41 (3)：149-157.

[184] 杜雪洋，吴玉泓，刘香玉，等. 黄芪多糖的药理作用研究 [J]. 西部中医药，2019，32 (6)：152-155.

[185] Huang B, Xiao D, Tan B, et al. Chitosan oligosaccharide reduces intestinal inflammation that involves calcium-sensing receptor (casr) activation in lipopolysaccharide (lps)-challenged piglets [J]. Journal of Agricultural and Food Chemistry, 2015, 64 (1): 245-252.

[186] 刘淑梅，李芳蓉，陈军. 基于文献研究的生物多糖提取技术研究综述 [J]. 中国食品工业，2016 (11)：3.

[187] 高怡婷，柳文媛. 多糖的制备工艺与质量控制研究进展 [J]. 药学进展，2016 (3)：50-56.

[188] 何佩娟，张宇洁. 多糖含量测定的方法综述 [J]. 现代食品，2019 (2)：27-31.

[189] 王蒙，李澜鹏，张全，等. 生物法制备甲壳素/壳聚糖的研究进展 [J]. 生物技术通报，2019，35 (4)：219-228.

[190] Yuan X, Zheng J, Jiao S, et al. A review on the preparation of chitosan oligosaccharides and application to human health, animal husbandry and agricultural production [J]. Carbohydr Polym, 2019 (220): 60-70.

[191] 刘洪涛，原旭冰，王倬，等. 功能糖在生命健康领域的研究进展及产业发展现状 [J]. 生物产业技术，2018 (6)：15-22.

[192] 王惠，辛华夏，蔡剑锋，等. 基于部分酸水解-亲水作用色谱的黄芪多糖指纹图谱分析及结合反相指纹图谱全面质量评价方法的建立 [J]. 色谱，2016，34 (7)：726-736.

[193] 王燕，刘骥，刘晓兰，等. 不同来源玉米纤维饲料的营养价值评价 [J]. 饲料研究，2016 (16)：50-54.

[194] Zou P, Yang X, Wang J, et al. Advances in characterisation and biological activities of chitosan and chitosan oligosaccharides [J]. Food Chemistry, 2016 (190): 1174-1181.

[195] Li K, Li S, Wang D, et al. Extraction, characterization, antitumor and immunological activities of hemicellulose polysaccharide from astragalus radix herb residue [J]. Molecules, 2019, 24 (20): 3644-3665.

[196] Zhang G, Jia P, Liu H, et al. Conjugation of chitosan oligosaccharides enhances immune response to porcine circovirus vaccine by activating macrophages [J]. Immunobiology, 2018, 223 (11): 663-670.

[197] Wei J, Wang Z A, Wang B, et al. Characterization of porcine milk oligosaccharides over lactation between primiparous and multiparous female pigs [J]. Sci Rep, 2018, 8 (1): 4688.

[198] Liu X, Zhang H, Gao Y, et al. Efficacy of chitosan oligosaccharide as aquatic adjuvant administrated with a formalin-inactivated vibrio anguillarum vaccine [J]. Fish & shellfish immunology, 2015, 47

(2)：855 - 860.

[199] 王雪，孙劲松，高昌鹏，等．外源寡糖在动物生产中的应用研究概况［J］. 黑龙江畜牧兽医，2019（19）：30 - 33.

[200] Liang S，Sun Y，Dai X. A review of the preparation，analysis and biological functions of chitooligosaccharide［J］. International Journal of Molecular Sciences，2018，19（8）：2197.

[201] Xu Q，Qu C，Wan J，et al. Effect of dietary chitosan oligosaccharide supplementation on the pig ovary transcriptome［J］. Rsc Advances，2018，8（24）：13266 - 13273.

[202] 李国玲，钟翠丽，倪生，等．利用 CRISPR/Cas9 系统建立 *Xist* 基因敲除猪模型［J］. 遗传，2016（38）：1079 - 1087.

5

饲用有机酸、有机微量元素及其他物质

本章综述了2016—2021年我国饲用有机酸、有机微量元素及其他物质在猪、家禽、反刍动物、水产养殖动物等领域应用研究的公开发表的论文，主要内容包括以下几个方面。

（1）饲用有机酸、有机微量元素及其他物质在猪饲料中的应用，包括二甲酸钾、丁酸钠、苯甲酸、柠檬酸、复合有机酸、酵母硒、氨基酸锰络合物、甘氨酸铁络（螯）合物、甘氨酸锌、蛋白铜、蛋白锌、羟基蛋氨酸类似物络（螯）合锌、羟基蛋氨酸类似物络（螯）合铜、蛋氨酸铬以及部分未批准作为饲料添加剂使用的物质。收录相关论文54篇（其中，SCI收录论文22篇、中文论文32篇）。

（2）饲用有机酸、有机微量元素及其他物质在家禽饲料中的应用，包括丁酸钠、苯甲酸、复合有机酸、酵母硒、氨基酸锰络合物、蛋氨酸锰络（螯）合物、蛋氨酸锌络（螯）合物、蛋氨酸铜络（螯）合物、氨基酸铁络（螯）合物、羟基蛋氨酸类似物络（螯）合锰、羟基蛋氨酸类似物络（螯）合铜、乳酸锌及部分未批准作为饲料添加剂使用的物质。收录相关论文54篇（其中，SCI收录论文12篇、中文论文42篇）。

（3）饲用有机酸、有机微量元素及其他物质在反刍动物饲料中的应用，包括丁酸钠、富马酸、酵母硒及部分未批准作为饲料添加剂使用的物质。收录相关论文18篇（其中，SCI收录论文3篇、中文论文15篇）。

（4）饲用有机酸、有机微量元素及其他物质在水产饲料中的应用，包括丁酸钠、复合有机酸、酵母硒、蛋氨酸铜络（螯）合物、羟基蛋氨酸类似物络（螯）合锰及部分未批准作为饲料添加剂使用的物质。收录相关论文13篇（其中，SCI收录论文2篇、中文论文11篇）。

对于部分在大学学报、核心期刊和非核心期刊中发表，但试验材料、方法交代不甚详细、结果存在争议的文章，本章未作收录。

5.1 概述

（1）饲用有机酸。早在1963年就报道过在仔猪饲料中添加乳酸可以减少猪粪便中大肠杆菌的数量并提高动物的增重速度，但国内有机酸真正大规模地运用于畜禽饲料中是近些年的事。有机酸具有抗生素的多种作用，添加到动物日粮中能抑制病原微生物增殖，提高畜禽生长性能，减少养殖业的经济损失。有机酸与抗生素作用机制不同，在抑制并杀灭饲料中的病原微生物的同时，不会产生耐药性。目前，有机酸在国内外动物生产中应用广泛，在家畜、家禽和水产养殖中都有良好的应用效果，促生长作用和抗菌方面的功能已经得到普遍的认可[1]。

（2）饲用有机微量元素。微量元素直接或间接地参与动物体内酶和激素的形成与激活，从而影响动物的生长、代谢、免疫和繁殖。有机微量元素作为一种新型微量元素具有下列优点：生物学利用率和生物学活性高，有机微量元素可以黏附到氨基酸、肽和其他化合物上，易于被小肠黏膜吸收进入血液，供动物体内细胞的需要[2]；消化吸收率高，有机微量元素在体内溶解度好，利用氨基酸和肽的吸收通道被吸收，且受配位体的保护，不易受胃肠道内不利于金属吸收的物理和化学因素影响[2]；有机微量元素除能更好地补充动物生长繁殖所需的微量元素外，还具有抗菌特性[2,3]。

（3）其他物质。自从德国物理学家 Gleiter 于 1984 年研制出纳米金属材料后，人们渐渐地发现纳米材料具有较好的抗菌作用。目前，具有抗菌作用的纳米材料主要有金属元素型纳米材料、金属氧化物型纳米材料、非金属无机化合物型纳米材料、有机化合物型纳米材料和天然纳米材料等[4]。天然纳米材料因其安全无毒、绿色环保而越来越受重视[5]。中短链脂肪酸甘油酯具有比游离脂肪酸效果更好的抗菌、抗病毒作用[6]。在畜牧生产中，使用中短链脂肪酸甘油酯能够提高动物生长性能，改善动物健康，提高畜禽抗病能力[7,8]。非植物源提取物（如从昆虫、动物等提取的活性物质）也具有抗菌、促生长作用，如蜂胶中活跃着大量多酚等活性物质，具有抗微生物的生理特性[9]。

5.1.1 定义

（1）饲用有机酸。饲用有机酸是指一类酸性化合物，常以游离态、盐、酯的形式存在，多溶于水或乙醇，最常见的有机酸为羧酸。根据羟基的结构，有机酸可分为脂肪族有机酸和芳香族有机酸；根据脂肪烃基中是否含有不饱和键，有机酸可分为饱和脂肪酸和不饱和脂肪酸；根据有机酸分子中含有的羧基数量，可分为一元羧酸、二元羧酸和多元羧酸，分子中含有一个羧基的称为一元羧酸，含有两个羧基的称为二元羧酸，含有两个以上羧基的称为多元羧酸。在常温下，有机酸呈液态或固态，含碳原子数少的有机酸一般为挥发性液体，随着碳原子数的增加，其熔点逐渐升高。有机酸具有弱酸性，可与碱性物质发生酸碱中和反应，生成有机酸盐；有机酸还可与醇类物质发生酯化反应；可被氧化和还原；相同有机酸分子间脱水可生成有机酸酐；还可发生卤代反应和脱羧反应等[10]。单一有机酸即含有一种酸成分的制剂，如富马酸、乳酸等。复合有机酸是指以某一种酸作为主要有效成分，再配合其他一种或几种酸来达到协同作用的有机酸。

（2）有机微量元素。有机微量元素是指有机物与无机微量元素通过化学键或物理氢键结合的产物，一般称为络合物。络合物由作为中心离子的金属元素与配位体（离子或分子）的有机物通过配位键的结合形成。根据络合物的组成，分为简单络合物、两核络合物、多核络合物等。简单络合物分子或离子只有一个中心离子，每个配位体只有一个配位原子与中心离子成键。两核络合物或多核络合物是特殊的络合物，称为“螯合物”[11]。而美国饲料管理官方协会（AAFCO）将有机微量元素定义为 6 种：金属氨基酸络合物，是一种可溶性金属盐与一种或几种氨基酸的络合反应产物；金属（特定氨基酸）络合物，是一种可溶性金属盐与某一特定氨基酸的络合反应物；金属氨基酸螯合物，是可溶性金属盐中的金属离子与氨基酸按一定的摩尔比共价化合的产物；金属多糖络合物，是可溶性金属盐与多糖溶液进行络合反应形成的产物；金属蛋白盐，是可溶性金属盐与氨基酸和部分水解蛋白质进行螯合作用形成的产物；金属有机酸盐，是可溶性金属与有机酸进行反应形成的产物。可作为离子中心的微量元素主要有铜、铁、锌、铬和钴等，配位体氨基酸包括蛋氨酸、赖氨酸、甘氨酸等。

（3）其他物质。其他物质指粒子尺寸在1～100 nm、达到纳米数量级的材料称为纳米材料，主要包括金属元素型纳米材料、金属氧化物型纳米材料、非金属无机化合物型纳米材料、有机化合物型纳米材料和天然纳米材料等。具有抗微生物作用的纳米金属材料主要是金属元素型纳米材料和金属氧化物型纳米材料。中短链脂肪酸甘油酯是碳链长度在12个碳原子以下的脂肪酸与甘油酯化形成的酯类化合物，脂肪酸碳链长度在6～12为中链脂肪酸甘油酯，而脂肪酸碳原子数小于6的为短链脂肪酸甘油酯。非植物源提取物是从非植物（如动物、昆虫等）提取（非化工合成）的活性成分明确且可以测定的、含量稳定的、对动物和人类的毒副作用小，并已通过动物试验验证可以提高动物生产性能的物质。

5.1.2 种类

（1）常见饲用有机酸种类。我国批准作为饲料添加剂使用的有机酸及有机酸盐有甲酸、甲酸铵、甲酸钙、二甲酸钾、乙酸、乙酸钙、双乙酸钠、丙酸、丙酸铵、丙酸钠、丙酸钙、丁酸、丁酸钠、乳酸、苯甲酸、苯甲酸钠、山梨酸、山梨酸钠、山梨酸钾、富马酸、柠檬酸、柠檬酸钾、柠檬酸钠、柠檬酸钙、酒石酸、苹果酸、乳酸钠、乳酸钙、脱氢乙酸、脱氢乙酸钠、琥珀酸、葡萄糖酸钠、胆汁酸、绿原酸。

国内外饲用有机酸可以分为单一有机酸和复合有机酸两大类。单一有机酸中使用较多且有肯定效果的主要有甲酸、乙酸、丙酸、丁酸、乳酸、苯甲酸、山梨酸、富马酸（也称延胡索酸）、柠檬酸、酒石酸、苹果酸等。有机酸盐的酸性弱于有机酸，且胃中释放或吸收速度低于有机酸，对机器设备的腐蚀性弱。有机酸盐水解转化成有机酸，使得胃肠内能长时间保持稳定的消化环境，因此有机酸盐在动物饲料中也得到了广泛的应用。常见的有机酸盐包括二甲酸钾、丁酸钠等。复合有机酸克服了单一有机酸功能单一、添加量大、腐蚀性强等缺点，已逐步取代单一有机酸，成为饲用有机酸发展的趋势[12]。

（2）常见有机微量元素种类。我国批准作为饲料添加剂使用的有机微量元素有柠檬酸亚铁、富马酸亚铁、乳酸亚铁、乙酸锌、乙酸钴、乳酸锌、蛋氨酸铜络（螯）合物、蛋氨酸铁络（螯）合物、蛋氨酸锰络（螯）合物、蛋氨酸锌络（螯）合物、赖氨酸铜络（螯）合物、赖氨酸锌络（螯）合物、甘氨酸铜络（螯）合物、甘氨酸铁络（螯）合物、氨基酸铜络合物（氨基酸来源于水解植物蛋白）、氨基酸铁络合物（氨基酸来源于水解植物蛋白）、氨基酸锰络合物（氨基酸来源于水解植物蛋白）、氨基酸锌络合物（氨基酸来源于水解植物蛋白）、羟基蛋氨酸类似物络（螯）合锌、羟基蛋氨酸类似物络（螯）合锰、羟基蛋氨酸类似物络（螯）合铜、蛋白铜、蛋白铁、蛋白锌、蛋白锰、酵母铜、酵母铁、酵母锰、酵母硒、烟酸铬、酵母铬、蛋氨酸铬、吡啶甲酸铬、丙酸铬、甘氨酸锌、丙酸锌、稀土（铈和镧）壳糖胺螯合盐、葡萄糖酸铜、葡萄糖酸锰、葡萄糖酸锌、葡萄糖酸亚铁、甘氨酸钙、苏氨酸锌螯合物、柠檬酸铜。

（3）常见其他物质种类。具有抗菌作用的金属元素型纳米材料有Au、Ag、Cu、Fe、Ni、Pt[4]，但金属元素型纳米材料在我国尚未批准作为饲料添加剂使用。金属氧化物纳米材料有ZnO、Ag_2O、CuO、Cu_2O、SnO_2、TiO_2等，批准作为饲料添加剂使用的金属氧化物有ZnO、CuO、MnO和Fe_2O_3。在我国，有膨润土、凹凸棒石[5]这两种天然纳米材料允许作为饲料原料使用。常见具有提高畜禽生长性能的其他物质还有中短链脂肪酸甘油酯，主要包括三丁酸甘油酯、单月桂酸甘油酯和单癸酸甘油酯等，还包括一些昆虫来源的蜂胶提取物等。

5.1.3 加工工艺方法

(1) 饲用有机酸的加工工艺。饲用有机酸的加工工艺有化学合成法、酶催化法和微生物发酵法等[13]。化学合成法指在催化剂的作用下，以石化来源的有机烃类为原料，通过化学反应，得到有机酸。可采用化学合成法生产的有机酸包括乳酸、乙酸、苹果酸和富马酸等。乳酸的化学合成工艺是首先在乙醛中加入氢氰酸，常压液相反应生成乳腈，然后采用蒸馏法对粗乳腈进行提纯，再加入浓盐酸或浓硫酸水解生成乳酸[14]。富马酸的化学合成采用顺丁烯二酸酐异构法，在催化剂的作用下，将石化来源的苯氧化成顺丁烯二酸酐，经水解得到顺丁烯二酸，再经异构化得到富马酸[15]。苹果酸由富马酸在高温高压下进行水合反应获得[16]。

酶催化法是在生物酶的作用下，将有机物转化为有机酸。在 L-卤代酸脱卤酶作用下，以 L-2-氯丙酸为原料，可生成 L-乳酸；若以 DL-2-氯丙酸为原料，在 DL-2 卤代酸脱卤酶作用下，可生成外消旋乳酸。采用从乳杆菌中得到的 D-乳酸脱氢酶可将丙酮酸转化为 D-乳酸[17]。富马酸盐可在富马酸酶的作用下转化为苹果酸[18]。

微生物发酵法是在微生物的作用下，将植物经光合作用产生的碳水化合物转化为有机酸。可以用发酵法生产的有机酸有柠檬酸、乳酸、丁酸、富马酸、丙酮酸等[19]。采用发酵法生产规模最大的有机酸是柠檬酸，用于柠檬酸生产的发酵微生物主要有黑曲霉和酵母。柠檬酸发酵工艺最初是表面发酵和固体发酵，随着耐高糖、高柠檬酸及金属离子的黑曲霉高产柠檬酸菌株的成功应用，液体深层发酵成为当前的主流发酵方法[20]。用于乳酸发酵的微生物主要有细菌和根霉，细菌包括乳杆菌属、链球菌属、芽孢杆菌属；根霉包括黑根霉、米根霉等。乳酸发酵方式可分为分批发酵、连续发酵和半连续发酵等[21]。

(2) 有机微量元素的加工工艺。以有机微量元素中氨基酸螯合物为例，加工工艺是对蛋白质原料进行预处理、水解、中和过滤、脱色和脱盐处理后的溶液（或用单体氨基酸）与微量元素混合使二者发生络合反应，把反应后的混合液进行浓缩后再进行载体吸附或结晶，产物干燥后粉碎形成成品[22]。值得一提的是，水解氨基酸的平均分子量必须接近 150，螯合物的分子量不能超过 800。如果分子量大于 800，则螯合物在肠道内不经过水解直接通过小肠绒毛刷边缘，穿过细胞膜，以载体的形式吸收。螯合工艺可分为“单一螯合”“多元螯合”“多重螯合”。“单一螯合”是指在同一反应体系中，一种有机物与一种无机元素结合的工艺。“多元螯合”是指在同一反应体系中，一种有机物与多种无机元素分别结合的工艺，形成的产物就是多元螯合物。“多元螯合”的原则是根据螯合物稳定常数大小决定反应的顺序，先反应稳定常数大的元素，后反应稳定常数小的元素。“多重螯合”是指在同一反应体系中，一种无机金属元素与多种有机物分别结合的工艺，形成的产物为多重螯合物。“多重螯合”的原则同样是根据螯合物稳定常数大小决定反应的顺序，先反应稳定常数大的有机物，后反应稳定常数小的有机物[11]。

在确定的反应体系内，化学反应存在着平衡，不能充分地把有机物和微量元素反应完全，在没有合适催化剂的情况下尤其如此。单一螯合物的螯（络）合率（反应得率）不可能达到 100%，不同工艺和生产厂家螯合率差异很大，有些生产工艺实际的螯（络）合率不高，有些所谓的“螯合物”产品严格上讲还不是真正意义上的“有机微量元素”，而是少量螯合物和大量无机物的混合物。即使工艺水平高的，也是“有机”与“无机”的“混合微量元素”，而不是纯粹的“有机微量元素”。实际上，目前许多“有机微量元素”饲料添加剂产品是无机与有机的“混合微量元素”[22]。

（3）其他物质的加工工艺。以纳米氧化锌为例说明纳米金属的加工工艺。纳米氧化锌的制备有多种工艺：气相沉积法、沉淀法、溶胶-凝胶法、固相法等，根据需求不同，可以选择相应的制备工艺。气相沉积法是利用气体作为载体，将含锌物质（常为锌盐或单质锌）带入高温反应环境中，使其变为气体并发生反应，最后在冷却过程中经晶核产生、生长、发育，最终形成纳米氧化锌。沉淀法是将沉淀剂加入装有锌源的溶液中，使溶液中的锌形成相应沉淀，再经过滤、洗涤、干燥等过程得到最终产物。溶胶-凝胶法又称为相转变法，是以锌的酸盐或醇盐为锌源，先通过水解和缩聚反应得到稳定透明的溶胶体，再将其聚合成内有溶剂的凝胶，经干燥及热处理后制得纳米氧化锌。固相法是将锌盐或锌氧化物按一定比例混合并研磨，经过热处理使二者发生固相反应，再将产物研磨得到纳米氧化锌。采用单一方法制备的纳米氧化锌难以满足工业化需求，也难以满足材料性能要求，多种方法结合使用可制得性能更优异的纳米氧化锌。如微波法与溶胶-凝胶法结合可得到催化特性更佳的产物；溶胶-凝胶法与静电纺丝法结合，可制得性能优良的纳米纤维氧化锌；固相法与气相沉积法结合可改善气相沉积法的能耗问题；电化学法与水热法结合可提高效率、降低成本并实现工业化[23]。

中短链脂肪酸甘油酯的制备有直接提取和化学合成，工业上多采用化学合成工艺。化学合成工艺包括：酯化法即用中短链脂肪酸和甘油在催化剂的作用下直接进行酯化反应。酯化反应是可逆反应，脂肪酸和甘油不能完全酯化，采用酸、碱或金属作为催化剂、高温提高产物可溶性。酯交换反应法是利用油脂和甘油在催化剂的作用下进行酯交换而制得单甘油酯。酯交换反应法有甲酯甘油醇解法和油脂甘油醇解法两种。在酯交换反应中，为了增加脂肪酸甲酯、油脂与甘油的互溶性，一般采用高温、加入溶剂（如苯酚、二恶烷、吡啶等）和乳化等方法。环氧氯丙烷法是用脂肪酸皂与环氧氯丙烷按一定比例混合，以苄基三乙基氯化铵、十六烷基三甲基溴化铵、十二烷基苄基二甲基氯化铵等季铵盐为催化剂，甲苯为溶剂，先得到脂肪酸缩水甘油酯，再开环水解得到单甘油酯。羧基保护法是利用硼酸、丙酮、甲酮、乙酮等物质保护甘油分子上的两个羟基，进行羟基与脂肪酸的酯化反应，再解除保护。这种方法虽然产量高达90%以上，但生产中用到有机溶剂，限制了其在食品、饲料中的应用。缩水甘油法是利用缩水甘油与脂肪酸一步定位进行酯化反应，该方法成本较高。酶法是利用生物酶进行酶促酯交换、酶促酯化和酶促水解生产中短链脂肪酸甘油酯。微波合成法是利用微波技术合成脂肪酸甘油酯，20 min即可完成反应，但产率较低[24]。

5.1.4 有效组分及其作用机制

5.1.4.1 饲用有机酸

饲用有机酸在动物生产中的促生长作用和抑菌作用已得到普遍的认可，作用机制如下[12]。

（1）改善动物肠道微生态平衡。有机酸能降低胃肠道pH，抑制有害微生物的繁殖和生长，减少营养物质的消耗，促进有益菌的增殖。研究结果表明，酸性环境有利于乳酸菌的增殖，对大肠杆菌等有害微生物有抑制作用；且乳酸杆菌的代谢产物——乳酸能够阻碍大肠杆菌与肠道内受体结合，抑制大肠杆菌生长。有机酸通过抑制病原体繁殖，间接减少肠道后段氨气和有毒多胺类物质的产生。大肠杆菌、葡萄球菌和梭状芽孢杆菌在猪肠道内繁殖的最适pH分别为6.0～8.0、6.8～7.5、6.0～7.5，pH小于4时存活率大大降低[12]。实践证明，在日粮中加入适量的有机酸后，鸡肠炎等消化系统疾病的发病率显著下降，鸡群整体健康状况和生产性能明显改善，日增重提高。

（2）提高机体免疫力和抗应激能力。有机酸直接参与机体酶促反应，提供动物应激时所需能量，如延胡索酸、柠檬酸等。延胡索酸是三羧酸循环中有氧代谢的必需组分，分子所含能量与葡萄糖相等，但其生能途径比葡萄糖短，在应激状态下可用于ATP的紧急生成而起到抗应激的作用。此外，延胡索酸具有镇静作用，可减少机体活动，较好地缓解热应激症状。柠檬酸通过增加抗体数量和增强巨噬细胞活性的方式来辅助机体抵抗病原微生物。

（3）促进营养物质的消化吸收。胃蛋白酶、胰蛋白酶、羧肽酶、淀粉酶等均在酸性环境中具有较高的酶活性。在动物饲料中添加有机酸可使胃内pH下降，从而激活胃蛋白酶原，促进蛋白质分解，进而刺激十二指肠胰蛋白酶的分泌，使蛋白质完全分解吸收。小肠内pH下降会引起小肠分泌肠抑素，反射性抑制胃蠕动，减慢胃排空速度，使蛋白质有较多时间在胃内消化，减轻小肠负担，提高肠道内养分消化率，改善粗蛋白及能量消化率。有机酸还具有螯合作用，可作为配体与钙、磷、铜、铁、锌等金属离子形成生物效价较高的配位化合物，从而有利于肠道后段对这些矿物元素的吸收。

（4）提高日粮的适口性。饲料中添加有机酸使饲料具备有机酸特有的香味，能刺激猪的味蕾细胞分泌唾液，提高采食量。

5.1.4.2 有机微量元素

相比于无机微量元素，有机微量元素除了具有微量元素的生理作用外，还具有吸收率高、生物效价高，同时兼具所用配体（如氨基酸、多糖和寡糖等）免疫调节物质的功效。

饲料中添加适量的微量元素能够补充畜禽营养需求的不足，有效提高畜禽的生产性能。目前认为，动物生长发育必需的微量元素有铜、铁、锰、锌、碘、硒、钴等15种[25]。锌在日粮中的含量在100 mg/kg时能满足动物正常的营养需要，含量在1 500～3 000 mg/kg可促进动物生长和预防疾病[2]。微量元素在离子浓度相对过高的环境中，具有抑制微生物生长的作用。高浓度微量元素（金属离子）抑制微生物的作用机制：高浓度的金属离子改变了微生物细胞膜内外的极化状态，并引起离子浓度差，从而阻碍或破坏细胞维持生理所需分子物质的运输，如影响Na^+/K^+泵的驱动所需的糖和氨基酸运送。金属离子还能进入微生物细胞内。试验结果证明，金属离子能使大多数酶失活，可能的原因是金属离子与蛋白质的氮和氧元素络合后，破坏酶蛋白分子的空间构象；也可能是金属离子与—SH反应，破坏或置换维持酶活性所必需的金属离子，如Mg^{2+}、Fe^{3+}和Ca^{2+}等，引起催化效率降低或性能丧失，从而使其所催化的生化反应无法正常进行，导致微生物的能量代谢和物质代谢受阻，从而达到抑菌的目的。此外，进入细胞内的金属离子也可与核酸结合，破坏细胞的分裂繁殖能力。

5.1.4.3 其他物质

金属元素型纳米材料的抗菌机制以纳米银为例，主要有两种：一种是接触反应说，银离子穿透细胞进入细胞内部与—SH反应，使蛋白质凝固，破坏酶的活性，导致细胞丧失分裂活性而死亡；另一种是催化反应说，纳米银能催化产生活性中心，激活空气或水中的O_2，产生活性氧及羟基自由基，可破坏微生物的细胞组分，抑制微生物繁殖和生长[5]。金属氧化物型纳米材料主要的抗菌机制是光催化作用。当大于其带隙能的光线照在纳米材料上后，通过光催化作用产生化学活性很强的羟基自由基（·OH）及活性氧离子（O_2^-），与微生物内的有机物（如细胞膜上的蛋白质等）发生作用，从而达到抗微生物的效果。

中短链脂肪酸甘油酯具有抑制病原菌、改善肠道菌群组成以及促进肠道发育的作用。一方面，中短链脂肪酸甘油酯水解后释放的乙酸、丙酸、丁酸、己酸（C6）、辛酸（C8）、癸酸（C10）、月桂酸（C12）等能够抑制肠道致病菌，促进有益菌的增殖，改善肠道生物区系组成，减少致病菌引起的肠道疾病[26]。另一方面，中短链脂肪酸甘油酯作为非离子型表面活性剂，与细菌细胞壁、磷脂分子层和细胞膜结合，破坏细胞膜导致细菌胞内物质外泄。中短链脂肪酸甘油酯还能与DNA结合，抑制DNA复制，从而起到抑菌作用。除此之外，中短链脂肪酸甘油酯能抑制细菌的脂肪酶活性，诱导其产生自溶酶，通过抑制病原菌黏附、诱导细菌自溶来杀死细菌[27]。中链脂肪酸甘油酯还通过抑制猪小肠前段大肠杆菌和链球菌数量改善猪肠道菌群结构，能促进仔猪肠道发育，显著提高仔猪小肠后端绒毛高度，促进小肠前段和后端隐窝深度下降，绒毛高度与隐窝深度的比值升高[28]。中短链脂肪酸甘油酯能提高动物空肠杯状细胞数量和血清免疫球蛋白A水平[28]，提高奶牛T淋巴细胞增殖，提高血清中白细胞介素-4（IL-4）和白细胞介素-10（IL-10）含量[29]。中链脂肪酸甘油酯提高鸡对新城疫、传染性支气管炎和禽流感疫苗的抗体应答，增强淋巴细胞分泌细胞因子白细胞介素-2（IL-2）、白细胞介素-6（IL-6）和干扰素-γ（IFN-γ）的表达量[30]。

5.1.5 应用现状

（1）饲用有机酸。我国是世界上柠檬酸生产和出口第一大国，柠檬酸产品最先进入国际市场。除柠檬酸外，我国市场上饲用有机酸产品名目繁多，各种有机酸因其不同的作用机制而在动物体内发挥作用，但总的趋势是朝复合型和稳定型方向发展，因其效果一般要好于单一有机酸。特别是采用了微囊包膜技术后，不但减少了有机酸的使用量，降低了成本，而且使用效果好于吸附型产品，还可以降低饲料加工过程中对机械的腐蚀性。

（2）有机微量元素。作为一类新型矿物元素，由于其自身的优点而受到了饲料企业的关注。在下游饲料企业的推动下，有机微量元素由最早国外进口、价格昂贵的蛋白质螯合物到性价比较高的单一性氨基酸螯合物，产品种类快速增长。虽然有机微量元素产品供应越来越充分，但因使用成本高，产品应用范围相对狭窄，主要在乳仔猪料、母猪料以及少量蛋禽料上使用。有机微量元素产品价格高的主要原因在于生产的原料成本偏高，国内使用甘氨酸和蛋氨酸作为配体的螯合物最多，其原料甘氨酸、蛋氨酸均是高纯的饲料级产品[31]。另外，有机微量元素生物学利用率可能与螯合强度相关，目前市场上的有机微量元素产品功效还未能充分达到企业的心理预期。

5.2 国内研究进展

饲用有机酸、有机微量元素及其他物质在饲料中的应用由来已久。饲用有机酸、有机微量元素作为安全的动物促生长添加剂，近年来在畜牧行业备受关注。饲用有机酸在降低养殖动物肠道pH、抑制病原微生物繁殖、调节肠道菌群平衡、提高动物生长性能、提高营养物质消化吸收、减少氮磷排放等方面发挥重要作用。有机微量元素具有提高养殖动物生长性能、增强免疫功能、提高抗病力、降低饲料消耗等生物学作用。科学运用有机酸和有机微量元素，能够替代养殖行业抗生素的使用，促进养殖业的健康发展。

5.2.1 猪饲料中有机酸、有机微量元素及其他物质的应用研究进展

5.2.1.1 断奶仔猪饲料中有机酸、有机微量元素及其他物质的应用研究进展

（1）二甲酸钾。饲料添加剂二甲酸钾的适用范围为猪。Xia 等[32]研究了日粮中添加二甲酸钾对断奶仔猪肠胃功能的影响。将 180 头 28 日龄、体重为（5.80±0.15）kg 的断奶长白猪随机分成 2 组，每组 6 个重复，每个重复 15 头。对照组仔猪饲喂基础日粮，二甲酸钾处理组仔猪饲喂基础日粮+10 g/kg 二甲酸钾。饲喂 35 d 后，二甲酸钾处理组提高了体重（$P=0.034$），降低了胃相对重量（$P=0.050$），降低了盐酸浓度（$P=0.016$）和胃黏膜的胃蛋白酶活性（$P=0.001$），增加胃消化液中乳酸浓度（$P=0.001$）。此外，二甲酸钾处理组增加了生长抑素（SS）的水平（$P=0.009$），但未改变胃黏膜分泌的胃泌素浓度（$P=0.497$）和 H^+-K^+-ATP 酶活性（$P=0.575$），下调了胃泌酸中 SS mRNA 的表达（$P=0.031$），上调胃泌素 mRNA 表达（$P<0.001$）和 H^+-K^+-ATP 酶（$P<0.001$）。这些结果表明，二甲酸钾对断奶仔猪的影响可能与调控胃功能基因表达相关。

陈林生等[33]研究了二甲酸钾替代抗生素对动物生产性能和肠道健康的影响。试验选择 22 日龄健康、体况相近的“杜×长×大”三元杂交断乳仔猪 76 头，随机分为 2 组，每组 4 个重复，试验组每个重复 10 头、对照组每个重复 9 头。对照组饲喂基础日粮（含抗敌素 40 mg/kg），试验组饲喂基础日粮+0.8%二甲酸钾（不添加抗敌素）。结果表明，试验组和对照组在仔猪日均增重、日均采食量、料重比、腹泻频率和断乳后前 3 d 总采食量各指标差异不显著，但试验组比对照组日均增重提高 12.83%、日均采食量提高 11.35%、断乳后前 3 d 总采食量提高 43.21%。研究表明，日粮中添加 0.8%二甲酸钾可以提高动物生产性能和肠道健康。

（2）丁酸钠。饲料添加剂丁酸钠的适用范围为养殖动物。薛萍等[34]研究了丁酸钠对早期断奶仔猪肠壁组织形态、肠道内容物微生物区系以及挥发性脂肪酸（VFA）的影响。选择 21 日龄断奶仔猪 100 头，随机分为 2 组，即对照组和试验组，每组 5 个重复，每个重复 10 头。丁酸钠的添加浓度为 0.1 kg/t。在断奶当天（断奶后第 0 d）从各重复中选 1 头屠宰（作为 2 个组的总对照），再分别于断奶后第 10 d 和第 20 d 从各重复中选 2 头屠宰，测定空肠和结肠内容物 pH、细菌数量（大肠杆菌、乳酸菌、梭菌、沙门菌、细菌总数）、VFA 浓度以及空肠和结肠黏膜上皮绒毛高度与隐窝深度。结果表明，与断奶当天相比，在断奶后第 10 d、第 20 d 时，2 组仔猪空肠内容物大肠杆菌数量均升高，但对照组仔猪空肠内容物大肠杆菌数量呈极显著升高（$P<0.01$），而试验组仔猪升高不显著（$P>0.05$）。在断奶后第 20 d 时，试验组丁酸浓度极显著高于对照组（$P<0.01$）。在断奶后第 10 d 时，对照组仔猪空肠黏膜上皮绒毛高度较断奶当天显著下降（$P<0.05$），而试验组仔猪下降不显著（$P>0.05$）。研究表明，丁酸钠能够在一定程度上减轻或缓解因断奶应激造成的仔猪小肠绒毛损伤及空肠菌群失调。

赵怀宝等[35]研究了不同类型丁酸钠对断奶仔猪生长性能及腹泻的影响。试验选用 144 头 28 日龄、体重为（7.79±0.22）kg 的“杜×长×大”三元杂交断奶仔猪，随机分为 A 组、

B组、C组、D组，分别饲喂基础饲粮、基础饲粮+1 500 mg/kg 粉剂丁酸钠、基础饲粮+750 mg/kg 包膜丁酸钠、基础饲粮+750 mg/kg 双盐缓冲丁酸钠。试验期为 28 d。试验饲粮为教槽料（第 1～14 d）和保育料（第 15～28 d）。结果表明，在整个试验期内，与 A 组相比，D组断奶仔猪第 28 d 体重、平均日增重和平均日采食量均显著升高，料重比显著降低（$P<0.05$）。B组、C组断奶仔猪第 28 d 体重显著升高（$P<0.05$），平均日采食量和平均日增重有增加的趋势（$P>0.05$）。此外，与 B 组、C 组相比，D 组断奶仔猪第 28 d 体重显著增加，平均日增重有升高的趋势（$P>0.05$）。饲粮中添加丁酸钠可以降低仔猪的腹泻率。在整个试验期内，与 A 组相比，B 组、C 组、D 组断奶仔猪的腹泻率和腹泻指数均显著降低（$P<0.05$）。此外，D 组断奶仔猪腹泻率和腹泻指数显著低于 B 组（$P<0.05$）；与 B 组相比，C 组断奶仔猪腹泻率显著降低（$P<0.05$），腹泻指数有降低的趋势（$P>0.05$）。研究表明，日粮中添加不同类型丁酸钠对断奶仔猪生长性能和腹泻均有不同程度的改善作用。其中，双盐缓冲丁酸钠的效果最理想，包膜丁酸钠次之。

寇莎莎等[36]研究了日粮中添加不同水平丁酸钠对断奶仔猪生长性能、腹泻率及血清生化指标的影响。选取 240 头健康的（21±2）日龄“杜×长×大”三元杂交断奶仔猪，按照窝别和体重相近的原则随机分为 5 组，即 1 组、2 组、3 组、4 组和 5 组，每组 3 个重复，每个重复 16 头。1 组为对照组，2 组添加 0.01%抗生素，3 组、4 组和 5 组分别添加 0.1%、0.2%、0.3%丁酸钠。试验期为 28 d。试验开始时及第 1 周、第 2 周、第 3 周、第 4 周对各组断奶仔猪空腹称重，计算试验期间仔猪平均日增重（ADG）、平均日采食量（ADFI）和料重比（F/G），并观察仔猪腹泻情况，计算各组仔猪腹泻率和腹泻指数；试验期末，每组选择接近该组平均体重的 6 头仔猪，前腔静脉空腹采血测定血清生化指标。结果表明，与 1 组相比，4 组、5 组第 1 周、第 2 周、第 3 周及全期的 ADG 显著提高（$P<0.05$）；3 组、4 组、5 组第 2 周、第 3 周及全期的 ADFI 显著提高（$P<0.05$）；2 组、3 组、4 组、5 组第 2 周、第 3 周、第 4 周及全期的料重比（F/G）均有一定程度下降，但差异不显著（$P>0.05$），4 组、5 组第 1 周 F/G 显著降低（$P<0.05$）。2 组、3 组、4 组腹泻率和腹泻指数均与 1 组无显著差异（$P>0.05$），而 5 组腹泻率（$P<0.05$）和腹泻指数（$P>0.05$）均提高。3 组、4 组、5 组血清中的磷含量较 1 组显著提高（$P<0.05$），5 组血清中的钙含量和总蛋白含量较 1 组显著提高（$P<0.05$），4 组、5 组血清中的甘油三酯含量较 1 组、2 组、3 组显著提高（$P<0.05$）；其余各组间血清中的总胆固醇、高密度脂蛋白胆固醇、低密度脂蛋白胆固醇、尿素氮和白蛋白含量均无显著差异（$P>0.05$）。综上所述，在断奶仔猪日粮中添加丁酸钠具有促进仔猪生长和改善健康状况的作用，最适添加量为 0.2%。

李虹瑾等[37]研究了包膜丁酸钠对断奶仔猪肠道菌群及生长性能的影响。试验将 60 头体重相近的 28 日龄断奶阉公猪随机分为 2 组：A 组为对照组，饲喂基础日粮；B 组为包膜丁酸钠组，在基础日粮中添加 0.03%包膜丁酸钠。试验期为 28 d，其间检测断奶仔猪不同肠段中肠道菌群种类及数量的变化，并记录各试验组仔猪的日采食量、日增重及仔猪的腹泻情况。结果表明，与对照组相比，基础日粮中添加包膜丁酸钠后，仔猪平均日增重提高 7.22%，料重比降低 2.76%，且腹泻率与腹泻指数分别降低 30.71%、33.85%；包膜丁酸钠可显著降低回肠中大肠杆菌的数量（$P<0.05$），增加盲肠和结肠中乳杆菌与双歧杆菌数量（$P<0.05$）；包膜丁酸钠使仔猪小肠绒毛结构更为完整，绒毛更长、更粗壮，且绒毛呈圆指状。研究表明，基础日粮中添加 0.03%包膜丁酸钠可有效提高仔猪肠道有益菌的含量，

促进小肠绒毛的发育，促进仔猪饲料的转化率，并能够降低仔猪腹泻率。

张玲玲等[38]研究了丁酸钠制剂和植物精油复合制剂对断奶仔猪生长性能、血清抗氧化指标、粪便菌群及氨逸失的影响。试验选择 300 头体重为（11.20±0.29）kg 的 28 日龄健康“杜×长×大”三元杂交仔猪，随机分为 3 组，每组 4 个重复，每个重复 25 头。对照组饲喂基础饲粮，植物精油组（EO 组）饲喂基础饲粮+1 000 mg/kg 植物精油制剂，植物精油与丁酸钠复合组（Es 组）饲喂基础饲粮+1 000 mg/kg 植物精油与丁酸钠复合制剂。试验期为 28 d。结果表明，与对照组相比，EO 组和 Es 组末重分别提高 2.64%（$P>0.05$）和 3.40%（$P<0.05$），平均日增重分别提高 4.74%（$P<0.05$）和 6.48%（$P<0.05$）。EO 组和 Es 组平均日采食量均显著高于对照组（$P<0.05$），料重比均低于对照组（$P>0.05$）。第 14 d 时，EO 组和 Es 组血清总抗氧化能力（T - AOC）显著高于对照组（$P<0.05$），血清丙二醛（MDA）含量显著低于对照组（$P<0.05$）。第 28 d 时，EO 组血清 T - AOC 显著高于对照组（$P<0.05$）。EO 组和 Es 组第 7 d、第 14 d 和第 21 d 粪便中大肠杆菌数量均显著低于对照组（$P<0.05$），Es 组第 7 d 和第 14 d 粪便中大肠杆菌数量显著低于 EO 组（$P<0.05$）。EO 组和 Es 组第 7 d 和第 14 d 粪便中乳酸杆菌数量均显著高于对照组（$P<0.05$），Es 组第 7 d 粪便中乳酸杆菌数量显著高于 EO 组（$P<0.05$），Es 组第 21 d 粪便中乳酸杆菌数量显著高于对照组（$P<0.05$）。EO 组和 Es 组第 14 d 和第 28 d 粪便中氨态氮含量和脲酶活性均显著低于对照组（$P<0.05$）。第 14 d 时，Es 组粪便中氨态氮含量显著低于 EO 组（$P<0.05$）；第 28 d 时，Es 组粪便中氨态氮含量和脲酶活性均显著低于 EO 组（$P<0.05$）。由此可见，植物精油制剂和植物精油与丁酸钠复合制剂都对仔猪生长性能、血清抗氧化指标、粪便菌群及氨逸失有积极的影响，且植物精油与丁酸钠复合制剂效果更好。

Feng 等[39]研究了丁酸钠对断奶仔猪生长性能及健康情况的影响。选择 24 只 21 日龄断奶仔猪，随机分为 2 组：基础日粮组和基础日粮+丁酸钠盐组。饲喂 3 周后，测定仔猪的腹泻率和生长性能。研究发现，丁酸钠盐日粮可减轻腹泻症状，降低肠道通透性，上调早期断奶仔猪的生长紧密连接蛋白（Claudin - 3）、闭合蛋白（Occludin）和闭锁小带（zonula occludens）的表达水平。

Wang 等[40]研究了丁酸钠对断奶仔猪肠道屏障和肥大细胞活性以及产生炎症介质的影响。选择 72 只（28±1）日龄断奶仔猪，随机分成 2 组，即对照组和添加 450 mg/kg 丁酸钠组。试验期为 2 周。结果表明，添加丁酸钠组提高断奶仔猪日增重，改善肠道形态，表现为绒毛高度增加，隐窝深度比例提高，肠屏障功能表现为跨上皮电阻增加和葡聚糖细胞旁通量降低（4 ku）。此外，丁酸钠降低脱颗粒肥大细胞及空肠黏膜的炎症介质（组胺、胰蛋白酶、TNF - α、IL - 6）的含量。丁酸钠降低肥大细胞特异性胰蛋白酶、TNF - α 和 IL - 6 mRNA 的表达量。丁酸钠显著降低 JNK（C - Jun 氨基末端激酶，又称为应激活化蛋白激酶）的磷酸化比例，而不影响 ERK（细胞外调节蛋白激酶）和 p38 的磷酸化比例。结果表明，丁酸钠能很好地保护肠道完整性，抑制肥大细胞激活和炎症介质的产生。其中，JNK 信号通路可能参与这一过程。

Wang 等[41]研究了丁酸钠（SB）对脱氧雪腐镰刀菌烯醇（DON）引发的肠上皮功能障碍的影响。选取 28 只 4 周龄的断奶仔猪，随机分为 4 组：未污染基础日粮组（对照组）、4 mg/kg DON 污染基础日粮组、补充 0.2% SB 的基础日粮组、4 mg/kg DON+0.2% SB 组。在 DON 感染仔猪中观察到生产性能的下降，通过添加 SB 能够阻止这种下降。DON 感染抑制仔猪肠道中宿主防御肽（HDPs）的表达，破坏了肠道屏障的完整性，扰乱了肠道微生物群的稳态。这些由DON引起的改变由于补充SB而减弱。补充0.2% SB改善DON对肝脏损害的不良影响，以及血清中碱性磷酸酶和天门冬氨酸转氨酶的浓度。在IPEC-J2细胞中，SB预处理减轻DON诱导的细胞存活率下降。此外，NOD2/caspase-12通路参与减轻SB对DON诱导下HDP表达下调。综上所述，SB通过刺激肠道中HDP的组装和调节肠道微生物群，保护仔猪免受DON诱导的肠道屏障功能障碍。

（3）苯甲酸。饲料添加剂苯甲酸的适用范围为养殖动物。Diao等[42]在14 d的试验中，选取20头平均体重为（18.75±0.2）kg的公猪，研究了补充苯甲酸对生长性能的潜在影响。仔猪的营养物质消化率和空肠消化生理结果表明，相对于对照组，补充苯甲酸增加仔猪的平均日采食量和平均日增重（$P<0.05$），提高干物质、粗蛋白、醚提取物、总能量和粗灰分消化率（$P<0.05$），并增强空肠中胰蛋白酶、脂肪酶和淀粉酶的活性（$P<0.05$）。同样，相对于对照组，在日粮中添加苯甲酸会导致消化道pH降低（$P=0.06$），隐窝深度减小，绒毛高度与隐窝深度的比值增加（$P<0.05$）。另外，补充苯甲酸可增加仔猪空肠黏膜中胰高血糖素样肽的mRNA表达量和浓度，以及谷胱甘肽过氧化物酶和超氧化物歧化酶的活性（$P<0.05$）。结果表明，补充5 000 mg/kg苯甲酸可通过促进营养物质消化、提高空肠的抗氧化能力和保持空肠形态来改善仔猪的性能。

蒲俊宁等[43]研究了苯甲酸、凝结芽孢杆菌和牛至油复合添加剂对结肠攻毒仔猪生长性能、抗氧化能力、空肠黏膜二糖酶活性以及养分转运载体mRNA表达的影响。选取20头平均体重（7.64±0.46）kg健康的（24±1）日龄“杜×长×大”三元杂交断奶仔猪，随机分为4组，每组5个重复，每个重复1头。对照组（CON组）和大肠杆菌攻毒组（ETEC组）饲喂基础饲料粮，抗生素组（AT组）和复合添加剂组（ABO组）分别饲喂在基础饲粮中添加抗生素（20 g/t硫酸黏菌素＋40 g/t杆菌肽锌）和复合添加剂（3 000 g/t苯甲酸＋400 g/t凝结芽孢杆菌＋400 g/t牛至油）的试验饲粮。试验第22 d，ETEC组、AT组和ABO组仔猪灌服含3×10^{11} CFU大肠杆菌的培养液，CON组仔猪灌服相同剂量的无菌培养液。试验期为26 d。结果表明，与CON组相比，ETEC组仔猪腹泻率和腹泻指数显著提高（$P<0.05$），血清和空肠黏膜丙二醛（MDA）含量显著提高（$P<0.05$），血清总抗氧化能力（T-AOC）和总超氧化物歧化酶（T-SOD）活性以及空肠黏膜钠-葡萄糖共转运载体1（SGLT1）mRNA表达水平显著降低（$P<0.05$），空肠黏膜T-AOC和T-SOD活性有降低的趋势（$P<0.10$）。ABO组仔猪平均日增重显著提高（$P<0.05$），仔猪料重比、仔猪腹泻率、腹泻指数、血清和空肠黏膜MDA含量均显著降低（$P<0.05$），血清和空肠黏膜T-AOC与T-SOD活性显著提高（$P<0.05$），空肠黏膜SGLT1和寡肽转运蛋白1（PepT1）mRNA表达水平显著提高（$P<0.05$）。总体上，与AT组相比，ABO组仔猪腹泻指数显著降低（$P<0.05$），血清T-AOC显著提高（$P<0.05$）。研究表明，饲粮添加苯甲酸、凝结芽孢杆菌和牛至油复合添加剂可显著补偿抗生素攻毒诱导的仔猪腹泻，提高仔猪抗氧化能力，改善仔猪的生长性能和体内消化吸收功能。

温晓鹿等[44]研究了饲粮中添加苯甲酸对断奶仔猪生长性能、腹泻率及肠道菌群的影响。试验选取21日龄“杜×长×大”三元杂交断奶仔猪72头，随机分为对照组（基础饲粮）和苯甲酸组（基础饲粮+5 000 mg/kg苯甲酸），每组6个重复，每个重复6头（公、母各占1/2）。试验期为42 d，分为3个阶段：第1～14 d、第15～28 d、第29～42 d。结果表明：①与对照组相比，饲粮中添加 5 000 mg/kg 的苯甲酸，显著提高仔猪第 15 d 的体重（$P<0.05$），显著提高仔猪断奶后第 1～14 d 平均日增重（$P<0.05$），显著降低仔猪断奶后第29～42 d、第 1～42 d 的料重比（$P<0.05$）；②显著降低仔猪断奶后第 1～14 d、第 15～28 d、第 29～42 d、第1～42 d 的腹泻率和粪便评分（$P<0.05$）；③显著降低仔猪断奶后第 14 d 回肠、盲肠、结肠芽孢杆菌的数量（$P<0.05$），显著降低仔猪断奶后第 42 d 盲肠芽孢杆菌的数量（$P<0.05$）；显著降低仔猪断奶后第 14 d 结肠总细菌的数量、第 42 d 盲肠和结肠总细菌的数量（$P<0.05$）；显著提高仔猪断奶后第 42 d 回肠乳酸杆菌的数量（$P<0.05$），有增加仔猪断奶后第 14 d 回肠乳酸杆菌数量的趋势（$P=0.083$），有降低仔猪断奶后第 42 d 结肠大肠杆菌数量的趋势（$P=0.065$）。研究表明，在本试验条件下，断奶仔猪饲粮中添加苯甲酸可显著降低仔猪的腹泻率和粪便评分，抑制肠道细菌生长，提高仔猪的生长性能。

张艳丽等[45]研究了日粮补充苯甲酸对感染细菌性腹泻断奶仔猪生长性能及肠道健康的影响。试验将 21 d 断奶、平均体重为（6.31±0.12）kg 的 684 头仔猪随机分为 3 组，每组 6 个重复，每个重复 38 头。对照组饲喂基础日粮（未感染细菌性腹泻）；感染组仔猪饲喂基础日粮，在断奶后 7 d 接种大肠杆菌 K88 1×10^5 CFU/头；苯甲酸组饲喂基础日粮＋5 kg/t 苯甲酸，在断奶后 7 d 接种大肠杆菌 K88 1×10^5 CFU/头。结果表明，对照组仔猪断奶后 21 d 的体重、1～21 d 平均日增重显著高于感染组和苯甲酸组（$P<0.05$），同时，1～21 d 饲料报酬显著高于感染组（$P<0.05$）。对照组和苯甲酸组仔猪断奶后 42 d 体重、22～42 d 和 1～42 d日增重、饲料报酬均显著高于感染组（$P<0.05$）。与感染组相比，对照组和苯甲酸组仔猪断奶后 1～42 d 的腹泻率分别显著降低 29.93%和 17.70%（$P<0.05$）。苯甲酸组仔猪断奶后 42 d 空肠 pH 较感染组显著降低 7.48%（$P<0.05$），同时回肠 pH 较对照组和感染组分别显著降低 6.09%和 5.67%（$P<0.05$）。感染组十二指肠绒毛高度与隐窝深度的比值、空肠隐窝深度显著低于对照组和苯甲酸组（$P<0.05$）。苯甲酸组回肠隐窝深度较感染组显著提高 16.89%（$P<0.05$），而绒毛高度较对照组和感染组分别显著提高 12.63%和 13.92%（$P<0.05$）。研究表明，在本试验条件下，日粮添加 5 g/kg 苯甲酸可以降低细菌性腹泻对断奶仔猪生长性能的负面作用和腹泻率，同时可以降低回肠 pH，改善回肠绒毛高度和隐窝深度。

（4）柠檬酸。饲料添加剂柠檬酸的适用范围为养殖动物。Deng 等[46]研究了日粮电解质平衡（dEB）和柠檬酸（CA）对断奶仔猪肠道功能的影响及其相互作用，最终得出添加 0.3%CA 会导致炎性细胞因子、离子转运蛋白和紧密连接蛋白的差异表达，以及微生物群落组成的变化。250 mEq/kg dEB 降低了胃肠道的 pH，并促进了肠道菌群中有益微生物的富集，从而抑制了炎症和有害细菌。但是，在不同 dEB 值的日粮中添加 CA 并不能促进断奶仔猪的肠道功能。

（5）复合有机酸。Xu 等[47]研究了单独或组合使用有机酸（OA）和精油（EO）对断奶仔猪生产性能、粪便微生物菌群、肠道形态和消化酶的影响。试验选择初始体重为（8.64±0.33）kg 的 210 头断奶仔猪，设置 NC 组（阴性对照，玉米-豆粕型基础日粮）、PC 组（阳性对照，NC＋15 mg/kg 硫酸科力汀、2 mg/kg 那西肽和 50 mg/kg 奥拉喹多）、OA 组（NC＋1.5 g/kg OA）、EO 组（NC＋30 mg/kg EO）、OA＋EO 组（NC＋1.5 g/kg OA＋30 mg/kg EO）。试验期为 28 d（前期为第 0～14 d，后期为第 15～28 d）。从第 0～14 d，与 NC 组相比，EO 组具有更高的平均日增重（ADG）；与 PC 组相比，EO 组和 OA＋EO 组具有改善ADG的趋势。从第15～28 d，OA组与NC组相比改善了ADG，而OA+EO组与PC组相比有改善ADG的趋势。从第0～28 d，与NC组相比，OA或EO的单独补充增加了ADG。与PC组相比，OA+EO组有增加ADG的趋势。OA改善了钙、磷和粗蛋白的消化率。OA组、EO组和OA+EO组粪便中乳酸菌计数高于PC组。OA和EO增加了十二指肠的绒毛高度，而OA增加了空肠的绒毛高度。OA增加盲肠的丁酸浓度和结肠的戊酸浓度。通过补充EO可以改善空肠胰蛋白酶和胰凝乳蛋白酶的活性。总而言之，OA和EO无交互作用，都是通过对断奶仔猪肠道健康和消化酶的不同积极影响从而提高了性能。

何荣香等[48]研究了饲粮及饮水中添加复合有机酸（主要由柠檬酸、乳酸、磷酸和延胡索酸等组成）对断奶仔猪生长性能、胃肠道内容物pH、血清生化指标、营养物质表观消化率以及空肠黏膜中分泌型免疫球蛋白A（SIgA）含量的影响。试验选取21日龄、体重为（6.0±1.0）kg的健康“杜×长×大”三元杂交断奶仔猪120头，随机分成4组，每组5个重复，每个重复6头。1组为对照组，饲喂基础饲粮；2组为抗生素组，在基础饲粮中添加0.05%的弗吉尼亚霉素预混料（弗吉尼亚霉素含量为50%）；3组为有机酸化剂组，在基础饲粮中添加0.2%的复合有机酸B，且在饮水中添加0.1%的复合有机酸A；4组为有机酸化剂组，在基础饲粮中添加0.2%的复合有机酸B和0.3%的复合有机酸C。试验期为21～35日龄（断奶后前2周）。结果表明，与1组、2组相比，3组的平均日采食量（ADFI）显著提高；3组、4组的料重比有一定程度的降低，但差异不显著；4组间的腹泻率和死亡率无显著差异；与1组、2组相比，3组、4组胃、十二指肠肠道内容物pH显著降低，空肠、回肠、结肠肠道内容物pH虽无显著差异，但有降低的趋势。2组、3组、4组仔猪肠道对饲粮中粗脂肪、粗纤维、粗蛋白质表观消化率较1组虽无显著差异，但有一定程度的提高。3组、4组血清中碱性磷酸酶活性较1组、2组显著降低；与2组相比，3组血清谷丙转氨酶活性也显著降低；3组血清总蛋白含量较1组、2组有一定程度的提高；4组血清谷草转氨酶活性、肿瘤坏死因子-α（TNF-α）含量较1组、2组有降低的趋势。3组、4组空肠黏膜中SIgA含量与1组、2组相比显著提高。研究表明，在断奶仔猪的饮水和饲粮中组合或单独添加复合有机酸都可以提高断奶仔猪的生长性能与改善仔猪肠道健康状况。

Yang等[49]研究了精油和有机酸混合物对断奶仔猪生长性能、免疫系统、粪便中主要挥发性脂肪酸（VFA）和微生物群落的影响，以及混合物对大肠杆菌和金黄色葡萄球菌的抗菌活性。该体外研究表明，精油通过使膜变形和破坏细胞内成分，极大地破坏了致病细菌的细胞结构。该体内研究表明，饮食补充油和有机酸的混合物改善了仔猪的ADG，增加了仔猪的体重。结果表明，肉桂醛和柠檬酸的混合物在体外破坏了病原体的结构；精油和有机酸的混合物改善了仔猪的生长性能，增加了异戊酸的粪便浓度，并调节了断奶仔猪的菌群群落。

Long等[50]研究了与抗生素生长促进剂（AGP）相比，2种混合有机酸（OA）对断奶仔猪生产性能、血清免疫、肠道形态和微生物群的影响。结果表明，基于对断奶仔猪生产性能、血清免疫力、肠道形态和微生物群的积极影响，OA1［短链脂肪酸（如甲酸、乙酸、丁酸）和中链脂肪酸的混合物］和OA2（酚类化合物混合物，缓慢释放C12、丁酸、山梨酸、中链脂肪酸和有机酸）可以替代AGP。

Xu等[51]进行了3个试验，比较了有机酸处理的玉米和热干燥处理的玉米中的氨基酸消化能（DE）和代谢能（ME）（试验1）以及表观回肠末端氨基酸消化率（AID）和标准回肠末端氨基酸消化率（SID）（试验 2）的差异。同时，比较了饲喂含有 2 种玉米的断奶仔猪的生长性能（试验 3）。试验 1 表明，有机酸处理过的玉米的 DE 和 ME 值高于热干燥玉米。试验 2 结果表明，2 种玉米之间的粗蛋白和 AID 或 SID 没有显著差异。在试验 3 中，饲喂有机酸处理过的玉米的仔猪日增重比饲喂热干燥玉米的仔猪高 10.5%。与饲喂热干燥玉米相比，饲喂有机酸处理的玉米显著提高了仔猪每日平均采食量，增幅为 12.5%。研究表明，有机酸处理的玉米的有效能量含量大于热干燥玉米，有机酸处理的玉米改善了断奶仔猪的生长性能。

（6）酵母硒。饲料添加剂酵母硒的适用范围为养殖动物。吕良康等[52]研究了日粮中添加酵母硒对感染沙门菌仔猪生长性能的影响，试验采用 2（酵母硒或无机硒）×2（感染或不感染沙门菌）因素设计，按照体重相近的原则，将 32 头断奶仔猪分为 4 组，每组 8 头。1 组、2 组饲喂添加无机硒的日粮，3 组、4 组饲喂添加酵母硒的日粮，于试验第 14 d 对 1 组和 3 组猪进行口腔灌服鼠伤寒沙门菌，每天记录采食量，每周进行一次称重。试验期为 30 d。结果表明，试验第 1～14 d，3 组仔猪平均日采食量与 1 组相比增加了 6.49%，平均日增重增加了约 18.75%，料重比下降了 15.42%。试验第 15～30 d，4 组仔猪平均日采食量比 3 组增加了 7.35%，平均日增重增加了 12.82%，料重比下降了 5.08%。2 组仔猪与 1 组相比，平均日采食量降低了 0.95%，平均日增重降低了 2.44%，料重比增长了 2.40%。全阶段而言，4 组仔猪平均日采食量比 3 组增加了 2.83%，日增重相比增加了 0.96%，4 组仔猪平均日采食量比 2 组增加了 13.00%，料重比降低了 4.95%。同时在第 22 d，4 组仔猪粪便中的大肠杆菌明显低于 2 组（$P=0.01$）。研究表明，在本试验条件下，日粮中添加酵母硒比无机硒对促进仔猪生长和降低粪中大肠杆菌数量的效果更好。

蔡世林等[53]研究了酵母硒（YS）对断奶仔猪生长性能、养分消化率、血清抗氧化指标和粪便微生物的影响，试验选择 21 日龄、体重（6.50±0.2）kg 的 150 头健康“杜×长×大”三元杂交断奶仔猪，按照体重相近、公母各半的原则，随机分为 3 组：对照组饲喂基础饲粮；YS1 组饲喂基础饲粮＋0.3 g/t 酵母硒；YS2 组饲喂基础饲粮＋0.6 g/t 酵母硒。每组 5 个重复，每个重复 10 头。预试期为 3 d，正试期为 28 d。结果表明，与对照组相比，酵母硒组显著降低了料重比（$P<0.05$），显著提高了干物质和氮的表观消化率（$P<0.05$）；与对照组相比，酵母硒组显著提高了血清总抗氧化力（$P<0.05$），而 YS2 组的血清超氧化物歧化酶和谷胱甘肽过氧化物酶活性显著高于对照组（$P<0.05$）。总之，在断奶仔猪饲粮中添加 0.3～0.6 g/t 酵母硒提高了养分消化率和血清抗氧化力，降低了料重比。

胡成[54]研究了在保育猪基础饲粮中添加酵母硒对保育猪生长性能、腹泻情况的影响，选取活泼健康的 28 日龄“杜×长×大”三元杂交断奶仔猪 80 头，随机分为对照组和试验组，每组 8 个重复，每个重复 5 头（母猪和阉公猪各半）。对照组饲喂基础饲粮，酵母硒组饲喂在基础饲粮中添加 0.3 mg/kg 酵母硒的试验饲粮。试验期为 43 d。结果表明，日增重酵母硒组比对照组增加 129 g（$P<0.05$），日采食量酵母硒组比对照组增加 122 g（$P<0.05$），料重比酵母硒组比对照组降低 0.13（$P>0.05$），腹泻率酵母硒组保育阶段显著低于对照组 5.23%（$P<0.05$）。研究表明，在饲粮中添加 0.3 mg/kg 的酵母硒可有效改善保育猪肠道健康状况，降低腹泻率，提高日增重和转群重，具有一定的推广应用价值。

（7）氨基酸锰络合物。饲料添加剂氨基酸锰络合物的适用范围为养殖动物。魏茂莲等[55]研究了断奶仔猪对甘氨酸锰和复合氨基酸锰（有机锰源）相对无机硫酸锰的生物学利用率。采用 3×2 两因素完全随机设计，将 224 头体况良好、体重相近［(9.67±0.13) kg］的“杜×长×大”三元杂交断奶仔猪分成 7 组，每组 4 个重复，每个重复 8 头。对照组饲喂不额外添加锰的基础日粮（锰含量为 39.22 mg/kg），试验组在基础日粮中分别以无机硫酸锰、甘氨酸锰和复合氨基酸锰的形式添加 20 mg/kg、40 mg/kg。预试期为 7 d，正试期为 28 d。结果表明，锰源及锰源与锰水平的互作对断奶仔猪的生产性能、血清锰含量、锰超氧化物歧化酶（Mn-SOD）活性以及肾脏、心脏、胰脏锰含量均无显著影响（$P>0.05$）。但肝脏和跖骨锰含量受锰源及锰水平的影响显著（$P<0.05$），根据肝脏锰和跖骨锰含量与日粮锰进食量之间拟合的多元线性回归，运用斜率比率法，计算甘氨酸锰和复合氨基酸锰相对无机硫酸锰（100%）的生物学利用率分别是 125.95%、112.79%和 133.08%、119.25%，表明断奶仔猪对甘氨酸锰和复合氨基酸锰的生物学利用率显著高于无机硫酸锰（$P<0.05$），但有机锰源间无显著差异（$P>0.05$）。

Zhang 等[56]研究了低水平有机微量元素（OTMs）替代无机微量元素（ITMs）对断奶仔猪生长性能、血液指标、抗氧化状态和免疫指标的影响。试验选取 600 头初始体重为 8.90 kg 的猪，按性别和体重分为 5 组，每组 6 个重复，每个重复 20 头。每组处理如下：①对照组（在基础饲粮中添加硫酸铁、铜、锰、锌和亚硒酸钠，分别为 150 mg/kg、25 mg/kg、40 mg/kg、150 mg/kg 和 0.5 mg/kg）。②1/2 ITM 组（微量元素为 1/2 对照组水平）。③1/2 OTM 组［Sel-Plex®（氨基酸与微量元素络合物）中锰、铁、锌、硒和 Bioplex® 中 Cu 含量为 1/2 对照组］。④1/3 ITM 组（微量元素为 1/3 对照组水平）。⑤1/3 OTM 组［Sel-Plex®（氨基酸与微量元素络合物）中锰、铁、锌、硒和 Bioplex® 中 Cu 含量为 1/3 对照组］。结果表明，不同微量元素来源或水平对断奶仔猪平均日增重（ADG）和平均日采食量（ADFI）无显著影响。1/3 ITM 组血清锌水平显著降低。1/3 OTM 组血清免疫球蛋白 G（IgG）水平显著增高（$P<0.05$）。在饲粮中添加 1/2 和 1/3 的微量元素，不论来源如何，粪便微量元素排泄量均显著降低（$P<0.05$）。与 1/2 ITM 组相比，1/2 OTM 组粪便中锌含量显著降低（$P<0.05$）。研究表明，用低浓度（1/3）OTMs 替代高剂量 ITMs 不会对仔猪的生长性能产生不利影响。低水平 OTMs 完全可以替代 ITMs 提高血清中 IgG 水平，减少粪便中铜、锌、铁和锰的排泄，减轻环境污染。

（8）甘氨酸铁络（螯）合物。饲料添加剂甘氨酸铁络（螯）合物的适用范围为养殖动物。王继萍等[57]研究了不同类型的铁源对断奶仔猪生长性能、皮毛指数及血液指标的影响。将 96 头 28 日龄的“杜×长×大”三元杂交仔猪随机分为 4 组。对照组仔猪饲喂基础日粮，试验组分别在基础日粮中添加 200 mg/kg 硫酸亚铁、甘氨酸铁和蛋氨酸铁。试验期为 28 d。结果表明，甘氨酸铁组和蛋氨酸铁组的仔猪平均日采食量显著高于对照组（$P<0.05$），甘氨酸铁组仔猪料重比显著低于对照组（$P<0.05$）；与对照组相比，硫酸亚铁组、甘氨酸铁组、蛋氨酸铁组仔猪皮毛指数显著改善（$P<0.05$）；硫酸亚铁组、甘氨酸铁组、蛋氨酸铁组仔猪血清免疫球蛋白 A 含量显著高于对照组（$P<0.05$），硫酸亚铁组、甘氨酸铁组仔猪血清免疫球蛋白 G 含量显著高于对照组（$P<0.05$）；甘氨酸铁组、蛋氨酸铁组仔猪血清超氧化物歧化酶活性显著高于对照组（$P<0.05$），硫酸亚铁组、甘氨酸铁组仔猪血清丙二醛含量显著低于对照组（$P<0.05$），甘氨酸铁组仔猪血清总抗氧化能力显著高于对照组（$P<0.05$）；与对照组相比，硫酸亚铁组、甘氨酸铁组、蛋氨酸铁组仔猪红细胞数量、血红蛋白浓度显著提高（$P<0.05$）。研究表明，仔猪日粮添加不同铁源可以提高仔猪的生长性能、

免疫力、抗氧化功能，改善皮毛指数，预防缺铁性贫血；甘氨酸铁的效果优于硫酸亚铁、蛋氨酸铁。

（9）甘氨酸锌。饲料添加剂甘氨酸锌的适用范围为猪、犬、猫。Diao 等[58]研究了饲粮锌源对断奶仔猪生长性能和肠道健康的影响。试验选用 96 头初始平均体重为（8.81±0.42）kg 的“杜×长×大”三元杂交断奶仔猪，随机分为 4 组，每组 6 个重复，每个重复 4 头。饲粮处理组为：①对照组，基础饲粮；②硫酸锌（$ZnSO_4$）组，基础饲粮+100 mg/kg $ZnSO_4$；③甘氨酸锌（Gly-Zn）组，基础饲粮+100 mg/kg Gly-Zn；④乳酸锌组，基础饲粮+100 mg/kg 乳酸锌。试验期为 28 d。Gly-Zn 组和乳酸锌组料重比降低（$P<0.05$）。乳酸锌组腹泻率明显低于对照组（$P<0.05$）。此外，$ZnSO_4$ 组、Gly-Zn 组和乳酸锌组的干物质（DM）、粗蛋白质（CP）、粗脂肪（EE）、粗灰分和锌的表观全肠道消化率均显著高于对照组（$P<0.05$）。Gly-Zn 组、乳酸锌组空肠绒毛高度和绒毛高度与隐窝深度的比值均高于对照组（$P<0.05$）。$ZnSO_4$ 组、Gly-Zn 组和乳酸锌组空肠 ZRT/IRT 样蛋白 4（ZIP4）mRNA 表达量显著低于对照组，空肠白细胞介素-1β（IL-1β）mRNA 表达量显著高于对照组（$P<0.05$）。Gly-Zn 组和乳酸锌组空肠锌转运体 2（ZNT2）mRNA 表达量高于对照组，空肠 Bcl-2 相关 X 蛋白（Bax）mRNA 表达量低于对照组（$P<0.05$）。与对照组相比，乳酸锌组盲肠食糜中乳酸杆菌数量增加，空肠闭锁蛋白和黏蛋白 2（MUC2）mRNA 表达量增加（$P<0.05$）。由此可见，饲粮中添加 100 mg/kg $ZnSO_4$、Gly-Zn 或乳酸锌均可提高断奶仔猪的生长性能和肠道屏障功能。饲粮中添加有机锌，特别是乳酸锌效果最好。

（10）蛋白铜。饲料添加剂蛋白铜的适用范围为养殖动物（反刍动物除外）。Lin 等[59]研究了 2 种不同铜源对断奶仔猪生长性能、铜代谢及铜相关酶活性的影响，并从这 2 种铜源中估算出最适铜需求量和相对生物利用度。将断奶仔猪分为 14 个处理，包括 6 个添加铜水平（5 mg/kg、10 mg/kg、20 mg/kg、40 mg/kg、80 mg/kg、160 mg/kg）和 2 个矿质源［碱式氯化铜（TBCC）和蛋白铜（CuPro）］，以及一个阴性对照（0 mg/kg 添加铜水平）和一个最大允许水平处理（200 mg/kg TBCC）。试验期为 38 d。在试验结束时，对其生长性能、矿物质状态和酶活性进行了测定。结果表明，目前 NRC 推荐的铜（5～6 mg/kg）不足以满足断奶仔猪的高需求。与 TBCC 相比，CuPro 对断奶仔猪促进生长、提高酶活性、降低腹泻次数和粪便中铜含量等方面具有显著的作用。

（11）蛋白锌。饲料添加剂蛋白锌的适用范围为养殖动物（反刍动物除外）。She 等[60]研究了蛋白质复合物锌（PC-Zn）对断奶仔猪生长性能、抗氧化功能、微量元素浓度和免疫功能的影响。将 300 头 28 日龄“杜×长×大”三元杂交断奶仔猪随机分为 3 组，每组 5 个重复，每个重复 20 头。试验期为 4 周。试验组日粮分别为缺锌日粮（ZnD，从 $ZnSO_4$ 中补锌 24 mg/kg）、无机锌日粮中从硫酸锌（$ZnSO_4$）中添加锌 120 mg/kg、有机锌日粮中 PC-Zn 中添加锌 120 mg/kg。记录试验开始、中期和结束时猪的体重，以及每天的饲喂量。试验结束后从每组选择 5 头仔猪，测量锌、铜、铁、锰浓度，肝金属硫蛋白含量、丙二醛（MDA）、锰和铜/锌超氧化物歧化酶（SOD）、脾中谷胱甘肽过氧化物酶（GSH-Px）、白细胞介素（IL）-2、IL-4、IL-10 的水平，干扰素（IFN）-γ、CD^{3+}、CD^{4+} 和 CD^{8+} T 淋巴细胞的数量。结果表明，锌可以提高断奶仔猪的抗氧化能力和免疫功能。与 ZnD 相比，有机锌增加了小鼠脾脏 Zn 的积累，增加了 SOD、GSH-Px、IL-4、IL-10 水平，增加了 CD^{3+}、

CD^{4+} T淋巴细胞含量和 CD^{4+}/CD^{8+} T淋巴细胞比例，降低了MDA、IFN-γ水平和 CD^{8+} T淋巴细胞含量。

（12）羟基蛋氨酸类似物络（螯）合锌。饲料添加剂羟基蛋氨酸类似物络（螯）合锌的适用范围为奶牛、肉牛、家禽和猪。Li等[61]研究了羟基蛋氨酸类似物络（螯）合锌（Zn-HMTB）对仔猪小肠中镉吸收及镉中毒的影响。将24头仔猪［长白猪×大白猪，体重(13.22±0.58) kg］随机分为4组，即基础日粮组，含 $CdCl_2$ 30 mg/kg（以镉元素计）和含Zn-HMTB 0 mg/kg（以锌元素计）日粮组，含 $CdCl_2$ 30 mg/kg（以镉元素计）和含Zn-HMTB 100 mg/kg（以锌元素计）日粮组，含 $CdCl_2$ 30 mg/kg（以镉元素计）和含Zn-HMTB 200 mg/kg（以锌元素计）日粮组。试验期为27 d。试验结束时记录仔猪的采食量和最终体重。收集胃肠道组织及肝、肾、脾、心、肺和粪便标本。分析了Cd和其他金属微量元素在胃肠道与器官中的浓度，炎症细胞因子和金属元素转运体在小肠中的mRNA表达，以及小肠上皮细胞凋亡情况。结果表明，与镉处理的仔猪相比，Zn-HMTB和镉联合处理组仔猪在胃、回肠、盲肠、结肠、肝脏、肾脏、脾脏、肺、心脏和肌肉中Cd沉积较少（$P<0.05$），粪便中Cd含量较低（$P<0.05$），说明Zn-HMTB增加了Cd的吸收和以其他形式排泄Cd（可能是尿液）。Zn-HMTB增加了空肠中锌沉积以及十二指肠中二价金属转运蛋白1和锌转运蛋白5的相对mRNA表达（$P<0.05$），Zn-HMTB可通过上调金属元素转运体促进Cd和Zn的吸收与转运。锌和镉之间的竞争可能是加速镉排泄的原因。此外，Zn-HMTB降低了Cd诱导的小肠细胞凋亡和炎症刺激，表明Zn-HMTB降低了Cd诱导的小肠毒性。研究表明，Zn-HMTB有助于减少Cd在仔猪消化道和器官中的积累，减轻Cd对小肠的毒性，但未减少Cd的吸收。

（13）羟基蛋氨酸类似物络（螯）合铜。饲料添加剂羟基蛋氨酸类似物络（螯）合铜的适用范围为奶牛、肉牛、家禽和猪。李志惠等[62]研究了日粮添加有机铜（羟基蛋氨酸铜）以及不同铜源和添加水平对仔猪与育肥猪生长性能及组织铜含量的影响。本研究共分为3个试验：试验1评估日粮添加6 mg/kg和170 mg/kg硫酸铜以及170 mg/kg羟基蛋氨酸铜对1～42 d断奶仔猪生长性能与组织铜含量的影响；试验2评估日粮不同铜源对1～21 d仔猪生长性能和肝脏微量元素含量的影响；试验3评估日粮不同铜源对育肥猪屠宰性能的影响。与对照组和硫酸铜组相比，羟基蛋氨酸铜组仔猪末重均提高6%（$P<0.05$）。与硫酸铜组相比，羟基蛋氨酸铜组1～14 d仔猪日增重和日采食量分别提高了22.9%和8.6%（$P<0.05$），同时显著降低了料重比（$P<0.05$）。硫酸铜组肝脏铜含量较对照组提高了2.7倍（$P<0.05$），较羟基蛋氨酸铜组提高了4.5倍（$P<0.05$）。羟基蛋氨酸铜组较对照组和碱铜组显著提高了肝脏铜含量（$P<0.05$）。80 mg/kg羟基蛋氨酸铜组较对照组和160 mg/kg硫酸铜组显著提高了育肥猪屠体重（$P<0.05$）。80 mg/kg和160 mg/kg羟基蛋氨酸铜较160 mg/kg硫酸铜和对照组显著提高了眼肌深度（$P<0.05$）。综上所述，羟基蛋氨酸铜可以提高仔猪的生长性能和肝脏铜含量，但对仔猪促生长作用所需的添加量较硫酸铜小。80 mg/kg羟基蛋氨酸铜可以提高育肥猪生长性能和眼肌深度。

（14）氧化锌。饲料添加剂氧化锌的适用范围为养殖动物。王铕等[63]研究了饲粮中添加不同水平的包被纳米氧化锌对断奶仔猪生长性能、抗氧化酶活性以及血清生化和免疫指标的影响。试验选取21日龄平均体重为(5.29±0.02) kg的“长白猪×大白猪”二元杂交断奶仔猪180头，随机分为5组，每组6个重复，每个重复6头。对照组饲喂基础日粮，普通氧化锌组饲喂基础日粮+2 500 mg/kg 普通氧化锌，包被纳米氧化锌组分别在基础日粮中添加250 mg/kg、500 mg/kg、750 mg/kg 包被纳米氧化锌。正试期为 14 d。结果表明，与对照组相比，日粮中添加 500 mg/kg 包被纳米氧化锌能提高断奶仔猪的平均日增重和日采食量（$P<0.05$），降低耗料增重比（$P<0.05$），且与普通氧化锌效果相当；与对照组相比，500 mg/kg 包被纳米氧化锌组血清锌水平、铜锌超氧化物歧化酶活性和免疫球蛋白 G 含量升高（$P<0.05$），尿素氮和丙二醛含量降低（$P<0.05$），且均与普通氧化锌组差异不显著。研究表明，日粮中添加包被纳米氧化锌可显著促进仔猪生长，提高饲粮中蛋白质和锌的利用率，并能有效改善血清抗氧化酶活性，提高仔猪免疫力，且以日粮中添加 500 mg/kg 包被纳米氧化锌效果最佳，具有替代高剂量普通氧化锌的潜力。

（15）三丁酸甘油酯。三丁酸甘油酯是食品用香料，食品用香料作为饲料添加剂的适用范围为养殖动物。Dong 等[64]研究了三丁酸甘油酯对宫内生长受限（IUGR）的新生仔猪生长性能的影响。选用 16 头 IUGR 和 8 头正常体重（NBW）的新生仔猪，第 7 d 断奶后饲喂基础日粮（NB 和 IUGR 组）或添加 0.1%三丁酸甘油酯的基础日粮（IT 组，IUGR 仔猪饲喂三丁酸甘油酯）至第 21 d（$n=8$）。第 0 d、第 7 d、第 10 d、第 14 d、第 17 d 和第 20 d 测定仔猪体重、消化酶活性、肠道形态、免疫球蛋白，并分析小肠中 IgG、FcRn 和 GPR41 的水平和基因表达。结果表明，在第 10 d 和第 14 d，IUGR 组与 IT 组仔猪体重相近，均低于 NBW 对照组。但在第 17 d 以后，与 IUGR 组相比，IT 组的体重有所改善（$P<0.05$）。与 NBW 仔猪相比，IUGR 损害仔猪免疫器官和小肠的发育，损害免疫功能肠绒毛形态，肠道消化酶活性降低（$P<0.05$），回肠 SIgA 和 IgG 水平降低（$P<0.05$），肠道 IgG 和 GPR41 表达下降（$P<0.05$）。与 IUGR 组相比，添加三丁酸甘油酯试验组仔猪脾脏和小肠发育较好（$P<0.05$），肠绒毛形态改善（$P<0.05$），肠绒毛表面积增加，消化酶活性提高（$P<0.05$），IgG 和 GPR41 的表达上调（$P<0.05$）。研究表明，补充三丁酸甘油酯可促进宫内生长受限的仔猪生长发育，改善肠道消化和屏障功能。

张勇等[65]研究了饲粮中添加三丁酸甘油酯（TB）、牛至油（OEO）对断奶仔猪生长性能、血清生化指标、营养物质表观消化率和粪中微生物菌群的影响。试验选用 28 日龄平均体重为（7.27±0.68）kg 的健康大白猪断奶仔猪 128 头，随机分成 4 组，每组 4 个重复，每个重复 8 头。各组分别饲喂基础饲粮（对照组）、基础饲粮+1 kg/t TB（TB 组）、基础饲粮+1 kg/t OEO（OEO 组）、基础饲粮+1 kg/t TB+1 kg/t OEO（TB+OEO 组）。试验期为 28 d。结果表明：①与对照组相比，OEO 组显著提高了断奶仔猪平均日增重（$P<0.05$），极显著降低了腹泻率（$P<0.01$）；TB+OEO 组显著降低了断奶仔猪料重比（$P<0.05$），极显著降低了腹泻率（$P<0.01$）。②各组之间血清生化指标无显著差异（$P>0.05$）。③与对照组相比，TB+OEO 组显著提高了断奶仔猪粗蛋白质表观消化率（$P<0.05$），极显著提高了粗脂肪表观消化率（$P<0.01$）。④与对照组相比，TB 组、OEO 组和 TB+OEO 组均极显著降低了粪中大肠杆菌的数量（$P<0.01$）；TB+OEO 组显著提高了粪中双歧杆菌的数量（$P<0.05$）。综上所述，基础饲粮中添加 TB+OEO 可提高断奶仔猪生长性能，改善营养物质表观消化率，调节肠道菌群平衡。

Gu 等[66]研究了三丁酸甘油酯（TB）对断奶仔猪生长性能的影响以及 TB 在脂多糖（LPS）攻击仔猪免疫应答中的潜在作用和机制。选取 240 头 21 日龄“杜×长×大”三元杂交断奶仔猪，随机分为 4 组，分别饲喂基础日粮、添加抗生素（AB 组；+AB 组）、补充

TB（+TB组）、添加AB和TB（+AB+TB组）日粮，每组10个重复，每个重复6头。在49日龄时，对照组和+TB组的雄性猪腹腔注射LPS（25 μg/kg BW）或生理盐水，并在注射后4 h屠宰，采集血液、肠道和消化液样本进行生化分析。在断奶后第一周内，与对照组相比，+TB组仔猪的采食量较高（$P<0.05$），负生长仔猪比例较低（$P<0.05$）。未经LPS攻击的仔猪，+TB组回肠成纤维细胞生长因子19（FGF19）mRNA的丰度和总胆汁酸浓度均高于对照组，而+TB组在LPS激发后FGF19的表达下调（$P<0.05$）。对照组脂多糖激发后+TB组可增加（$P<0.05$）血浆肿瘤坏死因子-α和IL-6的浓度及结肠内大肠杆菌数量，降低结肠杯状细胞数量（$P<0.05$），结肠和盲肠中乙酸浓度无差异（$P>0.05$）。总的来说，日粮中添加三丁酸甘油酯通过刺激断奶仔猪的食欲来防止生长迟缓，并通过调节炎症细胞因子的产生、回肠表达和肠道乙酸发酵来保护仔猪免受感染。

（16）单月桂酸甘油酯。饲料添加剂甘油脂肪酸酯的适用范围为养殖动物。蓝俊虹等[67]研究了α-单月桂酸甘油酯（α-GML）对断奶仔猪生长性能、粪样微生物和血清免疫因子的影响。选取270头25日龄“杜×长×大”三元杂交断奶仔猪，按性别一致、体重相近[(6.74±0.86) kg]的原则分为3组，每组6个重复，每个重复15头。对照组饲喂基础饲粮，试验组分别在基础饲粮中添加500 mg/kg和1 000 mg/kg α-GML。试验期为21 d。结果表明：①与对照组相比，饲粮添加1 000 mg/kg α-GML显著提高断奶仔猪平均日增重（$P<0.05$），显著降低料重比（$P<0.05$）。②与对照组相比，饲粮添加1 000 mg/kg α-GML在断奶第14 d及第21 d时显著降低仔猪粪样中大肠杆菌和沙门菌的数量（$P<0.05$），并在断奶第21 d时显著增加仔猪粪样中乳酸菌的数量（$P<0.05$）。③与对照组相比，饲粮添加1 000 mg/kg α-GML在断奶第21 d时显著降低仔猪血清免疫因子肿瘤坏死因子-α（TNF-α）、白细胞介素-6（IL-6）和白细胞介素-1β（IL-1β）的含量（$P<0.05$），对血清干扰素-β（IFN-β）的含量无显著影响（$P>0.05$）。由此可见，α-单月桂酸甘油酯可显著提高断奶仔猪生长性能，减少肠道致病菌数目，缓解炎症。

李龙显等[68]研究了不同粒径的α-单月桂酸甘油酯（α-GML）对断奶仔猪生长性能、腹泻率、营养物质表观消化率、血清抗氧化和炎症指标以及粪便中挥发性脂肪酸含量的影响。试验选用240头平均体重为（8.34±0.05）kg的28日龄“杜×长×大”三元杂交断奶仔猪，随机分为5组，每组6个重复，每个重复8头（公、母各占1/2）。对照组饲喂基础饲粮，试验组饲喂在基础饲粮中添加1 000 mg/kg平均粒径分别为150 μm、212 μm、550 μm和1 000 μm的α-GML的试验饲粮。试验期为28 d。结果表明：①饲粮中添加不同粒径的α-GML对断奶仔猪的平均日增重（ADG）、平均日采食量（ADFI）和料重比（F/G）均无显著影响（$P>0.05$）；与对照组相比，饲粮中添加平均粒径为150 μm、212 μm和550 μm的α-GML显著降低了断奶仔猪第15～28 d和第1～28 d的腹泻率（$P<0.05$）。②各试验组的干物质、粗脂肪和总能表观消化率显著高于对照组（$P<0.05$）；与对照组相比，饲粮中添加平均粒径为150 μm、212 μm和550 μm的α-GML显著提高了断奶仔猪的有机物表观消化率（$P<0.05$）；饲粮中添加平均粒径为150 μm、212 μm和1 000 μm的α-GML显著提高了断奶仔猪的酸性洗涤纤维表观消化率（$P<0.05$）。③与对照组相比，饲粮中添加平均粒径为150 μm、550 μm和1 000 μm的α-GML显著降低了断奶仔猪血清中丙二醛含量（$P<0.05$）；饲粮中添加平均粒径为212 μm的α-GML使断奶仔猪血清中超氧化物歧化酶和谷胱甘肽过氧化物酶活性分别提高了12.17%和28.47%，但与对照组相比无显著差异

（P>0.05）。④饲粮中添加不同粒径的α-GML对断奶仔猪粪便中挥发性脂肪酸含量均无显著影响（P>0.05）。综上所述，饲粮中添加α-GML能降低断奶仔猪腹泻率，提高营养物质表观消化率和机体抗氧化能力，且以α-GML的平均粒径为212 μm时效果最好。

Li等[69]研究了饲粮中添加α-单月桂酸甘油（α-GML）对断奶仔猪生长性能、营养物质消化率、血清、肠道形态和肠道菌群的影响。将96头体重为（8.34±0.05）kg 28日龄“杜×长×大”三元杂交健康断奶仔猪，随机分为2组，每组6个重复圈，每个猪圈8头。对照组饲喂基础饲粮，试验组在基础饲粮中添加1 000 mg/kg α-GML。试验期为28 d。饲粮中添加α-GML对平均日增重、平均日采食量、仔猪增重比无显著影响（P>0.05）；但减少了第15～28 d仔猪腹泻率（P<0.05）。第14 d干物质（DM）、粗蛋白（CP）、粗脂肪（EE）的表观全消化道消化率和总能（GE），以及第28 d DM、有机质、CP、EE和GE的表观全消化道消化率显著增加（P<0.05）。此外，谷胱甘肽过氧化物酶活性和白细胞介素-10（IL-10）浓度显著升高（P<0.05），补充α-GML第14 d与对照组相比，丙二醛和肿瘤坏死因子-α浓度显著降低（P<0.05）。与对照组相比，α-GML组十二指肠和绒毛高度与隐窝深度的比值显著降低，空肠和回肠绒毛高度显著高于对照组（P<0.05）。添加α-GML显著增加盲肠内容物中厚壁菌门的相对丰度（P<0.05），降低拟杆菌门和弯曲杆菌门丰度（P<0.05）；显著增加乳酸菌和布劳特氏菌丰度（P<0.05），降低*Eubacterium_rectale_ATCC_33 656*、弯曲杆菌和未培养细菌*Alloprevotella*丰度（P<0.05）。因此，饲粮中添加1 000 mg/kg α-GML可以降低断奶仔猪腹泻率，改善断奶仔猪肠道形态、养分消化率、抗氧化能力和免疫状态，改善肠道菌群。

5.2.1.2 生长育肥猪和泌乳母猪饲料中有机酸、有机微量元素及其他物质的应用研究进展

（1）丁酸钠。饲料添加剂丁酸钠的适用范围为养殖动物。Sun等[70]研究了日粮中添加丁酸钠对生长育肥猪生长性能、胴体性状和肠道的影响。将30头体重为（27.4±0.4）kg猪，随机分为基础日粮组（阴性对照组）、基础日粮+40 mg/kg杆菌肽锌组（阳性对照组）和基础日粮+0.2%丁酸钠组（丁酸钠组）。试验期为69 d，其中3 d为适应期。在第70 d，每个饲料组的5头仔猪被屠宰以收集血液和组织样本。与对照组相比，丁酸钠组仔猪的最终体重、日增重和日采食量增加（P<0.05），日采食量与日增重的比值降低（P<0.05）。丁酸钠组猪胴体重高于阴性对照组和阳性对照组（P<0.05）；阳性对照组猪背膘厚高于阴性对照组和丁酸钠组（P<0.001）。与阴性对照组和阳性对照组相比，添加丁酸钠日粮的猪盲肠中拟杆菌的相对丰度增加，盲肠中的拟杆菌和蛋白细菌的相对丰度降低（P<0.05）。

（2）二甲酸钾。饲料添加剂二甲酸钾的适用范围为猪。宋之波等[71]研究了二甲酸钾（KDF）对泌乳母猪生产性能的影响。试验选用104头泌乳母猪，按照品种、日龄基本一致的原则，随机分为2组，每组4个重复，每个重复13头。对照组饲喂正常泌乳母猪料，试验组在正常泌乳母猪料中添加8 kg/t二甲酸钾。试验期为34 d。结果表明，泌乳期结束，试验组泌乳母猪头均失重（−25.13 kg）比对照组减少（−32.81 kg）30.56%；试验组母猪日均采食量与对照组无差异；试验组母猪断奶至发情时间比对照组少0.74 d，但差异不显著；试验组断奶仔猪成活率、断奶窝重与对照组差异不显著。研究表明，在泌乳母猪日粮中添加二甲酸钾能降低泌乳期母猪体重损失，对泌乳期母猪生产性能有积极的影响。

(3) 复合有机酸。张婧婧等[72]研究了2种不同剂型酸化剂对哺乳母猪生产性能、初乳成分和肠道菌群结构的影响。试验选择30头体况相近、预产期相近的2～4胎"长白猪×大白猪"二元杂交母猪，随机分成3组，每组10个重复，每个重复1头。在试验期间，各组母猪分别饲喂基础饲粮（对照组）、基础饲粮＋0.3%吸附型酸化剂（A组）、基础饲粮＋0.1%微囊型酸化剂（B组）。预试期为7 d（母猪分娩前7 d）、正试期为26 d（从母猪分娩开始至泌乳结束）。结果表明，与对照组相比，A组和B组母猪的泌乳期平均日采食量分别提高4.9%（$P>0.05$）和5.3%（$P>0.05$），仔猪断奶均重分别提高2.6%（$P>0.05$）和7.4%（$P<0.05$）。A组和B组母猪初乳中的乳脂、乳蛋白、尿素氮、免疫球蛋白G和免疫球蛋白A含量均高于对照组（$P>0.05$），而乳糖含量则低于对照组（$P>0.05$）。与对照组相比，B组母猪饲粮蛋白质消化率显著提高（$P<0.05$），且粪便中大肠杆菌数量显著降低（$P<0.05$）；A组母猪粪便中大肠杆菌数量显著降低（$P<0.05$）。由此可见，微囊型酸化剂在提高仔猪断奶重、哺乳母猪饲粮蛋白质消化率和改善肠道菌群结构方面有一定功效，而吸附型酸化剂在改善哺乳母猪肠道菌群结构方面有一定功效。

汪晶晶等[73]研究了复合酸化剂和微生态制剂对哺乳母猪生产性能、血清生化和免疫指标以及乳成分的影响。试验采用2×2双因素随机设计，主效应分别为酸化剂（0、0.5%）、微生态制剂（0 mL/d、200 mL/d）及二者互作。选择胎次和预产期相近的"长白猪×大白猪"二元杂交母猪24头，随机分为4组（每组6头），分别饲喂基础饲粮（对照组）、基础饲粮＋200 mL/d微生态制剂（微生态制剂组）、基础饲粮＋0.5%复合酸化剂（复合酸化剂组）、基础饲粮＋200 mL/d微生态制剂＋0.5%复合酸化剂（混合组）。预试期为7 d，正试期为21 d。结果表明，混合组母猪平均日采食量、母猪总泌乳量、第21 d仔猪平均个体重、仔猪断奶窝重均显著高于对照组（$P<0.05$）；与对照组相比，各添加组第1 d、第7 d、第14 d仔猪平均个体重、断奶活仔数以及仔猪平均日增重均有升高的趋势，但差异不显著（$P>0.05$）。试验第21 d，混合组血清中总胆固醇、甘油三酯、总蛋白、白蛋白、免疫球蛋白A、免疫球蛋白G的含量均显著高于对照组（$P<0.05$）。各添加组血清尿素氮含量均低于对照组，但各添加组间差异不显著（$P>0.05$）。各添加组初乳和常乳中乳脂、常乳中乳糖含量均显著高于对照组（$P<0.05$），初乳和常乳中乳蛋白含量也高于对照组，但差异不显著（$P>0.05$）。由此可见，在本试验条件下，饲粮中添加微生态制剂和复合酸化剂有提高哺乳母猪生产性能、血清生化和免疫指标的趋势，并可提高哺乳母猪的平均日采食量、总泌乳量以及血清中总胆固醇、甘油三酯、总蛋白、白蛋白、免疫球蛋白A和免疫球蛋白G的含量，二者联用可局部改善乳成分。

(4) 酵母硒。饲料添加剂酵母硒的适用范围为养殖动物。杨渗[74]研究了日粮中添加酵母硒对育肥猪生长性能的影响。试验选用60头体重为（80±1.0）kg"杜×长×大"三元杂交育肥猪，随机分为3组，每组2个重复，每个重复10头。试验1组为对照组，饲喂基础日粮，试验2组、试验3组分别在基础日粮中添加50 mg/kg、100 mg/kg酵母硒。试验期为50 d，在试验结束时测定育肥猪生长性能。研究表明，在基础日粮中添加100 mg/kg的酵母硒可以提高育肥猪的生长性能。

叶建萍[75]研究了在饲粮中添加不同水平的酵母硒对育肥猪生长性能、屠宰性能及经济效益的影响。试验选择体重相近的健康三元杂交育肥猪60头，随机分成4组，每组15个重复，每个重复1头。试验1组饲喂基础日粮为对照组，试验2组、试验3组、试验4组分别在基础日粮中添加 0.2 mg/kg、0.4 mg/kg、0.8 mg/kg 的酵母硒。预试期为 7 d，正试期为 56 d。结果表明：①试验 3 组、试验 4 组平均日增重（ADG）较试验 1 组分别提高 12.2%、11.0%（$P<0.05$），试验 2 组、试验 3 组、试验 4 组平均日采食量（ADFI）均高于试验 1 组（$P>0.05$），试验 3 组、试验 4 组料重比（F/G）较试验 1 组分别降低 14.2%、12.4%（$P<0.05$）；②试验 3 组、试验 4 组的瘦肉率、眼肌面积较试验 1 组分别提高 11.7%、10.0%、13.2%、9.0%（$P<0.05$），试验 3 组、试验 4 组的背膘厚较试验 1 组分别降低 11.6%、10.2%（$P<0.05$），试验 2 组、试验 3 组、试验 4 组的宰前活重、屠宰率高于试验 1 组（$P>0.05$）；③试验 3 组、试验 4 组毛利润较试验 1 组分别提高 20.9%、13.3%。综上所述，饲粮中添加 0.4 mg/kg 的酵母硒可以提高育肥猪生长性能、屠宰性能及经济效益。

贾建英等[76]研究了酵母硒（SY）替代亚硒酸钠 Na_2SeO_3（SS）和不同水平的 SY 对母乳中硒沉积、仔猪生长性能及仔猪血液生化指标的影响。将 48 头（75±5）d 的“长白猪×大白猪”二元杂交妊娠母猪及其哺乳仔猪平均分为 4 组，分别为 0.15 mg/kg SS 组（对照组）、0.3 mg/kg SS 组、0.3 mg/kg SY 组、0.6 mg/kg SY 组。每组母猪 12 头，添加不同硒源。结果表明，0.3 mg/kg SY 组、0.6 mg/kg SY 组以及 0.3 mg/kg SS 组母猪初乳中硒含量均极显著高于对照组（$P<0.01$），常乳中硒含量均显著高于对照组（$P<0.05$）。0.3 mg/kg SY 组、0.6 mg/kg SY 组以及 0.3 mg/kg SS 组仔猪血液中的促生长因子（IGF-Ⅰ）、免疫球蛋白 A（IgA）、免疫球蛋白 G（IgG）、免疫球蛋白 M（IgM）均显著高于对照组（$P<0.05$）。与 0.3 mg/kg SS 组和 0.3 mg/kg SY 组相比，0.6 mg/kg SY 组仔猪生长性能明显改善。研究表明，哺乳母猪饲粮中添加 0.6 mg/kg SY 能够提高初乳和常乳中硒的含量，改善仔猪的生长性能。

（5）蛋氨酸铬。饲料添加剂蛋氨酸铬的适用范围为猪、犬、猫。唐伟等[77]研究了日粮蛋氨酸铬添加水平对育肥猪生长性能、胴体性状及肉色的影响。试验选择平均初始体重为（71.26±1.68）kg 的“杜×长×大”三元杂交育肥猪 600 头，随机分为 4 组，每组 5 个重复，每个重复 30 头。各组猪饲喂的日粮分别在基础日粮中添加蛋氨酸铬形式的铬 0 mg/kg、0.2 mg/kg、0.4 mg/kg 和 0.6 mg/kg。试验期为 28 d。结果表明，随着日粮蛋氨酸添加水平的升高，猪的末重表现为显著二次曲线效应（$P<0.05$）。日增重、平均日采食量和料重比随着日粮蛋氨酸铬添加水平的升高表现为显著线性升高（$P<0.05$）。随着日粮蛋氨酸铬添加水平的升高，眼肌面积表现为显著线性升高（$P<0.05$），而背膘厚度具有显著线性降低的趋势（$P=0.07$）。日粮铬添加水平从 0 mg/kg 升高至 0.6 mg/kg 时，猪肉剪切力和肌红蛋白含量具有显著线性升高趋势（$P=0.06$、$P=0.07$），但肌红蛋白含量及相关基因 mRNA 相对表达水平表现为显著二次曲线效应（$P<0.05$）。此外，肉色红度值随着日粮铬水平的升高表现为显著二次曲线效应（$P<0.05$），而亮度值具有显著线性和二次曲线降低的趋势（$P=0.07$、$P=0.06$）。综上所述，日粮中添加蛋氨酸铬可促进生长性能，改善肉色，但增加了剪切力，降低了肌间脂肪含量。此外，肌红蛋白含量和相关基因 mRNA 表达水平的上调表明蛋氨酸铬可以通过上调肌红蛋白基因的表达来改善肉色。

5.2.1.3 我国尚未批准在猪饲料中使用的有机酸、有机微量元素及其他物质的应用研究进展

（1）纳米银。赵瑞媛等[78]研究了在日粮添加不同水平的纳米银对断奶仔猪生长性能、肠道形态及微生物菌群的影响。该研究共进行 3 个试验：试验 1 收集 8 头断奶后 7 d 的仔猪

回肠内容物，在体外 37 ℃条件下分别添加 0 μg/kg、20 μg/kg、40 μg/kg 和 80 μg/kg 纳米银，孵育 4 h。结果表明，随着纳米银添加水平的升高，回肠内容物大肠杆菌和乳酸杆菌的含量显著线性降低（$P<0.05$），但对乳酸杆菌比例无显著影响（$P>0.05$）。试验 2 分为 3 组，每组 10 头 21 d 断奶的仔猪，日粮中分别添加 0 mg/kg、20 mg/kg 和 40 mg/kg 纳米银。结果发现，随着纳米银添加水平的升高，断奶后 2 周仔猪的日增重表现为显著线性升高（$P<0.05$），同时回肠大肠杆菌含量有显著线性降低的趋势（$P=0.07$），显著降低了细菌总量和奇异菌属含量（$P<0.05$）。20 mg/kg 纳米银组产气荚膜杆菌与梭菌比例最低（$P<0.05$）。试验 3 分为 3 组，每组 10 头 21 d 断奶的仔猪，日粮中分别添加 0 mg/kg、20 mg/kg 和 40 mg/kg纳米银。结果发现，日粮纳米银添加水平对仔猪断奶后前两周绒毛形态无显著影响（$P>0.05$），而隐窝深度有降低趋势（$P=0.08$）。20 mg/kg 纳米银组仔猪在断奶前 2 周表现为最高（$P<0.05$），之后随着纳米银添加水平的升高在 3～4 周显著降低（$P<0.05$），料重比显著升高（$P<0.05$）。日粮添加低剂量的纳米银可以改善断奶仔猪的采食量和日增重，适宜添加水平为 20～40 mg/kg。

（2）黏土铜。杨琳芬等[79]研究了低剂量黏土铜在猪饲料中应用的可行性。试验选用健康状况良好、体重相近的保育猪 108 头，按照单因素试验，随机分为对照组和试验组。对照组猪饲喂常规日粮（添加 1 350 mg/kg 氧化锌），试验组猪饲喂用黏土铜（添加 1 000 mg/kg）替代氧化锌的日粮。试验期为 21 d，测定猪的生长性能、腹泻率以及粪便、尿液中的锌含量。结果表明，低剂量的黏土铜替代氧化锌对保育猪的末体重、日均采食量、日均增重和料重比无显著影响（$P>0.05$），料重比降低了 2.91%；低剂量的黏土铜替代氧化锌对腹泻频率无显著影响（$P>0.05$）。试验组粪便锌含量显著低于对照组（$P<0.05$），并随着试验时间的延长，减排效果增加，到第 2 周时减排率达到 92.58%，第 3 周为 94.01%；在猪尿中的减排率为 40.00%。研究表明，低剂量黏土铜替代饲料中的氧化锌对保育猪的生长性能无显著性影响，但可以显著降低猪排泄物中锌的排放量。

杨琳芬等[80]研究了黏土铜对断奶仔猪生长性能、腹泻率以及粪便中铜和锌含量的影响。试验选取 120 头 24 日龄断奶仔猪，随机分为 2 组，每组 6 个重复，每个重复 10 头。对照组饲喂基础日粮，试验组在基础日粮中添加 500 g/t 的黏土铜。试验期为 14 d。结果表明，试验组的腹泻率显著低于对照组（$P<0.05$），腹泻率降低了 81.82%；试验组平均日增重提高了 4.35%，平均日采食量和料重比分别降低了 3.45%、7.03%（$P>0.05$）。同时，添加黏土铜对猪粪中的重金属铜和锌没有显著性影响。研究表明，断奶仔猪日粮中添加黏土铜可以降低断奶仔猪的腹泻率、改善生长性能、提高料重比。

Li 等[81]研究了蒙脱石铜锌（Cu/Zn－Mt）对生长性能、肠道屏障和肠道菌群进的影响。试验选用 108 头断奶仔猪［（21±1）日龄“杜×长×大”三元杂交，平均体重为 6.36 kg］。随机分为 3 组，每组 6 个重复，每个重复 6 头。分组如下：①对照组：基础饲粮；②Cu/Zn－Mt 组：基础饲粮中添加 39 mg/kg Cu 和 75 mg/kg Zn；③Cu＋Zn＋Mt 组：基础饲粮中添加硫酸铜、硫酸锌和蒙脱石的混合物（添加量相当于 Cu/Zn－Mt 处理的铜和锌）。结果表明，与对照组相比，Cu/Zn－Mt 组仔猪断奶后第 7 d 和第 14 d 的平均日增重与增重均有所提高，粪便分数降低；添加 Cu/Zn－Mt 后，肠上皮电阻值（TER）升高，紧密连接蛋白 claudin－1 和 occludens－1 表达增加，异硫氰酸荧光素-葡聚糖 4 ku 的肠通透性降低。基于 Illumina 的测序结果表明，Cu/Zn－Mt 在属水平上提高了断奶仔猪结肠核心菌（乳球菌、芽孢杆菌）的相对丰度，降低了潜在致病菌（链球菌和假单胞菌）丰度。与对照组相比，硫酸铜、硫酸锌和蒙脱石混合物对上述指标无显著影响。饲粮中添加 Cu/Zn - Mt 可提高断奶仔猪生长性能，减少腹泻，改善肠道屏障和细菌群落。在蒙脱石中添加 Zn 和 Cu 不仅改变了蒙脱石的化学性质，而且改变了蒙脱石的营养性质。

（3）多糖锌络（螯）合物。Xie 等[82]研究了浒苔多糖锌（EP - Zn）作为抗生素替代物应用于断奶仔猪的效果。试验选用 14 个猪舍 224 头断奶仔猪，按体重和窝产仔数随机分为 2 组，每组 7 窝，每窝 16 头。抗生素组在基础日粮中添加 400 mg/kg 喹啉和 800 mg/kg 的恩拉霉素，试验组在基础日粮中添加 800 mg/kg EP - Zn。采食 14 d 后，每个猪圈选择 1 头猪采集样本。结果表明，与抗生素组相比，补饲 EP - Zn 后效果较好，血浆抗氧化水平显著提高。各组间生长性能无显著差异。小肠紧密连接（intestinal tight junction，TJ）蛋白表达及组织病理学评估数据显示 EP - Zn 促进肠道发育。试验组断奶仔猪具有较低的肠道炎症相关细胞因子水平，包括 IL - 6（$P<0.01$）、IL - 8（$P<0.05$）、IL - 12（$P<0.05$）和肿瘤坏死因子- α（TNF - α）（$P<0.001$），对空肠黏膜中核转录因子 kappa B（p - NF - κB）（$P<0.05$）和总 NF - κB（$P<0.001$）具有抑制作用。综上所述，EP - Zn 是一种有效的抗生素替代品，能改善断奶仔猪的健康状况。

Ma 等[83]研究了壳聚糖-锌螯合物（CS - Zn）在断奶仔猪中的生物利用率，并对其制剂特点和口服安全性进行了探讨。试验将 210 头平均体重为 6.30 kg 的“杜×长×大”三元杂交断奶仔猪随机分为 7 组，采用 2×3 双因素试验设计。2 个锌源（CS - Zn 和 $ZnSO_4$）和 3 个添加水平（50 mg/kg、100 mg/kg、150 mg/kg，以 Zn 计），对照组不添加锌。试验期为 42 d。CS - Zn 的 AFM 图像显示其外观粗糙、颗粒较小。谱峰的变化证实壳聚糖成功螯合 Zn^{2+}。XRD 图谱显示了 CS - Zn 新的结晶相。CS - Zn 的口服急性毒性试验对小鼠无致死作用。饲粮添加 CS - Zn 可提高断奶仔猪的增重，降低腹泻发生率。CS - Zn 在仔猪体内的生物利用率高于 $ZnSO_4$。研究表明，所制备的 CS - Zn 螯合物表面粗糙，晶相较粗，无毒，生物利用度增强。

5.2.2 家禽饲料中有机酸、有机微量元素及其他物质的应用研究进展

5.2.2.1 蛋鸡饲料中有机酸、有机微量元素及其他物质的应用研究进展

（1）丁酸钠。饲料添加剂丁酸钠的适用范围为养殖动物。Gong 等[84]研究了蛋鸡饲粮中添加 β-胡萝卜素、姜黄素、大蒜素、丁酸钠对子代鸡空肠微生物群和免疫应答的影响。将初孵的海兰鸡分为 3 组：雏鸡对照组（cCON 组）、乳酸环丙沙星治疗组（Cipro 组）和丁酸钠补充组（cCCAB 组）。在 5 周龄，Cipro 组在饮用水中连续添加乳酸环丙沙星。丁酸钠补充组饲喂 β-胡萝卜素、姜黄素、大蒜素和丁酸钠。各组均饲喂同一日粮 4 周。结果表明，Cipro 组空肠微生物的 α 多样性和 β 多样性以及门水平和属水平的分类学发生了显著变化。在统计学上，共有 67 个类菌群显著富集（$P<0.05$）。在 cCCAB 组中，厚壁菌显著富集（$P<0.05$），Cipro 组中有 65 个类菌群显著富集（$P<0.05$），其中 32 个属于蛋白细菌门。关于空肠组织中脂多糖含量、空肠核因子 κB 和肿瘤坏死因子- α 水平的变化，Cipro 组和 cCCAB 组较 cCON 组升高（$P=0.05$）。与 cCON 组和 cCCAB 组相比，Cipro 组空肠中有明显的中性粒细胞浸润和 IL - 6 mRNA 的上调（$P<0.05$）。与 cCON 组和 Cipro 组相比，cCCAB 组 *PSME3* 和 *PSME4* 基因表达上调（$P<0.05$）。综上所述，乳酸环丙沙星致使微

生物紊乱，导致空肠炎症对产蛋种鸡健康和生长造成潜在危害，日粮中添加β-胡萝卜素、姜黄素、大蒜素和丁酸钠可通过宿主固有免疫选择微生物定植与微生物群培养的适应性免疫相互作用，提高后代的空肠免疫。

（2）复合有机酸。周岭等[85]研究了复合酸化剂和微生态制剂对蛋鸡生产性能、血液生化指标、抗氧化指标以及沙门菌感染的影响。试验将600只50周龄健康蛋鸡按产蛋率无差异原则，随机分为4组，每组10个重复，每个重复15只。对照组饲喂基础饲粮，微生态制剂组在基础饲粮中添加300 g/t微生态制剂，复合酸化剂组隔日在饮水中添加0.1%复合酸化剂，微生态制剂与复合酸化剂联用组在基础饲粮中添加300 g/t微生态制剂并隔日在饮水中添加0.1%复合酸化剂。饲养试验期为16周，然后从对照组选择60只鸡，按照上述4个处理分为4组。以1.3×10^{8}CFU沙门菌进行攻毒，攻毒试验期为13 d。结果表明，复合酸化剂和微生态制剂对蛋鸡生产性能、血液血红蛋白含量、生殖器官超氧化物歧化酶活性和总抗氧化能力无显著影响。复合酸化剂、微生态制剂及两者联用均能显著降低蛋鸡脏蛋率。微生态制剂组蛋鸡血液白细胞数显著低于对照组，免疫球蛋白G含量较对照组有提高的趋势。复合酸化剂组和微生态制剂与复合酸化剂联用组蛋鸡输卵管峡部丙二醛含量显著低于对照组。与对照组相比，复合酸化剂组沙门菌攻毒第7 d和第14 d蛋鸡输卵管沙门菌阳性率显著降低，但微生态制剂组和微生态制剂与复合酸化剂联用组的沙门菌阳性率没有显著变化，最终得出该试验所用复合酸化剂和微生态制剂可从降低脏蛋率、提高抗氧化能力与免疫力方面上改善蛋鸡健康，从而降低蛋鸡和鸡蛋的沙门菌感染。

陈继发等[86]研究了饲粮添加霉菌毒素吸附剂-有机酸复合物和霉菌毒素吸附剂-植物精油复合物对蛋鸡生产性能、蛋品质及血浆激素、抗氧化和免疫指标的影响。选择270只29周龄的健康罗曼蛋鸡，随机分为3组，每组6个重复，每个重复15只。对照组（1组）饲喂基础饲粮，试验组分别在基础饲粮中添加0.65 g/kg霉菌毒素吸附剂-有机酸复合物（2组）和0.70 g/kg霉菌毒素吸附剂-植物精油复合物（3组）。预试期为7 d，正试期为70 d。结果表明：①第6～10周，与1组相比，2组、3组蛋鸡产蛋率分别提高了2.79%、2.35%（$P=0.094$）。②与1组相比，第35 d，3组哈氏单位显著提高（$P<0.05$），蛋黄指数有增高的趋势（$P=0.084$）；第70 d，3组蛋重显著高于1组、2组（$P<0.05$）。③与1组相比，2组蛋鸡血浆雌二醇含量显著提高（$P<0.05$），3组血浆皮质醇、促肾上腺皮质激素含量显著降低（$P<0.05$）。④与1组相比，2组、3组蛋鸡肝脏总超氧化物歧化酶活性和总抗氧化能力显著提高（$P<0.05$）；3组血浆丙二醛含量显著低于2组（$P<0.05$）。⑤与1组相比，2组、3组血浆白细胞介素-2和干扰素-γ含量显著提高（$P<0.05$）；3组血浆白细胞介素-4含量显著高于1组、2组（$P<0.05$）。由此可见，饲粮中添加霉菌毒素吸附剂-有机酸复合物和霉菌毒素吸附剂-植物精油复合物有提高蛋鸡产蛋率的趋势，提高了机体抗氧化能力及免疫性能；饲粮添加霉菌毒素吸附剂-植物精油复合物可减少机体应激，改善蛋品质。

（3）蛋氨酸锰络（螯）合物。饲料添加剂蛋氨酸锰络（螯）合物的适用范围为养殖动物。周旻瑶等[87]研究了饲粮添加蛋氨酸锰对蛋鸡生产性能、蛋品质及血清生化指标的影响。选用53周龄生产性能相近的京红1号商品蛋鸡480只，随机分成5组，每组6个重复，每个重复16只。蛋鸡饲喂玉米-豆粕型基础饲粮（5%预混料中不含锰），对照组在基础饲粮的基础上添加60 mg/kg硫酸锰（以锰计），试验组在基础饲粮中分别添加20 mg/kg、40 mg/kg、60 mg/kg、80 mg/kg蛋氨酸锰（以锰计）。预试期为1周，正试期为9周。结果表明，40 mg/kg 蛋氨酸锰组蛋鸡的平均日采食量显著高于对照组（$P<0.05$），比对照组提高了 3.23%；饲粮添加蛋氨酸锰对蛋鸡的产蛋率、平均蛋重、料蛋比均无显著影响（$P>0.05$）。60 mg/kg、80 mg/kg 蛋氨酸锰组的哈氏单位、蛋壳强度和蛋壳厚度均显著高于对照组（$P<0.05$），蛋壳厚度均比对照组提高了 8.57%（$P<0.05$）；饲粮添加蛋氨酸锰对蛋白高度及蛋黄颜色无显著影响（$P>0.05$）。80 mg/kg 蛋氨酸锰组蛋鸡的血清尿酸含量显著低于对照组（$P<0.05$），比对照组降低了 25.12%；饲粮添加蛋氨酸锰对血清碱性磷酸酶、谷草转氨酶、谷丙转氨酶活性以及钙、磷、葡萄糖、总蛋白、白蛋白含量均无显著影响（$P>0.05$），但各蛋氨酸锰添加组的血清碱性磷酸酶活性、白蛋白和钙含量与对照组相比有上升的趋势。由此可见，饲粮添加蛋氨酸锰可改善蛋品质，抑制蛋白质的分解代谢，提高蛋白质的利用率。

Zhang 等[88]研究了日粮中锰的添加量和来源对蛋鸡生产性能、蛋壳质量、超微结构及成分的影响。在对 1 080 只 46 周龄布朗母鸡饲喂基础日粮（Mn，32.7 mg/kg）2 周后，分为 9 组，即饲喂基础日粮（对照组），分别添加 40 mg/kg、80 mg/kg、120 mg/kg、160 mg/kg 的无机锰（$MnSO_4 \cdot H_2O$），分别添加 40 mg/kg、80 mg/kg、120 mg/kg、160 mg/kg 的有机锰（氨基酸锰，8.78%）日粮 8 周。每组 8 个重复，每个重复 15 只。结果表明，日粮中添加锰不影响母鸡的生产性能（$P>0.05$）。日粮中添加锰可以使蛋壳强度和厚度在无机与有机两种形态中呈线性及二次增长（$P<0.05$），但断裂韧性仅在有机锰组中呈二次增长（$P<0.05$）。无机锰和有机锰组对有效层厚度与乳突层厚度有线性及二次效应（$P<0.05$），有机锰组乳突层厚度较低（$P<0.05$）。然而，只有当补充有机锰时，乳突层的厚度才会出现二次下降（$P<0.05$）。日粮添加无机锰和有机锰对蛋壳中锰含量均有二次效应（$P<0.05$）。无机锰的添加对钙化蛋壳中硫酸糖胺聚糖（GAGs）含量有线性和二次影响（$P<0.05$），而有机锰的添加对钙化蛋壳和蛋膜中硫酸 GAGs 含量均有二次效应（$P<0.05$）。总的来说，无论来源如何，饲料中添加锰都可以通过改善超微结构来增加蛋壳强度和厚度，部分原因是蛋壳中硫酸甘油三酯含量增加。此外，有机锰的补充可以通过减少乳突层厚度来增加断裂韧性，部分原因是膜中硫酸甘露醇含量的增加。

（4）蛋氨酸锌络（螯）合物。饲料添加剂蛋氨酸锌络（螯）合物的适用范围为养殖动物。Li 等[89]研究了日粮中添加蛋氨酸锌（Zn－Met）对蛋鸡产蛋性能、蛋品质、抗氧化能力和血清参数的影响。随机选择京红一号品系蛋鸡（720 只，49 周龄）分为 6 组，每组 6 个重复，每个重复 20 只。对照组饲喂基础日粮［含 80 mg/kg 硫酸锌（以锌元素计）］，5 个试验组在基础日粮中分别添加 20 mg/kg、40 mg/kg、60 mg/kg、80 mg/kg 和 100 mg/kg 蛋氨酸锌（以锌元素计）。试验期为 10 周。结果表明，对照组与 80 mg/kg 蛋氨酸锌组的采食量（$P<0.05$）和饲料转化率（$P<0.01$）有显著性差异。与对照组相比，添加 80 mg/kg 蛋氨酸锌组在储藏前 15 d，鸡蛋重量（$P<0.05$）和蛋白高度（$P<0.01$）均有所降低，但对储藏 15 d 后鸡蛋重量和蛋白高度的影响不显著。与对照组相比，100 mg/kg 蛋氨酸锌组哈氏单位明显升高（$P<0.05$）。血清丙二醛的活性在 20～100 mg/kg 蛋氨酸锌中呈线性下降。蛋氨酸锌组肝脏 CAT 活性和血清 GSH－Px 活性有二次效应。与对照组相比，60 mg/kg 蛋氨酸锌组血清 T－AOC、GSH－Px 活性（$P<0.01$），肝脏中 T－AOC（$P<0.05$）、CuZnSOD（$P<0.01$）、GSH－Px 活性（$P<0.01$）均提高。与对照组相比，80 mg/kg、100 mg/kg 蛋氨酸锌组中血清离子钙浓度降低（$P<0.01$），而 40 mg/kg、60 mg/kg、80 mg/kg和 100 mg/kg 蛋

氨酸锌组中血清碱性磷酸酶（AKP）活性升高（$P<0.01$ 和 $P<0.05$）。总之，与 80 mg/kg 硫酸锌相比，日粮中添加 60～80 mg/kg 蛋氨酸锌对蛋鸡生长性能、蛋品质和蛋鸡抗氧化能力有更积极的影响。

（5）酵母硒。饲料添加剂酵母硒的适用范围为养殖动物。贺淼等[90]研究了酵母硒（Se-Y）对海兰褐商品代蛋鸡产蛋性能、蛋硒沉积和硒利用率的影响。试验选用 19 周龄海兰褐商品代蛋鸡 192 只，随机分为 2 组：对照组为亚硒酸钠（S-Se）组，饲喂无硒基础日粮+0.3 mg/kg Se/S-Se；试验组为 Se-Y 组，饲喂无硒基础日粮+0.3 mg/kg Se/Se-Y。每组 12 个重复，每个重复 8 只，每个重复的蛋鸡饲养在两个相邻产蛋笼内，每笼饲养 4 只。试验期为 4 周：蛋鸡 19～22 周龄。在蛋鸡 22 周开展代谢试验，评估不同硒源在蛋鸡上蛋硒沉积率、利用率和排泄量。结果表明，与对照组相比，添加 0.3 mg/kg Se/S-Se 和 0.3 mg/kg Se/Se-Y 组蛋鸡（21～22 周龄）的产蛋率、平均蛋重、料蛋比、破畸率、平均日采食量（ADFI）均无显著差异（$P>0.05$）；Se-Y 组在试验第二周、第三周、第四周后，鸡蛋硒的平均含量分别显著提高了 35.6%、120.1%、143.5%（$P<0.05$）；Se-Y 组粪硒排泄率减少了 54.21%，硒总利用率、蛋硒沉积率、体硒沉积率分别提高了 79.48%、81.52%、72.10%。由此得出，不同硒源对开产期过渡到产蛋高峰期的蛋鸡（19～22 周龄）产蛋性能无显著影响，而与 S-Se 相比，使用 Se-Y 不仅能增加鸡蛋硒沉积，而且能减少蛋鸡的粪硒排泄，提高蛋鸡对硒的总利用率，并促进硒在蛋鸡体内的沉积。

司雪阳等[91]研究了在亚麻籽饲粮中添加不同水平酵母硒对蛋鸡生产性能、肝脏抗氧化能力、蛋品质、蛋黄脂肪酸组成和蛋中硒含量的影响。采用单因素试验设计，选取 28 周龄、体重［(1.99±0.05) kg］和产蛋率［(88.42±3.57)%］相近的海兰褐蛋鸡 360 只，随机分为 4 组，每组 6 个重复，每个重复 15 只。各组蛋鸡分别饲喂在含 15%膨化亚麻籽基础饲粮中添加 0.3 mg/kg（Se 0.3 组）、0.6 mg/kg（Se 0.6 组）、0.9 mg/kg（Se 0.9 组）和 1.2 mg/kg（Se 1.2 组）酵母硒（以硒计）的试验饲粮。预试期为 2 周，正试期为 12 周。结果表明：在亚麻籽饲粮中添加不同水平酵母硒对蛋鸡的生产性能和蛋品质均无显著影响（$P>0.05$）。与 Se 0.3 组相比，Se 1.2 组肝脏总抗氧化能力（T-AOC）显著降低（$P<0.05$），Se 0.9 组和 Se 1.2 组肝脏总超氧化物歧化酶（T-SOD）活性显著降低（$P<0.05$）。随着饲粮中酵母硒添加水平的升高，肝脏中谷胱甘肽过氧化物酶（GSH-Px）活性有增加的趋势（$P=0.094$）。此外，与 Se 0.3 组相比，Se 0.6 组、Se 0.9 组和 Se 1.2 组肝脏丙二醛（MDA）含量均显著降低（$P<0.05$）。在亚麻籽饲粮中添加不同水平酵母硒对蛋黄脂肪酸组成和 ω-3 多不饱和脂肪酸（PUFA）含量均无显著影响（$P>0.05$），各组蛋黄中 ω-3 PUFA 含量均高于 41 mg/g（干物质基础）。鸡蛋中硒含量随着饲粮酵母硒添加水平的升高而显著增加（$P<0.05$）。由此得出，本试验条件下，在亚麻籽饲粮中添加不同水平的酵母硒对蛋鸡的生产性能和蛋品质无显著影响，但添加 0.6 mg/kg 酵母硒（以硒计）可提高蛋鸡肝脏的抗氧化能力。鸡蛋中硒含量随着饲粮酵母硒添加水平的升高而显著增加，并在此基础上进一步达到硒和 ω-3 PUFA 同时富集于鸡蛋中的效果。

石雕等[92]研究了酵母硒对蛋鸡肝脏功能的影响。结果表明，日粮添加酵母硒对蛋鸡血清谷草转氨酶（aspartate aminotransferase，AST）、谷丙转氨酶（alanine aminotransferase，ALT）、总胆红素（total bilirubin，TBIL）无显著影响；日粮添加酵母硒显著降低了血清总胆固醇（total cholesterol，TC）含量，其中 0.80 mg/kg 的酵母硒效果最好，第 28 d 比对照组下降了38.06%。研究认为，日粮添加酵母硒没有对蛋鸡肝脏功能产生不良影响，且有保护心血管的作用。

Han等[93]研究了亚硒酸钠和酵母硒及其组合对产蛋性能、鸡蛋品质、抗氧化能力、组织和鸡蛋中硒含量的影响。将288只产蛋率［(87.5±0.38)%］和体重［(1.70±0.02)kg］相近的京红蛋鸡，随机分为4组，每组9个重复，每个重复8只。在日粮（玉米-豆粕型日粮）中分别添加0 mg/kg［空白对照（BC)］、亚硒酸钠（SS）0.3 mg/kg（以硒元素计）、亚硒酸钠0.15 mg/kg（以硒元素计）和酵母硒（SY）0.15 mg/kg（以硒元素计）（SS+SY)、酵母硒0.3 mg/kg（以硒元素计）（SY)。试验期为11周（203～279日龄)。结果表明，SS+SY组的产蛋率明显高于BC组和SY组（$P<0.05$)。添加硒日粮与BC日粮的鸡蛋品质没有差异（$P>0.05$)。饲喂硒日粮组的母鸡与BC组相比，血清谷胱甘肽过氧化物酶（GSH-Px）活性升高（$P<0.01$)。与BC组相比，SY组肝脏超氧化物歧化酶（SOD）活性显著增加（$P<0.05$)。与BC组、SS组相比，SY组血清维生素E含量显著增加（$P<0.01$)。蛋鸡的血清、肝脏和肾脏硒含量均高于BC组（$P<0.01$)。与BC组相比，添加硒日粮的鸡蛋中硒的含量显著提高（$P<0.05$)。总之，亚硒酸钠和酵母硒对蛋鸡抗氧化能力的促进作用大致相同，而酵母硒更容易沉积在鸡蛋和组织中。添加等量的2种硒的日粮比同等剂量的酵母硒更经济实惠，获得了更有前景的生产性能和几乎相似的硒沉积。

5.2.2.2 肉鸡饲料中有机酸、有机微量元素及其他物质的应用研究进展

（1）丁酸钠。饲料添加剂丁酸钠的适用范围为养殖动物。刘馨忆[94]研究了日粮中添加包被丁酸钠对肉仔鸡生长性能、免疫功能和肠道组织形态的影响。采用单因素试验设计，将1日龄健康的肉仔鸡1 200只，随机分为4组。1组为对照组，饲喂基础日粮；2～4组为试验组，分别在基础日粮中添加250 mg/kg、500 mg/kg和1 000 mg/kg的包被丁酸钠。试验期为21 d。结果表明，日粮中添加500 mg/kg和1 000 mg/kg的包被丁酸钠可以显著降低肉仔鸡的平均日采食量，极显著降低料重比，显著增加十二指肠的绒毛高度，降低肉仔鸡绒毛高度与隐窝深度的比值，改善肠道形态，促进消化吸收能力，提高生长性能；日粮中添加500 mg/kg的包被丁酸钠还可以显著降低肉仔鸡血清中IL-1β和IL-6的含量，提高IL-10的含量；添加500 mg/kg和1 000 mg/kg的包被丁酸钠对肉仔鸡血清中IgM的含量具有极显著和显著的提高作用，添加不同比例的包被丁酸钠对肉仔鸡血清中IgG的含量均有显著的提高作用。研究表明，日粮中添加包被丁酸钠可以改善肉仔鸡的肠道形态，提高肉仔鸡的生长性能，减少炎症反应发生，提高血清中免疫球蛋白含量，增加肉仔鸡的免疫功能。

Lan等[95]研究了丁酸钠（SB）对肉鸡生长性能、消化器官和免疫器官发育的影响。肉鸡分别饲喂含量为0、0.03%、0.06%和0.12% SB的基础日粮。除15～21 d外，添加SB使每个时期的平均日增重线性增加（$P<0.05$)。前胃（第7 d)、胃（第7 d和第14 d)、十二指肠（第21 d和第28 d)、空肠（第21 d)、回肠（第21 d)、小肠（第21 d)、直肠（第14 d)、胰腺（第7 d和第21 d)、肝脏（第21 d)、胸腺（第21 d，第28 d，第7 d）的相对重量增加（$P<0.05$)。添加SB后，十二指肠（第21 d)、空肠（第14 d和第21 d)、回肠（第14 d和21 d）和小肠（第14 d和21 d）的相对长度线性增加（$P<0.05$)。通过增加空肠和回肠绒毛高度，增加十二指肠、空肠和回肠杯状细胞计数，改善肠结构。日粮中补充丁酸钠能够改善肉鸡肠道器官的发育和形态结构，提高肉鸡的生长性能。

范秋丽等[96]研究了单独添加枯草芽孢杆菌、低聚壳聚糖、丁酸钠或其两两组合添加代替抗生素对笼养黄羽肉鸡生长性能、免疫功能、胴体性能和肉品质的影响。选用720只1日龄快速型岭南黄羽肉公鸡，根据体重一致原则分为8组，每组6个重复，每个重复15只。8组分别为对照组（无抗生素添加）、抗生素组（200 mg/kg 4% 恩拉霉素）、益生菌组（500 mg/kg 枯草芽孢杆菌）、低聚壳聚糖组（50 mg/kg 低聚壳聚糖）、丁酸钠组（500 mg/kg 丁酸钠）、无抗组合1组（500 mg/kg 枯草芽孢杆菌+30 mg/kg 低聚壳聚糖）、无抗组合2组（30 mg/kg 低聚壳聚糖+300 mg/kg 丁酸钠）和无抗组合3组（500 mg/kg 枯草芽孢杆菌+500 mg/kg 丁酸钠）。试验分3个阶段，试验期为63 d。结果表明，1～21日龄，各处理组间生长性能和血浆免疫指标无显著差异（$P>0.05$）；低聚壳聚糖组法氏囊指数高于对照组和抗生素组（$P>0.05$）；益生菌组和丁酸钠组回肠pH显著低于抗生素组（$P<0.05$）。22～42日龄，各处理组间生长性能无显著差异（$P>0.05$）；无抗组合3组脾脏指数显著高于对照组（$P<0.05$）；益生菌组空肠pH低于抗生素组（$P>0.05$）；丁酸钠和无抗组合1组、无抗组合2组、无抗组合3组血浆IgG含量显著低于对照组和抗生素组（$P<0.05$），且无抗组合2组IgA含量显著低于对照组和抗生素组（$P<0.05$）、IgM含量显著低于抗生素组（$P<0.05$）；无抗组合1组IgM含量显著高于对照组和抗生素组（$P<0.05$）；益生菌组IgA和IgG含量高于对照组和抗生素组（$P>0.05$），IgM含量显著高于对照组（$P<0.05$）。43～63日龄，无抗组合3组平均日增重显著高于抗生素组（$P<0.05$）；益生菌组十二指肠pH显著低于抗生素组（$P<0.05$）；无抗组合1组腹脂率显著低于对照组和抗生素组（$P<0.05$）；各处理组间肉品质和血浆免疫指标无显著差异（$P>0.05$）。综合3个阶段黄羽肉鸡生长性能、肠道pH、免疫功能和胴体性状等结果，1～63日龄快速型岭南黄羽肉公鸡基础日粮中同时添加500 mg/kg 枯草芽孢杆菌和300 mg/kg 丁酸钠代替抗生素提高生长性能效果较好；同时添加500 mg/kg 枯草芽孢杆菌和30 mg/kg 低聚壳聚糖代替抗生素提高胴体性状效果较好；单独添加500 mg/kg 枯草芽孢杆菌代替抗生素改善肠道健康效果较好。

（2）苯甲酸。饲料添加剂苯甲酸的适用范围为养殖动物。黄灵杰等[97]采用单因素试验研究了苯甲酸对白羽肉鸡生长性能、肠道形态及盲肠微生物的影响。试验选取360只1日龄的罗斯308（Ross 308）白羽肉鸡，随机分为3组，每组6个重复，每个重复20只。饲粮中苯甲酸的添加水平为0（对照组）、0.7%和1.4%。试验期为21 d。结果表明，与对照组相比，添加苯甲酸对1～21日龄肉鸡的平均增重（AWG）有提高趋势；添加0.7%苯甲酸显著提高了1～21日龄肉鸡的平均采食量（AFI）；添加苯甲酸显著提高空肠绒毛高度和绒毛高度与隐窝深度的比值，对隐窝深度无显著影响；添加苯甲酸对21日龄肉鸡空肠酶活性无显著影响，但从数值上看，添加0.7%苯甲酸提高了空肠酶活性；添加苯甲酸对肉鸡盲肠微生物菌群无显著影响；从数值上看，添加苯甲酸降低了肉鸡21日龄大肠杆菌数量。并得出了苯甲酸能够提高肉鸡空肠绒毛高度和绒毛高度与隐窝深度的比值，进而在一定程度上提高1～21日龄肉鸡的生长性能，但对盲肠微生物数量没有显著影响的结论，且1～21日龄肉鸡饲粮苯甲酸的添加水平以0.7%效果较好。

黄灵杰等[98]研究了苯甲酸对球虫攻毒肉鸡生长性能、免疫功能及血清抗氧化能力的影响。试验采用2×3双因素设计，选用540只1日龄健康爱拔益加（AA）白羽肉公鸡，2种攻毒处理（灌服无菌生理盐水和30倍球虫疫苗），3种苯甲酸源[饲粮中不添加苯甲酸（N-B）、添加0.05%肠溶型缓释苯甲酸（ES-B）和0.10%未包被苯甲酸（NC-B）]，共计 6 组，每组 6 个重复，每个重复 15 只。试验期为 42 d。结果表明：①饲粮中添加苯甲酸有提高肉鸡 42 日龄时体重（BW）和 1～42 日龄时体增重（BWG）的趋势（$P=0.058$、$P=0.057$）；球虫攻毒显著降低 BW（除 14 日龄时外）、BWG 和平均采食量（AFI）（除 1～14 日龄时外）（$P<0.05$），显著提高 15～21 日龄时的料重比（F/G）（$P<0.05$），且 N－B 组的生长性能下降幅度大于 ES－B 组和 NC－B 组。②饲粮中添加苯甲酸显著提高肉鸡 21 日龄时的血清免疫球蛋白 M（IgM）含量、胸腺指数和 42 日龄时的血清免疫球蛋白 A（IgA）含量（$P<0.05$），有降低 42 日龄时血清一氧化氮（NO）含量的趋势（$P=0.068$）；球虫攻毒显著提高 42 日龄时的血清白蛋白（ALB）含量，显著降低 21 日龄时的血清碱性磷酸酶（ALP）活性和 42 日龄时的血清 IgM 含量（$P<0.05$）；饲粮中添加苯甲酸与球虫攻毒对 21 日龄时的血清 IgM 含量有显著交互作用（$P<0.05$），表现在球虫攻毒条件下，饲粮中添加苯甲酸提高血清 IgM 含量，且以 ES－B 组效果最佳。③饲粮中添加苯甲酸显著提高肉鸡 21 日龄时的血清谷胱甘肽过氧化物酶（GSH－Px）活性（$P<0.05$），显著降低血清丙二醛（MDA）含量（$P<0.05$）；饲粮中添加苯甲酸与球虫攻毒对 42 日龄时的血清 MDA 含量和 GSH－Px 活性有显著交互作用（$P<0.05$），表现为在球虫攻毒条件下，饲粮中添加苯甲酸提高血清 GSH－Px 活性及降低血清 MDA 含量，且以 NC－B 组效果最佳。由此得出，饲粮中添加苯甲酸可提高肉鸡的生长性能；在球虫攻毒条件下，饲粮中添加苯甲酸可通过改善机体健康和免疫功能，从而缓解球虫攻毒造成的生长性能下降，且以添加 0.05% ES－B 的改善效果较好。

张波等[99]评价了包被苯甲酸（护酸美）对肉鸡生长性能的影响及其存在的发挥作用的可能机制。试验选择 600 只 1 日龄健康 AA 肉鸡按照体重随机分配到 4 组，每组 6 个重复，每个重复 25 只。T1 组为对照组，T2～T4 组分别在对照组日粮的基础上添加300 mg/kg、500 mg/kg 和 700 mg/kg 护酸美。肉鸡饲喂 2 个阶段日粮，即 1～21 d 和 22～35 d。结果表明，与对照组相比，日粮中添加护酸美极显著提高了 35 日龄肉鸡的体重、平均日增重和平均日采食量，对饲料转化率没有显著影响。随着护酸美添加量的增加，平均日增重和平均日采食量显著增加，但 3 个处理间无显著性差异。添加护酸美提高了平均日增重、平均日采食量和饲料转化率。日粮中添加 300～700 mg/kg 护酸美™有利于提高肉鸡的生长性能。在本试验条件下，护酸美的最佳添加剂量为 500 mg/kg。

宋凡春[100]研究了护酸美对商品饲养条件下肉鸡生产性能、垫料质量以及腿脚健康状况的影响。护酸美是一种含有苯甲酸的包被有机酸混合物，除具有传统有机酸的各种有益作用外，其可在肠道定位释放，有助于维持肠道正常 pH 和微生态平衡。试验选取 2 400 只 1 日龄 AA 肉仔鸡，随机分为 2 组，每组 12 个重复，每个重复 100 只。处理 1 为基础饲粮组（对照组），处理 2 在基础饲粮中添加 500 g/t 护酸美。结果表明，饲粮中添加护酸美对肉鸡平均增重、平均采食量、料重比和死亡率没有显著影响，对垫料湿度也没有显著影响，但显著降低了垫料的 pH 和总氮含量以及肉鸡的脚垫和跗关节损伤程度。由此可见，玉米-豆粕型饲粮中添加护酸美对肉鸡生产性能基本没有影响，但可改变垫料的理化性质，改善肉鸡腿脚的健康状况。

李栋等[101]研究了苯甲酸和精油单独或联合使用对肉鸡生长性能、肠道微生物含量及肝脏抗氧化性能的影响。试验 1 和试验 2 均选择 1 日龄肉鸡 450 只，分为 3 组，每组 5 个重复，每个重复 30 只。对照组均饲喂相同的基础日粮，试验 1 处理组肉鸡分别饲喂基础日粮添加1.5 g/kg和3 g/kg苯甲酸，试验2处理组肉鸡分别饲喂基础日粮添加2 mg/kg和4 mg/kg精油。试验3选择1日龄肉鸡300只，分为2组，每组5个重复，每个重复30只，对照组饲喂基础日粮，处理组分别饲喂基础日粮添加1.5 g/kg苯甲酸和4 mg/kg精油。3个试验均开展42 d。结果表明，在试验1中，1.5 g/kg苯甲酸组较对照组和3 g/kg苯甲酸组显著提高21 d和42 d肉鸡的体重及1～21 d、22～42 d、1～42 d日增重（$P<0.05$），同时1.5 g/kg苯甲酸组各阶段肉鸡料重比最低（$P<0.05$）。与对照组相比，苯甲酸处理组显著提高了盲肠乳酸菌含量（$P<0.05$），显著降低了盲肠大肠杆菌数量（$P<0.05$）。在试验2中，基础日粮添加4 mg/kg精油组42 d肉鸡体重和日增重、盲肠乳酸菌含量显著提高（$P<0.05$），料重比和盲肠大肠杆菌数量最低（$P<0.05$）。同时，精油组较对照组显著提高了肝脏谷胱甘肽过氧化物酶（GSH-Px）和谷胱甘肽-S转移酶（GST）活性（$P<0.05$），显著降低了肝脏丙二醛含量（$P<0.05$）。在试验3中，处理组较对照组显著降低了嗉囊大肠杆菌数量（$P<0.05$），处理组肝脏谷胱甘肽过氧化物酶（GSH-Px）和谷胱甘肽-S转移酶（GST）活性显著高于对照组（$P<0.05$），但丙二醛含量显著降低（$P<0.05$）。研究表明，日粮添加1.5 g/kg苯甲酸或4 mg/kg精油可以改善肉鸡生长性能，降低肠道有害微生物含量，而苯甲酸与精油无论是单独添加还是联合使用均可以提高肉鸡肝脏的抗氧化状态。

李俊勇等[102]研究了博落回散复配苯甲酸的替抗方案在禽类养殖上的应用效果。选取800只白羽鸡为试验对象，试验全程42 d，对比了吉他霉素预混剂、地克珠利预混剂和博落回散复配苯甲酸对白羽鸡在生产上的效益。结果表明，0～21日龄时，各组间料重比差异不显著（$P>0.05$）。试验4组与试验2组、试验3组的平均日增重和平均日采食量差异不显著（$P>0.05$），腹泻率和死淘率差异不显著（$P>0.05$）。22～42日龄时，试验4组平均日增重、平均日采食量显著高于试验2组、试验3组（$P<0.05$），料重比显著优于试验2组、试验3组（$P<0.05$），腹泻率与死淘率显著低于其他3组（$P<0.05$）。在血液生化指标上，各组ALT、AST含量均无显著差异（$P>0.05$），试验4组TP含量显著高于其他3组（$P<0.05$），试验2组、试验3组和试验4组TG含量显著低于试验1组（$P<0.05$）。在1～21日龄时，试验2组、试验3组、试验4组IgA水平无显著差异（$P>0.05$），均显著高于试验1组（$P<0.05$），试验4组IgG、IgM水平显著高于其他3组（$P<0.05$）；22～42日龄时，试验2组、试验3组之间IgA、IgG、IgM水平无显著差异（$P>0.05$），但试验4组IgA、IgG、IgM水平均显著高于其他3组（$P<0.05$）。研究表明，博落回散复配苯甲酸的方案在禽类养殖上能有效替代抗生素的使用。

（3）复合有机酸。刁蓝宇等[103]研究了日粮酸化剂（主要成分为乳酸、富马酸）与益生菌混合制剂对广西三黄鸡生长性能、屠宰性能及肉品质的影响。试验选取2 400只84日龄的广西三黄鸡，并将其随机分为4组，每组3个重复，每个重复200只。A组（对照组）：基础日粮；B组：基础日粮+1 g/kg混合制剂；C组：基础日粮+2 g/kg混合制剂；D组：基础日粮+0.1 g/kg恩拉霉素。结果表明，试验组平均日采食量均高于对照组，其中C组、D组显著高于A组；试验组的屠宰率均高于对照组，其中C组显著高于A组；试验组胸肌和腿肌的滴水损失均低于对照组，其中C组显著低于A组；D组腿肌的剪切力显著高于其他3组；试验组胸肌和腿肌的肌肉脂肪均高于对照组，其中B组胸肌的肌肉脂肪显著高于A组。研究表明，在日粮中添加2 g/kg酸化剂与益生菌混合制剂，有助于提高三黄鸡的生长性能和屠宰性能，并能通过降低滴水损失来改善肉质。

彭钰筝等[104]研究了混合型酸化剂对肉鸡小肠形态和盲肠微生物区系的影响。选择 12 日龄健康温氏新兴黄鸡 192 只，随机分成 3 组，每组 8 个重复，每个重复 8 只。对照组（CON1 组）饲喂基础饲粮，A1 组和 A2 组分别在基础饲粮中添加 0.2%酸化剂 A1 和 0.2%酸化剂 A2。预试期为 5 d，正试期为 42 d。结果表明，与对照组相比，A2 组显著降低十二指肠绒毛高度（$P<0.05$），且 A2 组绒毛高度与隐窝深度的比值显著低于 A1 组（$P<0.05$），而 A1 组和 A2 组对十二指肠、回肠和空肠的其他形态特征无显著差异（$P>0.05$）；A1 组和 A2 组能降低盲肠食糜 pH（$P>0.05$），显著降低盲肠食糜中拟杆菌属（*Bacteroidetes*）的数量（$P<0.05$），有显著增加乳杆菌属（*Lactobacillus*）数量的趋势（$P=0.076$，$P=0.061$）；A1 组显著减少盲肠食糜中螺杆菌属（*Helicobacter*）的数量（$P<0.05$），A2 组显著增加未鉴定瘤胃球菌属（unidentified _ *Ruminococcaceae*）和琥珀酸单胞菌属（*Succinatimonas*）的数量（$P<0.05$）。综上所述，混合型酸化剂影响肉鸡盲肠食糜中微生物菌群结构，促进盲肠食糜中有益微生物的生长。

罗曦等[105]研究了高水平小麦饲粮中添加复合酸化剂的饲喂效果，选择 1 050 只 1 日龄健康青脚麻羽肉鸡，随机分为 5 组，每组 6 个重复，每个重复 35 只。对照组饲喂基础日粮（不添加酸化剂和抗生素），抗生素组在分别基础日粮中添加 6 mg/kg 恩拉霉素、2.5 mg/kg 那西肽、20 mg/kg 硫酸黏杆菌素，酸化剂组分别在基础日粮中添加 0.05%护酸美（包埋苯甲酸）、0.2%枫澜酸（含羟基蛋氨酸、柠檬酸、甲酸）、0.1%新枫澜酸（含乳酸、柠檬酸、富马酸及甲酸等）。结果表明，0.1%新枫澜酸组与抗生素组之间总蛋白差异极显著，新枫澜酸组比抗生素组高 34.48%；对照组胆固醇较 0.1%新枫澜酸组低 12.39%。在基础日粮中，添加 0.05%护酸美、0.2%枫澜酸、0.1%新枫澜酸均对蛋白质代谢有显著促进作用，且添加 0.2%枫澜酸组在机体的免疫水平上提升效果也最显著。最终表明，复合酸化剂在动物免疫与代谢健康的基础上基本可以替代抗生素，且枫澜酸的效果最好。

徐青青等[106]研究了饮水中添加乳酸型复合酸化剂对白羽肉鸡生长性能、养分利用率、肠道指标和鸡舍空气质量的影响。选用 1 日龄健康白羽肉鸡 1 200 只，随机分为 2 组，每组 6 个重复，每个重复 100 只。对照组饮用达标自来水；复合酸化剂组在第 1 周和第 6 周每天饮用 6 h 含 0.15%乳酸型复合酸化剂的自来水，第 2～5 周的每周二、周四、周六分别饮用 8 h 含 0.15%乳酸型复合酸化剂的自来水。试验期为 42 d。结果表明：①与对照组相比，复合酸化剂极显著提高肉鸡平均日增重（$P<0.01$），极显著降低料重比（$P<0.01$）。②复合酸化剂显著提高肉鸡饲粮中粗脂肪和粗蛋白质的表观利用率以及血清总蛋白、白蛋白含量（$P<0.05$），极显著降低盲肠内容物大肠杆菌数量（$P<0.01$）。③复合酸化剂显著提高肉鸡十二指肠淀粉酶、脂肪酶和胰蛋白酶活性（$P<0.05$）；极显著提高肉鸡 21 日龄十二指肠、空肠和 42 日龄十二指肠、回肠绒毛长度（$P<0.01$），显著提高 21 日龄回肠绒毛长度和 42 日龄空肠绒毛长度（$P<0.05$），极显著提高十二指肠、空肠和回肠绒毛高度与腺窝深度的比值（$P<0.01$），极显著降低 21 日龄十二指肠、空肠和回肠以及 42 日龄十二指肠、空肠隐窝深度（$P<0.01$）；显著降低鸡舍内氨气和硫化氢浓度（$P<0.05$）。由此可见，饮水中添加乳酸型复合酸化剂能提高肉鸡生长性能和饲粮养分利用率，降低盲肠大肠杆菌数量，提高小肠消化酶活性，增加小肠吸收面积，降低鸡舍氨气和硫化氢浓度。

Sun 等[107]研究了有机酸替代抗生素对产气荚膜梭菌（CP 型）攻毒肉鸡生长性能、健康状况、胴体、免疫和氧化应激的影响。试验使用 2 种混合有机酸：有机酸 1（OA1），由丁酸盐、中链脂肪酸、有机酸和酚类物质组成；有机酸 2（OA2），由短链脂肪酸组成。试验将 600 只 1 日龄的雄性爱拔益加肉仔鸡随机分为 5 组：对照组 1，基础饲粮，不攻毒；对照组 2，基础饲粮，进行 CP 攻毒；抗生素组，基础饲粮中添加金霉素，进行 CP 攻毒；OA1 组，基础饲粮中添加 OA1，进行 CP 攻毒；OA1OA2 组，基础日粮中补充 OA1 和 OA2，进行 CP 攻毒。每组 8 个重复，每个重复 15 只。试验期为 29 d。在第 15～17 d 用产气荚膜梭菌（CP 型）攻毒，每只鸡灌胃 0.5 mL CP 培养物（2.0×10^8 CFU/mL）。分别在第19 d、第 22 d 和第 29 d 测定体重（BW）、肠道病变评分、免疫器官指数和血清丙二醛（MDA）浓度，每栏检测 3 只鸡。第 29 d 测定胴体性状。攻毒前（$P=0.28$）、攻毒后（$P=0.64$）以及整个试验期（0～28 d；$P=0.66$）死亡率无显著差异。第 19 d，对照组 2 的 BW 显著低于其他处理组（$P<0.0001$）。第 22 d，抗生素组、OA1 组和 OA1OA2 组的体重高于对照组 2（$P=0.001$）。OA1 组、OA1OA2 组胸肌量高于抗生素组（$P<0.05$）。OA1OA2 组鸡腹脂率低于抗生素组和对照组 2（$P<0.05$）。第 22 d，饲喂 OA1OA2 组的鸡肠道损伤评分低于 OA1 组（$P<0.05$），各组在免疫器官指数（脾脏、胸腺和法氏囊）无显著差异（$P>0.05$）。第 29 d，OA1 组和 OA1OA2 组血清中 MDA 浓度低于对照组 1 和抗生素组（$P<0.05$）。总之，日粮添加有机酸可以保护肉鸡免受严重的肠道损伤和氧化应激，并有助于减少腹部脂肪沉积。有机酸类产品在预防肉鸡坏死性肠炎方面具有替代抗生素的潜力。

（4）蛋氨酸铜络（螯）合物。饲料添加剂蛋氨酸铜络（螯）合物的适用范围为养殖动物。Wu 等[108]研究了铜的来源和水平对肉鸡血脂、免疫指标、抗氧化能力以及肝脏微量元素含量的影响。随机抽取 504 只雄性肉鸡分为 7 组，每组 6 个重复，每个重复 12 只。试验采用 3×2+1 因素分析法试验设计：对照组饲喂基础日粮，其余 6 组饲喂基础日粮补充 3 种来源（硫酸铜、碱式氯化铜和蛋氨酸铜）和 2 个水平（10 mg/kg 和 20 mg/kg）。结果表明，随着日粮铜水平的升高，肉鸡的胆固醇和低密度脂蛋白胆固醇水平显著降低（$P<0.05$）。血清 IL-6、IgA 含量、铜蓝蛋白、GSH-Px 活性及肝脏铜含量均显著增加（$P<0.05$）。与对照组相比，日粮中添加铜显著降低血清胆固醇（$P<0.05$），显著升高血清IL-6、铜蓝蛋白、SOD、GSH-Px 和肝脏中铜含量（$P<0.05$）。日粮中添加碱式氯化铜和蛋氨酸铜能显著降低低密度脂蛋白胆固醇和肝脏中铁含量（$P<0.05$）。总之，日粮补充铜能有效降低肉鸡血清胆固醇含量，提高免疫和抗氧化功能。在肉鸡日粮中添加 20 mg/kg 铜可提高肝脏铜含量，但不会影响鸡体内的铜含量。

（5）氨基酸铁络合物。饲料添加剂氨基酸铁络合物的适用范围为养殖动物。张伶燕[109]研究了肉鸡对不同络（螯）合强度有机铁源的相对生物学利用率。选用1 170 只 1 日龄商品代爱拔益加（Arbor Acres，AA）肉鸡公雏进行动物试验，通过观测在玉米-豆粕型常用饲粮下，添加不同铁源及铁水平对肉仔鸡生长性能、血液指标、组织铁含量、组织过氧化氢酶（catalase，CAT）和琥珀酸脱氢酶（succinate dehydrogenase，SDH）活性及其基因表达的影响，以评价肉仔鸡对不同络（螯）合强度有机铁源的相对生物学利用率。采用 4×3+1 双因素完全随机设计，按体重将肉鸡随机分为 13 组，每组 6 个重复，每个重复 15 只。分别饲喂不添加铁的玉米-豆粕型基础饲粮（为对照组，含铁实测为55.8 mg/kg）和在基础饲粮中以无机硫酸亚铁及以上 3 种弱、中和极强络（螯）合强度的有机铁源的形式分别添加铁 20 mg/kg、40 mg/kg 和 60 mg/kg。试验期为 21 d，分别于 7 日龄、14 日龄和 21 日龄采样分析。结果表明，随着饲粮中铁水平的增加，14 日龄鸡血浆铁饱和度，7 日龄和 14 日龄鸡胫骨铁含量，7 日龄、14 日龄和 21 日龄鸡肝脏铁含量，14 日龄鸡肾脏铁含量，21 日龄鸡肝脏以及 7 日龄和 21 日龄鸡肾脏 SDH 酶活，14 日龄鸡肝脏和心脏 CAT mRNA 水平，21 日龄鸡肝脏和肾脏 SDH mRNA 水平均显著线性增加（$P<0.05$）；以肉仔鸡的实际铁采食量对上述指标作多元线性回归分析，以斜率比法计算各铁源的相对生物学利用率时发现，仅以 21 日龄鸡肝脏和肾脏 SDH mRNA 为评价指标时，各铁源之间差异显著（$P<0.05$）；以 21 日龄鸡肝脏 SDH mRNA 为评价指标时，弱、中等和极强络（螯）合强度有机铁相对于无机硫酸亚铁（100%）的生物学利用率分别为 129%（$P=0.18$）、164%（$P<0.003$）和 174%（$P<0.001$）；以 21 日龄鸡肾脏 SDH mRNA 水平作为评价指标时，以上 3 种有机铁源的相对生物学利用率分别为 102%（$P=0.95$）、143%（$P=0.09$）和 174%（$P<0.004$）。其中，极强螯合强度有机铁源的生物学利用率显著高于弱络合强度有机铁源与无机硫酸亚铁（$P<0.05$），中等络合强度有机铁与极强螯合强度有机铁之间以及弱络合强度有机铁与无机硫酸亚铁之间的生物学利用率差异不显著（$P>0.05$）。本次试验研究结果表明，21 日龄肉仔鸡肝脏和肾脏 SDH mRNA 水平为评价肉仔鸡对不同铁源生物学利用率的特异敏感功能性指标；并以其为评价指标综合评价获得蛋氨酸铁、中等络合强度蛋白铁和极强螯合强度蛋白铁相对于无机硫酸亚铁（100%）的生物学利用率分别为 116%、154%和 174%。

傅鑫森等[110]研究了肉鸡日粮中添加以 2 种氨基酸螯合成的新型复合氨基酸络合铁添加剂对肉鸡生长性能、器官指数、血液指标、组织抗氧化性能和铁含量的影响，选用 960 只 1 日龄爱拔益加（AA）肉鸡公雏，随机分为 6 组，每组 8 个重复，每个重复 20 只。分别在玉米-豆粕型基础日粮中添加 0 mg/kg、20 mg/kg、40 mg/kg、80 mg/kg、120 mg/kg 的新型复合氨基酸络合铁（ZprFe）和 80 mg/kg 硫酸亚铁（$FeSO_4$）。结果表明：①肉鸡日粮中添加 ZprFe 对肉鸡平均日采食量、平均日增重、料重比均无显著差异（$P>0.05$）。②日粮中添加 ZprFe 显著提高肉鸡 42 日龄肝脏和脾脏指数（$P<0.05$），且随着日粮中铁水平的添加呈线性和二次增加（$P<0.05$）。③添加 ZprFe 显著提高 21 日龄和 42 日龄血清铁含量（$P<0.05$）；显著降低 21 日龄血清总铁结合力（$P<0.05$），但对 42 日龄血清总铁结合力无显著影响（$P>0.05$）。添加 ZprFe 显著提高 21 日龄血清含锰超氧化物歧化酶（Mn-SOD）活性和 42 日龄血清含铜与锌超氧化物歧化酶 CuZn-SOD 活性（$P<0.05$）。④添加 ZprFe 对肝脏总超氧化物歧化酶（T-SOD）和总抗氧化能力（T-AOC）无显著影响（$P>0.05$），但可显著提高胸肌 T-SOD 活性和 T-AOC 能力（$P<0.05$）。添加 ZprFe 对肝脏铁含量影响显著，随着日粮中铁含量的增高，肝脏铁含量呈显著线性增加（$P<0.05$）。综上所述，日粮中添加新型复合氨基酸络合铁 ZprFe 有利于肉鸡器官生长发育，提高肉鸡抗氧化性能和组织铁沉积。在本试验条件下，AA 肉鸡日粮中 ZprFe 的适宜添加范围为 40～80 mg/kg，为实际生产提供了理论依据。

（6）酵母硒。酵母硒的适用范围为养殖动物。刘娇等[111]研究了葡萄糖氧化酶和酵母硒对肉鸡非特异性免疫功能与抗氧化性能的影响。分别在基础饲粮上设置 2 个酵母硒水平（0 mg/kg 和 0.2 mg/kg）和 2 个葡萄糖氧化酶水平（0 U/g 和 0.3 U/g），组成 4 种饲粮，随机分配给肉鸡。试验期为 26 d。结果表明，饲粮中添加葡萄糖氧化酶和酵母硒均能提高肉鸡平均日增重，葡萄糖氧化酶和酵母硒对肉鸡生长性能没有互作效应（$P>0.05$）。葡萄糖氧化酶和酵母硒对免疫器官指数与溶菌酶含量无显著影响，且不存在互作效应（$P>0.05$）。葡萄糖氧化酶和酵母硒交互作用对 40 日龄补体 C3 含量有显著影响（$P<0.05$）。葡

萄糖氧化酶具有提高 28 日龄和 40 日龄谷胱甘肽过氧化物酶（GSH-Px）活性的趋势（$P=0.06$ 和 $P=0.08$）。酵母硒对 GSH-Px 活性无显著影响（$P>0.05$），且二者之间不存在互作关系（$P>0.05$）。在本试验条件下，饲粮中添加葡萄糖氧化酶和酵母硒均能提高肉鸡平均日增重，但不存在互作关系。葡萄糖氧化酶可以提高早期肉鸡免疫器官指数，增强血清谷胱甘肽过氧化物酶活性。酵母硒和葡萄糖氧化酶对肉鸡血清补体 C3 含量有显著的互作效应。

王海波等[112]研究了枯草芽孢杆菌和富硒酵母对瑶鸡生长性能、屠宰性能、肉品质及舍内环境的影响。选取 240 只健康 1 日龄瑶鸡，随机分为 4 组，对照组饲喂基础日粮，试验Ⅰ组、试实Ⅱ组、试验Ⅲ组分别在基础日粮中添加 200 mg/kg 枯草芽孢杆菌和 200 mg/kg 富硒酵母、200 mg/kg 枯草芽孢杆菌和 400 mg/kg 富硒酵母、400 mg/kg 枯草芽孢杆菌和 200 mg/kg 富硒酵母。试验期为 120 d。结果表明，与对照组相比，试验Ⅰ组瑶鸡平均日采食量和耗料增重比均降低（$P<0.05$），试验Ⅰ组瑶鸡死淘率也降低（$P>0.05$）；与对照组相比，试验Ⅱ组瑶鸡屠宰率和半净膛率均提高（$P<0.05$）；与对照组相比，试验Ⅰ组、试验Ⅱ组瑶鸡胸肌失水率、剪切力均降低（$P<0.05$），试验Ⅰ组 pH 降低（$P<0.05$）；与对照组相比，试验Ⅰ～Ⅲ组胸肌中硒含量均提高（$P<0.05$）；与对照组相比，各试验组舍内氨气和二氧化碳浓度无显著差异。试验表明，在日粮中添加枯草芽孢杆菌和富硒酵母可以提高瑶鸡生长性能与屠宰性能，增加肉中硒含量，并改善肌肉品质。其中，添加 200 mg/kg 枯草芽孢杆菌和 200 mg/kg、400 mg/kg 富硒酵母效果较好。

辛可启等[113]研究了有机硒（酵母硒）对肉仔鸡生长性能和肠道微生物区系的影响。将 216 只科宝 505 肉仔公鸡平均分为 3 组，分别饲喂含有机硒 0 mg/kg、0.6 mg/kg、1.2 mg/kg 的 3 种饲粮，每组 6 个重复，每个重复 12 只。试验期为 42 d。与对照组相比，0.6 mg/kg 有机硒组试验后期（22～42 d）和全期（0～42 d）肉仔鸡体重均显著提高（$P<0.05$），1.2 mg/kg有机硒组全期体增重显著改善（$P<0.05$）；0.6 mg/kg 和 1.2 mg/kg 有机硒组料重比试验前期（0～21 d）、后期和全期均显著低于对照组（$P<0.05$）。肠道微生物多样性分析发现，厚壁菌门在盲肠和回肠中占主导地位，乳酸菌属在回肠中占优势。回肠和盲肠中真菌门类以子囊菌门占主导地位，主要真菌微生物以青霉属为绝对优势菌属。添加有机硒对回肠和盲肠中细菌与真菌均无显著性影响（$P>0.05$）。添加有机硒可显著改善肉仔鸡的生产性能，但对肠道中细菌和真菌的多样性与丰度均无显著性影响。

（7）羟基蛋氨酸类似物络（螯）合锰。饲料添加剂羟基蛋氨酸类似物络（螯）合锰的适用范围为奶牛、肉牛、家禽和猪。郭蕊[114]研究了肉仔鸡日粮中不同形态锰源的相对生物学利用率，采用 2×5 完全随机试验设计，选择玉米-豆粕型基础日粮（锰含量为 37.66 mg/kg），添加 2 种锰源（复合氨基酸螯合锰和硫酸锰）和 5 个锰添加水平（0 mg/kg、45 mg/kg、90 mg/kg、130 mg/kg、180 mg/kg），构成 10 个日粮处理组。将 540 只 1 日龄健康艾维茵肉仔鸡随机分为 10 组，每组 3 个重复，每个重复 18 只，公、母各半，开展为期 42 d 的肉仔鸡饲养试验。分别于 21 日龄、42 日龄时，取各组试验鸡的肝脏、肾脏及左侧胫骨，采用原子吸收分光光度计测定肝脏、肾脏组织以及胫骨的锰浓度。将各组织锰含量与日粮锰进食量进行多元线性回归方程拟合，采用斜率比法计算复合氨基酸锰相对无机硫酸锰的生物学利用率。结果表明，饲粮中添加锰可显著增加肝脏、肾脏和胫骨锰含量，尤以胫骨锰含量反应最敏感，呈明显的剂量效应（$P<0.01$）；相比肝脏锰和肾脏锰含量，21 日龄胫骨锰含量可作

为评价锰利用率的有效指标；采用斜率比法估测的复合氨基酸螯合锰的相对生物学利用率要略高于饲料级硫酸锰。研究结果为有机锰饲料添加剂在禽生产上的合理应用提供了基础数据。

（8）羟基蛋氨酸类似物络（螯）合铜。饲料添加剂羟基蛋氨酸类似物络（螯）合铜的适用范围为奶牛、肉牛、家禽和猪。富超等[115]研究了日粮中不同铜源对肉仔鸡生长性能及粪便金属含量的影响，试验选取1日龄健康罗斯308肉鸡1 440只，随机分为5组。对照组饲喂基础日粮（铜含量为10 mg/kg），试验组分为无机铜组（1组、2组）和有机铜组（3组、4组），在基础日粮中分别添加铜含量为15 mg/kg的硫酸铜、碱式氯化铜、羟基蛋氨酸铜、柠檬酸铜。试验期为38 d。同时，选择代谢试验用鸡300只，随机分为5组，与饲养试验采用相同的方式进行饲养。试验期为7 d。在21日龄时，从每组挑选20只共计100只分别检测粪便中铜、锰、铁、锌的含量。结果表明，与对照组相比，各试验组的平均日增重（ADG）、平均日采食量（ADFI）和料重比（F/G）均无显著差异（$P>0.05$），但F/G有所下降；1组、2组与3组、4组生长性能差异不显著（$P>0.05$）；与对照组相比，各试验组粪便中铜含量极显著升高（$P<0.01$），2组与1组、3组、4组之间差异显著（$P<0.05$），1组与3组、4组之间差异不显著（$P>0.05$）；不同铜源的添加对粪便中铁、锰、锌的含量无显著影响（$P>0.05$）。研究表明，在日粮中添加一定量的铜对肉鸡的生长有所促进，但有机铜源的添加没有明显提高肉鸡的生长性能；有机铜能显著降低粪便中铜含量，但对铁、锰、锌含量无显著影响。

（9）乳酸锌。饲料添加剂乳酸锌的适用范围为生长育肥猪、家禽、犬、猫。Long等[116]研究了饲粮中添加乳酸锌（ZL）对中国黄羽肉鸡生长性能、小肠形态、血清生化指标、免疫器官指数以及肝脏金属硫蛋白的影响。选取2 100只19日龄肉仔鸡，随机分为5组，分别为对照组（饲喂基础饲粮）、ZL40组（基础饲粮+40 mg/kg ZL）、ZL60组（基础饲粮+60 mg/kg ZL）、ZL80组（基础饲粮+80 mg/kg ZL）和ZS80组（基础饲粮+80 mg/kg硫酸锌）。每组6个重复，每个重复70只。与对照组相比，ZL40组和ZS80组料重比显著降低（$P<0.05$），ZL40组十二指肠和回肠绒毛高度显著增加（$P<0.05$），ZS80组和ZL80组空肠绒毛高度与隐窝深度的比值降低（$P<0.01$）。此外，与ZS80组和对照组相比，ZL60组总蛋白水平显著增加（$P<0.05$），谷胱甘肽过氧化物酶（GSH-Px）活性增加（$P<0.01$），ZL40组、ZL60组和ZL80组肝脏金属硫蛋白水平均高于其他各组（$P<0.01$）。综上所述，乳酸锌具有较高的生物利用度，可作为硫酸锌的替代品。

（10）复合氨基酸金属络合物。甄霆等[117]研究了复合氨基酸铁、锌络合物替代日粮无机铁、锌对藏鸡生产性能和屠宰性能的影响。选用150只1日龄藏鸡，随机分为5组，每组3个重复，每个重复10只。试验期为84 d。对照组（日粮中含无机铁、锌100 mg/kg），试验1～4组分别以25%、50%、75%和100%比例的复合氨基酸铁、锌络合物（以铁、锌含量计）替代藏鸡日粮中无机铁、锌。结果表明，84日龄时，与对照组相比，试验4组（复合氨基酸铁、锌络合物100%替代组）藏鸡平均体重、平均日采食量分别增加5.93%、1.37%（$P>0.05$），平均日增重显著增加6.1%（$P<0.05$），料重比显著下降4.4%（$P<0.05$），半净膛率和全净膛率分别显著提高6.41%和7.73%（$P<0.05$）。由此可见，在1～84日龄藏鸡日粮中，以复合氨基酸铁、锌络合物100%替代无机铁、锌效果最佳。

邓波波等[118]研究了不同复合氨基酸铁、锌络合物的添加量对肉仔鸡生产性能的影响。选取 360 只体重相近的 1 日龄 AA 商品代雏鸡，采用单因素试验设计，随机分成 6 组，每组 3 个重复，每个重复 20 只；对照组（CON 组）饲喂基础饲粮，铁、锌来源为七水硫酸亚铁和无水硫酸锌，添加量均为 100 mg/kg；其他 5 组设为试验组，铁、锌来自复合氨基酸络合物，铁和锌的添加量为 25 mg/kg（1 组）、50 mg/kg（2 组）、75 mg/kg（3 组）、100 mg/kg（4 组）、125 mg/kg（5 组）。在 21 日龄和 42 日龄时进行采血和屠宰，测定生产性能、屠宰性能和不同组织中铁、锌的浓度。结果表明，21 日龄试验 2 组平均体重显著高于 CON 组（$P<0.05$）；42 日龄试验 5 组平均体重显著高于 CON 组（$P<0.05$）。22～42 日龄和 1～42 日龄试验 5 组平均日采食量显著高于 CON 组（$P<0.05$）；22～42 日龄试验 5 组平均日增重显著高于 CON 组（$P<0.05$），各组间料重比无显著差异（$P>0.05$）。21 日龄试验 2 组胸肌率显著高于对照组（$P<0.05$），42 日龄试验 5 组胸肌率显著高于 CON 组（$P<0.05$），其他各组屠宰性能指标差异不显著（$P>0.05$）。试验 3 组和试验 5 组肝脏中的铁、锌浓度显著高于对照组（$P<0.05$）。因此，在基础饲粮中添加氨基酸铁、锌络合物可以提高肉仔鸡的生产性能，增加对铁、锌的有效利用，间接减少对环境的污染；并且，试验中添加 50 mg/kg 和 125 mg/kg 的效果较好，但考虑低能减排问题，还是以 50 mg/kg 的添加量为最佳。

（11）单月桂酸甘油酯。饲料添加剂甘油脂肪酸酯的适用范围为养殖动物。朱靖等[119]研究了月桂酸单甘油酯（GML）对爱拔益加（AA）肉仔鸡生产性能和肠道健康的影响。选用 1 日龄健康状况良好且体重相近的 AA 肉仔鸡 144 只，随机分为对照组和试验组，每组 6 个重复，每个重复 12 只。对照组饲喂基础日粮，试验组在基础日粮中添加 1 000 mg/kg GML。试验期为 35 d。结果表明，GML 在试验全期均可改善肉仔鸡的平均体重、平均日增重、平均采食量和料重比；GML 对 14 日龄肉仔鸡的小肠相对长度有提高作用，但是显著降低了 35 日龄肉仔鸡的小肠相对长度；GML 可显著上调肉仔鸡空肠 ZO－1 的基因表达量，显著下调肉仔鸡空肠 *TLR2* 和 *TLR7* 的基因表达量（$P<0.05$）。研究表明，GML 可调控肉仔鸡肠道发育，维持肠道屏障完整性，从而改善肉仔鸡的生产性能。

Liu 等[120]研究了月桂酸单甘油酯（GML）和单癸酸甘油酯的中链脂肪酸甘油酯混合物（MG）对肉鸡生产性能、肠道发育、血清指数、屠宰率、肌肉成分的影响。试验选取 528 只雏鸡，随机分为 4 组，每组 6 个重复，每个重复 22 只。试验期为 56 d。对照组饲喂 0 mg/kg MG（CON 组）的基础饲粮，处理组饲喂 300 mg/kg MG（MG300 组）、450 mg/kg（MG450 组）和 600 mg/kg MG（MG600 组）的基础饲粮。结果表明，在试验期内 MG 组体重（$P<0.05$）、平均日增重（ADG）和平均日采食量（ADFI）显著高于对照组。MG 组的十二指肠和空肠均有明显改善，但差异无统计学意义。饲粮添加 MG 显著提高了肉鸡血清高密度脂蛋白胆固醇含量、总蛋白含量和超氧化物歧化酶活性（$P<0.05$）。与对照组相比，饲粮添加 300 mg/kg MG 可提高全净膛率（$P=0.066$）、腿肌率（$P<0.01$）和胸肌率（$P=0.083$），改善鲜肉品质，滴水损失降低（$P<0.01$），pH 降低（$P<0.01$）。MG300 组肌肉的饱和脂肪酸（$P=0.073$）、风味氨基酸（$P<0.05$）和总氨基酸（$P<0.05$）含量显著高于 CON 组。综上所述，混合 MG 可作为一种有效的新型饲料添加剂，提高肉鸡生产性能和肌肉品质。

5.2.2.3 家禽饲料中有机酸、有机微量元素及其他物质的应用研究进展

（1）酵母硒。饲料添加剂酵母硒的适用范围为养殖动物。李红英等[121]研究了日粮添加不同水平有机硒（酵母硒形式）对1～48 d肉鸭生长性能、胴体品质、组织硒含量以及抗氧化性能的影响。试验选择平均体重为（56.66±0.14）g的商品肉鸭720只，随机分为4组，每组4个重复，每个重复45只。对照组不添加酵母硒，其他3组分别在基础日粮中添加0.15 mg/kg、0.30 mg/kg和0.45 mg/kg硒（以酵母硒形式）。试验期为48 d。结果表明，0.30 mg/kg酵母硒组较对照组和0.45 mg/kg酵母硒组显著提高了48 d肉鸭的体重（$P<0.05$）；0.45 mg/kg酵母硒组较0.15 mg/kg和0.30 mg/kg酵母硒组显著降低了肉鸭冷胴体重（$P<0.05$）；对照组冷胴体占比显著高于0.45 mg/kg酵母硒组（$P<0.05$）。与对照组相比，0.30 mg/kg和0.45 mg/kg酵母硒组屠宰后45 min显著降低了肌肉的pH（$P<0.05$）；对照组和0.15 mg/kg酵母硒组屠宰后45 min肌肉温度显著高于0.3 mg/kg和0.45 mg/kg酵母硒组（$P<0.05$）；对照组胸肌和腿肌水分含量显著高于其他各组（$P<0.05$）；0.45 mg/kg酵母硒组胸肌蛋白质含量显著高于对照组和0.15 mg/kg酵母硒组（$P<0.05$），而对照组和0.45 mg/kg酵母硒组腿肌脂肪含量显著高于对照组（$P<0.05$）。随着日粮有机硒添加水平的升高，血清GSH－Px活性和硒水平表现为显著升高（$P<0.05$）。随着日粮有机硒添加水平的升高，血清、肝脏、粪和肌肉中硒的水平显著升高（$P<0.05$）。高水平酵母硒（0.45 mg/kg）显著降低了14 d肉鸭硒的吸收效率（$P<0.05$），但显著提高了48 d肉鸭硒的吸收效率（$P<0.05$）。研究表明，酵母硒可以显著提高肉鸭血清、肝脏和肌肉中的硒含量以及血清GSH－Px活性，其中日粮添加0.3 mg/kg硒（酵母硒）可以显著提高1～48 d肉鸭的体重。

（2）蛋氨酸铜络（螯）合物。刘洋[122]研究了不同添加水平的蛋氨酸螯合铜对肉鸭生长性能的影响作用。选取2 000只1日龄樱桃谷肉鸭，蛋氨酸螯合铜添加量分别为0 mg/kg、2 mg/kg、4 mg/kg和6 mg/kg。结果表明，1～10日龄，6 mg/kg的蛋氨酸螯合铜添加量能够显著改善肉鸭的料重比（$P<0.05$），6 mg/kg的蛋氨酸添加量能够显著提高肉鸭25日龄的体重（$P<0.05$），在肉鸭26～36日龄，蛋氨酸螯合铜的使用对肉鸭各生长性能指标均无显著影响作用（$P>0.05$）。结合以上结果，在肉鸭生长发育的育雏期（1～10日龄）和育成期（11～25日龄）时，使用6 mg/kg的蛋氨酸螯合铜能够达到最佳效果。

5.2.2.4 我国尚未批准在家禽饲料中使用的有机酸、有机微量元素及其他物质的应用研究进展

（1）二甲酸钾。饲料添加剂二甲酸钾的适用范围为猪，但二甲酸钾对于肉鸡的促生长也发挥了一定的作用。何博等[123]研究了肉鸡饲料中添加甲酸和二甲酸钾对肉鸡生产性能、胴体性状、血清生化指标、肠道微生物含量、肠道组织学形态以及免疫指标的影响。试验选择360只1日龄肉仔鸡，随机分为3组，每组3个重复，每个重复40只。试验期为5周。对照组饲喂以玉米、豆粕、玉米蛋白粉为基础的日粮，甲酸组在基础日粮中添加0.5%甲酸，二甲酸钾组在基础日粮中添加0.5%二甲酸钾。结果表明，日粮添加甲酸和二甲酸钾均显著提高肉鸡体增重、屠宰率（$P<0.05$），显著降低料重比（$P<0.05$）。在二甲酸钾组中，胸肌和腿肌的比例最高。甲酸组和二甲酸钾组回肠绒毛高度显著高于对照组（$P<0.05$）。在肉鸡饲料中添加甲酸或二甲酸钾对肉鸡生产性能、免疫指标和肠道健康均有显著影响，但对血清生化指标无显著影响。但二甲酸钾比甲酸更有效，因为少量的甲酸可以通过代谢和吸收到

达小肠，而二甲酸钾可以使甲酸以一定比例完整地过胃进入小肠。此外，甲酸具有强烈的气味，对胃肠道有腐蚀性，限制了其实际应用。

李晓珍等[124]研究了二甲酸钾（KDF）对肉鸡生长性能和成活率的影响。试验选用1日龄爱拔益加肉鸡公母雏鸡720只，随机分为5组：无抗对照组、抗生素组（添加维吉尼亚霉素20 mg/kg）和3个二甲酸钾添加组（添加量分别为0.1%、0.35%和0.6%），观察肉鸡42 d的生长性能。结果表明，肉鸡饲粮中添加二甲酸钾0.35%和0.60%可以提高肉鸡生长前期的饲料转化效率，生长后期添加二甲酸钾可显著提高肉鸡增重速度（$P<0.05$）。综合生长全期，0.35% KDF组的F/G较对照组降低3.3%（$P<0.05$），也显著低于其他KDF组（$P<0.05$），但是与抗生素组差异不显著（$P>0.05$）。因此，饲粮添加二甲酸钾0.35%能显著改善肉鸡饲料转化效率，其效果与维吉尼亚霉素20 mg/kg相当。

林颖等[125]研究了饲粮中添加二甲酸钾和月桂酸对肉鸡生长性能、屠宰性能和血脂代谢指标的影响。选取240只体重为（41.88±2.57）g的1日龄爱拔益加肉公鸡，分为4组，即空白组（基础饲粮）、抗生素组（基础饲粮+400 mg/kg杆菌肽锌）、二甲酸钾组（基础饲粮+1 000 mg/kg二甲酸钾）、月桂酸组（基础饲粮+500 mg/kg月桂酸），每组5个重复，每个重复12只。试验期为42 d。结果表明，1～21日龄，各处理组平均日采食量和耗料增重比无显著差异，空白组、抗生素组和二甲酸钾组平均日增重低于月桂酸组（$P<0.05$）；22～42日龄和1～42日龄，抗生素组、二甲酸钾组和月桂酸组平均日采食量与平均日增重均高于空白组（$P<0.05$），二甲酸钾组和抗生素组耗料增重比低于空白组（$P<0.05$）；抗生素组胸肌率高于空白组（$P<0.05$），抗生素组和二甲酸钾组腿肌率高于空白组和月桂酸组（$P<0.05$），但各处理组屠宰率、半净膛率和全净膛率无显著差异；与空白组相比，二甲酸钾组可降低21日龄肉鸡血清总胆固醇含量（$P<0.05$），提高42日龄肝脂酶含量（$P<0.05$）；月桂酸组可降低42日龄总胆固醇含量（$P<0.05$），提高42日龄脂蛋白脂肪酶含量（$P<0.05$）；各组甘油三酯、高密度脂蛋白胆固醇和低密度脂蛋白胆固醇含量在21日龄和42日龄时均无显著差异。由此可见，饲粮中添加1 000 mg/kg二甲酸钾和500 mg/kg月桂酸可以改善肉鸡的生长性能与血脂代谢，饲粮中添加二甲酸钾可提高腿肌率，但添加月桂酸对肉鸡屠宰性能方面无显著影响。

（2）酵母铬。饲料添加剂酵母铬的适用范围为猪、犬、猫。Han等[126]研究了不同有机铬形态：蛋氨酸铬（CrMet）、吡啶甲酸铬（CrPic）、烟酸铬（CrNic）、酵母铬（酵母铬）在400 μg/kg铬水平下对肉鸡生长性能、脂质代谢、抗氧化状态和鸡胸氨基酸和脂肪酸的影响。选取540只1日龄爱拔益加肉仔鸡，随机分为5组，每组6个重复，每个重复18只。试验期为42 d。结果表明，肉鸡生长性能不受铬来源的影响。酵母铬组血清皮质醇水平较CrNic组低（$P<0.05$）。与对照组相比，酵母铬提高了鸡胸蛋氨酸和半胱氨酸的含量。在第42 d，CrMet组肝脏丙二醛含量低于CrPic组（$P<0.05$）。CrMet组和CrNic组$n-3$多不饱和脂肪酸（PUFA）值升高，但$n-6/n-3$ PUFA比值降低（$P<0.05$）。所有处理组肉仔鸡血清抗氧化状态和鸡胸总必需氨基酸含量无显著差异。研究表明，饲粮中添加有机铬能调节脂质代谢，提高鸡胸氨基酸和脂肪酸含量。此外，酵母铬是提高蛋氨酸和半胱氨酸含量的最有效来源，CrMet在提高鸡胸肉$n-3$ PUFA值、降低$n-6/n-3$ PUFA比值方面优于CrNic，在增强肝脏抗氧化能力优于CrPic。

（3）蛋氨酸铬。饲料添加剂蛋氨酸铬的适用范围为猪、犬、猫。孟得娟[127]研究了日粮铬水平和类型对肉鸡血液生化、生长及屠宰性能的影响。试验选择初始体重一致的商品肉仔鸡 900 只，随机分为 5 组，每组 6 个重复，每个重复 30 只。对照组和处理组分别饲喂铬添加水平为 0 mg/kg、0.15 mg/kg 和 0.30 mg/kg 的日粮（分别以蛋氨酸铬和酵母铬形式），试验分为 1～21 d 和 22～42 d 两个阶段。结果表明，T1 组、T2 组和 T4 组肉鸡的末重及生长后期平均日增重显著高于对照组（$P<0.05$），T1 组和 T4 组 1～42 d 肉鸡的饲料报酬显著高于对照组和 T3 组（$P<0.05$）。对照组肉鸡血清甘油三酯和丙二醛浓度显著高于处理组（$P<0.05$），T1 组血清胆固醇浓度显著低于对照组（$P<0.05$），而高密度脂蛋白、总蛋白、葡萄糖浓度显著提高（$P<0.05$）。日粮添加不同类型或水平的铬均显著提高了血清总抗氧化力活性（$P<0.05$）。处理组肉鸡腹脂重量显著低于对照组（$P<0.05$），T1 组和 T2 组肉鸡胸腺重量显著高于对照组（$P<0.05$）。研究表明，在本试验条件下，1～42 d 肉鸡日粮中铬的适宜添加水平是以蛋氨酸铬的形式添加 0.15 mg/kg。

（4）丙酸铬。饲料添加剂丙酸铬的适用范围为猪、犬、猫。徐蔼宣等[128]研究了饲粮中添加共轭亚油酸（CLA）和铬（丙酸铬）对热应激肉鸡生长性能、胴体性能、肉品质、脂肪沉积的影响。试验采用 2×3 双因素随机试验设计，设置 2 个 CLA 水平（0%、1%）和 3 个铬水平（0 mg/kg、0.2 mg/kg、0.4 mg/kg）。选用 216 只 1 日龄科宝 500 白羽雌雏肉鸡，随机分为 6 组，每组 6 个重复，每个重复 6 只。环境温度保持在 32～34 ℃，每周末进行 1 次肉鸡体温（肛温）的测定，以确保其处于热应激状态。试验期为 42 d。结果表明：①饲粮中添加 CLA 和铬以及二者互作对热应激肉鸡平均日采食量、平均日增重和料重比均无显著影响（$P>0.05$）。②饲粮中添加 CLA 提高了热应激肉鸡腿肌率（$P<0.05$），并有提高屠宰率的趋势（$P=0.071$），但对胸肌率、全净膛率均无显著影响（$P>0.05$）。饲粮中添加铬有降低热应激肉鸡胸肌率的趋势（$P=0.099$）。CLA 和铬互作对热应激肉鸡胴体性能没有显著影响（$P>0.05$）。③饲粮中添加 CLA 降低了热应激肉鸡胸肌和腿肌黄度值（b^*）以及胸肌亮度值（L^*）（$P<0.05$），对其他肉品质指标无显著影响（$P>0.05$）。饲粮中添加 0.2 mg/kg 铬显著提高了热应激肉鸡胸肌 $pH_{24\,h}$（$P<0.05$），饲粮中添加铬对腿肌肉品质指标无显著影响（$P>0.05$）。CLA 和铬互作对热应激肉鸡胸肌与腿肌肉品质指标无显著影响（$P>0.05$）。④饲粮中添加 CLA 显著降低了热应激肉鸡的腹脂率和腿肌肌肉脂肪含量（$P<0.05$）。饲粮中添加铬有降低热应激肉鸡腹脂率的趋势（$P=0.097$），但对胸肌和腿肌肌肉脂肪含量均无显著影响（$P>0.05$）。CLA 和铬互作有降低热应激肉鸡腹脂率的趋势（$P=0.071$），其中，1% CLA+0.2 mg/kg 铬组合降低腹脂率效果最好。⑤饲粮中添加 CLA 和铬均显著提高了热应激肉鸡肝脏铬含量（$P<0.05$），且 CLA 和铬互作对热应激肉鸡肝脏铬含量有显著影响（$P<0.05$）。由此可见，饲粮中添加 CLA 对热应激肉鸡生长性能无显著影响，但改善了肉鸡的胴体性能并促进了肝脏中铬沉积；饲粮中添加铬对热应激肉鸡生长性能、胴体性能均无显著影响，但提高了胸肌 $pH_{24\,h}$，并有降低腹脂率的趋势；CLA 和铬互作有降低腹脂率的趋势，以 1% CLA+0.2 mg/kg 铬组合的效果较好。

（5）吡啶甲酸铬。饲料添加剂吡啶甲酸铬的适用范围为猪、犬、猫。杨军艳等[129]研究了日粮添加不同水平的吡啶甲酸铬对肉鸡生长性能、脂肪沉积以及脂代谢相关酶活的影响。试验将 396 只平均初始体重为（54.27±0.35）g 的商品肉仔鸡随机分为 3 组，每组 6 个重复，每个重复 22 只。对照组饲喂铬水平为 0.15 mg/kg 的基础日粮，处理组分别饲喂基础日粮+0.2 mg/kg 和 0.4 mg/kg 铬（以吡啶甲酸铬形式）。试验分为 1～21 d 和 22～42 d 两个阶段。结果表明，对照组与 0.2 mg/kg 和 0.4 mg/kg 铬组肉鸡 42 d 体重无显著差异（$P<0.05$），但 0.2 mg/kg 铬组 42 d 肉鸡的体重较 0.4 mg/kg 铬组显著提高了 0.75%（$P<0.05$）。对照组和 0.2 mg/kg 铬组肉鸡腿肌相对重量较 0.4 mg/kg 铬组分别显著提高 4.86% 和 4.30%（$P<0.05$），但肝脏相对重量分别显著降低 17.17%和 17.60%（$P<0.05$）。与对照组相比，0.4 mg/kg 铬组肉鸡皮下脂肪相对重量显著降低 9.24%（$P<0.05$）。对照组脂肪酸合酶和脂蛋白脂肪酶活性显著高于 0.4 mg/kg 铬组（$P<0.05$），而对照组肝脏羧化酶活性和血清胆固醇浓度最高（$P<0.05$）。0.4 mg/kg 铬组肉鸡血清高密度脂蛋白浓度显著高于对照组（$P<0.05$）。研究表明，在本试验条件下，日粮添加 0.2～0.4 mg/kg铬（吡啶甲酸铬形式）可以通过降低肝脏脂肪合成相关酶活性降低脂肪沉积，但 0.4 mg/kg 铬降低了肉鸡体重。

（6）甘氨酸锌。饲料添加剂甘氨酸锌的适用范围为猪、犬、猫。Zhu 等[130]研究了甘氨酸锌（Gly - Zn）对黄羽肉鸡生长性能、血清生化指标、肠道形态、肝脏金属硫蛋白（MT）mRNA 表达的影响。选取 540 只 18 日龄黄羽肉鸡，随机分为 3 组：对照组（基础饲粮）、$ZnSO_4$ 组（基础饲粮＋60 mg Zn/kg $ZnSO_4$）、甘氨酸锌组（基础饲粮＋60 mg Zn/kg 甘氨酸锌）。每组 6 个重复，每个重复 30 只。试验期为 42 d（18～59 日龄）。结果表明，与对照组相比，饲粮中添加甘氨酸锌显著提高了 18～39 日龄肉鸡的平均日增重（ADG）和平均日采食量（ADFI）（$P<0.05$），但与 $ZnSO_4$ 组无差异。与对照组和 $ZnSO_4$ 组相比，Gly - Zn 组谷胱甘肽过氧化物酶（GSH - Px）活性升高（$P<0.05$），丙二醛（MDA）含量降低。Gly - Zn 组肉鸡胫骨锌含量高于对照组和 $ZnSO_4$ 组（$P<0.05$）。肠道形态结果表明，与对照组相比，Gly - Zn 组显著提高了十二指肠和空肠绒毛高度（$P<0.05$），十二指肠和回肠隐窝深度降低。然而，Gly - Zn 组和 $ZnSO_4$ 组十二指肠与回肠肠道形态参数无显著差异。Gly - Zn 组肝脏 MT mRNA 表达量较对照组和 $ZnSO_4$ 组显著提高（$P<0.05$）。日粮添加 60 mgZn/kg 甘氨酸锌可改善黄羽肉鸡生长性能、血清指标及肠道形态。甘氨酸锌比硫酸锌更能提高肝脏金属硫蛋白的基因表达水平。

（7）纳米硒。赵亚伟等[131]研究了不同硒源对肉鸡生长性能、血清和肌肉硒含量、抗氧化能力及肉品质的影响。选取 1 日龄爱拔益加（AA）雄性肉鸡 450 只，随机分为 5 组，每组 6 个重复，每个重复 15 只。对照组（CON 组）饲喂不添加硒的基础饲粮，试验组分别在基础饲粮中添加 0.3 mg/kg（以硒计）的亚硒酸钠（SS 组）、酵母硒（SeY 组）、羟基-硒代蛋氨酸（HMSeBA 组）和纳米硒（Nano - Se 组）。试验期为 42 d。结果表明：①各组之间肉鸡的体重、平均日增重和平均日采食量均无显著差异（$P>0.05$）。与 CON 组、SeY 组和 HMSeBA 组相比，Nano - Se 组肉鸡 1～21 日龄的料重比显著降低（$P<0.05$）。②与 CON 组相比，SS 组、SeY 组、HMSeBA 组和 Nano - Se 组肉鸡血清、胸肌、腿肌硒含量显著升高（$P<0.05$）。各组肉鸡胸肌和腿肌硒含量高低依次为 HMSeBA 组>SeY 组>Nano - Se 组≈SS 组>CON 组。③与 CON 组相比，SS 组、SeY 组、HMSeBA 组、Nano - Se 组肉鸡血清和腿肌谷胱甘肽过氧化物酶（GSH - Px）活性显著升高（$P<0.05$）。各组之间肉鸡血清、胸肌和腿肌总超氧化物歧化酶（T - SOD）活性、总抗氧化能力（T - AOC）以及丙二醛（MDA）含量无显著差异（$P>0.05$）。④各组之间肉鸡胸肌和腿肌的蒸煮损失、滴水损失、pH 及亮度值（L^*）、黄度值（b^*）均无显著差异（$P>0.05$）。与 SeY 组和 HMSeBA 组相比，Nano - Se 组肉鸡胸肌的 45 min 红度值（a^*）显著升高（$P<0.05$）。综上所述，在

本试验条件下，饲粮添加不同硒源对肉鸡平均日增重、平均日采食量无显著影响，但饲粮添加纳米硒降低了肉鸡 1～21 日龄的料重比；饲粮添加不同硒源提高了肉鸡血清和肌肉的硒含量；饲粮添加纳米硒能够在一定程度上改善肉鸡肉品质。

（8）纳米铜。王一冰等[132]研究了饲粮中添加纳米铜、灵芝孢子粉、大豆异黄酮对育雏阶段清远麻鸡生长性能、免疫功能及抗氧化性能的影响，旨在为肉鸡生产中添加剂的开发及应用提供参考。采用单因素随机分组设计，选用 1 200 只 1 日龄清远麻鸡母鸡分成 4 组，对照组（CON 组）饲喂基础饲粮，3 个处理组（NC 组、GLS 组及 SI 组）分别在基础饲粮中添加 2 500 mg/kg 纳米铜、600 mg/kg 灵芝孢子粉和 300 mg/kg 大豆异黄酮预混剂。每组 10 个重复，每个重复 30 只。试验期为 30 d。试验结束后，采集试验鸡血浆、空肠黏膜样品，测定血液抗氧化相关生化指标及肠道免疫因子。结果表明：①与对照组相比，饲粮添加纳米铜、灵芝孢子粉和大豆异黄酮对清远麻鸡肉仔鸡的生长性能均无显著影响（$P>0.05$）。②灵芝孢子粉显著提高了 30 日龄清远麻鸡的胸腺比例（$P<0.05$）。③纳米铜显著提高了清远麻鸡的空肠绒毛高度与隐窝深度的比值（$P<0.05$）。④纳米铜、灵芝孢子粉、大豆异黄酮均显著增加了清远麻鸡血浆和空肠中总超氧化物歧化酶（T－SOD）活性（$P<0.05$），纳米铜显著增加了血浆谷胱甘肽过氧化氢酶（GSH－Px）活性（$P<0.05$），降低了空肠黏膜丙二醛（MDA）含量（$P<0.05$）；大豆异黄酮显著降低了血浆与空肠 MDA 含量（$P<0.05$）。⑤纳米铜组清远麻鸡空肠中免疫球蛋白 A（IgA）含量显著增加（$P<0.05$），灵芝孢子粉组清远麻鸡血浆中肿瘤坏死因子－α（TNF－α）、空肠中干扰素－γ（IFN－γ）含量显著降低（$P<0.05$）。在本试验条件下，纳米铜、灵芝孢子粉和大豆异黄酮对清远麻鸡肉仔鸡生长性能没有显著影响，但均可改善抗氧化性能指标；纳米铜可提高空肠绒毛高度与隐窝深度的比值，纳米铜与灵芝孢子粉可调节免疫因子分泌。其中，纳米铜对抗氧化性能的调节作用最优，灵芝孢子粉对免疫功能调节作用最优。

（9）果胶寡糖螯合锌。王中成等[133]研究了饲粮添加不同水平果胶寡糖螯合锌（Zn－POS）对爱拔益加（AA）肉仔鸡生长性能、免疫功能和血清抗氧化能力的影响。选用 1 日龄健康、体况较一致的 AA 肉仔鸡 480 只（公、母各占 1/2），根据体重一致原则，随机分为 5 组，每组 6 个重复，每个重复 16 只。其中，1 组为基础饲粮组；2 组为抗生素组，在基础饲粮中添加 62.5 mg/kg 黄霉素；3 组、4 组和 5 组为 Zn－POS 组，在基础饲粮中分别添加 300 mg/kg、600 mg/kg 和 900 mg/kg Zn－POS。试验期为 42 d。结果表明，1～21 日龄，与 1 组相比，3 组、4 组平均日增重显著提高（$P<0.05$）；与 2 组相比，3 组、4 组体重显著提高（$P<0.05$）。22～42 日龄，与 1 组相比，3 组、4 组平均日增重显著提高（$P<0.05$），4 组平均日采食量显著提高（$P<0.05$）。1～42 日龄，与 1 组相比，4 组平均日增重极显著提高（$P<0.01$），3 组、5 组平均日增重显著提高（$P<0.05$），4 组平均日采食量显著提高（$P<0.05$）；2 组平均日增重极显著高于 1 组（$P<0.01$）。2 组法氏囊指数显著高于 1 组（$P<0.05$），但 2 组血清中免疫球蛋白 G 水平显著低于 1 组（$P<0.05$）。3 组血清总超氧化物歧化酶活性极显著高于 1 组（$P<0.01$），3 组、5 组血清过氧化氢酶活性显著高于 1 组（$P<0.05$）；4 组、5 组血清丙二醛含量显著低于 3 组（$P<0.05$）。由此可见，饲粮中添加 Zn－POS 能改善 1～42 日龄 AA 肉仔鸡生长性能、免疫功能和血清抗氧化功能，以 600 mg/kg 添加水平较为适宜。

王中成等[134]研究了饲粮中添加不同水平果胶寡糖螯合锌（Zn－POS）对蛋鸡生产性能、

蛋品质和蛋中锌铁含量的影响。选取600只健康的、体重和产蛋率相近的22周龄海兰褐蛋鸡，随机分为5组，每组10个重复，每个重复12只。1组饲喂基础饲粮；2组在基础饲粮中添加268 mg/kg杆菌肽锌，1组和2组均作为对照组；3组、4组和5组分别在基础饲粮中添加200 mg/kg、400 mg/kg和600 mg/kg果胶寡糖螯合锌。预饲期为1周，正试期为8周。结果表明，2组和5组的产蛋率与平均蛋重均显著高于1组（$P<0.05$），但平均日采食量和料蛋比差异不显著（$P>0.05$）。2组与5组相比，产蛋率、平均日采食量、平均蛋重和料蛋比没有显著差异（$P>0.05$）。各试验组之间平均日采食量和料蛋比差异不显著（$P>0.05$）。5组的蛋黄颜色显著高于1组、3组和4组（$P<0.05$）。2组蛋中锌含量显著高于1组（$P<0.05$），各试验组蛋中铁含量差异不显著（$P>0.05$）。由此可见，饲粮中添加果胶寡糖螯合锌可以改善海兰褐蛋鸡生产性能，提高产蛋率，增加平均蛋重和蛋黄颜色。试验中海兰褐蛋鸡饲粮Zn－POS的适宜添加量为600 mg/kg。

（10）纳米铜。郭永清等[135]研究了体外注射不同水平硫酸铜和纳米铜对鸡胚代谢、组织器官重量以及发育相关基因表达的影响。试验选择240枚SPF受精蛋，随机分为6组，每组4个重复，每个重复10枚。在入孵当天，对照组不做任何处理，阴性对照组注射0.25 mL去离子水，硫酸铜组分别注射50 mg/kg和100 mg/kg硫酸铜，纳米铜组分别注射50 mg/kg和100 mg/kg纳米铜。试验从入孵第1 d到孵化结束共21 d。鸡胚注射50 mg/kg纳米铜较其他组显著提高了16 d和18 d鸡胚耗氧量（$P<0.05$），而100 mg/kg硫酸铜较50 mg/kg硫酸铜组显著提高了12 d和14 d鸡胚耗氧量（$P<0.05$），同时100 mg/kg纳米铜较50 mg/kg纳米铜显著提高了各日龄鸡胚的耗氧量（$P<0.05$）。鸡胚注射硫酸铜或纳米铜较对照组和阴性对照组显著提高了各日龄鸡胚能量消耗（$P<0.05$），50 mg/kg纳米铜较100 mg/kg纳米铜显著提高了12 d鸡胚能量消耗（$P<0.05$）。鸡胚注射硫酸铜、纳米铜或去离子水较对照组显著提高了卵黄囊重量（$P<0.05$），纳米铜组和阴性对照组较硫酸铜组显著提高了卵黄囊重量（$P<0.05$），50 mg/kg纳米铜组较100 mg/kg纳米铜组显著提高了卵黄囊重量（$P<0.05$）。100 mg/kg硫酸铜组较其他各组显著提高了成纤维细胞生长因子2基因的mRNA相对表达水平（$P<0.05$）。鸡胚体外注射50 mg/kg纳米铜可以促进胚胎的代谢速度，对鸡胚孵化无负面影响。

（11）蜂胶提取物。王留等[136]研究了10日龄AA肉仔鸡饮水中分别添加终浓度为1 g/L、2 g/L的蜂胶乙醇提取物，以研究其对肉仔鸡生长性能和抗氧化功能的影响。结果表明，蜂胶乙醇提取物能够明显促进肉仔鸡内脏器官发育，显著提高血清和肝脏抗氧化功能，对肉仔鸡生产性能无显著影响。

5.2.3 反刍动物饲料中有机酸、有机微量元素及其他物质的应用研究进展

5.2.3.1 牛饲料中有机酸、有机微量元素及其他物质的应用研究进展

丁酸钠的适用范围为养殖动物。刘文慧等[137]研究了丁酸钠与丝兰对大肠杆菌K99攻毒哺乳犊牛生长性能及血清抗氧化指标的影响。试验选用40头健康、体重［（40±5）kg］相近的1日龄荷斯坦公犊牛，随机分为4组，每组10头。对照组（C组）饲喂基础饲粮，丁酸钠组（SB组）饲喂基础饲粮＋30 g/d丁酸钠，丝兰组（Y组）饲喂基础饲粮＋9 g/d丝兰，丁酸钠＋丝兰组（SB＋Y组）饲喂基础饲粮＋30 g/d丁酸钠＋9 g/d丝兰。在犊牛7日龄时进行大肠杆菌K99攻毒，试验进行至14日龄结束。结果表明，1～7日龄时，与SB组

相比，SB+Y组犊牛平均日采食量显著降低（$P<0.05$）。11日龄时，SB组犊牛血清中过氧化氢酶（CAT）活性显著高于C组（$P<0.05$）；14日龄时，SB组和Y组犊牛血清中CAT活性显著高于C组和SB+Y组（$P<0.05$）。11日龄时，与C组相比，Y组犊牛血清中谷胱甘肽过氧化物酶（GSH-Px）活性有升高的趋势（$P=0.088$），SB+Y组犊牛血清中GSH-Px活性显著提高（$P<0.05$）。7日龄时，与C组相比，Y组犊牛血清中丙二醛（MDA）含量有降低的趋势（$P=0.050$）；14日龄时，与C组相比，SB+Y组犊牛血清中MDA含量有降低的趋势（$P=0.089$）。综上所述，哺乳犊牛处于大肠杆菌K99攻毒的应激模式下，丁酸钠与丝兰单独添加均可提高犊牛的抗氧化能力，但对犊牛的生长性能没有影响。丁酸钠与丝兰组合添加可提高犊牛的抗氧化能力，但降低了犊牛的平均日采食量。

5.2.3.2 羊饲料中有机酸、有机微量元素及其他物质的应用研究进展

（1）丁酸钠。饲料添加剂丁酸钠的适用范围为养殖动物。左丽君等[138]研究了丁酸钠对断奶羔羊胃肠道发育的影响。选取24只42日龄的断奶羔羊，随机分成4组，每组6个重复，每个重复1只。空白对照组饲喂基础饲粮，抗生素组饲喂在基础饲粮中添加250 mg/kg黄霉素的饲粮，丁酸钠A组和丁酸钠B组分别饲喂在基础饲粮中添加2 g/kg和3 g/kg包膜丁酸钠的饲粮。各组分别在试验第14 d、第28 d选取3只羔羊屠宰取样。结果表明，试验第14 d时，各组断奶羔羊的瘤胃相对质量和相对容积以及各胃肠道形态指标均无显著差异（$P>0.05$）；试验第28 d时，与空白对照组相比，丁酸钠B组瘤胃背囊的肌层厚度，瘤胃腹囊的肌层厚度、乳头高度，十二指肠、空肠和回肠绒毛高度，空肠绒毛表面积以及空肠和回肠绒毛高度与隐窝深度的比值显著增加（$P<0.05$）。由此可见，在饲粮中添加3 g/kg包膜丁酸钠并持续饲喂28 d，可以促进断奶羔羊瘤胃乳头和肌层以及肠道绒毛的生长，增加肠道绒毛高度与隐窝深度的比值，有利于胃肠道的发育。

（2）富马酸。富马酸的适用范围为养殖动物。王荣等[139]研究了延胡索酸（富马酸）对妊娠后期山羊营养物质表观消化率、瘤胃挥发性脂肪酸含量、血清生化指标和繁殖性能的影响。试验选用20只体重（36.5±2.5）kg、2～3岁、处于妊娠期90 d的湘东黑山羊，随机分成2组，每组10只。分别饲喂基础饲粮（对照组）和基础饲粮+2%的延胡索酸（延胡索酸组）。预试期为妊娠期90～94 d，正试期为妊娠期95 d至产羔。结果表明，与对照组相比，延胡索酸组妊娠后期山羊营养物质采食和表观消化率无显著变化；采食后2.5 h，瘤胃中乙酸、丙酸、总挥发性脂肪酸含量和丙酸与总挥发性脂肪酸的比值显著升高，乙酸与丙酸的比值显著下降（$P<0.05$）；血清丙二醛、雌二醇和雌三醇含量显著降低，血清催乳素、孕酮含量和过氧化氢酶活性显著升高；母羊妊娠后期增重有升高趋势，羔羊初生总重显著增加。由此可见，饲粮中添加2%的延胡索酸，可以提高妊娠后期山羊瘤胃中总挥发性脂肪酸含量，发酵模式向丙酸型转变，并有助于提高机体抗氧化能力、母羊妊娠后期增重和羔羊初生总重。

（3）酵母硒。饲料添加剂酵母硒的适用范围为养殖动物。张永翠等[140]研究了饲粮中添加酵母硒对杜寒杂交羊生长性能、氮代谢、屠宰性能和肉品质的影响。选用体重（34 kg左右）相近、健康状况良好的杜寒杂交断奶羔羊40只，随机分为4组，每组10只，进行单栏单只饲养，每组饲粮中分别添加0 mg/kg（对照）、0.2 mg/kg、0.4 mg/kg、0.8 mg/kg硒（添加形式为酵母硒）。预试期为10 d，正试期为70 d。结果表明，当硒添加量为0.2 mg/kg

时，平均日增重最高，显著高于 0.4 mg/kg 组、0.8 mg/kg 组（$P<0.05$），料重比最低。饲粮中添加硒对食入氮、粪氮、可消化氮、沉积氮、氮表观消化率均无显著影响（$P>0.05$）；当硒添加量为 0.2 mg/kg 时，尿氮含量最低，氮利用率及氮生物学利用率最高，与 0.4 mg/kg 组、0.8 mg/kg 组差异显著（$P<0.05$）。当硒添加量为 0.2 mg/kg 时，屠宰率、净肉率均最高，显著高于对照组和 0.8 mg/kg 组（$P<0.05$）；硒添加量对骨肉比、眼肌面积、GR 值无显著影响（$P>0.05$），但随着硒添加量的增加，呈现先升高后降低的趋势。当硒添加量为 0.4 mg/kg、0.8 mg/kg 时，屠宰后 pH 显著高于对照组和 0.2 mg/kg 组（$P<0.05$），而硒添加量对 $pH_{24\,h}$ 无显著影响（$P>0.05$）；当硒添加量为 0.4 mg/kg、0.8 mg/kg 时，肉红度值显著高于对照组和 0.2 mg/kg 组（$P<0.05$）；当硒添加量为0.2 mg/kg时，剪切力最大，同时熟肉率最高，显著高于对照组（$P<0.05$）。由此可见，饲粮中硒添加量为 0.2 mg/kg 时，能显著提高杜寒杂交羊的屠宰率，降低肉的 pH、剪切力，并且提高熟肉率。但硒添加量为 0.8 mg/kg 时，会导致杜寒杂交羊中毒。

Tan 等[141]研究了酵母硒对青藏高原玛曲县天然草地藏羊硒平衡、氮代谢、营养物质消化率和抗氧化能力的影响。以动物日粮干物质计（DM），酵母硒添加量分别为 0 mg/kg、0.2 mg/kg、0.4 mg/kg 和 0.8 mg/kg 硒。结果表明，不同硒水平对藏羊的硒平衡、硒吸收和硒保留率有线性影响。当硒添加量为 0 mg/kg 时，硒保留率最高为 0.4 mg/kg。硒添加量与丙二醛（MDA）、超氧化物歧化酶（SOD）和总抗氧化能力（T-AOC）呈二次型关系。根据预测方程，硒对 MDA、SOD 和 T-AOC 的最适添加量分别为 0.39 mg/kg、0.36 mg/kg 和 0.47 mg/kg DM。日粮中补充硒可以增加干物质摄入（DMI），提高饲料转化率（FCR），且硒添加水平与干物质摄入（DMI）和饲料转化率均呈二次型关系。硒的添加也能二次提高中性洗涤纤维（NDF）、酸性洗涤纤维（ADF）和粗脂肪（EE）的表观消化率（$P<0.05$）。根据养分消化率数据和预测方程，可以得出最适宜的硒添加水平为 0.45～0.52 mg/kg DM。此外，补硒对增加氮素的摄入和吸收具有二次效应，最佳补硒预测量分别为 0.52 mg/kg DM 和 0.54 mg/kg DM。总之，补硒有利于藏羊的抗氧化状态、消化率和氮代谢。考虑不同方程的预测水平和试验数据，最佳藏羊酵母硒的添加量为 0.4 mg/kg DM。

贾雪婷等[142]研究了饲粮酵母硒添加水平对滩羊生长性能、血液常规参数、硒蛋白基因表达以及组织器官硒含量的影响，进而评价酵母硒对滩羊的生物安全性，揭示硒在滩羊体内的生物富集规律。选取体重相近 [(32±2) kg]、健康状况良好的滩羊公羔 64 只，随机分为 4 组，每组 16 个重复，每个重复 1 只。试验选用玉米-豆粕型基础饲粮，硒含量为 0.16 mg/kg，各组分别在基础饲粮中添加 28.94 mg/kg、105.46 mg/kg、258.51 mg/kg、564.60 mg/kg 酵母硒，使饲粮硒含量分别为 0.25 mg/kg（1 组）、0.50 mg/kg（2 组）、1.00 mg/kg（3 组）、2.00 mg/kg（4 组）。预试期为 10 d，正试期为 60 d。结果表明：①饲粮酵母硒添加水平对滩羊生长性能无显著影响（$P>0.05$）。②与 1 组相比，3 组滩羊血液平均红细胞体积、嗜酸性粒细胞计数显著升高（$P<0.05$）。与 2 组相比，4 组滩羊血液红细胞分布宽度标准差显著降低（$P<0.05$）。③与 1 组相比，3 组滩羊肝脏谷胱甘肽过氧化物酶 1（GPX1）、谷胱甘肽过氧化物酶 3（GPX3）的 mRNA 相对表达量呈二次极显著升高（$P<0.01$）。与 1 组相比，2 组、3 组、4 组滩羊肝脏硫氧还原白还原酶 1（TXNRD1）的 mRNA 相对表达量呈二次极显著下降（$P<0.01$），甲状腺激素脱碘酶 1（DIO1）的 mRNA 相对表达量呈线性显著下降（$P<0.05$）。各组之间滩羊肌肉硒蛋白 mRNA 相对表达量均无显著差异（$P>0.05$）。

④4 组滩羊血清硒含量极显著高于 1 组、2 组、3 组（$P<0.01$）。随着饲粮酵母硒添加水平的提高，滩羊背肌、肝脏、肾脏、肺脏、心脏、胰腺、十二指肠硒含量呈二次极显著增加（$P<0.01$），脾脏、睾丸硒含量呈线性极显著增加（$P<0.01$）。综上所述，以酵母硒为补充硒源，饲粮硒含量为 0.25～2.00 mg/kg 时，对滩羊生长性能、血液常规参数、硒蛋白基因表达以及组织器官硒含量均无不良影响；饲粮硒含量达 2.00 mg/kg 时，饲喂滩羊是安全的。滩羊血清及组织器官硒富集量随着饲粮酵母硒添加水平的提高而增加。

柏建明[143]研究了酵母硒（SY）对肉羊生长性能、肉品质、血液生化指标的影响。试验选择 80 只体况良好、体重为（26.18±2.00）kg 的肉羊，随机分成 4 组，每组 4 个重复，每个重复 5 只。对照组饲喂基础日粮，酵母硒组在基础日粮中分别添加 0.2 mg/kg、0.3 mg/kg、0.4 mg/kg 的 SY。预试期为 1 周，正试期为 10 周。结果表明，日粮中添加 0.3 mg/kg 酵母硒组肉羊的平均日增重显著高于对照组（$P<0.05$），提高了 17.88%。日粮中添加 0.3 mg/kg 酵母硒组肉羊的料重比显著低于对照组和 0.4 mg/kg 酵母硒组（$P<0.05$），分别降低了 11.31%和 16.05%。日粮中添加 0.3 mg/kg 和 0.4 mg/kg 酵母硒组肉羊的肉色红度值（a^*）显著高于对照组（$P<0.05$），分别提高了 10.51%和 13.79%；日粮中添加 0.3 mg/kg 和 0.4 mg/kg 酵母硒组的 $pH_{45\ min}$ 显著高于对照组（$P<0.05$），分别提高了 6.11%和 4.98%；日粮中添加 0.3 mg/kg 酵母硒组的剪切力显著低于对照组和 0.4 mg/kg 酵母硒组（$P<0.05$），分别降低了 10.92%和 13.42%；日粮中添加 0.3 mg/kg 酵母硒组的熟肉率显著高于对照组和 0.4 mg/kg 酵母硒组（$P<0.05$），分别提高了 4.82%和 7.43%。日粮中添加0.3 mg/kg和 0.4 mg/kg 酵母硒组的总蛋白含量显著高于对照组（$P<0.05$），分别提高了 8.49%和 12.59%；日粮中添加 0.4 mg/kg 酵母硒组的尿素氮和肌酐含量显著高于对照组、0.2 mg/kg 酵母硒组、0.3 mg/kg 酵母硒组（$P<0.05$），分别提高了 11.67%、12.84%、14.78%以及 18.90%、15.10%、11.67%。综上所述，在肉羊日粮中添加酵母硒可以提高肉羊生长性能，改善肉品质，并提高血液中总蛋白含量。在本试验条件下，最适添加量为 0.3 mg/kg。

马美蓉等[144]研究了日粮中添加酵母硒和蛋氨酸硒对湖羊生长性能、羊肉品质以及组织硒沉积的影响。选取 33 只 4 月龄育肥期公湖羊，随机分成对照组、酵母硒组和蛋氨酸硒组，对照组饲喂基础日粮，酵母硒组和蛋氨酸硒组在基础日粮中添加 0.3 mg/kg 硒。预试期为 1 周，正试期为 8 周。结果表明，与对照组相比，日粮中添加有机硒可显著提高湖羊日增重，但对干物质采食量等指标无显著影响；日粮中添加有机硒能显著增加肌肉红度值（a^*），并提高羊肉嫩度；补硒可显著提高湖羊肌肉、血液和内脏器官中的硒含量，且蛋氨酸硒组在湖羊器官中的沉积效果显著优于酵母硒组。可见，日粮中添加有机硒（0.3 mg/kg）可提高湖羊的生长性能和羊肉品质，提高肌肉和器官中的硒含量。

施安等[145]研究了饲粮不同含量有机硒（酵母硒）对羔羊生长性能与能量需要量的影响。选取断奶羔羊 64 只，随机分为 4 组，依次添加有机硒 0.3 mg/kg（1 组）、2.0 mg/kg（2 组）、3.0 mg/kg（3 组）和 4.0 mg/kg（4 组）饲粮。预试期为 10 d，正试期为 60 d。各组间隔 10 d 随机选取 2 只羔羊测定生长性能，并根据预测方程计算能量需要量。结果表明，3 组和 4 组的 40 d 羔羊体重显著高于 2 组（$P<0.05$），3 组的 50 d 和 60 d 羔羊体重显著高于 2 组（$P<0.05$），各组的羔羊日增重均不显著（$P>0.05$）。3 组和 4 组维持净能（NEm）在 40 d 育肥期显著大于 2 组（$P<0.05$），3 组在 60 d 育肥期显著大于 2 组（$P<0.05$），在

不同育肥阶段，各组的增重净能（NEg）和能量沉积差异不显著（$P>0.05$）。研究表明，滩寒杂交羔羊饲粮中添加 3.0 mg/kg 有机硒长势较好。在羔羊体重 25～37 kg 阶段，不同日增重时 NEm 和 NEg 需要量的变化范围分别为 2.95～3.53 MJ/d 和 1.21～3.35 MJ/d，生长性能和能量沉积呈协同增长趋势。

（4）单月桂酸甘油酯。饲料添加剂甘油脂肪酸酯的适用范围为养殖动物。王贺泽等[146]研究了单月桂酸甘油酯（GML）对断奶羔羊生长性能、血清生化指标以及抗氧化能力的影响。试验选取 36 只健康、平均体重（11.46±0.88）kg、（40±5）日龄的断奶羔羊，按照体重相近的原则，随机分成 3 组，即对照组（CON 组）、GML 组、SOL 组，每组 3 个重复，每个重复 4 只。CON 组饲喂基础饲粮，GML 组饲喂基础饲粮＋1.84 g/kg GML 制剂（GML 含量≥93%），SOL 组饲喂基础饲粮＋3 g/kg 喜利多（GML 含量≥57%，月桂酸双甘油酯含量≥6%，丁酸甘油酯含量≥14%）。试验期为 45 d，其中预试期为 3 d，正试期为 42 d。结果表明，与 CON 组相比，饲粮中添加 GML 可以显著提高试验第 15～42 d 时断奶羔羊的平均日增重（$P<0.05$），显著提高试验第 42 d 时断奶羔羊的胸围（$P<0.05$）。与 CON 组和 SOL 组相比，饲粮中添加 GML 显著降低了断奶羔羊血清中甘油三酯（TG）含量（$P<0.05$），显著提高了血清中高密度脂蛋白胆固醇（HDL－C）含量、谷胱甘肽过氧化物酶（GHS－Px）活性和总抗氧化能力（T－AOC）（$P<0.05$）。综上所述，饲粮中添加 GML 可以提高断奶羔羊的生长性能，同时可以改善断奶羔羊的脂质代谢，提高抗氧化能力。

Li 等[147]研究了饲粮中添加单月桂酸甘油酯（GML）、GML 与三丁酸甘油酯（TB）组合（Solider，SOL）对断奶羔羊生长性能和瘤胃微生物群的影响。试验选取 36 只体重（11.46±0.88）kg、（40±5）日龄湖羊公羔，随机分为 3 组：①CON 组：基础饲粮；②GML 组：基础饲粮中添加 1.84 g/kg DM 的 GML；③SOL 组：基础饲粮中添加 3 g/kg DM 的 SOL。与 CON 组相比，GML 提高了最终体重（$P=0.04$）、平均日增重（ADG）（$P=0.02$），3 个处理组的干物质采食量（DMI）无显著差异（$P>0.10$）。与对照组相比，GML 和 SOL 有降低 DMI 与 ADG 的比值的趋势（$P=0.07$），与对照组相比，GML 有提高粗蛋白（CP）表观消化率的趋势（$P=0.08$）。与对照组相比，SOL 提高 NDF 表观消化率（$P=0.04$），SOL 的 Chao 指数和 Shannon 指数均极显著高于其他各组（$P=0.01$）。LefSE 分析显示，双歧杆菌科双歧杆菌在 GML 组中富集。此外，与 GML 相比，SOL 降低了放线菌的相对丰度（$P<0.01$），提高了 *Verrucomicrobia* 的相对丰度（$P=0.05$），GML 降低了 *Ruminococcus* 的相对丰度（$P=0.03$）。综上所述，饲粮中添加 GML 或 SOL 提高了断奶羔羊的生长性能和饲料转化率，并改变了瘤胃微生物菌群。

5.2.3.3 我国尚未批准在反刍动物饲料中使用的有机酸、有机微量元素及其他物质的应用研究进展

（1）酵母铬。饲料添加剂酵母铬的适用范围为猪、犬、猫。毛亚芳等[148]研究了酵母铬（YC）和 α-硫辛酸（LA）对热应激绵羊生长性能、血浆生化指标以及营养物质消化利用的影响。选择体质健康、年龄和体重相近的绵羊 28 只，随机分为 4 组，每组 7 只，分别为对照组（CTL 组，饲喂基础饲粮）、LA 组（基础饲粮中添加 600 mg/kg LA）、YC 组（基础饲粮中添加 0.5 mg/kg YC）、混合组（MIX 组，基础饲粮中添加 600 mg/kg LA 和 0.5 mg/kg YC）。试验期为 50 d。结果表明，各组平均日增重差异不显著（$P>0.05$）；各组营养物质消化利用相关指标差异不显著（$P>0.05$）；与对照组相比，试验组血浆总蛋白（TP）、低密度脂蛋

白（LDL）、胆固醇（CHOL）含量显著降低（$P<0.05$）；YC 组胴体重显著增加（$P<0.05$），YC 组屠宰率增加了 5.52%（$P>0.05$）。综上所述，饲粮中添加 LA、YC 对热应激绵羊的蛋白质及脂肪代谢有一定的影响，还可显著提高热应激绵羊胴体重，屠宰率有所增加，对饲料利用率和体增重的影响不显著。

（2）蛋氨酸铬。饲料添加剂蛋氨酸铬的适用范围为猪、犬、猫。金亚东等[149]研究了饲粮精料水平和蛋氨酸铬（Cr－Met）添加剂量对舍饲滩羊生长性能、屠宰性能、肉品质、脂肪沉积的影响。采用 2×3 双因素试验设计，2 个因素分别为饲粮精料水平和 Cr－Met 添加剂量，其中饲粮精料水平分别设为 35%低精料饲粮（饲粮精粗比为 35∶65）和 55%高精料饲粮（饲粮精粗比为 55∶45），Cr－Met 添加剂量分别设为 0 g/(d・只)、0.75 g/(d・只）和 1.50 g/(d・只)。将 60 只雄性滩羊羔羊［平均体重为（21±1）kg］随机分为 6 组，每组 10 只。试验期为 80 d，其中预试期为 15 d，正试期为 65 d。结果表明：①与低精料饲粮组相比，高精料饲粮组滩羊的平均日增重、屠宰率、背膘厚度、肌肉脂肪含量和后腿肉比重显著增加（$P<0.05$），但料重比与肌肉蒸煮损失、剪切力、pH、亮度值（L^*）、红度值（a^*）和黄度值（b^*）则显著降低（$P<0.05$）。②低精料饲粮组滩羊背膘厚度、皮下脂肪厚度、肌肉脂肪含量和后腿肉比重随着 Cr－Met 添加剂量的增加而线性降低（$P<0.05$），但肌肉 pH 则线性升高（$P<0.05$）。③高精料饲粮组滩羊肋肉比重、腰肉比重、肌肉剪切力和 pH 随着 Cr－Met 添加剂量的增加而线性升高（$P<0.05$），而肌肉脂肪含量和肌肉红度值（a^*）则线性降低（$P<0.05$）。综合本试验测定指标，建议在滩羊养殖中选择精粗比为 55∶45 的高精料饲粮，Cr－Met 的适宜添加剂量为 1.50 g/(d・只)，且不建议在精粗比为 35∶65 的低精料饲粮中添加 Cr－Met。

（3）丙酸铬。饲料添加剂丙酸铬的适用范围为猪、犬、猫。魏子维等[150]研究了饲粮精料和丙酸铬水平对雷州山羊生长性能、粪便发酵参数、微生物区系的影响。选取 32 只健康的 4～5 月龄、体重（16.63±0.24）kg 雷州山羊母羊，随机分为 4 组，每组 8 只。对照组（1 组）饲粮精料水平为 200 g/(只・d)，精料添加组（2 组）在对照组饲粮精料水平基础上添加 100 g/(只・d）精料，丙酸铬添加组（3 组）在对照组饲粮精料水平基础上添加 2 mg/(只・d）丙酸铬，精料和丙酸铬添加组（4 组）在对照组饲粮精料水平基础上添加 100 g/(只・d）精料和 2 mg/(只・d）丙酸铬。各组自由采食粗饲料。预试期为7 d，正试期为 42 d。结果表明：①饲粮添加精料显著提高了山羊的精料干物质采食量、总增重和平均日增重（$P<0.05$），显著降低了粗饲料干物质采食量和总干物质采食量（$P<0.05$）。饲粮添加丙酸铬及精料和丙酸铬的交互作用对山羊的总干物质采食量、总增重和平均日增重无显著影响（$P>0.05$）。②饲粮添加精料显著提高了山羊粪便中乙酸、丙酸、异丁酸和总挥发性脂肪酸含量（$P<0.05$），显著降低了乙酸与丙酸的比值（$P<0.05$）。饲粮添加丙酸铬及精料和丙酸铬的交互作用对山羊的粪便发酵参数无显著影响（$P>0.05$）。③饲粮添加精料显著提高了山羊的粪便菌群 ACE 指数、Chao 指数和 Shannon 指数（$P<0.05$），显著降低了 Simpson 指数（$P<0.05$）。饲粮添加丙酸铬及精料和丙酸铬的交互作用对山羊的粪便菌群 α 多样性指数无显著影响（$P>0.05$）。④在门水平上，饲粮添加精料显著提高了粪便中厚壁菌门相对丰度（$P<0.05$），显著降低了粪便中拟杆菌门和疣微菌门相对丰度（$P<0.05$）；饲粮添加丙酸铬显著提高了粪便中放线菌门相对丰度（$P<0.05$）。在属水平上，饲粮添加精料显著提高了粪便中瘤胃球菌科 _ UCG－005、瘤胃球菌科 _ UCG－010、克里斯滕森菌科 _ R－7、普雷

沃菌属 _ 1 相对丰度（$P<0.05$），显著降低了粪便中艾克曼菌属和理研菌科 _ RC _ 9 肠道群相对丰度（$P<0.05$）；饲粮添加丙酸铬显著提高了粪便中拟杆菌属相对丰度（$P<0.05$）。综上所述，饲粮添加精料可提高雷州山羊的平均日增重和总增重，改善粪便发酵参数，提高粪便菌群的多样性和丰富度，但存在降低后肠道免疫性能和引发炎症的风险；饲粮添加丙酸铬可提高粪便中纤维降解菌相对丰度，抑制肠道中致病菌的繁殖；精料和丙酸铬的交互作用较小。

（4）蛋白锌。饲料添加剂蛋白锌的适用范围为养殖动物（反刍动物除外）。金宇航等[151]研究了不同锌源（蛋白锌和氧化锌）对新生中国荷斯坦犊牛生长性能、血清免疫和抗氧化指标以及血浆微量元素含量的影响。选取 60 头体重［(41.35±0.63) kg］一致的健康新生中国荷斯坦犊牛，随机分成 5 组，每组 12 头（公犊牛 3 头，母犊牛 9 头）。对照组（CON 组）饲喂牛奶，低剂量蛋白锌组（L－ZnP 组）、中剂量蛋白锌组（M－ZnP 组）和高剂量蛋白锌组（H－ZnP 组）在牛奶中分别添加 261.44 mg/d、522.88 mg/d、784.31 mg/d 蛋白锌（锌含量相当于 40 mg/d、80 mg/d、120 mg/d），氧化锌组（ZnO 组）在牛奶中添加 232.11 mg/d 氧化锌（锌含量相当于 180 mg/d）。根据犊牛生长状况于 4～7 日龄开始饲喂开食料。试验期为 14 d。结果表明：①与 CON 组相比，M－ZnP 组、H－ZnP 组和 ZnO 组的平均日增重、血清免疫球蛋白 G（IgG）含量、谷胱甘肽过氧化物酶（GSH－Px）活性以及血浆锌含量显著升高（$P<0.05$）。②随着蛋白锌添加量的增加，粪便指数呈显著线性、二次下降（$P<0.05$），血清 IgG 含量、GSH－Px 活性及血浆锌含量呈显著线性升高（$P<0.05$），血清丙二醛（MDA）含量呈显著线性下降（$P<0.05$）。综上所述，蛋白锌可提高犊牛生长性能、抗氧化功能及免疫功能，犊牛腹泻情况发生较少，提高血浆锌含量。在本试验条件下，犊牛牛奶中以添加 522.88 mg/d 蛋白锌（锌含量相当于 80 mg/d）为宜。

（5）纳米铜。代振威等[152]采用体外发酵法，在瘤胃液中添加不同浓度的纳米铜（以铜元素计，添加量分别为 0 μg/L、50 μg/L、100 μg/L）。结果表明，纳米铜添加量为 100 μg/L 时，干物质降解率达到最高值，滤纸酶活性相比对照组和其他试验组都有显著提高（$P<0.05$）。所以，在体外发酵条件下，添加适量的纳米铜对瘤胃发酵有促进作用，适宜添加的纳米铜浓度为 100 μg/L。

（6）延胡索酸二钠。刘云芳等[153]研究了饲粮中添加延胡索酸二钠对早期断奶羔羊生长性能、瘤胃发酵功能以及胃肠道发育的影响。试验选用 30 只（50±5）日龄、体重为（25±2）kg 的公羔，随机分为 3 组，每组 10 只。对照组饲喂基础饲粮，试验组在基础饲粮中分别添加 0.5%和 1.0%的延胡索酸二钠。试验期为 70 d。结果表明，饲粮添加延胡索酸二钠提高了平均日增重，其中 1.0%组显著高于对照组；延胡索酸二钠未显著影响瘤胃液 pH，而显著降低了氨态氮浓度；延胡索酸二钠极显著降低了瘤胃液乳酸浓度；1.0%组瘤胃液总挥发性脂肪酸、乙酸和丙酸浓度显著高于对照组。试验组小肠绒毛高度均高于对照组，其中 0.5%组羔羊的十二指肠、空肠、回肠的肠绒毛高度分别显著增加了 30.3%、30.6%、46.1%；试验组的十二指肠绒毛高度与隐窝深度的比值显著大于对照组，其中 0.5%组的绒毛高度与隐窝深度的比值较对照组增加了 58.6%；0.5%和 1.0%组羔羊的瘤胃壁乳头高度分别比对照组提高 139.84 μm 和 156.74 μm；试验组瘤胃壁乳头密度与对照组相比无显著差异。添加延胡索酸二钠显著提高了羔羊的生长性能，促进了早期断奶羔羊瘤胃及肠道的发育。

（7）支链脂肪酸。支链脂肪酸（BCVFA）和叶酸（FA）的混合添加可通过促进瘤胃微生物生长与消化酶活性提高生长性能。Liu 等[154]研究了混合添加 BCVFA 和 FA 对瘤胃生长性能、瘤胃发酵、营养物质消化率、微生物酶活性、微生物区系和排泄物中尿嘌呤衍生物（PDs）的影响。将 36 头中国荷斯坦断奶犊牛［（60±5.4）d、体重（107±4.7）kg］随机分为 4 组，分别为对照组（不添加添加剂）、FA 组（添加 10 mg FA/kg 日粮 DM）、BCVFA 组（添加 5 g BCVFA/kg 日粮 DM）及 FA+BCVFA 组（10 mg/kg DM 的 FA 和 5 g/kg DM 的 BCVFA），以人工混合到日粮的前 1/3 添加。DM 中饲粮精料与玉米青贮比为 50∶50。饲料中添加 BCVFA 或 FA 对干物质吸收无影响，但提高了平均日增重和饲料转化效率。添加 BCVFA 或 FA 后，瘤胃 pH 和氨氮降低，总挥发性脂肪酸（VFAs）浓度高于对照组。添加 BCVFA 或 FA 对乙酸比例没有影响，但降低了丙酸比例，增加了乙酸与丙酸的比值。添加 BCVFA 或 FA 对 DM、有机质、CP 和 NDF 的消化率均高于对照组。添加 BCVFA 或 FA 后，羧甲基纤维素酶、纤维二糖酶活性、总菌群、真菌、白色瘤胃球菌（*Ruminococcus albus*）、黄色瘤胃球菌（*R. flavefaciens*）、琥珀酸纤维杆菌（*Fibrobacter succinogenes*）、反刍普雷沃氏菌（*Prevotella ruminicola*）以及 PD 总排泄量增加。添加 BCVFA 可提高瘤胃木聚糖酶、果胶酶和蛋白酶活性以及溶纤丁酸弧菌（*Butyrivibrio fibrisolvens*）数量，而添加 FA 可提高原生动物、产甲烷菌数量。BCVFA×FA 相互作用对乙酸与丙酸的比值、纤维素酶活性和总 PD 排泄量影响显著，且这些变量在未添加 BCVFA 的饲料中添加 FA 比添加 BCVFA 的饲料中添加 FA 时增加更多。研究表明，饲粮中添加 BCVFA 或 FA 可通过刺激犊牛瘤胃微生物生长与酶活性来提高平均日增重、营养物质消化率、瘤胃总挥发性脂肪酸浓度以及瘤胃微生物蛋白合成。

5.2.4 水产养殖动物饲料中有机酸、有机微量元素及其他物质的应用研究进展

5.2.4.1 水产养殖动物饲料中列入我国饲料添加剂品种目录的有机酸、有机微量元素及其他物质的应用研究进展

（1）丁酸钠。饲料添加剂丁酸钠的适用范围为养殖动物。张晓晓等[155]以初始体重（1.57±0.04）g 的凡纳滨对虾为试验对象，研究了饲料中添加包膜丁酸钠对凡纳滨对虾的生长性能和血清非特异性免疫酶活性的影响。在对虾配合饲料中，分别添加 0（对照组）、0.25%、0.5%、1%、2%和 3%的包膜丁酸钠作为 6 种试验饲料。试验期为 42 d。结果表明，包膜丁酸钠对凡纳滨对虾的生长具有促进作用，各包膜丁酸钠添加组对虾的增重率和特定生长率均显著高于对照组（$P<0.05$）；2%和 3%添加组对虾的成活率显著高于对照组（$P<0.05$）；0.5%、1%、2%和 3%添加组对虾的饵料系数显著低于对照组（$P<0.05$）。对于血清非特异性免疫酶活性，1%、2%和 3%添加组对虾血清中酚氧化酶（PO）、酸性磷酸酶（ACP）和碱性磷酸酶（AKP）活性均显著高于对照组（$P<0.05$），血清中超氧化物歧化酶（SOD）活性均与对照组无显著差异（$P>0.05$）；0.5%添加组 SOD 活性最高，显著高于对照组（$P<0.05$），与 1%、2%和 3%添加组无显著差异（$P>0.05$）；0.25%添加组对虾血清中过氧化物酶（POD）活性最高，显著高于对照组和 0.5%添加组（$P<0.05$），与 1%、2%和 3%添加组无显著差异（$P>0.05$）；1%添加组对虾血清中溶菌酶（LSZ）活性最高，显著高于对照组（$P<0.05$），与其余添加组无显著差异（$P>0.05$）。综合上述结果，饲料中添加适量的包膜丁酸钠可以促进凡纳滨对虾的生长，提高血清非特异性免疫酶活性。以特定生长率为评价指标，饲料中包膜丁酸钠的适宜添加量为 2.08%。

罗玲等[156]研究了饲料中添加微囊丁酸钠对高密度养殖条件下团头鲂生长性能、非特异性免疫力以及肝功能的影响。选取健康、规格相近［初始体重为（200.78±0.46）g］的团头鲂1 500尾，随机分为5组，每组6个重复，每个重复50尾。对照组饲喂基础饲料，试验组分别在基础饲料中添加200 mg/kg、400 mg/kg、600 mg/kg和1 000 mg/kg微囊丁酸钠。试验期为60 d。结果表明，与对照组相比，饲料中添加600 mg/kg、1 000 mg /kg的微囊丁酸钠显著提高了增重率（$P<0.05$）；饲料中添加1 000 mg/kg的微囊丁酸钠显著降低了饲料转化率（$P<0.05$）。与对照组相比，饲料中添加600 mg/kg、1 000 mg/kg的微囊丁酸钠显著提高了血清、黏液、肝胰脏中总超氧化歧化酶（T-SOD）活性和血清中溶酶菌（LSZ）活性（$P<0.05$）；饲料中添加400 mg/kg的微囊丁酸钠显著提高了肝脏中T-SOD活性和血清中LSZ活性（$P<0.05$）；饲料中添加1 000 mg/kg的微囊丁酸钠显著提高了黏液中LSZ活性（$P<0.05$）。与对照组相比，饲料中添加600 mg/kg、1 000 mg/kg的微囊丁酸钠显著提高了肝胰脏中谷丙转氨酶（GPT）、谷草转氨酶（GOT）活性（$P<0.05$）。由此可见，饲料中添加适量微囊丁酸钠有利于提高高密度养殖条件下团头鲂对饲料的利用率及其非特异性免疫力，并改善肝功能。

齐鑫等[157]研究了丁酸钠对西伯利亚鲟幼鱼摄食及生长的影响。共设计了6个不同的丁酸钠水平，按照0 g/kg、1 g/kg、2 g/kg、3 g/kg、4 g/kg、5 g/kg的含量分别添加到鲟鱼饲料中。试验期为60 d。结果表明，添加1 g/kg及以上剂量丁酸钠组的鱼体末均重、特定生长率和相对增重率显著高于对照组（$P\leqslant0.05$），而各处理组间均无显著差异（$P>0.05$）；饲料中添加丁酸钠对西伯利亚鲟幼鱼的摄食率和肝体比均无显著影响（$P>0.05$）。因此，在本试验条件下，配合饲料中添加丁酸钠能有效提高西伯利亚鲟幼鱼的生长性能，最适添加剂量为1 g/kg。

（2）复合有机酸。林雪等[158]研究了3种不同组成的酸化剂对罗非鱼生长、抗氧化能力和肝脏代谢酶活性的影响。以空白基础日粮作为对照组，处理组分别为试验1组（主要成分为甲酸、乙酸和丁二酸）、试验2组（主要成分为柠檬酸和富马酸）和试验3组（主要成分为富马酸和丙酸）。酸化剂添加量为0.2%。选用初始体重相近［（67.40±0.93）g］的罗非鱼300尾，随机分成4组，每组3个重复，每个重复25尾。试验期为35 d。结果表明，与对照组相比，试验1组显著提高了末均重；与试验3组相比，试验1组显著提高末均重并改善饵料系数，试验2组则显著提高相对增重率并显著改善饵料系数。另外，与对照组、试验1组和试验3组相比，试验2组的血清酸性磷酸酶（ACP）、碱性磷酸酶（AKP）活性和总抗氧化能力（T-AOC）均显著升高。研究表明，在罗非鱼饲料中添加不同组成酸化剂对血清ACP、AKP酶活性和T-AOC生长性能方面的效果也不同。

（3）蛋氨酸铜络（螯）合物。饲料添加剂蛋氨酸铜络（螯）合物的适用范围为养殖动物。Wang等[159]通过比较俄罗斯鲟鱼的生长、铜状态、抗氧化活性、免疫反应和铜的表观消化率，评价了饲料添加剂硫酸铜（$CuSO_4$）、蛋氨酸铜（CuMet）和纳米氧化铜（CuONano）的相对生物利用度。对照组为不添加铜的半纯基础日粮，试验组添加$CuSO_4$、CuMet和CuONano。CuMet和CuONano日粮组铜含量分别为2 mg/kg、4 mg/kg、6 mg/kg、8 mg/kg和16 mg/kg，$CuSO_4$日粮组铜含量分别为4 mg/kg、6 mg/kg和16 mg/kg。用不同铜含量与铜来源的对照日粮和13种试验日粮饲喂鲟鱼［（9.82±0.08）g］8周。最后进行细菌攻毒试验和铜表观消化率测定。$CuSO_4$日粮组增重（WG）、全身铜浓度、铜表观消化率、铜-锌超氧化物歧化酶（Cu－Zn SOD）活性、总抗氧化能力、溶菌酶和免疫球蛋白为铜含量在6 mg/kg含量时最高，CuMet日粮组和CuONano日粮组均为铜含量为4 mg/kg最高。添加铜含量为4 mg/kg的CuMet或CuONano饲喂鲟鱼比以相同铜含量的$CuSO_4$的鲟鱼生长速率、组织铜沉积、抗氧化和免疫能力都更高。与此同时，CuMet或CuONano日粮中的铜表现出较高的表观消化率和嗜水气单胞菌抗性。当铜含量以$CuSO_4$的形式标准化，基于体重增加、肝脏Cu－Zn SOD活性和受试物铜浓度，CuMet日粮的相对铜生物利用度为153%～168%，CuONano日粮的相对铜生物利用度为172%～202%。使用CuMet或CuONano时，日粮中铜的最佳需要量约为5 mg/kg，使用$CuSO_4$时增加到8 mg/kg。研究表明，在俄罗斯鲟鱼的日粮中，以CuMet和CuONano形式存在的铜比以$CuSO_4$形式存在的铜的生物利用度高1.5～2倍。

（4）酵母硒。酵母硒的适用范围为养殖动物。胡俊茹等[160]研究了饲料中添加亚硒酸钠和酵母硒对黄颡鱼幼鱼生长性能、抗氧化能力及抗低温应激的影响。试验选用初始体重为（2.12±0.01）g的黄颡鱼幼鱼，随机分为4组，每组3个重复，分别投喂含硒0.028 mg/kg（对照组）、0.25 mg/kg（亚硒酸钠）、0.30 mg/kg（酵母硒）和0.52 mg/kg（酵母硒）的试验饲料，记为G0组、G1组、G2组和G3组。养殖56 d，养殖结束后进行低温应激试验。结果表明，亚硒酸钠和酵母硒的添加对幼鱼的终末均重、增重率、存活率、饲料转化率影响不显著。亚硒酸钠和酵母硒显著提高全鱼和肌肉的硒含量，G3组显著高于其他组，G1组与G2组全鱼硒含量差异不显著，但G2组肌肉硒含量显著高于G1组。亚硒酸钠和酵母硒显著提高了幼鱼肝脏GPx活性，G1和G2组SOD活性显著高于G0组，G3组与G0组差异不显著。22 ℃时，各组间血浆总蛋白、胆固醇、甘油三酯和尿素氮含量无显著差异，但G2组血糖含量显著高于G0组和G1组，与G3组差异不显著，各组HSP70 mRNA表达量无显著差异。13 ℃时，各组黄颡鱼血浆总蛋白、胆固醇含量无显著差异，但G1组甘油三酯含量显著高于G0组和G3组，与G2组差异不显著；G2组和G3组血糖含量显著高于G0组和G1组；G2组血浆尿素氮含量显著低于G1组，与其他组差异不显著；G0组HSP70 mRNA相对表达量显著高于其他组。研究表明，在综合生长性能、全鱼和肌肉硒沉积、肝脏抗氧化能力以及鱼体抗低温应激效果方面，饲料中添加含硒0.30 mg/kg的酵母硒效果优于含硒0.25 mg/kg的亚硒酸钠。

（5）单月桂酸甘油酯。饲料添加剂甘油脂肪酸酯的适用范围为养殖动物。汪愈超等[161]研究了月桂酸单甘油酯（GML）对中华鳖生长、健康及营养品质的影响。在生产条件下，将2.4万只初始体重为（50.23±14.92）g的中华鳖稚鳖分为2组，每组20个重复，每个重复为1个饲养池，每池放养600只。对照组投喂基础饲料，试验组在基础饲料中添加0.02% GML。试验期为200 d。结果表明，试验组中华鳖的增重率、特定生长率、背甲长、背甲宽以及存活率均显著高于对照组（$P<0.05$）；与对照组相比，试验组中华鳖血清中尿素氮含量及碱性磷酸酶、超氧化物歧化酶、溶菌酶活性显著增加（$P<0.05$），同时肌肉、裙边中粗蛋白质、总鲜味氨基酸、总必需氨基酸、总氨基酸与肌肉中多不饱和脂肪酸含量也较对照组显著增加（$P<0.05$）。由此得出，在饲料中添加0.02%的GML可显著促进中华鳖生长，同时对中华鳖的健康状况和营养品质有显著的改善作用。

Fu等[162]研究了单月桂酸甘油酯（GML）对中华绒螯蟹生长性能、非特异性免疫、抗氧化能力和肠道菌群的影响。将中华绒螯蟹随机分为3组，分别饲喂0 mg/kg（对照组）、

1 000 mg/kg GML（GML1 000 组）和 2 000 mg/kg GML（GML2 000 组）。试验期为 8 周。结果表明，GML2 000 组具有较好的生长性能，具有较高的体重增加百分比（PWG）、特定生长率（SGR）和较低的饲料转化率（FCR）（$P<0.05$）。同时，GML2 000 组血淋巴中酚氧化酶、碱性磷酸酶、酸性磷酸酶和溶菌酶活性显著增加（$P<0.05$），血淋巴和肝胰腺超氧化物歧化酶（SOD）活性以及肝胰腺中谷胱甘肽过氧化物酶（GPx）显著升高（$P<0.05$）。而 GML1 000 组和 GML2 000 组丙二醛（MDA）含量均显著降低（$P<0.05$）。此外，Toll 通路相关 TLR1、TLR2 mRNA 丰度显著增高（$P<0.05$）。补充 2 000 mg/kg GML 上调 ALF（抗脂多糖因子）和 LZM（溶菌酶）的表达（$P<0.05$），下调 caspase－3 表达（$P<0.05$）。GML2 000 组厚壁菌门丰度增加（$P<0.05$），GML1 000 组和 GML2 000 组希瓦氏菌属（*Shewanella*）显著升高（$P<0.05$）。由此可见，饲粮中添加 GML 可提高肉鸡生长性能和抗氧化能力，增强血淋巴免疫能力。通过调节 proPO 系统和 Tcll 通路的酶活性与抗菌肽表达，改善中华绒螯蟹肠道菌群。

5.2.4.2 我国尚未批准在水产养殖动物饲料中使用的有机酸、有机微量元素及其他物质的应用研究进展

（1）羟基蛋氨酸类似物络（螯）合锰。羟基蛋氨酸类似物络（螯）合锰的适用范围为奶牛、肉牛、家禽和猪。殷彬等[163]研究了硫酸锰（$MnSO_4 \cdot H_2O$）、甘氨酸锰（$MnC_4H_8O_4N_2$）和羟基蛋氨酸锰（$MnC_5H_{11}NO_6S_2$）对珍珠龙胆石斑鱼（*Epinephelus fuscoguttatus*♀×*E. lanceolatu*♂）生长性能、抗氧化能力、血清生化指标以及肠道形态的影响。试验选取体重为（11.00±0.12）g 的珍珠龙胆石斑鱼幼鱼 270 尾，随机分为 3 组，每组 3 个重复，每个重复 30 尾。分别添加 $MnSO_4 \cdot H_2O$、$MnC_4H_8O_4N_2$ 和 $MnC_5H_{11}NO_6S_2$（分别记作 $MnSO_4$、Mn－Gly 和 Mn－MHA），使饲料中锰元素水平分别为 37.74 mg/kg、40.66 mg/kg 和 38.15 mg/kg，投喂等氮等脂的试验饲料。试验期为 8 周。结果表明，Mn－Gly 组和 Mn－MHA 组的增重率均显著高于 $MnSO_4$ 组（$P<0.05$），Mn－MHA 组饲料转化率显著低于 $MnSO_4$ 组（$P<0.05$），各组之间存活率和特定生长率方面无显著性差异（$P>0.05$）。在肝脏丙二醛（MDA）含量方面，Mn－Gly 组和 Mn－MHA 组均显著低于 $MnSO_4$ 组（$P<0.05$），Mn－MHA 组锰超氧化物歧化酶（Mn－SOD）活性显著高于 $MnSO_4$ 和 Mn－Gly 组（$P<0.05$），Mn－Gly 组和 Mn－MHA 组铜锌超氧化物歧化酶（CuZn－SOD）活性均显著低于 $MnSO_4$ 组（$P<0.05$）。Mn－Gly 组和 Mn－MHA 组血清葡萄糖（GLU）含量显著高于 $MnSO_4$ 组（$P<0.05$），$MnSO_4$ 组和 Mn－Gly 组总胆固醇（CHOL）均显著高于 Mn－MHA 组（$P<0.05$）。与 $MnSO_4$ 组相比，Mn－MHA 组显著提高了前肠和中肠皱襞高度（$P<0.05$），增大了后肠肌层厚度（$P<0.05$）；Mn－Gly 组中肠皱襞宽显著高于 $MnSO_4$ 组（$P<0.05$），后肠皱襞高度显著高于 $MnSO_4$ 组和 Mn－MHA 组（$P<0.05$）。由此可见，与 $MnSO_4$ 相比，Mn－Gly 和 Mn－MHA 能够显著提高珍珠龙胆石斑鱼幼鱼的生长性能，增强肝脏的抗氧化能力，调节相关代谢反应，保护肝脏，促进前肠、中肠和后肠的发育。

（2）羟基蛋氨酸铁。郭鑫伟等[164]研究了配合饲料中添加不同铁源对珍珠龙胆石斑鱼（*Epinephelus lanceolatus*♂×*Epinephelus fuscoguttatus*♀）幼鱼的影响。选取遗传背景一致的健康珍珠龙胆石斑鱼［初重（9.00±0.49）g］270 尾，随机分成 3 组，分别饲喂硫酸亚铁（$FeSO_4$）、甘氨酸亚铁［Fe－Gly（Ⅱ）］和羟基蛋氨酸铁（Fe－MHA）3 种铁源等氮

等脂的试验饲料。试验期为8周，测量各组珍珠龙胆石斑鱼的生长性能、抗氧化能力和肠道发育等形态结构指标。结果表明：①铁源对各组间成活率、增重率和特定生长率均无显著影响（$P>0.05$），但Fe-MHA组肥满度、全鱼和脊椎骨中铁含量显著高于其余两组（$P<0.05$）。②Fe-MHA组肝脏CAT活性显著高于Fe-Gly（Ⅱ）组和$FeSO_4$组（$P<0.05$），且该组肝脏MDA含量显著低于Fe-Gly（Ⅱ）组和$FeSO_4$组（$P<0.05$）。③摄食Fe-MHA组饲料的石斑鱼前肠、中肠、后肠的绒毛高度显著高于$FeSO_4$组和Fe-Gly（Ⅱ）组（$P<0.05$），而绒毛宽度显著低于$FeSO_4$组和Fe-Gly（Ⅱ）组（$P<0.05$）；该组中肠段肌层厚度显著高于Fe-Gly（Ⅱ）组和$FeSO_4$组（$P<0.05$）。研究表明，与Fe-Gly（Ⅱ）和$FeSO_4$相比，Fe-MHA有利于机体对铁元素的沉积，改善鱼体肠道发育，显著提高珍珠龙胆石斑鱼幼鱼肝脏的抗氧化能力。建议珍珠龙胆石斑鱼幼鱼饲料中添加的铁源形式为Fe-MHA。

（3）三丁酸甘油酯。李雅敏等[165]研究了草鱼饲料中添加三丁酸甘油酯对草鱼鱼体成分、形体指标及肠道消化酶的影响。选取健康的草鱼幼鱼［（20.04 ±0.19）g］随机分为4组，每组3个重复，分别投喂基础日粮（T1）以及在基础日粮中添加300 mg/kg（T2）、600 mg/kg（T3）、1 000 mg/kg（T4）三丁酸甘油酯饲粮，在水库网箱中进行8周的养殖试验。结果表明，T4组的鱼体粗蛋白含量较T1组有提高的趋势（$P>0.05$），水分含量显著降低（$P<0.05$），各组之间的粗脂肪和粗灰分含量无显著差异（$P>0.05$）。与T1组相比，T2组、T3组和T4组的肝体比显著提高，T2组的肠体比显著提高（$P<0.05$）。T3组和T4组的肥满度、脏体比、肠体比及肠长比均有上升的趋势（$P>0.05$）。T3组肠道脂肪酶活性较T1组显著提高，T4组的淀粉酶活性显著提高（$P<0.05$）。综上所述，饲料中添加三丁酸甘油酯能够改变草鱼幼鱼的鱼体成分和形体指标，提高肠道消化酶活性。

姜莺颖等[166]研究了三丁酸甘油酯（tributyrin，TB）对异育银鲫生长和免疫的影响，以基础饲料作为对照，分别在基础饲料中添加0.5 g/kg、1 g/kg、1.5 g/kg、2 g/kg TB，配制成4种试验饲料。试验选择健康、体重相近［（43.58±1.6）g］的异育银鲫450尾，随机分为5组，每组3个重复，每个重复30尾。预试期为2周，正试期为8周，试验结束后检测其生长性能和免疫指标。结果表明，各试验组异育银鲫的增重率、特定生长率与对照组相比都得到提高，其中添加1 g/kg TB的效果最佳，显著降低了饵料系数（$P<0.05$）。各试验组的头肾和脾脏指数在添加量为0.5～1.0 g/kg时显著高于对照组（$P<0.05$）。各试验组的肝胰脏中一氧化氮含量均低于对照组、过氧化氢酶含量均高于对照组，且除2 g/kg TB外，其他试验组均差异显著（$P<0.05$）；肝胰脏中超氧化物歧化酶活性在添加量为1 g/kg和1.5 g/kg时显著高于对照组（$P<0.05$），超过2 g/kg时则会抑制其活性，但差异不显著（$P>0.05$）；各试验组的肝胰脏中丙二醛含量和溶菌酶活性均低于对照组，且在添加量为1 g/kg TB时差异显著（$P<0.05$）。综合来看，添加适量的TB能提高异育银鲫的生长性能，增强其免疫能力。当添加量为1.02 g/kg时，效果最佳。

5.3 国外相关研究进展

（1）饲用有机酸。Overland等[167]将0.8%～1.2%的二甲酸钾添加到初产和多产母猪的饲料中，发现饲喂二甲酸钾的妊娠母猪在每日摄食量不变的情况下背部脂肪厚度增加，所产仔猪的平均日增重升高，母猪在分娩后第 12 d 乳脂含量增加。在日粮中添加 0.9%的甲酸钠提高了生长猪 ADG 和饲料增重比（$P<0.05$），但对生长育肥猪无影响。添加 0.9%甲酸钠后杂交猪 CP 和 DM 的消化率较高（$P<0.05$）[168]。Falkowaski 和 Aherne 发现，给 4 周龄仔猪添加富马酸或柠檬酸后，ADG 提高了 4%～7%，而饲料转化率提高 5%～10%[169]。Giesting 和 Easter 报道，添加 0、1%、2%、3%和 4%富马酸后猪饲料转化率和日增重呈线性增长[170]。Blank 等报道，在猪日粮中添加富马酸能够提高净能以及干物质和氨基酸消化率[171]。研究表明，有机酸添加到肉仔鸡饲料中可以促进仔鸡生长、饲料转化率和饲料利用率[172、173]。补充柠檬酸（2%）可促进细胞增殖，促进胃肠道上皮细胞和绒毛高度[174]。饮用水中添加浓度为 0.05%、25%的甲酸和丙酸混合酸，增加了鸡回肠中乳杆菌的定植[173]。添加丁酸，可提高鸡回肠蛋白的消化率[175]。Qaisrani 等[176]报道，添加丁酸能够改善以低消化蛋白为日粮的鸡的生长性能。

（2）有机微量元素。Jarosz 等[177]研究了添加硫酸锌和甘氨酸螯合锌对肉鸡肠道组织细胞因子和免疫球蛋白基因表达的影响。结果表明，补充甘氨酸螯合锌，在肠道相关淋巴组织的免疫反应中能确保 Th1 和 Th2 的平衡，增加 IgA 和 IgG 的表达，还能增强免疫应答，保护身体免受伤害感染。使用无机形式的以硫酸盐形式存在的锌，可在肠道内诱发局部炎症过程，导致炎症的长期感染。Jarosz 等[178]研究了甘氨酸螯合铜和硫酸铜对肉鸡血浆超氧化物歧化酶活性、铜氧化酶、细胞因子浓度的影响。结果表明，甘氨酸螯合铜增加 T 淋巴细胞 CD^{3+}、CD^{4+}和 CD^{8+}，T 细胞 CD^{25+}和 MHCⅡ级分子浓度，增加血浆铜氧化酶和超氧化物歧化酶的活性与浓度。在家禽饲料中补充铜螯合物主要激活 Th1 细胞免疫应答和外周血 T 淋巴细胞的应答促进细胞因子的分泌，参与增强和调节禽类的免疫反应。Kohshahi 等[179]研究了纳米硒、有机硒和无机硒＋姜黄素组合对虹鳟生长性能、机体组成、免疫反应和谷胱甘肽过氧化物酶活性的影响。与对照组相比，饲喂姜黄素和有机硒组溶菌酶与溶血补体活性增高（$P<0.05$），饲喂姜黄素和纳米硒组谷胱甘肽过氧化物酶活性最高（$P<0.05$）。研究表明，与其他结合或分离的硒和姜黄素形式相比，以纳米颗粒和有机形式结合的硒及姜黄素组合更有效地促进虹鳟的先天免疫应答。

（3）其他添加剂。Abedini 等[180]研究了日粮中添加氧化锌纳米粒（ZnO－NPs）对蛋鸡生产性能、蛋品质、组织锌含量、骨参数、超氧化物歧化酶（SOD）活性和蛋中丙二醛（MDA）含量的影响。与对照组相比，补充 ZnO－NPs 组的哈氏单位有明显改善，骨强度和灰分重量、血浆、胫骨、肝脏、胰腺和卵细胞锌含量差异有统计学意义。与对照组相比，补充 ZnO－NPs 可显著提高肝脏、胰腺和血浆中 SOD 的活性。添加 ZnO－NPs 组的鸡蛋中 MDA 含量显著降低。研究表明，在日粮中添加 ZnO－NPs 可以提高蛋鸡的生产性能，其中 40～80 mg/kg 的 ZnO－NPs（以 Zn 元素计）是最优浓度。Seham 等[181]研究了日粮中添加氧化铜纳米颗粒对正常和热应激条件下肉鸡炎症与免疫反应的改善作用。在正常温度条件下，CuO－NPs 显著增强肉鸡的免疫反应，即增加吞噬活性（PA）、血清溶菌酶活性，上调免疫调节基因包括 NF－κβ、PGES、IL－1β、TGF－1β、IFN－γ、BAX 和 CASP8。在热应激条件下，补充 CuO－NPs 可降低热应激诱导的炎症条件，如基因表达水平降低、脾脏退行性变化减少和改变异噬白细胞/淋巴细胞（H/L）比率。CuO－NPs 在正常温度下提高禽的免疫反应，降低肉鸡热应激反应。

5.4 应用前景展望

5.4.1 存在的问题

5.4.1.1 有机酸

饲用有机酸因其在提高动物生长性能和改善动物健康等方面的强大功效，在畜牧业生产中有着广泛的应用前景。但饲用有机酸在应用过程中还存在着一些亟待解决的问题。

（1）我国饲用有机酸产品添加量大，成本高且酸化作用不佳；若有机酸没有被包被直接使用，动物摄入的有机酸在胃内很快被吸收，无法到达小肠，不能有效降低小肠 pH，起不到抑制有害菌繁殖和促进益生菌生长的作用。

（2）饲料日粮的系酸力影响有机酸的作用效果。有机酸添加到动物日粮中，首先会被日粮中高系酸力的原料结合，剩余的部分才能在动物的胃肠道真正发挥作用。日粮系酸力越高，中和胃内酸度的能力就越强。胃内酸度降低一方面会影响胰蛋白酶、淀粉酶、脂肪酶等消化酶的分泌和活性，另一方面会反馈性引起胃排空加快，饲料未经胃消化就进入小肠，给小肠内病原微生物的增殖创造适宜条件，从而破坏了动物肠道微生物正常区系组成，引起动物腹泻等肠道疾病[182]。

（3）添加到动物日粮中的有机酸受有机酸类型、添加量、动物种类、动物生理阶段、饲养条件和配方组成等因素影响，应用效果不稳定。不同有机酸的理化性质不同，降低环境 pH 的程度也不同，因而会产生不同的应用效果。动物的不同生长阶段对有机酸的需求不同，实践证明，仔猪阶段以提高生长性能和免疫功能为主，育肥猪阶段以提高营养物质消化吸收为主，母猪阶段以改善肠道菌群平衡为主[182]。饲养环境（如饲养密度、卫生条件、光照、湿度、温度等因素）也会影响有机酸的应用效果。

5.4.1.2 有机微量元素

（1）概念界定不清。有机微量元素是指美国饲料管理协会（AAFCO）定义的六大类物质，包括金属氨基酸络合物、金属（特定氨基酸）络合物、金属氨基酸螯合物、金属多糖络合物、金属蛋白盐和金属有机酸盐。但国内很多饲料企业和养殖户将碱式氯化盐、氨基酸和微量元素的混合物等产品也当作有机微量元素使用，造成市场混乱。

（2）添加成本高是限制有机微量元素应用的主要因素。目前，有机微量元素原料主要是氨基酸、蛋白质等。这些原料的高成本导致有机微量元素产品的价格高昂，从而限制了其广泛使用。

（3）缺乏有效的有机微量元素检测方法。不同有机微量元素产品在溶解度、酸碱度、配位比、螯合强度等方面有较大的差异，难以建立统一的检测方法。样品中螯合态和游离态的微量元素难以精确分离，而且有机微量元素在酸和碱的环境中都有一定程度的分解，很难准确测定螯合率。常用的红外、X-衍射、质谱，以及有机微量元素螯合率、稳定常数、螯合强度的测定方法等均无法实现产品的精确定量和结构鉴定，无法对有机微量元素的生物学效价进行评估。

（4）缺乏统一的产品质量标准及应用技术体系。仅有蛋氨酸铜络（螯）合物等少量产品有国家标准，多数产品无相应的产品标准，企业标准检测方法各不一致，导致有机微量元素不同产品批次差异较大，产品质量不稳定。有机微量元素在动物体内的吸收机制及代谢机制还未明确。对于有机微量元素最佳螯合物结构、添加量以及动物饲喂效果等配套应用技术还不完善。

5.4.1.3 其他物质

纳米金属材料具有优良的抗菌特性，其特有的小尺寸效应、表面效应和宏观量子隧道效应使其具有独特的优势，作为饲用抗菌药物替代物具有广阔的发展前景。但纳米金属材料在杀灭微生物的同时，对于动物或人是否有损害，是否具有生物安全性，是纳米金属材料进一步推广应用中最关键的因素。以纳米氧化锌和纳米二氧化钛为例，毒性研究多采用高剂量短时间的暴露方式，与实际低剂量长时间暴露的情况不符，试验结果并不能真正反映正常摄入条件下的机体损伤情况[183]。因此，纳米金属材料还需要更多深入的体内外安全性研究，为纳米金属材料在动物养殖领域更广泛、安全的应用提供可靠的依据。

5.4.2 研究方向展望

5.4.2.1 有机酸

饲用有机酸作为一种绿色饲料添加剂，无污染、无残留、无毒副作用，能显著提高动物的生长性能和饲料利用率。针对有机酸在生产应用中存在的问题，在后续的研究中，将重点突破有机酸的生产、剂型以及精准饲喂等技术瓶颈，更好地应对饲料“禁抗”后的市场需求。

（1）以稳定的有机酸剂型取代传统剂型。为了解决有机酸释放快、腐蚀性大、效果不稳定等问题，将有机酸与碱性物质发生酸碱中和反应，生成有机酸盐（钠、钾或钙盐）。与有机酸相比，有机酸盐具有更好的气味。有机酸盐的酸性弱于有机酸，对生产设备的腐蚀性弱。有机酸盐在动物胃肠道的释放或吸收速度比有机酸慢，有机酸盐在动物胃肠道消化一段时间后才转化成有机酸，使得胃肠内能长时间保持一个稳定的消化环境。而且，将有机酸进行微囊化处理，弥补有机酸不能到达动物肠道后段的缺点，使其在畜禽胃肠道中持久稳定地发挥作用。

（2）以复合有机酸取代单一有机酸。复合有机酸克服了单一有机酸功能单一、添加量大、腐蚀性强等缺点，已逐步取代单一有机酸，成为饲用有机酸发展的趋势。复合有机酸具有交互和级联效应，作为非抗生素生长促进剂应用能更好地发挥作用，具有作用范围广、添加量少、饲料成本低等优势。

（3）研制饲用有机酸的精准饲喂技术。配制动物日粮时，要根据有机酸的类型和日粮系酸力确定有机酸的适宜添加量，将日粮系酸力调整到动物最佳的生长范围，保证有机酸能发挥最佳效果。根据畜禽的品种、体重、生理阶段等实现个性化饲喂，不仅能有效提高饲料利用率，节约生产成本，提高经济效益，而且在保障畜产品安全、降低环境污染等方面发挥了重要作用。

（4）建立有机酸与其他饲料添加剂联合作用的模型。有机酸与植物精油组合、有机酸与微生态制剂组合以及有机酸与植物提取物组合使用，在提高动物生长性能、减少动物疾病方面取得了重要的进展。有机酸与上述物质组合使用时，应根据畜禽不同生理阶段的生理特点和营养需要，考虑有机酸与其他饲料添加剂以及饲料原料之间的拮抗作用，建立有机酸与其他饲料添加剂联合作用的模型，以指导生产实践。

5.4.2.2 有机微量元素

（1）“低污染”和“畜禽产品质量安全”是当前畜禽养殖要遵循的两大原则。有机微量元素必须要走精准定量路线。动物需要多少饲喂多少，既不造成原料浪费，也不能给环境带来压力。在明确有机微量元素在动物体内的吸收及代谢机制、有机微量元素对畜禽减抗和替抗等相关影响的作用机制基础上，针对不同动物、不同生理阶段确定有机微量元素的适宜添加量，建立有机微量元素在养殖动物中的精准饲喂技术。

（2）有机微量元素成本取决于氨基酸等原料价格，然而，饲料中需要的是稳定的有机微量元素，而不是有机微量元素中作为配体的氨基酸，要合理利用资源，降低有机微量元素的添加成本。随着国内有机微量元素生产工艺不断升级与革新以及使用量不断提高，有机微量元素的成本会逐步放低，生产厂家通过“以价换量”的方式取得与客户的广泛合作。在有机微量元素价格达到用户的接受范围后，将会渐渐取代无机微量元素成为市场主导。针对不同动物、不同生理阶段对微量元素的需求，将全部有机微量元素进行混合配制，也会进一步降低企业的整体运营成本。

5.4.2.3 其他物质

几十年来，在养殖业中广泛应用高铜高锌饲料促进动物生长、预防腹泻。动物长期摄入高剂量的铜、锌微量元素，易导致元素在组织中蓄积，对动物产生慢性毒副作用，损害机体健康；同时，消费者食用富集铜、锌元素的组织也有安全风险。此外，大量未被机体利用的铜、锌元素通过粪污向环境排放，也会对土壤以及水源造成污染。因此，各国普遍对铜、锌等微量元素都进行了最高限的规定，规范其合理使用。利用纳米技术处理饲料中的铜、锌，不仅减少动物对微量元素的消耗量与排出量，而且能有效地减少铜、锌对环境的污染，是普通铜、锌元素很好的替代选择。纳米颗粒的表面效应和极大比表面积赋予了纳米金属材料生物学活性高、抑菌效果强、安全性好的特点。纳米金属材料的吸收位点、吸收方式、作用机制、胃肠道内的分布方式等是纳米技术产品研究的重点；纳米技术产品作为高铜高锌替代产品的作用机制有待深入进行研究；另外，提高主要产品纳米氧化锌的生产性能和经济效益也是未来需要关注的重点。

中短链脂肪酸甘油酯具有抑菌、抗病毒等多种作用，作为抗生素替代物在提高动物生长性能方面表现出优良的特性。作为一种新型具有替抗功效的饲料添加剂，中短链脂肪酸甘油酯的广泛应用须加强其抑菌机制、益生作用和应用技术等方面的研究，以加速技术革新，推动中短链脂肪酸甘油酯的规模化制造和大幅度降低成本，使得中短链脂肪酸甘油酯被广泛应用于养殖行业成为可能。

本章编写人员

中国农业科学院饲料研究所：乔宇、彭晴、徐小轻
全国畜牧总站：徐扬、周西梅

参考文献

[1] 马玉莲，王爽，张鹏宇，等．饲用有机酸的益生特性及其在猪生产中应用研究进展［J］．猪业科学，

2016，33（4）：40－42.
[2] 李艳军，代发文，高来，等．有机微量元素对断奶仔猪生产性能的影响［J］．饲料博览，2018（11）：30－32.
[3] Yu Z，Gunn L，Wall P，et al. Antimicrobial resistance and its association with tolerance to heavy metals in agriculture production［J］. Food microbiology，2017（64）：23－32.
[4] 张峰，徐思峻，陈思宇，等．微纳米抗菌材料与器械研究现状［J］．中国材料进展，2016，35（1）：40－47.
[5] 郑露，昭斌．抗微生物作用的纳米材料研究新进展［J］．微生物学杂志，2017，37（6）：125－128.
[6] 章薇．α-月桂酸甘油酯促进家禽生长性能的特点［J］．国外畜牧学（猪与禽），2016，36（6）：84－85.
[7] 唐茂妍，林冬梅．三丁酸甘油酯在饲料中的应用进展［J］．饲料博览，2019（10）：11－14.
[8] 何志谦．人类营养学［M］．北京：人民卫生出版社，1988.
[9] 陈涵，林邹东，吴佳煌，等．动物源天然食品防腐剂的研究现状及其发展趋势［J］．北京农业，2013（A11）：14.
[10] 潘花英，叶国华．有机化学［M］．北京：化学工业出版社，2010.
[11] 冯定远，周建群．饲料有机微量元素的多元螯合与多重螯合［J］．饲料工业，2017，38（1）：2－6.
[12] 谢建华，曾岳明，吴秀丽．饲用有机酸的研究进展［J］．当代畜禽养殖业，2011（9）：35－38.
[13] 杨鹏波．基于沉淀置换的发酵法生产有机酸的清洁工艺过程［D］．北京：中国科学院研究生院，2015.
[14] 王洪记．我国乳酸用途扩大及市场趋势［J］．精细与专有化学品，1997（10）：15－16.
[15] 李学坤，张昆，高振，等．富马酸的合成及应用［J］．现代化工，2005（25）：81－83.
[16] 刘建军，姜鲁燕，赵祥颖，等．L-苹果酸的应用及研究进展［J］．中国食品添加剂，2003（3）：53－56.
[17] 曹本昌，徐建林．L-乳酸研究综述［J］．食品与发酵工业，1993（3）：56－61.
[18] 金其荣，张继民，徐勤．有机酸发酵工艺学［M］．北京：中国轻工业出版社，1989.
[19] 刘晶晶，刘延峰，李江华，等．生物法制备有机酸研究进展［J］．生物产业技术，2017（6）：23－29.
[20] 高年发，杨枫．我国柠檬酸发酵工业的创新与发展［J］．中国酿造，2010（7）：1－6.
[21] 闫智慧，高静，周丽亚，等．乳酸的应用与发酵生产工艺［J］．河北工业大学学报，2004，33（3）：15－19.
[22] 王长平，程广东，周清波．矿物元素氨基酸络合物的作用、特点与生产工艺介绍［J］．中国科技信息，2017（15）：101－102.
[23] 张立生，李慧，张汉鑫，等．纳米氧化锌的应用及制备工艺研究进展［J］．湿法冶金，2019，38（2）：79－83.
[24] 刘燕．单中碳链脂肪酸甘油酯的制备及乳化和抑菌性能研究［D］．南昌：南昌大学，2011.
[25] 汤国祥．氨基酸对动物免疫功能的影响及调节机制研究进展［J］．中国猪业，2016（3）：65－68.
[26] 薛永强，黄志威，雷志伟，等．中短链脂肪酸在无抗饲料中的应用［J］．饲料研究，2020（3）：133－136.
[27] 王彦军．中链脂肪酸甘油酯在饲料无抗中的应用展望［J］．猪业科学，2021，38（1）：48－50.
[28] Keyser K D，Dierick N，Kanto U，et al. Medium-chain glycerides affect gut morphology，immune-and goblet cells in post-weaning piglets：In vitro fatty acid screening with *Escherichia coli* and in vivo consolidation with LPS challenge［J］. Journal of Animal Physiology and Animal Nutrition（Berl），2019，103（1）：221－230.
[29] 徐晓燕，王加启，卜登攀，等．脂肪酸免疫调节功能研究进展［J］．华北农学报，2011（26）：239－242.
[30] 李丽杰．中链脂肪酸甘油三酯作为免疫佐剂的免疫效果的研究和应用［D］．青岛：中国海洋大学，2013.
[31] 许甲平．有机微量元素饲料添加剂的行业现状和发展趋势［J］．广东饲料，2020（2）：30－32.
[32] Xia S，Yao W，Zou B，et al. Effects of potassium diformate on the gastric function of weaning piglets

[J]. Animal Production Science，2016，56（7）：1161－1166.

[33] 陈林生，林长光，李林．二甲酸钾对断乳仔猪生产性能和肠道健康的影响 [J]. 福建畜牧兽医，2018，40（5）：18－20.

[34] 薛萍，沈峰，王恬，等．丁酸钠对早期断奶仔猪肠道微生物菌群、pH、挥发性脂肪酸及肠道形态的影响 [J]. 饲料研究，2018（7）：7－13.

[35] 赵怀宝，任玉龙，张敬强．不同类型丁酸钠对断奶仔猪生长性能及腹泻的影响 [J]. 饲料研究，2019（10）：86－89.

[36] 寇莎莎，王诏升，徐德旺，等．日粮中添加不同水平丁酸钠对断奶仔猪生长性能、腹泻率及血液生化指标的影响 [J]. 中国畜牧兽医，2018，45（7）：1841－1848.

[37] 李虹瑾，沙万里，尹柏双，等．包膜丁酸钠对断奶仔猪肠道菌群及生长性能的影响 [J]. 家畜生态学报，2017，8（9）：30－34.

[38] 张玲玲，冯杰，李慧，等．植物精油与丁酸钠复合制剂对断奶仔猪生长性能、血清抗氧化指标、粪便菌群及氨逸失的影响 [J]. 动物营养学报，2018，30（2）：678－684.

[39] Feng W Q，Wu Y C，Chen G X，et al. Sodium butyrate attenuates diarrhea in weaned piglets and promotes tight junction protein expression in colon in a GPR109A－dependent manner [J]. Cellular Physiology and Biochemistry，2018，47（4）：1617－1629.

[40] Wang C C，Wu H，Lin F H，et al. Sodium butyrate enhances intestinal integrity，inhibits mast cell activation，inflammatory mediator production and JNK signaling pathway in weaned pigs [J]. Innate Immunity，2018，24（1）：40－46.

[41] Wang S，Zhang C，Yang J C，et al. Sodium butyrate protects the intestinal barrier by modulating intestinal host defense peptide expression and gut microbiota after a challenge with deoxynivalenol in weaned piglets [J]. Journal of Agricultural and Food Chemistry，2020，68（15）：4515－4527.

[42] Diao H，Gao Z，Yu B，et al. Effects of benzoic acid [VevoVitall（R）]on the performance and jejunal digestive physiology in young pigs [J]. 畜牧与生物技术杂志（英文版），2017，8（1）：154－160.

[43] 蒲俊宁，陈代文，田刚，等．苯甲酸、凝结芽孢杆菌和牛至油复合添加剂对大肠杆菌攻毒仔猪生长性能、抗氧化能力和空肠消化吸收功能的影响 [J]. 动物营养学报，2018，30（9）：3652－3661.

[44] 温晓鹿，郑春田，杨雪芬，等．苯甲酸对断奶仔猪生长性能、腹泻率和肠道菌群的影响 [J]. 动物营养学报，2021，33（3）：1339－1348.

[45] 张艳丽，王茹，李秀兰，等．苯甲酸对细菌性腹泻断奶仔猪生长性能及肠道健康的影响 [J]. 中国饲料，2021（18）：41－44.

[46] Deng Q Q，Shao Y R，Wang Q Y，et al. Effects and interaction of dietary electrolyte balance and citric acid on the intestinal function of weaned piglets [J]. Journal of Animal Science，2020，98（5）：1－12.

[47] Xu Y T，Liu L，Long S F，et al. Effect of organic acids and essential oils on performance，intestinal health and digestive enzyme activities of weaned pigs [J]. Animal Feed Science & Technology，2018（235）：110－119.

[48] 何荣香，吴媛媛，韩延明，等．复合有机酸对断奶仔猪生长性能、血清生化指标、营养物质表观消化率的影响 [J]. 动物营养学报，2020，32（8）：1－9.

[49] Yang C M，Zhang L L，Cao G T，et al. Effects of dietary supplementation with essential oils and organic acids on the growth performance，immune system，fecal volatile fatty acids，and microflora community in weaned piglets [J]. Journal of Animal Science，2019，97（1）：133－143.

[50] Long S F，Xu Y T，Pan L，et al. Mixed organic acids as antibiotic substitutes improve performance，serum immunity，intestinal morphology and microbiota for weaned piglets [J]. Animal Feed Science & Technology，2018（235）：23－32.

[51] Xu X, Wang H L, Li P, et al. A comparison of the nutritional value of organic - acid preserved corn and heat - dried corn for pigs [J]. Animal Feed Science & Fechnology, 2016 (214): 95 - 103.

[52] 吕良康，熊奕，张慧，等. 酵母硒对感染沙门氏菌仔猪生长性能及粪便中大肠杆菌数量的影响 [J]. 黑龙江畜牧兽医，2020 (4): 44 - 47.

[53] 蔡世林，李元凤，周婷，等. 酵母硒对断奶仔猪生长性能和养分消化率的影响 [J]. 养猪，2020 (1): 11 - 13.

[54] 胡成. 酵母硒对保育猪生长性能及腹泻防控效果试验 [J]. 养猪，2021 (1): 25 - 27.

[55] 魏茂莲，杨维仁，杨在宾，等. 断奶仔猪对不同锰源生物学利用率的研究 [J]. 中国畜牧兽医，2016，43 (4): 999 - 1005.

[56] Zhang W F, Tian M, Song J S, et al. Effect of replacing inorganic trace minerals at lower organic levels on growth performance, blood parameters, antioxidant status, immune indexes, and fecal mineral excretion in weaned piglets [J]. Tropical Animal Health and Production, 2021, 53 (1): 121.

[57] 王继萍，宿海娟，王文楠. 不同铁源对断奶仔猪生长性能、皮毛指数及血清指标的影响 [J]. 现代畜牧兽医，2021 (7): 47 - 51.

[58] Diao H, Yan J, Li S, et al. Effects of dietary zinc sources on growth performance and gut health of weaned piglets [J]. Front Microbiology, 2021 (12): 771617.

[59] Lin G, Guo Y, Liu B, et al. Optimal dietary copper requirements and relative bioavailability for weanling pigs fed either copper proteinate or tribasic copper chloride [J]. Journal of Animal Science and Biotechnology, 2020 (11): 54.

[60] She Y, Huang Q, Li D F, et al. Effects of proteinate complex zinc on growth performance, hepatic and splenic trace elements concentrations, antioxidative function and immune functions in weaned piglets [J]. Asian - Australasian Journal of Animal Sciences, 2017, 30 (8): 1160 - 1167.

[61] Li H J, Liu F F, Liang X, et al. The role of zinc chelate of hydroxy analogue of methionine in cadmium toxicity: effects on cadmium absorption on intestinal health in piglets [J]. Animal, 2020, 14 (7): 1382 - 1391.

[62] 李志惠，曹娟，陈利. 羟基蛋氨酸螯合铜对断奶仔猪和育肥猪生长性能及组织铜含量的影响 [J]. 中国饲料，2019 (6): 37 - 41.

[63] 王铕，陈浩，万蒙，等. 包被纳米氧化锌对断奶仔猪生长性能、抗氧化酶活性及血清生化和免疫指标的影响 [J]. 中国畜牧杂志，2020，56 (2): 117 - 121.

[64] Dong L, Zhong X, He J T, et al. Supplementation of tributyrin improves the growth and intestinal digestive and barrier functions in intrauterine growth - restricted piglets [J]. Clinical Nutrition, 2016, 35 (2): 399 - 407.

[65] 张勇，王萌，李方方，等. 三丁酸甘油酯和牛至油对断奶仔猪生长性能、血清生化指标和营养物质表观消化率的影响 [J]. 动物营养学报，2016，28 (9): 2786 - 2794.

[66] Gu Y, Song Y, Yin H, et al. Dietary supplementation with tributyrin prevented weaned pigs from growth retardation and lethal infection via modulation of inflammatory cytokines production, ileal FGF19 expression, and intestinal acetate fermentation [J]. Journal of Animal Science, 2017 (95): 226 - 238.

[67] 蓝俊虹，郭锡钦，汤佳宁，等. α-单月桂酸甘油酯对断奶仔猪生长性能、粪样微生物和血清免疫因子的影响 [J]. 动物营养学报，2020，32 (3): 1136 - 1142.

[68] 李龙显，王华凯，张楠，等. 不同粒径的 α-月桂酸单甘油酯对断奶仔猪生长性能、营养物质表观消化率和血清抗氧化和炎症指标的影响 [J]. 动物营养学报，2022，34 (4): 2249 - 2259.

[69] Li L X, Wang H K, Zhang N, et al. Effects of α - glycerol monolaurate on intestinal morphology, nutrient digestibility, serum profiles, and gut microbiota in weaned piglets [J]. Journal of Animal

Science，2022，100（3）：1-10.

[70] Sun W，Sun J，Li M，et al. The effects of dietary sodium butyrate supplementation on the growth performance，carcass traits and intestinal microbiota of growing-finishing pigs [J]. Journal of Applied Microbiology，2020，128（6）：1613-1623.

[71] 宋之波，于森，王洪利，等．二甲酸钾对泌乳期母猪生产性能的影响 [J]. 饲料工业，2018，39（16）：12-14.

[72] 张婧婧，刘庚寿，李伟，等．不同剂型酸化剂对哺乳母猪生产性能、初乳成分和肠道菌群结构的影响 [J]. 动物营养学报，2017，29（6）：2064-2070.

[73] 汪晶晶，任红立，董佳琦，等．微生态制剂和复合酸化剂对哺乳母猪生产性能、血清生化和免疫指标以及乳成分的影响 [J]. 动物营养学报，2017，30（2）：685-695.

[74] 杨渗，侯华发．日粮中添加不同水平酵母硒对猪生长性能的影响 [J]. 畜牧兽医科学，2020（16）：12-13.

[75] 叶建萍．饲粮中添加酵母硒对育肥猪生长性能、屠宰性能及经济效益的影响 [J]. 中国饲料，2020（21）：70-72.

[76] 贾建英，吕慧源．高水平酵母硒对母猪乳硒含量、哺乳仔猪生长性能及血液生化指标影响 [J]. 饲料研究，2020（11）：40-43.

[77] 唐伟，黄祥元．蛋氨酸铬对肥育猪生长性能、胴体组成及肉色的影响 [J]. 中国饲料，2020（20）：45-48.

[78] 赵瑞媛，郭金兰，孟艳琴，等．纳米银对断奶仔猪生长性能、肠道绒毛形态及微生物菌群的影响 [J]. 中国饲料，2019（10）：50-54.

[79] 杨琳芬，符金华，李勇，等．低剂量黏土铜替代氧化锌对保育猪生长性能和锌排放的影响 [J]. 黑龙江畜牧兽医，2019（22）：114-116.

[80] 杨琳芬，符金华，李勇，等．黏土铜对断奶仔猪生长性能、腹泻率及粪便中铜和锌的影响 [J]. 饲料研究，2019（12）：14-17.

[81] Li X，Wen J S，Jiao L F，et al. Dietary copper/zinc-loaded montmorillonite improved growth performance and intestinal barrier and changed gut microbiota in weaned piglets [J]. Journal of Animal Physiology and Animal Nutrition，2021（105）：678-686.

[82] Xie C Y，Zhang Y M，Niu K M，et al. Enteromorpha polysaccharide-zinc replacing prophylactic antibiotics contributes to improving gut health of weaned piglets [J]. Animal Nutrition，2021，7（3）：641-649.

[83] Ma X，Qian M Q，Yang Z R，et al. Effects of zinc sources and levels on growth performance，zinc status，expressions of zinc transporters，and zinc bioavailability in weaned piglets [J]. Animals，2021（11）：2515.

[84] Gong H Z，Lang W Y，Lan H N，et al. Effects of laying breeder hens dietary β-carotene，curcumin，allicin，and sodium butyrate supplementation on the jejunal microbiota and immune response of their offspring chicks [J]. Poultry Science，2020，99（1）：151-162.

[85] 周岭，丁雪梅，罗玉衡，等．复合酸化剂和微生态制剂对蛋鸡生产性能、血液生化指标、抗氧化指标及沙门氏菌感染的影响 [J]. 动物营养学报，2016，28（8）：2571-2580.

[86] 陈继发，耿晓峰．霉菌毒素吸附剂-有机酸复合物和霉菌毒素吸附剂-植物精油复合物对蛋鸡生产性能、蛋品质及血浆激素、抗氧化和免疫指标的影响 [J]. 动物营养学报，2020，32（12）：5667-5675.

[87] 周旻瑶，苗丽萍，齐明星，等．饲粮添加蛋氨酸锰对蛋鸡生产性能、蛋品质及血清生化指标的影响 [J]. 动物营养学报，2016，28（9）：2920-2926.

[88] Zhang Y N，Wang J，Zhang H J，et al. Effect of dietary supplementation of organic or inorganic manganese on eggshell quality，ultrastructure，and components in laying hens [J]. Poultry Science，2017，96（7）：2184-2193.

[89] Li L L, Gong Y J, Zhan H Q, et al. Effects of dietary Zn－methionine supplementation on the laying performance, egg quality, antioxidant capacity, and serum parameters of laying hens [J]. Poultry Science, 2019 (98): 923－931.

[90] 贺淼，张新，廖灿青，等．酵母硒对海兰褐商品代蛋鸡产蛋性能、蛋硒沉积和硒利用率的影响 [J]. 中国饲料，2020 (5): 113－117.

[91] 司雪阳，王浩，郭晓青，等．亚麻籽饲粮中添加不同水平酵母硒对蛋鸡肝脏抗氧化能力、蛋黄脂肪酸组成和蛋中硒含量的影响 [J]. 动物营养学报，2020，32 (5): 2138－2147.

[92] 石雕，沙小飞，王超，等．日粮添加酵母硒对蛋鸡血清生化指标的影响 [J]. 畜牧兽医杂志，2020 (1): 9－11.

[93] Han X J, Qin P, Li W X, et al. Effect of sodium selenite and selenium yeast on performance, egg quality, antioxidant capacity, and selenium deposition of laying hens [J]. Poultry Science, 2017 (96): 3973－3980.

[94] 刘馨忆．包被丁酸钠对肉仔鸡生长性能、免疫功能及肠道组织形态的影响 [J]. 饲料研究，2020 (6): 41－44.

[95] Lan R X, Li S Q, Chang Q Q, et al. Sodium butyrate enhances growth performance and intestinal development in broilers [J]. Czech Journal of Animal Science, 2020, 65 (1): 1－12.

[96] 范秋丽，蒋守群，苟钟勇，等．枯草芽孢杆菌、低聚壳聚糖和丁酸钠对黄羽肉鸡生长性能、免疫功能和肉品质的影响 [J]. 中国畜牧兽医，2020，47 (4): 1080－1091.

[97] 黄灵杰，张克英，白世平，等．苯甲酸对1～21日龄肉鸡生长性能和肠道健康的影响 [J]. 动物营养学报，2019，31 (6): 2816－2822.

[98] 黄灵杰，彭焕伟，张克英，等．苯甲酸对球虫攻毒肉鸡生长性能、免疫功能及血清抗氧化能力的影响 [J]. 动物营养学报，2021，33 (3): 1396－1407.

[99] 张波，孙得发，袁磊，等．包被苯甲酸对肉鸡生长性能及器官发育的影响 [J]. 中国家禽，2017，39 (8): 73－76.

[100] 宋凡春．包被苯甲酸和木聚糖酶对肉鸡生产性能和肠道健康的影响 [D]．泰安：山东农业大学，2016.

[101] 李栋，薛瑞婷．苯甲酸和精油对肉鸡生长性能、抗氧化状态和肠道微生物群的影响 [J]. 中国饲料，2021 (6): 54－58.

[102] 李俊勇，张耀，郑鹏程．一种博落回散加酸化剂的替抗方案在禽类养殖上的应用 [J]. 饲料研究，2020 (7): 48－51.

[103] 刁蓝宇，刘文涛，冯栋梁，等．酸化剂与益生菌混合制剂对广西三黄鸡生长性能、屠宰性能及肉品质的影响 [J]. 饲料研究，2020，43 (3): 29－32.

[104] 彭钰筝，王相科，宋曼玲，等．混合型酸化剂对肉鸡小肠形态和盲肠微生物区系的影响 [J]. 中国家禽，2020，42 (2): 52－58.

[105] 罗曦，罗辉，何健．复合酸化剂对肉鸡生产性能、免疫功能和血清生化指标的影响 [J]. 中国家禽，2019，41 (16): 65－69.

[106] 徐青青，张少涛，杨海涛，等．乳酸型复合酸化剂对白肉肉鸡生长性能、养分利用率、肠道指标和鸡舍空气质量的影响 [J]. 动物营养学报，2020，32 (11): 5209－5220.

[107] Sun Y Y, Ni A X, Jiang Y, et al. Effects of replacing in－feed antibiotics with synergistic organic acids on growth performance, health, carcass, and immune and oxidative statuses of broiler chickens under *Clostridium perfringens* Type A challenge [J]. Avian Diseases, 2020, 64 (3): 393－400.

[108] Wu X Z, Zhu M X, Jiang Q K, et al. Effects of copper sources and levels on lipid profiles, immune parameters, antioxidant defenses, and trace element residues in broilers [J]. Biological Trace Element

Research，2020（194）：251-258.

[109] 张伶燕．有机铁源的化学特性、对肉仔鸡的相对生物学利用率及其小肠铁吸收研究［D］．北京：中国农业科学院研究生院，2016.

[110] 傅鑫森，韩苗苗，董元洋，等．新型复合氨基酸络合铁对肉鸡生产性能、血液指标和组织铁含量的影响［J］．中国农业大学学报，2021，26（10）：126-138.

[111] 刘娇，王昕陟，孙丹彤，等．葡萄糖氧化酶和酵母硒对肉鸡非特异性免疫功能和抗氧化性能的影响［J］．饲料研究，2020（2）：19-22.

[112] 王海波，陈孟姣，肖鹏，等．枯草芽孢杆菌和富硒酵母对瑶鸡生长性能、屠宰性能、肉品质及舍内环境气体水平的影响［J］．中国畜牧杂志，2021，57（9）：164-168.

[113] 辛可启，聂泽健，万敏艳，等．有机硒对肉仔鸡生长性能和肠道微生物区系的影响［J］．甘肃农业大学学报，2020（5）：31-38.

[114] 郭蕊．肉仔鸡日粮中不同形态锰源的相对生物学利用率评定［J］．畜牧与饲料科学，2019，40（2）：16-19.

[115] 富超，燕磊，牛自康，等．日粮中添加不同铜源对肉仔鸡生长性能及粪便金属含量的影响［J］．饲草、饲料与添加剂，2019（10）：128-131.

[116] Long L N，Zhao X C，Li H J，et al. Effects of zinc lactate supplementation on growth performance，intestinal morphology，serum parameters，and hepatic metallothionein of Chinese yellow-feathered broilers［J］. Biological Trace Element Research，2022（200）：1835-1843.

[117] 甄霆，张响英，张诗怡，等．复合氨基酸铁、锌络合物替代日粮无机铁、锌对藏鸡生长性能和屠宰性能的影响［J］．中国家禽，2019，41（11）：51-53.

[118] 邓波波，冯宝宝，刘明美，等．不同复合氨基酸铁、锌络合物添加量对肉仔鸡生产性能的影响［J］．中国农业大学学报，2020，25（2）：37-76.

[119] 朱靖，楚军政，潘雪，等．月桂酸单甘油酯对肉仔鸡生产性能和肠道健康的影响研究［J］．中国家禽，2022，44（3）：56-61.

[120] Liu T，Li C，Zhong H，et al. Dietary medium-chain α-monoglycerides increase BW，feed intake，and carcass yield in broilers with muscle composition alteration［J］. Poultry Science，2021，100（1）：186-195.

[121] 李红英，欧阳清芳，储玉双，等．酵母硒添加水平对肉鸭胴体品质、组织硒含量及抗氧化性能的影响［J］．中国饲料，2018（18）：43-47.

[122] 刘洋．不同添加量的蛋氨酸螯合铜对肉鸭生长性能的影响作用［J］．现代畜牧科技，2020（11）：7-9.

[123] 何博，王勤，郑淑容．甲酸和二甲酸钾对肉鸡生长、免疫和肠道健康的影响［J］．中国饲料，2019（22）：68-72.

[124] 李晓珍，杨春娣，陈志敏，等．饲粮添加二甲酸钾对肉鸡生长性能的影响［J］．饲料博览，2018（6）：13-16.

[125] 林颖，翟俊磊，闵遥，等．二甲酸钾和月桂酸对肉鸡生长性能、屠宰性能及血脂代谢的影响［J］．中国畜牧杂志，2021，57（12）：228-233.

[126] Han M M，ChenY Q，Li J T，et al. Effects of organic chromium sources on growth performance，lipid metabolism，antioxidant status，breast amino acid and fatty acid profiles in broilers［J］. Journal of the Science of Food and Agriculture，2021，101（9）：3917-3926.

[127] 孟得娟．铬水平和类型对肉鸡生长性能、血液生化及屠宰性能的影响［J］．中国饲料，2021（16）：62-65.

[128] 徐蔼宣，杨建，陈志勇，等．饲粮中添加共轭亚油酸和铬对热应激肉鸡生长性能、胴体性能、肉品质及脂肪沉积的影响［J］．动物营养学报，2021，33（3）：1418-1429.

[129] 杨军艳，丁跃，王红影，等．吡啶甲酸铬对肉鸡生长性能、脂肪沉积及脂代谢相关酶活的影响［J］．中国饲料，2021（16）：58－61.

[130] Zhu X P，Shang X G，Lin G Z，et al. Effects of zinc glycinate on growth performance，serum biochemical indexes，and intestinal morphology of yellow feather broilers［J］. Biololgical Trace Element Research，2022，200（9）：4089－4097.

[131] 赵亚伟，汤加勇，贾刚，等．不同硒源对肉鸡生长性能、血清和肌肉硒含量、抗氧化能力及肉品质的影响［J］．动物营养学报，2021，33（4）：2024－2032.

[132] 王一冰，邝智祥，叶金玲，等．纳米铜、灵芝孢子粉与大豆异黄酮对1～30日龄清远麻鸡生长、免疫及抗氧化性能的影响［J］．中国畜牧兽医，2021，48（7）：2415－2423.

[133] 王中成，吴学壮，崔虎，等．饲粮添加不同水平果胶寡糖螯合锌对肉仔鸡生长性能、免疫功能和血清抗氧化功能的影响［J］．动物营养学报，2016，28（6）：1757－1764.

[134] 王中成，高秀华，于会民，等．果胶寡糖螯合锌对蛋鸡生产性能、蛋品质和蛋中锌铁含量的影响［J］．饲料工业，2017，38（19）：18－21.

[135] 郭永清，张小宇，陈玉洁，等．硫酸铜和纳米铜对鸡胚代谢和发育的影响［J］．中国饲料，2018（24）：30－33.

[136] 王留，王向国，方磊涵．蜂胶乙醇提取物对肉仔鸡生长性能和抗氧化功能的影响［J］．饲料与畜牧，2017（23）：60－62.

[137] 刘文慧，阿拉腾珠拉，马露，等．外源添加短链脂肪酸调控断奶前犊牛胃肠道健康发育潜在功能和机制［J］．动物营养学报，2020，2（10）：1－8.

[138] 左丽君，陈想，王可鑫，等．丁酸钠对断奶羔羊胃肠道发育的影响［J］．动物营养学报，2020，32（4）：1916－1926.

[139] 王荣，文江南，王敏，等．延胡索酸对妊娠后期山羊营养物质表观消化率、瘤胃挥发性脂肪酸含量、血清生化指标和繁殖性能的影响［J］．动物营养学报，2019，31（2）：850－857.

[140] 张永翠，程光民，何孟莲，等．饲粮中添加酵母硒对杜寒杂交羊生长性能、氮代谢、屠宰性能及肉品质的影响［J］．动物营养学报，2019，31（12）：5562－5570.

[141] Tan Y H，Wang Z F，Cui X X，et al. Effect of different levels of selenium yeast on the antioxidant status，nutrient digestibility，selenium balances and nitrogen metabolism of Tibetan sheep in the Qinghai－Tibetan Plateau［J］. Small Ruminant Research，2019（180）：63－69.

[142] 贾雪婷，郭晓青，韩云胜，等，酵母硒对滩羊的生物安全性评价：生长性能、血液常规参数、硒蛋白基因表达以及富集规律［J］．动物营养学报，2021，33（9）：5086－5097.

[143] 柏建明．日粮添加不同水平酵母硒对肉羊生长性能、肉品质及血液生化指标的影响［J］．中国饲料，2021（17）：75－79.

[144] 马美蓉，贾莉，肖英平，等．日粮中添加酵母硒与蛋氨酸硒对湖羊生长性能、羊肉品质及硒沉积的影响［J］．中国畜牧杂志，2020，57（3）：155－158.

[145] 施安，张俊丽，李聚才，等．饲粮不同含量有机硒对育肥羔羊生长性能与能量需要量的影响［J］．饲料研究，2020（7）：17－21.

[146] 王贺泽，李习龙，马涛，等．月桂酸单甘油酯对断奶羔羊生长性能、血清生化指标及抗氧化能力的影响［J］．动物营养学报，2021，33（11）：6593－6600.

[147] Li Y，Wang H Z，Zhang Y L，et al. Effects of dietary supplementation with glycerol monolaurate（GML）or the combination of GML and tributyrin on growth performance and rumen microbiome of weaned lambs［J］. Animals（Basel），2022，12（10）：1309.

[148] 毛亚芳，杨改青，王林枫，等．α－硫辛酸、酵母铬对热应激绵羊生长性能、血浆生化指标及营养物质消化利用的影响［J］．动物营养学报，2020，32（9）：4212－4221.

[149] 金亚东，贾柔，周玉香，等．饲粮精料水平和蛋氨酸铬添加剂量对舍饲滩羊生长性能、屠宰性能、肉品质和脂肪沉积的影响［J］．动物营养学报，2021，33（2）：888－899.

[150] 魏子维，池宙，邓铭，等．饲粮精料和丙酸铬水平对雷州山羊生长性能、粪便发酵参数和微生物区系的影响［J］．动物营养学报，2021，33（10）：5781－5793.

[151] 金宇航，麻柱，高铎，等．不同锌源对新生荷斯坦犊牛生长性能、血清免疫和抗氧化指标以及血浆微量元素含量的影响［J］．动物营养学报，2021，33（6）：3334－3342.

[152] 代振威，李文才，赵琳，等．纳米铜对瘤胃体外发酵纤维降解酶活性的影响［J］．饲料广角，2017（6）：43－44.

[153] 刘云芳，赖瀚卿，王婷，等．延胡索酸二钠对早期断奶羔羊生长性能、瘤胃发酵功能及胃肠道发育的影响［J］．动物营养学报，2016，28（3）：834－841.

[154] Liu Y R，Du H S，Wu Z Z，et al. Branched－chain volatile fatty acids and folic acid accelerated the growth of Holstein dairy calves by stimulating nutrient digestion and rumen metabolism［J］. Animal，2020，14（6）：1176－1183.

[155] 张晓晓，汪多，田相利，等．包膜丁酸钠对凡纳滨对虾生长和血清非特异性免疫酶活性的影响［J］．中国海洋大学学报，2017（47）：27－34.

[156] 罗玲，易德玮，杨坤明，等．包膜丁酸钠等四种常用饲料添加剂对育成猪生长性能、血清生化指标及饲养经济效益的影响［J］．动物营养学报，2018，30（7）：2865－2871.

[157] 齐鑫，陈永光，张燕，等．丁酸钠对鲟鱼幼鱼摄食及生长的影响［J］．河北渔业，2019（9）：14－15.

[158] 林雪，段静娜，赵玉蓉，等．不同组成酸化剂对罗非鱼生长性能和抗氧化及肝脏代谢酶活性的影响［J］．饲料工业，2019，40（8）：51－55.

[159] Wang H W，Zhu H Y，Wang X D，et al. Comparison of copper bioavailability in copper－methionine，nano－copper oxide and copper sulfate additives in the diet of Russian sturgeon *Acipenser gueldenstaedtii*［J］. Aquaculture，2018（482）：146－154.

[160] 胡俊茹，王国霞，孙育平，等．亚硒酸钠和酵母硒对黄颡鱼幼鱼生长性能、抗氧化能力及抗低温应激的影响［J］．水产学报，2019，43（11）：2394－2404.

[161] 汪愈超，杜鹃，李阳，等．月桂酸单甘油酯对中华鳖生长、健康及营养品质的影响［J］．动物营养学报，2019，31（1）：428－436.

[162] Fu C S，Cui Z C，Shi X Y，et al. Effects of dietary glyceryl monolaurate supplementation on growth performance，non－specific immunity，antioxidant status and intestinal microflora of Chinese mitten crabs［J］. Fish&Shellfish Immunology，2022（125）：65－73.

[163] 殷彬，迟淑艳，谭北平，等．三种锰源对珍珠龙胆石斑鱼幼鱼生长性能、抗氧化能力和肠道形态的影响［J］．中国水产科学，2019，26（3）：484－492.

[164] 郭鑫伟，张洋，迟淑艳，等．三种铁源对珍珠龙胆石斑鱼幼鱼生长性能、肝脏抗氧化酶活性及肠道发育形态的影响［J］．中国海洋大学学报，2020，50（11）：53－61.

[165] 李雅敏，刘艳莉，石勇，等．三丁酸甘油酯对草鱼幼鱼体成分与形体指标及肠道消化酶的影响［J］．现代农业科技，2019（24）：185－189.

[166] 姜莺颖，崔亮，杨宗英，等．三丁酸甘油酯对异育银鲫生长性能及免疫功能的影响［C］．2018年中国水产学会学术论文摘要集．

[167] Overland M，Bikker P，Fledderus J. Potassium diformate in the diet of reproducing sows：Effect on performance of sows and litters［J］. Livestock Science，2009（122）：241－247.

[168] Suryanarayana MVAN，Ravi A，Suresh J. Effect of dietary supplementation of sodium formate on the performance and carcass characteristics of cross－bred pigs［J］. Indian Journal of Animal Nutrition，2010，27（4）：411－414.

[169] Falkowski J F, Aherne F X. Fumaric and citric acid as feed additives in starter pig nutrition [J]. Journal of Animal Science, 1984 (58): 935 - 938.

[170] Giesting D W, Easter R A. Response of starter pigs to supplementation of corn soybean meal diets with organic acids [J]. Journal of Animal Science, 1985, 60 (5): 1288 - 1294.

[171] Blank R, Mosenthin R, Sauer WC, et al. Effect of fumaric acid and dietary buffering capacity on heal and fecal amino acid digestibilities in earlyweaned pigs [J]. Journal of Animal Science, 1999 (77): 2974 - 2984.

[172] Hassan H M A, Mohamed M A, Youssef A W, et al. Effect of using organic acids to substitute antibiotic growth promoters on performance and intestinal microflora of broilers [J]. Asian - Australas Journal of Animal Science, 2010 (23): 1348 - 1353.

[173] Nava G M, Attene - Ramos M S, Gaskins H R, et al. Molecular analysis of microbial community structure in the chicken ileum following organic acid supplementation [J]. Veterinary Microbiology, 2009 (137): 345 - 353.

[174] Mahboubi M, Haghi G. Antimicrobial activity and chemical composition of menthe pulegium *L. essential* oil [J]. Journal of Ethnopharmacology, 2008 (119): 325 - 327.

[175] Adil S, Banday T, Bhat G A, et al. Effect of dietary supplementation of organic acids on performance, intestinal histomorphology, and serum biochemistry of broiler chicken [J]. Veterinary Medicine International, 2010 (1): 479 - 485.

[176] Qaisrani S, Van Krimpen M, Kwakkel R, et al. Diet structure, butyric acid, and fermentable carbohydrates influence growth performance, gut morphology, and cecal fermentation characteristics in broilers [J]. Poultry Science, 2015 (94): 2152 - 2164.

[177] Jarosz L, Marek A, Gradzki Z, et al. Effect of feed supplementation with zinc glycine chelate and zinc sulfate on cytokine and immunoglobulin gene expression profiles in chicken intestinal tissue [J]. Poultry Science, 2017, 96 (12): 4224 - 4235.

[178] Jarosz L, Marek A, Gradzki Z, et al. The effect of feed supplementation with a copper - glycine chelate and copper sulphate on selected humoral and cell - mediated immune parameters, plasma superoxide dismutase activity, ceruloplasmin and cytokine concentration in broiler chickens [J]. Journal of Animal Physiology and Animal Nutrition (Berl), 2018, 102 (1): 326 - 336.

[179] Kohshahi A J, Sourinejad I, Sarkhei M, et al. Dietary cosupplementation with curcumin and different selenium sources (nanoparticulate, organic, and inorganic selenium): Influence on growth performance, body composition, immune responses, and glutathione peroxidase activity of rainbow trout (*Oncorhynchus mykiss*) [J]. Fish Physiology and Biochemistry, 2019, 45 (2): 793 - 804.

[180] Abedini M, Shariatmadari F, Karimi T M A, et al. Effects of zinc oxide nanoparticles on performance, egg quality, tissue zinc content, bone parameters, and antioxidative status in laying hens [J]. Biological Trace Elemment Research, 2018, 184 (1): 259 - 267.

[181] Seham E, Safaa E A, Karima E, et al. Ameliorative Effect of dietary supplementation of copper oxide nanoparticles on inflammatory and immune reponses in commercial broiler under normal and heat - stress housing conditions [J]. Journal of Thermal Biology, 2018 (78): 235 - 246.

[182] 马嘉瑜，朴香淑．酸化剂改善畜禽生长和肠道健康的研究进展 [J]．中国畜牧兽医，2C21，57 (8)：1 - 10.

[183] 王盼雪，王雪杰，田露，等．纳米金属氧化物在食品领域的应用及安全性进展 [J]．食品科技，2019，44 (2)：297 - 300.

6 生物活性肽

本章综述了 2016—2021 年我国生物活性肽在猪、家禽、反刍动物、水产养殖动物等应用研究的公开发表的论文，主要内容包括以下几个方面。

（1）生物活性肽在猪（断奶仔猪和生长育肥猪）饲料中的应用，包括抗菌肽（如肠杆菌肽、天蚕素、乳生肽、抗菌肽 WK3、蛙皮素抗菌肽 Dermaseptin - M 等）、大豆肽、酪蛋白磷酸肽、酶解蛋白肽（以鸡血、鸡毛为原料）；收录相关论文 68 篇（其中，SCI 收录论文 27 篇、中文论文 41 篇）。

（2）生物活性肽在家禽（蛋鸡和肉鸡）饲料中的应用，包括抗菌肽（如肠杆菌肽、鲎素肽、抗菌肽 sublancin、天蚕素等）、大豆肽、地鳖肽、酶解蛋白肽（以鱼为原料）；收录相关论文 40 篇（其中，SCI 收录论文 15 篇、中文论文 25 篇）。

（3）生物活性肽在反刍动物（牛、羊）饲料中的应用，包括抗菌肽（如蜜蜂肽、抗菌肽 CC31）、大豆肽；收录相关论文 12 篇（其中，SCI 收录论文 2 篇、中文论文 10 篇）。

（4）生物活性肽在水产动物饲料中的应用，包括抗菌肽（如天蚕素、蝎源抗菌肽、抗菌肽 surfactin 等）、大豆肽、酶解蛋白肽（以虾或鱼为原料）；收录相关论文 17 篇（其中，SCI 收录论文 4 篇、中文论文 13 篇）。

对于部分在大学学报、核心期刊和非核心期刊中发表，但试验材料方法交代不甚详细、结果存在争议的文章，本章未作收录。

6.1 概述

生物活性肽分子量小，比氨基酸或其他蛋白质水解产物更容易被人体和动物吸收利用，具有显著的生物活性，经口摄入后通过肠道吸收进入血液循环对机体产生影响[1]，能够发挥促进免疫、调节激素、抗菌、抗病毒、抗疲劳、降血脂等生理作用[2]。目前，我国已批准枯草三十七肽和腺苷七肽两种生物活性肽，分别用于肉鸡和断奶仔猪。此外，批准酪蛋白磷酸肽和酪蛋白钙肽用于犬、猫。由于生物活性肽具备优良的生物活性特性和作用，在安全性、有效性得到科学验证的前提下，其在畜禽和水产养殖动物生产领域应用前景将十分广阔。

6.1.1 定义

目前，国际上普遍将生物活性肽定义为：主要来自动植物和微生物体、具有生物活性作用的肽链片段，对机体的功能及状态具有积极作用并可能最终影响机体健康的特殊蛋白质片段[3]。这些活性肽小到只有 2 个氨基酸的二肽，也可以大到复杂的长链或环状多肽。研究人员已经从动物、植物、微生物中分离出多种天然生物活性肽，Biopep 数据库中收录了 1 500 多条生物活性肽[4]。

6.1.2 种类

生物活性肽分布广泛，多来源于动植物体，如牛奶、鸡蛋、肉和鱼类、大豆、小麦等，也有一些来源于微生物。目前，很多来源于动植物体内具有潜在生物活性的肽已经被发现，如 ACE 抑制肽、抗氧化肽、抗菌肽、抗血栓肽、免疫调节活性肽、呈味肽、神经活性肽等[5]。

生物活性肽按其分泌部位可分为内源性（即人机体内存在的天然生物活性肽）和外源性（包括存在于动植物和微生物体内的天然生物活性肽以及蛋白质降解后产生的生物活性肽成分）。机体内源性生物活性肽分子量大小有很大的差异。外源性生物活性肽的中心序列与内源性生物活性肽的活性相差不大，可发挥与内源性生物活性肽相似的功能。按其功能可分为生理活性肽（抗菌肽、神经活性肽、激素调节肽、矿物元素结合肽、免疫活性肽、抗氧化肽等）、调味肽（酸味肽、甜味肽、咸味肽、增强风味的肽）和营养肽（大豆肽、卵白肽、豌豆肽），但由于一些肽具有多种生理活性，目前关于生物活性肽的命名分类尚未形成标准化体系。

6.1.3 加工工艺方法

6.1.3.1 生物活性肽的制备

通常生物活性肽的制备有 3 种途径：一是提取法，从生物体内分离天然生物活性肽类（化学提取和物理提取）；二是降解法，通过蛋白质降解获得生物活性肽（酶法水解和微生物发酵法）；三是合成法，利用合成法制备生物活性肽（化学合成法和基因重组法）。

（1）提取法。提取法分为化学提取法和物理提取法。化学提取法成本低廉，但因酸碱试剂与蛋白质的反应程度不容易控制，反应副产物较多、提取步骤烦琐、目标多肽产率低，无法实现工业化生产。物理提取法以超高压连续流细胞破碎仪制备多肽法为主流，该方法能较大程度地保证多肽的生物活性，但对设备要求高、单次处理量小、多肽得率低，不适合工业化生产。

（2）化学合成法。化学合成法即多肽固相合成法，经典的多肽固相合成法主要是将带有氨基保护基团的氨基酸羧基端固定到不溶性树脂上，脱去该氨基酸上的氨基保护基，同下一个氨基酸的活化羧基形成酯键，从而将肽链延伸形成多肽。该方法广泛用于多肽和蛋白质领域，尤其是短肽的合成。其主要的缺点是直接合成的序列短、合成效率低、多肽得率低、成本高、合成试剂的毒性大等。

（3）基因重组法。基因重组法将具有功能的目标多肽基因整合到宿主菌基因片段中进行克隆表达[6]，通过该方法得到的多肽产量和纯度有很大的提高，是目前大量获得某特定生物活性肽的有效途径之一。该方法在生物医药领域已有应用。然而，基因重组技术只能合成大分子肽类和蛋白质，对人类主要需求的具有营养价值的小肽不适用，而且与化学合成法一样，目的片段结构不明确的多肽无法合成。

（4）酶法水解。酶法水解指利用蛋白酶直接水解蛋白质，分离纯化得到生物活性肽的方法。常见的工艺流程：原料蛋白→预处理→酶解→分离→脱苦味、脱色→精制→生物活性肽[7]。酶法水解条件相对温和，对蛋白质营养价值破坏小，生成的多肽具有多样生物活性，同时酶法水解能选择性地水解目标肽键，酶解条件易于控制。但是，目前用于酶法水解的酶种类少，酶法水解的应用领域受到限制，且传统的酶法水解存在酶解时间长、酶利用率低、底物转化率低等缺点。

（5）微生物发酵法。微生物发酵法指选用发酵菌株，利用菌种在生长过程中产生的蛋白酶水解底物蛋白，然后对发酵产物进行分离纯化获得生物活性肽。微生物发酵法具有蛋白酶来源广、产品苦味低、成本低、产量高等优点。许芳等[8]将脱脂大豆粉作为原料，采用多种微生物混合固态发酵水解制备小分子肽，水解度可达到90.61%。该方法的缺点：部分高效产酶菌株同时产生有毒有害副产物，存在一定的安全隐患。

6.1.3.2 生物活性肽的分离纯化

常用的分离纯化方法包括大孔树脂吸附法、膜分离技术（超滤、微滤和纳滤）、高效液相色谱技术（反相高效液相色谱、凝胶过滤色谱、离子交换色谱）等。每种方法分离程度不同，可根据需要将几种方法组合在一起进行生物活性肽的分离纯化。

（1）大孔树脂吸附法（MARs）。大孔树脂吸附分离技术是指采用特殊的吸附剂从提取液或发酵液中有选择地吸附其中的有效成分、除去无效成分的一种提取精制的新工艺。大孔吸附树脂作为一种新型高效吸附剂，功能化大孔吸附树脂作为亲和材料在糖蛋白组研究中具有巨大的潜力，可广泛应用于目标组分的分离富集。

（2）膜分离技术。膜分离技术具有操作简单方便、条件温和可控、可连续化处理三大优点。随着膜分离技术的快速发展，目前，超滤、微滤、纳滤、反渗透等膜技术在科技、工业领域都得到了广泛的应用。例如，白泉等[9]通过反相高效液相色谱法纯化多肽，纯度达到95%以上。

（3）高效液相色谱法（HPLC）。HPLC是一种经典的肽段分离纯化技术，根据分离原理的不同，可分为反相高效液相色谱、凝胶过滤色谱、离子交换色谱（包括强阳离子交换色谱和强阴离子交换色谱）。

每一种用于分离纯化多肽的方法都有不同的侧重点，研究人员可以根据所需的目标肽序列和分子量、电荷性质和多少、疏水性等理化性质，选择最优的纯化方法。在多数情况下，单一的制备技术或分离纯化方法并不能达到理想的分离效果。需要结合所需目标肽的性质，同时联合使用多种分离纯化技术，进而更加高效地对多肽进行分离。

6.1.4 有效组分及其作用机制

生物活性肽主要通过作为生物机体功能的调节剂而发挥其生物活性作用，包括促进组织蛋白质合成，提高养分的消化吸收，调节机体消化代谢功能，增强机体免疫力和调节机体内分泌功能等，具体介绍如下。

（1）促进养分消化吸收和转运，调节机体代谢。促进蛋白质消化吸收和转运：生物活性肽作为蛋白质类物质，可以直接提供给动物机体生长发育所需要的氨基酸，同时能促进动物生长。肽类之所以具有高于游离氨基酸和完整蛋白质的营养价值，是因为其吸收率较高、转运速度较快、抗原性较小以及有益于动物机体感觉等特点[10]。生物活性肽还可通过增加氨基肽酶和二肽酶的活性，促进氨基酸的吸收转运。例如，内啡肽可促进L-亮氨酸的吸收。在蛋鸡日粮中添加生物活性肽，可显著提高蛋鸡的蛋白质利用率和饲料转化率，能显著提升蛋鸡产蛋率[11]。在饲料中添加生物活性肽，可以提升低蛋白日粮利用率，降低规模化生产中的氮污染。内啡肽、磷酸肽、大豆肽、胰多肽等生物活性肽能够被机体直接吸收，参与调节细胞生理和代谢，促进动物的生长[12、13]。

调节脂肪代谢：大豆肽不仅具有抑制脂肪吸收和降低胆固醇的作用，还拥有促进脂质代谢的功能。研究表明，大豆肽能提高基础代谢水平，促进能量代谢，有效减少皮下脂肪[14]。进一步试验证明，大豆肽可以提高褐色脂肪组织活性，提高血液中的甲状腺素浓度[15]。动物饲喂试验证实，大豆肽可以降低脂肪含量，显著增加瘦肉率，提高猪胴体品质。

螯合矿物元素，促进矿物质吸收：酪蛋白磷酸肽、大豆肽能够与钙、锌、铜、镁、铁等矿物元素形成可溶的螯合物，避免大豆中草酸、植酸、单宁等对矿物元素的抑制吸收，提高矿物元素的吸收效率[16、17]。

（2）抗微生物作用，具有促生长类药物饲料添加剂潜力。抗菌肽广泛存在于生物体内，具有不同的抗菌活性，部分种类具有抗病毒活性，但对生物机体正常细胞没有毒害作用，且不易使微生物产生耐药性。目前，已经发现的抗菌肽有天蚕素、蜂毒素、防御素、枯草菌素、肠杆菌肽等。Yu 等[18]研究报道，抗菌肽 MccJ25 能有效抑制和杀灭不同血清型大肠杆菌与沙门菌菌株；明显抑制肠毒素大肠杆菌和鸡白痢沙门菌对肠道上皮细胞黏附与侵袭；破坏肠毒素大肠杆菌和鸡白痢沙门菌细胞膜完整性以及抑制大肠杆菌质粒 DNA 迁移；亚抑菌浓度处理大肠杆菌 K88 后，未导致大肠杆菌 K88 突变率增加和对其他抗生素产生耐药性。此外，部分抗菌肽同时具备抗菌活性和促进畜禽生产的功能，具有一定的研发潜力。

（3）抗氧化功能。抗氧化肽可以抑制由铁离子、血红蛋白、脂质氧合酶和单态氧催化的脂肪酸败作用，并能作用于多酚氧化酶催化产生的醌式产物，阻止其生成聚合氧化物，减少食物褐变反应。乳源肽是抗氧化肽的来源之一，这类肽本身没有活性，但是在特定酶水解作用下，可以释放出具有清除自由基、螯合金属离子和抑制脂质过氧化功能的活性小分子肽[19]。此外，部分生物活性肽能通过清除重金属离子和促进分解过氧化物，降低自氧化速度，从而具备开发成抗氧化剂的潜力。

（4）调节机体免疫功能。免疫活性肽是指一类存在于生物体内具有免疫功能的多肽，具有刺激机体淋巴细胞增殖和分化、增强巨噬细胞吞噬能力、抑制肿瘤细胞生长，进而增强机体免疫力、降低发病率等优点。例如，胸腺肽添加于鸡饲料中，可提高鸡外周淋巴细胞百分比[20]。给仔猪注射胰多肽粗品，可以提高血清球蛋白水平，增强机体免疫功能[12]。某些抗菌肽具有重要免疫调控功能。当宿主受到病原微生物入侵后，抗菌肽可改变宿主细胞基因表达，诱导趋化因子和细胞因子产生，促使白细胞向受感染部位聚集，刺激免疫细胞分化，激活或阻断 Toll 样受体（TLRs）信号，结果导致先天性免疫应答的选择性免疫调节、炎症选择性控制和创伤愈合，并启动获得性免疫等共同发挥抗感染作用[21]。抗菌肽 sublancin 能够增强小鼠机体天然免疫，进而起到抗耐甲氧西林金黄色葡萄球菌（MRSA）感染作用。另外，抗菌肽 sublancin 可通过激活 NF－κB 和 MAPK 信号通路显著增强巨噬细胞的吞噬功能，促进巨噬细胞分泌 IL－1β 等细胞因子和一氧化氮，进而发挥抗炎作用[22]。

6.1.5 应用现状

1902 年，伦敦医学院的两位生理学家贝利斯（Bayliss）和斯塔林（Starling）在动物胃肠里发现了胰泌素，这是人类首次发现多肽物质[23]。20 世纪 60 年代，梅里菲尔德（Merrifield）首次提出多肽固相合成法（简称 SPPS）[24]。20 世纪 70 年代，神经肽的研究进入高峰，脑啡肽及阿片肽相继被发现[25]。1996 年，武汉九生堂生物工程有限公司用生物酶降解全卵蛋白，人工合成世界上第一个小分子活性多肽，并实现了工业化和产业化。目前，生物活性肽已广泛应用于农业、医药、食品等诸多领域，也是医药食品行业的新原料、新材料。近 10 年来，已有 60 多种肽药物获得美国食品药品监督管理局（FDA）的批准，600 多种肽药物正在进行临床和临床前试验[26]。研究人员已建立了化学组合肽库和基因组合肽库，随着人们对肽类认识的不断深入，各种生物活性肽的生产及应用前景广阔，市场潜力巨大。

在畜禽养殖领域，研究人员已针对大豆肽、小麦肽等多种生物活性肽开展深入研究。生物活性肽的开发将为有效利用蛋白质、节约蛋白质资源开辟新的途径。

6.2 国内研究进展

由于生物活性肽本身是动物生理活性调节物，对环境无污染，可以部分替代促生长类药物饲料添加剂，具有增强动物生长发育、改善饲料适口性、调节动物机体免疫、提高动物生产性能等优势。枯草三十七肽和腺苷七肽两种生物活性肽于 2022 年 11 月获批农业农村部新饲料添加剂证书，可分别用于肉鸡和断奶仔猪。此外，我国已批准酪蛋白磷酸肽、酪蛋白钙肽两种饲料添加剂应用于犬、猫，虽然仅有两种生物活性肽被批准在畜禽和水产动物饲料中使用，但其他生物活性肽也具有成为安全高效的饲料添加剂的潜力。

6.2.1 猪饲料中生物活性肽的应用研究进展

6.2.1.1 断奶仔猪中生物活性肽的应用研究进展

（1）抗菌肽。肠杆菌肽 MccJ25 是由粪便中大肠杆菌产生的含有 21 个氨基酸的抗菌肽。Yu 等[27]研究了 MccJ25 作为潜在抗生素替代品对断奶仔猪生长性能、营养物质消化率、粪便微生物菌群和肠道屏障功能的影响。试验选取 180 头断奶仔猪［初始体重（7.98±0.29）kg］随机分为 5 组：基础日粮组（CON），基础日粮补充抗生素组（20 mg/kg 硫酸黏杆菌素），以及 0.5 mg/kg、1.0 mg/kg 和 2.0 mg/kg 抗菌肽 MccJ25 组。0～14 d，日粮添加 MccJ25 和硫酸黏杆菌素对仔猪日增重、日采食量、腹泻发生率、料重比均具有积极效果（$P<0.05$）。2.0 mg/kg 抗菌肽 MccJ25 组仔猪较抗生素组的日增重更高（$P<0.05$）、料重比更佳（$P<0.10$）。与基础日粮组相比，2.0 mg/kg 抗菌肽 MccJ25 组明显改善了（$P<0.05$）猪的日增重和料重比，并减少了腹泻发生率（$P<0.05$）（15～28 d 和 0～28 d）。与对照组和抗生素组相比，1.0 mg/kg 和 2.0 mg/kg 抗菌肽组仔猪营养成分的消化率明显得到改善（$P<0.05$）。各抗菌肽组仔猪较对照组相比，显著降低了血清细胞因子 IL－6、IL－1β 和 TNF－α 水平（$P<0.05$），增加了 IL－10 的浓度（$P<0.05$）。1.0 mg/kg 和 2.0 mg/kg 抗菌肽组的 d-乳酸、二胺氧化酶、内毒素浓度含量明显降低，粪便中大肠杆菌数量显著减少（$P<0.05$），粪便中乳酸杆菌和双歧杆菌数量显著增加（$P<0.05$）。1.0 mg/kg 和 2.0 mg/kg 抗菌肽组、抗生素组降低了仔猪粪便乳酸与短链脂肪酸含量（$P<0.05$）。总之，日粮添加抗菌肽 MccJ25 有效改善了断奶仔猪健康状况，减轻了腹泻和系统性炎症，增强了肠道屏障功能，改善了粪便微生物群组成。

张奕弛等[28]研究了抗菌肽替代硫酸黏杆菌素对断奶仔猪生长性能和抗腹泻性能的影响。试验选用 120 头断奶日龄为（21±3）d、初始体重为（6.53±0.25）kg 的仔猪，随机分为 3

组，每组 4 个重复，每个重复 10 头，即对照组饲喂基础日粮＋375 mg/kg 金霉素（20%）＋250 mg/kg 恩拉霉素（8%），处理Ⅰ组饲喂基础日粮＋375 mg/kg 金霉素（20%）＋250 mg/kg 恩拉霉素（8%）＋100 mg/kg 硫酸黏杆菌素（20%），处理Ⅱ组饲喂基础日粮＋375 mg/kg金霉素（20%）＋250 mg/kg 恩拉霉素（8%）＋400 mg/kg 抗菌肽。试验期为14 d。结果表明，与对照组相比，处理Ⅰ组、处理Ⅱ组的日采食量分别提高 5.15%、4.78%（$P>0.05$），日增重分别提高 9.48%、7.11%（$P>0.05$），耗料增重比分别改善 4.20%、0.84%（$P>0.05$）；与对照组相比，处理Ⅰ组、处理Ⅱ组腹泻率显著降低（$P<0.05$），处理Ⅰ组、处理Ⅱ组间差异不显著（$P>0.05$）。由此可见，在断奶仔猪日粮中不使用硫酸黏杆菌素后，断奶仔猪生长性能和抗腹泻性能有降低趋势，但通过添加 400 mg/kg 的抗菌肽，可达到与使用硫酸黏杆菌素类似的效果。

Xiong 等[29]研究了日粮中添加抗菌肽（AMPs）对 5 个商业农场（农场 A～E）饲养的断奶仔猪的生长性能、腹泻发生率和存活率的影响。试验猪［农场 A，$n=486$，基因型为大白猪（Y）×长白猪（L），断奶日龄为（28±3）d；农场 B，$n=360$，基因型为 Y×L×杜洛克（D），断奶日龄为（30±2）d；农场 C，$n=558$，基因型为 Y×L×D，断奶日龄为（30±2）d；农场 D，$n=828$，基因型为 Y×L×D，断奶日龄为（32±3）d；农场 E，$n=576$，基因型为 Y，断奶日龄为（24±3）d］按体重和性别随机分为 3 组：基础日粮组（对照组）、2.0 g/kg 抗菌肽组（AMPs－2）和 3.0 g/kg 抗菌肽组（AMPs－3）。试验使用的抗菌肽是乳铁蛋白、天蚕素、防御素和假黑盘菌素的混合物。每个农场的每个处理组由 6 个重复样本组成。结果表明，在所有 5 个商业农场中，日粮添加抗菌肽显著提高了断奶仔猪的平均日增重（线性，$P<0.05$；二次，$P<0.05$）、平均日采食量（二次，$P<0.05$）和饲料转化效率（线性，$P<0.05$）。此外，饲喂含抗菌肽日粮猪的腹泻发生率显著低于对照组猪（$P<0.001$），成活率高于对照组（$P<0.01$）。

张江等[30]研究了肠杆菌肽替代硫酸黏杆菌素对断奶仔猪生产性能和腹泻的影响，试验选取 150 头 29 日龄健康且具有相同遗传背景、体重基本一致的“杜×长×大”三元杂交断奶仔猪，试验分为 3 组：处理 1 饲喂基础日粮，为对照组；处理 2 饲喂基础日粮＋10%硫酸黏杆菌素 200 mg/kg，为试验 1 组；处理 3 饲喂基础日粮＋肠杆菌肽 500 mg/kg＋10%硫酸黏杆菌素 20 mg/kg，为试验 2 组。试验期为 30 d。结果表明，试验 1 组、试验 2 组断奶仔猪的平均日增重较对照组分别提高了 21.9%、23.5%，且差异显著（$P<0.05$）。在采食量方面，试验 1 组、试验 2 组较对照组分别提高了 8.8%（$P<0.05$）、10.0%（$P<0.05$）。在料重比方面，试验 1 组、试验 2 组料重比均为 1.30，与对照组相比差异显著（$P<0.05$）。试验 1 组、试验 2 组仔猪的腹泻率分别为 2.73%和 2.69%，较对照组分别降低了 10.98%和 11.02%，差异极显著（$P<0.01$），肠杆菌肽和低剂量硫酸黏杆菌素组与高剂量硫酸黏杆菌素组抗腹泻效果相当。在死亡率方面，试验 1 组、试验 2 组均没有猪只死亡，与对照组相比差异显著（$P<0.05$）。研究表明，肠杆菌肽在预防断奶仔猪腹泻和提高生产性能等方面均有良好效果。

熊海涛等[31]在研究肠杆菌肽体外对大肠杆菌、沙门菌最低抑菌浓度（MIC）的基础上，探讨了无抗日粮中添加肠杆菌肽对哺乳和保育仔猪生长性能与粪便微生物的影响。体外试验利用牛津杯法测定肠杆菌肽对 4 株大肠杆菌和 2 株沙门菌的 MIC；体内试验选择 4 窝体重相近的哺乳仔猪，每组 2 窝，每窝 10 只，利用猪生长性能自动测定系统分别在哺乳和保育阶段对每只仔猪的生长性能进行测定。对照组饲喂无抗基础日粮，试验组饲喂无抗基础日粮+肠杆菌肽（300 mg/kg）。结果表明，肠杆菌肽对大肠杆菌 ATCC25922、AZ1、W1、W2 以及沙门菌 sk226、1791 的 MIC 为 100～300 μg/mL；日粮中添加肠杆菌肽可以显著提高哺乳和保育阶段仔猪的平均日增重（$P<0.05$），显著降低哺乳和保育阶段仔猪的腹泻率（$P<0.05$），显著降低保育仔猪的耗料增重比（$P<0.05$）；日粮中添加肠杆菌肽显著降低哺乳和保育仔猪粪便的大肠杆菌与沙门菌数量（$P<0.05$）。无抗日粮中添加肠杆菌肽可以提高哺乳仔猪和保育仔猪的生长性能，降低腹泻率，降低粪便中大肠杆菌和沙门菌数量。

肖发沂等[32]研究了抗菌肽对断奶仔猪生长性能、免疫器官指数和胃肠道 pH 的影响。选用 64 头 28 日龄健康“杜×长×大”三元杂交断奶仔猪，分为 2 组，每组 4 个重复，每个重复 8 头。对照组饲喂基础饲粮，试验组在基础饲粮中添加 1.0 g/kg 的抗菌肽。预试期为 3 d，正试期为 28 d。结果表明，与对照组相比，试验组仔猪的平均日增重提高 11.31%（$P<0.05$），料重比降低 9.55%（$P<0.05$），腹泻率降低 69.28%（$P<0.01$），脾脏指数与胸腺指数分别提高 17.70%和 20.49%（$P<0.05$），试验组仔猪胃、十二指肠、空肠、回肠和盲肠的 pH 有降低趋势（$P<0.1$）。可见，饲粮中添加抗菌肽能提高断奶仔猪的生长性能与免疫器官指数，胃肠道 pH 有降低趋势。

Xu 等[33]通过构建重组枯草芽孢杆菌用于表达猪 β-防御素-2（pBD-2）和天蚕素 P1（CP1）融合抗菌肽，并研究其体外抗菌活性及其体内生长促进作用。结果表明，成功构建了工程菌并表达 pBD-2/CP1 融合肽，其对多种细菌均具有抗菌活性。在体内研究中，与未处理的对照组相比，野生型和改造的枯草芽孢杆菌均显著改善了仔猪的增重与料重比。在肠毒性大肠杆菌感染的基础上，经基因工程改造的枯草芽孢杆菌处理组的仔猪体重增加显著高于野生型枯草芽孢杆菌处理组和对照组（$P<0.05$）。此外，经改造的枯草芽孢杆菌处理组仔猪的腹泻发生率显著低于阴性对照组（$P<0.05$）。

郑宝等[34]研究了不同水平乳生肽在断奶仔猪日粮中的添加效果。选取 180 头“长×大”二元杂交仔猪，随机分为 3 组：1 组为对照组，饲喂基础日粮；2 组和 3 组分别在基础日粮中添加 300 mg/kg 和 500 mg/kg 的乳生肽。试验期为 50 d。测定仔猪的生产性能，观察仔猪采食、毛色、排粪及其精神状态，记录腹泻、疾病和死亡等典型症状及异常情况等。结果表明，300 mg/kg 抗菌肽组仔猪的平均末重、平均日增重、平均日采食量分别比对照组增加了 7.7%、14.0%和 9.2%，而料重比降低了 4.2%，但差异均不显著（$P>0.05$）；500 mg/kg 抗菌肽组的平均末重、平均日增重、平均日采食量分别比对照组增加了 13.0%、20.9%和 11.3%，而料重比降低了 7.9%。300 mg/kg 和 500 mg/kg 抗菌肽组仔猪的腹泻率、发病率以及死淘率极显著低于对照组（$P<0.01$），且 500 mg/kg 抗菌肽组仔猪的死淘率极显著低于 300 mg/kg 抗菌肽组（$P<0.01$）。综上所述，乳生肽能显著降低猪的腹泻率、发病率和死淘率，且在一定程度上能够增加仔猪日采食量，促进仔猪生长。考虑到饲料成本和使用效果，建议在断奶仔猪料中添加 300 mg/kg 乳生肽。

卜艳玲等[35]研究了肠杆菌肽在断奶仔猪生产中的应用效果。选取 144 头 28 日龄平均体重为（7.35±0.21）kg 的健康“杜×长×大”三元杂交断奶仔猪，随机分为 6 组，每组 4 个重复，每个重复 6 头（公、母各占 1/2）。对照组仔猪饲喂基础饲粮，试验组仔猪饲喂在基础饲粮基础上分别添加硫酸黏杆菌素（30 g/t）、天蚕素抗菌肽（300 g/t）以及肠杆菌肽（300 g/t、400 g/t 和 500 g/t）的试验饲粮。试验期为 28 d，分为试验前期（第 1 d～14 d）

和试验后期（第 15 d～28 d）两个阶段。结果表明：①试验前期、试验后期和整个试验期，400 g/t 和 500 g/t 肠杆菌肽组的平均日增重均显著高于对照组（$P<0.05$），料重比均显著低于对照组（$P<0.05$）。试验第 7 d、第 14 d 和第 28 d 时，各试验组腹泻率均极显著低于对照组（$P<0.01$），其中以 500 g/t 肠杆菌肽组最低。②试验第 14 d 时，500 g/t 肠杆菌肽组血清尿素氮含量显著低于对照组和 30 g/t 硫酸黏杆菌素组（$P<0.05$）；试验第 28 d 时，400 g/t 和 500 g/t 肠杆菌肽组血清尿素氮含量显著低于对照组（$P<0.05$），且 500 g/t 肠杆菌肽组显著低于 30 g/t 硫酸黏杆菌素组（$P<0.05$）。试验第 14 d 和第 28 d 时，400 g/t 和 500 g/t 肠杆菌肽组血清球蛋白含量显著高于对照组（$P<0.05$）。③试验第 14 d 和第 28 d 时，500 g/t 肠杆菌肽组血清免疫球蛋白 G（Immunoglobulin G，IgG）含量较对照组分别高出 17.27%（$P<0.05$）、16.20%（$P<0.05$）。试验第 14 d 时，各抗菌肽组血清补体 C4 含量均显著高于对照组和 30 g/t 硫酸黏杆菌素组（$P<0.05$）。④试验第 14 d 和第 28 d 时，各抗菌肽组血清丙二醛含量极显著低于对照组和 30 g/t 硫酸黏杆菌素组（$P<0.01$）。试验第 28 d 时，500 g/t 肠杆菌肽组血清超氧化物歧化酶活性和总抗氧化能力显著高于对照组与 30 g/t 硫酸黏杆菌素组（$P<0.05$）。综上所述，肠杆菌肽在提高断奶仔猪生产性能、免疫性能和抗氧化能力方面优于天蚕素，也优于硫酸黏杆菌素，饲粮中肠杆菌肽的适宜添加量为 500 g/t。

孙雪梅等[36]研究了在教槽料和保育料中分别添加天蚕素对断奶仔猪生长性能及腹泻的影响。试验选用 25 日龄断奶仔猪 240 头，随机分成 4 组，每组 3 个重复，每个重复 20 头，公、母各半。对照组在基础日粮中添加 20 mg/kg 硫酸黏杆菌素，试验 1～3 组在基础日粮中分别添加 200 g/t 天蚕素和 100 g/t 包被精油、300 g/t 天蚕素、300 g/t 其他抗菌肽。试验分教槽料阶段（0～14 d）与保育料阶段（14～28 d）两阶段进行，通过检测平均日增重、平均日采食量、料重比、腹泻指数和腹泻率 5 个指标评价天蚕素的效果。结果表明，在教槽料阶段（0～14 d），3 个试验组与对照组相比，上述 5 个指标均没有显著变化（$P<0.05$）。在保育料阶段（14～28 d），与对照组相比，试验 1 组和试验 2 组的平均日增重显著增加（$P<0.05$），同时腹泻指数和腹泻率显著降低（$P<0.05$）。在试验全过程（0～28 d），与对照组相比，试验 1 组和试验 2 组的料重比无明显变化，但平均日增重显著提高（$P<0.05$），分别提高了 16.6%、10.5%；腹泻指数和腹泻率显著降低（$P<0.05$），腹泻指数均降低了 36.4%，腹泻率分别降低了 52.6%、47.1%；试验 3 组的料重比显著提高了 12.4%（$P<0.05$），腹泻指数和腹泻率无明显变化。因此，在教槽料和保育料中添加天蚕素，有明显提高日增重和减少腹泻的功效，与包被精油组合则使用效果更佳。

张海文等[37]研究了抗菌肽 CJH 对由脂多糖（LPS）导致的仔猪生长性能受阻及肉品质下降的影响。试验采用体重、日龄相近的健康屯昌仔猪 18 头，随机分为 3 组，每组 6 个重复，每个重复 1 头，分别为空白对照组、LPS 组和 CJH+LPS 组。LPS 组和 CJH+LPS 组仔猪在试验第 2 d、第 14 d 腹腔注射 LPS；CJH+LPS 组仔猪在试验第 2 d、第 6 d、第 10 d、第 14 d 注射抗菌肽 CJH；空白对照组均以注射等量生理盐水替代。试验期为 14 d。结果表明，在生长性能方面，与对照组和 CJH+LPS 组相比，LPS 组极显著降低了仔猪平均日增重（$P<0.01$），显著降低了平均日采食量（$P<0.05$），显著提高了料重比（$P<0.05$）；与对照组相比，LPS 组仔猪腹泻率极显著提高（$P<0.01$），而 CJH+LPS 组与 LPS 组相比，仔猪腹泻率显著降低（$P<0.05$），但与对照组相比仍然差异显著（$P<0.05$）。在屠宰品质方面，与对照组和 CJH+LPS 组相比，LPS 组显著降低了仔猪胴体重、屠宰率、瘦肉率

（$P<0.05$），显著提高了滴水损失和剪切力（$P<0.05$）。研究表明，抗菌肽 CJH 可能通过免疫调节及组织修复功能，对 LPS 引起的仔猪生长性能受阻及屠宰品质具有明显的改善作用。

蒋翔等[38]研究了不同剂量抗菌肽对断奶仔猪生长性能、腹泻率、抗氧化性和免疫功能的影响。试验选择 120 头 30 日龄、平均体重为（7.24±0.21）kg 的断奶仔猪，随机分为 4 组（分别在基础日粮中添加 0、0.1%、0.5%和 1.0%的抗菌肽），每组 3 个重复，每个重复 10 头。预试期为 7 d，正试期为 28 d。结果表明，与空白对照组相比，3 个抗菌肽组仔猪的末重、平均日增重、平均日采食量、超氧化物歧化酶活性（SOD）、IgG 含量均显著升高（$P<0.05$），腹泻率、丙二醛含量均显著降低（$P<0.05$）；且 0.5%和 1.0%抗菌肽组仔猪的血清总抗氧化力（T-AOC）、谷胱甘肽过氧化物酶（GSH-Px）活性、免疫球蛋白 A（IgA）含量、白细胞介素-2（IL-2）含量均显著升高（$P<0.05$），料重比显著降低（$P<0.05$）。研究表明，添加 0.1%、0.5%和 1.0%抗菌肽均可以提高断奶仔猪的生长性能，降低腹泻率，改善抗氧化和免疫功能，以添加剂量为 0.5%最佳。

Cao 等[39]研究了抗菌肽 WK3 对大肠杆菌 K88 感染断奶仔猪生长性能和腹泻仔猪的影响。试验选用 24 头断奶仔猪，随机分为 3 组，即对照组（饲喂基础日粮）、抗生素组（基础日粮+500 mg/kg 金霉素+200 mg/kg 硫酸黏菌素）、抗菌肽组（基础+50 mg/kg 抗菌肽 WK3）。试验开始前，每头仔猪口服 100 mL 含 10^8 CFU/mL 大肠杆菌 K88 溶液，持续3 d。结果表明，日粮中添加抗菌肽 WK3 可以显著降低腹泻率（$P<0.05$）。与对照组相比，WK3 组的平均日增重和平均日采食量显著增加（$P<0.05$），并显著降低了空肠黏膜中炎症因子 IL-1α（$P<0.05$）和 TLR-4（$P<0.01$）的表达水平。与对照组和抗生素相比，WK3 组仔猪后空肠谷胱甘肽过氧化物酶水平显著升高（$P<0.05$），盲肠食糜中乳酸杆菌和双歧杆菌的数量显著提高（$P<0.01$），大肠杆菌数量显著降低（$P<0.01$）。因此，抗菌肽 WK3 可作为抗生素的有效替代品用于断奶仔猪日粮中。

此外，抗菌肽在放牧断奶藏猪仔猪中也有相关报道。任洪辉等[40]研究了补饲饲粮中适宜的天蚕素添加水平对放牧断奶藏猪仔猪生长性能的影响。选择体重（6.38±0.27）kg、健康无病的 2 月龄放牧断奶藏猪仔猪 150 头，随机分为 6 组，每组 5 个重复，每个重复 5 头。对照组补饲饲粮中不添加天蚕素，5 个试验组补饲饲粮中分别添加天蚕素 100 mg/kg、200 mg/kg、300 mg/kg、400 mg/kg 和 500 mg/kg。试验猪每天按照农牧民放牧习惯白天自由放牧，晚上收牧后自由采食精料颗粒料。试验期为 35 d。结果表明，补饲饲粮中添加适量的天蚕素，可显著提高放牧断奶藏猪仔猪日增重、降低腹泻率和死亡率。其中，400 mg/kg 天蚕素组比对照组、100 mg/kg、200 mg/kg、300 mg/kg 和 500 mg/kg 天蚕素组的日增重分别高 0.061 kg、0.048 kg、0.02 kg、0.020 kg 和 0.020 kg。在本试验条件下，补饲饲粮天蚕素的最适添加量为 400 mg/kg。

（2）大豆肽。Zheng 等[41]研究了大豆肽对保育猪生长性能、肠道形态和氧化应激的影响。按性别和体重将 40 头猪［公、母各半，体重为（5.33±0.10）kg］随机分配到 4 个处理：大豆肽添加水平分别为 0 g/kg、5 g/kg、10 g/kg 或 15 g/kg，分 3 个阶段（试验第 7 d、第 17 d 和第 27 d）。与常规豆粕（44.7%）相比，通过豆粕发酵生产的大豆肽含有更多的小肽（<37 ku，100%）（$P<0.05$）。在第 7 d、第 17 d 和第 27 d 记录体重和饲料消耗。随着大豆肽水平的增加，有效改善了仔猪料重比（0.560 vs 0.663，二次，$P<0.05$），并有提高

第二阶段日增重（380 g/d vs 453 g/d，二次，$P=0.056$）和 ADFI（522 g/d vs 571 g/d，二次，$P=0.084$）的趋势；提高了十二指肠的绒毛高度（517.6 μm vs 572.5 μm，二次，$P=0.083$）和空肠的绒毛高度（442.6 μm vs 504.9 μm，二次，$P<0.05$）。通过十二指肠 Ki-67 染色测量的增殖活性显示，饲喂大豆肽的猪比饲喂基础日粮的猪有更高的阳性反应百分比（10.6% vs 18.2%，$P<0.05$）。日粮大豆肽的增加降低了血清中的 TNF-α（72.8 pg/mL vs 52.4 pg/mL，线性，$P<0.05$）和空肠中的 TNF-α（1.24 pg/mg vs 0.46 pg/mg，$P<0.05$）的含量。与饲喂基础日粮的猪相比，饲喂大豆肽的猪空肠中的丙二醛含量较低（0.52 vs 0.23，1 mol/g 蛋白，$P<0.05$）。总之，在保育猪日粮中添加 5～10 g/kg 的大豆肽可改善猪的生长性能和肠道健康，同时可促进绒毛发育，降低炎性细胞因子水平，并减少氧化应激反应。

左倩等[42]研究了大豆肽的体外抗氧化活性以及不同大豆肽水平对断奶仔猪生长性能和免疫功能的影响。试验选取健康、体重相近［(7.68±1.08) kg］的 25 日龄“杜×长×大”三元杂交断奶仔猪 144 头，随机分为 4 组，即对照组、处理 1 组（添加 5 g/kg 大豆肽）、处理 2 组（添加 10 g/kg 大豆肽）和处理 3 组（添加 20 g/kg 大豆肽），每组 3 个重复，每个重复 12 头。试验期为 28 d。结果表明，大豆肽对 1，1-二苯基-2-三硝基苯肼自由基（DPPH·）和羟自由基（·OH）具有良好的清除能力，其清除率可分别达到 98.33%和 84.38%；处理 1 组、处理 2 组显著提高了断奶仔猪的平均日采食量和平均日增重（$P<0.05$），也降低了料重比（$P<0.05$）；与对照组相比，处理 1 组、处理 2 组、处理 3 组均能显著提高断奶仔猪血浆中 IgG、IgM、IL-6 和 IFN-γ 的含量（$P<0.05$）。由此可见，大豆肽具有良好的抗氧化活性，饲粮中添加大豆肽可提高断奶仔猪的生长性能，降低饲料增重比，并增强机体的免疫功能。

丁爽等[43]研究了大豆蛋白肽对断奶仔猪生长的影响。试验将 160 头断奶仔猪随机分为 4 组，1 组为基础日粮添加 3.0%血浆蛋白粉，2 组为基础日粮添加 3.0%大豆肽和 3.0%血浆蛋白粉，3 组为基础日粮添加 3.0%大豆肽，4 组为基础日粮添加 5.0%大豆肽。试验期为 12 d。结果表明，从整个试验期日增重来看，与 1 组相比，2 组、3 组分别提高了 38.54%、20.83%，差异显著（$P<0.05$）；4 组提高了 4.17%，但差异不显著（$P>0.05$）。在对断奶仔猪生长速度的影响方面，2 组效果最好，其次为 3 组，1 组与 4 组效果相当。在饲料转化率方面，与 1 组相比，2 组、3 组、4 组分别提高 19.59%、8.11%和 7.43%，只有 2 组与 1 组差异显著（$P<0.05$）。在对断奶仔猪饲料转化效率的影响方面，2 组效果最好，其次为 3 组与 4 组，3 组与 4 组效果相当且均优于 1 组。从养殖经济效益来看，在每千克增重所需饲料费用方面，与 1 组相比，2 组、3 组、4 组分别降低 12.37%、11.22%和 5.10%。在毛利方面，与 1 组相比，2 组、3 组、4 组分别增加 49.71%、29.60%和 7.63%，即 17.06 元/头、10.16 元/头和 2.62 元/头。综上所述，综合考虑饲喂效果和饲料成本，建议在断奶仔猪日粮中添加 3.0%大豆蛋白肽。

上述 3 个试验所用大豆肽产品中生物活性肽纯度均较低，如 Zheng 等[41]报道中大豆肽是由豆粕发酵生产，活性肽未经纯化，故各试验中大豆肽的添加剂量较高。但上述试验结果也表明，含有较低生物活性肽成分的大豆肽能有效促进仔猪生长、改善肠道形态和抗氧化应激等。

（3）酪蛋白磷酸肽。饲料添加剂酪蛋白磷酸肽的适用范围为犬、猫。周根来等[44]研究了酪蛋白磷酸肽对断奶仔猪生长性能和血液生化指标的影响。试验选用 90 头 28 日龄“杜×

长×大”三元杂交断奶仔猪，随机分为3组：对照组饲喂基础日粮，试验1组、试验2组在基础日粮中分别添加0.1%和0.3%的酪蛋白磷酸肽。试验期为21 d。试验结束时取血样，测定各组的生长性能、血清钙水平、血糖以及常规血脂指标。结果表明，添加0.3%酪蛋白磷酸肽对断奶仔猪日增重和料重比有一定的影响（$P<0.05$），血清钙和血糖水平显著提高（$P<0.05$），甘油三酯水平显著下降（$P<0.05$），其余血脂指标也呈下降趋势，但差异不显著。

6.2.1.2 生长育肥猪中生物活性肽的应用研究进展

（1）抗菌肽。张江等[45]研究了抗菌肽和微生态复合产品对生长育肥猪生产性能的影响。试验选取35 kg左右生长育肥猪100头，品种为“杜×长×大”三元杂交商品猪。将猪完全随机分为2组，每组5个重复，每个重复10头。对照组饲喂常规基础饲粮，试验组在基础饲粮中添加2 kg/t抗菌肽和微生态复合产品。试验期为120 d。结果表明，日粮中添加该产品后日耗料低于对照组0.18 kg，日增重高于对照组0.02 kg，腹泻率减少6%，死亡率降低4%。试验组与对照组相比成本显著降低。

李登云等[46]研究了不同饲粮水平添加蛙皮素抗菌肽Dermaseptin-M对“杜×长×大”三元杂交育肥猪血液免疫指标和肠道菌群的影响。试验选用225头健康“杜×长×大”三元杂交育肥猪，随机分为3组，每组3个重复，每个重复25头。各组分别饲喂基础日粮（对照组）、基础日粮+300 g/t抗菌肽、低能低蛋白日粮+300 g/t抗菌肽。试验期为98 d。试验结束后，测量猪免疫指标和肠道菌群。结果表明，与对照组相比，不同日粮水平中添加抗菌肽均对猪生长性能有一定的影响。基础日粮中添加抗菌肽可以显著提高育肥猪平均日增重4.64%，并显著降低料重比4.71%（$P<0.05$）；而低能低蛋白日粮添加抗菌肽可提高平均日增重3.65%，降低料重比3.03%（$P<0.05$）。添加抗菌肽可显著提高血清免疫球蛋白和补体C4的含量（$P<0.05$）。此外，与对照组相比，抗菌肽组十二指肠大肠杆菌含量降低了11%，抗菌肽组和低能低蛋白+抗菌肽组的乳酸菌含量分别比对照组提高了20.59%和18.63%（$P<0.05$）。对回肠、空肠的大肠杆菌、乳酸菌的影响不显著（$P>0.05$）。研究表明，添加抗菌肽可以在一定程度上提高育肥猪生长性能，增强育肥猪的免疫力，改善肠道微生物菌群平衡。

侯改凤等[47]研究了无抗日粮中添加抗菌肽制剂对育肥猪生长性能和血液生理、生化指标的影响。试验将60头60 kg左右的育肥猪随机分为2组，每组3栏，每栏10头。对照组为基础日粮，试验组为50 mg/kg抗菌肽+基础日粮。结果表明，与对照组相比，试验组平均日增重（ADG）提高9.41%（$P<0.05$），料重比有降低趋势（$P=0.09$）；血清尿素含量降低14.98%（$P<0.05$），碱性磷酸酶活性有上升趋势（$P=0.06$）；血液中红细胞（RBC）、血小板计数和血小板压积分别降低25.92%（$P<0.05$）、37.63%（$P<0.05$）、54.16%（$P<0.01$），血红蛋白、平均红细胞血红蛋白浓度和平均血小板体积有降低趋势（$0.05<P<0.10$）。由此可见，育肥猪日粮中添加50 mg/kg抗菌肽可改善机体代谢状态，促进生长。

（2）大豆肽。刘麟等[48]研究了小肽复合剂（以大豆肽小肽为主）对育肥猪生长性能、胴体性状以及肉质性状的影响效果。将72头同批次健康的65日龄“长×大”二元杂交商品猪随机分为试验组和对照组，每组3个重复，每个重复12头。试验组在基础日粮中添加0.2%的小肽复合剂，对照组为基础日粮。结果表明，育肥阶段饲喂0.2%的小肽复合剂能够显著提高育肥猪生长性能和改善肉质性状。表现为提高育肥猪的日增重（$P<0.05$），增加育肥猪的采食量，提高饲料转化效率，提高育肥猪群的成活率，降低发病率和腹泻率，但差异不显著（$P>0.05$）。在肉质性状方面，显著降低滴水损失（$P<0.05$），增加了肌肉的保水力，但差异不显著（$P>0.05$）。生长性能和肉质性状的改善显著地提高了育肥猪的综合经济效益。

（3）酶解蛋白肽。崔家军等[49]研究了酶解蛋白肽对生长育肥猪生长性能、血液生化指标以及养分消化率的影响，并探讨了酶解蛋白肽的最适添加量。采用单因素随机试验设计。选取“杜×长×大”三元杂交商品猪300头，随机分为5组，每组4个重复，每个重复15头。1组（对照组）饲喂基础日粮，2～5组在基础日粮中分别添加1%、2%、3%、4%的酶解蛋白肽。试验期为30 d。结果表明：①3组的平均日增重显著高于1组、5组（$P<0.05$）；3组平均日采食量显著高于2组（$P<0.05$），与其他组间差异均不显著（$P>0.05$）。根据日增重数据，求得酶解蛋白肽最佳添加量的拟合公式为 $y=-17.893x^2+64.281x+985.33$，$R^2=0.8982$，本试验酶解蛋白肽的最佳添加量为1.796%。②5组总蛋白、球蛋白水平最高，显著高于2组（$P<0.05$），但与其他各组间差异均不显著（$P>0.05$）；2组尿素氮水平显著低于其他各组（$P<0.05$）。③5组干物质、粗蛋白质表观消化率最高，酶解蛋白肽添加组钙、磷表观消化率均出现不同程度的下降。综上所述，在生长育肥猪阶段，酶解蛋白肽的最佳添加量为1.796%。添加酶解蛋白肽可提高生长性能、降低料重比，提高血液总蛋白水平和球蛋白水平。

崔家军等[50]研究了低蛋白日粮条件下（日粮蛋白水平降低3个百分点），添加不同剂量的酶解蛋白肽对生长育肥猪生长性能、血液生化指标、养分消化率以及背膘厚的影响。选取“杜×长×大”三元杂交商品猪300头（体重64 kg左右），采用单因素试验设计，随机分为5组，每组4个重复，每个重复15头。对照组饲喂基础日粮，LP组饲喂低蛋白日粮，LP1组、LP2组、LP3组分别在低蛋白日粮中添加1%、2%、3%酶解蛋白肽。试验期中猪阶段为30 d，大猪阶段为24 d。结果表明，LP组的平均日增重、采食量显著低于对照组（$P<0.05$），LP3组的平均日增重、平均日采食量与对照组相比差异不显著（$P>0.05$）；LP组的白蛋白含量显著低于LP1组、LP2组（$P<0.05$），与对照组、LP3组相比差异不显著（$P>0.05$），LP1组白蛋白的含量最高；对照组血清尿素的含量最高，LP组尿素的含量最低，二者差异显著（$P<0.05$），它们与其他各处理差异不显著（$P>0.05$）；所有低蛋白组的粗蛋白、钙的消化率显著低于对照组（$P<0.05$）。研究表明，日粮蛋白水平降低3个百分点，育肥猪生长性能显著降低，但低蛋白日粮添加3%的酶解蛋白肽可达到正常蛋白水平的饲养效果。本试验初步确定了生长育肥猪中猪阶段饲粮粗蛋白∶小肽∶赖氨酸的适宜比例为13%∶0.4%∶0.84%，大猪阶段为11.5%∶0.4%∶0.65%。

上述2个试验中所用酶解肽是以新鲜的鸡血、鸡毛为原料经过高温高压、定向酶解等一系列加工工艺制成的小肽产品，产品中酸溶蛋白质的含量为30%，2～3肽含量仅为12%，即生物活性肽含量较低，故试验添加剂量较高。

6.2.2 家禽饲料中生物活性肽的应用研究进展

6.2.2.1 蛋鸡饲料中生物活性肽的应用研究进展

（1）抗菌肽。孙何军等[51]研究了肠杆菌肽对蛋鸡产蛋性能的影响。试验选取300日龄产蛋率相近、体重均匀、健康的海兰褐蛋鸡 5 000 只，随机分成 2 组，即对照组和抗菌肽组，每组 5 个重复，每个重复 500 只。对照组饲喂基础饲粮，抗菌肽组在基础饲粮中添加 100 mg/kg 肠杆菌肽。结果表明，与对照组相比，抗菌肽组产蛋率提高 3.88%（$P<0.05$），脏蛋率降低 12.68%（$P<0.05$）；抗菌肽组的料蛋比较对照组下降了 0.07%，有下降趋势（$P<0.1$）；死淘率降低 40%，破蛋率降低 14.63%，差异显著（$P<0.05$）。研究表明，添加肠杆菌肽具有提高蛋鸡生产性能的效果。

于曦等[52]研究了鲎素抗菌肽对海兰褐蛋鸡产蛋后期产蛋性能、蛋品质及子宫 CaBP－D28 k mRNA 水平的影响及其机制探讨。随机选取 600 只 385 日龄海兰褐蛋鸡，分为对照组和试验组，每组 3 个重复，每个重复 100 只。对照组饲喂基础日粮，试验组在基础日粮中添加鲎素抗菌肽，鲎素抗菌肽发酵液最适添加剂量为 0.01 L/kg，按饲料所需量配比添加。预饲期为 7 d，试验期为 35 d。结果表明，与对照组相比，试验组产蛋率提高 8.86%（$P<0.05$），料蛋比、破蛋率分别降低 2.68%和 12.76%（$P>0.05$）；试验组蛋壳强度比对照组提高了 18.97%（$P<0.05$），哈氏单位、蛋壳相对质量和蛋壳厚度均有上升的趋势；试验组蛋壳表面皴裂纹数较少，裂隙变小，纵切面结构中垂直晶体层完整，栅栏层结构整齐，上下层面平滑，栅栏层气孔数量少，乳头层乳头数目少且宽；试验组蛋鸡子宫内 CaBP－D28 k mRNA 水平显著提升（$P<0.01$）。可见，鲎素抗菌肽通过提高 CaBP－D28 k 参与产蛋过程中钙的代谢，调控蛋鸡体内钙代谢发挥功能作用。

侯佳妮等[53]研究了鲎素抗菌肽在家禽无抗养殖中的应用。试验选取 385 日龄海兰褐商品蛋鸡 600 只，随机分为 1 组（对照组）和 2 组，1 组饲喂基础日粮，2 组在基础日粮中添加 0.01 L/kg 的鲎素抗菌肽。试验期为 35 d。测定生产性能、蛋品质和血液激素水平以及排泄物含氮量。结果表明，2 组的产蛋率比 1 组提高了 2.13%（$P<0.05$）。与 1 组相比，2 组血液孕酮和促黄体素含量分别提高了 1.06%和 1.75%（$P>0.05$），雌二醇和促卵泡素含量分别提高了 14.21%和 13.43%（$P<0.05$），蛋壳强度提高了 15.47%（$P<0.05$），排泄物含氮量降低了 38.71%（$P<0.05$）。研究表明，鲎素抗菌肽能延缓产蛋后期蛋鸡产蛋率的下降幅度，对改善鸡蛋品质和降低鸡舍内 NH_3 浓度有一定的作用。

周芬等[54]研究了不同比例抗菌肽替代抗生素对蛋鸡生长性能、血清免疫生化指标及肠道菌群的影响。试验选用 0 日龄蛋雏鸡 360 只，随机分为 3 组，即对照组（基础日粮中添加 333 g/t 的 15%金霉素，育成后期不添加）、抗菌肽低剂量组和高剂量组（基础日粮中分别添加 100 g/t 和 200 g/t 抗菌肽），每组 3 个重复，每个重复 40 只（公、母各半）。试验期为 110 d。试验分 3 个阶段：育雏期（0～42 d）、育成前期（43～70 d）和育成后期（71～110 d）。结果表明，各处理组的平均日增重和料重比差异不显著，抗菌肽组血清中 IgA 含量、血清总蛋白质水平显著高于抗生素组（$P<0.05$），IgM 和 IgG 含量也有提高的趋势（$P<0.1$）。育雏期和育成前期的抗菌肽组总抗氧化能力显著高于抗生素组（$P<0.05$），尿素氮水平显著低于抗生素组（$P<0.05$）；抗菌肽组肠道大肠杆菌数量有下降趋势（$P<0.1$），但乳酸杆菌数量无显著差异（$P>0.05$）。研究表明，在蛋鸡日粮中添加抗菌肽替代抗生素，对蛋鸡的生长有促进作用，能提高机体的免疫力和抗氧化能力，对维持肠道菌群平衡也有一定的积极作用。

（2）大豆肽。陈亮等[55]研究了大豆肽（大豆酶解蛋白）对蛋鸡产蛋性能和蛋品质的影响。试验选取 136 日龄健康罗曼粉初产蛋鸡 6 000 只，随机分为 4 组，每组 3 个重复，每个重复 500 只。分别饲喂添加 0、0.3%、0.6%、0.9%大豆酶解蛋白的饲料。试验期为 60 d。在试验的第 30 d 和第 60 d 进行蛋品质测定。结果表明，在产蛋性能方面，饲喂大豆肽 0.3%及以上，产蛋率及合格蛋率均有所提高，与对照组相比，差异显著（$P<0.05$）；饲料中添加大豆肽后对蛋重有提高的趋势，但差异不显著（$P>0.05$）。在蛋品质方面，试验第 30 d，添加 0.6%～0.9%的大豆肽组蛋壳厚度显著高于其余各处理组（$P<0.05$），添加 0.3%～0.9%的大豆肽组蛋黄颜色显著高于对照组（$P<0.05$）。试验第 60 d，0.6%～0.9%的大豆肽组蛋壳厚度、蛋壳强度、浓蛋白高度、哈氏单位显著高于其余各组（$P<0.05$）。随着大豆肽使用时间的延长，蛋壳质量和蛋新鲜度的改善幅度逐渐加大。综上所述，添加 0.3%以上大豆肽可提高合格蛋的数量和重量，添加 0.6%以上大豆肽可增加蛋壳厚度和强度，提高浓蛋白高度和哈氏单位。综合考虑大豆肽对产蛋性能和蛋品质的影响，以 0.6%添加水平的效果为佳。

6.2.2.2 肉鸡饲料中生物活性肽的应用研究进展

（1）抗菌肽。Wang 等[56]研究了肠杆菌肽 MccJ25 对肉鸡生长性能、免疫调节和肠道菌群的影响。将 3 120 只 1 日龄的雄性 AA 肉鸡随机分为 5 组，每组 12 个重复，每个重复 52 只，包括对照组、攻毒组（大肠杆菌和沙门菌攻毒，不添加 MccJ25）、抗菌肽组（0.5 mg/kg 和 1 mg/kg MccJ25）和抗生素组（20 mg/kg 硫酸黏杆菌素）。与对照组相比，攻毒组显著降低了肉仔鸡的体重，提高了料重比和死亡率（$P<0.05$），而肠杆菌肽 MccJ25 组增加了肉鸡试验全期的日增重。与攻毒组相比，MccJ25 组肉鸡全期的料重比显著降低（$P<0.05$）；粪便中总厌氧细菌（21 d 和 42 d）和大肠杆菌（21 d 和 42 d）数量显著减少，沙门菌感染率（21 d 和 42 d）显著降低（$P<0.05$）；十二指肠、空肠、回肠的绒毛高度以及十二指肠和空肠的绒毛高度与隐窝深度的比值均显著改善（$P<0.05$）；显著降低 TNF-α、IL-1β 和 IL-6 的浓度（$P<0.05$）。总之，日粮补充肠杆菌肽 MccJ25 有效改善了肉鸡的生产性能和炎症，并改善了粪便微生物群的组成。

sublancin 是由枯草芽孢杆菌 168 产生的含有 37 个氨基酸的抗菌肽。Wang 等[57]研究了其在体外和体内对产气荚膜梭菌的抑制作用。在体外研究中，抗菌肽 sublancin 对产气荚膜梭菌的最低抑菌浓度为 8 μmol/L，远高于抗生素林可霉素（0.281 μmol/L）。扫描电子显微镜显示，sublancin 破坏了产气荚膜梭菌的形态。在体内研究中，采用完全随机设计在肉鸡上进行了 28 d 的试验，将 252 只 1 日龄的鸡随机分为 6 组：未感染的对照组、被感染的阴性对照组、3 个感染组（分别在每升水中添加 2.88 mg、5.76 mg 或 11.52 mg 的抗菌肽 sublancin）、药物治疗阳性对照（感染并在每升水中补充 75 mg 的林可霉素）。在试验第 15～21 d 通过口服接种产气荚膜梭菌诱导在肉鸡中引起坏死性肠炎，此后，每天给予 sublancin 或林可霉素，持续 7 d。结果表明，在试验的第 15～21 d，产气荚膜梭菌感染导致肉仔鸡日增重显著降低（$P<0.05$）和料重比显著增加（$P<0.05$），盲肠中产气荚膜梭菌数量急剧增加（$P<0.05$）。抗菌肽 sublancin 或林可霉素的添加减少了盲肠产气荚膜梭菌计数（$P<0.05$），乳酸菌计数在林可霉素治疗组中有下降的趋势（$P=0.051$）。与经感染的对照肉鸡相比，在用 sublancin 或林可霉素处理的肉鸡中，十二指肠和空肠中的绒毛高度与隐窝深度的比值更高，十二指肠中的绒毛高度更高（$P<0.05$），此外降低了回肠中的 IL-1β、IL-6 和 TNF-α 水平（$P<0.05$）。总之，尽管抗菌肽 sublancin 在体外的最低抑菌浓度远高于林可霉素，但与林可霉素相比，在体内控制产气荚膜梭菌诱导的坏死性肠炎所需的 sublancin

更少。这些新发现表明，sublancin 可用作控制坏死性肠炎的抗菌剂。

穆洋等[58]研究了3种抗菌肽制剂对肉仔鸡生长性能和屠宰性能的影响，探讨了不同抗菌肽制剂替代抗生素的效果。试验选取1日龄AA肉仔鸡660只，采用单因素随机试验，共分为11组：2个对照组（空白对照组饲喂基础日粮，阳性对照组饲喂基础日粮+150 mg/kg土霉素）；试验组分别饲喂A（桑蚕昆虫肽）、B（天蚕昆虫肽）、C（昆虫杂合肽）3种抗菌肽，每种抗菌肽又分为3个水平（250 mg/kg、500 mg/kg 和 1 000 mg/kg），即9个试验组。试验期为6周。结果表明，日粮中添加不同水平、不同抗菌肽与对照组和抗生素组相比均显著提高肉仔鸡的平均日增重及屠宰率，并降低料重比（$P<0.05$）。在不同添加剂量方面，肉仔鸡日粮中添加1 000 mg/kg 的抗菌肽A3组或B3组，其日增重分别显著高于较低添加剂量的A1组、A2组或B1组、B2组（$P<0.05$），而抗菌肽C的添加量达到500 mg/kg以上时（C2组、C3组），其日增重显著高于C1组（$P<0.05$）。在试验全期，3种抗菌肽各自的不同添加水平间比较，肉仔鸡采食量均无显著差异（$P>0.05$），抗菌肽添加量越高的处理组料重比显著低于添加量低的组别（$P<0.05$）。随着肉仔鸡日粮中各种抗菌肽添加剂量的增大，其半净膛率均分别显著提高（$P<0.05$）。研究表明，抗菌肽可有效替代抗生素类药物在肉鸡生产中的使用，3种抗菌肽的添加剂量为250 mg/kg时即可取得良好的饲喂效果。

Hu 等[59]研究了抗菌肽对慢性热应激条件下肉鸡生长性能和小肠功能的影响。试验选取36只16日龄的AA肉鸡，随机分为3组：对照组、热应激组、热应激+抗菌肽组[0.2 mg/(d·只)]。结果表明，与热应激组相比，抗菌肽添加组肉鸡显示出更高的平均日增重和饲料效率（$P<0.05$），更少的组织学和超微结构损害（$P<0.05$），更大的绒毛高度和肠黏膜厚度（$P<0.05$），更高的碱性磷酸酶活性（$P<0.05$），更多的肠道上皮内淋巴细胞（$P<0.05$），更高的分泌IgA比例（$P<0.05$），更少的杯状细胞数（$P<0.05$），且热休克蛋白70和葡萄糖-6-磷酸酶的比例更低（$P<0.05$）。研究表明，抗菌肽可以通过减少热应激条件下肉鸡肠道损伤，维持正常的肠道结构、吸收功能和黏膜免疫力来有效抵抗慢性热应激的不利影响。

丁修良等[60]研究了抗菌肽 sublancin 对肉鸡生长性能、养分利用和盲肠菌群的影响。①试验1，选取432只1日龄爱拔益加肉公鸡，随机分为4组：对照组（饲喂不含抗生素的基础饲粮）、抗生素组（饲喂基础饲粮+20 mg/kg 硫酸黏杆菌素）、低剂量抗菌肽组（饲喂基础饲粮+150 mg/kg sublancin）和高剂量抗菌肽组（饲喂基础饲粮+300 mg/kg sublancin）。试验期为42 d。于试验第1 d、第21 d和第42 d时，对肉鸡称重、结料，计算平均日采食量、平均日增重和饲料转化率；于试验第21 d和第42 d时，每个重复随机抽取1只鸡，收集盲肠食糜用于分析盲肠菌群。②试验2，选取288只1日龄爱拔益加肉公鸡，随机分为3组：对照组（饲喂不含抗生素的基础饲粮）、抗生素组（饲喂基础饲粮+80 mg/kg金霉素）和抗菌肽组（饲喂基础饲粮+300 mg/kg sublancin）。试验期为28 d。于试验第1 d和第21 d，对肉鸡称重、结料，计算平均日采食量、平均日增重和饲料转化率；于试验第19～21 d收集粪尿，测定养分表观代谢率和氮沉积；于试验第22 d，每只肉鸡灌服1 mL大肠杆菌K88菌悬液（10^9 CFU/mL），第28 d时每个重复选取1只鸡，收集盲肠食糜用于分析盲肠菌群。结果表明，与对照组相比，饲粮中添加300 mg/kg 抗菌肽 sublancin 或 20 mg/kg 硫酸黏杆菌素显著提高试验前期、后期以及全期肉鸡的平均日增重和饲料转化率（$P<0.05$），并显著降低试验第21 d和第42 d肉鸡盲肠中大肠杆菌与总需氧菌数量（$P<0.05$）。

300 mg/kg sublancin 组与抗生素组肉鸡的生长性能无显著差异（$P>0.05$）。与对照组相比，饲粮添加 300 mg/kg 抗菌肽 sublancin 或 80 mg/kg 抗生素（金霉素）显著提高了粗蛋白质表观代谢率和氮沉积率（$P<0.05$）。抗菌肽组肉鸡的养分表观代谢率和氮沉积率与抗生素组没有显著差异（$P>0.05$）。抗菌肽组肉鸡的氮沉积量显著高于对照组和抗生素组（$P<0.05$）。与对照组相比，饲粮添加 300 mg/kg 抗菌肽 sublancin 或 80 mg/kg 抗生素（金霉素）显著降低了感染大肠杆菌 K88 肉鸡盲肠中大肠杆菌的数量（$P<0.05$），抗菌肽组与抗生素组之间无显著差异（$P>0.05$）。由此得出，抗菌肽 sublancin 用于肉鸡饲粮中抗生素替代物具有潜在的价值。饲粮中添加 300 mg/kg 抗菌肽 sublancin 可通过提高养分利用率，减少肠道有害细菌数量来提高肉鸡的生长性能。

王莉等[61]研究了天蚕素抗菌肽对 817 肉杂鸡生长性能和免疫功能的影响。选取 1 日龄 817 肉杂鸡 900 只，随机分为 5 组（对照组、抗生素组及 1 组、2 组、3 组），每组 6 个重复，每个重复 30 只。对照组饲喂基础日粮，抗生素组在基础日粮中添加 150 mg/kg 金霉素，1 组、2 组、3 组分别在基础日粮中添加 100 mg/kg、200 mg/kg 或 300 mg/kg 天蚕素抗菌肽。试验期为 42 d。结果表明，2 组、3 组能显著提高 1～21 日龄 817 肉杂鸡的平均日增重（$P<0.05$），显著降低料重比（$P<0.05$）；显著提高 21 日龄、42 日龄 817 肉杂鸡的胸腺、法氏囊和脾脏指数（$P<0.05$）；显著提高 42 日龄肉杂鸡的新城疫抗体水平和 T 淋巴细胞转化率（$P<0.05$）。研究表明，在日粮中添加天蚕素抗菌肽能提高 817 肉杂鸡的生长性能和免疫功能，在本试验条件下适宜的添加量为 200 mg/kg。

郭忠欣等[62]研究了抗菌肽不同添加水平对肉鸡生长性能、屠宰性能、肉品质和免疫功能的影响。将 120 只肉鸡随机分成 4 组（分别在肉鸡基础饲粮中添加 0、0.01%、0.05%、0.10%抗菌肽），每组 3 个重复，每个重复 10 只。试验期为 35 d。结果表明，与对照组相比，0.01%抗菌肽组肉鸡的平均日增重、肌肉 pH、血清 IgG 含量均显著升高（$P<0.05$），肌肉滴水损失率、烹煮损失率均显著降低（$P<0.05$）。与对照组相比，0.05%和 0.10%抗菌肽组肉鸡的末重、平均日增重、平均日采食量、屠宰率、半净膛率、腿肌率、肉色值（a^*）、pH、法氏囊指数、胸腺指数以及血清 IgA、IgG 和 IgM 含量均显著升高（$P<0.05$），料重比、肌肉滴水损失率、烹煮损失率均显著降低（$P<0.05$）。与 0.01%抗菌肽组相比，0.05%和 0.10%抗菌肽组肉鸡的末重、平均日增重、血清 IgG 含量均显著升高（$P<0.05$），肌肉滴水损失率、烹煮损失率均显著降低（$P<0.05$）。研究表明，肉鸡日粮中添加不同水平抗菌肽均可以改善肉鸡的生长性能、屠宰性能、肉品质和免疫功能，综合饲喂效果和经济效益，添加 0.1%的抗菌肽较为适宜。

（2）大豆肽。刘小飞等[63]研究了大豆肽对湘黄鸡生产性能、肉品质和经济效益的影响。试验选取 1 日龄湘黄鸡 240 只，随机分为 4 组，即 A 组（对照组，不添加大豆肽）、B 组（大豆肽 0.4%）、C 组（大豆肽 0.8%）、D 组（大豆肽 1.2%）。试验期为 42 d。结果表明，添加大豆肽可以提高湘黄鸡的日增重，降低料重比，其中 B 组和 C 组增重较佳，育雏结束时，平均体重分别为 350.06 g 和 349.00 g，显著高于 A 组和 D 组（$P<0.05$），料重比 C 组最低，为 2.49，显著低于 A 组和 D 组（$P<0.05$）；添加大豆肽可以提高湘黄鸡的屠宰率、全净膛率和胸肌率，其中 C 组和 D 组较高，显著高于 A 组和 B 组（$P<0.05$）；添加大豆肽可降低胸肌肌肉的滴水损失，滴水损失为 C 组<B 组<D 组<A 组；添加适量的大豆肽可提高湘黄鸡育雏期的经济效益，其中 B 组利润最高，为 5.62 元/只。综合生产性能、肉品质和经济

效益，在本试验条件下，大豆肽的适宜添加量为0.4%。

于维等[64]研究了大豆活性肽对肉鸡生长、血清激素以及抗氧化的影响。选用120只黄羽肉鸡，采用单因素随机试验设计，分成4组，每组6个重复，每个重复5只。处理组A饲喂基础日粮；处理组B、处理组C、处理组D分别饲喂基础日粮＋大豆活性肽0.2%、0.4%、0.6%（固态，含活性肽40 g/kg）。结果表明，随着大豆活性肽添加浓度的提高，黄羽肉鸡日增重加快，饲料利用率提高，处理组D（86.28%±0.05%）显著高于处理组A（79.73%±0.17%）（$P<0.05$）；大豆活性肽能有效地提高血清中激素的含量，特别是三碘甲状腺原氨酸（T3）的含量，处理组D比处理组A提高了20.67%（$P<0.05$）；大豆活性肽能有效地提高血清抗氧化能力，高浓度的处理组D比处理组A提高了16.66%（$P>0.05$）；血液中谷胱甘肽的含量有上升的趋势，高浓度的处理组D比处理A提高了17.05%（$P>0.05$）；血液中的丙二醛含量呈下降的趋势，处理组D比处理组A降低了36.45%（$P<0.01$）。在黄羽肉鸡饲料中添加大豆活性肽能够增加黄羽肉鸡饲料利用率，提高血清激素的含量和抗氧化能力，改善生产性能。

孟可爱等[65]研究了饲粮添加大豆肽对育雏鸡的饲养效果。选取360只1日龄健康湘黄鸡，随机分为4组，每组3个重复，每个重复30只。对照组（A组）饲喂基础日粮，B组、C组、D组分别在基础日粮中添加0.4%、0.8%、1.2%大豆肽，测定不同处理雏鸡的生产性能、免疫性能和血液生化指标。试验期为42 d。结果表明，添加大豆肽可以提高育雏鸡的日增重、降低料重比，其中B组和C组效果较佳。试验结束时，B组、C组平均体重分别为350.95 g和349.95 g，显著高于对照组（$P<0.05$）；C组料重比最低，为2.48，显著低于对照组（$P<0.05$）。添加大豆肽可以提高育雏鸡的免疫器官指数；添加大豆肽有提高育雏鸡血清钙含量，降低总胆固醇含量，提高血清碱性磷酸酶、谷丙转氨酶和谷草转氨酶活性的趋势。综上所述，大豆肽的适宜添加量为0.8%。

Fan等[66]研究了日粮添加大豆肽对肉鸡种鸡后代的免疫功能和生长性能的影响及其潜在机制。720只肉鸡种鸡分为3组：对照组（CON）、低大豆肽组（DLS，CON＋20 mg/kg大豆肽）、高大豆肽组（DHS，CON＋100 mg/kg大豆肽）。试验期为8周，在最后一周收集种蛋进行孵化。肉鸡种鸡后代接受基础日粮42 d，并在第21 d和第42 d时收集血液、肝脏和免疫器官。结果表明，低大豆肽组促进了种蛋的胚胎发育肉鸡，增加了生长激素水平，提高了肉鸡第21 d和第42 d的体重、采食量和胴体性状。此外，肉鸡的IgA和IgG浓度，抗体效价和抗氧化能力在第21 d时增加，B淋巴细胞分化在第42 d时增加。此外，低大豆肽组上调了后代胚胎和肌肉发育相关基因的表达，并调节了丝裂原活化蛋白激酶（MAPK）、转化生长因子-β（TGF-β）、活化B的核因子κ-轻链增强子细胞（NF-κB）和Toll样受体信号转导。高大豆肽组在第42 d时降低了肉鸡腹脂率，但并未显著影响胚胎发育、生长性能、IgA和IgG浓度。总之，向肉鸡种鸡日粮中添加20 mg/kg的大豆肽可以改善其后代的免疫功能和生长性能。

（3）地鳖肽。谢梦蕊等[67]研究了地鳖肽对氢化可的松诱导的氧化应激肉仔鸡生长性能、肉品质、脏器指数和抗氧化能力的影响。选用180只1日龄健康爱拔益加（AA）肉仔鸡，随机分为5组，分别为对照组、模型组（25 mg/L的氢化可的松）和3个地鳖肽组（0.4 g/kg、0.8 g/kg和1.6 g/kg BW），每组6个重复，每个重复6只。从第4 d开始，3个地鳖肽组在饮水中加地鳖肽至第21 d；从第8 d开始，除对照组外，其余各组均在饮水中加氢化可的松，连续 5 d。试验期为 21 d。结果表明：①14 日龄时，模型组肉仔鸡的血清皮质酮含量显著高于对照组和地鳖肽组（$P<0.05$）。②1～14 日龄时，与对照组相比，模型组肉仔鸡的平均日增重显著降低（$P<0.05$），料重比显著增加（$P<0.05$）；与模型组相比，地鳖肽组的料重比显著降低（$P<0.05$）。15～21 日龄时，模型组的日增重和平均日采食量显著低于对照组（$P<0.05$）。1～21 日龄时，模型组的日增重和平均日采食量显著低于对照组（$P<0.05$），料重比显著高于对照组（$P<0.05$）；与模型组相比，0.4 g/kg 和 1.6 g/kg BW 地鳖肽组的料重比显著降低（$P<0.05$）。③14 日龄时，与对照组相比，模型组肉仔鸡的胸肌 $pH_{45\,min}$ 和红度值（a^*）显著降低（$P<0.05$），胸肌、腿肌滴水损失显著升高（$P<0.05$）；与模型组相比，0.8 g/kg BW 地鳖肽组的胸肌 $pH_{45\,min}$ 显著升高（$P<0.05$），胸肌滴水损失显著降低（$P<0.05$），0.4 g/kg 和 1.6 g/kg BW 地鳖肽组的腿肌滴水损失显著降低（$P<0.05$）。21 日龄时，与模型组相比，0.4 g/kg BW 地鳖肽组的胸肌红度值（a^*）显著升高（$P<0.05$），胸肌滴水损失显著降低（$P<0.05$）。④14 日龄时，模型组肉仔鸡的脾脏、胸腺和法氏囊指数显著低于对照组（$P<0.05$）；21 日龄时，模型组的法氏囊指数显著低于对照组和 1.6 g/kg BW 地鳖肽组（$P<0.05$）。⑤14 日龄时，模型组肉仔鸡的肝脏和胸肌超氧化物歧化酶活性显著低于对照组（$P<0.05$），肝脏和胸肌谷胱甘肽过氧化物酶活性显著低于对照组和 0.4 g/kg BW 地鳖肽组（$P<0.05$），肝脏和胸肌过氧化氢酶活性显著低于对照组以及 0.8 g/kg 和 1.6 g/kg BW 地鳖肽组（$P<0.05$）。14 日龄和 21 日龄时，模型组的肝脏和胸肌丙二醛含量显著高于对照组（$P<0.05$）。研究表明，地鳖肽可有效缓解氧化应激状态下肉仔鸡的应激反应，促进肉仔鸡生长，改善肉品质，提高机体抗氧化能力。

（4）酶解蛋白肽。高春国等[68]研究了鱼蛋白酶解肽（肽含量为 6%，由鱼蛋白经特定酶系水解，并采用适当的载体保护小肽和其他活性分子后，经干燥制成。以下简称“寡肽”）对黄羽肉鸡的应用效果。将 825 只 3 日龄中速型岭南黄母雏随机分为 5 组，1～3 周龄阶段每组 3 个重复，每个重复 55 只；4～6 周龄阶段每组 4 个重复，每个重复 40 只；7～9 周龄阶段每组 4 个重复，每个重复 38 只。空白对照组饲粮中使用鱼粉，各试验组饲粮中分别添加 0.2%自制寡肽和商品寡肽用于替代 50%或 100%的鱼粉，各组饲粮营养水平保持一致，试验鸡自由采食与饮水。结果表明，在 1～3 周龄、7～9 周龄阶段，基础饲粮添加 0.2%寡肽对生产性能无显著改善作用（$P>0.05$），但在减少鱼粉或无鱼粉情况下添加肽制品能保持与对照组相近甚至更好的生产性能，表明寡肽制品可以替代部分甚至全部的鱼粉；在 4～6 周龄阶段，0.2%自制寡肽可显著或极显著提高日增重、采食量、料重比以及单位增重饲料成本（$P<0.05$），而商品寡肽无显著改善作用（$P>0.05$）。此外，除 4～6 周龄阶段饲料成本较低外，1～3 周龄、7～9 周龄阶段添加寡肽均增加了饲料成本。综上所述，在雏鸡、大鸡阶段，对照组基础饲粮添加 0.2%寡肽对生产性能无进一步改善作用，但在减少鱼粉或无鱼粉情况下添加寡肽能保持与对照组相近甚至更好的生产性能，表明由蛋白酶解制成的寡肽可以替代部分甚至全部鱼粉。

6.2.3 反刍动物饲料中生物活性肽的应用研究进展

6.2.3.1 牛饲料中生物活性肽的应用研究进展

牛饲料中饲用生物活性肽主要是大豆肽的应用研究。常兴发等[69]研究了复合小肽（主要成分为大豆肽）对泌乳前期奶牛生产性能及健康状况的影响。选择泌乳天数为 40 d 左右的中国荷斯坦奶牛 400 头，按照泌乳时间、产奶量和胎次基本一致的原则，分为对照组、试验 1 组、试验 2 组、试验 3 组，其中对照组饲喂基础日粮，试验 1 组、试验 2 组、试验 3 组分别按5 g/(d・头)、10 g/(d・头)、15 g/(d・头) 添加复合小肽。预试期为 7 d，正试期为 100 d。结果表明，在奶牛日粮中添加复合小肽，有提高产奶量的趋势，添加 10 g/(d・头) 对产奶量影响显著（$P<0.05$）；可以改善奶牛机体的健康状况，试验组血红蛋白含量均显著高于对照组（$P<0.05$），添加 10 g/(d・头) 试验组的白细胞、红细胞、淋巴细胞、单核细胞和中性粒细胞数量均显著高于其他组（$P<0.05$）。综合考虑，复合小肽在奶牛日粮中的适宜添加剂量为 10 g/(d・头)。

常兴发等[70]进一步研究了复合小肽（主要成分为大豆肽）对奶牛产奶后期生产性能及乳品质的影响。选择泌乳天数为 150 d 的中国荷斯坦奶牛 400 头，按照泌乳时间、产奶量和胎次基本一致的原则，分为对照组、试验 1 组、试验 2 组、试验 3 组，其中对照组饲喂基础日粮，试验组分别按 5 g/(d・头)、10 g/(d・头)、15 g/(d・头) 添加复合小肽。试验期为 90 d。结果表明，试验期间各组奶牛产奶量差异均不显著（$P>0.05$），但 10 g/(d・头) 添加组较其他组产奶量高，如泌乳第 240 d，10 g/(d・头) 添加组产奶量比其余 3 组分别高 4.91%、3.95%和 1.31%。根据平均日产奶量与泌乳时间的回归方程可知，在基础日粮中添加复合小肽均能明显减缓泌乳中末期泌乳量下降速度；且在试验范围内，当添加复合小肽的剂量为 10 g/(d・头) 时，泌乳量曲线下降速度最缓。在乳品质方面，添加复合小肽第 28 d，与对照组相比，5 g/(d・头)、10 g/(d・头) 添加组乳脂含量均极显著增加（$P<0.01$），15 g/(d・头) 添加组极显著下降；5 g/(d・头)、15 g/(d・头) 添加组乳蛋白含量均极显著增加（$P<0.01$），10 g/(d・头) 添加组与对照组相比差异不显著（$P>0.05$）。5 g/(d・头) 添加组非脂乳固体含量极显著增加（$P<0.01$），10 g/(d・头)、15 g/(d・头) 添加组与对照组相比均无明显差异（$P>0.05$）。3 个试验组乳糖含量均显著降低（$P<0.01$）；5 g/(d・头) 添加组全乳固体含量极显著增加（$P<0.01$），10 g/(d・头)、15 g/(d・头) 添加极显著降低（$P<0.01$）。研究表明，在泌乳牛日粮中添加复合小肽可以提高奶牛泌乳中后期的泌乳能力，提高乳品质，特别是可以提高乳脂和乳蛋白含量。综合考虑，复合小肽的适宜添加量为 10 g/(d・头)。

司丙文等[71]研究了复合小肽（主要由大豆肽，还包括其他植物源小肽）对奶牛产奶量、血清生化指标和营养物质消化率的影响。试验选用 80 头产奶量、泌乳天数和胎次相近的健康中国荷斯坦牛，随机分成 4 组，每组 20 头。对照组（A 组）饲喂基础日粮，B 组、C 组和 D 组在基础日粮中分别添加小肽 5 g/(d・头)、10 g/(d・头) 和 15 g/(d・头)。预饲期为 7 d，正试期为 60 d。结果表明，添加小肽提高了产奶量，C 组与 A 组相比，提高了 3.21 kg/d（$P<0.05$）；小肽的添加对乳脂率、乳蛋白率、乳糖率以及全乳固体物含量没有产生显著的影响（$P>0.05$）；乳中体细胞数随着小肽饲喂量的增加呈逐渐降低趋势（$P<0.1$）；小肽增强了奶牛机体免疫力，降低了乳体细胞数，B 组、C 组和 D 组血清中的 IgA 与 IgM 含量显著高于 A 组（$P<0.05$），但对抗氧化能力指标没有显著性影响（$P>0.05$）；C 组有机物和酸性洗涤纤维的表观消化率也显著高于 A 组（$P<0.05$）。在本试验条件下，综合考虑产奶量、血清生化指标和表观消化率等指标，小肽添加量为 10 g/(d・头) 时的效果最好。

吴丹丹等[72]研究了大豆肽对奶牛瘤胃微生物蛋白产量、产奶性能以及氮排泄的影响。选取年龄、体重、产奶量、乳成分及泌乳期［泌乳期为（45±15）d］相近的中国荷斯坦奶牛 40 头，分为 4 组，每组 10 头，对照组和试验 1 组、试验 2 组、试验 3 组分别补饲 0 g/(d·头)、50 g/(d·头)、100 g/(d·头）和 150 g/(d·头）大豆肽。预试期为 15 d，正试期为 60 d。结果表明：①试验组的瘤胃微生物蛋白产量显著高于对照组（$P<0.05$），试验 1 组、试验 2 组、试验 3 组分别比对照组提高 17.38%、22.94%、12.22%。②试验组产奶量显著高于对照组（$P<0.05$），试验 1 组、试验 2 组、试验 3 组分别比对照组提高 9.93%、12.64%、7.53%；大豆肽能显著提高乳脂率和乳蛋白率（$P<0.05$），显著降低乳体细胞数（$P<0.05$）（以试验 2 组最低）。③在氮总排泄量上，试验组显著低于对照组（$P<0.05$），试验 1 组、试验 2 组、试验 3 组分别降低 13.31%、15.01%、9.43%。在本试验条件下，综合考虑瘤胃微生物蛋白产量、产奶量、乳成分含量以及氮排泄量等指标，大豆肽最适添加量为 100 g/(d·头)。

Zhao 等[73]研究了大豆肽对公犊生长性能、血清代谢产物、营养物质消化率和粪便细菌群落的影响。在 60 d 的饲养研究中，使用了 20 只牛犊［体重为（138.9±12.1）kg］。将这些小牛按体重随机分为 4 组，分别补充大豆肽 0 mg/kg（对照组）、100 mg/kg、200 mg/kg 和 400 mg/kg 饲粮。结果表明，补充大豆肽可使犊牛平均日增重显著增加（$P<0.001$），且 400 mg/kg 组日增重（126.6 g/d）最高。在第 30 d，补充大豆肽有增加血清 IgM（$P=0.066$）和 IgA（$P=0.096$）水平的趋势，有降低血清硫代甲状腺素（$P=0.008$）和甲状腺素（$P=0.078$）水平的趋势；400 mg/kg 组的血清 IgG 水平最高（$P=0.002$），而高密度脂蛋白胆固醇浓度最低（$P=0.016$）。在第 60 d，补充大豆肽有降低血清葡萄糖浓度（$P=0.008$），增加总超氧化物歧化酶（$P=0.001$）和谷胱甘肽过氧化物酶（$P=0.058$）活性的趋势；添加量为 400 mg/kg 时，血清 IgM、生长激素和胰岛素样生长因子-Ⅰ水平分别较对照组提高了 17.0%（$P=0.002$）、18.8%（$P=0.014$）和 26.5%（$P=0.002$）。与对照组相比，补充大豆肽增加了粗蛋白的总表观消化率（$P=0.029$）。200 mg/kg 和 400 mg/kg 组增加或趋于增加属于脱硫弧菌属（$P=0.003$）、肽球菌（$P=0.046$）、肠小肠菌（$P=0.095$）、鲁米诺杆菌（$P=0.093$）等细菌的相对丰度，降低了拟杆菌 _ S24 - 7（$P=0.001$）和 *Parabacteroides*（$P=0.023$）的丰度。研究表明，在日粮中添加大豆肽可以增强犊牛的抗氧化和免疫能力，改变胃肠道微生物的数量，促进日粮蛋白质的消化，并提高犊牛的生长性能。

6.2.3.2 羊饲料中生物活性肽的应用研究进展

张智安等[74]研究了抗菌肽蜜蜂肽对育肥湖羊生长性能和瘤胃微生物区系的影响。试验选择健康、体重相近的湖羊公羔 180 只，随机分成 5 组，每组 6 个重复，每个重复 6 只。对照组饲喂基础饲粮，试验组分别在基础饲粮中添加 100 g/t、200 g/t、400 g/t 和 800 g/t 蜜蜂肽。预试期为 14 d，正试期为 63 d。结果表明：①400 g/t 组、800 g/t 组的第 42 d 和第 63 d 体重显著高于对照组和 100 g/t 组（$P<0.05$），200 g/t 组、400 g/t 组和 800 g/t 组的平均日增重显著高于对照组和 100 g/t 组（$P<0.05$），400 g/t 组的料重比显著低于对照组（$P<0.05$）。②各组之间瘤胃液总挥发性脂肪酸含量无显著差异（$P<0.05$）。400 g/t 组的瘤胃液乙酸比例显著高于对照组（$P<0.05$），而丙酸比例显著低于对照组（$P<0.05$）。400 g/t 组的瘤胃液乙酸与丙酸的比值显著高于对照组（$P<0.05$）。③100 g/t 组、200 g/t 组和 400 g/t 组的瘤胃反刍兽新月单胞菌数量显著高于对照组（$P<0.05$），200 g/t 组的瘤胃普雷沃氏菌数

量显著高于对照组（$P<0.05$），400 g/t 组和 800 g/t 组的瘤胃产琥珀酸丝状杆菌数量显著低于对照组和 100 g/t 组（$P<0.05$），200 g/t 组和 400 g/t 组的瘤胃嗜淀粉瘤胃杆菌数量显著高于对照组和 100 g/t 组（$P<0.05$）。④400 g/t 组和 800 g/t 组的瘤胃厚壁菌门丰度显著高于 200 g/t 组（$P<0.05$），800 g/t 组的瘤胃丁酸弧菌属 _ 2 丰度显著高于对照组和 200 g/t 组（$P<0.05$），800 g/t 组的瘤胃毛螺菌科 _ NK3 A20 丰度显著高于其他各组（$P<0.05$），400 g/t组的瘤胃瘤胃球菌属 _ 2 丰度显著高于对照组和 200 g/t 组（$P<0.05$）。综上所述，在饲粮中添加蜜蜂肽有利于育肥湖羊生长性能的提高，并且可以调节瘤胃微生物区系和发酵模式。

刘靖康等[75]研究了抗菌肽 CC31 对早期断奶羔羊生长性能、养分消化率和血液生化指标的影响。试验采用单因素设计，选取 48 只 7 日龄公羔羊，根据体重相近原则平均分为 4 组，每组 3 个重复，每个重复 4 只。对照组饲喂基础日粮，抗生素组饲喂基础日粮＋300 mg/kg 金霉素，三倍体组饲喂基础日粮＋300 mg/kg 三倍体抗菌肽 CC31，单倍体组饲喂基础日粮＋300 mg/kg 单倍体抗菌肽 CC31。试验全期饲喂代乳粉，自由采食开食料。预试期为7 d，正试期为 28 d，测定羔羊生长性能、养分消化率和血液生化指标。结果表明，在日粮中添加抗菌肽可以显著提高羔羊日增重（$P<0.05$），降低料重比；可提高粗蛋白和干物质的养分利用率，促进机体对蛋白的吸收；提高血清球蛋白含量，增强机体免疫力。

6.2.4 水产动物饲料中生物活性肽的应用研究进展

（1）抗菌肽。覃志彪等[76]研究了抗菌肽对凡纳滨对虾生长性能和机体成分的影响。以凡纳滨对虾虾苗为试验动物，在育苗池内进行养殖试验，分别在基础饵料中添加 1.0 mL/kg（1 号组）、3.0 mL/kg（2 号组）、5.0 mL/kg（3 号组）、8.0 mL/kg（4 号组）和 12.0 mL/kg（5 号组）的抗菌肽（液态），以不添加抗菌肽为对照，每组 3 个重复，对比不同水平抗菌肽对凡纳滨对虾生长性能和机体营养成分的影响。结果表明，投喂 40 d 后，抗菌肽对凡纳滨对虾的增重率、成活率、体长增长率及粗蛋白、粗脂肪和磷含量均有显著影响（$P<0.05$）。4 号组和 5 号组凡纳滨对虾的增重率和体长增长率最高，显著高于其他各组（$P<0.05$）；2～5 号组的凡纳滨对虾成活率均达 100%，显著高于对照组（$P<0.05$）；4 号组、5 号组凡纳滨对虾的粗蛋白含量显著高于对照组和 1 号组、2 号组（$P<0.05$）；3 号组、4 号组、5 号组粗脂肪含量及各试验组磷含量均显著低于对照组（$P<0.05$）。抗菌肽对凡纳滨对虾的饵料系数以及水分、粗灰分和钙含量则无显著影响（$P>0.05$）。研究表明，在饵料中添加抗菌肽可提高凡纳滨对虾虾苗的增重率和成活率，并适当改善凡纳滨对虾营养品质，以添加量为 5.0～8.0 mL/kg 的效果最佳。

Gyan 等[77]研究了不同水平抗菌肽（0、0.1%、0.2%、0.4%、0.6%和 1%）对凡纳滨对虾生长、血清生化指标和抗氧化指标、饲料利用和抵抗力的影响。试验中每组 4 个重复（平均体重为 0.21 g），试验期为 8 周。与对照组相比，随着抗菌肽组添加量的增加，观察到体重、体增重、存活率和特定生长率均存在先上升后下降的变化（$P<0.05$），均在 0.4%抗菌肽组获得最高值，且 0.4%抗菌肽组具有最低的料重比（1.46，$P<0.05$）；虾体中水分、粗蛋白和灰分含量方面未观察到显著差异，但粗脂肪含量显著增加（$P<0.05$）。抗菌肽的添加对血清中的酸性磷酸酶、碱性磷酸酶、多酚氧化酶、甘油三酯、葡萄糖和总胆固醇含量均有影响，且总抗氧化能力、谷胱甘肽过氧化物酶、过氧化氢酶、超氧化物歧化酶和丙二醛指标也得到了明显改善。同时，在细菌感染后，抗菌肽的添加使虾的抵抗力增加，其中

0.4%组虾具有最低的死亡率（37%）。研究表明，在虾饲料中添加0.4%的抗菌肽可以改善凡纳滨对虾的生长性能、抗氧化剂能力和先天免疫反应。

黄小红等[78]在草鱼饲料中添加天蚕素抗菌肽以研究其对草鱼生长性能的影响。试验选用健康、体重相近［(56.25±2.26) g/尾］的草鱼420尾，随机分成4组，分别在基础饲料中添加天蚕素0 mg/kg、300 mg/kg、400 mg/kg和500 mg/kg。试验期为49 d。结果表明，饲料添加天蚕素抗菌肽草鱼增重较快，与对照组相比，饲料添加不同水平的天蚕素增重率和特定生长率均有升高趋势，添加500 mg/kg天蚕素组末均重、增重率、特定生长率均显著高于对照组（$P<0.05$），分别提高了8.47%、35.05%、25.72%。添加300 mg/kg、400 mg/kg和500 mg/kg天蚕素组饵料系数与对照组相比，分别降低了14.9%、9.78%、11.23%，但差异不显著（$P>0.05$）。综合各项指标，建议添加量为500 mg/kg。

Hu等[79]研究了蝎源抗菌肽IsCT对草鱼生长和肠道免疫功能的影响。选用540尾草鱼苗［体重为(136.88±0.72) g］随机分为6组，在基础饲料中分别添加0 mg/kg、0.6 mg/kg、1.2 mg/kg、1.8 mg/kg、2.4 mg/kg、3.0 mg/kg的蝎源抗菌肽IsCT。饲喂60 d后，每组挑选24尾草鱼腹腔注射1.0 mL 1.41×10^8 CFU/mL的嗜水气单胞菌进行感染，连续注射6 d。结果表明：①适当补充抗菌肽可有效提高草鱼的生长性能，并增强肠炎抵抗力。通过二次回归分析，计算出生长草鱼（136.88～507.78 g）的最佳抗菌肽IsCT添加剂量分别为1.52 mg/kg和2.00 mg/kg。②通过提高免疫物质（如酸性磷酸酶）活性和表达水平来提高草鱼肠道免疫力。③通过上调抗炎细胞因子基因表达和下调促炎细胞因子来减弱鱼肠道炎症反应，这些细胞因子可能与JAKs/STATs信号通路有关。然而，抗菌肽的添加并未改变鱼肠中*STAT2*和*STAT3a*基因的表达。总之，本研究提供了抗菌肽增强鱼类生长性能和改善肠道免疫功能的证据，并系统地研究了其相关通路（JAKs/STATs信号通路）。

Zhai等[80]研究了日粮补充抗菌肽对橙斑石斑鱼幼鱼生长性能、肠道消化酶活性和血清生化参数的影响。试验将360尾鱼随机分为6组，每组4个重复，每个重复15尾。各处理组日粮中抗菌肽水平分别为0 mg/kg（对照组）、25 mg/kg、50 mg/kg、100 mg/kg、150 mg/kg和200 mg/kg。试验期为8周。与对照组相比，添加100 mg/kg抗菌肽能显著改善鱼的最终体重、增重率和饲料转化率（$P<0.05$）。对照组和所有抗菌肽组之间的喂养率与存活率均无显著差异（$P>0.05$）。50 mg/kg、100 mg/kg和150 mg/kg抗菌肽组鱼的肠道蛋白酶与脂肪酶活性显著高于对照组（$P<0.05$）。添加抗菌肽对淀粉酶活性没有显著影响（$P>0.05$）。100 mg/kg、150 mg/kg、200 mg/kg抗菌肽组的血清尿素氮水平、酸性磷酸酶和碱性磷酸酶活性均得到明显改善（$P<0.05$），100 mg/kg抗菌肽组的白蛋白水平显著高于对照组（$P<0.05$），50 mg/kg、100 mg/kg和150 mg/kg抗菌肽组的溶菌酶活性显著高于对照组（$P<0.05$）。综上所述，通过在日粮中添加适当的抗菌肽可以有效提高橙斑石斑鱼幼鱼的生长性能、肠道消化酶活性和部分血清生化参数。

Wang等[81]研究了抗菌肽对彭泽鲫生长性能、抗氧化性能和免疫等的影响。试验选用630尾健康彭泽鲫随机分为6组，分别在基础饲料中添加0 mg/kg、100 mg/kg、200 mg/kg、400 mg/kg、800 mg/kg和1 600 mg/kg的抗菌肽。试验期为10周。结果表明，100 mg/kg和200 mg/kg抗菌肽组鱼的末重、增重率和比生长率均高于对照组，且100 mg/kg组显著高于对照组（$P<0.05$），而400 mg/kg抗菌肽组的末重、增重率和比生长率均显著低于对照组。与对照

组相比，100 mg/kg 和 200 mg/kg 抗菌肽组鱼的糜蛋白酶、脂肪酶与淀粉酶活性显著上调（$P<0.05$）。抗菌肽组 T-AOC 和 SOD 活性（200 mg/kg 和 800 mg/kg 组除外）高于对照组，400 mg/kg 组达到显著水平（$P<0.05$）。400 mg/kg 以上的 3 个抗菌肽组彭泽鲫的器官中 TLR-4、MYD88 和 TNF-α 的表达水平显著低于对照组和其他 2 个低剂量组（$P<0.05$），且 400 mg/kg 组的含量最高。研究表明，添加适量的抗菌肽可提高彭泽鲫鱼的生长性能和抗氧化及免疫能力。

张莉等[82]研究了抗菌肽对加州鲈鱼生长性能的影响。试验选用健康无病的加州鲈鱼，随机分为 5 组，分别在基础饲料中添加 0 mg/kg、80 mg/kg、120 mg/kg、160 mg/kg、200 mg/kg 抗菌肽。试验期为 8 周。结果表明，加州鲈鱼饲料中添加一定量的抗菌肽显著提高加州鲈鱼的增重率、特定生长率、饵料系数和存活率。160 mg/kg 抗菌肽组加州鲈鱼增重率达到最高水平（477.28%），显著高于其他各组的增重率（$P<0.05$）；120 mg/kg 抗菌肽组加州鲈鱼特定增长率最高，明显高于其他各组（$P<0.05$）。饲料中添加 200 mg/kg 抗菌肽，显著提高了鱼的肝体比和脏体比（$P<0.05$）。添加一定量的抗菌肽显著提高了加州鲈鱼粗蛋白质、水分和粗灰分含量，降低加州鲈的粗脂肪含量。综合各类指标分析，加州鲈鱼中饲料添加量以 160 mg/kg 为宜。

（2）大豆肽。李宇生[83]研究了大豆肽对黄颡鱼、异育银鲫生长及抗病水平的影响。试验选取 20 g 左右的黄颡鱼、异育银鲫，共分为 9 组，其中黄颡鱼 5 个处理组：对照组以及大豆肽 5%、20%、35%、50%替代鱼粉；异育银鲫 4 个处理组：对照组以及大豆肽 10%、30%、50%替代鱼粉。结果表明：①黄颡鱼 5 个处理组的增重率和饵料系数均出现差异性。大豆肽替代基础饵料中鱼粉对黄颡鱼增重率和饵料系数的影响均差异显著（$P<0.05$），50%替代鱼粉对黄颡鱼增长率促进和饵料系数效果最明显，大豆肽替代 35%鱼粉效果最不明显。而大豆肽替代鲫鱼基础饵料中鱼粉对其增重率和降低饵料系数影响差异性均不显著（$P>0.05$）。②嗜水气单胞菌对黄颡鱼攻毒处理结果，大豆肽替代黄颡鱼基础饵料中鱼粉攻毒试验结果中的死亡率差异性虽然均不显著，但黄颡鱼死亡率出现差异性的第 2 d、第 3 d，50%、35%替代组的死亡率均低于对照组。大豆肽在替换黄颡鱼基础饵料 50%鱼粉时黄颡鱼平均增长率为 220%，平均饵料系数为 1.33，与对照组相比效果明显，且能够提高该处理组试验鱼的免疫水平。而 20%、5%替代组与对照组相比，养殖效果相对较差。整个鲫鱼组养殖试验结果试验组与对照组相比均无显著差异，且用大豆肽替代鱼粉后，鲫鱼免疫力没有显著性改变。本试验过程中大豆肽添加量较高（最高可替代 50%鱼粉）的主要原因可能是试验所用大豆肽产品中生物活性肽含量较低。

同样的，敬庭森等[84]也研究了大豆肽替代鱼粉对黄颡鱼生长性能、体成分、消化酶活性和抗氧化功能的影响。将黄颡鱼随机分为 4 组，即对照组（30%鱼粉）以及大豆肽替代鱼粉 17%组、33%组、50%组，每组 4 个重复，每个重复 30 尾。试验期为 80 d。结果表明，33%替代组增重率显著高于对照组（$P<0.05$）；50%替代组饵料系数显著高于对照组和其他试验组（$P<0.05$），增重率、特定生长率及蛋白质效率显著低于对照组和其他试验组（$P<0.05$）。当大豆小肽蛋白替代鱼粉水平从 33%升高至 50%时，鱼体粗脂肪含量显著降低（$P<0.05$）。各替代组肠脂肪酶和肠淀粉酶活性显著高于对照组（$P<0.05$），33%替代组和 50%替代组胃淀粉酶显著高于对照组（$P<0.05$）。研究表明，黄颡鱼配合饲料中鱼粉替代量小于 33%时，黄颡鱼生长性能最佳，且对鱼体肝脏抗氧化功能无不利影响。

钟国防等[84]研究了大豆肽替代凡纳滨对虾饲料中的鱼粉对虾生长性能、消化酶活性及肠道组织结构的影响。挑选健康凡纳滨对虾［初重为（1.53±0.36）g］在网箱中养殖50 d，随机分为6组，大豆肽替代鱼粉的比例分别为0、10%、20%、30%、40%和100%，每组3个重复。结果表明，与对照组相比，大豆肽替代鱼粉量小于20%时，凡纳滨对虾的增重率、特定生长率和饲料转化率均无显著差异（$P>0.05$），但替代量超过20%时成活率显著降低（$P<0.05$）。不同大豆肽组显著降低凡纳滨对虾肝胰腺中淀粉酶活性（$P<0.05$），但各组间胰蛋白酶和脂肪酶活性差异并不显著（$P>0.05$）。大豆肽对凡纳滨对虾肠组织中淀粉酶活性影响不显著（$P>0.05$），但胰蛋白酶和脂肪酶活性随着大豆肽替代量的增加呈先上升后下降的趋势。大豆肽对凡纳滨对虾肠组织结构影响显著（$P<0.05$），肠绒毛高度、宽度随着鱼粉替代量的增加呈现出先上升后下降的趋势，且100%替代组会损伤肠组织绒毛，导致绒毛长度显著缩短（$P<0.05$）。研究表明，大豆肽替代20%以内的鱼粉对凡纳滨对虾生长性能、消化酶活性和肠组织均无不良影响，但替代100%鱼粉会损伤小肠组织。

（3）酶解蛋白肽。主要包括由虾或鱼为原料经酶解等工艺制成的酶解蛋白肽。

黄忠等[86]研究了2种蛋白水平的饲料中添加虾蛋白肽对珍珠龙胆石斑鱼幼鱼生长性能和抗氧化指标的影响。设计6种饲料，以440 g/kg、480 g/kg 2种饲料蛋白与0 g/kg、10 g/kg和20 g/kg 3种虾蛋白肽添加量配制。结果表明，在相同蛋白水平下，石斑鱼的终末均重和增重率均随着虾蛋白肽水平的上升而先上升后下降，10 g/kg虾蛋白肽组显著高于0 g/kg虾蛋白肽组和20 g/kg虾蛋白肽组；当虾蛋白肽添加量相同时，480 g/kg饲料蛋白组显著高于440 g/kg饲料蛋白组。蛋白质效率、肌肉粗蛋白和粗脂肪含量、血清谷丙转氨酶和谷草转氨酶活性、肝脏总抗氧化能力和过氧化氢酶活性的变化规律与增重率类似。饵料系数、血糖含量和肝脏丙二醛含量的变化规律则与之相反。研究表明，在不同蛋白水平的饲料中添加虾蛋白肽均能促进珍珠龙胆石斑鱼幼鱼的生长，并提高其抗氧化能力，但添加量过高会产生抑制作用。因此，虾蛋白肽适宜添加量为10 g/kg。

Wang等[87]探讨了南美白对虾日粮中鱼蛋白酶解肽（由鳕鱼经酶解、固液分离、过滤纯化和冻干后制得，含粗蛋白64.5%、总氨基酸51%，其中2～3肽占40%以上，制成浅棕色粉末）替代鱼粉的可行性，研究了鱼蛋白酶解肽替代鱼粉对南美白对虾生长性能、体组成、非特异性免疫和水质的影响。选取720只初重为（1.46±0.78）g的南美白对虾随机分为4组：鱼蛋白酶解肽分别替代0（对照组）、33.3%（1/3BPs组）、66.7%（2/3BPs组）和100%（3/3BPs组）的鱼粉。试验期为56 d。结果表明：①与对照组相比，1/3BPs组、2/3BPs组和3/3BPs组虾的体重增加率显著提高（$P<0.05$），但存活率和饲料转化率无显著性差异（$P>0.05$）；②各组之间虾体的粗蛋白和粗脂质含量差异显著（$P<0.05$），而灰分和磷含量之间无显著差异（$P>0.05$）；③鱼蛋白酶解肽的添加显著提高了酸水平磷酸酯酶、溶菌酶、超氧化物歧化酶、苯酚氧化酶和抗菌活性（$P<0.05$）；④在水质方面，pH和溶解氧没有显著差异（$P>0.05$），此外，水中硝酸盐和铵盐含量随着时间延长有增加的趋势，但各组之间无显著性差异（$P>0.05$）。研究表明，在南美白对虾日粮中添加鱼蛋白酶解肽能够有效促进虾的生长性能和提高免疫力，且日粮中的鱼蛋白酶解肽对水质没有负面影响。

6.3 国外相关研究进展

胰泌素是人类第一个发现的多肽物质，由伦敦医学院相关学者于 1902 年在动物胃肠里发现的[27]。从发现第一个多肽到当今肽逐渐产业化已经有 100 多年的历史，其间大量研究报道证明肽类物质具有多种生物学功能。

国外的生物活性肽在可食用或可产蛋的禽类中研究较多。Salavati 等[88]研究了芝麻肽和甘露寡糖替代抗生素对肉鸡生长性能、器官、肠道菌群的影响。结果表明，日粮中添加 100 mg/kg芝麻肽或甘露寡糖显著提高了肉鸡的体重，且添加 100 mg/kg 芝麻肽显著改善了肉鸡的料重比。此外，添加抗生素和 100 mg/kg 芝麻肽均增加了肉鸡盲肠乳杆菌数量，并降低大肠杆菌的活细胞计数。在肠道形态方面，与对照日粮相比，添加抗生素、甘露寡糖、100 mg/kg 或 150 mg/kg 芝麻肽的肠道绒毛长度更长。研究表明，芝麻肽补充剂对肉鸡的生长性能、肠道菌群和肠道形态的积极影响是显而易见的。2019 年，Osho 等[89]研究了球虫感染条件下大豆肽对肉鸡的作用。结果表明，日粮中添加大豆肽改善了肉鸡的生长性能、营养物质消化率和空肠形态。此外，大豆肽的添加减轻了球虫感染的负面影响，这与其提高了肉鸡的健康水平有关。Karimzadeh 等[90]研究了肉鸡饲料中添加不同水平的油菜籽肽对肉鸡生长性能、血液代谢和抗氧化活性的影响，发现随着油菜籽肽添加水平的升高，肉鸡日增重线性提高，料重比线性下降，血清溶菌酶、超氧化物歧化酶活性和 IgM 水平线性提高，且血清胆固醇和甘油三酯浓度线性下降，血清总蛋白、磷和钙的含量线性升高。研究表明，添加油菜籽肽可提高肉鸡的生长性能，改善血液代谢和抗氧化活性。此外，Daneshmand 等[91]研究了抗菌肽 cLF36 对大肠杆菌感染的肉鸡生长性能和肠道组织病理学变化的影响。结果表明，与大肠杆菌攻毒组相比，日粮中添加 20 mg/kg 抗菌肽改善了肉鸡的生长性能和空肠形态，效果与 45 mg/kg 抗生素相似。同时，抗菌肽不仅减少了肠道中大肠杆菌的数量，还增加了乳酸杆菌的数量，并改善免疫细胞的基因表达和上调了紧密连接蛋白的表达。总而言之，抗菌肽 cLF36 有效改善了因大肠杆菌攻毒引起的负面影响，肉鸡生长性能与抗生素组相近，且在改善肠道菌群形态上的效果更佳，表明抗菌肽可作为饲用抗生素的潜在有效替代品。

仔猪由于肠道功能发育不完善，在受到应激（断奶、细菌感染、环境变化等因素）时易产生采食下降、消化吸收不全、生长受阻、腹泻，甚至是死亡等现象。因此，开发生物活性肽以改善仔猪肠道功能和促进生长显得尤为重要。2018 年，Tsai 等[92]研究了生物活性肽（由鱼和猪肉发酵获得）、氧化锌和嗜酸乳杆菌对断奶仔猪的饲喂效果，与对照组相比，生物活性肽组＋氧化锌和生物活性肽＋嗜酸乳杆菌＋氧化锌组均提高了仔猪的日增重和饲料转化效率，表明生物活性肽可以与氧化锌和嗜酸乳杆菌结合使用来代替保育猪日粮中的血浆蛋白，而不会影响生长性能。2019 年，Poudel 等[93]研究了生物活性肽对早期断奶仔猪［初重为（5.9±0.1）kg］生长性能和粪便微生物的影响。结果表明，虽然日粮添加生物活性肽对仔猪试验末重、日增重、采食量和料重比均没有显著影响，但显著改善了粪便微生物组成。Słupecka－Ziemilska 等[94]研究表明，新生仔猪在代乳粉饲喂条件下，添加生物活性肽（肠抑素）可以增加仔猪肠道收缩频率，说明其在仔猪肠道收缩力调节中具有重要作用。

生物活性肽在反刍动物、水产养殖动物中研究报道相对较少。Chashnidel 等[95]研究了益生元和生物活性肽对羔羊生长性能与血液参数的影响。结果表明，在 70 d 试验结束时，在日粮中补充 1.5 g/(d·头) 的益生元和 2.0 g/(d·头) 的生物活性肽均显著提高了羔羊的采食量和日增重；相对而言，1.5 g/(d·头) 益生元添加组可更加有效地改善羔羊的免疫功能，血清 IgG 含量最高。2019 年，日本学者 Linh 等[96]研究了鸡蛋蛋黄提取生物活性肽对日本对虾的效果。结果表明，在细菌感染情况下，饲料添加生物活性肽组对虾的成活率为 69%，远高于感染组的 18%。进一步研究发现，这可能是由于生物活性肽提高了对虾的总血细胞数和酚氧化酶活性，继而提高了对虾耐受性。

6.4 应用前景展望

生物活性肽不仅具有极强的活性和广泛的多样性，而且来源丰富、成本低、安全性好、便于工业化生产。以畜禽和水产养殖动物来源生物活性肽为例，畜禽屠宰加工会产生大量人类消费不需要的组织（占体重的 30%～40%），包括内脏、屠体、骨头（占体重的 20%～30%）、脂肪、皮、脚、小肠组织（占体重的 2%）、羽毛（占体重的 10%）和可收集的血液（占体重的 5%）。据推算，全球人类不可食用的畜禽副产品约为 540 亿千克/年[95~97]。同样，鱼类加工业也会产生大量废物（占体重的 55%）。例如，精肉修整（15%～20%）、皮和鳍（1%～3%）、骨头（9%～15%）、鱼头（9%～12%）、内脏（12%～18%）和鱼鳞，全球人类不可食用的鱼副产品约为 60 亿千克/年[97~99]。全球每年畜禽和水产养殖业、加工业产生的动物副产品总量每年约为 600 亿千克，仅少量利用生产生物活性肽并应用到畜牧生产中，将产生巨大的经济价值。

6.4.1 存在的问题

近年来，国内外生物活性肽在饲料和养殖领域应用的关注度越来越高，生物活性肽已广泛应用于农业、医药、食品等诸多领域。然而，生物活性肽的研究和应用还存在如下问题。

(1) 取得官方许可较难。生物活性肽已被证明可改善猪、家禽、反刍动物和水产养殖动物的免疫力、抗氧化能力、肠道健康等，但能否获批农业农村部新饲料添加剂证书是阻碍生物活性肽广泛应用于养殖领域的一大关键问题。目前，我国只批准了枯草三十七肽和腺苷七肽两种生物活性肽，且仅能分别用于肉鸡和断奶仔猪。此外，批准了酪蛋白磷酸肽和酪蛋白钙肽两种生物活性肽可用于犬、猫。未来继续加强生物活性肽新饲料添加剂产品的开发，挖掘新的功能性强的生物活性肽，拓宽生物活性肽资源。例如，加强海洋生物活性物质资源学研究，开展生物活性肽的生物学功能和应用研究，加快生物活性肽新饲料添加剂产品的申报。

(2) 生物活性肽制备工艺落后，生产成本高。目前，国内外生物活性肽产品主要通过分离、纯化天然活性肽，酸或碱水解蛋白质，蛋白水解酶处理，微生物发酵，化学合成和基因重组技术等途径获得，每种方法都存在一定的限制性。例如，提取法因大量使用酸碱易造成环境污染问题，化学合成法价格昂贵，酶水解法工业水解酶种类少、加工工艺不完善，基因重组技术存在生物安全风险，以及生产规模不足难以满足日益增长的市场需求等种种问题。生物活性肽制备工艺落后、生产成本过高，极大地限制了生物活性肽在畜禽和水产养殖领域的应用推广。因此，寻找来源丰富的生物活性肽生产原料，加强生物活性肽制备工艺研究，降低生物活性肽生产成本是推动其广泛应用于畜禽和水产养殖的重要路径。

（3）生物活性肽的作用及其机制尚不完全清楚。对生物活性肽的吸收、转运、代谢机制和生理意义，以及生物活性肽对畜禽的营养和生理作用及其机制尚不完全清楚。

（4）生物活性肽缺乏产品质量评价标准。生物活性肽的营养价值取决于产品中游离氨基酸、小肽和多肽的组成以及产品组分的稳定性，但目前市售的动植物蛋白分解的生物活性肽产品常缺乏上述信息或数据，导致生物活性肽产品质量不稳定；生物活性肽的分子组成和结构复杂多样，缺少相应的标准物质，在其产品鉴定、含量测定及质量控制上存在较大困难，质量评价标准体系缺乏。

6.4.2 研究方向展望

随着对生物活性肽研究的不断深入，畜禽、水产、宠物行业对于生物活性肽的功能有了更深了解。在饲用抗生素禁用的时代背景下，对具有多种生物活性的生物活性肽的需求持续提升。同时，我国丰富的昆虫、两栖动物、畜禽水产动物及其产品、大豆等动植物资源，以及细菌、真菌等微生物资源为我国生物活性肽的发展提供了坚实的基础条件。针对目前生物活性肽发展中存在的成本高、作用机制不清、加工工艺落后、产品质量不稳定、官方许可缺乏等问题，今后可加强以下几个方面的研究。

（1）加强生物活性肽制备工艺的研究。现有提取法制备生物活性肽的工艺流程耗时久、能耗高、提取率低，且多涉及大量酸碱使用，易产生环境污染；化学合成法操作烦琐，经济消耗较大；基因重组法只能合成大分子肽类和蛋白质，对小肽不适用，且目的片段结构不明确的多肽无法合成。酶法水解和微生物发酵法优势明显、前景广阔，但酶法水解酶解时间长、工业酶种类少，微生物发酵法产物纯化比较困难。总之，现有生物活性肽制备工艺不完善，应加快生物活性肽的定向酶解技术开发，包括高效、专一性强的酶种选育，复合酶系开发，微生物的脱苦、分离、纯化和研究，酶解工艺改进技术等；加快功能性肽的分离技术开发，包括新型高效分离设备和分离工艺以及下游精制技术，提升生物活性肽生产效率及规模，降低生产成本。

（2）加快生物活性肽质量标准和检测方法研究。我国在生物活性肽质量标准和检测方法方面还缺乏系统研究，导致产品质量不稳定、成分不明晰，需要加大对产品质量评价方法研究。例如，开展生物活性肽的结构序列解析工作，通过 HPLC 和质谱法获取生物活性肽的组成结构。研制相应的标准物质，开发生物活性肽的含量检测方法，建立灵敏度高、简单易行的目标肽活性分析技术及检测体系。

（3）深入开展生物活性肽生物活性、在体内代谢过程和作用机制的研究。目前，国内外研究热点多集中在各种生物活性肽对养殖动物饲喂效果的验证，但是缺乏具有创新性的全面评估与深入机制研究。一些新的试验技术和方法的应用，如现代组学技术、CRISPR/Cas9 基因敲除技术、Ussing chamber 技术等，为生物活性肽作用机制的研究提供重要技术手段。例如，使用 Ussing chamber 等获得生物活性肽跨小肠转运效率，了解其在动物机体中的吸收、转运和代谢过程；进一步开展生物活性肽的生理功能、释放机制、受体结合，以及降解失活及类似物的结构和活性关系方面的研究。

（4）加强生物活性肽在减抗替抗、消减耐药等方面功效的研究与应用。研究表明，生物活性肽可以增强畜禽和水产动物的免疫功能、提高机体抗氧化能力、改善肠道菌群平衡等，进而提高动物生长性能和饲料利用效率。在特定条件下，与某些抗生素相比，生物活性肽的作用基本相当。虽然生物活性肽具有良好的替抗应用前景，但仍有许多问题有待解决，如替代时间和剂量选择等。因此，构建基于生物活性肽对靶动物有效性、安全性评价体系和肽片段功能分析的构效关系数据库意义重大。此外，在充分评价生物活性肽产品的毒理学安全性、代谢残留情况、耐药性以及免疫调节机制等方面的基础上，进一步加强探索生物活性肽作为饲料添加剂并替代促生长类药物饲料添加剂的潜力。

总之，生物活性肽研究已成为开发研制饲用抗生素替代产品的重要来源之一。应用我国丰富的动植物资源和微生物资源，动员各学科科研工作者，利用现代生物技术方法和仪器设备，研制开发生物活性肽饲料添加剂，具有广阔的发展前景。

本章编写人员

中国农业大学：谯仕彦、曾祥芳、贺平丽、王春林、杨凤娟
全国畜牧总站：曹烨、王娜

参考文献

[1] Lins M C, de Moura E G, Lisboa P C, et al. Effects of maternal leptin treatment during lactation on the body weight and leptin resistance of adult offspring [J]. Regulatory Peptides, 2005, 127 (1-3): 197-202.

[2] Kim S, Wijesekara I. Development and biological activities of marine - derived bioactive peptides: A review [J]. Journal of Functional Foods, 2010, 2 (1): 1-9.

[3] Kitts D D, Weiler K. Bioactive proteins and peptides from food sources applications of bioprocesses used in isolation and recovery [J]. Current Pharmaceutical Design, 2003, 9 (16): 1309-1323.

[4] Singh B P, Vij S, Hati S. Functional significance of bioactive peptidesderived from soybean [J]. Peptides, 2014 (54): 171-179.

[5] 郑锐，郑云峰，高潮．生物活性肽的种类、制备方法及其生理功能的研究进展 [J]. 国外畜牧学（猪与禽），2016，36（6）：102-107.

[6] Su L Y, Shi Y X, Yan M R, et al. Anticancer bioactive peptides suppress human colorectal tumor cell growth and induce apoptosis via modulating the PARP - p53 - Mcl - 1signaling pathway [J]. Acta Pharmacologica Sinica, 2015, 36 (12): 1514-1523.

[7] 李艳娟，李书国．玉米生物活性肽制备、功能及其保健食品研究 [J]. 粮食与油脂，2014（6）：13-16.

[8] 许芳，高冰，高泽鑫．微生物发酵法制备大豆小分子肽的工艺条件研究 [J]. 安徽农业科学，2014，42（10）：3060-3061.

[9] 白泉，葛小娟，耿信笃．反相液相色谱对多肽的分离、纯化与制备 [J]. 分析化学，2002，30（9）：1126-1129.

[10] Merat A, Nunes C S, Mendy F, et al. Amino acid absorption and production of pancreatic hormone in non - anesthetized pigs after duodenal infusions of a milk enzymic hydrolysate or of free amino acids [J]. British Journal of Nutrition, 1988 (60): 121-136.

[11] 施用晖，乐国伟．生物活性短肽在动物生产中的应用前景 [J]. 饲料工业，2001，22（7）：34-36.

[12] 胡永婷，张映．禽胰多肽对肉鸡生长代谢及血浆 T3、T4 的影响 [J]. 中国畜牧兽医，2007，34（4）：

15 - 18.
[13] 李如兰，王立克，戴四发．酪蛋白磷酸肽功能研究进展 [J]. 家禽科学，2012 (2)：43 - 45.
[14] 陈栋梁，刘莉，黄刚，等．紫苏油及大豆肽合剂对大鼠血脂的调节作用 [J]. 临床心血管病杂志，2003，19 (1)：30 - 32.
[15] 高长城，胡锐，李煜馨．大豆肽对增强体能的作用 [J]. 大豆通报，2001 (2)：24.
[16] 李善仁，陈济琛，胡开辉，等．大豆肽的研究进展 [J]. 中国粮油学报，2009，24 (7)：142 - 147.
[17] Reichart F, Neundorf I. Improving the proteolytic stability of CPP by modulation of the peptide backbone [J]. Journal of Peptide Science, 2012 (18): S153.
[18] Yu H T, Li N, Zeng X F, et al. A comprehensive antimicrobial activity evaluation of the recombinant antimicrobial peptide microcin J25 against the foodborne pathogens *Salmonella* and *E. coli* O157 and its potential beneficial effects as an antimicrobial agent [J]. Frontiers in Microbiology, 2019 (10): 1954.
[19] Power O, Jakeman P, Fitzgerald R J. Antioxidative peptides: enzymatic production, *in vitro* and *in vivo* antioxidant activity and potential applications of milk - derived antioxidative peptides [J]. Amino Acids, 2013, 44 (3): 797 - 820.
[20] 郭设平，王沂蒙，姜玉坤，等．鸡胸腺肽的提取及其生物学活性的初步研究 [J]. 中国家禽，2008，30 (4)：12 - 15.
[21] Zong X, Song D G, Wang T H, et al. LFP - 20, a porcine lactoferrin peptide, ameliorates LPS - induced inflammation via the MyD88/NF - kappa B and MyD88/MAP signaling pathways [J]. Developmental and Comparative Immunology, 2015, 52 (2): 123 - 131.
[22] 王帅．抗菌肽 Sublancin 对肉鸡坏死性肠炎和小鼠天然免疫的影响 [D]．北京：中国农业大学，2017.
[23] 轩贵平，李天平，李云贵．浅谈生物多肽的临床作用 [J]. 人人健康，2017 (17)：92.
[24] 郭晓强．固相肽类合成的发明者：梅里菲尔德 [J]. 自然辩证法通讯，2010，32 (5)：97 - 104.
[25] 刘威，段海清，张兆山．阿片受体的研究进展 [J]. 生物技术通讯，2003，14 (3)：231 - 234.
[26] Erak M, Bellmann - Sickert K, Els - Heindl S, et al. Peptide chemistry toolbox - Transforming natural peptides into peptide therapeutics [J]. Bioorganic & Medicinal Chemistry, 2018, 26 (10): 2759 - 2765.
[27] Yu H T, Ding X L, Li N, et al. Dietary supplemented antimicrobial peptide microcin J25 improves the growth performance, apparent total tract digestibility, fecal microbiota, and intestinal barrier function of weaned pigs [J]. Journal of Animal Science, 2017 (95): 5064 - 5076.
[28] 张奕弛，睢富根．抗菌肽替代硫酸黏菌素对断奶仔猪生长性能和抗腹泻性能的影响 [J]. 中国畜牧杂志，2017，53 (2)：132 - 134.
[29] Xiong X, Yang H S, Li L, et al. Effects of antimicrobial peptides in nursery diets on growth performance of pigs reared on five different farms [J]. Livestock Science, 2014 (167): 206 - 210.
[30] 张江，关静姝，李成功．日粮中添加肠杆菌肽对断奶仔猪生产性能的影响 [J]. 广东饲料，2016，25 (5)：21 - 23.
[31] 熊海涛，刘扬科，张志华，等．无抗日粮中添加肠杆菌肽对仔猪生长性能和粪便微生物的影响 [J]. 中国畜牧杂志，2019，55 (2)：118 - 121.
[32] 肖发沂，王兴勇，吕月琴，等．抗菌肽对断奶仔猪生长性能、免疫器官指数及胃肠道 pH 的影响 [J]. 中国畜牧杂志，2019，55 (1)：124 - 126.
[33] Xu J, Zhong F, Zhang Y H, et al. Construction of *Bacillus subtilis* strain engineered for expression of porcine β - defensin - 2/cecropin P1 fusion antimicrobial peptides and its growth - promoting effect and antimicrobial activity [J]. Asian - Australasian Journal of Animal Sciences, 2017, 30 (4): 576 - 584.
[34] 郑宝，于向春．日粮中添加乳生肽对断奶仔猪生产性能的影响 [J]. 湖北农业科学，2017，56 (3)：

506－507，519.

[35] 卜艳玲，陈静，李建涛，等．饲粮中添加肠杆菌肽对断奶仔猪生产性能和血清生化指标的影响［J］. 动物营养学报，2018，30（2）：696－706.

[36] 孙雪梅，梁伟凡，陈春萍，等．天蚕素抗菌肽替代硫酸黏杆菌素对断奶仔猪生长性能及腹泻的影响［J］. 饲料工业，2019，38（4）：12－15.

[37] 张海文，徐欣欣，洪枫，等．抗菌肽 CJH 对 LPS 刺激的仔猪生长性能及肉品质的影响［J］. 黑龙江畜牧兽医，2017（11 下）：154－156.

[38] 蒋翔，李锦强．抗菌肽对断奶仔猪生长性能、腹泻率、抗氧化性及免疫功能的影响［J］. 饲料研究，2021，44（14）：42－45.

[39] Cao C Y，Li J N，Ma Q Y，et al. Effects of dietary supplementation with the antimicrobial peptide WK3 on growth performance and intestinal health in diarrheic weanling piglets［J］. Journal of Applied Animal Research，2021，49（1）：147－153.

[40] 任洪辉，晋美多吉，赖可，等．补饲饲粮中添加天蚕素抗菌肽对放牧断奶藏猪仔猪生长性能的影响［J］. 养猪，2017（5）：41－42.

[41] Zheng L，Park I，Kim S W. Effects of supplemental soy peptide on growth performance and gut health of nursery pigs［J］. Journal of Animal Science，2016，98（S1）：49.

[42] 左倩，朱建津，张俊，等．大豆肽的体外抗氧化活性及对断奶仔猪生长性能和免疫功能的影响［J］. 中国畜牧杂志，2015，51（15）：57－60.

[43] 丁爽，黄大鹏．大豆蛋白肽对断奶仔猪生长性能的影响［J］. 畜牧与饲料科学，2016，37（1）：54－55.

[44] 周根来，杨晓志，方希修，等．酪蛋白磷酸肽对断奶仔猪生产性能和血液生化指标的影响［J］. 畜牧与兽医，2010，42（10）：47－49.

[45] 张江，张海燕，关静姝．日粮中添加泰乐欣对育肥猪生产性能的影响［J］. 饲料与畜牧，2016（3）：52－53.

[46] 李登云，李灵娟，韩露，等．蛙皮素抗菌肽 Dermaseptin－M 对育肥猪生长性能和免疫功能的影响［J］. 现代牧业，2017，1（1）：24－25.

[47] 侯改凤，李瑞，韦良开，等．抗菌肽对育肥猪生长性能及血液生理生化指标的影响［J］. 中国饲料，2017（12）：24－26，44.

[48] 刘麟，王书杰，潘春晖，等．小肽复合剂对育肥猪的生长性能及胴体和肉质性状的影响效应研究［J］. 饲料工业，2019，40（3）：35－38.

[49] 崔家军，张鹤亮，张维金，等．酶解蛋白肽对生长育肥猪生长性能、血液生化指标及养分表观消化率的影响［J］. 中国畜牧兽医，2017，44（8）：2342－2347.

[50] 崔家军，张鹤亮，张维金，等．低蛋白日粮添加酶解蛋白肽对生长育肥猪生长性能、血液指标、养分消化率的影响［J］. 中国畜牧杂志，2017，53（11）：80－85.

[51] 孙何军，张江，刘成宏，等．日粮中添加肠杆菌肽对蛋鸡产蛋性能的影响［J］. 饲料工业，2016，37（13）：28－30.

[52] 于曦，高文靖，王晶，等．鲎素抗菌肽对蛋鸡产蛋后期蛋品质及蛋壳超微结构的影响［J］. 中国兽医学报，2019（6）：1175－1179.

[53] 侯佳妮，王晶，于佳楠，等．鲎素抗菌肽对海兰褐蛋鸡生产性能、蛋品质及血液激素水平的影响［J］. 黑龙江畜牧兽医，2020（2）：101－103.

[54] 周芬，吴义景，计徐，等．抗菌肽替代饲用抗生素对育雏、育成蛋鸡生长性能、血清免疫生化指标及肠道菌群的影响［J］. 粮食与饲料工业，2021（5）：45－49.

[55] 陈亮，肖伟伟．大豆酶解蛋白对蛋鸡产蛋性能和蛋品质的影响［J］. 中国家禽，2016，38（10）：70－72.

[56] Wang G，Song Q L，Huang S，et al. Effect of antimicrobial peptide microcin J25 on growth

performance, immune regulation, and intestinal microbiota in broiler chickens challenged with *Escherichia coli* and *Salmonella* [J]. Animals, 2020 (10): 345.

[57] Wang S, Zeng X F, Wang Q W, et al. The antimicrobial peptide sublancin ameliorates necrotic enteritis induced by *Clostridium perfringens* in broilers [J]. Journal of Animal Science, 2015 (93): 4750 - 4760.

[58] 穆洋，张爱忠，姜宁，等．日粮中添加不同抗菌肽制剂对肉仔鸡生长和屠宰性能的影响 [J]. 黑龙江八一农垦大学学报，2016，28 (2)：28 - 33.

[59] Hu F, Gao X, She R, et al. Effects of antimicrobial peptides on growth performance and small intestinal function in broilers under chronic heat stress [J]. Poultry Science, 2017 (96): 798 - 806.

[60] 丁修良，赵建飞，王帅，等．抗菌肽 Sublancin 对肉鸡生长性能、养分利用及盲肠菌群的影响 [J]. 动物营养学报，2018，30 (7)：2690 - 2699.

[61] 王莉，陈晓，王书全．天蚕素抗菌肽对 817 肉杂鸡生长性能及免疫功能的影响 [J]. 中国畜牧兽医，2017，44 (8)：2354 - 2359.

[62] 郭忠欣，王天齐．抗菌肽对肉鸡生长性能、屠宰性能、肉品质和免疫功能的影响 [J]. 饲料研究，2021，44 (8)：37 - 40.

[63] 刘小飞，孟可爱．大豆肽对湘黄鸡生产性能和肉品质的影响 [J]. 湖南生态学学报，2015，2 (2)：6 - 11.

[64] 于维，祁宏伟，魏炳栋，等．饲用活性肽对肉鸡生长、血清激素及抗氧化的影响 [J]. 中国畜禽种业，2016 (10)：137 - 140.

[65] 孟可爱，刘小飞，马玉勇．大豆肽对育雏鸡生产性能、免疫器官指数和血液生化指标的影响 [J]. 湖南农业科学，2019，48 (12)：128 - 132.

[66] Fan H, Lv Z P, Gan L P, et al. Transcriptomics - related mechanisms of supplementing laying broiler breeder hens with dietary daidzein to improve the immune function and growth performance of offspring [J]. Journal of Agricultural and Food Chemistry, 2018, 66 (8): 2049 - 2060.

[67] 谢梦蕊，李秋明，邱思奇，等．地鳖肽对氧化应激肉仔鸡生长性能、肉品质、脏器指数和抗氧化能力的影响 [J]. 动物营养学报，2018，30 (5)：1726 - 1735.

[68] 高春国，简运华．寡肽对黄羽肉鸡生产性能的影响 [J]. 中国家禽，2016，38 (19)：48 - 51.

[69] 常兴发，刘婷婷，夏雪茹，等．复合小肽对泌乳前期奶牛生产性能及相关理化指标的影响 [J]. 饲料研究，2020，43 (1)：7 - 10.

[70] 常兴发，夏雪茹，刘婷婷，等．复合小肽对奶牛产奶后期生产性能及乳品质的影响 [J]. 饲料研究，2020，43 (2)：5 - 8.

[71] 司丙文，张晓东，张杰，等．小肽对奶牛产奶量、血清生化指标和营养物质消化率的影响 [J]. 中国奶牛，2019 (9)：19 - 23.

[72] 吴丹丹，滕乐邦，栾正庆，等．小肽对奶牛瘤胃微生物蛋白产量、产奶性能和氮排泄的影响 [J]. 动物营养学报，2016，28 (4)：1090 - 1098.

[73] Zhao X H, Chen Z D, Zhou S, et al. Effects of daidzein on performance, serum metabolites, nutrient digestibility, and fecal bacterial community in bull calves [J]. Animal Feed Science and Technology, 2017 (225): 87 - 96.

[74] 张智安，李世易，武刚，等．蜜蜂肽对育肥湖羊生长性能和瘤胃微生物区系的影响 [J]. 动物营养学报，2020，32 (2)：756 - 764.

[75] 刘靖康，姜宁，张爱忠，等．抗菌肽 CC31 对羔羊生长性能、养分消化率和血液生化指标的影响 [J]. 黑龙江畜牧兽医，2018 (14)：166 - 170，175.

[76] 覃志彪，梁静真，龙苏，等．抗菌肽对凡纳滨对虾生产性能及机体成分的影响 [J]. 南方农业学报，2016，47 (4)：674 - 678.

[77] Gyan W R, Yang Q H, Tan B P, et al. Effects of antimicrobial peptides on growth, feed utilization,

serum biochemical indices and disease resistance of juvenile shrimp, *Litopenaeus vannamei* [J]. Aquaculture Research, 2020 (51): 1222 - 1231.

[78] 黄小红，李小勇，曹岩，等．饲料添加天蚕素抗菌肽对草鱼生长性能的影响研究 [J]. 江西水产科技，2018 (4): 8 - 10.

[79] Hu Q Y, Wu P, Feng L, et al. Antimicrobial peptide Isalo scorpion cytotoxic peptide (IsCT) enhanced growth performance and improved intestinal immune function associated with janus kinases (JAKs)/signal transducers and activators of transcription (STATs) signalling pathways in on - growing grass carp (*Ctenopharyngodon idella*) [J]. Aquaculture, 2021 (539): 736585.

[80] Zhai S W, Sun X W, Chen X H. Effects of antimicrobial peptides surfactin administration on growth performance, intestinal digestive enzymes activities and some serum biochemical parameters of orange - spotted grouper (*Epinephelus coioides*) juveniles [J]. Israeli Journal of Aquaculture - Bamidgeh, 2017 (69): 1380.

[81] Wang S D, Xie S L, Zhou A G, et al. Effects of mixed antimicrobial peptide on the growth performance, antioxidant and immune responses and disease resistance of Pengze crucian carp (*Carassius auratus* var. *Pengze*) [J]. Fish and Shellfish Immunology, 2021 (114): 112 - 118.

[82] 张莉，柳芹，张金林．饲料中添加抗菌肽对加州鲈鱼的生长发育的影响分析 [J]. 中国饲料，2021 (20): 65 - 68.

[83] 李宇生．大豆肽对黄颡鱼、异育银鲫生长及抗病水平影响的研究 [J]. 农家科技，2018 (5): 188 - 189.

[84] 敬庭森，周明瑞，李哲，等．大豆小肽蛋白替代鱼粉对黄颡鱼幼鱼生长性能、消化酶活性和抗氧化功能的影响 [J]. 渔业科学进展，2021, 42 (5): 149 - 157.

[85] 钟国防，石磊，张彦俊．大豆肽产品替代鱼粉对凡纳滨对虾生长性能、消化酶活力及肠道组织结构的影响 [J]. 中国粮油学报，2021, 36 (5): 120 - 126, 183.

[86] 黄忠，赵书燕，林黑着，等．饲料蛋白中添加虾蛋白肽对珍珠龙胆石斑鱼幼鱼生长性能和抗氧化指标的影响 [J]. 广东农业科学，2017, 44 (3): 128 - 135.

[87] Wang G J, Yu E M, Li Z F, et al. Effect of bioactive peptides (BPs) on the Development of pacific white shrimp (*Litopenaeus vannamei* Boone, 1931) [J]. Journal of Ocean University of China, 2016, 15 (3): 495 - 501.

[88] Salavati M E, Rezaeipour V, Abdullahpour R. Effects of graded inclusion of bioactive peptides derived from sesame meal on the growth performance, internal organs, gut microbiota and intestinal morphology of broiler chickens [J]. International Journal of Peptide Research and Therapeutics, 2019 (26): 1541 - 1548.

[89] Osho S O, Xiao W W, Adeola O. Response of broiler chickens to dietary soybean bioactive peptide and coccidia challenge [J]. Poultry Science, 2019, 98 (11): 5669 - 5678.

[90] Karimzadeh S, Rezaei M, Yansari A T. Effects of different levels of canola meal peptides on growth performance and blood metabolites in broiler chickens [J]. Livestock Science, 2017 (230): 37 - 40.

[91] Daneshmand A, Kermanshahi H, Sekhavati M H, et al. Antimicrobial peptide, cLF36, affects performance and intestinal morphology, microflora, junctional proteins, and immune cells in broilers challenged with *E. coli* [J]. Scientific Reports, 2019, 9 (1): 14176.

[92] Tsai T, Knapp J P, Chewning J J, et al. Effect of a peptide product (FPM), zinc oxide and a *Lactobacillus acidophilus* fermented product (LAFP) on growth performance of nursery pigs [J]. Journal of Animal Science, 2018, 96 (Suppl. 2): 116 - 117.

[93] Poudel P, Levesque C L, Samuel R S, et al. Effects of inclusion of a peptide based commercial product on the growth performance and fecal bacterial composition of nursery piglets [J]. Journal of Animal

Science, 2019, 97 (Suppl. 2): 83.

[94] Słupecka - Ziemilska M, Szczurek P, Boryczka M, et al. The effects of intra - stomach obestatin administration on intestinal contractility in neonatal piglets fed milk formula [J]. PLoS One, 2020, 15 (3): e0230190.

[95] Chashnidel Y, Bahari M, Teimouri Yansari A, et al. The effects of dietary supplementation of prebiotic and peptide on growth performance and blood parameters in suckling zell lambs [J]. Small Ruminant Research, 2020 (188): 106121.

[96] Linh N T H, Sudhakaran R, Itami T, et al. Effect of a peptide complex on the defense mechanism of shrimp, *Marsupenaeus japonicus* against pathogens and changes in environmental parameters [J]. Journal of The World Aquaculture Society, 2019, 51 (2): 488 - 500.

[97] Martínez - Alvarez O, Chamorro S, Brenes A. Protein hydrolysates from animal processing by - products as a source of bioactive molecules with interest in animal feeding: A review [J]. Food Research International, 2015 (73): 204 - 212.

[98] Ghosh P R, Fawcett D, Sharma S B, et al. Progress towards sustainable utilisation and management of food wastes in the global economy [J]. International Journal of Food Science, 2016, 2016 (1): 3563478.

[99] Irshad A, Sharma B D. Slaughter house byproduct utilization for sustainable meat industry - a review [J]. Journal of Animal Production Advances, 2015 (5): 4725 - 4734.

图书在版编目（CIP）数据

新型饲料添加剂替代饲用抗生素研究进展 / 全国畜牧总站编. -- 北京 ：中国农业出版社，2025. 2.

ISBN 978-7-109-33048-1

Ⅰ. S816.7

中国国家版本馆 CIP 数据核字第 2025MT9388 号

中国农业出版社出版

地址：北京市朝阳区麦子店街 18 号楼

邮编：100125

责任编辑：刘　伟　冀　刚

版式设计：书雅文化　　责任校对：吴丽婷

印刷：中农印务有限公司

版次：2025 年 2 月第 1 版

印次：2025 年 2 月北京第 1 次印刷

发行：新华书店北京发行所

开本：787mm×1092mm　1/16

印张：27

字数：667 千字

定价：158.00 元